卡耐基文集

(美)卡耐基　著
赵文博　编

第一卷

辽海出版社

图书在版编目（CIP）数据

卡耐基文集/（美）卡耐基　著；赵文博 编. ——沈阳：辽海出版社，2014.6

ISBN 978－7－5451－3119－2

Ⅰ.①卡… Ⅱ.①卡… ②赵… Ⅲ.①成功心理学—通俗读物
Ⅳ.①B848.4－49

中国版本图书馆 CIP 数据核字（2014）第 148725 号

责任编辑：柳海松
责任校对：顾　季
装帧设计：马寄萍

出版者：辽海出版社
　　地　　址：沈阳市和平区十一纬路 25 号
　　邮政编码：110003
　　电　　话：024－23284473
　　E－mail：dyh550912@163.com
印刷者：三河市众誉天成印务有限公司
发行者：辽海出版社

幅面尺寸：170mm×250mm
印　　张：96
字　　数：1327 千字

出版时间：2014 年 7 月第 1 版
印刷时间：2020 年 1 月第 2 次印刷
定　　价：696.00 元（全四册）

前 言

戴尔·卡耐基是20世纪美国最伟大的成功学导师，人际关系之父，成人教育之父和心理学家，他为人类做出了杰出的贡献，永远在人类历史的银河中灿若星辰。

卡耐基于1888年11月24日出生在美国密苏里州的一个贫苦农民家庭。1904年，卡耐基高中毕业后就读于密苏里州华伦斯堡州立师范学院。他虽然得到全额奖学金，但由于家境的贫困，他还必须参加各种工作，以赚取必要的学习费用。这使他感到羞耻，养成了一种自卑的心理。因而，他想寻求出人头地的捷径。在学校里，具有特殊影响和名望的人，一个是棒球球员，一个是那些辩论和演讲获胜的人。他知道自己没有运动员的才华，就决心在演讲比赛上获胜。他花了几个月的时间练习演讲，但一次又一次地失败了。失败带给他的失望和灰心，甚至使他想到自杀。然而第二年里，他开始获胜了。

卡耐基在1908年毕业后，来到科罗拉多州的丹佛市，受雇做了一名推销员，后来他又到南奥马哈，为阿摩尔公司贩卖火腿、肥皂和猪油。他的这个推销工作虽然很成功，但在1911年，他却到纽约的美国戏剧艺术学院学习表演。一年以后，他感到自己并不具备演戏的天才，于是又回到推销的行业里，为一家汽车公司当推销员。

但做推销员并不是卡耐基的理想，于是他决心白天写书，晚间去夜校教书，以赚取生活费。他还想为夜校教公开演讲课，因为他认为，大学时代他在公开演说方面受过训练，在这方面有较丰富的经验。也正是这些训练和经验，扫除了他的怯懦和自卑，让他有勇气和信心跟人打交道，增长了做人处世的才能。于是他说服了纽约一个基督教青年会的会长，同意他晚间为商业界人士开设一个公开演讲班。就这样，从1912年开始，他开始了为之奋斗一生的成人教育事业。

卡耐基运用心理学和社会学知识，对人类共同的心理特点和人性都进行了深刻的探索和分析，开创并发展出一种容演讲术、推销术、为人处世术、智力开发术为一体的独特的成人教育方式，卓有成效。无论是西方国家还是东方世界，他的著作的译本几乎涵盖了所有语系的文字。而他开创的“人际关系训练班”，包括美国卡耐基成人教育机构、国际卡耐基成人教育机构，以及遍布世界50多个国家的分支机构，更是多达2000余所。他以超人的智慧、严谨的思维，在道德、精神和行为准则上指导万千读者，给人们安慰、鼓舞，使他们从中汲取力量，从而改变自己的生活，开创崭新的人生。从总统到内阁大臣，从各界名流到普通百姓，卡耐基教育机构造就了千千万万的毕业生，所开创的成功学教育培训帮助无数人实现了自己的梦想，影响了本世纪的几代人。他也由此奠定了作为第一代成功学大师的地位，被誉为20世纪最伟大的人生导师，畅销全球的美国《时代周刊》给予他极高的评价："或许除了自由女神，他就是美国的象征"。

卡耐基在实践的基础上写出的成功学著作，是20世纪最畅销的成功励志经典。主要代表作有《人性的弱点》、《人性的优点》、《美好的人生》、《快乐的人生》、《语言的突破》、《伟大的人物》以及《人性的光辉》等7本书，其中《人性的弱点》一书，是继《圣经》之后世界出版史上第二畅销书。这7本书也共同构成了卡耐基为人处世、通向成功之路的成功学体系，与他的成人教育培训班相辅相成，改变了传统的成人教育方式，影响了千百万人的生活。"不要犹豫！请立刻阅读！这是改变你一生的机会！"大多数读过卡耐基著作的人都很熟悉这句话。

卡耐基逝世于1955年11月1日，享年67岁。他去世后，留给后人最丰厚的精神遗产，就是他的成功学理论。卡耐基于1932年在美国威斯康辛州密尔沃基市举办的工商业者协会演讲中说道："与其留给子孙财产，不如留给他们自信和勇气。"卡耐基留给我们的不仅仅是几本书和一所学校，卡耐基留给我们的精神遗产是无法衡量的，其真正价值是：他把个人成功的技巧传授给了每一个想出人头地的年轻人。卡耐基训练方法的魅力也不是几句话就可以说得清楚的，其精彩部分犹如有源之水，源源不尽地流进人们心里，潜移默化地改变无数人的命运。

本书共收录了卡耐基七部经典著作，包括《人性的优点全集》《美丽的人生》《人性的弱点全集》《语言的突破全集》《影响力的本质》《快乐人生》《卡而基写给女人一生幸福的忠告》，这些著作系卡耐基成就最高、流传最广、影响最大的作品，也是卡耐基伟大思想的精髓。告诉你如何摆脱忧虑的困扰，并指导你如何获得快乐，享受快乐的人生。其中卡耐基阐明了这样一个观点：消除错误的忧虑思想和行为，在心灵中注入快乐，比割除身上的肿瘤和脓疮还重要；而有了快乐的思想和行为，你就能感到快乐，就能享受到快乐的人生。他还从战胜忧虑心理、培养快乐心情两方面对他的观点进行了阐述。另外，因为工作与金钱对人们的日常生活有着莫大影响，而人的快乐心情也与其休戚相关，于是在如何处理好这两个问题方面，卡耐基也进行了详细的阐释与说明，并提出了非常具有实用价值的忠告，因为这两个问题对人的快乐有着非常重要的影响。

相信你一定能从本书中得到有益的启发和激励，"不要犹豫！请立刻阅读！这是改变你一生的机会！"

目 录

第一篇 人性的优点全集

第二篇 美好的人生

第三篇 人性的弱点全集

第四篇 语言的突破全集

第五篇　影响力的本质

第六篇　快乐人生

第七篇 卡耐基写给女人一生幸福的忠告

第一篇

人性的优点

全集

本书是卡耐基一生中最重要、最生动的人生经验的汇集，也是一本记录成千上万人如何摆脱心理问题走向成功的实例汇集。本书一经出版，便在全球畅销不衰，改变了千百万人的生活和命运，被誉为“克服忧虑获得成功的必读书” “世界励志圣经”。

第一章

忧虑，幸福人生的破坏者

◎忧虑是健康的大敌

◎ 不知道如何抗拒忧虑的人都会寿命减少。

◎ 忧虑容易导致三种疾病：溃疡、高血压、心脏病。

◎ 在医生接触的病人中，有70%的人只要消除他们的恐惧和忧虑，病就会自然好起来。

很多年以前的一个晚上，一个邻居来按我的门铃，要我和家人去种牛痘，预防天花。他是整个纽约市几千名志愿者中去按门铃的人之一。很多吓坏了的人都排了好几个小时的队接种牛痘。在所有的医院、消防队、警察局和大工厂里都设有接种站。大约有2000名医生和护士夜以继日地替大家种痘。怎么会这么热闹呢？因为纽约市有8个人得了天花——其中2人死了——800万纽约市民中死了2人。

我在纽约市已经住了37年，可是还没有一个人来按我的门铃，并警告我预防精神上的忧郁症——这种病症，在过去37年里所造成的损害，至少比天花要大一万倍。

从来没有人来按门铃警告我：目前生活在这个世界上的人中，每10个人就有1个会精神崩溃，而大部分都是因为忧虑和感情冲突而引起的。所以我现在写本章，就等于来按你的门铃，向你发出警告。

曾经获得诺贝尔医学奖的亚历克西斯·卡锐尔博士说：

不知道抗拒忧虑的商人都会短命而死。

其实不只商人，家庭主妇、兽医和泥水匠……都是如此。

几年前，我在度假的时候，跟戈伯尔博士一起坐车经过得克萨斯州和新墨西哥州。戈伯尔博士是圣塔菲铁路的医务负责人，他的正式头衔是海湾一科罗拉多和圣塔菲联合医院的主治医师。当我们谈到忧虑对人的影响时，他说：

“在医生接触的病人中，有 70%的人只要能够消除他们的恐惧和忧虑，病就会自然好起来。不要误以为他们都是生了病，他们的病都像你有一颗蛀牙一样实在，有时候还严重 100 倍。我说的这种病就像神经性的消化不良，某些胃溃疡、心脏病、失眠症，一些头痛症和麻痹症等等。这些病都是真病，我这些话也不是乱说的，因为我自己就得过 12 年的胃溃疡。恐惧使你忧虑，忧虑使你紧张，并影响到你胃部的神经，使胃里的胃液由正常变为不正常。因此就容易产生胃溃疡。”

约瑟夫·蒙塔格博士曾写过一本《神经性胃病》的书，他也说过同样的话：“胃溃疡的产生，不是因为你吃了什么而导致的，而是因为你忧愁些什么。”

梅奥诊所的阿尔凡莱兹博士说：“胃溃疡通常根据你情绪紧张的高低而发作或消失。”

他的这种说法在对梅奥诊所的 15000 名胃病患者进行研究后得到了证实。每 5 个人中，有 4 个并不是因为生理原因而得的胃病。恐惧、忧虑、憎恨、极端自私，以及无法适应现实生活，才是他们得胃病和胃溃疡的原因。胃溃疡可以让你丧命。

我最近和梅奥诊所的哈罗德·哈贝恩博士通过几次信。他在全美工业界医师协会的年会上读过一篇论文，说他研究了 176 位平均年龄在 44.3 岁的工商界负责人。他报道说：大约有 1/3 多的人因为生活过度紧张而引起下列三种病症之一——心脏病、消化系统溃疡和高血压。想想看，在我们工商界的负责人中，有 1/3 的人都患有心脏病、溃疡和高血压，而他们都还不到 45 岁，成功的代价是多么高啊！而他们甚至都不能算是成功，一个身患胃溃疡和心脏病的人能算是成功之人吗？就算他能赢得全世界，却损失了自己的健康，对他个人来说，又有什么好处？即使他拥有全世界，每次也只能睡在一张床上，每天也只能吃三顿饭。就是一个挖水沟的人，也能做到这一点，而且还可能比一个很有权力的公司负责人睡得更安稳，吃得更香。我情愿做一个在阿拉巴马州租田耕种的农夫，在膝盖上放一把五弦琴，也不愿意在自己不到 45 岁的时候，就为了管理一个铁路公司，或者是一家香烟公司而毁了自己的健康。

说到香烟，一位世界最知名的香烟制造商，最近在加拿大森林里想轻松一下的时候，因为心脏病发作而死了。他拥有几百万元的财产，却在 61 岁时就离世了。他也许是牺牲了好几年的生命换取了所谓的“生意上的成功”。

在我看来，这个有几百万财产的香烟大王，其成功还不及我爸爸的一半。我爸爸是密苏里州的农夫，一文不名，却活到了 89 岁。

心脏病是美国的第一号凶手。在二次大战期间，大约有 30 几万人死在战场上，可是在同一段时间里，心脏病却杀死了 200 万平民——其中有 100 万人的心脏病是由于忧虑和过度紧张的生活引起的。中国人和美国南方的黑人却很少患这种因忧虑而引起的心脏病，因为他们处事沉着。死于心脏病的医生比农夫多 20 倍，因为医生过的是紧张的生活，所以才有这样的结果。

“上帝可能原谅我们所犯的罪，”威廉·詹姆斯说，“可是我们的神经系统却不会。”

这是一个令人吃惊而难以相信的事实：每年死于自杀的人，比死于种种常见的传染病的人还要多。

为什么呢？答案通常都是“因为忧虑”。

古时候，残忍的将军要折磨他们的俘虏时，常常把俘虏的手脚绑起来，放在一个不停往下滴水的袋子下面……水滴着……滴着……夜以继日，最后，这些不停滴落在头上的水，变得好像是用槌子敲击的声音，使那些人精神失常。这种折磨人的方法，以前西班牙宗教法庭和希特勒手下的德国集中营都曾经使用过。

忧虑就像不停往下滴、滴、滴的水，而那不停地往下滴、滴、滴的忧虑，通常会使人心神不宁而自杀。

当我还是密苏里州一个乡下孩子的时候，礼拜天听牧师形容地狱的烈火，吓得我半死。可是他从来没有提到，我们此时此地由忧虑所带来的重重痛苦的地狱烈火。比方说，如果你长期忧虑下去的话，你有一天就很可能会患最痛苦的病症——狭心症。

这种病要是发作起来，会让你痛得尖叫，跟你的尖叫比起来，但丁的《地狱篇》听来都像是"娃娃游玩具国"了。到时候，你就会跟你自己说："噢，上帝啊！噢，上帝啊！要是我能好的话，我永远也不会再为任何事情忧虑——永远也不会了。"如果你认为我这话说得太夸张的话，不妨去问问你的家庭医生。

你爱生命吗？你想健康、长寿吗？下面就是你能做到的方法。我再引用一次亚历西斯·卡瑞尔博士的话："在纷繁复杂的现代城市中，只有能保持内心平静的人，才不会变成神经病。"

你是否可以在现代城市的混乱中保持内心的平静呢？如果你是一个正常人，答案应该是："可以的"，"绝对可以"。我们大多数人实际上都比我们所认为的更坚强得多。我们有很多也许从来没有发现的内在力量，就像梭罗在他不朽的名著《狱卒》里所说的："我不知道有什么比一个人能下定决心改善他的生活能力更令人振奋了……要是一个人，能充满信心地朝他理想的方向去做，下定决心过他所想过的生活，他就一定会得到意外的成功。"

◎精神失常的原因

◎ 在纷繁复杂的现代社会，只有能保持内心平静的人，才不会变成神经病。

◎ 医生所犯的最大错误是，他们想治疗身体，却不想医治思想。可是精神和肉体是一致的，不能分开处置。

著名的梅奥兄弟宣布，我们有一半以上的病床上，躺着患有神经病的人。可是，在强力的显微镜下，以最现代的方法来检查他们的神经时，却发现大部分人都非常健康。他们"神经上的毛病"都不是因为神经本身有什么异常的地方，而是因为情绪上有悲观、烦躁、焦急、忧虑、恐惧、挫败、颓丧等等的情形。柏拉图说过：

"医生所犯的最大错误是，他们想治疗身体，却不想医治思想。可是精神和肉体是一致的，不能分开处置。"

医药科学界花了 2300 年的时间才认清这个真理。我们刚刚才开始发展一种新的医学，称之为"心理生理医学"，用来同时治疗精神和肉体。现在正是做这件事的最好时机，因为医学已经大量消除了可怕的、由细菌所引起的疾病——比方说天花、霍乱、黄热病，以及其他种种曾把数以百万计的人埋进坟墓的传染病症。可是，医学界一直还不能治疗精神和身体上那些不是由细菌所引起，而是由于情绪上的忧虑、恐惧、憎恨、烦躁，以及绝望所引起的病症。这种情绪性疾病所引起的灾难正日渐增加，日渐广泛，而速度又快得惊人。

医生们估计说：现在活着的美国人中，每 20 人就有 1 人在某一段时期得过精神病。第二次世界大战期间被征召的美国年轻人，每 6 人中就有 1 人因为精神失常而不能服役。

精神失常的原因何在？没有人知道全部的答案。可是在大多数情况下，极可能是由恐惧和忧虑造成的。焦虑和烦躁不安的人，多半不能适应现实的世界，而跟周围的环境隔断了所有的关系，缩到自己的梦想世界，以此逃避他所忧虑的问题。

在我写这一章时，我书桌上就有一本书，是爱德华·波多尔斯基博士所写的《停止忧虑，换来健康》。书中谈到了几个问题：

1. 忧虑对心脏的影响。

2. 忧虑造成高血压。

3. 风湿症可能因忧虑而起。

4. 为了保护你的胃，请少忧虑些。

5. 忧虑如何使你感冒。

6. 忧虑和甲状腺。

7. 忧虑与糖尿病患者。

另外一本谈忧虑的好书，是卡尔·明格尔博士所写的《与己作对》。它没告诉你怎样避免忧虑的规则，却告诉你一些很可怕的事实，让你看清楚焦虑、烦躁、憎恨、后悔、反叛和恐惧情绪怎样伤害我们的身心健康。

忧虑甚至会使最强壮的人生病。在美国南北战争的最后几天里，格兰特将军发现了这一点。故事是这样的：

格兰特围攻里奇蒙德有 9 个月之久，李将军的衣衫不整、饥饿不堪的部队被打败了。有一次，好几个兵团的人开了小差，其余的人在他们的帐篷中开会祈祷，叫着、哭着，看到了种种幻象。眼看战争就快结束了，李将军手下的人放火烧了里奇蒙德的棉花，以及烟草仓库，也烧了兵工厂，然后在烈焰升腾的黑夜里弃城逃走了。格兰特乘胜追击，从左右两侧和后方夹攻南部联军，而由骑兵从正面截击，拆毁铁路线，俘虏了运送补给的车辆。

由于剧烈头痛而使眼睛半瞎的格兰特无法跟上队伍，就停在了一个农家。“我在那里过了一夜，”他在回忆录里写道，“把我的两脚泡在了加了芥末的冷水里，还把芥末药膏贴在我的两个手腕和后颈上，希望第二天早上能恢复。”

第二天清早，他果然复原了。可是使他复原的，不是芥末药膏，而是一个带回李将军降书的骑兵。

“当那个军官来到我面前的时候，”格兰特写道，“我的头痛得很厉害，可是我一看到那封信的内容，我就好了。”

显然，格兰特是由于忧虑、紧张和不安才生病的。一旦他在情绪上恢复了自信，想到他的成就和胜利，病马上就好了。

70 年后，罗斯福总统的财政部长亨利·摩根索发现忧虑会使他病得头昏眼花。他在日记中记述说，为了提高小麦的价格，罗斯福总统在一天以内买了 440 万蒲式耳的小麦，使他感到非常忧虑。他在日记里说：“在这件事还没有结果之前，我觉得头昏眼花。我回到家中，在吃完中饭后睡了两个小时。”

著名的法国哲学家蒙泰格被选为老家的市长时，他对市民们说：“我愿意用我的双手处理你们的事情，可是不愿把它们带到我的肝里和肺里。”

但我那个邻居却把股票市场带到了他的血液中，差点送了他的老命。

如果我想记住忧虑对人有什么影响，我不必去看我领导的房子，只要看看我现在坐着的这个房间，想想以前这栋房子的主人——他由于忧虑过度而进了坟墓。忧虑会使你患风湿症或关节炎而坐进轮椅，康奈尔大学医学院的罗素·塞西尔博士是世界闻名的治疗关节炎权威，他列举了四种最容易得关节炎的情况：

1. 婚姻破裂。

2. 财务上的不幸和难关。

3. 寂寞和忧虑。

4. 长期的愤怒。

确实，以上四种情绪状况，并不是关节炎形成的唯一原因。而使关节炎产生的最“常见的原因”是西基尔博士所列举的这四点。举个例子来说，我的一个朋友在经济不景气的时候，遭到了很大的损失。结果煤气公司切断了他的煤气，银行没收了他抵押贷款的房子，他的太太突然染上关节炎，虽然经过治疗和增加营养，关节炎却一直到他们的财务状况改善之后才算痊愈。

不久以前，我和一个得这种病的朋友到费城去。我们去见伊莎瑞尔士内·布拉姆博士——一位主治这种病达38年之久的著名专家。在他候诊室的墙上挂了一块大木板，上面写着他给病人的忠告。我把它抄在一个信封的背面：

轻松和享受

最使你轻松愉快的是，
健全的信仰、睡眠、音乐和欢笑。
——对神要有信心，
——要能睡得安稳，
——喜欢好的音乐，
——从滑稽的一面来看待生活，
健康和快乐就都是你的。

他问我朋友的第一个问题就是：“有什么问题使你的情绪产生这种情况？”他警告我的朋友说，如果他继续忧虑下去，就可能会染上其他并发症，例如心脏病、胃溃疡，或是糖尿病。“所有的这些病症，”这位名医说，“都互为亲戚关系，甚至是很近的亲戚。”一点都不错，它们都是近亲——由忧虑所产生的病症。

◎忧虑是容貌最大的克星

◎ 再没有什么会比忧虑使一个女人老得更快，而摧毁了她的容貌了。

◎ 我觉得化妆品不只是搽在肌肤上的东西，它更应该是搽拭在精神上的东西，经常使用化妆品的人会变得心情舒畅，其实它应从更深层次上减轻女性们的精神痛苦。

我去访问女明星英乐·奥伯恩时，她告诉我她绝对不会忧虑，因为忧虑会摧毁她在银幕上的主要资产——她美丽的容貌。她告诉我说：

“当我最先想要进入影坛的时候，我既担心又害怕。我刚从印度回来，在伦敦一个熟人也没有，却想在那里找一份工作。去见过几个制片家，可是没有一个人肯用我。我仅有的一点钱渐渐用光了，整整有两个礼拜，只靠一点饼干和水过活。这下我不仅是忧虑，还很饥饿，我对自己说：‘也许你是个傻子，也许你永远也不可能闯进电影界。归根究底，你没有经验，也从来没有演过戏，除了一张漂亮的脸蛋，你还有些什么呢？’

“我照了照镜子。就在我望着镜子的时候，才发现忧虑对我的容貌起了极坏的影响。我看见了忧虑造成的皱纹，看见了焦虑的表情，于是我对自己说：‘你一定得马上停止忧虑，不能再忧虑下去了，你所能给人家的只有你的容貌了，而忧虑会毁了它的。’”

再没有什么会比忧虑使一个女人老得更快，而摧毁了她的容貌。忧虑会使我们的表情难看，会使我们咬紧牙关，会使我们的脸上产生皱纹，会使我们老是愁眉苦脸，会使我们头发灰白，有时甚至会使头发脱落。忧虑会使你凛上的皮肤发生斑点、溃烂和粉刺。

曾经有一段时期在日本掀起了第一次“自然化妆品”热潮，与现时的“自然”有所不同，主要以使用更加原始的原材料生产化妆品为特色，比如使用赤豆、丝瓜等所谓“传统智慧”的化妆品大行其道，对流行时尚极为敏感的年轻女性完全陷于其中不能自拔。这种自然化妆品的依据便是

"绝不使用任何界面活性剂、防腐剂以及香料等成分"，使用这些"含对皮肤有害的物质的大型化妆品生产厂家的化妆品对人的肌肤是极其危险的"，等等。这种极端的论调使陷于其中的女性们纷纷对著名厂家的化妆品敬而远之，甚至持否定态度，一心追捧赤豆和丝瓜。

在这一片热潮中，有一位起劲地抬轿子而立下汗马功劳的女性，她在接受各种杂志的采访时曾语出惊人，发出豪言壮语："除了纯自然的化妆品，其他都令人可怕，使用不得！"

可是大约一年之后，她又突然宣称自己是"敏感性肌肤"，开始热衷于由皮肤科医师开发研制的化妆品，说"即使不使用防腐剂的自然化妆品也令人可怕，使用不得"。再过了大约两年左右，她又转而竭力称赞起所谓"无任何添加物"的化妆品来，对皮肤科医师开发研制的化妆品也变成了否定："那只不过是一种错觉而已！"后来，每当与她联系时便换了一种"爱用品"的她，又迷上了我只听到过名字的二线品牌的邮购化妆品，而选择的理由自然是每次都各不相同，真是很有意思。毫无疑问，她就是那种"化妆品信息源"、"超级时尚发布中心"，同时又是稍嫌不成熟的狂热的化妆品爱好家。

彷徨于各种化妆品间而无法确定自己所适合的，这本是谁都会发生的事情，没有什么不好；可是她的情况却稍稍有些病态，对各种化妆品一一热衷又一一幻灭，因而肌肤老是不能变得光滑美丽，尽管尝试了各种各样的化妆品，但是她一点儿也没有美丽起来，脸色总是显得黯淡无光，一直在为脸上的疙瘩而烦恼。

后来她又随着时尚潮流开始为"冥想化妆品"而倾倒，但是脸色仍然未见丝毫好转，终于发出了"难道所有化妆品都没有什么效果么"的疑问，即使这样，她还是没有停止尝试和彷徨，先后使用了各种"冥想化妆品"。她将毫无改善的原因统统归结为化妆品，而旁观者则清清楚楚地知道这绝不是化妆品的原因。三年前，她结婚当了一名全职主妇，出于很容易理解的原因，她听从住所附近主妇们的推荐，又试着换用了在主妇中间很受欢迎的上门推销的化妆品，结果如何？令人简直不敢相信，她的肌肤一下子变得光滑美丽起来。

“真的是好不容易才遇上了这样好的化妆品啊！”

她兴奋异常地给我挂来电话报告。我问她：“怎么个好法？”回答：“脸上的疙疙瘩瘩全都不见了，皮肤也变白了……”

我情不自禁地想：果不其然！

她为肌肤持续烦恼了约10年的根本原因，不是因为“没有遇见好的化妆品”，而是她身体内反反复复蓄积下来的令人感觉不适的精神压力，巨大的精神压力会导致植物神经系统失调，血液循环不畅，皮肤的免疫机能低下或出现紊乱。她总是脸色黯淡，稍有一点小事脸上便长出疙瘩等，全都是内在的精神压力所致。那么，为什么持续了10年的讨厌的问题会在一瞬间全面解决呢？我想大家已经明白了吧，那就是结婚。年过35岁的“闪电式结婚”，不要说周围人都觉得惊讶不已，她本人可能也最最想不到会有这样的事情吧？

类似的例子还可以举出许多。一位皮肤粗糙不堪的女性先后尝试了各种各样的化妆品，在某次人事变动后被调到了其他科室，突然间仿佛全身的毒素全部排出似的，肌肤变得光滑润洁起来；还有一位女性在与长期同居的男友分手，重新搬家之后，立即显得容光焕发，终于告别了彷徨于各种化妆品的生活。不管是谁，都是在改变了自己的日常生活场所的同时发生了变化。

然而更重要的却是，现今的时代在被称作狂热的美容爱好家的人群中，像这样类型的人——将自己不幸的原因指向毫不相干的化妆品，漫无目标地热衷于化妆品中——其实真的是很多。这些人往往不信任“主流”化妆品，而宁愿更相信自然化妆品、邮购化妆品等“支流”的化妆品，热衷于从一些二线品牌的化妆品中发现所谓的“价值”，因而她们“追求更好更有效的化妆品”的意识比一般人更加强烈，以至一直彷徨于频繁地更换化妆品的病态之中。

或许有人会认为这是“庞大的浪费”，不过我却有一瞬真的觉得：靠着化妆品或多或少解救了深陷于“暗无天日”的巨大精神压力中的她们，这不也是一件好事吗？就拿上述那位女士来说，大概甚至将“或许结不了婚”的原因也归罪于“化妆品一点也没有效果”，假如真是这样的话，这种归罪也就不至于使她产生“我不是一个好女人”、“我缺少女性的魅力”一类的自卑感。她之所以能够结婚，可以说也正是因为她并没有这种自卑感的缘故。她所反复尝试和彷徨于其中的许许多多的化妆品，即使没有治愈她肌肤上的问题，但至少减轻了她精神上的自卑感，所以说还是产生了效果的，一点也没有浪费。

日本知名的女性心理专家斋藤薰说得好：“我觉得化妆品不只是搽在肌肤上的东西，它更应该是搽拭在精神上的东西，我们经常说使用化妆品后人会变得心情舒畅，其实它还从更深层次上减轻了女性们的精神苦痛。”

忧虑是女人容貌的最大克星，拥有一份好心情就是最好的天然化妆品。如果你不想让你的眼睛周围那些皮肤特别薄的地方过早出现皱纹，请及时地脱离忧虑。

◎你的生活与忧虑无关

◎ 忧虑最能伤害到你的时候，不是在你有所行动的时候，而是在一天的工作做完了之后。

◎ 不知怎样抗拒忧虑的人都会短命；同理，就事业而言，不知抗拒忧虑同样会失败。

在现实的生活中，我们每天必须亲自处理各种各样的日常工作，这些工作不仅满足我们生存的需要，同时也给我们带来快乐，但在相当多数情况下我们其中的一些人却享受不到工作的快乐，而是痛苦于由工作压力带来的种种忧虑。

我曾参与过一项名为“压力下的家庭健康”的调查，在接受调查的20 0000人中有近85%的人认为，绝对需要学习如何处理压力。根据过去10年美国家庭医师协会（American Academy of Family Practitioners）的调查估计，一般的病人中，有近3/4具有与压力有关的问题。这样的调查和其他类似的调查统计，引起许多公司机构与企业界领导人的关切，因为在过去的一年里，怠工以及与压力相关的疾病而造成的生产效益低下，已使得他们的公司损失了500亿美元。而且他们相信在两年以内，这种花费会增至750亿美元——平均每位美国的工人要花750美元。家庭与婚姻是受压力影响最严重的领域。一般来说，压力是婚姻问题与人际关系问题的最根本的原因之一。

艾柯森博士在他的一篇医学报告中为我们总结了一些关于工作压力带来的忧虑症状。他说：“压力是精神与身体对内在、外在事件的生理反应与心理反应，具有下列特征：A. 主观性——同样的事件有人觉得有压力，有人却觉得不怎么样；B. 评价性——同样的压力有人认为对自己有帮助，然而有人却认为对自己有副作用；C. 活动性——压力会因为对每一个人造成的严重性不同，从而产生程度不同的压力。”艾柯森仔细地观察他的病人，发现80%的人因为工作的压力产生忧虑，而烦躁和忧虑致使他们的身体经常呈现如下这样一些症状。

情绪：紧张、敏感、多疑、不稳定、焦躁不安、忧虑烦恼、难以放松等。

生理：口干舌燥、心跳急速、异常出汗、肌肉紧绷僵硬、便秘、头痛、失眠、血压升高、全身酸痛、疲劳、精神不济、消化系统不良、新陈代谢失调等。

行为：抱怨、争执、挑剔、责备、暴力、滥用药物、生活作息混乱、坐立不安等。

不错，工作的压力是忧虑的主要来源，但忧虑最能伤害到你的时候，不是在你有所行动的时候，而是在一天的工作做完了之后。你曾否注意到，当你在工作出现过失或者差错的时候，你害怕别的同事或者上司会发现这事时，你心中有着一股怎样强大的压力？这种压力是我们每个人都会有的，因为我们都曾经或多或少地在工作中出现过失误。

我在得州举办的成人教育班上，一个叫玛丽·苏伊曼的女士讲述了她一段至今难忘的经历。

“十年前，我刚刚从佛罗里达州立大学毕业进入一家洗涤品公司销售部工作，当时公司新研制出了一种冰箱除味剂，首先在几家超市做了试销，效果还不错，接着上司肖恩向我布置了新的销售任务——一星期内作出一份销售除味剂的策划案。当时我异常紧张：‘我只是个新手，为什么让我来做挑战性这么大、风险又这么高的策划案？为什么肖恩不让已经在这里工作了两年的彼得去做？’在这样的不安中我度过了前两天，我当时真实的感受是，当黎明到来的时候，我迅速起床赶到一个个社区中给每个家庭主妇分发除味剂，然后就在现场统计关于价格啊、包装啊、气味啊等方面的调查结果，到了晚上我面对摆在桌子上的一堆资料开始忧虑：‘这样能行吗？别的同事是否会取笑甚至在会上反对这种销售方式？成功的概率到底有多少？’整个夜晚就在这样的质疑中迷迷糊糊度过。到了第四天事情开始出现转机，一位退休在家的老教授找到我们公司，急切地问你们的除味剂怎么在超市的货架上找不到。这样简短的一个问题使我打消了忧虑，我自信地告诉肖恩我的策划案已经完成。压力消失了，困扰也不在了，我们成功地推销了新除味剂。”虽然事情时隔10年了，玛丽依然很激动，“可能很多人生活中的忧虑和不快乐来自工作中的压力，其实更多的情况是，工作的压力不是因为工作本身，而是我们自己给自己制造的压力。”

著名的心理学者哈里·赖文生博士，谈到我们对自己将来的光明前景的期待的问题。他说，我们总是尽力使每一件事尽善尽美，因为我们希望能活得更像心目中的自己。但在实际状况与自我期望之间总是有一段距离，这距离就是引起压力的根源，也称为自我的压力。因此理想中的我是导致潜在问题的原因。

前几年一个经常和我联系的商人谈到了他在这种压力中挣扎的经验。他说："许多年前我的公司曾经问过我，是否愿意考虑调职到日本。那真是表现自我的好机会，但我知道，若我接受，很可能会造成家庭问题。我已因职业的关系，而搬家至四个不同的城市，某一次搬家之后，当时我那15岁的大儿子，离家出走了几天，以示抗议。我知道我不应再考虑为事业而搬家，因我另外一个儿子，那时也已经15岁，正值青春期的危险年龄。但我仍让上司将我列入考虑人选中达六周之久。在这段时间里，我说：'我不会自我推荐的，上帝啊，我会让别人来决定。'我的太太琼说：'我祷告，求神指示我们。'而我知道，这是她表示不愿意去的方式。我那15岁的儿子则坦白地对我说：'爸爸，我不要再搬家。'在六周后事情决定了，是由另一位同事去。虽然我口里说'那好啊'，但两天以后，我患了肠疾，而且并没有立刻就好，就在那个时候我才明白我的挣扎有多严重。病了四天后，半夜肚子不舒服使我醒来，我轻声地祷告：'我现在才知道我一直在苦苦挣扎，请赦免我只想到自己的需要。请医治我与家人的关系……并且也请医治我身体上的不舒服。'那夜我也不必再爬起来了，因为我的罪已得赦免，而我的难处也随着紧张一并消失。结果我得到宝贵的教训，当一个人不顾一切要得到一个工作上的地位，而甘冒失去家庭和邻里的和谐关系这种风险时，就会丧失分辨是非黑白的能力。"

在忙碌的生活中，自我管理的能力实在很重要，而正确处理理想的自我便是其中重要的部分。或许我们生命中有90％的时间，是花费在自己的事情与追逐自我的理想中。我们只为自己着想，因为那会使我们陷在自我的捆绑中。古罗马有这样一句谚语："不是负担，而是过重的负担杀死熊。”换句话说，是每日的压力，加上过多的焦虑伤害了我们。

另外还有一种压力，是来自犹豫不决的困扰。

有的时候你在工作中受到的压力，就和你得了感冒一样，是渐渐形成的。没人能事先警觉，因为每一个人都知道，一点点的压力不会伤害你，或许还有些好处呢。但当有一天你可能会发现你受到的压力，已超过了负荷量，而你甚至不知道是从什么时候开始的。于是，你必须寻求一种医治的方法使你从十分疲惫的争斗中得以解脱。在这项个人与压力的搏斗中，你若放弃自己的一意孤行，压力就可以减少许多。

第二章

擦拭心灵，来一场忧虑的革命

◎科学对待：平均率帮你战胜忧虑

◎ 我们所担心的事，有99%的根本就不会发生。

◎ 当我们怕被闪电打死、怕坐的火车翻车时，想一想发生的平均率，会把我们笑死。

我从小生长在密苏里州的一个农场上。有一天，在帮母亲摘樱桃的时候，我开始哭了起来。我妈妈说："嘉里，你到底有什么好哭的啊？"我哽咽地回答道："我怕我会被活埋。"

那时候我心里充满了忧虑。暴风雨来的时候，我担心被闪电打死；日子不好过的时候，我担心东西不够吃；另外，我还怕死了之后会进地狱；我怕一个叫詹姆怀特的大男孩会割下我的两只大耳朵——像他威胁过我的那样。我忧虑，是因为怕女孩子在我脱帽向她们鞠躬的时候取笑我；我忧虑，是因为怕将来没一个女孩子肯嫁给我；我还为我们结婚之后我该对我太太说的第一句话是什么而操心。我想象我们会在一间乡下的教堂里结婚，会坐着一辆垂着流苏的马车回到农庄……可是在回农庄的路上，我怎么能够一直不停地跟她谈话呢？该怎么办？怎么办？我在犁田的时候，常常花几个钟点在想这些惊天动地的问题。

日子一年年地过去，我渐渐发现我所担心的事情里，有99%根本就不会发生。比方说，像我刚刚说过的，我以前很怕闪电。可是现在我知道，随便在哪一年，我被闪电击中的机会，大概是三十五万分之一。

我怕被活埋的恐惧，更是荒谬得很。我没有想到——即使是在发明木乃伊前的那些日子里——在1 000万人里可能只有一个人被活埋，可是我以前却曾经因为害怕这件事而哭过。

每8个人里就有一个人可能死于癌症，如果我一定要发愁的话，我就应该去为得癌症的事情发愁——而不应该去愁被闪电打死，或者遭到活埋。

事实上，我刚刚谈的都是我在童年和少年时所忧虑的事。而很多成年人的忧虑也几乎一样荒谬。我们可根据平均率评估我们的忧虑究竟值不值得。如此一来，我想你和我都能够把我们的忧虑消掉9/10了。

全世界最有名的保险公司——伦敦的罗艾得保险公司就靠大家对一些根本很难得发生的事情的担忧，而赚进了几百万元。伦敦的罗艾得保险公司是在跟一般人打赌，说他们所担心的灾祸几乎永远不可能发生。不过，他们不把这叫做赌博，他们称之为保险，实际上这是以平均率为根据的一种赌博。这家大保险公司已经有两百年的良好历史了，除非人的本性会改变，它至少还可以继续维持5 0000年。而它只是替你保鞋子的险，保船的险，利用平均率来向你保证那些灾祸发生的情况，并不像一般人想象的那么常见。

如果检查一下所谓的平均率，就常常会为我们所发现的事实而惊讶。比方说，如果我知道在5年以内，就得打一场盖茨堡战役那样惨烈的仗，我一定会吓坏了。我一定会想尽办法去加保我的人寿险；我会写下遗嘱，把我所有的财物变卖一空。我会说："我大概没办法活着撑过这场战争，所以我最好痛痛快快地过剩下的这些年。"但是事实上，根据平均率，在平时，50到55岁之间，每1 000人里死去的人数，和盖茨堡战役里16万士兵中每1 000人中平均阵亡的人数相同。

有一年夏天，我在加拿大洛基山区里弓湖的岸边碰见了何伯特·沙林吉夫妇。沙林吉太太是一个很平静、很沉着的女人，给我的印象是：她从来没有忧虑过。有一天夜晚，我们坐在熊熊的炉火前，我问她是不是曾经因忧虑而烦恼过。“烦恼？”她说，“我的生活都差点被忧虑毁了。在我学会征服忧虑之前，我在自作自受的苦难中生活了11个年头。那时候我脾气很坏，很急躁，生活在非常紧张的情绪之下。每个礼拜，我要从在圣马提奥的家搭公共汽车到旧金山去买东西。可是就算在买东西的时候，我也愁得要命——也许我又把电熨斗放在熨衣板上了，也许房子烧起来了；也许我的女佣人跑了，丢下了孩子们；也许他们骑着他们的脚踏车出去，被汽车撞死了。我买东西的时候，常常因发愁而弄得冷汗直冒，冲出店去，搭上公共汽车回家，看看是不是一切都很好。难怪我的第一次婚姻没有结果。

“我的第二任丈夫是一个律师——一个很平静、事事都能够加以分析的人，从来没有为任何事情忧虑过。每次我神情紧张或焦虑的时候，他就会对我说：‘不要慌，让我们好好地想一想……你真正担心的到底是什么呢？让我们看一看平均率，看看这种事情是不是有可能会发生。’

“举个例子来说，我还记得有一次，那是在新墨西哥州。我们从阿布库基开车到卡世白洞窟去，经过一条土路，在半路上碰到了一场很可怕的暴风雨。

“车子一直滑着，没办法控制。我想我们一定会滑到路边的沟里去，可是我的先生一直不停地对我说：‘我现在开得很慢，不会出什么事的。即使车子滑进了沟里，根据平均率，我们也不会受伤。’他的镇定和信心使我平静下来。

“有一个夏天，我们到加拿大的洛基山区托昆谷去露营。有天晚上，我们的营帐扎在海拔7 0000英尺高的地方，突然遇到暴风雨，好像要把我们的帐篷吹成碎片。帐篷是用绳子绑在一个木制的平台上的，它在风里抖着，摇着，发出尖厉的声音。我每一分钟都在想：我们的帐篷会被吹跑的，吹到天上去。我当时真吓坏了，可是我先生不停地说着：‘我说，亲爱的，我们有好几个印第安向导，这些人对一切都知道得很清楚。他们在这些山地里扎营，都扎了有60年了，这个营帐在这里也过了很多年，到现在还没有被吹跑。根据平均率来看，今晚上也不会被吹跑。而即使被吹跑的话，我们也可以躲到另外一个营帐里去，所以不要紧张。’……我放松了心情，结果那后半夜睡得非常熟。

“几年以前，小儿麻痹症横扫过加利福尼亚州我们所住的那一带。要是在以前，我一定会惊慌失措，可是我先生叫我保持镇定，我们尽可能采取了所有的预防方法：我们不让小孩子出入公共场所，暂时不去上学，不去看电影。在和卫生署联络过之后，我们发现，到目前为止，即使是在加州所发生过的最严重的一次小儿麻痹症流行时，整个加利福尼亚州只有1835个孩子染上了这种病。而平常，一般的数目只在200～300之间。虽然这些数字听起来还是很惨，可是到底让我们感觉到：根据平均率看起来，某一个孩子感染的机会实在是很小。

“‘根据平均率，这种事情不会发生’，这一句话就消灭了我90%的忧虑，我过去20年来的生活，过得那样美好和平静，都是靠这一句话的力量。”

回顾过去的几十年时，我发现我大部分的忧虑也都是因此而来的。詹姆·格兰特告诉我，他的经验也是如此。他是纽约富兰克林市场的格兰特批发公司的大老板。每次他要从佛罗里达州买10到15车的橘子等水果。他告诉我，他以前常常想到很多无聊的问题，比方说，万一火车出事怎么办？万一水果滚得满地都是怎么办？万一我的车子正好经过一座桥，而桥突然垮了怎么办？当然，这些水果都是经过保险的，可是他还是怕万一没有按时把水果送到，就可能失掉市场。他甚至因过度忧虑而得了胃溃疡，因此去找医生检查。医生告诉他说，他没有别的毛病，只是过于紧张罢了。“这时候我才明白，”他说，“我开始问我自己一些问题。我对自己说：

‘注意，詹姆·格兰特，这么多年来你批发过多少车的水果?’答案是：‘大概有25 0000多车。’然后我问我自己：‘这么多车里有多少出过车祸?’答案是：‘噢——大概有5部吧。’然后我对我自己说，一共25 0000部车子，只有5部出事，你知道这是什么意思?比率是5 0000∶1。换句话说，根据平均率来看，以你过去的经验为基础，你车子出事的可能几率是5 0000∶1，那你还担心什么呢?’

“然后我对自己说：‘嗯，桥说不定会塌下来，’然后我问我自己：‘在过去，你究竟有多少车水果是因为塌桥而损失了呢?’答案是：‘一部也没有。’然后我对我自己说：‘那你为了一座根本没塌过的桥，为了5 0000∶1的火车失事的几率而让你忧愁成疾，不是太傻了吗?’

“当我这样来看这件事的时候，”詹姆·格兰特告诉我，“我觉得以前自己真的太傻。于是我就在那一刹那决定，以后让平均率来替我担忧——从那以后，我就没有再为我的‘胃溃疡’烦恼过。”

埃尔·史密斯在纽约当州长的时候，我常听到他对攻击他的政敌说：“让我们看看记录……让我们看看记录。”然后他就把很多事实讲出来。下一次你若再为可能发生什么事情而忧虑，最好学一学这位聪明的老埃尔·史密斯，查一查以前的记录，看看你这样忧虑到底有没有道理。这也正是当年佛莱德雷·马克斯塔特害怕自己躺在散兵坑里的时候所做的事情。下面就是他在纽约成人教育班上所说的故事：

“1944年的6月初，我躺在奥玛哈海滩附近的一个散兵坑里。当时我正在第9信号连服役，而我们刚刚抵达诺曼底。我看到了地上那个长方形的散兵坑，就对自己说：‘这看起来多像一座坟墓。’当我准备睡在里面的时候，更觉得那就是一座坟墓，我忍不住对我自己说：‘也许这就是我的坟墓呢。’在晚上11点钟的时候，德军的轰炸机开始飞了过来，炸弹纷纷往下落。我吓得呆若木鸡。前三天我根本睡不着。到了第四天还是这样。第五天夜里，我几乎精神崩溃了。我知道要是不赶紧想办法的话，我整个人就会疯掉。所以我提醒自己说：‘已经过了五个夜晚了，我还活得好好的，而且我们这一组的人也都活得很好，只有两个受了轻伤。’他们之所以受伤，并不是因为被德军的炸弹炸到了，而是被我们自己的高射炮的碎片打中。我决定做一些有建设性的事情来制止我的忧虑，所以在我的散兵坑上造了一个厚厚的木头屋顶，来保护我自己不至于被碎弹片击中。我计算了我这个坑伸展开来所能到达的最远地方，告诉我自己：‘只有炸弹直接命中，我才可能被炸死在这个又深又窄的散兵坑。’于是我算出直接命中的比率，还不到万分之一。这样子想了两三夜之后，我平静了下来，后来就连敌机来袭的时候，我也睡得非常安稳。”

美国海军也常用平均率所统计的数字，来鼓舞士兵的士气。一个以前当海军的人告诉我，当他和船上的伙伴被派到一艘油船上的时候，他们都吓坏了。这艘油轮运的是高标号汽油，于是他们都认为，要是这条油轮被鱼雷击中，就会爆炸开来，把船上的每个人都送上西天。

可是美国海军有他们的办法。海军单位发出了一些很正确的统计数字，指出被鱼雷击中的100艘油轮里，有60艘并没有沉到海里去，而真正沉下去的40艘里，只有5艘是在不到5分钟的时间沉没。那就是说，如果鱼雷真的击中油轮，你有足够的时间跳下船——也就是说，在船上丧命的机会非常小。这样对士气有没有帮助呢？“知道了这些平均数字之后，我的忧虑一扫而光。”住在明尼苏达州保罗市的克莱德·马斯——也就是说这个故事的人，说：“船上的人都觉得轻松多了，我们知道有的是机会，根据平均的数字来看，我们可能不会死在这里。”

◎平衡心理：平静让忧虑止步

◎ 学会对自己说：“这件事只值得我担一点点心，没有必要去操更多的心。”

◎ 获得心理平静的最大秘密之一，就是要有正确的价值观念。

◎ 林肯认为："一个人实在没有时间把他的半辈子花在争吵上，要是那个人不再攻击我，我就不会记他的仇。"

你是否想知道如何在华尔街赚钱？恐怕至少有100万以上的人想知道这一点。如果我知道这个问题的答案，这本书恐怕就要卖一万美元一本了。不过，这里却有一个很好的想法，而且很多成功的人都加以应用。讲这个故事的人叫查尔斯·罗伯茨，一位投资顾问。

"我刚从得克萨斯州来到纽约的时候，身上只有两万美元，是我朋友托付我到股票市场上来投资用的。我原以为，我对股票市场懂得很多，可是后来我赔得一分钱不剩。不错！在某些生意上我赚了几笔，可结果全部都赔光了。

"要是我自己的钱都赔光了，我倒不会那么在乎！可是我觉得把我朋友们的钱赔光了，是一件很糟糕的事情，虽然他们都很有钱。在我们的投资得到这样一种不幸的结果之后，我实在很怕再见到他们，可是没有想到的是，他们不仅对这件事情看得很开，而且还乐观到不可救药的地步。

"我开始仔细研究自己犯过的错误，并下定决心在我再进股票市场以前，一定要先了解整个股票市场到底是怎么一回事。于是我找到一位最成功的预测专家波顿·卡瑟斯，跟他交上了朋友。我相信能从他那里学到很多东西，因为他多年来一直是个非常成功的人，而我知道能有这样一番事业的人，不可能全靠机遇和运气。

"他先问了我几个问题，问我以前是怎么做的。然后告诉我一个股票交易中最重要的原则。他说：'我在市场上所买的每一宗股票，都有一个到此为止、不能再赔的最低标准。比方说，我买的是每股50元的股票，我马上规定不能再赔的最低标准是45元钱。'这也就是说，万一股票跌价，跌到比买进价低5元的时候，就立刻卖出去，这样就可以把损失只限定在5元钱。

"'如果你当初买得很聪明的话，'这位大师继续说道，'你的赚头可能

平均在10元、25元，甚至于50元。因此，在把你的损失限定在5元以后，即使你半数以上的判断错误，也能让你赚很多的钱。'

"我马上学会了这一办法，从此便一直使用，这个办法替我的顾客和我挽回了不知几千几万块钱。

"过了一段时间之后，我发现，这个所谓'到此为止'的原则也可以用在股票市场以外的地方，我开始在财务以外的忧虑问题上订下'到此为止'的限制，我在每一种让我烦恼和不快的事情上，加一个'到此为止'的限制，结果简直是太不可思议了。

"举例来说，我常常和一个很不守时的朋友一起午餐。他以前总是在我的午餐时间过去大半之后才来，最后我告诉他我现在碰到问题就用'到此为止'的原则。我告诉他说：以后等你'到此为止'的限制是10分钟，要是你在10分钟以后才到的话，我们的午餐约会就算告吹了——你来也找不到我。"

各位，我真希望在很多很多年以前就学会了把这种"到此为止"的限制，用在化解我的缺乏耐心、我的脾气、我的自我适应的欲望、我的悔恨和所有精神与情感的压力上。为什么我以前没有想到要抓住每一个可能会摧毁我思想平静的情况呢？为什么不会对自己说"这件事情只值得担这么一点点心——没必要去操更多的心"？

不过，我至少觉得自己在一件事上做得还不差，而且那是一次很严重的情况——是我生命中的一次危机——当时我几乎眼看着我的梦想、我对未来的计划，以及多年来的工作付诸流水。事情经过是这样的：

在我30岁刚出头的时候，我决定终生以写小说为职业，想做个弗兰克·瑞斯洛、杰克·伦敦或哈代第二。当时我充满了信心，在欧洲住了两年，在第一次世界大战结束后的那段日子里，用美元在欧洲生活，开销算是很小的。我在那儿过了两年，从事我的创作。我把那本书题名为《大风雪》，这个题目取得真好，因为所有出版家对它的态度都冷得像呼啸而刮的大风雪一样。当我的经纪人告诉我这部作品不值一文，说我没有写小说的天分和才能的时候，我的心跳几乎停止了。我茫然地离开他的办公室，哪怕他用棒子当头敲我，也不会让我更感到吃惊，我简直是呆住了。我发现自己站在生命的十字路口，必须作出一个非常重大的决定。我该怎么办呢？我该往哪一个方向转呢？几个礼拜之后，我才从这种茫然中醒来。在当时，我从来没有听过“给你的忧虑订下‘到此为止’的限制”的说法，可是现在回想起来，我当时所做的正是这件事。我把费尽心血写那本小说的那两年时间看作是一次可贵的经验，然后从那里继续前进。我回到组织和教授成人教育班的老本行，有空的时候写一些传记和非小说类的书籍。

我是不是很高兴自己作出了这样的决定呢？现在每逢我想起那件事情，就得意地想在街上跳舞，我可以很诚实地说，从那以后，我再也没有哪一天或哪一个钟点后悔我没有成为哈代第二。

100年前的一个夜晚，当一只鸟沿着沃登湖畔的树林里叫的时候，梭罗用鹅毛笔蘸着自己做的墨水，在他的日记里写道：“一件事物的代价，也就是我称之为生活的总值，需要当场或长时期内进行交换。”

换个方式来说，如果我们以生活的一部分来付出代价，而付出得太多了的话，我们就是傻子。这也正是吉尔伯特和苏利文的悲哀：他们知道如何创作出快乐的歌词和歌谱，可是完全不知道如何在生活中寻找快乐。他们写过很多令世人非常喜欢的轻歌剧，可是他们却没有办法控制他们的脾气。他们为了一张地毯的价钱而争吵多年。苏利文为他们的剧院买了一张新的地毯，当吉尔伯特看到账单的时候，大为恼火。这件事甚至闹至公堂，从此两个人至死都没有再交谈过。苏利文替新歌剧写完曲子之后，就把它寄给吉尔伯特，而吉尔伯特填上歌词之后，再把它们寄回给苏利文。有一次，他们一定要一起到台上谢幕，于是他们站在台的两边，分别向不同的方向鞠躬，这样才可以不必看见对方。他们就不懂得应该在彼此的不快里订下一个“到此为止”的最低限度，而林肯却做到了这一点。

有一次，在美国南北战争中，林肯的几位朋友攻击他的一些敌人，林肯说：“你们对私人恩怨的感觉比我要多，也许我这种感觉太少了吧；可是我向来以为这样很不值得。一个人实在没有时间把他的半辈子都花在争吵上，要是那个人不再攻击我，我就再也不会记他的仇。”

我真希望我的老姑妈——爱迪丝姑妈也有林肯这样的宽恕精神。她和弗兰克姑父住在一栋抵押出去的农庄上。那里土质很差，灌溉不良，收成又不好。他们的日子很难过，每时每刻都得省吃俭用。可是爱迪丝姑妈却喜欢买一些窗帘和其他的小东西来装饰家里。她向密苏里州马利维里的一家小杂货铺赊账买这些东西。弗兰克姑父很担心他们的债务，他很注重个人的信誉，不愿意欠债。所以他偷偷地告诉杂货店老板，不要再赊账给姑妈。当她听说这件事之后，大发脾气——那时到现在差不多有 50 年了，她还在大发脾气。我曾经听她说这件事情——不止一次，而是好多好多次。我最后一次见到她的时候，她已经 70 多快 80 岁了。我对她说：“爱迪丝姑妈，弗兰克姑父这样羞辱你是不对的，可是难道你真的不觉得，从那件事发生之后，你差不多埋怨了半个世纪，比他所做的事情还要坏得多吗?”

爱迪丝姑妈对她这些不快的记忆所付出的代价实在是太贵了，她付出的是她自己半生的内心平静。

富兰克林小的时候，犯了一次他 70 年来一直没有忘记的错误。当他 7 岁的时候，他喜欢上了一支哨子，于是他兴奋地跑进玩具店，把他所有的零钱放在柜台上，也不问问价钱就把那支哨子买了下来。“然后我回到家里，” 70 年后他写信告诉他朋友说，“吹着哨子在整个屋子里转着，对我买的这支哨子非常得意。”可是等到他的哥哥姐姐发现他买哨子多付了钱之后，大家都来取笑他。而他正像他后来所说的：“我懊恼地痛哭了一场。”

很多年之后，富兰克林成为世界知名的人物，做了美国驻法国的大使。他还记得因为他买哨子多付了钱，使他得到的痛苦多过了哨子所给他的快乐。

富兰克林在这个教训里所学到的道理非常简单。“当我长大以后，”他说，“我见识到许多人类的行为，我认为我碰到很多人买哨子都付了太多的钱。简而言之，我相信，人类的苦难部分产生于他们对事物的价值做了错误的估计，也就是他们买哨子多付了钱。”

吉尔伯特和苏利文对他们的哨子多付了钱，我的爱迪丝姑妈也一样，我个人也一样——在很多情况下。还有不朽的托尔斯泰，也就是两部世界最伟大的小说——《战争与和平》和《安娜·卡列尼娜》的作者，根据《大英百科全书》的记载，托尔斯泰在他生命的最后20年里，“可能是全世界最受尊敬的人物”。在他逝世前的那20年，崇拜他的人不断到他家里去，希望能见他一面，听到他的声音，甚至于只摸一摸他衣服的一角。他所说的每一句话都有人在笔记本上记下来，就像那是一句“圣谕”一样。可是在生活上，托尔斯泰在70岁的时候，还不及富兰克林在7岁的时候聪明，他简直一点脑筋也没有。我为什么要如此说呢？

托尔斯泰娶了一个他非常爱的女子。事实上，他们在一起非常快乐，他们常常跪下来，向上帝祈祷，让他们继续过这种神仙眷侣的生活。可是托尔斯泰所娶的那个女子天性善妒，她常扮成乡下姑娘，去打探他的行动，甚至于溜到森林里去看他。他们发生了很多很可怕的争吵，她甚至嫉妒她亲生的儿女，曾经抓起一把枪来，把她女儿的照片打了一个洞。她会在地板上打滚，拿着一瓶鸦片对着嘴巴，威胁着说要自杀，害得她的孩子们缩在屋子的角落里，吓得尖声大叫。

结果托尔斯泰怎么做呢？如果他跳起来，把家具打得稀烂，我倒不怪他——因为他有理由这样生气。可是他做的事比这个要坏多了，他记了一本私人日记！在那里面，他把一切都怪在太太身上，这个就是他的“哨子”。他下定决心要下一代能够原谅他，而把所有的错都怪在他太太身上。

而他太太用什么办法来对付他这种作法呢？这还用问，她当然是把他的日记撕下来烧掉了。她自己也写了一本日记，在日记里把错都推在托尔斯泰身上。她甚至还写了一本小说，题目叫做《谁的错》。在那本小说里，她把她的丈夫描写成一个破坏家庭的人，而她自己是一个烈士。

所有的事情结果如何呢？为什么这两个人会把他们唯一的家变成托尔斯泰称谓的“一座疯人院”呢？很显然，有几个理由。其中之一就是他们极想引起别人的注意。不错，他们所最担心的就是别人的意见。我们会不会在乎应该怪谁呢？不会的，我们只会注意我们自己的问题，而不会浪费一分钟去想托尔斯泰家里的事。这两个无聊的人为他们的“哨子”付出了多么大的代价。50 年的光阴都住在一个可怕的地狱里，只因为他们两个人都没有一个有脑筋会说“不要再吵了”，因为两个人都没有足够的价值判断力，并能够说：“让我们在这件事情上马上告一段落，我们是在浪费生命，让我们现在就说‘够了’吧。”

不错，我非常相信，这是获得心理平静的最大秘密之一——要有正确的价值观念。而我也相信，只要我们能够定出一种个人的标准来——就是和我们的生活比起来，什么样的事情才值得的标准，我们的忧虑有 50％可以立刻消除。

所以，要在忧虑摧毁你以前，先改掉忧虑的习惯。任何时候，我们想拿出钱来买的东西和生活比较起来不合算的话，让我们先停下来，问问自己下面的三个问题：

1. 我现在正在担心的问题，到底和我自己有什么样的关系？

2. 在这件令我忧虑的事情上，我应该在什么地方设定一个“到此为止”的最低限度，然后把它整个忘掉？

3. 我到底应该付这支“哨子”多少钱？我是否已经付出了超过它价值的钱呢？

◎正视现实：不要试图改变不可避免的事

◎ 事情既然如此，就不会另有他样。

◎ 我们所有迟早要学到的东西，就是必须接受和适应那些不可避免的事实。快乐之道无他——我们的意志力所不及的事情，不要去忧虑。

◎ 正如杨柳承受风雨、水适于一切容器一样，我们也要承受一切不可逆转的事实，对那些必然之事主动而轻快地承受。

人生之路充满了许多未知未卜的因素，这些因素大致可以分为两类，一类是可变的，我们可以通过自身的努力，或改变一定的条件使之转化；另一类是无法改变的，无论我们付出何种努力，都无法改变这一不可避免的现实。因此，当我们面对后者时，就得认定事实，作出积极乐观的反应，这才是一种可取的态度。

当我还是一个小孩的时候，有一天，我和几个朋友一起在密苏里州西北部的一间荒废的老木屋的阁楼上玩。当我从阁楼爬下来的时候，先在窗栏上站了一会儿，然后往下跳。我左手的食指上带着一个戒指，当我跳下去的时候，那个戒指钩住了一根钉子，把我整根手指拉脱了下来。

我尖声地叫着，吓坏了，还以为自己死定了，可是在我的手好了之后，我就再也没有为这个烦恼过。再烦恼又有什么用呢？我接受了这个不可避免的事实。

现在，我几乎根本就不会去想，我的左手只有四个手指头。

几年之前，我碰到一个在纽约市中心一家办公大楼里开货梯的人。我注意到他的左手齐腕砍断了。我问他少了那只手会不会觉得难过，他说："噢，不会，我根本就不会想到它。只有在要穿针的时候，才会想起这件事情来。"

令人惊讶的是，在不得不如此的情况下，我们差不多能很快接受任何一种情形，或使自己适应，或者整个忘了它。

我常常想起在荷兰首都阿姆斯特丹有一家15世纪的老教堂，它的废墟上留有一行字：

事情既然如此，就不会另有他样。

在漫长的岁月中，你我一定会碰到一些令人不快的情况，它们既是这样，就不可能是他样。我们也可以有所选择。我们可以把它们当作一种不可避免的情况加以接受，并且适应它，或者我们可以用忧虑来毁了我们的生活，甚至最后可能会弄得精神崩溃。

下面是我最喜欢的心理学家、哲学家威廉·詹姆斯所提出的忠告：

要乐于接受必然发生的情况，接受所发生的事实，是克服随之而来的任何不幸的第一步。

住在俄勒冈州波特壮的伊丽莎白·康奈莉，却经过很多困难才学到这一点。下面是一封她最近写给我的信：

“陆军在北非获胜的那一天，我接到国防部的一封电报，我的侄儿——我最爱的人——在战场上阵亡了。

“我悲伤得无以复加。以前，我一直觉得活着真好，我有一份自己喜欢的工作，努力带大了这个侄儿。在我看来，他代表了年轻人美好的一切……然而这封电报，把我的整个世界都粉碎了，觉得活下去没有什么意义。我悲伤过度，决定放弃工作，离开家乡，把自己藏在眼泪和悔恨之中。

“就在我清理我的桌子，准备辞职的时候，我突然翻到几年前我母亲去世的时候，侄儿写给我的一封信。‘当然我们都会想念她的，’那封信上说，‘尤其是你。不过我知道你会撑过去的。我永远也不会忘记你教我的那些美丽的真理：不论活在哪里，不论我们分离得有多么远，我永远都会记得你教我要微笑，要像一个男子汉，承受一切已发生的事情。’

“我把那封信读了一遍又一遍，似乎觉得他就在我的身边，正在和我说话。他好像在对我说：‘你为什么不照你教给我的办法去做呢？撑下去，

不论发生什么事情，把你个人的悲伤藏在微笑底下，继续活下去。’

“于是，我继续工作。我再次对自己说：‘事情到了这个地步，我要把思想和精力都用在工作上，我不再为已经永远过去的那些事悲伤，现在我每天的生活里都充满了快乐。”

伊丽莎白·康奈莉，学到了须接受和适应那些不可避免的事。那些曾经在位的皇帝们，也常常提醒他们自己这样做。乔治五世，在他白金汉宫卧房里的墙上挂着下面一句话：“不要为月亮哭泣，也不要为过去的事后悔。”叔本华说：“能够顺从，是你在踏上人生旅途后最重要的一件事。”

很显然，环境本身并不能使我们快乐或悲伤，我们对周围环境的反应才能决定我们的悲欢。

在必要的时候，我们都能忍受灾难和悲剧，甚至战胜它们。我们内在的力量强大得惊人，只要我们肯加以利用，就能帮助我们克服一切。

已故的布斯·塔金顿总是说：“人生加诸我的任何事情，我都能接受，只除了一样，就是瞎眼。那是我永远也没有办法忍受的。”

然而，在他六十多岁的时候，有一天他低头看着地上的地毯，色彩整个是模糊的，他无法看清楚地毯的花纹。他去找了一个眼科专家，发现了那不幸的事实：他的视力在减退，有一只眼睛几乎全瞎了，另一只离瞎也为期不远了。他所最怕的事情，终于发生在他的身上。塔金顿对这种“所有灾难里最可怕的”有什么反应呢？他是不是觉得“这下完了，我这一辈子到这里就完了”呢？没有，他自己也没有想到他还能觉得非常开心，甚至于还能善用他的幽默感：以前，浮动的“黑斑”令他很难过，它们会在他眼前游过，遮挡了他的视线，可是现在，当那些最大的黑斑从他眼前晃过的时候，他却会说：“嘿，又是老黑斑爷爷来了，不知道今天这么好的天气，它要到哪里去。”

当塔金顿终于完全失明之后，他说：“我发现我能承受我视力的丧失，就像一个人能承受别的事情一样。要是我五种感官全丧失了，我知道我还能够继续生存在我的思想里，因为我们只有在思想里才能够看，只有在思想里才能够生活，不论我们是不是知道这一点。”

塔金顿为了恢复视力，在一年之内接受了12次手术，为他动手术的是当地的眼科医生。他有没有害怕呢？他知道这都是必要的，他知道他没有办法逃避，所以唯一能减轻他痛苦的办法，就是爽爽快快地去接受它。他拒绝在医院里用私人病房，而住进大病房里，和其他的病人在一起。他试着去使大家开心，而在他必须接受好几次手术时——他很清楚地知道在他眼睛里动了些什么手术——他只尽力让自己去想他是多么的幸运。“多么好啊，”他说，“多么妙啊，现在科学的发展已经达到了这种技巧，能够为人的眼睛这么纤细的东西动手术了。”

一般的人如果经历了这些灾难恐怕都会变成精神病了，可是塔金顿说：“我可不愿意把这次经历拿去换一些不开心的事情。”这件事教会他如何接受，这件事使他了解到生命所能带给他的没有一样是他能力所不及而不能忍受的。这件事也使他领悟富尔顿所说的：“瞎眼并不令人难过，难过的是你不能忍受瞎眼。”要是我们因此而退缩，或者是加以反抗，我们也不可能改变那些不可避免的事实。

不论在哪一种情况下，只要还有一点挽救的机会，我们就要奋斗。可是当常识告诉我们，事情已不可避免——也不可能再有任何转机，那么，请保持我们的理智，不要“左顾右盼，无事自忧”。

许多美国有名的生意人，都能接受那些不可避免的事实而过着无忧无虑的生活。如果不这样的话，他们就会在过大的压力下被压垮。

创设了遍及全美的潘氏连锁商店的潘尼说：“哪怕我所有的钱都赔光了，我也不会忧虑，因为我看不出忧虑可以让我得到什么。我尽我所能把工作做好，至于结果就要看老天爷了。”中国也有句古话说：“谋事在人，成事在天。”

亨利·福特也说过类似的话：“碰到我无法处理的事情，我就静观尘埃落定。”

克莱斯勒公司的总经理凯勒先生谈到他如何避免忧虑的时候说：“要是我碰到很棘手的情况，只要想得出办法解决的，我就去做。要是干不成的，我就干脆把它忘了。我从来不为未来担心，因为，没有人能够知道未来会发生什么事情，影响未来的因素太多了，也没有人能说出这些影响从何而来，所以何必为它们担心呢。”他的想法，正和1900年前，罗马的大哲学家依匹托塔士的理论差不多。“快乐之道无他，”依匹托塔士告诉罗马人，“就是不要去忧虑我们的意志力所不能及的事情。”

莎拉·班哈特曾经是全世界观众最喜爱的一位女演员，她在71岁那一年破产了——所有的钱都损失了，而她的医生——巴黎的波基教授告诉她必须把腿锯断。她因摔伤染上了静脉炎，腿痉挛，医生觉得她的腿一定要锯掉，又怕把这个消息告诉那个脾气很坏的莎拉。然而，当他告诉她的时候，他简直不敢相信，莎拉看了他一阵子，然后很平静地说：“如果非这样不可的话，那只好这样了。”这就是命运。

当她被推进手术室的时候，她的儿子站在一边哭，她朝他挥了下手，高高兴兴地说：“不要走开，我马上就回来。”

在去手术室的路上，她一直背着她演过的一出戏里的一幕。有人问她这么做是不是为了提起她自己的精神，她说：“不是的，是要让医生和护士们高兴，他们受的压力可大得很呢。”

手术后，莎拉·班哈特还继续环游世界，使她的观众又为她疯迷了7年。

当我们不再反抗那些不可避免的事实之后，我们就能节省下精力，创造出一种更丰富的生活。

我在密苏里州我自己的农场上就看过这样的事情。我在农场上种了几十棵树，起先它们长得非常快。然而一阵冰雹过后，每一根细小的树枝上都堆满了一层重重的冰。这些树枝在重压下并没有顺从地弯下来，却很骄傲地反抗着，终于在沉重的压力下折断了——然后不得不被毁掉。它们不像北方的树木那样聪明。我曾经在加拿大看过长达好几百英里的常青树林，从来没有看见一棵柏树或是一株松树被冰或冰雹压垮。这些常青树知道怎么去顺从，怎么弯垂下它们的枝条，怎么适应那些不可避免的情况。

日本的柔道大师教他们的学生："要像杨柳一样地柔顺，不要像橡树一样地挺立。"

你知道你汽车的轮胎为什么能在路上支持那么久，忍受得了那么多的颠簸吗？起初，制造轮胎的人想要制造一种轮胎，能够抗拒路上的颠簸，结果轮胎不久就被切成了碎条；然后他们做出一种轮胎来，可以吸收路上所碰到的各种压力，这样的轮胎可以"接受一切"。如果我们在多难的人生旅途上，也能够承受所有的挫折和颠簸的话，我们就能够活得更长久，能享受更顺利的旅程。

如果我们不吸收这些，而去反抗生命中遇到的挫折的话，我们会碰到什么样的事情呢？答案非常的简单，我们就会产生一连串内在矛盾，我们就会忧虑、紧张、急躁和神经质。

如果我们再进一步，抛弃现实世界的不快，退缩到一个我们自己所虚构的梦幻世界里，那么我们就会精神错乱了。

在战时，成千成万心怀恐惧的士兵，只有两种选择，接受那些不可避免的事实，或在压力之下崩溃。让我们举个例子，说的是威廉·卡赛流斯的事。下面就是他在纽约成人教育班中所说的一个得奖的故事：

"我在加入海岸警卫队后不久，就被派到大西洋这边最可怕的一个单位。他们叫我管炸药。想想看，我——一个卖小饼干的店员，居然成了管炸药的人！光是想到站在几千几万吨 TNT 顶上，就把一个卖饼干的店员的骨髓都吓得冻住了。我只接受了两天的训练，而我所学到的东西让我内心更充满了恐惧。我永远也忘不了我第一次执行任务的情形。那天又黑又冷，还下着雾，我奉命到新泽西州的卡文角露码头。

“我奉命负责船上的第五号舱，得和五个码头工人一起工作。他们身强力壮，可是对炸药却一无所知。他们正将重两千到四千磅的炸弹往船上装，每一个炸弹都包含一吨的TNT，足够把那条老船炸得粉碎。我们用两条铁索把炸弹吊到船上，我不停地对自己说：万一有一条铁索滑溜了，或者是断了，噢，我的妈呀！我可真害怕极了。我浑身颤抖，嘴里发干，两个膝盖发软，心跳得很厉害。可是我不能跑开，那是逃亡，不但我会丢脸，我的父母也会丢脸，而且我可能因为逃亡而被枪毙。我不能跑，只能留下来。我一直看着那些码头工人毫不在乎地把炸弹搬来搬去，心想船随时都会被炸掉。在我担惊受怕、紧张了一个多钟点之后，我终于开始运用我的普通常识。我跟自己好好地谈了谈，我说：‘你听着，就算你被炸了，又怎么样？你反正也没有什么感觉了。这种死法倒痛快得很，总比死于癌症要好得多。不要做傻瓜，你不可能永远活着，这件工作不能不做，否则要被枪毙，所以你还不如做得开朗点。’

“我这样跟自己讲了几个钟点，然后开始觉得轻松了些。最后，我克服了我的忧虑和恐惧，让我自己接受了那不可避免的情况。

“我永远也忘不了这段经历，现在每逢我要为一些不可能改变的事实忧虑的时候，我就耸下肩膀说：‘忘了吧。’”

好极了，让我们欢呼三声，再为这位卖饼干的店员多欢呼一声。

“对必然的事，要轻快地去承受。”这几句话是在耶稣基督出生前399年说的。但是在这个充满忧虑的世界，今天的人比以往更需要这几句话：“对必然的事，要轻快地去承受。”

所以，要在忧虑毁了你之前，改掉忧虑的习惯。

◎忠于自我：这才是快乐的人生

◎ 一个人最糟的是不能成为自己，并且在身体与心灵中保持自我。

◎ 一个人想要集他人所有的优点于一身，是最愚蠢、最荒谬的行为。

◎ 你在这个世界上每天都是一个崭新的自我，为此而高兴吧！善用你的天赋。

我有一封伊笛丝·阿雷德太太从北卡罗来纳州艾尔山寄来的信。“我从小就特别敏感而腼腆，”她在信上说，“我的身体一直太胖，而我的一张脸使我看起来比实际上还胖得多。我有一个很古板的母亲，她认为把衣服弄得漂亮是一件很愚蠢的事情。她总是对我说：‘宽衣好穿，窄衣易破。’而她总照这句话来帮我穿衣服。所以我从来不和其他的孩子一起做室外活动，甚至不上体育课。我非常害羞，觉得我跟其他人都‘不一样’，完全不讨人喜欢。

“长大之后，我嫁给了一个比我年长好几岁的男人，可是我并没有改变。我丈夫一家人都很好，也充满了自信。他们就是我应该是而不是的那种人。我尽最大的努力要像他们一样，可是我办不到。他们为了使我开朗而做的每一件事情，都只是令我更退缩到我的壳里去。我变得紧张不安，躲开了所有的朋友，情形坏到甚至怕听到门铃响。我知道我是一个失败者，又怕我的丈夫会发现这一点。所以每次当我们出现在公共场合的时候，我都假装很开心，结果常常做得太过分，事后我会为这个而难过好几天。最后不开心到使我觉得再活下去也没有什么道理了，我开始想自杀。”

出了什么事才改变了这个不快乐的女人的生活？只是一句随口说出的话。

“一句随口说出的话，”阿雷德太太继续写道，“改变了我的整个生活。有一天，我的婆婆正在谈她怎么教育她的几个孩子，她说，‘不管事情怎么样，我总会要求他们保持本色。’……‘保持本色’……就是这句话！在那一刹那之间，我才发现我之所以那么苦恼，就是因为我一直在试着让自己适合于一个并不适合我的模式。

“在一夜之间我整个改变了。我开始保持本色。我试着研究我自己的个性，试着找出我究竟是怎样的人。我研究我的优点，尽我所能去学色彩和服饰上的学问，尽量以能够适合我的方式去穿衣服。我主动地去交朋友，我参加了一个社团组织——开始是一个很小的社团——他们让我参加活动，把我吓坏了。可是我每一次发言，都能增加一点勇气。这事花了很长的一段时间，可是今天我所有的快乐，却是我从来没有想到可能得到的。在教养我自己的孩子时，我也总是把我从痛苦的经验中所学到的结果教给他们：'不管事情怎么样，总是保持本色。'"

"保持本色的问题，像历史一样古老，"詹姆斯·高登·季尔基博士说，"也像人生一样普遍。"不愿意保持本色，即是很多精神和心理问题的潜在原因。安吉罗·帕屈在幼儿教育方面曾写过13本书和数以千计的文章，他说："没有人比那些想做其他人，和除他自己以外其他东西的人，更痛苦的了。"

这种希望能做跟自己不一样的人的想法，在好莱坞尤其流行。山姆·伍德是好莱坞最知名的导演之一。他说在他启发一些年轻的演员时，所碰到的最头痛的问题就是这个：要让他们保持本色。他们都想做二流的拉娜·透纳，或者是三流的克拉克·盖博。"这一套观众已经受够了，"山姆·伍德说，"最安全的做法是：要尽快丢开那些装腔作势的人。"

最近我请教素凡石油公司的人事室主任保罗·包延登，来求职的人常犯的最大错误是什么。他应该知道的，因为他曾经和6万多个求职的人面谈过，还写过一本名为《谋职的6种方法》的书。他回答说："来求职的人所犯的最大错误就是没有保持本色。他们不以真面目示人，不能完全地坦诚，却给你一些他以为你想要的回答。"可是这个做法一点用也没有，因为没有人要伪君子，也从来没有人愿意收假钞票。

我知道有一位公共汽车驾驶员的女儿就是很辛苦才学到这个教训的。她想当歌星，但不幸的是她长得不好看，嘴巴太大，还长着龅牙。她第一次在新泽西的一家夜总会里公开演唱时，直想用上唇遮住牙齿，她企图让自己看来显得高雅，结果却把自己弄得四不像，这样下去她就注定要失

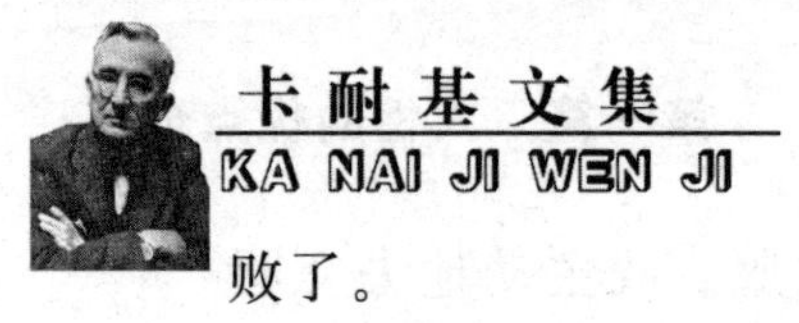

败了。

幸好当晚在座的一位男士认为她很有歌唱的天分，他很直率地对她说："我看了你的表演，看得出来你想掩饰什么，你觉得你的牙齿很难看?"那女孩听了觉得很难堪，不过那个人还是继续说下去，"龅牙又怎么样？那又不犯罪！不要试图去掩饰它，张开嘴就唱，你越不以为然，听众就会越爱你。再说，这些你现在引以为耻的龅牙，将来可能会带给你财富呢!"

凯丝·达莱接受了那人的建议，把龅牙的事抛诸脑后，从那次以后，她只把注意力集中在观众身上。她开怀尽情地演唱，后来成为电影及电台中走红的顶尖歌星，现在，别的歌星倒想来模仿她了。

威廉·詹姆士曾说过：

一般人的心智能力使用率不超过10%，大部分人不太了解自己还有些什么才能。与我们应该取得的成就相比，其实我们只运用了身心资源的一小部分。人往往都活在自己所设的限制中，我们拥有各式各样的资源，却常常不能成功地运用它们。

保持你自己的本色，像欧文·柏林给已故的乔治·盖许文的忠告那样。当柏林和盖许文初次见面的时候，柏林已经大大有名，而盖许文还是一个刚出道的年轻作曲家，一个礼拜只赚35美金。柏林很欣赏盖许文的能力，就问盖许文要不要做他的秘书，薪水大概是他当时收入的三倍。"可是不要接受这个工作，"柏林忠告说，"如果你接受的话，你可能会变成一个二流的柏林，但如果你坚持继续保持你自己的本色，总有一天你会成为一个一流的盖许文。"

盖许文接受了这个警告，后来他慢慢地成为美国当时最重要的作曲家之一。

卓别林、威尔·罗吉斯、玛丽·玛格丽特·麦克布蕾、金·奥特雷，以及其他好几百万的人，都学过我在这一章里想要让各位明白的这一课，他们也学得很辛苦——就像我一样。

卓别林开始拍电影的时候，那些电影导演都坚持要卓别林去学当时非常有名的一个德国喜剧演员，可是卓别林直到创造出一套自己的表演方法之后，才开始成名；鲍勃·霍伯也有相同的经验。他多年来一直在演歌舞片，结果毫无成绩，一直到他挖掘出自己的喜剧本事之后，才有名起来；威尔·罗吉斯在一个杂耍团里，不说话光表演抛绳技术，继续了好多年，最后才发现他在讲幽默笑话上有特殊的天分，于是开始在耍绳表演的时候说笑话，因此成名。

玛丽·玛格丽特·麦克布蕾刚刚进入广播界的时候，想做一个爱尔兰喜剧演员，结果失败了。后来她发挥了她的本色，做一个从密苏里州来的、很平凡的乡下女孩子，结果成为纽约最受欢迎的广播明星。

金·奥特雷刚出道的时候，想要改掉他得州的乡音，穿得像个城里的绅士，自称是纽约人，结果大家都在他背后笑话他。后来他开始弹五弦琴，唱他的西部歌曲，开始了他那了不起的演艺生涯，成为全世界在电影和广播两方面最有名的西部歌星。

你在这个世界上是个新东西，应该为这一点而庆幸，应该尽量利用大自然所赋予你的一切。归根结底说起来，所有的艺术都带着一些自传体；你只能唱你自己的歌，你只能画你自己的画，你只能做一个由你的经验、你的环境和你的家庭所造成的你。不论好坏，你都得自己创造一个自己的小花园；不论好坏，你都得在生命的交响乐中，演奏你自己的小乐器。

就像爱默生在他那篇《论自信》的散文里所说的："在每一个人的教育过程之中，他一定会在某个时期发现，羡慕就是无知，模仿就是自杀。不论好坏，他必须保持本色。虽然广大的宇宙之间充满了好的东西，可是除非他耕作那一块自己的土地，否则他绝得不到好的收成。他所有的能力是自然界的一种新能力，除了他之外，没有人知道他能做些什么，他能结什么，而这都是他必须去尝试求取的。"

下面是一位诗人——已故的道格拉斯·马罗区所说的：

如果你不能成为山顶的一株松，
就做一丛小树生长在山谷中，
但须是溪边最好的一小丛。
如果你不能成为一棵大树，
就做灌木一丛。
如果你不能成为一丛灌木，
就做一片绿草，
让公路上也有几分欢娱。
如果你不能成为一只麝香鹿，
就做一条鲈鱼，
但须做湖里最好的一条鱼。
我们不能都做船长，
我们得做海员。
世上的事情，多得做不完，
工作有大的，也有小的，
我们该做的工作，就在你的手边。
如果你不能做一条公路，
就做一条小径。
如果你不能做太阳，
就做一颗星星。
不能凭大小来断定你的输赢，
不论你做什么都要做最好的一名。

◎活在今天：今天比昨天和明天更宝贵

◎ 我们首要去做的事情不是去观望遥远的未来，而是去做手边的清

楚之事。

◎ 为明日做好准备的最佳办法就是集中你所有的智慧、热忱，把今天的工作做得尽善尽美。

◎ 昨天，是张作废的支票；明天是尚未兑现的期票；只有今天才是现金，有流通性的价值之物。

在一次培训课上，我和学员们讨论到“及时行乐”这个话题，大多数人认为“及时行乐”带有太多利己观念，但我认为“及时行乐”里面也包含很多积极进取的因素，有这么一个小故事：

一个20出头的小伙子急匆匆地走在路上。一个人拦住了他，问道：

“小伙子，你为何行色匆匆啊？”

小伙子连头也不回，飞快地向前跑着，只泛泛地甩了一句：

“别拦我，我要寻求幸福。”

转眼20年过去了，小伙子已变成中年人，可他依旧在路上奔波。

有一个人又拦住他。

“喂！中年人，你上哪儿去啊！”

“别拦我，我在寻找我的幸福。”

20年又过去了，这个中年人逐渐变得苍老，面色憔悴，背亦驼得像一张弯弓，可他仍挣扎着，一步步向前挨。

又有个人拦住他。

“老头子，你还在寻找你的幸福吗？”

“是啊！”

当老头回答完这句问话，猛地惊醒，一行老泪流了下来。原来，刚才问他问题的那个人，就是幸福之神啊！他寻找了一辈子，实际上幸福就在他身边，他却屡次与他擦肩而过。

讲到这里，我看了看下面的学员，提出了这样一个问题：

“请问在座诸位，对于‘及时行乐’这个命题还有不同看法吗？”

教室内一片寂静，看得出每个人都陷入了苦苦的思索之中。

是的，我们的人生太短促，但是，我们脚下的路却是很长很长，如果懂得适时地享受生活中的乐趣，抛开人世间的一切苦恼与忧虑，我们的人生就是幸福的、快乐的。

1871 年春天，一个蒙德里尔综合医院的医科学生，因为受一句话的启发，而成为一代医学权威，创建了全世界知名的约翰·霍普金斯医学院，成为牛津大学的钦定医学教授，获得了医学界最高荣誉——女王勋章。他还被加封为子爵，他就是威廉·奥斯勒，而他看到的那句话是：

“最重要的不是去看远方的模糊，而要做手边清楚的事。”

他的成功，就是因为他活在一个所谓“完全独立的今天”。42 年后，他在耶鲁大学发表演说时对大学生们说：

“你们当中的每一个的组织都比一条大海船复杂、精美得多，所要走的航程也远得多，但你们要学会怎样适应、控制一切，活在一个‘完全独立的今天’。

“要注意聆听你们生活的每一个层面，隔断已经死去的昨天，也隔断那些尚未诞生的明天。那你拥有的就是今天。

“明天的重担，再加上昨天的重担，就会成为今天最大的障碍，要把未来像过去那样紧紧地关在门外，因为未来就在于今天。”

奥斯勒教授以为：为明日做准备的最好方法，就是要集中你所有的智慧，所有的热情，把今天的工作做得尽善尽美。在今天完成今日事，这才算为明天铺路。

我们多数的人，都拖延着不去享受今天的生活，我们都梦想着天边有一座奇妙的玫瑰园，而不去欣赏今天就开放在我们窗口的玫瑰。

“我们生命的小小历程是多么奇怪啊，”斯蒂芬·柯高写道，“小孩子说：‘等我长大的时候。’然而等他长大成人了，他又说：‘等我结婚之后。’可是结了婚，又能怎么样呢？他们的想法变成了‘等到我退休之后’。然而，等到退休之后，他回头看看他所经历过的一切，似乎有一阵冷风吹过来。不知怎么的，他把所有的都错过了，而一切又一去不再回头。我们总是无法及早领会：生命就在今天的生活里，就在每一天和每一时刻里。”

“生活在一个完全独立的今天里”这句话，让一名瘦了34磅、精神濒临崩溃的士兵摆脱了忧虑的困扰，步入了快乐而有益的生活。他的名字叫泰德·班哲明，住在马里兰州的巴铁摩尔城。

“在1945年的4月，”泰德·班哲明写道，“我忧愁得患了一种医生称之为结肠痉挛的病，这种病使人极为痛苦。

“我当时整个人筋疲力尽。我在第九十四步兵师，担任士官的职务，工作是建立和维持一份在作战中死伤和失踪者的记录，还要帮忙发掘那些在战事激烈的时候被打死的、被草草掩埋的士兵。我得收集那些人的私人物品，要确切地把那些东西送到他们的家人或近亲的手里。我一直在担心，怕我们会造成那些让人很窘的或者是很严重的错误，我担心我是不是能撑得过这些事，我担心是不是还能活着回去把我的独生子——一个我从来没有见过的16个月的儿子抱在怀里。我既担心又疲劳，瘦了34磅，我眼看着自己的两只手只剩下皮包骨。我一想到自己瘦弱不堪地回家就害怕，我崩溃了，哭得像个孩子，我浑身发抖……有一段时间，也就是德军最后大反攻开始不久，我常常哭泣，几乎放弃了还能再成为一个正常人的希望。

“最后我住进了医院。一位军医给了我一些忠告，整个改变了我的生活。在为我做完一次彻底的全身检查之后，他告诉我，我的问题纯粹是精神上的。‘泰德，’他说，‘我希望你把你的生活想象成为一个沙漏，你知道在沙漏的上一半，有成千成万粒的沙子，它们都慢慢地很平均地流过中间那条细缝。除了弄坏沙漏，你跟我都没有办法让两粒以上的沙子同时通过那条窄缝。你、我和每一个人，都像这个沙漏。每天早上开始的时候，有成百上千件的工作，让我们觉得我们一定得在那一天里完成。可是如果我们不一次做一件，让它们慢慢平均地通过这一天，像沙粒通过沙漏的窄缝一样，那我们就一定会损害到我们自己的身体或精神了。’

“从那一天起，‘一次只流过一粒沙，一次只做一件事’，这个忠告在身心两方面都救了我。目前对我在手艺印刷公司的公共关系及广告部中的工作，也有莫大的帮助。我发现在生意场上，也有像在战场上同样的问题，一次要做好几件事情——但却没有多少时间可利用。但是，我不会再紧张不安，因为我永远记得那个军医告诉我的话：‘一次只流过一粒沙子，一次只做一件工作。’我一再对自己重复地念着这两句话。我的工作比以前更有效率，做起来也不会再有那种在战场上几乎使我崩溃的、迷惑和混乱的感觉。”

我们的医院里大概有一半以上的床位，都是留给神经或者精神上有问题的人的。他们都是被累积起来的昨天和令人担心的明天加起来的双重重担所压垮的病人。而那些病人中，大多数只要能奉行耶稣的这句话——“不要为明天忧虑”，或者是威廉·奥斯勒爵士的这句话——“生活在一个完全独立的今天里”，他们就都能走在街上，过着快乐而有益的生活了。

你和我，在目前这一刹那，都站在两个永恒交汇之点——已经永远消逝了的过去，以及延伸到无穷尽的未来——我们都不可能活在这两个永恒之中，甚至连一秒钟也不行。若想那样做的话，我们就会毁了自己的身体和精神。所以，我们就以能活在这一刻而感到满足吧。从现在一直到我们上床，“不论担子有多重，每个人都能支持到夜晚的来临，”罗勃·史蒂文生写道，“不论工作有多苦，每个人都能做他那一天的工作，每一个人都能很甜美、很有耐心、很可爱、很纯洁地活到太阳下山，而这就是生命的真谛。”

对一个聪明人来说，每一天都是一个新的生命。

底特律城已故的爱德华·诺文斯，在学会“活于今天”之前，几乎因为忧虑而自杀。爱德华·诺文斯生长在一个贫苦的家庭，起先靠卖报来赚钱，然后在一家杂货店当店员。后来，家里有七口人要靠他吃饭，他就谋到一个当助理图书管理员的职位，薪水很少，他却不敢辞职。八年之后，他才鼓起勇气开始他自己的事业。不久，就用借来的55块钱，发展成一个大的事业，一年赚两万美金。就在这时，厄运降临了：他替一个朋友开出一张面额很大的支票，而那位朋友破产了。很快地，在这件灾祸之后又来了另外一次大灾祸，那家存着他全部财产的大银行垮了，他不但损失了所有的钱，还负债一万六千元。他精神受不住这样的打击，“我吃不下，睡不着，”他还说道，“我开始生起奇怪的病来。没有别的原因，只是因为担忧。有一天，我走在路上的时候，昏倒在路边，以后就再不能走路了。他们让我躺在床上，我的全身都烂了，伤口往里面烂进去之后，连躺在床上都受不了。我的身体愈来愈弱，最后医生告诉我，我只有两个礼拜可活了。我大吃一惊，写好我的遗嘱，然后躺在床上等死。挣扎或是担忧都没有用了，我放弃了，也放松下来，闭目休息。在此以前，连续好几个礼拜，我几乎没有办法连续睡两个小时以上。可是这时候，因为一切困难很快就将结束，我反而睡得像个孩子似的安稳。那些令人疲倦的忧虑渐渐消失了，我的胃口恢复了，体重也开始增加。

“几个礼拜之后，我就能撑着拐杖走路。六个礼拜以后，我又能回去工作了。我以前一年曾赚过两万块钱，可是现在能找到一个礼拜30块钱的工作，就已经很高兴了。我的工作是推销用船运送汽车时放在轮子后面的挡板。这时我已学会不再忧虑——不再为过去发生的事情后悔，也不再担心将来。我把所有的时间、精力和热忱，都放在手头的工作上。”

由于他脚踏实地做好手头的每一件事情，他的进展非常快，不到几年，他已是诺文斯工业公司的董事长，多年来，这个公司一直是纽约股票市场交易所的一家公司。如果你乘飞机到格陵兰去，很可能降落在诺文斯机场——这是为了纪念他而命名的飞机场。可是，如果他没有学会“生活在完全独立的今天里”的话，爱德华·诺文斯绝不可能获得这样的成功。

时间并不能像金钱一样可以让我们随意贮存起来，以备不时之需。我们所能使用的只有被给予的那一瞬间，也就是今日和现在。假如我们不能充分利用今日而让时间白白虚度，那么它将一去不返。所谓“今日”，正是“昨日”计划中的“明日”，而这个宝贵的“今日”，不久将消失到遥远的彼方。对于我们每个人来讲，得以生存的只有现在——过去早已消失，而未来尚未来临。昨天，是张作废的支票；明天，是尚未兑现的期票；只有今天，才是现金，有流通性的价值之物。

摆脱忧虑的一个重要方法就是学会在现时中生活。请注意，这里使用的不是“现实”而是“现时”一词，它更加强调的是“现在”这一时间概念，现时生活是你真正生活的关键所在。细想一下，除了“现在”，我们永远不能生活在任何其他时刻，你所能把握的只有现在的时光，其实未来也只不过是一种即将到来的“现在”。有一点可以肯定：在未来到来之前，你是无法生活于未来之中的；然而，我们的文化传统总是降低现时的重要性，我们常听人们如此言谈：

为将来而积蓄；

要考虑后果；

不要过于注重享乐；

想想今后；

为退休做好准备；等等。

在我们的传统文化中，回避现时几乎成为一种流行性疾病。社会环境总是要求人们为将来牺牲现在。根据逻辑推理，在这种思想的影响下，人们总是在今天为明天或昨天的事情担忧，无法“活在今天”。回避现时这种态度意味着不仅要避免目前的享受，而且要永远回避幸福——难道不是吗？将来那一时刻一旦到来，也就成为现时，而我们到那时又必须利用那一现时为将来做准备。这样，幸福总是明日复明日，永远可望而不可及。

回避现时往往导致对未来的一种理想化。你可能会想象自己在今后生活中的某一时刻，会发生一个奇迹般的转变，你一下子变得事事如意，幸福无比，财富无限，或者期望自己在完成某一特别业绩——如大学毕业、结婚、有了孩子或职务晋升之后，你将重新获得一种新的生活。然而，当那一刻真正到来时，你却并没获得自己原先想象的幸福，甚至往往有些令人失望。未来永远没有你所想象的那么美好、如诗如画，它也只是一种切切实实的“现时”。为什么许多年轻人婚后不久就哀叹生活与婚姻的不幸？其中不乏一个原因——他们曾经将婚姻和未来幻想得过于幸福美满，而当这一切真正到来时，当他们置身于现时生活之中，他们不愿面对一些现实。

美国著名小说家亨利·詹姆斯在《大使们》一书中如此忠告：

“尽情地生活吧，否则，就是一个错误。你具体做什么都关系不大，关键是你要生活。假如没有生命，你还有什么呢？失去的就永远失去了，这是毫无疑义的……所谓适当的时刻就是人们仍然有幸得到的时刻，幸福地生活吧！”

“如果你也像托尔斯泰书中的伊凡·伊里奇那样回顾自己的一生，你将发现自己很少会因为做了某事而感到遗憾。”

“如果我到目前为止的整个生活都是错误的，那该怎么办？他忽然意识到以前在他看来完全不可能的事也许的确是真的，他也许真的没有按照他本应做的那样去生活。他忽然意识到，自己以前那些难以察觉的念头——尽管出现之后便随即被打消——或许才是真的，而其他一切则是虚假的。他的职业义务、他的生活以及家庭的整个安排，还有他的一切社会利益和表面利益，也许完全都是虚无的。他一直在为所有这一切进行着辩解，然而现在，他蓦然感到自己的辩解是苍白无力的，没有什么值得辩解的……”

恰恰相反，正是那些你所没做的事情才会使你在心中耿耿于怀。因此，你现在应该去做的事情十分显然——行动起来！珍惜现在的时光，充分利用现在的时光，不要放过一分一秒。否则，如果你以自我挫败的方式度过现在的时光，就无异于永远地失去这一现时。

让我们用铁门把过去隔断——隔断已经死去的那些昨天；撳下另一个按钮，用铁门把未来也隔断——隔断那些尚未诞生的明天。然后你就保险了——你有的是今天……切断过去，把已死的过去埋葬掉；切断那些会把傻子引上死亡之路的明天，人类得到救赎的日子就是现在，精力的浪费、精神的苦闷，都会紧随着一个为未来担忧的人……那么把船后的大隔舱都关断吧，准备养成一个好习惯。生活在“完全独立的今天”里。幸福快乐就在你生活的每一天。

让我们用一个每天能产生快乐而富建设性思想的计划，来为我们的快乐而奋斗吧！

下面这个“只为今天”的计划，对我们过一种积极有益的生活非常有效，如果能照着做，我们就能大量地产生“生活上的快乐”。

1. 只为今天，我要很快乐。假如林肯所说的“大部分人只要下定决心都能很快乐”，这句话是对的，那么快乐是来自内心，而不是来自于外界。

2. 只为今天，我要让自己适应一切，而不去试着调整一切来适应我的欲望。我要以这种态度接受我的家庭、我的事业和我的运气。

3. 只为今天，我要爱护我的身体。我要多运动、善于照顾、善于珍惜；不损伤它、不忽视它；使它能成为我争取成功的好基础。

4. 只为今天，我要加强我的思想。我要学一些有用的东西，我不要做一个胡思乱想的人。我要看一些需要思考、更需要集中精神才能看的书。

5. 只为今天，我要用三件事来锻炼我的灵魂：我要为别人做一件好事，但不要让人家知道；我还要做两件我并不想做的事，而这就像威廉·

詹姆斯所建议的，只是为了锻炼。

6. 只为今天，我要做个讨人喜欢的人，外表要尽量修饰，衣着要尽量得体，说话低声，行动优雅，丝毫不在乎别人的毁誉。对任何事都不挑毛病，也不干涉或教训别人。

7. 只为今天，我要试着只考虑怎么度过今天，而不期望我一生的问题一次就解决。因为，我虽能连续十二个钟头做一件事，但若要我一辈子都这样做下去的话，就会吓坏了我。

8. 只为今天，我要订下一个计划。我要写下每个钟头该做些什么事。也许我不会完全照着做，但还是要订下这个计划，这样至少可以免除两种缺点——过分仓促和犹豫不决。

9. 只为今天，我要为自己留下安静的半个钟头，轻松一番。在这半个钟头里，我要想到神，使我的生命更充满希望。

10. 只为今天，我要心中毫无惧怕。尤其是，我不要怕快乐，我要去欣赏美的一切，去爱，去相信我爱的那些人会爱我。如果我们想培养平安和快乐的心境，请记住这条规划：

"有了快乐的思想和行为，你就能感到快乐。"

我在自己浴室的镜子上贴了一首诗，以便自己每天早上刮胡子的时候都能看见它。这首诗的作者是一个很有名的印度戏剧家卡里达沙。

向黎明致敬

看着这一天！

因为它就是生命，生命中的生命。

在它短短的时间里，

有你存在的所有变化与现实；

生长的福泽，

行动的辉煌。

因为昨天不过是一场梦，
而明天只是一个幻影，
但是活在很好的今天，
却能使每一个昨天都是一个快乐的梦，
每一个明天都是有希望的幻景。
所以，好好地看着这一刻吧，
这就是你对黎明的敬礼。

◎杞人无忧：别让小事妨碍了你的大事

◎ 人生短暂，如白驹过隙，然而有很多人却浪费了很多时间，去愁一些一年内就会被忘却的小事。

◎ 我们通常都能很勇敢地面对生活里那些大的危机，却被些小事情搞得垂头丧气。大多数时间里，要想克服因为一些小事情引起的困扰，只要把自己的看法和重点转移一下就可以了。你会找到一个新的使你开心一点的想法。

下面是一个也许会让你毕生难忘、很富戏剧性的故事。说这个故事的人叫罗勒·摩尔。

“1945 年的 3 月，我学到了我这一生最重大的一课。”他说，“我是在中南半岛附近 276 英尺深的海底下学到的。当时我和另外 87 个人一起在贝雅 S·S·三一八号潜水艇上。我们由雷达发现，一小支日本舰队正朝我们这边开过来。在天快亮的时候，我们升出水面发动攻击。我由潜望镜里发现一艘日本的驱逐护航舰、一艘油轮，和一艘布雷舰。我们朝那艘驱逐护航舰发射了三枚鱼雷，但是都没有击中。那艘驱逐舰并不知道它正遭受攻击，还继续向前驶去，我们准备攻击最后的一条船——那条布雷舰。突然之间，它转过身子，直朝我们开来（一架日本飞机，看见我们在 60 英尺深的水下，把我们的位置用无线电通知了那艘日本的布雷舰）。我们潜到150英尺深的地方，以避免被它侦测到，同时准备好应付深水炸弹。我们在所有的舱盖上都多加了几层栓子，同时为了使我们的沉降保持绝对的静默，我们关了所有的电扇、整个冷却系统，和所有的发电机器。

“3分钟之后，突然天崩地裂。6枚深水炸弹在我们四周爆炸开来，把我们直压到海底——深达276英尺的地方。我们都吓坏了，在不到1 000英尺深的海水里，受到攻击是一件很危险的事情——如果不到500英尺的话，差不多都难逃劫运。而我们却在不到500英尺一半深的水里受到了攻击——要照怎么样才算安全说起来，水深等于只到膝盖部分。那艘日本的布雷舰不停地往下丢深水炸弹，攻击了15个小时，要是深水炸弹距离潜水艇不到17英尺的话，爆炸的威力可以在潜艇上炸出一个洞来。有十几个深水炸弹就在离我们五十英尺左右的地方爆炸，我们奉命‘固守’——就是要静躺在我们的床上，保持镇定。我吓得几乎无法呼吸：‘这下死定了。’电扇和冷却系统都关闭之后，潜水艇的温度非常高，可是我怕得全身发冷，穿上了一件毛衣，以及一件带皮领的夹克，可是还要冷得发抖。我的牙齿不停地打颤，全身冒着一阵阵的冷汗。攻击持续了15个小时之久，然后突然停止了。显然那艘日本的布雷舰把它所有的深水炸弹都用光了，就驶了开去。这15个小时的攻击，感觉上就像有1500万年。我过去的生活都一一在我眼前映现，我记起了以前所做过的所有的坏事，所有我曾经担心过的一些很无稽的小事情。在我加入海军之前，我是一个银行的职员，曾经为工作时间太长、薪水太少、没有多少升迁机会而发愁。我曾经忧虑过，因为我没有办法买自己的房子，没有钱买部新车子，没有钱给我太太买好的衣服。我非常讨厌我以前的老板，因为他老是找我的麻烦。我还记得，每晚回到家里的时候，我总是又累又难过，常常跟我的太太为一点芝麻小事吵架。我也为我额头上的一个小疤——是一次车祸里留下的伤痕——发愁过。

“有一次，我们到芝加哥一个朋友家里吃饭。分菜的时候，他有些事情没有做对。我当时并没有注意到，即使我注意到，我也不会在乎的。可是他太太看见了，马上当着我们的面跳起来指责他。‘约翰，’她大声叫道，‘看看你在搞什么！难道你就永远也学不会怎么样分菜吗？’

“然后她对我们说：‘他老是犯错，简直就不肯用心。’也许他确实没有好好地做，可是我实在佩服他能够跟他太太相处20年之久。坦白地说，我情愿只吃一两个抹上芥末的热狗——只要能吃得很舒服——而不愿一面听她唠叨，一面吃鱼翅。

“在碰到那件事情之后不久，我妻子和我请了几位朋友到家里来吃晚饭。就在他们快来的时候，我妻子发现有三条餐巾和桌布的颜色不大相配。

“‘我冲到厨房里，’她后来告诉我说，‘结果发现另外三条餐巾送去洗了。客人已经到了门口，没有时间再换，我急得差点哭了出来。我只想到：为什么会有这么愚蠢的错误，来影响我的整个晚上？然后我想到——为什么要让它使我不高兴呢？我走进餐厅去吃晚饭，决心好好地享受一下。我果然做到了。我情愿让朋友们认为我是一个比较懒散的家庭主妇。’她告诉我说，‘也不要让他们认为我是一个神经兮兮、脾气不好的女人。而且，据我所知，根本没有一个人注意到那些餐巾的问题。’”

有一条大家都知道的法律上的名言：“法律不会去管那些小事情。”一个人也不该为这些小事忧虑，如果他希望求得心理上的平静的话。

大多数时间里，要想克服因为一些小事情所引起的困扰，只要把自己的看法和重点转移一下就可以了——让你有一个新的、能使你开心一点的看法。

狄士雷利说过：“生命太短促了，不能再只顾小事。”

“这些话，”安德利·摩林在《本周》杂志里说，“曾经帮我捱过很多很痛苦的经历。我们常常让自己因为一些小事情、一些应该不屑一顾和忘了的小事情弄得非常心烦……我们活在这个世上只有短短的几十年，而我们浪费了很多不可能再补回来的时间，去愁一些一年之内就会被所有的人忘了的小事。不要这样，让我们把我们的生活只用在值得做的行动和感觉上，去想伟大的思想，去经历真正的感情，去做必须做的事情。因为生命太短促了，不该再顾及那些小事。”

“多年前，那些令人发愁的事看起来都是大事，可是在深水炸弹威胁着要把我送上西天的时候，这些事情又是多么的荒谬、微小。就在那时候，我答应我自己，如果我还有机会再见到太阳跟星星的话，我永远永远不会再忧虑了。永远不会！永远不会！永远也不会！在潜艇里面那15个可怕的小时里，我对于生活所学到的，比我在大学念了四年的书所学到的还要多得多。”

我们通常都能很勇敢地面对生活里面那些大的危机，可是，却会被这些小事搞得垂头丧气。比方说，撒母耳·白布西在他的《日记》里谈到他脖子上那块痛伤的地方。

这也是帕德上将在又冷又黑的极地之夜所发现的另外一点——他手下的人常常为一些小事情而难过，却不在乎大事。他们能够毫不埋怨地面对危险而艰苦的工作，在零下几十度的寒冷中工作，“可是，”帕德上将说，“我却知道有好几个同房的人彼此不讲话，因为怀疑对方把东西乱放，占了他们自己的地方。我还知道，队上有一个讲究所谓空腹进食，细嚼健康法的家伙，每口食物一定嚼过28次才吞下去；而另外有一个人，一定要在大厅里找到一个看不见这家伙的位子坐着，才能吃得下饭。”

“在南极的营地里，”帕德上将说，“像这类的小事情，都可能把最有训练的人逼疯。”

而帕德上将，你还可以加一句话：“小事”如果发生在夫妻间的生活里，也会把人逼疯，还会造成“世界上半数的伤心事”。

而纽约州的地方检察官弗兰克·霍根也说：“我们处理的刑事案件里，有一半以上都起因于一些很小的事情：在酒吧里逞英雄，为一些小事情争争吵吵，讲话侮辱别人，措辞不当，行为粗鲁——就是这些小事情，结果引起伤害和谋杀。很少有人真正天性残忍，一些犯了大错的人，都是因自尊心受到小小的损害，一些小小的屈辱，虚荣心不能满足，结果造成世界上半数的伤心事。”

罗斯福夫人刚结婚的时候，她忧虑了好多天，因为她的新厨子做饭做得很差。“可如果事情发生在现在，”罗斯福夫人说，“我就会耸耸肩膀把这事给忘了。”好极了，这才是一个成年人的做法。就连凯瑟琳女皇——这个最专制的女皇，在厨子把饭做得不好的时候，通常也只是付之一笑。

就像吉布林这样有名的人，有时候也会忘了“生命是这样的短促，不能再顾及小事”。其结果呢？他和他的舅爷在维尔蒙打了一场官司——这场官司打得有声有色，后来还有一本专辑记载着，书的名字叫《吉布林在维尔蒙的领地》。

故事的经过情形是这样的：吉布林娶了一个维尔蒙地方的女孩子凯洛琳·巴里斯特，在维尔蒙的布拉陀布罗造了一间很漂亮的房子，在那里定居下来，准备度他的余生。他的舅爷比提·巴里斯特成了吉布林最好的朋友，他们两个在一起工作，在一起游戏。

然后，吉布林从巴里斯特手里买了一点地，事先协议好巴里斯特可以每一季在那块地上割草。有一天，巴里斯特发现吉布林在那片草地上开了一个花园，他生起气来，暴跳如雷，吉布林也反唇相讥，弄得维尔蒙绿山上的天都变黑了。

几天之后，吉布林骑着他的脚踏车出去玩的时候，他的舅爷突然驾着一部马车从路的那边转了过来，逼得吉布林跌下了车子。而吉布林——这个曾经写过“众人皆醉，你应独醒”的人——却也昏了，告到官里去，把巴里斯特抓了起来。接下去是一场很热闹的官司，大城市里的记者都挤到这个小镇上来，新闻传遍了全世界。事情没办法解决，这次争吵使得吉布林和他的妻子永远离开了他们在美国的家，这一切的忧虑和争吵，只不过为了一件很小的小事：一车子干草。

平瑞克里斯在2400年前说过：“来吧，各位！我们在小事情上耽搁得太久了。”一点也不错，我们的确是这样子的。

下面是哈瑞·爱默生·傅斯狄克博士所说的故事里最有意思的一个——有关森林的一个巨人在战争中怎么样得胜，怎么样失败。

“在科罗拉多州长山的山坡上，躺着一棵大树的残躯。自然学家告诉我们，它曾经有400多年的历史。它初发芽的时候，哥伦布才刚在美洲登陆；第一批移民到美国来的时候，它才长了一半大。在它漫长的生命里，曾经被闪电击中过14次；400年来，无数的狂风暴雨侵袭过它，它都能战胜它们。但是在最后，一小队甲虫攻击了这棵树，那些甲虫从根部往里面咬，渐渐伤了树的元气，就只靠它们很小、但持续不断的攻击，使它倒在地上。这个森林里的巨人，岁月不曾使它枯萎，闪电不曾将它击倒，狂风暴雨没有伤着它，却因一些小得用大拇指跟食指就可以捏死的小甲虫而终于倒了下来。”

我们岂不都像森林中的那棵身经百战的大树吗？我们曾经历过生命中无数狂风暴雨和闪电的打击，但都撑过来了。可是却会让我们的心被忧虑的小甲虫咬噬——那些用大拇指跟食指就可以捏死的小甲虫。

几年以前，我去了怀俄明州的提顿车家公园。和我一起去的是怀俄明州公路局局长查尔斯·西费德，还有一些他的朋友。我们本来要一起去参观洛克菲勒坐落在那公园里的一栋房子的，可是我坐的那部车子转错了一个弯，迷了路。等到达那座房子的时候，已经比其他的车子晚了一个小时。西费德先生没有开那扇大门的钥匙，所以他在那个又热又有好多蚊子叮他的森林里等了一个小时，等我们到达。那里的蚊子多得可以让一个圣人都发疯，可是它们没有办法赢过查尔斯·西费德。当我们到达的时候，他是不是正忙着赶蚊子呢？不是的，他正在吹笛子，当作一个纪念品，纪念一个知道如何不理会那些小事的人。

◎乐于感恩：感恩的人很少为事情犯愁

◎ 世界上最好的医生，是饮食有度，保持平安与愉悦的心情。

◎ 人生有两项主要目标：第一，拥有你所向往的；第二，享受它们。只有具有智慧的人才能做到第二点。想想自己拥有老天赐予的恩惠，你就不会再有忧虑了。

我认识哈洛·阿伯特好几年了。他住在密苏里州的韦布城，曾当过我的演讲经纪人。一天，我在堪萨斯城碰见他，他好心带我回密苏里的贝尔顿农场。途中，我问他如何免除忧虑，他便给我讲述了下面这个令人难忘的故事。

"我曾是个多虑的人，"阿伯特说道，"但是，1934 年的春天，我走过韦布城的西多提街道，有个情景扫除了我所有的忧虑。事情的发生只有十几秒钟，但就在那一刹那，我对生命意义的了解，比在前 10 年中所学的还多。这两年，我在韦布城开了家杂货店，由于经营不善，不仅花掉了所有的积蓄，还负债累累，估计得花 7 年的时间才能偿还。我刚在上星期六停止营业，准备到商矿银行贷款，以便到堪萨斯城找份工作。我像只斗败的鸡，没有了信心和斗志。突然间，有个人从街的另一头过来。那人没有双腿，坐在一块安装着溜冰鞋滑轮的小木板上，两手各用木棍支撑前行。他横过街道，微微提起小木板准备登上路边人行道。就在那几秒钟，我们的视线相遇，只见他坦然一笑，很有精神地向我招呼：'早安，先生，今天天气真好啊！'我望着他，体会到自己是何等富有。我有双足，可以行走，为什么却如此自怜？这位缺了双腿的人仍能如此快乐自信，我这个四肢健全的人还有什么不能的？我挺了挺胸膛，本来预备到商矿银行只借 100 元，现在却很有信心地宣称：我要到堪萨斯城去找一份工作。结果，我借到了钱，也找到了工作。"

现在，我把下面一段话写在洗手间的镜面上，每天早上刮胡子的时候都念它一遍。

“我闷闷不乐，因为我少了一双鞋，直到我在街上，看到有人缺了两条腿。”

我问过艾迪·瑞肯贝克，他和朋友在太平洋上绝望地漂流了21天之后，学到的最重要的东西是什么。他回答道：“我学到了一点——人只要有淡水喝，有东西吃，就没什么好抱怨的了。”

《时代周刊》上登过一篇文章，谈到第二次世界大战时，有个士官在瓜答卡纳岛战役中被炮弹碎片刮伤喉咙，输了7筒血。他写了张纸条问医师：“我会活下去吗?”医师回答说：“会的。”他又问：“我仍可以讲话吗?”他又得到了肯定的答复。于是这个士官在纸上写道：“他妈的，那我还有什么好担心的?”

你为什么不也停止忧虑，对自己说：“那我还担什么鬼心?”也许你就会发现，事情其实微不足道，不值得操心。

在我们的生活当中，约有90％的事情是好的，10％的事情是不好的。如果你想过得快乐，就应该把精神放在这90％的好事上面；如果你想担忧、操劳，或得肠胃溃疡，就可以把精力放在那10％的坏事情上面。

《格列佛游记》一书的作者约拿丹·史威佛特是英国文学史上最颓废的厌世主义者。他每次生日都黑衣素食，以示对自己的出世感到遗憾。虽然如此，他仍然赞美幸福快乐是促进健康的最大力量。他宣称：“世上最好的医师是节制医师、安静医师和快乐医师。”我们也许都能受到这位“快乐医师”的免费服务，只要我们注意自己拥有的可贵财富——比故事中阿里巴巴的财富还多。你会为亿万富翁出卖自己的眼睛、手足、听觉、孩子或家人吗?把拥有的资产加起来，你就会发现，纵使洛克菲勒、福特和摩根等人把所有的金银堆聚起来，也买不到你拥有的一切。

但是，我们为这一切而心怀感谢过吗?没有。就像叔本华说的：“我们很少想到自己所拥有的，却总是想到自己所没有的。”这一点几乎使约翰·派玛“从一个正常人变成一个坏脾气的老家伙”，也差点毁了他的家。我知道这件事，因为他告诉了我。

“从军中退伍之后不久，”派玛先生说，“我就开始做生意。我夜以继日地忙碌着。一切进行得很好。可是问题发生了，我买不到零件和原料。我为可能会被迫放弃我的生意而担心得不得了，我从一个普通人变成了一个脾气很坏的家伙。我变得非常尖酸刻薄——当时我自己并不知道，可是现在我才明白。我几乎失去了我快乐的家。然而有一天，一个在我手下工作的年轻伤兵对我说：‘约翰，你实在应该感到惭愧。你这副样子好像世界上只有你一个人有麻烦似的，就算你把店关掉一阵子，又能怎么样呢？等到事情恢复正常之后，你又可以重新开始。你有很多值得感激的事，可是却老是在抱怨。我的天啊，我真希望我是你。你看看我，我只有一只胳臂，半边脸都伤了，可是我并不抱怨什么。要是你再继续这样啰啰嗦嗦地埋怨下去的话，你不仅会失去你的生意，也会失去你的健康、你的家庭和你的朋友。’

“这些话使我猛然醒悟过来，让我发现我走上了多远的逆境。我当场就决定必须要改变，重新成为我自己——而我做到了这一点。”

我的另外一位朋友，露西莉·布莱克，在学会同样以自己所有的为满足，不为她所缺少的而忧虑之前，几乎濒临悲剧的边缘。

我在多年以前认识露西莉，当时我们两个都在哥伦比亚大学的新闻学院选修短篇小说写作。9 年前，她遭遇生活上的剧变。当时她正住在亚利桑那州的杜森城，下面就是她告诉我的故事。

“我的生活一直非常忙乱，在亚利桑那大学学风琴，在城里开了一间语言学校，还在我所住的沙漠柳牧场上教音乐欣赏的课程。我参加了许多大宴小酌、舞会或在星光下骑马。然而有一天早上我整个垮了，我的心脏病发作了。‘你得躺在床上完全静养一年。’医生对我说。他居然没有鼓励我，让我相信我还能够健壮起来。

“在床上躺一年，做一个废人，也许还会死掉。我简直吓坏了。为什么我会碰到这样的事情呢？我做错了什么，该受这样的报应呢？我又哭又叫，心里充满了怨恨和反抗。可是我还是遵照医生的话躺在床上。我的邻居鲁道夫先生，是个艺术家。他对我说：‘你现在觉得要在床上躺一年是一大悲剧，可是事实并非如此。你可以有时间思想，能够真正地认识你自己。在以后的几个月里，你在思想上的成长，会比你这大半辈子以来多得多。’我平静了下来，开始想充实新的价值思想。我看过很多能启发人思想的书。有一天，我听到一个无线电新闻评论员说：‘你只能谈你知道的事情。’这一类的话我以前不知道听过多少次，可是现在才真正深入到我的心里，生根起来。我决心只想那些我希望能赖以生活的思想——快乐而健康的思想。每天早上一起来，我就强迫自己想一些我应该感激的事情：我没有痛苦，有一个很可爱的小女儿，我的眼睛看得见，耳朵听得到收音机里播着的优美音乐，有时间看书，吃得很好，有很好的朋友，我非常高兴，而且来看我的人多到使医生挂上一个牌子说，我的房间里每次只许有一个探病的客人，而且只许在某几个钟头里。

“从那时开始到现在已经有9年了，我现在过着很丰富又很生动的生活。我非常感激能在床上度过那一年，那是我在亚利桑那州所度过的最有价值、也是最快乐的一年。我现在还保持当年养成的那种每天早上算算自己有多少得意事的习惯，这是我最珍贵的财产。我觉得很惭愧，因为一直到我担心自己会死去之前，才真正学会怎样生活。”

我亲爱的露西莉·布莱克，你也许并不知道，你所学到的这一课正是撒姆耳·约翰生博士在200多年前所学到的。“养成看每一件事理想的一面的习惯，”约翰生博士说，“比每年赚1 000多英镑更值钱。”

要提醒各位的是：这些话可不是一个天生乐观的人所说的，说这话的人曾经历经痛苦，乏衣缺食地过了20年——最后终于成为他那一代最有名的作家，也成为历史上最有名的思想家。

罗根·皮尔萨尔·史密斯用很简单的几句话，说了一番大道理。他说："生活中应该有两个目标：第一，要得到你所想要得到的；第二，在得到之后要能够享受它。只有最聪明的人才能做到第二步。"

你想不想知道怎样把在厨房水槽里洗碗，也当作一次难得的体验呢？如果你想的话，可以去看一本谈论令人难以置信的勇气并且很富启发性的书。作者是波姬儿·德尔，书名叫做《我希望能看见》。你可以到图书馆去借，或者到当地书店去买，或者向纽约市第5街60号的麦克米伦出版社直接函购。

这本书的作者是一个几乎瞎了50年之久的女人。"我只有一只眼睛，"她写道，"而且眼睛上还满是疤痕，只能透过眼睛左边的一个小洞去看。看书的时候必须把书本几乎贴在脸上，而且不得不把我那一只眼睛尽量往左边斜过去。"

可是她拒绝接受别人的怜悯，不愿意别人认为她"异于常人"。小时候，她想和其他小孩子一起玩跳房子，可是她看不见地上所画的线，所以，在其他孩子都回家以后，她就趴在地上，把眼睛贴在线上瞄过去。她把伙伴们所玩的那块地方的每一点都牢记在心，所以不久就成为玩游戏的高手了。她在家里看书，把书靠近她的脸，近到眼睫毛都碰到书面上。她得到两个学位：先在明尼苏达州立大学得到学士学位，再在哥伦比亚大学得到硕士学位。

她开始教书的时候，是在明尼苏达州双谷的一个小村子里，然后渐渐升到南达科他州奥格塔那学院的新闻学和文学教授。她在那里教了13年，也在很多妇女俱乐部发表演说，还在电台主持节目。"在我的脑海深处，"她写道，"常常怀着一种怕会完全失明的恐惧，为了要克服这种恐惧，我对生活采取了一种很快活而近乎戏谑的态度。"

然后在1943年，也就是她52岁的时候，一个奇迹发生了。她在著名的梅育诊所施行了一次手术，使她能比以前看得清楚40倍。

一个全新的、令人兴奋的、可爱的世界展现在她的眼前。她现在发现，即使是在厨房水槽里洗碟子，也让她觉得非常开心。“我开始玩着洗碗盆里的肥皂泡沫，”她写道，“我把手伸进去，抓起一大把小小的肥皂泡沫，我把它们迎着光举起来。在每一个肥皂泡沫里，我都能看到一道小小的彩虹闪出来的明亮色彩。”

你和我应该感到惭愧，我们这么多年来每天生活在一个美丽的童话王国里，可是我们却视而不见，吃得太好而不能享受。

第三章

停止忧虑，盛装出发

◎让自己忙起来

◎ 一个人无论多么聪明，他的思想都不可能在同一时间想一件以上的事情。

清除忧虑的最好办法，就是要让你自己忙着，去做一些有用的事情。

我永远也忘不了几年前的那一夜。我班上的一个学生马利安·道格拉斯告诉我们，他家里遭受到不幸的悲剧，不止一次，而是两回。第一次他失去了他五岁大的女儿，一个他非常喜欢的孩子。他和他的妻子，都以为他们没有办法忍受这个损失。可是，正如他说的："十个月之后，上帝又赐给我们另外一个小女儿——而她只活了五天就死了。"

这接二连三的打击，重得使人几乎无法承受。"我承受不了，"这个做父亲的告诉我们说，"我睡不着，我吃不下，我也无法休息或是放松。我的精神受到致命的打击，信心尽失。"最后他去看了医生。一个医生建议他吃安眠药，另外一个则建议他去旅行。他两个方法都试过了，可是没有一样能够对他有所帮助。他说："我的身体好像被夹在一把大钳子里，而这把钳子愈夹愈紧，愈夹愈紧。"那种悲哀给他的压力——如果你曾经因悲哀而感觉麻木的话，你就知道他所说的是什么了。

"不过感谢上帝，我还有一个孩子—— 一个四岁大的儿子，他教我们得到解决问题的方法。有一天下午，我呆坐在那里为自己感到难过的时候，他问我：‘爸爸，你肯不肯为我造一条船？’我实在没有兴致去造条船。事实上，我根本没有兴致做任何事情。可是我的孩子是个很会缠人的小家伙，我不得不顾从他的意思。

“造那条玩具船大概花了我三个钟头，等到船弄好之后，我发现用来造船的那三个小时，是我这么多个月来第一次有机会放松我的心情的时间。

“这个大发现使我从昏睡中惊醒过来。它使我想了很多——这是我几个月来的第一次思想。我发现，如果你忙着去做一些需要计划和思想的事情的话，就很难再去忧虑了。对我来说，造那条船就把我的忧虑整个击垮了，所以我决定让自己不断地忙碌。

“第二天晚上，我巡视屋子里的每个房间，把所有该做的事情列成一张单子。有好些小东西需要修理，比方说书架、楼梯、窗帘、门钮、门锁、漏水的龙头等等。叫人想不到的是，在两个礼拜以内，我列出了242件需要做的事情。

“在过去的两年里，那些事情大部分都已经完成。此外，我也使我的生活里充满了启发性的活动：每个礼拜，有两天晚上我到纽约市参加成人教育班，并参加了一些小镇上的活动。我现在是校董事会的主席，参加很多的会议，并协助红十字会和其他的机构募捐。我现在简直忙得没有时间去忧虑。”

没有时间去忧虑，这正是丘吉尔在战事紧张到每天要工作18个小时的时候所说的。当别人问他是不是为那么重的责任而忧虑时，他说：“我太忙了，我没有时间去忧虑。”

查尔斯·柯特林在发明汽车的自动点火器的时候，也碰到这样的情形。柯特林先生一直是通用公司的副总裁，负责世界知名的通用汽车研究公司，最近才退休。可是，当年他却穷得要用谷仓里堆稻草的地方做实验室。家里的开销，都得靠他太太教钢琴所赚来的1500美金。后来，他又去用他的人寿保险作抵押借了500美金。我问过他太太，在那段时期她是不是很忧虑。“是的，”她回答说，“我担心得睡不着，可是柯特林先生一点也不担心。他整天埋头在工作里，没有时间去忧虑。”

伟大的科学家巴斯特曾经谈到“在图书馆和实验室所找到的平静”。平静为什么会在那儿找到呢？因为在图书馆和实验室的人，通常都埋头在他们的工作里，不会为他们自己担忧。做研究工作的人很少有精神崩溃的现象，因为他们没有时间来享受这种“奢侈”。

为什么“让自己忙着”这么一件简单的事情，就能够把忧虑赶出去呢？因为有这么一个定理——这是心理学上所发现的最基本的一条定理。这条定理就是：不论这个人多么聪明，人类的思想，都不可能在同一时间想一件以上的事情。让我们来做一个实验：假定你现在靠坐在椅子上，闭起两眼，试着在同一个时间去想：自由女神；你明天早上打算做什么事情。

你会发现你只能轮流地想其中的一件事，而不能同时想两件事，对不对？从你的情感上来说，也是这样。我们不可能既激动、热诚地想去做一些很令人兴奋的事情，又同时因为忧虑而拖累下来。在同一时间里，一种感觉会把另一种感觉赶出去，也就是这么简单的发现，使得军方的心理治疗专家们，能够在战时创造这一类的奇迹。

詹姆斯·墨塞尔是哥伦比亚师范学院的教育学教授。他在这方面说得很清楚：

忧虑最能伤害到你的时候，不是在你有所行动的时候，而是在你没有什么事可做的时候。那时候，你的想象力会混乱起来，使你想起各种荒诞不稽的可能，把每一个小错误都加以夸大。在这种时候，你的思想就像一部没有载货的汽车，乱冲乱撞，撞毁一切，甚至自己也会变成碎片。消除忧虑的最好办法，就是要让你自己忙着，去做一些有用的事情。

不一定非得是一个大学教授才能懂得这个道理，才能付诸实行。战时，我碰到一个住在芝加哥的家庭主妇，她告诉我，她发现“消除忧虑的好办法就是让自己忙着，去做一些有用的事情”。当时我正在从纽约回密苏里农庄的路上，在餐车碰到了这位太太和她的先生。

这对夫妇告诉我，他们的儿子在珍珠港事件的第二天加入了陆军。那个女人当时为她的独子十分担忧，并且几乎使她的健康受损。她总是要为儿子担心：他在什么地方？他是不是很安全？他是不是正在打仗？他会不会受伤，阵亡？

我问她，后来她是怎么克服忧虑的。她回答说：

“我让自己忙着。我把女佣辞退了，希望能靠自己做家事来让自己忙着，可是这没有多少用处。问题是，我做起家事来几乎是机械性的，完全不要用思想；所以当我铺床和洗碟子的时候，还是一直担忧着。我发现，我需要一些新的工作才能使我在一天的每一个小时，身心两方面都能感到忙碌，于是我到一家大百货公司里去当售货员。

“这下成了，我马上发现自己好像掉进了一个行动大漩涡：顾客挤在我的四周，问我关于价钱、尺码、颜色等问题。没有一秒钟能让我想到除了手边工作以外的其他问题。到了晚上，我也只能想，怎样才可以让我那双痛脚休息一下。等我吃完晚饭之后，我倒在床上，马上就睡着了，既没有时间、也没有体力再去忧虑。”

要是我们为什么事情担心的话，让我们记住，我们可以把工作当作很好的古老治疗法。以前在哈佛大学医学院当教授、已故的理查德·凯波特博士，在他那本《人类以此生存》的书里也说过：“身为一个医生，我很高兴看到工作可以治愈很多病人。他们所感染的，是由于过分疑惧、迟疑、踌躇和恐惧等所带来的病症。工作所带给我们的勇气，就像爱默生永垂不朽的自信一样。”

当有些人因为在战场上受到打击而退下来的时候，他们都被称为“心理上的精神衰弱症”。军方的医生都以“让他们忙着”为治疗的方法。

除了睡觉的时间之外，每一分钟都让这些在精神上受到打击的人充满了活动，比如钓鱼、打猎、打球、拍照、种花，以及跳舞等等，根本不让他们有时间去回想他们那些可怕的经历。

“职业性的治疗”是近代心理医生所用的名词，也就是拿工作来当作治病的处方。这并不是新的办法，在耶稣诞生500年前，古希腊的医生就已经在使用了。

在富兰克林时代，费城教友会教徒也用这种办法。1774年有一个人去参观教友会的疗养院，看见那些精神病人正忙着纺纱织布，使他大为震惊。他认为那些可怜而不幸的人们，在被压榨劳力，后来教友会的人才向他解释说，他们发现那些病人惟有在工作的时候病情才能真正有所好转，因为工作能安定神经。

不管是哪个心理治疗医生，他都能告诉你：工作——让你忙着——是精神病最好的治疗剂。名诗人亨利·朗费罗在他年轻的妻子去世之后发现了这个道理。有一天，他太太点了一枝蜡烛，来熔一些信封的火漆，结果衣服烧了起来。朗费罗听见她的叫喊赶过去抢救，可是她还是因烧伤而亡。有一段时间，朗费罗没有办法忘掉这次可怕的经历，几乎发疯。幸好他三个幼小的孩子需要他照料。虽然他很悲伤，但还是要既当爸又当妈地照料孩子。他带他们出去散步，给他们讲故事，和他们一同玩游戏，还把他们父子间的亲情永存在“孩子们的时间”一诗里。他也翻译了但丁的《神曲》。这些工作加在一起，使他忙得完全忘记了自己，也重新得到了思想的平静。就像泰尼森在最好的朋友阿瑟·哈勒姆死时曾经说的那样：“我一定要让自己沉浸在工作里，否则我就会在绝望中苦恼。”

奥莎·约翰逊发现了比她早一世纪的泰尼森在诗句里所说的同一个真理：“我必须让自己沉浸在工作里，否则我就会挣扎在绝望中。”

海军上将伯德之所以也能发现这一点，是因为他在覆盖着冰雪的南极的小茅屋里单独住了5个月——在那冰天雪地里，藏有大自然最古老的秘密——在冰雪覆盖下，是一片无人知道的、比美国和欧洲加起来都大的大陆。伯德上将独自度过的 5 个月里，方圆 100 公里内没有任何一种生物存在。天气奇冷，当风从他耳边吹过的时候，他能听见他的呼吸冻住，结得像水晶一般。在他那本名叫《孤寂》的书里，伯德上将叙述了他在一种既难过又可怕的黑暗里所过的 5 个月的生活。他一定得不停地忙着才不至于发疯。

要是你和我不能一直忙碌着——如果我们闲坐在那里发愁——我们会产生一大堆被达尔文称之为"胡思乱想"的东西，而这些"胡思乱想"就像传说中的妖精，会掏空我们的思想，摧毁我们的行动力和意志力。

我认得纽约的一个生意人，他也用忙碌驱赶自己的那些"胡思乱想"，使他没有时间去烦恼和发愁。他的名字叫屈伯尔·朗曼，也是我成人教育班的学生。他征服忧虑的经过非常有意思，也非常特殊，所以下课之后我请他和我一起去消夜。我们在一间餐馆里面一直坐到半夜，谈着他的那些经验。下面就是他告诉我的故事：

18 年前，我因为忧虑过度而得了失眠症。当时我非常紧张，脾气暴躁，而且非常的不安。我想我就要精神崩溃了。

我这样发愁是有原因的。我当时是纽约市西百老汇大街皇冠水果制品公司的财务经理。我们投资了 50 万美元，把草莓包装在一加仑装的罐子里。20 年来，我们一直把这种一加仑装的草莓卖给制造冰淇淋的厂商。突然我们的销售量大跌，因为那些大的冰淇淋制造厂商，像国家奶品公司等等，产量急剧增加，而为了节省开支和时间，他们都买 36 加仑一桶的桶装草莓。

我们不仅没办法卖出价值 50 万美元的草莓，而且根据合约规定，在接下去的一年之内，我们还要再买价值 100 万美元的草莓。我们已经向银行借了 35 万美元，既还不出钱来，也没有办法再续借这笔借款，难怪我要担忧了。

我赶到我们位于加州的工厂里，想要让我们的总经理相信情况有所改变，我们可能面临毁灭的命运。他不肯相信，把这些问题的全部责任都归罪在纽约的公司身上——那些可怜的业务人员。

经过几天的要求之后，我终于说服他不再这样包装草莓，而把新的供应品放在旧金山的新鲜草莓市场上卖。这样差不多可以解决我们大部分的困难，照理说我应该不再忧虑了，可是我还做不到这一点。忧虑是一种习惯，而我已经染上这种习惯了。

我回到纽约之后，开始为每一件事情担忧：在意大利买的樱桃，在夏威夷买的凤梨等等，我非常地紧张不安，睡不着觉，就像我刚刚说过的，简直就快要精神崩溃了。

在绝望中，我换了一种新的生活方式，结果治好了我的失眠症，也使我不再忧虑。我让自己忙碌着，忙到我必须付出所有的精力和时间，以至于没有时间去忧虑。以前我一天工作 7 个小时，现在我开始一天工作 15 到 16 个小时。我每天早晨 8 点钟就到办公室，一直待到半夜，我接下新的工作，负起新的责任，等我半夜回到家的时候，总是筋疲力尽地倒在床上，用不了几秒钟就不省人事了。

这样过了差不多 3 个月，等我改掉忧虑的习惯，再回到每天工作 7 到 8 个小时的正常情形。这事情发生在 18 年前，从那以后，我就再没有失眠和忧虑过。

萧伯纳说得很对，他把这些总结起来说：

让人愁苦的秘诀就是，有空闲时间来想想自己到底快不快乐。

所以不必去想它，在手掌心里吐口唾沫，让自己忙起来，你的血液就会开始循环，你的思想就会开始变得敏锐——让自己一直忙着，这是世界上最便宜的一种药，也是最好的一种。

要改掉你忧虑的习惯，请记住下面的规则。

◎让烦恼迅速“过期”

◎ 唯一可以使过去的错误具有价值的方法，就是冷静地分析我们过去的错误，并从错误中得到教训，然后再把错误忘掉。

◎ 当你开始为那些已经做完或过去的事忧虑的时候，你不过是在锯一些木屑。

◎ 聪明的人永远不会坐在那里为他们的损失而悲伤，却会很高兴地想办法来弥补他们的创伤。

就在我写这句话的时候，我望望窗外，看见了我院子里一些恐龙的足迹—— 一些留在大石板和石头上的恐龙的足迹。这些恐龙的足迹，是我从耶鲁大学的皮博迪博物馆买来的。我还有一封由皮博迪博物馆馆长写来的信，说这些足迹是一亿八千万年前留下来的。就连白痴也不会想追溯到一亿八千万年前去改变这些足迹，而一个人的忧虑就正如这种想法一样愚蠢，因为就算是180秒钟以前所发生的事情，我们也不可能再回头去纠正它——可是我们有很多的人却正在做这样的事情。说得更确实一点，我们可以想办法来改变180秒钟以前发生的事情所产生的影响，但是我们不可能去改变当时所发生的事情。

唯一可以使过去的错误有价值的方法，就是平静地分析我们过去的错误，并从错误中得到教训，然后再把错误忘掉。

我知道这句话是有道理的，可是我是不是一直有勇气、有脑筋去这样做呢？要回答这个问题，让我先告诉你几年前我有过的一次奇妙经验吧。我让30几万元钱从大拇指缝里溜过，没有得到一分钱的利润。事情的经过是这样的：

我开办了一个很大的成人教育补习班，在很多城市里都有分部，在组织费和广告费上，我也花了很多的钱。我当时因为忙于教课，所以既没有时间、也没有心情去管理财务问题，而且当时也太天真，不知道我应该有一个很好的业务经理来支配各项支出。

最后，过了差不多一年，我发现了一件清楚明白、而且很惊人的事实：虽然我们的收入非常多，却没有得到一点利润。在发现了这点之后，我应该马上做两件事情：

第一，我应该有那个脑筋，去做黑人科学家乔治·华盛顿·卡佛尔在银行倒了他5万元的账——也就是他毕生的积蓄——时所做的那件事。当别人问他是不是知道他已经破产了的时候，他回答说："是的，我听说过了。"然后继续教书。他把这笔损失从他的脑子里抹去，以后再也没有提起过。

我应该做的第二件事是，应该分析自己的错误，然后从中学到教训。

可是坦白地说，这两件事我一样也没有做。相反的，我却开始大大发愁起来。一连好几个月我都恍恍惚惚的，睡不好，体重减轻了很多，不但没有从这次大错误里学到教训，反而接着犯了一个只是规模小了一点的同样的错误。

对我来说，要承认以前这种愚蠢的行为，实在是一件很窘迫的事。可是我很早就发现："去教20个人怎么做，比自己一个人去做，要容易得多了。"

我真希望我也能够到纽约的乔治·华盛顿高中去做保罗·布兰德威尔的学生。这位老师曾经教过住在纽约市布朗士区的艾伦·桑德斯。

桑德斯先生告诉我，他的生理卫生课的老师保罗·布兰德威尔博士教给他最有价值的一课：

"当时我只有十几岁，可是那时候我已经常为很多事情发愁。我常常为我自己犯过的错误自怨自艾；交完考试卷以后，我常常会半夜里睡不着；咬着我的指甲，怕我没办法考及格；我老是在想我做过的那些事情，希望当初没有这样做；我老是在想我说过的那些话，希望我当时把那些话说得更好。

“有一天早上，我们全班到了科学实验室。老师保罗·布兰德威尔博士把一瓶牛奶放在桌子边上。我们都坐了下来，望着那瓶牛奶，不知道那跟他所教的生理卫生课有什么关系。然后，保罗·布兰德威尔博士突然站了起来，一掌把那瓶牛奶打碎在水槽里，一面大声叫道：‘不要为打翻的牛奶而哭泣。’

“然后他叫我们所有的人都到水槽边去，好好地看看那瓶打碎的牛奶。‘好好地看一看，’他告诉我们，‘因为我要你们这一辈子都记住这一课，这瓶牛奶已经没有了——你们可以看到它都漏光了，无论你怎么着急，怎么抱怨，都没有办法再救回一滴。只要先用一点思想，先加以预防，那瓶牛奶就可以保住。可是现在已经太迟了——我们现在所能做到的，只是把它忘掉，丢开这件事情，只注意下一件事。’

“这次小小的表演，在我忘了我所学到的几何和拉丁文以后很久都还让我记得。事实上，这件事在实际生活中所教给我的，比我在高中读了那么多年所学到的任何东西都好。它教我只要可能的话，就不要打翻牛奶，万一牛奶打翻、整个漏光的时候，就要彻底把这件事情给忘掉。”

有些读者大概会觉得，花这么大力气来讲那么一句老话：“不要为打翻了的牛奶而哭泣”，未免有点无聊。我知道这句话很普通，也可以说很陈旧。可是像这样的老生常谈，却饱含了多年来所积聚的智慧，这是人类经验的结晶，是世世代代传下来的。如果你能读尽各个时代很多伟大学者所写的有关忧虑的书，你也不会看到比“船到桥头自然直”和“不要为打翻的牛奶而哭泣”更基本、更有用的老生常谈了。只要我们能应用这两句老话，不轻视它们，我们就根本用不到这本书了。然而，如果不加以应用，知识就不是力量。

本书的目的并不在告诉你什么新的东西，而是要提醒你那些你已经知道的事，鼓励你把已经学到的东西加以应用。

我一直很佩服已故的佛雷德·福勒·夏德，他有一种能把老的事例用又新又吸引人的方法说出来的天分。他是一家报社的编辑。有一次大学毕业班讲演的时候，他问道："有多少人曾经锯过木头？请举手。"大部分的学生都曾经锯过。然后他又问道："有多少人曾经锯过木屑？"没有一个人举手。

"当然，你们不可能锯木屑，"夏德先生说道，"因为那些都是已经锯下来的。过去的事也是一样，当你开始为那些已经做完的和过去的事忧虑的时候，你不过是在锯一些木屑。"

棒球老将康尼·麦克 81 岁的时候，我问他有没有为输了的比赛忧虑过。

"噢，有的。我以前常这样，"康尼·麦克告诉我说，"可是多年以前我就不干这种傻事了。我发现这样做对我完全没有好处，磨完的粉子不能再磨，"他说，"水已经把它们冲到底下去了。"

不错，磨完的粉子不能再磨；锯木头剩下来的木屑，也不能再锯。可是你还能消除你脸上的皱纹和胃里的溃疡。在去年感恩节的时候，我和杰克·登普西一起吃晚饭。当我们吃火鸡和橘酱的时候，他给我讲了他把重量级拳王的头衔输给滕尼的那一仗。当然，这对他的自尊是一次很大的打击。

"在拳赛的当中，我突然发现我变成了一个老人……到第十回合终了，我还没有倒下去，可是也只是没有倒下去而已。我的脸肿了起来，而且有很多处伤痕，两只眼睛几乎无法睁开……我看见裁判员举起吉恩·滕尼的手，宣布他获胜……我不再是世界拳王，我在雨中往回走，穿过人群回到自己的房间。在我走过的时候，有些人想来抓我的手，另外一些人眼睛里含着泪水。

"一年之后，我再跟滕尼比赛了一场，可是一点用也没有，我就这样永远完了。要完全不去愁这件事情实在很困难，可是我对自己说：'我不打算生活在过去里，或是为打翻了的牛奶而哭泣，我要能承受这一次打击，不能让它把我打倒。'”

而这一点正是杰克·登普西所做到的事。怎么做呢？只是一再地向自己说："我不为过去而忧虑"吗？不是的！这样做只会再强迫他想到他过去的那些忧虑。他的方法是承受一切，忘掉他的失败，然后集中精力来为未来计划。他的做法是经营百老汇的登普西餐厅和大北方旅馆；安排和宣传拳击赛，举行有关拳赛的各种展览会；让自己忙着做一些富于建设性的事情，使他既没有时间也没有心思去为过去担忧。

"在过去十年里，我的生活，"杰克·登普西说，"比我在做世界拳王的时候要好得多了。"

登普西先生告诉我，他没有读过很多书，可是，他却是不自觉地照着莎士比亚的话在做：

"聪明的人永远不会坐在那里为他们的损失而悲伤，却会很高兴地想办法来弥补他们的创作。"

当我读历史和传记并观察一般人如何度过艰苦的环境时，我一直觉得吃惊，并羡慕那些能够把他们的忧虑和不幸忘掉并继续过快乐生活的人。

我曾经到辛辛监狱去看过，那里最令我吃惊的是，囚犯们看起来都和外面的人一样快乐。我当即把我的看法告诉了刘易士·路易斯——当时辛辛监狱的狱长——他告诉我，这些罪犯刚到辛辛监狱的时候，都心怀怨恨且脾气很坏。可是经过几个月之后，大部分聪明一点的人都能忘掉他们的不幸，安定下来承受他们的监狱生活，尽量地过好。

路易斯狱长告诉我，有一个辛辛监狱的犯人——一个在园子里工作的人——在监狱围墙里种菜种花的时候，还能一面唱歌。歌词是这样唱的：

"事实已经注定，事实已沿着一定的路线前进，

痛苦、悲伤并不能改变既定的情势，

也不能删减其中任何一段情节，

当然，眼泪也无补于事，它无法使你创造奇迹。

那么，让我们停止流无用的眼泪吧！

既然谁也无力使时光倒转，因此不如抬头往前看。”

所以，为什么要浪费眼泪呢？当然，犯了过错和疏忽都是我们的不对，可是又怎么样呢？谁没有犯过错？就连拿破仑，在他所有重要的战役中也输过1/3。也许我们的平均纪录并不会坏过拿破仑，谁知道呢？

◎准备迎接最坏的情况

◎ 能接受既成事实，这是克服随之而来的任何不幸的第一步。

◎ 能接受最坏的情况，就能在心理上让你发挥出新的能力。

◎ 忧虑最大的坏处就是摧毁我们集中精神的能力，一旦忧虑产生，我们的思想就会到处乱转，从而丧失作出决定的能力。

卡瑞尔是一个很聪明的工程师，他开创了空气调节器制造业，现在是位于纽约州瑞西的著名卡瑞尔公司的负责人。我所知道的解决忧虑困难的最好办法，是我和卡瑞尔先生在纽约的工程师俱乐部吃中饭的时候亲自从他那里学到的。

“年轻的时候，”卡瑞尔先生说，“我在纽约州水牛城的水牛钢铁公司做事。我必须到密苏里州水晶城的匹兹堡玻璃公司——一座花费好几百万美金建造的工厂，去安装二架瓦斯清洁机，目的是清除瓦斯里的杂质，使瓦斯燃烧时不至于有损引擎。这种清洁瓦斯的方法是新的方法，以前只试过一次——而且当时的情况很不相同。我到密苏里州水晶城工作的时候，很多事先没有想到的困难都发生了。经过一番调整之后，机器可以使用了，可是成绩并不能好到我们所保证的程度。

“我对自己的失败非常吃惊，觉得好像是有人在我头上重重地打了一拳。我的胃和整个肚子都开始扭痛起来。有好一阵子，我忧虑得简直没有办法睡觉。

“最后，我的常识告诉我忧虑并不能够解决问题，于是我想出了一个不需要忧虑就可以解决问题的办法，结果非常有效。我这个排除忧虑的办法已经使用了 30 多年。这个办法非常简单，任何人都可以使用。其中共有三个步骤：

“第一步，我毫不害怕而诚恳地分析整个情况，然后找出万一失败可能发生的最坏的结果。没有人会把我关起来，或者把我枪毙，这一点说得很准。不错，很可能我会丢掉差事，也可能我的老板会把整个机器拆掉，使投进去的 2 万美元泡汤。

“第二步，找出可能发生的最坏的情况之后，我就让自己在必要的时候能够接受它。我对自己说，这次失败，在我的纪录上会是一个很大的污点，可能我会因此而丢差事。但即使真是如此，我还是可以另外找到一份差事。至于我的那些老板，他们也知道我们现在是在试验一种清除瓦斯新法，如果这种实验要花他们 2 万美元，他们还付得起。他们可以把这笔账算在研究费用上，因为这只是一种实验。

“发现可能发生的最坏情况，并让自己能够接受之后，有一件非常重要的事情发生了。我马上轻松下来，感受到几天以来所没经验过的一份平静。

“第三步，从这以后，我就平静地把我的时间和精力，拿来试着改善我在心理上已经接受的那种最坏情况。

“我努力找出一些办法，让我减少我们目前面临的 2 万美元损失。我做了几次实验，最后发现，如果我们再多花 5 0000 美元，加装一些设备，我们的问题就可以解决。我们照这个办法去做之后，公司不但没有损失 2 万美元，反而赚了 1. 5 万美元。

“如果当时我一直担心下去的话，恐怕永远不可能做到这一点。因为忧虑的最大坏处，就是会毁了我集中精神的能力。在我们忧虑的时候，思想会到处乱转，而丧失所有作决定的能力。然而，当我们强迫自己面对最坏的情况，而在精神上接受它之后，就能够衡量所有可能的情形，使我们处在一个可以集中精力解决问题的地位。

“我刚才所说的这件事，发生在很多很多年以前，因为这种做法非常好，我就一直使用着。结果呢，我的生活里几乎完全不再有烦恼了。”

为什么威利·卡瑞尔的万能公式这么有价值，这么实用呢？从心理学上来讲，它能够把我们从那个巨大的灰色云层里拉下来，让我们不再因为忧虑而盲目地摸索，它可以使我们的双脚稳稳地站在地面上，而我们也都知道自己的确站在地面上。如果我们脚下没有结实的土地，又怎么能希望把事情想通呢？

应用心理学之父威廉·詹姆斯教授，已经去世38年了，可是如果他今天还活着，听到这个面对最坏情况的公式的话，也一定会大表赞同。我怎么知道的呢？因为他曾经告诉他的学生说：“你要愿意承担这种情况，因为能接受既成的事实，就是克服随之而来的任何不幸的第一个步骤。”

林语堂在他的《生活的艺术》里也谈到同样的概念。“心理的平静，”这位中国哲学家说，“……能接受最坏的情况，在心理上，就能让你发挥出新的能力。”

这就对了，一点也不错。在心理上就能让你发挥出新的能力。当我们接受了最坏的情况之后，我们就不会再损失什么，而这也就是说，一切都可以得回来。“在面对最坏的情况之后，”威利·卡瑞尔告诉我们说，“我马上就轻松下来，感到一种好几天来没有经历过的平静。然后，我就能思想了。”

很有道理，对不对？可是还有成千上万的人，为愤怒而毁了他们的生活。因为他们拒绝接受最坏的情况，不肯由此以求改进，不愿意在灾难中尽可能地救出点东西来。他们不但不重新构筑他们的财富，却参与了“和经验所作的一次冷酷而激烈的斗争”——终于变成我们称之为忧郁症的那种颓丧的情绪的牺牲者。

这套消除忧虑的万灵公式，曾经使一个带着棺材航海旅行的垂死病人胖了 90 磅。这是艾尔·汉里的故事。那是 1948 年 11 月 17 日，他在波士顿史帝拉大饭店亲口告诉我的故事：

“1929 年，”他说，“因为我常常发愁，得了胃溃疡。有一天晚上，我的胃出血了，被送到芝加哥西比大学的医学院附设医院里。我的体重从 175 磅降到 90 磅。我的病严重到使医生警告我，连头都不许抬。三个医生中，有一个是非常有名的胃溃疡专家。他们说我的病是‘已经无药可救了’。我只能吃苏打粉，每小时吃一大匙半流质的东西，每天早上和每天晚上都要有护士拿一条橡皮管插进我的胃里，把里面的东西洗出来。

“这种情形过了好几个月……最后，我对自己说：‘你睡吧，汉里，如果你除了等死之外没有什么别的指望了，不如好好利用你剩下的这一点时间。你一直想在你死以前环游世界，所以如果你还想这样做的话，只有现在就去做了。’

“当我对那几位医生说，我要环游世界，我自己会一天洗两次胃的时候，他们都大吃一惊。不可能的，他们从来都没有听说这种事。他们警告我说，如果我开始环游世界，我就只有葬在海里了。‘不，我不会的。’我回答说，‘我已经答应过我的亲友，我要葬在尼布雷斯卡州我们老家的墓园里，所以我打算把我的棺材随身带着。’

“我去买了一具棺材，把它运上船，然后和轮船公司安排好，万一我去世的话，就把我的尸体放在冷冻舱里，一直到回老家的时候。我开始踏上旅程，心里只想着奥玛开俨的一首诗。

啊，在我们零落为泥之前，
岂能辜负，不拼作一生欢，
物化为泥，永寂黄泉下，
没酒、没弦、没歌伎，而且没明天。

“我从洛杉矶上了亚当斯总统号的船向东方航行的时候，就觉得好多了，渐渐地不再吃药，也不再洗胃。不久之后，任何食物都能吃了——甚至包括许多奇奇怪怪的当地食品和调味品。这些别人都说我吃了一定会送命的。几个礼拜过去之后，我甚至可以抽长长的黑雪茄，喝几杯老酒。多年来我从来没有这样享受过。我们在印度洋上碰到季风，在太平洋上遇到台风。这种事情要是害怕，也会让我躺进棺材里的，可是我却从这次冒险中得到很大的乐趣。

“我在船上和他们玩游戏、唱歌、交新朋友，晚上聊到半夜。到了中国和印度之后，我发现我回去之后要料理的私事，跟在东方所见到的贫穷与饥饿比起来，简直像是天堂跟地狱之比。我中止了所有无聊的担忧，觉得非常的舒服。回到美国之后，我的体重增加了 90 磅，几乎完全忘记了我曾患过胃溃疡。我这一生中从没有觉得这么舒服。我回去后一天也没再病过。”

艾尔·汉里告诉我，他发现他是在下意识里应用了威利·卡瑞尔征服忧虑的办法。

让我们看看其他人怎样利用威利·卡瑞尔的万灵公式，来解决他们自己的问题。下面就是一个例子。这是以前我的一个学生——目前他是一名纽约油商——所做过的事情：

“有人勒索我，”他说，“我不相信会有这种事情——我不相信这种事情会发生在电影以外的现实生活里——可是我真的是被勒索了。事情是这样的：我主管的那个石油公司，有好几辆运油的卡车和好些司机。在那段时期，物价管理委员会的条例是很严格的，我们所能送给每一个顾客的油量也都有限制。我起先不知道事情的真相，好像有一些运货员减少我们固定顾客的油量，把偷下来的卖给一些他们的顾客。

“有一天，有个自称政府调查员的人来看我，跟我索要红包。他说，他掌握我们运货员舞弊的证据。并以此要挟说，如果我不答应的话，他要把证据转交给地方检察官。这时候，我才发现公司有这种非法的买卖。

“当然，我知道我没有什么好担心的——至少跟我个人无关。但是我也知道法律规定，公司应该为员工的行为负责。还有，万一案子打到法院去，上了报纸，这种坏名声就会毁了我的生意。我对自己的生意非常骄傲——我父亲在24年前为此打下了基础。

“我生病了，三天三夜吃不下睡不着。我一直在那件事情里面打转。我是该付那笔钱——5 0000美金，还是该跟那个人说，你爱怎么干就怎么干吧？我一直决定不下，每天晚上都在噩梦中度过。

“在事情发生后的某一个礼拜天的晚上，我碰巧拿起一本叫做《如何不再忧虑》的小书，这是我去听卡耐基公开演说时拿到的。我读到威利·卡瑞尔的故事，里面说：‘面对最坏的情况。’于是我问自己：‘如果我不肯付钱，那个勒索者把证据交给地检处的话，可能发生的最坏情况是什么呢？’

“答案是：‘毁了我的生意——最坏就是如此。我不会被送进监狱。可能发生的，只是我会被这件事毁了。’

“于是我对自己说：‘好了，生意即使毁了，但我心理上可以接受这点，接下去又会怎样呢？’

“嗯，我的生意毁了之后，也许得去另外找份工作。这也不坏，我对石油知道得很多——有几家大公司可能会乐意雇用我……我开始觉得好过多了。三天三夜之后，我的那份忧虑开始消散了。我的情绪终于稳定了下来……而意外地，我居然能够开始思考了。

“我清醒地看出第三步——改善最坏的情况。就在我想解决方法的时候，一个全新的局面展现在我的面前：如果我把整个情况告诉我的律师，他可能会帮我找到一条我一直没有想到的路子。这乍听起来很笨，因为我起先一直没有想到这一点——我原先一直没有好好思想，只是一味在担心。我打定了主意，第二天清早就去见我的律师，接着我上了床，安安稳稳地睡了一觉。

“事情的结果如何呢？第二天早上，我的律师叫我去见地方检察官，把真实情形告诉他。我照他的话做了。当我说出原委之后，出乎意外地听到地方检察官说，这种勒索的案子已经持续好几个月了，那个自称是‘政府官员’的人，实际上是警方通缉犯。当我为了是否该把5 0000美金交给那个职业罪犯而担心了三天三夜之后，听到这番话，真是松了一大口气。

“这次的经历给我上了永难忘怀的一课。现在，每当面临会使我忧虑的难题时，我就把所谓的‘威利·卡瑞尔的老公式’派上用场。”

◎说出你的忧虑

◎ 只要一个病人能够说话——单单说出来，就能够解除他心中的忧虑。

◎ 不要为别人的缺点过于操心。

◎ 今晚上床之前，先安排好明天工作的程序。

一年秋天，我的助手坐飞机到波士顿参加一次世界性的最不寻常的医学课程。这个课程每周举行一次，参加的病人在进场之前都要进行定期和彻底的身体检查。可是实际上这个课程是一种心理学的临床实验，虽然课程正式的名称叫做应用心理学，其真正的目的却是治疗一些因忧虑而得病的人，而大部分病人都是精神上感到困扰的家庭主妇。

这种专门为忧虑的人所准备的课程是怎么开始的呢？1930年，约瑟夫·普拉特博士——他曾是威廉·奥斯勒爵士的学生——注意到，很多到波士顿医院来求诊的病人，生理上根本没有毛病，可是他们却认为自己有某种病的症状。有一个女人的两只手，因为“关节炎”而完全无法干活，另外一个则因为“胃癌”的症状而痛苦不堪。其他有背痛的、头痛的，常年感到疲倦或疼痛。她们真的能够感觉到这些痛苦，可是经过最彻底的医学检查之后，却发现这些女人没有任何生理上的疾病。很多老医生都会说，这完全是出于心理因素——“病在她的脑子里”。

可是普拉特博士却了解，单单叫那些病人“回家去把这件事忘掉”不会有一点用处。他知道这些女人大多数都不希望生病，要是她们的痛苦那么容易忘记，她们自己早就这样做了。那么该怎么治疗呢？

他开这个班，虽然医学界的很多人都对这件事深表怀疑，但却有意想不到的结果。从开班以来，18年里，成千上万的病人都因为参加这个班而“痊愈”。有些病人到这个班上来上了好几年的课——几乎就像上教堂一样的虔诚。我的那个助手曾和一位前后坚持了9年并且很少缺课的女人谈过话。她说当她第一次到这个诊所来的时候，她深信自己有肾脏病和心脏病。她既忧虑又紧张，有时候会突然看不见东西，担心失明。可是现在她却充满了信心，心情十分愉快，而且健康情形非常良好。她看起来只有40岁左右，可是怀里却抱着一个睡着的孙子。“我以前总为我家里的问题烦恼得要死，”她说，“几乎希望能够一死了之。可是我在这里懂得了忧虑对人的害处，学会了怎样停止忧虑。我现在可以说，我的生活真是太幸福了。”

这个班的医学顾问罗斯·希尔费丁医生觉得，减轻忧虑最好的药就是和你信任的人谈论你的问题，他们称之为净化作用。她说：“病人到这里来时，可以尽量地谈她们的问题，一直到她们把这些问题完全赶出她们的脑子。一个人闷着头忧虑，不把这些事情告诉别人，就会造成精神紧张。我们都应让别人来分担我们的难题，我们也得分担别人的忧虑。我们必须感觉到世界上还有人愿意听我们的话，也能够了解我们。”

我的助手亲眼看到一个女人在说出她心里的忧虑之后，感到一种非常难得的解脱。她有许多家务方面的烦恼，而在她刚刚开始谈论这些问题的时候，她就像一个压紧的弹簧，然后一面讲，一面渐渐地平静下来。等到谈完之后，她居然能够面露微笑。这些困难是否已经得到了解决呢？没有，事情不会那样容易。她之所以有这样的改变，是因为她能和别人谈一谈，得到了一点点忠告和同情。真正造成变化的，是具有强而有力的治疗功能的语言。

就某方面来说，心理分析就是以语言的治疗功能为基础的。从弗洛伊德的时代开始，心理分析家们就知道，只要一个病人能够说话——单单只要说出来，就能解除他心中的忧虑。为什么呢？也许是因为说出来以后，我们就可以更深入地看到我们的问题，能够看到更好的解决方法。没有人知道确切的答案，可是我们所有的人都知道——“吐露一番”或是“发发心中的闷气”，就能立刻使人觉得畅快很多。

所以，下一次我们再碰到什么情感上的难题时，何不去找个人谈一谈呢？当然我并不是说，随便到哪儿抓一个人，就把我们心里所有的苦水和牢骚说给他听；我们要找一个能够信任的人，和他约好一个时间。也许找一位亲戚、一位医生、一位律师、一位教士，或是一个神父，然后对那个人说：“我希望得到你的忠告。我有个问题，希望你能听我谈一谈，你也许可以给我点忠告。也许旁观者清，你可以看到我自己所看不到的角度。可是即使你不能做到这一点，只要你坐在那儿听我谈谈这件事情，也就等于帮了我很大的忙了。”

不过，如果你真觉得没有一个人可以谈话，那我要告诉你所谓的“救生联盟”——这个组织和波士顿那个医学课程完全没有任何关联。这个“救生联盟”是世界上最不寻常的组织之一。它的组成是为了防止可能会发生的自杀事件。多年来，它的服务范围已扩大到给那些不欢乐或是在情感和精神方面需要安慰的人以安慰。

把心事说出来，这是波士顿医院所安排的课程中最主要的治疗方法。下面是我们在那个课程里所得到的一些概念。其实我们在家里就可以做这些事。

1. 准备一本“供给灵感”的剪贴簿

你可以贴上自己喜欢的令人鼓舞的诗篇，或是名人格言。往后，如果你感到精神颓丧，也许在本子里就可以找到治疗方法。在波士顿医院的很多病人都把这种剪贴簿保存好多年，她们说这等于是替你在精神上“打了一针”。

2. 不要为别人的缺点太操心

不错，你的丈夫有许多的缺点，但如果他是个圣人的话，恐怕他就根本不会娶你了，对不对？在那个班上有一个女人，发现她自己变成了一个对人苛刻，爱责备别人、爱挑剔，还常常拉长一张脸的妻子。当人家问她“要是你丈夫死了你该怎么办”的问题时，她才发现自己的短处。她当时着实大吃一惊，连忙坐下来，把她丈夫所有的优点列举出来。她所写的那张单子可真长呀！所以下次要是你觉得嫁错了人，何不也试着这样做呢？也许在看过他所有的优点以后，会发现他正是你所希望遇到的那个人。

3. 要对你的邻居感兴趣

对那些和你在同一条街上共同生活的人，要有一种很友善也很健康的兴趣。有一个孤独的女人，觉得自己非常的“孤立”。她一个朋友都没有。有人要她试着把她下一个碰到的人作为主角编一个故事，于是她开始在公共汽车上为她所看到的人编造故事。她假想那人的背景和生活情形，试着去想象他的生活怎样。后来，她碰到别人就谈天，而今天她非常的欢乐，变成了很讨人喜欢的人，也治好了她的“痛苦”。

4. 晚上上床之前，先安排好明天工作的程序

在班上，他们发现很多家庭主妇，因为忙不完的家事而感到疲劳。她们好像永远都做不完自己的工作，老是被时间赶来赶去。为了要治好这种忧虑，他们建议各个家庭主妇，在头一天就把第二天的工作安排好，结果呢？她们能完成很多的工作，却不会感到疲劳。同时还因为有成绩而感到非常的骄傲，甚至还有时间休息和打扮。每一个女人每一天都应该抽出时间来打扮，让自己看起来漂亮一点。我觉得，当一个女人知道她外观很漂

亮的时候，就不会紧张了。

5. 避免紧张和疲劳的唯一途径就是放松

再没有比紧张和疲劳更容易使你苍老的事了，也不会有别的事物对你的外表更有害了。我的助手，在波士顿医院思想控制课堂里坐了一个钟点，听负责人保罗·约翰逊教授谈了很多我们在前一章已经讨论过的原则——一些能够放松的方法。在10分钟放松自己的练习结束以后，我那位和其他人一起做练习的助手几乎坐在椅子上睡着了。为什么生理上的放松能够有这么大的好处呢？因为这家医院的医生知道，如果你要消除忧虑，就必须放松。

是的，身为一个家庭主妇，一定要懂得怎样放松自己。你有一点强过别人的地方——就是想躺下随时都可以躺下。而且你还可以躺在地上。奇怪的是，硬硬的地板比里面装了簧的席梦思床更有助于你放松自己。地板给你的抵抗力比较大，对脊椎骨大有好处。

好啦，下面就是一些可以在你自己家里做的运动。先试一个礼拜，看看对你的外表是否有大的帮助：

1. 只要你觉得疲倦了，就平躺在地板上，尽量把身体伸直，如果你想要转身的话就转身，每天做两次。

2. 闭起你的两只眼睛，像约翰逊教授所建议的那样想："太阳在头上照着，天空蓝得发亮，大自然非常的沉静，控制着整个世界——而我，大自然的小孩，也能与整个宇宙谐和一致。"

3. 如果你不能躺下来，因为你正在炉子上煮菜，没有这个时间，那样只要你能坐在一张椅子上，得到的效果也完全相同。在一张很硬的直背椅子里，像一个古埃及的雕像那样，然后把你的两只手掌向下平放在大腿上。

4. 现在，慢慢地把你的脚趾头蜷曲起来——然后让它们放松，收紧你的腿部肌肉——然后让它们放松；慢慢地朝上，运动各部分的肌肉，最后一直到你的颈部。然后让你的头向四周转动，好像你的头是一个足球。要不断地对你的肌肉说："放松……放松……"

5. 用很慢很稳定的深呼吸来平定你的神经，要从丹田吸气，印度的瑜伽术做得不错，规律的呼吸是安抚神经的最好方法。

6. 想想你脸上的皱纹，尽量使它们抹平，松开你皱紧的眉头，不要闭紧嘴巴。

如此每天做两次，也许你就不必再到美容院去按摩了，也许这些皱纹就会从此消失。

◎冲破孤独，别让自己成为孤岛

◎ 如怀地博士说的，那些能克服孤寂的人，一定是居住在"勇气的氛围"里。无论我们走到哪里，一定要与人们培养出亲密的情谊关系。就好像燃烧的煤油灯一样，火焰虽小，却仍能产生出光亮和温暖。

◎ 幸福并不是靠别人来布施，而是要自己去赢取别人对你的需求和喜爱。

在现实生活中，总是有这么一类人：把自己关在屋子里，将自己的身体、内心与外界完全隔离开来。他或者沉默寡言，整天不吭一声；或者面对着电视，一眼不错地呆呆地盯着看；或者面前摆上一本书，眼神呆滞半天也看不上一页。别人很难进入他的内心世界，简直就像一个坚强的堡垒一样打不开。他很少与人交谈来往，他仿佛是自我流放到一个孤岛上，没有人烟，甚至连活物都没有。他没有一丝逃出荒岛之意，可他却明显地发生着变化：孤独、寂寞、烦闷、暴躁、衰老……这种人就是所谓的自我封闭者，医学上称之为自闭症。

其实，每个人一生中都会遇到不幸和挫折，当你面临这种处境，不如面对现实，积极解决，随着时间消逝，你就会走出困境与不幸，何必将自己那颗跳动的心紧闭，让自己的人生陷入痛苦与不安？

几年前，我的一位朋友失去了自己的丈夫，她悲痛欲绝。自那以后，她便和成千上万的人一样，陷入了一种孤独与痛苦之中。“我该做些什么呢?”在丈夫离开她近一个月之后的一天晚上，她跑来向我求助，“我将住到何处？我还有幸福的日子吗?”

我极力向她解释，她的焦虑是因为自己身处不幸的遭遇之中，才 50 多岁便失去了自己生活的伴侣，自然令人悲痛异常。但时间一久，这些伤痛和忧虑便会慢慢减缓消失，她也会开始新的生活——从痛苦的灰烬之中建立起自己新的幸福。

“不!”她绝望地说道，“我不相信自己还会有什么幸福的日子。我已不再年轻，孩子也都长大成人，成家立业。我还有什么地方可去呢?”可怜的妇人是得了严重的自怜症，而且不知道该如何治疗这种疾病。好几年过去了，我发现朋友的心情一直都没有好转。

有一次，我忍不住对她说：“我想，你并不是要特别引起别人的同情或怜悯。无论如何，你可以重新建立自己的新生活，结交新的朋友，培养新的兴趣，千万不要沉溺在旧的回忆里。”她没有把我的话听进去，因为她还在为自己的命运自艾自叹。后来，她觉得孩子们应该为她的幸福负责，因此便搬去与一个结了婚的女儿同住。

但事情的结果并不如意，她和女儿都是面临一种痛苦的经历，甚至恶化到大家翻脸成仇。这名妇人后来又搬去与儿子同住，但也好不到哪里去。后来，孩子们共同买了一间公寓让她独住——这更不是真正解决问题的方法。

有一天她对我哭诉道，所有家人都弃她而去，没有人要她这个老妈妈了。这位妇人的确一直都没有再享有快乐的生活，因为她认为全世界都亏欠她。她实在是既可怜，又自私，虽然现今已 61 岁了，但情绪还是像小孩一样没有成熟。

许多寂寞孤独的人之所以会如此，是因为他们不了解爱和友谊并非是从天而降的礼物。一个人要想受到他人的欢迎，或被人接纳，一定要付出许多努力和代价。要想让别人喜欢我们，的确需要尽点心力。情爱、友谊或快乐的时光，都不是一纸契约所能规定的。让我们面对现实，无论是丈夫死了，或太太过世，活着的人都有权利再快乐地活下去。但是他们必须了解：幸福并不是靠别人来布施，而是要自己去赢取别人对你的需求和喜爱。

让我们再看另一个故事。一艘游轮正在地中海蓝色的水面上航行，上面有许多正在度假中的已婚夫妇，也有不少单身的未婚男女穿梭其间，个个兴高采烈，随着乐队的拍子起舞。其中，有位明朗、和悦的单身女性，大约60来岁，也随着音乐陶然自乐。这位上了年纪的单身妇人，也和我的那位朋友一样，曾遭丧夫之痛，但她能把自己的哀伤抛开，毅然开始自己的新生活，重新展开生命的第二度春天，这是经过深思之后所做的决定。

她的丈夫曾是她生活的重心，也是她最为关爱的人，但这一切全都过去了。幸好她一直有个嗜好，便是画画。她十分喜欢水彩画，现在更成了她精神的寄托。她忙着作画，哀伤的情绪逐渐平息。而且由于努力作画的结果，她开创了自己的事业，使自己的经济能完全独立。

有一段时间，她很难和人群打成一片，或把自己的想法和感觉说出来。因为长久以来，丈夫一直是她生活的重心，是她的伴侣和力量。她知道自己长得并不出色，又没有万贯家财，因此在那段近乎绝望的日子里，她一再自问：如何才能使别人接纳我，需要我？

她后来找到了自己的答案——她得使自己成为被人接纳的对象。她得把自己奉献给别人，而不是等着别人来给她什么。想清了这一点，她擦干眼泪，换上笑容，开始忙着画画。她也抽时间拜访亲朋好友，尽量制造欢乐的气氛，却绝不久留。不多久，她开始成为大家欢迎的对象，不但时有朋友邀请她吃晚餐，或参加各式各样的聚会，并且还在社区的会所里举办画展，处处都给人留下美好印象。

后来，她参加了这艘游轮的“地中海之旅”。在整个旅程当中，她一直是大家最喜欢接近的目标。她对每一个人都十分友善，但绝不紧缠着人不放。在旅程结束的前一个晚上，她的舱旁是全船最热闹的地方。她那自然而不造作的风格，使每个人都留下深刻印象，并愿意与之为友。

从那时起，这位妇人又参加了许多类似这样的旅游。她知道自己必须勇敢地走进生命之流，并把自己贡献给需要她的人。她所到之处都留下友善的气氛，人人都乐意与她接近。

人们的自我封闭多因生活中发生了巨变，突如其来的巨变让人措手不及。常见的像生活环境发生了变化，从农村到城市、从本国到国外，环境的变化尤其是文化的巨大落差会造成自闭。事业遭受重创也是产生自闭症的原因。某公司老板投资股市，亏损严重，公司破产，这位老板一下子从昔日的有说有笑、活泼开朗变成了破产后的沉默寡言，时常把自己一个人关在办公室里，终于有一天这位老板割脉自杀于他的办公室里。家庭婚变也可让人产生自我封闭。某位中年男人，自从他的妻子跟别人私奔之后，他一下子就像被霜打的茄子一样，头再也抬不起来，从此一声不吭，像个幽灵一样无声无息。另外亲人的去世也会使人把自己封闭起来。某位中年男人一生和妻子恩恩爱爱，即使年龄很大了也经常手牵手成双成对出入，受到邻居们的交口称赞，可妻子有一天突患心肌梗塞与世长辞，这位男士一夜之间白了头，仿佛老了几十岁。此后他就像傻子一样抱着妻子的相片，不吃不喝，亲戚朋友怎么劝也不行，没过一年，这位整日把自己关在房子里的男子也死了。

面对突如其来的各种变故，你都应该坚强地面对现实而不是逃避，因为逃避无法最终消除人的痛苦；只有勇敢面对，你才可能走出自闭的误区，重新找到人生的快乐。

把自己置身于群体之中，是避免和纠正自闭症的一个良方。那些喜欢体育运动的青少年朋友个个性格开朗，活泼、大方，这就是证明。

我们可以尝试下列的方法来克服自我封闭：

1. 环境转移法。遭受巨变的成人可以尝试此方法，例如妻子逝世之后，丈夫完全可以换个环境，比如去外地旅游散心，看看秀美山川、风土人情，陶醉在自然的怀抱里。不要整天把自己关在房子里，因为房子里的一切都会让你睹物思人，痛不欲生，都会破坏、影响你的正常情绪，而最终造成自闭。

2. 忙忙碌碌法。破产的老板完全可以重找一份工作一心扑在上面，从头再来，争取忙得团团乱转，让你根本没有时间去想先前如何如何。有的企业主破产之后便在街道拐角处摆一擦皮鞋摊，重新开始。如果你不想工作，那你可以去整修草地、花木，给鱼喂食，去老年协会和一帮老头打牌下棋、钓鱼散步，你唯一不要做的是把自己关在屋子里“面壁思过”，那没有任何用处。

3. 培养兴趣法。自我封闭者通常都是那些无所事事或感到自己无所事事的人。培养自己的某个爱好或兴趣，可以转移注意力。一位离了婚的男人，发现自己整天无所事事，下班回家便窝在家里，为离婚而痛苦。偶然间他翻到上高中时的集邮册，他少年时的热情又迸发出来，又开始集起邮票来，由集邮又认识了一大帮集邮迷，整日在邮市里互相交流，这个男人便从自我封闭状态中摆脱了出来。

不论你属于哪种自我封闭，都是有百害而无一益，还是尽快摆脱为好。

◎每一天都是新的生命

◎ 对于聪明的人来讲，一天就是一个新的生命。

◎ 只要活着，我就有希望，因为每一天都会给我提供不同的机会。

住在密西根州沙支那城法院街 815 号的杰尔德太太曾感到极度的颓

丧，甚至于几乎想自杀。她讲述了这一段的生活："1937年我丈夫死了，我觉得非常颓丧，而且我的生活陷入了经济危机。我写信给我过去的老板里奥罗西先生，他是堪萨斯城罗浮公司的老板，我请求他让我回去做我过去的老工作。我从前是靠向学校推销《世界百科全书》维持生计的。两年前我丈夫生病时，我把汽车卖了。为了重新工作，我勉强凑足钱，以分期付款的方式又买了一部旧车，开始出去卖书。

"我原以为，重新工作或许可以帮助我从颓丧中解脱出来。可是，总是一个人驾车、一个人吃饭的生活几乎使我无法忍受。加上有些地方根本就推销不出去书，所以即使分期付款买车的数目不大，却也很难付清。

"1938年春，我在密苏里州维沙里市推销书，那里的学校很穷，路又很不好走。我一个人又孤独又沮丧，以至于有一次我甚至想自杀。我感到成功没有什么希望，生活没有什么乐趣。每天早上我都很怕起床去面对生活；我什么都怕：怕付不出分期付款的车钱，怕付不起房租，怕东西不够吃，怕身体搞垮没有钱看病。唯一使我没有自杀的原因是，我担心我的姐姐会因此而悲伤，况且她又没有充裕的钱来付我的丧葬费用。

"后来，我读到一篇文章，它使我从消沉中振作起来，鼓足勇气继续生活。我永远永远地感激文章中的那一句令人振奋的话：'对于一个聪明人来说，每一天都是一个新的生命。'我用打字机把这句话打下来，贴在汽车的挡风玻璃窗上，使我开车的每时每刻都能看见它。我发现每次只活一天并不困难，我学会了忘记过去，不考虑未来。每天清晨我都对自己说：'今天又是一个新的生命。'

"我终于成功地克服了自己对孤寂的恐惧。整个人都非常快活，事业也还算成功，并对生命充满了热诚和爱。我现在知道，不论在生活中遇上什么问题，我都不会再害怕了；我现在知道，我不必惧怕未来；我现在知道，我每一次只要活一天，而'对于一个聪明人来说，每一天就是一个新的生命'。"

人无远虑，必有近忧。像杰尔德太太这样的经历可以说是非常悲惨，但是，就一句话——“对于一个聪明人来说，每一天都是一个新的生命”改变了她的一生。失去丈夫的痛苦，巨额生活费用及债务压力，毫无前途的明天，就因为这一句话烟消云散。

许多人面临同样的境遇时，都难免会消沉。然而很少有人会认真想一想：逝者长已，他们会希望你这么一直痛苦下去吗？未来还长，难道真的就毫无机会了吗？

记得一位哲人说过：“只要活着，我就有希望，因为每一天都会给我提供不同的机会。”

眷恋过去，生活在回忆中，或者杞人忧天，生活在不切实际的幻想中或忧虑中，都会使我们丧失生活的勇气，伤害我们的人生。我们为什么不去把握现在，利用眼前的每一分每一秒呢？罗勃特·史蒂文森曾经说过：“任何人都有足够的精力去承担一天的压力，不论这一天是多么疲惫、多么忙碌，我们都可以支持。从日出到日落，这才是真正属于自己的空间，我们可以任意支配它、控制它，使这一天充满朝气和活力，使这一天充实而珍贵。”是的，这就是我们所需要的生活。

亚瑟·苏兹柏格是世界上著名的《纽约时报》的发行人。据苏兹柏格先生讲述，当第二次世界大战的战火蔓延到欧洲时，他感到非常吃惊，对前途的忧虑使他彻夜难眠。他常常半夜从床上爬起来，拿着画布和颜料，照着镜子，想画一张自画像。而他对绘画一无所知，他之所以这样做，一方面想以此驱逐内心的紧张和恐惧，另一方面想为自己留下些什么，以备万一发生意外。幸好他在一次偶然的机会中，看到了一段警世名言，否则他是没有办法摆脱深深的忧虑的。这段伴随着教堂钟声的赞美诗拯救了他，帮助他重新树起了正确而欢乐的人生观：

仁慈的上帝，我亲爱的父亲，

请你带着我，

我不要求你告诉我遥远的未来，

我只请求你一步一步地带着我。

耶稣在《圣经》中说过一句话："不要为明天忧虑。"每一天都是一个新的生命，每天都意味着一个新的开始。我们应当把每一天都看成如生命一样珍贵，努力去珍惜每分每秒，这样我们就可以享受到至高无上的快乐。

◎建立"愚人档案"

◎ 拿破仑说过："除了我之外，没有任何人应该为我的失败承担责任。我是我最大的敌人——也是我不幸命运的根源。"

◎ 艾尔伯特◎ 哈伯特说过："每个人一天起码有五分钟不够聪明，智慧似乎也有无力感。"

◎ 傻子受到一点点批评就会大发脾气，而聪明人却会从这些责备他们、反对他们，以及"在路上阻碍他们"的人那里，学到更多的经验。

在我的私人档案柜里，有一个卷宗夹，上面写着"我所做过的傻事"。我把自己做过的所有傻事都记了下来，存在这个夹子里。有时我会用口述方式让我的秘书记录下来。但这些问题有时候太富于个人性，或者太愚蠢，使我不好意思口述，就只好由我自己动手写下来。

我现在还记得我于 15 年前放在这个夹子里的一些事情，如果我能够一直对我自己保持绝对诚实的话，那么我所做过的这种傻事恐怕会挤破我的档案柜了。我可以在此重复索罗王 1300 年前所说过的："我曾经做过傻事，做过很多傻事。"

每当我拿出"我所做过的傻事"卷宗，重读我对自己的批评时，它们都能帮我解决我所面临的最困难的问题，即如何控制自我。

我以前常常把碰到的麻烦推到别人头上，可是随着年岁渐长，我发现我所有的不幸几乎都应该怪我自己。很多人在年纪大了之后都会发现这一点。“除了我自己，再也没有别人。”拿破仑在被放逐的时候说，“除了我之外，没有任何人应该为我的失败承担责任。我是我自己最大的敌人——也是我不幸命运的根源。”

就让我告诉你一个我熟悉的人的事情吧：每当他在自我评价和自我控制的时候，可以称得上一个艺术家。他叫 H. P. 霍华，当他 1944 年 7 月 31 日在纽约大使酒店突然去世的消息传遍全美国的时候，整个华尔街都异常震惊，因为他是美国财金领域的领袖——美国商业银行和信托投资公司的董事长，同时也是好几个大公司的董事。他小的时候没有受过多少正规教育，只在一个乡村小店里当店员，后来成为美国钢铁公司贷款部经理。然后，他的职位越来越高，权力也愈来愈大。

“多年来，我一直在一个记事本上记下当天所有的约会，”在我请他解释他的成功原因时，霍华先生对我说，“我的家人也从来不在礼拜天晚上给我安排什么活动，因为他们都知道我每个礼拜天晚上都要花一些时间自我反省，重新回顾和检讨我这一星期所做的工作。晚饭之后，我就一个人关在房里，打开我那个记事本，回想周一早上以来所有的会谈、讨论和会议。我会问自己：‘我那一次犯了什么错误?’‘哪些事情我做对了——怎样才能改进我的做法?’‘我能从中学到些什么?’有时我发现这种每周一次的检讨让自己很不高兴，甚至会为自己所犯的过错而吃惊。当然，时间一年年地过去，这些错误也就渐渐减少了。这种自我分析持续了一年又一年，是我曾经做过的事情中最有意义的。”

也许霍华的这种做法是从老富兰克林那里学来的，只不过富兰克林不会等到星期天的晚上。他会在每天晚上把当天的事情重新回顾一遍。他发现他有 13 个很严重的错误，下面只是其中的三项——浪费时间、为小事烦恼、和别人冲突争论。睿智的富兰克林发现，除非他能减少这类错误，否则他就不可能获得大成就。因此，他每星期都会挑出一项缺点来改正，然后把每一天的情况做成记录。到下个星期，他会再挑出另一个坏毛病，准备好了之后，再接下去进行另一场“战斗”。富兰克林这种奋斗持续了两年多时间。难怪他会成为美国有史以来最受人敬爱，也最具有影响力的人。

阿尔伯特·赫伯德说：“每个人在每天当中至少有 5 分钟是个大笨蛋。所谓智慧，就是如何不超过这 5 分钟的限制。”

如果有人骂你愚蠢不堪，你会生气吗？会愤愤不平吗？我们来看看林肯如何处理。林肯的军务部长爱德华·史丹顿就曾经这样骂过总统。史丹顿是因为林肯的干扰而生气。为了取悦一些自私自利的政客，林肯签署了一次调动兵团的命令。史丹顿不但拒绝执行林肯的命令，而且还指责林肯签署这项命令是愚不可及。有人告诉林肯这件事，林肯平静地回答：“史丹顿如果骂我愚蠢，我多半是真的笨，因为他几乎总是对的。我会亲自去跟他谈一谈。”

林肯真的去看史丹顿。史丹顿指出他这项命令是错误的，林肯就此收回成命。林肯很有接受批评的雅量，只要他相信对方是真诚的、有意帮忙的。

一般人常因他人的批评而愤怒，有智慧的人却想办法从中学习。诗人惠特曼曾说：“你以为只能向喜欢你、仰慕你、赞同你的人学习吗？从反对你的人、批评你的人那儿，不是可以得到更多的教训吗？”

与其等待敌人来攻击我们或我们的工作，倒不如自己动手，我们可以是自己最严苛的批评家。在别人抓到我们的弱点之前，我们应该自己认清并处理这些弱点。达尔文就是这样做的。当达尔文完成其不朽的著作——《物种起源》时，他已意识到这一革命性的学说一定会震撼整个宗教界及学术界。因此，他主动开始自我评论，并耗时 15 年，不断查证资料，向自己的理论挑战，批评自己所下的结论。

我认识一个以前推销肥皂的人，他甚至常常请人来批评他。他刚开始为柯盖公司推销肥皂的时候，订单非常少，这使他很担心会失去这份工作。他知道他的肥皂和价格都没有什么问题，所以他想问题一定出在他自己身上。因此，每次他没有做成业务的时候，就在街上散步，希望弄清楚问题究竟出在哪里：是不是他说话太含糊？是不是他的态度不够热诚？有时他会回去找客户说："我这次回来，不是向你推销肥皂，我希望能得到你的建议和你的批评。可不可以麻烦你告诉我，我在几分钟以前向你推销肥皂的时候，有什么地方做得不对的？你的经验比我丰富，也比我成功，请你给我批评，请你坦诚地、不加掩饰地告诉我。"

这种诚恳的态度使他赢得了很多朋友和许多宝贵的忠告。

你猜他后来如何了？现在他已经是 CPP 肥皂公司的董事长——这是全世界最大的肥皂公司，他的名字叫 E. H. 李特，去年，全美国只有 14 个人的收入超过他。

查尔斯·卢克曼是培素登公司的总裁，他每年赞助 100 万美元给鲍勃霍伯节目。他从来不看那些称赞这个节目的信件，而是要看那些批评的信件。他知道自己可以从这些信中学到许多东西。

福特公司也希望找出他们在管理和业务方面存在什么缺点。于是公司最近对全体员工做了一次意见调查，请他们来批评公司。

只有非常了不起的人才能做到 H. P. 霍华、富兰克林、E. H. 李特所做的事情。现在，既然没有人看着你，你何不自己照照镜子，问问自己到底是哪一种人？

因为我们不可能达到完美的程度，就让我们按照 E. H. 李特的办法去做，请别人给我们坦诚的、有益的、建设性的批评。

◎关心别人等于关心自己

◎ 如果想自人生中得到任何快乐，就不能只想到自己，而应为他人着想，因为快乐来自于你为别人，别人为你。

◎ 著名心理学家阿德勒对那些患有忧郁症的病人说："按照这个处方，保证你 14 天内就能治好忧郁症。每天想到一个你得努力使他开心的人。"

下面是一位女士的故事，她现在已经当祖母了。几年前，我到她住的小镇演讲，住在她家一个晚上，第二天她开车送我去 50 英里外的车站搭火车。车上，我们谈到如何交朋友，她说：

"卡耐基先生，我要告诉你一件我从来没有告诉过任何人的事——连我先生也不知道的事。我们家以前在费城是靠社会救济金过活的。我年轻的岁月中最大的悲剧都来自我们的贫困。我从来不能像别的少女们那样享受正当的社交生活。我衣着寒酸，当然款式也都过时了。我觉得无颜见人，常常哭着睡去。绝望中，忽然心生一计，每次在聚会时，我都请我的男伴谈谈他的经历、想法以及对未来的计划。我问这些问题，倒不是对他们的回答特别感兴趣，实在只是希望分散他们的注意力，不要看出我的装扮寒酸。可是，奇妙的事发生了：当我听这些青年谈话时，我学到一些东西，并开始产生了真正的兴趣。我变得兴味盎然，自己也忘了服饰的问题。可是最令我惊异的是：因为我是个很好的聆听者，又鼓励他们谈论自己，他们跟我在一起时总是很快乐，我竟渐渐成为最受欢迎的女孩，有三位男士都要求我嫁给他。"

有人看到这里可能会说："什么对别人的事感兴趣，这全是胡扯！我才懒得过问别人的事，我只要自己赚到钱，得到我所追求的东西就好了，管别人闲事干吗？"

西雅图的弗兰克·卢帕博士已瘫痪了 23 年。但西雅图《星报》的斯图尔特·怀特豪斯告诉我："我采访过卢帕博士许多次，我不知道还有谁比他更无私，更善用人生。"

这位卧床不起的病人怎么能善用人生呢？我让你猜两次，他是因为批评抱怨而做到的？当然不是……那么是因为自怜，把自己当作一切的中心？当然又错了！其实只是因为他遵循威尔斯的五字誓言："我服务于人。"他收集了许多其他瘫痪病人的姓名地址，给他们写信鼓励。事实上，他组织了一个瘫痪者联谊俱乐部，让大家相互写信，最后他组织了一个全国性的社团组织。

他躺在床上，平均一年要写 1 400 封信，给千万个同病相怜的人送去喜悦。

卢帕博士与其他人最大的差异在哪里？因为他有一种无穷的精神力量，有一种使命感。他深切体会到，比自身生命更高贵的奉献动机，会带来真正的喜乐。正如萧伯纳所说："一个以自我为中心的人总是在抱怨世界不能顺他的心，不能使他快乐。"忧郁症是对他人的一种长期愤怒责备的情绪，其目的是赢得他人的关心、同情与支持，病人似乎仍因自身的罪恶感而沮丧。忧郁病人第一件回想起来的事多半是："我记得我很想躺在沙发上，可是我哥哥先躺下了，我一直哭到他不得不起来让我。"

抑郁病人常以自杀来报复自己，因此医生的第一步是避免给他任何自杀的借口。我自己治疗的第一条是先解除这种紧张，我会说："千万别做任何你不喜欢的事。"这看起来没什么，但我深信这是一切问题的根源。如果病人做他想做的事，那他还能怪谁？又怎么向自己报复？我会告诉他们："如果你想上戏院，或休个假，就去做。如果半路上你又不想去了，那就别去。"这是最好的状况，因为他的优越感会得到满足。他就像上帝一样随心所欲。不过，这完全不符合他的习性。他本来是想控制别人、怪罪别人，如果大家都同意他，他就无从控制了。用这种方式，我的病人还没有一个自杀过。

病人通常会回答："可是没有一件事是我喜欢做的。"我早就准备好了怎么回答他们，因为我实在听过太多次了，我会说："那就不要做任何你不喜欢的事。"有时候他会回答："我想在床上躺一整天。"我知道只要我同意，他就不会那么做。而如果我反对，就会引起一场大战。我通常一定会同意的。

这是一种方式。另一种处理他们生活方式的方法更直接。我告诉他们："只要照这个处方，保证你 14 天内痊愈，那就是每天想办法取悦别人。"看他们觉得如何。他们的思想早被自己占满了，他们会想："我干吗去担心别人?"有的人会说："这对我太简单了，我一生都在取悦别人。"事实上他们绝对没有做过。我告诉他们："你睡不着的时候，可以全部用来想你可以让谁开心，而且这对你的健康会很有助益。"第二天我问他们："你昨晚有没有照我的建议去做呀?"他们回答："昨晚我一上床就睡着了。"当然这都是在一种温和友善的气氛下进行的，不能露出一丝强迫的意思。

有人会说："我做不到，我太烦了!"我会说："不用停止烦恼，你只要同时想想别人就好了。"我要把他们的注意力转移到别人身上。很多人说："为什么要我去取悦别人?别人怎么不来取悦我?"我回答："别人后来会有苦头吃的。"我几乎没有碰到过一位病人说："我照你的建议想过了。"我所有的努力不过是想提高病人对他人的兴趣。我了解他们的病因是因为与人缺乏和谐，我要他们能了解这一点，什么时候他能把别人放在同等合作的地位，他就痊愈了。十诫中最难的一条是"爱你的邻人"。对别人不感兴趣的人不但自己有很严重的困难，而且给周围的人也会带来最大的伤害。人类所有的失败都是因为这一类的人引起的。"我们对人的要求，以及所能给予的最高赞赏就是，他应是一位好同事、好朋友、爱与婚姻的良伴。"

纽约心理服务中心主任林克曾说："我认为，现代心理学最重要的一个发现就是：科学证明，为完成自我实现与得到快乐，自我牺牲与纪律都是必要的。"

耶茨太太是一位小说家，但她写的小说没有一部比得上她自己的故事真实而精彩。她的故事发生在日本偷袭珍珠港的那天早晨。耶茨太太由于心脏不好，一年多来躺在床上不能动，一天得在床上度过 22 个小时。最长的旅程是由房间走到花园去进行日光浴。即使那样，也还得依靠女佣的扶持才能走动。

"我当年以为自己的后半辈子就这样卧床了。如果不是日军来轰炸珍珠港，我永远都不能再真正生活了。

"发生轰炸时，一切都陷入混乱。一颗炸弹掉在我家附近，震得我跌下了床。陆军派出卡车去接海、陆军军人的妻儿到学校避难。红十字会的人打电话给那些有多余房间的人。他们知道我床旁有个电话，问我是否愿意帮助联络中心。于是我记录那些海军、陆军的妻小现在留在哪里，红十字会的人会叫那些先生们打电话来我这里找他们的眷属。

"很快我发现我先生是安全的。于是，我努力为那些不知先生生死的太太们打气，也安慰那些寡妇们——好多太太都失去了丈夫。这一次阵亡的官兵共计 2 0117 人，另有 960 人失踪。

"开始的时候，我还躺在床上接听电话，后来我坐在床上。最后，我越来越忙，又亢奋，忘了自己的毛病，我开始下床坐到桌边。因为帮助那些比我情况还惨的人，使我完全忘了自己，我再也不用躺在床上了，除了每晚睡觉的 8 个小时。我发现如果不是日本空袭珍珠港，我可能下半辈子都是个废人。我躺在床上很舒服，我总是在消极地等待，现在我才知道，潜意识里我已失去了复元的意志。

"空袭珍珠港是美国史上的一大惨剧，但对我个人而言，却是最重要的一件好事。这个危机让我找到我从来不知道自己拥有的力量。它迫使我把注意力从自己身上转移到别人身上。它也给了我一个活下去的重要理由，我再也没有时间去想自己或照顾自己。”

心理医师的病人如果都能像耶茨太太所做的那样去帮助别人，起码有1/3可以痊愈。这是我个人的想法吗？不，这是著名心理学家荣格说的，他说：我的病人中有1/3都不能在医学上找到任何病因，他们只是找不到生命的意义，而且自怜。

我们再来看看20世纪最杰出的美国无神论者——西奥多·德莱塞。德莱塞把所有的宗教都看成神话，而人生只是“一出傻瓜说的故事，没有任何意义”。但他却遵循耶稣的一个道理——服务他人。德莱塞说过：“如果想从人生中得到任何快乐，就不能只想到自己，而应为他人着想，因为快乐来自于你为别人、别人为你。”

有一个人被带去观赏天堂和地狱，以便比较之后能聪明地选择他的归宿。他先去看了魔鬼掌管的地狱，第一眼看去令人十分吃惊，因为所有的人都坐在酒桌旁，桌上摆满了各种佳肴，包括肉、水果、蔬菜。

然而，当他仔细看那些人时，他发现没有一张笑脸，也没有伴随盛宴的音乐或狂欢的迹象。坐在桌子旁边的人看起来沉闷，无精打采，而且皮包骨。他还发现每人的左臂都捆着一把叉，右臂捆着一把刀，刀和叉都有4尺长的把手，使他们不能用来吃东西。所以即使每一样食品都在他们手边，结果还是吃不到，一直在挨饿。

然后他又去天堂，景象完全一样：同样有食物、刀、叉与那些4尺长的把手，然而，天堂里的居民却都在唱歌、欢笑。他怀疑为什么情况相同，结果却如此不同——在地狱的人都挨饿而且可怜，可是在天堂的人吃得很好而且很快乐。最后，他终于看到了答案：地狱里每一个人都试图喂自己，可是一刀一叉以及4尺长的把手根本不可能吃到东西；天堂上的每一个都是喂对面的人，而且也被对方的人所喂，因为互相帮助，结果帮助了自己。

这个启示很明白。如果你帮助其他人获得他们需要的东西，你也会因此而得到想要的东西，而且你帮助的人越多，你得到的也越多。

许多年以前，在北弗吉尼亚，一个老人站在一条河的岸上等着过河。由于天气非常冷，河上又没有桥，他必须得骑马过河。长时间的等待之后，他终于看到一群骑马的人走过来。第一个过去了，第二个过去了，第三个、第四个、第五个都过去了。最后，只剩下了最后一个骑马人。当他走到老人面前时，这个老人看着他的眼睛说："先生，你能带我骑马过河吗？"

那个骑马的人毫不犹豫地说："当然可以，上马吧。"

一过了河，老人就下了马。在他离开之前，那个骑马的人问："先生，我看到您让其他骑马的人从您面前走过却不叫住他们，当我走过时您却叫住了我，我很想知道这是为什么。"

老人平静地回答说："我在他们的眼睛里没有看到爱，我心里知道即使我向他们提出要求，他们也不会答应的。但是在你的眼睛里，我看到了同情、爱和热心，因此，我知道你会乐意帮助我过河的。"

听完这些话，骑马的人非常谦恭地说："我很感激你刚才说的话，它让我明白了一个道理。"

带着这句话，托马斯·杰斐逊走进了白宫，开始了执政生涯。

◎把烦恼交给时间解决

◎ 时间是好的心理医生，在不知不觉中，时间会带走曾经困扰我们心头的忧愁。如果你有足够的时间，烦恼就会自动消失。

"忧虑"曾使我丧失了生命中从18～28岁的10年时光，而这10年本来应该是年轻人最有收获、最丰富多彩的岁月。

现在我已经明白，我失去这10年并不是别人的错；相反，它是由我自己一手造成的。

我对所有的事情都感到烦恼：我的工作、健康、家庭、自卑感。为此，我经常不得不躲避我所认识的人。当我在街上碰到某位朋友时，我往往会假装没有看见他，因为我害怕遭到他的嘲笑和奚落。

我非常害怕和陌生人见面——如果有陌生人在的话，我就会感到不自在——因此有一次在两个星期当中，我曾接连失去了3个工作机会，只因为我没有勇气面对老板。

然后，到了8年前的某一天下午，我征服了一切烦恼——从那时开始，我就很少有烦恼了。那天下午，我去了某人的办公室。那人似乎没有任何烦恼，而且是我所认识的人当中最快乐的一个。他在1929年发了一笔大财，可是后来却赔得分文不剩。1932年他又东山再起，赚了一大笔钱，可是又赔光了。然后在1937年他又大赚一笔，可是又赔光了。他曾多次破产，遭到敌人和债主的各种逼压。他所遭遇的烦恼可以使任何人精神崩溃，甚至自杀。

8年前的那一天，我坐在他的办公室里，内心对他充满了羡慕，希望上帝将我也改造得像他一样。

在我们谈话的时候，他把那天早晨收到的一封信放到我手中，说："你看看这封信。"

那是一封言辞十分愤怒的来信，里面提出了一些令人十分难堪的问题。如果我收到这样的一封信，我可要烦死了。我说："比尔，你打算如何回复这封信？"

"哦，"比尔说，"我告诉你一个小小的秘密。当你下一次真的碰到一些令你烦恼的事时，不妨取出一枝铅笔和一张纸，详细地写下你所烦恼的事。然后，将那张纸放在你右手下方的抽屉里。等过了一两个礼拜之后，再取出来看看。如果你第二次阅读时，认为那些事情仍让你感到烦恼，那么再将它放回原来的抽屉中，把它再放上一两个星期。在那儿它绝对安全，不会有什么变故。但与此同时，你所烦恼的事情可能会发生许多变化。而且我发现，只要我有足够的耐心，烦恼总会自动消失。”

这个建议给了我很大的影响，现在，我一直都在使用比尔的这套方法。结果显示，确实减少了许多忧虑，让我拥有了快活的心情。

既然过去的天平已经倾斜，就应该鼓足勇气，让激荡在胸中的热血，压上奋斗的砝码，让过去的沉重随时光沉淀。

时间是最好的心理医生，在不知不觉中，时间会带走曾经困扰我们心头的忧愁。

第四章

做自己情绪的主人

◎愤怒意味着无知

◎ 温和与友善总是要比愤怒和暴力更强有力。

◎ 林肯说："一滴蜜比一加仑胆汁更能捕到苍蝇。"

◎ 中国人有一句格言，充满了东方一成不变的悠久智慧："轻履者行远。"

如果你发起脾气，对人家说出一两句不中听的话，你会有一种发泄感。但对方呢？他会分享你的痛快吗？你那火药味的口气、敌视的态度，能使对方更容易赞同你吗？"如果你握紧一双拳头来见我，"威尔逊总统说，"我想，我可以保证，我的拳头会握得比你的更紧。但是如果你来找我说：'我们坐下，好好商量，看看彼此意见相异的原因是什么。'我们就会发觉，彼此的距离并不那么大，相异的观点并不多，而且看法一致的观点反而居多。你也会发觉，只要我们有彼此沟通的耐心、诚意和愿望，我们就能沟通。"

工程师史德伯希望他的房租能够减低，但他知道房东很难缠。"我写了一封信给他，"史德伯在讲习班上说，"通知他，合约期一满，我立刻就要搬出去。事实上，我不想搬，如果租金能减低，我愿意继续住下去，但看来并不可能，因为其他的房客都试过——失败了。大家都对我说，房东很难打交道。但是，我对自己说，现在我正在学习为人处事这一课，不妨试试，看看是否有效。

“他一接到我的信，就同秘书来找我。我在门口欢迎他，充满善意和热忱。开始我并没有谈论房租太高，只是强调我多么的喜欢他的房子。我真是‘诚于嘉许，惠于称赞’。我称赞他管理有道，表示我很愿再住一年，可是房租实在负担不起。他显然是从未见过一个房客对他如此热情，他简直不知道该怎么办才好。

“然后，他开始诉苦，抱怨房客，其中一位给他写过 14 封信，太侮辱他了。另一位威胁要退租，如果不能制止楼上那位房客打鼾的话。‘有你这种满意的房客，多令人轻松啊！’他赞许道。接着，甚至在我还没有提出要求之前，他就主动要减收我一点租金。我想要再少一点，就说出了我能负担的数字，他一句话也不说就同意了。

“当他离开时，又转身问我：‘有没有什么要为你装修的地方呢？’

“如果我用的是其他房客的方式要求减低房租的话，我相信，一定会碰到同样的阻碍。使我达到目的的是友善、同情、称赞的方法。”

再举一个例子。这次是一位女士——一位社交界的名人——戴尔夫人，来自长岛的花园城。戴尔夫人说：“最近，我请了几个朋友吃午饭，这种场合对我来说很重要。当然，我希望宾主尽欢。我的总招待艾米，一向是我的得力助手，但这一次却让我失望。午宴很失败，到处看不到艾米，他只派个侍者来招待我们。这位侍者对第一流的服务一点概念也没有。每次上菜，他都是最后才端给我的主客。有一次，他竟在很大的盘子里上了一道极小的芹菜，肉没有炖烂，马铃薯油腻腻的，糟透了。我简直气死了，我尽力从头到尾强颜欢笑，但不断对自己说：等我见到艾米再说吧，我一定要好好给他一点颜色看看。

“这顿午餐是在星期三。第二天晚上，听了为人处世的一课，我才发觉：即使我教训艾米一顿也无济于事。他会变得不高兴，跟我作对，反而会使我失去他的帮助。我试着从他的立场来看这件事：菜不是他买的，也不是他烧的，他的一些手下太笨，他也没有法子。也许我的要求太严厉，火气太大。所以我不但准备不苛责他，反而决定以一种友善的方式做开场白，以夸奖来开导他。这个方法效验如神。第三天，我见到了艾米，他带着防卫的神色，严阵以待准备争吵。我说：'听我说，艾米，我要你知道，当我宴客的时候，你若能在场，那对我有多重要！你是纽约最好的招待。当然，我很谅解：菜不是你买的，也不是你烧的。星期三发生的事你也没有办法控制。'我说完这些，艾米的神情开始松弛了。艾米微笑地说：'的确，夫人，问题出在厨房，不是我的错。'我继续说道：'艾米，我又安排了其他的宴会，我需要你的建议。你是否认为我们再给厨房一次机会呢?''呵，当然，夫人，上次的情形不会再发生了！'下一个星期，我再度邀人午宴。艾米和我一起计划菜单，他主动提出把服务费减收一半。当我和宾客到达的时候，餐桌上被两打美国玫瑰装扮得多彩多姿，艾米亲自在场照应。即使我款待玛莉皇后，服务也不能比那次更周到。食物精美滚热，服务完美无缺，饭菜由四位侍者端上来，而不是一位，最后，艾米亲自端上可口的甜美点心作为结束。散席的时候，我的主客问我：'你对招待施了什么法术？我从来没见过这么周到的服务。'她说对了。我对艾米施行了友善和诚意的法术。"

大约在100年前，林肯就说过这个道理：

"当一个人心中充满怨恨时，你不可能说服他依照你的想法行事。那些喜欢骂人的父母、爱挑剔的老板、喋喋不休的妻子……都该了解这个道理。你不能强迫别人同意你的意见，但却可以用引导的方式，温和而友善地使他屈服。

"曾经有个格言：'一滴蜜比一加仑的胆汁更能捕到苍蝇。'如果你想说服一个人，首先要让他认为你是他的至友，然后再逐渐达到说服的目的。"

多年以前，当我赤着脚，穿过树林，走路到密苏里州西北部一个乡下学校上学的时候，有一天我读到一则有关太阳和风的寓言。太阳和风在争论谁更强而有力。风说："我来证明我更行。看到那儿一个穿大衣的老头了吗？我打赌我能比你更快使他脱掉大衣。"

于是太阳躲到云后，风就开始吹起来，愈吹愈大，大到像一场飓风；但是风吹得愈急，老人愈把大衣紧裹在身上。

终于，风平息下来，放弃了。然后太阳从云后露面，开始以它温暖的微笑照着老人。不久，老人开始擦汗，脱掉大衣。太阳对风说，温和和友善总是要比愤怒和暴力更强而有力。

古老的寓言依旧合乎现代的意义。太阳的温和使人们乐意退去外衣，风的冷峻反而使人们更加裹衣取暖。相同的，亲切、友善、赞美的态度，更能使一个人摈弃成见，抛下私我而面对理性，这是人性的自然流露。

波士顿是美国历史上的教育和文化中心，小时候的我根本不敢梦想能有机会看到它。为这件事做见证的是华尔医师，他在30年后变成了我那讲习班上的同学。以下是他在讲习班上所讲的那个故事。

那年头波士顿的报纸充斥着江湖郎中的广告——堕胎专家和庸医的广告。表面上是给人治病，骨子里却以恐吓的词句，类似"你将失去性能力"等等，欺骗无辜的受害者。他们的治疗方法使受害者满怀恐惧，而事实上却根本不加以治疗。他们害死了许多人，却很少被定罪。他们只要缴点罚款或利用政治关系，就可以逃脱责任。

这种情况太严重了，激起了波士顿很多善良民众的义愤。传教士拍着讲台，痛斥报纸，祈求上帝能终止这种广告。公民团体、商界人士、妇女团体、教会、青年社团等，一致公开指责，大声疾呼——但一切都无济于事。议会掀起争论，要使这种无耻的广告不合法，但是在利益集团和政治的影响力之下，各种努力均告徒然。

华尔医师是波士顿基督联盟的善良民众委员会主席，他的委员会用尽了一切方法，都失败了。这场抵抗医学界败类的斗争，似乎没有什么成功的希望。

接着，有一天晚上，华尔医师试了波士顿显然没有人试过的一个办法。他所用的是仁慈、同情和赞美。他的目的是使报社自动停止那种广告。他写了一封信给《波士顿先锋报》的发行人，表示他多么仰慕该报：新闻真实，社论尤其精彩，是一份完美的家庭报纸，他一向看该报。华尔医师表示，以他的看法，它是新英格兰地区最好的报纸，也是全美国最优秀的报纸之一。“然而，”华尔医师说道，“我的一位朋友有个小女儿。他告诉我，有一天晚上，他的女儿听他高声朗读贵报上有关堕胎专家的广告，并问他那是什么意思。老实说他很尴尬，不知道该怎么回答。贵报深入波士顿上等人家，既然这种场面发生在我的朋友家里，在别的家庭也难免会发生。如果你也有女儿，你愿意她看到这种广告吗？如果她看到了，还要你解释，你该怎么说呢？很遗憾，像贵报这么优秀的报纸——其他方面几乎是十全十美——却有这种广告，使得一些父母不敢让家里的女儿阅读。可能其他成千上万的订户都和我有同感吧！”

两天以后，《波士顿先锋报》的发行人，回了一封信给华尔医师。日期是1904年10月13日。华尔医师保留了这封信有1/3世纪。他参加讲习班后，把它交给了我。我在写这段时，它就放在我的面前：

麻省波士顿华尔医生

亲爱的先生：

11日致本报编辑部来函收纳，至为感激。贵函的正言，促使我实现本人自接掌本职后，一直有心于此但未能痛下决心的一件事。

从下周一起，本人将促使《波士顿先锋报》摒弃一切可能招致非议的广告。暂时不能完全剔除的广告，也将谨慎编撰，不使它们造成任何不快。

贵函惠我良多，再度致谢，并盼继续不吝指正。

太阳能比风更快使你脱下大衣；仁厚、友善的方式比任何暴力更易于改变别人的心意。

◎学会控制你的愤怒

◎ 愤怒是一种极具毁灭力量的情绪，它不仅能够摧毁你的健康，而且还能扰乱你的思考，给你的工作和事业带来不良的影响。

◎ 愤怒时多想想盛怒之下失去理智可能引起的种种不良后果，心中要不断提醒自己“不要发怒”，努力控制自己的情绪表现，这样可以起到控制愤怒的作用。

有的人爱发脾气，容易愤怒，稍不如意，便火冒三丈。发怒时极易丧失理智，轻则出言不逊，影响人际关系；重则伤人毁物，有时还会造成难以挽回的损失，事后让易怒者追悔莫及。

愤怒是一种常见的消极情绪，它是当人对客观现实的某些方面不满，或者个人的意愿一再受到阻碍时产生的一种身心紧张状态。在人的需要得不到满足、遭到失败、遭遇不公、个人自由受限制、言论遭人反对、无端受人侮辱、隐私被人揭穿、上当受骗等多种情形下人都会产生愤怒情绪，愤怒的程度会因诱发原因和个人气质不同而有不满、生气、愤怒、恼怒、大怒、暴怒等不同层次。发怒是一种短暂的情绪紧张状态，往往像暴风骤雨一样来得猛，去得快，但在短时间里会有较强的紧张情绪和行为反应。

易怒者主要与其个性特点有关，大都属于气质类型中的胆汁质。胆汁质的人直率热情，容易冲动，情绪变化快，脾气急躁，容易发怒。易怒还与年龄有关，青年人年轻气盛，情绪冲动而不稳定，自我控制力差，比成年人更易发怒。

愤怒的情绪对人的身心健康是不利的。人在愤怒时，由于交感神经兴奋，心跳加快，血压上升，呼吸急促，所以经常发怒的人易患高血压、冠心病等疾病；愤怒还会使人缺乏食欲，消化不良，导致消化系统疾病；而对一些已有疾病的患者，愤怒会使病情加重，甚至导致死亡。这一点古人早有认识，如中医认为“怒伤肝”“气大伤神”等。

一般而言，生气时刻可归类为下列几种：

1. 当你因某种因素感到受挫、受胁迫或被他人轻蔑时；当你朝着既定目标前进，却可能由于某人的行为而受到阻碍时。

2. 当着实受到严重伤害，但为了掩饰自己的脆弱，于是代之以愤怒，以求自卫时。

3. 当某种情境或某人的行为勾起昔日某种不堪的回忆时。

4. 当觉得自己的权利受到剥夺，或遭到某人误解时。

5. 当受到惊吓或处事不当时，自己生自己的气。

我们的确有时免不了会生气，但却鲜有人知道该如何来处理这种情绪。为了了解其中的原因，也为了探究愤怒产生的缘由，现在就让我们概要地来看一看一些可能伴随愤怒而来的情绪。

1. 自以为是。

当我们对某件事感到愤怒时，容易坚信自己是站在正义的一方，而别人则是错得离谱。在此种情况下，你不妨先问一问自己，事实真是如此吗？如果我们仍旧深信不疑，继之选择了表示自己的愤怒，如此一来，你表现的，极可能就是一副得理不饶人、气焰高涨的样子。你不妨扪心自问一下，你真的想给对方一点颜色瞧瞧吗？如果你有一丝一毫这种感觉，那么原因可能是你太看重自己了，抑或将他人的所作所为均看成和自己有利害关系，而非仅是他人的因素。举例来说，如果有个朋友答应你，要在星期一之前打电话给你，让你知道她是否能够帮你处理宴会事宜，但现在已经星期三了，而她依然没打电话过来——假使如此让你感到生气且义愤填膺，不要认为她一点都不尊重你，也许她只是临时有其他事耽搁了，所以无法打电话给你。纵使这样并不能让愤怒消失无踪，但起码可以将它导向正轨。

2. 自尊受损。

关于这方面的应对之道已多所论及。事实上，如果我们觉得自尊心受损，我们可能就会把事情看得过于个人化，认为他人的行为均是针对你的攻击或侮辱，即使他们并未存心如此。

3. 好下结论。

此项与前两项，尤其是“自以为是”，有着相当密切的关系。有人做了我们无法苟同的事，因此“他一定是错的”。如果你是个好下结论的人，你的思考一定倾向于这种方式：“他绝对是个笨蛋之极的人”等等。

倘若我们存有这种想法与感觉，往往就会在我们和相关者谈话时，于不知不觉中显露无遗。毕竟，很少人会真的直接明白地表达出自己的愤怒的原因。

愤怒是一种极具毁灭力量的情绪，它不仅能够摧毁你的健康，而且可以扰乱你的思考，给你的工作和事业带来不良的影响。既然愤怒对我们的生活毫无用处，我们应该怎样来克制自己的愤怒情绪呢？

首先可以通过意志力控制愤怒，使愤怒情绪少产生，或有愤怒不发作。当愤怒时要多想想盛怒之下失去理智可能引起的种种不良后果，心中不断提醒自己“不要发怒”，努力控制自己的情绪表现，这样可以起到控制愤怒的作用。

其次可以主动释放愤怒情绪，将心中的愤懑、不平向人倾诉，从亲朋好友处得到规劝和安慰，可以缓解怒气。还可以在工作、学习中向使自己愤怒的人说明自己的不满，说出自己的意见，使矛盾得以调和，不满得以消除。

另外，易怒的人还可以尽量避免接触使自己发怒的环境，减少愤怒情绪，或者在即将发怒时通过转移注意力而减轻愤怒，尽快离开当时的环境，避免进一步的刺激，使愤怒情绪消退。发怒时可以看电影、逛公园、听音乐、散步，使注意力转向其他与愤怒无关的活动中，新的活动内容激发新的情绪，可使愤怒的程度降低。

具体而言，我们可以采取以下方法来控制自己的愤怒：

1. 正面行动。

愤怒提醒了我们，世事并非都如人所愿。不满是一件极富正面意义的事，少了它，人们就只会接受现状，而不会为了迈向自己的目标，采取任何行动。举例来说，如果20世纪初的女性未曾因自己被掠夺公权而感到愤怒，那么她们也就不会为了投票权而抗争了。

2. 舒解压力。

表达愤怒可以舒解压力，否则压抑的情绪可能会导致焦虑，甚至疾病，这些症状均可借由愤怒的宣泄得到纾解。然而这并不意味着，我们必须将愤怒直接发泄在生气的对象身上。

3. 更为开诚布公。

愤怒可以使得双方关系更开诚布公，进而互相信赖。如果你知道某人愿意和你谈谈最为棘手的核心，而非只是将其含糊带过，假装好像不存在似的，那么一股崇敬之情便会油然而生。

4. 情感疏通。

倘若我们在情绪产生时，能够确实触及自己真正的感受（包括愤怒在内），并加以适当处理，那么我们则不太可能将那些未表达或封闭的情绪囤积起来，以避免巨大的内在压力或严重的沟通不良。

5. 实现目标。

不容忽略的是，存在愤怒情绪中的能量，同样是一股实现目标的动力。如果运用得当，它将能够帮助我们成为一个有自信、坚定的人，能够适切地表达自己的内在感受，并且得到自己生命中梦寐以求的事物。但请务必谨慎处理。

◎别让悲伤挡住了你的阳光

◎ 让每一天都有一个愉快的开始，则一天里所有的事都会变好。

◎ 困难特别吸引坚强的人。因为他只有在拥抱困难时，才会真正认识自己。

你为什么总是失败？无数次的失败将你推入黑暗的世界，享受不到成功的阳光，你想过没有，是谁挡住了你的阳光？

每一种心态都是每个人对人生的不同看法。在如铁般的现实里，每个人都不可避免地遭受这样或那样的打击和挫折：因为高考落榜而精神萎靡或是因为失恋而痛苦忧伤，因为无法适应快节奏的工作而丧失斗志……这些心理多半是人们意志薄弱、心态不成熟的一种表现。而这些异常的心理和悲观的心态往往导致痛苦的人生，往往影响对环境的正确看法。悲观者实际上是以自己悲观消极的想法看待客观世界，在悲观者心中，现实是或多或少被丑化了的。现在社会上许多人，对未来和生活，常常持有一种悲观的迷茫心理。对自己的过去，不管有无成败，不管有无辉煌，都一概加以否定，心理上充满了自责与痛苦，嘴上有说不完的遗憾；对未来缺乏信心，一片迷茫，以为自己一无是处，什么事都干不好，认知上否定自己的优势与能力，无限放大自己的缺陷。

戴高乐曾经说过："困难，特别吸引坚强的人。因为他只有在拥抱困难时，才会真正认识自己。"这句话一点也没错，有时，我们需要把困难当成机遇。

你自己努力过吗？你愿意发挥你的能力吗？对于你所遭遇的困难，你愿意努力去尝试，而且不止一次地尝试吗？只试一次是绝对不够的，需要多次尝试，那样你会发现自己心中蕴藏着巨大能量。许多人之所以失败，只是因为未能竭尽所能去尝试，而这些努力正是成功的必备条件。仔细查看列出的失败清单，看看过去你是否已竭尽所能。如果答案是否定的话，试试克服困难的第二个重要步骤，这就是学会真正思考，认真积极地思考。我确信积极思维的力量是惊人的，任何失败均能通过积极思维来解决，你能以积极思维来解决任何问题。

有一个14岁的男孩在报上看到应征启事，正好是适合他的工作。第二天早上，当他准时前往应征地点时，发现应征队伍已排了20个男孩。

如果换成另一个意志薄弱、不太聪明的男孩，可能会因为如此而打退堂鼓。但是这个小伙子却完全不一样。他认为自己应动脑筋，他不往消极面思考，而是认真用脑子去想，看看是否有法子解决。于是，一个绝妙方法便产生了！

他拿出一张纸，写了几行字，然后走出行列，并要求后面的男孩为他保留位子。他走到负责招聘的女秘书面前，很有礼貌地说："小姐，请你把这张便条交给老板，这件事很重要。谢谢你！"

这位秘书对他的印象很深刻，因为他看起来神情愉悦，文质彬彬。如果是别人，她可能不会放在心上，但是这个男孩不一样，他有一股强有力的吸引力，令人难以忘记。所以，她将这张纸条交给了老板。

老板打开纸条，看后笑笑交还给秘书；她也把上面的字看了一遍，同样笑了起来，上面是这样写的：

"先生，我是排在第21号的男孩。请不要在见到我之前做出任何决定。"

你想他得到这份工作了吗？你认为呢？像他这样会思考的男孩无论到什么地方一定会有所作为。虽然他年纪很轻，但是他知道认真思考。他已经有能力在短时间内抓住问题核心，然后全力解决它，并尽力做好。实际上，你一生中会遇到很多诸如此类的问题。当你遇到问题时，一旦认真进行思考，便更容易找到解决办法。

要想克服失败的思维方式，学会积极思考非常关键。人必须调整心态，直到否定思维转变成肯定思维为止。

让每天都有一个愉快的开始，则一天里所有的事都会变好。

◎学会喜欢自己

◎ 成熟的人会适度地忍耐自己，正如他适度地忍耐别人一样。他不

会因自己的一些弱点而感到活得很痛苦。

◎ 不喜欢自己的人，表现在外的症状之一便是过度自我挑剔。

◎ 独处对我们的心灵运动十分有益处，就好像新鲜空气对我们的身体极有帮助一样。

史迈利·布兰敦在一本书中写道："适当程度的'自爱'对每一个正常人来说，是很健康的表现。为了从事工作或达到某种目标，适度关心自己是绝对必要的。"

布兰敦医师讲得很对。要想活得健康、成熟，"喜欢你自己"是必要条件之一。但这是表示"充满私欲"的自我满足吗？不是的。这应该是意味着"自我接受"——一种清醒的、实际的自我接受，并伴以自重和人性的尊严。

心理学家马斯洛在其著作《动机与个性》中也曾提到"自我接受"。他如此写道："新近心理学上的主要概念是：自发性、解除束缚、自然、自我接受、敏感和满足。"

成熟的人不会在晚间躺在床上比较自己和别人不同的地方。他可能有时会批评自己的表现，或觉察到自己的过错，但他知道自己的目标和动机是对的，他仍愿意继续克服自己的弱点，而不是自悔自叹。

成熟的人会适度地忍耐自己，正如他适度地忍耐别人一样。他不会因自己的一些弱点而感到活得很痛苦。

喜欢自己，是否会像喜欢别人一样重要呢？我们可以这么说：憎恨每件事或每个人的人，只是显示出他们的沮丧和自我厌恶。

哥伦比亚大学教育学院的亚瑟·贾西教授，坚信教育应该帮助孩童及成人了解自己，并且培养出健康的自我接受态度。他在其著作《面对自我的教师》中指出：教师的生活和工作充满了辛劳、满足、希望和心痛，因此，"自我接受"对每名教师来说，是同等重要的。

今日，全美国医院里的病床，有半数以上是被情绪或精神出了问题的

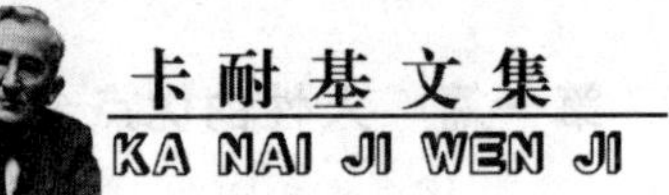

人所占据。据报道，这些病人都不喜欢自己，都不能与自己和谐地相处下去。

我并不想在此处分析导致这种情况的各种因素。我只是认为，在这个充满竞争的社会，我们往往以物质上的成就来衡量人的价值。再加上名望的追求、枯燥乏味的工作，处处都使我们的灵魂容易生病。我还坚信，普遍缺乏一种有力、持续的宗教信念，更是人们精神迷乱的重要因素。

哈佛大学的教授怀特在《进步：性格自然成长的分析》中谈起了目前社会很流行的一种观念：人应该调整自己去适应环境。怀特反驳说："这种观念认为一个人的理想状态就是能成功地压抑自己以适应狭窄的生活方程式，而不问这样做的结果是使人失去个性、目标和方向，影响了人创造与发展的潜能。"

我非常赞同怀特博士的观点。很少有人有勇气特立独行或直面真实处境。我们在行动之前就被社会文化和经济观念限制住了。从吃饭、穿着到生活方式和观念，我们和邻居如此相似。一旦我们某个不一样的行为与这种环境相异时，我们就会变得精神紧张或神经过敏，甚至于厌恶自己。

我认识的一个女性嫁给了一个野心勃勃、很有进取心、独断专行的政治家，于是，夫妇两人的社交圈——就是所谓的名流圈子，里面横着以社会地位和金钱数量来权衡人的标准。这位女性温柔贤淑，有谦虚的性格。在这种环境中她的优点都被别人认为的缺点所取代。她越来越自卑，直到讨厌自己。

在我看来，这个女人的问题的关键不在于她无法适应环境，而在于她无法适应和接受自己，无法心平气和、快快乐乐地接受自己。她没有彻底明白一个人只能按照自己的性格而不可能按照别人的性格来行事。

她要做的第一件事就是不能用别人的标准来权衡自己。她必须明确自己的价值观，然后自信地生活，并且善于和自己相处，消除厌恶自己的情绪。

夸大自己错误的程度和范围是讨厌自己的人经常做的事情之一，适当的自我批评是好事，有利于一个人的成长。但是演变为一种强迫性的观念时，就会使我们变得瘫痪，不能聚集力量做积极正面的事。

班上有一位女学员，她在班上说："我总是感到胆怯和自卑。别人好像都很沉着、自信。我一想到自己的缺点就感到泄气，于是就无法自如地说话了。"

每个人都有自己的缺点，但问题的关键不在于你的缺点，而在于你有多少优点。

决定一件艺术品和一个人的最终因素不是缺点。莎士比亚的作品中充满了历史和地理的基本常识的错误，狄更斯则尽力在小说中渲染伤感的气氛。但是谁计较呢？缺点并不妨碍他们成为一流的文学大师，因为优点才是最终的决定因素。我们在交朋友的时候也会感到对方缺点的存在，但是我们喜欢和他们交往是因为我们喜欢他们身上的优点。

自我完善的实现依赖于对优点的发挥，取长补短，而不是整天惦记着自己的缺点。

对以前和当前错误的过分计较会导致一个人的罪恶感和自卑感快速滋长，不用很久，我们就不再尊重自己，习惯性地对自己痛打五十大板。所以，我们一定要让以前的事情沉到水底，然后游到水面上来重新呼吸新鲜的空气。

要学会喜欢和接受自己，首先必须挖掘自己的对缺点的包容之心。包容不代表我们要降低对自己的要求，然后躺在床上睡大觉，而是明白人无完人。对别人求全责备是不公平的，要求自己完美则是一种极端的自我本位。

我认识的一个女人是个绝对的完美主义者。她要求自己做什么事情都没有疏漏。但在别人眼里，她是个失败的人。一个简单的报告她需要折腾几个小时，耽误了自己和别人的时间；一篇主题演讲她什么都要涉及和讲解，结果让听众百无聊赖；她绝不接待临时到访的客人，因为她没有任何准备。她绞尽脑汁追求完美，事实上，她的确做到了一种形式意义上的完美，但直接的代价是毁掉了生活中的理解、自然和乐趣。其实，她所追求的完美并非完美本身，她是想超越别人，因为她不想自己在优点方面和别人处在同一水平线上。她想成为人群的焦点。所以，她做事并不是出于发挥自己已有的才能，她并不能享受工作和生活的欢乐，只是为了超过别人，让自己在高高的完美的架子上昂起头。

人没有完美的，强迫性的对完美的追求一旦不成功，这个人就会变得讨厌，甚至憎恨自己。

人不能时时刻刻都处在特别认真的状态中，学着喜欢自己的前提之一，就是能偶尔放慢行进的脚步欣赏自己。

马里兰州的精神病协会董事巴缔梅尔说："过去的人习惯在睡觉之前回想一下当天的活动，做一下反省。现在的人好像已经很少用了，实际上，这仍然是一个有用的办法。"

除非我们能与自己好好相处，否则很难期待别人会喜欢与我们在一起。哈里·佛斯迪克曾经观察那些不能独处的人，形容他们好像"被风吹皱的池水一样，无法反映出美丽的风景来"。

独处能使我们发现内在的休息港口，能有参详的对象，是我们与外界接触的基础。安妮·马萝·林柏在其著作《来自海洋的礼物》中曾说过："我们只有在与自己内心相沟通的时候，才能与他人沟通。对我来说，我的内心就像幽静的泉水，只有在独处时才能发现其美。"

独处能使我们更客观地透视自己的生命。《圣经》的诗篇里有一句忠言："要安静，便可知道我就是神。"这话至今仍是忠言。独处的确对我们的灵魂十分有益处，就好像新鲜空气对我们的身体极有帮助一样。

假如我们要依赖别人才能得到快乐与满足，则无疑为他人增添负担，并影响到彼此之间的关系。要喜欢、尊重、欣赏我们自己，这不但能培养出健康成熟的个性，也能增进与他人相处的能力。

如果你想让自己远离情绪化的泥潭，请记住下面的原则：

◎用行为控制情感

◎ 事实上，你在驾驭着自己的情感，而且你的情感是由于你对外界事物的看法而产生的。

◎ 成功人士和普通人士的区别在于前者用行为控制情感，后者任情感控制行为。

控制自己的情感是一个人把握自我的最基本要求。在日常生活中，人的情绪发生一定的起伏波动，这确实是一种无法避免的现象。我们每个人可能都曾有过这样的体验：一旦自己情绪特别好的时候，不仅神清气爽，而且工作起劲，对人对事充满了光彩与希望，周围的一切似乎都是那么美好；而有时候，人又情绪特别低落，不但心情沮丧，而且意志消沉，你身边的世界仿佛布满了灰暗与失望。对一般的人来讲，这种极端的欢乐与悲哀的情绪反应不易为个体所控制，因此对个体生活极具影响作用。一旦情绪产生，有些人往往一度沉沦于悲哀、痛苦、抑郁、孤独的心境之中而不能自救自拔。这种认为情绪无法控制，只能听之任之的观点会给人的生活带来极大的负面影响。

从心理学的角度来讲，情绪是个体受到某种刺激所产生的一种身心激动状态。

其实，情感并不仅仅是出现在你身上的情绪，而是你自己对外界事物做出的一种心理反应。如果你主宰着自己的情感，就不会做出自我挫败性的反应。一旦你学会依照自己的选择控制个人的情感，你就踏上了一条通往“智慧”之路。在这条道路上，绝无导致精神崩溃的歧途，因为你将把情绪视为一种可选的因素，而不是生活中的必然因素。这正是人的个性自由的关键所在。下面，我们可以借助于一个简单的三段论，通过逻辑推

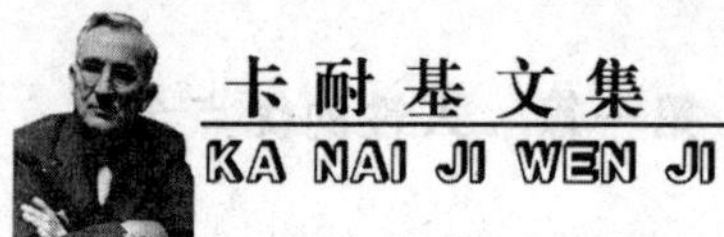

理，让你摒弃那种认为情感是无法控制的观点，并开始控制自己的思维和情感：

1. 逻辑三段论。

大前提：狄克是一个人，

小前提：所有的人脸上都有毛，

结论：狄克脸上有毛。

2. 不合逻辑三段论。

大前提：狄克脸上有毛，

小前提：所有的人脸上都有毛，

结论：狄克是一个人。

从逻辑学的角度来讲，大前提必须与小前提一致。在上面第 2 个三段论中，其结论是错误的，因为狄克可能是人，也可以是猿猴或者其他脸上有毛的动物。下面让我们看看第 3 个逻辑推理，这一例子将有助于让你彻底摆脱那种认为情感无法自我控制的观点。

3. 逻辑三段论。

大前提：我可以控制自己的思想，

小前提：我的各种情感都来源于我的思想，

结论：我可以控制自己的情感。

在上面这个三段论中，大前提是十分明确的，一个正常的人完全可以控制自己的思想和行为，所以你有能力对自己头脑所接收的信息进行思考。例如，如果有人要求你想象一只红色的羚羊，你可以将它想象成绿色，也可以将它想成一只小山羊，或者干脆想象成别的东西。只有你自己才能控制着进入你头脑中的各种想法，只有你才能对大脑的思想库作出选择，并组织成一定的逻辑程序。如果你不相信这一点，那请你试想一下："如果不是你在控制着自己的思想，那是谁在控制？是你爱人、上级，还是你的妈妈？"假如真的是他们在控制着你的思想，那建议你立即送他们去医院治疗，这样你马上就会好起来。

但客观的现实很清楚：是你——而且只有你——控制着自己思维的机器，你的大脑完全属于你自己，你可以完全控制住自己的思想，并完全由你决定是否加以保留、改变、审视或交流。除了你，谁都无法钻进你的大脑，也不能像你那样体验自己的思想和情感。

其次，3 中的小前提也是无可非议的，无论是从科学原理，还是根据常识判断都可以证实：一个人如果没有思想，那就没有情感。丧失了大脑功能，"感觉"能力也就不复存在了。人的每一种感情是一种思想的生理反应。只有从思维中心得到某一信息之后，人才会出现哭泣、害羞、心跳加速以及其他各种可能的情绪反应。如果思维中心受到损坏或发生故障，你就不会做出任何感情反应。在大脑受到损伤的情况下，人甚至会感觉不到肉体的痛苦——即使将手放在炉子上烤焦了，也不会感到疼痛。因此，你的小前提是千真万确的。任何一种情感都必然产生于思维之后，因而没有思维，就没有情感。

有这样一个例子：迈克是一位年轻的公司职员，公司老板认为他做事太笨，对他的评价也不很好，为此，迈克常常感到十分痛苦。

我们试想一下：要是迈克并不知道自己的老板认为他很笨，他还会因此而不快吗？当然不会，一个人怎么会为自己不知道的事情痛苦呢？由此看来，造成迈克精神不快的原因并不在于上司对他的看法，而在于他自己的感觉。此外，迈克不快的原因还在于，他确信别人的看法比自己的看法更为重要，如果他认为自己并不太笨，而是极力通过自己的表现向老板来证明这一点，他也就不会因此而痛苦了。

这一推理同样适用于对各种事物及其他人的看法：某个人的死亡并不会使你感到悲伤；在得知其去世前，你是不会悲伤的。使你悲伤的原因并不在于其死亡这一事实，而在于你听到死讯后作出的一种心理反应。阴雨天气本身不会使人抑郁，抑郁是人类特有的一种情绪。如果你怕由于天气下雨或阴天而抑郁，那是因为你自己对天气的反应使你感到抑郁。当然，这并不是说你应该欺骗自己而非得喜欢阴雨天气，而是说你可以想一想：“我为什么非要感到抑郁呢？”“这样能使我更积极有效地解决问题吗？”

尽管上述逻辑推理证明人总是在支配着自己的情感，但我们从小到大所接受的传统文化一直表明：一个人对他的情感是无能为力的。虽然我们实际上控制着自己的情感，但我们所学到的大量日常用语却往往否认这一点。下面我们简要列举一些此类常用语，分析一下每句话的含义，我们可以发现，这些话都含有一个共同的潜台词，即你对自己的情感是没有任何责任的。只要我们将每一句话重新组织一下，使其更为确切，就能说明一点：你在驾驭着自己的感情，而且你的情感是由于你对外界事物的看法而产生的。

也许你会认为，左栏的每句话不过是一种修辞方式，它并不说明任何问题，或者只是一种习惯用语而已。如果你这样解释，那你不妨试问一下：右栏中的每句话为何没有形成口头语？其答案很简单，因为我们的传统文化和社会环境总是提倡前者而排斥后者。

我们每个人应该对自己的情感负责。你的情感是随着自己的思想而产生的，那么，你只要愿意，便可以改变对任何事物的看法。首先，你应该想一想：精神不快、情绪低沉或悲观痛苦到底能给你带来什么好处？然后，你就可以认真地分析一下导致这些消极情感的各种思想。

成功人士与普通人士的最大区别在于前者用行为控制情感后者用情感控制行为。成功人士在控制情绪时有许多方法和技巧，值得我们学习。

奥格·曼狄诺写的《世界上最伟大的推销员》向我们提供了许多控制情绪的方法，书中虚拟了一个巧妙的故事。少年海菲获得了10卷神秘的《羊皮卷》，他根据《羊皮卷》的原则行事为人，最终成为了世界上最伟大的推销员、最伟大的商人，建立了庞大的海菲商业帝国。10卷《羊皮卷》，其实就是10条做人行事的准则。这10条准则是：

1.“今天，我开始新生活”。

2. 爱心。“我要用全身心的爱来迎接今天”。“最主要的，我要爱自己”。

3. 恒心。坚持不懈，直到成功。

4. 信心。“我是世界上最伟大的奇迹”。“我能做的比已经完成的更好”。

5. 重视今天。“忘记昨天，也不要痴想明天”。“假如今天是我生命中的最后一天”。

6. 控制情绪。“今天我要学会控制情绪”。“有了这项新本领，我也更能体察别人的情绪变化”。

7. 快乐。“我要笑遍世界”。

8. 自重。“今天我要加倍重视自己的价值”。

9. 行动。“我现在就付诸行动”。

10. 信仰。“万能的主啊，帮助我吧”。

这些就是迈向成功之路的金钥匙。这 10 把金钥匙里面，有两把金钥匙同情绪有关：第 6 条“控制情绪”和第 7 条“快乐”。可见，控制情绪在人生的成功之路上是多么的重要。

下面，我们看一看神秘的《羊皮卷》里面是怎样来告诉人们控制情绪的。

《羊皮卷之六》：

“潮起潮落，冬去春来，夏末秋至，日出日落，月圆月缺，雁来雁往，花开花谢，草长瓜熟，自然界万物都在循环往复的变化中，我也不例外，情绪时好时坏。”

“这是大自然的玩笑，很少有人窥破天机。每天我醒来时，不再有旧日的心情。昨日的快乐变成今日的哀愁，今日的悲伤又转为明日的喜悦。我心中像有一只轮子不停地转着，由乐而悲，由悲而喜，由喜而忧。这就好比花儿的变化，今天绽开的喜悦也会变成凋谢时的绝望。但是我要记住，正如今天枯败的花儿蕴藏着明天新生的种子，今天的悲伤也预示着明天的快乐。”

“我怎样才能控制情绪，让每天充满幸福和欢乐？我要学会这个千古秘诀：弱者任思绪控制行为，强者让行为控制思绪。每天醒来当我被悲伤、自怜、失败的情绪包围时，我就这样与之对抗：

沮丧时，我引吭高歌。

悲伤时，我开怀大笑。

病痛时，我加倍工作。

恐惧时，我勇往直前。

自卑时，我换上新装。

不安时，我提高嗓音。

穷困潦倒时，我想象未来的财富。

力不从心时，我回想过去的成功。

自轻自贱时，我想想自己的目标。”

《羊皮卷之六》里面所阐述的控制情绪的箴言可以说是句句珠玑。只要你真正能够按照上面的原则来思考和行事，那么你一定能在通向成功的路上取得意外的收获。

◎在失败时为自己打气

◎ 一个人最大的敌人是自己，胜利属于那些在失败时不断地为自己打气、对自己说“我能行”的人。

◎ 每天早晨给自己打气并不是一件很傻、很肤浅、很孩子气的事，相反，这从心理学的角度来看是非常重要的。

以下是拳击手杰克·丹普先生远离忧虑的故事：

“在我的拳击生涯中，最强劲的敌人不是那些重量级的选手，而是自己内在的情绪困扰，因为情绪上的忧虑不但会消耗体力，还会影响拳击的进行。所以，我为自己制定了一套原则借以保持充沛的体力与旺盛的精力。这一套原则就是：

“1. 为了让自己有充分的勇气，每当拳赛开始前我都会自我鼓励一番，反复地对自己说：‘不要怕，没有什么可以伤得了我的，他击不倒我。’这种积极的鼓舞确实产生了不少作用。

“例如，在我和佛波比赛的时候，我不断地对自己说：‘没有人敌得过我，他伤不了我，他的拳头伤不了我，我不会受伤，不管发生什么事，我一定要勇往直前。’像这样为自己打气，使想法趋向积极，对我帮助很大，甚至使我不觉得对方的拳头在攻击。在我的拳击生涯中，我的嘴唇曾被打破，我的眼睛被打伤，肋骨被打断，而佛波的一拳将我打得飞出场外，摔在一位记者的打字机上，把打字机压坏了，但我对佛波的拳头却并无感觉。只有一次，那天晚上李斯特·强森一拳打断了我的三根肋骨，那一拳虽不致让我倒下，但影响到了我的呼吸。我可以坦白地说，除此之外，我在比赛中未对任何一拳有过知觉。

“2. 我一再地提醒自己，忧虑不但于事无补，反而还会产生相反效果。我的大部分忧虑，都出现在我参加重大比赛之前，也就是接受训练期间。我经常在半夜醒来，一连好几个钟头，心里十分忧虑，辗转反侧，无法成眠。我担心会在第一回合中被对方打断手，或扭了脚踝，或眼睛被严重打伤，如果是这样的话我就不能充分发挥攻势。所以，每次我因为担心第二天的赛程而睡不着觉时，就会下床对着镜子中的自己说：‘你真是个傻瓜，何必为了尚未发生的事或根本不会发生的事而担忧呢？人生如此短暂，应该好好把握、享受生命才是啊，还有什么比健康更重要呢？’这样日复一日、年复一年地提醒自己，久而久之，这些话好像印到我的骨髓里，经常不自觉地就浮现在脑海中，帮助我克服了许多情绪上的困扰。

“3. 最后一项，也是最重要的一项就是祷告。一天中我有好几次与主交谈的机会，拳击赛中每次回合的铃响前、每餐吃饭前、每晚入睡前，我都会虔诚地祷告，祈求上帝赐给我力量与勇气，让我打好每一场人生战役。我的祈祷获得了回应吗？当然，上帝对我的回报远超过我的付出！"

每天早晨给自己打气，是不是一件很傻、很肤浅、很孩子气的事呢？不是的，这在心理学上是非常重要的。

世界上不是每个人都要面临着十分巨大的困难，但是每个人都存在着若干问题。每个人都能通过暗示或自我暗示让激励标记产生作用。一种最有效的形式就是有意记住一句自我激励语句，以便在需要的时候，这句话能从下意识心理闪现到有意识心理。

阿廉·方索斯是美国密苏里州东南地区某农场的一个病孩子。他在小学遇到了一位优秀老师，这位老师鼓励小阿廉·方索斯去改变自己的世界。老师用挑战的方式鼓励他："我激励你！""我激励你成为学校中最健康的孩子！""我激励你"成了阿廉·方索斯一生自我激励的语句。

他果真变成了学校中最健康的孩子。他在85岁逝世之前，帮助了数以千计的青年获得良好的健康，他还帮助他们立志高远，做事刚勇，服务周到。

"我激励你"激励着他建立了美国最大的公司之一——若尔斯通培里拉公司；"我激励你"激励他从事创造性的思考，把负债转化为资产；"我激励你"激励着他组织美国青年基金会——它的目的是训练青年男女独立生活的能力。

"我激励你"激励着阿廉·方索斯写了一本书，名叫《我激励你》。今天这本书正在激励着男子和妇女们勇敢地把这个世界改造为更好的社会。阿廉·方索斯作了多么好的一个证明啊！一句自我激励语有力地帮助人们发挥积极的心态！

说到此不禁让人想起那些在兴旺的1920年里取得经济成功的人。那时他们是以极好的态度开始他们的事业的。可是当1930年经济萧条袭来的时候，他们便遭到了失败。他们破产了。他们的态度便从积极的变为消极的。他们的法宝被翻到了“消极的心态”那一面。他们停止了努力。他们像那些抱持消极心态的人一样变成了一蹶不振的失败者了。

有些人似乎在所有的时候都能充分使用积极的心态。有些人开始时使用，然后就停止使用了。但是，另一些人——我们中的大多数人——并没真正地开始使用对于我们很有用的巨大力量。消极心态包括以下几个方面：

1. 惰性导致愚昧无知。

对于不知事实或缺乏实际知识的人来说，面对一件事的愚昧无知似乎是合乎逻辑的；对于知道事实或具有实际知识的人来说，就可能是不合逻辑的了。当你在作决定的时候，如果你不肯保持开朗的心胸和学习真理，那就是愚昧无知。消极的心态会在愚昧无知的基础上不断地生长。

具有积极心态的人可能不知道事实，也缺乏实际知识。他可以不了解情况，然而他认识基本的前提——真理就是真理。因此，他就力图保持开朗的心胸，努力学习。他必须把他的结论奠基在他所知道的事情上，并且准备在他认识更多些时，就改变这些结论。

现在让我再审视一下我们心理上的蛛网，这些似乎还存留在你的脑中：

（1）消极的感情、情绪、激情、习惯、信条和偏见。

（2）只看到别人眼中的“凶煞”。

（3）由于语义上的误解所产生的争论和误解。

（4）由于虚假的前提而作出的虚假结论。

（5）把概括一切的限制性的词或词组作为基本或次要的前提。

（6）“需要”有可能迫使人作出不诚实的想法。

（7）不清洁的思想和习惯。

（8）担心应用心理的力量。

这样，你就可看到蛛网有许多种——有些是细小的，有些是巨大的；有些是脆弱的，有些是结实的。然而，如果你把你自己的蛛网再列一张表，然后仔细检查每个蛛网的各条蛛丝，你就会发现它们都是由消极的心态织成的。

你把它们考虑一会儿，然后你会发现由消极的心态所织成的最强有力的蛛网就是惰性蛛网。惰性会使你无所作为；如果你转向错误的方向，它就会使你不去抵抗或不思停止。你就会继续前进，向下滑去。

2. 警惕潜意识的误导。

一个人的潜意识通常是难以改变的，它经常会配合你本身的才能或所曾犯过的错误，而把这些不愉快的经历返还给你。换言之，当你在潜意识中制造消极的观念后，潜意识便会将制造过的差错想法，不分时候地任意归还与你，因此在你的思绪过程中，极可能将你误导。

为避免遭受原有潜意识的误导，最好的方法莫过于以积极性的立场灌注于潜意识中，并努力培养积极的想法，如此你无异是在向你的潜意识灌输真理，而不久之后，你的潜意识也将开始把这些真理归还于你。

使潜意识变得积极的最佳方法便是摒除存在于你思想或言谈间的消极想法。例如，每当人们意识到消极想法存在时，便会对自己的说话方式作一番分析，而且结果往往令人感到十分惊异。

因为许多人都存有类似如下的想法："我担心也许会来不及"，"轮胎是不是磨损了"，"我想，我办不到那件事"，"这个工作我大概无法胜任，因为我会忙不过来"等。此外，遇到事情有不好的发展结果时，他们就会说道："哦！果然不出我所料。"又如，在抬头望见天空布满乌云时，心情会变得忧虑起来，并说："我原本就知道会下雨！"

这些都属于"消极心态"。我们千万不可忽略"积少成多"的道理。当你的言谈中充满"消极心态"时，它会不知不觉地渗入你的思想深处，并积存它的影响力量，而这种力量往往会滋长到令人惊异的地步，甚至会在不久之后使你陷入“无能症”的泥沼中。

所以，你要下定决心，要从自己的言谈间根除这种“消极心态”。因为对于这种消极的心态，最好的消除办法是，不论对任何事都要表示积极肯定的主张，如事情将有顺利的结果、能够胜任工作、不会招致失败、必会准时到达等。由于这种把积极想法说出来的做法具有相当于在内心中呼应的积极力量，因此它能使你感到一切都将顺利地进行。

曾经有一幅引擎油的广告，上面写着：“洁净的引擎经常是力量的供应源泉。”这个广告的作者就一定有一个积极心态，这对他的事业必定产生积极影响。换言之，洁净的心会是力量的供应来源。因此，请洗净你的思想，赋予你自身一颗洁净的心吧！

为了克服障碍，你不妨采用“不相信失败”的哲学之道。通常人们处理障碍的结果往往决定于其本身所持的心态，因为人们的障碍大多数是源于心理上的问题。

也许你对此有所怀疑，但是任何人对于障碍的态度却绝对是心理方面的事。试想，当一件事从考虑到决定的过程中，是否即是心理的活动？你对于障碍的想法如何，是否会决定你对它所采取的行动或态度？

事实上，如果你面对障碍之初便在心中断言绝对无法克服它，你便会在自认为“反正做不到”的心理下真正无法克服了。相反的，如果你拥有克服障碍的信心，情况自必不同。

因此，请你牢牢记住：障碍绝对没有你想象中的那般困难，而是可以设法克服的。

无论在培养这种积极想法之初，你的信心是多么微小，只要持续保持这种想法，你必能获得成功。

◎保持积极心态

◎ 一个积极者就是一个这样的人：当他的鞋子穿破了的时候，他只

是以为他回到了光脚走路的时代。消极者说："我只有看见了才会相信。"积极者说："只要我相信，我就会看见。"

◎ 在生活中，成功和失败之间仅仅只有毫厘之差，很多情况下，我们无法改变现实，但是可以改变自己对现实的看法。

乐观态度或悲观态度，是人类典型的也是最基本的两种倾向，它影响着我们的生活方式。美国医生做过这样一个实验：他们让患者服用安慰剂。安慰剂呈粉状，是用水和糖加上某种色素配制的。当患者相信药力，就是说，当他们对安慰剂的效力持乐观态度时，治疗效果就显著。如果医生自己也确信这个处方，疗效就更为显著了。这一点已用实验得到了证实。悲观态度是由精神引起的，而又会影响到组织器官。有一个意外的事故证明了这一点。一位铁路工人意外地被锁在一个冷冻车厢里，他清楚地意识到他是在冷冻车厢里，如果出不去，就会冻死。不到20个小时，冷冻车厢被打开时人已死了，医生证实是冻死的。可是，仔细检查了车厢，冷气开关并没有打开。那位工人确实死了，因为他确信，在冷冻的情况下是不能活命的。所以，在极端的情况下，极度悲观会导致死亡。一位乐观主义者却总是假设自己是成功的，就是说，他在行动之前，已经有了85%的成功把握。而悲观主义者在行动之前，却已经确认自己是无可挽救了。

一个积极者就是一个这样的人：当他的鞋子穿破了的时候，他只是认为他回到了光脚走路的时代。消极者说："我只有看见了才会相信。"积极者说："只要我相信，我就会看见。"积极者采取行动，消极者静止不动。积极者看见半杯水会说它满了一半，消极者看见同样的半杯水会说它有一半是空的。原因很简单，消极者往杯子里倒水，而积极者却从杯子里取水。

在生活中，成功和失败之间仅仅只有毫厘之差。

例如，骏马奈斯华在不到一小时的赛跑中赢得了第一，得到了100万美金。在这仅有一小时的赛跑后面却藏着上千个小时的艰苦训练。显然，奈斯华这匹至少值100万美元的马——定是一匹罕见的好马。你可以用100万美元买100匹值1万美元的赛马，这是一个简单的算术问题。一匹值100万美元的马比一匹值1万美元的马跑得要快100倍，对吗？错了！它能跑得比那匹马快2倍，对吗？还是错了！实际上，它只能比那匹马快25%，或是只有10%或是1%，对吗？还是错了！

那么究竟一匹值100万美元的马比值1万美元的马跑得快多少呢？几年以前，在阿林顿·福特瑞蒂，第一名和第二名的奖金差额是10万美元。这次比赛的跑程是1.25英里。第一名和第二名的差距仅有1/71280，而我们要重申的是仅仅这点差距就值10万美元。

1974年在肯塔基的德比所举行的赛马比赛中，第1名骑手赢得了2.7万美元。不到2秒钟后，另一名骑手也骑着马冲过了终点线，他是第4名，只得到30美元。

生活就像一场比赛，我们无法改变它的规则。我们能够并且必须去做的是掌握这些规则，利用这些规则来发挥我们最大的潜能。

米歇尔曾经是一个不幸的人。

一次意外事故，把他身上65%以上的皮肤都烧坏了，为此他动了16次手术。手术后，他无法拿起叉子，无法拨电话，也无法一个人上厕所，但以前曾是海军陆战队员的米歇尔从不认为他被打败了。他说："我完全可以掌握我自己的人生之船，我可以选择把目前的状况看成倒退或是一个起点。"6个月之后，他又能开飞机了！

米歇尔为自己在科罗拉多州买了一幢维多利亚式的房子，另外也买了房地产、一架飞机及一家酒吧，后来他和两个朋友合资开了一家公司，专门生产以木材为燃料的炉子，这家公司后来变成佛蒙特州第二大私人公司。

在米歇尔开办公司后的第4年，他开飞机在起飞时又摔回跑道，把他的12节脊椎骨压得粉碎，腰部以下永远瘫痪！“我不解的是为何这些事老是发生在我身上，我到底是造了什么孽，要遭到这样的报应?”

米歇尔仍选择不屈不挠，丝毫不放弃，还日夜努力使自己能达到最高限度的独立自主，他被选为科罗拉多州孤峰顶镇的镇长，以保护小镇的美景及环境，使之不因矿产的开采而遭受破坏。米歇尔后来又竞选国会议员，他用一句“不只是另一张小白脸”的口号，将自己难看的脸转化成一项有利的资产。

尽管面貌骇人、行动不便，米歇尔却坠入爱河，且完成终身大事，也拿到了公共行政硕士证书，并坚持他的飞行活动、环保运动及公共演说。

米歇尔说：“我瘫痪之前可以做1万件事，现在我只能做9 0000件，我可以把注意力放在我无法再做的1 000件事上，或是把目光放在我还能做的9 0000件事上。我的人生曾遭受过两次重大的挫折，如果我能选择不把挫折拿来当成放弃努力的借口，那么，或许你们可以用一个新的角度，来看待一些一直让你们裹足不前的经历。你可以退一步，想开一点，然后你就有机会说：‘或许那也没什么大不了的！’”

由此可见，积极的人生态度是一个人获得成功的一项重要原则，你可将此原则运用到你所做的任何工作上。如果你不了解如何应用积极的人生态度，就无法从工作中得到最大的效益。

事实上，如果你掌握你的思想，并引导它为你的目标服务，你就能享受：

1. 为你带来成功环境的成功意识；

2. 生理和心理的健康；

3. 独立的经济；

4. 出于爱心而且能表达自我的工作；

5. 内心的平静；

6. 驱除恐惧的信心；

7. 长久的友谊；

8. 长寿而且各方面都能取得平衡的生活；

9. 免于自我限定；

10. 了解自己和他人的智慧。

而如果你所抱持的是消极的人生态度，你将会尝到苦果：

1. 生命中的贫穷和凄惨；

2. 生理和心理疾病；

3. 使你变得平庸的自我限定；

4. 恐惧和所有具有破坏性的结果；

5. 找不到支撑自己的方法；

6. 敌人多，朋友少的处境；

7. 人类所知的各种烦恼；

8. 成为所有负面影响的牺牲品；

9. 屈服在他人意志之下；

10. 对人类没有贡献的颓废生活。

通过比较，到底应该树立什么样的人生态度，应该是显而易见的了！

◎焕发热忱的能量

◎ 每一个伟大的时刻，都是热忱凯旋的时候。

◎ 如果两个人各方面条件都相近，那么，更热忱的那一位会更快达到成功。一个能力平庸但是很热忱的人，往往会胜过能力杰出却缺乏热忱的人。

热忱的威力是不容被低估的。爱默生曾经说过："每一个伟大的时刻，都是热忱凯旋的时候。""没有一桩丰功伟业能缺乏热忱。"

许多人失败并不是因为他们缺乏才智、能力、机会或天分，而是因为他们并没有尽力去处理问题。

热忱的重要性绝不亚于卓越的能力与努力地工作。我们都认识一些聪明但一无所成的人，也总认识一些辛勤工作但一事无成的人。青年人应该记住，只有热爱工作、投入工作且满怀热忱的人才能有所成就。

热忱有一种特性，那就是它具有感染力，并且能令人有反应。不论在教室里或其他活动中，都是一样的。就算是冰上曲棍球比赛，也同样需要热忱。如果你自己对一个想法或计划不够热忱，别人更不可能有热忱。如果公司领导人自己不能全心热忱地相信公司的目标与方向，就不要指望员工、顾客或股市会相信它。想使任何人对一个想法——或是一个计划、一个活动——兴奋起劲的最好办法，就是你自己要先兴奋起来。而且要把你的兴奋表现出来。

汤姆·德尔夫最近在加州一家进口公司考尔佛电子销售公司找到了一份业务员的工作。按照公司历来的做法：公司会交给汤姆·德尔夫一份很难缠的潜力客户名单。其中有一家公司以前是汤姆·德尔夫公司的大客户，但是却在多年前停止往来了。

汤姆·德尔夫说："我决定把跟他们做成生意当作是我个人的一项挑战。这表示我得先说服老板我可以把这家公司扳回来。他本来不太肯定，但是他不想浇我的冷水。于是他允许我去拜访那家客户。"

汤姆·德尔夫既已把赢回这家客户当作自己的使命，于是他提供了保证价，缩短交货期，并允诺更好的服务。他向那位采购处长表示考尔佛公司"将会做一切令你们满意的事"。

当汤姆·德尔夫第一次与采购处长面对面谈话时，他的热忱就扮演了重要的角色。他面带微笑地走进会客室，并说道："很高兴能再回来，让我们一起来共同合作。"

汤姆·德尔夫从来没有想过他可能无法成交，他完全忽略他的公司已经丢掉了这个客户的事实。他以最高昂热忱的态度说服他的客户，考尔佛公司已准备好再为他们服务。

“后来，采购处长告诉我们老板，他们考虑我们的唯一理由是因为我的热忱。他们的订单后来一年有50万美元的利润。”

热忱，可以保养灵魂，培养并发挥热忱的特性，我们就可以对我们所做的每件事情，加上了火花和趣味。

我有一次请教一位友人，问他如何挑选管理人员。这位友人的回答听起来可能蛮令人惊奇的：“这些成功者与失败者，他们的能力与聪明才智其实差异不大。”纽约中央铁路公司总裁佛多利·威尔森说：“如果两个人各方面条件都相近，那么，更热忱的那一位一定更快达到成功。一个能力平庸但是很热忱的人，往往会胜过能力杰出却缺乏热忱的人。”

热忱是一把火，它可燃烧起成功的希望。要想获得这个世界上的最大奖赏，你必须像过去最伟大的开拓者那样将梦想转化为全部有价值的献身热情，来发展和销售自己的才能。

有一次，我在加州一家饭店投宿时，点了客房服务，侍者是一位墨西哥人，他说着一口吞吞吐吐不流畅的英语：“早安！早安！早安！”奇怪的是，他重复了三次问安，却不显得啰嗦，反而让人觉得很舒心。

他用那种墨西哥人独有的热情深深地感染了我，他满面春光地告诉我，他有一份好工作，而且身在美国。接着他满怀热情地为我倒咖啡，同时又很友好地同我谈论天气：“对啊！不过下雨也很好，雨水可以让草地青翠，而且花草树木也都需要雨水，不是吗？”

在他离开房间之时，我深深地被他打动了。我对自己说，我知道为什么他有一份工作。

最聪明和最热忱的人能更快地得到工作和做出成绩。要满怀着热忱，将你自己奉献给积极的人生，你将会惊讶人们有多么想要雇用你。

我曾不止一次地在课堂上告诉我的学员们，促使一个人成功的因素很多，而居于首位的就是热忱，一个人、一个团队只要有热忱，其结果必然是积极的行动、成功和幸福。

激情增加一盎司，我们的人生就会大不一样。著名人寿保险推销员弗兰克·贝特格在他的自传中，向我们充分诠释了这一点：

“在我刚转入职业棒球界不久，我就遭到了有生以来最大的打击——我被开除了。理由是我打球无精打采。老板对我说：‘弗兰克，离开这儿后，无论你去哪儿，都要振作起来，工作中要有生气和热情。’这是一个重要的忠告，虽然代价惨重，但还不算太迟。于是，当我进入纽黑文队时，我下定决心在这次联赛中一定要成为最有激情的球员。

“从此以后，我在球场上就像一个充足了电的勇士。掷球是如此之快、如此有力，以至于几乎要震落内场接球同伴的手套。在烈日炎炎下，为了赢得至关重要的一分，我在球场上奔来跑去，完全忘了这样会很容易中暑。第二天早晨的报纸上赫然登着我们的消息，上面是这样写的：‘这个新手充满了激情并感染了我们的小伙子们。他们不但赢得了比赛，而且看来情绪比任何时候都好。’那家报纸还给我起了个绰号叫‘锐气’，称我是队里的‘灵魂’。三个星期以前我还被人骂作‘懒惰的家伙’，可现在我的绰号竟然是‘锐气’。

“于是我的月薪从 25 美元涨到 185 美元。这并不是我球技出众或是有很强的能力，在投入热情打球以前，我对棒球所知甚少。除了‘激情’还有什么能使我的月薪在 10 天内竟上升 700%呢？

“退出职业棒球队之后，我去做人寿保险推销工作。在 10 个月令人沮丧的推销之后，我被卡耐基先生一语惊破。他说：‘贝特格，你毫无生气的言谈怎么能使大家感兴趣呢？’我决定以我加入纽黑文队打球的激情投入到做推销员的工作中来。有一天，我进了一个店铺，鼓起我的全部热情试图说服店铺的主人买保险。他大概从未遇到过如此热情的推销员，只见他挺直了身子，睁大眼睛，一直听我把话说完，最终他没有拒绝我的推销，买了一份保险。从那天开始，我真正地展开推销工作了。在 12 年的推销生涯中，我目睹了许多的推销员靠激情成倍地增加收入，同样也目睹更多人由于缺少热情而一事无成。”

弗兰克·贝特格在事业上有所成就，与其说是取决于他的才能，不如说是取决于他的激情。凭借激情，他在烈日当空的酷热中超常发挥；凭借激情，他说服了自己的客户，最终创出不凡的成就。

◎运动可以驱除忧闷

◎ 我的肉体疲倦了，我的精神也随之得到休息。当你烦恼时，多用肌肉，少用脑筋，其结果将会令你惊讶不已。

我若发现自己有了烦恼，或是精神上像埃及骆驼寻找水源那样地猛绕着圈子转个不停，我就利用激烈的体能练习活动，来帮助我驱逐这些烦恼。

那些活动可能是跑步，或是徒步远足到乡下，或是打半小时的沙袋，或是到体育场打网球。不管是什么，体育活动使我的精神为之一振。每到周末，我都从事多项运动，例如绕高尔夫球场跑一圈，打一场激烈的网球，或到阿第伦达克山滑雪。等到我的肉体疲倦了，我的精神也随之得到休息。因此再度回去工作时，我精神清爽，充满活力。在工作地点纽约，我经常有机会到俱乐部健身院去，待上一个小时。没有人在滑雪或作激烈运动的时候还烦恼，因为他忙得没时间烦恼。烦恼的大山很快就变成微不足道的小丘，激烈的运动很容易就能将它“摆平”。

我发现，烦恼的最佳“解毒剂”就是运动。当你烦恼时，多用肌肉，少用脑筋，其结果将会令你惊讶不已。这种方法对我极为有效——当我开始运动时，烦恼就消失。

有位专门研究快乐如何影响心理的科学家曾整理出了几个快乐的技巧，方法简单而且效果神速，让人能立刻就变得乐观起来，这就是运动和听音乐。

首先，经常运动，抬头挺胸。

楚安尼曾强调说，要矫正头脑之前，请先校正身体。为什么呢？因为生理同心理是息息相关的。相信你也该有过这样的体验，当心情处于低潮的时候，我们往往也是无精打采、垂头丧气；而心情快乐时，自然是抬头挺胸、昂首阔步了。所以，身体的姿势的确会与心理的状态密不可分。

再从另一角度来看，当一个人抬头挺胸的时候，呼吸会比较顺畅，而深呼吸则是释放压力的妙方。所以当抬头挺胸时，我们会觉得比较能够应付压力，当然也就容易产生“这没什么大不了”的乐观态度。

另外，与肌肉状态有关的信息也会通过神经系统传回大脑去。当我们抬头挺胸的时候，大脑会收到这样的信息，四肢自在，呼吸顺畅，看来是处于很轻松的状态，心情应该是不错的。

在大脑也做出心情愉悦的判决后，自己的心情于是乎就更轻松了。

因此，身体的状态和姿势的确会影响心情。运动能推动快乐，要是垂头，就容易感到丧气，而如果挺胸，则容易觉得有生气。

这个简单得令人不可置信的方法，请千万别小看它，下次若头脑中悲观的念头又再冒出来时，赶快调整一下姿势，抬头挺胸地带出乐观心境吧！或者运动几下，要么不妨听听音乐，这是第三种让身体快乐的方法。

心情低潮时要怎么办？曾有个女孩说：“简单，就开始大声唱歌嘛！”接着她就“红豆、大红豆、芋头……”，唱起了锉冰歌。没料到歌声一停，她旁边的男朋友立即开口：“是啊，每次唱完你的心情是好了，我的心情也跟着挺好的！”看来，歌声还是挺重要的。你也会在心情低落时唱歌自娱吗？

引吭高歌，是否真的对情绪舒解有益？其实早在几百年前，人类就已经懂得利用音乐与情绪之间的密切关系。例如几世纪前，欧洲有些国家就把音乐和歌唱拿来当成治疗忧郁症的一种方法，很有意思吧！

在当时，如果一个人感到郁郁寡欢，情绪低迷不振，他就会被安排在固定的时间听音乐，并且被要求开口大声高歌。这个不用药物、既经济又简单的做法，在当年是一个另类方法，然而后来心理学家们发现，唱歌的确可以唱走郁闷。这是因为在我们发声歌唱时，就好像是把自己的身体当成了乐器来使用，声音在体内上上下下地振动着，因此有着体内按摩的功效。

当你尽情高歌、浑然忘我时，你是否感觉到体内的声音能量，从头到脚是在振动着的？这个感觉令人身体舒畅而心情飞扬的原因，就是因为音振在体内按摩五脏六腑，放松了肌肉紧绷的不适，焦虑感也随之得到舒解。

此外，在你嘶吼的同时，体内因负面情绪而累积的能量也得以向外宣泄，不再压抑，当然感到轻松许多。有些心理医师更进一步说明，唱歌能帮助我们在情感层次上做调整的工作，甚至感受到“美”的感觉，因此是极佳的心情疗法，没事多哼哼歌绝对有益无害。

要是担心别人厌烦你的歌喉，浴室及窗门紧闭的车内都可以是你大展身手的好地方。

自己的心情自己救，快乐是你的权利。

第五章
合理规划生活，跳出盲目的陷阱

◎生命中的重要决定

◎ 当你到了 18 岁时，你可能面临着两个重大的决定：你将如何谋生？你选择一个什么样的人生伴侣？

◎ 一个人只要无限热爱自己的工作，他就可能获得成功。

◎ 选择一个合适的工作，这对你的健康也十分重要。

◎ 让我们为那些找到自己心爱工作的人祝福，他们无须祈求其他幸福了。

如果你已经到了 18 岁，那么你可能要作出你一生中最重要的两个决定——这两个决定将深深改变你的一生，影响你的幸福、收入和健康，这两个决定可能造就你，也可能毁灭你。那么这两个重大决定是什么？

第一，你将如何谋生？也就是说，你准备干什么？是做一名农夫、邮差、化学家、森林管理员、速记员、兽医、大学教授，还是去摆一个摊子？

第二，你将选择一个什么样的人生伴侣？

对有些人来说，这两个重大决定通常像在赌博一样。哈里·艾默生·佛斯迪克在他的一本书里写道：“每位小男孩在选择如何度过一个假期时，都是赌徒。他必须以他的日子做赌注。”

那么你怎样才能减低选择假期中的赌博性呢？

首先，如果可能的话，应尽量找到一个自己喜欢的工作。有一次，我请教轮胎制造商古里奇公司的董事长大卫·古里奇，我问他成功的第一要件是什么，他回答说："喜欢你的工作。"他说："如果你喜欢你所从事的工作，你工作的时间也许很长，但却丝毫不觉得是在工作，反倒像是游戏。"

爱迪生就是一个好例子。这个未曾进过学校的报童，后来却使美国的工业革命完全改观。爱迪生几乎每天在他的实验室里辛苦工作 18 个小时，在那里吃饭、睡觉，但他丝毫不以为苦。"我一生中从未做过一天工作，"他宣称，"我每天其乐无穷。"

所以他会取得成功！

我曾听见查理·史兹韦伯说过类似的话。他说："每个从事他所无限热爱的工作的人，都能取得成功。"

也许你会说，刚入社会，我对工作都没有一点概念，怎么能够对工作产生热爱呢？艾得娜·卡尔夫人曾为杜邦公司雇佣过数千名员工，现为美国家庭产品公司的公共关系副总经理，她说："我认为，世界上最大的悲剧就是，那么多的年轻人从来没有发现他们真正想做些什么。我想，一个人如果只从他的工作中获得薪水，而别无其他，那真是最可怜的了。"卡尔夫人说，有一些大学毕业生跑到她那儿说："我获得了达茅斯大学的文学学士学位或是康莱尔大学的硕士学位，你公司里有没有适合我的职位？"他们甚至不晓得自己能够做些什么，也不知道希望做些什么。因此，难怪有那么多人在开始时野心勃勃，充满玫瑰般的美梦，但到了 40 多岁以后，却一事无成，痛苦、沮丧，甚至精神崩溃。事实上，选择正确的工作，对你的健康也十分重要。琼斯霍金斯医院的雷蒙大夫与几家保险公司联合作了一项调查，研究使人长寿的因素，他把"合适的工作"排在第一位。这正好符合了苏格兰哲学家卡莱尔的名言："祝福那些找到他们心爱的工作之人，他们已无须企求其他的幸福了。"

我最近曾和索可尼石油公司的人事经理保罗·波恩顿畅谈了一晚上。他在过去的20年中，至少接见了75万名求职者，并出版过一本名为《求职的六大方法》的书。我问他："今日的年轻人求职时，所犯的最大错误是什么？""他们不知道他们想干些什么，"他说，"这真叫人万分惊骇，一个人花在选购一件穿几年就会破损的衣服上的心思，竟比选择一件关系将来命运的工作要多得多——而他将来的全部幸福和安宁全都建立在这件工作上了。"

面对竞争日益激烈的社会，你该怎么办呢？你应如何解决这一难题？你可以利用一项叫做"职业指导"的新行业。也许他们可以帮助你，也许将会损害你——这全靠你所找的那位指导者的能力和个性了。这个新行业距离完美的境界还十分遥远，甚至连起步也谈不上，但其前程甚为美好。你如何利用这项新科学呢？你可以在住处附近找出这类机构，然后接受职业测验，并获得职业指导。

当然他们只能提供建议，最后作出决定的还是你。记住，这些辅导员并非绝对可靠。他们之间经常无法彼此同意。他们有时也犯下荒谬的错误。例如，一个职业辅导员曾经建议我的一位学生做一位作家，只不过因为她的词汇很广。多荒谬可笑！事情并不那样简单，好作品是将你的思想和感情传达给你的读者——要想达到这个目的，不仅需要丰富的词汇，更需要思想、经验、说服力和热情。建议这位有丰富词汇的女孩子当作家的这位职业辅导员，实际上只完成了一件事：他把一位极佳的速记员改变成一位沮丧的准作家。

我想说明的一点是，职业指导专家——即使是你和我，也并非绝对可靠。你也许该多找几个辅导员，然后凭普通常识判断他们的意见。

你或许会觉得很奇怪，为什么我尽在文章中说一些令人沮丧的话。但假如你了解多数人的忧虑、后悔和失落，都是由于不重视工作的选择而引起的话，你就不会觉得这是什么稀奇事了。你可以询问你的爸爸、邻居，或是你的上司。

约翰·史都家·米勒宣称，工人无法适应和喜欢他们的工作，是社会最大的损失之一。是的，世界上最糟糕的就是憎恨他们日常工作的产业工人。

你可了解在陆军中最先“崩溃”的是哪一类人？他们就是被分派到错误部门的人！我指的并不是在战斗中受到重创的军人，而是那些在普通任务中精神垮掉的人。威廉·孟宁吉博士，是我们当今最伟大的精神病专家之一，他在二战期间负责陆军精神治疗部门的工作，他说：“我们在军中发现挑选和安置人员是非常重要的事情，就是说要使合适的人去从事一项合适的工作，最重要的是，要使人相信他所从事的工作的重要性。当一个人失去兴趣时，他会觉得他是被安排在一个极端错误的职位上，他会觉得他不受上级赏识，他会确信他的才能被埋没了。我们将会发现，在这样的情况下，他就是没有患上精神病，也会埋下精神病的前奏。”

是的，出于相同的理由，一个人也会在工商业中“精神崩溃”，假如他看不起他的工作和事业，他也可能把它搞砸了。

菲尔·强生的情况就是一个很有说服力的例子。菲尔·强生的父亲开了一家洗衣店，他把儿子叫到店中工作，希望他将来能承担起这家洗衣店。但菲尔非常憎恨洗衣店的工作，因此总是敷衍了事，打不起精神，只做些应该做的工作，其他工作则坚决不过问。有时候，他干脆溜走玩去了。

他爸爸非常心痛，认为养了一个不求上进的儿子，使他在他的员工面前丢尽了颜面。

有一天，菲尔告诉他爸爸，他渴望做个专业的机械工，去一家机械厂任职。什么？一切又重新开始？这位老人非常吃惊。不过，菲尔还是坚持他自己的意见。他穿上油腻腻脏兮兮的粗布工作服，从事比洗衣店更为辛苦的工作，而且工作的时间更长。但他竟然兴奋得在工作中吹起口哨来。

他选修工程学课程，装置机械，研究引擎。他在1944年时去世，当时是波音公司的总裁，而且制造出当时最先进的轰炸机，帮助盟军赢得了二战。假如他当年迫于父命的威严留在洗衣店不走，他和洗衣店——尤其是在他爸爸离开人世后——究竟会转变成什么样子呢？

我想，整个洗衣店都会垮掉，最后一无所获。

即便会引起家庭的纠纷，但我依然要奉劝各位有自己兴趣的年轻人：不要仅仅因为你家人希望你那样做，你就去勉强从事某一行业，除非你喜欢。尽管如此，你依然要认真考虑父母给你的建议，他们的年纪比你大很多，他们已获得那种惟有从众多经验及过去岁月中才能总结出的智慧。但是，到了最后决定的关头时，你自己必须作最后决定，因为在将来工作中，感到欢乐或悲哀的是你自己，而不是别人。

以上已说了很多，如今我向你提供下述建议，其中有一些劝告，方便在你选择工作时作为参考：

1. 阅读并研究下列有关选择职业的建议。这些建议是由最权威人士提供的，由美国最成功的一位职业指导专家基森教授所拟定。

(1) 如果有人告诉你，他有一套神奇的制度，可指示出你的“职业倾向”，千万不要找他。这些人包括摸骨家、星相家、个性分析家、笔迹分析家。他们的法子不灵。

(2) 不要听信那些说他们可以给你作一番测验，然后指出你该选择哪一种职业的人。这种人根本违背了职业辅导员的基本原则，职业辅导员必须考虑被辅导人的健康、社会、经济等各种情况，同时他还应该提供就业机会的具体资料。

(3) 找一位拥有丰富的职业资料藏书的职业辅导员，并在辅导期间妥为利用这些资料和书籍。

(4) 完全的就业辅导服务通常要面谈两次以上。

(5) 绝对不要接受函授就业辅导。

2. 避免选择那些原已拥挤的职业和事业。在美国，谋生的方法共有两万种以上。想想看，两万多！但年轻人可知道这一点？除非他们借用一位占卜师的透视水晶球，否则他们是不知道的。结果呢？在一所学校内，2/3 的男孩子选择了五种职业——两万种职业中的五项——而 4/5 的女孩子也是一样。难怪少数的事业和职业会人满为患，难怪白领阶层会产生不安全感、忧虑和“焦急性的精神病”。特别注意，如果你要进入法律、新闻、广播、电影以及“光荣职业”等这些已经人满为患的圈子内，你必须要费一番大功夫。

3. 避免选择那些维生机会只有 1/10 的行业，例如，兜售人寿保险。每年有数以万计的人——经常是失业者——事先未打听清楚，就开始贸然兜售人寿保险。根据费城房地产信托大楼的富兰克林·比特格先生的叙述，以下就是此一行业之真实情形。在过去 20 年来，比特格先生一直是美国最杰出而成功的人寿保险推销员之一。他指出，90%的首次兜售人寿保险的人会又伤心又沮丧，结果在一年内纷纷放弃。至于留下来的，10 人当中的一人可以卖出 10 人销售总数的 90%，另外 9 个人只能卖出 10% 的保险。换个方式来说：如果你兜售人寿保险，那你在一年内放弃而退出的机会为 90%；留下来的机会只有 10%。即使你留下来了，成功的机会也只有 1%而已，否则你仅能勉强糊口。

4. 在你决定投入某一项职业之前，先花几个礼拜的时间，对该项工作做个全盘性的认识。如何才能达到这个目的？你可以和那些已在这一行业中干过 10 年、20 年或 30 年的人士面谈。

这些会谈对你的将来可能有极深的影响。我从自己的经验中了解了这一点。我在 20 几岁时，向两位老人家请求职业上的指导。现在回想起来，可以清楚地发现那两次会谈是我生命中的转折点。事实上，如果没有那两次会谈，我的一生将会变成什么样子，实在是难以想象。

你又该怎样获得这些职业指导呢？为了方便说明，姑且先假设你打算做一名建筑师。在你决定完之后，你应当花几个星期去拜访你附近的有一定资历的建筑师。你可以从电话黄页的分类栏里，找出他们的姓名和居住地点。不管有没有预约，你都能够打电话去他们的办公室。假如你希望能见见面，你可以写信给他们，内容大致如下：

能否麻烦您帮个小忙？我今年18岁，正考虑进修做一名建筑师，我希望能接受您的指导，在我作出最终决定之前，很希望向您讨教一些问题。

假如您没有时间，无法在办公室指导我，而愿意留出半个小时在您家中指导我，那我将万分感激。

下面就是我想向您请教的一些问题：

（1）假如让您的生命再来一遍，您是否愿意还是做一名建筑师？

（2）在您仔细打量我之后，我想请问您，您是否认为我具备一名成功建筑师的条件和素质？

（3）建筑师这一行业是否已经挤不下多余的人？

（4）假如我认真修完四年的建筑学课程后，要找工作是否非常困难？我最好首先接受哪一类的工作？

（5）假如我的水平属于二流，在开始的五年当中，我可以期望自己赚多少钱？

（6）当一名建筑师，坏处和好处各是什么？

（7）假如我是您儿子，您是否愿意鼓励我当一名建筑师？

假如你很害羞，不敢单独与“大人物”见面，我这儿有两点建议，能够帮助你。

找一个和你同岁的伙伴一起去。你们相互可以增加对方的信心。假如你找不到同龄人，你可以请求你爸爸和你一起去拜访。

记住，你向某人请教，等于是给他荣誉。对于你的请求，他会有一种被敬重的感觉。

记住，成年人一向是很乐意向年轻的男女提出自己的建议和忠告的。你求教的建筑师将会很快乐地接受你的求教。

假如你不愿写信预约时间，那就可直接到那人的办公室去，对他说，假如他能向你提供一些专业的指导，你将不胜感激。

假设你拜访了五位建筑师，而他们都太忙了，无暇接见你（这种情况几乎没有），如果是那样的话，你再去拜访另外五个。他们之中总会有人接见你，向你提出宝贵的意见。这些意见或许可以使你免除很长时间的迷茫和失落。

记住，你是在作你人生中最重要且影响最深远的两项决定中的一个。于是，在你采取行动之前，应该多花点时间探索事情的本来面目。假如你不这样做，你可能在下半辈子中后悔不已，假如经济条件允许，你可以付钱给对方，补偿他半小时的时间和建议。

克服"你只适合一种职业"的超级错误的观念！只要是正常的人，都能够在多种职业上成功。相同的，每个正常的人，也都有可能在多种职业上同时失败。拿我自己为例，假如我自己准备从事下列各项职业，我相信，成功的机会一定比其他职业多，并且对于所从事的工作，也一样深深地感到欢乐，它们包括：农艺、果树栽培、科学农业、医药、销售、广告、报纸编辑、教书、林业。另一方面，我坚信下述的工作，我一定不喜欢，并且也必定会失败：会计、速记、工程、旅馆或工厂的经理、建筑设计师、机械事务，以及其他数百类工作。

◎不要为工作和金钱烦恼

◎ 人类70%的烦恼都跟金钱有关，而人们在处理金钱时，却往往意外地盲目。

◎ 令多数人感到烦恼的，并不是他们没有足够的钱，而是不知道如何支配手中已有的钱。

◎即使我们拥有整个世界，我们一天也只能吃三餐，一次也只能睡一张床——即使一个挖水沟的人也能做到这一点，也许他们比洛克菲勒吃得更津津有味，睡得更安稳。

如果我懂得如何解决每个人的财务烦恼，我就不会写这本书，而将安坐在白宫内——坐在总统身旁。但我可以在此提供一些小贡献：我可以引述各方面专家权威的看法，并提出一些十分可行的建议，指出你可以从何处获得书籍和小册子，使你得到额外的指导。

根据《妇女家庭月刊》所作的一项调查，我们70%的烦恼都跟金钱有关。盖洛普民意测验协会主席盖洛普·乔治说，从他所作的研究中显示，大部分人都相信只要他们的收入增加10%，就不会再有任何财政的困难。在很多例子中确实如此，但是令人惊讶的是，有更多例子则并不尽然。我在撰写本章时，曾向预算专家爱尔茜·史塔普里顿夫人请教。她曾担任纽约及全培尔两地华纲梅克百货公司的财政顾问多年，她曾以个人指导员身份，帮助那些被金钱烦恼拖累的人。她帮助过各种收入的人，从一年赚不到1 0000美元的行李员，至年薪10万美元的公司经理。她如此对我说："对大多数人来说，多赚一点钱并不能解决他们的财政烦恼。"事实上，我经常看到，收入增加之后，并没有什么帮助，只是徒然增加开支——增加头痛。"使多数人感觉烦恼的，"她说，"并不是他们没有足够的钱，而是不知道如何支配手中已有的钱!"——你对最后那句话表示不屑一听，是吗？好吧，在你再度表示轻蔑之前，请记住，史塔普里顿并没有说"所有的人"。她说"大多数人"。她并不是指你而言。她指的是你姊妹和表兄弟，他们的人数可多了。

有许多读者可能会说："我希望作者这小子来试试看：拿我的周薪，付我的账款，维持我应有的开支。只要他来试一试，我担保他会知道我的困难而不再说大话。"说得不错，我也有过我的财政困难：我曾在密苏里的玉米田和谷仓做过每天10小时的劳力工作。我辛勤地工作，直至腰酸背痛。我当时所做的那些苦工，并不是一小时1块美金的工资，也不是5毛钱，也不是10分钱。我那时所拿的是每小时5分钱，每天工作10小时。

我知道一连20年住在一间没有浴室、没有自来水的房子里是什么滋味。我知道睡在一间零下15度的卧室中是什么滋味。我知道徒步数里远，以节省一毛钱，以及鞋底穿洞、裤底打补丁的滋味。我也尝过在餐厅里尽点最便宜的菜，以及把裤子压在床垫下的滋味——因为我没钱将它们交给洗衣店。

然而，在那段时间里，我仍设法从收入中省下几个铜板，因为如果我不那么做，心里就不安。由于这段经验，我终于明白，如果你我渴望避免负债以及避免金钱烦恼，就必须和一些公司一样：拟定一个花钱的计划，然后根据那项计划来花钱。可惜，我们大多数人都不这样做。例如我的好朋友黎翁·西蒙金，他指出人们在处理金钱事务时，会表现得意外盲目。他告诉我，有位他认识的会计员，在公司工作时，对数字精明得很，但等到他处理个人财务时……就让我们打个比喻吧，如果这个人在星期五中午拿到薪水，他会走到街上去，看到商店橱窗里有件叫他着迷的大衣，就毫不犹豫地将它买下来——从不考虑房租、电费，以及所有各项“杂”费，迟早都要由这个薪水袋里抽出来付掉。然而这个人却又知道，如果他所服务的那家公司以他这种贪图目前享受的方式来经营，则公司势必破产。

有件事你需要考虑：当牵涉到你的金钱时，你就等于是在为自己经营事业。而你如何处理你的金钱，实际上也确实是你“自家”的事，别人无法帮忙。

不过，什么是管理我们金钱的原则呢？我们如何展开预算和计划？以下有10条规则。

1. 把事实记在纸上。

亚诺·班尼特五十年前到伦敦，立志做一名小说家，当时他很穷，生活压力大。所以他把每一便士的费用记录下来。他难道想知道他的钱怎么花掉了？不是的。他心里有数。他十分欣赏这个方法，不停地保持这一类记录，甚至在他成为世界闻名的作家、富翁，拥有一艘私人游艇之后，也还保持这个习惯。

约翰·洛克菲勒也保有这种总账。他每天晚上祷告之前，总要把每便士的钱花到哪儿去了弄个一清二楚，然后才上床睡觉。

你我也一样，必须去弄个本子来，开始记录，记录一辈子？不，不需要。预算专家建议我们，至少在最初一个月要把我们所花的每一分钱作准确的记录——如果可能的话，可作三个月的记录。这只是提供我们一个正确的记录，使我们知道钱花到哪儿去了，然后我们就可依此作一预算。

哦，你知道你的钱花到哪儿去了？嗯，也许如此；但就算你真知道，1000人当中，只能找到一个像你这样的人。史塔普里顿夫人告诉我，通常，当人们花费几小时的时间把事实和数字忠实地记录在纸上后，他们会大叫："我的钱就是这样花掉的？"他们真是不敢相信。你是否也这样？可能。

2. 拟出一个真正适合你的预算。

史塔普里顿夫人告诉我，假设有两个家庭比邻而居，住同样的房子，同样的郊区，家里孩子的人数一样，收入也一样——然而，他们的预算需要却会截然不同。为什么？因为人性是各不相同的。她说，预算必须按照各人需要来拟定。

预算的意义，并不是要把所有的乐趣从生活中抹杀。真正的意义在于给我们物质安全感——从很多情况下来说，物质安全感就等于精神安全和免于忧虑。"依据预算来生活的人，"史塔普里顿夫人告诉我，"比较快乐。"

但你怎么进行呢？首先，如同我所说的，你必须把所有的开支列出一张表来，然后要求指导。你可以写信到华盛顿的美国农业部，索取这一类的小册子。在某些大城市——密尔瓦基、克利夫兰、明尼亚波利斯，以及其他大城市——主要的银行都有专家顾问，他们将乐于和你讨论你的财务问题，并帮你拟定一项预算。

讨论此一题目的小册子中，我见过的最好的一本名叫《家庭金钱管理》，由“家庭财务公司”发行。顺便提一下，这家公司出版了一整套的小册子，讨论到许多预算上的基本问题，例如房租、食物、衣服、健康、家庭装饰，和其他各项问题。

3. 学习如何聪明地花钱。

意思是说，学习如何使金钱得到最高价值。所有大公司都设有专门的采购人员，他们啥事也不做，只是设法替公司买到最合理的东西。身为你个人产业的男、女主人，你何不也这样做？

4. 不要因你的收入而增加头痛。

史密斯夫人告诉我，她最怕的就是被请去为年薪 5 0000 美元的家庭拟定预算。我问她为什么。“因为，”她说，“每年收入 5 0000 美元，似乎是大多数美国家庭的目标。他们可能经过多年的艰苦奋斗才达到这一标准——然后，当他们的收入达到每年 5 0000 美元时，他们认为已经‘成功’了，他们开始大肆扩张。在郊区买栋房子——‘只不过和租房子花一样多的钱而已’，买部车子，许多新家具，以及许多新衣服——等你发觉时，他们已进入赤字阶段了。他们实际上不比以前更快乐——因为他们把增加的收入花得太凶了。”

我们都希望获得更高的生活享受，这是很自然的。但从长远方面来看，到底哪一种方式会带给我们更多的幸福——强迫自己在预算之内生活，或是让催账单塞满你的信箱，以及债主猛敲你的大门？

5. 投保医药、火灾，以及紧急开销的保险。

对于各种意外、不幸，及可意料的紧急事件，都有小额的保险可供投保。但并不是建议你从澡盆里滑倒至染上德国麻疹的每件事皆投上保险，但我们郑重建议，你不妨为自己投保一些主要的意外险，否则，万一出事，不但花钱，也很令人烦恼。而这些保险的费用都很便宜。

6. 不要让保险公司以现金将你的人寿保险付给你的受益人。

如果你投保人寿是为了在你死后能照顾家人，那么绝不可让保险公司一次将大批现钞付给你的受益人。

“不许多领钞票的新寡妇”将会如何？马利翁·艾伯是纽约市人寿保险研究所妇女组主任。她在全美国各地的妇女俱乐部演讲，指出不让寡妇领取人寿保险金，而改为领取终生收入的好处。她提及一位收到2万人寿保险现金的寡妇，她将钱借给儿子开创汽车零件事业。事业失败了，她现在穷困潦倒，三餐不继。她提到另外一位寡妇，被一位油腔滑调的房地产经纪人所诱，把她的大部分人寿保险金拿来购买一些“保证在一年之内增值一倍”的空地。三年之后，她把土地卖掉，却只拿回最初投资的1/10。她又提到另外一位寡妇，在领取了1.5万美金的人寿保险金的12个月以后，就必须向儿童福利协会申请补助款抚养她的儿子。像这样的悲剧，数以千计，不胜枚举。“2.5万美元在妇女手中，平均不到7年就全部花光。”这是纽约时报经济编辑施维业·彼特在《妇女家庭月刊》上所发表的文章中提出的。

《星期六晚邮》多年以前在其社论中说：“众人皆知，由于妇女多半未受商业训练，又无银行替她拿主意，因此她很可能在第一个狡猾的掮客向她进行游说之后，就贸然把她丈夫的人寿保险金拿去购买不稳定的股票。任何一位律师或银行家都可举出许多这类例子：节俭的丈夫多年省吃俭用的终生存款，只因为他的寡妇或孤儿相信某位靠骗取女人为生的骗子，而将之全部花光。”如果你想在死后保障妻子儿女的生活，何不向J. P. 摩根学习？他是当代最伟大的金融专家之一。他把遗产分赠给16位受益人，其中12位都是妇人。他遗赠给这些妇女的是现金吗？不。他留给她们的是有价证券，使这些妇女每月都可得到固定收入。

7. 教育子女重视金钱。

我永远都不会忘记我在《你的生活》中所读到的一篇文章。作者史带拉·威斯顿·托特叙述她怎样教导她的小女儿养成对金钱负责任的好习惯。她从银行里取得一本独特储钱本，交给她只有9岁的女儿。每当小女儿拿到每周的零花钱时，就将零花钱“存进”那本储钱本中，妈妈则自任银行的“出纳员”。然后在那几个星期之中，每当她需使用里面的钱的时候，就从本子中“取出”，把余款数目仔细记录下来。小女孩不但从其中得到许多别的孩子无法体会的乐趣，而且也学会了应该对金钱负责任。

这真是非常好的办法。假如你有正在就读高中的儿子或女儿，而你希望他们好好学习怎样负责任地处理金钱，我在此郑重向你推荐一本这方面的必读书。书名为《好好安排你的金钱》，对十几岁的孩子怎样合理地用钱，有很精辟而实际的见解——从上街理发至购买可乐无所不包。同时该书也提及如何计划预算，帮助他们顺利读完大学。确定无疑的是，假如我有一位正在上高中的儿子，我必定要他阅读这本书，然后我再学习一下，利于拟定家庭开销预算。

8. 家庭主妇可在家中赚一点额外收入。

假如在你聪明地拟好精密的开支预算之后，你发现仍然无法填补开支，那么你能够选择下面两件事之一：你能够谴责、忧愁、担心、埋怨，你也可以想办法赚一点额外的钱。该怎么做呢？想赚钱的只需找到人们最需要而当前供不应求的东西。家住纽约杰克森山庄的娜丽·史皮尔夫人就是这么想也是这么做的。在1932年，她自己独住在一套有三个房间的公寓楼里，她的丈夫已经离开人世，两个儿子都已成家。有一天，她到一家饭店的柜台买冰淇淋，发现柜台同时也卖水果饼，但那些水果饼看起来实在有点差。她问老板愿不愿向她买一些真正的家制水果饼，最终他订了两块水果饼。“我自己也是个好厨师，”史皮尔夫人对我讲述她的故事时说，“但从前我们住在佐治亚州时，一直雇有女佣人，我亲手烘制饼干的次数大约只有几次而已。在那个老板向我预订了两块水果饼之后，我马上向邻居请教了烘制苹果饼的方法。结果，那家餐厅的顾客对我最初的两块水果饼——苹果饼和柠檬饼——大加称赞。餐厅第二天就预订了五块饼干，紧接着其他餐馆也开始向我订货。在两年之内，我就成为了每年烘制5000块饼的家庭主妇。我自己一人在我自己的小厨房内完成所有的烘制工作，我一年的收入已高达10000美元，除了一些制饼的材料成本之外，我一毛钱也没乱花。"

意料之中的是，对史皮尔夫人的烤饼的需求量越来越大，她只能把工作的地点搬出厨房，租下一间店面，雇了两个少女帮忙，制作水果饼、蛋糕、卷饼。在二战期间，人们排队一个多小时等着买她所烘制的食品。

"我一生中从来没有这样欢乐地生活过，"史皮尔夫人说，"我一天在店里工作12～14小时，但我从不觉得疲倦，由于对我来说，那根本不算是工作。那是生活中的奇妙的体验。我只是尽我的能力和技巧使周围的人们更加兴奋，我非常忙，根本没有多余的时间忧虑。我的工作弥补了妈妈和丈夫离开人世后留下的情感空白。"

我请教史皮尔夫人，其他烹调技术比较高超的家庭主妇，是否也能够在空闲的时间以同样的办法，在一个1万人以上的小城市里赚取额外的收入。她回答说："完全可以，她们可以这样做。"

娜拉·史琳达夫人也有相同的想法。她住在一个3万人居住的小镇——伊利诺依州梅梧市。她就在厨房里以一毛钱成本的原料开创了事业。她的丈夫生病了，她必须赚点额外收入。但怎么办呢？没有经验和技术，没有启动资金，只不过是一名家庭主妇。她从一枚蛋中取出蛋清加上一点糖料，在厨房里做了一些饼干，然后她捧了一盘饼干站在学校附近，将饼干卖给正放学回家的小孩子们，一块饼干卖一分钱。"孩子们，明天多带点钱来，"她说，"我天天都会带着好吃的饼干在这儿等你们。"第一周，她不仅赚了四元一角五分钱，还为生活带来了不一样的兴趣。她为自己和孩子们带来了欢乐，如今没有多余的时间去忧愁了。

这位来自伊利诺依州的冷静沉着的家庭主妇很有野心，她决定向外扩展——找个代理人在人声鼎沸的芝加哥出售她家制作的饼干。她羞怯而紧张地和一位在街头卖花生的意大利生意人接洽。他耸耸肩膀，表示拒绝，说他的顾客要的是花生，不是她的饼干。4 年后，她在芝加哥开了第一家饼干店，店面只有 8 尺来宽。她晚上制作饼干，白天摆出来卖。这位从前非常羞涩和胆怯的家庭主妇，从她厨房的炉子上开始，建立了自己的饼干工厂，如今已拥有 19 家连锁店——其中 18 家都设在芝加哥最繁华的鲁普区。

我在此想说明一点，娜丽·史皮尔和娜拉·史琳达不为金钱的烦恼所束缚，反而采取积极的行动。她们以最小的方式，从厨房出发——没有租金，没有广告成本。在这样的情况下，一名妇人要被财务烦恼拖到崩溃，大概是不会发生这样的事情的。

看看你的周围，你将会发现尚未达到饱和的行业实在是太多了。例如，假如你自己是一名非常有水平的厨师，你或许可开设教人烹饪的班级，就在你自己的厨房内教导一些女孩子们，这也是生财之道。说不定很快就门庭若市。

有无数本书籍教导你怎么利用余暇时间赚钱，你可到公立图书馆借来仔细看看。不管男人、女人，都有很多工作机会。但我必须提出一句忠告：除非你天生有推销的才能，否则不要尝试去挨家挨户地卖东西。大多数人都非常憎恨这份工作，都以失败告终。

9. 赌博等于送死。

对于那些企图通过赌博、赛马及玩老虎机发笔横财的人，我总是感到非常诧异。我认识一个拥有几架这种“独臂大盗”机器并靠它们营生的人，他对于那些天真地以为能战胜早已设计好的专门用来骗他们钱的机器的傻瓜们，除了藐视之外，没有丝毫的同情。

我也知道一名美国赌马迷。他是我成人教育训练班上的学生。他告诉我，即使他对赛马的所有知识都了如指掌，也无法在赌马中发财。然而他并不是唯一的一个，实际上，每年都有众多的超级傻瓜，在赛马中扔下60亿美金，这个数目刚好是美国在1910年全国财政赤字的6倍。这位赛马迷同时对我说，假如他想干掉他的敌人，再也没有比说服那个人去赌赛马更好的办法了。我问他，假如某人根据赛马的情报内幕来下注，其结果会怎样，他的回答出人意料，他说："照这种办法来赌赛马，确定无疑的是，能够把美国所有制造钱币的工厂输掉！"

假如我们真的要决定赌博，至少也要学机灵一点。先让我们算一下我们的胜率怎样。如何来找呢？你可以阅读一本《如何计算胜率》的书，作者为奥斯华·贾柯比——桥牌及扑克方面的最高级的专家、权威，也是一家保险公司的统计顾问，该书总共215页，教会你在赌赛马、吃角子老虎、扑克、骰子、桥牌、轮盘、梭哈和股票市场时，计算胜率有几分。这本书同时还告诉你，在其他各种各样的活动中，你得胜的概率有多少，全有数字依据，对你会非常有帮助。它并不是故意教你怎么去赌博。作者没有那种想法，他只是想把在普遍流行的赌博中你可能失败的几率坦白地告诉你。当你看见了这些失败的比例之后，你将会无比同情那些易于受骗的人，他们把辛苦挣来的钱丢在赛马、纸牌、骰子、吃角子老虎之上。

10. 如果我们无法改善我们的经济情况，不妨宽恕自己。

如果我们不可能改善我们的经济情况，也许我们可改进心理态度。记住，其他人也有他们的财务烦恼。我们可能因为经济情况比琼斯家差而烦恼；但琼斯家可能因为比不上李兹家而烦恼；而李兹家又因为跟不上范德比家而懊恼。

美国历史上最著名的人物也有他们的财务烦恼。林肯和华盛顿都必须向人借贷，才能启程前往首都就任总统。

要是我们得不到我们所希望的东西，最好不要让忧虑和悔恨来苦恼我们的生活。最好让我们原谅自己，学得豁达一点。根据古希腊哲学家艾皮科蒂塔的说法，哲学的精华就是："一个人生活上的快乐，应该来自尽可能减少对外来事物的依赖。"罗马政治家及哲学家塞尼加也说："如果你一直觉得不满，那么即使你拥有了整个世界，也会觉得伤心。"

要想减少烦恼，请记住下面的原则：

◎男佐女佑：如何处理家庭职业冲突

◎ 最适合某个人的工作，或能够使他感到快乐的工作，并不一定就会使他富有或过得上好日子。

◎ 疑虑是我们心中的叛逆者，由于害怕去追求，将会使我们失去我们通常能够赢得的东西。

◎ 上帝的确偏爱勇敢和坚强的心灵。

19 世纪 70 年代，我的祖父查理士·劳勃特森在堪萨斯州的农庄长大。他想要移居到印第安·泰里特利去，看看自己能够在这个边界殖民区里做出什么事业。于是他和他的妻子哈丽特就将他们的行装整理好，放进一辆敞篷马车里，带着孩子们往未知的前途出发。他们在锡马龙的河岸定居。这个地方，就是现在的奥克拉荷马州东北。我的祖父建造了一座木屋，用篱笆围起一片自己的土地。不久，他借了一些钱在这个小乡村开了一家小店，那就是现在奥克拉荷马州的杜尔沙市。

我的祖母哈丽特日子过得很艰苦，她要照顾 9 个小孩，身体不太好，而且生活很不方便。那里没有医生，只有一家一间教室的教会学校供小孩子念书。艰苦的生活、债务、寒冷的冬天和炎热的夏天，这就是他们全部的写照了——但是以边疆的生活标准来说，查理士·劳勃特森成功了。哈丽特活着看到她的丈夫变成一个成功的、受人敬重的居民，她的儿女们也都幸福地结婚了，而印第安·泰里特利也变成联邦政府的一州。

联邦政府这些州的发展，不仅由于有像查理士·劳勃特森这种男人的眼光——他们开拓了新的天地并且扩展疆界——而且也因为有了这些勇敢的妻子，就像哈丽特，她们勇敢地去尝试新机会。这些女人信仰上帝，信仰她们的丈夫，而且信仰她们自己。她们勇敢地面对着危险、困苦、疾病和死亡。当她们朝西部前进的时候，有没有怀念过她们离开的舒适的家？有没有后悔过离开了朋友、双亲、财富以及现在所面对的物质缺乏、害怕和劳苦的生活？如果她们没有后悔过，她们就是没有人性了。

但是就是这样，拓荒的人们跟随着自己的丈夫来到这些荒凉地区，写下了美国历史上光辉的一页。他们留给自己的儿女一笔巨大的遗产，包括一片土地、一座城市，以及一种不屈不挠的勇气和无法动摇的信心。

盼望丈夫成功的妻子，必须发扬我们的拓荒前辈的刻苦精神。妻子必须心甘情愿地让自己的丈夫去做他最喜爱的任何事情，纵然他的做法是很冒险的。不管遭到了什么挫折，她必须有深信丈夫的勇气，而且毫不畏惧地支持他。能够不顾一切地努力实现进取心和创造心的人，更不会为了其他的原因而退缩了。

例如，我认识的一个男人，在他所不喜欢的职位上工作了一辈子，只因为他的太太宁愿牺牲任何代价，来保住安定的生活。

开始的时候他是个记账员，后来他赚够了钱，可以开自己的汽车修理厂了，这时候他结了婚。而他的太太认为在他们还没有买下房子以前，他最好不要辞去工作。等到他们有了房子以后，他们正要生下第一个孩子，这位男士的妻子使他觉得，开创自己的事业将是一件多么辛苦的傻事——于是日子就这样过去了。他的薪水已经足够家庭开销，还有保险金可以供应孩子的教育费用。有必要开创自己的事业吗？太可笑了！如果失败了怎么办？他可能会失去在公司里的年资、公司的退休金、疾病津贴，以及一份中等而固定的薪水。于是这位男士就失去了创业的机会，因为他的妻子不愿意给他尝试的机会。

现在，他是个对生活感到厌倦的、庸庸碌碌的中年人，他把空闲的时间用来修补自己的汽车。他有张失意的脸孔，患有胃溃疡，此外再也没有什么东西可回想了。生命就这样过去了。他生命绝大部分的时间都用来压抑他对于工作的不满，他对自己的工作没有真正的兴趣，没有热心，没有完成的野心——这都是因为他的太太不愿意给他尝试的机会。

如果他放弃了不喜欢的工作，尝试努力去做自己选择的工作而失败了，事情又会怎样？至少他将会因为已经做过自己想要尝试的工作而感到满足，而且如果他尝够了失败的滋味，他就真的会成功了。

然而，使人感到兴奋的是，这种类型的妻子似乎只是少数而已。在雪佛酿酒公司最近的一项调查里，有 6 0000 名各种年龄的家庭主妇接受了访问。其中有一个问题问到，如果她丈夫想要从一个他不太喜欢的安定工作，转到另外一个较不安定而且薪水较低，但是却能够使丈夫感到高兴的工作上去，太太们是不是会赞成。接受访问的太太们只有 25％说，她们不愿意让自己的丈夫改行。

我曾经替一位叫做查尔斯·雷诺兹的人做过事，他是奥克拉荷马州杜尔沙市一家大石油公司的财务助理。他是个活泼、能干又讨人喜欢的年轻人，看来一定可以一帆风顺地往上爬。他有太太、3 个小孩以及光辉的远景。

空闲的时候，查尔斯·雷诺兹喜爱绘画。他的许多风景油画，都悬挂在公司办公室的墙上。有时候他也把画卖给公司外面的人。

虽然雷诺兹先生喜欢自己的工作，但是他更渴望有更多的时间来绘画。他一向很喜爱新墨西哥州的陶欧斯城，那儿是艺术家的乐园，他想要放弃自己的工作，永久移居到那边去。当他和他的太太露丝谈到去开一家绘画用品店时，他太太鼓励他说：“我们也可以卖画框，我照顾店面，你就可以画画了。我相信我们一定可以成功的。”

由于太太热心的鼓励，查尔斯·雷诺兹就下定决心辞掉工作，专心作画了。他们全家人都有了开创新事业的精神，年轻的小查尔斯放学以后也会帮忙店务。他画得非常好，终于成为西南部最成功的画家之一。他的作品曾经在整个美国展览过；他也曾经在许多画廊举办过个人画展。现在，他是陶欧斯城画家协会的会长；在新墨西哥州陶欧斯城闻名的济特·卡森街上，他还建造了自己的画廊和画室。这都是因为他和他的妻子有勇气去尝试一个机会。

这种冒险的成功并不值得惊讶——胜算的可能性是很高的。如同范狄格里夫特将军经常在战前对他的军队所说的："上帝偏爱那些勇敢和坚强的人。"

最适合于某个人的工作，或能够使他感到快乐的工作，并不一定就会使他富有或是过上好日子。然而除非一个人的工作能够带给他内心的满足，否则就不算是真正的成功了。当妻子的需要有精神上的耐力，才能够让她的丈夫自由自在地做他所喜爱的工作，而放弃他所不满意的、不高兴的、薪水较好的职位。

许多伟大的成就，可能都是因为不自私的妻子愿意尝试一个机会——而且愿意放弃物质享受，因此她们的丈夫才能够从事适合于他们个性的工作。

救世军不只是它伟大的创始者威廉·布斯的活纪念碑，而且也是威廉最具爱心的妻子凯瑟琳·布斯的活纪念碑，因为她曾奉献那么多的精力来推广这个运动。

威廉·布斯把传道当成自己的天职，他在伦敦的贫民窟对穷人、残废人和流浪汉讲道。他、他的妻子和孩子们都忍受着寒冷、饥饿和嘲笑。他努力于帮助穷人，以至于损害了自己的健康。他的妻子也从小就很瘦弱。凯瑟琳·布斯患有脊柱弯曲症，必须使用脊柱支柱。她还受着肺痨的威胁，晚年又受到了癌症的折磨。她临死前说："我从来就不知道有哪一天不是生活于痛苦之中的。"

然而这位孱弱、瘦小而多病的妇人，不只要做饭、洗衣和照顾他们的

8个子女，还要帮助她的丈夫，为那些比他们更加穷困的人奉献出他们慈爱的努力。她也传教讲道。到了晚上，在白天的劳累之后，她还要到贫民窟去帮助那些饥饿、生病或是遭遇困难的人。她为那些怀有私生子而未出嫁的姑娘准备饭菜，找寻安身的处所。她和那些小偷、流浪汉与妓女说话。

你一定会想（难道你不这样想吗），凯瑟琳·布斯只要有适当的机会，一定会想离开这个悲惨的地方的。这种机会也曾出现过，有一次牧师会议为布斯的真诚所感动，就在一个比较富裕的地区，留给他一个舒服的讲道工作——这样他就可以放下他在贫民窟的工作了。

他们忽略了威廉的妻子。凯瑟琳·布斯马上站起来叫道："不要！不要！"

多亏她不怕艰难和有坚定的信心，现在才有救世军在各处工作。我真希望凯瑟琳能够活得更久一些，亲眼看到她为丈夫所做的贡献所得到的结果。我真希望她现在已经知道，在威廉·布斯的葬礼之中，当他的灵柩经过的时候，伦敦街头拥挤着6.5万多人向他表示敬意。伦敦市长也在他葬礼的行列中送行。欧洲的宫廷和美国总统也都送来花圈。在他的灵柩后面，有5 0000名年轻的救世军跟随着，并唱着赞美诗歌颂他们伟大的领袖。我宁愿相信凯瑟琳已经都知道了——这位瘦弱的女人完全不顾自己的安全，加入她丈夫献身的伟大工作。

帮助丈夫获得成功，这本身就是一个需要专业精神的工作，除非你相信帮助丈夫是一件非常重要、而必须付出你所有注意力的事，否则你就没有办法帮助你丈夫了。

以下是个迷人女孩子的真实故事，她本来认为自己的职业比较重要——直到后来有件事情改变了她的想法。美丽、碧眼金发的彩泰·威尔斯，是著名的探险家卡维士·威尔斯的太太，当她认识未来的丈夫的时候，自己已经拥有非常着迷的职业。

彩泰是个成功的广播讲演的经纪人，在业务上与许多名人的接触使她得到了乐趣。卡维士·威尔斯也是因业务关系和她认识的，卡维士爱上她并且和她结了婚——依照彩泰的条件，她可以继续从事使她着迷的工作，而且可以自由独立。

婚礼在3月举行。6月，卡维士·威尔斯要动身前往苏俄和土耳其，去爬阿拉拉特山。彩泰本来希望留在家里工作，但是等到时间接近的时候，她竟然没有办法使自己独自留下来。“只这一次和你去就好。”她说。于是他们就出发去探险了，那是一个艰难和挫折的梦魇——虽然这次历险使卡维士写出了那本畅销的书——《卡普特》。

当彩泰回到自己的工作岗位以后，发觉这些工作和这次的探险经验比起来，真是太没有味道了，她曾经和卡维士共享过出生入死的经历啊。于是在一年半以后，她又和卡维士一同前往墨西哥，去爬帕帕卡提白特尔山。这又是一次严苛的体能考验。彩泰大部分的时间都在寒冷、饥饿、疲惫和极度的惊吓之中度过，但是她同时也感到非常兴奋。

那座山峰上冰凉的冷风，吹走了彩泰坚持要独立的最后一丝念头。她了解到，身为卡维士·威尔斯的妻子，是比在自己的工作上，所可能得到的任何程度的成功，都要更有价值的。当他们从墨西哥回来以后，彩泰就关闭了自己的办公室。她现在有时间跟着她的丈夫到地球最远的一端了——而这也正是她所做到的事。马来半岛的丛林、非洲、日本、冰岛、喀什米尔山谷……游历各地的威尔斯夫妇，他们的生活就像是一部游记。

彩泰·威尔斯说：“那时候我认为，拥有自己的事业是很重要的，我很奇怪自己那时候怎么会那么孩子气。和我与卡维士共享的这些丰富经历比起来，我自己的生活是多么的无味和狭小啊。我把我的兴趣和他的合并起来，和他共享胜利和成功，而当失望和麻烦来临的时候，我们就一起面对它们。

“我想，我所曾经接受的最大的嘉勉，就是卡维士在他那本《卡普特》

书上所写给我的献辞：‘献给我最好的朋友——我的妻子，彩泰。’从没有人给我的赞赏像我的丈夫给我的爱之献语这样，使我感到这么大的成功和满足。”

彩泰·威尔斯是在很戏剧化的情况之下改变心意的，但是，许多女人发觉，增进她们所爱的丈夫的幸福与最大的利益，就是使得任何一个妇女感到最有价值的职业生涯了，彩泰就是一个典型的例子。

我并没有忽略许多由于环境的驱使，而离开家里到外头工作的妻子们和母亲们。我要以最深的尊敬，向她们致意。我相信妇女们应该有能力，以她们自己的努力来赚钱维持自己的生活，可能会在什么时候变成负担家计的人，要负责家庭的食物、房租以及衣物。生病、死亡、失业和灾祸可能捣毁原先最好的计划。

但是，因为我们正在讨论妻子帮助丈夫成功的各种方法，我们不可以忘记，帮助丈夫是一个很大的工作，这件工作本身大得需要妻子全心全力去做。一个妻子如果尽责任地把她的努力放在自己的职业上面，她就不会有额外的能力为她的丈夫效力了。当然，每一件事情都有例外，仅是观察和经验使我相信，如果夫妇双方的目标和兴趣是一致的，丈夫与婚姻成功的机会就更大了。

是的，成功的真正意义，是找出你所热爱的工作并努力去做——在奋斗的途中必须不顾自身的安全与幸福，有时候只有这样做，才是获得我们真正想要的东西的唯一方法。

“上帝啊，请赐给我一个年轻人，他必须有足够的胆识去做别人心目中的傻事。”罗勃特·路易斯·史蒂文生说。

莎士比亚则是这样说：“疑虑是我们心中的叛逆者，由于害怕去追求，将会使我们失去我们通常能够赢得的东西。”

上帝的确是偏爱勇敢和坚强的心灵。如果我们希望我们的丈夫，在他们觉得最有成就的工作之中成功，我们就该鼓励他们去尝试每一个机会

——而且要有足够的勇气来共同克服危机。

◎不要入不敷出

◎ 没有计划地花钱，就等于让肉贩、服装商、家具店……都来分享你的收入。

◎ 有计划的，或是有预算的花费，可以保证你和家人能够从你的收入里得到公平的分享。

◎ 预算是一张蓝图、一个经过计划的方法，可以帮助你从你的收入中得到更大的好处。

预算是一张有效蓝图、一个经过筹划的办法，用以帮助你从你的收入中获得更大的好处。对于金钱，一种易赚易花、毫不看重的乐观派哲学，曾经在书本上和戏院里带给我们很多非常有趣的笑料。在《你无法把钱带在身边》里，我们都会取笑那位老绅士，他绝不相信个人所得税，而且拒绝缴付其他相关款项。当大卫·科波菲尔德要教他的年轻妻子朵拉按照收入计划预支开销的时候，朵拉就噘起小嘴唇撒娇——她也是个非常可爱动人的角色。我们也喜爱不朽的《与爸爸一起过日子》里所描写的母亲节，在妈妈每个月把家庭预算弄得一团糟而引起的争战里，爸爸在母亲节那天表现了最良好的风度。狄更斯笔下浪费成性的麦考柏先生，也是最使人感到有趣的文字形象之一。

的确，在小说里，迷人和不负责任经常会同时出现在一个特别的人身上。但是，在实际生活中，没有其他事情会比财务问题的失误更让人灰心或是讨厌了。入不敷出的人无法使人开心——他是个不负责任的冒险家。脑筋糊涂、奢侈浪费的妻子，也不会美丽动人，她是缠绕在丈夫脖子上的一个重重的担子。

如今，我们的钱所能兑换的东西，比 10 年前甚至是 5 年前都要少得多了。女士们面对着一个不合常理的挑战，必须充分利用手里的那些钱。

价格上涨，生活水平提高了，我们的小孩所需要的教育费用越来越复杂、越来越高。

大家都以为，只要我们的收入增多一些，我们所有的忧虑就会烟消云散，这是一个普遍存在的错误观点。据这方面的专家们说，事实并非如此。艾尔西·史泰普来顿曾经担任华纳莫克和吉姆贝尔百货公司职员的财务顾问。他确信，对大部人来说，增加一些收入只是造成更多的花费。我同意他的看法，这种做法不可能处理好一个人的收入。他的话里有一种动人与毫不在乎的意思，使我们想起小说里那些迷人的处理金钱极其随便的人——等到我们静下心里想想他话里的含义，才发觉事实真是不容乐观。

乱花钱就等于让每个人——包括肉贩、面包商和烛台制造商——都来瓜分你的收入。而有计划的花费，就能够保证你和你的家人从收入里得到公平合理的分享。

杰里·吉果斯在他所著的《钱爱》一书中提出的一种观点就是，你可以把借来的钱当作自己的收入。如果你一时还无法接受这种观点，是因为你觉得用自己的钱才能心安理得，才能真正轻松自在，那么你必须达到经济独立，即通过合理的财务预算，使自己不至于出现入不敷出的局面。事实上，要达到真正的经济独立以享受自在的生活，其实并不像人们通常想象的那么难，这并不需以庞大的财力为基础。

要想过悠闲轻松的快乐生活，并不一定要住大厦、开名车、穿金戴银。重要的是，你拥有什么生活态度。如果有了健康正确的心态，你即使靠着借来的钱，也能舒舒服服、痛痛快快地享受人生。

我认为，一个人要避免入不敷出，可以不用增加财产或收入，你所要做的只是改变自己的想法，重新想想什么是入不敷出，什么不是入不敷出。为了明确你对入不敷出的认识，你可以看看下面的几项选择中哪一个是避免入不敷出的重要因素。

1. 中了百万元的奖券？

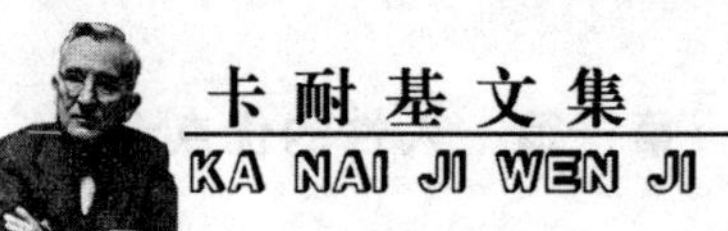

2. 有一大笔公司退休金再加上政府的养老金？

3. 继承有钱亲戚的巨额遗产？

4. 和有钱人结婚？

5. 找财务顾问来协助做正确的投资？

我曾做过一项调查，我发现，将要退休的人最关心的事，以重要性依次排列是：财务保障、身体健康和可以共同分享退休生活的配偶或朋友。然而，有趣的是，这些人退休之后不久通常就改变了想法。健康成为他们最关注的头等大事，而经济状况则下降到了第三位。很明显，虽然他们所预期的收入还是不变，但他们对经济的看法却已经改变了。

调查结果显示，人们退休之后实际生活所需比他们原先想象的少得多，钱对高品质的生活没有那么大的影响和作用，同时，这个结果也证明了上述的几项因素没有一个是避免入不敷出的必要条件。

多明奎兹，1940 年生于美国科罗拉多州一个富豪之家，从小过着优裕的生活。然而随着年龄的渐渐增长，他不愿再依赖家里。18 岁的时候，多明奎兹靠着一份极其微薄的薪水实现了经济独立。在其他人尤其他家里人的眼中，这样的收入比贫民还不如。但多明奎兹觉得，只要自己愿意，不管收入多少，都可以达到经济独立。不要以为百万富翁才具有经济独立的能力，一个月 500 美元或者低于 500 美元就可以达到经济独立。如何能够？他说："真正的经济独立无非是量入而出，如果你每个月只挣 500 元，但能够把开支控制到 499 元，你就是经济独立了。"多明奎兹多年来每个月就靠 500 美元生活，并拒绝家里人的援助。到 1969 年他 29 岁的时候，就经济独立地退休了。退休之前，他是华尔街的股票经纪人，看到许多人虽然社会地位颇高，收入丰厚，但却活得艰辛劳苦，一点也不快乐，这使他感到这种生活一点也没有意思。多明奎兹决定脱离这种工作环境，于是他设计了个人的财务计划，过一种简化的生活方式。他的生活舒适轻松，而且从来没有什么负担和压力，但一年却只需要 6 0000 美元，这等于他把积蓄投资在国库债券的利息。由于多明奎兹的生活中没有过多的物质需求，他把从1980年以来主持公开研讨会“扭转你和钱的关系并达到真正经济独立”的额外收入，以及在《新生活杂志》上发表指导人们正确运用金钱的文章的稿费，全数捐给了慈善机构。

生活中，我们其实不需要那么多物质和财富，对于金钱，只要使我们能吃饱肚子、有水喝、有衣服取暖，再加一个可以遮风避雨的地方足矣。现代人大都过着奢侈的生活却不自觉。两套以上的替换衣服可以算是奢侈，拥有一幢房子也是奢侈，一台电视机是奢侈品，一辆车也是奢侈品。很多人会大声疾呼这些都是必需品，但它们并不是必需品，如果它们是，在还没有这些东西出现的古代，人们是不是无法生活了，至少也是无法快乐。显而易见，事实并不是这样。

当然，这并不是要每个人的思想都必须有180度的大转弯，只维持最起码的需求，更不是要人们都去当清教徒、苦行僧。我自己在过去几年来也时常收入低微，生活里还是保持着某些奢侈享受，而且不愿放弃。重点是在于，一般人至少可以减少一些花费。许多奢侈品其实没有任何意义，只能带给人们虚伪的自我膨胀。招摇阔绰地展示奢华和富有是一种浅薄的手段，想要借着炫人的财富——大房子、移动电话、豪华轿车以及最先进的音响——在别人面前，尤其是比较没有钱的人面前，证明自己高人一等，这种行为显示出缺乏自尊和内在素质。

人们那种追求金钱、炫耀金钱的虚荣心态实在该改一改了，疯狂地攫取金钱，买一些只能说是垃圾的东西，目的就是展现给别人看，以此来显示自己的价值，而实际上却失去了生命中更为宝贵的东西：本质、自尊以及真实的生活。

住在阿巴达锁镇阿巴达街的莫瑞德夫妇，有两个小女儿，他们是一个真正经济独立但并不富裕的家庭。他们靠着一份差不多只有一般家庭一半的收入，就能过着很好的生活。莫瑞德夫妇都是只受过专业训练的学校老师，如果他们想，一年加起来可以挣10多万美元，可是只有丈夫布兰特在工作，而且是一份半职的工作，他们一家四口，一年只用不到3万美元就过得很舒服，因为他们学会了聪明地花钱，所以能够达到经济独立。莫瑞德一家过去10年来都过着简单的生活，他们说这种生活一点都不难过，他们觉得自己很好，因为他们对环保尽了一份力量。事实上，他们的哲学已经变成了“少就是多”。他们的收入虽然比一般人低，但却买到了一个珍贵的东西，很多收入比他们高上10倍的人却还买不起这个东西。这个珍贵的东西就是大量的休闲时间，他们可以用来做自己想做的事情。

一项统计表明，只要稍微谨慎一点用钱，大多数人都能减少可观的花费，人们如果能充分运用创造力和机智，不花什么钱，都可以过上逍遥快活的生活。

可喜的是，现在已有一部分人逐渐认识到了他们内在的真正价值，开始寻求平稳的生活步调和较少的物质享受。

要实现经济上的独立，不再为捉襟见肘的经济困境而犯愁，我们就应该做好财政上的预算，量入而出。

预算并不是一件束缚行动的紧身衣，也不是毫无目的地把花用掉的每一分钱都做个记录。预算是一张蓝图、一个经过计划的方法，用以帮助你从你的收入中得到更大的好处。正确的预算方式，将会告诉你如何达成目标——自己的家、你家小孩子们的大学教育费用、你老年的保险金、你梦想中的假期。

预算开销将会告诉你，可以删减哪些比较不重要的项目，去填补你想要做的大花费。

如果你从没有做过预算，就应该马上开始学习如何处理家庭财务。帮助丈夫成功的一个最重要方法，就是要知道如何使他的收入发挥最大的效用。如果他会赚钱但是不会节省，你就可以帮助他管紧钱包。如果他本来就节省，你可以在用钱方面与他一致，并为他增加信心。

如何才能使你自己成为家庭财务的专家？这里有个好消息：你家附近的银行可能有一种预算或咨询服务，他们将会告诉你如何做好预算计划，以适应你特殊的需要和收入。

《妇女时代》杂志对于家庭的经济知识，是一个很好的来源。它将会告诉你如何缝补旧衣服，如何烹调有营养而价格低廉的餐点，甚至还告诉你如何制造自己的家具。

不可以依赖你无意中发现的、任何一种已经印好的预算计划表。为了要显得更有价值，一个预算计划必须是专门为你订做的，不适合于其他任何人。没有其他的家庭会和你们家庭完全相同，你的经济问题就像你的脸孔和身材那样，是完全不同的，是独具特色的。

以下有些想法，可以帮助你完成你自己的家庭预算计划：

1. 记录每一笔开销，使你对于支出情形有个清楚的了解。

除非我们知道错在哪里，否则我们就无法改进任何情况。如果我们不知道在何处删减，为什么要删减，以及删减什么，节约就是毫无意义的事。所以，我们应该在一段示范期间，记录下所有的家庭开销——例如，记录 3 个月看看。

亚尔诺德·白尼特和约翰·D. 洛克菲勒都是精明的记账专家。我也是这样。虽然我都以开支票的方式付款，我仍然喜欢按月把我的花费记录成一张整齐的单子。每年一次，我把这些每月花费加起来。结果呢？我能够很精确地告诉你，于某某年我们在食物方面花了多少钱——如燃料费、水电费、娱乐费，等等。我还可以使用这些记录，查出我家的生活费增加的情况。一旦你知道你的钱花到哪里去以后，就不必再做这种记录了。但是，我很喜欢手边有这种资料。例如，如果我怀疑我花太多钱买衣服了，我只要瞥一眼我的记录就知道真相了。

我认识的一对夫妻，当他们开始记录花费情形以后，很惊讶地发现他们每个月花掉大约 70 美元去买酒！然而，他们并不是酒鬼，只不过是一对热情的夫妇，很欢迎自己的朋友在兴致好的时候就“到家里来喝一杯”——这种事情时常会发生。他们做了一个明智的决定，认为他们不能再开免费酒吧了，于是，那70美元就用于更好的项目开支。

2. 根据家庭的特殊需要，设计出自己的预算。

首先，把你这一年里固定的开销列出来——房租、食物预算、利息、水电费、保险金。然后计划你其他的必要开销——衣服、医药费、教育费、交通费、交际费，等等。

每个人都知道，这是件不容易的事情。拟定计划需要决心、家庭合作，有时候还需要严谨的自制力。我们不能买下每一件东西，但是我们可以决定什么东西对我们最重要，而牺牲掉最不重要的东西。你愿意拥有一个舒适的家而放弃买昂贵的衣服吗？你宁愿自己做衣服，将节省下来的钱买一台电视机吗？显然，这些决定必须由你和你的家人自己来做。

3. 至少要把每年收入的10%储蓄起来。

规定你自己——也就是你的家庭——一个固定开销；至少要把1/10的收入储蓄起来，或拿去投资。也许你还可以想办法建立一笔额外资金，拿来做特殊用途，譬如买房子或汽车。

财务专家说过，如果你能节省你丈夫收入的1/10，虽然物价高昂，不到几年你也就可以获得经济上的舒适。

我认识一个女人，她嫁给了一个顽固、保守的新英格兰人。她的丈夫宁愿在中央车站广场脱光了衣服，也不愿放弃节省1/10薪水的计划。这位太太告诉我，在经济不景气的那几年，她们可真吃足了苦头，她先生的薪水被删减得太多了。她买日用品的时候，必须想尽办法节省每一毛钱，而她丈夫每天要步行20多条街，以省下公共汽车费。但是，节省1/10薪水的老习惯，仍然照样进行。

“有时候，”这位女士承认，“当我们非常需要钱用的时候，我十分后悔还要把钱搁在一边。但是，我现在很高兴我们维持了储蓄计划。节约的结果，使我们到中年的时候拥有了自己的家和一些享受。”

4. 准备一笔意外或紧急用途的资金。

大部分的预算专家都劝告每一个年轻家庭，至少要存下1～2个月的收入，用于紧急事件。

但是，这些专家警告说，想要存太多钱的人，会发觉很难办到，结果根本就存不了钱。与其要断断续续地隔几周才一次存5元，倒不如每周固定地存下2.5元，效果会更好。

5. 使预算计划成为全家人的事。

预算顾问相信，预算计划必须得到全家人的合作。经常举行家庭预算讨论会，往往可以减除情绪上的不和——因为我们大家对于金钱的态度，都会受到自己的经验、气质与教育程度的影响。

6. 要考虑人寿保险的问题。

玛莉昂·史蒂芬斯·艾巴利，是人寿保险协会妇女部的主任。对全国的女士来说，她所说的话就是人寿保险专家的看法，具有独特的权威性。当我访问艾巴利女士的时候，她建议当妻子的应该自问以下这些问题：

你可知道，经过人寿保险，你的家庭能够得到什么基本需要？你可知道，一次付款和分期付款有何不同——而各有各的好处？你可知道，关于付款的方法有许多不同的选择？你可知道，现代人寿保险具有双重目的——如果一个男人过早去世了，人寿保险就可以保护这个人的家庭；如果他活着要享受余年，人寿保险就可以供给他独立的基金？

这些问题，以及其他许多相似的问题，对于你的家庭非常重要。只让你的丈夫知道所有的答案，这还不够，你也应该知道这些答案。有一天也许你会变成寡妇——有关人寿保险的知识，可以解除你的困难和忧虑。

贾得生和玛丽·南狄斯，在他们合写的《建立成功的婚姻》一书中告诉我们，家庭收入的花费，往往是婚姻生活里必须调节、适应的主要地方。

金钱并非万能，这句话可真不错。但是，如果知道如何聪明地处理我们的金钱，就可以带给我们的丈夫和家庭更多心境的安宁、幸福与利益。

所以，我们不可幻想着自己的丈夫能够像我们本来能嫁、但是后来没嫁的那个男人那样，带回来一大袋薪水，这只会浪费我们的时间，损毁我们的青春。我们的工作就是使自己变成财务能手，好好处置他赚回来的钱——如果我们想要激励他赚更多的话。怎么做呢？只要依照以下的规则去做：

1. 记录每一件开销，使你了解花费的情形。
2. 以一年为单位，设计出一个预算计划。
3. 储蓄家庭收入的1/10。
4. 准备一笔意外事件资金。
5. 使预算计划成为全家人的事。
6. 要考虑人寿保险的问题。

◎克制自己，驾驭金钱

◎ 金钱能买到一条不错的狗，但是买不到它摇尾巴。挥霍无度的恶习恰恰显示出一个人没有抱负，没有理想，甚至就是向失败自投罗网。

◎ 如果一个年轻人养成了花钱入账的好习惯，能把每次的花费都清楚地记在账本上，能够仔细地核对计算，细心筹划，这对他未来的事业发展和家庭生活，一定有不可估量的帮助。

一个人要是想获得财富，首先要善于克制自己的花钱欲望，自我克制的力量必不可少。在我们开创的事业中，资本往往有赖于自己往日的储蓄和积累。

英国著名文学家罗斯金说：“一般来讲，人们觉得节俭这两个字的真正含义应该是省钱的方法。其实不对，节俭应该解释为学会用钱的方法。也就是说，我们应该学会怎样去采购必要的生活用品；怎样把钱花在刀刃上；怎样合理安排自己的衣、食、住、行的花费和娱乐等方面的花费。总的说来，我们应该把钱用在最应该用的地方，而且一定要产生良好的效果，这才是真正的节俭。”

托马斯·利普顿爵士曾经说：“有许多人向我请教成功的秘诀，我告诉他们，对一个人来说，最重要的就是养成节俭的习惯。成功者大都有储蓄和积累的好习惯。任何好朋友对他的帮助和雪中送炭，都比不上一张薄薄的小存折。只有储蓄才是一个人成功的基础，才具有使人站稳脚跟的力量。储蓄能够使一个青年人挺立在事业和生活的风雨中，能使他鼓起巨大的勇气，振作精神去战胜困难，拿出力量成就人生。”

有很多年轻人由于挥霍无度的恶习，竟然把自己的前途都抵押出去了。他们全身的服饰都要装成贵族绅士的模样，而且要紧跟服装的时尚。他们整天考虑的事情就是怎样去花钱，随后，他们就有了这样的念头：怎样用非法手段去尽快地弄些钱来。结果，他们不但债台高筑，而且常常会丢掉好的职位。因此，他们原本更有意义的生活——似锦的前程、快乐的享受和高尚的理想，一切都像昨日黄花一样，悄悄逝去。那些不愿意量入为出的年轻人经常还要掩掩饰饰，自欺欺人。他们不了解，这样的习惯会使他们成功的基础毁灭殆尽，而且将来也决计无法挽回。你不考虑眼前的问题，难道将来可以从头做起吗？你认为今年将田地荒废不顾，明年仍然可以重新耕种吗？你认为过了今天还有明天吗？时间老人是毫不留情的，你一旦造成了错误，他决不会再给你一个从头开始的机会。未来的收获都得看你年轻时播的种子怎样；假如你播的是杂草，将来也休想收获丰硕的果实。

当然，节俭不等同于吝啬。但是，即便是一个生性吝啬的人，他的前途也仍然大有希望；但假如是一个挥金如土、毫不珍惜金钱的人，他们的一生可能将因此而断送。不少人尽管以前也曾经刻苦努力地做过很多事情，但至今依然是一穷二白，主要原因就在于他们没有储蓄的好习惯。

如果每个年轻人都有储蓄和积累的习惯，世界上就不知要少多少个伤天害理、坑蒙拐骗的人。晚年的约翰·阿斯特先生说，如今他赚 10 万元比以前赚 1 0000 元还容易，但是，如果没有当初的 1 0000 元，他也许早已饿死在贫民窟里了。

很多人只因为用钱一点也不算计，没有计划性，所以就在不知不觉中花完了身上所有的钱。如果一个青年养成了花钱入账的好习惯，能把每次的花费都清楚地记在账本上，能够仔细核对计算、细心筹划，这对于他未来的事业发展和家庭生活，一定有不可估量的帮助。这样不但能使他学会记账，还可以使他熟悉金钱往来的各种手续和流动的规律，从而获得宝贵的生活个人经验。

这种账本最好能够随身携带，以便你能随时随地地把自己的每一笔花费记在本子上。这样坚持下去，对改正挥霍无度的坏习惯一定有很大的帮助。账本能够明确无误地告诉你，过去的钱都花在哪些地方，什么地方是完全可以节省的，什么地方是非要用不可的。

一般来讲，农村的孩子比城市里的孩子要懂得节俭得多。最重要的原因是城里充斥着各种各样专门引诱小孩去消费的商品、质量低劣的玩具和缺乏卫生保证的糖果食品。但乡下的孩子就不同了，他们更看重金钱，也没有受到这么多东西的诱惑，他们往往不会像城里的小孩那样花起钱来毫不考虑。他们会非常珍惜自己口袋里不多的几个钱，不时地从口袋里拿出来数弄着，决不舍得花钱去买那些流行的玩意，以博得自己一时的欢喜。等到他们积累到 100 块时，就非常兴奋，甚至欢呼叫喊。这些乡下小孩的父母们时常地细心地教导他们，使他们明白储蓄和积累的好处，还鼓励他们把钱到银行里存起来，不要放在身上。而城里的孩子们往往不大把钱当作一回事，他们一有了钱就要把它们立刻花掉，否则很不舒服。

就像很多城里的孩子宁愿把钱放在口袋里，方便使用，也不愿存在银行里一样，有很多青年人也习惯把所有的钱都带在身上，这样往往就使他们养成了随随便便花钱，胡乱挥霍、毫无节制的坏习惯。虽然把钱存到银行里以后，用起来就没有在身上的口袋里那样方便，但是后者太不清醒了，因为习惯把钱放在身上的人基本上都会失去节制，动不动就翻口袋买东西。

所以，节俭的最重要的有效果的办法就是把所有的钱全部放到银行里，而且最好存到一家离你住的地方远一点的银行。这样一来，等你心急火燎要用钱时就必须到那家很远的银行去取，这时你就会考虑要花的钱是否值得？能否省下来？

富兰克林说："致富的唯一方法就是支出低于收入。"他还说："如果你不想因有人讨债而心虚气短，想避免饥饿和寒冷的痛楚，那样你最好和'忠'、'信'、'勤'、'苦' 四个字交朋友。并且，不要让你辛苦赚来的任何一分钱从你的指缝间轻易地溜走。"

以前有一个小伙子到印刷厂里去学习基本的技术。其实，他的家庭经济状况挺不错的，他爸爸却要求他每晚必须在家里睡，不许乱跑，但是他每月要付给家里一笔住宿费。一开始，那个年轻人觉得父亲这样太苛刻了，因为他每月的收入，基本就能够支付这笔住宿费，他没有任何其他的零花钱了。但是，几年以后当这个年轻人想创办一个印刷厂的时候，他的爸爸把他叫到面前说："好孩子，现在你可以把你这几年付给家里的住宿费拿回去了。我之所以这样做，是为了能够让你把这笔钱保存起来，并非真的向你索要住宿费。好啊，现在你可以拿这笔钱去发展你的事业了。"那年轻人至此才明白爸爸的良苦用心，对爸爸的智慧感激不已。如今，那青年人已经当上了美国的著名印刷厂的总裁，而他当年的小伙伴却因毫无节制地花钱，如今仍然挣扎在贫困线上。

以上所述是一个富有教育意义的真实故事。它给你的启示是：惟有养成储蓄和积累的习惯，将来才有希望享受到成功与财富。

有位作家的一段话说得非常好，他说，在我们的社会中，"浪费"两个字不知使人们失去了多少快乐和幸福。浪费的原因不外乎三种：一、对于任何物品都想讲究时髦，比如服饰、日用品、饮食都要最好的、最流行的。总之，生活的一切方面都愈阔气愈好。二、不善于自我克制，无论有用没用，想到什么就去买什么。三、有了各种各样的嗜好，又缺乏戒除这些嗜好的意志。总结起来就是一个问题，他们从来没有考虑过要修养自己的性格，克制自己的欲望。造成如今社会上事事追求浮华虚荣的最大原因就是人们习惯于随心所欲、任性为之的做法。

很多年轻人往往把他们本来应该用于发展他们事业的必备资本，用到雪茄烟、香槟酒、舞厅、戏院等等无聊的方面。假如他们能把这些不必要的花费节省下来，时间一久一定大为可观，能够为将来发展事业奠定一个资金上的基础。

不少青年一踏入社会就花钱如流水一般，胡乱挥霍，这些人似乎从不明白金钱对于他们将来事业的价值。他们胡乱花钱的目的仿佛是想让别人说他一声“阔气”，或是让别人感到他们很有钱。

当他与女友约会时，即便是在隆冬季节，他也非得买些价格很贵的鲜花，或各种糖果、小玩意儿不可。他却从来不曾想到，要这样费心机、花费钱财追来的老婆，将来决不会帮他积蓄钱财，而一定是花钱如流水、挥金如土。

如此的年轻人一旦用钱把场面撑起来后，一切烦恼苦闷的事情就会接踵而至。为了顾全面子，他们就再也不能过节俭日子了。他们也不会认识到自己已经沦落到怎样的地步了。有些人入不敷出以后，就开始动歪脑筋，挪用公款来弥补自己的财政缺口。久而久之，耗费越大，亏空也就越多，渐渐地就陷入了罪恶的深渊，难以自拔。到了这时，他才想到自己不该胡乱花费，不该为此干那违背天理良心的事情，不该挪用公款，可是为时已晚！为了满足这种喜欢花架子、空排场的恶习，不知有多少人到头来要挨饿，甚至有许多人因此丢了性命，更有无数人因此而丧失了职位！

正如一句谚语中所讲到的，金钱能买到一条不错的狗，但是买不到它摇尾巴。挥霍无度的恶习恰恰显示出一个人没有抱负，没有理想，甚至就是向失败自投罗网。如果你想在工作和生活中摆脱金钱的困扰，请记住下面一句话：

第六章
笑对讥评，从别人的镜子中打量自己

◎这是我的错

◎ 假如我们知道自己势必要遭到责备时，我们首先应自己责备自己，这样岂不比别人责备好得多么？

◎ 任何愚蠢的人都会尽力为自己的错误进行辩解——而且多数愚蠢的人都会这样去做。但承认自己的错误，感觉有别于他人，会有一种尊贵怡然的感觉。

◎ 用争夺的方法，你永远得不到满足，但用让步的办法，你可能得到比你所期望的更多。

我住的地方，几乎是在大纽约的地理中心点上，但是从我家步行一分钟，就可到达一片森林。春天，黑草莓丛的野花白茫茫一片，松鼠在林间筑巢育子，野草长到高过马头。这块没有被破坏的林地，叫做森林公司——它的确是一片森林，也许与哥伦布发现美洲那天下午所看到的没有什么不同。我常常带雷斯到公园散步，它是我的小波士顿斗牛犬。它是一只友善而不伤人的小猎狗，因为我们在公园里很少碰到人，我常常不给雷斯系狗链或戴口罩。

有一天，我们在公园遇见一位骑马的警察，他好像迫不及待地要表现出他的权威。

“你为什么让你的狗跑来跑去，却不给它系上链子或戴上口罩？”他申斥我道，“难道你不晓得这是违法的吗？”

“是的，我晓得，”我轻柔地回答，“不过我认为它不至于在这儿咬人。”

“你认为！你认为！法律是不管你怎么认为的。它可能在这里咬死松鼠或咬伤小孩。这次我不追究，但假如下回让我看到这只狗没有系上链子或套上口罩在公园里的话，你就必须去跟法官解释啦。”

我客客气气地答应照办。

我的确照办了，而且是好几回。可是雷斯不喜欢戴口罩，我也不喜欢那样，因此我们决定碰碰运气。事情很顺利，但接着我们撞上了暗礁。一天下午，雷斯和我在一座小山坡上赛跑，突然间——很不幸地——我看到那位执法大人，跨在一匹红棕色的马上。雷斯跑在前头，径直向那位警察冲去。

我这下栽定了。明白这点，我决定不等警察开口就先发制人。我说：“警官先生，这下您逮了我一个正着，我有罪，我无话可说。你上星期警告过我，若是再带小狗出来而不替它戴口罩就要罚我。”

“好说，好说，”警察回答的声调很柔和，“我知道在没有人的时候，谁都忍不住要带这么一条小狗出来溜达。”

“你这样的小狗大概不会咬伤别人吧？”警察反而为我开脱。

“不，它可能会咬死松鼠。”我说。

“哦，你大概把事情看得太严重了，”他告诉我，“我们这样办吧。你只要让它跑过小山，到我看不到的地方，事情就算了。”

那位警察也是一个人，他要的是一种重要人物的感觉。因此当我责怪自己的时候，唯一能增强他自尊心的方法，就是以宽容的态度表现慈悲。

但如果我有意为自己辩护的话，嗯，你是否跟警察争辩过呢？

我没有和他正面交锋，我承认他绝对没错，我绝对错了，我爽快地、坦白地、热诚地承认这点。因为我站在他那边说话，他反而为我说话，整个事情就在和谐的气氛下结束了。

如果我们知道免不了会遭受责备，何不抢先一步，自己先认错呢？听自己谴责自己不比挨人家的批评好受得多吗？

你要是知道有人想要或准备责备你，就自己先把对方要责备你的话说出来，那他就拿你没有办法了。十之八九他会以宽大、谅解的态度对待你，忽视你的错误，正如那位警察对待我和雷斯那样。

费丁南·华伦是一个卖艺术品的商人，曾使用这个办法，和一位暴躁的顾客化干戈为玉帛。

“精确而严谨的态度，在制作商业广告和出版品中是最重要的。”华伦先生事后说，“一些艺术编辑要求别人立刻实现他们设想，这样难免会发生一些偏差。我服务的某位艺术编辑就很挑剔，我从他的办公室出来时，心里总是很不舒服，倒不是因为他批评我，而是因为他对待我的方式。最近，我交了一件急件给他，他打电话说要我立刻到他办公室去，稿件有误。我到他办公室后，果然，他很高兴有了挑剔我的机会，而且满怀敌意。正在他滔滔不绝地数落我时，我运用了自我批评的方法。我说：‘某某先生，你说的对，我的错误确实不可原谅，我为你工作了这么多年，还不知道怎么做，我真是不好意思。’

“于是他开始为我说话了：‘你说得对，不过还没有那么严重。只是——’我马上插嘴道：‘任何错误，都可能导致严重的后果，我怎么没看到呢？’我绝不让他为我开脱。这是我第一次因为批评自己而感到高兴。

“我说：‘我应该更加细心，你给了我这么多的活，我却不能令你满意，我一定要重新做。’于是，他说不用那样麻烦，并夸奖起我的作品来，还说他再改一改就可以了，这点小错也不会让他的公司费几个钱。总之，小事一桩，不值一提。

“我的这种自我批评，不但使他没了脾气，而且他还请我吃了午饭，他又给我一张支票，让我再干别的活。”

当你坦然面对自己的错误时，会感到某种意义上的满足。因为这消除了自己的罪恶感，也在某种紧张的气氛下保护了自己，更有利于迅速准确地解决错误。

新墨西哥州阿布库克市某公司的一位负责人布鲁士·哈威，有一次批准给一位请病假的员工支付了整月的工资。随后，他发现了这个错误，要在这位员工下次的工资中减去多发的金额。那位员工不同意，因为这样会给自己造成严重的财务问题，他请求分期扣回他多领的钱。哈威必须先征求上级的同意才能决定。“如果直接去向老板请求的话，”哈威说，“一定会使他很不高兴。要更好地解决这个问题，应找到合适的方法。我意识到一切混乱都是我造成的，必须在老板面前自我检讨。

“进了他的办公室，我告诉他我办了件错事，然后说了事情经过。他开始发火，先说这应该由人事部门来负责，又大声指责会计部门的疏忽，我一再地坚持这是我的错误，应该由我来负责。可他又开始批评办公室的另外两个同事，我还在解释这是我的错误。终于他看了看我说：‘好吧，是你的错。交给你解决吧。’错误被改过来了，也没有造成其他的麻烦。我觉得很高兴，因为我有勇气不去找借口，妥当地处理了一件棘手的事情。而且，我的老板对我更加器重了。”

即使傻瓜也会为自己的错误辩护，但能承认自己错误的人，却会凌驾于其他人，而有一种高贵怡然的感觉。比方说，历史上对南北战争时的李将军有一笔极美好的记载，就是他把毕克德进攻盖茨堡的失败完全归咎在自己身上。

毕克德那次的进攻，无疑是西方世界最显赫、最辉煌的一场战斗。毕克德本身就很辉煌；他长发披肩，而且跟拿破仑在意大利战役中一样，他几乎每天都在战场上写情书。在那悲剧性的七月的一个午后，当他的军帽斜戴在右耳上方，轻盈地放马冲刺北军时，他那群效忠的部队不禁为他喝彩起来。他们喝彩着，跟随他向前冲刺。队伍密集，军旗翻飞，军刀闪耀，阵容威武、骁勇、壮大，北军也不禁为之赞赏。

毕克德的队伍轻松地向前冲锋，穿过果园和玉米田，踏过花草，翻过小山。同时，北军大炮一直没有停止向他们轰击。但他们继续挺进，毫不退缩。

突然，北军步兵从隐伏的基地山脊后面窜出，对着毕克德那毫无预防的军队，一阵又一阵地开枪。山间硝烟四起，惨烈有如屠场，又像火山爆发。几分钟之内，毕克德所有的旅长，除了一个之外，全部阵亡，5 0000士兵折损4/5。阿米士德统率其余部队拼死冲刺，奔上石墙，把军帽顶在指挥刀上挥动，高喊："弟兄们，宰了他们!"

他们做到了。他们跳过石墙，用枪把、刺刀拼死肉搏，终于把南军军旗竖立在基地山脊的北方阵地上。

军旗只在那儿飘扬了一会儿。虽然那只是短暂的一会儿，但却是南军战功的辉煌纪录。

毕克德的冲刺——勇猛、光荣，然而却是结束的开始。李将军失败了。他没办法突破北方战线，而他也知道这点。

南方的命运决定了。

李将军大感懊丧，震惊不已，他将辞呈呈送南方的戴维斯总统，请求改派"一个更年轻有为之士"。如果李将军要把毕克德的进攻所造成的惨败归咎于任何人的话，他可以找出数十个借口。有些师长失职啦，骑兵到得太晚不能接应步兵啦。这也不对，那也错了。

但是李将军太高明，不愿意责备别人。当残兵从前线退回南方战线时，李将军亲自出迎，自我谴责起来。"这是我的过失，"他承认说，"我，我一个人，败了这场战斗。"

历史上很少有将军有这种勇气和情操，承认自己独负战争失败的责任。

在香港卡耐基课程任教的麦克·庄告诉我们，某些时候应用某一项原则，可能比遵守一项古老的传统更为有益。他班上有一位中年同学，多年来他的儿子都不理他。这位做父亲的以前是个鸦片鬼，但是现在已经戒除了烟瘾。根据中国传统，年长的人不能够先承认错误。他认为他们父子要和好，必须由他的儿子采取主动。在这个课程刚开始的时候，他和班上同学谈到他从来没有见过的孙子孙女，以及他是如何地渴望和他的儿子团聚。他的同学都是中国人，了解他的欲望和古老传统之间的冲突。这位父亲觉得年轻人应该尊敬长者，并且认为他不让步是对的，而要等他的儿子来找他。

等到这个课程快结束的时候，这位做父亲的却改变了看法。“我仔细考虑了这个问题。”他说，“戴尔·卡耐基说，‘如果你错了，你就应该马上并且明白地承认你的错误。’我现在要很快地承认错误已经太晚了，但是我还可以明白地承认我的错误。我错怪了我的儿子。他不来看我，以及把我赶出他的生活之外，是完全正确的。我去请求年幼的人原谅我，固然使我很没面子，但是犯错误的是我，我有责任承认错误。”全班都为他鼓掌，并且完全支持他。在下一堂课中，他讲述他怎样到他儿子家里，请求并且得到了原谅，并且开始和他的儿子、媳妇，以及终于见到面的孙子孙女建立起新的关系。

艾柏·赫巴是会闹得满城风雨的最具独特风格的作家之一，他那尖酸的笔触经常惹起对手强烈的不满。但是赫巴那少见的做人处世技巧，常常将他的敌人变成朋友。

例如，当一些愤怒的读者写信给他，表示对他的某些文章不以为然，结尾又痛骂他一顿时，赫巴就如此回复：

“回想起来，我也不完全同意自己。我昨天所写的东西，今天不见得全部满意。我很高兴知道你对这件事的看法。下回你在附近时，欢迎驾临，我们可以交换意见。遥致诚意。

赫巴谨上”

面对一个这样对待你的人，你还能说什么呢。

当我们对的时候，我们就要试着温和地、技巧性地使对方同意我们的看法。而当我们错了——若是对自己诚实，这种情形十分普遍——就要迅速而热诚地承认。这种技巧不但能产生惊人的效果，而且，信不信由你，任何情形下，都要比为自己争辩还有用得多。

别忘了这句古语："用争斗的方法，你绝不会得到满意的结果。但用让步的方法，收获会比预期的高出许多。"

◎争论之中没有赢家

◎ 天下只有一种方法能得到辩论的最大利益——那就是避免辩论。

◎ 如果你辩论、争强、反对，你或许有时获得胜利；但这种胜利是空洞的，因为你永远得不到对方的好感了。

◎ 凡决意成功的人，不能费时于个人的成见，更不能费时去承受结果，包括他无法控制自己的脾气，丧失自制。

第二次世界大战结束后不久的一个晚上，我在伦敦得到了一个无价的教训。我当时是史密斯爵士的私人助理。在战争期间，他曾在巴勒斯坦做奥国的航空领袖，而在宣布和平不久之后，他因在30天内环绕地球半周而轰动了世界，因为向来未曾有人有过这样惊人的举动。这件事轰动一时，奥国政府奖给他5万先令，英国国王封他为爵士，此时，他成了在英国国旗下被谈论得最多的一个人。有一个晚上，我参加一个欢迎罗斯爵士的宴会，在席间，坐在我旁边的一个人讲了一个幽默的故事，这故事与这一句话有些关联："无论我们如何粗俗，有一位神，就是我们的目的。"

这位讲述故事的人提到这句话系出自《圣经》。他错了，我知道的，我确实知道，绝对肯定。所以，为了得到自重感并显示我的优越，我委任自己为一个未经请求、不受欢迎的人去矫正他。他坚持他的阵地：什么？出自莎士比亚？不可能！不近情理！那句话出自《圣经》！

这位讲故事的人坐在我右边，我的一位老朋友加蒙坐在我左边。加蒙先生曾用多年的功夫专心研究莎士比亚，所以我们同意由加蒙先生来解答这一问题。加蒙先生静听着，在桌下用脚碰碰我，然后说道：“戴尔，你错了，这位先生是对的，是出自《圣经》。”

当晚回家的时候，我对加蒙先生说：“老实说，你知道那句话是来自莎士比亚的。”

“是的，当然，”他回答说，“是在《哈姆莱特》第五幕第二场。但我是一个盛会的客人，为什么要证明一个人是错的？那能使他喜欢你吗？为什么不让他保住面子？他并没有征求你的意见，他也不要你的意见。那你为什么同他争辩？要永远避免正面的冲突。”

“永远避免正面的冲突。”说这句话的人现在已死了，但他所给我的教训却一直留在我的记忆中，而且这一教训极其重要，因为我向来是一个执拗的辩论者。在我少年的时候，我曾同我兄弟辩论天下一切的事。当到大学的时候，我研究逻辑及辩论术，并加入辩论比赛。后来我在纽约教授辩论术。我羞于承认，我有一次曾计划写一本关于辩论的书，从那时以后，我曾静听、批评，从事数千次的辩论，并注意它们的影响。从这些结果中，我得出了一个结论：天下只有一种方法能得到辩论的最大利益——那就是避免辩论。

10次中有9次辩论结束之后，每个争论的人都比以前更坚信他是绝对正确的，你不能辩论得胜。你不能，因为如果你辩论失败，那你当然失败了；如果你得胜了，你还是失败的。为什么？假定你胜过对方，将他的理由击得漏洞百出，并证明他是神经错乱，那又怎样？你觉得很好，但他怎样？你使他觉得脆弱无援，你伤了他的自尊，他要反对你的胜利。

有这样一个例子。几年前，我的学员中，有一个叫欧·亨利的爱尔兰人。他受的教育不多，却总是喜欢争论。他给别人开过车，又做过汽车推销，但做得不好，于是来我这儿求教。经过简短的交谈，我知道他总是习惯于和顾客争论，如果对方说他的汽车哪儿不好，他立即会急躁地和顾客吵起来。他在这样的争论中取得了不少的胜利，但是，他的汽车却没卖出去几部。后来，他对我说："在离开他们的办公室时，我总是说：'我这次毕竟把那个驴给治了。'他的确被我治了一次，可他也没买我的东西。"

于是我明白，首要的不是让欧·亨利学怎样说话，而是教他学会克制，不和别人吵架。

现在，欧·亨利已成为纽约怀特汽车公司的推销明星。

他是如何走向成功的呢？听听他的话："假如我现在去向客户推销，但他说：'什么？怀特的汽车？不好！不要钱我都不要，何西公司的汽车才是我想要的。'我会说：'何西的东西确实好，买他们的货是不会错的，何西的车都是著名厂家生产的，而且业务员也很棒。'于是，在这点上他就没什么可说的了，因为我认同了他的看法，也就不用再谈论什么何西了。于是，我就开始说明怀特公司的好处。

"但是，要是当年我听到他这种话，我早就生气了。我就会开始说何西公司的毛病，结果是，我越挑何西的毛病，他就越说它好。越是争论，他就越喜欢我的竞争对手的东西。

"一想起那时候，真不知道我当初的推销是怎么做的。过去我用了那么多的时间在抬杠上，现在我懂得了自制，收到了效果。"

充满智慧的老富兰克林常说：如果你辩论、争强、反对，你或许有时获得胜利；但这种胜利是空洞的，因为你永远得不到对方的好感了。

所以你自己打算打算。你宁愿要什么？是一种暂时的、口头的、表演式的胜利，还是一个人的长期好感？你很少能二者兼得。

在你进行辩论的时候，你也许是对的，绝对是对的。但在改变对方的思想方面，你大概毫无所得，一如你错了一样。

我认为，我们绝不可能对任何人——无论其智力的高低——用口头的争斗改变他的思想。

有一位所得税顾问巴森士与一位政府税收稽查员因为一项 9 0000 元的账单发生的问题争辩了一个小时之久。巴森士先生声称这 9 0000 元确实是一笔死账，永远收不回来，当然不应纳税。“死账，胡说!”稽查员反对说，“那也必须纳税。”

“这位稽查员冷淡、傲慢、固执，”巴森士先生在班里讲述事情的经过时说，“理由对他是毫无用处的，事实也没有用——我们辩论得越久，他越固执。所以我决定避免辩论，改变题目，给他赞赏。

“我说：‘我想这事与你必须作出的决定相比，应该算是一件很小的事情。我也曾研究过税收问题，但我只是从书本中得到知识，而你是从经验中获得知识，我有时愿意从事像你这样的工作，这种工作可以教我许多。’我每句话都是出于真意。

“于是，那稽查员在椅上挺起身来，向后一倚，讲了许多关于他工作的话，告诉我所发现的巧妙舞弊的方法。他的声调渐渐地变为友善，片刻后他又讲起他的孩子来。当他走的时候，他告诉我他要再考虑我的问题，在几天之内，给我答复。

“三天之后，他到我的办公室告诉我，他已经决定按照所填报的税目办理。”

这位稽查员表现的正是一种最普通的人性特点，他需要一种自重感。巴森士先生越是与他辩论，他越想扩大自己的权力，得到他的自重感。但一旦承认他的重要，辩论便立即停止，因为他的自尊心得到了满足，他立即变成了一个同情和友善的人。

拿破仑家中的管家常与约瑟芬打台球。这位管家在他所著的《拿破仑私生活的回忆》的第 1 卷第 71 页中说：“我虽有相当的技艺，但我始终要设法使她胜我，这样她会非常欢喜。”我们要从这一故事里学到一个有用的教训。我们要使我们的顾客、情人、丈夫、妻子在偶然发生的细小讨论上胜过我们。

释迦牟尼说："恨不止恨，爱能止恨。"而误会永远不能用辩论停止，需用手段、外交、和解来使对方产生同情的欲望。

林肯有一次责罚一个青年军官，因为他与同僚激烈争执。"凡决意成功的人，"林肯说，"不能费时于个人的成见，更不能费时去承受结果，包括他损坏自己的脾气，丧失自制。你不能过分显示你自己，而要放弃。与其为争路权而被狗咬，不如给狗让路。即使将狗杀死，也不能治好受伤的伤口。"

《点滴》一书中的一篇文章，建议持不同意见者这样避免争论：

1. 欢迎异见。

有这样一句话："人们不需要意见总是相同的伙伴。"如果有人提出了你没想到的东西，你就应该衷心感谢。不同的意见可以使你避免犯重大错误。

2. 不要盲信直觉。

当有人提出不同意见的时候，你最开始的自然反应是自我保护。你要谨慎，心平气和，注意你的直觉反应，因为这可能是你特别不好的地方。

3. 控制情绪。

记住，根据一个人在什么情况下会发脾气，可以判定这个人的气度以及作为。

4. 首先倾听。

给予不同意见者表达的机会。不要打断他，让他把他的意思完整地表达出来。用心地倾听，增加沟通和了解。

5. 寻找相同点。

在你听完了持不同意见者的话以后，首先去寻找你和他意见相同或相近的地方。

6. 诚实为本。

发现自己的错误，就要勇于向对方承认，并为此而道歉。这有助于沟通和减轻对方的敌对心理。

7. 答应认真考虑不同的意见。

要真心地承认，他的不同意见可能是对的。因此，答应考虑他们的意见是比较聪明的做法。不要等对方对你说“我早就对你说了，但是你却不听”，而让你感到难堪。

8. 感谢持不同意见者的关心。

因为关心同一件事情，所以才产生不同的意见。把他们看作能给你带来帮助的人，也许他们会成为你的朋友。

9. 不急于行动，给双方时间。

适当地停下来，把事情更仔细地考虑一下，再举行会谈。在准备期间，想一想：他们的意见，会不会是对的，或者部分是对的呢？他们的立场或理由是不是有道理呢？我的反应是基于客观问题本身还是自己的主观感受呢？对方因此和我的分歧是更大还是更小呢？我的反应会不会让别人对我的看法更好呢？我将会胜利还是失败呢？假如我胜利了，会让我付出什么样的代价呢？假如我保持沉默，分歧就会不存在了吗？这个难题是我的一次机会吗？

真·皮尔斯是歌剧男高音，他结婚快50年了。他说过：“我和我太太很长时间以来有一个默契，那就是：当一个人大声吼叫时，另一个会平静地听。因为如果我们一块儿对着叫，那只有噪音和激动，根本就不可能沟通。”

◎没有人会踢一只死狗

◎ 如果你被人批评，那是因为批评你能给他一种满足感。这也说明你是有成就的，而且引人注意。

◎ 小人常为伟人的缺点或过失而得意。

◎ 不合理的批评往往是一种掩饰了的赞美。

1929年，美国发生了一件震动全国教育界的大事，美国各地的学者都赶到芝加哥去看热闹。在几年之前，有个名叫罗勃·郝金斯的年轻人，半工半读地从耶鲁大学毕业，做过作家、伐木工人、家庭教师和卖成衣的售货员。现在，只经过了8年，他就被任命为美国第四有钱的大学——芝加哥大学的校长。他有多大？30岁！真叫人难以相信。老一辈的教育人士都大摇其头。人们对他的批评就像山崩落石一样一齐打在这位“神童”的头上，说他这样，说他那样——太年轻了，经验不够——说他的教育观念很不成熟，甚至各大报纸也参加了攻击。

在罗勃·郝金斯就任的那一天，有一个朋友对他的父亲说：“今天早上我看见报上的社论攻击你的儿子，真把我吓坏了。”

“不错，”郝金斯的父亲回答说，“话说得很凶。可是请记住，从来没有人会踢一只死了的狗。”

不错，这只狗愈重要，踢它的人愈能够感到满足。后来成为英王爱德华八世的温莎王子（即温莎公爵），他的屁股也被人狠狠地踢过。当时他在帝文夏的达特莫斯学院读书——这个学校相当于美国安那波里市的海军军官学校。温莎王子那时候才14岁，有一天，一位海军军官发现他在哭，就问他有什么事情。他起先不肯说，可是终于说了真话：他被军官学校的学生踢了。指挥官把所有的学生召集起来，向他们解释王子并没有告状，可是他想晓得为什么这些人要这样虐待温莎王子。

大家推诿拖延又支吾了半天之后，这些学生终于承认说：等他们自己将来成了皇家海军的指挥官或舰长的时候，他们希望能够告诉人家，他们曾经踢过国王的屁股。

大概很少有人会认为耶鲁大学的校长是一个庸俗的人，可是有一位担任过耶鲁大学校长的摩太·道特，却竟然能够责骂一个竞选上了总统的人。“我们就会看见我们的妻子和女儿，成为合法卖淫的牺牲者。我们会大受羞辱，受到严重的损害。我们的自尊和德行都会消失殆尽，使人神共愤。”

这听起来很像对希特勒的痛责，是吗？其实不然，这是对托马斯·杰斐逊的公开抨击，也许你会问，是哪一个杰斐逊？难道是那个《独立宣言》的起草者，民主政体的守护圣徒托马斯·杰斐逊？不错，那人攻击的正是这位杰斐逊。

你知道哪一个美国人被骂为“伪善者”、“骗子”或“比杀人凶手稍微好一点的人”？有份报纸的漫画描述这个人站在断头台前，台上的大刀正预备砍下他的头。当他被载往刑场行刑的时候，群众对着他叫骂。这个人是谁？是乔治·华盛顿。

但这都是很久以前的事了，也许现在人性已改进不少。让我们看看下面的皮尔利将军的例子。

皮尔利是个探险家，1899 年 4 月 6 日，他用狗拉着雪车到达北极，举世震惊。几个世纪以来，北极探险一直是各路英雄的目标，却无人写下纪录，反而因受伤、饥饿而丧生的人不少。皮尔利本人也差点死于严寒和断粮，他有 8 个脚趾因冻坏而不得不被锯掉，另有好几次因无法克服气候上的骤变而几乎精神崩溃。由于皮尔利声名大噪，广受群众欢迎，导致在华盛顿的几个海军高级长官对他不满而排挤他。他们指控皮尔利为科学研究募集捐款是“招摇撞骗、一事无成”的勾当。这些人可能相信皮尔利真如他们所指控的，人一旦想相信某事，就很难再让他们不信。他们极力诽谤皮尔利，阻止他的研究工作。最后还是麦肯利总统直接过问，才使皮尔利的工作得以继续下去。

假如皮尔利当时只在华盛顿的海军部办公，他会遭到如此无情的攻击吗？当然不会，因为他的重要性还不足以引起旁人的妒意。

格兰特将军（后成为美国第十八任总统）的遭遇更坏。1862 年南北战争时，格兰特的军队在北方赢得第一次大胜利——那一次大胜利使格兰特一夕之间成为全美崇拜的偶像；那一次大胜利使远方的欧洲都震惊不已；而且使得缅因州到密西西比河岸边的教堂钟声和庆祝营火不断。可是，6个星期还不到，这位北方英雄格兰特将军就成了阶下囚，军队也解散了，他只有带着羞辱和绝望，空自悲叹。

为什么格兰特将军会在胜利的高潮时期被逮捕？大概因为他的胜利引起了某些长官的妒意吧！

因此，当你受到他人充满恶意的批评与攻击时，请记住平安快乐的第一大原则：

不用理它，因为没有人会踢一只死狗。

◎给对方一个台阶下

◎ 伽利略说："你不可能教会一个人任何事情，你只能帮助他自己学会这件事情。"

◎ 苏格拉底在雅典一再告诫门徒："我只知道一件事，就是我一无所知。"

◎ 你如果先承认自己也许弄错了，别人才可能和你一样宽容大度，认为他有错。

西奥多·罗斯福承认说，当他入主白宫时，如果他的决策能有75%的正确率，就达到他预期的最高标准了。像罗斯福这么一位本世纪的杰出人物，最高希望也只有如此。

如果你肯定别人弄错了，而率直地告诉他，可知结果会如何？沙斯先生是一位年轻的纽约律师，最近在最高法庭内参加一个重要案子的辩论。案子牵涉了一大笔钱和一项重要的法律问题。

在辩论中，一位最高法院的法官对沙斯先生说："海事法追诉期限是6年，对吗？"

"庭内顿时静默下来，"沙斯先生后来在讲述他的经验时说，"似乎气温一下就降到冰点。我是对的，法官是错的。我也据实地告诉了他。但那样就使他变得友善了吗？没有。我仍然相信法律站在我这一边，我也知道我讲得比过去都精彩。但我并没有使用外交辞令。我铸成大错，当众指出一位声望卓著、学识丰富的人错了。”

没有几个人具有逻辑性的思考。我们多数人都犯有武断、偏见的毛病。我们多数人都具有固执、嫉妒、猜忌、恐惧和傲慢的缺点。因此，如果你很想指出别人犯的错误时，请在每天早餐前坐下来读一读下面的这段文字。这是摘自詹姆士·哈维·罗宾森教授那本很有启示性的《下决心的过程》中的一段话：

“我们有时会在毫无抗拒或热情淹没的情形下改变自己的想法，但是如果有人说我们错了，反而会使我们迁怒对方，更固执己见。我们会毫无根据地形成自己的想法，但如果有人不同意我们的想法时，反而会全心全意维护我们的想法。显然不是那些想法对我们珍贵，而是我们的自尊心受到了威胁……‘我的’这个简单的词，是做人处世的关系中最重要的，妥善运用这两个字才是智慧之源。不论说‘我的’晚餐、‘我的’狗、‘我的’房子、‘我的’父亲、‘我的’国家或‘我的’上帝，都具备相同的力量。我们不但不喜欢说我的表不准，或我的车太破旧，也讨厌别人纠正我们对火车的知识、水杨素的药效或亚述王沙冈一世生卒年月的错误……我们愿意继续相信以往惯于相信的事，而如果我们所相信的事遭到了怀疑，我们就会找尽借口为自己的信念辩护。结果呢，多数我们所谓的推理，变成了找借口来继续相信我们早已相信的事物。”

有时候，一句或两句体谅的话，对他人态度作宽大的谅解，这些都可以减少对别人的伤害，保住他的面子。

几年以前，通用电气公司面临一项需要慎重处理的工作：免除查尔斯·史坦因梅兹担任某一部门的主管。史坦因梅兹在电器方面是第一等的天才，但担任计算部门主管却彻底地失败。然而公司却不敢冒犯他。公司绝对奈何不了他——而他又十分敏感。于是他们给了他一个新头衔。他们让他担任“通用电气公司顾问工程师”——工作还是和以前一样，只是换了一项新头衔——并让其他人担任部门主管。

史坦因梅兹十分高兴。

通用公司的高级人员也很高兴。他们已温和地调动了这位最暴躁的大牌明星职员，而且他们这样并没有引起一场大风暴——因为他们让他保住了面子。

让他有面子！这是多么重要，多么极端重要呀，而我们却很少有人想到这一点！我们残酷地抹杀了他人的感觉，又自以为是，我们在其他人面前批评一位小孩或员工，找差错，发出威胁，甚至不去考虑是否伤害到别人的自尊。然而，一两分钟的思考，一句或两句体谅的话，对他人态度作宽大的谅解，都可以减少对别人的伤害。

下一次，我们在辞退一个佣人或员工时，应该记住这一点。

以下，我引用会计师马歇尔·格兰格写给我的一封信的内容：

“开除员工并不是很有趣，被开除更是没趣。我们的工作是有季节性的，因此，在3月份，我们必须让许多人离开。

“没有人乐于动斧头，这已成了我们这一行业的格言。因此，我们演变成一种习俗，尽可能快点把这件事处理掉，通常是依照下列方式进行：‘请坐，史密斯先生，这一季已经过去了，我们似乎再也没有更多的工作交给你处理。当然，毕竟你也明白，你只是受佣在最忙的季节里帮忙而已。’等等。

“这些话为他们带来失望，以及‘受遗弃’的感觉。他们之中大多数一生皆从事会计工作，对于这么快就抛弃他们的公司，当然不会怀有特别的爱心。

“我最近决定以稍微圆滑和体谅的方式，来遣散我们公司的多余人员，因此，我在仔细考虑他们每人在冬天里的工作表现之后，一一把他们叫进来，而我就说出下列的话：‘史密斯先生，你的工作表现很好（如果他真是如此）。那次我们派你到纽约华克去，真是一项很艰苦的任务。你遭遇了一些困难，但处理得很妥当，我们希望你知道，公司很以你为荣。你对这一行业懂得很多——不管你到哪里工作，都会有很光明远大的前途。公司对你有信心，支持你，我们希望你不要忘记！’

“结果呢？他们走后，对于自己被解雇的感觉好多了。他们不会觉得‘受遗弃’。他们知道，如果有工作的话，我们会把他们留下来。而当我们再度需要他们时，他们将带着深厚的私人感情，再来投效我们。”

在我们课程内有一个学期，两位学员讨论挑剔错误的负面效果和让人保留面子的正面效果。宾夕法尼亚州哈里斯堡的弗瑞·克拉克提供了一件发生在他公司里的事：“在我们的一次生产会议中，一位副董事以一个非常尖锐的问题，质问一位生产监督，这位监督是管理生产过程的。他的语调充满攻击的味道，而且明显的就是要指责那位监督的处置不当。为了不在他的攻击者面前被羞辱，这位监督的回答含混不清。这一来使得副董事发起火来，严斥这位监督，并说他说谎。

“这次遭遇之前所有的工作成绩，都毁于这一刻。这位监督，本来是位很好的雇员，从那一刻起，对我们的公司来说已经没有用了。几个月后，他离开了我们公司，为另一家竞争对手的公司工作。据我所知，他在那儿还非常称职。”

另一位学员，安娜·马佐尼提供了在她工作上非常相似的一件事，所不同的是处理方式和结果。马佐尼小姐，是一位食品包装业的市场行销专家，她的第一份工作是一项新产品的市场测试。她告诉班上说：“当结果出来时，我可真惨了。我在计划中犯了一个极大的错误。整个测试都必须重来一遍。更糟的是，在下次开会我要提出这次计划的报告之前，我没有时间去跟我的老板讨论。

“轮到我报告时，我真是怕得发抖。我尽了全力不使自己崩溃，我知道我决不能哭，以免让那些人以为女人太情绪化而无法担任行政业务。我的报告很简短，只说是因为发生了一个错误，我在下次会议，会重新再研究。我坐下后，心想老板定会批评我一顿。

“但是，他只谢谢我的工作，并强调在一个新计划中犯错并不是很稀奇的事。而且他相信，第二次的普查会更确实，对公司更有意义。

“散会之后，我的思想纷乱，我下定决心，我决不会再让我的老板失望。”

假如我们是对的，别人绝对是错的，我们也不应让别人丢脸而毁了他的自我。传奇性的法国飞行先锋和作家安托安娜·德·圣苏荷依写过：“我没有权利去做或说任何事以贬抑一个人的自尊。重要的并不是我觉得他怎么样，而是他觉得他自己如何，伤害人的自尊是一种罪行。”

已故的德怀特·摩洛，拥有让双方好战分子和解的神奇能力。他怎么办得到呢？他小心翼翼地找出两方面对的地方——他对这点加以赞扬，加以强调，小心地把它表现出来——不管他做何种处理，他从未指出任何人做错了。

每一个公证人都知道这一点——让人们留住面子。

世界上任何一位真正伟大的人，绝不浪费时间满足于他个人的胜利。我举一个例子来说明：

1922 年，土耳其在经过几世纪的敌对之后，终于决定把希腊人逐出土耳其领土。

穆斯塔法·凯墨尔，对他的士兵发表了一篇拿破仑式的演说，他说：“你们的目的地是地中海。”于是近代史上最惨烈的一场战争终于展开了，最后土耳其获胜。而当希腊两位将领——的黎科皮斯和迪欧尼斯前往凯墨尔总部投降时，土耳其人对他们击败的敌人加以辱骂。

但凯墨尔丝毫没有显出胜利的骄气。

“请坐，两位先生，”他说，握住他们的手，“你们一定走累了。”然后，在讨论了投降的细节之后，他安慰他们失败的痛苦。他以军人对军人口气说：“战争这种东西，最佳的人有时也会打败仗。”

即使是像罗斯福总统这样伟大的人物也难免会犯错误，所以，对待别人错误的讥评，我们应当怀着一颗宽容平静的心态来看待，即使对方错了，也要尊重他们，让他们保住面子。

◎用幽默化解危机

◎ 并非所有人都具有很强的攻击性，而有的人只是为了想要让别人发笑，以得到赞美，另外，他们会采用嘲弄的策略来引人注意。

◎ 如果你不喜欢被嘲弄，而且容易受到狙击的伤害，那么其实你非常容易成为狙击手的目标。

心理学研究表明，并非所有人都具有很强的攻击性，而有的人只不过是想要获得别人的注意。有时候只是因为了想要让别人发笑，来得到赞美，另外，他们会采用嘲弄的策略来引人注意。

有时候这种“奚落的幽默”反而能增加彼此的友谊。在今天电视媒介处处存在的情况下，这被人称之为情景喜剧。这种喜剧中每个人都无情地嘲弄别人，观众于是大笑不已。但是对真实的嘲弄一笑了之，却不是每一个都能够做得到的。有时候开玩笑的狙击，可能会造成致命的伤害。

让我们先来看下面一个实例。

达伦和杰伊同是工程师，而且又都在一家高科技公司任职。达伦的年纪比杰伊长 5 岁，而在公司的工龄也比杰伊多 3 年，众人都认为达伦升迁的可能性大。但是杰伊为人随和，工作努力，做事主动，并且有丰富的创造力。后来，他的努力终于获得上级的赏识而且得到回报了：他被提升为地区业务经理。

上任之后的第一个星期，有一回杰伊在停了车走进办公大楼，朝新办公室走的时候，看到整班的人都围着达伦站在走道上，他们似乎对达伦所说的每句话都很在意，而且笑得很开心。但是当杰伊走近这群人的时候，他们的笑声却戛然而止，不过杰伊却可以清楚地听到达伦对他恶毒的狙击。达伦注意到他的听众不再笑了，于是把头转向众人目光的方向，结果看到杰伊狼狈的表情，“噢，原来是来了个大人物!”

“我怎么会遭到这样的待遇?”杰伊自问，又想着对这位“狙击手”的攻击该怎样回应。

狙击行为背后的动机各有不同。有些人对事情的发展感到愤怒，有些人则会对阻碍计划的人怀恨在心并采取狙击行为。有些人会利用狙击来打击任何可能阻碍他们计划的人。有些人狙击的目的只不过是想获得别人的注意。

想要做完事情的人，如果遇到事情没有照计划进行，或是遇到受到他人阻挠的情形，可能会通过狙击的手段来消除异己。为了避免遭人报复，狙击手常常会采取在暗中行动。暗暗地使用一些无礼的批评、讽刺的幽默、尖酸刻薄的口气和眼神等。狙击手也会说一些“张冠李戴”、风马牛不相及的话，使人摸不着头脑而出尽洋相，也就是说，他会把令人困惑当成是一种武器。

以达伦和杰伊的例子来说，达伦生气的原因就是因为自己没有获得升迁，而且把这件事怪到杰伊身上。

如果你不喜欢被嘲弄，而且容易受到狙击的伤害，那么其实你非常容易成为狙击手的目标。一旦这种个性被传出去，就会有人利用你的个性去狙击你了。如果你是那种无法忍受狙击的人，对方会利用你的弱点而变得毫无禁忌。受到这样的捉弄之后，你可能想要盲目地反击或是逃跑。如果你选择上两种中的任一种，也许你可以改变局面，不过要小心，如果你还没有学会以幽默的方式来对难缠人物说些令人不快的事，你多半会失败，因此你最好勇敢地面对狙击。要停止狙击，最好先学会与他们和平共处。因为如果你没有反应，狙击便变得毫无意义了。对付狙击手要先培养出好奇的态度，采取旁观者的姿态来看这样的行为。如果狙击手攻击你，不要把它当成是针对自己而发的，希望你有足够的好奇心。把注意力放在狙击手身上，而不是自己的身上。因为狙击行为的出现可能是缺乏安全感，你大可把头痛人物的行为看成是缺乏安全感的小学生行为。也许你还记得对讽刺最好的反应是："我知道你是这样，而我呢?"其次是"我们两个半斤八两，那么骂我和骂你是一样的"。这样做会很有帮助，虽然难以置信，不过确实有惊人的力量，说出来也是具有同样的力量。

玛丽有个同事叫罗恩，总喜欢在会议的时候狙击她。有一天，在受到狙击之后，她以天真的口气说："我知道你是这样的人，而我呢?"会议上除了罗恩，每个人都对他们的对话内容大笑不已。玛丽以幽默的方式让气氛轻松起来，不但化解了自己的不快，也从这么简单的一句话中让人看出了狙击手的幼稚。罗恩显然觉得自讨没趣，以后就再也不对她发动狙击了。

幽默是一个人应对危机的最佳态度。苏格拉底有一次在和自己的学生讨论哲学问题的时候，他的太太突然破门而入，当着众人的面，指着苏格拉底劈头盖脸地一顿臭骂，事后还不解气，将屋角的一盆凉水对着苏格拉底的头顶便浇了下去，众人都惊呆了。没有想到苏格拉底静静地擦了擦身上的水，微笑地说道："没什么，我知道打雷后通常都会下雨。"众人都被苏格拉底的幽默和睿智逗得大笑起来，一场尴尬一转眼便消解得无影无踪。

同样，生活中我们也难免会受到一些言语的攻击和伤害，如果我们能够以微笑应对，用幽默清洗不快，我们就会成为一个不被言语所伤的智者。

第七章
逆风飞扬，舞出生命精彩

◎有悲伤的地方才会有圣地

◎ 伟人，就是像神那样无畏的普通人。

◎ 为自己的错而悲伤的人有福，因为他们必定会得到安慰。

◎ 坐在幸福的椅垫上，人会睡着；在被奴役、被鞭打而受苦的时候，人才会得到学习一些事物和道理的机会。

要成功并不容易。想要获得成功的人得像风筝，与强风对抗，方能升向高空。立基于成功的信念，以便坚定向前，无惧于沿途所遭逢的困难。

确定你的信念能支持你在迈向成功的旅程中，忍受一切艰难险阻。当你确知自己在做什么，当你有个明确的目标和实施计划，那么，你或许得与周遭的狂风搏斗，却不至于有被吹垮的顾虑。风势愈强，你会飞得愈高。

超越自然的奇迹，总是在对厄运的征服中出现。塞涅卡曾说："伟人就是像神那样无畏的普通人。"这是一句诗一样美的妙语。古代诗人在他们的神话中曾描写过：当赫克里斯去解救普罗米修斯的时候，他是坐在一个瓦盆里漂洋过海的。这个故事其实正是对于人生的象征：因为每一个人也正是驾着血肉之躯的轻舟，横渡波涛翻滚的生活之海的。幸运中需要的美德是节制，而厄运所需要的美德是坚忍，后者比前者更为难能。《圣经》

的《旧约》启示人以幸福，而《新约》则启示人通过苦难去争取幸福。一切幸运都并非没有烦恼，而一切厄运也绝非没有希望。最美的刺绣，是以明丽的花朵映衬于暗淡的背景，而绝不是以暗淡的花朵映衬于明丽的背景。从这种图像中去汲取启示吧。人的美德犹如名贵的香料，在烈火焚烧中散发出最浓郁的芳香。正如恶劣的品质可以在幸运中暴露一样，最美好的品质也正是在厄运中被显示的。

“你如果是贫穷的，你是幸福的，因为神是属于你们的。”“为自己的错而悲伤的人有福了，因为他们必定会得到安慰。”这是《圣经》里的话。前句的意思，当然不用细说，只有贫穷的人，才了解神是照顾他们的。只有经过悲伤的人，才会成长。

19 世纪，英国诗人奥斯卡·怀路曾在监狱服刑期间写过这样的话：“有悲伤的地方，才有圣地，相信社会中的每一个人早晚都会了解到这一点！还未了解这一点之前，可以说那是他还不了解人生！”

也就是说，突破眼前的悲伤或痛苦之后，才能到达豁然的境界。

著有《睡着成功》这本书的美国牧师马非先生，也曾说过：“一切的灾祸中，一定匿藏着幸运的胚芽。”下面就是他写的一段文字：

“坐在幸福的椅垫上，人会睡着；在被奴役、被鞭打而受苦的时候，人才会得到学习一些事物和道理的机会。”

换句话说，先得到幸福的，后面就紧跟着不幸。伟大的哲学家老子，也曾说过“祸兮，福所倚；福兮，祸所伏”的至理名言。年轻的朋友们，先看一看这个人的经历吧，他一定会给你许多的启发。

1832 年，他失业了；同一年里，他决心要做政治家，当上一名州议员，但不幸的是他的竞选又失败了。

于是，他又自己开办了一家店铺，可上帝总爱和他开玩笑。一年不到，店铺又倒闭了。他不得不在长达 17 年的时间里，为偿还债务而到处奔波，吃尽了苦头。

他又一次决定参加竞选州议员，这一次他成功了！但不幸并没有离他远去，第二年，在离他结婚仅有几个月的时候，他的未婚妻却不幸因病去世了，他也悲伤得卧床不起。次年，他因此而得了神经衰弱症。

两年之后，他又参加州议会的选举，可他又失败了。5年后，他又参加美国国会议员的选举，仍然是失败。

第二年，也就是1846年，他最终当上了国会议员，可在争取连任时，他却又一次落选了。

世上的失败事情几乎让他全撞上了：店铺倒闭，情人去世，竞选败北。他会怎么样呢？会不会放弃奋争呢？

现实中的他却没有服输。1854年，他竞选参议员，失败；1858年，再一次竞选参议员，仍然是失败！

他尝试了11次，可只成功了两次，但他一直没有放弃自己的追求，一直在做自己生活的主宰。1860年，他终于获得了成功，当选为美国总统。这个人就是林肯——美国历史上最伟大的总统之一。

要是生命中每一项我们所求的事物，都只要花极少的努力就可以得到预期的结果，我们将什么也学不到，而生命也将索然无味。做什么事都成功，人将会变得多么傲慢自大！失败才能使人谦虚。当自己面对失败，要理性地劝慰自己：这是绝佳的学习机会，诚然不易，但这的确是难得的经验。

在克里米亚的一次战争中，有一枚炮弹击中一个城堡后，毁灭了一座美丽的花园。可在那个炮弹落下的深穴里，竟不住地流出泉水来，后来这里竟然成了一个永久不息的著名喷泉。同样，不幸与苦难，也会将我们的心灵炸破，而在那炸开的缝隙里，也会时刻流出奋斗前进的泉水来。

对于一个人来说，假使你年轻时便知道怎样对付打击，那么以后再碰到打击的时候，便能处置得更为适当些。

苦难失败往往会激发人的潜力，唤醒沉睡的雄狮，引人走上成功的道路。有勇气的人，会把逆境变为顺境，如同河蚌能将恼它的沙泥化成珍珠一样。

一个真正勇敢的人，愈为环境所迫，反而愈加奋勇，不战栗不逡巡，昂首挺胸，意志坚定；他敢于对付任何困难，轻视任何厄运，嘲笑任何障碍，因为贫穷困苦不足以伤他毫发，反而增强了他的意志、品格、力量与决心，这使他成为一个卓越的人。对于这样的人，命运绝无法阻挡他们的前程。

所以，年轻的朋友们，一定要记住奥斯卡给我们留下的诗句："有悲伤的地方，才有圣地。"

◎学会赢在失败

◎ 已经得到第一名的人，不会遇到比得第一名更荣耀的事了，对他而言，顶多只能继续保持第一名而已，而且还可能有降到第二名或第三名的不幸事件。相反的，得到最后一名的人，对他来说，最坏的结果也只是最后一名而已，但有进步到倒数第二、第三，甚至为第一名的可能。

◎ 那些能成功的人，只不过比别人多坚持了5分钟。

纵观人类历史上的伟人和杰出人物，他们中的相当一部分人曾经有过艰辛的童年生活，甚至还备受命运的虐待，但强者总是善于找到生命的支点。他们及时调整了自己的心态，坚韧地承受着生活的艰辛，在一贫如洗的岁月里安然走过，并用恒久的努力打破了重重的围困，在脱离了贫穷困苦的同时也脱离了平凡，造就了卓越与伟大。

有的苦难是如此的严重，一旦向它屈服，就等于输掉整场比赛。李奇威将军担任指挥官时，发现兵力推进太过，而受到敌军的猛烈攻击。但他坚持守住阵地而使美军免于被逼入海中，而且很快地进行反攻。挫折发生时，你也许没有时间来考虑修正错误以避免更进一步的失误。但千万别裹足不前，此刻最重要的是确定自己的目标，并采取能保存你所有的资源及希望的行动。要是你就此认输，你将失去自信且难以再恢复。所以你必须坚守原则，最后你将知道，你保住了自身所拥有的最重要的东西。

要是你曾仔细地反省自己，并研究那些你所钦慕的成功者的一生，你就会发现所有最好的机会，都发生在处于逆境的时候。因为只有在面对失败的可能时，才会想要做一根本的改变，从险中求胜。当你经历一些暂时的挫折，你也知道这只是暂时的，你就可以抓住逆境带来的机会。

有一天，两个强盗偶然路过一座吊死犯人的绞架，其中一个便叫起来："如果没有这该死的吊死人的绞架，我们的职业是多么好呀！"另一个强盗接着说："呸！你这笨蛋，好在有这架子，如果没有的话，人人都要做强盗了，哪轮得到你我？"

其实，世界上的各种职业、技艺与事业，莫不如此，都是因为困难吓退了一些庸碌的竞争者。斯潘琴说："许多人的生命之所以伟大，都来自他们所承受的苦难。"最好的才干往往是从烈火中冶炼的，都是从坚石上磨炼出来的。

世界上有许多人因为没有经历苦难的磨炼，激发不出他们体内潜伏着的力量来，因此他们的才能竟然得不到淋漓尽致的发挥。而只有努力奋进才能帮助人们达到成功的境地，只有尽力奋斗的人才会获得自己心中期望的东西。

苦难与障碍并不是我们的仇人，而是我们的恩人。因为我们人人都有一种逆反的心理，这种逆反的心理在人体里发展了反对的力量。正是苦难与障碍的出现，使得我们体内克服障碍、抵制苦难的力量，得以发展。这就好像森林里的橡树，经过千百次暴风雨的摧残，非但不会折断，反而愈见挺拔。正像暴风雨吹打橡树一般，人们所承受的种种痛苦、折磨和悲伤，也在启发人们的才能，都在锻炼他们。

芝加哥北密契根大道的一个地区现称为"富丽里"。1939 年，那里的办公楼群可说是日暮途穷了。一座座大楼只有空荡荡的地板。一座楼出租出去一半就算是幸运的，这正是商业不景气的一年。消极的心态像乌云一般笼罩在芝加哥不动产商的心头。那时，你常可以听到这样一些论调："登广告毫无意义，根本就没有钱。""我们没有必要工作了。"然而就在这时，一位抱着积极心态的经理进入了这个景象阴翳的地区。他有一个想法，他立即行动起来了！

这个人受雇于西北互助人寿保险公司，前来管理该公司在北密契根大道上的一座大楼。公司是以取消抵押品的赎取权而获得这座大楼的。他开始担任这项工作时，这座大楼只出租了10%。但不到一年，他就使它全部租出去了，而且还有长长的待租人名单送到他的面前。这其中有什么秘密呢？新经理把无人租用办公室作为一个挑战，而不是作为一个不幸。我们访问他时，他介绍了他所做的事情：

"我清楚地知道我要干什么，我要使这些房间100%地租出去，在当时的情况下，要做到这一点是很难的。因此我必须把工作做到万无一失，必须做到下列5点：

"1. 要选择称心的房客。

"2. 要激发吸引力，给房客提供芝加哥市最漂亮的办公室。

"3. 租金要不高于他们现在所付的房租。

"4. 如果房客按为期一年的租约付给我们同样的月租，我就对他现在的租约负责。

"5. 除此以外，我要免费为房客装饰房间。我要雇用富有创造性的建筑师和内装工，改造我们大楼的办公室，以适合每个新房客的个人爱好。

"我通过推理，可以得到下列结果：

"1. 如果一个办公室在以后几年中不能出租，我们就不能从那个办公室得到收入。但如果照我的方法做，我们到年底可能得不到什么收益，但这种情况总不会比我们没有采取任何行动时的情况更糟。而我们的境况应该好，因为我们满足房客的需要，他们在未来的年份中会准时如数地交付房租。

“2. 出租办公室仅以一年为基数，这是已经形成了的习惯。在大多数情况下，房间仅仅只空几个月就可接纳新的房客。因此，得到租金的希望就不至于太落空。

“3. 在一所设备良好的大楼里，如果一个房客一定要在他租约满期的那一年的末期退租，也比较易于再租。免费装饰办公室也不会得不偿失，因为这会增加全楼的股票价值，结果极好。每一个新近装饰过的办公室似乎都比以前更为富丽堂皇。房客都很热心，许多房客花费了额外的费用。有一个房客在改建工作中就花费了22 0000美元。

“这座大楼开始时只租出10％，到年底便100％地租出了。没有一个房客在他的租约满期后想走的。他们很高兴住上了超摩登的新办公室。第一年的租约期满后，我们也没有提高租金；这样，我们就赢得了房客的信任和友情。”

现在让我们回顾一下这个故事的始末。有一个人面临着一个严重的问题。他手上有一座巨大的办公大楼，可是这座大楼十分之九的办公室都是空闲未租。然而，在一年内这座大楼便100％地出租了。现在，就在它的隔壁左右，仍有几十座大楼是空荡荡的。

这两种情况之间的差别当然就是每座大楼的经理对这个问题所持的不同的心理态度。一种人说：“我有一个问题，那是很可怕的。”另一种人说：“我有一个问题，那是很好的！”

如果一个人能够抓住他的问题尚未显露出真相的好机会，洞察它并寻求解决，那么他就是懂得积极心态之要义的人。如果一个人能形成一种行之有效的想法，并紧接着付诸实行，他就能把失败转变为成功。

简单地说，已经得到第一名的人，不会有比得到第一名更荣耀的事了，对他而言，顶多只能继续保持第一名而已，而且还有可能会降到第二名或第三名的不幸事件。相反的，得到最后一名的人，对他来说，最坏的结果也只是最后一名而已，但有进步为倒数第二、第三名的可能。困境对我们来说反而是一种刺激，而且可以激励我们的成长与进步。

这里所指的贫穷或富裕，当然不单独指经济上的因素，也可以说是失败和成功、堕落和成长，也就是一般人常说的“顺境与逆境”。日本著名的作家谷口雅春先生，在他的著作《你是无限能力者》一书中曾说过“坠落才是机会”，其意义也是相同的。这些话，都是我们应该好好体会的。的确，如果一粒麦子不落地死亡，怎能再结出许多麦子呢？经历了越激烈的痛苦，在精神上、人格上，也会越早成熟、越早进步。

因此，一旦当我们面临困境时，不要畏惧退缩，心中只要牢牢记住一件事：不要被逆境所吞噬。纵使你面临着前所未有的激烈痛苦，也不要因此而被淹没。要知道如果太过于沉溺于自怜自艾之中，将会因为这一次的堕落而失去一切，永不得翻身。我们应该庆幸逆境来临，因为这正是我们考验自己的最佳良机，坚强地渡过危险之后，一条坦荡的康庄大道将展现在我们面前。“能够成功的人，只不过比别人多支持了5分钟。”你我均应牢记这句话。

◎化劣势为优势

◎ 威廉·詹姆斯说过：“我们的缺陷对我们有意外的帮助。”

◎ 如果你的弦断了，就在其他三根弦上把曲子演奏完。

尼采对超人的定义是：“不仅是在必要情况之下忍受一切，而且还要喜爱这种情况。”

愈研究那些有成就者的事业，人们就愈加深刻地感觉到，他们之中有非常多的人之所以成功，是因为开始的时候有一些会阻碍他们的缺陷，促使他们加倍地努力而得到更多的报偿。正如威廉·詹姆斯所说的：“我们的缺陷对我们有意外的帮助。”

不错，很可能密尔顿就是因为瞎了眼，才能写出更好的诗篇来，而贝多芬是因为聋了，才能作出更好的曲子。

海伦·凯勒之所以能有光辉的成就，也就是因为她的瞎和聋。

如果柴可夫斯基不是那么的痛苦——他那个悲剧性的婚姻几乎使他濒临自杀的边缘——如果他自己的生活不是那么悲惨，他也许永远不能写出他那首不朽的《悲怆交响曲》。

“如果我不是有这样的残疾，”那个在地球上创造生命科学的基本概念的人写道：“我也许不会做到我所完成的这么多工作。”达尔文坦白承认他的残疾对他有意想不到的帮助。

达尔文在英国出生的那一天，另外一个孩子生在肯塔基州森林里的一个小木屋里，他的缺陷也对他有帮助。他的名字就是林肯——亚伯拉罕·林肯。如果他出生在一个贵族家庭，在哈佛大学法学院得到学位，而又有幸福美满的婚姻生活的话，他也许绝不可能在心底深处找出那些在盖茨堡所发表的不朽演说。他不会说出他第二次政治演说中所说的那句如诗般的名言——这是美国的统治者所说的最美也最高贵的话——“不要对任何人怀有恶意，而要对每一个人怀有爱……”

有一位大学毕业生曾经给一位报社编辑写了一封信。在信中，他写道：

我是一名大学毕业生，参加工作已5年。5年来我工作顺利，深得领导赏识，按理该没有什么忧虑。但是，自古男大当婚，女大当嫁，我已到了恋爱结婚的年龄，就是这件事，弄得我好忧虑，好伤心。我的身高只有1.64米，这是爹妈给的，并非我的过错。可人家帮我介绍过3个女朋友，最后都以“拜拜”告吹。她们说，学历、文凭和工作单位没说的，只是个子太矮了，没有风度，没气派。有位姑娘还很惋惜地说：“可惜，只要再高6公分，有1.70米就好了。”这6公分之差，使我非常痛苦。现在我有点心灰意冷，恨爹妈为什么不让我长高些。因此工作也无精打采，我不愿这样消沉下去，可我该怎么办呢？

其时，有些人之所以烦恼、忧虑，正是由于自卑。

其实身材矮小何必自惭形秽？一位国际舞台上的名矮子对此自有一番高论。他名叫罗慕洛，长期担任菲律宾的外交部长，他身高也只有1.63米。面对高大的对方，他一点不自卑，却以此自豪。他写了一篇在世界上出名的文章，叫《愿生生世世为矮人》。现在附在下面，读了以后，你就会知道矮子确有矮子的好处。

有一次，在巴黎举行的联合国会议上，我和苏联代表团团长维辛斯基激辩。我讥刺他提出的建议是“开玩笑”。突然之间，维辛斯基把他所有轻蔑别人的天赋都向我发挥出来。他说：“你不过是个小国家的人罢了。”

在他看来，这就是辩论了。我的国家和他的相比，不过是地图上的一点而已。而且我自己穿了鞋子，身高只有1.63米。

即使在我家中，我也是矮子。我的四个儿子全比我高七八厘米。我的太太穿高跟鞋的时候，要比我高寸把。我们婚后，有一次她接受访问，曾谦虚地说：“我情愿躲在我丈夫的影子里，沾他的光。”一个熟悉的朋友就打趣地说：“这样的话，就没有多少地方好躲了。”

我身材矮小，和鼎鼎大名的人物在一起时，常常特别惹人注意。第二次世界大战期间，我是麦克阿瑟将军的副官，他比我高20厘米。那次登陆雷伊泰岛，我们一同上岸，新闻报道说：“麦克阿瑟将军从深及腰部的水中走上了岸，罗慕洛将军和他在一起。”一位专栏作家立即拍电报调查真相。他认为如果水深到麦克阿瑟将军的腰部，我就要淹死了。

我一生当中，常常想到高矮的问题。我但愿生生世世都做矮子。

这句话可能会使你诧异，许多矮子都因为身材而自惭形秽。我得承认，年轻的时候也穿过高底鞋，但用这个法子把身材加高实在不舒服，并不是身体上的，而是精神上的不舒服。

这种鞋子使我感到，我在自欺欺人，于是我再也不穿了。

其实这种鞋子剥夺了我天赋的一大便宜。因为：矮小的人起初总被人轻视，后来，他有了表现，别人就觉得出乎意料，不由得佩服起来，在他们心目中，他的成就格外出色。

有一年我在哥伦比亚大学参加辩论小组，初次明白了这个道理。我因为矮小，所以样子不像大学生，就像小学生。一开始，听众就为我鼓掌助威，在他们看来，我已经居于下风，而大多数人都喜欢看居下风的人得胜。

我一生的境遇都是如此。平平常常的事经我一做，往往就似乎成了惊天动地之举，因为大家对我毫不寄以希望。

1945 年，联合国创立会议在旧金山举行，我以无足轻重的菲律宾代表团团长身份，应邀发表演说。讲台差不多和我一样高，等到大家静下来，我庄严地说出这一句话："我们就把这个会场当作最后的战场吧。"全场登时寂然，接着爆发出一阵热烈的掌声。我放弃了预先准备好的演讲稿，畅所欲言，思如泉涌。后来，我在报上看到当时我说了这样一段话："维护尊严、言辞和思想比枪炮更有力量……唯一牢不可破的防线是互助互谅的防线！"

这些话如果是大个子说的，听众可能客客气气地鼓一下掌。但菲律宾那时离独立还有一年，我又是矮子，由我说出来，就有意想不到的效果。从那天起，小小的菲律宾在联合国大会中就被各国当作资格十足的国家了。

矮子还占一种便宜：通常都特别会交朋友。人家总想维护我们，容易对我们推心置腹。大多数的矮子早年就都懂得：友谊和筋骨健硕、力量强大一样重要。

早在1935年，大多数的美国人还不知道我这个人，那时我应邀到圣母大学接受荣誉学位，并且发表演说，那天罗斯福总统也是演讲人。事后他笑吟吟地怪我“抢了美国总统的风头”。

我相信，身材矮小的人往往比高大的人富有“人情味”而平易近人。他们从小就知道自视绝不可太高，身材魁梧的人态度冷峻，别人会说他有“威仪”。但是矮小的人摆出这种架子来，大家就要说他“自大”了。

矮子如果稍有自知之明，很早就会明白脾气是不好随便乱发的。大个子发脾气，可能气势汹汹，矮子就只像在乱吵乱闹了。

一个人有没有用，和个子大小无关。身材矮小可能真有好处。历史上许多伟大的人物都是矮子。贝多芬和纳尔逊都只有1.63米高，但是他们和只有1.52米高的英国诗人济慈及哲学大师康德相比，已经算高大的了。

当然还有一位最著名的矮子是拿破仑。好些心理学家说，历史上之所以有拿破仑时代，完全是拿破仑的身材作祟。人们说，他因为矮小，所以要世人承认他真正是非常伟大的人物，失之东隅，收之桑榆。

本文一开始，我就提到苏联代表维辛斯基因为我胆敢批评他的国家而出言相讥的事，我不喜欢别人以为我任凭他侮辱矮子，而不加反驳。他一说完，我就跳起身来，告诉联合国大会的代表说，维辛斯基对我的形容是正确的，但是我又说：“此时此地，把真理之石向狂妄的巨人眉心掷去——使他们行为有些检点，是矮子的责任！”（《圣经》里的典故）维辛斯基凶狠地瞪着眼，但是没有再说什么。

“我愿生生世世做矮人！”这就是罗慕洛流传于世的名言。他不仅正视生活中的自我，极力消除传统文化的偏见，而且因自己与别人的身体的不同而感到快乐和自足。

哈瑞·艾默生·福斯狄克在他那本《洞视一切》的书中说：“斯堪的

那维亚半岛人有一句俗话，我们都可以拿来鼓励自己：北风造就维京人。我们为什么会觉得，有一个很安全而且很舒服的生活，没有任何困难，舒适与轻闲，这些就能够使人变成好人或者很快乐呢？正相反，那些可怜自己的人会继续地可怜他们自己，即使舒舒服服躺在一个大垫子上的时候也不例外。可是在历史上，一个人的性格和他的幸福，却来自各种不同的环境，好的、坏的，只要他们肩负起他们个人的责任。所以我们再说一遍：北风造就维京人。”

假设我们颓丧到极点，觉得根本不可能把我们的柠檬做成柠檬水。那么，下面是我们为什么应该试一试的两点理由——这两点理由告诉我们，为什么我们只赚而不会赔。

理由第一条，我们可能成功。

理由第二条，即使我们没有成功，只是怀着要化负为正的企图，也就会使我们向前看而不会向后看。所以，用肯定的思想来替代否定的思想，能激发你的创造力，能刺激我们根本没有时间也没有兴趣去忧虑那些已经过去和已经完成的事情。

有一次，世界最有名的小提琴家欧利·布尔举行一次音乐会，他小提琴的 A 弦突然断了，可是欧利·布尔就用另外的那三根弦演奏完了那支曲子。“这就是生活，”哈瑞·艾默生·福斯狄克说，“如果你的 A 弦断了，就在其他三根弦上把曲子演奏完。”

这不仅是生活，这比生活更可贵——这是一次生命上的胜利。

◎不要认为自己一无所有

◎ 对于那些生来一无所有的年轻人，我想向他们表示祝贺，因为他们出生在一个令人荣耀的境地，这种环境注定了他们必须孜孜以求。不懈努力才能够改变自己的处境，才能出人头地。

◎ 如果我能够选择的话，我宁愿给一个年轻人留下一些磨难让他们

去承受，去磨砺，而不是留给他万能的金钱，让金钱成为他们的负担和重压。

美国钢铁大王安德鲁·卡内基在一次讲话中这么说过，对于那些生来一无所有的年轻人，我想向他们表示祝贺。因为他们出生在一个令人荣耀的境地，这种环境注定了他们必须孜孜以求、不懈努力，才能够改变自己的处境，才能出人头地。对于一个年轻人而言，他要挎的最重的篮子莫过于一个盛满了各种证券的篮子。他通常会让这个篮子压得摇摇晃晃、站立不稳。在我们的这个城市里有无数的青年，他们依靠自己的力量努力拼搏，站在了最优秀的人群的前列，成为对社会有用的公民。他们无愧于授予他们的所有荣誉。而大部分富豪的子孙们却难以抵制住先辈们留给他们的一大笔财富的诱惑，沦落为对社会没有任何价值的寄生虫。如果我能够选择的话，我宁愿给一个年轻人留下一些磨难让他去承受、去磨砺，而不是留给他万能的金钱，让金钱成为他的负担和重压。值得你们害怕的竞争对手不是来自这个富有的阶层，不是你的那些富有的合作伙伴的后代子孙们，你要时刻警惕的竞争对手是那些来自贫穷家庭的青年们，那些比你还要贫穷的青年人，他们的父母甚至没有能力负担他们在这个学院里上一门课的费用，而你们却拥有这个，能够让你们在自己的同类中有了立于前排的决定性优势。你们要重视这些看来不可能在你这一个职位上向你挑战或是超越你的年轻人。不要轻视那些从普通的学校里走出来，一头扎进工作中的年轻人，也不要轻视那些在办公室里干诸如端茶扫地一类最低等活的年轻人，他很可能就是一匹黑马，你最好还是密切注意他，终有一天他会向你挑战的。

1913 年 1 月 5 日，凯蒙斯·威尔逊诞生于美国南方孟菲斯市西北的奥西奥拉小城镇。他的父亲查尔斯·凯蒙斯·威尔逊曾在海军服役，当一名司炉工和办事员，后来离开了海军，在国民人寿和意外事故保险公司工作，推销保险。由于工作出色，于 1912 年接受公司的委派，前往奥西奥拉，在那里开设一个办事处。他的母亲多尔·威尔逊出生在孟菲斯市一个十分贫困的家庭，她 10 多岁时就去当卖杂货的营业员。他们的小男孩出生了，这时对于这位年纪轻轻又有雄心壮志的保险代理人及其新娘来说，前途看来一片灿烂光明。他们给儿子取名为小查尔斯·凯蒙斯·威尔逊。

可是，仅仅 9 个月后，悲剧突然袭来。29 岁的老凯蒙斯患了重病，是得了一种叫做肌肉萎缩性侧索硬化症的不治之症，支配肌肉运动的神经细胞出现病变衰退，非常痛苦。1913 年 10 月 4 日，他还来不及看到自己的儿子过 3 周岁生日便去世了，并留下多尔——年方 18 岁就成了寡妇和单身母亲。

老凯蒙斯有预见，生前买了一份保价为 2 0000 美元的保险单，死后赔款付给多尔。这笔钱在 1913 年时是一笔可观的金额。可是，一名没有道德的丧葬用品销售商在同多尔打交道时，利用了年轻寡妇的悲痛心情，劝说她给亡夫大办丧事，从而把根据保险单得到的全部款项耗用殆尽。老凯蒙斯的墓葬颇有气魄，但丧事过后，多尔几乎分文不剩。

正是在那个年代、那个地方，一个年方 18 岁的寡妇几乎身无分文，却下定主意：任何艰难困苦都阻挡不住自己抚养儿子，并把他培养成将来在世界上有所建树、留下印记的人。

多尔带了她的婴儿回到了孟菲斯市，迁往沃特金斯北街 336 号自己的母亲处居住。在取得政府补助之前的那段日子里，多尔别无选择，只有走出家门去工作，以养活自己和年幼的儿子。威尔逊后来回忆说："我的母亲找到了一份工作，给一位牙医当助手，每周工资 11 美元。后来，她当上了一名簿记员。可是，她一个月的收入从来没有超过 125 美元。此情此景，你能想象得出吗？回首当年，那是何等艰难的岁月，真是度日如年啊！"

在这种困窘的生活环境下，凯蒙斯·威尔逊在年幼时就开始干活挣钱了。经过艰辛的创业历程，威尔逊经营过爆玉米花和弹球机，经营过电影院，幼年艰苦的生活使他成为孟菲斯市最坚定不移、蒸蒸日上的青年企业家之一，而立之年未过，便已创下庞大的事业。

纵观那些世界知名企业家的成功历程，我们会发现他们无一例外都是从一无所有的困境中白手起家，依靠自己坚韧的品质和不懈的努力，创下了引以为傲的世界，由命运的弃儿变成众人称羡的天之骄子。因此，如果你觉得命运对自己太不公平，请记住下面一句话：

苦难是金，不要认为自己一无所有。

◎当太阳升起时再度充满精神

◎ 要树立对自己的信心，对于每一次的挫折与失败，都要微笑地面对，不要害怕，不要退后，因为毕竟你才是自己的主宰。

◎ 成功者之所以成功，正是在于他们不惧怕失败，能在失败之后重新鼓起奋斗的勇气。

一个身处逆境却依旧能含着笑的人，要比一个陷入困境就立即崩溃的人获益更多。处逆境而乐观的人，才具有获得成功的潜质，并且要比一般人更强；而有好多人往往一处逆境，便立刻会感到沮丧，因此达不到他们的目的。

我们生活于一个竞争激烈的世界，人们以成功者及失败者来衡量成就，并且强调每一个胜利都会产生对等的失败。要是一个人赢了，理论上必定有人输了。但事实上，你自己与自己的竞争才是真正重要的。

在通往成功的道路上，能不能经得住失败的考验，决定了能否达到成功的目标。有的人因为失败而徘徊不前，悲观失望，他们往往会由于害怕失败而遭受到更多的失败，最终落于人后；有的人却是微笑地面对失败，从哪里跌倒再从哪里爬起来，用信心和勇气来战胜失败，他们往往都是踏上了成功巅峰的出类拔萃的人。

在我们的社会上，绝没有郁郁不乐者、忧愁不堪者或陷于绝望者的地位。如果一个人在他人面前总是表现出郁郁不乐，就没有人愿意同他在一起，人们都要避而远之。

人类的天性是喜欢与和谐快乐的人相处。一个人不应该做情绪的奴隶，让一切行动皆受制于自己的情绪，人应该反过来控制自己的情绪。无论你周围的境况怎样的不利，你也应当努力去支配你的环境，把自己从黑暗中拯救出来。当一个人有勇气从黑暗中抬起头来，面向光明大道走去后，后面便不会有阴影了。

许多人在疲累或沮丧的时候，会面对自己日常的工作而感到困惑："究竟我做的这一切有什么用处？"

在这里，我把自己一生所获得的最切实的感受告诉大家：

"要树立自己的信心，对于每一次的挫折与失败，都要微笑地面对，不要害怕，不要后退，因为毕竟你才是自己的主宰。"

心态会带给你成功。当你在和失败战斗时，就是你最需要积极心态的时候。当你处于逆境时，你必须花数倍的心力，去建立和维持自己的积极心态。同时也应动用你对自己的信心以及你的明确目标，将积极心态化为具体行动。

在经过对无数成功者成功秘诀的深入探讨之后，我们更有理由相信这一点："成功者之所以成功，正是在于他们不惧怕失败，能在失败之后重新鼓起奋斗的勇气。"

只有在现实生活中拥有百折不挠的勇气的人，才能深刻地领会"失败是成功之母"这句话的真正含义。

1510 年，帕里斯出生在法国南部，他一直从事玻璃制造业，直到有一天看到一只精美绝伦的意大利彩陶茶杯。这一下，改变了他一生的命运。

“我也要造出这样美丽的彩陶。”这是他当时唯一的信念。

他建起烤炉，买来陶罐，打成碎片，开始摸索着进行烧制。

几年下来，碎陶片堆得像小山一样，可他心目中的彩陶却仍不见踪影，他甚至无米下锅了。他只得回去重操旧业，挣钱来生活。

他赚了一笔钱后，又烧了三年，碎陶片又在砖炉旁堆成了山，可仍然没有结果。

以后连续几年，他挣钱买燃料和其他材料，不断地试验，都没有成功。

长期的失败使人们对他产生了看法，都说他愚蠢，是个大傻瓜，连家里人也开始埋怨他。他也只是默默地承受。

试验又开始了，他十多天都没有脱衣服，日夜守在炉旁。

燃料不够了。他拆了院子里的木栅栏，怎么也不能让火停下来呀！

又不够了！他搬出了家具，劈开，扔进炉子里。

还是不够，他又开始拆屋子里的木板。劈劈啪啪的爆裂声和妻子儿女们的哭声，让人听了鼻子都是酸酸的。

马上就可以出炉了，多年的心血就要有回报了，可就在这时，只听炉内“嘭”的一声，不知是什么爆裂了。所有的产品都沾染上了黑点，全成了次品。

眼看到手的成功，又失败了！

帕里斯也感受到了巨大的打击，他独自一人到田野里漫无目的地走着。不知走了多长时间，优美的大自然终于使他恢复了心里的平静，他平静地又开始了下一次试验。

经过16年无数次的艰辛历程，他终于成功了，而这一刻，他却一片平静。

他的作品成了稀世珍宝，价值连城，艺术家们争相收藏。他烧制的彩陶瓦，至今仍在法国的罗浮宫上闪耀着光芒。

帕里斯的成功之路是艰辛而漫长的。他的成功来得何等不易。在一次又一次的失败中一次又一次地重新站起，这正是帕里斯的成功所在。

影响人类成功最坏的敌人，便是思想的不健康，便是以沮丧的心情来怀疑自己的生命。其实，一切事情，全靠我们的勇气，和我们对自己有信仰，全靠我们对自己有一个乐观的态度。惟有如此，方能成功。然而一般人处于逆境的时候，或是碰到沮丧的事情，处于充满凶险的境地时，他们往往会让恐惧、怀疑、失望的思想来捣乱，于是丧失了自己的意志，以致使自己多年以来的计划毁于一旦。有很多人如同从井底向上爬的青蛙，辛辛苦苦向上爬，但是一旦失足，就前功尽弃。

突破困境，首先在于要肃清胸中快乐和成功的仇敌，其次在于要集中思想，坚定意志。只有运用正确的思想，并抱着坚定的精神，才能战胜一切逆境。

一个在思想心智上训练有素的人，能够做到在几分钟内从忧愁的思想中解脱出来。但是大多数人却不能排除忧愁去接受快乐，不能消除悲观去接受乐观。他们把心灵的大门紧紧地封闭起来，虽然费力在那里挣扎，却没什么成效。

人在忧郁沮丧的时候，要尽量改换自己的环境。但是，对于使自己痛苦的问题，不要过多去思考，不要让它再占据你的心灵，而要尽力想着最快乐的事情。对待他人，也要表现出最仁慈、最亲热的态度，说出最和善、最快乐的话，要努力以快乐的情绪去感染你周围的人。这样做以后，思想上黑暗的影子，必将离你而去，而那快乐的阳光将映照你的一生。

诗人马伦在一篇名为《机会》的诗中写出了积极心态的力量：

我哭不是因为失去了宝贵的机会；
我流泪不是因为精华岁月已成云烟；
每天晚上我都烧毁当天的记录；
当太阳升起又再度充满了精神。

像个小孩子似的嘲笑已顺利完成的光彩，

对消失的欢乐不闻不问；

我的思考力不再让逝去的岁月重回眼前；

但却尽情地迎向未来。

恐惧、自我设限以及接受失败，最后只会像莎士比亚所说的使你“困在沙洲和痛苦之中”，但是你可借着信心、积极心态和明确目标来克服这些消极心态。

如果你能在失败之后，重新鼓起奋争的勇气，你就会离成功越来越近。而做到这一点，则取决于你积极的心态。面对失败时，要记住让自己的灵魂“在太阳升起时再度充满精神”。

第八章

迈向活力的巅峰

◎你为什么会疲劳

◎ 我们所感到的疲劳绝大部分是由于心理的影响。事实上，纯粹由生理引起的疲劳是很少的。

◎ 一个坐着工作的人，如果健康情形良好的话，他的疲劳100％是受心理因素，也就是情感因素的影响。

◎ 困难的工作本身很少造成好好休息之后不能消除的疲劳……忧虑、紧张和情绪不安，才是产生疲劳的三大原因。

◎ 你在任何时候都能放松，任何地方也能放松，只是不要花费力气去让自己放松。

有一个很令人吃惊而且非常重要的事实：单单用脑不会使你疲倦。这句话听起来非常荒谬，可是几年之前，科学家曾试图了解，人类的脑子能够工作多久而不致使“工作效率降低”，也就是科学上对疲劳的定义。令这些科学家们非常吃惊的是，他们发现通过活动中的脑细胞的血液，毫无疲劳的迹象；但如果你由一个正在做工的人的血管里抽出血液，就会发现血液里充满了“疲劳毒素”和各种废物。但是如果你从爱因斯坦的脑部抽出血来，即使是在一天的终了，也不会有任何疲劳毒素在内。

如果只用脑的话，那么，“在8个甚至12个小时之后，工作能量还像开始时一样地迅速和有效率”，脑部是完全不会疲倦的……那么是什么使你疲倦呢？

心理治疗专家大都认为，我们所感到的疲劳，多半是由精神和情感因素所引起的。英国最有名的心理分析家J. A. 哈德非尔德在他那本《权力心理学》里说：“我们所感到的疲劳绝大部分是由于心理的影响。事实上，纯粹由生理引起的疲劳是很少的。”

一位美国著名的心理分析家A. A. 布里尔博士说得更详细。他说：“一个坐着工作的人，如果健康情形良好的话，他的疲劳100%是受心理因素，也就是情感因素的影响。”

什么心理因素会影响到坐着不动的工作者，而使他们疲劳呢？是快乐？是满足吗？不是的，绝不是这样！而是烦闷、懊恨，一种不受欣赏的感觉，一种无用的感觉，过于匆忙、焦急、忧虑……这些都是使那些坐着工作的人精疲力竭的心理因素。它们使他容易感冒，减少他的工作成绩，而且会让他回家的时候带着神经性的头痛。不错，我们之所以感到疲劳，是因为我们的情绪使我们的身体紧张。

大都会人寿保险公司，在一本讨论疲劳的小册子上特别指出了这一点。“困难的工作本身，”这本小册子上说，“很少造成好好休息之后不能消除的疲劳……忧虑、紧张和情绪不安，才是产生疲劳的三大原因。通常我们以为是由劳心劳力所产生的疲劳，实际上都应该怪在这三个原因之上……请记住！紧张的肌肉，就是正在工作的肌肉，应该要放松，把你的体力储备起来，以应付更重要的责任。”

为什么我们在劳心的时候，也会产生这些不必要的紧张呢？丹尼尔·乔斯林说：“我发现主要的原因……是几乎所有的人都相信，越是困难的工作，越要有一种用力的感觉，否则做出来的成绩就不够好。”所以我们一集中精神就皱起了眉头，耸起了肩膀，要所有的肌肉都来“用力”。事实上这对我们的思考，根本没有丝毫帮助。

碰到这种精神上的疲劳，应该怎么办呢？要放松！放松！再放松！要学会在工作时放轻松一点。

这很容易吗？那才不，你恐怕得把你养成了一辈子的习惯都改过来。可是花这种力气是值得的，因为这样可以使你的生活起革命性的变化。威廉·詹姆斯，在他那篇题名《论放松情绪》的文章里说："过度紧张、坐立不安、着急以及紧张痛苦的表情……这是一种坏习惯，不折不扣的坏习惯。"紧张是一种习惯，放松也是一种习惯，而坏习惯应该祛除，好习惯应该养成。

你怎样才能放松呢？是该先从思想开始，还是该从你的神经开始呢？二者都不是。你应该先放松你的肌肉。

让我告诉你应该怎么做。我们先从你的眼睛开始，先把这一段读完，当你读完之后，把头向后靠，闭起你的眼睛来。然后默不出声地对你的眼睛说："放松，放松；不要紧张，不要皱眉头；放松，放松。"如此慢慢地重复、再重复念一分钟……

你是否注意到，经过几秒钟之后，你眼睛的肌肉就开始服从你的命令了？你是否觉得，有一只无形的手把这些紧张的情绪都驱走了。噢，虽然看起来令人难以置信，可是在这一分钟里，你却已经试过了放松情绪艺术的全部关键和秘诀。你可以用同样的办法放松你的脸部肌肉、头部、肩膀、整个身体。但是你全身最重要的器官，还是眼睛。芝加哥大学的爱德蒙德·雅各布森博士曾说，如果你能完全放松眼部肌肉，你就可以忘记你所有的烦恼了。在消除神经紧张时，眼睛之所以这样重要，是因为它们消耗了全身散发出来能量的1/4。这也就是为什么很多眼力很好的人，却感到"眼部紧张"，因为他们自己使眼部感到紧张。

以写长篇小说著名的女作家维基·鲍姆曾说，她小时候遇见一位老人，教了她一生所学过的最重要的一课。她摔了一跤，跌破了膝盖，还扭伤了手腕。那个以前在马戏团当小丑的老人把她扶了起来，在帮她把身上灰尘拂干净的时候，老人说："你之所以会碰伤，是因为你不知道怎样放松你自己。你应该假装你自己软得像一只袜子，像一只穿旧了的袜子。来，我来教你怎么做。"

那个老头子就教她和其他的孩子们怎么样跑，怎么样跳，怎么样翻斤斗，还一直教他们说："要把你自己想象成一只旧袜子，那你就能放松了。"

任何时候都能够放松，任何地方你也能够放松，只是不肯花费力气去让自己放松。所谓放松，就是消除所有的紧张和力气，只想到舒适和放松。开始的时候先想怎样放松你眼部的肌肉和脸上的肌肉，不停地说着："放松……放松……"放松，再放松。要感觉到你的体力，由你的脸部肌肉，一直到你身体的中心。要使你自己像孩子一样完全没有紧张的感觉。

这也是著名的女高音盖莉·库尔奇所用的办法。海伦·吉卜森告诉过我，他常常看见盖莉·库尔奇在表演之前坐在一张椅子上，放松全身的肌肉，而且下颚松得像脱臼似的。这种做法非常不错——可以使她在登台的时候，不至于感到太紧张，也可以防止疲劳。

下面是帮你学会怎样放松的五项建议：

1. 请看关于这方面的一些好书——大卫·哈罗·芬克博士所写的《消除神经紧张》。我也建议你看一看这本书——由丹尼尔·乔斯林所写的《为什么会疲倦》。

2. 随时放松自己，使你的身体软得像一只旧袜子。我工作的时候，常在书桌上放一只红褐色的旧袜子，提醒我应该放松到什么程度。如果你找不到一只旧袜子的话，一只猫也可以。你有没有抱过在太阳底下睡觉的猫呢？当你抱起它来的时候，它的头就像打湿了的报纸一样垮下去。印度的瑜伽术也教你，如果你想放松，应该多去学学猫。要是你能像猫一样地放松自己，大概就能避免这些问题了。

3. 工作时采取舒服的姿势。要记住，身体的紧张会产生肩膀的疼痛和精神上的疲劳。

4. 每天自我检讨5次，问问你自己："我有没有使我的工作变得比实际上更重？我有没有用一些和我的工作毫无关系的肌肉？"这些都有助于你养成放松的好习惯。就像大卫·哈罗·芬克博士所说的："那些对心理学最了解的人们，都知道疲倦有2/3是习惯性的。”

5. 每天晚上再检讨一次，问问你自己：“我有多疲倦？如果我感觉疲倦，这不是我过分劳心的缘故，而是因为我做事的方法不对。”“我算算自己的成绩，”丹尼尔·乔斯林说，“不是看我在一天完了之后有多疲倦，而是看我有多不疲倦。”他说：“当那一天过完而我感到特别疲倦时，或者是我感觉我的精神特别疲乏的时候，我会毫无问题地知道，这一天不论在工作的质和量上都做得不够。如果每一位生意人都能学会这一点，因为神经紧张而引起疾病致死的比率，就会马上降低了，而且在我们的精神疗养院里，也不会再有那些因为疲劳和忧虑，导致精神崩溃的人。”

◎每日多清醒一小时

◎ 防止疲劳和忧虑的第一条规则是，经常休息，在你感到疲倦以前就休息。

◎ 爱迪生认为他无穷的精力和耐力，都来自他能随时想睡就睡的习惯。

◎ 休息并不是绝对什么事都不做，休息就是“修补”。

◎ 在你感到疲劳之前先休息，这样你每天清醒的时间，就可以多增加一小时。

在这本谈论如何防止忧虑的书里，我为什么要写进防止疲劳的问题呢？很简单，因为疲劳容易使人产生忧虑，或者至少会使你较容易忧虑。任何一个还在学校里学医的学生都会告诉你，疲劳会减低身体对一般感冒和疾病的抵抗力；而任何一位心理治疗家也会告诉你，疲劳同样会减低你对忧虑和恐惧等等感觉的抵抗力，所以防止疲劳也就可以防止忧虑。

我是否说“可以防止不快乐”呢？这话说得太温和了些。艾德蒙·雅各布森医生说得更清楚。雅各布森医生是芝加哥大学实验心理学实验室的主任，他写过两本关于如何放松紧张情绪的书——《消除紧张》和《你必须放松紧张情绪》。他花过好多年的时间，主持研究放松紧张情绪的方法在医疗上的用途。他认为任何一种精神和情绪上的紧张状态，“在完全放松之后就不可能再存在了”。这也就是说，如果你能放松紧张情绪，就不可能再继续忧虑下去。

所以要防止疲劳和忧虑，规则第一条就是：经常休息，在你感到疲倦以前就休息。

这一点为什么重要呢？因为疲劳增加的速度快得出奇。美国陆军曾经进行过好几次实验，证明即使是年轻人——经过多年军事训练而很坚强的年轻人——如果不带背包，每一小时休息10分钟，他们行军的速度就会加快，也更持久，所以陆军强迫他们这样做。你的心脏也正和美国陆军一样的聪明。你的心脏每天压出来流过你全身的血液，足够装满一节火车上装油的车厢；每24小时所供应出来的能力，也足够用铲子把20吨的煤铲上一个3尺高的平台所需的能量。你的心脏能完成这么多令人难以相信的工作量，而且持续50、70，甚至可能90年之久。你的心脏怎么能够承受得了呢？哈佛医院的沃尔特·加农博士解释说：“绝大多数人都认为，人的心脏整天不停地在跳动着。事实上，在每一次收缩之后，它有完全静止的一段时间。当心脏按正常速度每分钟跳动70次的时候，一天24小时里实际的工作时间只有9小时，也就是说，心脏每天休息了整整15个小时。”

在第二次世界大战期间，丘吉尔已经六七十岁了，却能够每天工作16小时，一年一年地指挥大英帝国作战，实在是一件很了不起的事情。他的秘诀在哪里？他每天早晨在床上工作到11点，看报告、口述命令、打电话，甚至在床上举行很重要的会议。吃过午饭以后，再上床去睡一个小时。到了晚上，在8点钟吃晚饭以前，他要再上床去睡两个小时。他并不是要消除疲劳，因为他根本不必去消除，他事先就防止了。因为他经常休息，所以可以很有精神地一直工作到半夜之后。

约翰·洛克菲勒也创造了两项惊人的纪录：他赚到了当时全世界为数

最多的财富，也活到 98 岁。他如何做到这两点呢？最主要的原因当然是，他家里的人都很长寿；另外一个原因是，他每天中午在办公室里睡半个小时午觉。他会躺在办公室的大沙发上——而在睡午觉的时候，哪怕是美国总统打来的电话，他都不接。

在那本名叫《为什么要疲倦》的书里，丹尼尔说："休息并不是什么事都不做，休息就是修补。"在短短的休息时间里，就能有很强的修补能力；即使只打 5 分钟的瞌睡，也有助于防止疲劳。棒球名将康尼·麦克告诉我，每次出赛之前如果他不睡午觉的话，到第五局就会觉得筋疲力尽了。可是如果他睡午觉，哪怕只睡 5 分钟，也能够赛完全场，并且一点也不感到疲劳。

我曾问过埃莉诺·罗斯福夫人，当她在白宫当第一夫人的 12 年里，如何应付那么紧凑的节目。她对我说，每次接见一大群人或者是要发表一次演说之前，她通常都坐在一张椅子或是沙发上，闭起眼睛休息 20 分钟。

我最近到麦迪逊广场花园，去拜访吉恩·奥特里这位参加世界骑术大赛的骑术名将。我注意到他的休息室里放了一张行军床。"每天下午我都要在那里躺一躺，"吉恩·奥特里说，"在两场表演之间睡一个小时。当我在好莱坞拍电影的时候，"他继续说道，"我常常靠坐在一张很大的软椅子里，每天睡两次午觉，每次 10 分钟，这样可以使我精力充沛。"

爱迪生认为他无穷的精力和耐力，都来自他能随时想睡就睡的习惯。

在亨利·福特过 80 岁大寿之前，我去访问过他。我实在猜不透他为什么看起来那样有精神，那样健康。我问他秘诀是什么，他说："能坐下的时候我决不站着，能躺下的时候我决不坐着。"

被称为"现代教育之父"的霍勒斯·曼在他年事稍长之后也是这样。当他担任安蒂奥克大学校长的时候，常常躺在一张长沙发上和学生谈话。

我曾建议好莱坞的一位电影导演试试这一类的方法，他后来告诉我说，这种办法可以产生奇迹。我说的是杰克·切尔托克，他是好莱坞最有名的大导演之一。几年前他来看我的时候，他是 M—G—M 公司短片部的经理，他说他常常感到劳累和筋疲力尽。他什么办法都试过，喝矿泉水、吃维他命和别的补药，但对他一点帮助也没有。我建议他每天去“度假”。怎么做呢？就是当他在办公室里和手下开会的时候，躺下来放松自己。

两年之后，我再见到他的时候，他说：“出现了奇迹，这是我医生说的。以前每次和我手下的人谈短片的时候，我总是坐在椅子里，非常紧张。现在每次开会的时候，我躺在办公室的长沙发上。我现在觉得比我20年来都好过多了，每天能多工作两个小时，同时很少感到疲劳。”

你是如何使用这些方法的呢？如果你是一名打字员，你就不能像爱迪生或是山姆·戈尔德温那样，每天在办公室里睡午觉；而如果你是一个会计员，你也不可能躺在长沙发上跟你的老板讨论账目的问题。可是如果你住在一个小城市里，每天中午回去吃中饭的话，饭后你就可以睡10分钟的午觉。这是马歇尔将军常做的事。在第二次世界大战期间，他觉得指挥美军部队非常忙碌，所以中午必须休息。如果你已经过了50岁，而觉得你还忙得连这一点都做不到的话，那么赶快买人寿保险吧——最近葬礼的费用涨得相当高，而且这种事都来得非常突然，而那位小女人也许想拿你的保险金，去嫁一个比你年轻的男人呢！

如果你没有办法在中午睡个午觉，至少要在吃晚饭之前躺下休息一个小时，这比喝一杯饭前酒要便宜得多了。而且算起总账来，比喝一杯酒还要有效5467倍。如果你能在下午5点、6点或者7点钟左右睡一个小时，你就可以在你生活中每天增加一小时的清醒时间。为什么呢？因为晚饭前睡的那一个小时，加上夜里所睡的6个小时——一共是7小时——对你的好处比连续睡8个小时更多。

从事体力劳动的人，如果休息时间多的话，每天就可以做更多的工作。弗雷德里克·泰勒，在贝德汉钢铁公司担任科学管理工程师的时候，就曾以事实证明了这件事情。他曾观察过：工人每人每天可以往货车上装大约12.5吨的生铁，而通常他们中午时就已经精疲力竭了。他对所有产生疲劳的因素做了一次科学性的研究，认为这些工人不应该每天只送12.

5吨的生铁，而应该每天装运47吨。照他的计算，他们应该可以做到目前成绩的4倍，而且不会疲劳，只是必须要加以证明。

泰勒选了一位施密特先生，让他按照马表的规定时间来工作。有一个人站在一边拿着一只马表来指挥施密特："现在拿起一块生铁，走……现在坐下来休息……现在走……现在休息。"

结果怎样呢？别的人每天只能装运12.5吨的生铁，而施密特每天却能装运到47.5吨生铁。而当弗雷德里克·泰勒在贝德汉姆钢铁公司工作的那3年里，施密特的工作能力从来没有减低过，他之所以能够做到，是因为他在疲劳之前就有时间休息：每个小时他大约工作26分钟，而休息34分钟。他休息的时间要比他工作的时间多——可是他的工作成绩却差不多是其他人的4倍！

让我再重复一遍：照美国陆军的办法去做——常常休息；照你自己心脏做事的办法去做——在你感到疲劳之前先休息，这样你每天清醒的时间，就可以多增加一小时。

◎一张抗疲劳的良方

◎ 如果你在一天之中没有笑，那你这一天就算白活了。

◎ 英国哲学家斯宾赛说："生命的潮汐因快乐而升，因痛苦而降。"

◎ "一笑解千愁"，"乐而忘忧"，笑能使人驱散忧虑和压抑的消极情绪，使人变得快乐。

笑口常开，青春常在。经常笑的人，会比心情郁闷、整天绷着脸的人拥有更多青春活力，同时，也更健康。

中国著名科普作家高士其曾高度评价笑的作用，他指出："笑，是治病的偏方，是健康的使者。"

传说神医华佗有一天路过一个村庄，看见一对小姐妹眼睛红肿如桃。华佗询问得知姐妹因失去双亲，日思夜哭，眼患重疾。华佗告诉他们：

“你们只要每日在足心抓49下，过半个月，病就会好的。不过，要当心，抓多了不灵，抓少了不行。”妹妹一有空就抓起来，手指一触足心就发痒，忍不住就笑，果然，不到半个月，眼疼就获痊愈，可谓“笑到病除”。可姐姐不相信，未按华佗医嘱去抓，两眼仍然红肿。

笑能使人精神愉悦，同时还对心脏大有好处；相反，心情沮丧则不利于身体健康，甚至会增加早死的危险。马里兰大学的迈克尔·米勒博士表示，笑给心血管带来的好处就像锻炼可以给心血管带来好处一样，因为笑可以促使血液流通。而北卡罗莱纳大学的另一项研究则表明，心情沮丧或缺少笑容常常与诸如抽烟、吸毒等不健康的生活习惯联系在一起，同时还能将死亡的危险增加44%。

在调查过程中，米勒选择了20部让人发笑的喜剧片或是会使人紧张不安的悲剧片，并让20名平均年龄为33岁的，不吸烟、身体健康的志愿者观看这些影片。当志愿者观看影片时，研究人员检测他们血管内发生的变化。研究显示，观看悲剧片时，20名志愿者中有14人胳膊上的动脉血流量减少；相反，在观看喜剧影片时，20人中有19人的血流量增加。研究人员得到的结论是，在笑的时候，血流量会平均增加22%；而当人们有了精神压力时，血流量则会减少35%。

由此，米勒博士得出这样的结论，笑和做有氧运动时差不多，但笑可以使我们远离由运动带来的伤痛和肌肉紧张等不良影响。但是，他也同时表示，笑也不可能取代体育锻炼，两者应该有规律地同时进行。他说：“我们建议人们一周进行3次体育锻炼，每次30分钟；另外，每天要笑15分钟，这样会对人们保持活力和身体健康有好处。”

现在，世界各国的人们逐步认识到乐观幽默在生活和事业中的重要作用，于是都纷纷做出努力，千方百计地创造条件，让大家生活得快乐些。这些年，几乎在全世界都掀起了一股漫画热。尤其是在日本，漫画达到了风靡的程度，以至于形成了一种所谓漫画文化，使漫画成了与空气一样不可缺少的东西。现在日本最畅销的报刊就是漫画报刊。

据统计，漫画杂志一年可销售16.8亿册，平均每个日本人一年购买15册。人们认为，日本漫画热的形成首先是因为日本社会的高度紧张，人们都很疲劳，为了松弛一下，便纷纷逃到漫画世界里去。而现在，日本的一些漫画家甚至把一些难读难解的书籍如经济、历史等方面的著作也编成漫画。人们在轻松地阅读中领略到笑意，在笑意中理解书的内容，可真是寓教于乐。

我们在前文说过，笑是一种有益的健身锻炼，笑有利于消化、循环和新陈代谢，重要的是笑有助于乐观地对待现实。生活中如果没有了笑声，人就会生病，并使病情日趋严重，而幽默则能激起内分泌系统的积极活动进而有效地解除病痛。

乐观、愉快、喜悦、幽默和笑，都能使大脑皮层处于中等兴奋状态。这是一种最佳情绪和最佳心理状态。在这种最佳情绪和最佳心理状态下，大脑皮层对身体内外的刺激都产生最佳反应，并发出最佳指令，从而使身体各部分得到最佳调节，使生命活力和抵抗力得到最佳表现，从而最有利于身心，并能战胜各种疾病的侵袭；同时，它能使人的才能、智力、体力和创造力得到最佳发挥，所以又最有利于获得事业的成功和取得最佳的成就。

由此，我们认为，乐观的情绪是保健延年的最佳药方，是成就事业的最佳方法。健康的大笑是消除疲劳的最好方法，也是一种很愉快的发泄不良情绪的好方式。而看看喜剧或是听听笑话，从而引发内心的喜悦，让你由心底发出笑意也是一个松弛神经的好方法。

生理学家对笑的生理学原理进行了认真的研究，得出的结论是：笑具有很好的医疗效果。其中包括笑对血压的冲击力、对神经内分泌的反应、对呼吸的良好影响作用。

莎士比亚曾说过一句话："如果你在一天之中没有笑，那你这一天就算是白活了。"医学证明人在幽默欢乐的过程中，会引起荷尔蒙的改变，与长寿有着积极联系。

现在一些保健专家也建议：医生不要犹豫为病人开出“笑”的处方，给他们指出适当的笑的频率，教给病人一些发笑方法，这对健康和长寿是有益无害的。

归纳起来，笑有 6 大好处：

1. 增强肺的呼吸功能，清洁呼吸道；

2. 抒发健康的情感；

3. 消除神经紧张现象，使肌腱放松；

4. 散发多余的精力，驱除愁闷；

5. 减轻社会束缚感；

6. 克服羞怯心理，乐观地面对现实。

我相信，本书的很多读者会像奥尔嘉·加维一样，具有那种意志力和内在力量。她住在爱达和州，在最悲惨的情况之下，发现自己还能停止忧虑。我非常坚定地相信你和我也都能那样做，只要我们应用这本书里所讨论的一些很古老的道理。下面就是奥尔嘉·加维所写的故事：

“八年半以前，医生宣告我将不久于人世，会很慢、很痛苦地死去。国内最有名的医生——梅奥兄弟也证实了这个诊断。我走投无路，死亡就要扑向我。我还很年轻，我不想死，绝望之余，我打电话找到了我的医生，告诉他我内心的绝望。他有点不耐烦地拦住我说：‘怎么回事，奥尔嘉？难道你一点斗志也没有吗？你要是一直这样哭下去的话，毫无疑问，你一定会死。不错，你碰上了最坏的情况。要面对现实，不要忧虑，然后想点办法。’就在那一刹那，我发了一个誓，我是如此坚决以至于连指甲都深深地掐进肉里，而且背上一阵发冷：‘我不会再忧虑，我不会再哭泣，如果还有什么需要我常常想的，那就是我一定要赢！我一定要继续活下去！’

“在不能用镭照射的情况之下，每天只能用 X 光照射 10 分半钟，连续照 30 天。但他们每天为我照了 14 分半钟的 X 光，照了 49 天。虽然我的骨头在我瘦削的身体里撑出来，像是荒凉山边的岩石，虽然我的两脚重得像铅块，我却不忧虑，也没哭过一次。我面带微笑，不错，我的的确确在勉强自己微笑。

“我不会傻到以为只要微笑就能治疗癌症。可是我的确相信，愉快的精神状态有助于抵抗身体的疾病。总之，我经历了一次治愈癌症的奇迹。在过去这些年里，我再也没有像现在这么健康过，这都多亏了这句富于挑战性和战斗性的话：‘面对现实，不要忧虑，然后想点办法。’”

在这一节结束的时候，我要再重复一次亚历西斯·卡瑞尔博士的这句话：“不知道怎样抗拒忧虑的人都会短命而死。”

◎四个工作的好习惯

◎ 清除你桌上所有的纸张，只留下与你正要处理的问题有关的东西。
◎ 根据事情的重要程度来做事。
◎ 当你碰到问题时，如果必须做决定，就当场决定，不要迟疑不决。
◎ 学会如何组织、分层管理和监督。

良好的工作习惯可以让一个人保持充沛的精力和持续高效地工作。下面我们为你推荐四种良好的工作习惯，可以让你高效工作，摆脱疲劳的困境。

良好的工作习惯之一：清除你桌上所有的纸张，只留下与你正要处理的问题有关的东西。

芝加哥与西北铁路公司的总裁罗兰德·威廉姆斯说：“一个桌上堆满很多种文件的人，若能把他的桌子清理开来，留下手边待处理的一些，就会发现他的工作更容易，也更实在。我称之为家务料理，这是提高效率的第一步。”

如果你走进位于华盛顿特区的国会图书馆，你就可以看到天花板上悬挂着几个字，这是著名诗人波普曾写过的一句话：“秩序，是天国的第一条法则。”

秩序也应该是商界的第一条法则。但是否如此呢？一般生意人的桌上，都堆满了可能几个礼拜都不会看一眼的文件。一家新奥尔良的报纸发行人有一次告诉我，他的秘书帮他清理了一张桌子，结果发现了一部两年来一直找不着的打字机。

光是看见桌上堆满了还没有回的信、报告和备忘录等等，就足以让人产生混乱、紧张和忧虑的情绪。更坏的事情是，经常让你想到"有一百万件事情待做，可自己就是没有时间去做它们"，这样不但会使你忧虑得感到紧张和疲倦，也会使你忧虑得患高血压、心脏病和胃溃疡。

宾夕法尼亚大学医学院的教授约翰·斯托克博士，曾在美国医药学会全国大会上宣读过一篇论文——题目叫做"生理疾病所引起的心理并发症"。在这篇论文里，斯托克博士在一项"病人心理状况研究"的题目下，共列出了11种情况，下面就是其中的第一种：

"总是有一种必须去做或是不得不做的感觉，总是感到有做不完的事情，而且必须去做。"

像清理桌子，作出各种决定等等，这些简单的事情怎么能帮你避免那些很重的压力——那种"不得不做"，以及那种"必须做而且永远也做不完"的感觉呢？著名的心理治疗家威廉·萨德勒博士，就让一个病人用这种简单的办法避免了精神崩溃。这个病人是芝加哥一家大公司的高级主管，当他初到萨德勒博士诊所去的时候，非常紧张不安，而且很忧虑。他知道他可能精神崩溃了，可是他没有办法辞去工作。他需要有人帮助他。

"当这个人正把他的问题告诉我的时候，"萨德勒博士说，"我的电话铃响了起来，是医院打来的电话。我没有过多讨论这些问题，当场就下了决定。我总是尽可能当场解决问题。我刚把电话挂上，铃声又响了。这次又是一件很紧急的事情，我花了一点时间讨论。第三次来打扰的是我的一个同事，为了他一个病得很重的病人来问我的意见。当我和他讨论完了以后，我转过身来准备向我的病人道歉，因为我一直让他在旁边等着。可是他脸上的表情完全不一样，非常的开心。""不必道歉了，大夫，"这个人对萨德勒说，“在刚才的那10分钟里，我想我已经知道我的问题在哪里了。我现在要动身回到我自己的办公室里，改一改我的工作习惯……可是在我走之前，你能不能让我看看你的书桌呢？”

萨德勒博士打开他书桌的几个抽屉，里面都是空的，一只放了一些文具。“请你告诉我，”那位病人说，“你没有办完的公事都放在哪里？”

“都做完了。”萨德勒说。

“那么你还没有回的信放在哪里呢？”

“都回了，”萨德勒告诉他说，“我的规则是，信决不放下来。我都是马上口述回信，让我的秘书打字。”

六个礼拜之后，那位高级主管把萨德勒博士请到自己的办公室去。他整个地改变了，他的办公桌也不一样了。他打开办公桌的抽屉，抽屉里不再有还没做完的公事。“六个礼拜以前，”这位高级主管说，“我在两个办公室里有三张写字台，我整个人都埋在工作里，事情永远也做不完。当我和你谈过以后，我回到办公室里，清出一大车报表和旧文件。现在我的工作只需要一张写字台，事情一到马上就办完。这样就不再会有堆积如山的没有做完的公事威胁我，让我紧张和忧虑。可是，最让我想不到的是，我完全恢复了健康，现在一点病也没有了。”

以前担任过美国最高法院大法官的查尔斯·伊文斯·休斯说：“人不会死于工作过度，而会死于浪费和忧虑。”不错，死于浪费精力——而他们之所以忧虑，是因为他们的工作似乎永远做不完。

良好的工作习惯之二：按照事情的重要程度来做事。

查尔斯·卢克曼，从一个默默无闻的人，在12年之内，变成了派索登特公司的董事长，每年有10万美元的年薪，另外还能赚100万美元——他说这都是归功于他能够根据事情的轻重缓急行事的能力。

查尔斯·卢克曼说：“就我记忆所及，我每天早上都在5点钟起床，因为那时候我的思想要比其他时间更清楚——那时候我可以考虑周到，计划一天的工作。计划去按事情的重要程度来决定做事的先后次序。”

弗兰克·贝特吉是美国最成功的保险推销员之一，他不会等到早上5点钟才计划他当天的工作。他在头一天晚上就已经计划好了。他替自己订下一个目标，订下一个一天要卖掉多少保险的目标。要是他没有做到，差额就加到第二天——依此类推。

我由长久以来的经验知道：一个人不可能总按事情的重要程度，来决定做事的先后次序。可是我也知道，按计划做事，绝对要比随兴之所至而去做事好得多。

如果萧伯纳没有坚持该先做的事情就先做的这个原则，他也许就不可能成为一个作家，而一辈子做一个银行出纳员了。他拟定计划，每天一定要写5页。这个计划使他每天5页地写了9年。虽然在这9年里他一共只得了30几块美元——大约每天只得到一毛钱。就连漂流在荒岛上的鲁滨逊，也订出每天每一个钟点应该做些什么事的计划。

良好的工作习惯之三：当你碰到问题时，如果必须做决定，就当场决定，不要迟疑不决。

我以前的一个学生——已故的H. P. 豪威尔告诉我，当他在美国钢铁公司任董事的时候，开起董事会总要花很长的时间——在会议里讨论很多很多的问题，达成的决议却很少。其结果是，董事会的每一位董事都得带着一大包的报表回家去看。

最后，豪威尔先生说服了董事会，每次开会只讨论一个问题，然后作出结论，不耽搁、不拖延。这样所得到的决议也许需要更多的资料加以研究，也许有所作为，也许没有，可是无论如何，在讨论下一个问题之前，这个问题一定能够达成某种决议。豪威尔先生告诉我，结果非常惊人，也非常有效。所有的陈年旧账都清理了，日历上干干净净的，董事也不必再带着一大堆报表回家，大家也不会再为没有解决的问题而忧虑。

这是个很好的办法，不仅适用于美国钢铁公司的董事会，也适用于你和我。

良好的工作习惯之四：学会如何组织、分层管理和监督。

很多生意人替自己挖下了个坟墓，因为他不懂得怎样把责任分摊给其他人，而坚持事必躬亲。其结果是，很多枝枝节节的小事使他非常混乱。他总觉得很匆促、忧虑、焦急和紧张。要学会分层负责，是很不容易的。我知道，我以前就觉得这个很难，非常的困难。可是分层负责虽然很困难，一个做上级主管的，如果想要避免忧虑、紧张和疲劳，却非要这样做不可。

◎远离亚健康

◎ 疲劳，是一种信号，它提醒你，你的机体已经超过正常负荷，出现疲劳感就应该进行调整和休息。如果长期处于疲劳状态，不仅降低工作效率，还会诱发疾病。

◎ 不会休息的人就不会工作，什么叫会休息呢？现代科学赋予的含义就是主动休息。这是一种积极的休息方式，比起累了才休息的被动休息法有着质的进步。

在竞争十分激烈的当代社会，人们的疲劳感正在蔓延，最流行的问候语由10年前的“吃了吗”变成了如今的“吃力吗”。在我们的周围，不乏这样的“工作狂”，他们早上班，迟下班，整日整夜地工作，连星期天、节假日也不休息。很多人年纪轻轻健康就已经严重损毁，甚至发生“过劳死”。

“过劳死”就是在慢性疲劳综合症基础上发展、恶化的结果。而慢性疲劳综合症，是以持续或反复发作至少半年以上的虚弱性疲劳为主要特征的症候群，特点是从生物学上（指临床体检、化验等）查不出明显的器质性病变，但自我感觉很累，工作时无精神，生活中缺少乐趣，而且常伴有抑郁、焦虑等情绪反应，也就是处于一种似病非病的第三状态，即亚健康状态。

刚过而立之年的美术师汤姆森先生，虽说工作、生活都还算过得去，但地位、收入都较平平。他不甘心，四处活动，做了好几个兼职，集艺术学校美术教师、广告公司创意总监、美展中心顾问于一身，一个星期几头跑，名声大了，腰包鼓了。正当他春风得意之际，身体向他抗议了，他用一个字来概括：累！每晚回到家里，觉得骨头都要散架了，一上床那些莫名其妙的梦便来烦他。

安东尼已近40岁，典型的上班族，最怕夜晚来临。因为不知从什么时候开始，她成了没有睡眠的人，几乎用尽了除药物以外的所有土法洋方，也未能解决失眠问题。不仅如此，食欲下降、神经衰弱、性欲减退等症状也相继赶来凑热闹，去医院又查不出什么问题。

疲劳，是一种信号，它提醒你，你的机体已经超过正常负荷，出现疲劳感就应该进行调整和休息，做到劳逸结合，张弛有度。如果长期处于疲劳状态，不仅降低工作效率，还会诱发疾病。

人体就像“弹簧”，劳累就是“外力”。当劳累超过极限或持续时间过长时，身体这个弹簧就会产生永久形变，导致老化、衰竭、死亡，所以每个人都要小心地保持它的弹性，不要超过它的弹性限度。因此，适当的休息和减压是保持“弹力”的良方。“过劳死”只能预防，“累”病没有特效药，病程越长越难治，病程要是超过三四年的话，治疗会相当困难。劳逸交替才能保持弹性，增加承受力，保持旺盛的生命力。人都要学会调节生活，短途旅游、游览名胜、爬山远眺、开阔视野、呼吸新鲜空气、增加精神活力、忙里偷闲听听音乐、跳舞唱歌、观赏花鸟鱼虫都是解除疲劳，让紧张的神经得到松弛的有效方法，也是防止疲劳症的精神良药。

日本“过劳死”预防协会列出“过劳死”十大信号：

1．“将军肚”早现。30～50岁的人，大腹便便，是成熟的标志，也是高血脂、脂肪肝、高血压、冠心病的潜在危险信号。

2．脱发、斑秃、早秃。每次洗桑拿都有一大堆头发脱落，这是工作压力大，精神紧张所致。

3．频频去洗手间。如果你的年龄在30～40岁之间，排泄次数超过正常人，说明消化系统和泌尿系统开始衰退。

4. 性能力下降。中年人过早地出现腰酸腿痛，性欲减退或男子阳痿、女子过早闭经，都是身体整体衰退的第一信号。

5. 记忆力减退，开始忘记熟人的名字。

6. 心算能力越来越差。

7. 做事经常后悔，易怒、烦躁、悲观，难以控制自己的情绪。

8. 注意力不集中，集中精力的能力越来越差。

9. 睡觉时间越来越短，醒来也不解乏。

10. 经常头疼、耳鸣、目眩，检查也没有结果。

日本“过劳死”预防协会还公布了自查方法：

具有上述两项或两项以下者，则为“黄灯”警告期，目前尚无须担心。具有上述3～5项者，则为一级“红灯”预报期，说明已经具备“过劳死”的征兆。6项以上者，为二级“红灯”危险期，可列为“综合疲劳症”——“过劳死”的预备军。

三种人易“过劳死”：

1. 有钱（有势）的人，特别是其中只知消费不知保养的人。

2. 有事业心的人，特别是称得上“工作狂”的人。

3. 有遗传早亡血统又自以为身体健康的人。

人类为何会与“过劳伤害”或“过劳死”结缘呢？科学家归咎于以下诸方面因素：

一是信息技术革命带来的负面影响；

二是社会竞争的加剧；

三是人们错误地认为不加班或休假是工作态度不积极的表现，进而影响到工资待遇与晋升，因而不得不以健康为代价拼命工作。

我们常说，不会休息的人就不会工作。这句话精辟地概括了休息与工作之间的辩证关系，也是现代人防止“过劳伤害”的“灵丹妙药”。

什么叫“会休息”呢？现代科学赋予的含义是主动休息。近年来，科学家提出了一种全新的休息方式——主动休息。即在身体尚未感到疲乏和心境达到临界状态时就休息，包括主动休身和主动休心。这是一种积极的休息方式，比起累了才休息的被动休息法有着质的进步。

◎掌握生活平衡

◎ 生活的原则是和谐，因此，你要在工作和休息之间，事业和家庭之间取得平衡。

安妮花了5年时间思考，今年终于决定改变工作，重新安顿身与心，她领悟到，工作中的快不快乐，可能只是5.1∶4.9的微差而已，中间有个阶梯，你可能爬到中间的梯子拥有恰好的平衡，也可能只走了一阶。即使如此，你也在进步，平衡尺上的浮标又往前游移一格。

安妮有个生命平衡法则，用来制衡工作与生活。她将生命切成健康、时间、自由与快乐等四块，视个人状况分配比重以及排序。如果每个元素都不缺，反映到工作中的态度与情绪，就比较平和，因而获得适当的平衡。长期处在平衡中，就能正向积极思考。许多专家呼吁，积极思考可以调适工作压力，清除不必要的情绪，上班族多亲近正向思考的人，能减少倦怠感。

具体做法是，如果将事情弄得很糟时，只允许情绪低落一下子。她很快会换个想法，太棒了，我们又学到一招，下次又有机会尝试其他处理方法，我们不因此认为自己很差劲。

学会工作也要学会休息。

在职场上学习让自己喘口气，是一门学问。郑淑敏，一个中型电脑公司的总经理，她一年至少休一次长达两星期的假，半年内会有几次短短两天的假，不一定出国，有时只是到山里或海边走走。

如果感觉莫名的倦怠迫在眉睫，休假又遥遥无期，试着忙里偷闲吧。一位女作家透露她平时如何排解倦怠："我偶尔请个半天假，溜去街上晃晃、逛书局或找个清幽的咖啡店想事情。在忙碌中留点空间给自己，因为塞得太满容易窒息。”

美国石油大王洛克菲勒在平衡工作与生活关系方面可谓是一个专家。谈起工作和生活，他说，这么多年以来，我执行的原则就是好好工作，好好享受，花一点时间来当父亲。但是回头看去，很显然我所选择的平衡对于我家里和办公室的其他人都有不利的影响。例如，我的孩子们主要是由他们的母亲独自带大的。

尽管工作与生活的平衡问题一直是很多中年人所关心的问题，但似乎直到我退休之后，它才真正热门起来。在我过去的工作中，我听到了许多这方面的问题。最常见的是：“你怎么会有那么多的时间去打球，还能继续干好总裁的工作?”

在个人应该如何排列生活中各部分的优先次序的问题上，我显然不是专家。何况我一直以为这些选择应取决于个人。

洛克菲勒认为要平衡好工作与生活的关系，首先应该处理好管理的优先秩序问题。他是这样说的，我们首先要谈谈所谓的“工作与生活的平衡”究竟指的是什么。它涵盖了我们所有人应该如何管理生活、支配时间的问题——关于优先次序和价值观的问题。基本上，这个平衡是关于“我们应该把多少精力消耗在工作上”的讨论。

工作与生活的平衡是一个交易——你和自己之间就所得和所失进行的交易。平衡意味着选择和取舍，并承担相应的后果。让我们站到你的老板的视角上，换个位置对工作与生活的平衡问题做些思考。

1. 你的老板最关心的事情是竞争力。当然他也希望你能快乐，但那只是因为你的快乐能够帮助他的公司赢利。实际上，如果他的工作做得好，他就可以让你的工作变得很有吸引力，使你的个人生活显得不那么拖后腿。

老板给你付工资的原因，是因为他们希望你贡献所有的一切——包括你的头脑、体力、活力和献身精神。

2. 绝大多数老板都非常愿意协调员工的工作与生活的矛盾，如果你能给他出色的业绩。这里的关键词是“如果”。

实际上，我倒愿意通过一个老式的积分系统来处理工作与生活的平衡问题。那些有突出业绩的人可以获得“积分”，用以交换自己工作的弹性。

3. 老板们很清楚，公司手册上面关于工作、生活平衡的政策主要是为了招聘的需要，而真正的平衡是由一对一的谈判决定的，其背景是一个相互支持性的企业文化，而不要总是强调“但是公司说过……”

公司手册是件华丽的宣传品，有醒目的照片、多项终身福利的介绍，也包括倒班或工作弹性等。然而许多聪明人很快就明白，手册上所列举的“工作与生活的平衡规划”主要是面向新人的招聘工具。

真实的平衡安排是在老板与员工之间就具体问题进行单独谈判得到的，使用的方法正好是我们刚介绍过的业绩与弹性交换的制度。

4. 那些公开为工作与生活的矛盾问题而斗争、动辄要求公司提供帮助的人会被当作动摇不定、摆资格、不愿意承担义务或者无能的人，或者以上全部。因此，那些消极抱怨的人最后总免不了被边缘化的命运。

所以，在你第五次开口，要求公司减少你的出差，要求在星期四上午请假，或者希望回家去照顾小孩之前，你应该知道自己是在发表一项声明。而且不管你用什么辞令，你的请求在别人听来都似乎是：“我对这里的工作并不真的感兴趣。”

5. 即使最宽宏大量的老板也会认为，工作和生活的平衡是需要你自己去解决的问题。实际上，绝大多数人也知道，的确有一些策略能帮助你处理好这个问题，他们也希望你能采用。

毫无疑问，谈判、协调这种平衡关系要给经理人的工作再增加一层复杂性。但是你的经理人应该欢迎这种挑战，因为那会给他提供另外一套办法，来激励和挽留优秀的员工。这套新办法与高薪、红利、晋升或其他所有形式的认可一样有效。

不过，在此期间，你也可以并且应该学会帮助自己。有关工作与生活的话题已经讨论了相当长的时间了，也有不少好的经验被总结出来。那些非常老练的老板们都知道这些技巧，很多人自己已经开始采纳，他们也希望你能借鉴。

通过上面的一段话，我们知道有的平衡工作和生活是一个人取得事业上成功的关键因素，也是很多企业在招聘员工时的重要参照标准。一个能够出色处理工作与生活平衡的人既不会像工作狂那样拼命地忠于工作，不顾生活，也不会像一个碌碌无为、毫无事业心整日混日子的小职员那样打发时光。他应是一个高效工作、精力充沛、富于生活情趣的人。

◎再见，郁闷

◎ 郁闷不是疾病，但比真正的疾病更可怕，它不仅可以摧毁你的健康，而且还会成为你成功路上的一大障碍。

◎ 郁闷情绪的产生来自于个人认知上的误区。改变对郁闷的看法，你就可以彻底地摆脱郁闷。

在《人性奥秘》一书中，有一篇标题为“无名病”的文章，作者弗雷德曼论到现今世界愈来愈多妇女所面临的苦境，她们对生活厌烦不满，她们压根儿就没有快乐。

一位 25 岁的母亲如此自述：

“我身体健康，孩子们都活泼可爱，家庭舒适，经济上也算宽裕。我的丈夫是一个电子工程师，前途无量，但不知为何我总觉得不满足，我常问自己为什么会这样。我的丈夫认为我可能需要度假休息一阵子，但我需要的并不是休息，因为我根本就不能独自坐下来看书。孩子们午睡时，我就会在房间里走来走去，等着去叫醒他们。有时早晨醒来，我会觉得一点盼头也没有。”

一个名叫史密斯的医生，在《读者文摘》上写道：

“现今世界的文明和优越的物质生活乃前所未有的，然而现今一代的人却愈来愈厌倦生活。我们寻求娱乐却常常觉得索然无味；甚至在剧院上演一幕精彩的戏剧时，也常常出现幕还没拉上就走了好几批观众的现象。我们坐在电视机前，看着一出又一出的电视剧、电影，但脑子里却不知道看了些什么。我们看报章、杂志的时候也是心不在焉，大多数人在说“我累了”的时候，实际上是指他们对自己所做的事情厌倦了，对自己的生活感到索然无味。”

弗雷德曼所讲的“无名病”就是厌烦病。各个行业、各个阶层的人都会患这种病；无论你有什么，抑或你没有什么，都不能保证你不会患上厌烦病。无论是富人还是穷人，聪明的还是愚拙的，知识分子还是文盲，都同样会患上此病。

厌烦病不仅是妇女特有的病症，男人也同样会有。有一个商人去医院看病，却说不清自己有什么不妥。于是医生给他做了彻底的检查，结果找不到这个商人有任何毛病。经过一段轻松的谈话后，医生就对他说：“我有一个好消息要告诉你的，你的体格检验完全正常，我不用在你的病历卡上写任何东西。”

商人听了并不显得高兴，他说：“医生，我从早晨起床到晚上睡觉，没有一刻不觉得疲倦。”这时，医生才意识到他的病人患的是“厌烦病”，而不是一般的身体不适。于是医生就开始指出这个商人所拥有的一切：兴隆的生意、舒适的家庭、漂亮的妻子、可爱的孩子和其他能用金钱买到的许多东西。但这个商人听了以后却说：“让别人把这些东西都拿去吧，我对这些简直厌透了。”

为什么会出现这种现象？难道患这种病的人大多不是生活一帆风顺的人吗？难道他们不是处于别人不能奢望的“顺境”之中吗？

这还是和我们的心理习惯有关。这个世界上，可以说除了圣人之外，没有人能随时感到快乐。一位哲人曾说道：“如果我们感到可怜，很可能会一直感到可怜。”对于日常生活中使我们不快乐的那些众多琐事与环境，我们可以由思考使我们感到快乐，这就是：大部分时间想着光明的目标与未来。而对小烦恼、小挫折，我们也很可能习惯性地反映出暴躁、不满、懊悔与不安，这样的反应我们已经“练习”了很久，所以成了一种习惯。这种不快乐反应的产生，大部分是由于我们把它解释为“对自尊的打击”等这类原因。司机没有必要冲着我们按喇叭；我们讲话时某位人士没注意听甚至插嘴打断我们；认为某人愿意帮助我们而事实却不然；甚至某个人对于事情的解释，结果也会伤了我们的自尊；我们要搭的公共汽车竟然迟开；我们计划要郊游，结果下起雨来；我们急着赶搭飞机，结果交通阻塞……这样我们的反应是生气、懊悔、自怜，或换句话说——闷闷不乐。

抑郁就好像透过一层黑色玻璃看一切事物。无论是考虑你自己，还是考虑世界或未来，任何事物看来都处于同样的阴郁而暗淡的光线之下，诸如“没有一件事做对了”；“我彻底完蛋了”；“我无能为力，因此也不值一试”；“朋友们给我来电话仅仅是出于一种责任感”。当你工作中出了一点毛病，或思想开了小差，你就认为“我已经失去了干好工作的能力”，好像你的能力已经一去不回了。回想过去，你的记忆中充满着一连串的失败、痛苦和亏损，而那些你曾经认为是成就或成功的事情，以及你的爱情和友谊，现在看来都一文不值了。你的回忆已经染上了抑郁的色彩。一旦戴上这副黑色的滤光镜，你就再也不能在其他的光线下观察任何事物。消极的思想与抑郁相伴，情绪低落导致消极的思想和回忆；反之，消极的思想和回忆又导致情绪低落。如此反复下去，形成一个持久而日益严重的抑郁恶性循环。

在某种程度上，你对你的抑郁是有责任的。你可以采取许多办法来控制它，甚至还能控制它的某些起因。你肯定能改变它，如果你真的想要克服郁闷的习惯，你就必须改变自己对待郁闷的态度。然而人们对于抑郁症的感受程度是各不相同的。我们每个人的情绪都会有所波动，有所摇摆，看来这部分是由于我们大脑中的生物化学精密结构之差异所致，而这种生物化学结构是不能随意控制的。因此，把你的抑郁症看成是超出你控制能力的事，就像你患感冒一样，不要看得过于严重，有时候也许对你是有帮助的。用这种体贴的态度对待自己，反而能帮助你解脱抑郁，不至于被它所控制。

不要让一时的抑郁长时间地主宰你的情绪，如果你想让自己永葆活力的话，请记住下面的原则：

换一个角度看问题，你就能够轻松地摆脱郁闷。

◎自然轻松入眠

◎ 为失眠症而忧虑，对你伤害的程度，远远超过失眠症本身。

◎ 治疗失眠症的最好办法，就是使你自己的体力劳动到疲倦的程度。

疲劳容易使人产生忧愁，而且会减轻身体对一般感冒和疾病的抵抗力，疲劳也同样会减轻你对忧虑的恐惧等的抵抗力。同时，任何一种精神和情绪上的紧张状态，在完全放松之后，它就消失了。防止疲劳，就是要好好休息，在你疲劳产生之前好好地休息。因为，如果你常常没有办法入睡，那是因为“忧”得让你自己得了失眠症。

为失眠症而忧虑，对你伤害的程度，远超过失眠症本身。

如果你经常睡不好觉的话，你会不会忧虑呢？你也许愿意知道塞缪尔·昂特迈耶——国际知名的大律师——这一辈子从来没好好睡过一天。

塞缪尔·昂特迈耶上大学的时候，很担心两件事情——气喘病和失眠症，这两种病似乎都没有办法治好。于是他决定退一步去想，他要充分利用清醒的时间。他不在床上翻来覆去，不让自己忧虑到精神崩溃的程度，他下床来读书。结果呢？他在班上每一门功课都名列前茅，成为纽约市立大学的奇才。

甚至在他开始执行律师业务以后，他的失眠症还是没有治好。可是昂特迈耶一点也不忧虑，他说：“大自然会照顾我的。”事实果然如此。他虽然每天睡得很少，健康情形却一直很好，而且也能像纽约法律界所有的年轻律师一样努力工作，甚至超过其他人，因为别人睡觉的时候，他还是清醒的。

昂特迈耶大律师 21 岁的时候，每年的收入已经高达 7.5 万美元，因此很多其他年轻的律师都到法庭去研究他的方法。1931 年，他在一个诉讼案子上所得到的酬劳，可能是有史以来律师界所得酬劳最高的一次——整整 100 万美元，而且都是现金。

可是他还是有失眠症。晚上他有一半的时间都在看书，然后清早 5 点钟就起床，开始口述信件。当大多数人刚刚开始工作的时候，他一天的工作差不多就已经做完一半了。他一直活到 81 岁，一辈子里却难得有一天晚上睡得很熟。可是如果他一直为失眠症担心忧虑的话，恐怕他这一辈子早就毁了。

我们的生活中，有 1/3 用于睡眠，可是没有一个人知道睡眠究竟是怎么一回事。我们知道这是一种习惯，也是一种休息状态。可是我们不知道每一个人需要几小时的睡眠，我们甚至不知道我们是否非睡觉不可。

很难想象，在第一次世界大战期间，一个名叫鲍劳·柯恩的匈牙利士兵，脑前叶被枪弹打穿。他的伤养好了，可是奇怪的是，他从此没有办法再睡着。不管医生用什么样的办法——他们使用过各种镇静剂和麻醉药，甚至使用了催眠术——鲍勃·柯恩就是没有办法睡着，甚至不会觉得困倦。

所有的医生都说他活不久了，可是他令所有人吃惊了。他找到一份工作，非常健康地活了好多年。他有时候会躺下来闭上眼睛休息，可是永远也没有办法睡着。他的病例还是医学史上一个未解的谜，也推翻了我们对睡眠的很多想法。

有些人的睡眠时间必须比其他人长。著名指挥家托斯卡尼尼每晚只需要睡 5 个小时，可是柯立芝总统却需要两倍的时间。每 24 个小时，柯立芝要睡 11 个小时。换一句话说，托斯卡尼尼一生大概只花了 1/5 的时间在睡眠上，而柯立芝却几乎睡掉了他生命的一半时间。

为失眠症而忧虑，对你伤害的程度，远超过失眠症本身。举个例子来说，我的一个学生——伊勒·桑德拉，就几乎因为严重的失眠症而自杀。下面是他所讲述的故事：

“我真的以为我会精神失常，问题是，最初我是个睡得很熟的人，就连闹钟响了也不会醒来，结果每天早上上班都迟到。我因为这件事情而非常忧虑——事实上，我的老板也警告我说，我一定得准时上班。我知道我如果再这样睡过头的话，我就会丢了工作。

“我把这件事情告诉我的朋友，有一个人建议我，应该在睡觉以前集中我的精神去注意闹钟，就这样造成了我的失眠症。那个该死的闹钟的滴答滴嗒声缠着我不放，让我睡不着，整夜翻来覆去。到了早晨，我几乎病得不能动，又疲劳又忧虑。这样继续了有8个礼拜之久，我所受到的折磨简直无法用语言来形容。我深信自己一定会精神失常的。有时候我会走来走去转上好几个钟点，甚至想从窗口跳出去一了百了。

“最后，我去见一个我认得的医生。他说：‘伊勒，我没有办法帮你的忙；没有一个人能够帮你，因为这种事情是你自己找的。每天晚上上床后，要是你睡不着的话，就不要去理它，对你自己说：我才不在乎我睡得着睡不着哩，就算醒着躺在那里一直到天亮，也没有关系。闭上你的眼睛说：反正我只要躺在这里不动，不去为这件事担忧，就能得到休息。’

“我照他的话去做，不到两个礼拜我就能安稳地睡着了。不到一个月，我就能每天睡8个小时，而我的精神也恢复了正常。”

伊勒·桑德拉受到折磨的不是失眠症，而是失眠症所引起的忧虑。

在芝加哥大学担任教授的纳撒尼尔·克莱特曼博士，曾对睡眠问题做过很多的研究，他是全世界有关睡眠问题的专家。他说过，从来没有听说哪一个人是因失眠症而死的。实际上，可能有人为失眠而忧虑以致体力减低受到细菌的侵袭，可是这种损害是由忧虑所造成的，而不是由于失眠症。

克莱特曼博士也曾说过，那些为失眠症担忧的人，通常所得到的睡眠比他们所想象的要多很多。那些指天誓日地说“我昨天晚上连眼睛都没有闭一下”的人，实际上可能睡了好几个钟点，只是自己不知道而已。举个例子来说，19 世纪最有名的思想家赫伯特·斯宾塞，老年的时候还是独身，寄住在一间宿舍里，整天都在谈他的失眠问题，弄得每个人都烦得要命。他甚至在耳朵里带上“耳塞”来避免外面的吵闹声，镇定他的神经，有时候还吃鸦片来催眠。有一天晚上，他和牛津大学的塞斯教授同住在一个旅馆房间里，第二天早上斯宾塞说他昨天晚上整夜没有睡着，实际上却是塞斯教授根本没有睡着，因为斯宾塞的鼾声吵了他一夜。

要想安稳地睡一夜的第一个必要条件，就是要有安全感。我们必须感觉到有一种比我们大得多的力量，一直照顾我们到天明。托马斯·希斯洛普博士在英国医药协会的一次演讲中就特别强调这一点。他说：“根据我多年行医的经验发现，使你入睡的最好办法之一就是祈祷。这样说，纯粹是以一个医生的身体来说的。对有祈祷习惯的人来说，祈祷一定是镇定思想和神经最适当也最常用的方法。”

“把自己托付给上帝——然后放松你自己。”

著名的歌唱家兼电影明星珍妮·麦当娜告诉我说，每当她感觉精神颓丧而忧虑得难以入睡的时候，她就重读诗篇第 23 篇来让她自己得到“一种安全感”。

如果你没有信仰，不能轻松地解决失眠问题的话，我们可以从放松肌肉开始。芬克博士推介的方法——而且在实际上也很有效用——就是把枕头放在我们膝盖下，来减轻两脚的紧张。然后把几个小枕头垫在手臂底下。然后叫自己的下颚、眼睛、两个手臂和两腿放松，我们就会在还不知道是怎么回事之前入睡了。我自己曾经试过，所以我知道有效。如果你有失眠症，想办法去买一本芬克博士的书《消除神经紧张》，这本书我前面也曾经提到过，这是我所知道唯一具有可读性、又能治好失眠症的一本书。

另外一种治疗失眠症的最好办法，就是使你自己的身体劳动到疲倦的程度。你可以去种花、游泳、打网球、打高尔夫球、滑雪，或者只是做很多体力劳动的工作。这是名作家西奥多·德莱塞的做法。在他还是一个为生活挣扎的年轻作家时，也曾经为失眠症而忧虑过。于是他到纽约中央铁路去找了一份铁路工人的工作，在做了一天打钉和铲石子的工作之后，就疲倦得甚至于没有办法坐在那里把晚饭吃完。

如果我们够疲倦的话，即使我们是在走路，大自然也会逼迫我们入睡。我可以举一件事情来说明：

我 13 岁那年，父亲要运一车猪到密苏里州的圣乔城去，因为他有两张免费的火车票，所以他带着我一起去。在那以前，我从来没有去过任何 4 0000 人口以上的小城。当我到了圣乔城——一个人口有 6 万人的大城市——我兴奋得无以复加。我看见 6 层高的楼，还有——再好也不过的是——我看到了一辆电车。我现在闭上眼睛，好像还能看到、还能听到那辆电车。在经过我一生最兴奋的一天之后，父亲带我坐火车回家。到达的时候已经是半夜两点钟了，我们得走 4 里路回到农庄上。我当时已经疲倦到一面走一面就睡着了，还做着梦。我也常常骑在马背上就睡着了，这都是我亲身经历过的事。

当一个人完全筋疲力尽之时，即使在打雷或战争的恐怖与危险之下，也能够安睡。神经科医生佛斯特·肯尼迪博士告诉我说，在 1918 年，英国第 5 军撤退的时候，他就看过精疲力竭的士兵随地倒下，睡得就像昏过去一样。虽然他用手撑开他们的眼皮，他们仍不会醒过来。他说，他注意到，所有人的眼球都在眼眶里向上翻起。“在那以后，”肯尼迪医生说，“每次我睡不着的时候，我就把我的眼珠翻成那个位置。我发现，不到几秒钟，我就会开始打呵欠，感到瞌睡，这是一种我没有办法控制的自动反应。”

从来没有一个人会用不睡觉来自杀。不论他有多强的意志力，大自然都会强迫一个人入睡。大自然会让我们可以长久不吃东西、不喝水，却不会让我们长久不睡觉。

谈到自杀，就使我想起亨利·林克博士在他那本《人的再发现》一书里所谈到的一个例子。林克博士是心理问题公司的副总裁，他曾经和很多忧虑而颓丧的人谈过。在《消除恐惧与忧虑》那一章里，他谈到一个想要自杀的病人。林克博士知道，跟这个人争论，只会使情况更坏，所以他对这个人说："如果你反正都要自杀的话，至少要做得英雄一点。绕着这条街跑到你累死为止吧。"

他果然去试了，不只是一次，而且试了好几次。每一次都让他觉得好过一点，不过那是在心理上而不是生理上的。到了第三晚，林克博士终于达到他最先想要达到的目的——这个病人由于肉体疲劳，使他能睡得很沉。后来他参加了一个体育俱乐部，参加各种运动项目，不久就感觉到开心而想要永远活下去了。

第二篇

美好的人生

该书先后被翻译成几十种文字，被誉为“人类出版史上的奇迹”，无数读者由此走上成功之路。

这是一本耐人寻味的书。与人沟通是一门很大的学问，需要我们一辈子用生活来体会，在生活中每个人都会遇到很多因为沟通问题产生的麻烦，卡耐基先生给我们归纳了一些方法，熟识它对我们与人沟通更加和谐更有效率。他用简单明了的理论和生动活泼的事例，详细分析了人们具有的一般性性格，你对生活微笑，生活会对你微笑。

第一章

如何让别人赞同你

◎狡辩不能赢得争论

在第二次世界大战刚结束不久的一个晚上，我在伦敦学到了一个极有价值的教训。当时，我担任罗斯·史密斯爵士的私人经纪人。在战争时期，史密斯爵士曾担任澳大利亚空军飞行员，被派往巴勒斯坦工作。而在欧洲战场取得胜利，宣布和平不久之后，他因为在30天之内飞行了半个世界而轰动了全世界。有史以来，还从来没有过如此惊人的壮举，那可真是一件轰动一时的大事。澳大利亚政府奖励他5000美元，英国国王封他为爵士，于是一时间他成了英国境内最受关注的人——他是大不列颠帝国的林白。有一天晚上，我参加了欢迎罗斯·史密斯爵士的宴会。在席间，有一位坐在我旁边的先生讲了一个幽默的故事，这故事正好应验了这样一句格言："谋事在人，成事在天。"

这位讲故事的先生提到这句话出自《圣经》，但他错了，我敢肯定，这一点毫无疑问。于是，为了显示我的优越，我讨人嫌地想纠正他。他坚持他的说法："什么？出自莎士比亚？不可能！绝对不可能！那句话确实出自《圣经》。"他非常的自信。

这位讲故事的先生坐在我的右边，而我的一位老朋友加蒙先生则坐在我的左边——加蒙先生潜心研究莎士比亚的著作已有多年了。所以，这位讲故事的先生和我同意请加蒙先生来作裁判。加蒙先生静静地听着，但暗中用脚在桌下踢我，然后说道："戴尔，你错了。这位先生是对的。那句话确实出自《圣经》。"

那个晚上回家的时候，我对加蒙先生说："老实说，你明明知道那句话是出自莎士比亚。"

"是的，当然，"他回答说，"是在《哈姆雷特》第五幕的第二场。但是亲爱的戴尔，我们只不过是参加一次盛会的客人，为什么非要证明一个人是错的呢？那样做难道就能使他喜欢你吗？为什么不给他留点面子呢？他并没有征求你的意见，而且也不需要你的意见。你为什么要和他争辩呢？应该永远都不要和别人发生正面冲突。"

"永远都不要和别人发生正面冲突。"说这句话的先生现在早已经长眠于地下了，但他给我的教训却难以磨灭。

那个教训对我来说极其重要，因为我向来是一个非常固执的辩论者。在我的少年时期，我曾与我的哥哥就天下所有的事发生过争论。上了大学以后，我又选修了逻辑学和辩论术，并参加了许多辩论赛。后来我又曾在纽约教授演讲与辩论课，不好意思的是，我还曾打算写一本辩论方面的书。从那时起，我曾听过、看过、评论过、参加过好几千次辩论赛，并注意它们的影响。通过这些活动，我得出一个结论：天底下只有一种能赢得辩论的方法——那就是避免辩论。就像避免毒蛇和地震一样避免辩论。

十之八九，辩论的结果只会使辩论的双方都比以前更加坚信自己是绝对正确的。你赢不了争论。要是输了，当然你也就输了；但是即使你胜了，你还是失败的。为什么？如果你胜了对方，把他驳得体无完肤或千疮百孔，证明他毫无是处，可是那又能怎样？你也许会觉得很得意。但是他呢？你只会让他觉得受到了羞辱。既然你伤了他的自尊心，他自然会怨恨你的胜利。而且"一个人即使口头认输，但心里根本不服。"

伯恩互助人寿保险公司为他们的推销员定了一条不许违抗的规矩："不要辩论！"

真正的推销术不是辩论，哪怕是不露声色的辩论，因为人们的看法并不会因为争辩而有所改变。

例如，多年以前，有一位争强好胜的爱尔兰人哈里先生参加了我的辅导班。他受过的教育虽然很少，但却非常喜欢与人争论！他曾给别人当过汽车司机。后来，他改行推销载重汽车，但是并不怎么成功，便到我这里来求助。我稍微询问了他几句，就可看出，他总是同他的顾客争辩，并冒犯他们。假如有某位买主对他推销的汽车有所挑剔，他就会怒火难捺，和对方大声强辩，直到把对方驳得哑口无言为止。

那时他的确赢过不少次争论。后来他对我说："每当我走出人家的办公室时，总对自己说：'我总算把那家伙教训了一次。'我的确教训了他，可是我什么也没有推销出去。"

因此，我的第一个难题不只是教哈里如何与人交谈，现在我立即要做的是训练他如何克制自己不要讲话，避免与人发生争执。

现在，哈里先生已经是纽约怀特汽车公司的一位明星推销员了。他是怎么取得成功的呢？下面是他自己叙述的经过：

"假如我现在走进一个顾客的办公室，而他却说：'什么？怀特汽车？它们可不怎么样！你白白送给我，我都不要。我只买某某牌的汽车。'我说：'请听我讲，老兄，那种汽车的确很不错，你买那种汽车绝对错不了。那家公司的汽车每个人都应有一种深厚的兴趣或爱好，以丰富心灵，为生活增加乐趣，同时也许可以借助它，对自己的国家有所贡献。"

"于是，他就无话可说了。他没有和我争辩的余地了。如果他说某某牌的汽车最好，我说确实不错，那么他就只好住嘴不说了。既然我同意了他的看法，他当然也就不能整个下午不停地说'某某牌的汽车最好'了。于是，我们不再谈某某牌的汽车，我开始向他介绍怀特汽车的优点。"

"我若是在当年听到他那样的话，一定会大发脾气。我会立即和他吵起来，挑剔某某牌汽车。而我越是挑剔贬低它，我的顾客则会越卖力地辩

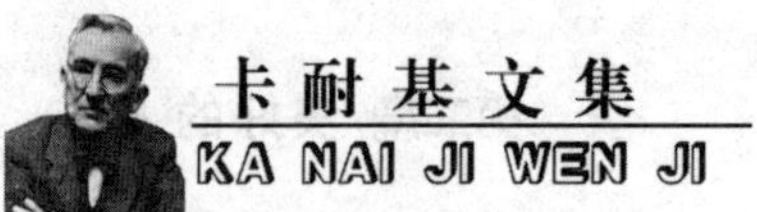

护，他越这样辩护，就越坚信和喜欢我的竞争对手的产品。”

“现在回想起来，我真的不知道我一辈子究竟能卖出多少东西。我把自己一生中的许多时间都耗费在与别人抬杠上了。现在我缄口克己，很是有效。”

正如睿智的本杰明·富兰克林常说的：

“如果你争强好胜，喜欢与人争执，以反驳他人为乐趣，或许能赢得一时的胜利，但这种胜利毫无意义和价值，因为你永远得不到对方的好感。”

所以，你自己应该仔细考虑好：你宁愿要一个毫无实质意义的、表面上的胜利？还是希望得到一个人的好感？你不可能两者兼得。

在你与人争辩的时候，或许你是对的，甚至绝对正确，但你若想改变对方的想法，你可能会一无所得，正如你错了一样。

威廉·麦肯罗是威尔逊总统任内的财政部长，他从自己多年的政治生活中得到的一条教训是：“争论并不能降服无知者。”

“无知者”？麦肯罗先生说得太保守了。根据我的经验，对任何人来说——无论他的智力高低——都绝不能靠争辩来改变他的想法。

例如，一位名叫巴森的所得税顾问，因为一项 9000 美元的账目发生了问题，而与政府一位税收稽查员争论了一个小时。巴森先生认为这 9000 美元实际上是应收账款中的一笔呆账，永远不会收上来，所以不应该征税。“呆账？胡说！”那位稽查员反驳说，“这税非征不可。”

“这位稽查员非常的冷漠、傲慢，而且很固执，”巴森先生在我班上讲述这经过时说，“无论我如何与他讲道理，还是摆事实，都没有作用，我们越是辩论，他越是固执。所以，我决定不再和他辩论，而是改变话题，跟他说些赞赏的话。”

“我说，‘与你所要处理的其他重要而困难的事相比，我这件事简直微不足道。我也曾研究过税务问题，但那只不过是书本上的死知识。而你的经验和知识全都来自业务实践。有时我真希望能有一份你这样的工作，这种工作可以使我学到许多东西。请相信我的每句话都出自真心实意。’我说得非常认真。一个能力平平却饱持热忱的人，往往能超越一个能力很强却毫无热忱的人。

“于是，那位税务稽查员在椅子上伸了伸腰，向椅背上一靠，开始兴奋地讲起他的工作来。他告诉我他发现过许多在税务上巧妙舞弊的鬼花招。他的口气逐渐变得友善起来，接着他又谈起他的孩子来。临走时，他告诉我说，他会再考虑考虑我的问题，并在几天之内给我结果。”

“三天之后，他来我的办公室，告诉我说，他已经决定不征收那9000美元的税了。”

这位税务稽查员正表现出了一种人类最常见的弱点，他需要一种自重感。巴森先生越是和他辩论，他就越努力地强调他职务上的权威，以获得他的自重感。一旦巴森先生承认了他的权威，辩论立即偃旗息鼓。自重感得到了满足，他也就变成一个富有同情心的、和善的人。

拿破仑的家务总管康斯坦经常与拿破仑的妻子约瑟芬打台球。他在所著的《拿破仑私生活回忆录》中说：“我虽然技术高明，却总是要设法让她获胜，这样可以使她非常高兴。”

我们应该不忘康斯坦这个亘古不变的教训：要使我们的顾客、朋友、丈夫、妻子，在琐碎的争论上胜过我们。

佛祖释迦牟尼说：“恨不止恨，唯爱能止。”误会永远不能靠争辩来消除，只有靠技巧、调解、宽容，以及用同情的眼光来看待对方的观点。

有一次，林肯责罚一位与同事发生了激烈争执的青年军官。“凡是决心想要成功的人，”林肯说，“决不能在私人成见上浪费时间，而争辩的结果也是他无法承受的，包括脾气变坏、丧失自制。如果你们各自都有正确的一面，你不妨多让些步；即使是你完全正确，也不妨向对方做些让步，哪怕少让一点。与其同狗争道而被狗咬，还不如让狗先走。因为，即使将狗杀死，也治不好你被狗咬的伤口。”

在一本名叫《点点滴滴》的书中，有一篇文章提出了建议，如何使不同意见避免争论：

①欢迎不同的意见

应该记住这句话：“当两个合作者之间总是意见分歧时，其中一人就不再需要了。”如果有些问题你没有想到，而有人向你提出来了，你就应该向他表示衷心的感谢。

不同的意见是使你避免犯大错的最好机会。

②不要相信你的直觉

当有人提出不同意见时，你的第一反应，也是自然反应，就是进行自卫。但是你一定要小心谨慎。你要保持一种平常之心，并且警惕你的直觉反应。因为这种直觉可能是你最致命的错误，而不是最好的决策。

③自我克制

记住，你可以根据一个人在什么情况下会发脾气，来推测这个人的气量和成就将有多大。能够自我克制的人，永远会比那些动不动就发脾气的人更有成就。

④倾听别人的意见

你应该把机会给你的反对者，使他可以直接与你交谈。你应让他把话说完，不要抵制、不再自卫或争执，否则只会加深矛盾和分歧，增加沟通的障碍。努力建立沟通的桥梁，而不是再加深误解。

⑤寻找共同之处

当你听完了反对者的意见之后，应该先想想哪些意见是你可以同意的。

⑥待人以诚

不要害怕承认错误，而要坦诚地说出来。就你的错误向人道歉，这样有助于解除反对者的武装，减少他们的防卫。

⑦认真考虑反对者的意见

这种行动要发自内心。你的反对者所提的意见有可能是对的，这时认真考虑他们的意见无疑是明智之举。如果等到对方这样说："我早就告诉你这件事了，可你就是听不进去！"那时你可就无地自容了。

⑧感谢反对者的关心

任何人只要愿意花时间来表达他的不同意见，就一定是和你一样关心同一件事情的。如果你把他们这种不同意见当成是对你的帮助，把反对者看成你的帮助者，那你也许会将反对者变成你的朋友。

⑨三思而后行

建议你在当天稍晚些时间，或次日再开会讨论，好让大家都有时间把问题考虑清楚和周到。在准备下次开会的时候，要问自己下面这些问题：

"反对者的意见是不是对的？或者有部分是对的？他们的立场和理由是否站得住脚？我的反应是在解决问题，还是为了自尊而不愿接受对方意见？我的反应是使反对者亲近我，还是让他们更加远离我？我的反应是不是能够提高别人对我的评价？我将成功还是失败？如果我能成功，代价是什么？如果我不说话，反对者的意见就会消失吗？这是不是我的一个新机会？"

男高音歌唱家杰恩·皮尔士的婚姻生活将近50年之久，他有一次透露说："我夫人和我在很早以前就订了一条协议，不论我们如何不满对方，我们都必须遵守这条协议：当一个人大吼大叫的时候，另一个人应该安静地听着——因为当两个人都大吼大叫时，就毫无沟通可言了，有的只是噪音和震动。"

◎如何避免成为敌人

当西奥多·罗斯福入主白宫时，他承认如果能有75%的时候不出错，就达到了他的最高期望标准。

如果这位20世纪最杰出人物的最高希望也只是这样，更何况你我呢？

如果你能确信你有55%的正确率，你大可以去华尔街，一天赚个100万美元。如果你没有这样的把握，你又凭什么说别人错了？

无论你用什么方式，例如用眼神、声调，或手势，指责别人说他错了，就像用话一样来明显地说他错了，你以为他会同意你吗？绝对不会！因为你直接地打击了他的智慧、他的判断力、他的自豪和自尊，这只会使他起来反击，但永远不会使他改变他的看法。即使你搬用所有柏拉图或康德式的逻辑与他辩论，也改变不了他的看法，因为你伤了他的感情。

永远不要这样说："我要给你证明这样……"那就会把事情搞砸了。因为那等于在说："我比你聪明。我要告诉你怎样怎样，使你改变看法。"

那是一种挑战。那只会引起争端和反抗，使对方甚至根本不听你下面的话就和你争论起来。

即使是在最温和的情况下，也不容易改变别人的主意，那么更何况在其他情况下呢？你为什么要自找麻烦呢？

如果你想要证明什么事，大可不必声张宣扬，而要讲究策略和方法，不要让任何人看出来，使其在不知不觉中接受你的观点。

"教导他人时，不能使其发现是在受教导，指出他人所不知的事，使其觉得那只是提醒他一时忘记了的事。"

300多年前，意大利著名天文学家伽利略说："你不可能教会一个人所有的事情，你只能帮助他自己学会处理这种事情。"

这正如英国19世纪的著名政治家查斯特·菲尔德对他儿子所说的："如果可能，应该比别人聪明，但绝不能对人说你比他聪明。"

除去乘法表之外，我现在几乎不相信我20年前所相信的任何事，甚至当我再读爱因斯坦的书时，我也开始产生怀疑。如果再过20年，我或许就不再相信我在这本书中所说的话了。我现在不像从前那样轻易决定任何事了。

苏格拉底在雅典一再告诫他的门徒说："我只知道一件事，那就是我什么也不知道。"

我可不敢奢望比苏格拉底更高明，所以，我也尽量避免告诉别人说他们错了。我发现这么做很有帮助。

如果一个人说了一句你认为错的话——是的，即使你能肯定那是错的——但你这样说也许最好："噢，是这样的！不过我还有另一种想法，但我也许不对。我总是会出错的。如果我错了，还请你指正。且让我们来看看问题的所在。"

用这类话，如"我也许不对"，"我常常会出错"，"且让我们来看看问题所在"，确实会收到神奇的功效。

无论在什么地方，永远不会有人反对你说"我也许不对，且让我们来看看问题的所在"这些话的。

那就是科学家所做的事。有一次我访问著名的探险家、科学家史蒂文森，他曾在北极圈一带居住了 11 年，其中有 6 年时间除兽肉和水之外，再也没有其他食物。

他告诉我他所做的某一个试验。我问他想借此来证明什么？他的回答我永远忘不了。他说："一个科学家永远不打算证明什么，他只是在尽力寻求事实。"

你希望使你的思想科学化，是不是？那好，除非是你自己，否则没有人会阻拦你。

我班上有一位名叫哈尔德·伦克的学员，他在道奇汽车公司担任蒙他拿州比林斯郡代理商。他就在自己的工作中采用了上面这种有效的方法。他说在汽车销售行业，压力非常之大，因此他以往在处理顾客抱怨和纠纷时，常常以自我为中心，不考虑顾客的利益，结果总是发生冲突，导致生意锐减，同时还会出现其他不愉快的事情。

于是，伦克开始改变策略。他在班上这样说道："当我确信这样做对我并没有什么好处时，我就开始尝试另一种方法。我这样对顾客说：'我们确实犯了许多错误，真是万分抱歉。关于你的问题，我们也可能有错误，请你告诉我。'"

"这个办法在解除顾客的对立情绪方面很是有效。而等他们平静下来之后，他们往往会很讲道理，于是问题也就容易解决了，甚至还有许多顾客来向我表示感谢，因为我这种态度让他们感到了自重感。其中还有两个人还把他们的朋友都介绍到我这里来购买新车。在这种竞争激烈的商场上，我们当然需要更多这样的顾客。我认为尊重顾客的所有意见，并且采取灵活的、有礼貌的方式来处理的话，就会有成功的希望。"

如果你能承认或许是你错了，那么你永远不会惹来麻烦。这样做，你不仅可以避免所有的争论，而且还能使对方和你一样地宽宏大度，承认他也难免会犯错。

如果你确实肯定某人错了，你就直接地告诉他，那么结果会怎样呢？我可以举一个特殊的例子来说明。

某先生是纽约一位青年律师，最近参加了由美国最高法院审理的一个重要案件的辩论。这一案件涉及一大笔金钱与一项重要的法律问题。

在辩论中，最高法院的一位法官对某先生说："《海事法》的追诉期限是6年，是不是？"

某先生顿时有些吃惊，他注视该法官许久，然后直率地对他说："审判长，《海事法》中没有关于追诉期的条文。"

"法庭立即寂静下来。"某先生后来在我的辅导班中叙述他的经历时说，"法庭中的温度好似降到了零度。显然我是对的，这位法官是错的，而我也如实地告诉了他。但那能够使他变得更加友善些吗？不。尽管我相信法律可以作为我的后盾，而且我也很清楚当时我的发言比以往任何时候都更加精彩，可是我并没有说服他。我犯了个大错，当众指出一位学识渊博的、极有声望的人错了。”

很少有人会进行逻辑性的思考。我们之中的大多数人都犯有主观的、偏见的错误。多数人都有成见、嫉妒、猜疑、恐惧，以及傲慢等许多缺点。所以，如果你习惯于指出别人的错误的话，就请你在每天早餐以前，坐下来读一读下面这段文字。它摘自詹姆斯·哈维·鲁宾逊教授那本极具启迪意义的《决策的过程》一书。

“有时候我们会在热情或冲动之下改变自己的思想，但是如果有人指出了我们的错误的话，我们反而会固执己见，并迁怒于对方。我们会在无意识中改变自己的某种观念。这种行为完全是潜移默化，不被我们注意的。但如果有人要来指正我们这种观念，我们反而会极力维护它，使其不受侵犯。很明显，这并不是由于那些观念本身非常宝贵，而是我们的自尊心受到了伤害……在为人处世时，‘我的’这简单的两个字，是最重要的词。妥善适当地用好这个词，才是智慧之源。无论是‘我的’饭，‘我的’狗，‘我的’屋子，‘我的’父亲，‘我的’国家，还是‘我的’上帝，这些都有着同样的力量。我们不但不喜欢别人说我的手表不准，或我的汽车太破旧，也不喜欢别人纠正我们对于火星上水道的模糊的概念，对于某个词的读音，以及对于某种药效的认识，或对于亚瑟王利亚大帝生卒年月的错误……我们总是愿意相信以往所习惯的东西，当我们所相信的任何事物受到怀疑时，我们就会产生反感，并寻找各种理由来为它辩护。结果呢，我们所谓的理智、所谓的推理等等，就变成了维系我们所惯于相信的事物的借口。”

著名心理学家卡尔·罗吉斯在他写的《怎样做人》一书中说：“当我尝试了解别人的时候，我发现这实在是太有意义了。你对我这样说也许会觉得很奇怪，会想我们真的有必要去这样做吗？而我以为这是绝对必要的。我们听别人说话的时候，所做的反应一般是进行判断或评价，而不是试图去理解这些话。当别人说出他的某种感觉、态度或者信念的时候，我们总是会做出各种判断：‘不错’、‘太可笑了’、‘这正常吗’、‘这不合乎道理’、‘这太离谱了’、‘这可不对’……而我们很少去真正了解这些话对别人有什么意义。”

有一次，我雇了一位室内装饰设计师，为我家中装一些窗帘。当账单送给我时，我大吃一惊。

过了几天，一位朋友来我家，他看到这窗帘，问了问价钱，然后带着得意的口气大叫说：“什么？简直太过分了。我想你大概上了他的当。”

真的吗？是的，她说的是实话，但很少有人愿听别人羞辱自己判断力的实话。所以，受习惯的驱使，我开始竭力为自己辩护。我说最好的东西总是最贵的，一个人不可能希望用便宜的价格买到既品质优良，又具有艺术特色的东西，等等。

第二天，另一朋友来我家。她很热心地赞赏那些窗帘，并表示她也希望自己有能力为家里安装这么精美的窗帘。我这时的反应完全不同了。“哦，说老实话，”我说，“我也没钱买那些窗帘，它们实在太贵了。我现在还后悔买了它们。”

当我们犯错的时候，我们或许会自己承认。如果对方待我们非常和善友好，我们也会向别人承认，甚至会对我们自己这种直率坦诚而感到自豪。但如果有人硬是要将难以下咽的东西塞进我们的喉咙，那可办不到……

美国南北内战时，最著名的编辑哈里斯·格里莱激烈地反对林肯的政策。他相信用辩论、讥笑、谩骂等办法可以迫使林肯同意他的观点。于是他月复一月、年复一年地持续使用这种苛刻的办法。就在林肯遇刺的那天晚上，他还写了一篇文风粗暴而苛刻的文章来讽刺攻击林肯。

但所有这些尖刻的攻击使林肯妥协了吗？丝毫没有。讥笑、谩骂永远于事无补。

如果你想要得到一些关于待人处世、自我控制、增进品德修养的有益建议，不妨读一读本杰明·富兰克林的自传——这是一本极吸引人的传记，也是美国文学史上的名著之一。

在这本自传中，富兰克林讲述了他如何克服好争辩的陋习，使他成为美国历史上最能干、最和蔼、最善于外交的人。

当富兰克林还是一个冒冒失失的青年时，有一天，教友会一位老教友将他拉到一边，用尖酸刻薄的话训斥了他一顿。那几句话大致如下：

“你可真是无药可救。你嘲笑、攻击每一位和你意见不同的人。你的意见太不切实际了，没人接受得了。你的朋友甚至会觉得，如果你不在场的话，他们会更加自在。你知道得太多了，没有人能再教你什么东西了，而且也没有人愿意去做这种费力不讨好的事。所以你不可能再学到新知识了，而你现在所知却又十分有限。”

据我所知，富兰克林最大的优点之一，是他接受那尖刻责备的态度。尽管他已经成熟，也很明智，但他能领悟到那是事实，并发现这样下去的话，他将面临前途及社交失败的危险。于是，他改掉了陋习，立刻抛弃了他的骄傲、固执的态度。

“我订下一条规矩，”富兰克林说，“绝对不许武断，不允许伤害别人的感情，甚至不准说‘绝对’之类肯定的话。我甚至不允许自己在语言文字中使用过于肯定意思的字眼。我不再说‘当然’、‘无疑’等等，而代以‘我想’、‘揣度’，或‘我想像’一件事可能是这样或那样，或‘目前在我看来是这样’。当别人肯定说了些我明知其错误的话，我也不再冒冒失失地反驳他，不再立即指出他的错误。我会在回答时，先说‘在某种情况下，你的意见不错；但在现在的条件之下，我认为事情或许会……’等等。很快我就看出我这种改变态度的收获，我所参与的许多谈话，气氛都愉快融洽多了。我以谦逊的态度表达自己的意见，不仅更让人容易接受，而且还减少了一些冲突。当我犯了错误时，我也很少会难堪，而我自己碰巧对的时候，更容易使对方不再固执己见而赞同我。

“我最初采用这种方法时，的确与我的本性相冲突，但是后来时间一长也就越来越习惯了。在过去50年中，可能还没有人曾听到过我说出一句太武断的话。当年我提议新法案或修改旧条文的时候，之所以能得到民众的重视，并且当我成为议员后能具有相当大的影响力，这大都要归功于这一习惯。虽然我并不善于辞令，也没有什么口才，谈吐也比较迟疑，甚至还会说错话，但一般说来，我的意见还是得到了广泛的支持。”

如果将富兰克林的方法用在商业领域中，效果将会如何？我们可举三两个例子：

凯瑟琳·阿尔弗雷德是北卡罗莱纳州王山市一家纺纱厂的工程总监。她在我班上讲述了她接受训练之前和之后，处理敏感问题的不同方法：

“我的工作的一部分，”她介绍说，“就是设计并保持各种方法和标准，来激励公司的员工，促使员工能生产更多的纱线，而她们也可以由此挣更多的钱。当我们只生产两三种纱线时，我们采用的方法和标准还算过得去。但我们最近扩大了项目，提高了生产量，计划生产12种以上的纱线，这时原来的方法就不管用了，员工既不能按要求生产出需要的纱线，而且她们也拿不到原有的报酬了。于是，我设计了一套全新的标准，这样员工可以根据她们生产的纱线质量，获得合理的报酬，产量也将会随之上升。我在一次会议上向公司的主管层介绍了这套新标准，并希望他们也相信它是正确的。为此，我从各方面指出了以前那套老办法的错误之处，希望得到他们的赞同。可是，我完全错了！我急于为新的方法做辩护，没有给这些人留面子，使他们认识到以前的错误。这样，我的新标准还没采用就寿终正寝了。”

“我参加了这个辅导班几堂课之后，就意识到了我所犯的错误。我建议再召开一次会议。在这次会议上，我请他们指出问题到底出在何处。我们就每一个要点展开了讨论，并请他们拿出解决方案来。而我则在适当的时候，引导他们按照我的思路来提建议。当会议结束时，我所要提的方案实际上也就出来了，而他们也非常赞同这套方案。”

“现在，我相信如果你径直指出某个人的错误，那么不仅不会收效，而且还会适得其反。你指责别人，是在剥夺别人的自尊，并使自己成为不受欢迎的人。”

纽约自由街 114 号的麦哈尼，是一位专门经销石油专用设备的商人。有一次，他接到长岛一位重要顾客的一大笔订单。图样送上去之后，很快就得到了批准，机件也正在制造中。但是不久发生了一件不幸的事情：这位买主与他的朋友们说起这事，但这些朋友都警告他，说他犯了个大错误，他上了麦哈尼的当；说一切都搞错了，这个太宽，那个太短，这个太这样，那个太那样……他的朋友们说得他发起脾气来，于是他打电话给麦哈尼，发誓他绝不接受已经在做的机件。

“我仔细地检查了各个细节，可以肯定我们确实没有失误。”麦哈尼先生事后讲述这件事时说，“我也知道他和他的朋友们并不懂这些，但我觉得这样告诉他将是件危险的事。于是我去长岛看他。当我走进他的办公室时，他立即跳起来走近我，连连地嚷了开来。他十分激动，一面说一面挥舞着拳头。他指责我和我的机件。最后他说：‘好吧，现在你打算怎么办?’”

“我极其平静地告诉他，他说什么我都愿意照办。‘你是出钱买东西的人，’我说，‘所以你当然应该得到你所要的合适的东西。可是这事总要有人负责才行。如果你认为你是对的，请给我们一张样图，虽然我们已经花了 2000 美元为你做这机件，但我们宁愿承受这 2000 美元损失，以使你满意。但我要提醒你，如果我们按你送来的样图去制造，你就必须负责。但如果你让我们按原来的计划进行——我们相信原计划是对的——对这件事我们可以负全责。’”

“这时候，他已经平静下来。最后他说：‘那好吧，照原计划做吧。但如果出了错，就只好乞求上帝保佑你了。’”

“结果我们生产的机件完全符合要求。于是他答应再和我们订购本季度第二批同样的货物。”

“当这位主顾侮辱我，对我挥舞拳头，说我一窍不通时，我尽了自己最大努力来克制自己，使我不去和他争论。那的确需要极大的自制力，但是很值得。假如我说他错了，并开始和他争论，那将会引起双方的反感，还会造成经济损失，并且失去一位重要的顾客。我深信，用这种方法指出一个人的错误，太不合算了。”

让我们另外再举一例——别忘了，我所举的这些例子，代表了成千上万人的经验。克洛里是纽约泰勒木材公司的推销员。克洛里承认，他多年来总是对那些脾气大的木料检验员挑毛病，指出他们的错误，而他也常常在辩论中取胜。但这对他一点好处都没有。“因为那些木材检验员，”克洛里先生说，“和棒球裁判员一样，一旦他们作出裁判，就决不再更改。”

克洛里先生发现因为他争辩得胜而使他的公司损失了成千上万的收入。所以，他在参加我的辅导班时，决定改变方法，放弃辩论。结果如何呢？下面是他对同班学员的叙述：

“有一天早上，我办公室的电话响了。一位气恼万分的顾客在电话中抱怨说，我们送到他厂里的一车木料，完全不合乎他们的要求。他的公司已经停止卸货，并要求我们立刻将这些木料设法从他们那里运走。他们的木料检验员说，在木料卸下1/4之后，发现有55%不合格。在这种情况下，他们拒绝接受这批货物。

“我立刻动身去他的工厂。在路上，我一直在想着处理这种情况的最好方法。在这种情况下，我一般会引用木材等级的规则，并以我自己担任检验员的经验与知识，来说服那位检验员，让他相信木料确实符合标准，是他在检验时误解了规则。不过我想我还是试试我在班中所学的那些原则。”

“当我到了工厂时，只见采购经理及木料检验员一脸的不高兴，一副准备争辩的样子。我们走到正在卸货的卡车边上，我要求他们继续卸货，让我看看具体情况。我请检验员照常检查，把不合格的木料放在一旁，合格的则另放一堆。

“看了一会儿以后，我发现他的检查确实太挑剔了，而且他又误解了规则。这次的木料是白松，我知道这位检验员在硬木方面知识丰富，但在检验白松这类木料时却经验不足。检验白松正是我的特长，但我是不是对他分等级的方法提出了反对意见呢？绝对没有。我继续观看，渐渐地开始问他为什么有些木料不合格，我丝毫没有暗示这位检验员他错了。我郑重地向他表明，我之所以问他，只是希望将来能以他们要求的标准给他们公司供货。”

“用一种友善合作的精神向他请教，并坚持让他们将不满意的木料挑出来，结果他很高兴，最终效果很好，而我们之间紧张的关系也开始缓和下来了。不过我也会时不时地提醒他几句，使他觉得在拒收的木材中，实际上有些还是符合他们的标准的，而他们的检查实际上提高了等级标准。但是我非常小心，不让他知道我指出了这一点。”

“渐渐地，他的整个态度有所改变。最后他承认他对于白松并没有多少经验，并在每块木板从车上搬下来时问我是否合格。我就向他解释为什么这块是合乎标准的。但我仍然对他说，如果他认为不合他们的需要，他们可以不接受。终于，每当他挑出一块他认为不合格的木料时，他都感到有些不安了。最后，他意识到了他的错误，那就是他们事先没有规定所需木料的等级标准。

“最后的结果是，他在我走之后，重新检验了全车木料，并且全部接受，我们收到了一张全额支票。

“就这一件事来看，讲究一点技巧，尽量不去指责对方的错误，可以使我公司减少一大笔收入损失，而我们给人留下的良好印象，更非金钱所能衡量。”

有一次，有人问马丁·路德·金——这位和平运动的提倡者，为什么他那么崇拜当时官阶最高的黑人将军丹尼尔·詹姆斯，金回答说：“我判断别人，是根据他们的原则，而不是我自己的原则。”

同样，美国南北内战时期，著名的李将军当着南部联邦“总统”杰斐逊·戴维斯的面，极力赞扬他的一位下属军官。另一位在场军官十分吃惊地说：“你知道吗，将军，你所称赞的那个人对你可不客气呀！他总是动不动就攻击你。”“是的。”李将军回答道，“但总统问的是我对他的看法，而不是他对我的看法。”

的确，我在本章中并没有讲什么新的观念。19 个世纪以前，耶稣就说：“尽快与你的对手握手言和吧。”

在基督降生 2000 多年以前，古代埃及国王阿克图给他儿子一个精明的忠告——一个在我们今天看来仍十分重要的忠告。4000 年前，阿克图国王在一天午宴时说：“谦虚而有策略，你将无所不能。”

换言之，不要同你的顾客或你的丈夫，或你的对手争辩。不要指责他错了，也不要刺激他，而是要讲究一点儿策略。

◎承认自己的错误

我住的地方，几乎是纽约的地理中心点，但从我家中步行不到一分钟，就是一片森林。当春天来临时，那里野花盛开，松鼠在树林中筑巢生子，草长得与马头齐高。这块完整的原始林地叫做森林公园——它的确是一片森林，恐怕和哥伦布发现美洲的那天下午所看到的没有什么不同。我常带着我的波士顿哈巴狗瑞克斯去公园中散步。这是一只友善而不会伤人的小狗，并且因为在公园中很少遇见人，因此我带瑞克斯散步时，常常不给它系狗链或戴口罩。

有一天，我们在公园里遇见了一位骑马的警察，他好像急于要显示他的权威。

“你不给狗戴口罩，不系链子，却在公园中乱跑，想干什么?”他责问我说，“你难道不知道那是违法的吗?”

“是的，我知道那是违法的，”我轻柔地回答，“但我想它在这里不至于伤到人。”

“你想不至于！你想不至于！法律才不管你怎样想呢。这只狗也许会伤害松鼠，或咬伤小孩。这次我就算了，但如果我下回再在这里发现这狗不戴口罩，不系链子，你就必须去和法官解释了。”

我小心客气地答应遵守他的命令。

而我也的确遵守了，而且遵守了好几次。但是瑞克斯不喜欢戴口罩，我也不喜欢那样，所以我决定碰碰运气。起初一切都很顺利，可好景不长，后来我们就遇到了麻烦。一天下午，瑞克斯和我正跑过一个小山丘，就在这时，忽然间——不幸得很，我看见那位法律的权威，也即那位警察，正骑着一匹棕红色的马，瑞克斯在前面跑，直向着那个警察冲过去。

我知道这回肯定麻烦了，所以，我还没等到警察开口说话，就先发制人。我说：“警官先生，这次你当场抓住了我，我是违了法。我没有推辞，没有借口。你在上星期已经警告过我，如果我再将小狗不戴口罩就带到这里，你就要罚我。”

“是的，是的。不过现在，”警察用温柔的声调说，“我也知道，在这周围没有人的时候，谁都忍不住想带着这样一只小狗在这儿溜达一圈。”

“那真是一种引诱，”我回答说，“但那也是违法的。”

“像这样的一只小狗不会伤人。”警察替我辩护说。

“不，它也许会伤害松鼠。”我说。

“哦，先生，我想也许你对这事太认真了。”他告诉我说，“让我告诉你怎么办吧。你只要让它跑过那土丘，让我看不见它，我就可以将这事忘了，事情也就完了。”

和平常人一样，那位警察也希望得到一种自重感，所以当我开始责怪自己时，唯一能增加他的自尊的方法，就是对我表现得宽宏大度。

但假如我为自己辩护的话，那结果又将会怎样呢？你可曾与一个警察辩论过？（嗯，我想你也许会知道结果将是什么样的。）

但我没有和他正面争论，我承认他是绝对正确的，我是绝对错误的，我爽快地、坦白地、真诚地承认这点。我站在他的立场上说话，于是他也就反过来为我说话。这件事就这样在平和的气氛下结束了。我想即使是柴斯特·菲尔德爵士，也不会比这位骑马的警察更加宽厚仁慈了，而仅在一个星期之前，这位警察还曾以法律的裁判来威吓我。

假如我们知道我们免不了要受责备的话，为什么不抢先一步，积极主动地认错呢？难道自己责备自己，不比别人的斥责要好受得多？

要是你知道别人正想指责你的错误时，你就应该在他有机会说出来之前，以攻为守，自己把他要说的说出来。很有可能，他就会采取宽厚谅解的态度，来宽恕你的错误——正如那位骑马的警察对我和瑞克斯一样。

费迪南·华伦是一位商业艺术家，他就曾用这种方法获得了一位粗鲁无礼、爱训斥人的雇主的好感。

“简洁明快，是为广告及出版物作画的最重要的原则，”华伦先生讲这故事的时候说。

“有些美术编辑要求将他们交待的工作立即做好。在这种情况下，出现细小的错误就在所难免。我认识的某位美术主任，总是喜欢鸡蛋里面挑骨头，我每次离开他的办公室时，总是会感到不舒服，这并不是因为他的批评，而是因为他攻击我的方法。最近，我交了一份万分火急的画稿给这位主任，他打电话让我立刻赶到他的办公室，说是出了问题。当我赶到那儿时，不出我所料——麻烦事来了。他满怀敌意，正得意有了挑我毛病的机会。他恶意地质问我为何如此如此。我一看，这正好是运用我新学到的自我认错方法的大好机会，于是我说：‘主任先生，如果你说的是真的，那么我错了。对于我的过失，我绝无推托之意。我为你作画这么多年，应该知道如何做才会更好些。我自己也觉得很惭愧。’”

“他立刻开始为我辩护了。‘是的，你说得没错，但这毕竟还不是一个严重的错误。只不过是——’”

“我打断了他。‘无论什么错误，’我说，‘我都必须为此付出代价，否则会使人觉得讨厌。’”

“他想要插嘴，但我没有给他机会。我很高兴。我有生以来第一次批评自己——我很喜欢这样做。”

“‘我今后应该更小心些，’我继续说，‘你给我了许多工作机会，我应尽力做得更好。所以，我要重画一次。’”

“‘不！不！’他反对说。‘我绝不想那样麻烦你。’他称赞了我的作品，并且对我说，他只不过是想做个小小的改动，我这点儿小错对他的公司没有什么损失——而且，那毕竟不过是一个小节，不值得担心。

“我急切的自我批评，使他怒气全消。最后，他还请我吃了午饭，在我们分手以前，他又给了我一张支票，并交给我另外一件工作。”

一个有勇气承认自己错误的人，也可以得到某种满足感。这不仅只是消除罪恶感和自我辩护的气氛，而且有利于解决实质性问题。

布鲁士·哈威是新墨西哥州阿布库克市一家公司经理，他在给一位请病假的员工核准薪水时犯了个错误，给了他全薪。他发现这个错误之后，告诉这位员工他有必要纠正，而且在下次发放工作时再予减扣。这位员工说这会给他带来严重的困难，因此请求分多期扣除多发的工资。但这必须由总经理批准。“我知道这样做，会使老板大为不满。”哈威说，“当我考虑如何更好地处理这个问题时，我意识到这一切都是由我的粗心造成的。因此我必须向老板承认错误。”

“我走进老板的办公室，把这错误告诉了他，但他大发脾气地说这应该是人事部门的错误，而我坚持说这是我的错误；他又大声指责这是财务部门的错误，我仍说这是我的错误；他又责怪办公室另外两个人，但我仍然坚持这是我的错误。最后，他对我说：‘那你就去改正这问题吧！’结果，这个错误改正过来了，而且没有给任何人带来麻烦。我自认为很不错，因为我可以处理这种紧急事件，而且有勇气承认自己的错误。从那以后，老板更重视我了。”

任何傻瓜也会为他的错误做辩护——而且大多数愚蠢的人也正是这样做的。而敢于承认自己错误的人，都会获得别人的谅解，给人以谦恭而高尚的印象。例如，美国历史上记载的一个极好的例证，便是关于李将军的一件事——他把毕克德进攻盖茨堡的失败完全归咎于自己，并为此而自责。

毕克德的那次进攻，无疑是西方世界史上最辉煌显赫的一次战斗。毕克德自己就是个光彩照人的显赫人物。他长发披肩，而且像拿破仑在意大利的战役中一样，几乎每天在战场上写热烈的情书。在那惨痛的七月的一个下午，当他把军帽斜戴在右耳上方，骑马冲向联军战线，发起进攻时，他那军心大振的将士们不禁为他喝彩起来。他们欢呼着，跟随着他，一路上浩浩荡荡，军旗飞扬，刺刀闪烁。那壮伟的一幕，以及那支勇敢出色的队伍，连北军也不禁为之惊叹。

毕克德率领的军队迈着轻捷的步伐，迅速向前挺进。他们穿过果园和玉米地，踏过草地，翻过山峡。而北军的大炮一直在向他们发起猛攻。但他们毫不退缩，勇往直前。

突然间，北军的步兵从潜伏的山脊背后冲了出来，朝毕克德那支毫无防备的军队开火。到处都是枪林弹雨，山上硝烟四起，简直变成了一片火海，犹如屠场。几分钟之内，毕克德所有的旅长除一个人幸存之外，其余的全都阵亡，他的5000名士兵中也有4000阵亡。

阿姆斯坦率领残军，拼死冲杀。他冲向前去，跃过石墙，把军帽顶在他的指挥刀上挥动着，大呼道：

“兄弟们，杀啊！”

他们全都豁出去了。他们跃过墙头，用刺刀和枪托与他们的敌人肉搏，终于把南军的军旗插上了墓地山脊北方军的领地。

尽管大旗只在那里飘扬了一会儿，但那短暂的一会儿，却是南方同盟军战功的辉煌纪录，毕克德的冲锋——虽然光荣、勇敢，然而却是战争进入尾声的转折点。李将军失败了。他知道他没法深入北方。

南方失败的命运早就注定了。

李将军悲痛万分，惊骇不已，他向南方同盟政府总统戴维斯提出了辞呈，请求改派“一位更加年轻有为之士”。如果李将军要将毕克德的冲锋所导致的惨痛失败归罪于其他人的话，他可以找出数十个借口，例如有些师长不称职、马队到的太迟、不能协助步兵进攻……总之，可以说这事错了，那事也不对。

但是李将军太高尚了，他没有责怪别人。当毕克德的残兵败将从前线退回南方阵线的时候，李将军单身骑马亲自迎接他们，并自我谴责：“这都是我的过失。”他承认说，“我，我一个人在这场战斗中战败了。”

历史上所有的将领中，很少有人具有他这种勇气和情操，承认自己的过失。

艾伯·赫巴是一位全国都为之震撼不已的最具有创造性的作家，他的讽刺性文字常引起别人强烈的反感。但赫巴常常会采用他那罕有的待人处世的技巧，将他的仇敌转变为朋友。

例如，当一些恼怒的读者写信来表示不同意他的某篇文章，并在末尾把赫巴臭骂一顿的时候，赫巴就会这样回答对方：

“细想起来，我自己也不完全同意我自己。我昨天所写的东西，今天我也不一定全都满意。我很高兴知道你对这类问题的看法。如果下次你到附近来的时候，欢迎大驾光临，我们可以相互交流，遥祝平安。

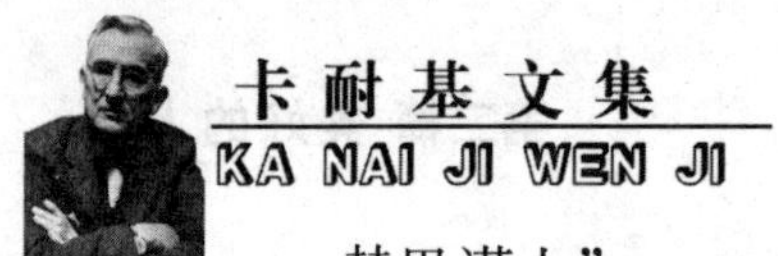

赫巴谨上”

面对一个如此待你的人，你还能说什么？

当我们是对的时候，我们要温和地、巧妙地使别人赞同我们；当我们错的时候——如果我们对自己诚实，这是很常见的——我们就要迅速而诚挚地承认我们的错误。这不但能产生惊人的效果，而且在许多情形之下，要远远胜过你为自己辩护。当然，信不信由你。

不要忘了这句古语：“用争斗的方法，你永远不会得到满足；但用让步的方法，你的收获得比你所期望的更多。”

◎友善待人

假如你生气时，对人家发一顿火，你固然会觉得舒服了，但对方又会怎样呢？他也能分享到你的痛快吗？你那充满火药味的声调、仇视的态度，能使他赞同你吗？

“如果你握紧两个拳头来找我，”威尔逊总统说，“对不起，我敢保证我的拳头会握得和你的一样紧。但如果你到我这儿来说，‘让我们坐下来一起商量，看看为什么我们彼此意见不同。’那么不久我们就会发现，我们的分歧其实并不大，我们的看法同多异少。因此，只要我们有耐心相互沟通，我们就能相互理解。”

最欣赏威尔逊这些至理名言的，要数小约翰·洛克菲勒了。1915 年，洛克菲勒还是科罗拉多州一个最受人轻视的人。美国工业史中流血最多的罢工潮，在科罗拉多州持续了动荡不安的两年。忿怒而粗野的矿工要求科罗拉多煤铁公司增加薪水，而这家公司正归洛克菲勒所有。当时，房产被毁坏，军队也被调动出来，发生了多起流血事件。罢工的工人遭到镇压和枪杀，许多尸体遍体枪伤。

在那样一种充满仇恨的情况下，洛克菲勒却要使罢工者接受他的意见，而且他真的做到了。他又是怎样做的呢？大致的情形是这样的：他先是花了数星期的时间和工人交涉，然后又对工人代表发表演说。这篇演说可算得上是一篇杰作，而且产生了惊人的效果：它不仅化解了恐吓者要把洛克菲勒吞下去的仇恨，而且使他赢得了许多赞赏者。他用极友善的态度来阐明事实，使罢工工人回去工作，而不再提增加薪资的事。

这是那篇著名演讲的开始部分，且看它的字里行间所流露出来的友善精神。

要知道，听洛克菲勒这次演讲的人，几天之前还打算将他吊死在酸苹果树上。然而面对这些人，他却再仁慈、再友善不过了，好像是在对一群传道医生演讲。

"今天，是我一生中值得纪念的日子，"洛克菲勒说道，"这是我第一次这样幸运地会见这家伟大公司的劳工代表、职员及监督们。说心里话，我很荣幸能到这里来，而且在我有生之年绝不会忘了这次聚会。如果这次聚会在两个星期前举行，我对你们中大多数人来说一定是一个陌生人，而且现在我也只认识少数的面孔。上星期我有机会访问南矿区所有的住户，除去出外的代表，我差不多和所有代表谈过话，我见过你们的家庭，看到了你们的妻子儿女。我们今天在这里见面，不再是陌生人，而是朋友。也正是在这种互相友善的精神中，我很幸运有这种机会，同你们讨论我们共同关心的问题。

"这是由公司职员及工人代表参加的集会。我之所以能来这里，全都是因为你们的厚爱。尽管我既不是公司职员，也不是工人代表，但我仍然觉得与你们关系亲密，因为从某方面说，我代表了股东及董事双方。"

这不是一个化仇敌为朋友的最理想的例子吗？

假如洛克菲勒采用别的方法；假如他和那些矿工争论，态度强硬地当着他们的面举出毁坏矿场的事实来；假如他用暗示的语气告诉他们，说他们是错的；假如他运用逻辑规则来证明他们是错误的，那么结果会如何？

那必然会激起更多的忿怒、更多的仇恨和更多的反抗。

如果一个人因为与你不和，并对你怀有恶感而对你心怀不满，那么你用任何办法都不能使他信服于你。爱责骂的父母、强硬的上司及丈夫，以及唠叨不休的妻子们应该明白：人们不愿改变他们的想法，不能勉强或迫使他们与你我意见一致。但如果我们温柔友善——非常温柔，非常友善——我们就能引导他们和我们走向一致。其实，大约在100年前，林肯就曾有过上述看法。下面是他的原话：

“一句古老的格言说：‘一滴蜂蜜比一加仑胆汁，能捕到更多的苍蝇。’对人也是这样。如果你要让别人同意你的观点，你就要先使他相信你是他真正的朋友。这就有如一滴蜂蜜，用一滴蜂蜜赢得了他的心，那么，你就能使他走在理智的大道上。”

商人们正日渐明白，对罢工者态度友善，是很值得的。例如，当怀特汽车公司的2500名工人为增加工资而组织工会罢工的时候，公司经理伯莱克没有生气和责罚、恫吓。相反，他还称赞罢工者。他在《克里夫兰报》上登广告，颂扬他们“放下工具的和平情形”。当他看见罢工纠察队的人闲得无聊时，他还给他们买了棒球棍及手套，请他们在空地上打棒球。为了讨好那些喜欢打保龄的人，他甚至为他们租了一间保龄球室。

经理伯莱克的友善态度，即刻产生了良好的效果，唤起了罢工者内心的友善精神。于是，罢工者借来扫帚、铁铲、垃圾车，开始清扫工厂的场地。在美国罢工历史中，这种事情从未听到过。那次罢工事件在一星期之内以和解结束——没有任何怀恨或怨恶情绪地结束了。

丹尼尔·韦斯特相貌出众，谈吐如耶和华，是一位能言善辩而且非常有成就的辩护律师。他善于用友善温和的词句在法庭上表达他那强有力的观点，例如他会说“这一点应该请陪审团考虑”，“诸位，这也许值得想一想”，“诸位，这几件事实，我相信你们是不会忽略的”，或“由于你们对于人性的了解，很容易看出这些事实的重要”。没有威逼，也没有高压的手段，他从不将自己的意见强加于人。韦斯特用轻声细语和安详友善的方式来为人做辩护，而这正是他闻名遐迩的原因。

你或许永远不必去调解罢工潮，或对陪审团发言，但是你或许会希望房东将你的房租减少。那么，用友善的方法能帮助你吗？我们且看下面的例子。

一位工程师施劳伯希望房东能够减低他的房租，而他知道他的房东是很顽固的人。“我写了封信给他，”施劳伯在我班上的一次演讲中说，“通知他在租期将满时，我就会搬出我的公寓。说实在话，我并不想搬动。如果能减低我的房租，我就住下去。但依情势看来，这种希望太小了。别的房客也试过——都失败了。人人都告诉我，这个房东是极难纠缠的。但我对我自己说，我正在研究如何与人相处，所以我要对他试一试——看看结果怎样。”

“他接到我的信以后，就同他的秘书一起来找我。我在门前以友好的态度迎接他，充满了善意与热心。我没有一开口就说房租太高的问题，我只是说我如何地喜欢他这所公寓。我认为我真是‘诚于嘉许，宽于称道’。我称赞他管理有方，并告诉他我很乐意再住上一年，可是我的经济实力确实支付不起房租。”

“很明显，他从来没有从一个房客那儿得到这种欢迎和赞扬。他简直不知如何是好了。”

“然后，他开始向我大倒苦水，说出了他的困难，并抱怨那些房客。曾经有一位房客给他写过 14 封信，有的话简直是侮辱。还有一位房客威胁说，如果房东不能使上面一层楼的人睡觉时不打呼噜，他就要取消租约。他对我说：‘有你这样一位满意的房客，多么令人痛快。’接着，我没有请求他，他却自动减少了一部分租金。但我想再多减些，于是提出了我所能负担的数目，他二话没说就答应了。”

“当他离开的时候，他转身问我：‘你有什么屋内装饰需要我替你做的吗?’”

“如果我用了别的房客所用的方法来迫使房东将房租减低，我确信我必然会遇到他们所遇的困难。而这种友善的、同情的、欣赏的方法使我达到了自己的目的。”

住在宾夕法尼亚州匹兹堡市的狄恩·伍德科克，是匹兹堡电力公司的一个部门主管。他的两个下属员工被叫去修理一根电线杆上的某种器件。以前这类工作是由另一个部门负责的，最近才由伍德科克这个部门负责。虽然这两个下属员工曾经接受过这方面的训练，但却是第一次实际去做这项工作。公司的每一个人都想看看他们是不是能够把这件事情做好。伍德科克先生下面的几个组长以及公司其他部门的一些人，也都去看这两人工作的情况。

伍德科克看了看四周，只见一个人拿着照相机走出汽车，拍下了当时的景象。像电力公司这样的大公司，一般都很注意公共关系，而伍德科克这时突然想到一件事，那就是在那位带照相机的人看来，这个景象必然是在磨洋工——因为十几个人来看两个人工作，简直是浪费。

于是，他走过街去找那位带照相机的人。

“好像你对我们的作业很感兴趣?”

“不错，不过我母亲可能会更感兴趣。她买了你们公司的股票，这场景可以让她更清楚地认识你们公司。她看到之后，或许会认为买你们公司的股票是不明智的。我这些年一直都对她说你们这种公司存在的浪费太多了，这景象证明我说的确实没错，或许报纸对这些照片也会感兴趣。”

“这看起来确实如此，不是吗?如果我站在你的立场来看问题，也会有同样的想法。但这是一次特殊的状况……”狄恩·伍德科克向这人解释，这是他部门的人第一次来执行这类工作，而且公司上下都很关心这件工作的执行情况。他还向那个人保证，通常情况下只需两个人就可以做好这项工作。

那个人最后收起了照相机，和伍德科克握手道别，谢谢他花时间向他说明这些。

伍德科克的友善态度，使他的公司免除了许多尴尬和不好的名声。

新罕布夏州李特顿市的吉拉德·文恩，也是我辅导班上的一位学员，他讲述了他是怎样运用友善的态度，解决了一项损毁赔偿的案子。

“今年春季开始的时候，”他说，“地面尚未解冻，却出人意料地下了一场大雨。由于雨水不能像平常那样沿着水沟排泄，只好另寻途径朝我刚建好的一栋新房子流了过去。”

“雨水对地基形成了压力。雨水渗进了房屋底层的水泥地板中，使地板出现裂缝，水淹没了地下室，使地下室里面的火炉和热水器遭受损坏。修理这些东西要花 2000 多美元，而我所购买的保险并不包含这一类损坏。”

“不过，不久我就发现由于承建商设计上的疏忽，没有在房子附近修建排污沟。如果有这道排污沟，或许雨水就不会淹了地下室。在前往承建商公司的路上，我全面仔细地考虑了这件事情，并且想到了我在班上所学到的原则，知道光发火肯定不会有什么作用。于是，当我到达他的办公室之后，我保持冷静，先和他谈了谈他最近去西印度群岛度假的情形；然后我在适当的时候，提到了雨水淹没地下室的这个‘小’问题。他很爽快地同意负责改进。”

“几天以后，他打来电话说，他会支付修理损坏设备的费用，并且要建一道排污沟，防止以后再发生同样的事情。”

“这件事情虽然是由于承建商的失误引起的，但我如果不是从一开始就采取这种友善的态度，坚持要他同意承担全部的责任，那恐怕不会这么顺利了。”

让我们再举一个例子：这次我们说的是一位女士——一位社交界的知名人士——长岛沙滩花园城的戴尔夫人。

"我最近请了几位朋友吃午饭，"戴尔夫人说，"对我来说，这可是一个重要的聚会。因此我当然希望事事顺利，宾主尽欢。我的管家艾米平时在这类事情上，是我得力的助手。但是他这次却让我很失望。午餐搞砸了。根本看不到艾米的人影，他只派了一个侍者来招待我们。但这个侍者对高级招待全不在行，他总是不好好招待我的客人。有一次他竟用一个很大的盘子给一位客人端了一小块芹菜，做出来的肉又粗又老，马铃薯也油腻腻的。总之，我感觉坏透了，我非常恼火。午餐当中，我一直强装笑脸，但我不断地对自己说：'等我见了艾米，一定饶不了他。'"

"这是星期三发生的事。第二天晚上，我听了一场关于人际关系的演讲。在我听演讲的时候，我觉察到责骂艾米一顿也是无济于事的，那反而会使他变得不高兴而对我怀恨在心，并且将来再也不愿帮助我了。于是我尽量从他的立场来看这事。菜不是他买的，也不是他做的，他的手下太笨，他也没有办法。或许我平时太严厉了，很容易发火。所以我决定不去批评他，而改用友善的方法与他沟通。我决定先从赞赏来作开场白——这种方法非常见效。次日，我见到了艾米。他似乎早就有所准备，对我严阵以待，预备与我大吵一场。我说：'啊，艾米，我想让你知道，当我款待客人时，如果你能为我服务，将会对我大有帮助。你可是纽约最好的管家。当然，我完全了解你没有买那些菜，也没有烧那些食物。至于星期三发生的事，你是无法控制的！"

"于是，阴云消散了。艾米微笑着说道：'是的，夫人。问题是出在厨师。那不是我的错。'"

"所以，我接着说：'我已经安排好了下一次的聚会。艾米，我需要你的建议。你是否认为我们应该再给厨师一次机会？'"

"'噢，当然，夫人，一定要这样。上次那样的事永远不会再发生了。'"

"下一星期，我又请了客人吃午餐。艾米和我一同设计好了菜单。他主动提出只收取一半的服务费，而我也不再提起他过去的错误。”

“当我和我的客人们到达宴会厅的时候，桌上摆放着两束鲜艳的美国玫瑰。艾米亲自在场照应。他招待得非常殷勤周到，即使是宴请玛丽皇后，也不过如此。这次午餐的食物醇美无比，服务热情周到。饭菜由 4 位侍者服务，而不是一个。宴会快结束时，艾米亲自端上了可口的水果作为甜点。”

“吃完午餐，在我们临走的时候，我的客人问道：‘你对那个管家施了什么魔法吗？我可从未见过这样完美的服务，也从未见过这样殷勤的招待。’”

“她说得的确不错，我已经对他施了友善待人和真诚赞赏的法术。”

多年以前，当我还是个孩子，光着脚穿过密苏里西北部的树林，去一个乡村学校读书时，有一天我读到一则关于太阳与风的寓言。它们在争论谁更强有力，风说：“我可以证明我更加强大。你看见那边那个穿大衣的老人吗？我敢打赌，我能比你更快地使他脱去他的大衣。”

太阳躲到云后，风开始刮起来，越来越大，几乎刮成一场飓风，但它吹得越厉害，那老人越是将大衣围裹得紧紧的。

最后，风放弃了，平静下来。然后太阳从云后钻出来，对老人和善地“微笑”。过了一会儿，老人开始擦前额上的汗水，脱下了他的大衣。太阳告诉风说：“温柔、友善，永远比愤怒、暴力更强有力。”

就在我童年读到这则寓言故事的时候，在波士顿的一个镇上发生的事情便证实了这则寓言的真理。这个镇在历史上是一个教育及文化中心，我小时候根本不敢梦想能有机会一睹它的风采。证实那则寓言真理的是 B 博士，他是一位医生，30 年后成了我班上的一个学员。下面就是 B 博士在班上所叙述的故事：

在当时，波士顿的报纸上全都是那些招摇撞骗的江湖郎中的广告——堕胎专家和庸医的广告，他们表面上是为人治病，但实际上却用“你将丧失性能力”等恐吓的词句来欺骗那些无辜的受害者。他们的治疗方法，其实就是使受害者满怀恐惧，事实上根本不给任何有效的治疗。他们造成了许多堕胎者死亡，但却很少被判有罪，他们只需支付一点罚金，或利用政治关系就可以脱身。

这种情况实在太恐怖了，波士顿善良的民众群情激愤，奋起反对。传教的牧师拍案谴责痛斥报纸，并祈求万能的上帝能够禁止这种广告。公共团体、商人、妇女团体、教会、青年团体，全都一致声讨痛斥——但都无济于事。在州议会中，也开展了激烈的争论，希望宣布这种无耻的广告为非法，但终因舞弊及政治利益集团的影响而不了了之。

当时B博士是波士顿最大的基督教联盟公民慈善委员会的主席。他的组织已用尽一切方法，但都失败了。这场反对医界败类的斗争，好似完全没有胜利的希望。

接着，有一天晚上，在午夜以后，B博士尝试了在波士顿显然没有任何人试想过的办法。他用的是和善、同情和赞赏。他试图使报纸自动停止刊登那种广告。他给《波士顿导报》的出版人写了封信，说他是如何地赞赏这家报纸！他长期以来一直坚持阅读该报，因为它新闻真实，不追求刺激，而且它的社论尤其精彩，是一份极其出色的家庭报纸。B博士声称，依他看来，它是新英格兰地区最好的报纸，也是全美国最好的报纸之一。

“但是”，B博士接着说，“我的一位朋友有个年幼的女儿。他告诉我，说他的女儿有一天晚上为他朗读了你们报上登的一则广告，这是一则有关堕胎专家的广告，并问他那是什么意思。老实说，他当时尴尬至极。他不知道该怎么说才好。你们的报纸在所有波士顿有教养的上等家庭都极具影响，如果这事在我朋友的家中发生，是否也会在别人家中发生呢？如果你也有一位年幼的女儿，你愿意让她看到这种广告吗？假如她真的读了，并向你提问，你又该怎样对她解释呢？”

“我很遗憾的是，像贵报这样优秀的报纸——其他各方面几乎是十全十美——却刊登这样的广告，致使一些父母不得不把报纸藏起来，以免被他们的女儿看到。我想大概还有千百位其他订户都与我有同感吧?”

两天以后，《波士顿导报》的出版人给B博士回了信，那是在1904年10月13日。至今，B博士还保存这封信，已经有了30多年。当他成为我班中的一位学员时，他把这封信送给了我。现在我写这一章时，这封信正摆在我的面前。

亲爱的先生：

您本月11日致本报编辑部的来信已经收悉，非常感激，它促使我下定决心实行自我接管本报以来一直想做而未做的一件事。

自下星期一开始，我打算将《波士顿导报》中的一切不良广告，全都删除。医药片、旋转液体注射器，以及相似的广告将绝对取消，其他一些暂时不能完全取消的医药广告，也将尽量审慎编辑，绝对不能使它再招致非议。

您来信的善意提醒，使我受益匪浅，再度致谢。并盼继续不吝赐教。

海洛斯顿首

一个人如果能认识到“一滴蜂蜜比一加仑胆汁，能捕到更多的苍蝇”这个道理，那么他在日常言行中也会表现出温和友善的态度来。马里兰州路德维尔市的盖尔·康纳先生就证明了这句话的正确性。有一次，康纳先生买了一辆新车，可是4个月之内这辆车却进维修厂家那里做了3次维修。他在我班上说：“很明显，和维修厂的经理谈话、说理，或指责他，都不能圆满地解决我的问题。”

“于是，我进入汽车展销大厅，要求见他的老板怀特先生。我稍等了一会儿，就被人领进了怀特先生的办公室。我先做了一番自我介绍，向他说明我之所以买他公司的汽车，是由于我朋友的推荐。因为他们都买了他公司的汽车，认为价格合理，而且服务也很出色。”

“怀特先生听了这些之后，满意地笑了起来。然后，我又向他说明我的问题。我向他进一步指出：‘我想你一定会非常关心那些不利于你公司声誉的事情。’他感谢我告诉他这件事，并向我保证一定会解决我的问题。后来，他不但亲自为我处理好了这件事，而且还在我的汽车送修期间，将他自己的车借给我使用。”

伊索是希腊克里萨斯王宫中的一名奴隶，在基督降生之前600年，他就说过许多不朽的寓言，其中有关人性的真理，现在仍适用于波士顿和伯明翰，正如它在25个世纪以前适用于雅典一样。太阳能比风更快地使你脱下大衣；和善、友谊及赞赏，远比任何强权暴力更容易改变人的心意。

不要忘记林肯所说的：“一滴蜂蜜比一加仑胆汁，能捕到更多的苍蝇。”

◎学习苏格拉底

在与人交谈时，千万不要一开始就讨论你们意见有分歧的事。刚开始时应先强调——并且坚持不断地强调——你们都同意的事。继而强调——如果可能的话——你们双方都在追求同一目标，你们之间的唯一差别只是在方法上，而不是在目标上。

应该让对方在刚开始的时候就说“是，是”。要尽可能地使他避免说“不”。

“一个‘不’的反应，”亚佛斯德教授在他写的《影响人类的行为》一书中说，“是最难克服的障碍。一旦一个人说出‘不’以后，他所有的自尊心，都会促使他固执己见。以后他也许会觉得‘不’是不甚恰当的，然而当时他必须考虑他的宝贵的自尊！一旦一句话说出口，他就必须坚持到底。所以，一开始就使人采取肯定的态度极为重要。”

“善于讲话的人，常常会在谈话一开始时，就使对方说‘是’，从而将对方的心理导向肯定的方向。这就好比打棒球：向前方把球击出并不难，但若要使球沿着某方向反弹回来的话，就不那么容易了。”

“人的这种心理模式明显可见。当一个人口头上说‘不’，而且内心也确实否定的话，那么他的心理远非一个简单的‘不’字所能包容。此时，他全身的各个组织——腺体、神经系统、肌肉——全都会协调起来，进入抗拒状态，并且常常伴有细微的、时而可见的身体收缩，或准备收缩的状态。简而言之，他的整个神经和肌肉系统会处于一种紧急抗拒的状态。反过来说，当一个人说‘是’的时候，就不会出现这种收缩现象，而且他的身体处于前进、接受和开放状态。因此，在一开始的时候，如果我们越能造成‘是的，是的’的谈话气氛，那我们就越容易使对方同意我们的观点。”

“这是一种极其简单的方法，但是却很容易被人忽略！一般来说，人们一开始即采取反对态度，这样似乎能得到一种自重感。激进的人碰上守旧的人时，立刻会忿怒起来！但说实话，这又有什么好处呢？如果他这么做只是为了让自己得到一些快乐，或许还情有可原；但如果他想与人达成什么协议的话，那从心理角度来看，他就太愚蠢了。”

“如果一开始的时候就使一名学生或顾客、孩子、丈夫或妻子说‘不’，那恐怕要有神仙般的智慧和耐心，才能使那种绝对否定的态度变为肯定的态度。”

正是用这种“是，是”的方法，使得纽约格林威治储蓄所的一位出纳员詹姆斯·艾伯森挽回了一位主顾，否则他就会失掉这笔生意。”

“这个人进来要开一个户，”艾伯森先生说，“我照例让他填写一些表格，其中有些问题他愿意回答，但有些问题他却根本不想回答。”

“在我开始学习人际关系之前，我会告诉这位顾客说，如果他不向银行提供这些材料，我们就拒绝为他开户。我对我以前犯过这样的毛病感到很惭愧。自然，那样的‘最后通牒’使我觉得很痛快。我想显示出这里究竟是谁说话算数，银行的规章制度一定不能违反。但那样的态度显然让那些来我们银行的人得不到一种受欢迎受重视的感觉。”

“那天早晨，我决定采用一种实用的普通知识。我决定不谈银行的规矩，而谈顾客的需要。最重要的是，我决意使他从一开始就说‘是，是的。’所以，我同意了他的做法。我告诉他，他拒绝填写的那些材料，并不是绝对必要的。”

“‘然而，’我说，‘假如你把钱存在银行，一直到你去世，你不希望银行将这钱转移给你那依照法律有权继承的亲属吗？’”

“‘不，当然希望。’他回答说。”

“‘难道你不认为，’我接着说道，‘将你最亲近的亲属的姓名告诉我们，使我们在你万一去世的时候能够准确无误地实现你的愿望，不是一个很好的办法吗？’”

“他又说：‘是的。’”

“当他明白我们需要这些材料不是为了我们，而是为了他的时候，他的态度就软化下来，改变了。在离开银行以前，这人不仅将关于他自己的全部材料告诉了我，并且根据我的建议，他还开了一个信托账户，指定他的母亲为受益人，而且十分高兴地回答了关于他母亲的各种问题。”

“我发现一旦让他开始就说‘是，是’时，他便忘了我们之间的争执，并且愿意做我所建议的事。”

“在我负责的区域中，有一个人，我们公司极想将商品推销给他。”西屋公司的推销员约瑟夫·爱立森说，“我的前任曾拜访了他10年，但没有推销出任何东西。当我接管这块区域以后，我继续访问了他3年，也没能得到一份订单。最后，在13年的访问和交易会谈之后，我们卖了几台发动机给他。如果这些发动机不出毛病，我相信一定可以再得到几百台的订货单，而这正是我所期望的。”

“有毛病吗？我知道这些发动机绝不会有毛病的。所以，当我在3个星期后去见那人时，我很高兴。”

“但我高兴得并不太久，因为那位总工程师令我吃惊地说：‘爱立森，我不能向你订购其余的发动机了。’”

“‘为什么？’我惊讶地问，‘为什么？’”

“‘因为你的发动机太热了，我的手都不能放在上面。’”

“我知道和他辩论是没有用的，那种方法我已经试过很久了，所以我想到要从他那里获得‘是，是’的反应。”

“‘噢，现在，史密斯先生，’我说，‘我完全同意你的看法。如果那些发动机工作起来太热了，你就不应再买。你当然不会购买超过全国电气制造协会标准热度的发动机，是不是？’”

“他认同了我，说‘是的。’我已经得到了我的第一个‘是’。”

“‘电气制造协会的规定是设计适当的发动机可以比室内温度高华氏72度。对不对？’”

“‘是，’他同意说，‘的确是那样的。但你的发动机热多了。’”

“我没有同他辩论。我只问：‘你的厂房中有多热？’”

“‘啊，’他说，“大约华氏75度。’”

“‘好了，’我回答说，‘如果厂房是75度，你再加上72度，总计华氏147度。如果你将手放在华氏147度的热水塞门下面，是不是烫手？’”

“他还是必须说‘是’。”

“‘那么，’我建议他说，‘不要把手放在发动机上面，这不是个好办法吗？’”

“‘对，我想你是对的。’他承认说。接着，我们又谈了片刻。然后他叫来他的办公室秘书，给下一个月订了差不多价值35000美元的货单。”

“我费了多年的工夫，丢了许多生意，损失了数不清的钱，最后才明白辩论是没有用的。只有从别人的立场来分析问题，使他说‘是，是，’才会有更多的收益，才会更有乐趣。”

“雅典的牛蝇”苏格拉底，是一个赫赫有名的老小孩，虽然他总是光着脚，并到40岁秃了头的时候，才娶了一位19岁的女子。但他所做的事情在历史上只有几个人能够做到。他彻底地改变了人类思想的进程，而现在，当他死去23个世纪后，他仍被人们尊为世界上最有才智的劝说者。”

他的方法是什么？他是否告诉别人他们是错误的？啊，没有，苏格拉底才不会那样做呢。他是如此的老练，绝不会那样做。他的整套方法，现在被称为“苏格拉底方法”，以得到“是的，是的”反应为根据。他所问的问题，都是反对他的人必然会同意的。他持续不断地得到一个又一个同意，直到他得到许多的“是”。他持续不断地发问，直到最后，他的反对者不知不觉地发现自己所得到的结论，竟是他在几分钟以前坚决反对的。

如果我们下次要告诉别人他是错误的时候，不要忘了赤足的苏格拉底。你应该问一个温和的问题——一个能得到“是，是”的反应的问题。

中国人有句格言，充满了东方人积淀的智慧：“轻履者行远。”

中国人花了5000年研究人类的天性，因而学问至深，聪明之极，积累了极其丰富的人生经验。

◎让别人多说话

大多数人想使别人同意他们的观点，可是他们自己的话却说得太多了。尤其是推销员，常犯这种不合算的错误。尽量让对方畅所欲言吧！对于他自己的事及他自己的问题，他一定知道得比你多，所以你应向他提些问题，让他告诉你几件事。

如果你不同意他的观点，你可能会想阻止他。但一定不要这样做，那将是十分危险的。因为当他还有许多意见急着要发表的时候，他决不会注意你的观点。所以，要有耐心，并以宽广的胸襟去倾听，要诚恳地鼓励对方充分地发表他的意见。

在商场上，这种策略有价值吗？我们且来看看下面的例子。这是某个人被迫试行这一策略的经历。

几年前，美国最大的汽车制造公司之一，正在洽谈订购下一年度所需要的汽车坐垫布。三个重要的厂家已经做好了垫布的样品。这些样布都已经得到汽车公司高级职员的检验，并发通告给各厂家，说各厂家的代表可以在某一天以同等条件参与竞争，以便公司最终确定申请方。

其中一个厂家的业务代表R先生在抵达时，正患着严重的喉炎。“当我参加高级职员会议时，”R先生在我班上叙述他的经历时说，“我嗓子哑了，几乎发不出一点声音。我被领到一个房间，与纺织工程师、采购经理、推销经理以及该公司的总经理当面会晤了。我站起来想尽力说话，但我只能发出嘶哑的声音。

“他们都围坐在一张桌子边上。所以我在纸上写道：‘各位，我的嗓子哑了，我不能说话。’”

“‘让我替你说吧，’对方总经理说，他真的在替我说话。他展示了我的样品，并称赞了它们的优点。围绕我的样品的优点，展开了一场热烈的讨论。由于那位总经理代表我说话，因此在这场讨论中，他站在我这一边，而我在整个过程中只是微笑、点头以及做几个简单的手势。”

“这个特殊会议的结果，是我得到了这份合同，和对方签订了50万码的坐垫布，总价值为160万美元——这是我曾获得的最大的订单。

“我知道，如果我的嗓子没有哑，说不定我就会失掉那份合同，因为我对于整个情况的看法是错误的，我很偶然地发现，让别人多说话是多么有益！”

费城电气公司的约瑟夫·韦伯也有同样的发现。当时，韦伯先生正在宾夕法尼亚一个富裕的荷兰移民区进行农业考察。

“为什么这些人不用电器呢?”他经过一家管理良好的农场时，问该区的代表。

“他们是守财奴。你无法卖给他们任何东西，”那位区代表厌恶地回答说，“此外，他们还对公司很不友好，我已经试过了，没有任何希望。”

也许是没有任何希望，但韦伯决定无论如何也要尝试一下，所以他又敲响了那户农家的门。只见门打开了一道小缝，屈根堡夫人探出头来。

“她一看见公司的代表，”韦伯先生讲述道，“就当着我们的面，重重地把门一摔。我再次敲门，她再一次把门打开。这次，她开始毫无保留地告诉我们她对我们及我们公司的看法。”

“‘屈根堡夫人’”我说，‘我很抱歉打搅了你。但我不是来向你推销电器的，我只想买些鸡蛋。’”

“她把门再打开了些，探出头来，用怀疑的目光望着我们。”

“‘我注意到了你那群良种多明尼克鸡，’我说，‘我很想买一打新鲜鸡蛋。’”

“门又打开了一点。‘你怎么知道我的鸡是多明尼克鸡?’她好奇地问我。”

“‘我自己也养鸡，’我回答说，‘但我必须承认，我从来都没有见过比这更好的多明尼克鸡。’”

“‘那么你为什么不吃你自己的鸡蛋?’她仍带着怀疑的眼神问道。”

“‘因为我的来亨鸡下的是白壳蛋。你是一位烹调高手，当然会知道做蛋糕时，白壳蛋不如棕壳蛋好。我妻子一向对她做的蛋糕感到骄傲。’”

“到这时候，屈根堡夫人放心地走了出来，到了走廊上。这时她已温和多了。同时，我的眼睛四处打量着，在院子里有一个很好看的牛奶棚。”

“‘屈根堡夫人，’我接着说，‘我敢打赌，事实上，你养鸡赚的钱比你丈夫养奶牛赚的钱还多。’”

“嘿！她高兴极了！确实是她赚得多！她很高兴地向我肯定了这一点，

可惜她不能使她那位老顽固承认这一事实。”

“她又请我们参观她的鸡房。在我们参观的时候，我留意到她制造的各种小器械，而我遵守了‘诚于嘉许，宽于称道’的原则。我向她介绍了有关食料及温度方面的情况，并就几件事征求了她的建议。片刻之间，我们就很高兴地交换了许多经验。”

“过了一会儿，她说她的几位邻居在他们的鸡房中装了电灯，据说效果很好。她问我是否值得采取同样的方法。”

“两个星期以后，屈根堡夫人的多明尼克鸡就在电灯的光照下满足地叫唤着、活动着。我得到了订单，而她也得到鸡蛋，人人满意，大家获利。”

“但——这件事的关键在于——如果我事先不能让她说服自己，我永远不能把电器卖给这对宾夕法尼亚的荷兰夫妇。”

“不能直接向这种人推销，你必须让他们自己主动来买。”

让对方自己说话，不仅有利于在商业方面赢得订单，而且有助于处理家庭当中的一些纠纷。例如，芭芭拉·威尔逊和她的女儿洛瑞的关系迅速恶化。洛瑞以前是个乖巧、快乐的小孩，但到了十几岁时，却与母亲矛盾增加，不与母亲合作，有时还会为自己辩护。威尔逊夫人曾用各种办法威吓、教训她，但无济于事。

“一天，”威尔逊夫人在我班上说，“我放弃了一切努力。洛瑞根本不听我的话，家务活还没做完，就去找她的朋友玩。她回家时，我照例骂了她一顿。但我已经没有力气了，我伤心地对她说：‘为什么会这样呢？洛瑞？’”

“洛瑞看出了我的痛苦。她平静地问我：‘你真想知道？’我点点头。于是她告诉我一切情况：我从来没想过去听她的意见，总是命令她该做这做那；当她想与我谈心时，我总是打断她，并给她更多的命令。”

“我开始认识到，她其实很需要我——不是一个爱发号施令的、武断的母亲，而是一位亲密的朋友，使她可以倾诉烦恼和郁闷。而我过去却从来没有听她说过她自己的事。我在该听的时候，却只顾说我自己的。”

“从那次交谈以后，我总是让她畅所欲言。我和她成了好朋友，她告诉了我她的心事，我们的关系大大改善。她也再次成为一个愿意合作的孩子。”

最近，纽约《先锋导报》的经济栏目中刊登了一幅巨大的广告，聘请一位有特殊能力和经验的人。查尔斯·科勃立斯应征了，他将应征资料寄给了某个信箱。几天以后，他接到了回信，约他面谈。在他去面谈以前，他在华尔街花了许多时间打听那个公司老板的有关情况。在面谈的时候，他说：“如果能在你这家有着不凡经历的公司做事，我将十分自豪。我听说你在 28 年前开始创建这家公司时，什么也没有，除了一张桌子、一间办公室、一位速记员。那是真的吗？”

差不多每个成功的人，都喜欢回忆他早年的创业奋斗史。这个老板也不例外。他谈了许久，例如他如何依靠 450 美元现金及富有创意的思想开始营业。他还讲了他如何与失望、讥笑作斗争，如何在星期日及节假日照常工作，每天工作 12 小时～16 小时，以及他最后如何战胜所有的厄运。而现在，华尔街的一些要人也都到他这里来求教，他对自己的过去很感自豪。他有这种自豪的权利，并且很高兴地讲述这些事。

最后，他简单地问了问科勃立斯的经验，然后把一位副经理叫进来，并说：“我想这就是我们正在寻找的人。”

科勃立斯先生曾费了许多时间去调查他未来老板的成就，而且对对方及对方的问题表示了明显的兴趣。他鼓励对方多说话，因此给对方留下了很好的印象。

加利福尼亚州圣克拉蒙多市的洛伊·布莱德雷，正好采取了类似的方法来处理一件相反的事。在处理这件事情时，他只是静静地听着，让一个很适合担任推销工作的人做一番自我说服工作，并由这个人来负责他公司的某项工作。

洛伊在我班上讲这件事时说："理查德·普雅尔具有担任这项工作的经验。他先是和我的助手面谈，我的助手把这项工作所有的不利之处都告诉了他。当他走进我的办公室时，好像无精打采的样子。但我对他提到了一个有利之处，即我们公司是一个独立承包商，因此他实际上也是一个老板。"

"当他分析了这方面的有利之处以后，他抛弃了一切不利的想法。在他谈话的过程中，几乎常常是在对自己说那些话。不过，当面谈结束时，我认为他已经说服了自己，并决定来我公司工作。"

"由于我当了一个合格的听众，使理查德有机会畅所欲言，可以在内心进行权衡，并做出了非常有利的结论。这正是他对自己的一次挑战。因此，我录用了他，而他也成为我们公司杰出的代表。"

事情就是这样——即使是我们的朋友，他们也宁愿我们只谈论他们的成就，而不愿意听我们夸显自己的过去。

法国哲学家罗西法考说："如果你想结下仇人，那你就要比你的朋友表现得更加出色；但如果你想要得到朋友，那就要让你的朋友表现得比你更出色。"

为什么这样说呢？因为当我们的朋友胜过我们时，就会使他们获得一种自重；但是当我们胜过他们时，就会使他们产生一种自卑的感觉，并引起他们的猜忌与妒忌。

在纽约市中区人事局，与别人关系最融洽的工作介绍顾问是亨丽塔女士。但是在过去，情况可不是这样的。当亨丽塔刚到人事局时，她有好几个月都没有在同事中交到一个朋友。原因何在？因为她每天都只是吹嘘自己，例如她在工作上的业绩、她在银行新开的户头，以及她所做的每一件事。

"我的工作干得确实不错，我一直感到很骄傲。"亨利塔在我班上说，

"但我那些同事不但不愿与我分享我的成就，而且好像还很不高兴。我渴望得到这些人的喜欢，真的想使他们成为我的朋友。在我上了这种辅导课之后，觉得这些建议很不错，于是我开始少谈我自己，而多听我的同事说话。其实，他们也有许多值得夸耀的事，把他们的事情告诉我，比听我吹嘘自己更让他们高兴。现在，每当我们在一起聊天时，我就会让他们告诉我他们的好事，以便让我与他们共同分享。只有他们问我的时候，我才略微说一下我自己的情况。"

德国人有一句俗语，翻译出来大意是："最大的快乐，便是从我们所羡慕的强者那里发现弱点，从而得到满足。"

是的，你某些朋友会从你的挫折中得到比从你的成功中更大的满足。

所以，让我们弱化自己的成就，我们应该谦虚，这样才会使人永远喜欢你。埃文·考伯的方法是完全正确的。有一次，一位律师在证人席上对考伯说："考伯先生，我听说你是美国最著名的作家，对不对？"

"我不过是名不符实罢了。"考伯回答说。

我们应该谦虚，因为你我都没有什么了不起的。你我都会死去，在百年之后完全被人忘得一干二净。生命如此短暂，我们不应对自己那小小的成就念念不忘，使人厌烦。相反，我们要鼓励别人多说话。想想吧！无论怎样，其实你也没有多少东西可以吹的。你知道是什么东西才使你不至于成为白痴的吗？这并不是什么了不起的东西，只是你甲状腺中值 5 美分镍币的碘而已。如果让医生切开你脖子里的甲状腺，取出那一点儿碘，你就会成为白痴了。花 5 美分就可以在街边上的药店中买到的一点儿碘，正是使你不至于走进神经病院的东西——只值 5 美分的碘，那并没有什么可以吹嘘的，是不是？

◎如何得到别人的合作

你对于自己发现的思想，是不是比别人的思想更为信仰？即使别人的思想放在一只银盘子里递给你。如果是这样，那么你想将你的想法强塞进别人的喉咙，岂不是太一厢情愿了？提出建议，再让别人自己去想出结论，那样做不是更明智吗？

例如，来自费城的鲁道夫·塞尔兹先生是我班上的一位学员，他有一次迫切地感到有必要给一群沮丧而散漫的汽车推销员打气加油，于是，他召开了一次销售会议，鼓励他的部下如实说出他们内心对他的看法和希望。在他们说这些话的时候，他将他们的想法全都写在黑板上。然后他说："我可以满足你们对我本人的全部要求。现在，请你们告诉我，我有权利从你们那里得到什么？"大家的回答很迅速：忠心、诚实、主动进取、乐观、合作，以及每天8小时的热情工作。有一个人甚至自告奋勇地要求每天工作14个小时。会议开得十分成功，给人以新的勇气，新的激励。

塞尔兹先生说："他们实际上是在和我做一种道德交易。在我保证尽我所能时，他们也决定尽他们的能力。和他们商讨他们的愿望和希望，正是他们所需要的精神食粮。"

没有人喜欢觉得自己是在被迫去买什么东西或被人命令去做某件事。我们宁愿觉得我们是自愿购买的，或遵循自己的意念在做事。我们喜欢别人关心我们的愿望、需要及想法。

就拿尤金·威森来说吧。在他懂得这一真理之前，他不知损失了多少美元的收入。威森替一家专门为时装设计师及纺织品制造商设计花样的画室推销图样。威森曾连续3年每周一次地去拜访纽约一位最著名的时装设计专家。"他从未拒绝见我，"威森说，"但也从来没有买过我的图样。他总是仔细地看我的图样，然后说'不行。先生，我想今天我们不能要你的东西。'"

经历了150次的失败以后，威森终于明白，自己始终陷于心理的故辙之中，太墨守成规了。于是，他决定每星期用一个晚上的时间学习为人处世的技巧，努力发展新观念，创造新的热情。

不久，他受到了启发，开始尝试一种新的方法。他拿了6张画家们还没有完成的图样，跑到那位设计师的办公室。“我想请你帮我一个忙。”他说，“这里有一些还没有完成的图样，我想请你告诉我，我们应该怎样完成它们，才能使你满意？”

这位设计师默默地看了图样一会儿，然后说：“将图样放在我这里，你过几天再来找我。”

3天之后，威森又去找他，听取了他的许多建议，然后取回了图样，并按照设计师的意见把它们画完。结果呢？它们全都被买下了。

那是9个月以前发生的事情。从那时起直到现在，这位买主又订了几十张图样，全都是按照他的意见画的——结果，威森从他那里赚了1600多美元。“我现在明白，为什么我这么多年不能和这位买主做成生意了，”威森先生说，“以前我一味劝他购买我以为他应该买的。而现在，恰恰相反，我请他告诉我他的想法，于是他觉得是他在创造图样，并且也的确是这样。我现在即使不向他推销，他也会主动来买。”

当西奥多·罗斯福担任纽约州长的时候，他完成了一件不同寻常的业绩。他与政治首脑们的关系不好，但他却能强有力地推行一些他们所最不喜欢的改革方案。

他的做法如下：

当有重要职位空缺的时候，他就请政治首脑们给他推荐担任此职的人。“最初，”罗斯福说，“他们也许会提名一个软弱无能的党棍，即那种需要‘照顾’的人。我就告诉他们，委任这样的一个人不是上策，因为公众不会赞同。”

“然后，他们会向我提出另一个无所作为的党棍，这是个碌碌无为的人，尽管他无可指责，却也没有什么值得称赞的业绩。我就告诉他们，这个人不能满足公众的期望。接下来我请他们想想，看能不能找到一个显然更适合这个职位的人。”

“他们第三次提议的人还说得过去，但仍不十分理想。”

“于是，我就谢谢他们，请他们再试一次。他们第四次提议的人就可以接受了——他们这时所提的正是我自己要提出的人。我对他们的协助表示了感谢，并委任了这个人——我还把这委任之功归于他们……我告诉他们，我这么做是为了让他们高兴，而现在该轮到他们使我高兴了。”

“而他们真的那样做了。他们也支持各项法案，如《服役法》与《豁免税收法案》等。这使我很高兴。”

请切记，罗斯福尽可能地向别人请教，并尊重他们的建议。当罗斯福委任一个重要人员的时候，他会让那些政界首脑们感觉到是他们自己选择了合适的人，那主意完全是他们自己决定的。

长岛一位汽车销售商用同样的方法，成功地将一辆旧车卖给了一对苏格兰夫妇。起初，这位销售商让这对夫妇看了一辆又一辆的汽车，但他们总是不满意，说这辆不合适，那辆有损坏，而且价钱也太高——他们总是嫌价钱太高了。这时，这位旧车商——他也是我班中的学员，来请我给他帮忙。

我们建议他不要再向这种“三心二意的人”推销，而是要设法使他们主动前来购买。我们说，不要告诉他们该如何做，而是要反过来，让他们告诉你如何做。一定要使他们觉得是他们自己在拿主意。

这建议听起来相当不错。于是在几天之后，当一位顾客希望把他的旧车换成一辆新车时，这位车商决定试试这个建议。他知道这辆旧车或许能使这对苏格兰夫妇动心。因此，他打电话请他们来一趟，给他提供一点建议，就算是帮他一个忙。

当这对夫妇来了以后，这位车商说：“你是一位很精明的买主，你了解汽车的价值。但是能不能请你看一看，试一试这汽车的性能，并请告诉我这车该值多少价？”

男买主满面笑容，因为终于有人请教他的意见了，他的能力得到了承认。他驾驶这车上了大道，一直从牙买加区开到弗洛里斯特山，再开回来。“如果你能以300美元买下这辆车，”他建议说，“你就占便宜了。”

“如果我以那价格买下它，你愿不愿买它?”这车商问道。“300美元吗?当然买。”因为这是他的主意，也是他的估价。于是这笔生意立即成交了。”

让别人认为某个主意是他（或她）想出来的，这种策略不仅可以在商业和政坛中运用，同样还可以在家庭生活中加以运用。奥克拉荷马州吐萨市的保罗·戴维斯就在我班上告诉其他学员，他是如何运用这个原则的。

“我和我的家人共同度过了一次极有意义的旅游。以前，我早就想有朝一日能去游览盖第斯堡内战战场、费城独立大厅等历史古迹，以及美利坚的首都。就连法吉谷、詹姆斯台，以及威廉斯堡遗留至今的殖民时代的村庄，也被我列入了游览的名单中。”

“三月的时候，我妻子南茜向我提出，她有一个度暑假的计划，包括游览西部各州，以及新墨西哥州、伊利桑那州、加利福尼亚州、内华达州的旅游观光胜地。她已经有好几年都在想着去这些地方了。但是，我们显然既不能按她的计划，也不能依我的想法旅行。”

“我们的女儿安妮刚上初中，学完了美国历史，对于美国历史上的重大事件极感兴趣。我问她是否喜欢在度假时去看看历史课本中提到的那些地方，她说非常喜欢。”

“两天后，我们一家围桌而坐。南茜说，如果我们都同意的话，那么就在夏天度暑假时去东部各州。她还说，这次旅行不仅对安妮来说很有意义，而且对大家也是一件值得高兴的事。”

一位X光机器制造商，也利用同样的心理策略，把他的机器卖给了布鲁克林最大的一家医院。当时，这家医院正在扩建，准备设置全美国最好的X光科。L博士——X光部的主任——被推销员们重重包围了，每个人对自己的机器极力吹嘘。

但是，有一位制造商却更有技巧。他比其他人更了解为人处世之道。他写了下面这封信：

“我们公司最近研制成功一种新型X光机器。这种机器的第一批货刚运到我们办公室。当然，它们还不是十全十美，我们深知这一点，因此希望能改进它们。所以，如果你能抽空来看一看，为我们提出你的宝贵意见，使它们更适合你们这个行业的需要，我们将不胜感激。我知道你很忙，我很乐意在你指定的任何时间，派车来接你。”

“接到那封信时，”L博士在我班上叙述这件事时说，“我很惊讶，又觉得备受恭维。因为在以前从来没有一个X光制造商征求过我的意见。这次使我觉得很受人重视。在那个星期，我每天晚上都在忙着，但为了去看那机器，我取消了一次约会。我愈研究，就愈发现我很喜欢那机器。”

“没有人试图向我推销那器械。我觉得为医院买那套设备，完全是我自己的主意。我对那台设备的优点很满意，并订购了它，把它装在医院。”

爱默生在《依靠自己》这篇散文中说：“在天才的每一项创造和发明之中，我们都看到了过去被我们排斥的想法。这些想法再次展现在我们面前时，却显得相当伟大。”

爱德华·豪斯上校在威尔逊总统执政时期，在国内外事务方面具有很大的影响力。威尔逊对豪斯的秘密策划及建议的依赖，比他自己的内阁成员还多。

豪斯上校是用什么方法影响总统的呢？我们有幸得知这个答案，因为豪斯自己曾对亚瑟·D·史密斯说过。而史密斯又在《星期天晚报》的一篇文章中予以披露。

“‘认识了总统以后，’豪斯说，‘我发现，要使他相信某一种观念的最好方法，就是将这一观念很自然地植于他心中，并巧妙地使他对这一观念产生兴趣，使他经常思考。这方法第一次发生效力，纯属巧合。我曾到白宫去拜访他，劝他推行某项政策，而这项政策他似乎不太赞成。但几天以后，在一次聚餐的时候，我很惊讶地听到他把我的那个提议当作他自己的意见说了出来。’”

豪斯是否阻止了他，说“那不是你的意见，而是我的”吗？哦，没有。豪斯绝不会那样。他非常精明，却不屑于居功，只求行事有效，所以他使威尔逊继续认为那些意见是他自己想出来的。不仅如此，他还使威尔逊因为公开了这些意见而获得了世人的赞誉。

我们一定要记住，我们明天所要接触的人，也许正像威尔逊一样，具有人性的弱点，所以，我们就应采用豪斯上校的做法。

几年前，一个住在纽勃伦斯维克的人就对我用了这一方法，由此得到了我对他生意的光顾。那时，我正计划去纽勃伦斯维克划船钓鱼，所以我写信给旅行社打听相关情况。我的姓名、住址，显然是被列入了公开的信息中，因为我立刻就收到了从野营处与向导处寄来的几十封信件、小册子和印刷品，我差点儿被弄昏了，不知道该选择哪一家才好。不久，有一位野营处的主任做了一件很聪明的事，他送给我几个他曾接待过的纽约人的姓名及电话号码，请我给他们打电话，让我自己调查他营中的情况。

我很惊异地发现，我竟然认识其中一人。我打了电话给他，打听了他对这个野营处的印象和感受，然后打电话给这家野营处，告诉了他们我到达的日期。

而其他人都强行向我推销，但这个野营处的主任却让我自己作出安排。因此，他胜利了。

在25个世纪之前，中国的一位圣人老子，曾讲了本书的读者今天仍然可以应用的话：

“江海所以能为百谷王者，以其善下之，故能为百谷王。是以欲上民，必以言下之；欲先民，必以身后之。是以圣人处上而民不重，处前而民不害。”

◎从别人的观点看问题

在你与人交往时，不要把对方自己都不在意的错误牢记在心，也不要指责别人，傻子才会那样做；而要尽量了解别人，那才是明智大度、超凡不俗的人。

对方之所以会那样思考，会那样行动，自然有他的理由。如果你能找出那个隐藏着的原因，你就找到了理解他们的行为和人格的钥匙。

试着使你自己真诚地站在别人的立场来思考问题。

假如你对自己说："如果我处在他的位置上，我将有什么感受，会作出什么反应?"那么你就可以省去许多时间与不必要的烦恼，因为"如果对原因发生兴趣，我们就不会厌恶结果。"而且除此之外，你还可以大大增加你的为人处世的技巧。

"暂停一分钟，"肯尼斯·古德在他的作品《如何使人变得高贵》中说，"暂停一分钟，将你对自己事情的浓厚兴趣，和你对别的事的漠不关心作一作比较。然后你就会明白，世界上任何其他人也都是同样的态度。以后，你就能像林肯、罗斯福一样，把握住除看守监狱以外的任何工作的基础和机会。换句话说，为人处世之成功与否，全在于你能否以同情之心，接受别人的观点。"

萨姆·道格拉斯住在纽约州汉普斯特市，他以前总是数落他的妻子，说她在修整家中的草地、拔杂草、施肥和剪花草方面浪费了太多的时间。他批评她每个星期这样做两遍，可是草地看上去并不比 4 年前更好看。道格拉斯这种话当然让他妻子十分不高兴，因此每当他这样批评她时，那整个晚上家中就会笼罩着一层乌云。

在参加了我的辅导班之后，道格拉斯先生认识到了他这些年来犯的大错。他从来都没有想过，她在修整草地时，也会从中获得快乐，以及她渴望由此而得到夸奖的期盼。

一天晚上，吃完晚饭之后，妻子说要去除杂草，并想道格拉斯去陪她。道格拉斯先是没有答应，但过后他想了一下，还是决定陪她出去帮她拔草。她显得非常兴奋，两个人一同干了一个多小时，度过了一个愉快的晚上。

从那以后，道格拉斯经常陪妻子修整草坪，并夸奖妻子，说她把草坪修整得很好看，而且院子里的泥土地整得像水泥地一样光滑。结果他们俩都从中获得了快乐，因为他学会了从妻子的观点来看事情。

吉拉德·利奥德在他的作品《深入他人之心》中评论说："当你认为别人的观念、感觉与你自己的观念和感觉同等重要，并向对方表示这一点时，你和别人的交谈才会轻松愉快。在谈话开始的时候，要尽量使对方提出这次谈话的目的或方向。如果你是个听者，你就要克制自己不要随意说话。如果对方是听者，你接受他的观点，将会使他大受鼓舞，能够与你开怀畅谈，并接受你的观念。"

多年以来，我常在离家不远的公园里散步、骑马，以此作为我主要的消遣。和古代高卢人的传教士一样，我很喜欢橡树，所以每当我看见小树苗和灌木被火灾毁灭时，就非常痛心。这些火灾并不是由粗心的吸烟者造成的，它们大都是那些到园中来过野外生活，而在树下做饭烧烤的儿童引发的。有时这些火烧的太大，不得不出动消防队。

在公园的一个角落里，有一布告牌，上面写着："凡导致火灾的肇事者，将处以罚款及拘禁。"但这布告牌放在少有人迹的地方，很少有人能看到它。虽然有一位骑马的警察在公园中巡逻，但他很不尽职。因此火灾时常发生并向四周蔓延。有一次，我跑到那个警察那里，告诉他说公园里有一处失火了，火势正急速地蔓延，要他立即通知消防队。但他却冷漠地回答说，那不关他的事，因为那不是他的管辖区域。我立即急了，从那以后，每当我骑马去公园时，便自成"单人委员会"，来保护公园的公共财产。

最初，我根本不想了解儿童的观点。当我看见树下起火时，便非常不高兴，我急于做好事，但结果却做错了。我总是骑马过去，向这些儿童们警告，说这样会引起火灾并会被拘禁。我还用权威的口气，命令他们把火扑灭，而且，如果他们拒绝，我便威胁要将他们抓起来。我只顾发泄我的怒气，全然不理会他们的想法。

结果呢？这些儿童虽然表面上遵从了，但心中的厌恨却更大。在我骑马跑过山后，他们很可能又重新生火，并极想把整个公园烧光。

许多年过去以后，我对人际关系的知识有了更多的了解，更懂得从对方的观点来看事情。于是我不再下命令了，我会骑马来到火前，然后这样说：

"孩子们，玩得高兴吗？你们在做什么晚餐？……当我还是个孩子时，我也喜欢生火——我至今还很喜欢。但你们知道，在这公园中生火是非常危险的。我知道你们这些孩子会很小心谨慎的，但别的孩子可不像你们这样小心。他们走过来见你们生了火，于是他们也点起火来，回家的时候也忘了扑灭，结果火在公园中蔓延，烧毁了树木。如果我们不再加小心些，我们这儿的树就会被烧得精光了。因此，生了这堆火，你们可能会被捕入狱。但我不想唠叨，也不希望干涉你们，扫你们的兴。我喜欢看到你们快乐地生活，但请你们立刻将旁边的枯树叶拨得离火远点，好不好？在你们离开以前，你们要小心地多用些泥土把火盖起来，好不好？那就不会有危险了……多谢了，孩子们，祝你们快乐。"

这种说法有了很好的效果，儿童们非常合作，他们没有怨恨，也没有反感。他们并没有被强制服从什么命令，他们保住了面子，他们觉得能够接受，我也觉得很满意，因为我先考虑了他们的想法，再来处置这事情的。

当个人的问题显得更加急迫的时候，如果能从别人的观点来看问题，那么也能在一定程度上缓解紧张的气氛。例如澳洲南威尔士的伊丽莎白·诺瓦克已有6个星期没有支付分期购车的钱款，这使她遇到了一些麻烦。

“在某个星期五，”伊丽沙白说，“一位负责分期付款购车的男人给我打来电话，很不礼貌地告诉我，如果我在下周一早晨还不缴付122美元的话，他们公司将采取进一步措施。由于到了周末，我还是筹集不到这笔钱。因此，到了星期一时，我一大早就接到了那个男人气冲冲的电话。不过我并没有对他发火，我是从他的立场来看这件事的。我首先真诚地向他道歉给他带来了这么大的麻烦，而且我已经不是头一次逾期未付款，因此我一定很让他为难。听了这些话，他的语气立即缓和下来，并说我根本不是令他最头疼的顾客。他还举了好几个例子，说有些人更不讲理，不仅信口胡说，还躲着不见他。”

“我没有说更多的话，就让他说出了心中的不愉快。然后，根本不需我请求，他就说即使我不能立刻缴付欠款也问题不大，还说如果月底之前我能先缴付20美元，然后在手头方便时付清余额，一切都好说。”

所以，当你明天请人熄火，或请他买一瓶你推销的“雅福达”清洁剂，或捐50美元给红十字会以前，为什么不先停一下，闭上眼睛，从对方的角度将整个事情想一想？问问你自己：“他为什么要这样做？”当然，那要费许多时间，但那能使你赢得朋友，培养情谊，并且减少摩擦，少惹麻烦。

“在与人会谈以前，我情愿在那人办公室外的过道上多走两小时，”哈佛大学商学院院长唐哈姆说，“而不愿贸然走进他的办公室，如果我对于我所要说的，以及他——根据我对他的兴趣及动机的认识来推断——可能会做出什么答复都没有很清晰的认识的话。”

这些话非常重要，为了强调它的重要性，我再重复一次：

“在与人会谈以前，我情愿在那人办公室外的过道上多走两小时，也不愿贸然走进他的办公室，如果我对于我所要说的，以及他——根据我对他的兴趣及动机的认识来推断——可能会做出什么答复都没有很清晰的认识的话。”

如果你读完这本书后，只学到一件事——经常培养自己从对方的角度去思考，能从他人的立场出发，如同从你自己的立场出发一样——如果你从这本书只学到这一点，就足以为你的生活道路打开新的一页。

◎发挥同情的威力

你不希望拥有一个神奇的句子，它既可以阻止争执，去除厌恶感，带来和谐融洽，又可以使对方注意倾听你吗？希望，太好了。这就是那个神奇的句子：“我一点都不奇怪你有那种感受。如果我是你，我无疑也会和你的感受一样。”

这样的一句话，即使是脾气再固执的铁石心肠之人，也会软化下来。而且你完全要发自内心，因为假如你是对方，当然你的感受会同他的完全一样。

还以卡普思为例吧。假如你从遗传得来的躯体、性情、思想，和卡普恩的完全相同；假如你拥有他的环境与经验，那么你就会同他完全一样——也会落到他那样的下场，因为所有这一切——也唯有这一切——才使他成为那种人。

例如，你之所以不是一条响尾蛇，唯一的原因就是你的父母不是响尾蛇。你不与牛接吻，也不以蛇为圣灵，唯一的原因就是你没有生活在恒河河畔的印度人家庭中。

你之所以成为你目前这种样子，原因并不全在你——要记住，那个让你愤怒的、固执的、不可理喻的人，他之所以成为他那样的人，也并不全在他自己。要对这可怜的人表示惋惜、怜悯、同情。你不妨对自己说约翰·高弗在看见街上摇摇晃晃的醉汉时所常说的话：“如果不是上帝的恩典，我也会像他们一样。”

你明天将要遇见的人中，有 3/4 都渴望得到同情。如果你能给他们同情，他们就会喜欢你。

有一次，我在电台作演讲，讲到《小妇人》的作者露易莎·梅·奥尔科特。我当然知道她生长在马萨诸塞州的康科特，并在那里写出了她这本不朽的名作。但是，我竟然粗心大意地说曾到新罕布什州的康科特去凭吊过她的故居。如果我只说错了一次，或许还可以原谅。但是，天啊！太不幸了！我竟说了两次。于是，无数函件、电报包围了我，激烈的言辞就像一群毒蜂绕着我这毫无防范的脑袋打转，这些信函大多是愤怒的，有些则是侮辱我的。

有一位名叫卡洛尼亚·达姆的老太太，她从小在马萨诸塞州的康科特长大，当时她住在费城，对我发泄了她强烈至极的怒火。我即便是将奥尔科特女士误说成来自新几内亚的食人族，她的愤怒大概也不会比那更大了，她的愤怒实在是已经达到了极点。我在读信时，对自己说：“感谢上帝，幸好我没有娶这位老太太。”

我觉得应写一封信告诉她，虽然我犯了一个地理上的错误，但她在通常的礼貌上犯了一个更大的错误。我准备就用这两句话作为回信的开头。于是，我卷起袖子，准备告诉她我这些真心话。但我没有那样做，我克制住了自己。我知道，任何昏头的傻子都会那样做——而大多数傻子也只会那样做。

我当然不愿做傻子，所以我决定试着把她的仇视改变为友善。这将是对人性弱点的一次挑战，也是我所乐意的一种人际游戏。我对自己说：“说实话，如果我是她，我的感受大概会和她的一样。”所以，我决定对她的观点表示认同。当我后来到费城的时候，便给她打电话。电话内容大致是这样的：

我：某夫人，你在几个星期之前，给我写了一封信。我要为此感谢你。

她：（用清晰、文雅、有教养的声调）请问你是谁？我有此荣幸和你说话？

我：你并不认识我这个陌生人。我的姓名是戴尔·卡耐基。在几个星期之前，你听过我有关奥尔科特的演讲，而我犯了一个不可宽恕的大错，说她生长在新罕布什州的康科特。那实在是一个低级的错误，我要为此向你道歉。你花时间给我写信，实在太好了。

她：我很抱歉，卡耐基先生。我写那封信，发了那么大的火，我必须向你道歉。

我：不！不！不是你应道歉，而是我应道歉。任何上了学的小孩都不会犯我那样的错误。在第二个星期日的广播里我已经道了歉。现在我要亲自对你个人道歉。

她：我出生在马萨诸塞州的康科特。两个世纪以来，我的家族在马萨诸塞州很有声望，而且我很以我的家乡而自豪。听你讲到奥尔科特女士生在新罕布什州，实在让我太难过了。不过，我对那封信真是感到很抱歉。

我：我敢对你说，我比你还要难受10倍。我的错误对于马萨诸塞州来说没有任何损害，但却伤害了我自己。像你这样有地位、有教养的人，难得花功夫给无线电台的人写信。如果你今后再在我的演讲中发现错误，我非常希望你给我写信指正。

她：你知道吗？我真的很高兴你接受我的批评的态度。你一定是个很好的人，我愿和你交朋友。

就这样，因为我向她道歉，并同意了她的观点，我使她也向我道了歉，并同意了我的观点。我对自己的自我克制，并以友善的态度报答侮辱，我对此感到很满意。让她喜欢我，使我获得了更多的快乐。

凡入主白宫的人，差不多每天都会在人际关系中遇到棘手的问题。塔夫脱总统也不例外，但他从自己的经验中学到，同情对于中和“酸性的恶感”有极大的化学功能。在他的《服务道德》一书中，塔夫脱举了一个很有趣的例子，详细说明他如何使一位野心勃勃却又满怀失望的母亲平息愤怒的。

“华盛顿一位妇人，”塔夫脱写道，“她丈夫在政界有相当大的影响。她来找我，与我纠缠了 6 个多星期，要我为她儿子安排一个职位。她得到了许多众议员的协助，并请他们一起来见我，讲了他们对她的支持。因为这个位置是需要技术能力的，于是我根据该部部长的举荐，安排了别人。于是，我接到这位母亲的一封信，说我是这个世界上最无情无义的人，因为我拒绝让她成为一个快乐的母亲，而对我来说这本来是易如反掌的。她进一步对我抱怨说，她与她的州代表费尽了心思，为我所特别关注的一项行政议案赢得了所有的投票，而我对她却是如此报答。

“当你收到一封那样的信时，你想到的第一件事，就是你何必跟一个失礼甚至有些唐突的人那么较真。于是你可能会写一封回信。然后，如果你够聪明的话，就应该把这信锁进抽屉里，过两天之后再拿出来——这类书信一般要迟两天再写——当你经过这几天时间再取出信来时，你就不会把它寄出去了。我所采取的正是这种做法。于是，我给她写了一封极其客气的回信，告诉她我很明白在这种情况下一个做母亲的会很失望的。但这件事实在不能只按我个人的好恶而定，我必须选择一个有技术资格的人，所以我只能接受这位部长的推荐。我对她表示，希望她的儿子能在他目前的职位上完成她对他的期望。这封回信使她终于息怒了，她给我写了一封短信，对她曾写了前一封信而向我道歉。

“但我所推荐的人选，当时还没有确定下来。过了一段时间，我接到一封据说是由她丈夫写的信，但笔迹却跟她前两封信完全相同。信中告诉我说，因为她在这件事情上过度失望，导致神经衰弱，卧床不起，并得了严重的胃癌。信中问我能不能将第一个人的名字撤回来，换上她儿子，以使她恢复健康。我不得不再写一封信，这次是给她丈夫的。我说，我希望这次诊断是不准确的，他夫人的重病必然让他产生严重的忧虑，对此我很同情，但将也已送报的名字撤回来，是不可能的。不久，我所任命的人选终于获准通过。在我接到那封信的两天之后，我在白宫举行了一次音乐会。音乐会上最先向我的夫人和我致意的，就是这对夫妇，虽然这位夫人不久前差点儿‘重病而死’!”

杰伊·孟古是奥克拉荷马州吐萨市一个电梯公司的业务经理，这家公司与该市最好的一家旅店订有电梯维修的业务合同。旅店经理在每次电梯维修期间，为了不给旅客带来不便，规定电梯最多只能停开2小时。但是，电梯维修最少要8个小时，而且旅店停开电梯的那两个小时之内，电梯公司也不一定能派出人手来维修。

一次，当孟古先生能够为修理工作安排一位最好的技工的时候，他给这家旅店的经理打电话，也不和这位经理争辩，只是说：

“瑞克，我知道你们旅店的客人非常多，你希望尽量减少电梯停开的时间。我知道你很在意这一点，我们应该尽量配合你的要求。不过，我们检查你们的电梯之后，发现如果我们现在不能将电梯彻底修理好，那么电梯损坏的情况可能会更加严重，到时候停开的时间也可能会更长。我知道，你不会希望给客人带来好几天的不方便吧。”

这位经理不得不同意，电梯停开8个小时总比停开几天要好。由于孟古对这位经理方便客人的愿望表示了理解，因此他很容易而且没有争议地赢得了这位经理的同意。

杰西·诺瑞丝是密苏里州圣路易市的一位钢琴教师。她讲述了她如何处理钢琴教师与一个十几岁女孩子之间经常发生的一个问题。贝贝蒂从小就留了一手特长的指甲，而任何人要想弹好钢琴，就不能留长指甲。

诺瑞丝太太说：“我知道她的长指甲会妨碍她学好弹钢琴。在开始教她钢琴课之前，我们俩谈话的时候，我根本没有提到她指甲的问题。我不能打击她学钢琴的良好愿望，我也知道她不想失去她的长指甲，她常常以此为傲，并且花了许多时间去修饰她的长指甲。

“在上了第一堂课之后，我觉得时机成熟了，就对她说：‘贝贝蒂，你的手很漂亮，你的指甲也很美。如果你想把钢琴弹得如你所能够的以及你所希望的那么好的话，那么我认为，如果你能把指甲修得稍短一点，就会发现弹好钢琴真是太容易了。你好好想一想，好不好？’她向我做了一个鬼脸，表示她绝对不会修短指甲。我也和她的母亲谈了这一情况，提到她的指甲确实很美丽，但我从她母亲那里又得到了否定的反应。很明显，贝贝蒂仔细修剪过的美丽的指甲，对她来说极其重要。”

“第二个星期，贝贝蒂来上第二堂课。出乎我意料的是，她将她的指甲修短了。我称赞她做出这样的舍弃，同时对她母亲给她的影响也表示了感谢。她母亲回答说：‘啊，我没有说什么。这是贝贝蒂自己决定的，这也是她第一次为了别人而修短了她的指甲。’”

诺瑞丝太太是否强迫贝贝蒂了呢？她有没有说她不愿教留有长指甲的学生呢？没有，她并没有这么说。她告诉贝贝蒂，说她的指甲很美丽，要她修短指甲是她的一种牺牲。她只是暗示，“我很同情你——我知道对你来说修短指甲不是一件容易的事，但是在音乐方面的收获，将会给你更好的补偿。”

S·休洛可以说是美国第一位音乐经纪人。在20多年里，他一直保持与艺术家们——如查利亚宾、邓肯和潘洛弗等世界著名的艺术家的密切往来。休洛先生告诉我，要和这些性情无常的艺术家打好交道，最关键的第一课就是必须同情，同情！而且对他们那些荒谬可笑的古怪脾气必须给予更多的同情。

他曾给查利亚宾担任音乐经纪人长达3年之久——查利亚宾是最伟大的男低音歌唱家之一，大都会歌剧院那些高贵的观众无不为之倾倒。但查利亚宾总是给人出难题，他的行为处事就像一个被宠坏了的小孩子。用休洛先生独特的话来说："他是一个各方面都令人头痛的家伙。"

例如，查利亚宾可能会在他将要演唱的那天中午，给休洛先生打电话说："沙尔，我觉得很不舒服。我的喉咙撕裂得像碎牛肉，今晚我不能演唱了。"休洛先生是否同他辩论呢？哦，没有。他知道自己作为艺术经纪人，不能那样对待艺术家。于是他赶到查利亚宾下榻的宾馆，对他表示同情。"多么不幸！"他会忧伤地说，"多么不幸！我可怜的朋友。当然，你不能唱了，我会立即取消这场演唱会，那只不过损失你二三千美元，但这和你的名誉相比，算不得什么。"

此时，查利亚宾会叹息说："也许你下午最好再来一趟。看到 5 点钟时，我会觉得怎样。"

到了 5 点钟时，休洛先生就再次来到他的旅馆，对他表示同情。他一再坚持取消演唱会，查利亚宾会再叹气说："好吧。你再晚点儿来看我！那时我或许会感到好一点。"

到 7 点半，这位伟大的男低音歌唱家答应上台演唱了，但有一个条件，就是休洛先生要登上大都会歌剧院的戏台，对听众宣布查利亚宾患有重伤风，嗓子不太好。休洛先生会谎称照他说的去办，因为他知道，那是使这位男低音歌唱家上台的唯一方法。

亚瑟·盖茨博士在他的名著《教育心理学》中说："所有的人都普遍地渴求同情。例如小孩急于展示他所受的伤害，甚至于故意割伤或弄伤自己，以期获得大量的同情。出于同样的原因，成人也会向别人显示他们的伤痕，叙述他们的意外、疼痛，特别是动手术开刀的详情。为真实的或想象中的不幸而'自怜'，这几乎是普遍的心理现象。"

◎人人都喜欢的激励

我自幼在密苏里州劫车大盗杰西·詹姆斯活动的乡间长大，我曾到过密苏里州造访过詹姆斯的农场，那时詹姆斯的儿子还住在那个地方。

他的妻子对我说起杰西·詹姆斯如何抢劫火车及银行，然后将这些钱分给邻近的农夫们，去付银行抵押款。

杰西·詹姆斯大概在心中把自己当成了一个理想主义者，正如时隔两代之后的苏尔兹、“双枪手”克洛雷，以及卡朋思所想的一样。

事实上，你所遇见的每一个人——甚至你在镜子里所见的那个人——都会过高估计自己，并认为自己是善良而不自私的人。

摩根在他的一篇短文中分析说：“一个人做任何事，通常有以下两种理由：一种是动听的，另一种是真实的。”

每个人都会想到那个真实的理由，因此你不必过分强调它。而我们每个人心中又大都是理想主义者，总喜欢听到那个说来动听的动机。所以，要改变人们，就需要激起他们“高尚的动机”。

要在商业中实践这一点，是否太理想化了？我们就先以宾夕法尼亚州格利欧顿的法莱尔·密歇尔公司的汉密尔顿·法莱尔先生的一件事作例子来说。法莱尔先生有一位不满意的房客威胁要退房迁居。但这位房客的租约还有4个月才到期，每月租金是55美元，而他却通知法莱尔，说他马上就要迁出，而不顾契约。

“这些人已在我的屋子里住了整整一个冬季了——这是一年中房租最高的时期。”法莱尔先生在班上讲述这段经过的时候说，“而且我知道，要在秋季以前再将这些公寓租出去是很难的。眼看这就要到手的220美元将泡汤了——我真着急。”

“现在，要照从前的情况，我会跑到那位房客那儿，劝告他把那份契约再读一遍。我可以向他指出，如果他搬走，应付清契约规定的余款——我会那样做，并且我立刻就会收款。”

“可是，那样做只会将事情弄得更僵，我决定试试别的方法。于是我这样对他说：‘先生，我已经知道了你的计划，但我还是不愿相信你真想搬走。从事多年的房屋租赁生意，使我学到不少观人料事的经验，我从一开始就看出你是一个有信用的人，对此，我确信不疑，我情愿和你打赌。”

“现在，我提议这样。你不妨将你的决定暂且放在桌上搁置几天，再好好想一想。如果你在下个月的1号房租到期之前，到我这里来告诉我，你仍想搬走，那我答应你，我愿意接受你的决定，我将给你迁居的权利，并承认我的判断有错误。但我仍相信你是一个讲信用的人，一定会住到合同期满为止。因为，说到底，我们是人还是猴子——这个选择全在我们自己。”

“好了！当下月来到时，这位先生亲自来我这里支付房租。他说他已经和他的妻子商量过，决定再住下去。还说他们已经得出的结论是——唯一光荣的事，即履行契约。”

当已故的诺斯克立夫爵士发现一家报纸刊登了他所不愿意公开的照片时，便给刊登它的编辑写了一封信。他是否说“请不要再刊登我那张照片，因为我不喜欢它”吗？没有，他找到了一种更高尚的动机——一种我们每个人对于母亲的敬爱的心理。他写道：“请不要再刊登我那张照片，我母亲不喜欢它。”

当小约翰·洛克菲勒想阻止那些摄影记者为他的孩子拍照时，他也同样找到了一种更高尚的动机。他没有说：“我不希望将他们的照片刊登出来。”不，他是出于深藏在我们心中的爱护儿童的欲望。他说：“诸位，你们都明白，你们之中有些人也有孩子。而你们也知道，小孩子太出风头并没有什么好处。”

当来自缅因州的穷小子希鲁斯·克蒂斯开始为他的光辉事业而奋斗，并成为百万富翁，拥有《星期六晚报》与《妇女家庭杂志》的时候，他既付不出其他杂志那么高的稿酬，也无法请那些一流作家来为他的杂志写稿子，所以他就设法激发他们的更高尚的动机。例如，他甚至说动了《小妇人》的不朽作者奥尔科特女士为他撰稿，当时她声望正如日中天。他的方法很奇特，是送一张 100 美元的支票，但不是给她，而是给她最热心的一项慈善事业。

说到这里，有人会怀疑说："啊！这套把戏对于诺斯克立夫及洛克菲勒，或对富于情感的小说家也许行得通。但是，它能在那些我不得不向其讨账的不可理喻的家伙身上发生效力吗？"

或许你是对的。没有什么东西能在任何情况下都有效——也没有什么东西能对任何人都有作用。如果你对自己的现状很满意，自然不需要改变什么。但如果你不满意，又何不去试一试呢？

不管怎样，我想你将会乐意听听我从前的一位学员詹姆斯·汤姆士所讲的故事：

某一家汽车公司有 6 位顾客，拒付汽车修理费。但他们并不是拒付整个账单，而是每个人都说他的账单上某一项账目有错误。每次修理工作顾客都签过字，所以公司知道这些账目不会出错——并且公司也对顾客这么说。但这犯了第一个错误。

下面是该公司信贷部职员催讨这些过期账款所采取的步骤。你想，他们会成功吗？

1. 他们分别拜访每一位顾客，直截了当地告诉他，他们是来收已经过期很久的欠款的。

2. 他们明确表示，公司的账目绝对没有错，所以肯定是顾客错了。

3. 他们暗示顾客，公司对汽车方面的知识无论如何都要比他懂得多得多。所以顾客无须狡辩。

4. 结果，他们吵了起来。

这些方法能使顾客乐意付款吗？你可以自己回答这个问题。

事情发展到了这一步，信贷部主任已准备诉诸法律，幸而这事传到总经理那里。这位总经理调查了这些欠账的顾客，发现他们向来都付款很爽快，很有信誉。这就有问题了——或许是收账的方法有问题。所以他叫来汤姆士，让他去收这些“不能收回的欠款”。

下面是汤姆士先生所采取的步骤：

“我拜访了每一位顾客，”汤姆士先生说，“同样是要收回一笔过期很久的欠款——一笔我们知道绝对不会错的欠款，但我对此没有提一个字。我对他们说，我来拜访是想要调查公司曾做了什么事，或什么事未曾做到。”

“我明确地表示，在我听完他们的叙述之前，我没有任何要说的。我告诉他们，公司并不认为自己完美无缺。”

“我告诉他，我只关心他的汽车，而他对自己的汽车比世界上其他任何人都知道得多，他是这个问题的权威。”

“我让他尽量讲话，倾听他的意见，并完全表达他所期望、所要求的关注与同情。”

“最后，顾客的态度变得理智了，我使他觉得整个事情的交涉是非常公平的。我设法激发他们更高尚的动机。‘首先，’我说，‘我想使你明白，我也觉得这件事情处理不当。我们公司的一个代表已经烦忧、激怒了你，并使你不愉快。那是不应发生的。我很抱歉，并以公司代表的资格向你表示歉意。我坐在这里这么久听你阐述你的理由，使我不禁为你的公正与耐心而感动。而现在，因为你的公正和耐心，我想请你帮我一个忙，我想这件事你能比任何其他人都做得更好，因为你比任何其他人都了解得多。这里是你的账单，请你核查一下。我知道你会像我公司经理一样，我完全放心。我全部托付给你，你说多少就多少。”

“他核查了那些账单吗？他的确这样做了，并且非常高兴。这些账单的数目分别从 150 美元至 400 美元不等，但顾客为自己捞了便宜吗？是的，有一位确实因为对某一项存有疑问而拒付这笔款项，但其余 5 位顾客都慷慨地付清了欠账！这件事还有更妙的结果——在以后的 2 年内，这 6 位顾客都向我们公司买了新汽车！”

"经验告诉我，"汤姆士先生说，"在还不了解顾客的确切情况之前，唯一妥善的处事办法，就是假定他是一个真诚、诚实、可靠的人，一旦使他相信账目是准确无误的，他就会自愿付款。换一个说法——或是更明晰的说法，人都是诚实的，都愿意履行应尽的义务。这一规则的例外情况非常少。而且我相信那些有意欺骗的人，如果你让他觉得你认为他是诚实、正直、公道的，那么大多数时候他就会作出积极反应。"

◎戏剧性地表达你的意见

几年前，《费城晚报》受到一种危险的谣言恶意中伤。一则恶意的谣言正在四处散布。有人警告登广告的客户说，这家报纸刊登的广告太多，新闻太少，对于读者已经没有了吸引力。对此，《费城晚报》必须立即采取行动，以戳穿谣言。

但怎么做呢？

《费城晚报》所采取的方法如下：

将《晚报》所有版面上每天的各种新闻和文章全部剪下来，加以分类，出版成书，这书就名叫《一天》，共有307页——与一本2美元的书一样多，而《晚报》将每天的新闻及文章印出来，售价不是2美元，而是2美分。

那本书的印行，证明《晚报》刊登了大量的深具可读性内容的新闻和文章。这种方法远比列举数字及空谈更清楚、更有趣，给人印象更深刻，而且更有利于澄清事实。

我们不妨读一读柯德与考夫门合著的《商业魔术》这本书——该书实际上是一部令人兴奋的商业大观，它展示了广开财源的各种奇特方法。例如，美国电器公司为了推销电冰箱，在犹豫的买主耳旁擦响火柴，以显示他们的电冰箱噪音极低……1美元95美分的普通帽子，因为有了莎翁的签名而备受顾客的青睐；罗勃的货单中，竟会有“人格”……凡尔保因为取消了活动陈设窗而失去了80%的观众……维迪在兜售证券时，总要拿两张不同的给买主看——但每一张在5年前都值1000美元。他会问买主要哪一张。由于行情顿显，他兜售的那种证券很坚挺，自然大受买主的欢迎。

好奇的因素最容易吸引顾客，如米老鼠上了大百科全书，于是一种玩具以它命名，竟救活了一个公司；东方航空公司把一个临街的窗户改造成了道格拉斯飞机的飞行控制板，结果吸引了无数顾客；亚历山大通过播出一幕格斗剧，假想他的产品与竞争对手的产品作战，来推销他的产品；在糖果展览会上，一盏大吊灯意外地脱落，竟使其销售量增加了一倍；汽车大王克莱斯勒更是异想天开，让大象站在他的汽车上，以此来证明他的汽车是何等的结实和耐用。

纽约大学的鲍登和伯希曾分析了15000例商业交易，写了一本名叫《怎样赢得一次辩论》的书。后来，又将其中的原则引入一篇演讲中，那就是著名的“售货六原则”。在此之后，这些内容被拍成电影，在几百家大公司的营业部放映。他们不单只阐述他们研究出来的原则，并且真实地表演出来。他们在观众面前模拟争执，演示商品销售的方法得失。

这是一个富有戏剧色彩的时代，仅仅是叙述真理还远远不够，必须使之更生动、更有趣、更戏剧化。你必须使用吸引人的方法。电影是如此，广播是如此，所以，如果你想要引起别人的注意，你也必须如此去做。

橱窗展示专家非常了解戏剧化的神奇效力。例如，灭鼠药制造商在开发出一种新灭鼠药后，专门为经销商提供了一个橱窗展览，包括两只活老鼠。结果在展示活鼠的那个星期，销量突然上升，比平时增加了5倍。

在各种电视广告中，更是有许多运用戏剧化的技巧来促销产品的例子。当你晚上坐在电视机前，对广告专家在每一个广告中的表现手法进行分析，你就会看到一种解酸剂在试管中如何改变酸的颜色，而另一种解酸剂却做不到；一种品牌的肥皂或洗衣粉如何洗干净油污的衣服，而另一种品牌的洗衣粉洗后还会留下灰暗的痕迹；你会看到一辆汽车在左右奔驰着——比广告中所说的还要表现得好；以及快乐的面孔显示对各种产品的满意。所有这些，都是为了戏剧化地表现产品所能提供的好处——而且确实能够吸引观众去购买这些东西。

你可以用戏剧化手法来表现你所能想到的任何经商观念或你生活中的任何事物——这很容易。在弗吉尼亚州的瑞奇蒙市推销国家收银机的吉姆·叶曼斯，述说了他如何用戏剧化的示范手法来达到促销的目的。

“上个星期，我去拜访了位于我家附近的一家杂货店的老板，我见他所用的收银机是一种非常过时的老古董。我走近老板对他说：‘你实际上是在每一位顾客每一次走过你的柜台的时候，把钱丢出去。’同时我把一些硬币扔在了地上，他马上就注意起我来。我只说了一句话，就引起了他的兴趣，但硬币丢在地上的声音，使他停止了做其他的事情，我由此从他那里得到了更新所有旧机器的订单。”

戏剧化的手法也适用于家庭生活中。过去男人向情人求婚时，是不是只说些情话呢？不是！他还会跪在他的情人面前，这才真正地表现出他是认真的。尽管我们现在不再向情人下跪求婚了，但是还有很多男人在向情人提出求婚之前，会预先布下罗曼蒂克的氛围。

把你所要的东西以戏剧化手法表现出来，对小孩也会有用。亚拉巴马州伯明翰市的乔·冯特先生，很难让他 5 岁的儿子和 3 岁的女儿收拾好玩具，因此他发明了一列“火车”。儿子小乔当司机，骑着他那辆三轮车，女儿珍妮的篷车则连接在三轮车后面。晚上，当她的哥哥骑着车子绕室而行的时候，她则把所有的“煤”装上她的篷车改装成的“货车”，然后，她也跳进车去。这样一来，屋内到处乱扔的玩具很快就收拾好了——不需要教训、责斥或恐吓。

印第安那州摩朗瓦哈市的玛丽·伍尔夫，在工作上遇到了一些问题，认为有必要和老板谈谈。到了星期一的早晨，她要求和他面谈，但是他告诉她说他很忙，让她先和他的秘书联系，看能不能安排在星期四或星期五再谈。秘书说他的日程表已经排满了，但是他会想办法把她和老板见面的时间安排妥当。

伍尔夫夫人描述了这件事情的经过：

“在那整个一个星期里，我一直都没有得到那位秘书的通知。每当我问她时，她都找出老板没有时间见我的各种理由。到了星期五早上，我还是没有得到确切的消息。我必须在周末之前见到他，和他谈谈我的问题，因此我就问自己怎样才能使老板接见我。”

“最后我想了这样一个办法：我给他写了一封正式的信。我在信中表示我完全了解他一个星期都很忙，但是我要和他面谈的事也极为重要。我随信附了一张表和一个写了我自己名字的信封，请他或由他叫秘书把这张表填好，然后寄给我。这张表的内容是这样的：

‘伍尔夫夫人：

我将在 月 日 点钟抽出一分钟和你见面讨论问题。’”

“我上午11点钟把这封信放在他的公文盒里面，可是等到下午两点钟我去看我的信箱的时候，我就收到了我自己写上我的名字的那个信封。他亲自给我回了信，表示当天下午就可以接见我，并且给我10分钟的时间谈话。我和他见了面，而且谈了一个多小时，解决了我的问题。”

“如果我不把我要见他的这种事以戏剧化的方式表达出来，我可能到现在还在等他的答复呢。”

《美国周刊》的詹姆斯·普顿要作一个大篇幅的市场报告。他的杂志刚刚接受委托，为一家最著名品牌的润肤膏完成了一项详尽复杂的市场调查。他的报告必须马上提交出来，否则对方将压低酬金，而对方正是广告界中资产实力最雄厚，也最让人难以对付的客户。

但是他的第一次报告没有得到认同。

“我第一次走进他的办公室时，”普顿先生承认说，“我的报告完全不符合对方要求，竟讨论起调查方法来。他对我大叫起来，我也和他大声辩论。他告诉我，说我错了，而我则竭力想证明我是对的。”

“最后，我赢得了胜利，我自己也很满意——但我的时间正好到了，会谈完了，可是我仍然没有谈出什么结果。”

“第二次，我没有再将精力花在将数字及资料制成表格上。我直接去找那人，戏剧化地把我调查到的事实表现出来。”

“当我走进他的办公室时，他正忙着接电话。他接完电话后，我打开一只手提箱，取出32瓶润肤膏，放在了他的桌上——这些都是他所知道的产品——全都是他的润肤膏的竞争产品。”

“我在每只瓶上都贴上了标签，列出商业调查的结果。但每张标签都简明扼要，生动地说明了一切。”

“结果如何呢?”

“我们不再有辩论了。这是一种全新的、完全不同的报告方式。他先后拿起一瓶又一瓶的润肤膏，阅读标签上的文字说明。我们开始了友善的交谈。他问了一些另外的问题，显然产生了极大的兴趣。他本来只给我10分钟时间报告结果，但现在10分钟过去了，20分钟、40分钟、1个小时过去了，我们却还在交谈。”

“我这次报告的内容和上次的完全一样，但这次我采用了戏剧化的表现方法，其效果截然不同。”

◎提出有意义的挑战

有一次，查尔斯·施科伯手下有一位工厂经理来向他求教，因为他的工人完不成生产任务。

“怎么回事?”施科伯问道，“像你这样能干的人，竟无法使工人发挥工作效率?”

“我不知道。”这位经理回答说，“我曾以利诱导他们，我曾鼓动他们，我也曾起誓、责骂，甚至用开除来威胁他们。但无论怎样都不管用，他们就是不愿工作。”

当时正巧白班刚下，夜班即将开始。

“给我一支粉笔，”施科伯说。然后转向最近的一个工人问题：“你们这班今天生产了几台产品?”

“6 台。”

施科伯一声不响，只字未提，只用粉笔在地上写了一个大大的“6”字就走了。

当上夜班的工人进来时，看见了这个“6”字，就问是什么意思。

“大老板今天来到这里，”上日班的工人说，“他问我们做了几台产品，我们告诉他 6 台，他便在地板上写下了这数字。”

次日早晨，施科伯又来到这家工厂，发现夜班工人已将“6”字抹去，换上了一个大大的“7”字。

早晨，白班工人来上班的时候，当然看见了那个大大的“7”字写在地板上，就猜想夜班工人是要证明他们比白班强，是不是?那好，他们决定给夜班工人一点儿颜色看看。于是，他们热烈地加紧工作，在那晚下班时，留下了一个神气活现的大“10”字。从此以后，工厂的情况逐渐好转起来。

不久，这家生产一度落后的工厂，比公司里的任何其他一个工厂生产得都要多。

原因在哪里呢?

且用施科伯自己的话来说：“使生产能圆满完成的方法，就是要激起竞争。我并不是指鄙贱、谋利的竞争，而是超越对手的强烈欲望。”

超越对手的欲望！挑战！这才是激励人的精神的绝对可靠的灵丹

妙药。

如果不是别人的挑战，西奥多·罗斯福不会当上美国总统。当时，这位英勇的骑士刚从古巴回来，就被推选出来竞选纽约州长。当反对党人发现他并不是那个州的合法居民时，罗斯福慌了，想退出竞选。于是托马斯·普拉特激励他，突然转向罗斯福，大声叫道："难道你这位圣巨思山的英雄，竟是一个懦夫吗？"

于是，罗斯福接受了挑战，继续奋斗下去，这才改写了后来的历史。这项挑战不只改变了罗斯福的一生，同时也对美国的历史产生了重大的影响！

"每个人都有害怕的时候，但是勇敢者会将畏惧放置一边，继续勇往直前，结果或许会走向死亡，但更多的则是通向胜利。"这是古希腊一位先哲的名言。还有什么东西比克服困难更具有挑战性呢？

施科伯深知挑战的巨大力量，普拉德也知道，艾尔·史密斯也知道。

当艾尔·史密斯担任纽约州长时，就用过这一方法。辛辛监狱——位于魔鬼岛西部的最负恶名的一个监狱，没有领导，许多黑幕和丑闻在狱中满天飞。因此，史密斯需要一位强有力的人——一位铁人去治理辛辛监狱。但是该找谁呢？他找来了新汉普顿的刘易斯·劳斯。

"去管理辛辛，如何？"当劳斯站在他面前的时候，他愉快地说，"那里需要一个有经验的人。"

劳斯非常为难，他知道辛辛的巨大危险，那可是一项政治性的任务，受政治变化的影响极其严重，为此监狱长曾一再更换，有一位监狱长在职只有3个星期。他必须考虑他的前途，值得去那里冒险吗？

史密斯看出了他的犹豫，便往椅背后一靠，露出了微笑。"年轻人，"他说，"我并不怪你的犹豫，那个地方是不太平，那儿需要一个大人物坐镇。"

史密斯就这样提出了一个挑战，不是吗？而劳斯内心当然喜欢尝试出任一个大人物的工作。

所以他去了，他住了下来，成了当今美国最著名的监狱长，他的著作《辛辛二万年》售出了几十万册。他曾在电台播讲他在狱中的生活故事——它们被拍成了几十部电影。他对罪犯的“人道化”也创造了许多监狱改革的奇迹。

“我从不以为，”哈维·怀尔斯顿——伟大的火石轮胎公司的创始人说，“薪水，仅靠薪水，就能吸引住那些优秀的员工，我想那要靠工作本身的竞争……”

伟大的行为科学家弗里德里克·赫兹伯也同意这种观点。他对上千名工厂员工及高级经理的工作态度作了深入的研究。你认为他所发现的激励工作的最强有力的因素是什么？是工作具有刺激性？是钞票？是良好的工作条件？是福利待遇？都不是，完全不是。激励人们工作的主要因素之一，正是工作本身。如果某项工作令人兴奋和有趣，那么人们就会渴望这种工作，而且尽力做好这种工作。

这正是每个成功者所喜爱的：竞争和表现自我的机会，证明他自己的价值、超越对手、获取胜利的机会——渴望超越别人，渴望有一种重要的感觉。

第二章
领导的艺术

◎用赞美的方式开始

柯立芝总统在任的时候，我的一位朋友应邀于周末到白宫作客。当他踱人总统的私人办公室时，他听到柯立芝对他的一位女秘书说："你今天早上穿的衣服漂亮极了，你真是一位美貌迷人的青年女子。"

这可能是沉默寡言的柯立芝一生当中曾赏赐给一位秘书的最荣耀的称赞了。这事如此地出乎预料之外，以至于那位女秘书面红耳赤，不知所措。然后，柯立芝说："不要难为情，也不要太高兴了。我说那话，只是为了让你觉得好过些。从现在起，我希望你对标点符号稍加注意些。"

他的方法似乎太明显了一点儿，但他所用的心理策略却很巧妙。在我们听到别人对我们优点的称赞以后，再去听令人不愉快的话，心中总会好受些。

理发师在给人刮脸之前，先要在客人脸上涂肥皂，而麦金利在1896年竞选总统时，所采用的正是这种方法。当时有一位著名的共和党要员，写了一篇演讲辞，自认为比西西洛、亨利和范勃斯德等人合起来所写的还要高明。于是他非常高兴地把他这篇不朽的演讲辞大声朗读给麦金利听。尽管这篇演讲辞有很多优点，但在竞选场合并不合适，因为那将会引起一场批评的风波。但麦金利不愿伤这人的感情，他知道自己不能挫伤这人的高度热忱，但他又不得不说"不"。让我们来看看他是怎样巧妙地处理此事的。

“我的朋友，这是一篇极其精彩的演讲辞，一篇极其伟大的演讲辞。”麦金利说，“再也没有人能写得比这篇更好。它在许多场合都适用，不过对这次特殊的场合，是否十分合适呢？从你的立场来看，那是非常合理而切题的，但我必须从整体立场来考虑它的影响。现在，请你回家去，根据我所指示的要点重写一篇演讲辞，并送给我一份。”

他那样照办了。麦金利又帮他做了修改，并帮他重新写了第二篇演讲辞。后来，他成为竞选班子中一位最得力的演说员。

下面是林肯总统曾写过的一封信，也是他所有信件中第二著名的信。(他最著名的一封信，是写给比克斯贝夫人的，对她在战争中丧失了5个儿子表示哀悼。）这封信林肯大约只花了5分钟就写完了，但在1926年公开拍卖时，它卖到了12000美元——有必要一提的是，这比林肯辛苦工作50年的积蓄还要多。

这封信是在1863年4月26日，也即内战最黑暗时期写的。接连18个月的工夫，林肯的将领率领的联军连遭惨败，到处都是无益的、愚蠢的相互残杀。全国上下人心惶惶。数千名兵士开小差逃走，甚至连参议院的共和党议员都内讧，强迫林肯让出白宫。“我们现今处在生死存亡的边缘，”林肯说，“我看连上帝都在反对我们。我几乎看不到一丝希望的曙光。”就在这黑暗、忧愁、混乱的局势下，林肯写了这封信。

我将这封信附在这里，因为它展示了林肯是如何改变一位趁乱叛变的将军的，而当时全国的成败命运必须依靠这位将军的行动。

这恐怕是林肯担任总统以后，所写的最严厉的一封信了，但你会看到他在指出这位将军的严重错误以前，先称赞了他。

是的，那些错误确实很严重，但林肯并没有这样指明。林肯非常审慎，而且很有外交手段。林肯写道：“对于有些事，我对你并不十分满意。”这是多么圆滑，多么机智！

下面就是林肯写给胡克大将的信：

“我已经任命你为波多麦克军队的首长。当然，我之所以这样做，自然有我以为很充分的理由。不过我想，最好还是让你知道，对于有些事，我对你并不十分满意。”

“我相信你是一位勇敢多谋的将军，那当然是我所喜欢的。我也相信你不会将政治与你的军职混淆起来，在这件事情上，你做得很不错。你对自己很有信心，这正是一种极有价值的，同时也是不可或缺的性格。

“你有雄心壮志，这在相当范围内，是有益而无害的。但我认为，在柏恩赛将军统领军队时，你曾表现出你自己的个人野心，而竭力地阻挠他，你在这件事情上，对国家，以及对一位功勋卓著、享有盛誉的军官来说，都是极大的过错。

“我曾听说，并因为言之确凿而不得不相信，你最近曾说军队与政府都需要一位独裁者。当然，我并不是因为这个原因，而是我并不顾及这个原因，才授予你军队统率权的。”

“只有赢得胜利的将领，才有可能成为独裁者。我现在对你所要求的，是军事上的胜利，所以不惜冒独裁的危险。”

“政府将尽一切能力帮助你，正如以往及今后对于所有将领的支持一样。我十分担心你以前带到军队中的那些思想——批评及不信任将领，现在将回报到你的身上。我会尽力帮助你肃清这种思想。”

“当这种思想在军队中蔓延时，无论是对你还是对拿破仑——如果他还活着，都绝不会有什么好处。现在，你千万要小心，绝不可轻率从事。注意，绝不可轻率从事，但要以充沛的精力和永不疲倦的努力前进，并带给我们胜利。”

你不是柯立芝、麦金利或林肯。你只想知道，这些哲学是否能在你的日常生活中为你所用，并产生实效，是吗？让我们拿费城华克公司的高伍先生为例来说吧，高伍先生是和你我一样的普通人。他是我在费城所举办的一个辅导班的学员。他在班上的一次演说中叙述了这样一件事。

华克公司在费城承包了一项建筑工程，并要求在一个指定的日期内完工。每件事情开始都进行得很顺利，这项工程就快要完成了。这时，负责供应外部装饰铜器的承包商突然说他不能按期交货。什么？整个建筑工程都要因此搁浅？而这巨额的罚金、惨重的损失，都因为一个人？

长途电话、辩论、激烈的争执，全都没有用。于是高伍先生被派往纽约，到那铜狮穴里去拔“狮须”。

“你知道你的姓名在布鲁克林区是独一无二的吗？”高伍先生走进这位经理的办公室时，这样问道。这位经理很惊异：“不，我可不知道。”

“哦，”高伍先生说，“当我今天早上走下火车后，查看电话簿找你的住址时，在布鲁克林区的电话簿中只有你一个人叫你这个姓名的。”

“我可一直都不知道，”这位经理说。他开始很有兴趣地查看电话簿。“啊，那不是普通的姓名，”他自豪地说，“我的家庭大约在200年前从荷兰迁到纽约来的。”他接着谈论他的家庭及祖先，长达几分钟。

当他说完了，高伍先生开始恭维他有那么大的一个厂，并且比他曾参观过的几家同样的公司更好。“这是我所见过的最清洁的一个铜器厂。”高伍先生说。

“我花了一生的心血，经营这事业。”这位经理说，“对此我感到自豪。你愿意参观一下工厂吗？”

在参观的时候，高伍先生又赞扬了他的管理组织系统，并告诉他为什么他的工厂看来比他的几家竞争者要好，以及好在哪里。高伍先生提到了这工厂中几种特殊的机器，这位经理宣称那些机器是他自己发明的。他特别花了许多时间带高伍先生去看那些机器，还解释它们是如何运转工作，以及产品如何精良等等。他坚持要请高伍先生吃午餐。

你要注意，高伍先生直到这时对他的访问目的还只字未提。

吃完午餐以后，这位经理说：“现在，我们谈正事吧。自然，我知道你是为什么来的。我没有想到我们的聚会如此得愉快。你可以回费城转达我的许诺，即使其他生意我不得不延迟，你的材料我也将保证按期做好并运到。”高伍先生甚至没有任何请求，就得到了他所需要的东西。结果，材料按期交到，建筑工程在包工合同期满的那天竣工了。

如果高伍先生采用平常人在这种情形下所用的争执吵闹的方法，会有这样的结果吗？

新泽西州的福特蒙马斯市有一位联邦信用合作社分行经理鲁布卢斯基夫人，她在我班上讲了她如何帮助她手下员工提高工作效率的事。“最近，”鲁布卢斯基夫人说，“我们雇了一位小姐当实习出纳。她与顾客的关系很好，在处理问题时效率很高。但有一天结账时，却出了问题。

“于是出纳部经理来找我，强烈要求解雇她。这位经理对我说：‘她耽误了大家的工作。我不知教了她多少次，可她太笨了，一定得辞掉她。’”

“第二天，我见这位小姐处理业务时确实非常迅速，而且与顾客相处得很愉快。但没过多久，我就发现她在结账时又出了问题。”

“下班以后，我找到她。她显得很是不安。我夸奖了她的友善和工作热情，以及她工作时的速度。我建议她将现金平衡过程复习一下。她了解到了我对她的信任，放松了心情。以后，她再也没有出过错。”

用赞美的方式开始，就好像牙科医生用麻醉剂一样，病人仍然要受钻牙之苦，但麻醉剂却能消除这种痛苦。

◎巧妙批评而不招怨恨

查尔斯·施科伯有一天中午经过他的一个钢厂，看见几个工人正在吸烟。而在他们头顶上方就悬挂着一块“禁止吸烟”的牌子。施科伯是否指着这块布告牌说：“你们不识字吗？”不！没有，施科伯绝对没有这么做。他走到这些人跟前，发给每人一支雪茄，说道：“孩子们，如果你们到外边吸这些雪茄，我会感激不尽。”他们知道他们违反了规定——但他们赞赏他，因为他什么也没有说，并送给他们一点小礼物，使他们感受到了尊重。你能不喜欢像施科伯那样的人吗？

约翰·华纳美格也使用过同样的方法。华纳美格经常去他在费城的大百货店中巡视。有一次，他看见一位顾客在柜台前无人服务，而店员正在聊天，于是他一声不响地轻轻溜入柜台后面，自己接待了这位顾客，然后将商品交给售货员包装，自己就走开了。

例如，官员们经常被批评不接见民众。他们虽然非常忙碌，但有时候是由于助手们过度保护他的上司，为了不使他的上司接见太多的来访者，以免给上司造成负担。卡尔·兰福特曾担任迪斯尼世界所在地——佛罗里达州奥兰多市的市长，而且他当了许多年的市长。他时常告诫他的部属，要让民众来见他。他宣称自己打算推行“开门政策”。

然而，当他社区的民众来拜访他时，都被他的秘书和行政官员阻挡在了门外。

最后，这位市长总算找到了解决的好办法。他拆掉了办公室的大门，他的助手们也知道了这件事。于是，从此之后，这位市长真正做到了“行政公开”。

若想不惹人生气并改变他，只要换两个字，就会产生不同的效果。

许多人在开始批评之前，都先真诚地赞美对方，然后接下来一定会说“但是”，再开始批评。例如，要改变某个孩子读书不专心的态度，我们可能会这么说：“约翰，我们真的以你为荣，这学期你成绩有了进步。‘但是’，假如你的代数再努力一些的话，就会更好了。”

在这个例子里，可能约翰在听到“但是”之前，会感觉很高兴。但当他听到“但是”时，马上就会怀疑这个称赞的可信度。对他而言，这种称赞只是批评他失败的一种开头而已。由于可信度遭到了曲解，我们也许就不能达到我们要改变他的学习态度的目标。

对于这个问题，只要把“但是”改为“而且”，就可以轻易解决了。如：“我们真的以你为荣，约翰，这学期你的成绩有了很大进步；而且，只要你下学期继续努力，你的代数成绩就会比别人好了。”

这样一来，约翰就会接受这种称赞，因为你没有把失败的推论放在后面。我们已经间接地让他知道我们想使他有所改变，因此，他会尽力去实现我们的期望。

对那些不愿接受直接批评的人，如果能间接地让他们去面对自己的错误，就会收到非常神奇的效果。住在罗得岛温沙克的玛姬·杰克在我班上讲述了她是如何使得一群磨洋工的建筑工人帮她盖房子之后清理干净的。

最初几天，当杰克夫人下班回家之后，发现满院子都是锯木屑。她不想找那些工人们争论，因为他们的工程做得很好。所以当这些工人走了之后，她跟孩子们捡好碎木块，并整整齐齐地堆放在屋角里。次日早晨，她把领班叫到旁边说：“我很高兴昨天晚上地上这么干净，又没有让邻居感到不方便。”从那天起，工人每天都会捡好木屑堆在一边，领班也每天都来看看。

在预备役军人和正规军训练人员之间，最大的差异就在理发，因为预备役军人认为他们只是老百姓，因此非常不愿把他们的头发剪短。

美国陆军第542分校的士官长哈雷·凯塞在带预备役军官时，他面临着如何解决这个问题的任务。跟以前正规军的士官长一样，他可以向他的部队怒吼几声，或威胁他们。但他不愿这样做。

他这样说道：“各位先生们，你们都是领导。如果你以身作则，那是最有效不过的办法了。你必须为你所领导的人做个榜样。你们应该了解军队对理发的规定。今天我也要去理发，而我的头发却比某些人的头发要短得多了。你们不妨对着镜子看看，如果你要做个榜样的话，是不是该要理发了？我们会帮你安排时间去营区理发部理发。”

结果是可以预料的。有几个人自动去镜子前看了看，然后下午去理发部按规定理了发。次日早晨，凯塞士官长讲评时说，他已经看到在队伍中有些人已经具备了领导者的气质。

1887 年 3 月 8 日，美国最富于口才的牧师、演说家亨利·华德·毕切尔去世了，用日本人的话来说，他到另外一个世界去了。在下一个星期日，莱曼·阿伯特应邀向那些因毕切尔去世而伤心不已的牧师演讲。他急于取得成功，把演讲辞改了又改，并像福楼拜一样过分小心地进行润饰。然后他将演讲辞读给他妻子听。演讲辞写得并不很好，就像大多数的演讲辞一样。如果他妻子缺乏见识，她可能会这样说："莱曼，糟极了，绝对不能用。你会让那些听众都睡着的，那听起来像一本百科全书。你传道这么多年，应该能写得更好。天啊！你为什么不像一个普通人那样去讲呢？你为什么不自然点儿？你如果念那篇东西，一定会砸了自己的台。"

她可能会这样说的。而如果她真的那样说了，她也知道结果将会怎样。所以，她是这样说的："如果演讲辞寄给《北美评论》，一定是一篇极好的文章。"换言之，她称赞了这篇演讲辞，同时又很巧妙地暗示丈夫不能用这篇演讲辞去演讲。阿伯特看出了这点，干脆将他精心准备的底稿撕碎，后来连大纲都不用，很自然地作了演讲。

◎先谈你自己的错误

几年前，我的侄女约瑟芬·卡耐基离开她在堪萨斯城的老家，来纽约担任我的秘书。她那时才 19 岁，高中毕业刚 3 年，几乎没有任何工作经验。而现在，她却是苏伊士运河以西最称职的秘书之一。但在刚开始时，她，哦，尚可改进。有一天，我正要批评她的时候，我对我自己说："且等一等，戴尔·卡耐基，且等一等。你的年纪比约瑟芬大一倍，经验比她多一万倍。你怎么可能希望她有你的观点，有你的判断，有你的精力呢——虽然这些都是很平凡的。等一等，戴尔，你在 19 岁时正干什么？还记得你那时呆笨的举动、愚蠢的错误吗？记得你……的时候吗？”

经过真诚而公平地考虑以后，我得出结论：约瑟芬 19 岁的能力，比我那时可要强多了——尽管如此，我很惭愧地承认，我并没有经常称赞约瑟芬。

所以，从那以后，当我要让约瑟芬注意她的错误的时候，我就会这样开始说：“约瑟芬，你做错了一件事，但老天知道，我所做的许多错事比这更糟糕。你当然不是天生就具有判断力的，那只能从经验中得来。而且你比我在你这年纪时强多了。我自己也曾犯过许多愚蠢的错误，所以我不愿意批评你或任何人。但如果你按某种方法去做，你想那不是更聪明吗？”

如果批评者从一开始就先谦逊地承认自己也不是无可指责的，然后再指出别人的错误，那么情形就会好得多。

风度优雅的布洛亲王早在 1909 年，就明白这样做很有必要。当时，布洛亲王是德国总理大臣，而德国皇帝则是威廉二世——傲慢自大的威廉，也是德国最后一位皇帝——他建立了海军和陆军，并自夸能征服一切。

于是，震惊世人的事发生了。这位德国皇帝出访英国时，口若悬河地说了许多令人难以置信的蠢话，例如他是唯一一位对英国友好的德国人，为了对抗日本的威胁他建立了一支海军，他一人挽救了英国，使之免于向俄、法称臣，由于他的征讨计划，使英国得以在南非战胜土著人等等。

最糟糕的是，他竟然允许伦敦《每日电讯报》将他这些丧失理智的自吹自擂之言公诸于众。于是，这些爆炸性的新闻震动了整个欧洲，波及到了全世界。

在 100 多年的和平时期里，还从没有从欧洲君王口中说出过他这样的话。整个欧洲立即轰动了，如激怒的野蜂，英国也被激怒了，德国政治家更是惊骇万分。在这种形势下，德国皇帝也惶恐不安，他提议由总理大臣布洛来处理此事。是的，他希望布洛亲王宣布这一切责任都是他的，是他建议他的君主说这些令人难以相信的话的。

“但是陛下，”布洛反对说，“在我看来，不论在德国或英国，绝对不会有任何人愿相信我有能力建议陛下说这些话的。”

布洛一说出这句话，就意识到自己犯了一个严重的错误。德皇果然大为恼火。

他咆哮着说：“你以为我是一头笨驴，只会犯你永远都不会犯的错误吗?”

布洛知道他应先称赞皇帝几句之后，再提出批评意见，但事已至此，仍不妨选择一个最佳方案。他在批评以后再予称赞，结果极其神妙——称赞常常会有这样的效果。

“我绝不会有那样的意思，”他恭敬地回答说，“陛下在许多方面都胜过我，这不只是就海陆军知识而言，尤为重要的是在自然科学方面。每次倾听陛下解释晴雨表、无线电报，或伦琴射线时，我总是对自己对自然科学一无所知而深感惭愧，我不懂化学或物理，不能解释最简单的自然现象，因此对陛下万分钦佩。但是，”布洛接着说，“作为补偿，我知道一些历史知识，以及一些在政治上，特别是在外交上有用的知识。”

德皇脸上现出了笑容。布洛亲王称赞了他。因为布洛赞扬了他，而使自己显得卑微。这时的德皇已经能宽容任何事。“我不是常告诉你，”他热诚地说，“我们应互相取长补短，就可以闻名于世吗？我们应齐心协力，团结一致，而且我们愿意这样!”

他与布洛握了握手，不只是一次，而是多次。那天下午，他尤其激动。他握紧双拳喊道：“如果任何人对我说布洛亲王不好，我将一拳砸扁他的鼻子!”

布洛及时救了自己——但像他这样机敏的外交家，也还是犯了一个错误：他应该一开始先谈他自己的短处和威廉的长处，而不要暗示德皇是一个智力不足的、需要保护的人。

如果仅仅说几句自我谦恭、称赞对方的话，就能使一位傲慢孤僻的德国皇帝变成一个牢固可靠的朋友，那你就可以想象得到谦逊与称赞在我们的日常生活中，具有多大的作用。如果运用得当，它们必然有助于我们在人际关系上创造奇迹。

一个人即使还没有改正他的错误，但只要他承认了自己的错误，就有助于帮助另一个人改变其行为。这句话是马里兰州提蒙尼姆市的克劳伦斯·周哈幸最近说的，因为他看到了他15岁的儿子正在尝试抽烟。

“当然，我不希望大卫吸烟。但我和他妈妈都吸烟，我们给他树立了一个不好的榜样。我向大卫解释，说我在他这么大时就开始抽烟，尼古丁最终战胜了我，使我上了瘾。我还提醒他，我的咳嗽很厉害。

“我并没有劝他不要吸烟，或警告他吸烟的害处。我只是告诉他我如何吸上烟并深受其害的。

“他想了一会儿，然后决定在高中毕业前不吸烟。直到现在他也确实没有吸过烟。那次谈话的结果，是我也决定戒烟。由于家人的支持，我戒烟成功了。”

◎不要命令别人

最近，我很荣幸地同美国最著名的传记作家伊达·泰波尔小姐一起吃饭。我告诉她我正在写作这本书，于是她和我开始讨论“为人处世”这个问题。她告诉我，她在写扬·欧文的传记时，访问了曾与扬先生在同一房间办公3年的一位先生。这人说，在那么长的时间内，他从未听到扬·欧文给任何人下达过直接的命令。他总是“建议”，而不是“命令”。例如，扬·欧文从未说过“做这个，或做那个，”或“别做这个，别做那个。”他总是说：“你可以考虑这个”或“你认为那样合适吗？”当他口述一封信后，他常这样说：“你认为如何？”在看完他的助手写的信以后，他常这样说："也许这样措辞会更好些。"他总给别人机会亲自动手做事，而从不告诉他的助手该如何去做事；他让他们自己去做，使他们从自己的错误中学习。

这种方法，能使人更容易改正他的错误。这种方法，能维持一个人的自尊，给他一种自重感，使他乐于合作，而不是对立。

一些长者的粗暴态度所引起的愤怒可能会持续更久，即便他所纠正的是一个很明显的错误，也会如此。唐·斯坦瑞利是宾夕法尼亚州威明市一所职业学校的老师，他说了一件事：有一个学生因为违章停车而堵住了学校的大门口。有一位老师冲进教室，以非常凶悍的口吻问道："是谁的车堵住了大门？"当那个学生回答时，那位老师怒吼道："你马上给我把车开走，否则我就用铁链把它绑上拖走。"

这位学生确实是错了，汽车不应该停在那儿。可是从那天以后，不只是这位学生对那位老师的举止感到愤怒，全班的学生也总是做一些事情给这位老师不便，使得他的工作更加不顺利。

本来他可以用完全不同的方式来处理这件事的。假如他友善一点地问："门口的车是谁的？"并建议说："如果你能把它开走，那别人的车就可以进出了。"我想这位学生一定会很乐意地把车开走，而且他和他的同学也就不会那么生气了。

向对方问些问题，不但能接到一张订单，更能激发对方的创造力。假如人们能参与决定是否开出某张订单，他们会更有可能开出这份订单。

在南非的约翰内斯堡一家小工厂，经理伊安·麦克唐吉有个机会接到一份大订单，但他知道自己没有办法按期交货。尽管工作已在工厂排定好了，可是这份订单所要求的完成时间实在太短了，使他不太可能去承接这份订单。

他并没有催促工人们加速工作来赶这份订单，他只是把大家召集在一起，对他们解释这种情形，并对他们说，假如能按时完成这份订单，对他们和公司的意义将有多大。

“我们有什么办法来完成这份订单吗?”

“有没有人能想出别的更好的办法来处理它，使我们能接这份订单?”

“有没有别的办法来调整我们的工作时间和工作的分配，来推动整个情况?”

结果，员工们提供了许多意见，并坚持让他接下这份订单。他们用一种“我们可以办到”的态度，终于获得了这份订单，并且按期交货。

◎使对方保住面子

多年前，通用电气公司遇见一件很麻烦的事：免除查尔斯·史坦麦某部门主管的职务。史坦麦是电器方面第一流的天才，但是担任会计部主管，对他来说实在是英雄无用武之地。但公司又不敢得罪他，因为他是不可或缺的人才，并且史坦麦极敏感，所以公司决定授予他一个新的头衔——他们让他担任通用电气公司顾问工程师的职务——他还干他的老本行，只不过换了一个新头衔——至于会计部主管，则由别人担任。

史坦麦很高兴。通用电气公司的主管人员也很高兴，他们通过巧妙安排，调动了这位最富才气的重要人物，而且没有引起任何风波——因为他们让他保住了面子。

使他保住面子，这是多么重要，多么多么地重要啊！而我们中却极少有人能够想到这一点。我们无情地踩躏别人的感情，为所欲为，挑差错，发出威胁，当着别人的面批评一个孩子或一个职工，而不考虑对别人自尊的伤害！然而，几分钟的思考、一两句体贴的话、对对方态度的宽容，对于减少这种伤害都大有帮助！

下次，我们再想做出解雇仆人或职工的决定时，一定要记住这一点。

“对辞退者来说，辞退职工并没有什么乐趣，而对于被辞退者来说更是如此。”（我现在正引用会计师格莱格的来信。）“由于我们的工作具有季节性，所以我们必须在三月份让许多人离开公司。

“在我们行业中，有一句老话说‘没有人喜欢抡斧头’。因此，我们养成了一种习惯，将此事处理得越利索越好。以下是我们通常采用的方法：‘请坐，某先生。这个季度已完，我们似乎再没有什么工作给你干了。当然，你也明白，你只是在最忙的季节受雇帮忙的。’等等。”

“这些话会给这些人带来失望，给他们造成一种‘被遗弃’的感觉。他们中大多数人终身从事会计工作，他们对这样草率辞退他们的公司，自然不会怀有特别的爱心。”

“最近我决定多用一点技巧与体谅，以遣散公司多余的员工。因此，我在仔细考察了每个人在冬季的工作表现之后，把他们一一召进来。我对他们这样说：‘某先生，你的工作成绩极好（如果真好的话）。那次我们派你去纽瓦克，给了你一项很艰苦的工作。虽然困难重重，但你仍完成得很圆满，我们希望你能知道，公司很以你为荣。你有真才实学——不论你在哪里工作，都将前途远大。本公司相信你，并将支持你。希望你不要忘记这一切！”

“结果呢？这些人走以后，对于被辞退的感觉要好了许多。他们不觉得是‘被遗弃’，他们知道，如果我们有工作给他们做，我们一定会留下他们的。而当我们需要再用他们的时候，他们会带着深切的私人感情，重新投靠我们。”

在我的班上，有一个学期有两位学员曾讨论挑剔错误的负面效果和让人保住面子的正面效果。宾夕法尼亚州哈里斯堡的佛瑞·克拉克讲述了一件发生在他公司里的事：

“在我们的一次生产会议中，一位副董事就某个非常尖锐的问题，质问一位生产监督员，这位监督员是管理生产过程的。他的语调不仅充满了攻击性，而且很明显的就是想指责是那位监督员处置不当。为了不让自己在他的攻击前被羞辱，这位监督员回答得含糊不清。这样一来，使得这位副董事发起火来，不但痛斥这位监督员，并还指责他在说谎。”

“公司这次事件之前所有的工作成绩，都毁于这一刻。这位监督员，本来是一位很负责的人，可是从那一刻起，对我们公司来说就很不妙了。几个月之后，他离开了我们公司，去另一家竞争对手那里工作。据我所知，他在那里干得非常称职。”

另一位学员安娜·马佐尼则讲了她工作中一件非常相似的事，所不同的是处理的方式和结果。马佐尼小姐是一位食品包装业的市场行销专家，她的第一份工作是某项新产品的市场调查。她在我班上说：“当结果回来时，我可真的惨了。由于我在计划时犯了一个极大的错误，整个调查都必须重新再做一遍。更糟的是，我在下次开会要提出这次计划的报告之前，没有时间和我的老板讨论。”

“轮到我作报告时，我真是非常不安。我尽了全力不使自己崩溃，因为我知道我决不能哭，否则会让那些人以为女人太情绪化而无法担任行政业务。我那次的报告很简短，只是说因为发生了一个错误，我会在下次会议前重新研究。我坐下后，心想老板一定会训我一顿。”

“但是，他只是感谢我的工作，并强调说在一个新计划中犯错并不稀奇。而且他有信心，我的第二次调查会更准确，对公司更有意义。”

“散会之后，我的思想很乱。我下定决心，我决不会再让我的老板失望。”

假使我们是对的，别人绝对是错的，我们也会因为使别人失去颜面而毁了他的自尊。法国传奇性飞行先锋和作家安东安娜·德·圣苏荷伊曾写过：“我没有权利去做或说任何事来贬低一个人的自尊。重要的不是我觉得他怎么样，而是他觉得他自己如何。伤害人的自尊是一种罪。”

所以，一位真正的领导者会遵行……

已故的德怀特·马洛有一种奇妙的能力，能使两个拼命的好斗者和解。这是怎样的能力呢？他会小心谨慎地找出双方各自都正确的一面，对此加以称赞和强调，且慎重而小心地把它们表现出来——无论如何解决，他从不指责任何人有错误。

每个公证人都知道这一点——使别人保住他们的面子。

世界上任何真正伟大的人，其伟大之处正在于不将时光浪费在个人成就的自我欣赏中。例如：

1922年，土耳其人在数百年的极端仇视后，决定将希腊人永远驱逐出土耳其的领土。

穆斯塔法·凯末尔对他的士兵们作了一篇拿破仑式的演讲。他说："你们的目的地，就是地中海。"于是，世界近代史上最惨烈的一场战争开始了。

最终，土耳其人获胜了。当两位希腊将军——黎科彼斯和狄亚尼斯到凯末尔的司令部投降时，土耳其人对被他们战败的仇人痛加辱骂。

但凯末尔丝毫没有显示胜利者的骄气。

"二位请坐，"他拉着他们的手说，"你们已经极度疲倦了。"在详细讨论投降事宜之后，他又安慰了因战败而遭受打击的希腊将军。"战争，"他像士兵对士兵般地说，"是一种竞技，即便最优秀的人，有时也会失败！"

◎鼓励别人走向成功

我跟帕特·派洛是老朋友了。他从事驯狗工作，一生都随同马戏团及杂技表演团到处旅行表演。我很喜欢看他的驯狗表演，而我注意到，每当那狗稍有进步时，他就立刻轻轻地拍拍它，称赞它几句，并喂给它肉吃，好像就是一件了不起的大事似的。

这并不是什么新鲜事。几百年来，驯兽师都是用同样的方法表演的。

我一直感到很奇怪，为什么当我们要改变一个人的时候，不用驯狗时所运用的常识？我们为什么不以肉代鞭？我们为什么不用称赞代替斥责？即使是极其微小的进步，我们也要给予称赞，这样可激励别人不断进步。

辛辛监狱的劳斯狱长已经发现，对于辛辛监狱中的罪犯来说，即使他们只有一点小小的进步，如对他们加以称赞，便会收效显著。“我已经发觉，”在我写这本书的时候，我接到劳斯狱长的一封信，他说，“对于罪犯的努力给予适当的赞许，比起严厉地批评与斥责他们的过错，更能推动他们进一步合作，并促进他们改过自新。”

我从未被关押在辛辛监狱中——至少现在还没有被关过——但我可以从回顾我自己的过去中看出：在某些方面，确实因为几句称赞的话就深刻地改变了我的一生。在你的一生中，是否也有过与此相同的情形呢？历史上，因称赞而走向成功的奇迹，简直数不胜数。

例如，50 年前，有一个 10 来岁的孩子在那不勒斯一家工厂工作。他极其渴望成为一名歌唱家，但他的第一位教师却使他大受挫折。“你不能唱歌，”他说，“你天生就缺少一副好嗓子。你的嗓音听起来就像风雨吹打中的百叶窗发出的难听的声音一样。”

但他的母亲——一位贫苦的农家妇女，却热烈地拥抱着他，称赞他，并告诉他，她知道他能唱歌，并说她已经看到了他的进步。她节衣缩食，以便节省钱来付他的学费。那位农家母亲的称赞与鼓励，改变这个孩子的一生。你也许已经听说过他，他的名字叫恩瑞格·卡罗索。

在许多年以前，伦敦有一位青年希望成为一名作家。但似乎事事都跟他过不去：他顶多上过 4 年的学，他的父亲因为还不起债而被捕入狱，因此这位青年常常饱受挨饿之苦。最后，他找到了一份工作，在一间老鼠穿梭的库房中粘贴黑油瓶标签。晚上，他和两个来自伦敦贫民窟的脏小孩一起睡在一间阴暗的小阁楼中。他对自己的写作能力没有任何信心。因此，他在深夜里偷偷地溜出去，将他的第一篇稿件寄了出去，因为他怕别人笑话他。尽管一篇篇稿件都被退了回来，但他最后迎来了伟大的一天，他的一篇文章被录用了。而事实上，他没有得到一先令的报酬，不过有一位编辑称赞了他。他如此兴奋，在街上毫无目的地游荡，兴奋地泪流满面。

由一篇故事被刊出所得到的称赞及认可，改变了他的整个人生，因为如果没有那次鼓励，他很可能会在那家老鼠成灾的工厂中穷困潦倒过一辈子。你也许早已知道那个孩子，他的名字叫查尔斯·狄更斯。

在50年前，伦敦的另一个孩子，他在一家布店当店员。他每天早上必须5点钟爬起床，把布店打扫得干干净净，还得像奴隶般工作14个小时。那简直是在做苦役，他看不起这份工作。过了两年，他实在忍受不下去了。一天早上，他起床之后来不及吃早饭，就步行了15里地，去找他那位在别人家里当管家的母亲商量。

他几乎发狂了。他请求她，他哭泣，他发誓——如果他必须再留在这家布店中，他一定会自杀的。然后，他写了一封长长的且带有悲剧色彩的信，给他的老校长，说他心已破碎，不愿再活在这个世界上。他的老校长给了他一些勉励，并肯定地对他说，他实在是个很聪明的孩子，应得到一份更好的工作，并给了他一个教员的职位。

这次鼓励改变了那个孩子的前途，使他在英国文学史上写出了不朽的一页。因为那个孩子后来写成了77部著作，挣得了100多万美元的稿酬。你大概已经听说过他，他的名字就叫是赫伯特·威尔斯。

在1922年，一位住在加利福尼亚的青年，他穷得连他的妻子都养不活。因此他星期日在教会唱诗班中唱歌，或偶尔去别人的婚礼中为人唱唱《祝福歌》，以赚得5美元。他如此贫困，以至于在城里住不起，因此，他在一个葡萄园中租了一间破旧的屋子，租金每月只有12.5美元，房租虽低，但他仍支付不起，还拖欠了10个月的房租。他只好在葡萄园中帮人摘葡萄，以代付租金。他告诉我，他有时除葡萄以外，甚至没有别的东西可吃。他非常悲观，几乎要放弃唱歌这一差事，去推销载重汽车了。就在这时候，休斯称赞了他，对他说：“你可以成为一位伟大的歌唱家。你应该去纽约进修深造。”

最近，那位青年告诉我，说休斯那一点称赞——那轻微的激励，成为他终身事业的转折点，因为那给了他激励，促使他借了2500美元去东部求学。你也许听说过他，他的名字叫劳伦斯·狄拜特。

以赞扬代替批评，是史金纳教授的核心观点。这位世界上最伟大的心理学家，以动物和人做实验，来证明当减少批评并且多加鼓励和夸赞时，被实验者就会多做好事，而相对不好的方面则会被忽略而萎缩。

北卡罗莱纳州洛杉矶市的约翰·林杰波夫，就采取这种方式来对待他的孩子。如同许多家庭一般，父母对孩子动不动就会大声吼叫。许多家庭的情况显示，在经历了这样一段时期之后，孩子和父母的关系恶化了。

林杰波夫先生决定试行在我班上学到的一些方法来解决这一问题。他讲述说：“我们决定以称赞来代替挑剔过失。当我们看到他们经常做不正确的事情时，这一点很难做到，要找些事情来真心地赞许，真是太难了。我们就想办法去寻找他们所做的值得赞扬的事情，而他们以前所做过的那些令人不愉快的事情，真的也不再发生了。接着，他们其他的错误也消失了，并开始按照我们的赞许去行事。结果，事情出乎意料，他们变得连我们都不敢相信。当然，这种情况并没有一直持续下去，但比以前总要好得多。我们现在不必再像以前那样去纠正他们的错误，孩子们做对的事情远远多于他们做错的事情。这全都是赞美所起的作用。即使赞美最细微的进步，也比斥责过失要好得多。”

对工作而言，也是同样的道理。凯斯·罗伯在加利福尼亚州木林山公司工作，也运用了这一道理。他的印刷厂承接的业务，有许多品质很精细。但印刷厂的一位员工是新手，他不太适应他的工作，导致他的上司很不高兴，打算将他解雇。

当罗伯先生知道了这一情况以后，亲自来到印刷厂，和这位年轻人谈了一次。他说对他刚接手的工作非常满意，并告诉他这是他曾在公司看到的最好的产品之一。他还指出这些东西好在哪里，以及那位年轻人对公司的重要性。

你想这能不对那位年轻人的工作态度产生影响吗？几天以后，情况大为改观。他后来告诉他的同事，罗伯先生非常欣赏他生产出来的产品。从那天起，他就成了一位忠诚细心的员工了。

我们都渴望得到赏识和认可，而且会尽一切努力去得到它，但没有人希望得到那种不诚恳的阿谀奉承之类的东西。

让我再重复一遍，这本书所教导的各项原则，只有真心诚意去实践才会有用。我可不是在推荐阴谋诡计，我所推荐的是一种新的生活方式。

讲到改变人，假如你我愿意鼓励每一个我们所接触的人，使他们认识到并挖掘自己所拥有的内在宝藏，那么，我们不仅可以改变他本人，我们甚至可以使他脱胎换骨。

这有些言过其实吗？那么就让我们来听听哈佛大学已故的詹姆士教授的名言吧——他大概是美国有史以来最著名、最杰出的心理学家及哲学家。

“与我们应能有的成就相比，我们不过处于半醒状态。我们现在只利用了我们身心资源的一小部分。广义地说，人类生活在其能力远未开发的极小的天地里。人拥有各种能力，但却不曾利用它。”

是的，读到这句话的你，就具有各种潜能，但你却不习惯于开发运用，这些才能你大概都没有充分发挥出来，其中之一就是称赞别人、激励别人，使其认识到他本身所蕴藏的聪明才智，并激励他发挥这些具有神奇功效的能力。

◎送人一顶高帽子

如果一个好工人变成了不负责任的工人，你会怎么办？你可以解雇他，但这却解决不了任何问题。你也可以责骂那个工人，但这通常只会引起怨恨。

亨利·哈克是印第安那州洛威市一家卡车经销公司的服务部经理，他公司有一个工人的工作成绩每况愈下。但亨利·哈克并没有对他怒吼或威胁，而是叫他到办公室，跟他做了一次坦诚的谈话。

他说："比尔，你是一名很出色的技工。你在这条生产线上已经工作好几年了，你修的车顾客也都很满意。其实，有很多人都赞赏你的技术。不过最近你完成一件工作所需要的时间加长了，而且你的质量也不如你以前的水平。以前你是个优秀的技工，我想你一定知道我不太满意你目前这种情况。我们也许可以一起来想办法改进这个问题。"

比尔回答说，他并不知道他没有做好他的工作，并且向亨利·哈克保证他以后一定会改进。

他做到了没有？你可以肯定他做到了。因为他原本就是一个优秀而敏捷的技工。有了哈克先生的那次赞美，他会去努力，而不会做不如从前的事。

住在纽约州斯加斯台尔市布鲁斯特路175号的琴德夫人，是我的一位好朋友。她雇了一个女仆，告诉她下星期一上班。

然后，琴德夫人给那女仆以前的女主人打电话了解情况，但结果很不好。当这女仆来上班的时候，琴德夫人说："奈莉，我那天给以前雇你做事的那位太太打电话。她说你诚实可靠，不仅会做菜，还会照顾孩子。但她说你不整洁，不能把屋子收拾干净，现在我想她可能是在说谎。你穿得这么整洁，人人都可以看到这一点。我敢打赌你收拾的屋子一定同你的人一样干净整洁。我们将会相处得很好。"

结果呢，她们真的相处得很好。奈莉要顾全她的这一名誉，并且她真的尽力保住了这一好名声。她把屋子收拾得干干净净。她哪怕多费一小时擦地，也不愿让琴德夫人对她失望。

“对普通人来说，”鲍德文铁路机车厂经理华克莱说，“如果你能得到他的敬重，并且你对他的某种能力也表示敬重，那么他们都会很乐意接受你的领导。”

总之，如果你要在某方面改变一个人，就必须把他看成他早就具备这一方面的杰出特质。莎士比亚说：“假定一种美德，如果你没有，你就必须认为你已经有了。”如果你希望某人具备一种美德，你可以认为并公开宣称他早就拥有这一美德了（尽管可能的确没有）。给他一个好名声，送他一顶高帽子，让他去实现，他便会尽量努力，以不愿看到你失望。

吉欧吉特·勃布兰在她的《我与马德林的一生》一书中，曾叙述了一个卑贱的比利时女仆的惊人变化。

“隔壁旅馆的一个女仆来给我送饭，”她写道，“人们叫她‘洗碗的玛莉’，因为她一开始只是做厨房里的杂工。她好像是一个怪物，斜眼、弯腿，无论从肉体上还是从精神上来说，都是个天生的可怜人。”

“有一天，当她用红红的双手端来一盘面给我时，我直爽地对她说：‘玛莉，你知不知道你有许多内在的美？’”

“习惯于不露声色、压抑情感的她，听了我这话之后，因害怕一点小小的失误而惹下大祸，便木呆呆地站在那里几分钟，以平息其激动。然后，她将盘子放在桌上，叹了口气，认真地说：‘夫人，我以前从来不敢相信的。’她没有怀疑，也没有发问。她只是回到厨房，对别人重复了我对她说的话。由于那些人很相信我，没有人愿取笑她。从那天起，甚至开始有人体恤她。但最奇怪的变化，发生于卑微的玛莉本身。她确实相信她拥有一些自己看不见的优点，她开始注意自己的容貌及身体，这使她干瘪的身体焕发出青春的魅力，并掩盖了她的缺陷。”

“两个月以后，当我即将离开时，她宣布她将和大厨师的侄子结婚。她说：‘我要做太太了。’并向我致谢。就那么一句小小的赞许的话，改变了她整个的人生。”

勃布兰给了“洗碗的玛莉”一个好名声，让她去为此而努力奋斗——而那名誉也的确改变了她。

比尔·帕克是佛罗里达州德透纳海滩一家食品公司的业务员，他对于公司新近推出来的系列产品感到非常兴奋，但不幸的事情发生了：一家大食品公司的经理取消了产品展示，这使得比尔很不高兴。他想这件事想了一整天，决定在下午回家之前再去那家公司试试。

他说：“杰克，今天早上我走时，还没有让你真正了解我们最新推出的系列产品。假如你能再给我一些时间，我很高兴为你介绍我还没说完的几点。我非常敬重你听人谈话的雅量，而且你待人非常宽容，当事实需要你改变时，你会改变你的决定。”

杰克会拒绝再听帕克的话吗？在必须维持帕克给他的美誉的情况下，他是没办法拒绝的。

有一天早晨，苏格兰都柏林一位牙科医生马丁·魁兹夫，对他的病人挑剔他用的漱口杯托盘不干净感到很震惊——不错，他用的是纸杯，而不是托盘，但那些设备都生锈了，这明显表示他的职业水准还远远不够。

这位病人离开之后，魁兹夫医生将他的私人诊所关了，并写了一封信给布利基特——一位女佣，她一个星期为他打扫两次卫生。他这样写道：

“亲爱的布利基特：

我最近很少看到你。我想我应该抽些时间以感谢你为我做的清洁工作。顺便要提出来的是，一周两个小时的时间并不算多。假如你愿意，我想请你随时来我这里工作半个小时，做些你认为应该经常做的事，例如清理漱口杯托盘等等。当然，我会支付这额外的服务费用的。”

当他第二天走进办公室时，他的桌子和椅子擦得几乎和镜子一样光亮，他差点儿从上面滑了下去。当他走进诊疗室时，看到铬制杯托放在储存器里，从未那么干净、光亮过。

他给了他的女佣一个美誉，使她朝这方向去努力，而且只为了这么一个小小的赞美，她尽了最大的努力。可是，她额外用了多少时间呢？对了，一点都没有！

在纽约市布鲁克林镇，一位四年级的老师路丝·霍普金斯太太，在新学期的第一天，当她看了班上的学生名册时，她就有了某种忧虑：因为今年在她班上有一个全校最顽皮的“坏孩子”——汤姆。汤姆三年级时的老师总是一有机会就向同事或是校长抱怨。汤姆不只是恶作剧，跟男同学打架，还作弄女同学，对老师无礼，扰乱班上秩序，而且好像愈来愈恶劣。他唯一值得称赞的特质是，他能很快学会学校的功课，而且非常熟练。

霍普金斯太太决定改变这个“问题汤姆”。当她第一次见到她的新学生时，她讲了一些话：“罗丝，你的衣服很漂亮。爱丽西亚，我听说你的画画得很好。”当她念到汤姆时，她双眼直视着汤姆，对他说：“汤姆，我知道你天生是个领导人才。今年我要依靠你来帮助我把这个班变成四年级最好的一个班。”在头几天，她一直强调这一点，并夸奖汤姆所做的一切，还说他的行为表明他是一个很好的学生。由于有了这种值得奋斗的美名，即使像汤姆这样一个 9 岁大的男孩也不会令人失望。而他真的也做到了这些。

当鲁士纳想对正在法国的美国士兵的行为施加影响时，也用了同样的方法。哈伯德将军是最受欢迎的美国将军之一，他曾经告诉鲁士纳，据他看来，在法国的 200 万美国士兵，是他曾见到过或接触过的最清洁、最理想的军人。

这种称赞是不是太过分了？或许是的。但让我们来看看鲁士纳是如何应用它的。

“我从来都没有忘记把哈伯德将军所说的话告诉士兵们，”鲁士纳写道，“我从不去追究这些话是不是真实可信。但我知道，即使这些话不一定真实，士兵们只要听到了哈伯德将军的评价，他们就会为此而努力，以达到那个标准。”

有一句古语说："人要是背了恶名，不如一死了之。"但给他一个好名声——看看会有什么结果！

差不多每一个人，富人、穷人、乞丐、盗贼，都会极力奋斗保全别人给予他的好名声。

"如果你必须应付盗贼，"辛辛监狱长劳斯说——而这位狱长应该知道他在讲些什么——"如果你必须应付盗贼，只有一个可能的方法可以制服他——那就是把他当作一个体面的君子来对待他。你必须把他看成是规规矩矩的人。这样，他就会受宠若惊，因此而有所感动，并以别人对他的信任而自豪。"

这些话说得太好了，也太重要了，我要再重复一遍，"如果你必须应付盗贼，只有一个可能的方法可以制服他——那就是把他当作一个体面的君子来对待他。你必须把他看成是规规矩矩的人。这样，他就会受宠若惊，因此而有所感动，并以别人对他的信任而自豪。"

◎使别人的错误更容易改正

不久以前，我的一位近40岁的单身朋友订婚了，他的未婚妻劝他去学跳舞。"上帝知道，我实在不知道要学跳什么舞，"他在告诉我事情前后经过的时候说，"因为与二十年前我第一次跳舞的时候相比，我现在的舞技毫无长进。我请的第一位教师告诉我，我跳的全都不对，我必须忘掉一切，重新开始。这可能是真话，但那让我灰心丧气。我没有勇气再继续跳下去，所以我只好放弃了。

"第二位教师或许是说了谎，但我很喜欢。她满不在乎地说，我跳的舞或许有点过时，但基本上还是不错的，并且她还让我确信我不必花多少功夫，就可以学会几种新式步法。第一位教师因为挑我的毛病而伤了我的心，而这位新教师正好相反，她不断地称赞我的正确之处，忽视我的错误。‘你有天生的节奏感，’她肯定地对我说，‘你真是一位天生的舞蹈家。’现在，我的常识告诉我，我以往是、将来也是一个四流的跳舞者，但在我内心深处，我仍愿意相信她说的是真话。确实，我是用学费买来了她的那些话的，但又何必要说穿呢？

“无论如何，我知道我现在跳舞比以前好多了，这都是因为她说我有天生的节奏感的缘故。这句话鼓励了我，给了我希望，促使我努力争取进步。”

如果你告诉你的孩子、丈夫，或一个下属，说他在某件事上愚笨至极，没有一点天分，他所做的全都错了——你这样说，就等于扼杀了他所有进步的希望和努力。但用相反的方法，对他多加鼓励，就可以使事情变得更容易办到，使对方知道你相信他有能力做好一件事，他在这件事上很有潜力可挖——那么他就会废寝忘食，努力把事情办得更好。

这正是罗维尔·汤姆斯所用的方法，他是一位了不起的人际关系专家。他可以使你自强自立，他会给你以信任，用鼓励及信任来鞭策你。例如，我最近同汤姆斯夫妇共度周末。在星期六晚上，他们请我在火烧得很旺的炉边坐下打桥牌。打桥牌？我？不！不！不！我可不会，我对此一窍不通。这游戏对我来说永远是神秘的。不！不！我一点都不会。

“啊！戴尔，这完全不是什么神秘的东西，”汤姆斯对我说，“桥牌除记忆及判断以外，并没有什么。你有一次写过一本关于记忆方面的书。桥牌对你来说，是再容易不过的了，而且这正对你的胃口。”

立刻，我还没有弄清楚到底是怎么回事时，我就惊讶地发现我竟然第一次坐在桌上打桥牌了。这都是因为有人告诉我，我在打桥牌上有天生的能力，并使这游戏的确好像极容易。

说起打桥牌，我想起了赫伯逊先生。凡是打桥牌的地方，没有不知道赫伯逊这名字的，因为他著的关于打桥牌的书，已经被翻译成 12 种语言，并卖出了 100 多万册。但他告诉我，如果不是一位年轻妇人肯定地告诉他，他有这方面的天才，他永远不会以这种游戏作为他的专业。

他在1922年来到美国时，想得到一个教授哲学或社会学的职位，但他没有找到。

后来他试着卖煤，但也失败了。

以后他又试着卖咖啡，又失败了。

那时，他从未想到教别人打桥牌。他不仅牌技很差，并且很固执。他总是向别人提各种问题，并且每次玩牌过后，还要扯一大堆别的事。所以没有人愿意和他一起玩。

后来，他遇见一位美貌的桥牌教师，约瑟芬·狄伦，并对她产生了爱情，和她结了婚。她曾留意到他每次都小心地分析他的牌，于是对他说，他是桥牌桌上尚未崭露头角的天才。赫伯逊告诉我，正是那种鼓励，也只有那种鼓励，才使他成为桥牌专家。

◎使人乐意做你所建议的事

在1915年，美国人心惶惶，全国上下都极为惊骇。因为仅仅一年的功夫，欧洲各国就相互残杀，其规模之大，在人类血战史上从未有过。和平能实现吗？没有人知道。但威尔逊总统决意一试。他派了一位私人代表，作为和平特使，与欧洲列强磋商。

国务卿布莱恩，是个极力提倡和平的人，他很希望去做这件事。他认为这是一个立下丰功伟绩、名垂万史的大好机会。但威尔逊委派了另一个人——他的挚友霍斯上校。对于霍斯来说，这可是一件麻烦事，因为他必须将这不好的消息告知布莱恩而又不能让他不高兴。

“当他听说我要去欧洲做和平特使时，布莱恩当然极其失望，”霍斯上校在他的日记中写道，“他说他早就打算由他自己去办这件事……”

“我回答他说，总统认为任何人以官方身份去正式处理这件事，都不合适。如果派他去，将会引起许多人的注意，人们会觉得奇怪，为什么布莱恩到那里去了？”

你看出这话的内在含义了吗？霍斯实际上是在告诉布莱恩他太重要了，以至于他不适合那项工作——于是布莱恩满意了，无话可说。

霍斯上校老于世故，他遵从了处理人际关系的一项很重要的规则——永远使别人乐于做你所建议的事。

威尔逊总统在请麦卡杜担任他的内阁成员的时候，也运用了同一策略。任何人与总统共事，都会觉得这是一种荣誉，但威尔逊总统所用的方法更使人觉得自己加倍重要。下面是麦卡杜自己叙述的经过：

“他（威尔逊）说他正在组阁，如果我能接受内阁中的某个位置，担任财政部长，他会非常高兴。他说话令人愉快，而且他的话给人这样一种印象，即如果我接受这个荣誉，就帮了他的一个大忙。”

不幸的是，威尔逊总统并没有一贯运用这种待人处世的方式。如果他能这样做的话，历史或许要重写。例如，在美国加入国际联盟这件事上，威尔逊没有让参议院及共和党觉得愉快。因为威尔逊拒绝让罗德或休斯或洛奇或任何其他著名的共和党领袖同他一起参加和平会议，相反他只带了自己党内的无名人士。他驳斥共和党人，说加入国际联盟不是他们的主意，而是他自己的主意，而且他不让他们参与此事，这种粗率处理人际关系的结果是，威尔逊毁坏了他自己的政治生涯，损害了他的健康，更缩短了他的寿命，并使美国不能加入国联，改变了世界的历史。

美国著名的双日出版社，就一贯遵守这一规则，使对方乐于做它所提议的事。这家出版社极为擅长此道，因此，小说家亨利说，双日出版社可以拒绝采用他的一篇小说，但他们会用一种委婉而带有欣赏的方式来告诉他，使他觉得双日出版社拒绝他的一篇小说甚至比别的出版社接受他的小说还要令人愉快。

我认识一位先生，他必须拒绝许多演讲的邀请、来自朋友的邀请，以及来自盛情难却的人们的邀请，但他做得很巧妙，使对方感到很满意。他是怎样做的呢？他并不是说太忙，太这样，或太那样。不，他会在拒绝邀请并对此表示感谢与致歉后，会提议一位代替他的人。换言之，他不会让对方有时间来为他的推辞感到不快。他会立刻让对方想到可以邀请别人来做他可以做的事。

“你为什么不请我的朋友罗格斯，他是布鲁克林《鹰报》的编辑，他可以为你演讲。”他或者会建议说，“或许你已经想过要请海考克。他曾在巴黎住了15年，这位驻欧记者有许多奇闻轶事可说。你为什么不请朗费罗？他有许多在印度打猎的极其精彩的影片可供欣赏。”

万特先生是万特公司的经理。这家公司在纽约是最大的照相凸凹印刷公司。有一次，万特先生遇到了一个难题，他必须改变一位技师的态度及要求，同时又不能引起他的反感。这位技师的工作是看管几十架打字机及其他一些不好操作的机器，使它们昼夜不停地正常运转。他总是抱怨工作时间太长，工作太多，他需要一个助手……

万特没有给他配一个助手，也没有减少他的工作时间或工作量，但他却使这位技师觉得很快乐！这是怎么回事呢？他给这位技师安排了一间私人办公室，并在门上写着他的名字和头衔——“修理部主任”。

他不再是一个可以被汤姆、狄克或亨利等人随意支使的修理匠了。他现在是一部之长。他有威严，有地位，获得了自重感。他工作快乐，也不再抱怨了。

这是不是有点儿孩子气？或许是的。但当拿破仑创立荣誉勋章，并给他的士兵颁发了1500枚这样的勋章，提升他的18位将军为“法国元帅”，称他的部队为“大陆军”的时候，人们也说他有些孩子气。还有人批评拿破仑把“玩具”赠送给那些久经沙场的勇士，而拿破仑对此却回答说：“人就是受玩具所支配的。”

这种给人以名誉和头衔的方法，能为拿破仑所用并极为有益，当然也能为你所用。例如，我前面提到的一位朋友，住在纽约斯加斯台尔的琴德夫人，因为孩子们经常在她家的草地上乱跑、毁坏她的草地而烦恼。她批评、哄劝孩子们，但都没有作用。以后，她试着授予这些孩子中最坏的一个孩子一个头衔，使他有了一种权威的感觉。她委派他当她的“侦探”，让他管理她的草地，不让别人糟踏。这样，事情就圆满解决了，她的“侦探”在后院生了一堆火，把铁棒烧得红红的，威吓说谁要践踏她的草地，那他就会用铁棒烫他一下。

作为一位优秀的领导者，应该把下面的大纲记在心里，以便在需要改变人的态度或举止时加以实践：

第一，要诚恳待人，不要答应你无法办到的事，忘掉自己的个人利益，专心为别人的利益着想。

第二，要确切地知道你希望别人做什么。

第三，要替别人着想。要问你自己，别人真正需要的是什么。

第四，要想想如果别人照你的建议去做，他会得到什么。

第五，把这些利益与他的需要相协调。

第六，当你提出你的要求时，要让别人感到他也将会因此而获益。

例如，我们可以这么说：“约翰，明天将有客人来，我希望仓库看起来很干净整洁。所以，请你把它打扫一下，把货物摆好放在货架上，把柜台擦干净。”或者我们可以另换一种方式来要求他做这件事，并让他知道他将从中得到的利益：“约翰，我有一件事必须马上完成。假如我们现在做好了，以后就不必做了。我明天会带一些客人来参观我们的设备，我想带他们参观一下仓库，但那儿很乱，如果你能打扫一下，把货物摆好放在架子上，并擦擦柜台，这样我们看起来就会干净整洁多了，而你也为公司的良好形象尽了一份力。”

约翰会按照你所建议的去做吗？可能他不会很快乐，但假如你不说出他的利益所在，他会更不高兴。假如你知道约翰以仓库的清洁为荣，并对公司形象很在意的话，他会更乐意合作的。这也能让约翰知道，这件工作是一定要做的，如果他现在做了，以后就不用他做了。

如果你以为你用这些方法时都会得到愉快而积极的反应，那可就太无知了。但大多数人的经验显示，如果你用这个方式，和你不用这些方式相比，更能改变人的态度。假如你只增加了10%的成功，那你就比原来提高了10%的领导效率——而这正是你的利益所在。

这就是人的天性。

卡耐基文集

(美)卡耐基　著
赵文博　编

第二卷

辽海出版社

第三章
让你的家庭更幸福

◎婚姻为什么出问题

在1933年6月份出版的一期《美国》杂志中，刊登了埃麦特·克鲁齐尔一篇文章《为什么婚姻会出问题》。下面的这些内容是从这篇文章中转载来的，或许你会觉得这些问题很值得回答。如果你对某个问题作出肯定的回答，就可以给自己打10分。

关于丈夫的问题：

1. 你是不是还在“追求”你的妻子？例如，偶尔送她一束鲜花，记住她的生日和结婚纪念日？或出乎她意料的殷勤，以及给她本来没有预料到的关心和体贴？

2. 你是否注意从来不在别人面前批评她？

3. 除了家庭开支以外，你是否还会给她一些钱，让她随意使用？

4. 你是否尽力去了解她各种女性方面的情绪问题，并帮助她度过疲乏、紧张和不安的时期？

5. 你是否至少有一半的休闲时间与你妻子共处？

6. 除非可以显示她的长处，你是否能够巧妙地避免将你妻子的烹饪手艺或理家本领和你的母亲，或者其他人的妻子相比较？

7. 你是否对她的学习、生活、她的社交、她所读的书和她对公共问题的看法也有一定的兴趣？

8. 你是否会让她和别的男人跳舞，并接受他们的殷勤照顾，而你却不说嫉妒的话？

9. 你是否经常找机会赞美她，并表示你对他的赞赏？

10. 你是否感激她为你做的各种小事，如钉纽扣、补袜子，以及送你的衣服去洗等？

关于妻子的问题：

1. 你是否让你丈夫完全自由地处理公务，并且绝不批评他的同事，不干涉他选择秘书，或让他有自己的时间？

2. 你是否尽力使你的家庭有吸引力？

3. 你是否总是改变饭菜的花样，使他坐到饭桌前时还不清楚会吃什么？

4. 你是否对丈夫的事业有一定的了解，并能和他进行有益的探讨？

5. 当你经济困难的时候，你是否能不批评你的丈夫，或将他和其他更成功的人作不利于他的比较？

6. 你是否特别努力地和丈夫的母亲或其他亲属和睦相处？

7. 你购买衣服时，是否注意你丈夫对颜色及款式的喜好？

8. 为了家庭和睦，你是否会改变一些自己的意见？

9. 你是否尽量学习丈夫所喜欢的东西，以便和他共度休闲时间？

10. 你是否阅读最新的新闻、新书和新技术，以使自己能在智力、知识等方面配得上你丈夫？

◎不要挖掘婚姻的坟墓

75年前，法国的拿破仑三世——也即拿破仑皇帝的侄子，爱上了全世界最美貌的女人尤琴·德伯女伯爵，并和她结了婚。他的顾问指出，她不过是一位地位并不显赫的西班牙伯爵之女，但拿破仑三世反驳说：“这又有什么关系？”她的高雅、青春及迷人的美貌完全征服了他，他甚至在一篇皇家公告中宣称，即使全国人民反对，他也绝不后悔。“我已经爱上了一位我所敬重的女士，”他说，“我从未见过她这样的女士。”

拿破仑三世和他新婚的妻子拥有健康、财富、势力、名声、美丽、爱情和敬仰——所有这一切都完全符合浪漫的情调。婚姻的圣火在人世间从来没有燃烧得如此地炽热。

然而，这婚姻的“圣火”很快就摇曳不定、奄奄欲息了，而且热度也有所下降，终于只剩下灰烬。尽管拿破仑三世可以让尤琴当上皇后，而且加上他全身心的爱心和全法国的财富，以及他的皇帝的权威，都无法阻止这个女人的唠叨和挑剔。

由于嫉妒和猜疑，尤琴根本无视拿破仑三世的命令，甚至不许他有一点个人的隐私。有时正当他在处理国务时，她会冲进他的办公室；当他正讨论重要事务时，她也会进来干扰。她担心如果让他一个人独处，他会和别的女人鬼混。

她经常去她姐姐那里，埋怨自己的丈夫如何不好。每次她总会唠唠叨叨，又哭又闹，还会说些威吓性的话。她还会强行冲进丈夫的书房，大发雷霆，不顾一切地辱骂丈夫。拿破仑三世虽然贵为法国皇帝，拥有无数财富，却没有一处安身之地。

尤琴这样做的结果是什么呢？

下面就是答案。我就引用莱哈德的巨著《拿破仑三世与尤琴——一个帝国的悲喜剧》来说吧：“从此以后，拿破仑三世经常在三更半夜，在一个亲信的陪伴之下，从一个小侧门悄悄地溜出去，头上戴着个小软帽，遮住双眼，真的去找一位正在等他的美貌女士。或者是去游览巴黎这座古老的城市，欣赏神仙故事中的皇帝也见不到的街道美景，呼吸本来应该拥有的自由的空气。”

这就是尤琴经常发牢骚所得到的结果。

不错，她是坐在法国皇后的宝座上，她也的确是全世界最美丽的女人，但在她的嫉妒和喋喋不休中，美丽和尊贵都不能维持爱情。尤琴失声痛哭，说："我最害怕的事情终于发生了。"这种事降临到她身上了吗？这是她自找的。这个可怜的女人，这一切都起源于她的嫉妒和喋喋不休。

地狱中的魔鬼破坏爱情的所有恶毒手段中，最厉害的要算唠叨了。这种方法总是会得逞，它就像眼镜蛇毒一样，总是具有毁灭性，置人于死地。

托尔斯泰伯爵的妻子也发现了这一点，但可惜太晚了。她在临死前向女儿们坦承："你们的父亲是因我而死的。"她的女儿们没有回答，全都失声痛哭，她们清楚母亲是在说实话。她们知道，正是她用那没完没了的埋怨、批评以及唠叨，才使丈夫走向死亡的。

然而，照常理来说，托尔斯泰伯爵及其夫人，本应该是幸福美满的一对的。托尔斯泰是世界上最著名的小说家之一，他的两部巨著《战争与和平》、《安娜·卡列尼娜》，将在世界文学中永放光芒。

由于托尔斯泰是如此地出名，以至于他的崇拜者整天追随在他的左右，用速记将他所说的每一个字记下来。哪怕他只是说"我想我要上床睡觉了"这样的日常碎语，也都会被逐字记录下来。现在，俄国政府正计划印行他所写的每一句话，这些东西合计有100卷之多。

除了名声之外，托尔斯泰和他的夫人还拥有财产、社会地位及孩子。可以说天底下没有比这更美好的婚姻了。起初，他们的幸福似乎完美至极，也甜蜜至极，他们相信一定会白头到老。所以他们甚至一同跪拜在地，祈祷万能的上帝永远将这种幸福赐予他们。

然而，不幸的怪事发生了。托尔斯泰慢慢地变了个人，几乎完全不同于以前的他了。他对自己所写的鸿篇巨著感到羞耻，并从那时开始专心写作宣传和平的小册子，来宣传废除战争与贫穷的思想。

这个曾经承认在他年轻时犯过各种可以想象得出的罪恶——甚至包括谋杀——的人，想要真正遵奉耶稣的教导。他把自己所有的财产都送给了别人，自己则过着清贫的生活。他在田里耕作，砍柴堆草。他自己动手做鞋子，打扫房间，用木制的碗吃饭，并尽量去爱他的敌人。

托尔斯泰的一生是个悲剧，其根源正在于他的婚姻。他的夫人喜欢奢华，而他对此却不屑一顾；她渴望名声和社会的赞誉，但对他而言这些虚浮之物毫无意义；她渴求金钱与财富，而他认为财富及私产是罪恶的东西。多年以来，由于他坚持放弃作品的出版权，不收任何版税地送给别人，因此她一直责骂他，吵闹不休。她希望得到这些著作所能赚到的钱。当他对此加以反对时，她就歇斯底里地在地上打滚，拿着一瓶鸦片，发誓要自杀，并威胁他要跳井。

在他们的生活中，有一幕我认为是历史上最凄惨的场面。我已经说过，他们结婚之初非常幸福。但 48 年过后，他一看到她就不舒服。有一天晚上，这位年老色衰的女人渴望得到丈夫的爱情，就跪在他的面前，请求他为她大声朗读 50 年前他写给她的日记，这份日记饱含了浓情蜜意。当他读完那早已一去不复返的美丽而愉快的往事时，两个人都哭了。生活的现实和他们许久以前所拥有的浪漫梦想简直天差地别！

最后，当托尔斯泰 82 岁时，他再也忍受不了家庭中的悲惨和不快，就在 1910 年 10 月的一个大雪之夜中，逃离了他的夫人——闯进了寒冷的黑夜，不知去向。

11 天之后，托尔斯泰因肺炎而在一个火车站死去。他临死的要求，竟然是不让她来到他的身边！

这就是托尔斯泰伯爵夫人喋喋不休、抱怨及疯狂所得到的结果。

你也许会认为她的唠叨是应该的，但这并不是我所讨论的要点。问题在于，她的唠叨对她有什么好处？是不是把事情弄得更糟了呢？

“我想我真的是神经错乱了。”这是托尔斯泰伯爵夫人对那段经历的看法，但可惜已经太晚了。

林肯一生中最大的悲剧，也是他的婚姻。请注意，不是他的被刺，而是他的婚姻。杀手布司朝他开枪之后，林肯就昏迷过去，不省人事，而且也不知道自己遇刺了。在婚后 23 年来的每一个白天和黑夜，林肯是什么处境呢？正像他律师事务所同事赫恩所说的，是“婚姻不幸的苦果”。其实，说“婚姻不幸”还是过于轻描淡写了，因为林肯的夫人这20多年来一直在对他喋喋不休，让他难得安宁。

她总是抱怨一切，总是批评自己的丈夫，认为他的一切都是不对的：他伛背缩肩、走路难看，抬脚放步简直呆板得像个印第安人。她数落他走路没有弹性，姿势不优雅。她会模仿他走路的样子来讥笑他，并纠缠他走路时应先将脚尖着地，就像她从克莱星顿市孟德尔夫人的寄宿学校学到的那样。

她还不喜欢他那两只大耳朵和他的头长成直角的模样，甚至告诉他，说他的鼻子不直，嘴唇前突，而且外表看上去像个痨病鬼，手和脚太大，而头却又太小，等等。

林肯和他的夫人几乎在每个方面都完全相反——教育、背景出身、性格、爱好以及思想观念上，全都是相反的。他们常常会厌恨对方。

“林肯夫人那高而尖锐的声音，”当代最著名的林肯研究权威专家、已故参议员阿尔伯特·贝弗里奇写道，“在街的对面都能听得见。她怒气最盛时的不停责骂声，所有邻居家都能听到。而且她的暴怒常常不只是通过言语来表达，她发泄暴怒的方式真是太多了，难以一一道清。”

举例来说吧。林肯夫妇结婚不久，和欧莉夫人住在一起——欧莉夫人是斯普林菲尔德地区一个医生的遗孀，由于生活所迫而不得不出租房屋维生。

一天早上，林肯夫妇正在吃早餐时，由于林肯可能做错了某件事，立即使他夫人暴跳如雷。究竟这是为什么，现在已经没人记得了。只见林肯夫人在盛怒之下，将一杯热咖啡泼到了丈夫脸上，而当时还有许多房客在场。

林肯忍气吞声地呆坐在那里，一言不发。欧莉夫人进来后，用一块湿毛巾替他擦净了脸上和衣服上的咖啡。

林肯夫人的嫉妒是如此的愚蠢和凶暴，以至于让人难以相信。我们只要读到她在公众场合所做的这些有失风度的事情——即使是在75年后的今天看到这些——也都会让人惊讶不已。最后她终于精神失常。对于她这个人，我们用一句最宽容的说法，只能认为她是“性情使然”，她大概一直受到精神病的折磨。

所有这些唠叨、斥责和发怒，是否改变了林肯呢？从某些方面来说，确实使林肯有所改变，那就是改变了他对她的态度，使他后悔自己婚姻的不幸，并竭力避免和她见面。

当时，斯普林菲尔德地区有 11 位律师，在那里谋生并不是件容易的事情。所以，当大法官大卫·戴维斯去各地开庭审理案件的时候，这些律师就会骑马从一个郡到另一个郡地追随着他。因为他们只有这样才能设法找到一些业务。

每当星期六来到时，其他律师都会尽量赶回斯普林菲尔德，和家人共度周末的美好时光。但是林肯却不想回去——他害怕回家。每年春季 3 个月，秋季又是 3 个月，他都跟随巡回法庭到各地审案，而从不走近斯普林菲尔德。

林肯就这样年复一年地生活。尽管乡村旅馆的条件非常恶劣，但林肯也情愿呆在这里，而不愿回家面对他妻子那喋喋不休的话语。

这就是林肯夫人、尤琴皇后、托尔斯泰伯爵夫人唠叨不休所获得的结果。她们给他们的生活所带来的，除了悲剧之外，什么也没有。她们毁坏了对她们来说最珍贵的一切。

贝丝·亨博格在纽约一家家政法庭工作 11 年，审理过好几千个案子。她说男人离弃家庭的一个重要原因，就是因为他们的妻子喜欢唠叨不停。或者像《波士顿邮报》上所说的：“许多做妻子的，正在慢慢地挖掘她们自己婚姻的坟墓。”

◎爱对方，并给他自由

“我们的一生，会做出许多愚蠢的事，”英国著名首相狄斯累利说，

“但我从来没有想过为爱情而结婚。”

狄斯累利确实没有为爱情而结婚。35 岁以前，他一直过着单身汉的生活，然后才向一位有钱的寡妇求婚。这位寡妇竟比他大 15 岁，已经年过半百，而且头发苍白。他娶她是出于爱情吗？才不是呢。她知道他并不爱她，而且也知道他是为了她的财产而娶她的。因此，她只有一个要求，那就是让他再等一年，以便她有机会研究他的人品。一年之后，她嫁给了他。

这故事听起来很俗气，特别商业化，是不是？但令人奇怪的是，在所有支离破碎的、充满了污浊气的婚姻之中，狄斯累利的婚姻却是最富有生机的成功典范之一。

狄斯累利所选择的这位有钱寡妇，既不年轻，也不漂亮，更不聪明，甚至离这还差得很远。她的谈话常常错误百出，显示了她在文学和历史知识方面的贫乏，以致成为笑柄。例如，她“从来都不知道历史上是先有希腊人，还是先有罗马人”。她对服饰的审美观也十分古怪，她对家庭装饰的偏好，也让人难以恭维。但是，在如何处理婚姻生活中最重要的事情方面——如何对待男人，她却是一个天才，一个真正的天才。

她并不想在智慧方面和狄斯累利一较高低。当狄斯累利和那些机智聪慧的女公爵们周旋了一个下午，精疲力竭地回到家中以后，他的妻子玛丽说的那些家常话却能让他轻松愉快。家变成了狄斯累利求得心神安宁、不需要斗智斗勇的地方，而且他还可以沐浴在妻子玛丽宠爱的温暖之中。他越来越喜欢这个家了。和年长于他的妻子在家中共同相处的时间，成了狄斯累利最快乐的时光。她是他的伴侣，是他的亲信，是他的顾问。每天晚上，他从众议院匆匆忙忙地赶回家之后，就会把这一天的新闻告诉她。而且最重要的是，不论他做什么事情，玛丽都相信他会成功。

在 30 年的时光中，玛丽只是为了狄斯累利一个人而生活。甚至她所有的财产，也只是因为能让他生活更加舒适而变得有价值。但是她所得到的回报呢？她成了他的女神。要知道，在玛丽去世后，狄斯累利才受封为伯爵；而当狄斯累利还没有受封，只是一个平民的时候，他就请求英国女王维多利亚晋封玛丽为贵族。由此之故，玛丽在1868年被女王封为比肯菲尔德女子爵。

尽管玛丽在公共场合中显得既愚蠢又笨拙，而且注意力还不集中，但狄斯累利从来都不批评她。他从未说过一句责怪她的话，如果有人敢讥笑她的话，他会立即站出来，激烈而忠诚地为她辩护。

玛丽并非十全十美，但是30年来，她总是不知疲倦地谈论她的丈夫，赞赏他，夸奖他。结果怎样呢？“我们结婚30年，”狄斯累利说，“但是她从来都没有让我感到厌烦过。”（有的人因为玛丽不懂历史，于是认为她必定会很愚笨。）

就狄斯累利个人而言，他经常说玛丽是他一生中最重要的人。结果如何呢？“我很感谢他对我的宠爱，”玛丽经常这样对他和她的朋友们说，“他使我的生活成了一幕永远都不会结束的快乐喜剧。”

他们夫妇之间经常会开一个小玩笑。“你是知道的，”狄斯累利说，“不论如何，我之所以与你结婚，只是为了你的金钱。”玛丽则会笑着回敬道：“确实不错。但如果你必须再从头开始的话，你就会因为爱情而和我结婚的，是不是？”

而狄斯累利对她所说的也明确承认。

不，玛丽并不是个十全十美的女人。但狄斯累利非常聪明，他让她随心所欲地做她想做的事情。

正如亨利·詹姆斯所说过的：“和别人相处，所要学习的第一课，就是不要干涉别人寻找快乐的特殊方式，如果这些方式并没有对我们产生强大的妨碍的话。”

这些话非常重要，值得再重复一次：“和别人相处，所要学习的第一课，就是不要干涉别人寻找快乐的特殊方式，如果这些方式并没有对我们产生强大的妨碍的话。”

或者像里兰·法斯特·伍德在他的《在家庭中共同成长》一书中所说

的："若想婚姻成功，决不只是找到一个好的配偶，你自己也要成为一个好的配偶。"

◎不要批评家人

在国家公务生活中，狄斯累利最强有力的对手是格莱斯顿。他们两个人对于大英帝国每一件事情都有可能出现争辩，发生激烈的冲突。但是，他们有一个共同点，就是他们的私人生活都充满了幸福和快乐。

格莱斯顿和他的妻子共同生活了59年，差不多有60年时间，而且他们一直都互敬互爱。我喜欢想像这位英国历史上最值得尊敬的首相：格莱斯顿握着他妻子的手，围绕火炉边的地毯跳舞，唱着下面这首歌：

丈夫衣衫褴褛，妻子服饰亦陋。

人生总有沉浮，需要同甘共苦。

格莱斯顿在公开场合中是一位可敬畏的人物，但他在家里却永远都不批评别人。例如，当他到楼下吃早饭，而全家人却还在睡懒觉时，他就会以温和的方式来表达他的不满。他会提高声音，唱一首不知道名字的歌曲，使整个房屋都充满了神秘的歌声，以此来提醒他的家人：全英国最忙的人，独自一人在楼下等着吃早餐。他总是保持外交家的风度，能够体谅别人，并竭力自我克制，不在家里批评任何人和事。

俄国女皇叶卡特琳娜二世也经常如此。叶卡特琳娜曾统治着历史上最大的帝国之一，掌握了千百万臣子百姓的生杀大权。就政治而言，她是一个暴君，她发动过毫无意义的战争，对她的仇敌判处死刑。但是，如果她的厨师把肉给烤焦了，她却什么也不说，而是微笑着吃下去。她这种宽容大度的做法，对一般的丈夫来说，都值得好好学习。

关于婚姻不幸的原因，美国第一权威专家迪克斯说："在所有婚姻中，有50%以上是不幸福的。许多充满浪漫色彩的梦想之所以破灭，其原因之一，就是那些毫无用处的、却令人心碎的批评。”

许多父母动不动就批评他们的孩子，对此你一定以为我会说“不要批评”。但我并不想这么说，而是说“在你批评孩子之前，请先读一读《粗暴的父亲》这篇美国典型的新闻教育文章。”这篇文章最初发表在《家庭纪事》的社论栏。经过作者同意，我按照《读者文摘》的缩写版，将这篇文章放在下面。

这是篇小短文，是作者利文斯登·劳拉德在一时的内心冲动之下写出来的，但它却打动了许多读者，以至于成为众人都喜欢的一再被转载的文章。这篇文章首次发表之后，原作者曾说：“全美国成百上千家报刊杂志都刊登过它，在国外也差不多如此。我自己也允许过上千万人，在学校、教堂和演讲台上宣读这篇文章。它还被电视和收音机转播或广播过无数次。令人感到奇怪的是，不仅大学的刊物转载它，连中学刊物也转载。有时，一篇小文章竟能够深深地引起人们的共鸣。这篇文章确实就产生了这样的效果。”

粗暴的父亲

我的儿子，你听着，我想在你熟睡的时候说几句。

你躺在床上，小手按在脸颊上，湿湿的金黄色卷发粘在你那出了些许汗水的额头上。我刚才一个人悄悄地走进你的房间。当我几分钟以前在书房读报时，我突然感到十分懊悔，难以呼吸。我是怀着愧疚之心来到你床边的。

我的儿子，我想到了许许多多的事情：我对你确实太粗暴了。在你穿衣服上学的时候我会呵斥你，因为你只是用毛巾随便擦了把脸；在你没有擦干净鞋子的时候我也会对你大发雷霆；当你把东西丢在地板上时，我又会冲着你大喊大叫。

在早餐时，我又发现了你的毛病：你把食物溅在了桌上，吃饭时没有一点修养，还把手肘放在桌子上，甚至在面包上涂了厚厚的一层黄油。当你出门去玩，而我要去赶火车的时候，你转身朝我挥挥手，响亮地说："爸爸再见！"可是我却皱着眉头告诉你："挺起胸膛！"

晚上，一切又重新开始。我在路上就看见你跪在地上打弹珠，你的长统袜子磨出了好几个洞。我当着你的伙伴押你回家，让你感到了羞辱。我还对你说："袜子是要花钱买的，如果你自己掏钱，我想你会在意了。"唉，我这当父亲的居然对你说出这种话来！

你还记得吗？没过多久，当我在书房读报时，你小心地走进来，怯怯地看着我，眼睛里带着委屈的样子。我从报纸的上面看到了你，对你来打搅我感到十分不悦。只见你站在门口，有些犹豫的样子。

"你到底想干什么？"我恶狠狠地说。

你什么也没说，只是突然朝我跑过来，以上帝也为之感动的爱，搂住我的脖子亲吻着我，然后又用小手紧紧地抱了我一下。之后你离开了，快步走上楼梯上楼了。

在你离开不久，我的儿子，我的报纸从手中滑落在地，一阵令人难受的强烈愧疚涌上了我的心头。我真是受习惯之害匪浅——吹毛求疵并且动不动就斥责，这就是我对你这个小男孩的报偿！我不是不爱你，我的儿子，是我对你的期望太高了，并以我自己的年龄标准来要求你。

然而，在你的天性中却充满着真、善、美。你那颗幼小的心灵就好像包含并照亮了群山的清晨的阳光——你跑进来亲吻我，向我道晚安的内在冲动表明了这一切。其他都不重要了！我的儿子，我在黑暗中来到你的床边，内心充满愧疚地跪在这里。

我这不过是一种没什么作用的忏悔。我知道，当我在你醒来的时候告诉你这些时，你也不会明白。但是我要从明天开始做一个真正的父亲。我要成为你的好伙伴，在你痛苦时我帮你分担，在你欢笑时我和你共同分享。我不会再说那些不耐烦的话，我会不停地、庄重地说："他只是个孩子——一个小男孩！”

我想我以前是将你当大人来对待的。但是，我的儿子，当我现在看到你蜷缩着睡在你的小床上时，你仍然是个婴儿。你在母亲的怀里，头靠在她肩上，那些情景犹如发生在昨天。我以前对你太苛刻，太苛刻了！

◎多赞赏家人

“大多数男子在寻找对象的时候，”洛杉矶家庭关系研究所所长保罗·鲍比罗说，“不是找一位能干的高级职员，而是想找一位既迷人，又可以满足他的虚荣心，并使他感觉超人一等的人。所以，某位公司或机构的女主管可能会有人来邀请她吃饭，但也只有一次。她很可能会把她在大学所学的《现代哲学主要思潮》拿出来作为话题，甚至还要坚持付自己那份餐费。可是结果呢？从此以后，她就只能一个人吃饭了。

“相反，那些没有上过大学的打字员小姐却大不相同。当她被人邀请共进午餐的时候，她会用热情的眼光注视着她身边的男子，话语中带着无限深情：‘能不能把你的情况多告诉我一些？’结果这个男人会告诉别人：‘她并不是很漂亮，但我从来都没有遇到比她更会说话的人。’”

对于女性在追求美丽方面所花的时间和心思，男人应该表示赞赏。所有的男人常常会忘记——尽管他们也知道这点——女人非常在意自己的衣着打扮。例如，一个男人和一个女人在大街上遇到另一个男人和一个女人时，这女人很少会注意对面那个男人，而是通常会注意另一个女人的衣着服饰。

几年前，我的祖母在98岁高龄时离开了人世。就在她去世前不久，我们把一张她在30年以前所照的照片给她看。尽管她的眼神已经不太好，看不清楚照片，但她问的唯一的问题是：“我那时候穿的什么衣服？”请想想！一位风烛残年的老太太，久病在床，年事已高，近一个世纪的时光将她的一切精力几乎耗尽，记忆力甚至衰退到连自己的女儿也认不出来，可是还想知道她在30多年前穿的是什么衣服！她问这个问题的时候，我正好在她的病榻旁边。这件事给我留下了难以磨灭的、深刻的印象。

这本书的男性读者，不会记得他在5年前穿的是什么衣服，而且他们也根本没有心思去记住这些事。但是对于女人来说，可就不同了——我们男人应该注意到这一点。在法国，上层社会的男人在这方面就做得很好，他们不但对女人的衣服帽子表示赞美，而且一个晚上还不止一次，而是好多次。5000万的法国男人都在这么做，其中自有道理。

在我的剪报中，有一篇故事。尽管我知道这件事从来都没有发生过，但它却说明了一个道理，因此我想把它再重复一次：

这个故事说，一个农村妇女，有一次在干了一天辛苦的工作之后，在男人们面前放了一大堆草。当这些男人生气地问她是否发疯时，她回答说："哼！我怎么知道你们会注意到吃的是什么？我为你们这些男人做了20年的饭，可我从来都没有听到你们说过一句好话，好让我知道你们吃的不是草！"

从前，莫斯科和圣彼得堡那些养尊处优的上层人物，在这方面很有教养。在沙皇俄国时代，上层社会有一种习惯，就是当他们享受了一顿美味佳肴之后，一定会请来厨师，当面褒奖他们。

为什么不这样对待你的妻子呢？下次，当她的鸡排做得非常脆嫩可口时，你就要这样告诉她，让她知道你非常欣赏她的手艺——你不是在吃草。或者，正如得克萨斯·吉恩经常说的："大大地夸奖那个小女人。"

如果你想这样做的话，就不妨让她知道，她对于你的幸福和快乐是何等得重要。狄斯累利是英国最伟大的政治家，但是正如刚才我所介绍的，即使面对全世界的人，他也会毫不害羞地承认"非常感激那位小女人"。

有一天，我在翻看一本杂志时，看到一段采访艾迪·康德的文字：

"我从我妻子那里得到了许多帮助，"艾迪·康德说，"比从世界上任何其他人那里得到的都要多。在我年轻的时候，她是我最好的朋友，帮助我向前努力进取。我们结婚之后，她省下每一美元，拿去投资、再投资。

她为我积累了一大笔资产。我们有5个可爱的孩子，她为我建造了一个温暖舒适的家。假如说我有所成就的话，全都归功于她。”

在好莱坞，婚姻就是一件冒险的事，即使伦敦的路易保险公司也不敢承接其保险。但是华纳·马斯特的婚姻，却是少数几个特别幸福的婚姻中的一个。巴斯特夫人婚前的名字是威尼费·布莱逊，她放弃了正大红大紫的艺术表演生涯，和巴斯特结了婚。但是，她从来不以她的这种牺牲来破坏他们的婚姻幸福。“她失去了在舞台上成功表演的机会，”华纳·巴斯特说，“但我已经尽了自己最大的努力，使她知道我对她的赞赏，并由此得到满足。如果一个女人要从她丈夫那里得到幸福和快乐，那一定要出自他的真心赞赏和真诚热爱。如果这种赞赏和热爱都是发自内心的，那么他也会从中得到爱与幸福。”

明白了吗？

◎对小事多加注意

自古以来，鲜花就被认为是爱情的语言。买花用不了你多少钱，尤其是在开花季节更加便宜，而且街头巷角到处都能买到。但是，一般来说，丈夫很少会买一束水仙花回家。从这种现实情况来看，你也许会认为水仙花和兰花一样昂贵，或者像高耸入云的阿尔卑斯山的陡峭悬崖上的鼠曲菊那样稀有。

为什么要等你的妻子生病住院了才给她买花呢？为什么不在明天晚上就买一束玫瑰花送给她？如果你喜欢尝试，那就不妨这样去做，看看结果如何。

乔治·柯恩是百老汇的大忙人，但他坚持每天给他母亲通两次电话，直至她去世。你是不是认为他每次都会告诉她一些新鲜事？绝不是。这种小事的意义在于，向你所爱的人表达你的思念，你要让她幸福快乐。而她的幸福快乐对你来说，是非常宝贵和重要的。

女人对于自己的生日和纪念日非常在意——这是为什么呢？这可能永远都是一个无人知晓的女性的秘密。一般来说，男人们即使不记得许多有意义的日子，但他们也仍然可以将就地过一辈子，但是有些日子他们是应该而且必须记住的，如：1492 年（哥伦布发现美洲新大陆）、1776 年（美国独立）、妻子的生日，以及他们自己的结婚纪念日。如果实在记不住的话，那可以不记前面两个时间——但后面两个可绝对不能忘记！

芝加哥大法官塞巴斯曾审过 4 万件离婚案，并使 2000 对夫妇达成和解。

他说："大多数夫妻婚姻生活的不和，根本原因即在于细小的琐事。例如早上丈夫离家上班的时候，如果妻子能向丈夫挥手再见，就可以使许多夫妻免于离婚。"

诗人劳勃·布朗宁和他妻子伊丽沙白·巴瑞特·布朗宁的婚姻生活，可以说是有史以来最值得称颂的了。即使他再怎么忙，也不会忘记从细微之处来关照和赞美他的妻子，因此他们的爱情得以常青。由于他是如此体贴入微地照顾他那患病的妻子，以至于妻子有一次写信给她妹妹说："现在我很自然地开始觉得，我或许真的是一位天使。"

许多男人总是小瞧这种在日常生活中表示体贴的细小事情的重要性。这正如盖罗·麦道斯在《图书评论》中的一篇文章中所说的："美国家庭真的需要一些新的东西。例如，在床上吃早餐，是许多女人借以放纵自己的性情。对于女人而言，在床上吃早餐，犹如私人俱乐部对男人一样重要。"

这才是稳定而长期的婚姻的真实情况——一连串琐细的小事。如果忽视这些琐事，夫妻之间必定会出现矛盾，导致不和。艾德娜·圣·米兰在她的一篇押韵短诗中说得很好：

并不是失去之爱破坏了我的美好时光，
而是生活的细小之事导致了爱的消亡。

这首诗太好了，值得记住。

在雷诺，法院每星期有 6 天办理结婚和离婚的事情，而每天两者之比为 10∶1。这些支离破碎的婚姻，你认为有多少真正是由于悲剧导致的呢？简直是太少了，我敢向你保证。如果你有时间从早到晚地坐在那里，听那些婚姻不愉快的夫妻们的述说，你就会知道，爱情正是由于生活中的细微琐事而导致消亡的。

现在，请将下面这段引语剪下来，贴在你的帽子里或镜子上，以便你每天早晨刮脸修面时都可以看见：

“机会逝去不可再得。因此，凡是对任何人有益的事，而且我现在又能够做的，或者是我可以向任何人表示关切友好的事情，就让我现在去做。不要拖延，不要疏忽，因为机不可失，时不再来。”

◎婚姻幸福的奥秘

瓦特·丹鲁什和詹姆斯·布雷恩的女儿成了亲。布雷恩是美国最伟大的演说家之一，曾经是美国总统候选人。自从丹鲁什和他的妻子多年前在苏格兰的安德鲁·卡耐基家中相识之后，这对夫妇就过着非常幸福美满的生活。

他们的秘诀是什么呢？

“除了谨慎地挑选伴侣之外，”丹鲁什夫人说，“我认为婚后的殷勤有礼是最重要的。希望那些年轻的妻子对待她们的丈夫，就像对待陌生人那样有礼。如果泼辣蛮横，任何男人都会被吓跑。”

蛮不讲理是腐蚀爱情的毒瘤。每个人都知道这一点，但是我们对待自己的亲人，有时竟然比不上对待陌生人那样有礼貌。

我们绝对不会想到要去打断某个陌生人的话，说：“天啊，你又搬出你那些陈芝麻烂谷子的事来了！”如果没有得到允许，我们绝不会拆开朋友的信，或者打听他们的私人之事。但是我们却敢对自己家里的人，也就是我们最亲近的人，当他们犯了小错时羞辱责怪他们。

让我们再次引用迪克斯的话："非常令人吃惊，却又千真万确的一件事就是，唯一对我们说出那些刻薄难听的、带有侮辱性的话的人，正是我们自己家中的人。"

"礼貌，"亨利·克雷·莱森纳说，"是一种内在的品质。它可以弥补服饰和外表的缺陷，使那些比你优越的人也不敢小瞧你。"

对于婚姻来说，殷勤有礼就像机油对于发动机一样重要。

奥利弗·温德尔·霍尔姆斯写了广受读者喜爱的《早餐桌上的独裁者》一书，但是他在自己家里绝不会这样。事实上，他非常体贴别人，即使他的心情郁闷，他也总是尽量掩藏，不让他的家人知道。他自己不但要忍受这些痛苦，还不想让这种事影响到其他人，这可真让他够难受的。

这是霍尔姆斯的做法。但是一般的人又是怎样做的呢？在办公室出了点差错、做丢了一笔业务、被上司责骂了一顿、累得头昏脑胀，或者错过了火车——几乎还没回到家，他就想着如何把气出到家人头上了。

在荷兰，进入屋子之前要先把鞋子脱在门外。我们应该向荷兰人学习，在进家门之前，把一天的工作烦恼甩在门外。

威廉·詹姆斯曾写过一篇《人类的某种盲目》的文章，很值得去图书馆借来读。"这篇文章所要讨论的人类的盲目，"他写道，"就是不知道动物和人的感情区别何在。这种盲目使我们大家都深受其苦。"

的确，"这种盲目使我们大家都深受其苦。"许多男人绝不会对自己的顾客或业务合伙人大声说着尖锐刺耳的话，但他们却习惯于对自己的妻子大声怒吼。然而，就个人的幸福快乐而言，婚姻比事业更重要，也更切身。

普通人如果有幸福快乐的婚姻，就会比独身幽居的天才生活得更加愉快。俄国伟大的小说家屠格涅夫广受世界文明国家的赞誉，但他也认为："如果什么地方有个女人关心我回家吃晚饭晚不晚的话，那我情愿放弃我所有的天才和我所有的著作。"

婚姻幸福快乐的机会究竟有多少？如前面已经提到过的，迪克丝认为有 50%以上的婚姻都是不成功的，但保罗·鲍比诺博士却持相反的观点。他认为："男人在婚姻上得到成功的机会，远远大于他在任何行业中获得成功的机会。所有从事食品杂货买卖的男人，70%的都会失败；而所有步入婚姻礼堂的男人和女人，有 70%的会得到成功。"

对于这件事，迪克斯是这样解释的："和婚姻相比，出生只不过是人生当中的一小幕，死亡也不过是小事一桩。"

"女人永远都弄不明白，为什么男人不愿花同样的时间和精力，把他的家庭营造成为一个幸福的乐园，就如同他在事业上的成功那样。"

"对男人来说，虽然有一个令人满意的妻子和一个幸福美满的家庭比赚到 100 万美元都重要，可是在 100 个男人中却找不出一个来，他曾认真地想过或真诚地努力使他的婚姻更加成功。他把自己一生中最重要的事情交给了命运，使他的成败只能听天由命。女人也永远弄不明白，为什么她们的丈夫不用温和的态度来对待她们，以平息本来可以平息的冲突和矛盾。"

"每个男人都知道，只要让他的妻子感到高兴，就可以让她去干任何事情，而且是不顾一切地去做好。他也知道，如果随便夸她几句，说她把家中治理得井井有条、她帮了他的大忙却没有让他花一分钱，那她也会为了他而心甘情愿地掏出她最后一分钱。每个男人都知道，如果他告诉妻子，说她穿上去年那件衣服是多么的美丽可爱，那么她会放弃购买从巴黎进口的高档服装。每个男人也都知道，他可以用亲吻使妻子的眼睛闭起来，一直亲到她像蝙蝠那样看不见事物而温柔地依从于他。他只要在她嘴唇上热情地亲吻一下，她就会立即不再说一个字。"

"每一个妻子都知道她丈夫也明白这些，因为她早就将这些明明白白地告诉了他，告诉他该如何对待她。但是她的丈夫情愿和她争吵拌嘴，去吃那难以下咽的饭菜，或者把钱花在为她购买新衣服、汽车、珠宝上，却不愿意夸奖她几句，不愿以她所希望的方式来满足她。对此，她不知是该喜欢他，还是该讨厌他。”

◎不要做婚姻的无知者

社会卫生局总干事凯瑟琳·戴维斯博士有一次曾说服1000位已婚妇女，请她们毫不隐讳地回答一些个人隐私的问题。结果令人非常吃惊——它揭示了一般美国成年人在性生活方面令人难以置信的奇怪现象，那就是大多数成年人的性生活并不愉快。

戴维斯博士仔细阅读了这1000位已婚妇女的回信之后，她立刻将自己的观点予以公布——她认为美国离婚的主要原因之一，就是在性生活方面的不和谐。

乔治·汉密尔顿博士的调查研究也证实了这一发现。汉密尔顿博士花了4年时间，研究了100个男人和100个女人的婚姻生活。他曾和这些男女作了单独的谈话，问了400个关于他们婚姻生活方面的问题，并对这些问题进行了详细的研究——其彻底的程度，使这项工作前后共持续了4年的时间。由于这项工作在社会学方面具有重要价值，因此有许多著名的慈善家出钱赞助了这一活动。如果你想知道这项实验的结果，不妨去看看汉密尔顿博士和麦克格温合著的《婚姻的症结在哪里》这本书。

那么，究竟婚姻的症结在哪里呢？“只有那些极端偏执或非常莽撞的精神病医生，”汉密尔顿博士说，“才会说婚姻生活的大部分摩擦不是由性生活的不和谐引起的。不论什么情况下，如果性生活本身很令人满意，那么许多由其他因素导致的冲突将会迎刃而解。”

洛杉矶家庭关系研究所所长保罗·鲍比罗曾分析过几件婚姻纠纷官司，他是美国家庭生活方面最权威的研究专家。根据他的观点，婚姻的失败常常是由4种因素导致的。他将这些因素排列如下：

1. 性生活不和谐。

2. 对“空闲时该去哪里”这类问题存在分歧。

3. 经济拮据。

4. 心理、生理或情绪上的反常现象。

请注意，性生活在这里居第一位。非常令人意外的是，经济方面只排在第三位。

所有研究离婚案件的专家都一致认为，夫妇之间在性生活上的相互配合绝对必要。例如，辛辛那提家庭关系法院的哈夫曼法官——他是一位听说过几千个家庭悲剧的人——宣称：“离婚的原因，十之八九是因为性生活上的不协调。”

著名心理学专家约翰·华生曾说：“性，被认为是生活中最重要的事情，而且也被认为是导致大部分男女婚姻失败的原因。”

我还听过许多专业医生在我班上所做的演讲，他们说的和上面几个人的观点几乎差不多。那么，在 20 世纪，我们有这么多的书和教育，却因为对这种原始的、最自然的本能缺乏了解，从而导致婚姻遭受破坏，难道不是可悲之事吗？

奥利弗·布特费尔博士在担任了美以美教会 18 年的牧师之后，放弃了他的传教事业，而去纽约市担任家庭指导服务中心的主任。他的婚姻也许会比许多年轻人的年龄还大，他说：

“根据我早年担任牧师的经验，我发现许多人虽然有着美好的罗曼史和对美好生活的向往，但是他们走进婚姻的殿堂时，却仍然是‘婚姻的无知者’。”

婚姻的无知者！

他又说道：“当你想到我们许多人对婚姻生活中的一些不协调现象只是听天由命，而离婚率竟只有 16%时，你或许会认为这是个奇迹！其实，许多丈夫和妻子并没有真正地结婚，他们只不过没有离婚而已。他们几乎过着地狱般的生活。”

“婚姻的幸福和快乐，”布特费尔博士说，“很少是靠机遇获得的，它们是靠人营造出来的，而且还要有理智的、审慎的计划。”

为了帮助人们制定这种计划，布特费尔博士多年来都坚持做这件事——凡是他主持的任何一对新人的婚礼，他一定要求双方坦诚地和他谈谈他们未来的计划。正是从这些谈话中，他得出了结论，认为许多关系密切、急于结婚的人，其实是“婚姻的无知者”。

“性，”布特费尔博士说，“只是婚姻生活中需要满足的诸多事情中的一种，但只有把这层关系理顺了，其他方面才会顺利。”

但如何才能做好呢？

“不能因为情面而不好意思说，”我还得引用布特费尔博士的话来说这个问题，“必须进行改变，客观地讨论婚姻生活，并能够以超然的态度来对待婚姻。要获得这种能力，除了看一本内容丰富的好书之外，别无良方。除了我自己写的《婚姻与性的和谐》这本小册子之外，我手边还备有几本这方面的书。

“在所有这类书中，我认为有 3 本最适合一般人阅读：伊沙贝尔·赫顿写的《婚姻中的性技巧》，爱克纳写的《婚姻中的性生活》，以及伊斯纳德写的《婚姻中的性因素》。”

◎如何与妻子相处

“男人一旦娶妻生子，就意味着失去了财运和机遇。”这是弗兰西斯·培根对婚姻的观点。他不赞成男人结婚生子、背负家庭的重担，认为他们那样做就要承担命运之神随时夺走家人生命的风险，是一种“很愚蠢”的行为。

虽然这表现了培根对已婚者的悲观态度，但是它也从反面暗示了一个道理，那就是男人结婚是需要勇气的。过去的看法认为，单身男子更勇敢而无所顾忌，而那些结了婚的男人则显得谨慎呆板。但是现在看来，这个观念需要加以修正了。

事实上，单身男子和已婚男人相比，更显得拘泥呆板，这一点可以从他们不敢冒险去婚姻登记处、以避免破坏他们拘谨的计划中看得出来。他们谨小而慎微，性情捉摸不定，就像未婚女性向你描述的那样，他们更不敢跳入婚姻的海洋，只是在海滩上散步，偶尔用脚试探一下海水，一旦遇到大浪涌来时，他们就会立即逃到安全的地方去。

至于结婚的男人，则具备了独行大盗杰西·詹姆斯那样的胆子、具有受伤的犀牛那样的勇气和赌徒那样的性情。那些在蒙特卡罗因赌博而破产的人和这种赌徒般的性情相比，只能算小儿科，因为他把自己的生命、未来和金钱等赌注全都押在一个女人身上，并保证让这个女人永远快乐。他的对手就是命运之神，他把一切都抵押给了命运之神，然后还冲着命运之神做怪脸。

我们在此并不想批评这些已婚男人，而是向他们提出一些小建议，以增加他们婚后生活的快乐，表达对这些富有冒险精神的男人的敬意。

康奈尔大学文理学院院长列奥纳多·S·柯瑞尔博士曾给美好的姻缘设计了一幅蓝图："幸福的婚姻只属于那些心灵成熟、了解自己、善于和他人建立良好的关系，而且任何事情都能为他人的幸福着想的、富有责任感的人。"

柯瑞尔博士还说："一家人是通过内在价值，例如情爱和伴侣等的满足而结合在一起的，这种内在价值是无法强求的。"

柯瑞尔院长这里所说的内在价值，是可以通过一些手段加以发展、呵护和加强的。以下是我们搜集到的关于"妻子的情报"，可以作为丈夫如何与妻子相处的几点建议：

(1) 不断地感谢和赞美她

假如你必须节省开支维持生活的话，也千万不要吝惜给你妻子"嘴上的蜂蜜"。如果你总是夸奖她，称赞她是多么得贤惠，那么她就会对你报以忠心，无论你是失业，还是变得又老又胖，她都会坚持留在你身边，即使一年到头总穿一身旧外套也不会有任何怨言。但可惜的是，在那些聪明的男士当中，不了解女性这一特点的人可不在少数。

他们认为他们能娶她，算是她一辈子的福气。这些男士们一点也不知道，妻子是从不会厌烦丈夫赞美她们的。男人们都很容易获悉自己在各方面的地位如何，例如工作上出现了失误会有上司来提醒他；成交了一笔大买卖会有加薪或红利，或至少是上司当众予以嘉奖。可是成天呆在家里的妻子又如何呢？如果丈夫不告诉她的话，她们根本就不知道自己的表现如何。因此，丈夫的赞美就是对她最好的奖赏。

你不妨仔细观察一下你所熟悉的那些幸福快乐的丈夫们，以及那些由贤惠的妻子料理家务而尽情地享受人生乐趣的丈夫们，他们之所以快乐，全都是因为他们深谙赢得女人芳心的技巧——让女人愿意永远为他们效劳的最有效、最妥当的方法，就是毫不吝啬地、经常性地给予她们真诚的赞美。

罗伯·N·普拉尔是我的朋友，他是纽约《世界电报》的专栏作家，也是曾经勇敢地揭露都市腐败现象的《大贿赂》一书的作者。罗伯最令人羡慕的地方，就是他拥有一个几乎所有男人都想得到的理想妻子。而他的妻子珍妮也认为，他就是这个世界上最伟大的男人，而且她逢人就夸自己的丈夫。

罗伯有的是让妻子保持良好感受的方法。例如，当出版商将手工精制封面的特别赠本送给罗伯时，罗伯会当场在书上题写赠言：“献给珍妮——我亲爱的妻子和我的生命。”这样的赠言显然要比在支票上签名更容易让女人心花怒放，因为这是对她成功地料理家务的真诚而由衷地赞美。

（2）对妻子要慷慨和体贴

许多男人错误地认为，慷慨大方就是当女人有需要时，就应该不假思索地帮她付账单，并且经常给她一些零花钱。可是现在我要告诉你的是，金钱和女人所看重的慷慨大方只不过是附属关系，她们更在意你这样对她说：“好的，亲爱的，接你妈妈过来，和我们共度一段美好时光吧。”这样表现出来的慷慨大方对她们也许更有效。她们希望丈夫能在公共场所多关心体贴自己，就像他对一个陌生的美丽女子应该表现的那样，关怀和尊重自己。

你是否在餐厅里玩过猜测哪一对男女已经结婚的那种游戏？你应该找时间试一试：两个人默默地坐在一起，男士只是专注地看着他盘中的小牛排和服务员，而女士则无聊地翻弄盘中的食物，这一对乍看上去好像互不相识，其实他们必然是已经结了婚的一对；相反，男士小心谨慎地为女士拉开椅子，让她坐下，仿佛她是玻璃制品，话题也是事先精选过的，那么这位男士如果不是在追求这位女士，就是在陪一位女客户吃饭。

有一次，我参加了一次欢迎某位名人的宴会，这位名人对几乎所有人都表现得异常热情——可是除了他的夫人，因为他甚至没看过她一眼，好像她根本不存在似的。其实，适当地对妻子表现出殷勤，并不会对他的公共形象造成任何损害，反而会促进他们夫妻之间的感情。后来他们离婚了，当然这一结局在任何人看来都不是什么值得惊讶的。就像爱一样，体贴、仁慈和善良，应该先从自己的家人开始。

（3）保持衣着整洁

许多男士总认为，只有女人才应该保持迷人的风采和适宜的仪表。例如女人总会受到这类警告：不要涂冷霜、不能带着满头发卷上床睡觉，还有就是不能有体臭、不能手指粗糙、体重超常和懒散成性。女人之所以如此在意年轻和身材苗条，是因为害怕自己一旦失去青春，就会失去自己的丈夫。

但是那些男人又怎么样呢？也许他是个时装模特儿，可是回到家里一看，他就像一张没有清理的床。到了周末，他会怡然自得地穿一件衬衫埋头看报纸，穿着奇臭无比的拖鞋到处走动，既不洗澡也不刮脸，还自以为是地认为自己俏得很，他夫人能嫁给他真是她的福分。

再从妻子的角度来看：她不会在意她丈夫穿的是粗布工作服还是笔挺的西装，而且无论如何她都会爱他。但是，即使丈夫在家闲着没事干的时候，她也愿意看到丈夫洗了澡剃过胡子，穿着和居家生活相协调的衣服。

虽然外表决定不了一个男人的地位，但是它能改变女人眼中的男人形象。下面提供的一份问题清单，是那些企图博得女孩子（包括自己夫人）青睐的男士应该注意的：

●及时理发，不要拖延。

●不要在大白天留着胡子不刮，除非你陪孩子到湖边去钓鱼。

●一定要保持仪表的整洁，要知道香皂和除臭剂不是专门为女人生产的。

●让你的裤子保持笔挺，只有颓废丧气的男人才会容忍自己的裤子皱巴巴的。

●永远保持皮鞋的光亮，袜子要穿挺直了，脸上要常带笑容。

（4）了解妻子的工作

现在，不少女性对挣钱和安排生活都有切身体验，随着职业女性越来越多，她们在婚前或婚后对工作的压力和要求也都或多或少地有了一定的了解。因此，男士们就应该对以前曾习惯于在厨房、菜市场和洗衣店之间奔忙的主妇的世界要多了解一些。他必须体谅妻子，要知道她比他更容易受环境的限制，她的日子过得并不比他轻松，她也要为这个家庭的各种日常需求而操劳。

做丈夫的，至少应该明白每天做那些例行家务是多么的枯燥乏味。此外，妻子还要照顾孩子，如果家中有人病了就更离不开她们；有时，她们还要安排全家的娱乐活动。她们常常是终年劳累过度，而最大的动力和回报，也只不过是家人的幸福和赞美。

妻子需要和外界多多接触，以增加对她的刺激，消除因工作枯燥而产生的无聊乏味。做丈夫的也应该经常带妻子出去，和别家的主妇进行交流。男人由于工作上的关系，使得他有机会参加各种社会活动，因此他希望通过休闲来获得宁静。这时，就要求丈夫把自己的需求和妻子所需要的富有刺激性的社交活动协调起来，将两者处理得相对平衡。要做好这一点，完全看他如何合理地安排。

（5）支持妻子，做她的后盾

我的一个朋友曾向我谈起她经历的一次小小的危机，那是她最亲爱的姑妈第一次到她家时发生的。我朋友的姑妈才到她家，她孩子就得了支气管炎，病得只能躺在床上，结果招待客人的所有计划都泡汤了。

"如果不是汤姆，"她告诉我说，"我真的不知道该怎么办才好。他每天晚上都陪我的葛瑞丝姑妈出去散步，让她感觉过得很愉快。到了周末，他们就一起出去看风景。姑妈玩得高兴，这样也减轻了我的心理压力。虽然汤姆有些缺点，可是如果到了紧急关头，因为有他在身边，我就觉得自己有了依靠。"

当遇到麻烦时，如果我们有一个可以全身心依靠的丈夫，那将比浪漫小说中的英雄救美还要强过百倍。因此，丈夫不仅要在妻子遇到重大危机时能挺身而出，即使是日常小事上也要多多支持和帮助妻子。例如：参加家长会和妇女俱乐部的各种活动时，妻子需要得到丈夫的支持和鼓励；参加教堂唱诗班或缝纫班的活动时，妻子也同样会有这样的需求；教育孩子时，妻子需要丈夫的帮助；在社交场合，妻子希望丈夫能成为她的骄傲；她愿意看到他玩得愉快，而不是洋相百出。她需要知道，无论出现什么紧急情况，无论发生什么事情，他都能永远和她站在一起，让她的内心有一种安全感。

（6）分享妻子的嗜好

婚姻的成功与否，取决于夫妻双方的"分享"和"合作"。当俩人在处理家庭问题时，必须试着把"你"和"我"转变成"我们"。例如，我们去哪里度假？我们的椅套和电视机是否都要换成新的？等等诸如此类。一旦夫妻双方了解对方在生活中所扮演的角色之后，所有问题都能迎刃而解。

也许男人会认为，买礼物、做家务之类的事情让他们参加的话，会有失男性的尊严。但是，如果他想使家庭常保温馨和睦，就应该先放下股市行情分析，尽量帮妻子做一些家务。既然他希望妻子对他提升为销售经理而高兴，那他为什么不能关注一下妻子今天说的一些家务事，对她在旧货市场捡到的一个大便宜感兴趣呢？

安德烈·莫罗斯是一位善于洞悉人情世故的作家，他在建议男人如何与女人相处时说："对女人认为重要的东西表示感兴趣，例如她们的穿着、她们为家庭所做的努力、她们对感情和人物深入细致的分析……当他有空时，不妨陪夫人去逛逛街、买些东西……在某些事情上为她出谋划策……对生活中的小事表示感兴趣，多和她交流，例如养育孩子的经验、她所参加的俱乐部、她的朋友，等等。如果她喜欢音乐、美术或读书，就要设法了解她的嗜好。相信过不了多久，你就会惊奇地发现，你也对她的嗜好感兴趣了。"

（7）向妻子表达你的爱

作家维奇·鲍姆曾说："得到爱的女人，更容易获得成功。"丈夫一定要保证爱他的妻子，这可不像将结婚戒指戴在她手指上那么简单，而且要做到只要她高兴，他就应该每天都将结婚戒指带在她的手指上。"男人喜欢感觉到他被爱着，"梅托·德这样写道，"而女人却喜欢男人说他爱她。"

不知为什么，许多丈夫在刚刚度完蜜月之后，就会对向妻子说"我爱你"感到尴尬。其实，你完全可以放松，即使你不必像欧洲的男人那样殷勤，也照样可以感动你的妻子。作为女人，她们总是有其独特的感知力，她们能通过无数种无言的暗示来感受到你的爱，例如你能在满屋子的人当中找到她；在电影院里紧握着她的小手；出乎意料的拥抱；温柔体贴等等。

然而，很多女人却弄不明白，为什么男人在婚前对她追得那么热烈，可是婚后却不愿对她表露他的爱。我办公桌上就放着一封信，它来自安大略多伦多市的一个青年，他名叫杰克·F·坦蒙，他在信中就承认自己犯了这样的错误：

"我妻子是我精心挑选出来的理想而完美的女性。我们结婚后，我一心忙于工作，我们生活的全部事情则由我妻子承担。然而，这种生活模式显然行不通。我们婚后 5 年是不幸和失败的。终于有一天，我和妻子吵了一架，我 4 岁的儿子问我：‘爸爸，你难道不喜欢妈妈吗？我相信她是个好妈妈。’”

“我突然明白，原来自己是个彻底的笨蛋。我其实真心真意地爱着我孩子的母亲。我既爱她这个人，又爱她为我所做的一切。正是有了她的精心照顾，我们的儿子才长得那么健康可爱，而我却一直没有承担起一个做父亲和丈夫的责任。”

“我受到惩罚是应该的，但我决定尽力弥补错误。我找到我妻子，希望她能帮助我，使我成为一个称职的丈夫和父亲。”

“感谢上帝，她成功了。现在我们又过起了真正意义上的婚姻生活，这种生活是建立在互敬互爱基础上的。她又为我生了一个女儿，我们的幸福价值千金。现在，我的孩子再也没有问过我为什么不喜欢他们的妈妈了！”

爱一个女人，绝不仅仅是只有火热的感情就足够了，它还应该涵盖许多内容，例如理解、殷勤、敏感和尊重。可是那些不懂得如何经营爱情的男人总喜欢寻找借口，说什么“没有人能真正了解女人”。他们顽固地认为，男人用的是直流电，而女人则用的是交流电，双方永远没有沟通的可能，于是他们就可以省掉许多尝试的麻烦。我在这里只想敬告这些先生：女人可不是来自外层太空，也不是用另一种波长做事，她们更不是什么怪物。她们虽然性别不同，但仍然是人。女人并不是什么难解之谜，很多男人都已经了解了女人，而且都是在他们结婚之后做到这一点的。但是，假如你真的想了解你的夫人，就最好由爱她开始做起，并且让她知道你爱她。否则，婚姻对你们双方都不是什么好事。

对于美国的女性来说，无论你指责她有什么缺点，她都不会介意，但是你不能说她自大或自满。她非常希望能改善自我，由此形成了一个涵盖面极广的咨询市场。例如，会有人指导她如何吸引男人、如何挑选丈夫、结婚以后该做什么、如何养育下一代、如何将家务料理得井井有条，如果她真的还能腾出10分钟空闲来的话，她还要咨询在闲暇时间该干什么。她不但要去听演讲，还要订阅各种刊物来为她的生活提供有意义的指导，参加各种自我完善的课程……此外，90%的广告产品都是针对她这种人的。

我们再来看看她们的丈夫：这些男人也会积极进修，但通常只是局限于如何多赚一些钱，使自己在工作中超出他人，成为一个优秀人物。至于如何处理与家人的关系，他只希望维持原状。他们很少读书看报，也很少去听演讲，也不关心如何吸引夫人或者维持与她的感情常青。在他们看来，增进夫妻之间的感情是那些小女人的事。至于如何适应对方的个性，这些男人永远只会说："应该让女人来适应我们。"

男人也许会这样解释说："他们要养家糊口，必须出去赚钱，必须将全部的心思和精力放到改善工作上，而不是如何更好地扮演丈夫这个角色。然而，无论是男人还是女人，婚姻并不能只靠钱来维持。衣食无忧只是男性责任的开端，而不是全部，而且事情也不完全局限于此。"

几年前，米尔斯学院院长利恩·怀特写了一本很好的书《教育我们的女儿》，他在这本书中批评了学校教育，认为将女人和男人完全等同起来教育的做法是不对的。他提出，应该在课程中安排一些适合女性实际需要的内容——也就是说，教育不能脱离这个现实，那就是大多数女人总是要成为妻子和母亲的。

他的提议的确收效不错，但这并不能为幸福的婚姻提供一个样板。我们将女儿教育成为一个好妻子和好母亲，却让她们嫁给那些只知道赚钱养家的业余丈夫和父亲，这又有什么用呢？为什么不将我们的女儿嫁给一个有着丰富经验、知道如何做一个好丈夫和好父亲的男人呢？

法国伟大的小说家巴尔扎克曾这样写道："大多数已婚男人都会让我想起那些'想拉小提琴的大猩猩'。"

假如我们将婚姻当成男女双方都需了解的事，那么我们就可以了解婚姻，那些已婚男人就不会再像大猩猩，而是应该像著名小提琴家弗瑞斯·

克莱斯勒了。

“家”自古以来就一直是人类的基本单位，它不仅能让人保持对未来的希望，维持目前的现实，还能保卫、滋养和教导人类。家，其实就是一座神圣的城堡。

为什么只有男人才能承担起保护家庭的重要担子呢？虽然女人呆在家里的时间比男人多，但这并不等于男人就不需要家。家不仅仅是一个物质概念，它还包括温暖、分享、欢笑、眼泪、幸福和忧伤等诸多精神方面的含义，而且正是这些精神含义为家增添了丰富的意义和价值。显然，只靠女人是无法创造这一切的，它是男女双方共同携手、努力创造的结果。所以，我真诚地告诫男人，要给女人一个机会，好好思考自己该如何扮演“丈夫”和“父亲”这个特殊的双重角色，将自己创造成功事业的才智和精力适当地分给家人一部分。

“婚姻是我们个人是否成熟的最好试金石，”国际婚姻指导委员会主席、德鲁大学人际关系教授大卫·R·梅斯写道，“如果你不想关心别人，任何人都可以单独生活。但是，你若想和另外一个人亲密地共同生活，就必须具备关心他人的能力……这是一个人成熟与否的标志。婚姻有两种结果：或者让我们变得成熟，或者让我们承受不成熟所结出的苦果。”

◎如何与丈夫相处

我最喜欢的一个现代人是奥格登·纳屈尔，他在《献给女婴之父的颂歌》中抒发了一种感慨之情，说是在这个世界的某个角落，有一个男婴正在长大成为娶走他可爱的小女儿的男人。既然大多数可爱女婴的父亲都与纳屈尔有同样的感想，那我们就不妨勇敢地面对它；但是对于一个女人来说，比一辈子容忍男人的任性更可悲的则是没有男人可以让她去容忍。

为什么我要这么说呢？要知道，这个世界上有一半人是男性，所以如何与男人相处，成为每个女人都要面临的问题。女人一生中要接触无数的男人，例如丈夫、父亲、儿子和女婿，或者老板、客户、朋友、追求者和色情狂，或者医生、律师、军人和职员，或者屠夫、面包师和工人。既然男人和女人之间存在差异，我们也不得不接受这个事实，那么作为女人，多考虑一下如何与男人相处应该不是一件坏事。

男人希望女人能为他做什么事呢？当然是舒适！你可能会认为我是从一群喝腻了香槟酒、又老套又落伍的花花公子那儿得来的答案吧？错了，让我来告诉你一个事实吧。二战结束时，那些继续留在军中服役的男人曾接受过一次问卷调查，其中有一个问题是："你希望婚姻生活给你带来什么?"几乎所有人都给出了同样的答案——既不是令人心旷神怡的富有女性魅力的女人，也不是刺激，更不是兴奋，而是普通意义上的舒适！

这个答案也许会让那些盲目迷信化妆品和香水广告的小姐们失望透顶。但是，既然男人只需要舒适，为什么不给他们舒适呢？显然，对男人来说，一盎司的舒适比一磅的性感更加值钱。不过，男人理想中的舒适究竟是什么呢？是某个让他所有的感官都能放松的女人，还是一个知书达理的贤惠女子，或者是像玛丽莲·梦露那样的性感尤物呢？

一些参加了某项课程的女士们，根据她们与男人在一起的经历，经过讨论之后，总结出以下几条行之有效的规则，这些规则完全可以作为女人如何与男人相处的有效法则：

（1）要有一个好性情

家庭问题专家陶乐丝·迪克斯曾说过："男人选择女人的第一个要求，就是女人要有一个好性情。"任何女人如果想和男人愉快地相处的话，那么无论这个男人是她的丈夫、她的老板、水电工，还是她只有3个月的儿子，她都应该多注意自己的性情，而不必刻意注重自己的过失，因为男人们情愿在愉快的气氛中吃罐装的青豆，也不会乐意面对一个满脸愁容、唠叨不休的女人吃牛排。

一个单身汉曾经这样坦率地说，如果他有机会在一个快乐、温柔、性情温和的女人和一个愁苦、愚钝、性情暴躁的女人之间进行选择的话，他会毫不犹豫选择前者！

我曾雇用过一个速记打字的女职员，如果仅从职业技能来看，她不能算合格——她的拼写很差，打字的速度又慢，而且经常会出错误。但是她却能一直保住她的工作，甚至干到结婚和退休，这完全得益于她那快乐天使般的性情。她不害怕别人的牢骚、抱怨和批评，就像是办公室里的阳光一样令人感到温暖。只要有她在，即使她不做任何事情，你也会觉得应该给她付薪水。我不知道她做饭的手艺是否比速记打字的能力强，但是我经常见到她和她丈夫在一起，而且每当他看着她时，脸上总是光彩四溢——显然，他并不在意她能不能做一手好饭菜。

(2) 做个好伴侣

美国高尔夫球公开赛冠军杰克·弗里克曾为纽约《世界电报》撰写文章，介绍了他如何克服不利局面而获得依阿华州达文波特两个市立高尔夫球场特许经营权的经过。

当时，摆在杰克面前的是一项艰巨的任务，他既要保住特许经营权，又不能放松比赛训练。幸运的是，他娶了芝加哥的丽·伯恩斯泰做妻子，她给他带来了好运气。丽成了杰克的事业帮手，这使得他可以专心练习球技了。

后来，也就是1952年，杰克一家开始奔赴全国各地。丽·伯恩斯泰负责照顾13个月大的儿子克瑞罗，而杰克则参加巡回公开赛。杰克说："我从来都不让丽·伯恩斯泰跟我进赛场。你们没有见过邮差带着妻子去送信的吧？"

这个妻子虽然没有积极参与杰克·弗里克挚爱的球赛事业，但是她总留在他附近，使他没有了后顾之忧。像丽·伯恩斯泰这样的女人，才是男人真正的好伴侣。

弗洛伦斯·梅纳德住在纽约州北部的一个小镇，她是一个普通的家庭主妇。在过去16年的婚姻生活中，她只会做一些家务，所以她总觉得自己的生活似乎缺少了什么东西。后来，她终于知道那是伴侣的亲情。然而，梅纳德夫妇的共同兴趣和爱好实在是太少了，梅纳德夫人只好采取行动，以改变这种状况。

“我丈夫的一项主要爱好就是职业曲棍球，”梅纳德夫人说，“所以，我首先要培养自己这方面的兴趣。当我对曲棍球的知识十分精通之后，我对这项运动也有了很浓的兴趣。我和我丈夫怀着同样的热情去观看曲棍球比赛，还记下了电视转播曲棍球比赛的时间。从此，我不仅喜欢上了这项令人感兴趣的运动，而且还发现自己有事情可做了。我从中所得到的，不仅仅是陪丈夫欣赏这项运动的乐趣，而且还包括充实的生活——我再也不会一个人无聊地坐在家里无事可做了……除了曲棍球之外，我现在又找到了一些新的兴趣，我又可以和我丈夫一同分享更多的乐趣了。”

（3）善于倾听

几乎所有男人都认为女人的话太多，他们这话的意思是指女人抢走了他们说话的机会。许多女人错误地认为，听男人说话就是默不做声地坐在那里，耐心地听男人说个没完。其实，听人说话也要表现出积极的态度，如果你是一个善于倾听的人，就会在适当的时刻加入到谈话当中去。

倾听别人谈话，首先要集中精力。眼睛不能飘移不定，或神色紧张、坐立不安。如果你真的能集中思想，或许还能学到许多东西。

倾听别人谈话的时候，表情要尽量放松，而且要随着对方所讲的内容有所变化。一个面无表情的听众，是最让说话的人觉得扫兴的。对于舞台导演来说，最困难的工作就是训练演员如何表演好倾听其他演员说话的形象。如果你想成为一个令人满意的听众，就努力训练自己吧。

成功的倾听还需要集中心思和积极配合。以前曾有人戏称，一个女孩子如果想赢得男人的欢心，只需要在他介绍自己某次成功的生意时，目光专注地看着他，并适时地插上一句“你真是太棒了！天啊，你简直是个天才！”之类的话就足够了。她表现得越笨拙，他就越喜欢她。不过，现在这种情况有了些许变化：许多女孩子也能在生活中取得成功，她们觉得很难完成从精明的女强人向愚蠢的小女孩角色的转变；而男人们也比以前精明多了，他们能分辨得出谁是真正懂得倾听的女孩，谁又是故意装傻吹捧奉承他的女孩。因此请记住，当一个男人真正需要一个女孩听他说话，而你又想赢得这个男人的心，并希望影响他时，就不要再玩“假装倾听”那一套老把戏。

这时，最好的沟通办法就是不时地问他一个问题，以表明你正在听他说话，而且想知道一些更详细的情况。有时候，你还可以偶尔提出你的不同见解。如果你支持他的说法，并且在某方面颇有经验的话，就不妨在他停下来的间隙提出来，但是注意一定要简洁，然后再将主导谈话的权利交给他。

像这样的倾听，就不是单调的独白，而是一种积极的双向沟通。然而，大多数人都不是理想的听众，因为他们不了解沟通的规则。不过这些都是能通过练习加以改进的。

女人一旦掌握了倾听的艺术，就会与男人相处得更加愉快，进而与其他人相处得更融洽，而这也将会促进女人的成熟——这正是获得成熟的途径之一。

（4）学会适应男人

也许我们似曾见过这种场面：“今晚我们请吉米和玛贝尔来家里吧，我们有很长时间没见到吉米了。”一家之主的丈夫说。

“好的，”妻子回答说，“但是，最好也请海伦和汤姆来，因为最近我们已经去他们家做过两次客了。”

然后——“噢，天啊——海伦的妹妹在她那儿住，我们还得再找一个男宾来陪她。你去熟食店多买些啤酒和乳酪脆饼。我负责打电话，然后化妆换衣服，再收拾收拾房间。我换衣服的时候，你最好用吸尘器清理一下地毯。”

这时，丈夫真希望当初自己没开口。他原本只想安静地陪一两个朋友聊聊天，没想到却招来了一屋子的客人。

不知为何，女人一般都不会因为一时的兴起而去做某件事情，除非是为了给自己买一顶帽子——这一点是男人无论如何都弄不明白的。他不明白的事情还有，例如女人去看一场戏为什么要花几个星期的时间做准备，或者当他临时提议去乡下过周末时，女人为什么会说没有合适的衣服，等到下个周末再说，以及好让她有机会通知送奶工人……

不错，男人的一时兴起有时的确会让那些喜欢按计划办事的女人厌烦，但偶尔做出“好的，我们……”而不是“好的，但是……”的回答也不会有任何损失。我就认识一个非常快乐的妻子，她嫁给了一个喜欢度短假的丈夫。丈夫经常是在看过一份旅游广告之后，就给妻子打电话说：“收拾好行李，亲爱的！明天早上我们去洛杉矶。”这时，早已习惯的夫人会很快收拾好放了泳装的手提箱，请邻居帮忙照顾她的小鹦鹉，然后将所有的约会推掉，等着第二天早上上船。她还会说：“这没什么大不了的。任何一个女人，只要稍加训练，都可以做到的。”

我年轻的时候流行的风气是这样的：如果女孩子直到最后时刻才有男孩子来约她，她就会被认为是很不招男孩子喜欢的女孩。也许成为一个难约的女孩可以给她留下一个好名声，但作为女孩子，她同时也失掉了许多乐趣。不过，如果那个男孩子约过别的女孩子之后再来约请你的话，你该怎么办呢？这就给了你一个极好的机会，你可以向男孩子证明他的第二次选择才是最佳的。要学会适应男人的心情，这是女人赢得男人青睐的最好办法之一。

当男人突然产生一个想法时，他喜欢立即付诸实施。假如女人不能适应男人的这种冲动，无疑会令他们感到气愤。只有很早就学会适应男人情绪的女孩，才能在与男人相处的道路上迈出成功的一步。

（5）能干但不失女性魅力

有一次上课时，一位女学员对我说，她因为太能干而失去了一个出色的男人。这个女孩在公司担任主管，总是负责制定计划，发号施令，一切都是尽职尽责。但是在社交场合，她可没有这么一帆风顺。

“我经常是，”她说，“当我男朋友还没有打开雨伞时，我就叫好了出租车；我总是要比他早一步按下电梯按钮；共进晚餐时，我会推荐他点肝脏和熏肉，以预防他的高血压；他从没有机会帮我拉开椅子或为我脱下外套、替我穿上鞋子。因为我是如此能干，总是抢先做好了一切。我不只是能干——而是太能干了，所以我失去了他，这一切都是我造成的。"

现在出来工作的女孩子实在是太可怜了。她们为了嫁给一个自己喜欢的丈夫，除了要追求成功和独立之外，还要时时刻刻提醒自己做一个富有女人味的女孩。可是现在的男人已经完全被宠坏了，他们想娶的女人不仅要具备女性的魅力，还要有足够聪明的头脑去发现他——如果可能的话，最好还能帮助他增加家庭收入。

让你中意的男人看上你，并让他觉得你就是他理想中的女孩，这并没有什么困难的。你可以这么做：工作时充分展现你的才能，争取老板的赏识；下班之后，则要让那个与你约会的男人觉得你是女人，而不是一部高效运转的机器。

和前面提到的那个女孩一样，海伦也是从一个逃之夭夭的男士那里学到这一点的。多年以前，海伦结识了一个年轻男子，他会经常陪伴她，至少有一段时间是这样的。那段日子，海伦对她所在地方的政治产生了浓厚的兴趣，经常在休息时间参与这项活动。在不用帮人竞选或去参加集会时，海伦和男友谈论的全是政治类的话题，例如某某法官说过什么话，或行政管理上存在什么问题，等等。最后，男友忍无可忍，大声对海伦说："你原来是个女孩子，可是现在你却成了一份活的竞选宣传单。如果我需要政治或哲学方面说教的话，我会给国会议员写信的。而我现在需要的，是能够给我的夜晚增添愉快气氛的好女人。"后来，男友终于离开了海伦，娶了一个美丽动人的金发女郎，她既能把家料理得有条不紊，还会做一个玲珑可爱的小女人。

（6）做真正的自己

最让男人感到滑稽可笑的，就是见到一个老女人穿着少妇紧绷绷的服饰，还戴着一头假发，蹬一双3英寸高的高跟鞋，戴着连傻子都骗不过的假乳在大街上横冲直撞了。在所有让人感到悲哀的事情中，拒绝接受成熟的女人可能是最可悲的。她会固执地认为，女人的魅力全在于年龄，只要肯努力，没有人会知道她已经过了39岁。如果看到这样的女人妩媚做作，用她那早已失去性感和魅力的身体向男人大献殷勤时，真会令人恶心。

除此之外，还有一些看起来文静典雅的女孩子，会突发奇想地以为，通过超常规的怪诞举动可以显示自己不拘小节的魅力。其实恰好相反，男人可没有她想像的那么笨，他们清楚得很，知道如何去判断一个女孩子。

还有许多表面上很聪明的女人，她们也都不成熟地认为，女人可以通过打扮来“偶尔改变性格”，把男人弄得神魂颠倒。然而，本质才是最好的东西，既然上帝赐予我们现在的性格，又有什么不好的，为什么要掩饰呢？我们要做的就是剥去伪装，让它重见天日。我们可以发挥自己的特性，克服自己不能吸引人的缺点，就可以达到最佳的自我状态。只要努力，任何人都可以做到这一点，无论男人还是女人。

（7）乐于做女人

提出“两性之间的战争将一直存在”这个危言耸听的论点的人，一定是个争强好胜的人。我一直弄不明白，为什么男女之间的性别差异会成为他们彼此斗争的原因？在我看来，还有许多其他的事更值得去斗争呢。

无论如何，视所有男性为敌人的女人，一定是受到了自然和人类的欺骗和利用，因此她们很少有机会得到男人的青睐，对此她会说：“反正我恨男人。”

想和男人建立和谐关系的女人，首先必须乐于接受当一个母亲的角色，承认母亲在人类社会担任的是一个特殊的角色，同时了解女性的基本作用。而那些拒绝接受母亲角色的女人，并不仅仅限于所谓的未出嫁的“老姑娘”，还包括一些已婚女性，她们总是抱怨“身为女人就低人一等”、“自然在创造男人和女人时实在太偏心”，等等，这正好为“两性战争”提供了证据。

一个人能否坦然接受自己的性别角色，和结不结婚并没有多大关系，它是态度端正、感情成熟的自然结果。如果不能接受这种基本思想，男人和女人在一起时就不会得到幸福，结果就可能出现男人和女人之间的战争了。

如何与男人相处，很难总结出一套精确的公式，因为人与人之间的性格总是存在各种差异。但是这里提出来的意见，至少可以指导你加深对男人的了解。

在我们理想的美好世界中，男人和女人将不会像天生就作对的敌人，而是携手并进、在友谊和爱情中共同工作、共同游乐、爱到永远的一对。

◎让你的爱情更有深度

爱是一种最好的食粮，我们的精神靠它生存和成长。如果没有爱情，我们的道德心就会弯曲变质。“小孩子觉得没有人爱他，这是少年犯罪的主要原因之一。”纽约市少年家庭董事会秘书、社会工作专家艾西尔·H·怀斯先生在麻州社会工作讨论会上这样说。

我也认为这种说法是真的，我曾经在奥克拉荷马州艾尔·雷诺的联邦少年感化院为少年犯们讲授有关人际关系的课程。

渴望爱心，似乎是这些不幸的男孩子普遍存在的问题。有一个少年说，他的母亲从不给他回信，后来他写信告诉他母亲，说他正在上一些课，他觉得自己的外貌改变得好多了。可是不久他母亲写信给他，说监狱是他最适合呆的地方。

另一个19岁的男孩汤米，他有10年以上的时间在孤儿院、监狱和感化院度过。他说：“我们最需要的，就是有人来爱我们。但是从来没有人爱我或要我。我在十六岁以前，从没有得到过一件圣诞礼物。”

毫无疑问，这些忍受着情感缺失的孩子们，常常会开始犯罪，以补偿这种爱的缺陷——就像一个饿昏了的人，当他找不到好食物的时候，即使对身体有害的东西也会吃。

爱是最好的食粮，我们的精神靠它生存和成长。如果没有爱情，我们的道德心就会弯曲变质。“一个普通人所能说的最正确的话，”心理学家沃尔波特说，“就是他从来不会觉得，他的爱或别人给他的爱已经使他满足了。”

爱在人类社会的潜力，就像原子能那样巨大。爱情能够产生，而且的确每天都在产生奇迹。你给你丈夫的爱，是他成功的原动力。因为，如果你真心爱他，你就会心甘情愿地尽你的一切能力去做每一件事，使他快乐和成功。你给你丈夫的那种爱情，也会影响到子女的幸福。保罗·柏派诺博士在全国教师家长联谊会中说：“教师家长联谊会，如果愿意在年会里完全不谈小孩子的事情，而只讨论如何使丈夫和妻子更加相爱，也许对孩子的幸福会有更大的贡献。”

那么，我们该怎么做，才能提升爱情的深度呢？以下有一些特殊的建议：

（1）每天都要表现出爱心

许多女人碰到危机的时候，都能够应付自如，可是，她却不知道带给丈夫最渴望的爱情面包。假如丈夫失业了，患上结核病或是被关进监狱里，她都能够像岩石那么坚强，不断地帮助丈夫。但是，当生活正常平稳地进行的时候，她就忙得忘了告诉自己的丈夫，他在她的心目中是何等重要。

大部分女人都相信，她们是应该被爱护、被人讲些甜言蜜语的。我经常见到一些妻子抱怨丈夫忽略她们，不知道赞扬她们。其实，她们往往也吝啬于对丈夫表示关爱。她们时常挑剔和批评丈夫的错误，她们正是威廉·伯林吉尔博士所描述的那种女人：“有些人太爱自己了，她们愿意分给别人的爱实在太少。”反过来说，最能够体贴地表示出爱心的女人，也能从她的丈夫那里得到最多的关注。

迪克斯说：“妻子们总是抱怨说，她们的丈夫把自己的存在看成是理所当然，从来不赞美她们，或注意她们身上所穿的衣服，或是给她们任何明确的爱。但是，这些女人对待她们丈夫的态度也是同样冷淡。她们奇怪，为什么自己的丈夫会追求那些懂得称赞他们英俊、雄伟、健壮与奇妙的女人。爱情的饥渴并不是女人专有的一种疾病，男人也会患这种疾病的。”

曾经有人把夫妻间对爱情的冷淡叫做“精神食粮不足”。这是一个很恰当的比喻。因为男人不是只靠面包就能活下去的，有时候，他也需要一块爱的蛋糕——最好还在上面加一点糖料。

(2) 培养一种好心情，对事情看开一点

有责任心的妻子，常常会患有一种完美主义者的毛病，例如孩子们的行为总是要管教好，晚餐要做得美味可口，家里要一尘不染。她们常常过分注重细节，而忽略了重要的事情。当事情发生的时候，要以好的心情去接受，而不要让小事把一切搅得天翻地覆，这样就可以加强夫妇之间的爱情。

我的朋友乔治·吉恩·纳杉在谈到提升爱情的深度时说：“我从经验里发现，爱情和整理完好的家务常常是无法并存的。当我看到一个家庭整理得太谨慎时，通常我会觉得，而且接着就发现，他们夫妇之间的爱情就像他们机械化的家庭那样，已经达到冰点了。真可惜，从来没有一个真挚而热情地爱着自己丈夫的女人，能够做一个完美的家庭主妇。”

听了这些话，我们马上可以猜到纳杉先生是个单身汉。但是，他所说的话是值得我们深思的，尤其对那些只注视着树木，而忽略了整座森林的妻子更是如此。

(3) 要有宽大的胸怀

爱情就是给予，要给得丰富与慷慨。有些妻子愿意在许多事情上面做出牺牲，但是却常常在许多小事情上缺乏精神上的慷慨，例如嫉妒丈夫从前的女朋友。如果你的丈夫无意间提到他今天碰见了过去的一个女友，而如果你问他：“那个女孩子是不是还扎着辫子，说着不成熟的话？”那你就太吝啬、太不够慷慨了。你应该赞美她，如果你能够想开一些，你丈夫会更欣赏你了。

我父亲和我母亲结婚以前，曾经和一个迷人的金发少女订了婚。我记得每当母亲赞美那个女孩的美丽和好人缘的时候，父亲总是会不好意思地笑着，一面又装做若无其事的样子。父亲觉得母亲比较漂亮，母亲也知道这一点——但是母亲能够欣赏父亲的眼光，这总是很让父亲高兴。

（4）对丈夫也要表示谢意

男人在结婚以后，带妻子到戏院看一场电影，或送给妻子一束紫罗兰，甚至只是每天早晨倒一次垃圾，他也很希望听到妻子的道谢。如果他所做的每件事情妻子都视为理所当然而不表示感谢，丈夫很快就会停止取悦他的妻子了。

（5）互相谅解和体贴

当丈夫想要换上拖鞋休息一会儿的时候，妻子却穿上衣服想要出门，这是不行的。具有真挚爱心的妻子，应该先了解丈夫每天在外面工作后的需要，然后才盘算自己的需要。妻子在一生中慷慨地奉献给丈夫的爱情，难道丈夫不知道感谢吗？我敢打赌丈夫会感谢的！我就看过一个十全十美的妻子，她得到了丈夫的敬爱。现在，我的桌上就有一封信，是华伟克·C·安格斯寄来的。安格斯先生在信中说：“很可能因为我娶了这个女孩子，所以我才比大部分男人更加幸福。我所能给她的最大赞赏，就是对她说，如果我还能够回到32年前，而且了解我现在了解的事情，我仍然愿意再和她结婚——只要她愿意再嫁给我！我所获得的任何成功，都归功于这位可爱的妻子。”

如果没有爱情，成功又有什么意思呢？缺乏爱情，财富和权势也就等于废物和灰烬。如果你的丈夫从你真挚的爱情里得到了幸福和安心，那么，他带给你更高的生活水准的机会也会大大地增加。

第三篇

人性的弱点

全集

《人性的弱点全集》自出版以来，在世界各地至少已译成58种文字，全球总销量已达9 000余万册，拥有4亿读者，除《圣经》之外，无出其右者，稳居成功励志类图书榜首。此书之所以畅销不衰，就在于卡耐基先生对人性的深刻认识，以及他为根除人性的弱点所开出的有效药方。

第一章

把握人际交往的关键

◎了解鱼的需求

◎ 成功的人际关系在于你能捕捉对方观点的能力；还有，看一件事须兼顾你和对方的不同角度。

◎ 天底下只有一种方法可以影响他人，那就是提出他们的需要，并让他们知道怎样去获得。

◎ 能设身处地为他人着想，了解别人心里想些什么的人，永远不用担心未来。

每年夏天，我都会去梅恩钓鱼。我喜欢吃杨梅和奶油，然而基于某些特殊原因，我发现水里的鱼爱吃水虫。

所以在钓鱼的时候，我就不做其他想法，而专心一致地想着鱼儿们所需要的。

我也可以用杨梅或奶油作钓饵，和一条小虫或一只蚱蜢同时放入水里，然后征询鱼儿的意见——“嘿，你要吃哪一种呢？”

为什么我们不用同样的方法来“钓”一个人呢？

有人问到路易特·乔琪，何以那些战时的领袖们，退休后都不问政事，唯独他还身居要职呢？

他告诉人们说：“如果说我手掌大权有要诀的话，那得归功于我的心里明白，当我钓鱼的时候，必须放对鱼饵。”

我们为什么只谈自己想要的，那是无知的、不近情理的。世上唯一能够影响别人的方法，就是谈论人们所要的，同时告诉他，该如何才能获得。

明天你希望别人为你做些什么，你就得把这件事记住，我们可以这样比喻：如果你不让你的孩子吸烟，你无须训斥他，只要告诉孩子，吸烟不能参加棒球队，或者不能在百码竞赛中夺标。不管你是应付小孩，或是一头小牛、一只猿猴，这都是值得你注意的一件事。

有一次，爱默生和他儿子想使一头小牛进入牛棚，他们就犯了一般人常有的错误，只想到自己所需要的，却没有顾虑到那头小牛的立场……爱默生推，他儿子拉。而那头小牛也跟他们一样，只坚持自己的想法，于是就挺起它的腿，强硬地拒绝离开那块草地。

这时，旁边的爱尔兰女佣人看到了这种情形，她虽然不会写文章，可是她颇知道牛马牲畜的感受和习性，她马上想到这头小牛所要的是什么。

女佣人把她的拇指放进小牛的嘴里，让小牛吸吮着她的拇指，然后再温和地引它进入牛棚。

从我们来到这个世界上的第一天开始，我们的每一个举动，每一个出发点，都是为了自己，都是为我们的需要而做。

哈雷·欧佛斯托教授，在他一部颇具影响力的书中谈道："行动是由人类的基本欲望中产生的……对于想要说服别人的人，最好的建议是无论是在商业上、家庭里、学校中、政治上，在别人心念中，激起某种迫切的需要，如果能把这点做成功，那么整个世界都是属于他的，再也不会碰钉子，走上穷途末路了。"

明天当你要向某人劝说，让他去做某件事时，未开口前你不妨先自问："我怎样使他要做这件事？"

这样可以阻止我们，不要在匆忙之下去面对别人，最后导致多说无益，徒劳而无功。

在纽约银行工作的芭芭拉·安德森，因为儿子身体的缘故，想要迁居到亚利桑那州的凤凰城去。于是，她写信给凤凰城的12家银行。她的信是这么写的：

敬启者：

我在银行界的10多年经验，也许会使您这家业绩快速增长中的银行对我感兴趣。

本人曾在纽约的“金融业者信托公司”，担任过许多不同的业务处理工作，现在则是一家分行的经理。我对许多银行工作，诸如：与存款客户的关系、借贷问题或行政管理等，皆能胜任愉快。

今年5月，我将迁居至凤凰城，故极愿意能为你们的银行贡献一己之长。我将在4月3日的那个礼拜到凤凰城去，如能有机会做进一步深谈，看能否对你们银行的目标有所助益，则不胜感谢。

芭芭拉·安德森谨上

你认为安德森太太会得到任何回音吗？11家银行表示愿意面谈。所以，她还可以从中选择待遇较好的一家呢！为什么会这样呢？安德森太太并没有陈述自己需要什么，只是说明她可以对银行有什么帮助。她把焦点集中在银行的需要，而非自己。

但是仍然有许多销售人员，终其一生不知由顾客的角度去看事情。曾有过这样一个故事：几年前，我住在纽约一处名叫“森林山庄”的小社区内。一天，我匆匆忙忙跑到车站，碰巧遇见一位房地产经纪人。他经营附近一带的房地产生意已有多年，对“森林山庄”也很熟悉。我问他知不知道我那栋灰泥墙的房子是钢筋还是空心结构，他答说不知道，然后给了张名片要我打电话给他。第二天，我接到这位房地产经纪人的来信。他在信中回答我的问题了吗？这问题只要一分钟便可以在电话里解决，可是他却没有。他仍然在信中要我打电话给他，并且说明他愿意帮我处理房屋保险事项。

他并不想帮我的忙，他心里想的是帮他自己的忙。

亚拉巴马州伯明翰市的霍华德·卢卡斯告诉我，有两位同在一家公司工作的推销员，如何处理同样一件事务：

“好几年前，我和几个朋友共同经营了一家小公司。就在我们公司附近，有家大保险公司的服务处。这家保险公司的经纪人都分配好辖区，负责我们这一区的有两个人，姑且称他们作卡尔和约翰吧！

“有天早上，卡尔路经我的公司，提到他们一项专为公司主管人员新设立的人寿保险。他想我或许会感兴趣，所以先告诉我一声，等他收集更多资料后再过来详细说明。

“同一天，在休息时间用完咖啡后，约翰看见我们走在人行道上，便叫道：‘嗨，卢克，有件大消息要告诉你们。’他跑过来，很兴奋地谈到公司新创了一项专为主管人员设立的人寿保险（正是卡尔提到的那种），他给了一些重要资料，并且说：‘这项保险是最新的，我要请总公司明天派人来详细说明。请你们先在申请单上签名我送上去，好让他们赶紧办理。’他的热心引起了我们的兴趣，虽然都对这个新办法的详细情形还不甚明了，却都不觉上了钩，而且因为木已成舟，更相信约翰必定对这项保险有最基本的了解。约翰不仅把保险卖给我们，卖的项目还多了两倍。

“这生意本是卡尔的，但他表现得还不足以引起我们的关注，以致被约翰捷足先登了。”

大多数人遇事都会先考虑自己，所以，少数表现得不自私、愿意帮助别人的人，便能得到极大益处，因为很少有人会在这方面跟他竞争。欧文·杨是个著名的律师，也是美国有名的商业领袖。他说过：“能设身处地为他人着想，了解别人心里想些什么的人，永远不用担心未来。”

许多推销人员，每天踏破铁鞋，疲累沮丧，所获却并不多。为什么呢？因为他们心里想的都是自己的需要。他们不知道你我并不想买什么东西，如果想的话，也一定会自己出门。顾客总喜欢主动采买，而非被动购买。

“注意别人的观点，引起别人的渴望”，这并不能解释为“操纵别人，使他去做对你有益，而对他却有害”的事。而应该是说“双方都能因为此事而获利”。在安德森太太发给凤凰城12家银行的信里，在约翰向卢卡斯推销人寿保险的交易行为当中，双方都因处理事务的方式得当而彼此获利。

我曾为一些大学毕业生开讲《有效谈话》的课程。这些毕业生刚进入“开利公司”工作，其中一名学生想利用休息时间打打篮球，于是他便这样去说服其他人：“我要你们出来打篮球。我喜欢打篮球。但是，前几回我到体育馆的时候，人数总是不够。我们当中的两三人，一直把球传来传去——我还被球打得鼻青眼肿。希望你们明天晚上都过来打，我喜欢打篮球。”

这名学生谈到别人的需要了吗？我想，假如别人都不愿去体育馆的话，你也不一定会去的。你不会在意那名学生想要什么，你也不想被打得鼻青眼肿。

这名学生有没有办法让你们觉得，假如你们到体育馆去，可以得到许多东西，像更有活力、会更有胃口、脑筋更清醒、得到许多乐趣等等。

我们再重复一遍欧佛斯托教授充满智慧的忠言：“要首先引起别人的渴望，凡能这么做的人，世人必与他在一起。这种人永不寂寞。”

训练班有名学生，一直为自己的小儿子操心不已。他的小男孩体重过轻，而且不肯好好吃东西。这对父母用的是大家最常用的方法——责备和唠叨。“妈妈要你吃这个和那个。”“爸爸要你以后长得高大强壮。”这个小男孩听得进多少这类的要求？这就好像把一撮沙子丢到海滨沙地一样。

只要你对动物还有一点认识，你就不会要求一名3岁小孩，对他30多岁父亲的看法会有什么反应，更不要说完全依照父亲所期待的去做，那是荒谬无理的。这名学员后来也发现错误，便告诉自己：“我的儿子想要什么？我如何能把自己的需要和他的需要联结起来？”只要这位父亲一开始想，问题就变得容易多了。小男孩有一部三轮车，他最喜欢在自家门口附近骑着到处跑。但是街的另一头住了一个喜欢欺负弱小的大男孩，常常把小男孩从车上拉下来，然后把车子骑走。自然，小男孩会哭叫着跑回家去，然后妈妈便会跑出来，先把大男孩从三轮车上赶开，再让小男孩骑着车子回家。这事几乎每天发生。所以小男孩想要什么，这并不需要侦探福尔摩斯来回答。小男孩的自尊、愤怒和渴望具有重要性——所有他性格中最强烈的情绪——都促使他要采取报复行动，最好能一拳把那大男孩的鼻子打扁。这时，这位父亲就趁机向小男孩解释，假如他能把妈妈所给的食物吃下去，终有一天能足够强壮得把大男孩痛揍一顿。此法果然奏效，小男孩从此不再有饮食方面的问题。他肯吃菠菜、泡菜、腌鲭鱼……凡是可以让他快快长大的食物他都吃。因为他实在太渴望早日把那个大男孩狠揍一顿，好一解长久以来所受的怨气。

解决了这个问题之后，这对父母又得处理另一个问题：原来小男孩一直有尿床的坏习惯。小男孩与祖母同睡，每天早上，祖母醒过来发现被单是湿的，便会说："强尼，看，你昨晚又尿床了！"小男孩就会回答："不是我，是你自己尿床。"

责备、处罚、取笑或一再警告，所有能用的方法都用遍了，就是无法让他改掉这个坏习惯。那么，如何才能让孩子自己想要不尿床？

小男孩调皮地回答，他想要一套像爸爸一样的睡衣，而不是现在所穿的睡袍，那看起来像祖母穿的。老祖母早已受够小男孩尿床的坏习惯，所以很乐意买一套那样的睡衣送给他。他还想要一张自己的床，祖母也不反对。

小男孩的母亲带他到家具店去。母亲先对店里的女店员眨眼示意，然后说道："这位小男士想要买些东西。"

"年轻人，我可以帮什么忙吗？你想要什么东西？"女店员问道。

这话使小男孩深觉自己的重要。他尽量站得使自己看起来高些，然后回答："我要给自己买张床。"

女店员便带小男孩看了好几张床。等男孩的母亲示意哪一张比较合适，女店员便说服小男孩把它买下来。

第二天，床送来了。当天晚上，父亲回家的时候，小男孩就赶紧拉着爸爸到楼上看他的床。

父亲看了那张新床，然后真诚而慷慨地发出赞美之言并在最后问道："你不会把这张床尿湿吧？"

"哦，不会的，不会的，我不会再把床尿湿了。"小男孩果然遵守诺言，因为这里面有他的尊严，而且，这是他自己买的床。他现在穿着和父亲一样的睡衣，完全像个小大人了，所以他也要举止行为像个小大人一样。

另一个电话工程师，他无法叫3岁大的女儿吃早餐，无论怎么责备、哄骗或要求，都无济于事。这个小女孩喜欢模仿母亲，喜欢觉得自己已长大成人。所以，有天早上，这对父母就把小女孩放在椅子上，让她自己准备早餐。果然小女孩弄得十分起劲，一看见父亲进到厨房便叫道："爸爸，看，今天早上我自己调麦片！"她吃了两份麦片，完全不用哄骗，因为这不但使她兴趣盎然，更使她觉得"深具重要性"。她完全在调制麦片的过程当中，找到了自我表现的途径。

自我表现是人类天性中最主要的需求。我们也可以把这项心理需求适用在商业交易上。当我们想出一个好主意的时候，别让其他人以为那是我们的专利，不妨让他们自己去调制那些观念，他们会认为那是自己的主意，也会因特别喜爱而多摄取了好些的分量。

我们应记住：要首先引起别人的渴望。凡能这么做的人，世人必与他在一起。这种人永不寂寞。

◎我要喜欢你

◎ 外交的秘诀仅在5个字：我要喜欢你。

◎ 只是我们把次序弄错了——我们是希望别人先来喜欢我们，却不曾想到如何才能让人喜欢。

当然，为了要得到友谊和情爱，我们必须先认清“施比受更有福”，然后把这种认知用实际行为表现出来。我们不能只是把金矿藏在内心，黄金必须使用才能显示其价值，像那句名言所说的：“由所结的果子，便可认出他们来。”

我常听到许多人埋怨：“我性情过于羞怯，很难引起别人注意”，“没有人会对我感兴趣”，或是“别人并不想认识我”等。

不错，别人为什么要喜欢你呢？这世界并没有义务非要喜欢你或我，或任何一个人。有什么特别理由别人会特别选中你（无论是工作或社交的理由）？除非我们具有他们所要的特质，否则，他们没有必要特别注意到你。

玛丽安·安德逊曾经很生动地描述她早期的生活——她那时事业失败，整个人很不得志，几乎就要放弃歌唱生涯。后来，凭借不懈的努力和追求，她才逐渐恢复勇气和信心，准备继续为自己的事业奋斗下去。有一天她兴致勃勃地向母亲说道：“我要再唱下去！我要每个人都喜欢我！我要继续追求完美！”

母亲回答道：“很好啊！这是很好的志向——但是，要知道，再完美的人到这世界上来，却还是有人不喜欢他。人在成就伟大的事业之前，必须先学会谦卑。”玛丽安听了深受感动，因此决心在音乐造诣上“力求”完美，而不是“想要”完美。“谦卑先于伟大”，这是母亲给她的最好赠言。

名作家荷马·克洛维是我的好朋友，十分懂得交友之道。凡是碰到他的人，无论是清道夫、百万富翁、妇孺老幼——都会在与他相处15分钟之内对他产生好感。为什么呢？他既不年轻，又不英俊，更不是百万富翁，他有什么魅力可以吸引人呢？很简单，因为他一点也不矫揉造作，并且能让别人感觉到他真的喜欢、关心他们。

小孩会爬到他的膝上，朋友家的仆人会特别用心为他准备餐点，而且，假如有人宣布：“今晚荷马·克洛维会到这里来！”则当天的宴会一定没有人缺席。除朋友间深厚的感情之外，荷马·克洛维的家人也都十分敬爱他。他的妻子、女儿，还有好几个孙儿女，全都对他称赞不已。

究竟这位作家是如何赢得这种幸福的？说来也很简单——就是待人诚恳、热爱大家而已。对他来说，对方是什么人，或做什么事，他都不会在意。只要是身为一个人，对他便意义重大，值得付出关爱。每次他遇见陌生人，很快就能像老朋友一样交谈起来——并不是专谈自己的事，而是尽量谈对方的事。他借由问问题，可以知道对方是从哪里来、做什么事、有没有什么家人等等。他也不会唠叨个不停，只是向对方表示自己的兴趣和关心，借以建立起友谊。

这种方法，连最爱嘲笑人生的人，都会像阳光下的花朵一样吐露芬芳。正像约瑟夫·格鲁大使所说的："外交的秘诀仅在5个字：我要喜欢你。"

得到友谊的最佳方法，是必须注重施予，而不是获得——但应该是亲自赢取得来的，而不是靠一时的吸引或哄骗。所谓赢取友谊的能力，并不是指勾肩搭背、与人攀谈、动作滑稽或讲些逗趣的笑话等。那应该指的是一种心境、一种处世的态度或是一种愿意把自己的爱、兴趣、注意力及服务精神献给他人的愿望。

一个有经验的推销员懂得对自己能否成功推销产品的担心会给心理造成障碍，这样会影响他适当地介绍他的产品。通用制造公司的董事长哈瑞·布利斯在大学期间靠推销缝纫机为生，他总结说："要想在推销员这个岗位上取得成功，就要忽略自己渴望销售出去的数量，而应该集中心思向客户介绍自己能提供什么样的服务。"

如果一个人将精力用在为他人服好务上，就会变得充满难以抗拒的力量。你怎么会拒绝一个企图帮你解决问题的人呢？

"我对推销员们说，"布利斯先生说，"如果他们一天到晚想的都是'我今天要尽力多帮助一些人'而不是'我今天要尽力多卖出一些产品'的话，就会发现接近买主不是那么困难了，然后销售业绩会出奇地好。能够帮助同胞获取快乐、轻松生活的人，是最高级的推销员。”

打高尔夫球时，会有人叮嘱我们不要让眼睛离开球；向成年人传授说话技巧时，我们告诫学生要集中心思在他想要传达的信息上。紧张、害怕都是担心结果的表现，这是不可取的。

我自己就是从吃过的苦头中学到这一点的。我曾经是一个害羞的人，天生不善于公开讲话，要我面对一群听众就好比要一个普通人面对国会调查委员会一样费力。

好几年前，我准备发表演讲，当时的听众据说相当难缠。我事前与一位好朋友共餐，免不了流露出紧张的情绪。“假如听众不同意我讲的话，要怎么办?”我神经兮兮地问那位朋友，“假如他们不喜欢我，该怎么办?”

“不错，”朋友回答道，“他们为什么要喜欢你呢?你能让他们得到什么?你认为自己要讲的话很重要吗?”

我承认那些东西对我来说，的确意义十分重大。

“很好，”她继续说道，“我倒不觉得听众喜不喜欢你有什么重要。重要的是你有没有把想讲的信息传达出去。至于他们喜欢或讨厌你，又有什么关系呢?至少，你已完成了任务。”

朋友的这番话，改变了我对演讲的整个看法。现在，每当我准备发表演讲的时候，都会在事前先静心默念：“我希望传达出对这些听众有益的信息来，让他们有所收获，满心欢喜地回家。”这样的默念对我十分有用，而我也的确希望能对听众有帮助。这样的默念使我谦卑地体会到自己只不过是个传达某些信息的演讲员，而不是要显露自己的学问或风采。我的目的是要带给听众一些鼓舞性的思想，以期对他们的生活有助益。

好莱坞的J. 艾伦·布恩是著名的喜剧片《狗明星“强心”》的主演，他在观察“强心”表演的过程中学到了不少东西，因而他又为此写了一本名叫《给“强心”的信》的畅销书。据布恩先生介绍，这是一只很了不起的狗，总是欣然地执行他的命令，在电影中表演为剧情所需的各种动作。难得的是它这么做，从来不是为了得到报酬，而是出于爱和享受把事情做好而带来的快乐。有好几次，“强心”都曾纯粹是为了自身的乐趣而表演。这也许正是它能成为电影明星的原因。

布恩先生还曾谈到有一次他面对一个跳舞的年轻女孩。她第一次试跳的时候，紧张得像新娘出嫁，怕自己会失败！于是他安慰她：“不要在乎结果，只当是纯粹为了享受跳舞的乐趣而跳吧。”

很快地，她的心态来了个彻底的转变。

同理，获得友谊的全部秘诀也在于不要担心结果，不要在意别人是否会喜欢我们，现在就着手去做所有能激发爱和友情的事。在这方面，威廉·奥斯勒爵士的话很值得我们思索，他说：“我们应该做的不是张望缥缈的未来，而是脚踏实地做好眼前的事。”

现实的情形是：

当我们还是处在做梦年龄的时候，常常梦想有朝一日要写出最伟大的小说来。想象别人是如何欣赏那本书，如何听到掌声，如何得到那永远的荣耀。

想象自己要穿什么样的衣服，所到之处，别人是如何赞美、追求、不断引用自己讲过的话。我们想了许许多多，就是从来不曾想过可能会遭到的困难，或是那些沉闷辛苦的工作，那些在创作过程中所要流出的泪和汗。我们想的都是有关荣耀的报偿，而不是如何努力去赢得这份荣耀。

像这种幼年时期的稚气行为，可说是典型的“一颗寂寞的心灵想要得到友谊”，或是“想要与他人建立良好关系”的心理表现。只是，我们把次序弄错了——我们是希望别人先来喜欢我们，却不曾想到要如何才能让人喜欢。

◎管住自己的舌头

◎ 你如果没有好话可说，那就什么也别说。

◎ 要记住，不愉快的时刻迟早会过去，如果我们的舌头没有闯祸，

就不会留下需要医治的创伤。

大卫的父母离婚后，协议规定他和母亲一起生活。由于手头拮据，母子二人只好搬到另一个城市去。大卫于是也要到一所新的学校去上课，结交新的朋友。这种种变化叫他伤透了心。他开始对那些父母没有离婚的孩子感到反感，而且经常因为很小的缘故或无缘无故跟人打架。在这种痛苦的生活中，他养成了对人过分苛求的习惯。他几乎对谁都没有一句好话。

一天，有个对大卫的情况十分了解的同学走到他身边。“我父母也离婚啦。”他轻声地说，“我知道你心里难受。不过，你得抛弃你的怒气和痛苦。你跟别人过不去，这只能伤害你自己。要是你没法说点儿什么好话，那你最好什么也别说。”

由于痛苦，大卫最初的确很难接受这位同学的建议，但既然情况似乎变得越来越糟，他就对自己的谈吐变得比较谨慎了。他经常把马上就要冲口而出的话咽回去，若是在以前，他的这些伤害人、挖苦人的话简直是没遮没拦的。他开始意识到他从前对身边同学的关心是多么不够。随着理解的扩大，他开始明白，像他一样遭受家庭变故的不只他一个人，许多其他孩子也经历过令人难堪的家庭解体。大卫开始想办法去鼓励他们，帮助他们处理好自己的痛苦与茫然。到学期结束时，大卫的态度产生了 180 度的根本转变，并获得了那些当初由于他管不住自己的脾气而与他疏远了的同学的好感。

我们无论是谁，在家里、学校里或工作中，都可能经历过精神上受到压抑的情形。当事情进展不顺利时，我们就往往忍不住责怪别人，我们或许认为，找别人的错，能使我们对自己所处的状况觉得好受点儿。但也可能是这样想的：我不好过，你也别想好过。

在我们每个人都曾经历过的“沮丧”时刻里，如果我们不能对人说有益的好话，那我们最好还是什么也别说。破坏性的语言往往会产生破坏性的结果。除了会给周围的人造成不必要的痛苦之外，从我们口中说出的那些消极性的话语往往只会使问题变得复杂起来。

在生活中遇到了难于应付的挑战，我们就可能认为，说些粗野和伤人的话是有道理的。上文提到的那个父母离了婚的孩子，受着许许多多他无法理解、无法解决的感情和情绪的折磨。但他终于还是发现，贬低和伤害他人并不是解决问题的办法。通过客气和富于理解的言词，或干脆怀着同情之心听别人说话，他终于学会了帮助他人；反过来，他又受到了周围人们的帮助，而他终于在自己身上找回了生活的勇气。

当我们遇到灾难或烦心的事儿，倘若我们还记着应与面前的事物保持一定距离，直至能够看清与之相联系的背景为止；倘若我们学会了“管住自己的舌头”，那么，我们也许就能避免说出许多具有破坏性的话。在生活的各个方面，倘若人们背着沉重的思想包袱，这对他们自己和其他人，都会产生致命的影响，因为这些思想问题所强调的是否定的而不是积极的方面。因此，重要的是我们要懂得，创造性的思想产生于不断寻找答案的过程之中。

有句久经时间考验的名言：“你如果没有好话可说，那就什么也别说。”这实在是你在一天之中该说些什么话的座右铭。倘若你出于某种原因而感到沮丧，如有必要，可以找朋友或师长谈谈。每个人都有不顺心的时候，当你感到情绪有些不对头时，千万别发作，以免伤害别人，因为别人也同样需要听到些表示理解和支持的话。对自己要说出的话，要时刻保持警惕。要记住，不愉快的时刻迟早会过去，如果我们的舌头没有闯祸，就不会留下需要医治的创伤。

◎如要采蜜，不可弄翻蜂巢

◎ 人就是这样，做错事的时候只会怨天尤人，就是不去责怪自己。

◎ 善解人意和宽恕他人，需要有修养自制的功夫。

美国鼎鼎有名的黑社会头子，后来在芝加哥被处决的阿尔·卡庞说：“我把一生当中最好的岁月用来为别人带来快乐，让大家有个好时光。可是我得到的却只是辱骂，这就是我变成亡命之徒的原因。”卡庞不曾自责过，事实上他自认为造福人民——只是社会误解他，不接受他而已。达奇·舒兹的情形也是一样，他是恶名昭彰的“纽约之鼠”，后来因江湖恩怨被歹徒杀死。他生前接受报社记者访问时，也自认为造福群众。

我曾和在纽约新监狱担任过好几年典狱长的路易·罗斯就关于罪犯不曾自责的问题通过几次信，他表示：牢里的犯人很少自认为是坏蛋。他们和你一样，都是人，都会为自己辩解。他们告诉你，为什么要打破保险箱，为什么要开枪杀人。大多数人都能为自己的动机提出理由，不管有理无理，总要为自己破坏社会的行为辩解一番。因此，他们的结论是：他们根本不应该被关进牢里。

假如阿尔·卡庞这帮歹徒，以及许多关在监狱里的亡命男女，他们从不为自己的行为自责过，我们又如何强求日常所见的一般人？

心理学家史金诺经通过动物实验证明：因好行为受到奖赏的动物，其学习速度快，持续力也更久；因坏行为而受到处罚的动物，则不论速度或持续力都比较差。研究显示，这个原则用在人身上也有同样的结果。批评不但不会改变事实，反而只有招致愤恨。

另一位心理学家汉斯·希尔也说：“更多的证据显示，我们都害怕受人指责。”

因批评而引起的羞愤，常常使雇员、亲人和朋友的情绪大为低落，并且对应该矫正的事实状况一点好处也没有。

西奥多·罗斯福和塔夫脱总统之间有段广为人知的争论——他们的不和睦导致共和党的分裂，而将伍德洛·威尔逊送进了白宫。让我们简单地回忆一下这段历史：1908 年，罗斯福搬出白宫，共和党的塔夫脱当选为总统，然后，罗斯福到非洲去猎狮子。当他回到美国后，看到塔夫脱的保守作风，很是震怒。罗斯福除了公然抨击塔夫脱，还准备再度出来竞选总统，并打算另组“进步党”，这几乎导致老共和党的瓦解。果然，紧接而来的那次选举，塔夫脱和共和党只赢得了两个区的选票——佛蒙特州和犹他州，这是共和党有史以来遭受的最大失败。

罗斯福谴责塔夫脱，但是塔夫脱承认自己有错吗？他曾含着眼泪说道："我不知道所做的一切有什么不对。"

俄克拉荷马州的乔治·约翰逊是一家营建公司的安全检查员，检查工地上的工人有没有戴上安全帽是约翰逊的职责之一。据他报告，每当发现工人在工作时不戴安全帽，他便用职位上的权威要求工人改正，其结果是：受指正的工人常显得不悦，而且等他一离开，便又常常把帽子拿掉。

后来约翰逊决定改变方式。第二回他看见有工人不戴安全帽时，便问是否帽子戴起来不舒服，或是帽子尺寸不合适，并且用愉快的声调提醒工人戴安全帽的重要性，然后要求他们在工作时最好戴上。这样的效果果然比以前好得多，也没有工人显得不高兴了。

人就是这样，做错事的时候只会怨天尤人，就是不去责怪自己。明天你若是想责怪某人，请记住阿尔·卡庞等人的例子。让我们认清：批评就像家鸽，最后总会飞回家里。也让我们认清：我们想指责或纠正的对象，他们会为自己辩解，甚至反过来攻击我们，或是像塔夫脱所说："我不知道所做的一切有什么不对。"

当林肯咽下最后一口气时，陆军部长史丹顿说道："这里躺着的是人类有史以来最完美的统治者。"

为什么这么说呢？因为林肯找到了与人相处的秘诀——不为任何事指责任何人。而且，这个秘诀是林肯在差点丢了性命后获得的。

年轻时的林肯特别喜欢批评他人。林肯喜欢批评人吗？不错。他住在印第安纳州湾谷的时候，年纪尚轻，不仅喜欢评论是非，还写信、写诗讽刺别人。他常把写好的信丢在乡间路上，使当事人很容易发现。

1842年秋天，林肯写文章讽刺一位自视甚高的政客詹姆士·席尔斯，并在《春田日报》上发表了一封匿名信嘲弄席尔斯，全镇哄然引为笑料。自负而敏感的席尔斯当然愤怒不已，终于查出写信的人，他跃马追踪林肯，下战书要求决斗，林肯本不喜欢决斗，但迫于情势和为了维持荣誉，只好接受挑战。他有选择武器的权利，由于手臂长，他选择了骑兵的腰刀，并且向一位西点军校毕业生学习了剑术。到了约定日期，林肯和席尔斯在密西西比河岸碰面，准备一决生死。幸好在最后一刻有人阻止他们，才终止了决斗。

这是林肯终生最惊心动魄的一桩事，也让他懂得了如何与人相处的艺术。从此以后，他不再写信骂人，也不再任意嘲弄人了。也正是从那时起，他不再为任何事指责任何人。

1863年7月1日到3日，“盖茨堡战役”展开，到了7月4日晚上，李将军开始向南方撤退。当时乌云密布，随即暴雨倾盆而至。李将军带着败兵逃到波多马克河边，只见前方是高涨的河水，后方是乘胜追击的政府军，李将军进退无据，真是陷入了绝境。林肯见了，知道是天降的大好良机，只要打败李将军的军队，战争很快就可以结束。于是，他满怀希望地下了一道命令给米地将军，要米地将军立刻出击李将军，不用通知“紧急军事会议”。林肯不但用电报下令，并且另派专差传讯，要米地将军马上行动。

米地将军有没有马上行动呢？正好相反。他完全违背林肯的命令，先行通知“紧急军事会议”。他迟疑不决，故意拖延时间，用尽了各种借口，拒绝攻打李将军。最后，水退了，李将军和军队越过波多马克河，顺利南逃。

林肯勃然大怒。“这是怎么一回事？”林肯对着儿子罗伯特咆哮，“老天，这究竟是怎么回事？他们就在触手可及的地方，只要我们伸出手，他们必定跑不掉的。难道我说的话不能让军队移动半步？像这种情况，什么人都可以打败李将军，就是我也可以让李将军俯首就擒。”

极端失望之余，林肯坐下来给米地将军写了一封信。记住，这时的林肯，言论措辞都比前以保守自制。所以，这封写于1863年的信，已相当表达了林肯内心的极端不满。

亲爱的将军：

我不相信你对李将军逃走一事会深感不幸。他就在我们伸手可及之处，而且，只要他一就擒，加上我们最近获得的胜利，战争即可结束。现在，战争势必延续下去，如果上星期一你不能顺利擒得李将军，如今他逃到波多马克河之南，你又如何能保证成功呢？期盼你会成功是不智的，而我也并不期盼你现在会做得更好。良机一去不再，我实在深感遗憾。

你以为米地将军读了这封信之后，会有什么表示？

米地将军从没有见过这封信，因为林肯并没有把这封信寄出去。这是他死去后，别人在一堆文件中发现的。

我们的猜测是，林肯在写完这封信之后，望着窗外，左思右想，把信搁到一边。惨痛的经验告诉他：尖锐的批评和攻击，所得到的效果都是零。

泰德·罗斯福说，在他当总统的时候，凡是遭遇到难解的问题，就会望着挂在墙上的林肯像自问："如果林肯处于我的现况，会如何解决这个问题？"

我年轻时，总喜欢让别人留下深刻的印象，所以写了一封可笑的信给理查·哈定·戴维斯。他当时刚出现在美国文坛，颇引人注意。那时，我正好帮一家杂志社撰文介绍作家，便写信给戴维斯，请他谈谈他的工作方式。在这之前，我收到某人寄来的信，信后附注："此信乃口授，并未过目。"这话留给我极深印象，显示此人忙碌又具重要性。于是，我在给戴维斯的信后也加了这么一个附注："此信乃口授，并未过目。"虽然，我当时一点也不忙，只是想给戴维斯留下较深刻的印象。

他根本不劳心费力写信给我，只把我寄给他的信退回来，并在信后潦草地写了一行字："你恶劣的风格，只有更增添原本就恶劣的风格。"的确，我是弄巧成拙了，受这样的指责并没有错。但是，身为一个人，我觉得很恼羞成怒，甚至10年后我获悉戴维斯去世的消息时，第一个念头仍然是——"我实在羞于承认——我受到的伤害。"

假如你想引起一场令人至死难忘的怨恨，只要发表一点刻薄的批评

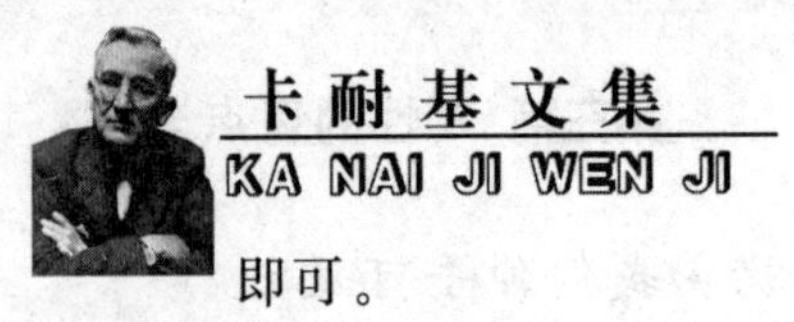

即可。

让我们记住：我们所相处的对象，并不是绝对理性的动物，而是充满了情绪变化、成见、自负和虚荣的人。

本杰明·富兰克林年轻的时候并不圆滑，但后来却变得富有外交手腕，善与人应对，因而成了美国驻法大使。他的成功秘诀是："我不说别人的坏话，只说大家的好处。"

只有不够聪明的人才批评、指责和抱怨别人——的确，很多愚蠢的人都这么做。

但是，善解人意和宽恕他人，需要修养和自制的功夫。

卡来尔说过："伟人是从对待小人物的行为中，显示其伟大。"

鲍伯·胡佛是个有名的试飞驾驶员，时常表演空中特技。有一次，他从圣地亚哥表演完后，准备飞回洛杉矶。根据《飞行作业杂志》所描述，胡佛在 300 英尺高的地方时，刚好有两个引擎同时出故障。幸亏他反应灵敏，控制得当，飞机才得以降落。虽然无人伤亡，飞机却已面目全非。

胡佛在紧急降落之后，第一个工作是检查飞机用油。正如所料，那架第二次世界大战的螺旋桨飞机，装的是喷射机用油。

回到机场，胡佛要见那位负责保养的机械工。年轻的机械工早为自己犯下的错误痛苦不堪，一见到胡佛，眼泪便沿着面颊流下。他不但毁了一架昂贵的飞机，甚至差点造成 3 人死亡。

你可以想象出胡佛的愤怒。这位自负、严格的飞行员，显然要对不慎的维护工大发雷霆，痛责一番。但是，胡佛并没有责备那个机械工人，只是伸出手臂，围住工人的肩膀说道："为了证明你不会再犯错，我要你明天帮我的 F－51 飞机做修护工作。"

记住："如要采蜜，不可弄翻蜂巢。"让我们尽量去了解别人，而不要用责骂的方式吧！让我们尽量设身处地去想——他们为什么要这样做。这比起批评责怪还要有益、有趣得多，而且让人心生同情、忍耐和仁慈。

约翰博士也说过："上帝本身也不愿论断人，直到末日审判的来临。"

◎抓住每一个机会

◎ 只要他愿意探取，凡他结交的每一个人，都能告诉他若干的秘密，若干闻所未闻却足以辅助他的前程、加强他的生命的东西。没有人能孤独地发现他自己，别人总是他的发现者！

◎ 错过与一个胜过我们自己的人相交往的机会，实在是一个很大的不幸，因为我们常能从这个人身上得到许多益处。

一个人从别人那里所吸收的能量愈大、质量愈好、种类愈多，则其个人的力量愈大。假使他在社交上、精神上、道德上同他的同辈有多方面的接触，那么他一定是个有力量的人。反之，假使他在人我之间断绝关系，那么他一定会成为弱者。

人类需要各种精神食粮，而这各种精神食粮，只有在同各种各样的人们相处相交中得来。这就像枝头上葡萄累累，其汁液的甜蜜，其色香的醇美，都是从葡萄藤的主藤上来的一样。树枝本身不能生存，把树枝从树干上砍掉，树枝定会萎黄枯死。个人的力量也是从“人类树干”中得来的。

在同一个人格坚强伟大的人相面对、相接触的时候，常常能觉得自己的力量会突然增加几倍，自己的智慧会突然提高几倍，自己的各部分机能会突然锐利了几分，仿佛自己以前所梦想不到的隐藏在生命中的力量，都被他解放了出来，以致使自己可以说出、做出在一人独处时、在没有同他接触时，所决不能说出、不能做出的事情。

演说家的演讲词可以唤起听众的同情，因而发出伟大的力量。但是假使他在“没有人”或者和个别人的情况下讲话，则决不能生出这种大力量来；正像化学家决不能使分贮在各只瓶中的药品发生化学作用一样。新的力量、新的影响、新的创造，只有在“接触”和“联系”中才能得来。

常能同他人相处相交的人，仿佛永远在他的“发现航程”中能发现自己生命中的新的“力量岛屿”，而若是他不常同别人接触，这种“力量岛屿”是会永远埋没无闻的。

只要他愿意探取，凡他结交的每一个人，都能告诉他若干的秘密，若干闻所未闻却足以辅助他的前程、加强他的生命的东西。没有人能孤独地发现他自己，别人总是他的发现者！

我们大部分的成就总是蒙受他人之赐。他人常在无形之中把希望、鼓励、辅助投入我们的生命中，在精神上振奋我们，使我们的各种能力趋于锐利。

我们生命的生长都依靠我们的心灵从四处吸收营养，而这种营养，我们的感觉是不能觉察、测量的。从表面上看，我们是从耳目中吸收进“力量”的，但事实上，这种力量的吸收绝不是取道于官能的视觉、听觉神经的。

一幅名画中最伟大的东西，不在于画布上的色彩、影子或格式上，而是在这一切背后的画家的人格中——那黏着在他的生命中，那为他所传袭、所经历的一切的总和所构成的一种伟大力量！

大学教育的大部分价值，都是从师生同学间感情的交流、人格的陶冶中所得来的。他们的心相摩擦，刺激起各人的志向，提高各人的理想，启示新的希望、新的光明，并将各人的各种机能琢磨成器。书本上的知识是有价的，然而从心灵的沟通中所得来的知识是无价的。

假使你不能同别人的生活发生密切的关系，不能培养起你的丰富的同情心，不能在别人的事上发生兴趣，不能辅助别人，不能分担别人的痛苦、共享别人的快乐，则不管你学问怎样好、成就怎样大，你的生命仍是冷酷的、无友的、孤独的、不受欢迎的。

试着常同比你优越的人交往。这并不是说，你应当和比你更有钱的人交往，而是说你应当同人格、品行、学问、道德都胜过你的人交往，因为这样你就能尽量吸收到种种对你的生命有益的东西，就可以提高你自己的理想，可以鼓励你趋向高尚的事情，可以使你对事业激起更大的努力来。

脑海与脑海之间，心灵与心灵之间，有着一种伟大的“感应”力量。

这种“感应”力量，虽无法测量，然而它的刺激力、它的破坏及建设力是十分巨大的。假使你常同比你低下的人混在一起，则他们一定会把你拖陷下去，一定会降低你的志愿和理想。

错过与一个胜过我们自己的人相交往的机会，实在是一个很大的不幸，因为我们常能从这个人身上得到许多益处。只有在“交往”中，生命中粗糙的部分才可以擦去，我们才可以琢磨成器。增加同一个能够启发我们生命中的最美善的部分的人相交的机会，其价值远过于发财获利的机会，它能使我们的力量增加百倍。

◎扩大交际范围

◎ 善于交际的人，总是在不停地扩大自己的交际范围。

◎ 定期举办的各种活动可为其成员提供充分的交往机会，所以，不要放弃你感兴趣的任何团体。

善于交际的人，总是在不停地扩大自己的交际范围，认识一个新的朋友，等于进入他的社交圈，从而又认识一批人，不断地产生倍数效应。我经常鼓励我的学员这样做，并给了他们相应的一些建议：

1. 广泛参加各种团体活动

对于参加联谊会、集训、研讨会或志趣相同者的夏令营、冬令营等活动，都是许多人在一起的集体活动，即便你兴趣不浓也还是积极参加为好。

因为，此类活动所创造的交际机会是非常多的。比如，有些不喝酒的人，稍微喝了一点，就把心里话全都倒了出来，从此与这些人结成了好朋友。如果你总是说“乱哄哄的有什么意思”之类的拒绝之辞，那么以后就不会有人再邀请你了。

各类社团组织、学术团体聚集着各种人才，大家志趣、爱好相投，有共同语言，可以相互切磋技艺，研究学问。定期举办的各种活动可为其成员提供充分的交往机会，所以，不要放弃你感兴趣的任何团体。

2. 好好利用与人合作的机遇

与人合作的过程也是交友的过程，为扩大交际范围提供了良好的机遇，因为共同的事业是寻觅知心朋友的前提条件。

不可错过与人合作的项目，而且还要积极寻找共同完成的事业，才可广交朋友。

3. 培养自己的好奇心

爱好、兴趣广泛的人，易于同各种人交朋友。一个人如果会打桥牌、跳舞、游泳、滑冰、打球、下棋等，爱好一多，与大家“凑趣”的机会就多，结交朋友的机会也就多了。

即使自己并不擅长某一方面，但若表现出浓厚的兴趣，博得对方的欢心，肯定了他的特点，也能引发共鸣。

抱有好奇心，集体活动时，不管谁邀请都一起活动。自己感兴趣的要去，不感兴趣的也要去，不管男性和女性都要兴致勃勃地活动。只有这样才能让人感受你的魅力，并让人感受快乐的气氛。当大家聚到一起时，不要忘了这一点。

此外，要关心各种问题。常关心大家所关心的事，特别是关心你结交的人们所感兴趣的事情。

4. 不要让性格差异成为障碍

常言说，物以类聚，人以群分。志趣相投的人容易接近，反之，则容易疏远。但要记住，社交与选择朋友不完全是一回事。在社交过程中，不要用选择朋友甚至是知心朋友的条件来作标准，凡是志趣不符、性格不合的人一概拒之门外。

在社交圈中认识的新朋友应是与你有较大差别的人才好。朋友之间在知识结构、兴趣爱好、生活经历、气质性格等方面存在差别，有助于双方广泛地了解形形色色的社会生活层面。新朋友的见解即使与你大相径庭、迥然不同，也是一大幸事，这可以补充、丰富你的思想。

5. 积极参加集体活动

有些人不喜欢参加集体活动，这些人老埋怨自己没有朋友，实际就是缺少热情。无论大家做什么，他就知道做自己喜欢的事情，绝不与大家一起干。什么都是自己决定，自己能领会的才想做，像这样的个性很强的人是很难交到朋友的。

◎让对方有备受重视的感觉

◎ 人类行为有个极重要的法则，如果我们遵从这个法则，大概不会惹来什么麻烦；事实上，如果我们遵守这个法则，便可以得到许多友谊和永恒的欢乐。但是如果我们破坏了这个法则，就难免后患无穷。这个法则就是：时时让别人感到重要。

◎ 约翰·杜威说过："人类本质里最深远的驱动力是'希望具有重要性。'"

现实生活中有些人之所以会出现交际的障碍，就是因为他们不懂得或者忘记了一个重要原则——让他人感到自己重要。他们喜欢自我表现，夸大吹嘘自己。一旦事情成功，他们首先表现出的就是自己有多大的功劳，做出了多大贡献。这样其实就相当于向他人表明："你们确实不太重要。"无形之中，他们伤害了别人。

有一天，我在纽约第 32 街和第 8 道交口处的邮局里排队等候寄一封挂号信。那位柜台后面的营业员显然对工作感到不耐烦——称重、拿邮票、找零钱、写收据，一年复一年都是同样单调的工作。所以我对自己说："我要让那位办事员喜欢我。而要让他喜欢，我显然必须说些好话——不是关于我自己，而是有关他的。"我又自问："他又有什么值得让我称赞一番的呢？"有时，这实在是个难题，尤其是对方是一个陌生人时。但是，称赞眼前的这位职员似乎并不让我感到困难，我马上找出可以称赞的地方了。

当他为我的信件称重时，我热切地对他说："我真希望能有你这样的头发。"

他抬起头，半惊讶地看着我，脸上泛出微笑："啊，它已经不像以前那么好啦！"他谦虚地应答。我告诉他，虽然它可能已没有原来的美观，但仍然状况极佳。他十分高兴，和我谈了一会儿，最后说道："许多人都称赞我的头发。"

我敢打赌这位先生出去吃午饭的时候，一定步履生风，晚上回家的时候，一定会将此事告诉太太，也一定会照着镜子对自己说："这头发是多么漂亮！"

有次我演讲的时候提起这件事，事后有人问我："你想从那人身上得到什么？"

我想从那人身上得到什么？我想从那人身上得到什么！

如果我们真是这么自私，一旦没有从他人身上得到好处，就不对他人表示一点赞赏或表达一点真诚的感谢——如果我们的灵魂比野生的酸苹果大不了多少，我们的心灵会变得多么贫乏。

不错，我是希望从那位先生身上得到一点东西。但那东西是无价的，而且我已经得到了。我得到了助人的快乐，这种感觉会在事过境迁之后，永存在我的记忆里。

人类行为有个极重要的法则，如果我们遵从这个法则，大概不会惹来什么麻烦；事实上，如果我们遵守这个法则，便可以得到许多友谊和永恒的快乐。但是，如果我们破坏了这个法则，就难免后患无穷。这个法则就是："时时让别人感到重要"。我们前面提过约翰·杜威所说的："人类本质里最深远的驱动力就是'希望具有重要性'"。还有威廉·詹姆士说的："人类本质中最殷切的需求是：'渴望被肯定'"。我也曾指出，就是这种需求，使人类有别于其他动物；也就是这种需求，使人类产生了文化。

几千年来，许多哲学家都曾就这个问题深刻思量过。而他们产生的结论只有一个，这法则并不新颖，可以说和历史一样陈旧了。用一句话做总结——这大概是世上最重要的法则："你要别人怎么待你，就得先怎么待别人。"

你需要朋友的认同，需要别人知道你的价值；你希望在自己的小世界里，有种深具重要性的感觉。你不喜欢廉价、言不由衷的恭维，而渴望出自真诚的赞美。你喜欢友人正像查理·夏布所说的"真诚、慷慨地赞美"。我们都喜欢那样。

所以，让我们衷心服膺这永恒的金律："我们希望别人怎么待我们，我们就怎么待别人。"

怎么做？什么时候？什么地方？答案是：随时！随地！

住在威斯康星州的大卫·史密斯也告诉我们他如何处理一个尴尬场面。故事发生在一个慈善音乐会的点心摊上。

"音乐会那天晚上，我到达公园的时候，发现有两位上了年纪的女士，站在点心摊旁边，都显得不怎么高兴的样子。很显然的，她们两人都认为自己才是那个点心摊的负责人。我站在那里，正思索着该如何是好，有名赞助委员会的成员走过来，交给我一个募款箱，并感谢我的帮忙。她也介绍那两位上了年纪的女士——萝丝和珍——与我认识，然后便匆匆离开了。

"紧接而来的，是段令人尴尬的静默。我知道那个募款箱可算是一种'权威的标记'，便把它交给萝丝，向她说明自己恐怕不能管理好，希望她能帮忙料理。我又建议珍负责照顾另两名少年助手，并教他们如何操纵汽水贩卖机。

"于是，整个晚上，萝丝都很高兴地清点募款，珍也很尽责地照料两名助手。我则很轻松地坐在椅子上，欣赏整个音乐晚会。"

你不用等到当上了驻法大使，或是宿舍里的"聚餐委员会"主席以后，才来运用这个法则，你几乎每天都可以使用这奇妙无比的魔力。

举例来说，如果你在餐馆里点了一份炸薯条，而女侍者却在端给你马铃薯的时候，让我们说："对不起，麻烦你了，但我比较喜欢炸薯条。"女侍者可能会这么回答："不，一点也不麻烦。"而且她还会高高兴兴地把马铃薯换走，因为我们已经对她示以了敬意。

另外，我们还可以使用许多日常用语来解除每天生活的单调与忙碌，如"对不起、麻烦你……""可否请你……""请问你愿不愿意……""你介不介意……""谢谢"等。

下面让我们再看一个例子。

罗纳尔德·罗兰是我们在加州开课时的讲师，也教美工课。他曾提起初级手工艺班里的学生克里斯的故事。

"克里斯是个安静、害羞、缺乏自信心的男孩，平常在课堂上很少引人注意。一天，我见他正在伏案用功，便走过去与他搭话。他的内心深处似乎有一股看不到的火焰，当我问他喜不喜欢所上的课时，这个年仅14岁的害羞的男孩脸上的表情起了极大变化。我可以看出他的情绪波动很大，想极力忍住泪水。

"'你是说，我表现得不够好吗，罗兰先生?'

"'啊，不！克里斯，你表现得很好。'

"那天，上完课走出教室的时候，克里斯用那对明亮的蓝眼睛看着我，并且肯定、有力地说：'谢谢你，罗兰先生！'

"克里斯教了我永远难忘的一课——我们内心深处的自尊。为了使自己不至忘记，我在教室前方挂了一个标语：'你是重要的。'这样不但每个学生可以看到，也随时提醒我：每一个我所面对的学生，都同等重要。"

这是一个未加任何渲染的事实：差不多你所遇见的每一个人都自以为在某些地方比你优秀。所以，要打动他们内心的最好方法，就是巧妙地表现出你衷心地认为他们很重要。

唐纳德·麦克马亨是纽约一家园艺设计与保养公司的管理人。他向我讲述了这样一件事情：

"有一次，我替一位著名的鉴赏家做庭园设计，这位屋主走出来作了一些交代，告诉我他想在哪里种一片石南和杜鹃花。

“我说道：‘先生，我知道你有个癖好，就是养了许多漂亮的好狗。听说每年在麦迪逊广场花园的展览里，你都能拿到好几个蓝带奖。’

“这一小小的称赞所引起的效果却不小。

“鉴赏家回答我：‘是的，我从养狗中得到了很多乐趣。你想不想看看它们?’

“他花了差不多一个钟头的时间，带我参观各类的狗和所得的奖品，甚至向我说明血统如何影响狗的外貌和智慧。

“后来，他转身问我：‘你有没有小孩?’

“‘有的。’我回答，‘我有个儿子。’

“‘啊，他想不想要只小狗呢?’他问道。

“‘当然哪，他一定会很高兴的。’

“‘那么，我要送一只给他。’鉴赏家宣称。

“他告诉我怎么养小狗，讲了一半却又停下来。‘你大概不容易记下来，我写一份说明给你。’于是他走进屋里，打了一份血统谱系和饲养说明给我。他不但送我一只价值好几百元的小狗，还在百忙中拨给我 1 小时又 15 分钟的时间。这完全是因为我衷心赞美他的嗜好和成就的缘故。”

柯达公司的乔治·伊斯曼，因发明了透明胶片而大发其财，成为举世闻名的富豪。像他这么有成就的人，渴望被肯定的心理却是和你我没有两样。

事情是这样的：伊斯曼在兴建“伊斯曼音乐学校”和“基尔本厅”的时候，纽约一家专做椅子的公司经理詹姆斯·亚当森，很想包下剧院座椅的生意，便打电话给建筑设计师，希望能通过他安排时间，到罗契斯特去会见伊斯曼先生。

到了见面那天，建筑设计师对亚当森说道：“我知道你很想做成这笔生意。但我先告诉你，伊斯曼是个纪律严格的人，十分忙碌，所以你最好长话短说，把来意在 5 分钟内解说完毕。”

亚当森也正准备那么做。

进了办公室，亚当森见到伊斯曼先生正埋头在一堆文件之中。伊斯曼先生抬起头，取下眼镜，然后走过来向亚当森和建筑设计师招呼道："早安，两位先生，请问有何指教?"

建筑设计师为两人介绍过后，亚当森便说道："这是间很好的办公室。虽然我是从事室内木工艺品的生意，却从没见过这么漂亮的办公室。"

乔治·伊斯曼回答道："你使我回想起某些往事。是的，这是间很漂亮的办公室。刚建好的时候，我真喜欢极了。可是后来事情一忙，也就不再有那份感觉，有时甚至好几个星期也不曾来一趟。"

亚当森移动脚步，用手指抚过窗格的镶板。"这是英国橡木，是吗?这跟意大利橡木稍有不同。"

"不错。"伊斯曼答道，"这是从英国进口的橡木，是我一位木料专家的朋友特别为我选来的。"

伊斯曼便逐一介绍室内的一些建材，不时对结构的比例、材料的色泽和制作的手工等提出品评，并说明当初他如何参与计划和施工。

后来他们停在一扇窗户前面，伊斯曼以他特有的缓和声调，指出他未来的好几项计划：罗契斯特大学、综合医院、友谊之家、儿童医院等。亚当森对他的人道精神又大大赞赏一番。接着，伊斯曼打开一个玻璃箱，取出一个照相机来——那是他的第一部照相机，由一个英国人手中买来的。

亚当森又询问他从事生意以来的种种奋斗情形。伊斯曼提到自己童年的贫困和孤儿寡母的辛劳，由于对贫穷的恐惧，他因此特别努力工作。亚当森凝神细听，并不时发出一些问题，如干性感光盘的实验等，伊斯曼也都很详细地回答。

亚当森被引进办公室的时候，是 10 点 15 分。建筑设计师曾警告他，面谈最好不超过 5 分钟。但现在 1 个小时过去了。接着两个小时，他们还是谈个不停。

最后，伊斯曼对亚当森说道："上次我在日本买回几张椅子，放在阳台上，结果油漆都被阳光晒剥落了。前几天，我到市区买来一些颜料，自己动手油漆一遍。你想过来看我漆得如何吗？要不你等一下可以到我家来用点午餐，我可以让你看看那些椅子。”

用完午餐之后，伊斯曼带亚当森去看那张椅子。那不过是普通的日本座椅，只因经由大富豪亲手油漆过，便备受珍惜。

剧院座椅的订单高达9万元，你猜谁会做成这笔生意呢？

◎莫与小人较劲

◎ 敌人本来并不存在，只是由于某种原因才出现。

◎ 你不要欺负人，也不可随便让别人踩到你的头上，这才是正确的人生观。

“没有敌人的人生太寂寞。”这位先哲真是好大的口气，试想谁希望以敌人的存在来充实自己的人生经历？其实，如果仔细想想，你的敌人是谁呢？是不是从出生开始就有敌人存在或存在的仅仅只是你的假想敌人？敌人本来并不存在，只是由于某种原因才出现。或者是原来的朋友反目成现在的敌人，也许将来还会变成朋友。不打不相识，你们为什么不能彼此间成为朋友呢？把你的敌人看作是你的朋友，如果你这样做了，说明你每天在一点点地提高自己，开阔自己。

但是，礼让并不是无原则的一味退让，并不是对所有的事都保持沉默。不要以为这样你才有深度、有内涵，是一个襟怀博大、有容人之量的人。事实恰恰相反，如果你这么做，别人只会把你看作懦弱无能、愚笨无知的代名词，绝对不会正视你的存在。在某些时候，你不得不去争取、去辩论，去实现自己存在的价值，去批评、反击自己认为是忍无可忍的事情，别人绝对不会说你肤浅狭隘，有些事情，如果你不去做，别人又怎么会知道？

一个人的口才十分厉害，人人对他退避三舍，唯恐被他当众取笑一番。碰上这种人，不管你反唇相讥或沉默不语，别人只会含笑欣赏这一幕闹剧。最难缠的人物，莫过那些生性浅薄而缺乏自知之明的人，他们以攻击人家的弱点为乐事，得理不饶人，叫你丢尽面子才肯罢休。如果在你的周围刚好出现这样一个人物，他说话的声音特别嘹亮，每句话像飞刀一样直插听者的心中，令人又惊又怒，你应该如何做出适当的反应，让对方晓得你并不好欺负，而又不失自己的风度？

喜欢图一时之快，嘲笑别人，以求达到伤害对方自尊心为目的的人，都有一个通病——欺善怕恶。由于缺乏涵养，认为别人无言以对，把对方踩在脚下，自己便会升高一级，增加自我的价值，结果慢慢地便形成一种暴戾习气，对人对事一味挑剔，还自认为具有非凡的洞察力、见识过人。别人越是显出畏惧，他们越是得意扬扬，尖酸刻薄的话，一吐为快，毫不知收敛。

面对这种自以为口才很好，却是令人讨厌的人时，你既不要随便示弱，也无须自我降格，跟他针锋相对。你应该这样做：

1. 在对方说得起劲，更难听的话也冲口而出的时候，你实在不必再忍受这样肤浅的人，你可以站起来礼貌地说："对不起，请继续你的演说，我先走了。"如果对方还有一点自尊的话，他应该感到羞耻。

2. 当他正在心情兴奋地把你的弱点一一挑出来取笑时，你只需平静地定睛看着他，像一个旁观者，兴味盎然地欣赏眼前这个小丑每一个表情，对方便会难以再唱独角戏。

3. 当他实在太惹人讨厌，总是找你的麻烦，每句话都是针对着你时，你要尽量抑制怒气，装听不见，切勿中了对方的诡计，跟他唇枪舌剑。如果你根本不理会他，他便无法再独白下去，他的弱点会因此而暴露无遗，有目共睹，同时显出你的涵养，非比寻常。

有些人是天生的"疯子"，你对他的所作所为非常厌恶，但又无可奈何，你只能用"不可理喻"四字来形容他。如果他特别针对你，像一只疯狗似的到处吠你，穷追不舍，你的烦恼自然大大增加，他甚至可能做出损人不利己的行为，后果更是不堪设想。你既没有足够的精力与时间跟他周旋到底，以牙还牙，看看鹿死谁手，又不愿与这种人纠缠下去，以免降低人格。面对这种矛盾的情形，什么才是最明智的处理方法？或者，你会说：“我不会跟这种人计较，不愿为他浪费我的宝贵光阴，我想他疯够了便会停下来，永远对这个人敬而远之才是。”你也可能会说：“我会找他出来当着大家的面说清楚，请其他朋友主持公道，看看谁是谁非，我不要自己蒙上不白之冤。”其实这种人之所以可恶可恨，完全是因为他们心术不正，满脑子是害人的歪念，以致面目也变得奸险狰狞，看见受害者摊上麻烦、心绪不宁，他们便乐不可支。对付这种卑鄙小人，你不能动真气、讲道理，或妄想以情义打动他们的心。对方故意跟你过不去，除了自叹遇上恶人，你所能做的，便是对着镜子做一下深呼吸，长吁一口气，承认你交错这样一个朋友。尽管内心隐隐作痛，还是要努力控制情绪，表面上不动声色，从此对这个人不存半点希望，不让他再有机会影响自己的生活，任由他到处乱吠好了。既然他已失去了常性，你又何必跟一个疯子苦苦理论？

如果你对某些不可理喻的人已经束手无策，无奈之余只得说一声“我不生气”的时候，你有没有想过要掌握一些技巧来正确地提出自己的要求呢？你肯定有这个愿望，那么你又该如何表达自己的意愿呢？

在公共场合里，我们时常会遇到一些不受欢迎的人物。例如，在电影院里，年轻人忘情地大叫大笑，高谈阔论；在音乐会中，邻座的观众不停地讲话，令你十分苦恼，你想出声请他们安静下来，却碍于礼貌，不愿当众指责对方，只有强自忍受。这样，你会变得越来越内向怕事，不敢据理力争，凡事得过且过。

你不要欺负人，也不可随便让别人踩到你的头上，这才是正确的人生观。一味迁就自私自利的人，容忍对方对自己造成的间接伤害，没有人会因你的仁慈而心存感谢；相反，懦弱无能或许是人家对你的形容。其实，一个真正有涵养的人，面对上述情形的时候，他会有这些表现：当对方的行为实在太过分，令人忍无可忍之际，他不害怕挺身而出，告诉对方他带给他人的不良影响，由于其态度是诚恳而义正词严的，对方会感到惭愧。

如果你出言不逊，大声怒斥道："你这个自私的人，知不知道你说话的声音太大，惹人讨厌。"对方的反应必然是怒目而视，反唇相讥，不但不会合作，反而故意跟你作对，引起激烈的争执。你应该这样说："先生，请你说话小声一点好吗?"或者"请你保持安静，谢谢。"与其直斥其非，不如清楚地告诉对方你要他怎样做，更能使他明白自己带给人家的不良影响，乐意与你合作。

培养说话技巧，在不伤害他人自尊心的情况下，达到你心目中的效果，何乐而不为？一个人在愤怒的时候，他的言行通常会出错，无论何时何地，你必须切记这一点。

◎无事也登"三宝殿"

◎ 所谓的路子，是指遇紧急情况或需要某种情报时，可以灵活动用的东西，如果在这种万一的情况下不能为自己的利益发挥作用，则缺乏拥有路子的意义。

尽管如此，只有遇上求助场合才会打电话的行为，未免太自私，鲜少打电话来的人一旦打电话来时，心里正想着不知有何贵干，不料闲聊 30 分钟后，对方忽然说："你能否替我要几张演奏会的入场券?"这种情形时常可见。这绝对不是令人愉快的事情。有事相托才会打电话来的人，不免令人怀疑对方只是在利用自己。至少，这种情形无法发展成健全的人际关系。

自己与他人联络时，如果突然就向平常疏于招呼的对象提出恳求时，由于明白对方心里感觉"遭到利用"，因此自己也会变成愈来愈不好意思打电话给对方。

对方万一是自己想请求帮忙的对象，即使是平常无事相托时，也有必要认真地保持联络。倘若是平时保持着联系的对象，即使是困难的请求也容易开口提出，而对方也必定不会觉得自己遭利用，并能轻快应允协助。

反过来说，所谓路子，如能保持无事相求时也能轻松相互联络的关系，才是最理想状态。为了联络，必须一一捏造出理由才能打电话的关系，在万一的情况下无法发挥作用。

即使是男女之间，夜里心血来潮拨电话给对方时，“有什么事?”再也没有比对方提出这种问题更令人伤心的了。由于不是工作上的电话，如果被问及这样的问题，大致可以确定是无希望可言。如果不能成为没事也能通电话的对象，绝对无法建立恋爱关系。

路子的情形亦相同，所谓真正可以亲密往来的对象，愈是无事相求时愈能尽情通电话。反之，遇上有事相托时，即使三言两语，彼此也能明白对方想说的话，“0k，你不用多说”，通话时间也相对缩短。遇上有事相求时，可以开门见山地提出请求。

为了让路子发挥作用，你应尽量储备这种对象。在万一状态下，是否可以当作网络加以活用，是完全取决于“无事也登三宝殿”的功夫。

◎该告别时就告别

◎ 聪明的人晓得如何利用时机提出告别，他们的告别往往会给对方留下深刻的印象，同时又达到交际的目的。

◎ 即使是关系较好的朋友，也要控制好交谈的时间，要为对方考虑，掌握好告别的时间。

以前曾参加我课程训练班的学员詹姆斯感到自己学到的东西还不够用，就又一次进了我的课程训练班，要求再进行学习。我对他表示欢迎之后，问他：

“你认为自己目前最大的问题是什么?”

詹姆斯老老实实地回答道：“说实在的，我自己也不知道。从你那儿我确实学会了热忱、自信、勇气以及如何赞扬别人……这一切都使我获益

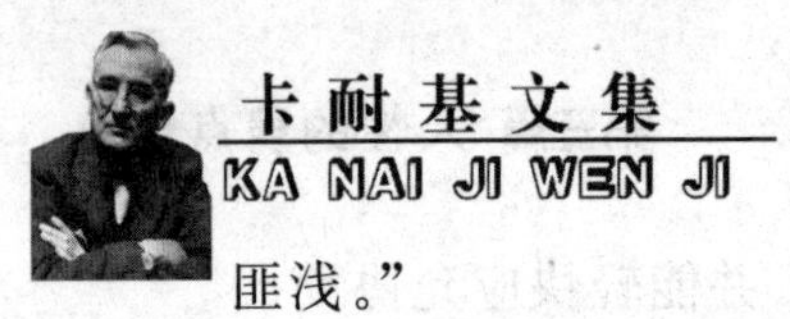

匪浅。”

我很奇怪，就继续问他：“你一定赢得了许多朋友吧。”“是的，确实如此，但朋友们往往不欢迎我第二次上他们家做客。”詹姆斯说：“这是为什么呢?”我问道。

“我不知道。”詹姆斯接着往下说，没想到他从朋友的性格一直说到阿拉斯加的天气、风土人情……口若悬河地讲了近三个小时。

我早已满脸倦意，不过这下我可知道詹姆斯的朋友不欢迎他的原因了。詹姆斯太健谈了，毫无休止，根本不懂告别的艺术，于是我打断詹姆斯的话说：“詹姆斯先生，我已经明白你的朋友不欢迎你的原因了。”“噢，那太好了，你赶快教教我吧。”詹姆斯兴奋地叫道。

我不忍当场说出他的缺点，使他没面子，就婉转地说：“明天你来上培训课吧，看看其他学员怎么做，你就会明白的。”

詹姆斯急切地问道：“你能今天就告诉我吗?我实在是太想知道了。”我微笑着劝道：“不要着急，明天知道对你有好处，反正也不在乎一天半天的了。”

詹姆斯见我把话说到这个份上，只好恋恋不舍地戴好帽子，遗憾地说：“哎，要等到明天才能知道。”

第二天，詹姆斯来到班上。我给学员们布置任务，让他们训练说话的艺术，互相赞美对方。

詹姆斯见我一直没有说他的事，就有点坐不住了。但我微笑着示意他不要动。他只好耐着性子在那儿看其他学员们练习。

下课的时间到了，有些学员站起来向我告别，有些学员仍留在教室里，其中有一位女学员走过来问一个问题。

我仔细地倾听着，一边给那位学员作解释，我已经把她当成屋子里最重要的人了。

女学员离去后，又有几位学员过来把我围住向我请教问题。我一一作了简明扼要的回答，给他们留下很深的印象。

詹姆斯实在熬不住了，就走过来对我说：

“您可以告诉我我的问题了吧?”我说：“你的谈话很有魅力，充满了艺术性，是个很容易赢得他人喜欢的人。”詹姆斯听了这话，非常高兴。我继续赞扬地说：“你充分运用了热忱和勇气的原理，并且极其富有绅士风度，令所有人都对你着迷。”詹姆斯被我说糊涂了，忙不迭地问道：“那我的问题究竟出在哪儿?”我慢悠悠地说：“难道你刚才没有注意到那些学员是如何向我告别的吗?”“没有。”“这正是你的缺点所在，你从不观察别人是如何告别的，你不懂告别的艺术。”“难道问题在这里?”詹姆斯若有所思地说。

我这才向他谈到，聪明的人晓得如何用时机提出告别，他们的告别往往会给对方留下深刻的印象，同时又达到交际的目的，并详详细细地讲述了告别的艺术。詹姆斯虚心地听着，心里越来越认识到自己的问题所在。詹姆斯后来成为了一名受人欢迎的社交家。

由此可见，掌握告别的技巧在你的交际中意义重大。

首先和友人谈话，要注意把握时间。拜访一般朋友，时间不宜超过半个小时，如果有重要的事，那就应该约个时间作一次长谈。拜访老相识，如果对方有空，不妨多坐会儿，但也要切记不能把一件事反反复复地说了一遍又一遍，那样会让人觉得讨厌。

即使是关系较好的朋友，也要控制好交谈的时间，要为对方考虑，掌握好告别的时间，以免影响他人的生活、工作，日久必会令人厌烦，而不愿继续交往。

另外，可以在谈兴正浓的时候告别，这会令对方留下深刻的印象，这无疑是一种明智的交际手段。

第二章

做好一生的规划

◎目标是人生的灯塔

◎ 心中拥有目标，便会使自己不会太留意与之不相关的烦恼，不会与一般的不相关的小麻烦计较，这会使你变得豁达、开朗。

◎ 一个人之所以伟大，首先在于他有一个伟大的目标。

每一个奋斗成才的人，无疑都会有一个选择、确定目标的问题。正如空气、阳光之于生命那样，人生须臾不能离开目标的引导。

有了目标，人们才会下定决心攻占事业高地；有了目标，深藏在内心的力量才会找到“用武之地”。若没有目标，绝不会采取真正的实际行动，自然与成功无缘。

首先，心中拥有目标，给人生存的勇气，在困苦艰难之际赋予我们坚忍不拔的毅力。有了具体目标的人少有挫折感。因为比起伟大的目标来说，人生途中的波折就是微不足道的了。因此，拥有科学的目标可以优化人生进程。

其次，由于目标事物存在于脑海某处，所以即使我们从事别的工作，潜意识里依然暗自思量图谋对策，遂在不觉之间接近目标，终于梦想成真。拥有目标的人成大功立大业的概率，无疑要比缺乏志向的人高。目标激励人心，产生活动能源。

再者，实现目标好像攀登阶梯一般，循序渐进为宜，尽管前途险阻重重，也要自我勉励，不断做出更大的挑战。当时认为不可能做到的事情，往往几年之后，出乎意料地简单达成了。

卡耐基说不甘做平庸之辈的人，必须要有一个明确的追求目标，才能调动起自己的智慧和精力。

心中拥有目标，便会使自己不会太留意与之不相关的烦恼，不会与一般的不相关的小麻烦斤斤计较，这会使你变得豁达、开朗。因为人的注意力是很有限的，一旦他（她）全身心地为自己的目标而努力，去冥思苦想时，其他的事情是很难在其脑子里停留的，这个道理极其明显。

心中有了目标，人就会专门去找一些相关的麻烦来解决，以便自己为实现目标而进行一些必要的锻炼，这样，使人在不知不觉中培养起了积极的人生态度和勇于迎接困难的优良品质。

在现实生活中，确有许多"平庸之辈"有不甘平庸之心，这是一个积极入世的人不容回避的问题。作为一个平凡的人，尽管不可能都轰轰烈烈，但是能使平凡的人生较常人稍许不平凡一些，尽可能比别人强一些，是肯定能办到的。

我们需要提升生存的智慧，思考成功，追求卓越，对人生的意义、人生的价值、人生的幸福等问题交出较完美的答卷。不甘平庸，崇尚奋斗，正是人生之歌的主旋律。

没有明确的目标，没有目标的努力，显然如竹篮打水，终将一无所有。

目标是获得成功的基石，是成功路上的里程碑。目标能给你一个看得见的靶子，你一步一个脚印去实现这些目标，你就会有成就感，就会更加信心百倍，向高峰挺进。

成功，是每一个追求者的热烈企盼和向往，是每一个奋斗者为之倾心的夙愿。在目标的推动下，人就能够被激励、鞭策，处于一种昂扬、激奋的状态下，去积极进取、创造，向着美好的未来挺进。

目标是一种持久的热望，是一种深藏于心底的潜意识。它能长时间调动你的创造激情，调动你的心力。你一旦想到这种强烈的愿望，就会产生一种原子能般的动力，就会有一种钢铸般的精神支柱。一想到它，你就会为之奋力拼搏，就会尽力完善自我，在艰难险阻面前，决然不会轻易说“不”字。为了目标的实现，去勇敢地超越自我，跨越障碍，踏出一条坦途。

目标是信念、志向的具体化，奋斗者一定要有梦想，并敢于做“大梦”，梦想正是步人成功殿堂的动力源。许多精英俊杰都是出色的梦想者，他们无一不是笃信大梦能成真的。他们梦想的目标一旦确立，就会万难不屈、坚毅果敢，充分发掘自己的潜能，将自己的才华优势发挥到极致，以百倍的努力冲刺、攀登。

正如美国成功学家拿破仑·希尔所言：“你过去或现在的情况并不重要，你将来想获得什么成就才最重要。除非你对未来有理想，否则做不出什么大事来。一有了目标，内心的力量才会找到方向。”

可以说，一个人之所以伟大，首先在于他有一个伟大的目标。

在人的成长过程中，必经历胎儿期、继承期、创造期和发展期几个阶段。在第二、三阶段中，有一个目标选择期，即从学校毕业到就业前后，是确定奋斗目标的阶段。

一个人能否成功，确定目标是首要的战略问题。目标能够指引人生、规范人生，是人成功的第一要义。目标之于事业，具有举足轻重的作用。忽视目标定位的人，或是始终确定不了目标的人，他的努力就会事倍功半，很难达到理想的彼岸。确立目标，是人生设计的第一乐章。

◎确立人生的起跑点

◎ 不少人青年时代就功成名就，不能不说与他的人生起跑点选择的准确有关。

人生的全流程，虽是一个连续不断的时空整体的客观存在，但它明显地划分为几个阶段。把人生流程中生理年龄、人的成熟和发展过程以及主要内容的更替综合起来看，分为四个大阶段较为科学，每个大阶段内又分几个小段。自降生至18岁，我们称之为人生流程的补建期。如果说任何人对自己所获得的遗传因素、母体条件都无法选择，那么我们就可以降生为界。降生以前主要是获得先天的生理预应力，出生后社会环境便开始施加影响以造就其社会适应力，以使他提高对社会的适应能力。第二个阶段是成熟期，即18～25岁左右，是充满理想、浪漫色彩和激情的青年期。这个时期，努力总结在补建期所得到的一切知识和社会经验、实践体会，中心任务是使自己初步成熟起来。这一时期有两个明显标志：一是初步形成世界观，即获得社会观、人生价值观，认识方法协调统一化，形成对客观世界的整体性认识；二是基本选定了一生所从事的事业的目标。在这个阶段中，人生的中心任务就是要全力促进成熟，早成熟早立志，就可以早进入创造期，早出成果，为社会多做贡献。第三个阶段是创造期，即25～55岁左右这个年龄段。这是人生全程中的黄金时代，无论从事什么工作的人，这个阶段都是进行创造性工作的最佳时期。不仅因为这个年龄段上的人年富力强，而且因为他们积累了丰富的经验，历经了磨炼，使他们有稳定的情绪和持久的耐力。第四个阶段是总结期，即55岁以后。这个时期，因年龄增长所发生的心理变化，以及体力精力的减退，迫使人不得不离开第一线，做一些总结切身经验的工作。

如果把人生比作是运动场上的竞赛，那么，补建期就好像运动员竞赛前的预备活动期，而成熟期就是运动员在选择自己的起跑点，创造期就是正式竞赛中的角逐。不同点在于，运动上的竞赛是练兵千日于瞬间决一雌雄，而人生的竞争则是集千万个瞬间的科学灵感和运动场上的冲刺比高低。要说哪一个容易哪一个难，不好分辨。但有一点可以肯定：人生漫长的征途上更需要持久的耐力。

人生起跑点的选择，对于一生有重要作用。如果一开始起跑点就选得准确，总比几经周折年近迟暮还在徘徊之中要好得多，不少人青年时代就功成名就，不能不说与他的人生起跑点选择的准确有关。

有的人说“选择目标，实际上是自己设计自己的过程”“自己设计自己，首先要考虑社会的需要，时代的需要，还要考虑自己的所长和爱好”。持这种主张的人认为，选择人生目标就是自己设计自己。我们并不完全同意这种主张，因为选择人生目标仅仅是人生设计的一项内容，而不是人生设计的全部内容，人生设计除目标设定外，还包括阶段规划、环境分析、反馈和核心内容的研究等。而目标的选择，仅是确定人生起跑点的前提之一。

该如何确定自己的人生起跑点呢？用我们的话来说，就是在对自身条件优劣和环境利弊的自觉认识的基础上，根据扬长避短的原则，按照社会需要所指示的方向，在环境的最大容许度上确立自己的人生起跑点较为妥当。

身处顺境，依自己对于宏观和微观的自觉认识的水平，对自己的长处短处的自觉认识，确立一生所从事的事业（范围或更具体到特定项目）的目标，这就是人生的起跑点。

身处逆境，同样也应依照对环境和自身的自觉认识水平，确立一生所从事的事业的目标，不过有两种情况：一种是在微观环境容许度以内确立，叫作安全性人生起跑点；另一种是在微观环境容许度之外，依自己对宏观需要的自觉认识确立所从事的目标，叫作风险性人生目标。

上述关于人生起跑点的思想在确立过程中所涉及的因素和判断过程是一致的，不同仅在于担风险还是找安全。

◎描绘生命的蓝图

◎ 成功人士与平庸之辈的差别，就在于前者为生命计划，决定一生的方向。

◎ 只有你知道需要什么，这样你才能更肯定地实现目标。

生命比盖房更需要蓝图，然而很多人从来没有计划过生命，每天只是醉生梦死地度过。

成功人士和平庸之辈的差别，就在于前者为生命计划，决定一生的方向。我们可以为生命做出计划，如拟订十年、五年、三年计划；或拟订最接近此刻的为期一年的计划；最后是短期计划，如一月、一周、一天。

1. 订出一生大纲：你这一辈子要做什么？当然，有很多事只能订出个大概，但你可以好好选择自己所喜欢做的事。

你退休后要做什么？你的第二阶段要怎么过？也许你要终日徜徉于山水之间。如果现在你还不到 30 岁，以后也不想退休，那就不必为这些烦恼。

2. 20 年大计：有了大概的人生方向，就可以拟订细节。第一步是 20 年。订下这 20 年内你要成为什么样子，有哪些目标完成。然后想想从现在起，10 年后你要成为什么样的人。

3. 10 年目标：20 年大计一定要 20 年才能完成吗？不一定。你越富裕，就越快达到目标。

4. 5 年计划：只需要一台计算机和几秒钟时间，你就知道 5 年内要赚多少钱。

5. 3 年计划：3 年是重要的一环，一生大计通常只是简单的方向，而 3 年计划是最重要的决定点。

6. 下年计划：这是你每周至少要检视一次的预算表和工作计划。每年都要有计划，尽量简单扼要，以数字为主。像赚得的金额、认识的人数等。12 个月的计划不是论文，而是行动大纲。

7. 下月计划：认真地执行下个月的计划。以每月 15 号开始算起，是最适合的日子。

8. 下周计划：大多数人而言，这是时间计划的关键所在。

9. 明日计划：这是最具体的生命计划。

别被 20 年大计吓倒了，好好写下来，修改是难免的。订计划是件愉快的事，而非一项任务，如果你的计划是一串上升的数字，你很快就会对它产生兴趣。

如果短期计划超过了90天，你会对它丧失兴趣，把它分散成单项，然后逐一在90天内完成。

只有你知道自己需要什么，这样你才能更肯定地实现目标。

◎拥有自己的计划

◎ 谁没有用以检查其行为标准的计划，那他的行为就会为眼前的影响所支配；他认为今天所寻求到的自信说不定明天就又会失去。

◎ 有了计划，就意味着有了保障。

一位著名的外交官曾说过，“日常事情一件一件地向我们涌来。如果我们没有一个可以将之加以检查的计划，那么我们就会遇到许多困难”。

他所陈述的这种道理在外交、政治以及我们每个人的工作和生活中统统适用。应该按照自己的标准，去检查每天发生在我们身边的事情，谁若不懂得这一点，谁就将陷入不稳定的漩涡之中。他自己的个人意愿将难以实现，所定目标也将停滞不前。

所以，影响我们生活的有两件事情。其一就是日常之事，这是我们社会不断强加给我们的对立；其二就是拥有一份计划，我们按照这份计划来评判日常之事对我们自己是否有利，我们是否有能力处理好这些事情。

谁没有用以检查其行为标准的计划，那他的行为就会为眼前的影响所支配；他认为今天所寻求到的自信说不定明天就又会失去。

谁拥有一份长期计划，谁就会凭借它创造有利的前提，正确看待眼前的一切诱惑。

在此，还应进一步说明一下，拥有一份检视我们行为的计划到底有哪些好处：

拥有一份计划并贯彻它，意味着可以事先知道应该怎样度过这繁忙的一天。

拥有一份长期计划，就如同建立了一个安全网，当我们在日常生活中遇到困难时，它会及时地给予我们保障，就如空中飞人表演遇险而由安全网接住一样。

这也意味着，可以及时界定我们的能力和可能性的范围，以期更接近我们所期望的目标。这样，我们就不会受外界影响和诱惑。

谁没计划，谁就会陷入危险之中。

在过去的几年里我遇到过一些人，他们给我留下的印象是：他们生活得比别人好，这时我总会向他们讨教几招。其中一个人给我举了一个印象颇深的例子。这个例子说明，计划如何帮助人们去克服生活中大大小小的问题。

我有一个朋友，他是在乡下一个贫苦的家庭中长大的，他父亲早逝。之后他上了大学，毕业后当了一名法官，再之后又当了外交官和部长。

当我在他的办公室拜访他时，我问他："您曾经说过，您是个心满意足的人。您是怎样做到这一点的呢？"

他思考了一会，然后以他那独特的、从容不迫的方式回答道：

"严格地说，我几乎可以称得上是个心满意足、十分幸福的人。这当然有多方面的原因。但其中有两点是肯定的：人必须自信。同时也必须能够独立做事，而且不要过分依赖于外部事物。"

对某些人来说，读了这几句话后，会感觉它们只是空洞的说教或者只是抽象的愿望、幻想。但对以它为原则而生活的我的朋友来说，这是他获得几乎可以称得上是心满意足、十分幸福的生活的关键因素。从这个伟大的生活计划中，他推导出解决日常问题的许许多多小计划。

举一个他向我讲述过的例子，是关于他怎样控制体重的。当别人都在大量地吞服药片或偶尔接受减肥疗法并向别人推荐时，他却用自己的方式来解决问题：

"每周日洗完澡后，我就称体重。如果称的是80公斤，那么在接下来的一周内，我接着吃与上周同量的东西；如果称得的体重大于80公斤，那么接下来的一周内我只吃一半的东西。在这段时间内，我的体重又可以减到适合于我的体型的最理想的80公斤。”

你或许会问：“这样一件无关紧要的小事和他幸福的计划有什么内在的联系?”

非常之简单：举一反三。他说：“人必须自信并且不要过多地依赖于外部事物。”

他不问：“谁帮我解决我的体重问题呢?哪些药片能帮我，哪些疗法能有效呢?”而是更多地去寻求一种不依赖于任何人的解决之道。

他控制自己每天吃多少东西，不受偶然因素或所提供的食物的影响，而是严格按照计划行事。他这样做使他充满自信。

这是考察内在联系的一个方面。

在前面，我列举了大量事例，阐述了如何制订一个最适合自己的计划，同时也阐述了坚定不移地贯彻计划的优点。但你要认识到，计划并不是一副灵丹妙药，光靠它还不能解决问题，它只是为解决问题而创造尽可能最好的前提条件。

有了计划，就意味着有了保障。由此而得出的最重要的结论是：

我不再相信，当自己碰到问题时，总能想出解决问题的办法或者总会有贵人相助；或者认为“还没这么糟糕!”或者“到目前为止，一切都挺好!”而是为解决问题做好充分准备。不靠碰运气，不只顾眼前，不依赖别人，而是自己为此担负起责任。

拥有一份计划就意味着：

今天就考虑好明天和后天会出现什么样的情况及应对策略。就像一个优秀的战略家，在真正采取行动之前，先练习沙盘作业，直至他认为已能圆满完成任务为止。或者像一名消防队员，平时坚持不懈地练习，以使自己在紧急情况下能应付自如。

一旦真的发生紧急情况，他早已做好了充分准备。他很清楚自己应做什么，并投入全部精力尽量做好，而不是惊慌失措，急于为自己的失败找替罪羊或为自己寻找托词。

这就是有计划的优点之一。另一个优点是，知道自己想做什么。在这种情况下，我可能这样做，而另一种情况下也许会采取完全相反的做法。不管怎样，我每次只做有利于更接近我所设定的目标的事情。

在这儿，我就不一一列举其他优点了，为的是你能自己勾画自己的生活，而不是让别人牵着鼻子走。

所有该说的，我想，我都已经说过了。

现在就看你的了。读到这儿，如果你只说一句："是的，是的，这样活着，就不错了!"这是远远不够的。之后，你会很快就翻过这一页，而不是尝试着去实际做点什么。你也许会说："听起来都很美，但是……"还会成百上千次地说"如果"和"但是"，你应该知道，说这些都没用，坐着说，不如起来行动。

如果你已确定了一个目标，制订了一份最适合你的计划并下定决心：从今天开始，没有任何事情可以阻止我去执行我的计划，那么你就已经向成功又迈进了一大步了。

如果您制订了这项计划，你就将它写在一张纸上，放在书桌上。这样你就可以每天早上和晚上都能看到它了。早上你会说："我要这样去做。"晚上，你会问："我是这样做的吗?"

◎对自己进行"盘点"

◎ 一个人想获得持续的进步，必须对自己的人生不断进行盘点。

对自己提出下列问题并诚实作答，切勿故意说假话来满足自己的虚荣心，因为这些问题的目的，在于使你发现哪些地方应进行改善，而不是要给什么奖赏。

1. 你制定了明确的目标了吗？制订执行计划了吗？每天花多少时间在执行计划上？主动执行或是想到了才执行？

2. 你的明确目标是一种强烈欲望吗？多久振奋一次这个欲望？

3. 为了达到明确目标你做了什么付出？正在付出吗？何时开始付出？

4. 你采取了什么步骤来组织智囊团？你多久和成员接触一次？你每个月、每周、每天和多少成员谈话？

5. 你有接受一些小挫折作为促使自己做更大努力之挑战的习惯吗？你从逆境中找出等值利益的种子的速度有多快？

6. 你是把时间花在执行计划上还是老想着你所碰到的阻碍？

· 没有人是一夜之间就成功的。想要获得成功是需要花时间的。

当然，你可在下周利用一周的时间，每天晚上都回顾一下自己的生活。之后，确定新的目标，并制订出实现目标的方案。

或者你现在就开始，寻找每次失败的原因。从自己的认识出发，制订出具体方案，以使自己在以后的日子里不会重蹈覆辙。

7. 你经常为了将更多的时间用来执行计划而牺牲娱乐吗？或者经常为了娱乐而牺牲工作？

8. 你能把握每一分钟时间吗？

9. 你把你的生活看成是你过去运用时间的方式的结果吗？你满意你目前的生活吗？你希望以其他方式支配时间吗？你把逝去的每一秒钟都看成是生活更加进步的机会吗？

10. 你一直都葆有积极心态吗？是大部分时候都保持积极心态或有的时候积极？你现在的心态积极吗？你能使自己的心态立刻积极起来吗？积极之后呢？

11. 当你以行动具体表现了积极心态时，经常会展现你的个人进取心吗？

12. 你相信你会因为幸运或意外收获而成功吗？什么时候会出现这幸运或意外收获呢？你相信你的成功是努力付出所换得的结果吗？你何时付出努力？

13. 你曾经受到他人进取心的激励吗？你经常受到他人的影响吗？你经常真正地以他作为榜样吗？

14. 你何时表现出多付出一点点的举动？每天都为付出或只有在他人注意时才会表现多付出？你在表现多付出一点点的举动时心态正确吗？

15. 你的个性吸引人吗？你会每天早晨照镜子，并且改善你的微笑和脸部表情吗？或者你只是单纯地洗脸刷牙而已？

16. 你如何应用你的信心？你何时奉行得自无穷智慧的激励力量？你经常忽视这些力量吗？

17. 你培养自己的自律能力吗？你的失控情绪经常使你失去做一些会令你很快就感到遗憾的事情吗？

18. 你能控制恐惧感吗？你经常表现出恐惧吗？你何时以你的信心取代恐惧？

19. 你经常以他人的意见作为事实吗？每当你听到他人的意见时你会抱着怀疑的态度吗？你经常以正确的思考来解决你所面对的问题吗？

20. 你经常以表现合作的方式来争取他人的合作吗？在你家里？在办公室？在你的智囊团？

21. 你给自己发挥想象力的机会吗？你何时运用创造力来解决问题？你有什么需要靠创造力才能解决的问题吗？

22. 你会放松自己，运动并且注意你的健康吗？你计划明年才开始吗？为什么不现在开始？

这份检讨问题单的目的，在于促使你对自己做番思考。你对于各项事情的运用方式充分反映出你将成功原则化为你生活一部分的程度。如果你对上述问题的回答不能令你满意时，请不要气馁。曾经有好几百万人买过我的书，而且我也对成千上万人举行过演讲。虽然这些人当中有许多人都获得成功，但是没有人是一夜之间就成功的。想要获得成功是需要花时间的。

◎不断翻新人生计划

◎ 执着的追求是应该嘉许和称道的。但如明知道不行，却仍一条巷

子走到黑，或明知客观条件造成的障碍无法逾越，还要硬钻牛角尖，这就不可取了。

◎ 为目标下定义，不断修正，相信它会实现——成果就这样出现了。

执着的追求是应该嘉许和称道的。但如明知道不行，却仍一条巷子走到黑，或明知客观条件造成的障碍无法逾越，还要硬钻牛角尖，这就不可取了。

目标、志向的调整，实际上是一种动态调整，是随机转移的。若发现你原来确定的目标与自己的条件及外在因素不适合，那就得改弦易辙，另择他径。

这种动态调整有以下的基本形式：

一是主攻方向的调节。若原定目标与自己的性格、才能、兴趣明显相悖，这样，目标实现的概率趋向为零。这就需要适时对目标作横向调整，并及时捕捉新的信息，确定新的、更易成功的主攻目标。

扬长避短是确定目标、选择职业的重要方法。在科学、艺术史上，大量人才成败的经历证明，有的人在某一方面具有良好的天赋和能力，但他不可能有多方面的强项；有的人在研究、治学上是一把好手，而一到管理、经营的岗位，他就一筹莫展，能力平平，甚至很差。

二是在原定目标基础上的调节。这是主攻方向不变，只是变革层次的调整。若是原目标定得过高了，只有很小的实现可能，必须调低，再继续积累，增强攻关的后劲。若原目标已实现，则要马不停蹄地制定新的更高层次的目标。若原目标定得太低，轻易就已越过，则要权衡自己的能力、水平，将目标向上升级。

实现目标自然需要长期的努力。在为人生目标奋斗时，不能幻想一劳永逸，而要务实笃行、稳扎稳打、奋力前行。同时，也要看到，每取得一点成功，都是向总目标靠近一步。取得了全局性的成功，也不是目标的终止，而恰恰是向更高一级目标攀登的开始。

三是在获得信息反馈之中调节。即在原定目标中受挫而幡然醒悟，调整通道，重新把目标定在自己拿手的领域。美国科学家迈克尔逊，青年时曾入海军学校，但他学习成绩很差，特别是军事课，长期不及格。学校多次批评教育，仍然不起作用，最后学校不得不把他开除。但是，他对物理实验却非常感兴趣，被开除后，他投入对物理的学习和研究，很快显示出才华。他长期孜孜不倦，苦苦钻研，不断攀登了一个又一个高峰，终于做出被荣称为“迈克尔逊光学实验”的伟大创举，为相对论奠定了实验基础，成为美国第一个获得诺贝尔奖的人。

四是从预测未来中进行调节。社会的需要和个人的兴趣、才能、性格等都经常会发生变化。要善于打一个“提前量”，进行预测。如才能的发展与年龄大小关系极大。任何才能都有其萌发期、发展期和衰退期，这样顺势而为，做出设想、规划，显然对目标定向是大有益处的。

五是对具体阶段目标视情况进行调节。大的目标要终生矢志追求，而小的阶段目标则可以进行适当的调节。科研人员在研究方向的选择上，有时为了能快出成果，改变思路而取得成功的结果，在科学史上不乏先例。

那么目标在什么情况下需要适时调整呢？一般来说如下几种情况必须调整人生目标：

第一，环境发生重大变化的时候，任何人的人生目标都是特定时代特定环境的产物，而各种环境中主要是社会环境对人生目标具有决定作用。社会环境、自然环境的变化，会影响人生目标的变化，特别是重大的环境变化，常造成人生目标的重大改变。

所谓环境的重大变化时刻，是指两个方面发生的重大变化：一是国内外经济、政治、思想文化领域的大动荡；二是人们的家庭的经济、政治、亲属关系等发生重大变化。这两个方面发生的重大变化，对人生目标都将发生影响。我们的原则是，无论环境发生什么变化，具体的目标（某个阶段的目标或某个方面的目标）可以变通，随时做好调节，但总目标应该矢志不移。

第二，在人才竞争的胜败转折的时刻。奋斗中的成与败，常常形成人生道路的转折点，这已为无数事实所证明。

第三，人生总流程中，前后两个阶段相更替的时刻。这种时刻，称为人生的转折时刻。这种转折，或发生在人的生理发生转折时（发育和疾病造成的），或发生在人的社会地位发生突变的时候，或发生在人的社会智能结构发生质变前后，总之，是人自身某种或某些条件发生重要变化的时刻。这个时刻，也是容易引起人生目标发生改变的时刻。我们应努力防止在人生转折时刻发生人生目标的不良转变，防止因社会地位升高或降低而腐化或丧志，因疾病而颓丧，或因智能提高而骄傲，应使人生目标始终保持正确的大方向，具体目标始终切实可行。

为目标下定义，不断修正，相信它会实现——成果就这样出现了。任何人都能完成他们所想的，你也一样。但第一步，你必须知道这伟大的成就是什么；下一步就是设计许多能令你保持高昂情绪的小目标，让它们逐步引导你迈向成功。

每天对工作选择实行，对优先顺序做了解，对你大有助益。确信自己的努力没有白费，而且要求事半功倍。谨慎而自觉地决定事情先后，一般人从不这样做。他们只是任性而为，随波逐流。他们是基于恐惧、气愤和报复，而非为了活得更好而努力。他们不求提高效率，而周旋于私人党派或政治成功的梦想，幻化为泡影。

了解自己的需要和如何得到自己所想的。明了这些事情的轻重缓急，你可以按部就班地计划自己的一天。

第三章

与金钱和睦相处

◎金钱的本来意义

◎ 很少人能聪明地运用金钱，人们对金钱有许多自以为是的错误看法，其中有些甚至荒谬极了。

◎ 钱能够对提高我们的生活品质起到多少作用，要看我们能多聪明地运用手上的钱，而不是看我们到底有多少钱。

虽然很少有人真正知道自己想从生活中获取什么，但大部分的人却坚定地宣称，有了很多钱就可以使他们得到想要的一切。他们不仅错失了生活的本质，也曲解了金钱的本来意义。钱常被误用、滥用，很少人能聪明地运用金钱，人们对金钱有许多自以为是的错误看法，其中有些甚至荒谬极了。

长久以来，人们一直受物质主义的主宰和操纵，不断地以追求财富、积累金钱作为奋斗的目标，认为拥有了巨大的财富就拥有了快乐。诚然，金钱对人们的生活的确有作用，但是并不像大多数人想的那么重要。

人们对金钱最为普遍的一种错误认识是，钱可以使他们快乐。实际上，金钱聚积过多，不仅不会带来快乐，反而成为仇恨、相争等烦恼的根源。

皮德鲁幸运地中了500万美元的彩券，当他发横财的时候其他人正在失业。在一般人的眼里，皮德鲁真是走了大运，有了这么多钱，他一定快乐得不得了。然而事实是，皮德鲁不仅没有得到快乐，反而陷入了不幸。自从皮德鲁中了彩券后，他就再也没见过自己的女儿，而且好多亲朋好友也都离他而去，原因是他没有把这一大笔天降横财分给他们。皮德鲁说："我现在要什么东西就可以买什么东西，但除此以外，我比其他任何人还要痛苦……我买不到感情和人心。有了这一大笔钱，我反而成了忌妒和仇恨的对象，人们不愿和我接近，我也时刻在担心有人接近我只是为了钱，我累极了……有朋友就是有朋友，没有就是没有，爱是买不到的，爱一定要建立。"

现实生活中，许多人通过努力工作、继承遗产、运气或是不合法的手段得到了大笔钱，然而，或者是因为不满足，或者是因钱而导致朋友的纷争、感情的背离，或者是因为钱已够多而失去了目标，总之，他们都没有得到快乐。许多有钱人拥有一切物质上的享受，却过着自暴自弃的生活。

不管人们处于何种地位，钱都是生存的必需品，钱也是增进休闲方式、提高生活品质的一种途径。然而，不幸的是，人们都被贪婪蒙住了眼睛，把钱视为生活的目的，而不是改善生活的手段。把金钱本身当成了目的，人们就会陷入失望和不满，并且永远无法达到提升生活品质的目标。

对钱的另外一种误解是，人们把钱看作生活的保障和建立安全感的基础，就会制约我们去相信应该一心一意地积蓄物质财富，作为我们退休或遭到意外时的保障。如果你开始把钱看成完全的保障，你对钱就会有问题，就像不能买爱、朋友和家人，你也买不到真正的保障。

人所能拥有的真正的保障应该是内在的保障。这种内在的保障来源于天赋、创造力、才能、健康的体魄等内在因素，使你相信你能够运用自身的条件，去应付或克服作为一个独立的人所要面对的一切问题和情况。你如果一旦拥有了这种内在的实际的保障，你就不会有那么多的惶恐和害怕，也不会将时间和精力专注于给自己建立外在的财务上的保障。最好的财务保障就是内在的创造能力，这种保障任何人都夺不去，你永远都能想办法谋生。你的本质建立于你本身是什么人，拥有怎样的精神状态，而不是你所拥有的外在的物质。你即使失去了所拥有的，你也还是自己生活的中心，这使你能保持健康明朗的生活过程。

将个人的安全感建立在金钱上，不外乎修建空中楼阁。那些努力于为自己建立保障的人是最没有保障的人。情感上缺乏保障的人积累大量的金钱来抵御人格上所受的打击，填补空洞脆弱的内心，宣泄不愉快的感觉。追求保障的人本质上极为缺乏安全感，因此试图通过外部的事物，比如金钱、配偶、房屋、车子和名声，来求得心理上的安稳和平衡，他们一旦失去了自己所拥有的金钱财富，就失去了自己，因为他们的安全感、对自己的认同感，完全是以金钱为根本。

以物质和金钱追求为基础保障有很多褊狭之处，就算你是超级富翁，也可能遇车祸身亡，有钱人的健康状况和没钱的人一样会逐渐衰败，战争爆发影响穷人，也影响富人。以钱为保障的人还时刻担心金融崩溃时他们会失去所有的钱财。他们不仅没得到什么确实的保障，反而还增加了许多让他们恐慌的事。

那么，钱和快乐到底有什么关系？我们承认钱是生存的一项重要因素，但这并不能告诉我们，要多少钱才能够快乐。为这个社会主流所认同的那些成功人士，总是时时刻刻在宣扬，百万富翁才是生活的胜利者，也就是说，我们其他人就是失败者。很多事实证明，大部分财力平平的人比我们在报纸上读到的百万富翁更有资格当胜利者。

钱是生活中的权宜办法，钱能够对提高我们的生活品质起到多少作用，要看我们能多聪明地运用手上的钱，而不是看我们到底有多少钱。

在我们的社会中，很多人都认为钱代表权力、地位和安全，但其实钱在本质上没有一点能使我们快乐。要看清钱的本质，请做如下练习：现在把你身上或放在附近的钱拿出来，摸一摸，感觉它的温度。注意，它是冷冰冰的，晚上不能使你温暖。你和你的钱说话，它不会有任何反应，它的面目永远是那么僵硬，一成不变。不管你有多么爱它，它也不会给你一点回报。

麦克·菲力普曾是一位银行副总裁，他认为大多人把自己的身份牢牢地和钱结合在一起，在他的书《金钱7定律》中，他讨论了几种有趣的金钱观：

1. 如果你做了事情，钱自然会到你的手中。

2. 金钱是个梦——像传说中的花衣服吹笛手一样吸引人。

3. 金钱是梦魇。

4. 你永远都不能把钱当作礼物送走。

5. 有的世界里没有钱这个东西。

当然钱的确有很多用途，没有人会否认钱在社会上和商场上所扮演的重要角色，但是人人都可以推翻错误的观点——认为钱越多就会越快乐。每个人所要做的就是留心。

我通过对以下问题的观察，提出了几点重要的意见：如果钱使人快乐，那么……

1. 为什么年薪7万元以上的人当中，对自己薪水不满意的比率，比那些年薪7万元以下的人高？

2. 阿尔伯伊斯基通过华尔街地线交易非法聚敛了10000万美元，为什么他累积到200万元或者是500万元的时候还不愿停止这种非法行为，却继续累积，直到被捕？

3. 为什么我所认识的一家人（他们的财产总值列居北美家庭的前100名）告诉我，他们如果中了彩票赢了大奖会有多么快乐？

4. 为什么纽约的一群中了彩票的人要组成一个自助团体来处理中奖后的各种痛苦和忧郁的症状，他们在赢得大笔奖金之前从来没有经历过这种严重的痛苦和忧郁？

5. 为什么这么多高薪的棒球、足球、曲棍球球员有毒品和酒精的问题？

6. 医生是最有钱的行业之一，为什么他们的离婚、自杀和酗酒比例高于其他行业？

7. 为什么穷人捐给慈善事业的钱比富人捐得多?

8. 为什么有这么多有钱人犯法?

9. 为什么这么多有钱人去看精神科医生和心理治疗师?

以上只是一些警讯,提醒我们钱并不能保证快乐。

当我们满足了基本的生活需要后,钱不会使我们快乐,也不会使我们不快乐。如果我们每年挣到 250000 美元就能够快乐,并且能够妥善地处理各种问题,当我们比现在更有钱时,还是会快乐,还是能妥善地处理问题。如果我们一年只挣 250000 美元就使自己不快乐、神经过敏,而且不能很好地处理问题,那么即使年薪 100 万元也是如此,还是神经过敏、不快,也不能好好地处理问题,差别只在于,我们是在豪华的住宅、丰富的物质享受里神经过敏、不快乐。

◎提升财商

◎ 财商可以通过后天的专门训练和学习得以改变,改变你的财商可以连动地改变你的财务状况。

◎ 财商是一个人最需要的能力,也是最被人们所忽略的能力。

许多终日为钱辛苦、为钱忙碌的上班族,都曾有过一些共同的体验,眼看着成功人士穿着名牌服装,住在豪华别墅,开着名贵轿车,羡慕不已。然而在羡慕之余,他们可能也曾经想过:“是什么使得他们能够拥有财富,而我却没有?”

一次调查结果表明,有 47%以上的受访者认为“炒作股票或房地产”是贫富差距拉大的主因;其次是“个人工作能力与努力”(34%);第三是“家庭原因”(19%)。根据调查结果可以发现,大部分的受访者认为,造成贫富差距越来越大的主因并非个人努力的成果,而是运气、机会等不公平游戏的结果。

的确,造成贫富差距扩大的直接原因是“股票与房地产”“个人工作能力与努力”“家庭原因”，但是这些都是表面现象。人们习惯地将贫穷的原因归咎于外在的因素，如制度、运气、机会等，或者用负面的说辞，为自己无所作为做解脱。他们认为有钱人大多是因为投资房地产或股票而致富，而造成财富增加主要是因为“拥有适当的投资”。

那么我们更深入一步提问，为什么他们拥有资金来投资房地产和股票，他们又是如何操作使他们能够不断赚钱的呢？到底那些富人拥有什么特殊技能，是那些天天省吃俭用、日日勤奋工作的上班族所欠缺的呢？他们何以能在一生中累积如此巨大的财富呢？

所有这些问题都不是用家世、创业、职业、学历、智商与努力程度等因素能解释得了的。

专家们经过观察、归纳与研究，终于发现了一个被众人所忽略但却极为重要的原因，那就是是否具有较高的财商。

每个人都有一个成功的梦想，一个创富的梦想。在市场经济社会里，金钱从某种意义上讲是成功的一种体现，财富也自然成为衡量成功的一个标尺。

不同的人有不同的追逐财富的方式，那么如何衡量一个人的理财能力呢？以往人们更多的是根据财富的多少来评价一个人的能力，但往往只能看到结果，而不能预先做出相对准确的评估。

财商则提供了一个新的维度，来衡量一个人的理财能力和创造财富的智慧。那么，什么是财商呢？

财商是指一个人在财务方面的智力，是理财的智慧。财商可以通过后天的专门训练和学习得以改变，改变你的财商，可以连动地改变你的财务状况。财商是一个人最需要的能力，也是最被人们所忽略的能力。可以想象，一个漠视财商的人，一定是现实感很差的人。

财商包括两方面的能力：一是正确认识金钱及金钱规律的能力；二是正确使用金钱及金钱规律的能力。财商并不仅是人们现实的唯一能健康发展的智能，而且是人为观念和智能中的一种，当然也是非常重要的一种。

财商常常被人们急需，也容易被忽略。财商不是孤立的，而是与人的其他智慧和能力密切相关的。事实上，财商与智商、情商一样，都是一种指导人们行为的无形力量，而财商也是可以通过学习来获得的。

财商不仅是一个理财的概念，更是一种全新的金钱思想。富人之所以成为富人、穷人之所以成为穷人的根本原因就在于这种不同的金钱观。穷人是遵循“工作为挣钱”的思路，而富人则是主张“钱要为我工作”。富人是因为学习和掌握了财务知识，了解金钱的运动规律并为己所用，大大提高了自己的财商；而穷人则是缺少财务知识，不懂得金钱的运动规律，没有开发自己的财商。尽管有的人很聪明能干，接受了良好的学校教育，具有很高的专业知识和工作能力，但由于缺少财商，还是成不了富人。

金钱是一种思想，有关金钱的教育和智慧是开启财富大门的金钥匙。财富是一个观念，但观念可以变成财富。

当我决定去做一项房地产投资时，我参加了一个385美金的课程，去学房地产，更新自己关于房地产投资的知识。我花16个月的时间去看所有能购买的房地产。我的朋友到海边去玩冲浪，或者是打高尔夫球，或者是喝酒，而我是去看房地产。6个月之后，我终于获得一个交易。我第一个房地产是花1.8万元买的，我只付了1/10的预付款，那也是我跟人家借来的，所以事实上我一分钱都没放进去，这个事情好得不得了，所以我又借了两次1.8万元的美金，这样，以后我就有了三个这样的投资了。有一年，我就把这三个投资每个都卖了4.8万美金，加起来赚了9万美金。用这些利润，我又买了许多其他的房地产。

这件事情对于我来说，并不是说挣了多少钱，而是说赚钱首先应当改变自己的观点，并通过实践和行动，学到更多的东西。

思维和观念对现实有支配作用，金钱是一种思想，如果你想要更多的钱，只需改变你的思想。善于利用金钱的力量，是聪明人的重要财富。

在数以万计的前来向我咨询的人中，非常多的人是花了一生的时间来寻找大生意，或者试图筹集一大笔钱来做大生意，但是这是愚不可及的一种想法。我见到过太多的不老练的投资者将自己大量的资本投入一项交易，然后很快损失掉其中的大部分，他们可能是好的职员却不是好的投资者。

在我看来，有关金钱的教育和智慧是非常重要的。早点动手，买一本好书，参加一些有用的研讨班，然后付诸实践，从小笔金额做起，逐渐做大。我将50000美元现金变成100万美元资产，并每月产生50000美元的现金流量，花了不到6年的时间，但是我依然像孩子一样学习。我鼓励你学习，因为这并不困难，事实上，只要你走上正轨，一切都会十分容易。

我们每个人都有两样伟大的东西：思想和时间。当钞票流入你的手中，只有你才有权决定你自己的前途。愚蠢地用掉它，你就选择了贫困；把钱用在负债项目上，你就会进入中产阶层；投资于你的头脑，学习如何获取资产，财富将成为你的目标和你的未来。选择是你做出的，每一天面对每一元钱，你都在做出自己是成为一名富人、穷人还是中产阶级的抉择。

高薪不等于富裕，改变固有的思维方式才能让你真正获得财务自由。人类最大的资产其实就是自己的脑子，但你最大的负债也是你的脑子。事实上，不是你做什么，而是你想的是什么。一个房子可能是一个资产，也可能是负债。如果一个人住在价值500万美金的房子里，但是这房子仍旧是一项负债。每个月要花费两万美金来维护、支持这套房子。你可以看到，每个月钱都从他的兜里跑掉了。其实，资产可以是任何东西，只要它能给你带来现金收入。

人有好多种，一种是穷人的心态，一种是中产阶级的心态，一种是富人的心态。一个人应该尽早决定他到底是处于穷人的心态，还是处于中产阶级的心态，还是变成一种富人的心态。这是迈向成功的第一步。

◎节俭意味着明智

◎ 节俭意味着科学地管理自己和自己的时间与金钱，意味着最明智地利用我们一生所拥有的资源。

◎ 节俭的习惯表明人的自我控制能力，同时也证明一个人不是其欲望和弱点的不可救药的牺牲品，他能够支配自己的金钱，主宰自己的命运。

节俭不仅适用于金钱问题，而且也适用于生活中的每一件事，从明智地使用一个人的时间、精力，到养成小心翼翼的生活习惯。节俭意味着科学地管理自己和自己的时间与金钱，意味着最明智地利用我们一生所拥有的资源。

罗斯贝利勋爵在论述节俭时认为，所有伟大的帝国必须遵循的原则就是节俭。

“就拿伟大的罗马帝国来说吧，它有许多方面在历史上都是最伟大的，曾经一度雄霸世界。它因节俭而建国，然而当它奢侈浪费时，就开始衰退并走向灭亡。又比如普鲁士，它开始时是位于北欧的一个小而窄的沙滩地带。正如有人所说的，从普鲁士的地形到它全副武装的居民，所有这一切都使普鲁士咄咄逼人。弗雷德里克大帝赋予普鲁士以节俭的品格，他甚至通过近乎吝啬的节俭手段敛聚了巨额的财富，建立了庞大的军队。节俭最终成为普鲁士建立伟大基业的有力武器，并且今天的日耳曼帝国也由此发轫。再比如法兰西，在我看来，法兰西实际上是最节俭的国家。我不知道法兰西人是不是总把钱存在银行，是不是也像其他某些国家一样去计算有多少存款。然而，在 1870 年这个灾难的年头以后，当法兰西顷刻间被外国军队击败，因几乎没有一个国家能够承受的赔款而遭受重创时，你知道什么事情发生了吗？法兰西的农民把他们多年的积蓄统统献给了国家，在短得令人难以置信的时间内付清了巨额赔款和战争费用。罗马和普鲁士以节俭建国，而法兰西以节俭救国。”

节俭不仅是财富的一块基石，也是许多优秀品质的根本。节俭可以提升个人的品性，厉行节俭对人的其他能力也有很好的助益。节俭在许多方面都是卓越不凡的一个标志。节俭的习惯表明人的自我控制能力，同时也证明一个人不是其欲望和弱点的不可救药的牺牲品，他能够支配自己的金钱，主宰自己的命运。

我们知道一个节俭的人是不会懒散的，他有自己的一定之规。他精力充沛，勤奋刻苦，而且比起那些奢侈浪费的人更加诚实。

节俭是人生的导师。一个节俭的人勤于思考，也善于制订计划。他有自己的人生规划，也具有相当大的独立性。

如果你养成了节俭的美德，那么就意味着你证明了自己具有控制自己欲望的能力，意味着你已开始主宰你自己，意味着你正在培养一些最重要的个人品质，即自力更生、独立自主、谨慎小心、深谋远虑，以及聪明机智和独创能力。换言之，就表明了你有生活的目标，你是一个非同一般的人。

一个作家在谈到节俭时说：“节俭不需要超常的勇气，也不需要超常的智力和任何超人的本领，它只需要常识和抵制自私享乐欲望的能力。实际上，节俭不过是日常工作活动中的常识。它不一定要有强烈的决心，而只要有一点点耐心和自我克制。养成节俭习惯的方法就是马上开始厉行节俭！自我克制者越节俭，节俭就变得越容易，他们为此所做的牺牲也就越快得到回报。”

◎节俭的别名不叫吝啬

◎ 仅有少数人懂得节俭的真正意义。真正的节俭并非吝啬，而是经常地、有效率地节省用度，并非一毛不拔，而是用度适当。

◎ 所谓节俭，从宽泛的角度讲，包含了深谋远虑和权衡利弊的因素。

我们崇尚节俭，同样我们也反对不恰当的节俭。

所罗门说过，“普种广收”“没有投资就没有回报”“小处节省，大处浪费”“省一分油钱，毁一艘轮船”。还有许多家喻户晓的谚语都反映了错误的节约不仅无益反而有害的常识。

美国作家约瑟·比林斯说：“有几种节俭是不合适的，比如忍着痛苦求节俭就是一个例子。”

我认识一个富人，他就成了一个节俭的奴隶。比如，他老是为了节省10个美分而牺牲大好光阴，他常把半页未曾写过字的信纸撕下来，并裁下信的背面，作为稿纸。他这种浪费宝贵的时间去节省细小东西的做法，确实是得不偿失的。他甚至在经营商业的时候，也有此种过度节省的吝啬精神。他对雇员们说，包扎时不论如何都要节约一些绳索，并把这一条作为公司的规定。即使由于这一条规定而浪费的时间要远远超过一绳一索的价值，但那位富人仍然在所不惜。像这一类的节省，其实是极度愚蠢的做法。

仅有少数人懂得节俭的真正意义。真正的节俭并非吝啬，而是经常、有效率地节省用度，并非一毛不拔，而是用度适当。

善于节俭的人与不善节俭的人，其实有很大的不同。不善节俭的人常常为了节省一分钱的东西，却费去价值一角钱的光阴。我从来没有见过斤斤计较的人成就了大事业。吝啬的节俭确实是最不合算的。而企图做大事业的人，一定要有度，切不可斤斤计较于一分一厘。只有靠理智的头脑、合理的处世，才能成功。

所谓节俭，从宽泛的角度讲，包含了深谋远虑和权衡利弊的因素。最聪明的节省，有时却常需要过分地消费，比如做大生意使用交际费并不是一种浪费，乃是一种大度的用法，是一种恰当的投资。

慷慨大度经常有助于人的雄心的实现，能够使人们获得多方面的收获，帮助我们在社会的阶梯中上升，这远比把金钱存入银行更有价值。因此，欲成大业者，应该做到深谋远虑，切勿因吝啬而妨碍自己希望的实现，使很好的机会丧失。

节省的习惯，假如行之过度，反而得不到良好结果，非但不能成为进身之阶，反而常常成为绊脚的石头。商人吝啬得不肯多花资金来经营，农夫吝啬得不肯在地里多播种，是同样不正确的节省。俗话说："种得少，收成也少。"

有一个人为了建造新房子，就把旧房子拆掉了，但他把旧地基留下来，因为他认为这样可以节省几百块钱。新房子要比旧房子高好几层，仅仅几个星期的时间就完工了，但是房子由于地基不牢，看上去摇摇欲坠，人还没住进去，房子就已经倒塌了。这样的人不止他一个，到处都有为了节省地基费用而铸成大错的人。

过去有些年轻人吝啬个人的教育投资，认为花那么多钱就是为了找个好职业真是不值得，因为他认为即使读了许多书，自己也不会成为什么了不起的人。有些年轻人在校期间就只选容易的题目做，跳过难题，只要求自己达到一个基本的底线就行了，而且还经常因为自己逃学、考试作弊等洋洋得意。还有的年轻人买东西不想给钱，不愿意为了提高自己的素养而牺牲暂时的娱乐。他们对工作敷衍了事，由于无知和缺乏必要的能力准备，他们在职业竞争中总是处于劣势，事业上难有发展。许多失败的人就是由于基础打得不牢，致使后来所做的努力都化为了泡影，整个人形销骨立。

在我们的社会中，居然还有那么多的父母为了增加家庭收入，剥夺了孩子上大学的权利，竟然让他们半路出去工作，妄图让他们抓住只有接受高等教育才有可能抓住的机会！

在我们的社会中，居然还有那么多人为了在交友上省钱而忽略了朋友，为了在社交上省钱而借口没时间拜访别人，也没时间接待客人！我们省去了假期，直到工作太累而被迫休长假，而当我们那组织严密却脆弱无比的身体筋疲力尽时，任何关键部位出毛病都是很危险的。许多人总是恐惧“可怕的未来”而不敢享受现在，他们克制自己的种种欲望，声称掏不起那个钱。他们放弃了真正的生活，他们在今天活着，却渴望在明天来真正地生活和享受。如果他们出去休几天假，或者旅行一次，就好像有莫大的损失一样。他们连花一分钱都感到害怕，但实际上那是他们必须支出的费用和最起码的生活底线。

有一个商人，他曾在一战前出国游览过很多名胜古迹，但是他太吝啬了，连去历史建筑物里面看一看的门票钱都舍不得花。例如，他去过很多名人故居所在的地方。在那些国家，那些名人故居被认为是但凡去过该国的人都要朝拜的圣地。但是他却从来没有进去过，因为他舍不得买门票。他说在建筑物外面看看就足够了。所以，此人虽然去过相当多的地方，但他却不能颇有见地地谈论他所到过的任何一个地方。

慷慨大方对于年龄不大的人来说可能是奢侈，但它有时却是一种最佳的节约。友好的帮助和激励，以及与有教养的人交际都是用钱买不来的。

一个人是否能拿得出 10 到 15 元钱参加一次宴会，这本身并不是什么问题。他可能为此花掉了 15 元钱，但他也许通过与成就卓著的客人结交，获得了相当于 100 元钱的鼓舞和灵感。那样的场合常常对一个人的雄心壮志有巨大的刺激作用，因为他可以结交到各种博学多闻、经验丰富的人。在自己力所能及的情况下，对任何有助于增进知识、开阔视野的事情进行投资都是明智的消费。

当然，我不鼓励任何人都将其知识商业化，或者以见不得人的方式出售其脑力，但我确实想建议奋发向上的年轻人结交那些能鼓励和帮助他的人。与厉行节俭、精力充沛、事业有成的人建立亲密关系，对一个人的高远志向有着巨大的激励作用，我们由此可能做得更好，充分挖掘出自己的潜力。因此，与这样的人相识相知是年轻人最有利的投资。如果一个人要追求最大的成功、最完美的气质和最圆满的人生，那么他就会把这种消费当作一种最恰当的投资，他就不会为错误的节约观所困惑，也不会为错误的“奢侈观念”所束缚。

我认识一个年轻的商人，他总是在小的方面过度吝啬，结果竟然使他的生意失败。他的一套衣服和一条领带，非到破旧不堪才肯抛弃。他从没想到过，邀请一个有密切业务往来的客户吃一顿饭，在旅行时即便与熟悉的客户偶然相遇，也从不替客户付一次旅费。于是，他落得个吝啬的名声，结果大家都不愿与他做交易。而他竟然还不知道，使他蒙受极大的损失的就是他那过度节省的习惯。

很多人为要节省些小钱，竟损坏了他们自己的健康。要想在职业上获得成功，必须防止不正确的节省。不论怎样贫穷，你可以在别的地方讲节省但却不可在食物上节省，因为食物是健康的基础，也是成功的基础。

过度的、不当的节省，常常会消耗人的体力和精力。许多人身体患着疾病，但为了节省金钱竟不去求医，不但受着痛苦，并且由于身体的病弱，在自己的职业上也做不出出色的业绩来。

凡是足以阻碍我们生命前进的，不论是疾病还是其他障碍物，我们应当不惜一切代价来设法诊治和补救，这是我们生命中最重要的事情。

应当将增进我们的体力和智力作为目标，因此，凡可增加体力和智力的事情，不管要耗费多少代价，都要去做。那些可以促进我们成功、有利于我们事业的，我们在金钱方面一定不可吝啬。

英国著名文学家罗斯金说："通常人们认为，节俭这两个字的含义应该是'省钱的方法'；其实不对，节俭应该解释为'用钱的方法'。也就是说，我们应该怎样去购置必要的家具；怎样把钱花在最恰当的用途上；怎样安排在衣、食、住、行，以及生育和娱乐等方面的花费。总而言之，我们应该把钱用得最为恰当、最为有效，这才是真正的节俭。"

◎减少消费，你也做得到

◎ 要想达到经济独立，首先你就得明确经济独立的定义。

◎ 只要稍微谨慎一点用钱，大多数人都能减少可观的花费。

杰里·吉果斯在他所著的《钱爱》一书中提出的一种观点就是，你可以把借来的钱当作自己的收入。如果你一时还无法接受这种观点，是因为你觉得用自己的钱才能心安理得，才能真正轻松自在，那么你必须达到经济独立。要达到真正的经济独立以享受自在的生活，其实并不像人们通常想象的那么难，这并不是以庞大的财力为基础。

要想过悠闲轻松的快乐生活，并不一定要住大厦、开名车、穿金戴银。重要的是，你拥有什么生活态度。如果有了健康正确的心态，你即使靠着借来的钱，也能舒舒服服、痛痛快快地享受人生。

要想达到经济独立，首先你就得明确经济独立的定义。你可以不用增加收入或财产就能达到经济独立，你所要做的只是改变自己的想法，重新想想什么是经济独立，什么不是经济独立。为了明确你对经济独立的认识，你可以看看下面的几项选择中哪一项是达到经济独立的重要因素。

1. 中了百万元的奖券？

2. 有一大笔公司退休金再加上政府的养老金？

3. 继承有钱亲戚的巨额遗产？

4. 和有钱人结婚？

5. 找财务顾问来协助做正确的投资？

我曾做过一项调查，发现将要退休的人最关心的事，以重要性依次排列是：财务保障、身体健康和可以共同分享退休生活的配偶或朋友。然而，有趣的是，这些人退休之后不久通常就改变了想法。健康成为他们最关注的头等大事，而经济状况则下降到了第三位。很明显，虽然他们所预期的收入还是不变，但他们对经济的看法却已经改变了。

调查结果显示，人们退休之后实际生活所需比他们原先想象的少得多，钱对高品质的生活没有那么大的影响和作用，同时，这个结果也证明了上述的几项因素没有一个是真正经济独立的必要条件。

多明奎兹，1940 年生于美国科罗拉多州一个富豪之家，从小过着优裕的生活。然而随着年龄的渐渐增长，他不愿再依赖家里。18 岁的时候，多明奎兹靠着一份极其微薄的薪水实现了经济独立。在其他人尤其他家里人的眼中，这样的收入比贫民还不如。但多明奎兹觉得，只要自己愿意，不管收入多少，都可以达到经济独立。不要以为百万富翁才具有经济独立的能力，一个月500美元或者低于500美元就可以达到经济独立。如何能够？他说："真正的经济独立无非是量入而出，如果你每个月只挣500元，但能够把开支控制到499元，你就是经济独立了。"多明奎兹多年来每个月就靠500美元生活，并拒绝家里人的援助。到1969年他29岁的时候，就经济独立地退休了。退休之前，他是华尔街的股票经纪人，看到许多人虽然社会地位颇高，收入丰厚，但却活的艰辛劳苦，一点也不快乐，这使他感到这种生活一点也没有意思。多明奎兹决定脱离这种工作环境，于是他设计了个人的财务计划，过一种简化的生活方式。他的生活舒适轻松，而且从来没有什么负担和压力，但一年却只需要60000美元，这是他把积蓄投资在国库债券的利息。由于多明奎兹的生活中没有过多的物质需求，他把从1980年以来主持公开研讨会"扭转你和钱的关系并达到真正经济独立"的额外收入，以及在《新生活杂志》上发表指导人们正确运用金钱的文章时获取的稿费，全数捐给了慈善机构。

我们其实不需要那么多物质和财富，对于金钱，只要使我们能吃饱肚子、有水喝、有衣服取暖，再加一个可以遮风避雨的地方足矣。现代人大都过着奢侈的生活却不自觉。两套以上的替换衣服可以算是奢侈，拥有一幢房子也是奢侈，一台电视机是奢侈品，一辆车也是奢侈品。很多人会大声疾呼这些都是必需品，但它们并不是必需品，如果它们是，在还没有这些东西出现的古代，人们是不是无法生活了？至少也是无法快乐。显而易见，事实并不是这样。

当然，我并不是要每个人的思想都必须有180度的大转弯，只维持最起码的需求，更不是要人们都去当清教徒、苦行僧。我自己在过去几年来也时常收入低微，生活里还是保持着某些奢侈享受，而且不愿放弃。重点是在于，一般人至少可以减少一些花费。许多奢侈品其实没有任何意义，只能带给人们虚伪的自我膨胀。招摇阔绰地展示奢华和富有是一种浅薄的手段，想要借着炫人的财富——大过所需的房子、移动电话、豪华轿车以及最先进的音响——在别人面前，尤其是比较没有钱的人面前，证明自己高人一等。这种行为显示出缺乏自尊和内在本质。

人们那种追求金钱、炫耀金钱的虚荣心态实在该改一改了，疯狂地攫取金钱，买一些只能说是垃圾的东西，目的就是展现给别人看，以此来显示自己的价值，而实际上却失去了生命中更为宝贵的东西：本质、自尊以及真实的生活。

住在阿巴达锁镇阿巴达街的莫瑞德夫妇，有两个女儿，他们是一个真正经济独立但并不富裕的家庭。他们靠着一份差不多只有一半的收入，就过着很好的生活。莫瑞德夫妇都是只受过专业训练的学校老师，如果他们想，一年加起来可以挣 10 多万美元，可是只有丈夫布兰特在工作，而且是一份半职的工作，他们一家四口，一年只用不到 3 万美元就过得很舒服，因为他们学会了聪明地花钱，所以能够达到经济独立。莫瑞德一家过去十年来都过着简单的生活，他们说这种生活一点都不难过，他们觉得自己很好，因为他们对环保尽了一份力量。事实上，他们的哲学已经变成了“少就是多”。他们的收入虽然比一般人低，但却买到了一个珍贵的东西，很多收入比他们高上 10 倍的人却还买不起这个东西。这个珍贵的东西就是大量的休闲时间，他们可以用来做自己想做的事情。

只要稍微谨慎一点用钱，大多数人都能减少可观的花费，人们如果能充分运用创造力和机智，不花什么钱，都可以过上逍遥快活的生活。

◎避开负债陷阱

◎ 要保持自己良好的名誉，必须要遵守一条规律：那就是赚得多花得少。在这个随处布满陷阱的现代社会，好像没有什么比这件事更需要人们加以小心防范。

假如你认为只要借得一笔资本，就能够创业了，那你就完全想错了。实际上，即便你已经借到了资本，你也未必会创业成功。因为据我所知，那些毫无商业经验的人靠借来的钱做生意而最后能成功的实在不多见。

一个毫无成功把握的人去创业，没有不遇到经济困难的。但是，假如他确实有相当能力和充分的成功把握，这样无形中就已经在别人面前树立了信用，那么即便他靠借来的本钱创业，也没有太大关系。

一个立意要创业的人，首先必须掌握所要从事的业务范围的详细情况；其次，还要有挑选录用合格雇员的眼力。假如这两点做不到，你对于所要经营的事业毫无头绪，在挑选录用员工方面也不加区别，那么即便你做事很忠诚，待人很诚恳，当你向别人开口借钱以作为你的创业资本时，其他人也会毫不犹豫地一口回绝。

当你准备创业之时，最好不要心存太大的奢望，开始规模小些也不要紧，只要你确实是一个杰出的人、能干的人，经过一段时间的筹划经营后，自然能发展得非常喜人。假如你能做到这一点，即使资本是借来的，倒也无妨。

比彻教导他的儿子说："你得像逃避恶魔一样避免借债。"你要快下决心，不论你怎样急需金钱，也不要让你的名字出现在人家的账簿上！

富兰克林那"贫穷的查理"里有句话说得好："借钱等于自投苦恼的罗网。"是啊，法庭上每天又有多少的民事纠纷案都能够为这句话作证。

当然，这句话并不适用全部的情形，也有一种例外。当一个人由于意外事件而陷入困境时，当遭遇很多从天而降的祸患时，往往任何人都难以靠自己的努力去避免，即便是满怀希望事业也难免遇到意外的困难和阻力，到了那时，不论你怎么小心谨慎，无论你思想上如何正确，无论你怎样不爱向人借钱，为了应一时之急，你都必须硬着头皮去向银行贷款。但就是到了那时，也要谨记一条："借得慢，还得快。"

这一原则也适用于生意上的放账和借款，事实上放账和借款都是在所难免的，但你在两个方面都得有一个限度。

一个步入生活的正轨、沿着事业的健康道路前进的人，首先要注意的是，要在自己的才能、意愿、目标之间建立适当的平衡。不要因为野心太大，眼光太高，便走上举债经营的道路。

一些年轻人由于大意的缘故，经常因为借贷不立契约或不立书面的凭据而发生许多有损名誉的纠纷，使他们的前途受到不利的影响，渐趋暗淡，并且还使他们在道德与精神上受到极大的伤害。

世界上每年有无数本来大有前途的年轻人由于借债而遭到了意外的失败。当他们刚跨进入社会时，或许还没有染上借债这种恶习，他们原先或许非常看重名誉，也从不喜欢到处去借钱来胡乱花用，那时他们的前途是非常光明的。但后来由于一点小小的用途无意中开启了借债的大门后，他们便渐渐陷入了难以自拔的危险境地。

每年因债务纠纷而丧生的人，比因战争而死的人要多出数十倍以上。现代的天才人物中，居然有 7 个人因举债而丢掉了性命，包括一个小说家、一个学者、两个法学家、两位政界名人和一个演讲天才。

美国的一位闻名人物斯蒂芬逊做人是特别小心谨慎的，这为人所共知，人皆敬仰。可是他在描述自己理想中的生活时，还战战兢兢地希望自己不要陷入借债的漩涡中去。

斯蒂芬逊说："我们对他人必须示以爱和忠诚，平时应当量入为出。对于自己的家庭，应当保持快乐的气氛。对朋友，必须竭力避免仇恨，当然也决不可忍受无谓的屈辱。假如遇到蛮不讲理的人，最好还是早些避开为好——这是通向理想生活的捷径。"

纽维尔·希里斯博士也说："你要使自己过上一种安稳的生活，要保持自己良好的名誉，必须要遵守一条规律，那就是赚得多花得少。"在这个随处布满陷阱的现代社会，好像没有什么比这件事更需要人们加以小心防范。

有的人之所以喜欢向人借债，是由于他们看不到借债背后所隐藏着的危险。假如他们考虑到万一不能还清债务的严重后果：包括丧失人格、迫不得已的撒谎、可能的营私舞弊、为逃避债务而东躲西藏等，他们真不知道要急成什么样子，甚至连觉也睡不香，饭也吃不下。假如他们弄清了一旦戴上了债务的手铐无法挣扎的情形，他们一定会喊起来："宁可穷苦而死也不做债务的奴隶。"

负债是世界上最苦恼不过的事情。只要那些因债务缠身、时刻受着债主的要求与压迫、因债务而吃尽苦头的人，才了解负债是人生的最大威胁。债务会把一个人的体力、气魄、人格、精神、志趣、雄姿消磨得一干二净，因为债务对人的压迫，还会把一个人一生的希望全部毁灭。

◎为你的明天而储蓄

◎ 我们必须学习以所存的钱，而非所花的钱，来衡量成功。

◎ 由于没有多少现款，我们失去了生活中的许多好机会，而这仅仅是因为我们在一帆风顺的时候总是把钱花得精光。

你孩提时是否拥有过储蓄罐呢？它是在金属盖上开一个小缝，有杯子作装饰的铁罐，还是底部有紫色墨水写着"Hechoen Mexico"，油彩斑斓的猪型石膏储蓄罐？那时候我们是储蓄的一代，每个家庭起码都会存一点钱。而在每个领薪水的日子，父亲都会到银行存款，就是在最艰难的时候，每个家庭也总要在每个月存上一点。

现在时代改变了，美国比其他国家的储蓄率低，只不过隔了一代，我们的平均存款便较以往下跌了6％。相对于日本人平均每月储蓄薪水的19.2％，瑞士每月储蓄薪水的22.5％，美国人只存2.9％。

你每月储蓄多少薪金呢？你的银行存款有多少足以用来渡过危机？记住基本的储蓄原则：你起码需要有一个月的薪金存款，以保障你在危难时可以应用。根据这个标准，你超过了或仍然未及？

《我们在哪儿》（Where We Stand）的编辑总结道："长期来说，不断下降的存款，不但危害家庭安全，也严重削弱了国家未来的投资资金。"

存钱对某些人来说是困难的，特别是在负债时和日常必须要有充裕资金来周转的情况下。但是从长远来看，假如你每天存下一小部分钱，你会惊讶地发现，就是在最恶劣时期，你仍有可观的金钱可供使用。

记得伽纳——那个做冰箱维修生意的人吗？1929年股市崩溃时，他还是一个年轻小伙子，他把宝贵的经验传授给女儿。

"家父教我对金钱要有责任感，"她告诉我们，"他这样说道：'假如你还有钱可花，就该为明天而把这钱存起来！'"

在个人和国家财政赤字日益升高之际，大家不妨记住这句法国的古老格言："远离债务就是远离危险！"前美式足球员布莱恩·布络辛曾如此说："我这一生中，一直带着破口的钱袋，直到有一天，我才警觉自己要赶紧把它缝起来。"

我们花了一生追逐金钱，时常想象金钱用之不尽，如今钱没了，这岂不是一个大好时机，可以问一下自己：我真需要它吗？还是我可以等？我们是否每次都有必要从皮夹掏出信用卡，或拿着存款簿提钱呢？我今年今月今日，存了多少钱？我们必须学习以所存的钱，而非所花的钱，来衡量成功。我认识一个非常有才气的年轻人，他挣了很多钱，对未来很有信心，所以他总是把钱花得精光。突然有一天，他年轻的妻子得了重病，为了保住妻子的生命，他不得已请了一位著名的外科医生为妻子做一个性命攸关的手术，但是，医生要等他交足费用以后才能动手术。年轻人只好去借钱，这可是一笔巨款啊！妻子的命终于保住了，但是妻子随之而来的疗养和孩子们接二连三的生病，加上饱受焦虑的折磨，终于使他积劳成疾，赚的钱一年比一年少。最后，这个人职业受挫，全家穷困潦倒，没有钱渡过难关。在妻子害病之前，他本可以在一年之中就轻而易举地存上千把元钱，但他当时认为没这个必要，相信以后挣钱也这么容易。

美国节俭协会主席向全国教育协会所做的名为"伟大的节俭"的演讲中说："法庭的记录显示，在去世的男人中，只有3%的人留下了100000美元以上的遗产，另有15%的人留下了20000美元到100000美元的遗产，而82%的男人根本就没有任何遗产。因此，这就造成了只有18%的寡妇享有良好舒适的生活条件，而有47%的寡妇被迫出去工作，35%的寡妇则一无所有。”

罗斯福上校说：“我鄙视那些不养家糊口的男人，每个男人都有责任拿出一定的收入来养家糊口。这不是一个生意上的投资问题，这是每个男人的责任！要他的亲人跟着他自己去冒险是很不公平的。就他个人的能力来说，让他自己独自去冒这个险还差不多。而且，想到自己去世，或发生变故，或由于经营不善造成生意失败以后，亲人们可以得到安顿，这种感觉对任何男人来说，都是一种极大的满足。”

我不知道还有什么东西能在需要的时候代替存款，存款是我们为生活中的不幸购买的保险，否则，没有人能承受不幸的打击。

一次，葛列格·邓肯问我：“假如你受聘为幕僚，你要选择每个月收入1万元，抑或第一个月1分钱，第二个月2分钱，第三个月4分钱，第四个月8分钱，如此类推为期30个月？”我还没有明白过来，葛列格便建议我采用第二种法子，他证明若这样能增加每月所得，那第30个月你便会有10 0727 0418.24元。

存下每个月赚来的辛苦钱，先撇开暂时的物质诱惑，为你的长远目标努力。开始时你可能毫无收获，一段时间后必能满载而归。

有许多年轻人经常向别人夸耀说，他们每月可以赚很多的钱，但拿到之后总是花个精光，他们从来不愿存一分钱。这种年轻人将来到了晚年，一定不会剩下几个钱，他们晚年的景象可能会很凄凉。

许多年轻人往往把他们本来应该用于发展他们事业的必备资本，用到雪茄烟、香槟酒、舞厅、戏院等无聊的地方。如果他们能把这些不必要的花费节省下来，时间一久一定大为可观，可以为将来发展事业奠定一个经济基础。

不少青年一踏入社会就花钱如流水一般，胡乱挥霍，这些人似乎从不知道金钱对于他们将来事业的价值。他们胡乱花钱的目的好像是想让别人夸他一声“阔气”，或是让别人感到他们很有钱。

关于这个问题，有位作家的一段话说得特别好。他说，在我们的社会中，“浪费”两个字不知使人们失去了多少快乐和幸福。浪费的原因不外乎三种：一、对于任何物品都想讲究时髦，比如服饰、日用品、饮食都要最好的、最流行的。总之，生活的一切方面都愈阔气愈好。二、不善于自我克制，不管有用没用，想到什么就去买什么。三、有了各种各样的嗜好，又缺乏戒除这些嗜好的意志。总结起来就是一个问题，他们从来没有考虑过要修养自己的性格，克制自己的欲望。造成这种追求浮华虚荣的最大原因就是人们习惯于随心所欲、任性为之的做法。

当然，节俭不等同于吝啬。然而，即便是一个生性吝啬的人，他的前途也仍然大有希望；但如果是一个挥金如土、毫不珍惜金钱的人，他的一生可能将因此而断送。不少人尽管以前也曾经刻苦努力地做过许多事情，但至今仍然是一穷二白，主要原因就在于他们没有储蓄的好习惯。

有的年轻人从来不存钱，到中年以后仍然是不名一文。一旦失去了职业，又没有朋友去帮助他，那么他就只好徘徊街头，没有着落。他要是偶然遇到一个朋友，就不断地诉苦，说自己的命运如何不济，希望那个朋友能借钱给他。这样的人一旦失业稍久，就容易落到饥肠辘辘、衣不遮体的地步，甚至到了寒冬沦落到可能会挨冻而死的地步。他之所以落到这种地步，要吃这样的苦头，就是因为不肯在年轻力壮时储蓄一点钱。他似乎从来没有想到过，储蓄对他会有怎样的帮助，也从来不懂得许多人的幸福都是建立在“储蓄”这两个字之上的。

为什么有那么多人如今都过着勉强糊口的生活呢？因为这些人不懂得，以前少享些安乐、多过些清苦的日子。他们从来不知道去向那些白手起家的伟大人物学一学；他们从来不懂得什么叫自我克制，无论口袋里有多少钱都要把它花得分文不剩；他们有时为了面子，即便债台高筑也在所不惜。

我从来没有见过挥金如土的青年人最后能成就大业的。挥霍无度的恶习恰恰显示出一个人没有大的抱负、没有希望，甚至就是在自投失败的罗网。这样的人平时对于钱的出入收支从来漫不经心，从来不曾想到要积蓄金钱。如果要成功，任何青年人都要牢记一点：对于钱的出入收支要养成一种有节制、有计划的良好习惯。

存款是我们为生活中的不幸购买的保险，否则，没有人能承受不幸的打击。如果你不节约金钱、爱惜时间，那么你就不会成功地主宰自己。当然，也有许多在某个方面具有才能的人完全没有金钱价值的概念，他们一有钱就挥霍无度。但是，只要他们不为未来储蓄，他们就会章法大乱，无异于野蛮的原始人。

那些因为自己不够富有而烦躁的人，那些不能克制自我的人，那些被自己的冲动所支配，不愿为未来积蓄而放弃及时行乐的人，都将处于不利的境遇。

由于没有多少现款，我们失去了生活中的许多好机会，而这仅仅是因为我们在一帆风顺的时候总是把钱花得精光！预留一些现钱，在银行存些钱，花点钱买保险，或者做一些固定投资，这样可以预防不测。

每个年轻人都应当有储蓄的远见和机智。这能使他在患病、面对死亡或紧急情况下镇定自若，而且万一遭受重大损失，也可以东山再起。没有储蓄，他可能许多年都不得翻身，尤其是在还有一大家子指望他供养的情况下。

在恐慌或危急情况下，少量的现金就可能带来许多的幸运。多数人通常都会碰到几次急需现金的情况，或许一千块钱就决定着人们是成功还是失败。但要是没有这一千块钱，他们也许就失败了，从此陷入绝望之中。

几年前，报纸上曾报道过这样一位富人，他和别人一样，通过自己的努力挣了很多钱，但是很愚蠢地花掉了。一篇报告登出了如下从印第安纳波利斯拍来的电报：

“在英格兰大酒店里，匹兹堡的弗兰克·福克斯先生用一张 50 美元的钞票擦完脸后，就把钞票扔到地板上。然后他从兜里的一摞 5 元和 10 元的钞票中抽出一叠扔到吧台上，说道：‘伙计，给我一杯酒，快点！要不我就买下整个酒店，然后炒你的鱿鱼！’”

我们很容易就能猜出这个人最后的命运。除了知道他是靠自己敛聚财富外，我们对他的过去一无所知。他如果要拥有巨额财富，也必须和别人一样相当节俭。但是，他从来不知道节俭为何物，而节俭能教会人们如何花钱和储蓄。有许多人积累了很多钱，却不知如何明智地花钱。

有些消费行为看起来似乎是浪费，但其实往往是最节约的。有许多家庭，特别是小城镇和农村的家庭拥有私人汽车，但是家里却没有浴缸，而他们又在考虑支付其他的昂贵开支。

消费最重要的就是做到物有所值。有些人表面上穿的是绫罗绸缎，戴的是金银珠宝，坐的是豪华轿车，肚子里却是一包稻草，骨子里更是龌龊不堪，这是很为人所不齿的。要穿舒适的衣服，但同时也要给自己以自尊的品格、好学而健康的头脑和美好的性情。把金钱和时间花在更具有持久影响力的事情上，进行自我投资来提升自己，把钱花在追求更高的目标方面，不仅个人会获得极大的满足，而且更高的素质也有利于进一步地创富。

选择在最有价值的事情上进行投资，这是一种有益的消费和积极的生活方式，它将会使你活得诚实、简朴而有价值，最终得到你梦想的财富。

有些人收入不高，但花起钱来可真是愚蠢之极。他们会为了买只有富人才买得起的小古玩和衣服，把所有的钱都花光，但等到想做点事情时却身无分文。

有一个原本相当出色但如今却穷困潦倒的女人，她从小到大就不知道怎样衡量物品的价值。她要去市场上买许多食物，但她心里很清楚，自己没有可以穿得出去的衣服来遮蔽难堪。但她只知道哀叹餐桌上没有丰富多样、美味可口的食物。和许多奢侈浪费、不计后果的人一样，这位家庭主妇如今从家庭的开支分配中得到了教训。

很多人没有考虑过这个问题：我们无时无刻不在花钱。许多不切实际的需要都让我们把钱往外掏，如果我们没有坚定的自制力，粗心大意，没有良好的判断能力，那么我们就会浪费金钱。

今天，在原本事业受挫的人中，在贫穷的家庭中，在接受慈善组织救济的群体中，有许多人已经相当独立了，他们懂得了明智消费的艺术。我们说“不恰当地花一分钱，就是浪费了一分钱”，那么，为什么不记住这句格言，从中获益呢？

第四章

学会“享受”工作

◎工作是生活的第一要义

◎ 生活的准则可以用一个词表达：工作。工作是生活的第一要义；不工作，生命就会变得空虚，就会变得毫无意义，也不会有乐趣。

◎ 无论世事如何变化，都要坚持这一信念。它就是，在充分考虑到自己的能力和外部条件的前提下，进行各种尝试，找到最适合自己做的工作，然后集中精力、全力以赴地做下去。

在古希腊，有一个人看到蜜蜂从一朵花飞到另一朵花，四处采集花粉，辛苦异常，顿生怜悯之心。他把各种花堆积在家中，把蜜蜂的翅膀剪掉，放在花上。结果，蜜蜂酿不出一点蜂蜜。飞上很远的距离，从远处收集花粉，然后酿出甘甜的蜜，这是自然的法则。

生活是什么？菲利浦斯·布鲁克斯这样回答：“当一个人知道他要做什么，他就可以大声地说：‘这就是生活！’”这并不是说，一个人必须工作到筋疲力尽，在工作中尝尽了酸甜苦辣，才叹息道：“这只是为了生活。”

即使是最卑微的职业，人们也能从自己的工作中体验到快乐与满足。在每个人的心灵里，都会不时受到悲伤、悔恨、迷惑、自卑、绝望等不良情绪的侵扰，如果此时能集中精力于工作上，这些让自己无法正常生活的负面影响就会被抛在一边。它们就像弹簧一样，当你用力挤压时，它们自然会弱下去。此时，人也真正成了坚强、自尊的人。在劳动中，幸福的荣光会从心底迸发，像火一样温暖着自己和周围的人。

“生活中有一条颠扑不破的真理，”英国哲学家约翰·密尔说，“不管是最伟大的道德家，还是最普通的老百姓，都要遵循这一准则，无论世事如何变化，都要坚持这一信念。它就是，在充分考虑到自己的能力和外部条件的前提下，进行各种尝试，找到最适合自己做的工作，然后集中精力、全力以赴地做下去”。

“重要的是参与，而不是赢得赛后的奖励。”古希腊取得奥林匹克比赛胜利的运动员，会得到一个象征着荣耀的花环。其价值不在于花环本身，而是一种象征，让人的精神得到极大的满足。工作对于我们的价值也是如此。不管工作多么体面，或从中得到多少报酬，与从工作中得到的快乐相比，简直是微不足道的。积极参与到比赛中能够与戴上胜利的桂冠一样伟大。

爱默生说：“只要你勤奋工作，就必有回报。”

“人们认为日常生活中应尽的职责是枯燥乏味的，”诗人朗费罗则说，“但是它们非常重要，就像时钟的发条一样，可以让钟摆匀速地摆动，让指针指示正确的时间。当发条失去动力时，钟摆就会停止，指针也不再前进，时钟静静地躺在那里，也不会有任何价值的”。

英国政治家布鲁厄姆勋爵说过，当他在晚上反思一天的工作时，如果一事无成，就觉得非常难受，是在虚度时光。他认为，认真履行职责、努力工作是一个人的护身法宝，不但可以保持健康的心灵，而且可以强身健体。

许多医师常常散播这样的观念——认为过度工作会伤害人的身体，而休息则有益人体的健康。但是，也有不少医师持不同的看法。英国伯明翰大学医学院的阿诺德教授便认为过多的休息其实对人体有害。他指出：“至今尚没有什么证据可以证明工作会影响人体组织……辛劳的工作，只要不具有危险性，不影响睡眠或营养等……都不会伤害人体健康。相反地，却是对人大有帮助。”

是的，辛苦的工作是不会致命的，但是忧虑和高血压却会。跟传统看法相反，那些猝然倒地而亡、罹患各种溃疡症、行色匆匆、肩负重任的工商业主管，并不是因过度工作所致。他们每天的工作对精力的消耗并算不了什么。但是伴随着工作一起到来的紧张的气氛和压力、痛苦的失眠、畏惧竞争的失败、无休止的焦虑，却形成恶性循环，疯狂地吞噬着他的生命力。这样，他只好借助酒精、安眠药、苯丙胺和去高尔夫球场或手球场上疯狂地运动来逃避，但是身体和神经系统最后只能以死亡或精神崩溃来结束这种折磨。

现在，美国所有医院的病床有一半以上都被精神方面的病人所占据——远高于小儿麻痹症、癌症、心脏病和其他所有疾病病人相加的总和——这个可怕的事实表明，一定是哪儿出了问题，而出问题的原因绝不在于工作的辛苦与否。

美国是世界上生活水平最高的国家。科学上的进步使我们摆脱了我们的祖辈们视为生活中必要的一部分的辛苦工作，即使技术含量很低的职业，其工作环境也有了改善，工薪阶层的工作时间缩短，机器取代了过去由人力或畜力完成的工作。我们的休闲时间比以前更多了。所以，我们不能说是工作的辛苦导致我们身处痛苦的境地。

日常工作对一个人影响最大。可以使他肌肉发达，身体强壮，血液循环加快，思维敏捷，判断准确；也可以在工作中唤醒他那沉睡已久的创造力，激发他的雄心，把更多的聪明才智发挥到工作中去。正是工作，使他觉得自己是一个人，必须从事工作，承担责任，这才能显示出人的尊严与伟大。

你可以让儿子继承万贯家财，但是你真正给了他什么呢？你不能把自己的意志、阅历、力量传给他；你不能把取得成就时的兴奋、成长的快乐和获取知识的骄傲感传给他；也不可能把经过苦心训练才得来的严谨作风、思维方法、诚实守信、决断能力、优雅风度等传给他。那些隐含在财富之中的技巧、洞察力和深思熟虑，他是感受不到的。那些优良品质对于你十分重要，但是对于你的继承人来说，却没有一点用处。为了挣得巨额财富，保住自己高高在上的地位，你培养出了坚强的毅力和苦干的精神，这都是从实际生活中逐步锻炼和塑造出来的。对于你来说，财富就是阅历、快乐、成长、纪律和意志。而对于你的继承人来说，财富则意味着诱惑，可能会让他更焦虑、更卑微。财富可以帮助你取得更大的成功，但对于他来说，则是个大包袱；财富可以使你得到更大的力量，更积极进取，但却会使他松懈怠惰，好逸恶劳，萎靡不振，变得更加软弱、无知。总之，你把最宝贵的也是他最需要的上进心，从他那儿拿走了。而正是这种力量激励着人类取得了巨大的成绩，将来也还是如此。

迪恩·法拉说："工作是人类与生俱来的权利，至今仍保存完好，它是最有效的心灵滋补剂，是医治精神疾病的良药。这从自然界就可以得到体现。一潭死水会逐渐变臭，奔流的小溪会更加清澈。如果没有狂风暴雨，没有飓风海啸，地球上全部是陆地，空气静止不动，这样的世界就毫无生趣。在气候宜人、四季温暖如春的地方，人们十分惬意地享受着生活，自然容易无精打采，甚至对生活产生厌倦。但是，如果他每天要为自己的生计奔波，与大自然作殊死的搏斗，他就会精神抖擞，经受各种锻炼，发展出最强的力量。"

"每天早晨起床后，"金斯利说，"不管你喜不喜欢，你都得有事做，强迫自己工作并尽最大努力做好，可以培养自控能力、勤奋、意志力等各种美德。在懒惰的人那里，是没有这些优点可言的。"

千百年来，除了勤奋工作，还有什么能够给我们带来繁荣充实？它为贫穷的人开创了新的生活，它使千百万人免于夭折，特别是拯救了那些精神上有问题，甚至企图自杀的人。

古希腊著名的医生加龙说："劳动是天然的保健医生。"

美国小说家马修斯说："勤奋工作是我们心灵的修复剂，可以让生理和心理得到补偿。可惜的是，人们常常只对受人关注的行业和要职感兴趣，而不再愿意经受艰辛劳作的磨炼。但是，它却是对付愤懑、忧郁症、情绪低落、懒散的最好武器。有谁见过一个精力旺盛、生活充实的人会苦恼不堪、可怜巴巴呢？英勇无敌、对胜利充满渴望的士兵是不会在乎一个小伤的。出色的演说家不会因为身有小恙就口齿木讷，词不达意的。这是为什么呢？当你的精神专注于一点，心中只有自己的事业时，其他不良情绪就不会侵入进来。而空虚的人，其心灵是空荡荡的，四门大开，不满、忧伤、厌倦等各种负面情绪，就会乘虚而入，侵占整个心灵，挥之不去。”

俾斯麦把勤奋工作看成是一个人拥有真正生活的保护神。在他去世前几年，当被问及用一句简单的话概括生活的准则时，他说：“这条准则可以用一个词表达：工作。工作是生活的第一要义。不工作，生命就会变得空虚，就会变得毫无意义，也不会有乐趣。没有人游手好闲却能感受到真正的快乐。对于刚刚跨入生活门槛的年轻人来说，我的建议只是三个词：工作，工作，工作！”

“劳动永远是光荣与神圣的。”卡莱尔说，“劳动是一切完美的源泉。没有艰辛的劳动，没有谁能有所成就，或者能成为一个伟人。懒散、无聊、无事可做，就像传染病一样，会迅速蔓延，使人类的灵魂失去依托。”

有的人声称现代工业文明的突飞猛进已扼杀了工作本身的创造性，无非就是机械化的动作，不断地重复一个动作而不必了解整个过程的工作有什么好得意的呢？他们说，当一个人痛苦不堪地在生产装配线上忙碌时，他足以自傲的成就感又从何而来？

以我自己的亲身经验，我可有几句话要说。好几年前，我在一家大公司担任打字员，主要的工作便是打字——一大堆的财务报告，日复一日，月复一月，好像永远也做不完。这项工作首要是正确性，其次是速度。由于这做起来并不容易，而且单调无聊，因此我并不喜欢这份工作。

但是，老实说，当我把这份工作做得近乎完美的时候，还是颇能引以为荣。因为这项工作虽然呆板，仍然需要精练的技术，因此在达到所要求的标准之后，实在有一种满足感。虽然在整个公司的运作过程里，我所担任的工作显然十分渺小，但它对我个性的成长十分有益，使我在处理每件小事的时候，都能力求正确、完美。

契斯特顿有句十分动人的隽语："要想不再当秘书的最好办法，便是尽量把现任的秘书职务做好。"

有许多家庭主妇把每天的家务事当成是不可忍受的苦差事，如洗碗碟等。但是，有一名妇女却将此看作是有趣的遭遇。她的名字叫波西德·达尔。达尔女士是个职业作家，曾写过一本自传和许多其他著作，并且为杂志撰写文章。她曾失明多年，等到视力稍微恢复之后，根据她的说法，她把每日的家务杂事当成是有趣的奇迹来看，并为此衷心感谢上苍。她说："从我厨房的小窗户，我可以看见一小片蓝天，而透过洗碗槽上飞舞的肥皂泡沫，那五颜六色彩虹般的美丽景观，更使我百看不厌。经过多年不见天日的黑暗生活，能在做家务的时候再重新体会这世界美丽的色彩，真使我衷心感激不尽。"

不幸的是，我们大部分人虽然都拥有健康的眼睛，却对周遭的环境视而不见。我们不但没住在德州的丽达·强森女士，以她亲身的经历向我们说明：如何因勤奋工作而解除了精神上的危机。

1941 年，强森先生和太太带着两个小孩，搬到新墨西哥一处约有 360 英亩大的农庄里。根据强森太太记载："没想到，那个农庄其实是个大蛇坑，住了许多可怕的响尾蛇，我们实在吓坏了。"

"那时，我们的农舍还没有水电和瓦斯，但这些不便倒不令我担心，我日夜所忧虑的，是那些可怕的响尾蛇。万一有一天家人被蛇咬了，该怎么办呢？我夜里经常梦见孩子遭到不幸，白天也一直担心在田里工作的丈夫。只要有片刻不见家人的踪影，我就紧张不已。

"这种持续的恐惧，使我的精神近乎崩溃。若不是我开始勤奋工作，相信早就支撑不住了。我把玉米粒刮下来播种，直到双手起茧为止；我为小孩缝制衣服，把多出来的食物装罐收藏好——我不停地工作，直到疲累地倒在床上为止。如此我便没有精力担忧其他的事了。

“一年之后，我们搬离那个农庄，全家大小都安然无恙，没有人被蛇咬过。虽然自此以后我不再那么辛劳工作，但我一直为那段时间的境遇感谢上帝。那一年，辛劳的工作确实拯救了我的理智。”

正如强森太太的亲身经历一样，我们若能自困境中体会出辛勤工作所能产生的力量，往后若再遭遇危机，便有坚利的武器可以自我防卫了。工作通常可以支持我们渡过难关、危机、个人不幸或失去所爱的人等。

爱德蒙·伯克说过：“永远不要陷入绝望。但是如果你产生绝望情绪时，就去工作。”爱德蒙·伯克的话可不是空谈——他是有过亲身经历的。他曾经痛失爱子，他经过悉心研究之后，开始痛苦地深信文明快要堕落了。工作对他而言，就像对其他很多人一样，成为这个疯狂的世界上唯一清醒的标志。因此他不断地工作，即使在他绝望之时。

是的，工作是生活第一要义。不管我们出于什么原因离开工作，都会受苦。

◎树立正确的工作态度

◎ 一个人的态度直接决定了他的行为，决定了他对待工作是尽心尽力还是敷衍了事，是安于现状还是积极进取。

◎ 态度就是你区别于其他人，使自己变得重要的一种能力。

每个人都有不同的职业轨迹，有的人成为公司里的核心员工，受到老板的器重；有的人一直碌碌无为，不被人知晓；有些人牢骚满腹，总认为自己与众不同，而到头来仍一无是处……众所周知，除了少数天才，大多数人的禀赋相差无几。那么，是什么在造就我们、改变我们？是“态度”！态度是内心的一种潜在意志，是个人的能力、意愿、想法、价值观等在工作中所体现出来的外在表现。

要看一个人做事的好坏，只要看他工作时的精神和态度。某人做事的时候，感到受了束缚，感到所做的工作劳碌辛苦没有任何趣味可言，那么他决不会作出伟大的成就。

在企业之中，我们可以看到形形色色的人。每个人都持有自己的工作态度。有的勤勉进取；有的悠闲自在；有的得过且过。工作态度决定工作成绩。我们不能保证你具有了某种态度就一定能成功，但是成功的人们都有着一些相同的态度。

企业中普遍存在着三种人。

第一种人：得过且过。

玛丽的口头禅是："那么拼命干什么？大家不是拿着同样的薪水吗？"

玛丽从来都是按时上下班，按部就班，职责之外的事情一概不理，分外之事更不会主动去做。不求有功，但求无过。

一遇挫折，她最擅长的就是自我安慰："反正晋升是少数人的事，大多数人还不是像我一样原地踏步，这样有什么不好？"

第二种人：牢骚满腹。

史密斯永远悲观失望，他似乎总是在抱怨他人与环境，认为自己所有的不如意，都是由环境造成的。

他常常自我设限，使自己的无限潜能无法发挥。他其实也是一个有着优秀潜质的人，然而，却整天生活在负面情绪当中，完全享受不到工作的乐趣。

他总是牢骚满腹，这种消极情绪会不知不觉地传染给其他人。

第三种人：积极进取。

在企业里，人们经常可以看到桑迪忙碌的身影，他热情地和同事们打着招呼，精神抖擞，积极乐观，永争第一。

桑迪总是积极地寻求解决问题的办法，即使是在项目受到挫折的情况下也是如此。因此，他总能让希望之火重新点燃。

同事们都喜欢和他接触，他虽然整天忙忙碌碌，但却始终保持乐观的态度，时刻享受工作的乐趣。

一年后，玛丽仍然做着她的秘书工作，上司对她的评价始终不好不坏。一年一度的大学生应聘热潮又开始了，上司开始关注起相关的简历来，也许新鲜的血液很快就会补充进来，玛丽的处境似乎有些不妙。

人们已经很久没有见到史密斯，去年经济不景气，公司裁员，部门经理首先就想到了他。经济环境不好，公司更需要增加业绩、团结一致，史密斯却除了发牢骚，还是发牢骚。第一轮裁员刚刚开始，史密斯就接到了解聘信……

而桑迪还是那么积极进取，忙碌的身影依然随处可见，他已经从销售员的办公区搬走，这一年，他被提升为销售经理，新的挑战才刚刚开始。

在公司里，员工与员工之间在竞争智慧与能力的同时，也在竞争态度。一个人的态度直接决定了他的行为，决定了对待工作他是尽心尽力还是敷衍了事，是安于现状还是积极进取。态度越积极，决心越大，对工作投入的心血也越多，从工作中所获得的回报也就相应地更为理想。

玛丽、史密斯、桑迪三人，一个面临失业的危险，一个已经被解聘，一个得到晋升。这并不是说得到晋升的桑迪比史密斯、玛丽在智力上更突出，而是不同的工作态度导致的。尤其是在一些技术含量不高的职位上，大多数人都可以胜任，能为自己的工作表现增加砝码的也就只有态度了。这时，态度就是你区别于其他人，使自己变得重要的一种能力。

如果一个人轻视他自己的工作，而且做得很粗陋，那么他绝不会尊敬自己。如果一个人认为他的工作辛苦、烦闷，那么他的工作绝不会做好，这一工作也无法发挥他内在的特长。在社会上，有许多人不尊重自己的工作，不把自己的工作看成创造事业的要素，发展人格的工具，而视为衣食住行的供给者，认为工作是生活的代价、是不可避免的劳碌，这是多么错误的观念啊！

人往往就是在克服困难过程中，产生了勇气、坚毅和高尚的品格。常常抱怨工作的人，终其一生，绝不会有真正的成功。抱怨和推诿，其实是懦弱的自白。

在任何情形之下，都不要允许你对自己的工作表示厌恶，厌恶自己的工作，这是最坏的事情。如果你为环境所迫，而做着一些乏味的工作，你也应当设法从这乏味的工作中找出乐趣来。要懂得，凡是应当做而又必须做的事情，总要找出事情的乐趣来，这是我们对于工作应抱的态度。有了这种态度，无论做什么工作，都能有很好的成效。

各行各业都有发展才能、增进地位的机会。在整个社会中，实在没有哪一个工作是可以藐视的。一个人的终身职业，就是他亲手制成的雕像，是美丽还是丑恶、可爱还是可憎，都是由他一手造成的。而人的一举一动，无论是写一封信，出售一件货物，或是一句谈话、一个思想，都在说明雕像的美或丑、可爱或可憎。

不论做何事，务须竭尽全力，这种精神的有无可以决定一个人日后事业上的成功或失败。如果一个人领悟了通过全力工作来免除工作中的辛劳的秘诀，那么他也就掌握了达到成功的原理。倘若能处处以主动、努力的精神来工作，那么即便在最平庸的职业中，也能增加他的权威和财富。

当一个人喜爱他的工作时，你可以一眼看出来。他非常投入，他表现出来的自发性、创造性、专注和谨慎，十分明显。而这在那些视工作为应付差事、乏味无聊的人那里，是根本看不见的。

即使是补鞋这么个低微的工作，也有人把它当作艺术来做，全身心地投入进去。不管是一个补丁还是换一个鞋底，他们都会一针一线地精心缝补。这样的补鞋匠你会觉得他就像一个真正的艺术家。但是，另外一些人则截然相反。随便打一个补丁，根本不管它的外观，好像自己只是在谋生，根本没有热情来关心自己活儿的质量。前一种人好像热爱这项工作，不总想着会从修鞋中赚多少钱，而是希望自己手艺更精，成为当地最好的补鞋匠。

我知道 100 多年前有一位家住罗德岛的人，他殚精竭虑，砌了一堵石墙，就像一位大师要创作一幅杰作一样，其专注程度甚至有过之而无不及。他翻来覆去地审视着每一块石头，研究这块石头的特点，思考如何把它放在最佳的位置。砌好以后，站在附近，从不同的角度，细细打量，像一位伟大的雕刻家，欣赏着粗糙的大理石变成的精美塑像，其满足程度可想而知。他把自己的品格和热情都倾注到了每一块石头上。每年，到他的农庄参观的人络绎不绝，他也很乐意解说每一块石头的特点，以及自己是如何把它们的个性充分展现出来的。

你会问砌一堵石墙有什么意义呢？这堵围墙已经存在了一个多世纪，这就是最好的回答。

◎没有工作的热忱，就没有生活的出路

◎ 对工作热忱，是一切希望成功的人，必须具备的条件。

◎ 对任何事都热忱的人，做任何事都会成功。

◎ 有史以来，没有任何一件伟大的事业不是因为热忱而成功的。

已故的佛里德利·威尔森曾是纽约中央铁路公司的总裁，有一次他在广播访问中，被问到如何才能使事业成功，他回答："我深切地认为，一个人的经验愈多，对事业就愈认真，这是一般人容易忽略的成功秘诀。成功者和失败者的聪明才智，相差并不大。如果两者实力半斤八两的话，对工作较富热忱的人，一定比较容易成功。一个不具实力而富热忱，和一个虽具实力但不热忱的人相比，前者的成功也多半会胜过后者。

"一个热忱的人，不论是在挖土，或者经营大公司，都会认为自己的工作是一项神圣的天职，并怀着深切的兴趣。对自己的工作热忱的人，不论工作有多么困难，或需要多么艰苦的训练，始终会用不急不躁的态度去进行。只要抱着这种态度，任何人都会成功，一定会达到目标。爱默生说过：'有史以来，没有任何一件伟大的事业不是因为热忱而成功的。'事实上，这不是一段单纯而美丽的话语，而是迈向成功之路的指标。"

因此，对工作热忱，是一切希望成功的人——像创造杰作的艺术家、卖肥皂的人、图书馆的管理员，以及追求家庭幸福的人——必须具备的条件。

热忱这个字眼，源自希腊语，意思是“受了神的启示”。

对工作热忱的人，具有无限的力量。威廉·费尔波是耶鲁最著名而且最受欢迎的教授之一。他在那本极富启示性的《工作的兴奋》中如此写道：“对我来说，教书凌驾于一切技术或职业之上。如果有热忱这回事，这就是热忱了。我爱好教书，正如画家爱好绘画，歌手爱好歌唱，诗人爱好写诗一样。每天起床之前，我就兴奋地想着有关学生的事……人在一生中所以能够成功，最重要的因素就是对自己每天的工作抱着热忱的态度。”

任何一项事业的老板，都知道雇用热忱者的重要，也知道这种人难以物色。亨利·福特说过：“我喜欢具有热忱的人。他热忱，就会使顾客热忱起来，于是生意就做成了。”

“十分钱连锁商店”的创办人查尔斯·华尔渥兹也说过：“只有对工作毫无热忱的人才会到处碰壁。”查尔斯·史考伯则说：“对任何事都热忱的人，做任何事都会成功。”

如果没有热忱，那就几乎不可能保持你成为不可阻挡的人所需要的巨大能量和意志。实际上，没有了热忱，一个人就会将生活简化为仅仅是存在、平庸和漠不关心。

怎样选择全在于你自己。你可以选择保持你的生命力，方法是想好你的目标，并努力从事点燃你热忱的活动。或者你也可以选择像我们生活中大多数人一样，用忍受的心态在生活中艰难跋涉，错过了他们经历的大多数事情。这种人观察生活但却没有体会到生活的乐趣。如果生活是一部交响乐，那么，他们只是听到了其中的音符，却感受不到整个乐曲的内涵；如果生活像一块稀世宝石，那么，他们只是看到了它的颜色，却无法看到那复杂的构造；如果生活像一部小说，那么，他们只理解其中的情节，却忽略了微妙的形象和寓意。

怀有热忱的人们极少用“工作”这个词来说明他们从事的事业。这种人是在追求他们最喜欢做的事和使个人受益匪浅的事，每个人的时间都是有限的。我们生活的每时每刻，不论是在工作、玩耍，还是在抱怨、感谢时，我们都已花费了时间。在我们的人生中，没有什么东西比剩余的时间更宝贵了。当我们在热忱鼓励下从事某项事业时，我们不仅仅是为了达到某个目标而努力，因为追求目标的过程和目标的实现同样使人受益。这样，当我们走到生命的尽头时，我们就能说一句“我热爱过我的生命”——这就是我们对成功的最高概括。

热忱是一种意识状态，能够鼓舞及激励一个人对手中的工作采取行动。而且不仅如此，它还具有感染性，不只对其他热心人士产生重大影响，所有和它有过接触的人也将受到影响。

当然，这是不能一概而论的。譬如，一个对音乐毫无才气的人，不论如何热忱和努力，都不可能变成一位音乐界的名人。话说回来，凡是具有必需的才气，有着可能实现的目标，并且具有极大热忱的人，做任何事都会有所收获，不论物质上或精神上都是一样。

即使需要高度技术的专业工作，也需要这种热忱。爱德华·亚皮尔顿是一位伟大的物理学家，曾协助发明了雷达和无线电报，也获得了诺贝尔奖。《时代》杂志引用他的一句具有启发性的话：“我认为，一个人想在科学研究上有所成就的话，热忱的态度远比专门知识来得重要。”

这句话如果出自普通人之口，可能会被认为是外行话，但出自亚皮尔顿这种权威性的人物，意义就很深刻了。如果在科学的研究上热忱都这么重要，那么对普通的职员来说，岂不是占着更重要的地位吗？

关于这点，我们可以引用著名的人寿保险推销员法兰克·派特的一些话加以说明。他那本《我如何在推销上获得成功》，在销量上，超过以往任何一本有关如何推销的书籍。

以下是派特在他的著作中所列出的一些经验之谈：

“当时是1907年，我刚转入职业棒球界不久，遭到有生以来最大的打击，因为我被开除了。我的动作不起劲，因此球队的经理有意要我走路。他对我说：‘你这样慢吞吞的，好像是在球场混了20年。老实跟你说，法兰克，离开这里之后，无论你到哪里做任何事，若不提起精神来的话，你

将永远不会有出路。'

"本来我的月薪是175美元，走路之后，我参加了亚特兰斯克球队，月薪减为25美元。薪水这么少，我做事当然没有热忱，但我决心努力试一试。待了大约10天之后，一位名叫丁尼·密亨的老队员把我介绍到新凡去。在新凡的第一天，我的一生有了一个重要的转变。

"因为在那个地方没有人知道我过去的情形，我就决心变成新英格兰最具热忱的球员。为了实现这点，当然必须采取行动才行。

"我一上场，就好像全身带电。我强力地投出高速度的球，使接球的人双手都麻木了。记得有一次，我以猛烈的气势冲入三垒，那位三垒手吓呆了，球漏接，我就盗垒成功了。当天气温高达华氏100度，我在球场奔来跑去，极可能中暑而倒下去。

"这种热忱所带来的结果，真令人吃惊，产生了下面的三个作用：

"1. 我心中所有的恐惧都消失了，而发挥出意想不到的技能。

"2. 由于我的热忱，其他的队员也跟着热忱起来。

"3. 我没有中暑。我在比赛和比赛后，感到从没有如此健康过。

"第二天早晨，我读报的时候，兴奋得无以复加。报上说：'那位新加进来的派特，无异是一个霹雳球，全队的人受到他的影响，都充满了活力。他那一队不但赢了，而且是本季最精彩的一场比赛。'

"由于我热忱的态度，我的月薪由25美元提高为185美元，多了约7倍。

"在往后的两年里，我一直担任三垒手。薪水增加了30倍。为什么呢？就是因为热忱，没有别的原因。"

但后来，派特的手臂受了伤，不得不放弃打棒球。接着他到菲特列人寿保险公司当拉保险的人，整整一年多都没有什么成绩，因此他很苦闷。但后来他又变得热忱起来，就像当年打棒球那样。

目前，他是人寿保险界的大红人，不但有人请他撰稿，还有人请他演讲自己的经验。他说："我从事推销，已经30年了。我见到许多人，由于对工作抱着热忱的态度，使他们的收入成倍地增加起来。我也见到另一些人，由于缺乏热忱而走投无路。我深信唯有热忱的态度，才是成功推销的最重要的因素。”

多年来，我的写作大都在晚上进行。有一天晚上，当我正专注地敲打打字机时，偶尔从书房窗户望出去——我的住处正好在纽约市大都会高塔广场的对面——看到了似乎是最怪异的月亮倒影，反射在大都会高塔上。那是一种银灰色的影子，是我从来没见过的。再仔细观察一遍，发现那是清晨太阳的倒影，而不是月亮的影子。原来已经天亮了。我工作了一整夜，但太专心于自己的工作，使得一夜仿佛只是一个小时，一眨眼就过去了。我又继续工作了一天一夜，除了其间停下来吃点清淡食物以外，未曾停下来休息。

如果不是对手中工作充满热忱，而使身体获得了充分的精力，我不可能连续工作一天两夜，而丝毫不觉得疲倦。热忱并不是一个空洞的名词，它是一种重要的力量，你可以予以利用，使自己获得好处。没有了它，你就像一个已经没有电的电池。

热忱是股伟大的力量，你可以利用它来补充你身体的精力，并发展出一种坚强的个性（有些人很幸运地天生即拥有热忱，其他人却必须通过努力才能获得）。发展热忱的过程十分简单。首先，从事你最喜欢的工作，或提供你最喜欢的服务。如果你因情况特殊，目前无法从事你最喜欢的工作，那么，你也可以选择另一项十分有效的方法，那就是把将来从事你最喜欢的这项工作当作是你明确的目标。

缺乏资金以及其他许多种你无法当即予以克服的环境因素，可能迫使你从事你所不喜欢的工作，但没有人能够阻止你在脑海中决定你一生中明确的目标，也没有任何人能够阻止你将这个目标变成事实，更没有任何人能够阻止你把热忱注入你的计划之中。

所以，任何人，只要具备这个“热忱”条件，都能获得成功，其事业必会飞黄腾达。

乐队指挥鲍勃·克劳斯贝的儿子，曾被问到他父亲和他的叔叔平·克劳斯贝每天的生活情形。他回答："他们永远都在愉快地工作。"

"那你长大之后希望怎样呢?"好奇的人又问他。

"也是愉快地工作。"年轻的小克劳斯贝毫不迟疑地回答。

◎别让激情之火熄灭

◎ 如果你只把工作当作一件差事，或者只把目光停留在工作本身，那么即使是从事你最喜欢的工作，你依然无法持久地保持对工作的激情。但如果你把工作当作一项事业来看待，情况就会完全不同。

◎ 保持长久激情的秘诀，就是给自己不断树立新的目标，挖掘新鲜感。

让我们先来看看美国前教育部部长、著名教育家威廉·贝内特的一段叙述：

一个明朗的下午，我走在第五大街上，忽然想起要买双短袜。于是，我走进了一家袜店，一个年纪不到17岁的少年店员向我迎来。

"您要什么，先生?"

"我想买双短袜。"

"您是否知道您来到的是世上最好的袜店?"他的眼睛闪着光芒，话语里含着激情，并迅速地从一个个货架上取出一只只盒子，把里面的袜子逐一展现在我的面前，让我赏鉴。

"等等，小伙子，我只买一双!"

"这我知道，"他说，"不过，我想让您看看这些袜子有多美，多漂亮，真是好看极了!"他脸上洋溢着庄严和神圣的喜悦，像是在向我启示他所信奉的宗教。

我对他的兴趣远远超过了对袜子的兴趣。我诧异地望着他。"我的朋友，"我说，"如果你能一直保持这种热情，如果这热情不只是因为你感到新奇，或因为得到了一个新的工作。如果你能天天如此，把这种激情保持下去，我敢保证不到10年，你会成为全美国的短袜大王。”

只是，很多时候我们会遇到这样的情形：在商店，顾客需要静候店员的招呼。当某位店员终于屈尊注意到你，他那种模样会使你感到是在打扰他。他不是沉浸在沉思中，恼恨别人打断他的思考，就是在同一个女店员嬉笑聊天，叫你感到不该打断如此亲昵的谈话，反而需要你向他道歉似的。无论对你，或是对他领了工资专门来出售的货物，他都毫无兴趣。

然而就是这个冷漠无情的店员，可能当初也是怀着希望和热情开始他的职业的。刚刚进入公司的员工，自觉工作经验缺乏，为了弥补不足，常常早来晚走，斗志昂扬，就算是忙得没时间吃午饭，也依然开心，因为工作有挑战性，感受当然是全新的。

这种在工作时激情四射的状态，几乎每个人在初入职场时都经历过。可是，这份激情来自对工作的新鲜感，以及对工作中不可预见问题的征服感，一旦新鲜感消失，工作驾轻就熟，激情也往往随之湮灭。一切开始平平淡淡，昔日充满创意的想法消失了，每天的工作只是应付完了即可。既厌倦又无奈，不知道自己的方向在哪里，也不清楚究竟怎样才能找回曾经让自己心跳的激情。他们在老板眼中也由前途无量的员工变成了比较称职的员工。

有时，压力也是人们失去工作激情的原因之一。职场人士承担着巨大的有形或者无形的压力，同事之间的竞争、工作方面的要求，以及一些日常生活的琐事，无时无刻不在禁锢着我们的心灵。于是在种种压力的禁锢之下，无精打采、垂头丧气和漠不关心扼杀了我们对事业的激情。从热爱工作到应付工作再到逃避工作，我们的职业生涯遭到了毁灭性的打击。

但是，如果你在周一早上和周五早上一样精神振奋；如果你和同事、朋友之间相处融洽；如果你对个人收入比较满意；如果你敬佩上司和理解公司的企业文化；如果你对公司的产品和服务引以为豪；如果你觉得工作比较稳定；只要对以上任何一个问题，你的回答中有一个“是”字，我就要告诉你："你'可以'恢复工作激情。"

美国著名激励大师博西·崔恩针对如何恢复工作激情，提过五点建议：

1. 对自己所做的事感兴趣。"告诉自己：对自己所从事的事喜欢的是什么，尽快越过你不喜欢的部分，转到你喜欢的部分。然后做得很兴奋，告诉旁人这件事，让他们了解为什么你会如此感兴趣。只要你做出对工作感兴趣的样子，你就会真的开始对它感兴趣。这样做的另一项好处是可以减少疲劳、压力与忧虑。"

千万不能失去热忱。我们每个人都应当有一些引以为荣的东西，对那些真正高贵的事物要保持一种景仰之情，对那些可以使我们的生活变得充实美丽的东西，永远不要失去热忱。

2. 把工作当作一项事业。如果你只把工作当作一件差事，或者只把目光停留在工作本身，那么即使是从事你最喜欢的工作，你仍然无法持久地保持对工作的激情。但如果你把工作当作一项事业来看待，情况就会完全不同了。

3. 树立新的目标。任何工作在本质上都是相同的，都存在着周而复始的重复。如果是因为这永无休止的重复，而对眼前的工作失去信心的话，那么我要告诉你的是，如果你的态度不转变，不主动给自己树立新目标，即使那是一份让你称心的工作，即使那是一个令所有人艳羡的工作环境，它一样会因为一成不变而变得枯燥乏味，你也不会从中获得快乐。

保持长久激情的秘诀，就是给自己不断树立新的目标，挖掘新鲜感。把曾经的梦想捡起来，找机会实现它，审视自己的工作，看看有哪些事情一直拖着没有处理，然后把它做完……在你解决了一个又一个问题之后，自然就产生了一些小小的成就感，这种新鲜的感觉就是让激情每天都陪伴自己的最佳良药。

4. 学会释放压力。工作不是野餐会，一个人无论多么喜欢自己的工作，工作多多少少都会给他带来压力。面对压力，有些人一味忍受，有些人只顾宣泄，忍受会导致死气沉沉，宣泄则会带来无尽的唠叨。应该学会管理压力并科学地释放压力，减轻对工作的恐惧感，心情轻松才容易重燃激情。

5. 切勿自满。在工作中，最需要注意的是自满情绪。自满的人不会想方设法前进，对工作就会丧失激情。如果你满足于已经取得的工作成绩，忽略了开创未来的重要性，那么现在这个阶段的工作自然会丧失其吸引力。当你把过去的成绩当作激励自己更上一层楼的动力，试图超越以往的表现，激情就会重新燃烧起来。

◎比薪水更宝贵的

◎ 一个人如果总是为自己到底能拿多少薪水而大伤脑筋的话，他又怎么能看到薪水背后的成长机会呢？

◎ 通过工作中的耳濡目染获得大量的知识和经验，这将是工作给予你的最有价值的报酬。

也许是目睹或者耳闻父辈、他人被老板无情解雇的事实，现在的年轻人往往将社会看得比上一代更冷酷、更严峻，因而也就更加现实。在他们看来，我为公司干活，公司付我一份报酬，等价交换，仅此而已。他们看不到薪水以外的价值，在校园中曾经编织的美丽梦想也逐渐破灭了。没有了信心，没有了热情，工作时总是采取一种应付的态度，宁愿少说一句话，少写一页报告，少走一段路，少干一个小时的活……他们只想对得起自己目前的薪水，从未想过是否对得起自己将来的薪水，甚至是将来的前途。

某公司有一位员工，在公司已经工作了10年，薪水却不见涨。有一天，他终于忍不住内心的不平，当面向雇主诉苦。雇主说："你虽然在公司待了10年，但你的工作经验却不到1年，能力也只是新手的水平。"

这名可怜的员工在他最宝贵的10年青春中，除了得到10年的新员工工资外，其他一无所获。

也许，这个雇主对这名员工的判断有失准确和公正，但我相信，在当今这个日益开放的年代，这名员工能够忍受10年的低薪和持续的内心郁闷而没有跳槽到其他公司，足以说明他的能力的确没有得到更多公司的认可，或者换句话说，他的现任雇主对他的评价基本上是客观的。

这就是只为薪水而工作的结果！

大多数人因为不满足于自己目前的薪水，而将比薪水更重要的东西也丢弃了，到头来连本应得到的薪水都没有得到。这就是只为薪水而工作的可悲之处。

如果要让我对于刚跨入社会的青年所遇到的切身问题发表意见，那么我希望每个青年都切切牢记："在你们开始工作的时候，不必太顾虑薪水的多少。而一定要注意工作本身所给予你们的报酬，比如发展你们的技能，增加你们的经验，使你们的人格为人所尊敬等。"

雇主所交付给年轻人的工作可以发展我们的才能，所以，工作本身就是我们人格品性的有效训练工具，而企业就是我们生活中的学校。有益的工作能够使人丰富思想，增进智慧。

如果一个人只是为着薪水而工作，而没有更高尚的目的，那么这实在不是一种好的选择。在这个过程中，受害最深的倒不是别人，而是他自己。他就是在日常的工作中欺骗了自己，而这种因欺骗蒙受的损失，即便他日后奋起直追，振作努力，也不能赶上。

雇主只支付给你微薄的薪水，你固然可以敷衍塞责来加以报复。可是你应当明白，雇主支付给你工作的报酬固然是金钱，但你在工作中给予自己的报酬，乃是珍贵的经验、优良的训练、才能的表现和品格的建立，这些东西的价值与金钱相比，要高出千万倍。

许多年轻人认为他们目前所得的薪水太微薄了，所以竟然连比薪水更重要的东西也宁愿放弃了，他们故意躲避工作，在工作过程中敷衍了事，以报复他们的雇主。

这样，他们就埋没了自己的才能，消灭了自己的创造力和发明才能，也就使自己可能成为领袖的一切特性都无法获得发展。为了表示对微薄薪水的不满，固然可以敷衍了事地工作，但长期地这样做，无异于使自己的生命枯萎，使自己的希望断送，终其一生，只能做一个庸庸碌碌、心胸狭隘的懦夫。

每个人对于自己的职位都应该这样想：我投身于企业界是为了自己，我也是为了自己而工作。固然，薪水要尽力地多挣些，但那只是个小问题，最重要的是由此获得踏进社会的机会，也获得了在社会阶梯上不断晋升的机会。通过工作中的耳濡目染获得大量的知识和经验，使自己的能力得以提升，这将是工作给予你的最有价值的报酬。

能力比金钱重要万倍，因为它不会遗失也不会被偷。许多成功人士的一生跌宕起伏，有攀上顶峰的兴奋，也有坠落谷底的失意，但最终能重返事业的巅峰，俯瞰人生。原因何在？是因为有一种东西永远伴随着他们，那就是能力。他们所拥有的能力，无论是创造能力、决策能力还是敏锐的洞察力，绝非一开始就拥有，也不是一蹴而就，而是在长期工作中积累和学习得到的。

你的雇主可以控制你的工资，可是他却无法遮住你的眼睛，捂上你的耳朵，阻止你去思考、去学习。换句话说，他无法阻止你为将来所做的努力，也无法剥夺你因此而得到的回报。

许多员工总是在为自己的懒惰和无知寻找理由。有的说雇主对他们的能力和成果视而不见，有的会说雇主太吝啬，付出再多也得不到相应的回报……

一个人如果总是为自己到底能拿多少工资而大伤脑筋的话，他又怎么能看到工资背后的成长机会呢？他又怎么能理会到从工作中获得的技能和经验，对自己的未来将会产生多么大的影响呢？这样的人只会逐渐将自己困在装着薪水的信封里，永远也不会懂得自己真正需要什么。

总之，不论你的雇主有多吝啬、多苛刻，你都不能以此为由放弃努力。因为，我们不仅是为了目前的薪水而工作，我们还要为将来的薪水而工作，为自己的未来而工作。一句话，薪水是什么？薪水仅仅是我们工作回报的一部分。

世界上大多数人都在为薪水而工作，如果你能为自己的成长而工作，你就超越了芸芸众生，也就迈出了成功的第一步。

从前在宾夕法尼亚的一个山村里，住着一位卑微的马夫，后来这位马夫竟然成了美国最著名企业家之一，他靠着惊人的魄力和独到的思想撑起了事业的大厦，他一生的成就为世人所景仰。他就是查尔斯·齐瓦勃先生。

年轻的朋友们很关心齐瓦勃先生的成功，那么为什么他会获得成功呢？齐瓦勃先生的成功秘诀是：每谋得一个职位，他从不把薪水的多少视为重要的因素，他最关心的是新的位置和过去的职位相比较，是否前途和希望更为远大。

他最初在一家工厂里做工，当时他就自言自语地说："终有一天我要做到本厂的经理。我一定要努力做出成绩来给老板看，使老板主动来提拔我。我不会计较薪水的高低，我只要记住：要拼命工作，要使自己工作所产生的价值，远超过我所得的薪水。"他下定决心后，便以十分乐观的态度，心情愉快地努力工作。在当时，恐怕谁也不会想到齐瓦勃先生会有今日巨大的成就。

齐瓦勃的童年时代家境异常艰苦，家中一贫如洗，所以，他只受过很短时间的学校教育。齐瓦勃从15岁开始，就在宾夕法尼亚的一个山村里做马夫。两年之后，他又获得了另外一个工作机会，周薪为2.5美元。但他仍然无时无刻不在留心其他的工作机会，果然他又遇到一个新的机会，他应某位工程师之邀，去钢铁公司的一个建筑工场工作，工资由原来的周薪2.5美元变为日薪1美元。做了一段时间后，他就又升任技师，接着一步一步升到了总工程师的职位上。到了齐瓦勃25岁时，他晋升到房屋建筑公司的经理了。5年之后，齐瓦勃开始出任钢铁公司总经理。到39

岁时，齐瓦勃接过了全美钢铁公司的权柄，出任总经理。如今，他是贝兹里罕钢铁公司的总经理。

齐瓦勃只要获得一个位置，就决心要做所有同事中最优秀的人。他决不会像某些人那样脱离现实胡思乱想。有些人经常会不守公司的纪律，常常抱怨公司的待遇，甚至于宁愿在街头流浪，静待所谓的良机，也不愿刻苦努力。齐瓦勃深知，只要一个人有决心，肯努力，不畏难，必定可以成为成功者。在今天的年轻人看来，齐瓦勃先生一生的奋斗与成功故事，简直是一个情节曲折的传奇，但更是一个对人教益最大的典范。从他一生的成功史中，我们可以看到努力劳动所具有的非凡价值。干任何事情，他都能做到非常乐观而愉快，同时在业务上求得尽善尽美、精益求精。所以，在他与同事们一起工作时，那些有难度、要求高的事情，都得请他来处理。齐瓦勃先生做事的态度是一步一个脚印，他从不妄想一步登天、一鸣惊人，所以，他地位的上升也是势所必至、天意使然。

◎别把工作当苦役

◎ 只要你在心中将自己的工作看成是一种享受，看成是一个获得成功的机会，那么，工作上的厌恶和痛苦的感觉就会消失。

◎ 这个世界的最好福音是，认识你的工作——它并不是苦役，然后便动手去做，像加西亚那样！

如果你对工作是被动而非主动的，像奴隶在主人的皮鞭督促之下一样；如果你对工作感觉到厌恶；如果你对工作毫无热忱和爱好之心，无法使工作成为一种享受，只觉得是一种苦役，那你在这个世界上绝不会取得重大的成就。

有这样一个故事，一天，主人把货物装在两辆马车上，让两匹马各拉一辆车。

在路上，一匹马渐渐落在了后面，并且走走停停。主人便把后面这辆车上的货物全放到前面的车上去。当后面那匹马看到自己车上的东西都搬完了，便开始轻松地前进，并且对前面那匹马说：“你辛苦吧，流汗吧，你越是努力干，主人越要折磨你。”

到达目的地后，有人对主人说：“你既然只用一匹马拉车，那么你养两匹马干吗？不如好好地喂一匹，把另一匹宰掉，总还能拿到一张皮吧。”于是主人便真的这样做了。

如果你对工作依然存在着抱怨、消极和斤斤计较，把工作看成是苦役，那么，你对工作的热情、忠诚和创造力就无法被最大限度地激发出来，也很难说你的工作是卓有成效的。你只不过是在“过日子”或者“混日子”罢了！

倘若如此，你每日所习惯的工作不仅不是合格的工作，而且简直跟“工作”有点背道而驰了！一些人认为只要准时上班，不迟到、不早退就是完成工作了，就可以心安理得地去领所谓的报酬了。可是，他们没有想到，他们固然是踩着时间的尾巴上下班，可是，他们的工作态度很可能是死气沉沉的、被动的。

那些每天早出晚归的人不一定是认真工作的人，对他们来说，每天的工作可能是一种负担、一种逃避、一种苦役。他们是在工作中远离了“工作”，不愿意为此多付出一点，更没有将工作看成是获得成功的机会。

因此，在任何时候，你都不能对工作产生厌恶感，或者把工作看成是苦役。

即使你在选择工作时出现了偏差，所做的不是自己感兴趣的工作，也应当努力设法从这乏味的工作中找出兴趣。要知道凡是应当做而又必须做的工作，总不可能是完全无意义的。问题全在你对待工作的认知，对工作表现出积极的态度，可以使任何工作都变得有意义，变得轻松愉快。

如果你以为自己的工作是乏味的，是一种苦役，就会产生抵触的心理，这终究会导致你的失败。其实，只要你在心中将自己的工作看成是一种享受，看成是一个获得成功的机会，那么，工作上的厌恶和痛苦的感觉就会消失。不懂得这个秘诀，就无法获取成功与幸福。

一个人尽管如何冥顽不灵，尽管忘记他的崇高使命，但只要是踏踏实实，埋头苦干，这个人便不算无可救药，只有把工作当成苦役才会永无希望。努力工作，而绝不贪婪吝啬，这便是成功的唯一真理。

这个世界的最好的福音则是，认识你的工作——它并不是苦役，然后便动手去做，像加西亚那样！

我认识许多老板，他们多年来一直在费尽心机地去寻找能够胜任工作的人，他们所从事的业务并不需要出众的技巧，而是需要谨慎、朝气蓬勃与尽职尽责。他们雇请的一个又一个员工，却因为粗心、懒惰、能力不足、没有做好分内之事而频繁遭到解雇。与此同时，社会上众多失业者却在抱怨现行的法律、社会福利和命运对自己的不公。

许多人无法培养一丝不苟的工作作风，原因在于贪图享受、好逸恶劳，把工作看成是苦役，背弃了将本职工作做得完美无缺的原则。

我们在心中应当立下这样的信念和决心：从事工作，你必须不顾一切，尽你最大的努力。如果你对工作不忠实、不尽力，甚至把它当成是一个苦役，那将贬损自己、糟蹋自己，更不会从工作中得到应有的乐趣。

◎从工作中获得快乐

◎ 只有在工作时专心投入而且能够从工作中获得快乐的人，才能在游乐时感到喜悦。

◎ 最理想的状况当然是从工作及休闲二者中获取快乐。也只有二者兼得，我们才能达到快乐的最高潮。

许多著名的科学家、小说家、电影明星及其他有名的人物都曾描述工作时所得到的极大快乐与满足，只因为这项工作是他们真心想做的。这可能是促使他们成功的原因之一。

有一些终生不得志的人则把大部分时间用于玩乐之上。致使二者的成就差异如此之大，可见调整和分配工作与休闲时间的重要性。

马士洛曾经定义“自我实现”的人就是喜欢并去做必须做的事。也就是想办法将工作变成游戏般轻松与自由，但是对一般人而言这是一件非常不容易做到的事。

许多人都有一些限制他时间、行动与想法的工作，这工作也就是不快乐的根源。事实上，最近密歇根及哈佛两所大学的研究者发现大部分的美国人都有换工作的念头，而美国政府则在近些年花费 4 千万美元去发展不使工作厌烦的技巧。

对许多人来说，快乐绝大部分出现于不在工作的时候，例如晚间、周末及假期当中。

你该如何去除因工作而产生的不快乐呢？你又如何找到更多的快乐时光呢？

有一个很好的方式就是培养自己足够的知识、勇气及内力去做适合你的工作。当最著名的压力研究专家亚莉耶博士在一次接受“美利坚新闻及寰宇报道”的访问时被问到：“人们如何应付压力呢?”他回答：“诀窍不在于如何避免压力，而在于‘做你自己的事’，这就是我一直所强调的：做你喜欢做的事，但也别忘了做那些你该做的事。”

另外他还提到：“药物治疗也能发挥效用，例如现在已有一些能有效治疗高血压的药。但是我想对大多数人而言，最重要的莫过于学习如何生活，在各种不同的场合中如何表现适当举止以及如何作最明智的决定。‘我到底是想要接管父亲的事业还是成为音乐家?’如果你真的向往音乐家，那就朝这方面去做。”

许多人选择职业时只怀着赚钱、争取高职位或升迁的目的，结果往往无法从事真正有兴趣的工作。例如有位社会工作人员，过去经常到各地区与民众会谈，教他们学习面对及解决问题的技巧，如今却因为其他原因而停止这项工作。现在虽然跃升为一个著名社会辅导站的主管，但同时他放弃了他喜爱的兴趣——终日待在办公室里。又如一位艺术大师被聘为世界上最著名、最有权威的博物馆之一的馆长之后，他必须将绝大部分时间用于烦琐的行政工作上，而不得不放弃钻研艺术的雅趣。

如果你问一些人在不考虑金钱因素及其他顾虑的情况下，他们真正想从事的工作是什么？往往你都会得到非常意想不到的答案。有一家广告公司的企划部主任曾说到他愿成为一家自然博物馆的制标本的技术人员。有一家出版社的董事长说他想成为餐厅的领班。另有位公共关系部门的主管回忆起她一生中从事的最愉快职位就是接待员，因为她每天必须与许多不同的人接触，这使她获得很多乐趣，而且这种工作也不会耗用她太多的私人时间及精力，毕竟拥有自己的时间是很重要的。此外，一位银行的副总裁将业余的时间大部分花费于研究制造各种锁，他还打趣地说，如果他不介意娱乐是一件非常重要的事。如何寻找到适合自己的娱乐，则是一件非常快乐的事。但是，切莫去随便模仿别人。你最好能够先自问，什么是真正能使自己感到快乐的事情。在我们周围经常会发现，许多人什么事都要掺和掺和，还整天忙忙碌碌，这样的人是享受不到任何快乐的。只有在工作时专心投入，而且能够从工作中获得快乐的人，才能在游乐时感到喜悦。

如果以此作为衡量的标准的话，在我心目中，古代雅典的将军阿尔基比亚地斯应该可以算是最合格的了。尽管他在言行举止上都可以称得上是一个放荡的人，但是在思想上和工作上，他却极其投入，并取得了令世人羡慕的成就。

恺撒大帝也是一位能够将心思均等地分配在工作和游戏上的人。在罗马人的心目中，恺撒原本是一位行为不轨的人，但是他事实上是一位非常优秀的学者，他具有一流的辩才，而且拥有统驭他人的实力。

只懂得如何游乐的人生不仅毫不令人感动，而且一点儿也不有趣。一个每天认真工作的人，他在娱乐时才会由衷地感到快乐。整天好吃懒做的人、沉迷于酒色之中的人，一定无法从工作中获得真正的快乐，这样的人每天只是在过着行尸走肉般的日子。

精神生活层次低的人，大多只追求低级的享乐，他们也只能热衷于那些毫无品位的娱乐；与这类人相对的是，那些精神生活层次高的人，则善于结交一些品性和道德良好的朋友，他们所追求的娱乐也是适当的，它们既没有危险性，又不失品位。具有良知的人都十分明了，娱乐是不可以被当作目的的，它只不过是一种让人放松心情、给人安慰的方法而已。

为了使你步入高尚人的行列，你不妨实践一下我称之为“早上比夜晚聪明”的体验。

在工作和游戏的时间安排上，最好能够有一个明确的划分。读书、工作，或者是要同有知识的人及名流之士促膝交谈，这些事情最好排在早上比较恰当。一旦吃过晚饭之后，就应该尽量让自己放松心情，除非是发生了什么紧急的情况，否则不要占用它，最好利用这段时间让自己轻松地做自己所喜欢的事情，例如，和几个志同道合的朋友打打牌，或者和几个有节制的朋友玩玩愉快的游戏，即使有失误，也不会因此而吵架。也可以去看演出，或去看一场比赛，或者找几位好朋友一起吃饭、聊聊天，尽你所能地度过一个能够令你满足的夜晚。

如果你的工作让你做起来没意思或不快乐，当然按照常理，最好是换个工作。但事实上，并不是每个人都能随心所欲地换工作，有些人甚至于换工作后变得更不快乐。就像有一位想换工作却一直碰壁的人——因为年龄已 50 岁，别家公司不雇用他——或是一位离了婚的妇女无法搬离本地另找新工作，因为她必须住得离母亲家近些，以便每天下班后到母亲家看孩子——或是一位在居住地拥有本区唯一一家建筑公司的人必须留在当地，因为那儿是他发迹的地方，同时他也不愿离开朋友和亲戚搬到陌生的地方。

就算你非常不喜欢目前从事的工作，也不要轻言放弃。有些技巧可以使工作愉快些，你不妨想想由于从事此项工作所赚得的钱使你能享受购物的乐趣，你可以开始培养新的嗜好，这个嗜好使你除了工作外另有新的目标，你应该尝试在工作之中建立起具体的目标，目标是使工作愉快的万灵丹。

有许多拿高薪的权威之士有时会感觉沮丧，就是因为他们没有目标，甚至有些人还不知道是为何而沮丧。

哈佛大学科技、工作及心理计划部的主任马柯毕谈及某些公司里的高级主管时，称他们为“游戏型人物”。他解释所谓“游戏型人物”就是以在工作或娱乐冒险活动上击败对手为最大享受，但是这类人没有长期目标。他描述此“游戏型的人物”：漫无方向地跑完了人生旅程，到头仍是茫然。他叹息道：“我倒宁愿做些真正能使我高兴的事。”

所谓最有意义的目标就是能带给我们最大快乐的目标。如果工作的目的只是赚钱或击败对手，则成功所带来的快感将不会持续很长时间。就如同马柯毕提到的“游戏型人物”，他说：“一位又老又疲倦的‘游戏型人物’，在输去几场比赛，失去信心之后，他们所剩下的只是一张痛苦扭曲的脸孔而已。一旦他失去了青春、精力，甚至荣耀，他变得绝望、茫然，不禁自问活着的意义为何?”马柯毕主张“游戏型人物”如要避免被老化与颓废打败就必须：除了一心一意获取胜利之外，该想想生命中是否有其他值得追求的目标。

最理想的状况当然是能从工作及休闲二者中获取快乐。也唯有二者兼得，我们才能达到快乐的最高潮。

人们经常梦想将工作放在一边，好好地放纵一下，但一旦他们这样做了，反而得到失望的结果。

例如，有许多人退休时都因为不习惯而非常的不快乐，所以尽管他们找工作困难重重，他们仍急于找到一份工作以打发寂寞。有些佛罗里达酒店每年出售超过 200 万元的酒给退休后因无聊而以酒解愁的老人。

有一个人退休之后搬到佛罗里达，但他觉得在那儿很无聊、不快乐。最后他搬回纽约，每天中午吃饭时间他就回到过去工作的工厂找老同事聊天。他也经常在上下班时间到工厂看看老朋友。

有一位狂热的业余水手辞掉了工作，成为职业的水手，但他却失望了：他所梦想的日子是夏日的周末，但他很快地发觉每天航海并无乐趣可言，不像以前只能利用周末上船那般有意思。当他只能在周末航海时，航海的新奇感从未停止，一旦它成了连续性的动作就不再那么刺激、有趣了。所以每个人都必须学习从工作进入娱乐，再从娱乐返回工作，因为工作和娱乐二种不同感受的对照，能使你清新并协调享受二者。

◎65 岁不退休

◎ 工作是对生活和健康最有用的东西。

◎ 如果你对幸福的看法是无止境的悠闲，如果你期望退休躺在摇椅上，那么你是活在一个愚人的天堂中。因为懒散是人类最大的敌人，它只会制造出悲哀、先衰和死亡。

◎ 工作是对延迟年老造成影响的一个因素。

马克·H. 赫林德和史坦利·A. 弗兰克医生在《健康世界》上介绍过一位住在堪萨斯州的 81 岁的女人，说她将一张摇椅退还给她女儿，并附言："我太忙了，没有时间坐摇椅。"

这个母亲懂得了要成熟不要变老的方法。她知道工作才是对生活和健康最有用的东西。

如果你认为幸福就是获得无止境的悠闲，如果你希望退休后可以一直躺在摇椅上，那么你只是进入了愚人的天堂。要知道懒惰是人类最大的敌人，它只会制造悲哀、早衰和死亡。

适量的工作，只要不是过度紧张的工作，就不会对人造成伤害，但过分的安逸却会。

可见工作是对延迟年老造成影响的一个因素。德国脑科研究机构的欧·弗格特博士，在不久前的一次国际老年问题研讨会上提出：脑细胞的剧烈运动可延迟老化的进程。过度工作，不仅不会伤害神经细胞，反而可以延迟其向年老转化。弗格特博士公布了他对正常人脑神经细胞所作的显微研究结果，重点观察其随年龄而产生变化的情况。分别在 90 岁和 100 岁时去世的两个女人的非常活跃的脑中，发现她们的脑神经细胞老化的情况都相应地延迟。

“并且，”弗格特博士说，“我们通过对研究对象的观察，找不到因过度工作而加速神经细胞老化的证据。”

“退休的人早死”——听起来真实得令人感到悲哀。从活跃、忙碌、有益的活动状态中转入到整天虚掷光阴或漫无目的地排遣时日的薄暮世界中，破坏了我们的生命力，降低了承受力，以致造成早死。在退休后仍然保持快乐的人是那些把退休当作只是换个工作的人。

下面是汤玛士·克林先生的研究。他是芝加哥《每日新闻》的专栏编辑，也是《黄金年华》一书的作者。克林先生认为强制退休的规定“十分残忍”，以下是他的观点：

“7 年来，我访谈了无数年届或刚逾 65 岁的工作者。根据我的观察，强制退休的规定十分残忍，假如同样的情形发生在狗或马的身上，相信它们必定无法忍受。至少，马在告老退休之后，还能随时奔跑到草原之上，嚼食青草，而狗也是被喂养到老死为止。

“但是，人的情形并不只是生计问题……这同时也伤害了这些人对自己能力的信心，更伤害了他们精神上的尊严。

“对人来说，因年老而变得无用是极为可怖的现实，连天使都无能为力。人被剥夺了工作权、收入，甚至自尊，只因他已年届 65——这不是极残酷吗？”

那么，为什么人们不起来反对这样的无理规定呢？根据印第安纳州的调查，有 90％的工作者，表示不愿在 65 岁的时候被强迫退休。在某些大工厂里面，此百分比更高达 95％。

从来没有任何心理学或生理学上的理论，说明人在这个年龄会失去工作能力。衰弱或无能，可发生在任何年纪。而对不同的人来说，发生的时间也可能各不相同。假如我们不常常使用双手，双手便不会那么灵巧；假如我们不常常使用大脑，大脑也会很快衰退。当然，每个人都必须在某个时期停止工作，却绝不是非在65岁时。

我们若把工作当成是谋生工具，必须等到退休或死亡才能告一段落，则无疑剥夺了生为人类所能拥有的最大满足感。工作本身是件极好的事，除了有益健康，更能影响一个人的气质。因此工作在我们的生命之中，是个极高贵的成分。

所有的工作都具服务性质。无论是烹饪、刷地板、装配零件，或是练习一个舞步，它的主要目的是要使生活更美好、更舒适、更快乐。因此，工作本身极富创意性。假如我们想从工作中获得快乐或好处，都得重视这个富有创意性的目的。

英国著名的电影制作人蓝克先生说过：“许多人常常忘记‘为什么’会有某个行业的理由。一个制造座椅的工厂，不仅只是生产座椅和获取利润，其主要任务是要制造出人人喜欢坐的椅子来。假如从事此行业的人，忘了自己工作的任务或目的，终有一天会发现——别人不但把他制造的椅子拿出去扔掉，连他想要的利润，也都不翼而飞了。”

是的，工作是生命之律。假如我们被剥夺了工作权，无论理由如何，我们都会感到十分痛苦。许多治疗机构都采用工作治疗法，如：精神病院、监狱、疗养院，以及其他被隔离起来的地方。一般人认为：“人一旦退休，便开始步向死亡。”话虽残酷，却是事实。人一旦由各种活动中退休，由忙碌的有意义生活变成无目标的“纯消遣”生活，便会使原有的旺盛精力熄灭，因而降低了身体的抵抗力，迅速步入死亡。假如你想在退休后仍能快乐生活，最好是用别的工作来取代原有的忙碌生活。

规定人必须在年届65岁的时候退休，这种过时的观念是四轮马车时代的残遗，是任何进步国家都应引以为耻的做法。规定65岁必须退休，这是在1870年首先由“铁路工作人员退休系统”所采用；接着，1937年由“社会安全系统”来使用。由于1900年之后，人类的寿命已逐渐增加了20岁，所以，65岁的退休年龄，现已显得不太合理。无论是男是女，许多65岁的人精力还都十分旺盛，根本还不预备进安乐椅或准备走向殡仪馆。

政府为什么从来不向这些极力主张废除这种退休制度的人——一群65岁的工作者——征询意见呢？很明显的一个事实是，几乎所有正在工作着的人都不愿到65岁时就被强迫退休！

鉴于工商业界对于雇用老年人所持的态度，令人感到欣慰的是他们有很多人都到外面为自己找份工作。茱丽艾达·K. 亚瑟是一位社会福利方面的权威人士，根据她的调查显示："1950年的普查报告有一个最值得注意的就业事实，那就是有几十万超过75岁的老人仍在继续工作，他们之中很多都属于没有雇主的自由职业者。"

1954年，首都人寿保险公司公布了一项报告：65～69岁之间的男人有3/5就业；70～74岁之间的男人也有2/5就业；75岁以上的男人仍有1/5在工作。他们大多从事的是自由职业。

这些数字再一次有力地证明了这样一个事实——工作的能力和意愿并不在65岁生日时突然丧失。

只要有能力，大多数的人仍然想继续工作，而不愿因为某个养老金计划制订者说他们应该退休就退休。越来越多的工作者对不公平的强迫退休制度的抗议，已经收到一些良好的效果，一些公司延长了退休年龄年限或使它较具弹性。可惜的是，这样的公司还是很少。还要多久，人的工作权利才能不再因为年龄的增高，不再不顾他的需要、能力和意愿而被无情地剥夺掉？

在不久前于纽约州举行的一次老年问题研究会中，当场宣读了一份由杰出的老政治家伯纳德·M. 巴鲁克拍给大会的电报。在电文中，巴鲁克先生强烈呼吁废除强迫退休的制度，他说这种制度"对那些虽然年龄很大，但仍然愿意而且有能力继续工作的人来说不是恩惠，是否应该退休不应从年龄而应从能力的角度来考虑"。巴鲁克先生说："年纪越大的人越是已经获得了无法取代的丰富经验资产的人。”

已经83岁还在担任密歇根州老年问题研究委员会委员的亨利·S. 柯特斯博士是美国在这方面的权威人士之一，他的话直指对老年人就业的不公平歧视：

“强迫退休是存在于工商业界的一项严重的失误，因为它使许多最佳的人才闲置浪费，而且也使受雇者晚年时期想要做好工作的热情受挫。无论对有能力而且愿意继续工作的人，还是对纳税的大众，都是一个严重的错误。工作的权利是一项基本的人权，65岁退休制度的存在是一项基本的人类错误。”

说得精彩，柯特斯博士！愿策划者和官僚们能来听听反对“强迫退休法案”的睿智而强烈的呼声。“65岁退休的制度规定，”柯特斯博士又说，“是独断的、专横的，不管从生理学还是从心理学上来讲，都没有什么理论能证明一个人的工作能力会在65岁时突然失去。任何年龄都可能变得软弱，这因人而异。如果我们停止动手工作，双手很快就会失去它的灵敏；如果我们停止用脑思考，大脑就会很快衰老。每一个工作者都应该自己选择放弃工作的时间，在他自认不能胜任他的工作的时候。”

工作是年轻人所无法想象的成熟的快乐之一。不管是体力工作还是脑力工作，都是自然赋予我们的可以不断成长而不变老的最神奇的一种力量。

想要避免随一个人变老而来的危险，最好能像本章开始那个81岁的女人那样：退掉摇椅，忙碌起来！

第五章

营造幸福家庭

◎对婚姻的忠告

◎ 要互相坦诚，保持平和的心态，在热恋的时候就应该把缺点和不足暴露给对方。

◎ 从某种程度上讲，年轻人应该从实用的角度看待婚姻。

西奥多·帕克先生结婚时，夫妇两人进行了结婚旅行。在新婚期间，帕克先生列出了一些有用的建议来解决婚姻中可能出现的问题和矛盾：

1. 除非有特殊的理由，决不要违背妻子的意愿。

2. 按照妻子的意愿，相互履行义务。

3. 从来不要责备妻子。

4. 从来不要轻视妻子。

5. 从来不因为妻子的要求而抱怨。

6. 鼓励妻子柔顺的品质。

7. 分担妻子的压力和负担。

8. 宽恕妻子的缺点。

9. 永远珍爱妻子，保护妻子。

10. 记住，永远为妻子祈福，这样上帝就会为我们赐福。

帕克为自己列出的这些建议就像犹太教的十诫一样，都可以理解为一个字——爱。爱在犹太人的教义里无处不在，而爱也贯穿于整个婚姻过

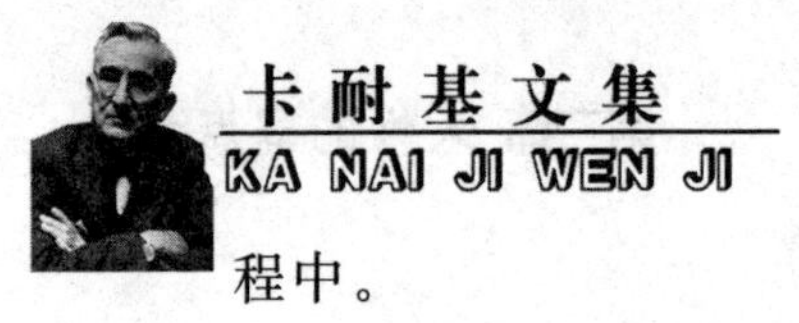

程中。

萨克雷对他的儿子说："在所有的事情中，最为重要的就是找一个快乐的妻子，我亲爱的孩子。"

要想有一个幸福快乐的家，夫妻两个必须志趣相投，有共同的追求。如果丈夫是一个粗俗不堪的男人，而妻子是一个很有教养的女人，他们在一起就不会有多少欢乐可言。

"一个在男友追求她时就不断挑剔缺点的女孩，婚后会变本加厉地责怪他；而一个婚前就努力讨人欢喜的女孩，婚后会更加努力地做到这一点。"

约翰逊博士说："在男女恋爱期间，双方竭力掩盖自己的弱点，常常会成为他们相互了解的障碍，他们通过刻意的顺从和有意的伪装，掩饰他们本来的样子和真实的欲望。从他们开始恋爱起，他们就常常在对方面前戴着面具，但后来一旦有些东西被揭穿，每个人便都会觉得有理由怀疑对方是否发生了变化，如果发生一次严重的争吵或者冲突，就容易导致两人劳燕分飞，各奔东西。"

对未来的新郎和新娘，我想说："要互相坦诚，保持平和的心态，在热恋的时候就应该把缺点和不足暴露给对方。如果在婚前隐瞒的话，婚后一旦发现对方的性格或条件存在某些缺陷，就会对婚姻生活产生很大的负面影响。坦诚一些总比隐瞒要好得多，因为缺点和不足与优点一样，终归会在婚姻生活中显现出来。自然一些，一开始就表现出你的本色！"

从某种程度上讲，年轻人应该从实用的角度看待婚姻。一个好的妻子是一大笔财富。她以一种优雅的方式使你拥有比以前多得多的东西。为了使你更加精力充沛、迅捷高效地工作，她会表现出你所需要的品格。譬如，她会在你发达的智力中注入一些情感因素，而这些情感因素是使智力更好地发挥作用所不可或缺的。为了获得真理，需要心和脑的协同联合。我们不能断言，男人是天生冷酷的无情无义之人；我们同样也不认为，可以把女人想象成没有任何头脑的感情用事者。心灵和大脑、情感与理智在各自发挥作用的方面同样地宝贵。

一个女人，只要不被想成为一个强人的那种雄心壮志所感染，她就能够成为由夫妻双方组成的婚姻股份公司中的一员，并通过其特有的在情感方面的投资为公司的资本积累做出贡献。一些女人可能会讨厌这种说法，但是我要警告年轻的男士们，不要把美好的婚姻方案寄托在那些可能讨厌婚姻本身的女人身上。如果你想要的是一个妻子，而不仅仅是一个家庭主妇的话，你必须睁大你的眼睛，仔细寻找那种温柔体贴、甜美可人的女性特质。正如冬日里壁炉的熊熊火焰可以为你驱走身上的寒气一样，这种女性特质也会在你精神上施加无穷无尽的有益影响——就像一股温暖宜人的清风抚慰着你的灵魂，驱逐你思想中的僵硬、情感中的冷酷，并使得你的生活井然有序、融洽和谐。

◎解读问题婚姻

◎ 如果你的婚姻陷入危机的话，你是激动地放纵情绪，还是冷静下来找一找出现问题的原因呢？

1933 年 6 月，艾麦特·克鲁西发表了一篇叫作《为什么婚姻会出现问题》的文章。下面是从这篇文章里摘录的一些问题，它们都很有回答的价值。如果你对每个问题的回答都是肯定的话，你能得到 10 分的满分。

针对丈夫的问题：

1. 你还在“追求”你的妻子吗？比如送花，给她过生日，过结婚纪念日，或者给她意外的惊喜和殷勤等。

2. 在别人面前，你会注意不批评她吗？

3. 你会给她随意用的零用钱吗？

4. 在她遇到女性特有的问题的时期，你会拿出时间和精力帮她度过吗？

5. 你的一半的娱乐时间，是和妻子一块儿过的吗？

6. 在赞扬她的长处之外，你会聪明地避免把你妻子的做饭本领及管理家庭的能力和你母亲或别人的妻子相比较吗？

7. 对你妻子的精神生活，如她参加的社团活动，她看的书，她对当地政府、政策的看法等，你会有兴趣吗？

8. 当她和其他男人跳舞，或接受他们的照顾时，你能保证不说吃醋的话吗？

9. 你会经常在合适的时机，对她表示你的赞赏吗？

10. 当她为你做一些缝缝补补、洗洗涮涮之类的琐碎的事情时，你会对她表示感谢吗？

针对太太的问题：

1. 你会让丈夫在处理他自己的工作方面有完全的自由吗？比如尽量不去议论和他交往的人、他选的秘书，给他一定的自由时间等。

2. 你是否使家庭更有情趣？

3. 你是否在做饭时，经常注意调节搭配？

4. 你是否对你丈夫的事业有一定的了解，能和他做良性的探讨？

5. 你是否能勇敢地、愉快地面对家庭财政出现的危机，而且不会抓住他的错误不放，或用不满的态度把他和成功的人做比较？

6. 你是否尽力地和他的母亲或其他亲戚很好地相处？

7. 你在买衣服时，是否考虑他对颜色和样式喜不喜欢？

8. 你是否会为了家庭和睦，而不那么固执己见？

9. 你是否培养对丈夫的爱好的兴趣，能和他一起玩得很高兴？

10. 你是否注意社会上新的信息，以便能和丈夫有趣地交流？

◎甜言蜜语永不嫌多

◎ 已婚夫妇也需要交谈，虽然说情感的交流是多渠道的，但语言交流是到什么时候也淘汰不了的。

◎ 对许多妇女来说恋爱与感受到爱远比性交更重要。

人们常说，情人的话是最不值钱的，又是最值钱的。不论是一见钟情的少男少女，还是同舟共济几十年的老夫老妻，绵绵情话总是说了又说，讲了又讲。每每听到爱人说“我爱你”，总是能激起万般柔情，千种蜜意。恋爱总离不开交谈，这似乎是经验之谈，对初次相见的男女来说尤其如此。

我认为已婚夫妇也需要交谈，虽然说情感的交流是多渠道的，但语言交流是到什么时候也淘汰不了的。

艾莉结婚刚进入第3个年头，就和丈夫分居了。她对律师说：“他一定是有问题。每天回家很少和我说话，吃完饭就一下躺到沙发上看电视，再也不想起来，一直到深夜。看完最后一个电视节目，就爬上床，也不问我是否劳累，是否有兴趣，就要求做爱，一句多情的话也没有，仿佛情话都在结婚以前说完了，实在让人难以忍受。”

艾莉需要的并非什么奢侈品，只是丈夫那柔情蜜意的私语。

亲密的私语是恋爱中的男女所不可缺少的。尤其是在进餐或是放松时的亲密交谈，可以称得上是爱情的一种“情感增效剂”。

美国加州医学院精神与心理临床研究专家巴巴克说：“对许多妇女来说，恋爱与感受到爱远比性交更重要。尤其对那些忙于家务、整天带孩子的妇女来说，更是如此。那种巧妙的、带刺激性的私语往往使她们获得真正的快慰。”

42岁的卡克与达娜已结婚8年，他记得曾一度羞怯于向妻子倾吐自己满腔的爱。“有一天晚上，我深吸了一口气后，滔滔不绝地向她倾诉了对她的柔情，对她的爱恋。我告诉她：对我而言，你是世界上最不平常的女子。我这番热情洋溢的话使她万分激动，连我自己也感动不已。现在，我一有机会便向她表露衷肠，而我每次都觉得感情比以前更为炽烈。”

可是，应该说什么呢？怎样说才能使说的人不至于做作，听的人不觉得肉麻呢？卡耐基建议：“当你感到一股穿堂风吹过或觉得闷热时，你说些什么呢？你会脱口而出：‘真凉快！’或‘真热！’无须多想，也用不着长篇大论，爱的语言就是这样。如果你正和爱人待在一间屋里，你觉得能和她在一起真高兴，那你就对她说：‘和你在一起我真高兴。’”

大家所熟悉的大文豪马克·吐温常常把写有“我爱你”、“我非常喜欢你”的小纸条压在花瓶下，给妻子一份意外的惊喜。这种习惯伴随他们的一生。可见，甜言蜜语绝非多此一举，而是恋人及夫妻们增进感情的一个良好途径。

◎将批评赶出家门

◎ 许多罗曼蒂克的梦想破灭了！50％以上的婚姻不幸福。原因之一是：毫无用处，却令人心碎的批评。

狄斯累利在公职生活中最难缠的对手，就是那伟大的格莱斯顿（英国政治家，1868—1894年间，四度担任首相）。这两位仁兄，对于在帝国之下的每一件可以争辩的事物，都相互冲突，但他们却有一个相同的地方：他们的私生活，都充满幸福和欢乐。

威廉和凯瑟琳·格莱斯顿在一起生活了59年，差一点就是60年了，他们一直彼此热爱。我喜欢想象这位英国最威严的首相格莱斯顿，轻握着他夫人的玉手，和她在火炉边的地毯上跳着舞，唱着这首歌：

夫衣褴褛，妻衣亦俗；人生浮沉，同甘与共。

在公开场合中，格莱斯顿是一位可畏的敌人，但在家中，则永远不批评。当他到楼下要吃早饭的时候，所能看到的，却是全家的人还在睡觉，他就以委婉的方式来表达他的不满。他提高了声音，唱着不知其名的圣歌，声音充满整个屋子，以告诉其他家里的人，全英国最忙的人已经独自一个在楼下等着吃早饭了。他保持着外交家的风度，体谅人的心意，并强烈地控制自己，不对家事有所批评。

俄国女皇叶卡提琳那二世也常常这样。加德琳统治了古今中外最大的帝国，对千百万臣民操有生杀大权。在政治上而言，她是一个残酷的暴君，发动毫无意义的战争，判许多的敌人死刑。但是如果她的厨子把肉烧焦了，她却什么话也不说，反而笑着吃掉。这种容忍的工夫，一般做丈夫的，都应该好好学习。

关于婚姻不幸福的原因，权威人士桃乐丝·狄克斯宣称，50％以上的婚姻是不幸福的；许多罗曼蒂克梦想之所以破灭在雷诺（美国离婚城）的岩石上，原因之一是批评——毫无用处，却令人心碎的批评。

因此，如果你要维持家庭生活的幸福快乐，请记住：“不要批评。”

如果你气得要去批评你的小孩……你以为我会对你说不要批评。但我不会那样说。我只是要对你说，在你批评他们之前，先看一看美国报纸上一篇典型的文章《不体贴的父亲》。

《不体贴的父亲》，是一篇发自真诚，又能触动许多读者心弦的小文章，因此被人一再转载。自从15年以前第一次登出来以后，《不体贴的父亲》就一而再、再而三地被转载，原作者李文斯登·劳奈德写道：“转载这篇文章的，遍及全国好几百家杂志和有关家庭的刊物，以及报纸。在国外，以不同文字转载出来的，也几乎同样地多。有好几千人希望把这篇文章在课堂里、教堂里，以及演讲台上宣读，我都同意了。电视和广播，也在不同的时间和节目中把它读出来。更奇妙的是，大学刊物也采用它，高中杂志也不例外。有时候，一篇小文章竟能神奇地感动人心。”

不体贴的父亲

听着，我儿：在你睡着的时候我要说一些话。你躺在床上，小手掌枕在你面颊之下，金黄色的卷发湿湿地粘在你微汗的前额。我刚刚悄悄地一个人走进你的房间。几分钟之前我在书房里看报纸的时候，一阵懊悔的浪潮淹没了我，使我喘不过气来。带着愧疚的心，我来到你的床边。

我想到了太多的事情，我的孩子，我对你太凶了。在你穿衣服上学的时候我责骂你，因为你只用毛巾在脸上抹了一下；你没有擦干净你的鞋我又对你大发脾气；你把你的东西丢在地板上我又对你大声怒吼。

在吃早饭的时候，我又找到了你的错处。你把东西泼在桌上，你吃东西狼吞虎咽，你把胳膊肘放在桌子上，你在面包上涂的牛油太厚。在你出去玩而我去赶火车的时候，你转过身来向我挥手，大声地说："再见，爸爸。"而我则蹙起眉头对你说："挺起胸来！"晚上，一切又重新开始。我在路上就看到你跪在地上玩弹珠。你的长袜子上破了好几个洞，我在你朋友面前押着你回家，使你受到羞辱。袜子要花钱买的——如果你自己花钱买你就会多注意一点了！啊，我的孩子，做父亲的居然说这种话！

你还记得吗？过了一会儿，我在书房里看报，你怯怯地走了进来，眼睛里带着委屈的样子。我从报纸上面看到了你，对你的打扰顿感心烦，你在房门口犹豫着。"你要干什么？"我凶凶地说。你没有说话，但是突然跑过来，抱住我的脖子亲吻我，并且带着上帝为之感动，而我的忽视也不能使之萎缩的爱，用你的小手臂又紧抱了我一下。然后你走开了，脚步快速地轻踏楼梯上楼去了。

我的孩子，你离开了以后不久，报纸从我手中滑到了地板上，一阵使我难过的强烈的恐惧涌上了我的心头。习惯真是害我不浅，吹毛求疵和申斥的习惯——这是我对你作为一名小男孩的报偿。这不是我不爱你，而是对年轻人期望太高了。我以我自己年龄的尺度来衡量你。

而你的本性中却有着那么多真、善、美。你小小的心犹如照亮群山的晨曦——你跑进来并亲吻我祝我晚安的自发性冲动显示了这一切。今天晚上其他一切都显得不重要了，我儿，我在黑暗中来到你的床边，跪在这儿，心里充满着愧疚。

这只是个没有太大效用的赎罪。我知道如果在你醒着的时候告诉你这一切，你也不会明白。但是从明天起，我要做一名真正的父亲。我要做你的好朋友，你受苦难的时候我也受苦难，你欢笑的时候我也欢笑，我会把不耐烦的话忍住，我会像在一个典礼中一样不停地庄严地说："他只是一个男孩——一个小男孩!”我想我以前是把你当作一名大人来看。但是我儿，我现在看你，蜷缩着疲倦地睡在小床上，我看到你仍然是一名婴孩。你在你母亲怀里，头靠在肩膀上，还只是昨天的事。我以前要求得太多了，太多了。

我们不要责怪别人，我们要试着了解他们。我们要试着明白他们为什么会那样做。这比批评更有益处，也更有意义得多；而这也孕育了同情、容忍，以及仁慈。

正如詹森博士所说的："先生，不到世界末日上帝都不会审判世人。"

◎停止致命的唠叨

◎ 许多做妻子的，不断地一点一点地挖掘，造成她们自己婚姻的坟墓。

◎ 在所有一切烈火中，地狱魔鬼所发明的狞恶的毁灭爱情的计划，喋喋不休是最致命的，它像毒蛇的毒汁一样，永远侵蚀着人们的生命。

法国皇帝拿破仑三世，也就是拿破仑一世的侄子，曾爱上了全世界最美丽的女人特巴女伯爵玛利亚·尤琴，并且和她结婚。他的顾问指出，她的父亲只是西班牙一位地位并不显赫的伯爵，但拿破仑三世反驳说："那又怎样?"她高雅，妩媚，年轻，貌美，使他内心产生一种强烈的向往之情。在一篇皇家文告中，他激烈地表示他要不顾全国的意见："我已经选上了一位我所敬爱的女人。"他宣称说，"她是我心目中第一个漂亮的女人!"

拿破仑三世和他的新婚妻子，拥有财富、健康、权力、名声、美丽、爱情、尊敬——一切都符合一个十全十美的浪漫史。而他爱情的火炬从未像今天燃烧得这么旺盛、狂热。

但，这圣火很快就变得摇曳不定，热度也冷却了——只剩下了余烬。拿破仑三世可以使尤琴成为一位皇后，但，不论是他爱的力量也好，他帝王的权力也好，都无法阻止这位法西兰女人的唠叨。

由于她中了嫉妒的蛊惑变得疑心，竟然藐视他的命令，甚至不给他一点私人的时间。当他处理国家大事的时候，她竟然冲入他的办公室里；当他讨论最重要的事务时，她却干扰不休；她不让他单独一个人坐在办公室里，总是担心他会跟其他的女人亲热。

她常常跑到她姐姐那里，数落她丈夫的不好，又说又哭，又唠叨，又威胁。她会不顾一切地冲进他的书房，不停地大声辱骂他。拿破仑三世虽然身为法国皇帝，拥有十几处华丽的皇宫，却找不到一个安静的地方。

尤琴这么做，能够得到些什么？

莱哈特的巨著《拿破仑三世与尤琴：一个帝国的悲喜剧》中这样写道："于是拿破仑三世常常在夜间，从一处小侧门溜出去，头上的软帽盖着眼睛，在他的一位亲信陪同之下，真的去找一位等待着他的美丽女人，再不然就出去看看巴黎这个古城，溜达溜达神仙故事中的皇帝所不常看到的街道，放松一下自己经常受压抑的心情。"

这就是尤琴唠叨所得到的后果。不错，她是坐在法国皇后的宝座上；不错，她是世界上最美丽的女人。但在唠叨的毒害之下，她的尊贵和美丽，并不能保持住她那甜蜜的爱情。尤琴可以提高她的声音，哭叫着说："我所最怕的事情，终于降临在我的身上。"降临在她的身上？其实是她自找的，这位可怜的女人，都是由她的唠叨所导致的结果。

在地狱中，魔鬼为了破坏爱情而发明的一定会成功而恶毒的办法中，唠叨就是最厉害的了。它永远不会失败，就像眼镜蛇咬人一样，总具有强大的毒害性，常常使甜蜜的爱情破裂，更有甚者致人于死命。

托尔斯泰伯爵的夫人也发现了这点，可是太晚了，在她逝世之前，她向几个女儿们承认道："是我害死了你们的父亲。"她的女儿们没有回答，但却抱头大哭。她们知道母亲的错误和过失。她们知道她是以不断的埋怨、永远没完没了的批评，以及永远没完没了的唠叨，把他害死的。

但是从各方面来说，托尔斯泰伯爵和他的夫人都应该是幸福的一对才是。他是最著名的不朽小说家之一。他的两本巨作《战争与和平》和《安娜·卡列尼娜》，在世界文学史上具有辉煌的成就。

然而，托尔斯泰的一生又确确实实是一场悲剧，而之所以成为悲剧，原因在于他的婚姻。他的夫人喜爱华丽，但他却看不起；她热爱名声和社会的赞誉，但这虚浮的事情，他觉得没有分文价值；她渴望金钱财富，但他认为财富和私人财产是罪恶的事。

多年以来，由于他坚持把著作的版权一毛钱也不要地送给别人，她就一直唠叨着，责骂着和哭闹着；她要那些书本所赚到的钱。

当他不理会她的时候，她就歇斯底里地叫起来，在地上打滚，手上拿着一瓶鸦片，发誓要自杀，来威胁托尔斯泰。

他们一生中的一次相谈，卡耐基认为是历史上最令人怜悯的一个场面。当他们刚结婚的时候，他们非常的快乐，但过了48年以后，他对自己太太的行为非常反感。有一天晚上，这位年华已逝而心已碎的妇人，由于渴望得到热情，走来跪在他的面前，乞求他为她大声读出他在50年前为她所写的一段充满浓情蜜意的日记。当他读了那早已永远逝去的美丽的快乐时光后，两个人都流下了眼泪。现实的生活与他们早先拥有的罗曼蒂克之梦多么的不同！而且多么明显的不同！

最后，当托尔斯泰82岁时，他再也不愿见到自己唠唠叨叨的太太。于是在1910年10月一个下着大雪的夜里，逃离了他的夫人——逃进寒冷的黑暗里，不晓得到哪里去了。

11天以后，他因肺炎死在一处火车站里。他临死的要求是，不让他的夫人到他的身边。

这就是托尔斯泰伯爵夫人唠叨、抱怨和歇斯底里所得到的结果。

或许你会觉得，她是有许多事情要唠叨的，而且是应该的。问题是她唠叨得到些什么好处呢？唠叨是否能把事情办好呢？

“我真的认为我是神经病。”这就是托尔斯泰伯爵夫人对这段经过的看法——但是已经太晚了。

我认为，林肯一生的大悲剧，也是他的婚姻，而不是他的被刺杀。随着一声枪响过后，林肯便失去了知觉，永远不知道他被杀了，但是几乎23年来的每一天，他所得到的是什么呢？根据他律师事务所合伙人荷恩所描述的，是“婚姻不幸的苦果”。“婚姻不幸”？说得还真婉转呢！几乎有1/4世纪，林肯夫人唠叨着他，骚扰着他，使他心里不能有半点安静。

她老是抱怨这，抱怨那，对林肯大加指责，在她看来，他的一切，从来就没有对的。他老佝偻着肩膀，走路的样子也很怪。他提起脚步，直上直下的，像一个印第安人。她抱怨他走路没有弹性，姿态不雅观；她模仿他走路的样子以取笑他，并唠叨着他，要他走路时脚尖先着地，就像她从勒星顿孟德尔夫人寄宿学校所学来的那样。

他的两只大耳朵，成直角地长在他的头上的样子，她非常讨厌。她甚至还告诉他，说他鼻子不直，嘴唇太突出，看起来像痨病鬼，手和脚太大，而头又太小。

亚伯拉罕·林肯和玛利·陶德，在各方面都是相反的，教育、背景、脾气、爱好，以及想法，都是相反的。他们之间根本没有共同语言。

“林肯夫人高而尖锐的声音，”参议员亚尔伯特·贝维瑞治写着，“在对街都可以听到，她盛怒时不停的责骂声，常常会使酣睡的邻居惊醒。她发泄怒气的方式，常常言语过激。她暴躁的行为真是太多了，真是说也说不完。”

贝丝·韩博格在纽约市家务关系法庭任职11年，曾经审判了好几千件遗弃的案子，她说男人离开家庭主要原因之一是——因为太太唠叨不停。或者如《泰晤士邮报》所说的：“许多太太们不停地在慢慢挖，自掘婚姻的坟墓。”

◎让爱成熟

◎ 我们大多数人往往对爱具有狭窄、单向的概念，而且完全从家庭

或性关系的角度来理解它，同时将它和占有、自负、姑息、依赖等混杂在一起。

◎ 成熟之爱的观念，是耶稣所说“爱邻如爱己”时心中所保持的那种观念。

爱是世界上谈论最多，却也是最不易弄清楚的一个课题。它激发了艺术家的灵感，是婚姻和家庭的基础——失去或缺乏爱，会使人格破碎或阻碍人格的正常发展。

我们大多数人往往对爱具有狭窄、单向的概念，而且完全从家庭或性关系的角度来理解它，同时将它和占有、自负、姑息、依赖等混淆在一起。

直到最近，爱才被认为是一个严肃的科学课题。许多心理学家、医生和科学家给予爱更多的思考和研究，将它视为人类的基本需要，以及还未加以探索的人类事务中一大影响和力量的源泉。基于这些发现，我们可能要将对于爱的一些传统观念加以修正和扩充。

爱和成熟有什么关系呢？罗洛·梅伊博士回答了这个问题。在他最近出版的《人的自我追寻》一书中写道：“能够付出和接受成熟的爱，是一个符合我们为完全人格所定的标准的人。”

梅伊博士同时断定大多数人都不知道如何付出和接受爱，一般人对爱的观念既矫情又幼稚。例如，一个将一生完全奉献给自己的丈夫和子女，以致与世界其他一切完全隔绝的妈妈，她的占有欲就胜过于她的爱。真正的爱不是局限，而是扩展。一个崇拜女人到无法找到任何可以与之相比的境地的男人，不该被看作是“有爱心的”男性的模范——他是感情发展受到局限，仍然停留在婴儿时期依赖心态的一个案例。依恋和爱是两回事儿。

也许先弄清楚什么不是爱，再来肯定那种使得人格增强、成熟的爱比较容易些。

首先，爱与我们经常在电影中看到的那种男女相会、玫瑰与香槟式的罗曼史，或小说家偏爱的那种性剥削的激情少有相关之处。爱不限于年轻美貌的人。

泌尿科专家和美国婚姻顾问协会主席亚伯拉罕·史东博士告诉我们，当我们说“我爱”时，其真正的意思大多是“我要”“我想要拥有”“我从……得到满足”“我利用”或甚至“我感到罪恶”。这是科学家所谓的“假爱”。

许多父母用“爱”作为放纵子女的借口。实际上，他们是在以溺爱来推卸自己的责任，并不是在帮助子女成长。纽约杜布斯波克的儿童村，是一个致力于重新训练需要指导的问题儿童的机构。理事史泰龙说：“每一天我们都在解除将爱与姑息混淆的父母所造成的伤害。”

成熟之爱的观念是耶稣所说“爱邻如爱己”时心中所抱持的那种观念；是柏拉图在“对话录”中所分析的那种爱——从个人的关系开始，扩展到全人类和宇宙。爱的要素都是相同的，不管是夫妻之间的爱、父母与子女之间的爱或个人与全人类之间的爱。

人类之间的真爱不会阻碍人的成长，它肯定人的其他方面的人格，促进其成长发展。

我认识好多父母常常对女儿的婚姻愤愤不已，只因为女儿企图嫁到某个遥远的地方。记得有一个母亲曾悲叹说：“为什么简就不能找一个本地男孩结婚？我们也好经常见到她了。我们为她奋斗了一辈子，而她却这么报答我们，去嫁给一个把她带到千里之外的地方去的人！”

如果你说她这样做并不是爱自己的女儿时，她一定会很吃惊。她是将占有和满足自我跟爱弄混淆了。

爱的真谛不是紧紧守住自己所爱的人，而是放手任他（她）走。成熟的人不会占有任何人的感情，他让所爱的人自由，就如同让自己自由一样。这就像其他的创造性力量一样，爱存在于自由之中。

作家普瑞西拉·罗伯逊在《竖琴家》杂志上为爱下过这样的定义：“爱，就是给你爱的人他所需要的东西，为了他而不是为了你自己。想想别人把你所需要的东西送给你时的感受。爱包含给予孩子他们所需要的独立，而不是那种所谓的‘家长主义’的剥削和专制。爱包含各种性关系，但不是对自负或青春的狂乱追求的那种性格的利用。我的定义还包括你给予那些曾经让你明白自己是哪种人、你会成为哪种人的少数几个人——老师和朋友。它也包含善良——对全人类的关怀，它不是给一个需要面包的人投以石头，也不是在他需要理解时给他面包。

“我们认识好多总是自作聪明的‘善心’人，他们把我们不想要的硬塞给我们，而愚蠢地留住我们需要的东西。我认为这些人不应归入有爱心的人的行列，而且我想心理学家们也会得出他们无用的爱心不经意地制造了敌意的结论。”

没有什么比“爱是盲目的”这句老话更能误导一个人了。只有擦亮爱的眼睛，我们才能看清身边的人们。我们体内有一个随意或冷漠的自我，一个我们怕招致伤害或误解而宁愿隐藏起来的敏感、封闭的自我。我们采用各种姿态或伪装保护它——沉默、害羞、进取、坚强等，内心却又一直希望有人会帮助我们发掘内在的真正自我。爱可以透视人心，具有特殊的洞察力，它能为“她爱他什么”这个永恒的问题提供答案。

关怀我们所爱的人的成长和发展，肯定和鼓励他们个性化的存在，尊重他们的本来姿态，创造自由和温情的气氛，这些都是想要学会爱所应持的态度。爱为他人提供了可以在爱中成长的土壤、环境和营养。

嫉妒是一种经常与爱混为一谈的感情。事实上，它是我们对自己激发情爱的能力缺乏自信的结果，以及一种占有、俘虏他人的欲望。用付出来取代这种占有的欲望就可以克服嫉妒。在此举一个克服嫉妒学会爱人的女人的例子。她说：“我曾陷入嫉妒中无法自拔。我活在怕失去丈夫的恐惧之中。并不是他给了我嫉妒的任何理由，如果是这样，我反而会少受一点痛苦，因为这样一来，就可以避免那些恐惧和因神经质而自我想象出来的羞辱感。我偏执得像卡通电影里那可笑的妻子一样搜丈夫的口袋，查看汽车烟灰缸里的东西。我常常哭着入睡，白天却生出一些新的疑心。

“有一天，我照镜子。我看见一个不可爱的人——我自己。头发散乱、没有化妆、面容憔悴——而我穿的衣服看起来就像套在扫帚柄上的一个大袋子一样！‘海伦，’我对自己说，‘你怕失去丈夫。如果你真的失去了他，你能怪他吗？你想怎么办？’我决心实行一个计划。我开始减少擦地板和家具的时间而多留心自己的仪表。我每天下午都休息，增加了一些非常需要的体重。而且找到一份卖化妆品的工作，学习使用它。当我开始显得比较好看，感觉上也比较舒服时，我发现自己的态度慢慢地改变了。丈夫也感觉到我的变化，他的反应扫除了我心中的疑云。我利用原来浪费在嫉妒上的精力，使自己成为我丈夫理想中的妻子。”

这个女人一旦了解到爱不是命令而是肯定时，她便获得了爱的能力。

当我们发现占有、嫉妒和支配这些异质的因子进入我们心中时，对他人真实的爱便逐渐消失。如果让野草肆意蔓生而不加以清除的话，世界上最美的花园都会荒芜。

家庭关系的悲剧之一，是因为我们经常不知不觉地以爱的名义给他人造成伤害。过分严厉的父母告诉自己说之所以那样做是“为了小孩好”；溺爱纵容的父母说他们是为了子女的“幸福”着想。俄亥俄州哥伦布的S. P. 艾伦太太讲述了有关这方面难题的一个动人故事。几年前，艾伦太太在和她丈夫离婚之后，发现自己面临着照顾自己和两个小孩的重任，她被母兼父职的责任压得喘不过气来。她感到为了培养好他们必须要严厉地管教。

“我定下法规，”艾伦太太说，“不接受任何借口。我不和小孩商量或者费心地去听他们的意见——而且还严格告诉他们什么时候必须做什么事。他们没有独立思考的机会，只有一套必须遵守的规则。

“我们家起了微妙的变化。刚开始，小孩们一见到我就躲开。他们躲避我任何示爱的企图。最后我了解到他们怕我，怕他们的妈妈！

“我反省了一下自己，得出结论，我的所作所为的出发点根本不是为孩子着想，不过是我把因离婚产生出来的压抑情绪发泄在他们身上。我在让孩子无形中承担我个人过错造成的苦难。难怪他们做出明显的反应，虽然他们还不了解。

“我开始破除这种压在他们身上的无形的压力。我向上帝求援，试着从新的角度发现孩子，首先把他们作为人，而不是作为负担或责任看待。我放下一些家务，抽时间多跟孩子在一起，陪他们玩游戏或到一些有趣的地方去。我学会了指导他们而不是只会下命令。

“当我的心情放松下来时，欢笑和歌声又重新回到了我们中间。爱、温情与快乐在我和孩子们的身上互相反应，我们的关系得到恢复进而增强。有了这样的气氛，所有问题都变得简单而容易解决了。”

艾伦太太学到的是爱，而且学会了用爱去治疗家庭生活的创伤。

爱的能力，不仅决定着我们与家人的亲密程度，而且决定了我们与他人的关系。我们对朋友、工作、住地以及世界的态度，大多由我们对家庭所付出和接受的那种爱来决定。

心理学家米尔顿·格林布拉特说：“如果一个孩子能接受爱的教育，那么他懂得了自爱和爱他的家人，直至以利他主义者的胸怀真诚地爱所有的人。”

亚希莱·孟德斯博士在他的《人类发展的方向》一书中指出，几乎所有的宗教都认为，生活和爱其实是同一个概念。他总结道：“现在看来很明显，人类能够依赖指引他们未来发展方向的主要原则只能是爱。”

只把爱留给家人和亲近朋友的观念是错误的。我们越是爱别人，就越容易获得爱的能力。爱充满在整个人格之中，爱是散布光辉在一切活动上的重大能源。有爱心的人总是对工作、同胞和生命充满热情。他们健康而长寿。

拥有成熟的爱的观念对我们每一个人来说都是非常重要的事。在美国，每一年都有 40 万对夫妻离婚，而且还有成千上万的婚姻岌岌可危。就世界来讲，世上一直存在着国家分裂、种族对抗、国与国的对立和战争的现象。人类如果想继续存在下去，就必须学会和谐相处。

◎经营你的“性”福人生

◎ 海密尔顿博士说：“只有很偏激、很不谨慎的精神病专家，才会说多数婚姻冲突，不是由于性的不和谐造成的。无论如何，由其他困难产生的冲突，许多时候可以化为乌有，如果夫妻性关系本身是满意的话。”

◎ 鲍本诺博士说：“离婚现在减少了，其中一个原因是人们现在多读了有关性生活和婚姻的书籍。”

美国社会卫生署总干事戴维斯博士请10000名已婚妇女，坦白地回答一系列切身问题。结果令人惊讶——这是对一般美国成年人性生活不快乐的一种令人惊讶的真实评价。

看过她收到的这10000名已婚妇女的回答以后，戴维斯博士毫不犹豫地发表她的观点：国内离婚的一个主要的原因，是生理上的不和谐。

海密尔顿博士的调查也证实了这个结论。

海密尔顿博士花费4年时间，研究100个男子和100个女子的婚姻。他分别询问这些男女近400个有关他们性生活的问题，并深入地探讨他们的问题，非常的详细，以致整个调查耗时四载。这项工作被认为在社会学上极为重要，所以这个调查由许多著名慈善家资助。你要知道这项实验的结果，可读一读海密尔顿博士与马克哥文所著的《婚姻的症结是什么》一书。

那么，婚姻失败的症结是什么呢？

海密尔顿博士说：“只有很偏激、很不谨慎的精神病专家，才会说多数婚姻冲突，不是由于性的不和谐造成的。无论如何，由其他困难产生的冲突，许多时候可以化为乌有，如果夫妻性关系本身是满意的话。”

鲍本诺博士，洛杉矶家庭关系研究所主任，研究过数以千计的婚姻，他是美国家庭生活方面最著名的专家。

按鲍本诺博士的说法，婚姻的失败，常常由于四种原因。他按重要程度列举出来：

1. 性生活的不和谐。

2. 关于休闲的意见不同。

3. 家庭经济困难。

4. 心理的、身体的或情绪的反常现象。

注意，性居于此表第一，而且很奇怪，经济困难只居此表第三。

所有婚姻研究专家，都同意性的配合是绝对必需的。

例如，数年前，辛辛那提家庭关系法庭的郝夫门法官，一位曾听过数千家庭悲剧的人宣称："离婚的十之八九，是因为性生活的毛病。"

"性，"著名的心理学家沃森说，"众所公认的是生活中最重要的问题。无疑地，那是造成男女快乐破裂原因的东西。"我听过许多医生在我的班中演讲，说的差不多是一样的话。那么，在20世纪有众多的书及教育，但因对这种重要天然本能的无知，却导致婚姻破裂、生活毁灭，岂不可怜？

白德费尔特牧师做了监理会牧师18年以后，放弃了他的传教事业，去担任纽约市家庭辅导服务处主任，他大概为青年们举行婚礼比谁都多。他说："根据我早年做牧师的经验，我发觉到，虽然有恋爱及善意，许多到结婚台前来的男女是婚姻的文盲。"

婚姻的文盲！

他接着说："当你们想到我们将婚姻调适的艰难大部分交付给机会时，我们的离婚率只有16%，这是一件惊人的事。而处在这个惊人数目中的夫妇实际上并没有真正地结了婚，只不过是没有离婚而已：他们几乎是过着地狱生活。"

"快乐的婚姻，"白德费尔特牧师说，"很少是机会的产物，她们是像建筑似的，必需有理智的，用心去设计过的。"为帮助这种设计，许多年来，白德费尔特牧师坚持凡他证婚的男女，必须同他坦白地讨论他们未来的计划。就是由这些讨论所得的结果，他得出结论：许多急于结合的人，

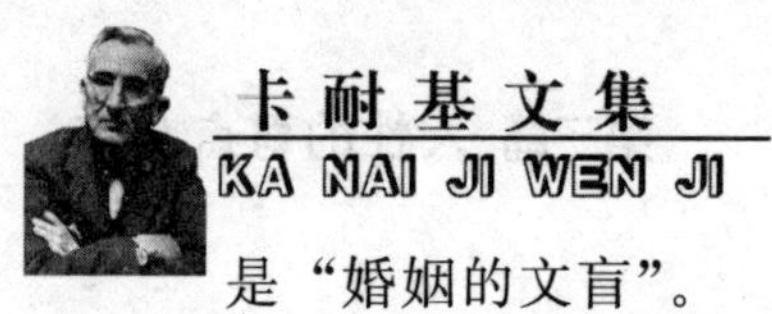

是“婚姻的文盲”。

“性，”白德费尔特牧师说，“不过是在结婚生活中的多种满意中的一种，但除非这种关系适当，否则没有别的事会适当的。”但如何使之适当呢？

“奈于情面的不言语”——我仍在引证白德费尔特牧师的话——“必须代之以客观言论的能力，并有结婚生活的超然态度及实施。得到这种能力，没有比去从一本认识合理、情趣良好的书籍得到这方面的知识更好的方法了。”

保持家庭生活更快乐的一个原则就是：

了解一些必备的性知识。

◎夫妻间也要殷勤有礼

◎ 我认为结婚后的礼貌最重要。如果年轻的妻子们对她们的丈夫，像对待生人一样有礼貌，他们的婚姻一定是幸福的！无论哪一个男人都想逃避一个泼妇的口舌。

◎ 礼貌对婚姻的重要，正如汽油对你的汽车一样。

丹姆罗希与布雷的女儿结了婚，自从多年前他们在苏格兰卡内基家里认识并结婚以后，丹姆罗希夫妇就享受着快乐的家庭生活（布雷是一位美国著名演说家，曾是总统候选人）。他们的秘诀是什么？“除小心选择伴侣外，”丹姆罗希夫人说，“我认为结婚后的礼貌最重要。如果年轻的妻子们对她们的丈夫，像对待生人一样有礼貌，他们的婚姻一定是幸福的！无论哪一个男人都想逃避一个泼妇的口舌。”

无礼是侵蚀爱情的祸水，人人都知道这一点，但人人又都对生人比对自己的伴侣更尊重。

再次引证狄克斯的话——这是一件惊人的事，但却是真实：

“几乎唯一对我们说刻薄、侮辱、伤感情的话的人，是我们自己家中的人。”

“礼貌，”吕士纳说，“是一扇看不见的破门，是你能注意到门外、院中鲜花的那种品质。”

礼貌对婚姻的重要，正如汽油对你的汽车一样。

柯尔姆，可爱的“早餐桌上的专制君主”，但在他自己的家中却绝不专制。事实上，他非常体恤他的家人，当他感觉忧郁扫兴时，他掩藏他的烦恼，不让家人看见。他自己不得已而承受，已经够苦的了，他说，何必使别人也同样受苦。

柯尔姆是这样做的，但普通人怎样呢？在办公室里出了“问题”——丢了一宗买卖，或受到上司的责骂，或发生了剧烈头痛，或误了火车时间，回到家后就将一切不愉快向家人宣泄。

在荷兰，在你进入屋子以前，要把鞋脱在门口。啊，我们可以从荷兰人那里学到一个经验了：将我们每天工作中的烦闷，在我们进入家门前“脱”去。

詹姆斯曾写一篇文章，名为《人类的某种盲目》，它值得你专门跑到附近的图书馆去找来一读。

“本文现在要讨论的人类盲目，”他写道，“是我们人人都患的，有关与我们不同的动物和人的感情的盲目。”

“人人都患的盲目”。许多男人都会想到不应该对他们的顾客、对他们的商业伙伴说带有刺激性的话，但对他们的妻子狂吠，可以丝毫不假思索。

为他们个人的快乐着想，婚姻对他们比生意更重要、更有关系。

婚姻快乐的普通人比幽居的大富翁快乐得多。

德琴尼夫，俄国伟大的小说家，尽管受到世界各国人民的敬仰，但他说：“如果有个地方、有个女人关心我回不回家吃晚饭，我情愿放弃我所有的天才和我所有的著作。”

婚姻成功的机会，究竟多大？我们已经说过，狄克斯相信一半以上的婚姻是失败的，但鲍本诺博士想法不同。他说："一个男人在婚姻上成功的机会比在其他任何事业上都多。在进入百货零售业的男子中，70%的失败，进入婚姻的男女，70%的成功。"

狄克斯这样概括起来："与婚姻相比，出生不过是一生的一幕，死亡不过是一件琐屑的意外……女人永远不能明白，为什么男人不用同样的努力，使他的家庭成为一个发达的机关，如同他使他的经营或职业成功一样……虽然有一个妻子，一个和平快乐的家庭，比赚100万美元对一个男人更有意义……女人永远不明白，为什么她的丈夫不用一点外交手段来对待她。为什么不多用一点温柔手段，而不是高压手段，这是对他有益的。"

他还说道："大凡男人都知道，他可先让妻子快乐然后使她做任何事，并且不需任何报酬。他知道如果他给她几句简单的恭维，说她管家如何好，她如何帮他的忙，她就会要节省每一分钱了。每个男人都知道，如果他告诉他的妻子，她穿着去年的衣服如何美丽、可爱，她就不会再买最时髦的巴黎进口货了。每个男人都知道，他可把妻子的眼睛吻得闭起来，直到她盲如蝙蝠；他只要在她唇上热烈地一吻，即可使她哑如牡蛎。

"而且每个妻子都知道，她的丈夫都知道自己对他需要些什么，因为她已经完全给他表白过，她又永远不知道是要对他发怒，还是讨厌他，因为他情愿与她争吵，情愿浪费他的钱为她买新衣、汽车、珠宝，而不愿为一点小事去谄媚，按她所迫切要求的来对待她。"

◎爸爸们，请回家

◎ 父亲代表的首先是一个男人的力量和智慧，他将影响子女对世事的认识，他将教给子女怎样基于外界的经验而做出判断。

◎ 如果一个男人想要做一个真正意义上的父亲，就应该付出时间给孩子，必要时还要付出自己。

一个社区最近举办了教育委员会私下会议，教育委员们处理一个因旷课太多被高中开除的16岁男孩的问题。他每科成绩都非常差，还有两个科目不及格。

男孩和他父母都进入房间，接受委员们的询问。男孩很漂亮，尽管脸上显露着年轻人弄出麻烦时的那种半屈服半怨恨的神情。妈妈说起话来显得紧张、尴尬，不停解释她已经尽了最大的努力。爸爸是一个59岁、穿着体面的生意人，一直保持着沉默，直到一个委员问他和他的儿子关系怎么样。爸爸解释说他是个很忙的人，工作占去了他所有的时间。"我让我的太太照顾小孩子，"他说，"督促小孩做功课并告诉他通过考试是学生的责任。"

那些教育委员都身为人父，继续追问，你有没有看过你儿子的成绩单？有没有采取什么措施？小孩的爸爸承认他看过而且打过电话给校长。"但是，"他加上一句话，"电话占线，所以我就没有再打了。"

当这一家人离开时，校方决定再给那小孩一次机会。他们觉得，错在什么地方已是很明白的了，或许再给那小孩一次机会他会有好的表现、会有所改善。

不幸的是，为时已晚。小孩已经养成了很多不良习惯。缺乏父母较多的指导是无法克服的，过了不久，他又被开除了。更糟的是，小孩的爸爸从没有真正了解到他没做什么才使得他儿子被开除。这并不是个街头不良少年因为抢劫或杀人而被逮捕的案子，而是一个忙得没有时间去关心儿子是否按时上学的为人父者的故事。最悲哀的是这类故事经常发生。有很多的小孩正是在没有爸爸教导的情况下长大。他们是有爸爸，没错，但那只是个住在他们家的男人而已。他们不常见到他或和他没有多深的感情。爸爸每天一大早就出门，很晚才回家。有时候他加班，有时候他带着一手提箱的文件回家办理。当他不加班、不带公事回家时，也是忙了一整天太疲倦了，只能躺在椅子上埋头读晚报，一直到小孩们都上了床。他的休闲时间很少有小孩的份儿，而是在和公司同事打保龄球，周末打高尔夫球，以及和客户在鸡尾酒会上。

女人因为工作和事业而丢下家和小孩一直受到猛烈的批评。大家理直气壮地指出，没有任何一份工作——不管多么荣耀、薪水多么多的工作——值得她们去付出使小孩失去关怀、被冷落的代价。

但是很少有人批评不在家的爸爸。只要他继续维持和提高家庭的生活水平，他对子女在道德和感情上的责任便很少受到怀疑。除了经济上的责任之外把其他一切爸爸的职责都推卸掉的男人，在我们的社会中太普遍了，以至于大家都视为理所当然的了。

我认识一个大公司的高级主管。他说，他事业上的成功完全归功于他的太太。他的妻子为他提供了一个非常温馨的家，她能营造出一种祥和宁静的家庭气氛，以减轻他的工作压力。她能成功地款待他的朋友和同事。

我问他，他那两个儿子之所以让他自豪，一定跟他在学校和军中服役时的优良表现有很大关系。

“不，”他说，“养育孩子的事由我太太负责，我从不参与。我只需把养育他们和让他们受教育的钱交给她就行了。”

这位成功的、受尊敬的男人不为他没有养育儿子们而感到尴尬，也不为没能亲自帮助儿子们获得优良的表现而觉得惭愧。这种冷漠的态度，如果是两个孩子的母亲表现出来的，一定会被视为不可思议。

如果孩子在成长的过程中，只需要在物质上使其得到满足，那么这个世界就可以不需要父亲们或母亲们。但是，人的成长还有感情上的需要，所以父亲是应该存在的，而且跟母亲一样不可缺少。

辛辛那提大学医学院小儿精神病科诊所理事理查·E. 沃尔夫博士这样诠释父亲的作用：

“一个孩子需要自己的父母亲，而且需要他们各自扮演好自己的角色。无论对于男孩，还是女孩，父亲代表的首先是一个男人的力量和智慧，他将影响子女对世事的认识，他将教给子女怎样基于外界的经验而做出判断。子女需要他能在家庭的重要决定中和母亲有共同的声音，也需要他一直都是母亲和他们的保护者和供养者。他们希望从父亲身上看到理想中的男人的典范，从他们身上学到男人应该怎样对待女人。如果所有这些男人的事情都是由母亲来完成的，而父亲只顾忙他们所谓的自己的事情，那么做子女的将可能困惑于自己的身份，这也必将对他们长大成人后的人际关系造成影响。”

在产业革命之前的社会，丈夫、妻子和子女一家人都在家里工作。无论在广场上，还是在田里工作，男人总不离开家人的视线范围。

当时家庭成员之间存在一种现今这工业社会业已失去的身体上的亲近感。现在大多数男人跟妻子和子女待在一起的时间与同事相比都很少。他们无法增加在家的时间，却可以决定他在家的时间的质量。有时候本来已经很累的父亲试图带孩子去看一场周末球赛作为他经常不在家的一种补偿，但他可能从内心觉得这样很无聊，而这对家长和孩子双方来说都毫无乐趣可言。引起过轰动的《养儿育女常识大全》一书的作者本杰明·史柏克博士说，如果每个父亲每天抽出 15 分钟把心思专注于孩子身上，比一整天没精打采地陪孩子逛动物园要有质量得多。

因为父亲必定比母亲跟孩子在一起的时间少，这是事实，所以他跟孩子相处的每一分钟都变得更为重要。父亲不应该认为这是累人的义务，而应把它当作促进父子关系的机会。

在某种程度上，妻子能帮助丈夫做一个称职的父亲。比如，她可以在白天处理发生在孩子身上的教导问题，而不等晚上丈夫回家时，留给他处理；她可以怀着爱和尊敬与丈夫谈论孩子问题，孩子会因母亲对待父亲的态度而受影响；她可以试着跟孩子交朋友，增加家庭成员之间的亲密感；她也可以安排野餐和组织家庭旅行，使丈夫和孩子对共同生活发生兴趣。

我认识一家人，这家人的关系在一次露营之后完全变样。12 岁的儿子和 10 岁的女儿几个星期来一直缠着爸爸带他们去露营，而每天早九晚五上下班的爸爸总是太忙或太累了。但实际促成其事的是小孩的妈妈。她暗中安排租下营帐，备好地图以及露营的各种资料。

在这种情况下，小孩的爸爸不得不同意带小孩们去露营，他最后惋惜地看了一眼他那个周末计划，启程前往露营地。小孩的妈妈留在家里，坐立不安地等待着。

第二天傍晚他们回来了，三个人全身脏兮兮的，但却非常欢乐，不停地诉说一些有趣的事情，他们发现的那个湖、夜晚的蚊子、被风吹垮的帐篷以及那些“爸爸煎的蛋”。

事情就到此结束了吗？这只是开始而已。现在小孩的妈妈也加入了，这一家人每年夏天都到离露营地点不远的一间乡下小屋度假。他们有一条小船和滑水板，小孩的爸爸周末都从纽约赶去和家人同乐——不带公事包。原先忙得没有时间与小孩们共享天伦之乐的那个男人突然变得成熟了，了解了为人之父的意义。然而促成这种转变的却是精心设计的妈妈。

该是“翻修”我们不成熟的为人父母的观念，将“你的事”和“我的事”改变成“我们的事”的时候了。爸爸和妈妈的作用确实有所不同，然而他们的最终目标和满足应该是一致的。他们在小孩的成长和教养中各有各的角色要扮演，但是，如果双方中的任何一方不能负起责任，那样整个家庭关系就会变得乱七八糟。

好爸爸通常都是好丈夫。《婚姻——永恒之爱的艺术》一书作者大卫·麦斯说，当他的第一个女儿出生时，他得到灵感便写下了以下的诗句：

我有两个爱人，
尽管说来奇怪，
我越爱第二个，
第一个越爱我！

的确是这样。女人最感到舒心的是看到小孩跑到门口迎接爸爸下班时，脸上那种欢乐幸福的表情。

爸爸对小孩的成长所能做出的特殊贡献是什么呢？儿童研究协会理事甘纳·狄波瓦博士相信，爸爸在家庭中的地位，不仅对妻子、子女和他自己具有很重要的意义，而且对整个社会来说也是如此。以下是他的一些看法：

“对小孩来说，上教堂的意义可能只是和爸爸一起做一件事。但是基于这种共同参与感，小孩以后可能会发现他自己的宗教兴趣。同理，小孩也可能从双亲那里学会如何欣赏文学、艺术和音乐。通常只是妈妈与小孩们共同参与这一切，爸爸的加入赋予他们更丰富的内涵和深远的意义。”

根据狄波瓦博士所说的，爸爸同样有责任向小孩解说他本身是团体其中的一分子：

“他要借着带他去办公室、星期六去工厂参观、一起坐在送牛奶的卡车上等，让孩子对经常剥夺爸爸陪他的时间的工作有一种正面的感受，小孩可能无法了解爸爸为什么要做那些事，但是他会觉得爸爸是在做一些不仅帮助他，同时也帮助别人的事。”

如果一个男人想要做一个真正意义上的父亲，就应该付出时间给孩子，必要时还要付出自己。是的，他有工作要做，但是工作不是他用来逃避他履行人类一分子的责任的借口。那些老是忙得顾不过来陪伴孩子的父亲，就像 H. L. 孟肯活着时所说的：“工作只是为了逃避思索人性时所感到的痛苦的人们……他们的工作，跟他们的游乐有着同样的作用，不过是他们逃避现实的可笑符咒罢了。”

戈登·H. 史克罗德在《基督教先驱论坛报》上的一次调查中说，他连续两个星期让 300 个初一、初二的男生为他们跟父亲相处的时间做记录，得到平均每个星期父子单独相处的时间是 7 分半钟这个可怕的统计数字。

这似乎可以为严厉批评社会现象的评论家菲利浦·威利的话提供佐证。他说：“绝大多数的美国男人都是不合格的父亲。”威利先生作过估计，即使最忙的人，大约每个星期也不得不花 57 个小时去吃饭、休息或做自己喜欢的事情。在这 57 个小时里面，他肯定能抽出 7 分半钟陪伴他的孩子。“但是爸爸不在家，”威利先生语气悲哀，“他不会回家，直到他明白一个男人一生最大的满足首先应该是做一个好父亲，然后才是成为最好的高尔夫球手或事业有成的风云人物。”

父亲的身份里面隐含着一个成人的身份，它是男人在身体上达到成熟的外在表现。不幸的是，从对待孩子角度来说，它并不意味着这个父亲的心灵和精神会像他的身体一样成熟。这需要这个男人靠他自己的努力获得。

是的，爸爸们，该回家了！就像生孩子是两个人的事一样，要培养出一个快乐、有用的人，也需要两个人——母亲和父亲——对他在精神上施加影响。

第六章
踏上轻松快乐之旅

◎顺应生命的节奏

◎ 当我们处于休息和平静的状态时，我们的行为和感觉就不会杂乱无章地发生，而呈现一种和谐的流动。

◎ 你必须学习了解你生命中的波涛和节奏，并顺着生命的节奏表现你的爱，以期能和大自然和谐共处。

当我们紧张时，身体上和情绪上通常有耗尽的感觉：嘴巴会觉得干，身体会觉得衰弱，而且神经如我们所说的是绷紧的。只有当我们放松和表达情绪之后，才能得到一个比较平顺的状态。有时候我们甚至会被眼泪淹没，或溶于欲望当中，这些代表流动状态的隐喻并不是绝对的，它们和我们的身心状态（和水）有密切的关系。当我们处于休息和平静的状态时，我们的行为和感觉就不会杂乱无章地发生，而呈现一种和谐的流动。无止息的水舞（生命的普遍象征）可以被视为是健康快乐的状态。

古代瑜伽文献建议人们可以在靠近瀑布、河流和湖边做静心冥想。荣格有许多对湖的描述：“那湖向远方一直延伸出去，那广博的水面给我一种令人难以置信的愉悦，令人无法抗拒的光彩。在这一刻我在心中有了一个想法，我一定要住在湖边。我想如果没有水没有人可以活下去。”我们从洗澡、游泳、海洋景观所得到的快乐证明了我们和水之间深厚的关系，或许这呼唤起我们在母亲子宫羊水的状态，或者也和潜意识自己有如海洋般深不可测的意象有关吧。

这样的想法指出水在放松中的特殊价值，经由感官，或以下提供的练习可以更直接地体验到。我们也应该考虑其他的因素，像空气虽有较多限制，但是也可以被想象成和飞行及云联系在一起；风或微风可以被用来作为感官练习的基础。

在一个安静的房间里舒适地躺下来。举起你的手臂，甩甩手，然后让手臂自然地在身体两侧垂下来。闭上眼睛，想象你正躺在海边一个空旷的沙滩上。

潮水正涌过来，小小浪花轻拍你的脚和脚踝，慢慢地移动你的身体让它浸在浅水里。当海水继续上升时，让自己感觉漂浮起来，并被有节奏的海潮带入海里。

感觉缓缓起伏的海浪在你下面汹涌，你随着海潮的起伏而滑动。

让你的身体正面朝上，想象你正在一个浪头上，当浪潮下降，你在明亮的海水隧道中翻滚着。

现在你被浪冲回岸边，躺在舒服温暖的沙滩上。不要动，此刻享受一下在自由和兴奋交替之后的宁静吧。

当你看到海洋的波涛、季节的变换和月亮的盈亏时，便看到了自然的节奏。人的生命也同样有一定的节奏：从出生，经过儿童期、青少年期到完全成熟、年老，最后又有新的一代诞生。光、能源和任何事物都有一定的波动起伏，这种起伏使它们偏离节奏，或者像中子一样永远围绕着原子核运动。

生命中的任何事物绝对不会静止，运动是持续不断而且有一定节奏的。这就是为什么我们喜欢音乐的原因之一，因为音乐反映出我们的生命节奏。你必须学习随着生命的节奏摇摆，而不是站在那里以不动的姿态和它对抗。沙岸随着波涛运动和变化而能够永远不灭，但防护堤很快就会被冲垮。

注意观察你的生命，它有一定的节奏吗？你在工作之后会娱乐吗？在劳心之后会从事劳力活动吗？饮食之后会禁食吗？严肃之后会表现幽默吗？性交之后会把性交转变成具有创造性的努力吗？当你的意识处于休息状态时，就是你的潜意识发挥最大作用的时候，当你的潜意识承担任务，而且你的意识被其他事物（亦即放轻松）占据的时候，就是出现真正鼓舞作用的时候。

当阿基米德在努力寻求解决两个物体相对重量的复杂问题时，始终得不到解答，但当他决定放松自己并泡一下澡时，他的潜意识便被浴盆中的热水激发出来。他立刻从浴盆中跳出来，并且大声叫着现在一个很有名的欢呼词：我找到了！同时也找到了问题的答案。你曾经给你的思想休息的机会吗？

干扰正常节奏模式会造成许多问题，如果你在工作之后不给你思想休息的机会，你的身体就会一直处于一种被刺激的状态，这种情况可能会使你因为紧张而失调。

你不必希望永远快乐，因为果真如此的话，那种快乐一定会变得枯燥乏味。婚姻顾问的一项重要目的就是要使夫妻了解二人之间的爱不可能没有高低潮。你必须学习了解你生命中的波涛和节奏，并顺着生命的节奏表现你的爱，以期能和大自然和谐共处。

大自然传达宁静的感觉。凝视自然地形、色彩变化、地质构造、自然的香味和声音，我们可以获得和大自然融合为一的感觉。让眼睛看向远方的地平线，我们就能放松生活压力的焦点。下次当你凝视天际时，想象你眼睛的肌肉已释放所有的紧张，想想如此一来对你有多好。如同风景画中的人物，我们得以用更宽广的角度看自己，并调整我们看事情的角度。在古典浪漫时期，面对大自然的渺小感几乎是令人害怕的，今天我们对于戏剧性的瀑布或高耸的悬崖峭壁依然感到敬畏。即使在一个温和平静的风景中，我们看自己的方式不同了，我们的问题似乎也变得比较简单，或觉得昨天的事不过是幻象罢了。奇妙之事继续发生：我们花越多时间在大自然美景中，就有越多的焦虑消失掉。

自然宁静的效果部分是和绿荫有关，心理作用上和休息联想在一起。如果你有一个小小的庭院，试着在院中种满不同叶形、不同颜色的植物。当然，花匠可以提供很好的服务，但是你可能宁愿自己修剪树叶，或自己动手采集果实和种子，做做园艺什么的。你可能放着花园某个角落不整理，作为鸟儿和昆虫的天堂。认识你种植的植物或花的名称，去认识它们个别的个性。同时学习它们的学名和俗名，并大声念出那些奇怪的音节，想象它们像种子一样躺在你心灵中的花园里。

从你的庭院或附近的公园树木收集不同种类的树叶。

舒适地坐下来并认真地研究它们——树叶的形状、颜色和纹理。压在手掌心里感觉它们的凉爽，用手指循着每片叶子的叶脉移动，然后闭眼冥想你所看到的叶子形态。

闭上眼睛，感觉并闻一闻手中的叶子，借由触摸和气味来分辨每一片的不同。

让自己完全专注在树叶上，让所有的担心、焦虑和负面思想都从意识中消退。

◎放掉包袱

◎ 在我们之中有许多人不只是急着找出谁让我们感到备受压力与痛苦，而且还将这些资讯储存分类，以便日后运用。

◎ 我们之中有许多人将精力耗费在记恨上，仿佛需要维持那些使我们感到不好的事情。

在我们之中有许多人不只是急着找出是谁让我们感到备受压力与痛苦，而且还将这些资讯储存分类，以便日后运用，我们将之称为“包袱处理”。因为不久后我们会累积许多痛苦，需要将之封入行李箱中，倘若我们有一整批这样的包袱，甚至需要雇人携带着它们。

林达还是再一次为我讲述了她祖母的往事：

“我的祖母法兰西卡对回忆过去非常在行（大部分是负面的），足够担任稀有矿物博物馆馆长了。当我还小时，总会问她为何如此不快乐，我所得到的答案一直都是‘因为我受苦’。然后就不再多说了。但当她需要时总会对着神朗诵她的愿望，这时脸色会更加地悲伤，双手会举向空中。

“祖母的痛苦总有些神秘的气氛围绕着，只能意会、不能言传。

“每次她都会嘲讽地补充说：‘我的母亲遗弃了我！’这话在意大利人间普遍流传着，添增了许多戏剧色彩。假使她用意大利语说：‘我的胸罩害死了我！’听来也像个噩耗。

“我持续追问我母亲关于祖母的事情，但她轻描淡写地说：‘那是有缘由的，你不会懂的。’几年后，一个叔叔告知我整个内幕，精彩得足以搬上电视荧幕。事情大概是这样：法兰西卡的父亲在她 11 岁时便去世了，一年后，她的母亲嫁给一个小她 20 岁的男人。在当时的意大利，这是前所未有的事情，因为两人年龄差距过大，而且那时祖母也即将成年。

“法兰西卡的阿姨、婶婶们都认为，倘若法兰西卡的母亲和小她 20 岁的男人生活在一起将有辱家门，而且这个小伙子也可能会对法兰西卡心怀不轨。因此法兰西卡被送到隔壁的阿姨家住。法兰西卡的母亲甘希塔总是与她温文儒雅、常取悦法兰西卡的丈夫古希波陪在法兰西卡的身边。但即使法兰西卡结了婚，并带着甘希塔和古希波一起移民美国后，她依旧把甘希塔当作瘟疫般对待。法兰西卡被遗弃的争议变成她一切苦恼的中心，从未释放、改善它。当然，这也因为那些和法兰西卡住在一起的女人而变得更糟。她们令我想起《麦克白》里的巫婆，‘再来、再来更多的烦恼与忧愁’。即使祖母确实有其悲伤的理由，但也无须在她的余生里添加更多的惨白。”

我们之中有许多人将精力耗费在记恨上，仿佛需要维持那些使我们感到不好的事情。在我的公司中，有一项练习是使名人们了解自己包袱处理的癖性，很多人都被结果给吓着了。我要大家各自找一个搭档，并描述多年来累积的负面事情，聆听的那一方必须回说：“那真可怕，再多说一些。”五分钟后，则接着叙述发生过的美好事情。当我要他们停止叙述负面事情时，她们都表示自己还可以说得更多、更多，然而在停止分享正面的事情前，很多人早就讲不出来了。她们承认要分享美好的事物比较困难。若只单单回想自己上周的心绪，我猜大家马上可以记起那些令自己烦心的事，然而若是要我们回想美好的部分，我们可能说不出话来。

很重要的是区分什么需要在意，什么需要放弃。

一只倒霉的狐狸被猎人用套套住了一只爪子，它毫不迟疑地咬断了那只小腿，然后逃命。放弃一只腿而保全一条生命，这是孤独的哲学。人生亦应如此，当生活强迫我们必须付出惨痛的代价以前，主动放弃局部利益而保全整体利益是最明智的选择。智者曰：“两弊相衡取其轻，两利相权取其重。”趋利避害，这也正是放弃的实质。

人之一生，需要我们放弃的东西很多，古人云，鱼和熊掌不可兼得。如果不是我们应该拥有的，我们就要学会放弃。几十年的人生旅途，会有山山水水，风风雨雨，有所得也必然有所失，只有我们学会了放弃，我们才拥有一份成熟，才会活得更加充实、坦然和轻松。

比如大学毕业分手的那一刻，当同窗数载的朋友紧握双手、互相轻声说保重的时候，每个人都止不住泪流满面……放弃一段友谊固然会于心不忍，但是每个人毕竟都有各自的旅程，我们又怎能长相厮守呢？固守着一位朋友，只会挡住我们人生旅程的视线，让我们错过一些更为美好的人生山水。学会放弃，我们就有可能拥有更为广阔的友情天空。

放弃一段恋情也是困难的，尤其是放弃一段刻骨铭心的恋情。

譬如说，你爱上了一个人，而她却不爱你，你的世界就微缩在对她的感情上了，她的一举手、一投足，衣裙细碎的声响，都足以吸引你的注意力，都能成为你快乐和痛苦的源泉。有时候，你明明知道那不是你的，却想去强求，或可能出于盲目自信，或过于相信“精诚所至，金石为开”，结果不断的努力，却遭来不断的挫折，弄得自己苦不堪言。世界上有很多事，不是我们努力就能实现的，有的靠缘分，有的靠机遇，有的我们能以看山看水的心情来欣赏，不是自己的不强求，无法得到的就放弃。

懂得放弃才有快乐，背着包袱走路总是很辛苦。

我们在生活中，时刻都在取与舍中选择，我们又总是渴望取，渴望着占有，常常忽略了舍，忽略了占有的反面：放弃。懂得了放弃的真意，也就理解了“失之东隅，收之桑榆”的妙谛。多一点中和的思想，静观万物，体会与世界一样博大的诗意，我们自然会懂得适时地有所放弃，这正是我们获得内心平衡、获得快乐的好方法。

一个人老是背着沉重的包袱，许多状况不过是徒耗精力罢了。我常要人们写下他们的压力来源，一定有人会说当他们的同事延长午餐时间，就会扰乱他们，有个女人一再地表示这有多么恐怖。我问她这状况持续多久了，她说已20年了，20年来她一直为此生气，并就此点警告周围的同事。

接着我问她如何解决这个难题，她说没有一种有效，没人能使得上力。现在我们有了一个混合的例子——带着包袱的烈士。我们的行为就如轮回般重复不停，总叫我惊讶不已。

当然，这会让他人有机会掌控我们的心情。我们不是常说些“你让我感到……（不快乐、生气、伤心、烦心）”，或是“你让我发狂，我无法忍受你的行为”之类的话吗？

我母亲就是最好的例子。每当我们争执时，她就会提及生我时的往事，她说：“当初生你是个痛苦，直到现在还是一样。”50年后，她还是这句老话！

当我们有许多包袱时，要逃离它们总是困难重重。愤怒教我们的生活变得迟缓、无心工作、无心和孩子们说话，或是计划度假。倘若我们一心一意地徘徊在昨夜与老婆的争吵中，那么，是放掉这些包袱的时候了。

一旦我们察觉到他人的行为影响到我们时，我们有许多选择。我们可以心平气和地议论它或改变自己的态度，甚至是释放它（任由它去、不管它）。自从我们喜欢凡事追根究底后，释放可能是人性中最难以做到的行径之一。

下述有些点子，能试着把包袱处理这个想当然的感觉变为毫无意义：

1. 有时想一想那些结果证明是如意的事情。这样的思考方式能够创造幸福的感觉和乐观的心情。我时常回想祖父母为我做的一切，祖父将我从小马车抱出来，赏我冰淇淋的景象时常出现在我的脑海里，令我感到被爱，感受到自己充满幸福。

2. 每当我们无法超越过去的罪愆时，把它们想象成栖息在自己背后的一只怪兽，并大声地喊出："滚开！"

3. 倘若生活中遗留给我们悲伤与不满，也许趁现在找个代理人，再次创造出令自己满足的生活也是个不错的方法。许多人自愿被收养，在这样给予爱的家庭里，充满着爱我们的父母、祖父母、叔叔阿姨等，专门关爱那些来到这里的访客，这些人可能一生都未曾得到关爱与呵护。这样的社会服务机构有待被发掘。

4. 为自己和家人创造一套价值体系。这样的体系能够帮助我们活出更一致的生命。别再用过往的包袱责备自己。避免说："我不要再像老爸一样白痴了！"而是说："我珍重内在的宁静与和谐，所以我会保持镇静。"别对孩子们说："把自己背后清理清理，否则你会像你叔叔一样地邋遢。"而是教导他们负责的价值观。

5. 写下自己的悼念文和墓志铭。我们最能使上力的事情之一是什么，认真地思考，我们希望人们记得自己什么，这会给予我们方向与目标。让我们期待人们在哀痛我们辞世的同时，还能发现我们留下这一页充满爱、欢笑以及活力的回忆。

◎内心的平静

◎ 如果你无法获得平静，生活将没有意义。所以你必须使你的灵魂获得安宁，并且平静生活。

◎ 你愈能够接受自己，就愈容易容忍自己的弱点，也愈能够接受心灵上的平静。

你在早晨醒来之后，可能打开大门，弯身拿起牛奶和报纸。

你可能把牛奶放进冰箱，然后坐在椅子上开始看报。粗黑的大标题赫然出现在眼前——核子武器、外交威胁、违法犯罪、政府滥权等。

“瞧，”你可能会这么说，“这就是最好的证明，你根本无法在这个世界里静静休息。全世界动乱不堪，已经无法控制了。”

你错了。你可以轻松下来，也可以获得心灵的平静——即使别人都在焦虑不安。

你可以学习容忍这些压力，甚至在生活的奋斗中获得胜利。如果你无法获得平静，生活将没有意义。所以，你必须使你的灵魂获得安宁，并且平静生活。

古希腊哲学家柏拉图说：“人间万事，没有任何一件值得过度焦虑。”

首先你一定要相信，“内心的平静”是可以达到的一个目标。这也许不像表面上那般容易，如果你已经习惯于骚扰、打击及指责你四周的人，那你可能认为心情的平静是无法获得的。

一些重要的杂志与报纸，经常报道今日青少年内心的焦虑不安，以及他们紧张情绪的爆炸性。

一些最受尊敬的社会学家也告诉我们，现代生活充满许多不正常的焦虑。

哲学家、精神学家以及宗教领袖皆同意今天的生活缺乏精神上的平静，充满冲突，并受到怨恨的骚扰。

数以百万计的人以焦虑来折磨自己。他们优柔寡断，充满恐惧，甚至无法接受自己的感觉或缺点。他们对任何事情都不敢作决定，对于所谓的生活中的“失败”感到愧疚。他们的行为太矛盾——否则就是害怕得不敢采取任何行动。焦虑已经成为他们的生活方式。恐惧和精神上的毛病充满他们脑中，取代了他们应有的成功与信心的感觉。我就知道有些人，竟然已经好几年不曾享受过真正平静的一星期。

这是不是证明生活中的宁静无法达到？不是。我提到上面这些令人沮丧的例子，是要向你再度说明，如果你感到焦虑不安，也不必泄气，因为跟你同样的人太多了。在今天这个世界中，确实有些情况会产生焦虑与不安，因此若想获得心灵上的平静，首先就要接受你的焦虑与不安，不要因为它们而责备自己。你愈能够接受自己，就愈容易容忍自己的弱点，也愈能够接近心灵上的平静。

你可以获得平静的，请相信我。我将提出很多建议帮你达到这个目标。

首先，从事一些能够令你满足的活动，大部分是属于个人的活动。某些嗜好或仪式可以成为某些人的“心灵镇静剂”，却可能令其他人感到烦闷无比。

有个老太太——她是我们家的老朋友，已在几年前去世——告诉我说，每当她感到焦虑不安时，她就去阅读《圣经》，因为这样可以减轻她的紧张。她只要坐在摇椅上一面前后摇动，一面读着《圣经》，就能使自己心情平静。

我有一位医生朋友，每天下班后，仍然可以感受到工作上的压力，因而觉得精神十分紧张，但他只要弹弹钢琴，就能平静下来。他所弹的大部分是肖邦的作品，我有时也到他的公寓里坐坐，点上一根雪茄，看着他弹钢琴，在优美的琴声中，不知不觉和他一起轻松起来。

“我不知道这是怎么回事，”他有一次对我说，“只要我弹起钢琴来，我就觉得十分轻松，忘掉了生活压力。我能够自得其乐，不再担心那些痛苦的病人，也忘了那些身患绝症的人，我这样也许不对。”

“不，”我说，“你必须轻松下来，甚至忘掉最可怜的病人，否则你不但不会成为好医生，也会降低你帮助病人的能力。钢琴给了你心灵上的平静——接受这份礼物吧。”

人人都有这种振奋精神的潜力。把它找出来——然后看看它为你带来什么好处，并充分利用及发展。

◎拿自己开开玩笑

◎ 愤世，强化了命运的可怕；嫉俗，弱化了自我的信心。自我解嘲，以另一种坦然的心境向着光明走，黑暗，永远只会留在我们的脚后。

◎ 成功的人士从不试图掩饰自己的弱点，相反，有时他们会拿自己的弱点开开玩笑。

人生的横逆与挫折，除了来去无踪以外，最为高深莫测的是它毫无迹象地“了无缘由”；世事的无常、人情的冷暖，除了现实与无情以外，更为无奈的是它无法与人分担的“点滴心头知”。

与其愤世嫉俗地自怨自艾，不如谈笑风生地自我解嘲，坚强振作地迎向挑战、面对挑战。

愤世，强化了命运的可怕；嫉俗，弱化了自我的信心。自我解嘲，以另一种坦然的心境向着光明走，黑暗，永远只会留在我们的脚后。

这是我妻子陶乐丝给我讲的一个真实的故事：

“那时，我在镇上的中学上八年级。在当年，各级的学生都必须选修工艺课。八年级的工艺课程上的是金工。我们每个学生都得在学期结束以前，完成由一块生铁和一只木柄做的螺丝起子。

“工艺老师年约五十开外，挂在嘴角的烟斗终日不停地冒出浓烈的黑烟，使得他身上总是带着一股令人不甚愉快的强烈气味；他外表严肃，从来没有笑容，训起话来又总是尖酸中带着几分刻薄。他在学校一向以‘当人’为乐事，更使得我们每个学生上起课来个个如临深渊，如履薄冰。

“一开学，工艺老师就开宗明义地宣布，金工是我们日后日常生活中经常使用的必需技巧，绝对不可等闲视之。学期结束的时候，每个人都得做一个螺丝起子。他会一一公开地讲评给分，并择定最优和最劣的成果，分别加以适当的鼓励与惩罚；不及格的学生，别看只是一门小小的工艺课，还是得老老实实地花上一年的时间重新补修过。

“我一向手拙，对于像美术、劳作、工艺之类必须心灵手巧的课程，有着心有余而力不足的无奈，视之为畏途。在结业课上，尽管费了九牛二虎之力，累得满头大汗，我精心创造的杰作，依旧不折不扣地只是个‘略似螺丝起子形状的大型铁钉’。

“期末讲评的最后宣判终于到了。

“我们端正地坐在桌前，工整地将我们的作品放在桌上，静待老师的检查。

“老师依旧以严肃的面容，不疾不徐地端着手中的烟斗，一一来回穿梭于我们的座位之间。他仔细观察每一个人的成果，不时弯下身来慎重地打量一些造型突出、颇具创意的杰作，举止之间流露出了悠然自得的满意表情。

“终于，他背着双手走回到了讲台，清清喉咙，开始讲评：‘大家的作品都各有千秋，颇具创意，只是，这么些年来，我从来没有看过像陶乐丝同学这么造型独特的成果了……’全班同学的目光，顿时不约而同地飘向了我，使我羞愧得简直无地自容。

“‘陶乐丝，请你上来。’老师颔首致意叫我前去，更使我慌乱得手足无措。

“他举起我偌大的‘螺丝起子’，兀自上下不断地打量着，并且不时以诡异的表情展示给同学们观赏；全体同学爆笑如雷地看着我，以万分期待的心情等待着我上台接受老师的‘表扬’。

“我不得不承认我的‘螺丝起子’确实有几分畸形，它扭曲的金属头即使在热胀冷缩之后，依旧显得硕大无比；它活生生地插在不相称的狭小木柄上，更是十足地毫不协调。

“‘经过我仔细地评审，我决定将这学期的最高荣耀颁给陶乐丝同学，她得到了我们的金锉奖，因为她做的根本就不是起子，而是木工每日必备的锉子……’我羞赧地站在台上，望着笑得东倒西歪的全班同学，暗自愤恨着老师无情的奚落，我更以无比悲愤的心情埋怨自己的无能，怒视着全场幸灾乐祸的同学。

“‘陶乐丝同学的作品确实别具创意，我们请她解释解释她的创意，并请她发表一下她的得奖感言。’

“我一片空白的脑海，在这慌乱的一刻，突然灵机一动地体会到了我人生最为宝贵的第一个教训——‘自我解嘲’。我何不利用这个难得的机会，自我解嘲地化解所有的危机与困窘，与其自怨自艾地静待失败的挑战，何不英勇果敢地迎向挑战、面对挑战？

“我正经严肃地环视了全场，模仿着电视上转播‘奥斯卡金像奖’的情景，傲然自信地伸出了我的双手向当时愕然的老师握手致意，并且面对着突然沉静的全体同学，以极其感性的口吻说：‘谢谢，谢谢。首先，我得感谢我伟大的父亲，是他给了我如此的聪明才智，能够十足荣幸地来到这里上最好的工艺课；我更得感谢我可爱的母亲，是她给了我如此粗枝大叶的个性，使我随手就产生了这样美好的创意。当然，我更得感谢谆谆教诲我们的工艺老师，没有他老人家伯乐的眼光，又哪会识出我这匹千里马的无限潜力……’

“全场同学在短暂错愕之后，完全笑翻了。

“‘最后，我不得不说明，我其实一心只想做个锉子，但是由于老师英明的指导和全体同学协助的鼓励，我十分高兴它仍旧幸运地保留了起子的基本形象。然而，这是公平的金锉奖，确实是完完全全地名副其实，而我的得奖更是实至名归。’我在欢声雷动的掌声中，深深地鞠了一躬，然后自信满满地回到了我的座位。”

“自我解嘲”的心态，化解了我妻子生平最为尴尬的一刻。

正如人们喜欢谈论一些关于别人的笑话一样，在适当的时候，也要像陶乐丝那样拿自己开开玩笑，要善于自嘲。

美国著名的律师乔特是最善于讲自己笑话的人。有一次，哥伦比亚大学的校长蒲特勒在请他做演讲时，曾极力称赞他，说他是“我们的第一国民”。

这实在是一个卖弄自己的绝好机会，他可以自傲地站起来，一副得意扬扬的神气，仿佛是要对听众说：“你们看，第一国民要对你们演讲了。”

但是聪明的乔特并没有如此。他似乎对这种称赞充耳不闻，却转而调侃自己的“无知”。这种自嘲很快博得了听众的热情与好感。

他说：“你们的校长刚才偶然说了一个词，我有点听不太懂。他说什么‘第一国民’，我想他一定是指莎士比亚戏剧里的什么国民。我想，你们的校长一定是个莎士比亚专家，研究莎士比亚很有心得，当时他一定是想到莎士比亚了。诸位都知道，在莎氏的许多戏剧中，‘国民’不过是舞台的装饰品，如第一国民、第二国民、第三国民等。每个国民都很少说话，就是说那一点点话，也说得不太好。他们彼此都差不多，就是把各个国民的号数彼此调换，别人也根本看不出有什么分别的。”

这是一种非常聪明的方法，它使自己与听众居于同等的地位，拉近了自己与听众的距离。他不想停留在蒲特勒所抬举的那种高高在上的地位上。如果他换一种说法，用庄重一点的言辞，比如：“你们校长称我为第一国民，他的意思不过是说我是舞台上的一个无用的装饰品而已。”虽然表达的意思是一样的，但是绝对不能把那种礼节性的赞词变为一种轻松的笑话，也绝对不会取得那样的效果。

无论是在一帮很好的朋友中，还是在一大群听众中，能够想出一些关于自己的笑话，能够适当地自嘲，是赢得别人尊敬与理解的重要方法，远远要比开别人的一个玩笑重要得多。拿自己开开玩笑，可以使我们对世事抱有一种健康的态度，因为如果我们能与别人平等地相待，就可以为我们赢得不少的朋友。相反，如果我们为显示自己是怎样的聪明，而拿别人开玩笑，以牺牲别人来抬高自己，那我们一生一世也难以交到一个朋友，更不用说距离成功有多遥远了。

在美国的二十世纪三四十年代，有个政界要人叫凯升。他首次在众议院里发表演说，却打扮得土里土气，因为他刚从西部乡间赶来。

一位善于挖苦讽刺的议员，在他演讲时插嘴说：

“这个伊利诺伊州来的人，口袋里一定装满了麦子呢。”这句话引起哄堂大笑。凯升并没有因此怯场，他很坦然地开了自己一个玩笑：

“是的，我不仅口袋里装满了麦子，而且头发里还藏着许多菜籽呢！我们住在西部的人，多数是土里土气的，不过我们虽然藏的是麦子和菜籽，但却能够长出很好的苗子来！”

凯升不以自己的土气为耻，而以自己来自艰难创业的西部为荣，因而拿自己开玩笑，不否认口袋里装满麦子，进而还说连头发里也藏着菜籽。他的自嘲非但没有招来其他议员的嘲笑，相反却赢得了他们的尊敬，其大名也传遍全国，人们亲切地送给他一个外号：伊利诺伊州的菜籽议员。

成功的人士从不试图掩饰自己的弱点，相反，有时他们会拿自己的弱点开开玩笑。而现实生活中，我们却经常可以遇到一些专喜欢遮掩自己弱点的人，他们也许脸上有些缺陷，也许所受教育太少，也许举止粗鲁，他们总要想出方法来掩饰，不让别人知道。但这样做以后，他们却于无形中背弃了诚恳的态度，毫无疑问，与之交往的朋友会对他们形成一种不诚恳的印象，使人们不敢再与他交往。

世界上最不幸的就是那些既缺乏机智又不诚恳的人。很多人常常自以为很幽默，经常喜欢拿别人开玩笑，处处表现出小聪明，结果弄得与他交往的人不敢再信任他，以前的朋友也会敬而远之，纷纷躲避。

适当地拿自己开开玩笑吧，这不仅是一种机智，更是驱散忧虑、走向成功的法宝。

◎拿开捂住眼睛的双手

◎ 过去的所有不愉快绝不会因为自欺欺人地捂上自己的眼睛，就可以“我看不见你，你就看不见我了”。

◎ 谎言的结果会驾驭我们的生命，而我们终究会发现吐露真相是明智的方法。

心境恰似容器，无法面对现实就容不得对未来的美好期望；满满的水杯如何还能承受重新注入的甘美果汁？放下身段，方才可以率真地正视自我；抛弃世俗虚伪名利、面子的顾忌，坦然的胸怀，正是我们迈向美好未来的终南捷径。

过去的所有不愉快绝不会因为自欺欺人地捂上自己的眼睛就可以“我看不见你，你就看不见我了”；坦率方见真情、纯真始得真义，只有不计过去曾经的坦率、不计世俗眼光的纯真，我们才可以以最大的勇气面对现实。

我的女儿乔伊三四岁刚学会走路的时候，在家里最爱跟我们玩“捉迷藏”的游戏。

当时她是家里唯一的孩子，我们当然成了她仅有的玩伴。乔伊老是喜欢叫我们“做鬼”，由她四处躲起来，让我们找她。

我每次总是故意慢慢地数着一、二、三、四……同时从指缝中偷偷地看她那只胖嘟嘟的小腿慌慌张张地在家中的房间到处乱窜；她一会儿想藏到窗帘里面，一会儿想躲到壁橱后头，她总是觉得不大放心地再三改变她的主意，她总是觉得不大满意地屡次更改她隐藏的地方。即使确实是找到了绝佳的隐秘地方，她又总是在我问她“躲好了没”、奶气十足地回答说“好了”的时候，充分暴露了她的行踪。

我故作谨慎仔细地搜寻，使我都能听到她紧张的呼吸声；我夸张地缓步前行慢慢接近她藏身的地方，连她扑通扑通的心跳悸动都可以明显地感觉出来。而当我每次找到她，拉开了窗帘或是翻开了壁橱的时候，她十分天真可爱地以小小的双手立即捂住了她的眼睛，以为“她看不见我，我就看不见她”，兀自烂漫无邪地静静站立在我的眼前。直到我以双手拉开了她肥嘟嘟的小手以后，她这才死心塌地地发现我已经找到了她，而不断吱吱咯咯、手舞足蹈地开怀大笑。

乔伊这种愚蠢可爱的举动，经常是当时我们一些亲朋好友来家做客时，作弄逗笑的最好题材；直到如今，乔伊虽然已经出落得亭亭玉立，颇有大家闺秀的气质，我们仍不时以这些童年的往事取笑她。乔伊说，她依稀还能记得当时情景的一二；她说，她一直将这种“我看不见你，你就看不见我”的躲迷藏哲学奉为圭臬，直到进了幼儿园，才在接触了其他的小朋友、面对了真实严肃的“游戏规则”，知道不再有人像父母一般的宽让以后，才知道过去奉行的哲学有多荒谬与错误。

我常想，这真是一个最好的人生启示。其实，我们许多人，直到成年以后，不还一直在生活中继续犯着这个“我看不见你，你就看不见我”不敢面对现实的严重错误吗？

漫漫人生，充满了喜乐、充满了快慰，喜乐时我们高歌，快慰时我们欢笑。然而，漫漫人生也充满了悲伤、充满了挑战，而我们却经常在悲伤来临的时候只知痛苦、在挑战来临的时候只会愚蠢地以“我看不见你，你就看不见我”的自我欺骗心态，一意回避，而不知如何拿开捂住眼睛的双手，面对现实、迎接挑战。

人们不是因为他们不诚实而撒谎，他们不诚实是因为他们害怕真相。这是恐惧发生在谎言之前的原因。我们选择撒谎，因为我们相信真相可能开启我们害怕而希望逃避的反应。内疚随之而来，因为我们的内在认知立即明白我们主动逃避一次学习爱的机会，而且我们正在造成内在的另一个障碍。

谎言的结果会驾驭我们的生命，而我们终究会发现吐露真相是明智的方法。

◎因为你快乐，所以我快乐

◎ 快乐是有传染性的，只有使别人快乐才能让我们自己快乐。

◎ 必须要有自我牺牲或者约束，才能达到自我了解与快乐。

快乐是有传染性的，只有使别人快乐，才能让我们自己快乐。

不管你的处境多么平凡，你每天都会碰到一些人，他们每个人都有自己的烦恼、梦想和个人的野心，他们也渴望有机会跟其他的人来共享，可是你有没有给他们这种机会呢？你有没有对他们的生活流露出一份兴趣呢？你不一定要做南丁格尔，或是一个社会改革者，才能帮着改善这个世界。你可以从明天早上开始，从你所碰到的那些人做起。

这对你有什么好处？这会带给你更大的快乐、更多的满足，以及你自己心中的满意。“为别人做好事不是一种责任，而是一种快乐，因为这能增加你自己的健康和快乐。”纽约心理治疗中心的负责人亨利·林克说。

“现代心理学上最重要的发现就是以科学证明：必须要有自我牺牲或者是约束，才能达到自我了解与快乐。”

多为别人着想，不仅能使你不再为自己忧虑，也能帮助你结交更多的朋友，并得到更多的乐趣。怎样才能做到这一点呢？

如果你想消除忧虑，培养平安与幸福，请记住这条规则：

“要对别人感兴趣而忘掉你自己，每一天都做一件能给别人脸上带来快乐微笑的好事”。洛克菲勒早在23岁的时候就开始全心全意追求他的目标。据他的朋友说：“除了生意上的好消息以外，没有任何事情能令他展颜欢笑。当他做成一笔生意，赚到一大笔钱时，他会高兴地把帽子摔到地上，痛痛快快地跳起舞来。但如果失败了，那他会随之病倒。”

就在他的事业达到顶峰之时，他的私人世界却崩溃了。许多书籍和文章公开谴责他不择手段致富的财阀行为。

在宾夕法尼亚州，当地人们最痛恨的就是洛克菲勒。被他打败的竞争者，将他的人像吊在树上泄恨。充满火药味的信件如雪花般涌进他的办公室，威胁要取他的性命。他雇用了许多保镖，防止遭敌人杀害，并试图忽视这些仇视怒潮，有一次他曾以讽刺的口吻说：“你尽管踢我、骂我，但我还是按照我自己的方式行事。”

但他最后还是发现自己毕竟也是凡人，无法忍受人们对他的仇视，也受不了忧虑的侵蚀。他的身体开始不行了，疾病从内部向他发动攻击，令他措手不及、疑惑不安。

起初，“他试图对自己偶尔的不适保持秘密”。但是，失眠、消化不良、掉头发——全身烦恼和精神崩溃的肉体病症却是无法隐瞒的。

在那段痛苦及失眠的夜晚里，洛克菲勒终于有时间自我反省。他开始为他人着想，他曾经一度停止去想他能赚多少钱，而开始思索那笔钱能换取多少人类的幸福。

简而言之，洛克菲勒现在开始考虑把数百万的金钱捐出去。有时候，做件事可真不容易。当他向一座教堂捐款时，全国各地的传教士齐声发出反对的怒吼：“腐败的金钱！”

但他继续捐献，在获知密西根湖湖岸的一家学院因为抵押权而被迫关闭时，立刻展开援助行动，捐出数百万美元去捐助那家学院，将它建设成为目前举世闻名的芝加哥大学。他也尽力帮助黑人。像塔斯基吉黑人大学，需要基金完成黑人教育家华盛顿·卡文的志愿，他毫不迟疑地捐出巨款。然后，他又采取更进一步的行动，成立了一个庞大的国际性基金会——洛克菲勒基金会——致力于消灭全世界各地的疾病、文盲及无知。

像洛克菲勒基金会这种壮举，在历史上前所未见。洛克菲勒深知全世界各地有许多有识之士，进行着许多有意义的活动。但是这些高超的工作，却经常因缺乏基金而宣告结束。他决定帮助这些人道的开拓者——并不是“将他们接收过来”，而是给他们一些钱来帮助他们完成工作。洛克菲勒把钱捐出去之后，是否获得心灵的平安？他最后终于感觉满足了。洛克菲勒十分快乐。他已完全改变，完全不再烦恼。

◎学会从损失中获得

◎ 有两个人从铁窗朝外望去，一个人看到的是满地的泥泞，另一个人却看到满天的繁星。

◎ 真正的快乐不见得是愉悦的，它多半是一种胜利。

◎ 人生最重要的不是以你的所得投资，任何人都可以这样做。真正重要的是如何从损失中获利。这才需要智慧，才能显示出人的上智下愚。

有一天到芝加哥大学访问罗伯特·哈金斯校长，请教他是如何解决忧虑的。他的回答是：“我一直遵循已故的西尔斯百货公司总裁朱利斯·罗森沃德的建议：‘如果你手中只有一个柠檬，那就做杯柠檬汁吧！’”

这正是那位芝加哥大学校长所采取的方法，但一般人却刚好反其道而行之。如果人们发现命运送给他的只是一个柠檬，他会立即放弃，并说：“我完了！我的命怎么这么不好！一点机会都没有。”于是他与世界作对，并且陷于自怜之中。如果是一个聪明人得到了一个柠檬，他会说：“我可以从这次不幸中学到什么？怎样才能改善我目前的处境？怎样把这个柠檬做成柠檬汁呢？”

伟大的心理学家阿德勒穷其一生都在研究人类及其潜能，他曾经宣称他发现人类最不可思议的一种特性——“人具有一种反败为胜的力量”。

曾听瑟尔玛·汤普森女士讲过一段她的经历：

“战时，我丈夫驻防加州沙漠的陆军基地。为了能经常与他相聚，我搬到那附近去住，那实在是个可憎的地方，我简直没见过比那更糟糕的地方。我丈夫出外参加演习时，我就只好一个人待在那间小房子里。热得要命——仙人掌树荫下的温度高达华氏125度，没有一个可以谈话的人。风沙很大，所有我吃的、呼吸的都充满了沙、沙、沙！

“我觉得自己倒霉到了极点，觉得自己好可怜，于是我写信给我父母，告诉他们我放弃了，准备回家，我一分钟也不能再忍受了，我情愿去坐牢也不想待在这个鬼地方。我父亲的回信只有三行，这三句话常常萦绕在我心中，并改变了我的一生：

有两个人从铁窗朝外望去，

一人看到的是满地的泥泞，

另一个人却看到满天的繁星。

“我把这几句话反复念了好几遍，我觉得自己很丢脸，决定找出自己目前处境的有利之处，我要找寻那一片星空。

“我开始与当地居民交朋友，他们的反应令我心动。当我对他们的编织与陶艺表现出很大的兴趣时，他们会把拒绝卖给游客的心爱之物送给我。我研究各式各样的仙人掌及当地植物。我试着多认识土拨鼠，我观看沙漠的黄昏，找寻300万年前的贝壳化石，原来这片沙漠在300万年前曾是海底。

“是什么带来了这些惊人的改变呢？沙漠并没有发生改变，改变的只是我自己。因为我的态度改变了，正是这种改变使我有了一段精彩的人生经历。我所发现的新天地令我觉得既刺激又兴奋。我着手写一本书——一本小说，我逃出了自筑的牢狱，找到了美丽的星辰。”

瑟尔玛·汤普森所发现的正是耶稣诞生前500年希腊人发现的真理：“最美好的事往往也是最困难的。”

哈里·爱默生·佛斯狄克在20世纪再次重述它：“真正的快乐不见得是愉悦的，它多半是一种胜利。”没错，快乐来自一种成就感，一种超越的胜利，一次将柠檬榨成柠檬汁的经历。

曾造访过一位住在佛罗里达州的快乐农人，他曾将一个有毒的柠檬做成了可口的柠檬汁。当他买下农地时，他心情十分低落。土地贫瘠，不适合种植果树，甚至连养猪也不适宜。除了一些矮灌木与响尾蛇，什么都活不了。后来他忽然有了主意，他决定将负债转为资产，他要利用这些响尾蛇。于是不顾大家的惊异，他开始生产响尾蛇肉罐头。几年后，每年有平均两万名游客到他的响尾蛇农庄来参观。他的生意好极了。我亲眼看见毒液抽出后送往实验室制作血清，蛇皮以高价售给工厂生产女鞋与皮包，蛇肉装罐运往世界各地。我买了一些当地的风景明信片到村中邮局去寄，发现邮戳盖着“佛罗里达州响尾蛇村”，可见当地人很是以这位把毒柠檬做成甜柠檬汁的农人为荣。

我旅行全美各地，常有幸见到一些“能干的反亏为盈”的人。

“人生最重要的不是以你的所得做投资，任何人都可以这样做。真正重要的是如何从损失中获利。这才需要智慧，也才显示出人的上智下愚。”伯利梭写这段话时，他已在一次火车意外中丧失了一条腿。

我在纽约市教授成人教育课程时，发现很多人都有一个很大的遗憾，是没有机会接受大学教育。他们似乎认为未进大学是一种缺陷。而实际上许多成功的人士都没上过大学，因此这一点并没有这么重要。

我曾讲给学员们一个失学者的故事：

他的童年非常贫困。父亲去世后，靠父亲的朋友帮忙才得以安葬。他的母亲必须在一家制伞工厂一天工作 10 小时，再带些零工回来做，做到晚上 11 点钟。

他就是在这种环境下长大的，有一次他参加教会的戏剧表演，觉得表演非常有趣，于是就开始训练自己公众演说的能力。他后来也因此进入了政界。30 岁时，他已当选为纽约州议员。不过对接受这样的重大责任，他其实还没有准备妥当。事实上，他亲口告诉我，他还搞不清楚州议员应该做些什么。他开始研读冗长复杂的法案，这些法案对他来说，就跟天书一样。他被选为森林委员会的一员，可是因为他从来不了解森林，所以他非常担心。他又被选入银行委员会，可是他连银行账户也没有，因此他十分茫然。他告诉我，如果不是耻于向母亲承认自己的挫折感，他可能早就辞职不干了。绝望中，他决定一天研读 16 小时，把自己无知的酸柠檬，做成知识的甜柠檬汁。因为这种努力，他由一位地方政治人物提升为全国性的政治人物，他的表现如此杰出，连《纽约时报》都尊称他是“纽约市最可敬爱的市民”。

他就是阿尔·史密斯。在阿尔开始自我教育后的十年，他成为纽约州政府的活字典。他曾连任四届纽约州州长——当时还没有人拥有这样的纪录。1928 年，他当选为民主党总统候选人。包括哥伦比亚大学及哈佛大学在内的六所著名大学，都曾颁授荣誉学位给这位年少失学的人。

阿尔说，如果不是他一天勤读 16 小时，把他的缺失弥补过来，他绝对不可能有今天的成功。哲学家尼采认为，优秀杰出的人“不仅忍人所不能忍，并且乐于进行这种挑战”。

如果我们真的灰心到看不出有任何转变的希望——这里有两个我们起码应该一试的理由，这两个理由保证我们试了只有更好，不会更坏。

1. 我们可能成功。

2. 即使未能成功，这种努力的本身已迫使我们向前看，而不是只会悔恨，它会驱除消极的想法，代之以积极的思想。它会激发创造力，促使我们忙碌，也就没有时间与心情去为那些已成过去的事忧伤了。

世界著名的小提琴家欧尔·布尔在巴黎的一次音乐会上，忽然小提琴的 A 弦断了，他面不改色地以剩余的三根弦奏完全曲。佛斯狄克说：“这就是人生，断了一根弦，你还能以剩余的三根弦继续演奏。”

这还不只是人生，这是超越人生，是生命的凯歌！

如果我做得到的话，我要把威廉·伯利梭的这段话镂刻并悬挂在每一所学校里：

人生最重要的不只是运用你所拥有的，任何人都会这样做，真正重要的课题是如何从你的损失中获利，这才需要真智慧，也才能显示出人的上智下愚。

◎不要期望他人的感恩

◎ 请牢记，寻求快乐的唯一途径是不要期望他人的感恩，付出是一种享受施与的快乐。

◎ 请牢记，感恩是一种需要培养的品德，希望儿女们知恩，就必须训练他们成为感恩的人。

◎ 与其担心他人不知感恩，不如忘记它。耶稣一天救治了十个瘫子，只有一位回来感谢他。难道我们能比耶稣得到的更多吗？

我最近碰到一个气愤填膺的人，有人警告我碰到他15分钟内就一定会谈起那件事，果然如此。令他气愤的事发生在11个月前，可是他还是一提起就生气。他简直不能谈别的事，他为34位员工发了10 0000元圣诞节奖金——每人差不多300元——结果没有一个人谢谢他。他抱怨说：“我很遗憾，我居然发给他们奖金。”

“一个愤怒的人，”孔子说，“浑身都是毒。”我衷心同情面前这位浑身是毒的人。他有60岁了。人寿保险公司统计我们还能活着的年数平均是目前年龄与80岁之间差数的三分之二。这位仁兄——如果他够幸运——大概还可活十四五年。结果他浪费了有限的余生中的将近一整年，为过去的事愤恨不平。我实在同情他。

除了愤恨与自怜，他大可自问为什么人家不感激他。有没有可能是因为待遇太低、工时太长，或是员工认为圣诞奖金是他们应得的一部分。也许他自己是个挑剔又不知感谢的人，以致别人不敢也不想去感谢他。或许大家觉得反正大部分利润都要缴税，不如当成奖金。

不过反过来说，也可能员工真的是自私、卑鄙、没有礼貌。也许是这样，也许是那样，我也不会比你更了解整个状况。我倒是知道英国约翰逊博士说过："感恩是极有教养的产物，你不可能从一般人身上得到。"

我的重点是：他指望别人感恩乃是一项一般性的错误，他实在不了解人性。

如果你救了一个人的生命，你会期望他感激吗？你也许会——可是塞缪尔·莱维茨在他当法官前曾是位有名的刑事律师，曾使78个罪犯免上电椅。你猜猜看其中有多少人曾事后致谢，或至少寄个圣诞卡来？我想你猜对了——一个也没有。

耶稣基督在一个下午使十个瘫子起立行走——但是有几个人回来感谢他呢？只有一位。耶稣环顾门徒问道："其他九位呢？"他们全跑了，谢也不谢就跑得无影无踪！让我来问问大家：像你我这样平凡的人给了人一点小恩惠，凭什么就希望得到比耶稣更多的感恩？

人间的事就是这样。人性就是人性——你也不用指望会有所改变。何不干脆接受呢？我们应该像一位最有智慧的罗马帝王马库斯·阿列留斯一样。他有一天在日记中说道：

"我今天会碰到多言的人、自私的人、以自我为中心的人、忘恩负义的人。我也不必吃惊或困扰，因为我还想象不出一个没有这些人存在的世界。"

他说得不是很有道理吗？我们每天抱怨别人不会感恩图报，到底该怪谁？这是人性——还是我们忽略了人性？不要再指望别人感恩了。要是我们偶尔得到别人的感激，就会是一件惊喜。如果没有，也不至于难过。

我认识一位住在纽约的妇人，一天到晚抱怨自己孤独。没有一个亲戚愿意接近她——而我也不怪他们。你去看望她，她会花几个钟头喋喋不休地告诉你，她侄儿小的时候，她是怎么照顾他们的。他们得了麻疹、腮腺炎、百日咳，都是她照看的，他们跟她住了许多年，还资助一位侄子读完商业学校，直到她结婚前，他们都住在她家。

这些侄子回来看望她吗？噢！有的！有时候！完全是出于义务性的。他们怕回去看她，因为想到要坐几个小时听那些老调，无休无止地埋怨与自怜永远在等着他们。当这位妇人发现威逼利诱也没法叫她的侄子们回来看她后，她就剩下最后一个绝招——心脏病发作。

这心脏病是装出来的吗？当然不是，医生也说她的心脏相当神经质，常常心悸。可是医生也束手无策，因为她的问题是情绪性的。

这位妇人要的是关爱与注意，但是我以为她要的是“感恩”，可惜她大概永远也得不到感激或敬爱，因为她认为这是应得的，她要求别人给她这些。

有多少人都像她一样，因为别人都忘恩负义，因为孤独，因为被人疏忽而生病。他们渴望被爱，但是在这世上真正能得到爱的唯一方式，就是不索求，相反地，还要不求回报地付出。

这听起来好像太不实际、太理想化了，其实不然！这是追求幸福最好的一种方法，我知道，因为我亲眼见到我家庭中发生的状况。我的父母乐于助人，我们很穷——总是窘于欠债，可是虽然穷成那样，我父母每年总是能挤出一点钱寄到孤儿院去。他们从来没有去拜访过那家孤儿院，大概除了收到回信外，也从来没有人感谢过他们，不过他们已有所回报，因为他们享受了帮助这些无助小孩的喜乐，并不期望任何回报。

我离家外出工作后，每年圣诞节，我总会寄张支票给父母，让他们买点自己喜欢的物品，可是他们总不买。当我回家过圣诞时，父亲会告诉我，他们买了煤、日用品送给城里一个有很多小孩的贫苦妇人。施舍与不求回报的快乐是他们所能得到的最大的快乐。

我坚信我父亲已符合亚里士多德所说的懂得享受快乐的理想人。亚里士多德说："理想人会享受助人的快乐。"

要追求真正的快乐，就必须抛弃别人会不会感恩的念头，只享受付出的快乐。为人父母者总是怨恨子女不知感恩。即使莎剧主人翁李尔王也不禁叫道："不知感恩的子女比毒蛇的利齿更痛噬人心。"

但是如果我们不教育他们，为人子女者如何会知道感恩呢？忘恩原是天性，它像随地生长的杂草。感恩却有如玫瑰，需要细心栽培及爱心的滋润。

假如子女们不知感恩应该怪谁？可能该怪的就是我们自己。如果我们总是不教导他们向别人表示感谢，怎么能期望他们来谢我们？

我认识一位住在芝加哥的朋友。他在一家纸盒工厂工作得很辛苦，周薪不过 40 美元。他娶了一位寡妇，她说服他向别人借了钱送她第二个前夫的儿子上大学。他的周薪得用来支付食物、房租、燃料、衣服及缴付欠款。他像奴隶似的苦干了 4 年，而且从不埋怨。

有人感谢他吗？没有，他太太认为是理所当然的，那个儿子自然也是一样。他们一点也不感到对这位继父有任何亏欠，即使只是道谢一声。

这怪谁呢？这个儿子吗？也许！但是这位母亲不是更不该吗？认为这两个年轻的生命不应该有这种义务的负担，她不要她的儿子"由负债"开始他们的人生。所以她从没想到要说："你们的继父资助你们念大学，多好的人啊！"相反地，她的态度却是："噢！那是他起码应做到的。"

她认为没有加给他们任何负担，可是实际上，她让他们产生了一种危险的认识，认为这个世界有义务让他们活下去。果然后来，这位男孩想向老板"借"点钱，结果身陷囹圄。

我们一定要记住，孩子是我们造就的。举例来说，我姨母从来不抱怨儿女不知感恩。我小的时候，姨母把她母亲接去照料，同时也照料她的婆婆。我现在仍记得两位老人家坐在壁炉前的情景。她们有没有麻烦我姨母？我想一定很不少，但是你从她的态度上一点也看不出来。她真的爱她们，向她们嘘寒问暖，使她们感觉到家的温暖。而她自己还有6个子女，可她从不觉得自己做了什么伟大的事。对她来讲，这一切只不过是再自然不过的事，是正确的事，也是她愿意做的事。

我这位姨母已经孀居了二十几年，她的5位成年子女都欢迎她，希望她到他们家去一起住。她的子女们对她钟爱极了，从不觉得厌烦。是由于“感恩”吗？当然不是啦！这是真正的爱！这几位子女从孩童时代就生活在慈善的气氛中。现在需要照顾的是他们的妈妈；他们回报同样的爱，不是再自然不过了吗？

让我们不要忘了，要想有感恩的子女，只有自己先成为感恩的人。我们的所言所行都非常重要。在孩子面前，千万不要诋毁别人的善意。也千万别说：“看看表妹送的圣诞礼物，都是她自己做的，连一毛钱也舍不得花！”这种反应对我们可能是件小事，但是孩子们却听进去了。因此，我们最好这么说：“表妹准备这份圣诞礼物，一定花了不少时间！她真好！我们得写信谢谢她。”这样，我们的子女在无意中也学会养成赞赏感谢的习惯了。

◎报复只会伤害自己

◎ 当我们恨我们的仇人时，就等于给了他们制胜的力量，那种力量可以使我们难以安眠，倒我们的胃口、升高我们的血压、危害我们的健康和吓跑我们的欢乐。

◎ 怀着爱心吃菜，也会比怀着怨恨吃牛肉好得多。

一个晚上，我正旅行通过黄石公园。一位森林的管理人员骑在马上，和我们这些兴奋的游客谈些关于熊的事情。他告诉我们：一种大灰熊大概可以击倒西方所有的动物，除了水牛和另一种黑熊。但那天晚上，我却留意到一只小动物——只有一只，那只大灰熊不但让它从森林里出来，还和它在灯光下一起进餐。那是一只臭鼬！大灰熊了解，它的巨型之掌，能够一掌把这只臭鼬打昏，可是它为什么不那样做呢？由于它从经验里学到，那样做很划不来。我也了解这一点。当我还是个小孩的时候，曾经在密苏里的农庄上抓过四只脚的臭鼬；长大成人之后，我在纽约的街上也碰到过几个像臭鼬一样的两只脚的人。我从这些不幸的经验里发现：不论招惹哪一种臭鼬，都是划不来的。

当我们恨我们的仇人时，就等于给了他们制胜的力量。那种力量可以使我们难以安眠、倒我们的胃口、升高我们的血压、危害我们的健康和吓跑我们的欢乐。如果我们的仇人知道他们怎样令我们担心，令我们苦恼，令我们一心报复的话，他们肯定会兴奋得跳起舞来。我们心中的恨意完全不能伤害到他们，却使我们的生活变得像地狱一般。

你猜是谁说过："要是自私的人想占你的便宜，就不必去理会他们，更不必想去报复。当你想和他扯平的时候，你伤害自己的比伤到那家伙的更多。"这段话听起来仿佛是什么理想主义者所说的，其实不然。这段话出自一份由米尔瓦基警察局所发出的通告上。报复怎样会伤害你呢？伤害的地方可多了。根据《生活》杂志的报道，报复甚至会损害你的健康。

"高血压患者主要的特征就是容易愤慨，"《生活》杂志说，"愤怒不停的话，长期性的高血压和心脏病就会随之而来。"

如今你该了解耶稣所谓"爱你的仇人"，不只是一种道德上的训诫，而且是在宣扬一种20世纪的医学。他说"要原谅七十个七次"的时候，他是在教我们怎样避免高血压、心脏病、胃溃疡和多种其他的疾病。

我的一个朋友最近犯了一次严重的心脏病，他的医生命令他躺在床上，无论发生任何事情都不能生气。医生们都了解，心脏衰弱的人一发脾气就可能会失去生命。几年以前，在华盛顿州的史泼坎城，有一个饭馆老板就是由于气愤而死。如今我面前就有一封从华盛顿州史泼坎城警察局局长杰瑞·史瓦脱那里来的信。信上说：几年以前，一个68岁的老人威廉·传坎伯，在史泼坎城开了一家小餐馆，由于他的厨子一定要用茶碟喝咖啡，而使他活活气死。当时那位小餐馆的老板特别生气，抓起一把左轮枪去追那个厨子，结果由于心脏病发作而倒地死去，手里还紧紧地抓着那把枪。验尸官的报告宣称：他由于愤怒而引发心脏病。

当耶稣说“爱你的仇人”的时候，他也是在告诉我们：怎么样改进我们的外表。我想你也和我一样，认得一些女人，她们的脸因为怨恨而有皱纹，因为悔恨而变了形，表情僵硬。不管怎样美容，对她们容貌的改进，也及不上让她心里充满了宽容、温柔和爱所能改进的一半。

怨恨的心理，甚至会毁了我们对食物的享受。圣人说：“怀着爱心吃菜，也会比怀着怨恨吃牛肉好得多。”

要是我们的仇人知道我们对他的怨恨使我们精疲力竭，使我们疲倦而紧张不安，使我们的外表受到伤害，使我们得心脏病，甚至可能使我们短命的时候，他们不是会拍手称快吗？

即使我们不能爱我们的仇人，至少我们要爱我们自己。我们要使仇人不能控制我们的快乐、我们的健康和我们的外表。就如莎士比亚所说的：

“不要因为你的敌人而燃起一把怒火，热得烧伤你自己。”

当耶稣基督说，我们应该原谅我们的仇人“七十个七次”的时候，他也是在教我们怎样做生意。我举个例子吧。当我写这一段的时候，我面前有封由乔治·罗纳寄来的信，他住在瑞典的艾普苏那。乔治·罗纳在维也纳当了很多年律师，但是在第二次世界大战期间，他逃到瑞典，一文不名，很需要找份工作。因为他能说并能写好几国的语言，所以希望能够在一家进出口公司里，找到一份秘书的工作。绝大多数的公司都回信告诉他，因为正在打仗，他们不需要用这一类的人，不过他们会把他的名字存在档案里等。

不过有一个在写给乔治·罗纳的信上说：“你对我生意的了解完全错误。你既错又笨，我根本不需要任何替我写信的秘书。即使我需要，也不会请你，因为你甚至于瑞典文也写不好，信里全是错字。”

当乔治·罗纳看到这封信的时候，简直气得发疯。那个瑞典人写信来说，他写不通瑞典文是什么意思？那个瑞典人自己的信上就是错误百出。于是乔治·罗纳也写了一封信，目的要想使那个人大发脾气。但接着他停下来对自己说："等一等。我怎么知道这个说的是不是对的？我学过瑞典文可是这并不是我的母语，也许我确实犯了很多我并不知道的错误。如果是那样的话，那么我想要得到一份工作，就必须再努力的学习。这个人可能帮了我一个大忙，虽然他本意并非如此。他用这么难听的话来表达他的意见，并不表示我就不亏欠他，所以应该写封信给他，在信上感谢他一番。"

于是乔治·罗纳撕掉了他刚刚已经写的那封骂人的信，另外写了一封信说："你这样不怕麻烦地写信给我实在是太好了，尤其是你并不需要一个替你写信的秘书。对于我把贵公司的业务弄错的事我觉得非常抱歉，我之所以写信给你，是因为我向别人打听，而别人把你介绍给我，说你是这一行的领导人物，我并不知道我的信上有很多文法上的错误，我觉得很惭愧，也很难过。我现在打算更努力地去学习瑞典文，以改正我的错误，谢谢你帮助我走上改进之路。"

不到几天，乔治·罗纳就收到那个人的信，请罗纳去看他。罗纳去了，而且得到一份工作，乔治·罗纳由此发现"温和的回答能消除怒气"。

我们也许不能像圣贤般去爱我们的仇人，但是为了我们自己的健康和欢乐，我们至少要原谅他们，忘记他们，这样做确实是很聪明的事。有一次我问艾森豪威尔将军的儿子约翰，他爸爸会不会总是怀恨别人。"不会，"他回答，"我爸爸从来不浪费一分钟，去想那些不喜欢的人。"

有句老话说：不能生气的人是笨蛋，而不去生气的人才是聪明人。

这也就是前纽约州州长盖诺所抱定的政策。他被一份内幕小报攻击得体无完肤之后，又被一个疯子打了一枪差一点送命。他躺在医院为他的生命挣扎的时候，他说："每天晚上我都原谅所有的事情和每一个人。"这样做是否太理想了呢？是否太轻松、太好了呢？假如是的话，就让我们来看看那位伟大的德国哲学家，也就是《悲观论》的作者叔本华的理论。他以为生命就是一种毫无价值而又痛苦的冒险，当他走过的时候仿佛全身都散发着痛苦，可是在他绝望的深处，叔本华叫道："假如可能的话，不应该对任何人有怨恨的心理。"

有一次我曾问伯纳·巴鲁区——他曾经做过六位总统的顾问：威尔逊、哈定、柯立芝、胡佛、罗斯福和杜鲁门——我问他会不会由于他的敌人攻击他而难过？"没有一个人可以羞辱我或者干扰我，"他回答说，"我不让他们这样做。"也没有人可能羞辱或困扰你和我——除非我们让他这样做。

"棍子和石头也许能打断我的骨头，但是言语永远也不能伤害我。"

我经常站在加拿大杰斯帕国家公园里，仰望那座可算是西方最美丽的山，这座山以伊笛丝·卡薇尔的名字命名，纪念那个在 1915 年 10 月 12 日像圣人一样慷慨赴死，被德军行刑队枪毙的护士。她犯了什么罪呢？由于她在比利时的家里收容和看护了很多受伤的法军、英国士兵，还协助他们逃到荷兰。在十月的那天早上，一位英国教士走进军人监狱她的牢房里，为她做最后祈祷的时候，伊笛丝·卡薇尔说了两句后来刻在纪念碑上不朽的话语："我了解光是爱国还不够，我一定不能对任何人有敌意和怨恨。"四年之后，她的遗体转移到英国，在西敏寺大教堂举行安葬大典。我在伦敦住过一年，我时常到国立肖像画廊对面去看伊笛丝·卡薇尔的那座雕像，同时朗读她这两句不朽的名言："我知道光是爱国还不够，我一定不能对任何人有敌意和怨恨。"

◎走出孤独的人生

◎ 幸福不是靠别人来布施，而是要自己去赢取别人对你的需求和喜爱。

◎ 我们若想克服孤寂，就必须远离自怜的阴影，勇敢走入充满光亮的人群里。

曾有一位妇女失去了自己的丈夫，她悲痛欲绝，自那以后，她便和成千上万的人一样，陷入了一种孤独与痛苦之中。“我该做些什么呢？”在她丈夫离开她近一个月之后的一天晚上，她跑来向一位好友求助，“我将住到何处？我还有幸福的日子吗？”

朋友极力向她解释，她的焦虑是因为自己身处不幸的遭遇之中，才50多岁便失去了自己的生活伴侣，自然令人悲痛异常。但时间一久，这些伤痛和忧虑便会慢慢减缓消失，她也会开始新的生活——从痛苦的灰烬之中建立起自己新的幸福。

“不！”她绝望地说道，“我不相信自己还会有什么幸福的日子。我已不再年轻，孩子也都长大成人，成家立业。我还有什么地方可去呢？”可怜的女人得了严重的自怜症，而且不知道该如何治疗这种疾病。好几年过去了，她的心情一直都没有好转。

有一次，这位朋友忍不住对她说：“我想，你并不是要特别引起别人的同情或怜悯。无论如何，你可以重新建立自己的新生活，结交新的朋友，培养新的乐趣，千万不要沉溺在旧的回忆里。”但她没有把这些话听进去，因为她还在为自己的命运自艾自叹。后来，她觉得孩子们应该为她的幸福负责，因此便搬去与一个结了婚的女儿同住。

但事情的结果并不如意，她和女儿都面临一种痛苦的经历，甚至关系恶化到大家翻脸成仇。这名妇人后来又搬去与儿子同住，但也好不到哪里去。后来，孩子们共同买了一间公寓让她独住，这更不是真正解决问题的方法。

最后她觉得所有家人都弃她而去，没有人要她这个老太太了。这位妇人的确一直都没有再享有快乐的生活，因为她认为全世界都亏欠她。她实在是既可怜，又自私，虽然现今已61岁了，但情绪还是像小孩一样没有成熟。

孤独是人生的一种痛苦，尤其是内心的孤寂更为可怕。而现代生活中很多人却深受这种痛苦的折磨，他们远离人群，将自己内心紧闭，过着一种自怜自艾的生活。甚至有些人因此而导致性格扭曲，精神异常，这当然更为不值。其实，每个人一生中都会遇到不幸和挫折，当你面临这种处境时，应正视现实，积极解决，随着时间消逝，你就会走出困境与不幸，何必将自己那颗跳动的心紧闭，让自己的人生陷入痛苦与不安？

许多寂寞孤独的人之所以会如此，是因为他们不了解爱和友谊并非是从天而降的。一个人要想受到人的欢迎，或被人接纳，一定要付出许多努力和代价。情爱、友谊或快乐的代价，都不是一纸契约所能规定的。让我们面对现实，无论是丈夫死了，或太太过世，活着的人都有权利再快乐地活下去。但是，他们必须了解：幸福并不是靠别人来布施，而是要自己去赢取别人对你的需求和喜爱。

让我们再看另一个故事。

一艘正在地中海蓝色的水面上航行的游轮，上面有许多正在度假中的已婚夫妇，也有不少单身的未婚男女穿梭其间，个个兴高采烈，随着乐队的拍子起舞。其中，有位明朗、和悦的单身女性，大约60来岁，也随着音乐陶然自乐。这位上了年纪的单身妇人，也和前面提到的太太一样，曾遭丧夫之痛，但她能把自己的哀伤抛开，毅然开始自己的新生活，重新展开生命的第二度春天，这是经过深思之后所做的决定。

她的丈夫曾是她生活的重心，也是她最为关爱的人，但这一切全都过去了。幸好她一直有个嗜好，便是绘画。她十分喜欢水彩画，现在绘画更成了她精神的寄托。她忙着作画，哀伤的情绪逐渐平息。而且由于努力作画，她开创了自己的事业，使自己的经济能完全独立。

有一段时间，她很难和人群打成一片，或把自己的想法和感觉说出来。因为长久以来，丈夫一直是她生活的重心，是她的伴侣和力量。她知道自己长得并不出色，又没有万贯家财，因此在那段近乎绝望的日子里，她一再自问：如何才能使别人接纳她，需要她。

她后来找到了自己的答案——她得使自己成为被人接纳的对象。她得把自己奉献给别人，而不是等着别人来给她什么。想清了这一点，她擦干眼泪，换上笑容，开始忙着作画。她也抽时间拜访亲朋好友，尽量制造欢乐的气氛，却绝不久留。不多久，她开始成为大家欢迎的对象，不但时有朋友邀请她吃晚餐，或参加各式各样的聚会，并且还在社区的会所里举办画展，处处都给人留下美好印象。

后来，她参加了这艘游轮的“地中海之旅”。在整个旅程当中，她一直是大家最喜欢接近的目标。她对每一个人都十分友善，但绝不紧缠着人不放。在旅程结束的前一个晚上，她的舱旁是全船最热闹的地方。她那自然而不造作的风格，使每个人都留下深刻印象，并愿意与之为友。

从那时起，这位妇人又参加了许多类似这样的旅游。她知道自己必须勇敢地走进人群，并把自己贡献给需要她的人。她所到之处都留下友善的气氛，人人都乐意与她接近。

所以那些能克服孤寂的人，无论走到哪里，一定善于与人们培养出亲密的关系。就好像燃烧的煤油灯一样，火焰虽小，却仍能产生出光亮和温暖来。

我们若想克服孤寂，就必须远离自怜的阴影，勇敢走入充满光亮的人群里。我们要去认识人，去结交新的朋友。无论到什么地方，都要兴高采烈，把自己的欢乐尽量与别人分享。

根据统计显示，大部分结过婚的妇女，都比先生活得长寿。但是，一旦先生过世之后，这些妇女都很难再快乐生活。而男性由于工作的关系，基于工作本身的要求，他们不得不驱使自己继续进步。通常，夫妇当中，先生要比太太更强壮，也更富进取性。妻子则大部分以家庭为中心，并以家人为主要相处对象。所以，她对必须独自生活或追求个人的幸福，并没有什么心理准备。但是，假如她决心摆脱孤独、追求幸福的话，应该是可以做得到的。

当然，孤寂并不专属于丧偶的人。无论是单身男子或美丽的女王，无论是城市的异乡人或村里的流浪汉，都一样会尝到孤寂的滋味。

虽然现在时代越来越进步，但我们的社会却有一种疾病愈来愈普遍，那就是处于拥挤人群中的孤独感。

在加州奥克兰的密尔斯大学，校长林·怀特博士在一次女青年会的晚餐聚会里上发表了一段极为引人注意的演讲，内容提到的便是这种现代人的孤寂感："20世纪最流行的疾病是孤独。"他如此说道，"用大卫·里斯曼的话来说，我们都是'寂寞的一群'。由于人口愈来愈增加，根本分不清谁是谁了……居住在这样一个'不拘一格'的世界里，再加上政府和各种企业经营的模式，人们必须经常由一个地方换到另一个地方工作——于是，人们的友谊无法持久，时代就像进入另一个冰河时期一样，使人的内心觉得冰冷不已。"

几年前，有个刚毕业的年轻人，只身来到纽约，准备大展宏图，为这城市带来一点光彩。这位青年长得英俊潇洒，受过良好的教育，自己也很为自身的条件感到骄傲。安顿妥当之后的第一天，他在白天参加了一个销售会议，到了夜晚，他忽然感到孤单起来。他不喜欢独自一人吃饭，不想一个人去看电影，也不认为应该去打扰一些在城市里的已婚朋友。或许，我们还可以再多添一个理由——他也不想让女孩缠上自己。

当然，他是希望能碰到一个好女孩，但那绝不是从酒吧或什么单身俱乐部一类的场所去随便挑一个来。结果，他只好在那个准备大展宏图的城市里，独自度过了寂寞凄凉的夜晚。

大都会的生活，有时是比小镇更会让人有孤寂感；要在大都市里生活，有时更得花点心神去结交朋友，并让这些朋友接纳你、需要你。在去一个大都市之前，要先想好以后的日子——尤其是下班后的时间——要如何打发。你当然需要有些兴趣相同的人在一起，但你得先伸出友谊之手。

初到一个陌生的城市，其实有很多事情可做——你可以上教堂或参加同好俱乐部——都可以增加认识人的机会。你也可以选修成人教育课程——不但可以自求进步，更可以得到同伴和友谊。但是，假如你只是默默一人在餐馆里吃饭，或在酒吧独自喝闷酒，那就无怪乎得不到什么情谊了。你一定得去安排或做些什么事。

有这样两个生活在大城市里的年轻女孩，她们在纽约东区共租了一间公寓同住。两个女孩都长得十分迷人，也都有一份待遇不错的工作，都希望自己有朝一日能出人头地。

其中一位聪明的女孩，她认为居住在大都会的女孩——尤其是单身女孩——一定要仔细安排自己的生活，并计划自己的未来。她到一间教会去，积极参加各种活动。她还加入了一个研讨会，甚至选修一门改进个性的课程。她把自己的薪水尽量用来与人交往，并开创出多彩多姿的生活内容。

她有适度而愉快的休闲活动，但对于社交关系则相当谨慎，尤其尽量避免暧昧不清的男女关系。

她初到纽约的时候，当然也感到寂寞——哪一个女孩不会有这种感觉呢？但是，她不想像某些男性一样，在海底潜游了半天，却只寻得一块海绵。她知道，自己一定要有计划。她与一位聪明的年轻律师结了婚，婚后生活十分愉快。这便是她强调“要达到目标”的结果——她得到了幸福快乐的人生。

至于另外的那个女孩呢？她当初也很孤单寂寞，却没有找到摆脱孤单的正确方法。她四处到一些游乐场所或酒吧找寻朋友，结果，她最后也加入了一个俱乐部，那是协助酗酒者的“戒酒俱乐部”！

所以，如果你不想让自己孤独忧虑，就要明白：幸福并不是靠别人来布施，而是要自己去赢取别人对你的需求和喜爱。

第七章
成就完美与和谐

◎最高形式的美

◎ 对最高形式的美来说，温柔的、高贵的性情无疑是最不可缺的，它可以令最平凡的面孔焕发光彩。

◎ 如果你的脑海中时时拥有美好的思想和善良的愿望，那么无论你到任何一个角落，你都会给人留下优美和谐的印象，没有人会注意到你的长相是多么的普通或是你的身体有什么缺陷。

如果我们希望自己的外表更美的话，我们必须首先美化自己的心灵，因为我们内心的每一个思想、每一个动机都会清晰而微妙地反映在我们的脸上，决定着它的丑陋或美丽。内心的不和谐将歪曲世上最美的容颜，使其黯然失色。

莎士比亚说过："上帝给了你一张面孔，而你自己却另造了一张。"我们的心灵可以随意地制造美丽或丑陋。

对最高形式的美来说，温柔的、高贵的性情无疑是最不可缺的，它可以令最平凡的面孔焕发光彩。相反地，暴戾的性情、恶劣的脾气和嫉妒的心理，会毁坏世界上最美丽的容颜，使得它丑陋无比。毕竟，没有什么东西能够与优雅可爱的个性产生的美相媲美。无论是化妆、按摩，还是药品，都无法改变和遮掩由错误的思维习惯所导致的偏见、自私、嫉妒、焦虑以及精神上的摇摆不定反映在脸上的痕迹。

美产生于内在的心灵。如果所有的人都能够培养一种优雅宽宏的精神状态，那么不仅他所表达的思想观点具备一种艺术美，他的体魄同样是健美的。因为内在的美会使外在的美愈加耀眼生辉，光彩逼人。在他身上，的确会焕发出迷人的优雅和魅力，这种精神上的美甚至要胜过单纯的形体美。

精神上的美胜过单纯的形体美。

我们都曾经看到，即便是容貌极其平平的女士，由于其迷人的个性魅力，照样给我们留下了非同凡响的美丽印象。通过外表展示的美好的心灵反过来又影响着我们对形体的看法，在我们的眼里，它仿佛也变得婀娜多姿了。

安托尼·贝利尔说得非常对："在这世界上没有丑陋的女人，只有不知道怎样使自己显得美丽的女人。"

正是那种热诚慷慨的随时准备帮助他人的心态，以及在任何地方撒播阳光和欢乐的美好心愿，构成了所有真正的个性美的基础，并使得我们永远神采焕发、美丽动人。渴望使自己变得更加美丽并付出相应的努力，生活就会变得多姿多彩。而且，既然外表只是内在的一种反映，是思维的习惯和通常的心态在身体上的展现，那么我们的面孔、我们待人接物的态度、我们的一举一动就必须和我们的精神世界相吻合，并变得更加温柔和富于魅力。如果你的脑海中时时拥有美好的思想和善良的愿望，那么无论你到任何一个角落，你都会给人留下优美和谐的印象，没有人会注意到你的长相是多么的普通或是你的身体有什么缺陷。

我们都仰慕绝代风华的面庞和绰约丰盈的身姿，但是，我们更热爱在崇高的心灵映衬之下的面容。我们之所以爱它，是因为它预示着我们有可能成为完美的人，它代表着造物主所追求的最高理想。

激起我们的爱和仰慕的并不是最亲密的朋友的外表，而是他在我们的心灵深处唤起的对友情的追忆和向往。最崇高的美并不是一种实际的存在，它是一种理想，一种隐约可见的追求，一种体现在某个具体人物或具体事物上的美好品性，它给我们带来了欢乐和喜悦。

◎学会调适自己

◎ 一个处于永恒和谐之中的心灵平静的人是不可能有任何灾难的，他也不可能恐惧灾难，因为他知道自己处于上帝那双充满爱意的大手的庇护下，因此，什么也不可能伤害到他。

◎ 这种人如果在早上上班之前舍得花一点儿时间好好地调整自己，那他们就会事半功倍，他们回家时就会依然精神焕发。

和谐是一切效率、美好和幸福的秘密所在，并且，和谐能使我们自己和上帝保持一致。和谐意味着一切心理功能的绝对健康。沉着、安定、和蔼与好的脾气，往往能使我们的整个神经系统、我们所有的身体器官与新陈代谢过程保持协调，这种和谐往往因摩擦冲突而受到破坏。

人类的身体像一部无线电报机。根据他思想和理念的性质，不断地发出平和、力量、和谐或混乱的信息。这些信息以光速飞向四面八方，这些信息往往也能找到它们自己的知音。

一个处于永恒和谐之中的心灵平静的人是不可能有任何灾难的，他也不可能恐惧灾难，因为他知道自己处于上帝那双充满爱意的大手的庇护下，因此，什么也不可能伤害到他。因为他是按照永恒的真理立身、行事、处世的。这样一个极其平静的心灵宛如深海之中岿然不动的一座巨大冰山。它嘲笑洋面上击打它身侧的汹涌波涛和狂风暴雨。这些汹涌的怒涛和狂风暴雨甚至连使它产生恐惧也不能，因为它处于深海之中的巨大冰块是平衡的，这种平衡能使它平静地、不受阻碍地稳稳漂流。

很奇怪，许多在其他一些事情上非常精明的人，在保持自身和谐这一重大精神事务上却往往非常短视、无知和愚蠢。许多白天历经疲倦和失调的上班族到了晚上发现自己简直完全累垮了。这种人如果在早上上班之前舍得花一点儿时间好好地调整自己，那他们就会事半功倍，他们回家时就会依然精神焕发。

如果一个早上去上班的人感到与每一个人都不一致、都不协调，如果他对生活，特别是对那些他必须应付的人和事存在一种抵触心态的话，他是不可能收到事半功倍的效果的。因为他的大部分精力都白白浪费掉了。

从没有试着去调整自己的人不可能意识到，早晨上班之前好好地调整自己会带来巨大的好处。一个纽约的生意人最近告诉我说，每天早晨在使自己的精神、思想和世界保持极好的协调之前，他是不会允许自己去上班的。如果他感到自己有点儿嫉妒他人或是内心不安，如果他感到自己有些自私和不公正，如果他不能正确对待他的合作伙伴或雇员，他就绝不去上班，直到他保持协调，直到他的思想清除了任何形式的混乱。他说，如果在早晨去上班时自己对待每一个人都有一种正确心态，那他的整个一天都会过得很轻松、很惬意。他还说，过去凡是在心态混乱的情形时去上班，他都不可能有像心态和谐时那样好的效果，他容易使周围的人不快，更不要说使他自己疲惫不堪了。

许多人之所以过着一种忧郁、贫乏的生活，其原因之一便是他们不能从那些使自己精神失调、恼怒、痛苦和担忧的事情中超越出来，因而他们无法使自己的精神获得和谐。

◎善于比较

◎ 生活中的许多烦恼都源于我们盲目和别人攀比，而忘了享受自己的生活。

◎ 全才是没有的，人各有所长，各有所短。我们既不能专门以己之长，比人之短；也不应以己之短，比人之长。

◎ 所谓“境由心造”。如果你善于发掘自己的长处，善于比较，你就会常常生活在一种愉快惬意之中。

我们总是觉得，别人比我们快活，这其实是一种错觉。即使是那些处于权力巅峰者，也都有各自的苦恼。在一般人看来，国王、总统、首相似乎是权力和财富的化身，他们可以尽情享乐，为所欲为。像沙皇彼得一世那样，可任意到叶卡捷琳娜美女云集的宫院开怀取乐；像阿拔斯国王哈伦·拉希德那样，高兴时可用黄金制造碟子，用宝石饰缀帷帐。

事实上，炫目的权力，豪华与奢侈，不过是高居权力巅峰者生活的表面，首先爬上“宝座”，从默默无闻到众星拱月，本身就是一个充满坎坷的复杂过程。当人们谈到这些登峰造极的人物时，大概不会想到，恩克鲁玛担任加纳元首前曾经在一家公司轮船上洗瓶罐的情形；不会想到希特勒在25岁时发出“忧愁和贫困是我的女友，无尽的饥馑是我的同伴”的哀怨。

另一方面，位高者有位高者的苦恼。悠悠万事，多是苦乐相济、幸福与烦恼并存的，站在权力的金字塔上也并非处处如意。

英国女王伊丽莎白一世受制于宫廷礼仪，连恋爱自由都没有，落得终身未嫁，哑巴吃黄连。

美国总统杜鲁门上任短短几个月光景，便发现：“一个人当了总统就好像骑上了老虎背，他必须一直骑下去，不然就会被老虎吃掉。”

阿登纳70岁坐上联邦德国总理这把交椅时，深感局促不安，他在第一次公开发表讲话时，心情紧张得像揣着活兔。

印度尼西亚总统苏加诺的传记作者莱格道出了苏加诺的苦衷。他说：苏加诺所真正希望得到的、倘若他能如愿以偿的话，就是这样一个职位，既可发挥领导作用而又不陷于日常政府事务。可苏加诺始终未能如愿。

英迪拉·甘地在寓所里尽管每天可以接见官员和其他求见者，但她时常怅叹：“搞政治这一行寂寞孤独。”

在君主制国家里，巴列维国王难得有点“平易近人”，他抱怨：“伊朗古老悠久的帝制传统易使国王产生孤独感。虽然人们可以较多地与我接近，我也不像父王那样严厉，可是王位本身自然而然使我与人们间隔着一条鸿沟……我喜欢像别的元首那样独自做出决定，这样孤寂感就会更加强烈。”

美国总统林登·约翰逊政绩不算太差，但可恶的新闻界老跟他过不去，故意把他描绘成“一个乡巴佬”。这使他备感羞辱和委屈，对新闻界他又怕又恨，以致澳大利亚总理罗伯特·孟席斯不得不哄小孩似的安慰他：“不必对新闻界耿耿于怀，人民没选他们干事，人民选的是你，他们说话代表他们自己，而你说话代表人民。”

俄皇伊丽莎白就位后一直担惊受怕，恐遭人暗算。她每天都要更换房间睡觉，最后干脆找来一个能彻夜不眠的人坐在自己身边，才能安心入睡。

列举了这么多例子，无非是想说明：每个人都有每个人的苦恼，平凡人拥有的那份宁静也许恰恰是帝王将相所求之不得的。所以只要你真心觉得自己比国王还快活，那么你就的确会如此。

生活中的许多烦恼都源于我们盲目和别人攀比，而忘了享受自己的生活。

有这样一则法国笑话：维克多兴冲冲地从文化宫走出来，一位朋友问他：“为什么这么高兴？”“因为我今天玩得很好，”维克多回答，“我打了网球，下了象棋。既赢了象棋冠军，又赢了网球冠军。”“你打网球、下象棋都很在行吗？”“我和网球冠军一起下象棋，赢了他，后来，我又和象棋冠军一起打网球，我也赢了。”

维克多的言行自然引人发笑，但在大笑之余，我们是否也能从中得到这样的启示：全才是没有的，人各有所长，各有所短。我们既不能专门以己之长，比人之短；也不应以己之短，比人之长。

所谓“境由心造”。如果你善于发掘自己的长处，善于比较，你就会常常生活在一种愉快惬意之中。

◎将逆境变成一种祝福

◎ 当你遇到挫折时，切勿浪费时间去算你遭受了多少损失；相反，你应该算算看你从挫折当中，可以得到多少收获和资产。

◎ 时间对于保存这颗隐藏在挫折当中的等值利益种子是非常冷酷无情的，找寻隐藏在新挫折中的那颗种子的最佳时机，就是现在。

约翰在威斯康星州经营一座农场，当他因为中风而瘫痪时，就是靠着这座农场维持生活的。

由于他的亲戚们都确信他已经是没有希望了，所以他们就把他搬到床上，并让他一直躺在那里。虽然约翰的身体不能动，但是他还是不时地动脑筋。忽然间，有一个念头闪过他的脑海，而这个念头注定了要补偿他的不幸的缺憾。

他把他的亲戚全都召集过来，并要他们在他的农场里种植谷物。这些谷物将用作一群猪的饲料，而这群猪将会被屠宰，并且用来制作香肠。

数年间，约翰的香肠就被陈列在全国各商店出售，结果约翰和他的亲戚们都成了拥有巨额财富的富翁。

出现这样美好结果的原因，就在于约翰的不幸迫使他运用从来没有真正运用过的一项资源：思想。他定下了一个明确目标，并且制订了达到此目标的计划，他和他的亲戚们组成智囊团，并且以应有的信心，共同实现了这个计划。别忘了，这个计划是因为约翰中风之后才出现的。

当你遇到挫折时，切勿浪费时间去算你遭受了多少损失；相反，你应该算算看你从挫折当中，可以得到多少收获和资产。你将会发现你所得到的，会比你所失去的要多得多。

你也许认为约翰在发现思想力量之前，就必然会被病魔打倒，有些人更会说他所得到的补偿只是财富，而这和他所失去的行动能力并不等值。但约翰从他的思想力量和他亲戚的支持力量中，也得到了精神层面的补偿。虽然他的成功并不能使他恢复对身体的控制能力，但却使他得以掌控自己的命运，而这就是个人成就的最高象征。他可以躺在床上度过余生，每天只为自己和他的亲人难过，但是他没有这样做，反而带给他的亲人们想都没有想过的安全。

长期的疾病通常会使我们不再看，也不再听。我们应该学习去了解发自内心深处的轻声细语，并分析出导致我们遭到挫折甚至失败的原因。

爱默生对此事的看法是：

“发烧、肢体残障、冷酷无情的失望、失去财富、失去朋友都像是一种无法弥补的损失。但是平静的岁月，却展现出潜藏在所有事实之下的治疗力量。朋友、配偶、兄弟、爱人的死亡，所带来的似乎是痛苦，但这些痛苦将扮演着导引者的角色，因为它会操纵着你生活方式的重大改变，终结幼稚和不成熟，打破一成不变的工作、家族或生活形态，并允许建立对人格成长有所助益的新事物。

它允许或强迫形成新的认识，并接受对未来几年非常重要的新影响因素；在墙崩塌之前，原本应该在阳光下种种花朵种植那些缺乏伸展空间而头上又有太多阳光的花朵——的男男女女，却种植了一片孟加拉椿树林，它的树荫和果实，使四周的邻人们因而受惠。”

时间对于保存这颗隐藏在挫折当中的等值利益种子，是非常冷酷无情的，找寻隐藏在新挫折中的那颗种子的最佳时机，就是现在。你也可以再检查一下过去的挫折，并找寻其中的种子。有的时候，我们会因为挫折感太过强烈，而无法马上着手去找这颗种子。但是，现在你已有了更高的智慧和更多的经验，足以使你轻易地从任何挫折中，学习它能教给你的东西。

◎不要重复老路

◎ 如果我们不是常常追求进步，保持如年轻人般敏锐的头脑，那么

不仅我们自己的工作会受到阻碍，我们整个人都会变得平庸。

◎ 不断地超越自我，没有什么比这更能够催人进步。

在人类历史的早期，当时楠塔基特岛上的路很少，且道路状况很差。在那些布满沙子的平原上，到处贴着告示，警示过客们“不要重复老路”。最近，一个作家解释说：“这句话的意思很明显，就是奉劝过路人不要每一次都去重复地走前人的老路。最好自己开辟一条新路。这样，自己会有一些收获，也为大家做了好事。”

我们都知道思想僵化的害处。有一句成语叫“熟视无睹”，意思就是说，如果一个人总是处在同样的环境中，对环境的熟悉就会使我们对于它的缺点视而不见。如果思想缺乏交流，那么思想就失去了灵活性和对新事物的敏感性。如果我们不是常常追求进步，保持如年轻人般敏锐的头脑，那么不仅我们自己的工作会受到阻碍，我们整个人都会变得平庸。大脑像肌肉一样，只有在使用中才能得到磨练。如果一个人在工作中停止了思考，那么日渐一日，他的大脑变得迟钝，他工作毫无进步，直到最后他失去了进取心，不能公正地评价自己的工作。这个时候，他就不再进步了，而开始大步地倒退了。

不断地超越自我，没有什么比这更能够催人进步。不管一个人的职业是什么，如果他每年都能够彻底地反省一次，找出自己的缺点和阻碍自己进步的地方，那么他将会取得十倍于现在的成就。

涉世之初，我们或许会许诺，永远不会降低我们的理想，我们会永远追求进步，与时代最先进的思想潮流相同步。但言之易，行之难。很多人没有告诫自己，要始终保持自己的理想，这样的人很快就没有希望了。

保持快乐的唯一方式就是抓住生活中的每一次机会，享受生活。并非只有等到你有了金钱和地位时才可以享受生活。一次轻松的旅行，购买一件艺术品，建一座舒适住宅，或者其他的一些抱负，并不是只有你有钱有地位之后才可以实现的。一天天、一年年地推迟自己的梦想，不仅使自己失去了现在的乐趣，还阻碍了我们追求未来幸福的脚步。

总是把快乐寄托在明天本身就是一个巨大的错误。许多年轻的夫妇，整年像奴隶般地工作，放弃了每一个放松和追求快乐的机会。他们不让自己有任何的奢侈行为，不会去看一场戏剧或听一场音乐会，也不会去做一次郊游，不会去买一本自己渴望已久的书，没有阅读兴趣和文化生活。他们想，等自己有了足够的金钱时，就会有更多的享受了。每一年他们都渴望着来年自己会过上幸福的生活，或许可以来一次奢侈的旅行。但是当第二年到来的时候，他们会发现自己必须再忍耐一些，节约一些。于是，一年年地这样推迟，直到自己变得麻木。

最终，当他们觉得他们可以去追求一点快乐的时候，他们可以去国外旅行，可以去听音乐会，可以去购买一件艺术品，可以通过阅读开阔自己的眼界时，已经太晚了。他们习惯了单调的生活。生活失去了色彩，热情消逝了，雄心磨灭了。长年的压抑破坏了自己享受生活的能力，他们牺牲了自己的健康和快乐得来的东西却变得一钱不值了。

难道生活就仅仅是吃喝拉撒睡吗？除了美元、土地、房屋和银行账户外，生活难道不应该有其他的一些乐趣吗？既然上帝赋予了我们神奇的力量，为什么要让它磨灭呢？如果人只像野兽那样过得毫无生活乐趣，人就不称其为人了。

◎走向平静的未来

◎ 当我们向世界寻求恢复内心平静，投入世界为了重拾失去的希望，或为了得知如何生活，我们都将永远找不着所寻求的真理，因为真理就深埋在我们的心中。

◎ 我们无法决定明天或后天或几年内将发生的事，但是我们可以设定最后将会回到我们身上的正面能量。

有一个东方的神话说众神聚会决定该把“宇宙的真理”藏在什么地

方。第一个神建议把它藏在海里面，但是其他神嘘声四起，说人类会建造潜水艇下到海里去找到；第二个神建议把它藏在天上，距离地球很远的一个星球上，但是其他神认为人类会建造太空船到达这遥远的星球；最后，第三个神建议把真理挂在每一个人类的脖子上，其他神同意他的说法，认为人类不会从这么明显的地方去寻找真理，所以他们就照第三个神的建议去做了。

强化内在的自我。

当我们向世界寻求恢复内心平静，投入世界为了重拾失去的希望，或为了得知如何生活，我们都将永远找不到所寻求的真理，因为真理就深埋在我们的心中。然而这也是我们投射给别人的自我面相，我们就是我们给予外界的样子。“所有的解答都藏在我们心中”，这个想法是智慧、深奥难解的，但并不意味着有两个自我，外在自我和内在自我，只要内在自我是强壮的、大胆的、善辩的或忠诚的、敏感的，则外在自我就可以做它纯粹功能性的机制，像是赚钱、洗车、洗衣服等。事实是真正的放松不会在内在孤立你，而会到外在世界发光，改变外在自我，让你更大众化，同时改变其他人。

我们无法决定明天或后天或几年内将发生的事，但是我们可以设定最后将会回到我们身上的正面能量。当有人在一泓池水中央丢下一颗石子，产生的涟漪会一圈一圈地向外扩张直到池边，然后涟漪会以复杂的交叉水流开始回流向池中央。同样的道理，我们给予世界的祝福也将回到我们身上，如同要怎么收获就怎么栽种，乃是因果的原则。当我们投射强烈的和有信心的善行给陌生人，就像一个祷告飞向神那里，而祷告者也会即时获得启示的报偿。

我们必须面对自己，知道自己是谁，发现自身的价值，根据这价值而行动。如果我们跟随这自我认识的道路走向满足，而不是只想逃开，朝向放逐式的放松，我们的正面能量会将它自身的能量传送到未来。每次当我们到达未来时，我们将发现它在沿路等我们——依我们过去所想、所说、所做的一切来迎接我们。

◎播种美丽，收获幸福

◎“请在你旅途所经之处撒播鲜花的种子，因为你可能永远都不会在同样的路上再次旅行。”

◎ 你是否曾经感受到了大自然所蕴含的美的神奇力量？如果没有的话，那你就丧失了生活中最深沉的一种幸福。

一位年长的旅行者曾经讲述了这样一次经历：有一次在去美国西部的旅行途中，他恰好坐在一位年迈的妇人旁边，这位老妇人时不时地从敞开的窗户中探出身去，从一个瓶子中把一些粗大的“盐粒”撒在路上——至少在他看来是如此。当她洒完了一个瓶子之后，又从手提包里把瓶子灌满，接着继续洒。

听他讲述这一经历的一个朋友认识这位老妇人，并告诉他，这位老妇人极其喜欢鲜花，并且一贯遵循一个信念：“请在你旅途所经之处撒播鲜花的种子，因为你可能永远都不会在同样的路上再次旅行。”通过在自己的旅途中撒播鲜花的种子，这位老妇人大大地增添了原野的美丽。正是由于她热爱美、传播美，使得许多道路两侧鲜花缤纷，生机盎然，令寂寞的旅人耳目一新。

如果我们在漫长的人生旅程中都能够像这位老妇人一样热爱美并传播美的种子，那么这个世界将会变成多么令人心旷神怡的天堂啊！

的确，到乡间的一次旅行是多么难得的机会啊，它可以把美带进我们的生活，可以提高我们的审美能力，这种能力在大多数人身上完全未被开发，处于混沌的睡眠状态。对那些懂得并欣赏美的人来说，融入大自然的怀抱就像是走进了一座巨大而精美的、弥漫着优雅和魅力的宫殿。横展在我们面前的大自然，是这样庄严、美丽、可爱，在这里有轻风在驰骋，有泉流在激溅，有鸟儿在鸣啼，风的微吟、雨的低唱、虫的轻叫、水的轻诉，显得是那么抑扬顿挫、长短疾徐，再加上夕阳的霞光，花儿的芬芳，高山的宏伟，彩虹的艳丽，空气的清爽，构成了足以让天使陶醉的画面，而置身于其中的我们，又怎能不像喝了醇酒一般呢？但是，这种美丽和恬静是无法靠金钱来换取的，只有那些与大自然的脉搏一起跳动，与充满了温情和爱的大自然相吻合的人们，才能真正地发现它们，欣赏它们，并拥有它们。

你是否曾经感受到了大自然所蕴涵的美的神奇力量？如果没有的话，那你就是丧失了生活中最深沉的一种幸福。我曾经有过一次横穿大峡谷的经历，坐在一辆公共马车上，在崎岖的山路上颠簸了一百英里，我是如此筋疲力尽、腰酸背痛，以致我都觉得无法再支撑着熬过离目的地还有十英里的路程。但是，当我偶然从山顶往下注视时，我看到了著名的大峡谷瀑布和周围绝佳的风景，而此时，太阳正破云而出，金色的光芒照耀大地，呈现在我面前的是一幅空前绝后、摄人心魄的画面，我身上的每一点疲劳、困顿和酸痛，都立刻被驱散得无影无踪。我的全部身心都沉浸在大自然的浩瀚恢宏和空旷豁朗之中。这种美是我以前从未经历过的，也是我永生难忘的。我感到自己的灵魂得到了升华，心中是那么平和宁静，而喜悦的泪水则在不知不觉中溢满了眼眶。

当我们的心灵驰骋于绿色无垠的原野，徜徉于翠竹掩映的溪畔时，我们肯定不会怀疑造物主是在按照他自己的形象和爱好来制造人类的，想必造物主是希望人类跟大自然一样美丽。

◎和谐的生命乐章

◎ 一些鸡毛蒜皮的小事能使一个思想状况不佳的人烦恼不已，但却根本无法影响一个思想沉着、镇定自若的人。

◎ 在人生这支大交响乐中，你使用的是哪种专门的乐器，无论它是

提琴、钢琴，还是你在文学、法律、医学或任何其他职业中表现的思想、才能，这些都无关宏旨，但是，在没有使这些“乐器”定调的情况下，你不能在你的听众——世人面前开始演奏你的人生交响乐。

在他的提琴完全定弦之前，大音乐家奥尔·布尔是不会在公众面前演奏的。在表演期间，如果一根弦松了一点儿，即使这种不和谐只有他一个人注意到了，他也必定会在继续演奏之前为他的提琴定弦，他可不管这需要多长时间，他也不管他的听众是如何地骚动不安。而一个蹩脚一些的音乐人是不可能这么精益求精的。他可能会对自己说：“即使一根弦松一点儿也无关紧要，我将弹完这支曲子。除了我自己，没有人会察觉出来的。”

一些伟大的音乐家说，没有什么东西比演奏一件失调的乐器，或是与那些没有好声调的人一起演唱，更能迅速地破坏听觉的敏感性，更能迅速地降低一个人的乐感和音乐水准的了。一旦这样做以后，他就不会潜心地去区分音调的各种细微差异了，他就会很快地去模仿和附和乐器发出的声音。这样，他的耳朵就会失灵。要不了多久，这位歌手就会形成一种唱歌走调的习惯。在人生这支大交响乐中，你使用的是哪种专门的乐器，无论它是提琴、钢琴，还是你在文学、法律、医学或任何其他职业中表现的思想、才能，这些都无关宏旨，但是，在没有使这些“乐器”定调的情况下，你不能在你的听众——世人面前开始演奏你的人生交响乐。无论你干什么事情，都不要玩得走样，都不要唱得走调或工作失调，更不要让你失调的乐器弄坏了耳朵和鉴赏力。即使是波兰著名钢琴家、作曲家帕代莱夫斯基那样的人，也不可能在一架失调的钢琴上奏出和谐、精妙的乐章。

心理失调对工作质量来说是致命的。这些极具毁灭性的情感，比如担忧、焦虑、仇恨、嫉妒、愤怒、贪婪、自私等，都是工作效率的致命敌人。一个人受任何这些情感的困扰时，他就不可能将他的工作做得最好，这就好像具有精密机械装置的一块手表，如果其轴承发生摩擦就走不准一样。而要使这块表走得很准，那就必须精心地调整它。每一个齿轮、每一个轮牙、每一根石英轴承都必须运转良好，因为任何一个缺陷，任何一个麻烦，任何地方出现了摩擦，都将无法使手表走得很准时。人体这架机器要比最精密的手表精密得多。在开始一天的工作之前，人这架机器也需要调整，也需要保持非常和谐的状态，正如在演出开始以前需要将提琴调好一样。

你是否见过洗衣店里的转筒洗衣机？它刚开始旋转时，声音极为颤抖，似乎它要变得粉碎一般，但是，渐渐地，随着转速的加快，它的声音变得越来越微小，当它的转速达到最快时，这架机器的声音就很小。一旦它达到了完美的平衡，什么事情也扰乱不了它，而在它开始旋转之前，哪怕是一件极小的东西也能使它震颤、抖动不已。

一些鸡毛蒜皮的小事能使一个思想状况不佳的人烦恼不已，但却根本无法影响一个思想沉着、镇定自若的人。即使是出了大事，即使是恐慌、危机、失败、火灾、失去财物或朋友，以及各种各样的灾难，都不可能使他的心理失去平衡，因为他找到了自己生命的支点——心理平衡的支点，因此他不再在希望和绝望之间摇摆。他已经发现，自己是通行于整个宇宙的伟大法则的一部分，他是上帝的一部分。

第八章

逐步迈向成功

◎跌倒不算失败

◎ 跌倒不算失败，跌倒了站不起来，才是失败。

◎ 世界上有无数人，已经丧失了他们所拥有的一切东西，然而还不能把他们叫作失败者，因为他们仍然有着不可屈服的意志，有着坚忍不拔的精神。

要检验一个人的品格，最好是看他失败以后如何行动。失败以后，能否激发他的更多的策略与新的智慧？能否激发他潜在的力量？是增强了他的决断力，还是使他心灰意冷呢？

爱默生说："伟大高贵人物最明显的标志，就是他坚强的意志，不管环境变化到何种境地，他的初衷与希望，仍然不会有丝毫的更改，而终至克服障碍，以达到所企望的目的。"

"跌倒了再爬起来，从失败中求胜利。"这是历代伟人的成功秘诀。

有人问一个孩子，他是怎么学会溜冰的？那孩子回答道："哦，跌倒了爬起来，爬起来再跌倒，就学会了。"之所以个人成功，之所以军队胜利，实际上就是这样的一种精神。跌倒不算失败，跌倒了站不起来，才是失败。

可能过去的一切，对一些人来说是一部非常痛苦、非常失望的伤心史。所以，有的人在回忆从前时，会觉得自己处处失败、碌碌无为，他们竟然在非常希望成功的事情上失败了；或是他们所至亲至爱的亲属朋友，竟然离他而去；或是他们已经失掉了职位，或是经营失败；或是因为各种原因而不能使自己的家庭得以维系。在这些人看来，自己的前景似乎是十分的渺茫。然而即便有上述的种种不幸，只要你永不甘屈服，那么胜利就在前方，就在向你招手。

失败是对一个人人格的考验，在一个人除了自己的生命以外，一切都已失去的情况下，潜在的力量到底还有多少？没有勇气继续奋争的人，自认失败的人，那么他所有的能力，就会全部消失。而只有毫无畏惧、勇往直前、永不放弃人生责任的人，才会在自己的生命里有伟大的进展。

有人也许要说，早已失败多次了，所以再试也是徒劳无功，这种想法真是太自暴自弃了！

对意志永不屈服的人，根本就没有所谓失败。无论成功是多么遥远，失败的次数是多少，最后的胜利仍然在他的希望里。狄更斯在他的小说里讲到一个守财奴斯克鲁奇，最初是个爱财如命、一毛不拔、残酷无情的家伙，他甚至把全副的精神都钻在钱眼里。可是到了晚年，他竟然变成一个慷慨的慈善家、一个宽宏大量的人、一个真诚爱人的人。狄更斯的这部小说并非完全虚构，世界上也真有这样的事实。人的根性都可以由卑鄙变为善良，人的事业又何尝不能由失败变为成功呢？现实生活中这样的例子并不少，许多人失败了再起来，沮丧而又不认输，抱着不屈不挠的无畏精神，向前奋进，最终竟然获得了成功。

世界上有无数人已经丧失了他们所拥有的一切东西，然而还不能把他们叫作失败者，因为他们仍然有着不可屈服的意志，有着坚忍不拔的精神。

世间真正伟大的人对于世间所说的种种成败并不介意，所谓“不以物喜，不以己悲”。这类人无论面对多么大的失望，绝不失去镇静，这样的人终能获得最后的胜利。在狂风暴雨的袭击中，那些心灵脆弱的人们唯有束手待毙，但这些人的自信精神、镇定气概却仍然存在，而这种精神使得他们能够克服外在的一切境遇，去获得成功。

温特·菲力说："失败，是走上更高地位的开始。"许多人所获得最后的胜利，只是来自于他们的屡败屡战。对于没有遇见过失败的人，有时反而让他不知道什么是大胜利。一般来说，失败会给勇敢者以果断和决心。

◎从做愚人开始

◎ 艾尔特伯·哈伯特说过："每个人一天起码有 5 分钟不够聪明，智慧似乎也有无力感。"

◎ 我们经常把自己的错误怪罪到别人身上，随着年龄的增长，我们将会发现最应该怪罪的是我们自己。

我要告诉你关于一位深谙自我管理艺术的人物的故事，他的名字是豪威尔。1944 年 7 月 31 日，他在纽约大使酒店突然身亡的消息震惊了全美。华尔街更是骚动，因为他是美国财经界的领袖，曾担任美国商业信托银行董事长，兼任几家大公司的董事。他受的正式教育很有限，在一个乡下小店当过店员，后来当过美国钢铁公司信用部经理，并一直朝更大的权力地位迈进。

我曾请教豪威尔先生成功的秘诀，他告诉我说："几年来我一直有个记事本，登记一天中有哪些约会。家人从不指望我周末晚上会在家，因为他们知道，我常把周末晚上留作自我省察，评估我在这一周中的工作表现。晚餐后，我独自一人打开记事本，回顾一周来所有的面谈、讨论及会议过程。我自问：'我当时做错了什么？''有什么是正确的？我还能干什么来改进自己的工作表现？''我能从这次经验中吸取什么教训？'这种每周检讨有时弄得我很不开心。有时我几乎不敢相信自己的莽撞。当然，年事渐长这种情况倒是越来越少，我一直保持这种自我分析的习惯，它对我的帮助非常重大。"

豪威尔的这种做法可能是向富兰克林学来的。不过富兰克林并不等到周末，他每晚都自我反省。他发现过十三项严重的错误。其中三项是：浪费时间、关心琐事及与人争论。睿智的富兰克林知道，不改正这些缺点，是成不了大业的。所以，他一周订一个要改进的缺点作目标，并每天记录赢的是哪一边。下一周，他再努力改进另一个坏习惯，他一直与自己的缺点奋战，整整持续了两年。

如果有人骂你愚蠢不堪，你会生气吗？愤愤不平吗？我们来看看林肯如何处理。林肯的军务部长爱德华·史丹顿就曾经这样骂过总统。史丹顿是因为林肯的干扰而生气。为了取悦一些自私自利的政客，林肯签署了一次调动兵团的命令。史丹顿不但拒绝执行林肯的命令，而且指责林肯签署这项命令是愚不可及。有人告诉林肯这件事，林肯平静地回答："史丹顿如果骂我愚蠢，我多半是真的笨，因为他几乎总是对的。我会亲自去跟他谈一谈。"

林肯真的去看史丹顿。史丹顿指出他这项命令是错误的，林肯就此收回成命。林肯很有接受批评的雅量，只要他相信对方是真诚的，有意帮忙的。

我的档案中有一个私人档案夹，标示着"我所做过的蠢事"。夹中插着一些我做过的傻事的文字记录。我有时口述给我的秘书做记录，但有时这些事是非常私人的，而且愚蠢到我没有脸请我的秘书做记录，因此只好自己写下来。

每次我拿出那个"愚事录"的档案，重看一遍我对自己的批评，可以帮助我处理最难处理的问题——管理我自己。

一般人常因为受到批评而愤怒，而有智慧的人却想办法从中学习。《草叶集》的作者惠特曼曾说："你以为只能向喜欢你、仰慕你、赞同你的人学习吗？从反对你、批评你的人那儿，不是可以得到更多的教训吗？"

我们经常把自己的错误怪罪到别人身上，随着年龄的增长，我们将会发现，最应该怪罪的是我们自己。连伟大的拿破仑被放逐到圣海伦岛时，也曾经说过：“我的失败完全是自己的责任，不能怪罪任何人。我最大的敌人其实是我自己，也是造成我悲惨命运的原因。”

每个人都不是完美的，都有各种各样的缺点。与其等待敌人来攻击我们或我们的工作，倒不如自己动手，我们可以是自己最严苛的批评家。在别人抓到我们的弱点之前，我们应该自己认清并处理这些弱点。达尔文就是这样做的。当达尔文完成其不朽的著作——《物种起源》时，他已意识到这一革命性的学说一定会震撼整个宗教界及学术界。因此，他主动开始自我评论，并耗时 15 年，不断查证资料，向自己的理论挑战，批评自己所下的结论。

同样，来自他人的批评，也可以记入我们的“愚事录”，这同样对我们管理自我有很大的作用。

一位成功的推销员，甚至主动要求人家给他批评。当他开始推销香皂时，订单接得很少。他担心会失业，他确信产品或价格都没有问题，所以问题一定是出在他自己身上。每当他推销失败，他会在街上走一走想想什么地方做得不对，是表达得不够有说服力？还是热忱不足？有时他会折回去，问那位商家：“我不是回来卖给你香皂的，我希望能得到你的意见与指正。请你告诉我，我刚才什么地方做错了？你的经验比我丰富，事业又成功。请给我一点指正，直言无妨，请不必保留。”他这样做的结果，使他获得了巨大的成功。

法国作家拉劳士福古曾说：“敌人对我们的看法比我们自己的观点可能更接近事实。”

我了解这句话常常是正确的，可是被人批评的时候，如果不提醒自己我还是会不假思索地采取防卫姿态。每次我都对自己极为不满。不管正确与否，人总是讨厌被批评，喜欢被赞赏的。我们并非逻辑的动物，而是情绪的动物。我们的理性就像在狂风暴雨的情绪汪洋中的一叶扁舟。

听到别人谈论我们的缺点时，想办法不要急于辩护。因为每个没头脑的人都是这样的。让我们放聪明点也更谦虚一点，我们可以气度不凡地说："如果让他知道我其他的缺点，只怕他还要批评得更厉害呢！"

我曾讨论到如何应对恶意的攻讦。现在提出的是另一个想法：当你因恶意的攻击而怒火中烧时，何不先告诉自己："等一下……我本来就不完美。连爱因斯坦都承认自己99%都是错误的，也许我起码也有80%的时候是不正确的。这个批评可能来得正是时候，如果真是这样，我应该感谢它，并想法子从中获得益处。"

美国一家大公司的总裁查尔斯·卢克曼曾经用100万美元请鲍伯·霍伯上广播节目。鲍伯从不看赞赏他的信，因为他知道不可能从中学到一点东西。

福特汽车公司为了了解管理与作业上有何缺失，特地邀请员工对公司提出批评。

◎不行动，只会让事情更糟

◎ 成熟就是在需要行动的时候，立即采取行动。要能下决断，并付诸实行，这才是成人应有的表现。当然，我们对问题本身要研究清楚，要从各个角度去看问题，然后，便是采取行动去解决。

◎ 做出决定进而采取行动的能力是做好自我保护的要素之一。

许多人害怕负起做决断的责任——决定不下要采取什么样的行动。因为他们担心，事情若是做不成功，他们便要成为承担者的对象。因此，他们尽可能避免负责，如有必要，他们会陷入忧愁、疑惧，或不知所措。这种焦虑和紧张，往往使身体和精神趋于崩溃。1942年，有位住在加拿大尼加拉瓜瀑布地区的年轻小伙子，名叫柯思迪罗。他退伍之后，立刻在"安大略水力发电代办处"找到一份修理机械的工作。18个月以来，他一直表现良好，而且工作得很愉快。一天，上司告诉他一个好消息——他被升任为领工，负责管理厂内重机油的设备。

“从那时起，我便开始忧愁了。”柯思迪罗描述道，“我曾是个快乐的机械工，但调升为领工之后，日子便不再快乐了。我所负的责任带给我许多压力，不论是清醒时或在睡梦里，不论在厂内或家里，焦虑常是我最亲密的伴侣。

“然后，事情发生了——我一直埋怨的紧急变故终于发生了。我当时正走向一个碎石坑，那里应有四部牵引机在工作。但坑里那时是一片宁静，我急忙跑过去看，原来四部牵引机都发生故障。

“我从没碰到这样的大事故，因此脑子空空不知如何是好。我跑去找监督，告诉他这个天大的不幸消息，然后静等着他向我大发雷霆。

“但屋顶并没有掉下来，相反，这位监督转过身来，若无其事地向我微微一笑，然后说了几个字眼——假如我有幸活到一千岁的话，也永远不会忘记这些字眼。他对我说：

“‘把它修好啊！’

“就从那一刻开始，我所有的忧愁、恐惧和焦虑，完全一扫而空，整个世界又恢复了正常。我急忙拿了工具出去，马上开始修理那四部牵引机。这几个神妙的字眼可说是我一生的转折点，并且改变了我的工作态度。感谢那位监督，我不但再度对工作燃起了热忱，也下定决心——遇事不要惊慌，不要忧烦，只要赶紧‘把它修理好’，就可以啦！”

住在印第安纳州的泰德·斯坦坎普先生便是位幸运人士。他的父亲不仅了解积极行动的价值，并且知道如何把这个观念和习惯传授给儿子。事情的经过是这样的：

泰德·斯坦坎普 12 岁时曾被邻居一个孩子欺负，所以，他决心不再出门，这样比较保险。过了几天，作为他帮忙割草的奖励，泰德的父亲给了他一些钱要他去看电影和买冰淇淋。泰德把钱放进口袋，但没有去看电影——虽然他是那么渴望去看电影——怕会遇见那个邻居的孩子。

“我父亲以为我是生病了，”泰德·斯坦坎普说，“我含糊地回答他的问话。第二天傍晚我到巷子里去玩弹子。这时候我发现了我的敌人——他此时像《圣经》里被大卫王杀死的菲利斯丁巨人那样可怕——向我冲来。我吓得调过头拼命跑回我家的车库，谁知我爸爸正站在我面前。他问我究竟是怎么了，我谎称我们在捉迷藏。这时候一个声音传进来：‘出来，胆小鬼。’

“我爸爸手中多了一根两英尺长的厚厚的汽车皮带，语气平静地对我说，如果我不敢面对那个大块头，就必须等着挨皮带。我稍一犹豫，皮带就打在我的屁股上，那种疼痛比打架时挨过的拳头厉害多了。

“我像炮弹被发射般窜出车库，出其不意地冲向那个家伙。第一拳打得他没有心理准备，接二连三地又是几下，他只有狼狈逃窜。

“后来的几天成为我童年最快乐的记忆，勇气带给我的报偿是一种享受，我重获自尊，而且我得出一个有用的结论——不要逃避现实，要勇敢地面对它。一条汽车皮带和一个睿智的父亲叫我明白了一个真理。”

做出决定进而采取行动的能力是做好自我保护的要素之一。虽然多数人在大半生的时间里都循着常规生活，但没有人能预知紧急情况的发生，所以时刻准备行动，权衡利弊。选择最有利的办法付诸实施的习性的养成，可能会成为未来某天掌握我们自己以及以我们为支柱的人的生死关键。

住在俄亥俄州春田市的艾尔·比夏先生便曾遇到过这样的危机。比夏先生和妻子及3岁大的女儿一同开车到科罗拉多欢度圣诞佳节。那一天，风雪交加，高速公路上的车子都减速慢行。忽然，开在他们前面的几部车子都停住了，比夏也急忙煞车停下来，并试着倒转车子往回开。但风雪实在太大了，他们一不小心便陷入车道的积雪当中，动弹不得。

“我们停在那里几乎有1个钟头，内心实在焦虑不已。”比夏先生回忆当时的情况时说道，“在那1个钟头里，我们担忧的程度超过了所有以往的经历。夜色降临了，气温愈来愈低，风雪也变得更厉害了。路上的积雪愈来愈厚，我们的车子是绝对无法再开动了。我望着太太和女儿，心里知道必须赶紧采取行动，以求取生存。

“我记得方才开车的时候，曾路过一栋农舍，距离我们停留的地方约四分之一里远。假如我们能走到那里，生存或许有望。于是，我把女儿抱在怀里，便和太太一同向农舍出发。这真是一趟艰苦的路程！积雪高到我们的臂部，得费极大的力气才能向前走一小步。那真是痛苦的经历，但我们终于走到了农舍！

“接着的 24 小时，我们都留在那栋有四间房的农舍里，还有另外 33 个人也因风雪而困在那里。但我们都觉得十分温暖、安全，简直就像到了天堂一样。事过境迁之后我们回想，假如那时我们没有毅然决然采取行动，而只呆坐在车里等候，相信我们早就冻死在风雪中了。”

是的，紧急的情况往往逼使我们要当机立断，立刻采取行动，不能有犹豫、考虑的时间，否则情况将难以补救。

◎英雄总是谦卑的

◎ 历史上曾出现过的那些最受人尊敬的伟人们承认，他们的伟大并非来自他们自己，而是一种更强大的力量在他们身上起作用的结果。

◎ 为了在生活中显示出我们的伟大，我们应该学会谦卑。

在现代西方文化中，人们普遍低估了谦卑的价值。流行的观点认为，谦卑只适用于与宗教有关的方面；至于在“现实”世界，它就不能对你有所助益了。许多人将骄傲与无所畏惧视为美德，而将谦卑视作软弱。这也许是由于他们并不懂得谦卑的真正含义。他们将谦卑与自视过低或自卑等量齐观了，事实上，真正的谦卑并非如此。

其实，真正的谦卑恰好与此相反。真正伟大的人物都是十分谦卑的。历史上曾出现过的那些最受人尊敬的伟人们承认，他们的伟大并非来自他们自己，而是一种更强大的力量在他们身上起作用的结果。真正的谦卑即是认识到个人不过是这个更大的力量作用的工具罢了。耶稣曾说：“我对你们所说的话，不是凭着自己说的，乃是住在我里面的父亲做他自己的事。”许多宗教导师也都承认这一点，真正的天才人物大都怀有很深的谦卑。伊斯兰教什叶派第一位伊玛目、第四位哈里发曾说：“为他人做的善事，你要掩藏；他人为你做的善事，则要显扬。”犹太教最伟大的学者本·西拉也说：“人越伟大，行事越谦卑。”

世界上一位最伟大的自然科学探索者伊萨克·牛顿爵士暮年曾慨叹道：“我就像个在沙滩上戏耍的小孩子，面前则是一片未知的真理的海洋。”另一位自然科学的巨人爱因斯坦也以其孩子般的朴素而著称于世。沃尔特·拉塞尔博士，一位在许多领域都获得成就的科学家说道：“一个人只有学会了忘掉自我，他才可能发现自我。个人的自我必然消融，而由宇宙的自我所取代。”他的话简直就是耶稣上面所说的话的回声。

什么是宇宙的自我，它与个人的自我又有哪些不同呢？首先，个人的自我即我们大多数人所认同的“自己”，即我们相信，我们就是这个“自我”，它包括我们赋予自我评价的各种显现方式。个人的自我与我们的外貌、我们的成就及我们的私有财产相一致，就是我们自身的这个自我倾向于与他人竞争；如果未能达到它所希望的目标，就会感到恼怒或受到了伤害。这个本性的自我要求受人尊重，喜欢显得正确，并喜欢控制他人，这个本性的自我还促使人们仅仅依靠自己的努力去解决问题，而不是转而求助于他人的智慧。这个自我听起来有些熟悉吗？

有些人可能会说：“你说的恰好就是人类的天性。”也许，我们上面所说的正是人类天性中我们最熟悉的部分。然而，我们的天性中还有另一部分，一个“更高的自我”，它像神圣的火花存在于我们每个人的身上。不幸的是，在大多数时间里，这个更高的自我被我们上面描述的那个自我掩盖住了。我们往往看不到这个宇宙的自我或称“更高的”自我，因为，我们的两眼往往被个人的自我这个身份所蒙蔽。这就好比我们仰视天空，天空中一直布满着群星，但在白天，它们被太阳的强光遮掩，我们用肉眼是见不到的，直到太阳落山之后，我们才会看到星斗满天。

为了在生活中显示出我们的伟大，我们应该学会谦卑。随着我们日渐变得谦卑起来，我们便开始明了谦卑的真正内涵。谦卑地承认，我们对真理的认识还所知不多，这不会使我们变成不可知论者。如果一位医生能够坦率承认，他并不通晓所有的疾病、症状与治疗方法，那么，我们当然也应谦卑地承认，我们每一个人都必须更多地学习真理。

◎对不公正的批评——报之一笑

◎ 我可以决定是否要让我自己受到那些不公正批评的干扰。

◎ 让批评的雨水从身上流过而不是滴在脖子里。

有一次我去访问史密德里·柏特勒少将——就是绰号叫作老“锥子眼”、老“地狱恶魔”的柏特勒将军。还记得他吗？他是所有统帅过美国海军陆战队的人里最多彩多姿、最会摆派头的将军。

他告诉我，他年轻的时候拼命想成为最受欢迎的人物，想使每一个人都对他有好印象。在那段日子里，一点点的小批评都会让他觉得非常难过。可是他承认，在海军陆战队里的30年使他变得坚强很多。“我被人家责骂和羞辱过”，他说，“骂我是黄狗，是毒蛇，是臭鼬。我被那些骂人专家骂过，在英文里所有能够想得出来的而印不出来的脏字眼都曾经用来骂过我。这会不会让我觉得难过呢？哈！我现在要是听到有人在我后面讲什么的话，甚至于不会调转头去看是什么人在说这句话。”

也许是老“锥子眼”柏特勒对羞辱太不在乎，可是有一件事情是肯定的：我们大多数人对这种不值一提的小事情都看得过分认真。我还记得在很多年以前，有一个从纽约《太阳报》来的记者，参加了我办的成人教育班的示范教学会，在会上攻击我和我的工作。我当时真是气坏了，认为这是他对我个人的一种侮辱。我打电话给《太阳报》执行委员会的主席季尔·何吉斯，特别要求他刊登一篇文章，说明事实的真相，而不能这样嘲弄我。我当时下定决心要让犯罪的人受到适当的处罚。

现在我却对我当时的做法感到非常惭愧。我现在才了解，买那份报的人大概有一半不会看到那篇文章，看到的人里面又有一半会把它只当作一件小事情来看，而真正注意到这篇文章的人里面，又有一半在几个礼拜之后就把这件事情整个忘记。

我现在才了解，一般人根本就不会想到你我，或是关心别人批评我们的什么话，他们只会想到他们自己——在早饭前，早饭后，一直到半夜12点过10分。他们对自己的小问题的关心程度，要比能置你或我于死地的大消息更关心一千倍。

即使你和我被人家说了无聊的闲话，被人当作笑柄，被人骗了，被人从后面刺了一刀，或者被某一个我们最亲密的朋友给出卖了——也千万不要纵容自己只知道自怜，应该要提醒我们自己，想想耶稣基督所碰到的那些事情。他12个最亲密的友人里，有一个背叛了他，而他所贪图的赏金，如果折合我们现在的钱来算的话，只不过19块美金；他最亲密的友人里另外还有一个，在他惹上麻烦的时候公开背弃了他，还三次表白他根本不认得耶稣——一面说还一面发誓。出卖他的人占了1/6，这就是耶稣所碰到的，为什么你跟我希望我们能够比他更好呢？

我在很多年前就已经发现，虽然我不能阻止别人对我做任何不公正的批评，我却可以做一件更重要的事：我可以决定是否要让我自己受到那些不公正批评的干扰。

让我把这一点说得更明白些，我并不赞成完全不理会所有的批评，正相反，我所说的只是不理会那些不公正的批评。有一次，我问依莲娜·罗斯福，她怎么处理那些不公正的批评——老天爷知道，她所受到的可真不少。她有过的热心的朋友和凶猛的敌人，大概比任何一个在白宫住过的女人的都要多得多。

她告诉我她小时候特别腼腆，很怕别人说她什么。她对批评，害怕得使她去向她的姑妈，也就是老罗斯福的姐姐求助，她说："费姑妈，我想做一件这样的事，但是我怕会受到批评。"

老罗斯福的姐姐正视着她说："无论别人怎么说，只要你自己心里知道你是对的就行。"

依莲娜·罗斯福告诉我，当她在多年后住到白宫之后，这一点点忠告，还一直是她行事的指路明灯。她告诉我避免所有批评的唯一方法，就是"只要做你心里认为是对的事——由于你反正是会受到批评的。'做也该死，不做也该死。'"这就是她对我的忠告。

逝去的马修·布拉许，当年还在华尔街40号美国国际公司任总裁的时候，我问过他是否对别人的批评很敏感？他回答说："是的，我早年对这种事情特别敏感。我当时急于要使公司里的每一个人都认为我特别完美。要是他们不这样想的话，就会使我忧虑。只要哪一个人对我有一些怨言，我就会想法子去取悦他。可是我所做的讨好他的事情，总会使另外一些人生气。然后等我想要补足这个人的时候，又会惹恼了其他的一两个人；最后我发觉，我越想去讨好别人，以避免别人对我的批评，就越会使我的敌人增加。因此最后我对自己说：'只要你超群出众，你就肯定会受到批评，所以还是趁早适应这种情况的好。'这一点对我帮助很大。从那以后，我就决定只尽我最大能力去做，而把我那把破伞收起来。让批评我的雨水从我身上流下去，而不是滴在我的脖子里。"

狄姆士·泰勒更进一步，他让批评的雨水流下他的脖子，而为这件事情大笑一番——而且当众如此。有一段时间，他在每个礼拜天下午到纽约爱乐交响乐团举行的空中音乐会休息时间发表音乐方面的评论。有一个女人写信给他，说他是"骗子、叛徒、毒蛇和白痴"。泰勒先生在他那本叫作《人与音乐》的书里说："我猜她只喜欢听音乐，不喜欢听讲话。"在第二个礼拜的广播节目里，泰勒先生把这封信宣读给好几百万的听众听。几天后，他又接到这位太太写来的另外一封信，“表达她丝毫没有改变她的意见，”泰勒先生说，“她仍然认为，我是一个骗子、叛徒、毒蛇和白痴。”我们实在不能不佩服用这种态度来接受批评的人。我们佩服他的沉着，他毫不动摇的态度和他的幽默感。

查尔斯·舒伟伯对普林斯顿大学学生发表演讲的时候表示，他所学到的最重要的一课，是一个在他钢铁厂里做事的老德国人教给他的。那个老德国人跟其他的一些工人为战事问题发生了争执，被那些人丢到了河里。“当他走到我的办公室时，”舒伟伯先生说，“满身都是泥和水。我问他对那些把他丢进河里的人怎么说？他回答说：‘我只是笑一笑。’”

舒伟伯先生说，后来他就把这个老德国人的话当作他的座右铭：“只笑一笑。”

当你成为不公正批评的受害者时，这个座右铭尤其管用。别人骂你的时候，你可以回骂他，可是对那些“只笑一笑”的人，你能说什么呢？

林肯要不是学会了对那些骂他的话置之不理，恐怕他早就受不住内战的压力而崩溃了。他写下的如何处理对他批评的方法，已经成为一篇文学上的经典之作。在二次大战期间，麦克阿瑟将军曾经把这个抄下来，挂在他总部的写字台后面的墙上。而丘吉尔也把这段话镶了框子，挂在他书房的墙上。全段话是这样的：“如果我只是试着要去读——更不用说去回答所有对我的攻击，这爿店不如关了门，去做别的生意。我尽我所知的最好办法去做——也尽我所能去做，而我打算一直这样把事情做完。如果结果证明我是对的，那么即使花十倍的力气来说我是错的，也没有什么用。”

◎走出失败者的阴影

◎ 失败者失败的一个原因在于他们在潜意识里把自己当作是一个永远的失败者。

◎ 只有具有积极心态的人才能抓住机会，甚至从厄运中获得利益。

事业失败者失败的一个原因在于他们在潜意识里把自己当作是一个永远的失败者，不能走出这个阴影。他们根本就无法正视自己并且为改善付出努力。

一个叫南茜的女学生，原来最大的愿望是成为一名女演员。在她的房间里塞满了戏剧方面的书籍，墙上贴满好莱坞伟大传奇人物的海报，那些登载有明星秘闻的期刊杂志南茜更是多不胜数。然而她的愿望却没有实现。她说："我痛恨办公室的工作，可是我没有别的选择。我知道我是个失败者，可是我已无力挽回什么，我感到到处都是失败的气味!"

我们来看看南茜的父母和朋友的态度，他们也只把她的梦想视为是不可理喻的、根本不可能实现的幻想。于是南茜现在的文书工作，成为她倾泻生活中各种不满的容器。她自己认为，也许她乐于做个失败者，并且在一事无成中找寻自怨自艾的满足。

这个女学生的遭遇中有意义的是：南茜自认在事业上"一败涂地"，而她自己却没有做到这几点：

1. 找出自己真正想要的是什么。

2. 认清自己真正的长处与短处。

3. 没有有计划地发展自己的优势。

4. 没有有计划地改正错误，改善短处。

5. 没有努力为理想寻找机会。

6. 没有全心全力追求成功。

7. 没有建立自己的信心。

8. 没有协调希望与现实。

南茜对理想的态度是消极的，她只是一个命运的接受者而不是一个挑战者。

美国南方的一个州，一直用烧木柴的壁炉作为冬天取暖的主要工具。

在那里住着一个樵夫，他给某一人家供应木柴已经两年多了。这位樵夫知道木柴的直径不能大于18厘米，否则就不适合那家人的壁炉。可是，一次这位樵夫给这家人送去的木柴直径却大部分都超过了18厘米。当主顾发现后，打电话要求调换或重新把那些不合标准的木柴拿回去加工，但樵夫却没有答应主顾的要求。

这个主顾只好亲自来做劈柴的工作。他卷起袖子，开始劳动。大概在这项工作进行了一半的时候，他发现了一根非常特别的木头。这根木头有一个很大的节疤，节疤明显地被凿开又塞住了。这是什么人干的呢？他掂量了一下这根木头，觉得它很轻，仿佛是空的。他就用斧头把它劈开了。一个发黑的白铁卷掉了出来。他蹲下去，拾起这个白铁卷，把它打开。他吃惊地发现里面包有一些50美元和100美元的钞票。他数了数恰好有20250美元。

很明显，这些钞票藏在这个树节里面已有许多年了。这个人唯一的想法是使这些钱回到它真正的主人那里。他拿起电话找那位樵夫，问他从哪里砍了这些木头。这位樵夫的消极心态让他采取了一种排斥态度。他回答道：“那是我自己的事，没有人会出卖自己的秘密。”然后他不问个究竟就把电话挂断了。那位主顾无法知道钱的来历只好无可奈何地接受这份“礼物”了。

这个故事并不是为了讽刺，而是让人们认识到机会在每个人生活中都存在的，然而以消极的心态对待生活却会阻止佳运造福于他。只有具有积极心态的人才能抓住机会，甚至从厄运中获得利益。

从许多事例中我们可以得出这样一个结论：“凡是把自己的事业列为成绩平平或不成功的人，都是早就把成功的理由置于他们控制力之外的人。他们觉得自己是永远的失败者，而这种逆来顺受的心态是不成功的主要原因。”

不少家庭为了谦虚，当别人夸奖自己孩子聪明时，经常反驳：“哪里，哪里，这孩子笨得很。”这些谦虚的父母不知道这种美德也许会使自己孩子的自我观向畸形方向发展，最终真的如父母“所愿”变得毫无斗志。

人们给自己下定义的方式可以称之为自我观，自我观对于从个人角度去解释“成”与“败”非常重要。而人给自己下定义当然是极富于主观性的。有的人认为自己富于智慧与能力，有的人则认为自己智力平平无所作为，而这种自我感觉即使与事实不符，却大多数与结果相符。曾经有一位大学教授做过这样的试验，他教的两个班中学生的智力水平基本上一样，但是他在甲班上课时，不断称赞甲班学生聪明。而在乙班时则不时讽刺、嘲笑乙班学生。结果受到鼓励、自信心大增的甲班在成绩上大大超过了自信心受到打击的乙班。这事实上也是一种自我感觉的影响作用。

◎成功并非总是用“赢”来代表

◎ 成功的意义并不总在一个“赢”字。

◎ 人生有许多时刻，你表面上输了，但其实是真正的赢家。

在追求增大我们能力的过程当中，并不需要踩着别人的头顶往上爬，也不需要赚个几百万，或是做到公司的总裁。成功的意义并不总在一个“赢”字。

有一个智能不足的年轻女孩，曾将成功的真谛表达得淋漓尽致。下面是关于这个女孩的故事。

在一个大城市的精神病患者举行的运动会选拔赛中，与赛者如同正常人一样，竞争得非常激烈。在中距离赛跑项目中，有两个女孩竞争得格外厉害。最后决赛时，这两个女孩更是备足了力量较劲。

最后有四名选手进入决赛，要决定谁获得该城的冠军。比赛开始，女孩子们在跑道上前进。这两名实力最强的选手很快便将另外两人抛在后面。

在剩下最后100米的时候，两名赛跑者几乎是比肩齐步，都极力要跑赢对方。就在这个时候，稍微落后的那个女孩脚步不稳，绊倒了。按照一般的情况来说，这等于宣布了谁是赢家。但这一回可不是这样。

领先的跑者停下来，折回去扶起她的敌手，为她拂去膝盖和衣服上的泥土，此时，另外两个女孩子已冲过终点线。

赢得比赛是当天竞赛的目标，但谁才是这次比赛中真正的赢家，应该是毋庸置疑的。那个小女孩已将她最重要的能力发挥到极致——她爱的能力，而爱的能力使她比一般人赢得更多。

即使我性好竞争，仍然忍不住要想，有朝一日我也能得到同那女孩一样的成功。但我得先了解，爱的喜悦远胜过胜利的滋味。若你能两者兼顾，依我之见，你是个超人。

人生中有许多时刻，你表面上输了，但其实是真正的赢家。比方说，某个周日下午，你正和邻人在起居间共享午茶。糟糕！她的茶杯翻倒了，茶水溅在你价值不菲的地毯上。

你会说："别担心！这地毯不容易弄脏的，只要一会儿便可以把它处理掉。请千万别放在心上。"

同一天下午，你的小孩不小心把一杯牛奶打翻在同一张地毯中。

你大吼大叫："你这笨手笨脚的白痴！这块永远洗不掉了啦！你是要把这房子里每一样东西毁掉才甘心是吗？你能不能做点好事？"

这就是你的待"客"之道？孩子们其实是在我们家中短暂停留的客人——他们很快便会搬出去自立门户。他们是不是应该多少得到一些我们对待邻居的尊重和友谊？

这样的成功并没有立即可见的利益，正如同或许你已费尽心力却并不能得到什么金钱的回报。你所赢得的是，知道你最珍视的"客人"在你的家中得到爱、温柔和尊严——他们极可能会以同样的方式对待他们的下一代。

另一个"家庭剧场"的脚本："你没有一次准时过！每一次都要我等

你！你不会是要穿‘那’个玩意去参加晚上的派对吧？你到底有没有品位啊？”

我们结婚时在对方身上看到的优点都到哪儿去了？似乎只要经过几年的婚姻生活，配偶中便会有一方或双方只能在对方身上看到缺点。对方的美德似乎已如尘土般消逝。

赞美对方良好的行为而心怀宽恕——虽然真正地宽恕另外一个成年人绝非易事；即使你做到了，也不会有胜利感。但因此培养的美满良缘，却绝对是项胜利。

通常，我们将大部分的精力投注于世俗的目标上，却不了解人生真正应该追求的目标是默默给予别人帮助，学习得到内心的平静，以感恩和谦逊去迎接命运所注定的好事，并以勇气接受并不那么美好的事。

◎剪掉多余的

◎ 对大部分人来说，如果一入社会就善于利用自己的精力，不让它消耗在一些毫无意义的事情上，那么就有成功的希望。

◎ 如果把心中的那些杂念——剪掉，使生命力中的所有养料都集中到一个方面，那么他们将来一定会惊讶——自己的事业上竟然能够结出那么美丽丰硕的果实。

“剪掉”不适合自己干的事情，剩下的就是适合自己发展的园地。

对大部分人来说，如果一入社会就善于利用自己的精力，不让它消耗在一些毫无意义的事情上，那么就有成功的希望。但是，很多人却偏偏喜欢东学一点、西学一下，尽管忙碌了一生却往往没有什么专长，到头来什么事情也没做成，更谈不上有什么强项。

在这方面，蚂蚁是人们最好的榜样。它们驮着一大颗食物，齐心协力地推着、拖着它前进，一路上不知道要遇到多少困难，要翻多少跟头，千辛万苦才把一颗食物弄到家门口。蚂蚁给我们最好的教益是：只要不断努力，持之以恒，就必定能得到好的结果。

明智的人最懂得把全部的精力集中在一件事上，唯有如此方能实现目标；明智的人也善于依靠不屈不挠的意志、百折不回的决心以及持之以恒的忍耐力，努力在人们的生存竞争中去获得胜利。

那些富有经验的园丁往往习惯把树木上许多能开花结果的枝条剪去，一般人往往觉得很可惜。但是，园丁们知道，为了使树木能更快地茁壮成长，为了让以后的果实结得更饱满，就必须忍痛将这些旁枝剪去。否则，若要保留这些枝条，那么将来的总收成肯定要减少无数倍。

那些有经验的花匠也习惯把许多快要绽开的花蕾剪去，这是为什么呢？这些花蕾不是同样可以开出美丽的花朵吗？花匠们知道，剪去其中的大部分花蕾后，可以使所有的养分都集中在其余的少数花蕾上。等到这少数花蕾绽开时，一定可以成为那种罕见、珍贵、硕大无比的奇葩。

做人就像培植花木一样，与其把所有的精力消耗在许多毫无意义的事情上，还不如看准一项适合自己的重要事业，集中所有精力，埋头苦干，全力以赴，肯定可以取得杰出的成绩。

如果你想成为一个众人叹服的领袖，成为一个才识过人、无人可及的人物，就一定要排除大脑中许多杂乱无绪的念头。如果你想在一个重要的方面取得伟大的成就，那么就要大胆地举起剪刀，把所有微不足道的、平凡无奇的、毫无把握的愿望完全“剪去”，在一件重要的事情面前，即便是那些已有眉目的事情，也必须忍痛“剪掉”。

世界上无数的人之所以失败，并不是因为他们才能不够，而是因为他们不能集中精力，不能全力以赴地去做适当的工作，他们使自己的精力在许多并无助益的事情上徒耗了，而他们自己竟然还从未觉悟到这一点。如果把心中的那些杂念一一剪掉，使生命力中的所有养料都集中到一个方面，那么他们将来一定会惊讶——自己的事业上竟然能够结出那么美丽丰硕的果实。

拥有一种专门的技能要比有十种心思来得有价值。有专门技能的人随时随地都在这方面下苦功求进步，时时刻刻都在设法弥补自己的缺陷和弱点，总是想到把事情做得尽善尽美。而有十种心思的人就和他不一样，他可能会忙不过来，要顾及这一点又要顾及那一个，由于精心和心思分散，事事只能做到“尚可”为止，结果当然是一事无成。

现代社会的竞争日趋激烈，所以，你必须专心一致，对自己认定的某一件事某一个目标全力以赴，这样才能做到得心应手，有出色的业绩。

◎磨刀不误砍柴工

◎我们都知道——“磨刀不误砍柴工”，可是生活中的你是否也注意经常磨快自己的“锯子”，以加快成功的步伐呢？

◎假如你在树林中碰到一个正在兴奋地锯树的人。

“你在干什么？”你问。

“你看不见吗？”来了一个不耐烦的回答，“我要锯倒这棵树。”

“你看来已筋疲力尽了！”你大声说道，“你干了多久了？”

“5个多小时了，”他回答说，“我是筋疲力尽了！这是件重活。”

“嗨，你为什么不停几分钟，把锯磨快？”你问，“我可以肯定这样做会使你锯得更快些。”

“我没有时间磨锯，”此人断然地说，“我忙得哪有时间磨锯？”

此时，你一定会笑锯树人的愚蠢，因为我们都知道——“磨刀不误砍柴工”，可是生活中的你是否也注意经常磨快自己的“锯子”，以加快成功的步伐呢？

自从高桥太郎开车以来，已经有20多个年头了。刚开始学开车的时候，有一位长辈教导高桥太郎一件事，使他终身都感激。那位长辈教导他，如果发现车子有故障，你一定要原封不动地绕车走一圈。

例如，当一个前车轮陷入水沟里时，很多人都会惊慌失措地向后退缩，其实，这样反而很容易使车子发生另一个故障。倘若在采取措施之前，先绕车一周的话，你就能了解整体的状况，清楚车子到底为什么会成这个样子。尤其，最重要的是能把因为偶发事件而带来那种手足无措的心情，先行稳定下来。

由此可见，如果面临很糟糕的状况时，会因瞬间的注意而转移张皇失措的心情，把自己引导到有利的方向去。一位围棋大师在自己的著述中说，为了迅速恢复冷静，面临暗想糟糕的一瞬间，脑海里马上要浮起若干跟围棋无关的事，高尔夫球也好，麻雀也好，也不妨想些温室里的花朵或庭院的草木等物。

当你在凝思的时候，情绪就会逐渐趋于稳定，并且变得心平气和起来。在某种情况下，如果做错了什么事，不妨立即离开座位，到洗手间去用冷水洗脸，或者望着窗外，幻想赛马获胜的情景。

当一个人暗想糟糕时，神经一定非常紧张，而且会陷入狭窄的视野里。如果不能消除精神的紧张，即使平常看得见的各种情况，也会变得模糊起来，分析、解决问题的能力也将随之减弱。这时候，如能在脑海里浮现若干别的事物，即可解除这种紧张感。

◎成熟只寓于追求的过程中

◎ 如果你以为经过努力，在某一天中就会得到梦寐以求的“成熟之果”，此后就可高枕无忧，慢慢地品尝和享用它，那实在是一种误会，成熟者的那些特征只存在于成熟者的不断追求中。

◎ 真正的成熟并不是以凝固的特征来表示，而是以过程来叙述。

冬天来临的时候，雪花飘舞，北风劲吹，青年诅咒道：“这鬼天气，冷死了！”青年因此心情糟糕。

夏天来临的时候，烈日炎炎，热浪阵阵，青年诅咒道：“这热死人的天，为什么不是冬天呢？”青年因此心情糟糕。

一位老人见了，问青年："你为何一年四季总是愁眉不展？"

"因为我没有遇到一件快乐的事。"青年苦恼地说。

"其实，痛苦与快乐从来不曾分别过。你怎么可能一年四季只见痛苦，不见快乐呢？冬天有美丽的雪花，夏天有清纯的荷花，这些，你怎么都看不见呢？"老人说。

青年思索着老人的话。

老人道："年轻的朋友啊，不要以为痛苦只是痛苦，快乐只是快乐，其实它们如同一对孪生兄弟。如果你在品尝痛苦的滋味时，也能体味快乐的一面，那人生是多么有趣啊！"

青年人满面诚恳地问："人生怎么才能达到这种境界呢？"

"使自己变得成熟！"老人以不容质疑的口气说。

每个人都要接受生活的考验和筛选，成功者和失败者在成熟的过程中，往往会出现两种同化现象：一种向成功的同化，一种向失败的同化。前者以自己某方面的成绩受到赞赏为发端和契机，促使走向成熟的主观努力越来越大，速度愈来愈快；后者由于不能正确地对待失败和挫折，逐步形成了无视现实和心安理得的习惯，最后放弃走向成熟的努力，表现出粗劣的品格和各种怪癖。

正确的人生总是在不停地追求成熟。但如果你以为经过努力，在某一天中就会得到那个梦寐以求的"成熟之果"，此后就可高枕无忧，慢慢地品尝和享用它，那实在是一种误会，成熟者的那些特征只存在于成熟者的不断追求中。

20世纪，世界画坛上出了个"创新魔"——大画家毕加索。他具有画家的天才，到16岁那年，就因举办了个人画展而一举成名。直到他91岁离世前的那天清晨，在他漫长的人生旅途中，他劳作不已，共创作了40500多件艺术珍品。这些珍品记录了他经历写实主义时期、蓝色时期、玫瑰色时期……以及各种画风杂交时期的创作风格。他的画风不停地变，不仅观众应接不暇而骂他是“邪恶的天才”，就连评论家也惊斥他是“艺术的变色龙”，但是，最后举世公认，他是一位“20世纪艺术的领路人”，是“一个点石成金的稀有之才”。尤其重要的是发现了他的成功之秘——他的作品全像是各种没有完全盛开的鲜花，或像是各种将熟未熟的鲜果。

可见，你平日发誓要追求的“成熟”，并不是一个放在距离你数米、数十米的目标点，而是一个过程，一个从无序——有序——新的序的不断循环过程。

毕加索每每创立一种新画风时，都要经历这个过程，创造出“没有完全盛开的鲜花”和“将熟未熟的鲜果”时，他在追求成熟，而当他趋向成熟时，果子却又马上腐烂了。于是，又必须在这一刻之前，及时、果断、痛苦地超越这个“成熟”。对于他来说，就是另辟蹊径，扔掉已获得巨大声誉的画风，去追求充满失败风险的新的“不成熟”画风。

做人也一样，成熟只寓于追求的过程中。正如一位名家所言：“完善也和无极一样，不是为我们而存在的。”成熟只存在于不断与幼稚的抗争中，因为环境是不断变化的，人的心理也犹如大洋中的一条小舟飘荡不定。当然，人应该热衷于成熟与完善的追求，只有这样，才能接近美的境界。真正的成熟并不是以凝固的特征来表示，而是以过程来叙述。

你的脖子挂的是一条不断趋向成熟和不断追求新的成熟的创造链。这就是成熟的要义所在。

第九章

做情绪的最佳掌控者

◎操之在我

有的人爱发脾气，容易愤怒，稍不如意，便火冒三丈，发怒时极易丧失理智，轻则出言不逊，影响人际关系，重则伤人毁物，有时还会造成难以挽回的损失，事后让易怒者追悔莫及。

愤怒是一种常见的消极情绪，它是当人对客观现实的某些方面不满，或者个人的意愿一再受到阻碍时产生的一种身心紧张状态。在人的需要得不到满足，遭到失败、遇到不平、个人自由受限制、言论遭人反对、无端受人侮辱、隐私被人揭穿、上当受骗等多种情形下人都会产生愤怒情绪，愤怒的程度会因诱发原因和个人气质不同而有不满、生气、恼怒、愤怒、大怒、暴怒等不同层次。发怒是一种短暂的情绪紧张状态，往往像暴风骤雨一样来得猛、去得快，但在短时间里会有较强的紧张情绪和行为反应。

易怒者主要与其个性特点有关，大都属于气质类型中的胆汁质。胆汁质的人直率热情，容易冲动，情绪变化快，脾气急躁，容易发怒。易怒还与年龄有关，青年人年轻气盛，情绪冲动而不稳定，自我控制力差，比成年人更易发怒。

愤怒的情绪对人的身心健康是不利的。人在愤怒时，由于交感神经兴奋，心跳加快，血压上升，呼吸急促，经常发怒的人易患高血压、冠心病等疾病，愤怒还会使人缺乏食欲、消化不良，导致消化系统疾病。而对一些已有疾病的患者，愤怒会使病情加重，甚至导致死亡，这一点古人早有认识，如中医认为“怒伤肝”“气大伤身”等。

一般而言，生气时刻可归类为下列几种：

（1）当你因某种因素感到受挫、受胁迫或被他人轻蔑时；当你朝着既定目标前进，却可能由于某人的行为而受到阻碍时。

（2）当我们着实受到严重伤害，但为了掩饰自己的脆弱，于是代之以愤怒，以求自卫。

（3）当某种情境或某人的行为勾起我们昔日某种不堪的回忆时。

（4）当我们觉得自己的权利受到剥夺或遭到某人误解时。

（5）当我们受到惊吓或处事不当时自己生自己的气。

我们的确有时免不了会生气，但却鲜少有人知道该如何来处理这种情绪。为了了解其中的原因，也为了探究愤怒产生的缘由，现在就让我们概要地来看一看一些可能伴随愤怒而来的情绪。

1. 自以为是

当我们对某件事感到愤怒时，容易坚信自己是站在正义的一方——而别人则是错得离谱。在此种情况下，你不妨先问一问自己，事实真是如此吗？如果我们仍旧深信不疑，继之选择了表示自己的愤怒，如此一来，你表现的，极可能就是一副得理不饶人、气焰高涨的样子。你不妨扪心自问一下，你真的想给对方一点颜色瞧瞧吗？

如果你有一丝一毫这种感觉，那么原因可能是你太看重自己了，抑或将他人的所作所为均看成和自己有利害关系，而非仅是他人的因素。举例来说，如果有个朋友答应你，要在星期一之前打电话给你，让你知道她是否能够帮你处理宴会事宜，但现在已经星期三了，而她依然没打电话过来——假使如此让你感到生气且义愤填膺，不要认为她一点都不尊重你，也许她只是临时有其他事耽搁了，所以无法打电话给你。纵使这样并不能让愤怒消失无踪，但起码可以将它导向正轨。

2. **自尊受损**

关于这方面的应对之道已多所论及。事实上，如果我们觉得自尊心受损，我们可能就会把事情看得过于个人化，认为他人的行为均是针对你的攻击或侮辱，即使他们并未存心如此。

3. **好下结论**

此项与前两项，尤其是“自以为是”，有着相当密切的关系。有人做了我们无法苟同的事，因此“他一定是错的”。如果你是个好下结论的人，你的思考一定倾向于这种方式：“他绝对是个笨蛋加三级的人”等。

倘若我们存有这种想法与感觉，往往就会在我们和相关者谈话时，于不知不觉中显露无遗。毕竟，很少人会真的直接明白地表达出自己的愤怒。

愤怒是一种极具毁灭力量的情绪，它不仅能够摧毁你的健康，而且可以扰乱你的思考，给你的工作和事业带来不良的影响。既然愤怒对我们的生活毫无用处，我们应该怎么做才能克制自己的愤怒情绪呢？

首先，可以通过意志力控制愤怒，使愤怒情绪少产生，或使愤怒不发作。当愤怒时多想想盛怒之下失去理智可能引起的种种不良后果，心中不断提醒自己：“不要发怒”，努力控制自己的情绪表现，这样可以起到控制愤怒的作用。

其次，可以主动释放愤怒情绪，将心中的愤懑、不平向人倾诉，从亲朋好友处得到规劝和安慰，可以缓解怒气。还可以在工作、学习中向使自己愤怒的人说明自己的不满，说出自己的意见，使矛盾得以调和，不满得以消除。

另外，易怒的人还可以尽量避免接触使自己发怒的环境，减少愤怒情绪，或者在即将发怒时通过转移注意力而减轻愤怒，尽快离开当时的环境，避免进一步的刺激，使愤怒情绪消退。发怒时可以看电影、逛公园、听音乐、散步，使注意力转向其他与愤怒无关的活动中，新的活动内容伴发新的情绪，可使愤怒的程度降低。

具体而言，我们可以采取以下方法来控制自己的愤怒：

1. **正面行动**

愤怒提醒了我们，世事并非都如人所愿。不满是一件极富正面意义的事，少了它，人们就只会接受现状，而不会为了迈向自己的目标，采取任何行动。举例来说，如果本世纪初的女性未曾因自己被掠夺公权而感到愤怒，那么她们也就不会为了投票权而抗争了。

2. **纾解压力**

表达愤怒可以纾解压力，否则压抑的情绪可能会导致焦虑，甚至疾病，这些症状均可借由愤怒的宣泄得到纾解。然而这并不意味着，我们必须将愤怒直接发泄在生气的对象身上。

3. **更为开诚布公**

愤怒可以使得双方关系更开诚布公，进而互相信赖。如果你知道某人愿意和你谈谈最为棘手的核心，而非只是将其含糊带过，假装好像不存在似的，那么一股崇敬之情便会油然而生。

4. **情感疏通**

倘若我们在情绪产生时，能够确实触及自己真正的感受（包括愤怒在内），并加以适当处理，那么我们则较不可能将那些未表达或封闭的情绪囤积起来，以避免巨大的内在压力或严重的沟通不良。

5. **实现目标**

不容忽略的是，存在愤怒情绪中的能量，同样是一股实现目标的动力。如果运用得当，它将能够帮助我们成为一个有自信、坚定的人，能够适切地表达自己的内在感受，并且得到自己生命中梦寐以求的事物，但请务必谨慎处理。

◎不让悲伤四处蔓延

每一种心态都是每个人对人生的不同看法。在如铁般的现实里，每个人都不可避免地会遭受这样或那样的打击和挫折：因为高考落榜而精神萎靡或是因为失恋而痛苦忧伤，因为无法适应快节奏的工作而丧失斗志……这些心理多半是人们意志薄弱、心态不成熟的一种表现。而这些异常的心理、悲观的心态往往会导致痛苦的人生，往往会影响对环境的正确看法。悲观者实际上是以自己悲观消极的想法看待客观世界，在悲观者心中，现实是或多或少被丑化了的。现在社会上，许多人对未来和生活常常持有一种悲观的迷茫心理。对自己的过去，不管有无成败，不管有无辉煌，都一概加以否定，心理上充满了自责与痛苦，嘴上有说不完的遗憾。对未来缺乏信心，一片迷茫，以为自己一无是处，什么事都干不好，认知上否定自己的优势与能力，无限放大自己的缺陷。

戴高乐曾经说过："困难，特别吸引坚强的人。因为他只有在拥抱困难时，才会真正认识自己。"这句话一点也没错，有时，我们需要把困难当成机遇。

你自己努力过吗？你愿意发挥你的能力吗？对于你所遭遇的困难，你愿意努力去尝试，而且不止一次地尝试吗？只试一次是绝对不够的，需要多次尝试。那样你会发现自己心中蕴藏着巨大能量。许多人之所以失败，只是因为未能竭尽所能去尝试，而这些努力正是成功的必备条件。仔细查看列出的失败清单，看看过去你是否已竭尽所能，像约翰·托马斯那样努力争取胜利！如果答案是否定的话，试试克服困难的第二个重要步骤，这就是学会真正思考，认真积极的思考。我确信积极思维的力量是惊人的，任何失败均能通过积极思维来解决，你能以积极思维来解决任何问题。

有一个14岁的男孩在报上看到应征启事，正好是适合他的工作。第二天早上，当他准时到达应征地点时，发现应征队伍已排了20个男孩。

如果换成另一个意志薄弱、不太聪明的男孩，可能会因此而打退堂鼓。但是这个小伙子却完全不一样。他认为自己应动脑筋，他不往消极面思考，而是认真用脑子去想，看看是否有法子解决。于是，一个绝妙方法便产生了！

他拿出一张纸，写了几行字，然后走出行列，并要求后面的男孩为他保留位子。他走到负责招聘的女秘书面前，很有礼貌地说："小姐，请你把这张便条交给老板，这件事很重要。谢谢你！"

这位秘书对他的印象很深刻，因为他看起来神情愉悦、文质彬彬。如果是别人，她可能不会放在心上，但是这个男孩不一样，他有一股强有力的吸引力，令人难以忘记。所以，她将这张纸条交给了老板。

老板打开纸条，看后笑笑交还给秘书；她也把上面的字看了一遍，同样笑了起来，上面是这样写的：

"先生，我是排在第21号的男孩。请不要在见到我之前做出任何决定。"

你想他得到这份工作了吗？你认为呢？像他这样会思考的男孩无论到什么地方一定会有所作为。虽然他年纪很小，但是他知道如何去想，认真思考。他已经有能力在短时间内抓住问题核心，然后全力解决它，并尽力做好。实际上，你一生中会遇到很多诸如此类的问题。当你遇到问题时，一旦认真进行思考，便很容易找到解决办法。

要想克服失败的思维方式，学会积极思考非常关键。人必须调整心态，直到否定思维转变成肯定思维为止。

让每天都有一个愉快的开始，则一天里所有的事都会变好。

◎为信心耕种一方福田

每天早晨给自己打气并不是一件很傻、很肤浅、很孩子气的事，相反，这从心理学的角度来看是非常重要的。

以下是拳击手杰克·丹普先生远离忧虑的故事：

“在我的拳击生涯中，我发现最强劲的敌人不是那些重量级的选手，而是自己内在的情绪困扰，因为情绪上的忧虑不但会消耗体力，还会影响拳击的进行。所以，我为自己制定了一套原则借以保持充沛的体力与旺盛的精力。这一套原则就是：

“第一，为了让自己有充分的勇气，每当拳赛开始前我都会自我鼓励一番，反复地对自己说：‘不要怕，没有什么可以伤得了我的，他击不倒我。’这种积极的鼓舞确实产生了不少作用。

“例如，在我和佛波比赛的时候，我不断地对自己说：‘没有人敌得过我，他伤不了我，他的拳头伤不了我，我不会受伤，不管发生什么事，我一定要勇往直前。’像这样为自己打气，使想法趋向积极，对我帮助很大，甚至使我不觉得对方的拳头在攻击。在我的拳击生涯中，我的嘴唇曾被打破，我的眼睛被打伤，肋骨被打断，而佛波的一拳将我打得飞出场外，摔在一位记者的打字机上，把打字机压坏了，但我对佛波的拳头却并无感觉。只有一次，那天晚上李斯特·强森一拳打断了我的三根肋骨，那一拳虽不致让我倒下，但影响到了我的呼吸。我可以坦白地说，除此之外，我在比赛中未对任何一拳有过知觉。

“第二，我一再地提醒自己，忧虑不但于事无补，反而还会产生相反效果。我的大部分忧虑，都出现在我参加重大比赛之前，也就是接受训练期间。我经常在半夜醒来，一连好几个钟头，心里十分忧虑，辗转反侧，无法成眠。我担心会在第一回合中被对方打断手，或扭了脚踝，或眼睛被严重打伤，如果是这样的话我就不能充分发挥攻势。所以，每次我因为担心第二天的赛程而睡不着觉时，就会下床对着镜子中的自己说：‘你真是个傻瓜，何必为了尚未发生的事或根本不会发生的事而担忧呢？人生如此短暂，应该好好把握、享受生命才是啊，还有什么比健康更重要呢？’这样日复一日、年复一年地提醒自己，久而久之，这些话好像印到了我的大脑里，经常不自觉地就浮现在脑海中，帮助我克服了许多情绪上的困扰。

“第三一项也是最重要的一项就是祷告。一天中我有好几次与雇主交谈的机会，拳击赛中每次回合的铃响前、每餐吃饭前、每晚入睡前，我都会虔诚地祷告，祈求上帝赐给我力量与勇气，让我打好每一场人生战役。我的祈祷获得了回应吗？当然，上帝对我的回报远远超过我的付出！”

每天早晨给自己打气，是不是一件很傻、很肤浅、很孩子气的事呢？不是的，这在心理学上是非常重要的。

世界上不是每个人都要面临着十分巨大的困难，但是每个人都存在着若干问题。每个人都能通过暗示或自我暗示让激励标记产生作用。一种最有效的形式就是有意记住一句自我激励语句，以便在需要的时候，这句话能从下意识心理闪现到有意识心理，如：“我激励你！”

阿廉·方索斯是美国密苏里州东南地区某农场的一个病孩子。他在小学时遇到了一位优秀老师，这位老师鼓励小阿廉·方索斯去改变自己的世界。老师用挑战的方式鼓励他：“我激励你！”“我激励方你成为学校中最健康的孩子！”“我激励你”成了阿廉·方索斯一生自我激励的语句。

他果真变成了学校中最健康的孩子。他在85岁逝世之前，帮助了数以千计的青年获得良好的健康，他还帮助他们立志高远，做事刚勇，服务周到。

“我激励你！”激励着他建立了美国最大的公司之一——若尔斯通培里拉公司；“我激励你！”激励他从事创造性的思考，把负债转化为资产；“我激励你！”激励着他组织美国青年基金会——它的目的是训练男女青年独立生活的能力。

“我激励你！”激励着阿廉·方索斯写了一本书，名叫《我激励你》。今天这本书正在激励着男子和妇女们勇敢地把这个世界改造为更好的社会。

阿廉·方索斯作了多么好的一个证明啊！一句自我激励语有力地帮助人们发挥积极的心态！

说到此不禁让人想起那些在兴旺的1920年里取得经济成功的人。那时他们是以极好的态度开始他们的事业的。可是当1930年经济萧条袭来的时候，他们便遭到了失败。他们破产了。他们的态度便从积极的变为消极的。他们的法宝被翻到了“消极的心态”那一面。他们停止了努力。他们像那些抱持消极心态的人一样变成了一蹶不振的失败者了。

有些人似乎在任何时候都能充分使用积极的心态。有些人开始时使用，然后就停止使用了。但是，另一些人——我们中的大多数人——并没真正地开始使用对于我们很有用的巨大力量。消极心态包括以下几个方面：

1. 惰性导致愚昧无知

一件事对于不知事实或缺乏实际知识的人来说，似乎是合乎逻辑的；对于知道事实或具有实际知识的人来说，就可能是不合逻辑的了。当你在做决定的时候，如果你不肯保持开朗的心胸和学习真理，那就是愚昧无知。消极的心态会在愚昧无知的基础上不断地生长。

具有积极心态的人可能不知道事实，也缺乏实际知识。他可以不了解情况，然而他认识基本的前提——真理就是真理。因此，他就力图保持开朗的心胸，努力学习。他必须把他的结论奠基在他所知道的事情上，并且准备在他认识更多些时，就改变这些结论。

现在让我再审视一下我们心理上的蛛网，这些似乎还存留在你的脑中：

(1) 消极的感情、情绪、激情、习惯、信条和偏见。

(2) 只看到别人眼中的“横梁”。

(3) 由于语义上的误解所产生的争论和误解。

(4) 由于虚假的前提而做出的虚假结论。

(5) 把概括一切的限制性的词或词组作为基本或次要的前提。

(6)“需要”有可能迫使人产生不诚实的想法。

(7) 不清洁的思想和习惯。

(8) 担心应用心理的力量。

这样，你就可看到蛛网有许多种——有些是细小的，有些是巨大的；有些是脆弱的，有些是结实的。然而，如果你把你自己的蛛网再列一张表，然后仔细检查每个蛛网的各条蛛丝，你就会发现它们都是由消极的心态织成的。

你把它们考虑一会儿，然后你会发现由消极的心态所织成的最强有力的蛛网就是惰性蛛网。惰性会使你无所作为；如果你转向错误的方向，它就会使你不去抵抗或不思停止。你就会继续前进，向下滑去。

2. 警惕潜意识的误导

一个人的潜意识通常是难以改变的，它经常会配合你本身的才能或曾犯过的错误，而把这些不愉快的经历返还给你。换言之，当你在潜意识中制造消极的观念后，潜意识便会将制造过的差错想法，不分时候地任意归还于你，因此在你的思绪过程中，极可能将你误导。

为避免遭受原有潜意识的误导，最好的方法莫过于以积极性的立场灌注于潜意识中，并努力培养积极的想法，如此你无异是在向你的潜意识灌输真理，而不久之后，你的潜意识也将开始把这些真理归还于你。

使潜意识变得积极的最佳方法便是摒除存在于你思想或言谈间的消极想法。例如，每当人们意识到消极想法存在时，便会对自己的说话方式作一番分析，而且结果往往令人感到十分惊异。

因为许多人都存有类似如下的想法：“我担心也许会来不及”“轮胎是不是磨损了”“我想，我办不到那件事”“这个工作我大概无法胜任，因为我会忙不过来”等。此外，遇到事情有不好的发展结果时，他们就会说道：“哦！果然不出我所料。”又如，在抬头望见天空布满乌云时，心情会变得忧虑起来，并说："我原本就知道会下雨！"

这些都属于"消极心态"。我们千万不可忽略"积少成多"的道理。当你的言谈中充满"消极心态"时，它会不知不觉地渗入你的思想深处，并积存它的影响力量，而这种力量往往会滋长到令人惊异的地步，甚至会在不久之后使你陷入"无能症"的泥沼中。

所以，你要下定决心，要从自己的言谈间根除这种"消极心态"。因为对于这种消极的心态，最好的消除办法是，不论对任何事都要表示积极肯定的主张，如事情将有顺利的结果、能够胜任工作、不会招致失败、必会准时到达等。由于这种把积极想法说出来的做法具有相当于在内心中呼应的积极力量，因此它能使你感到一切都将顺利地进行。

曾经有一幅引擎油的广告，上面写着："洁净的引擎经常是力量的供应源泉。"这个广告的作者就一定有一个积极心态，这对他的事业必定会产生积极影响。换言之，洁净的心会是力量的供应来源。因此，请洗净你的思想，赋予你自身一颗洁净的心吧！

为了克服障碍，你不妨采用"不相信失败"的哲学之道。通常人们处理障碍的结果往往决定于其本身所持的心态，因为人们的障碍大多数是源于心理上的问题。

也许你对此有所怀疑，但是任何人对于障碍的态度却绝对是心理方面的事。试想，当一件事从考虑到决定的过程中，是否即是心理的活动？你对于障碍的想法如何，是否会决定你对它所采取的行动或态度？事实上，如果你面对障碍之初便在心中断言绝对无法克服它，你便会在自认为"反正做不到"的心理下真正无法克服了。相反的，如果你拥有克服障碍的信心，情况自必不同。

因此，请你牢牢记住：障碍绝对没有你想象中的那般困难，而是可以设法克服的。

无论在培养这种积极想法之初，你的信心是多么微小，只要持续保持这种想法，你必能获得成功。

◎让积极态度生根发芽

很多情况下，我们无法改变现实，但是可以改变自己对现实的看法。

乐观态度或悲观态度，是人类典型的也是最基本的两种倾向，它影响着我们的生活方式。曾有美国医生做过这样一个实验：他们让患者服用安慰剂。安慰剂呈粉状，是用水和糖加上某种色配制的。当患者相信药力，就是说，当他们对安慰剂的效力持乐观态度时，治疗效果就显著。如果医生自己也确信这个处方，疗效就更为显著了。这一点已用实验得到了证实。悲观态度是由精神引起而又会影响到组织器官，有一个意外的事故证明了这一点。一位铁路工人意外地被锁在一个冷冻车厢里，他清楚地意识到他是在冷冻车厢里，如果出不去，就会冻死。不到20个小时，冷冻车厢被打开时人已经死了，医生证实是冻死的。可是，仔细检查了车厢，冷气开关并没有打开。那位工人确实死了，因为他确信，在冷冻的情况下是不能活命的。所以，在极端的情况下，极度悲观会导致死亡。一位乐观主义者却总是假设自己是成功的，就是说，他在行动之前，已经有了85%的成功把握。而悲观主义者在行动之前，却已经确认自己是无可挽救的了。

一个积极者就是一个这样的人：当他的鞋子穿破了的时候，他只是认为他回到了光脚走路的时代。消极者说："我只有看见了才会相信。"积极者说："只要我相信我就会看见。"积极者采取行动，消极者静止不动。积极者看见半杯水会说它满了一半，消极者看见同样的半杯水会说它有一半是空的。原因很简单，积极者往杯子里倒水，而消极者却从杯子里取水。

在生活中，成功和失败之间仅仅只有毫厘之差。

例如，骏马奈斯华在不到一小时的赛跑中赢得了第一，得到了100万美元。在这仅有一小时的赛跑后面却藏着上千个小时的艰苦训练。显然，奈斯华这匹至少值100万美元的马一定是一匹罕见的好马。你可以用100万美元买100匹值1万美元的赛马，这是一个简单的算术问题。一匹值100万美元的马比一匹值1万美元的马跑得要快100倍，对吗？错了！它能跑得比那匹马快2倍，对吗？还是错了！实际上，它只能比那匹马快25%，或是只有10%或是1%，对吗？还是错了！

那么究竟一匹值100万美元的马比值1万美元的马跑得快多少呢？几年以前，在阿林顿·福特瑞蒂，第一名和第二名的奖金差额是10万美元。这次比赛的跑程是1.25英里。第一名和第二名的差距仅有1/71280英里，而我们要重申的是仅仅这点差距就值10万美元。

1974年在肯塔基的德比所举行的赛马比赛中，第1名骑手赢得了2.7万美元。不到2秒钟后，另一名骑手也骑着马冲过了终点线，他是第4名，只得到30美元。

生活就像一场比赛，我们无法改变它的规则。我们能够并且必须去做的是掌握这些规则，利用这些规则来发挥我们最大的潜能。

米歇尔曾经是一个不幸的人。

一次意外事故，把他身上65%以上的皮肤都烧坏了，为此他动了16次手术。手术后，他无法拿起叉子，无法拨电话，也无法一个人上厕所，但以前曾是海军陆战队员的米歇尔从不认为他被打败了。他说：“我完全可以掌握我自己的人生之船，我可以选择把目前的状况看成倒退或是一个起点。”六个月之后，他又能开飞机了！

米歇尔为自己在科罗拉多州买了一幢维多利亚式的房子，另外也买了房地产、一架飞机及一家酒吧。后来他和两个朋友合资开了一家公司，专门生产以木材为燃料的炉子，这家公司后来变成佛蒙特州第二大私人公司。

在米歇尔开办公司后的第四年，他开飞机在起飞时又摔回跑道，把他的十二块脊椎骨压得粉碎，腰部以下永远瘫痪！“我不解的是为何这些事老是发生在我身上，我到底是造了什么孽？要遭到这样的报应？”

米歇尔仍选择不屈不挠，丝毫不放弃，还日夜努力使自己能达到最高限度的独立自主，他被选为科罗拉多州孤峰顶镇的镇长，以保护小镇的美景及环境，使之不因矿产的开采而遭受破坏。米歇尔后来也竞选国会议员，他用一句“不只是另一张小白脸”的口号，将自己难看的脸转化成一项有利的资产。

尽管面貌骇人、行动不便，米歇尔却坠入爱河，且完成终身大事，也拿到了公共行政硕士证书，并坚持他的飞行活动、环保运动及公共演说。

米歇尔说：“我瘫痪之前可以做一万件事，现在我只能做九千件，我可以把注意力放在我无法再做的一千件事上，或是把目光放在我还能做的九千件事上，告诉大家说我的人生曾遭受过两次重大的挫折，如果我能选择不把挫折拿来当成放弃努力的借口，那么，或许你们可以用一个新的角度，来看待一些一直让你们裹足不前的经历。你可以退一步，想开一点，然后你就有机会说：‘或许那也没什么大不了的！’”

由此可见，积极的人生态度是一个人获得成功的一项重要原则，你可将此原则运用到你所做的任何工作上。如果你不了解如何应用积极的人生态度，就无法从工作中得到最大的效益。

事实上，如果你掌握你的思想，并引导它为你的目标服务，你就能享受：

（1）为你带来成功环境的成功意识；

（2）生理和心理的健康；

（3）独立的经济；

（4）出于爱心而且能表达自我的工作；

（5）内心的平静；

（6）驱除恐惧的信心；

（7）长久的友谊；

(8) 长寿而且各方面都能取得平衡的生活;

(9) 免于自我限定;

(10) 了解自己和他人的智慧。

而如果你所抱持的是消极的人生态度,你将会尝到苦果:

(1) 生命中的贫穷和凄惨;

(2) 生理和心理疾病;

(3) 使你变得平庸的自我限定;

(4) 恐惧和所有具有破坏性的结果;

(5) 痛恨你帮助自己的方法;

(6) 敌人多、朋友少的处境;

(7) 人类所知的各种烦恼;

(8) 成为所有负面影响的牺牲品;

(9) 屈服在他人意志之下;

(10) 对人类没有贡献的颓废生活。

通过比较,到底应该树立什么样的人生态度,应该是显而易见的了!

◎引爆热忱的能量

如果两个人各方面条件都相近,那么,更热忱的那一位会更快达到成功。一个能力平庸但是很热忱的人,往往会胜过能力杰出却缺乏热忱的人。

热忱的威力是不容被低估的。爱默生曾经说过:"每一个伟大的时刻,都是热忱凯旋的时候。""没有一桩丰功伟业能缺乏热忱。"

许多人失败并不是因为他们缺乏才智、能力、机会或天分,而是因为他们并没有尽力去处理问题。

热忱的重要性绝不亚于卓越的能力与努力的工作。我们都认识一些聪明但一无所成的人,也总认识一些辛勤工作但一事无成的人。青年人应该记住，只有热爱工作、投入工作且满怀热忱的人才能有所成就。

热忱有一种特性，那就是它是具有感染力的，并且能令人有反应。不论在教室里或其他活动中，都是一样的。就算是冰上曲棍球比赛，也同样需要热忱。如果你自己对一个想法或计划不够热忱，别人更不可能有热忱。如果公司领导人自己不能全心热忱地相信公司的目标与方向，就不要指望员工或顾客或股市会相信它。想使任何人对一个想法——或是一个计划、一个活动——兴奋起劲的最好办法，就是你自己要先兴奋起来，而且要把你的兴奋表现出来。

汤姆·德尔夫最近在加州一家进口公司——考尔佛电子销售公司找到了一份业务员的工作。按照公司历来的做法：公司会交给汤姆·德尔夫一份很难缠的潜力客户名单。其中有一家公司以前是汤姆·德尔夫公司的大客户，但是却在多年前停止往来了。

汤姆·德尔夫说："我决定把跟他们做成生意当作是我个人的一项挑战。这表示我得先说服老板我可以把这家公司扳回来。他本来不太肯定，但是他不想浇我的冷水。于是他允许我去拜访那家客户。"

汤姆·德尔夫既已把赢回这家客户当作自己的使命。于是他提供了保证价，缩短交货期，并允诺更好的服务。他向那位采购处长表示考尔佛公司"将会做一切令你们满意的事"。

当汤姆·德尔夫第一次与采购处长面对面谈话时，他的热忱就扮演了重要的角色。他面带微笑地走进会客室，并说道："很高兴能再回来，让我们一起来共同合作。"

汤姆·德尔夫从来没有想过他可能无法成交。他完全忽略他的公司已经丢掉了这个客户的事实。他以最高昂热忱的态度说服他的客户，考尔佛公司已准备好再为他们服务。

"后来，采购处长告诉我们老板，他们考虑我们的唯一理由是因为我的热忱。他们的订单后来一年有 50 万美元的余额。"

热忱，可以保养灵魂，培养并发挥热忱的特性，我们就可以对我们所做的每件事情，加上火花和趣味。

我有一次请教一位友人，问他如何挑选管理人员，他事业的成败奋斗要靠这些人的能力。这位友人的回答听起来可能蛮令人惊奇的。“这些成功者与失败者，他们的能力与聪明才智其实差异不大，”纽约中央铁路公司总裁佛多利·威尔森说，“如果两个人各方面条件都相近，那么，更热忱的那一位一定更快达到成功。一个能力平庸但是很热忱的人，往往会胜过能力杰出却缺乏热忱的人。”

热忱是一把火，它可燃烧起成功的希望。要想获得这个世界上的最大奖赏，你必须像过去最伟大的开拓者那样将梦想转化为全部有价值的献身热情，来发展和销售自己的才能。

有一次，我在加州一家饭店投宿时，点了客房服务，侍者是一位墨西哥人，他说着一口吞吞吐吐不流畅的英语：“早安！早安！早安！”奇怪的是，他重复了三次问安，却不显得啰唆，反而让人觉得很舒心。

他用他那种墨西哥人独有的热情深深地感染了我，他满面春光地告诉我，他有一份好工作，而且身在美国。接着他满怀热情地为我倒咖啡，同时又很友好地同我谈论天气：“对啊！不过下雨也很好，雨水可以让草地青翠，而且花草树木也都需要雨水，不是吗?”

在他离开房间之时，我深深地被他打动了。我对自己说，我知道为什么他有一份工作。

最聪明和最热忱的人会得到三十天后即将有分别的工作。要满怀着热忱，将你自己奉献给积极的人生，你将会惊讶人们有多么想要雇用你。

我曾不止一次地在课堂上告诉我的学员们，促使一个人成功的因素很多，而居于首位的就是热忱，一个人、一个团队只要有热忱，其结果必然是积极的行动、成功和幸福。

激情增加一盎司，我们的人生就会大不一样。著名人寿保险推销员弗兰克·贝特格在他的自传中，向我们充分诠释了这一点：

“在我刚转入职业棒球界不久，我就遭到了有生以来最大的打击——我被开除了。理由是我打球无精打采。老板对我说：‘弗兰克，离开这儿后，无论你去哪儿，都要振作起来，工作中要有生气和热情。’这是一个重要的忠告，虽然代价惨重，但还不算太迟。于是，当我进入纽黑文队时，我下定决心在这次联赛中一定要成为最有激情的球员。

“从此以后，我在球场上就像一个充足了电的勇士。掷球是如此之快、如此有力，以至于几乎要震落内场接球同伴的手套。在烈日炎炎下，为了赢得至关重要的一分，我在球场上奔来跑去，完全忘了这样会很容易中暑。第二天早晨的报纸上赫然登着我们的消息，上面是这样写的：‘这个新手充满了激情并感染了我们的小伙子们。他们不但赢得了比赛，而且看来情绪比任何时候都好。’那家报纸还给我起了个绰号叫‘锐气’，称我是队里的‘灵魂’。三个星期以前我还被人骂作‘懒惰的家伙’，可现在我的绰号竟然是‘锐气’。

“于是我的月薪从25美元涨到185美元。这并不是我球技出众或是有很强的能力，在投入热情打球以前，我对棒球所知甚少。除了‘激情’，还有什么能使我的月薪在十天内竟上升700％呢?

“退出职业棒球队之后，我去做人寿保险推销工作。在十个月令人沮丧的推销之后，我被卡耐基先生一语惊破。他说：‘贝特格，你毫无生气的言谈怎么能使大家感兴趣呢?’我决定以我加入纽黑文队打球的激情投入到做推销员的工作中来。有一天，我进了一个店铺，鼓起我的全部热情试图说服店铺的主人买保险。他大概从未遇到过如此热情的推销员，只见他挺直了身子，睁大眼睛，一直听我把话说完，最终他没有拒绝我的推销，买了一份保险。从那天开始，我真正地展开推销工作了。在12年的推销生涯中，我目睹了许多的推销员靠激情成倍地增加收入，同样也目睹了更多人由于缺少热情而一事无成。”

弗兰克·贝特格在事业上有所成就，与其说是取决于他的才能，不如说是取决于他的激情。凭借激情，他在烈日当空的酷热中超常发挥；凭借激情，他说服了自己的客户，最终创出不凡的成就。

◎拯救情绪的自我疗法

我的肉体疲倦了，我的精神也随之得到休息。当你烦恼时，多用肌肉，少用脑筋，其结果将会令你惊讶不已。

我若发现自己有了烦恼，或是精神上像埃及骆驼寻找水源那样地猛绕着圈子转个不停，我就利用激烈的体能练习活动，来帮助我驱逐这些烦恼。

那些活动可能是跑步，或是徒步远足到乡下，或是打半小时的沙袋，或是到体育场打网球。不管是什么，体育活动使我的精神为之一振。每到周末，我都从事多项运动，例如绕高尔夫球场跑一圈，打一场激烈的网球，或到阿第伦达克山滑雪。等到我的肉体疲倦了，我的精神也随之得到休息，因此当我再度回去工作时，我精神清爽，充满活力。在我工作地点的纽约，我经常有机会到俱乐部健身院去，待上一个小时；没有人在滑雪或做激烈运动的时候还烦恼。因为他忙得没时间烦恼。烦恼的大山很快就变成微不足道的小丘，一项新念头和新行动很容易就能将它“摆平”。

我发现，烦恼的最佳“解毒剂”就是运动。当你烦恼时，多用肌肉，少用脑筋，其结果将会令你惊讶不已。这种方法对我极为有效——当我开始运动时，烦恼就消失。

有位专门研究快乐如何影响心理的科学家曾整理出了几个快乐的技巧，方法简单而且效果神速，让人能立刻就变得乐观起来，这就是运动和听音乐。

首先，经常运动，抬头挺胸。

楚安尼曾强调说，要矫正头脑之前，请先校正身体。为什么呢？因为生理及心理是息息相关的。相信你也应该有过这样的体验，当心情处于低潮的时候，我们往往也是无精打采、垂头丧气；而心情快乐时，自然是抬头挺胸、昂首阔步了。所以，身体的姿势的确与心理的状态密不可分。

再从另一角度来看，当一个人抬头挺胸的时候，呼吸会比较顺畅，而深呼吸则是释放压力的妙方。所以当抬头挺胸时，我们会觉得比较能够应付压力，当然也就容易产生“这没什么大不了”的乐观态度。

另外，与肌肉状态有关的信息也会通过神经系统传回大脑去。当我们抬头挺胸的时候，大脑会收到这样的信息，四肢自在，呼吸顺畅，看来是处于很轻松的状态，心情应该是不错的。

在大脑也做出心情愉悦的判决后，自己的心情于是乎就更轻松了。

因此，身体的状态和姿势的确会影响心情状态。运动能推动快乐，而要是垂头，就容易感到丧气，而如果挺胸，则容易觉得有生气。

所以这个简单得令人不可置信的方法，请千万别小看它，下次若头脑中悲观的念头又再冒出来时，赶快调整一下姿势，抬头挺胸地带出乐观心境吧！或者运动几下，要么不妨听听音乐，这是第三种让身体快乐的方法。

心情低潮时要怎么办？曾有个女孩说：“简单，就开始大声唱歌嘛！”接着她就“红豆、大红豆、芋头……”唱起了锉冰歌。没料到歌声一停，她旁边的男朋友立即开口：“是啊，每次唱完你的心情是好了，我的心情也跟着挺好的！”看来，歌声还是挺重要的。你也会在心情低落时唱歌自娱吗？

引吭高歌，是否真的对情绪舒解有益？其实早在几百年前，人类就已经懂得利用音乐与情绪之间的密切关系。例如几世纪前，欧洲有些国家就把音乐和歌唱拿来当成治疗忧郁症的一种方法，很有意思吧！

在当时，如果一个人感到郁郁寡欢，情绪低迷不振，他就会被安排在固定的时间听音乐，并且被要求开口大声高歌。这个不用药物、既经济又简单的做法，在当年是一个另类方法，然而后来心理学家们发现，唱歌的确可以唱走郁闷。这是因为在我们发声歌唱时，就好像是把自己的身体当成了乐器来使用，声音在体内上上下下地振动着，因此有着体内按摩的功效。

还记得当你尽情高歌、浑然忘我时，你是否感觉到体内的声音能量，从头到脚是在振动着的？这个感觉令人身体舒畅而心情飞扬的原因，就是因为音振在体内按摩五脏六腑，放松了肌肉紧绷的不适，焦虑感也随之得到舒解。

此外，在你嘶吼的同时，体内因负面情绪而累积的能量也得以向外宣泄，不再压抑，当然感到轻松许多。有些心理医师更进一步地说明，唱歌能帮助我们在情感层次上做调整的工作，甚至感受到“美”的感觉，因此是极佳的心情疗法。所以，没事多哼哼歌绝对有益无害。

要是没把握别人会跟你一直陶醉于自己的歌喉，浴室及窗门紧闭的车内都可以是你大展身手的好地方。

自己的心情自己救，快乐是你的权利。

第十章

不与他人过不去

◎把错误留给自己

我住的地方，几乎是在大纽约的地理中心点上，但是从我家步行一分钟，就可到达一片森林。春天，黑草莓丛的野花白茫茫一片，松鼠在林间筑巢育子，野草长到高过马头。这块没有被破坏的林地，叫作森林公园——它的确是一片森林，也许与哥伦布发现美洲那天下午所看到的没有什么不同。我常常带雷斯到公园散步，它是我的小波士顿斗牛犬。它是一只友善而不伤人的小猎狗，因为我们在公园里很少碰到人，我常常不给雷斯系狗链或戴口罩。

有一天，我们在公园遇见一位骑马的警察，他好像迫不及待地要表现出他的权威。

“你为什么让你的狗跑来跑去，却不给它系上链子或戴上口罩，”他申斥我道，“难道你不晓得这是违法的吗?”

“是的，我晓得，”我轻柔地回答，“不过我认为它不至于在这儿咬人。”

“你认为！你认为！法律是不管你怎么认为的。它可能在这里咬死松鼠或咬伤小孩。这次我不追究，但假如下回让我看到这只狗没有系上链子或套上口罩在公园里的话，你就必须去跟法官解释啦。”

我客客气气地答应照办。

我的确照办了，而且是好几回。可是雷斯不喜欢戴口罩，我也不喜欢那样，因此我们决定碰碰运气。事情很顺利，但接着我们撞上了暗礁。一天下午雷斯和我在一座小山坡上赛跑，突然间——很不幸地——我看到那位执法大人，跨在一匹红棕色的马上。雷斯跑在前头，径直向那位警察冲去。

我这下栽定了。明白这点，我决定不等警察开口就先发制人。我说："警官先生，这下您逮了我一个正着。我有罪，我无话可说。你上星期警告过我，若是再带小狗出来而不替它戴口罩就要罚我。"

"好说，好说，"警察回答的声调很柔和，"我知道在没有人的时候，谁都忍不住要带这么一条小狗出来溜达。"

"你这样的小狗大概不会咬伤别人吧。"警察反而为我开脱。

"不，它可能会咬死松鼠。"我说。

"哦，你大概把事情看得太严重了，"他告诉我，"我们这样办吧：你只要让它跑过小山，到我看不到的地方，事情就算了。"

那位警察也是一个人，他要的是一种重要人物的感觉。因此当我责怪自己的时候，唯一能增强他自尊心的方法，就是以宽容的态度表现慈悲。

但如果我有意为自己辩护的话，嗯，你是否跟警察争辩过呢？

我没有和他正面交锋，我承认他绝对没错，我绝对错了，我爽快地、坦白地、热诚地承认这点。因为我站在他那边说话，他反而为我说话，整个事情就在和谐的气氛中结束了。查士德·斐尔爵士也不会比这位骑马的警察更和蔼，仅仅一个星期以前他还打算用法律来威吓我呢！

如果我们知道免不了会遭受责备，何不抢先一步，自己先认错呢？听自己谴责自己不比挨人家的批评好受得多吗？

你要是知道有人想要或准备责备你，就自己先把对方要责备你的话说出来，那他就拿你没有办法了。十之八九他会以宽大、谅解的态度对待你，忽视你的错误，正如那位警察对待我和雷斯那样。

费丁南·华伦是一个卖艺术品的商人，他曾使用这个办法，使一位暴躁的顾客化干戈为玉帛。

“精确而严谨的态度，在制作商业广告和出版品中是最重要的。”华伦先生事后说，“一些艺术编辑要求别人立刻实现他们的设想，这样难免会发生一些偏差。我服务的某位艺术编辑就很挑剔，我从他的办公室出来时，心里总是很不舒服，倒不是因为他批评我，而是因为他对待我的方式。最近，我交了一件急件给他，他打电话说要我立刻到他办公室去，稿件有误。我到他办公室后，果然，他很高兴有了挑剔我的机会，而且满怀敌意。正在他滔滔不绝地数落我时，我运用了自我批评的方法。我说：‘某某先生，你说得对，我的错误确实不可原谅，我为你工作了这么多年，还不知道怎么做，我真是不好意思。’

“于是他开始为我说话了：‘你说得对，不过还没有那么严重。只是——’我马上插嘴道：‘任何错误，都可能导致严重的后果，我怎么没看到呢？’我绝不让他为我开脱。这是我第一次因为批评自己而感到高兴。

“我说：‘我应该更加细心，你给了我这么多的活，我却不能令你满意，我一定要重新做。’于是，他说不用那样麻烦，并夸奖起我的作品来，还说他再改一改就可以了，这点小错也不会让他的公司费几个钱。总之，小事一桩，不值一提。

“我的这种自我批评，不但使他没了脾气，而且他还请我吃了午饭，他又给我一张支票，让我再干别的活。”

当你坦然面对自己的错误时，会感到某种意义上的满足。因为这消除了自己的罪恶感，也在某种紧张的气氛下保护了自己，更有利于迅速准确地解决错误。

新墨西哥州阿布库克市某公司的一位负责人布鲁士·哈威，有一次批准向一位请病假的员工支付整月的工资。随后，他发现了这个错误，要在这位员工下次的工资中减去多发的金额。那位员工不同意，因为这样会给自己造成严重的财务问题，他请求分期扣回他多领的钱。哈威必须先征求上级的同意才能决定。“如果直接去向老板请求的话，”哈威说，“一定会使他很不高兴。要更好地解决这个问题，应找到合适的方法。我意识到一切混乱都是我造成的，必须在老板面前自我检讨。”

“进了他的办公室，我告诉他我办了件错事，然后说了事情经过。他开始发火，先说这应该由人事部门来负责，又大声指责会计部门的疏忽，我一再地坚持这是我的错误，应该由我来负责。可他又开始批评办公室的另外两个同事，我还在解释这是我的错误。终于他看了看我说：‘好吧，是你的错。交给你解决吧。’错误被改过来了，也没有造成其他的麻烦。我觉得很高兴，因为我有勇气不去找借口，妥当地处理了一件棘手的事情。而且，我的老板对我更加器重了。”

即使傻瓜也会为自己的错误辩护，但能承认自己错误的人，却会凌驾于其他人，而有一种高贵怡然的感觉。比方说，历史上对南北战争时的李将军有一笔极美好的记载，就是他把毕克德进攻盖茨堡的失败完全归咎在自己身上。

毕克德那次的进攻，无疑是西方世界最显赫、最辉煌的一场战斗。毕克德本身就很辉煌。他长发披肩，而且跟拿破仑在意大利战役中一样，他几乎每天都在战场上写情书。在那悲剧性的七月的一个午后，当他的军帽斜戴在右耳上方，轻盈地放马冲刺北军时，他那群效忠的部队不禁为他喝彩起来。他们喝彩着，跟随他向前冲刺。队伍密集，军旗翻飞，军刀闪耀，阵容威武、骁勇、壮大，北军也不禁发出喃喃的赞赏。

毕克德的队伍轻松地向前冲锋，穿过果园和玉米田，踏过花草，翻过小山。同时，北军大炮一直没有停止向他们轰击。但他们继续挺进，毫不退缩。

突然，北军步兵从隐伏的基地山脊后面窜出，对着毕克德那毫无防备的军队，一阵又一阵地开枪。山间硝烟四起，惨烈有如屠场，又以火山爆发。几分钟之内，毕克德所有的旅长，除一个之外，全部阵亡，五千士兵折损五分之四。毕克德统率其余部队拼死冲刺，奔上石墙，把军帽顶在指挥刀上挥动，高喊：“弟兄们，宰了他们!”

他们做到了。他们跳过石墙，用枪把、刺刀拼死肉搏，终于把南军军旗竖立在基地山脊的北方阵地上。

军旗只在那儿飘扬了一会儿。虽然那只是短暂的一会儿，但却是南军战功的辉煌纪录。

毕克德的冲刺——勇猛、光荣，然而却是结束的开始。李将军失败了。他没办法突破北方战线，而他也知道这点。

南方的命运决定了。

李将军大感懊丧，震惊不已，他将辞呈呈送南方的戴维斯总统，请求改派“一个更年轻有为之士”。如果李将军要把毕克德的进攻所造成的惨败归咎于任何人的话，他可以找出数十个借口：有些师长失职啦，骑兵到得太晚不能接应步兵啦；这也不对，那也错了。

但是李将军太高明，不愿意责备别人。当残兵从前线退回南方战线时，李将军亲自出迎，自我谴责起来。“这是我的过失，”他承认说，“我，我一个人，败了这场战斗。”

历史上很少有将军有这种勇气和情操，承认自己独负战争失败的责任。

在香港卡耐基课程任教的麦克·庄告诉我们，中国文化所带来的一些特别的问题以及某些时候应用某一项原则，可能比遵守一项古老的传统更为有益。他班上有一位中年同学，多年来他的儿子都不理他。这位做父亲的以前是个鸦片鬼，但是现在已经戒除了烟瘾。根据中国传统，年长的人不能够先承认错误。他认为他们父子要和好，必须由他的儿子采取主动。在这个课程刚开始的时候，他和班上同学谈到他从来没有见过的孙子孙女以及他是如何地渴望和他的儿子团聚。他的同学都是中国人，了解他的欲望和古老传统之间的冲突。这位父亲觉得年轻人应该尊敬长者，并且认为他不让步是对的，而要等他的儿子来找他。

等到这个课程快结束的时候，这位做父亲的却改变了看法。“我仔细考虑了这个问题。”他说，“戴尔·卡耐基说，‘如果你错了，你就应该马上并且明白地承认你的错误。’我现在要很快地承认错误已经太晚了，但是我还可以明白地承认我的错误。我错怪了我的儿子。他不来看我以及把我赶出他生活之外，是完全正确的。我去请求年幼的人原谅我，固然使我很没面子，但是犯错误的是我，我有责任承认错误。”全班都为他鼓掌，并且完全支持他。在下一堂课中，他讲述他怎样到他儿子家里，请求并且得到了原谅，并且开始和他的儿子、媳妇以及终于见到面的孙子孙女建立起新的关系。

艾柏·赫巴是会闹得满城风雨的最具独特风格的作家之一，他那尖酸的笔触经常惹起对手强烈的不满。但是赫巴那少见的做人处世技巧，常常将他的敌人变成朋友。

例如，当一些愤怒的读者写信给他，表示对他的某些文章不以为然，结尾又痛骂他一顿时，赫巴就如此回复：

回想起来，我也不完全同意自己。我昨天所写的东西，今天不见得全部满意。我很高兴知道你对这件事的看法。下回你在附近时，欢迎驾临，我们可以交换意见。遥致诚意。

赫巴谨上

面对一个这样对待你的人，你还能说什么呢。

当我们对的时候，我们就要试着温和地、技巧性地使对方同意我们的看法。而当我们错了——若是对自己诚实，这种情形十分普遍——就要迅速而热诚地承认。这种技巧不但能产生惊人的效果，而且，信不信由你，任何情形下，都要比为自己争辩还有用得多。

◎争论毫无意义

第二次世界大战结束后不久的一个晚上，我在伦敦得到了一个无价的教训。我当时是史密斯爵士的私人助理。在战争期间，他曾在巴勒斯坦做奥国的航空领袖，而在宣布和平不久之后，他因在30天内环绕地球半周而轰动了世界，因为向来未曾有人有过这样惊人的举动。这件事轰动一时，奥国政府奖给他5万先令，英国国王封他为爵士，此时，他成了在英国国旗下被谈论得最多的一个人。有一个晚上，我参加一个欢迎罗斯爵士的宴会，在席间，坐在我旁边的一个人讲了一个幽默的故事，这故事与这一句话有些关联："无论我们如何粗俗，有一位神，就是我们的目的。"

这位讲述故事的人提到这句话系出自《圣经》。他错了，我知道的，我确实知道，绝对肯定。所以，为了得到自重感并显示我的优越，我委任自己为一个未经请求、不受欢迎的人去矫正他。他坚持他的阵地：什么？出自莎士比亚？不可能！不近情理！那句话出自《圣经》！

这位讲故事的人坐在我右边，我的一位老朋友加蒙坐在我左边。加蒙先生曾用多年的工夫专心研究莎士比亚，所以我们同意由加蒙先生来解答这一问题。加蒙先生静听着，在桌下用脚碰碰我，然后说道："戴尔，你错了，这位先生是对的，是出自《圣经》。"

当晚回家的时候，我对加蒙先生说："老实说，你知道那句话是来自莎士比亚的。"

"是的，当然，"他回答说，"是在《哈姆莱特》第五幕第二场。但我是一个盛会的客人，为什么要证明一个人是错的？那能使他喜欢你吗？为什么不让他保住面子？他并没有征求你的意见，他也不要你的意见。那你为什么同他争辩？要永远避免正面的冲突。"

"永远避免正面的冲突。"说这句话的人现在已死了，但他所给我的教训却一直留在我的记忆中，而且这一教训极其重要，因为我向来是一个执拗的辩论者。在我少年的时候，我曾同我弟兄辩论天下一切的事。当到大学的时候，我研究逻辑及辩论术，并加入辩论比赛。后来我在纽约教授辩论术。我羞于承认，我有一次曾计划写一本关于辩论的书，从那以后，我曾静听、批评、从事数千次的辩论，并注意它们的影响。从这些结果中，我得出了一个结论：天下只有一种方法能得到辩论的最大利益——那就是避免辩论。

10次中有9次辩论结束之后，每个争论的人都比以前更坚信他是绝对正确的。

你不能辩论得胜。你不能，因为如果你辩论失败，那你当然失败了；如果你得胜了，你还是失败的。为什么？假定你胜过对方，将他的理由击得漏洞百出，并证明他是神经错乱，那又怎样？你觉得很好，但他怎样？你使他觉得脆弱无援，你伤了他的自尊，他要反对你的胜利。

有这样一个例子。几年前，我的学员中，有一个叫欧·亨利的爱尔兰人。他受的教育不多．却总是喜欢争论。他给别人开过车，又做过汽车推销，但做得不好，于是来我这儿求教。经过简短的交谈，我知道他总是习惯于和顾客争论，如果对方说他的汽车哪儿不好，他立即会急躁地和顾客吵起来。他在这样的争论中取得了不少的胜利，但是，他的汽车却没卖出去几部。后来，他对我说："在离开他们的办公室时，我总是说：'我这次毕竟把那个驴给治了。'他的确被我治了一次，可他也没买我的东西。"

于是我明白，首要的不是让欧·亨利学怎样说话，而是教会他学会克制，不和别人吵架。

现在，欧·亨利已成为纽约怀特汽车公司的推销明星。

他是如何走向成功的呢？听听他的话："假如我现在去向客户推销，但他说：'什么？怀特的汽车？不好！不要钱我都不要，何西公司的汽车才是我想要的。'我会说：'何西的东西确实好，买他们的货是不会错的，何西的车都是著名厂家生产的，而且业务员也很棒。'于是，在这点上他就没什么可说的了，因为我认同了他的看法，也就不用再谈论什么何西了。于是，我就开始说明怀特公司的好处。

“但是，要是当年我听到他这种话，我早就生气了。我就会开始说何西公司的毛病，结果是，我越挑何西的毛病，他就越说它好。越是争论，他就越喜欢我的竞争对手的东西。

“一想起那时候，真不知道我当初的推销是怎么做的。过去我用了那么多的时间在抬杠上，现在我懂得了自制，收到了效果。”

充满智慧的老富兰克林常说：如果你辩论、争强、反对，你或许有时获得胜利；但这种胜利是空洞的，因为你永远得不到对方的好感了。

所以你自己打算打算。你宁愿要什么：一种暂时的、口头的、表演式的胜利，还是一个人的长期好感？你很少能二者兼得。

在你进行辩论的时候，你也许是对的，绝对是对的。但在改变对方的思想上说来，你大概毫无所得，一如你错了一样。

我认为，我们绝不可能对任何人——无论其智力的高低——用口头的争斗改变他的思想。

有一位所得税顾问巴森士与一位政府税收稽查员因为一项 9000 元的账单发生的问题争辩了一个小时之久。巴森士先生声称这 9000 元确实是一笔死账，永远收不回来，当然不应纳税。“死账，胡说!”稽查员反对说，“那也必须纳税。”

“这位稽查员冷淡、傲慢、固执，”巴森士先生在班里讲述事情的经过时说，“理由对他是毫无用处的，事实也没有用——我们辩论得越久，他越固执。所以我决定避免辩论，改变题目，给他赞赏。

“我说：‘我想这事与你必须做出的决定相比，应该算是一件很小的事情。我也曾研究过税收问题，但我只是从书本中得到知识，而你是从经验中获得知识，我有时愿意从事像你这样的工作，这种工作可以教会我许多。’我每句话都是出于真意。

“于是，那稽查员在椅子上挺起身来，向后一倚，讲了许多关于他工作的话，告诉我所发现的巧妙舞弊的方法。他的声调渐渐地变为友善，片刻后他又讲起他的孩子来。当他走的时候，他告诉我他要再考虑我的问题，在几天之内，给我答复。

“三天之后，他到我的办公室告诉我，他已经决定按照所填报的税目办理。”

这位稽查员表现的正是一种最普通的人性特点，他需要一种自重感。巴森士先生越是与他辩论，他越想扩大自己的权力，得到他的自重感。但一旦承认他的重要性，辩论便立即停止，因为他的自尊心得到了满足，他立即变成了一个同情和友善的人。

拿破仑家中的管家常与约瑟芬打台球。这位管家在他所著的《拿破仑私生活的回忆》第 1 卷第 71 页中说：“我虽有相当的技艺，但我始终要设法使她胜我，这样她会非常欢喜。”我们要从这一故事里学到一个有用的教训。我们要使我们的顾客、情人、丈夫、妻子在偶然发生的细小讨论上胜过我们。

释迦牟尼说：“恨不止恨，爱能止恨。”而误会永远不能用辩论停止，而需用手段、外交、和解来看对方观点以使对方产生同情的欲望。

林肯有一次责罚一个青年军官，因为他与同僚激烈争执。“凡决意成功的人，”林肯说，“不能费时于个人的成见，更不能费时去承受结果，包括无法控制自己的脾气，丧失自制。你不能过分显示你自己，要放弃，虽然明白是你的小事，也要放弃。与其为争路权而被狗咬，不如给狗让路。即使将狗杀死，也不能治好受伤的伤口。”

《点滴》一书中的一篇文章，建议持不同意见者这样避免争论：

1. **欢迎异见**

有这样一句话：“人们不需要意见总是相同的伙伴。”如果有人提出了你没想到的东西，你就应该衷心感谢。不同的意见可以使你避免犯重大错误。

2. **不要盲信直觉**

当有人提出不同意见的时候，你最开始的自然反应是自我保护。你要谨慎，心平气和，注意你的直觉反应，因为这可能是你特别不好的地方。

3. **控制情绪**

记住，可以根据一个人在什么情况下会发脾气，来判定这个人的气度以及作为。

4. **首先倾听**

给予你的不同意见者表达的机会。不要打断他，让他把他的意思完整地表达出来。用心地倾听，增加沟通和了解。

5. **寻找相同点**

在你听完了持不同意见者的话以后，首先去寻找你和他意见相同或相近的地方。

6. **诚实为本**

发现自己的错误，就要勇于向对方承认，并为此而道歉。这有助于沟通和减轻对方的敌对心理。

7. **答应认真考虑不同的意见**

要真心地承认，他的不同意见可能是对的。因此，答应考虑他们的意见是比较聪明的做法。不要等对方对你说："我早就对你说了，但是你却不听。"而让你感到难堪。

8. **感谢持不同意见者的关心**

因为关心同一件事情，所以才产生不同的意见。把他们看作能给你带来帮助的人，也许他们会成为你的朋友。

9. 不急于行动，给双方时间

适当地停下来，把事情更仔细地考虑一下，再举行会谈。在准备期间，想一想："他们的意见，会不会是对的，或者部分是对的呢？他们的立场或理由是不是有道理呢？我的反应是基于客观问题本身还是自己的主观感受呢？对方因此和我的分歧是更大还是更小呢？我的反应会不会让别人对我的看法更好呢？我将会胜利还是失败呢？假如我胜利了，会让我付出什么样的代价呢？假如我保持沉默，分歧就会不存在了吗？这个难题是我的一次机会吗？"

◎没有人会踢一只死狗

1929年，美国发生了一件震动全国教育界的大事，美国各地的学者都赶到芝加哥去看热闹。在几年之前，有个名叫罗勃·郝金斯的年轻人，半工半读地从耶鲁大学毕业，做过作家、伐木工人、家庭教师和卖成衣的售货员。现在，只经过了八年，他就被任命为美国第四有钱的大学——芝加哥大学的校长。他有多大？30岁！真叫人难以相信。老一辈的教育人士都大摇其头。人们对他的批评就像山崩落石一样一齐打在这位"神童"的头上，说他这样，说他那样——太年轻了，经验不够——说他的教育观念很不成熟，甚至各大报纸也参与了攻击。

在罗勃·郝金斯就任的那一天，有一个朋友对他的父亲说："今天早上我看见报上的社论攻击你的儿子，真把我吓坏了。"

"不错，"郝金斯的父亲回答说，"话说得很凶。可是请记住，从来没有人会踢一只死了的狗。"

不错，这只狗愈重要，踢它的人愈能够感到满足。后来成为英王爱德华八世的温莎王子（即温莎公爵），他的屁股也被人狠狠地踢过。当时他在帝文夏的达特莫斯学院读书——这个学校相当于美国安那波里市的海军官校。温莎王子那时候才 14 岁，有一天，一位海军军官发现他在哭，就问他有什么事情。他起先不肯说，可是终于说了真话：他被官校的学生踢了。指挥官把所有的学生召集起来，向他们解释王子并没有告状，可是他想知道为什么这些人要这样虐待温莎王子。

大家推诿拖延又支吾了半天之后，这些学生终于承认说：等他们自己将来成了皇家海军的指挥官或舰长的时候，他们希望能够告诉人家，他们曾经踢过国王的屁股。

大概很少有人会认为耶鲁大学的校长是一个庸俗的人，可是有一位担任过耶鲁大学校长的摩太·道特，竟然能够责骂一个竞选了总统的人。“我们就会看见我们的妻子和女儿，成为合法卖淫的牺牲者。我们会大受羞辱，受到严重的损害。我们的自尊和德行都会消失殆尽，使人神共愤。”

这听起来很像对希特勒的痛责，是吗？其实不然，这是对托马斯·杰斐逊的公开抨击，也许你会问，是哪一个杰斐逊？难道是那个《独立宣言》的起草者，民主政体的守护圣徒托马斯·杰斐逊？不错，那人攻击的正是这位杰斐逊。

你知道哪一个美国人被骂为“伪善者”“骗子”或“比杀人凶手稍微好一点的人”？有份报纸的漫画描述这个人站在断头台前，台上的大刀正预备砍下他的头。当他被载往行刑地的时候，群众对着他叫骂。这个人是谁？是乔治·华盛顿。

但这都是很久以前的事了，也许现在人性已改进不少。让我们看看下面的皮尔利将军的例子。皮尔利是个探险家，1899 年 4 月 6 日，他用狗拉着雪车到达北极，举世震惊。几个世纪以来，北极探险一直是各路英雄的目标，却无人写下纪录，反而因受伤、饥饿而丧生的人不少。皮尔利本人也差点死于严寒和断粮，他有 8 个脚趾因冻坏而不得不被锯掉，另有好几次因无法克服气候上的骤变而几乎精神崩溃。由于皮尔利声名大噪，广受群众欢迎，导致在华盛顿的几个海军高级长官对他不满而排挤他。他们指控皮尔利为科学研究募集捐款是“招摇撞骗、一事无成”的勾当。这些人可能相信皮尔利真如他们所指控的，人一旦想相信某事，就很难再让他们不信。他们极力诽谤皮尔利，阻止他的研究工作。最后还是麦肯利总统直接过问，才使皮尔利的工作得以继续下去。

假如皮尔利当时只在华盛顿的海军部办公，他会遭到如此无情的攻击吗？当然不会，因为他的重要性还不足以引起旁人的妒意。

格兰特将军（后成为美国第十八任总统）的遭遇更坏。1862 年南北战争时，格兰特的军队在北方赢得第一次大胜利——那一次大胜利使格兰特一夕之间成为全美崇拜的偶像；那一次大胜利使远方的欧洲都震惊不已；而且使得缅因州到密西西比河岸边的教堂钟声和庆祝营火不断。可是6个星期还不到，这位北方英雄格兰特将军就成了阶下囚，军队也解散了，他只有带着羞辱和绝望空自悲叹。

为什么格兰特将军会在胜利的高潮时期被逮捕？大概因为他的胜利引起某些长官的妒意吧！

◎宽容待之，留下台阶

西奥多·罗斯福承认说，当他入主白宫时，如果他的决策能有 75% 的正确率，就达到他预期的最高标准了。像罗斯福这么一位杰出人物，最高希望也只有如此。

如果你肯定别人弄错了，而率直地告诉他，可知结果会如何？沙斯先生是一位年轻的纽约律师，最近在最高法庭内参加一个重要案子的辩论。案子牵涉了一大笔钱和一项重要的法律问题。

在辩论中，一位最高法院的法官对沙斯先生说：“海事法追诉期限是 6 年，对吗？”沙斯先生说：“不对，法官先生，海事法没有追诉期限。”

“庭内顿时静默下来，”沙斯先生后来在讲述他的经验时说，“似乎气温一下就降到冰点。我是对的。法官是错的。我也据实地告诉了他。但那样就使他变得友善了吗？没有。我仍然相信法律站在我这一边。我也知道我讲得比过去都精彩。但我并没有使用外交辞令。我铸成大错，当众指出一位声望卓著、学识丰富的人错了。”

没有几个人具有逻辑性的思考。我们多数人都犯有武断、偏见的毛病。我们多数人都具有固执、嫉妒、猜忌、恐惧和傲慢的缺点。因此，如果你很想指出别人犯的错误时，请在每天早餐前坐下来读一读下面的这段文字。这是摘自詹姆士·哈维·罗宾森教授那本很有启示性的《下决心的过程》中的一段话：

“我们有时会在毫无抗拒或热情淹没的情形下改变自己的想法，但是如果有人说我们错了，反而会使我们迁怒对方，更固执己见。我们会毫无根据地形成自己的想法，但如果有人不同意我们的想法时，反而会全心全意维护我们的想法。显然不是那些想法对我们珍贵，而是我们的自尊心受到了威胁……‘我的’这个简单的词，是做人处世的关系中最重要的，妥善运用这两个字才是智慧之源。不论说‘我的’晚餐、‘我的’狗、‘我的’房子、‘我的’父亲、‘我的’国家或‘我的’上帝，都具备相同的力量。我们不但不喜欢说我的表不准，或我的车太破旧，也讨厌别人纠正我们对火车的知识、水杨素的药效或亚述王沙冈一世生卒年月的错误……我们愿意继续相信以往惯于相信的事，而如果我们所相信的事遭到了怀疑，我们就会找尽借口为自己的信念辩护。结果呢，多数我们所谓的推理，变成找借口来继续相信我们早已相信的事物。”

有时候，一句或两句体谅的话，对他人态度作宽大的谅解，这些都可以减少对别人的伤害，保住他的面子。

几年以前，通用电气公司面临一项需要慎重处理的工作：免除查尔斯·史坦因梅兹担任某一部门的主管。史坦因梅兹在电器方面是第一等的天才，但担任计算部门主管却彻底地失败。然而公司却不敢冒犯他。公司绝对奈何不了他——而他又十分敏感。于是他们给了他一个新头衔。他们让他担任“通用电气公司顾问工程师”——工作还是和以前一样，只是换了一项新头衔——并让其他人担任部门主管。

史坦因梅兹十分高兴。

通用公司的高级人员也很高兴。他们已温和地调动了这位最暴躁的大牌明星职员，而且他们这样做并没有引起一场大风暴——因为他们让他保住了他的面子。

让他有面子！这是多么重要，多么极端重要呀，而我们却很少有人想到这一点！我们残酷地抹杀了他人的感觉，又自以为是，我们在其他人面前批评一位小孩或员工，找差错，发出威胁，甚至不去考虑是否伤害到别人的自尊。然而，一两分钟的思考，一句或两句体谅的话，对他人态度作宽大的谅解，都可以减少对别人的伤害。

下一次，我们在辞退一个佣人或员工时，应该记住这一点。

以下，我引用会计师马歇尔·格兰格写给我的一封信的内容：

“开除员工并不是很有趣。被开除更是没趣。我们的工作是有季节性的，因此，在3月份，我们必须让许多人离开。

“没有人乐于动斧头，这已成了我们这一行业的格言。因此，我们演变成一种习俗，尽可能快点把这件事处理掉，通常是依照下列方式进行：‘请坐，史密斯先生，这一季已经过去了，我们似乎再也没有更多的工作交给你处理。当然，毕竟你也明白，你只是受佣在最忙的季节里帮忙而已’等。

“这些话为他们带来失望以及‘受遗弃’的感觉。他们之中大多数一生皆从事会计工作，对于这么快就抛弃他们的公司，当然不会怀有特别的爱心。

“我最近决定以稍微圆滑和体谅的方式，来遣散我们公司的多余人员，因此，我在仔细考虑他们每人在冬天里的工作表现之后，一一把他们叫进来，而我就说出下列的话：‘史密斯先生，你的工作表现很好（如果他真是如此）。那次我们派你到纽约华克去，真是一项很艰苦的任务。你遭遇了一些困难，但处理得很妥当，我们希望你知道，公司很以你为荣。你对这一行业懂得很多——不管你到哪里工作，都会有很光明远大的前途。公司对你有信心，支持你，我们希望你不要忘记！’

“结果呢？他们走后，对于自己被解雇的感觉好多了。他们不会觉得‘受遗弃’。他们知道，如果我们有工作给他们的话，我们会把他们留下来。而当我们再度需要他们时，他们将带着深厚的私人感情，再来投效我们。”

在我们课程内有一个学期，两位学员讨论挑剔错误的负面效果和让人保留面子的正面效果。宾夕法尼亚州哈里斯堡的弗瑞·克拉克提供了一件发生在他公司里的事：“在我们的一次生产会议中，一位副董事以一个非常尖锐的问题，质问一位生产监督，这位监督是管理生产过程的。他的语调充满攻击的味道，而且明显的就是要指责那位监督的处置不当。为了不愿在他攻击的面前被羞辱，这位监督的回答含混不清。这一来使得副董事发起火来，严斥这位监督，并说他说谎。

“这次遭遇之前所有的工作成绩，都毁于这一刻。这位监督，本来是位很好的雇员，从那一刻起，对我们的公司来说已经没有用了。几个月后，他离开了我们公司，为另一家竞争对手的公司工作。据我所知，他在那儿还非常的称职。”

另一位学员，安娜·马佐尼提供了在她工作上非常相似的一件事，所不同的是处理方式和结果。马佐尼小姐是一位食品包装业的市场行销专家，她的第一份工作是一项新产品的市场测试。她告诉班上说：“当结果出来时，我可真惨了。我在计划中犯了一个极大的错误。整个测试都必须重来一遍。更糟的是，在下次开会我要提出这次计划的报告之前，我没有时间去跟我的老板讨论。

“轮到我报告时，我真是怕得发抖。我尽了全力不使自己崩溃，因为我知道我决不能哭，而让那些人以为女人太情绪化而无法担任行政业务。我的报告很简短，只说是因为发生了一个错误，我在下次会议会重新再研究。我坐下后，心想老板定会批评我一顿。

“但是，他只谢谢我的工作，并强调在一个新计划中犯错并不是很稀奇的事。而且他相信，第二次的普查会更确实，对公司更有意义。

“散会之后，我思想纷乱，我下定决心，我决不会再让我的老板失望。”

假如我们是对的，别人绝对是错的，我们也会让别人丢脸而毁了他的自我。传奇性的法国飞行先锋和作家安托安娜·德·圣苏荷依写过：“我没有权利去做或说任何事以贬抑一个人的自尊。重要的并不是我觉得他怎么样，而是他觉得他自己如何，伤害人的自尊是一种罪行。”

一位真正的领导者会遵行……

已故的德怀特·摩洛，拥有让好战分子双方和解的神奇能力。他怎么办到的呢？他小心翼翼地找出两方面对的地方——他对这点加以赞扬，加以强调，小心地把它表现出来——不管他做何种处理，他从未指出任何人做错了。

每一个公证人都知道这一点——让人们留住面子。

世界上任何一位真正伟大的人，绝不浪费时间满足于他个人的胜利。我举一个例子来说明：

1922 年，土耳其在经过几世纪的敌对之后，终于决定把希腊人逐出土耳其领土。

穆斯塔法·凯墨尔，对他的士兵发表了一篇拿破仑式的演说，他说：“你们的目的地是地中海。”于是近代史上最惨烈的一场战争终于展开了。最后土耳其获胜。而当希腊两位将领——的黎科皮斯和迪欧尼斯前往凯墨尔总部投降时，土耳其人对他们击败的敌人加以辱骂。

但凯墨尔丝毫没有显出胜利的骄气。

“请坐，两位先生，”他说，握住他们的手，“你们一定走累了。”然后，在讨论了投降的细节之后，他安慰他们失败的痛苦。他以军人对军人的口气说：“战争这种东西，最佳的人有时也会打败仗。”

即使是像罗斯福总统这样伟大的人物也难免会犯错误，所以，对于别人错误的评价，我们应当怀着一颗宽容平静的心态来看待，即使对方错了，也要尊重他们，让他们保住面子。

◎让批评随风而去

有一次我去访问史密德里·柏特勒少将——就是绰号叫作“老锥子眼”、“老地狱恶魔”的柏特勒将军。还记得他吗？他是所有统帅过美国海军陆战队的人里最多彩多姿、最会摆派头的将军。

他告诉我，他年轻的时候拼命想成为最受欢迎的人物，想使每一个人都对他有好印象。在那段日子里，一点点的小批评都会让他觉得非常难过。可是他承认，在海军陆战队里的30年使他变得坚强多了。“我被人家责骂和羞辱过，”他说，“骂我是黄狗，是毒蛇，是臭鼬。我被那些骂人专家骂过，会不会让我觉得难过呢？哈！我现在要是听到有人在我后面讲什么的话，甚至于不会调转头去看是什么人在说这些话。”

也许是“老锥子眼”柏特勒对批评太不在乎，可是有一件事情是肯定的：我们大多数人对这种不值一提的小事情都看得太过认真。我还记得在很多年以前，有一个从纽约《太阳报》来的记者，参加了我办的成人教育班的示范教学会，在会上攻击我和我的工作。我当时真是气坏了，认为这是他对我个人的一种侮辱。我打电话给《太阳报》执行委员会主席委尔·何吉斯，特别要求他刊登一篇文章，说明事实的真相，而不能这样嘲弄我。我当时下定决心要让犯罪的人受到适当的处罚。

现在我却对我当时的作为感到非常惭愧。我现在才了解，买那份报的人大概有一半不会看到那篇文章；看到的人里面又有一半只会把它当作一件小事情来看，而真正注意到这篇文章的人里面，又有一半在几个礼拜之后就把这件事整个忘记。

我现在才了解，一般人根本就不会想到你我，或是关心别人批评我们什么话，他们只会想他们自己——在早饭前，早饭后，一直到半夜 12 点过 10 分。他们对自己的小问题的关心程度，要比能置你或我于死地的大消息强一千倍。

即使你和我被人家说了无聊的闲话，被人当作笑柄，被人骗了，被人从后面刺了一刀，或者被某一个我们最亲密的朋友给出卖了——也千万不要纵容自己只知道自怜，应该提醒我们，想想耶稣基督所碰到的那些事情。他 12 个最亲密的友人里，有一个背叛了他，而他所贪图的赏金，如果折合成我们现在的钱来算的话，也不过 19 块美金；他最亲密的友人里另外还有一个，在他惹上麻烦的时候公开背弃了他，还 3 次表示他根本不认得耶稣，一面说还一面发誓。出卖他的人占了 1/6，这就是耶稣所碰到的，为什么你跟我希望我们的能力比他更好呢？

我在很多年前就已经发现，虽然我不能阻止别人对我做任何不公正的批评，我却可以做一件更重要的事：我可以决定是否要让我们自己受到那些不公正批评的干扰。

让我把这一点说得更清楚些，我并不赞成完全不理会所有的批评，正相反，我所说的只是不理会那些不公正的批评。有一次，我问埃莉诺·罗斯福，她如何处理那些不公正的批评——老天知道，她所受到的可真不少。她有过热心的朋友和凶猛的敌人，大概比任何一个在白宫住过的女人都要多得多。

她告诉我她小时候非常害羞，很怕别人说她什么。她对批评害怕得不得不去向她的姨妈——也就是老罗斯福的姐姐求助，她说："姨妈，我想做一件这样的事，可是我怕会受到批评。"

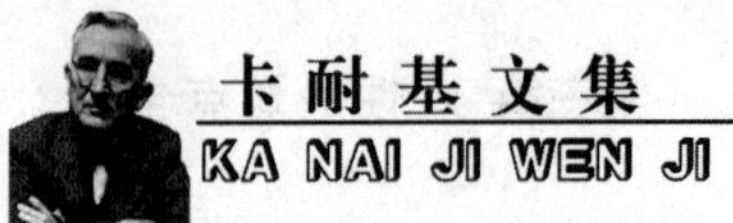

老罗斯福的姐姐正视着她说："不要管别人怎么说，只要你自己心里知道你是对的就行。"埃莉诺·罗斯福告诉我，当她在多年后住进白宫时，这一个小小的忠告，还一直是她行事的原则。她告诉我，避免所有批评的唯一方法，就是"只要做你心里认为是对的事——因为你反正是会受到批评的。'做也该死，不做也该死'"。这就是她对我的忠告。

逝去的马修当年还在华尔街四十号美国国际公司任总裁，我问过他是否对别人的批评很敏感？他回答说，是的，我早年对这种事情特别敏感，当时急于要使公司里的每一个人都觉得我特别完美。要是他们不这样想的话，就会使我忧虑。只要哪一个人对我有些怨言，我就会想法子去取悦他。可是我所做的讨好他的事情，总会使另外一些人生气。然后等我想要弥补这个人的时候，又会惹恼了其他的，最后我发觉，我越想去讨好别人，以避免别人对我的批评，就越会使我的敌人增加，因此最后我对自己说：只要你超群出众，你就肯定会受到批评，所以还是趁早适应这种情况的好。这一点对我帮助很大。从那以后，我就决定只尽我最大能力去做，而把我那把破伞收起来。让批评我的雨水从我身上流下去，而不是滴在我的脖子里。"

狄姆士·泰勒再进一步，他让批评的雨水流下他的脖子，而对这件事情大笑一番——而且当众这样。有一段时间，他在每个礼拜天下午纽约爱乐交响乐团举行的空中音乐会休息时间，发表音乐方面的评论。有一个女人写信给他，说他是"骗子、叛徒、毒蛇和白痴"。泰勒先生在他那本叫作《人与音乐》的书里说："我猜她只喜欢听音乐，不喜欢听讲话。"在第二个礼拜的广播节目里，泰勒先生把这封信宣读给好几百万听众听了几天后，他又收到这位太太写来的另外一封信，"表达她一点没有改变她的意见，"泰勒先生说，"她仍然觉得，我是一个骗子、叛徒、毒蛇和白痴。"我们实在不能不佩服用这种态度来接受批评的人，我们佩服他的沉着，他毫不动摇的态度和他的幽默感。

查尔斯·舒维伯对普林斯顿大学学生发表演讲的时候表示，他所学到的最重要的一课，是一个在他钢铁厂里做事的德国老者教给他的。那个德国老者和别的一些人为战事问题发生了争执，被那些人丢到了河里。

“当他走到我的办公室时，”舒维伯先生说，“满身都是泥和水。我问他对那些把他丢进河里的人怎样说？他回答说：‘我只是报之一笑。’”

舒维伯先生说，最后他就把这个德国老者的话当作他的座右铭：“只报之一笑。”当你成为不公正批评的受害者时，这个座右铭特别管用。别人骂你的时候，你可以回骂他，但是对那些报之一笑的人，你能说什么呢？

林肯要不是学会了对那些谴责他的话置之不理，那恐怕他早就承受不住内战的压力而崩溃了。他写下的怎样处理别人批评自己的方法，已经成为一篇文学意义上的经典之作。在第二次世界大战期间，麦克阿瑟将军曾经把这些话抄写下来，挂在他总部写字桌的墙上，而英国首相丘吉尔也把这段话镶了边框，挂在他书房的墙上。这段话是这样的：“假如我只是试着要去读——更不用说去回答所有对我的攻击，这店不如关了门，去做别的生意。我尽我所知的最好办法去做——也尽我所能去做，而我计划一直这样把事情做完。如果结果证明我是错的，那么即便花十倍的力来说我是对的，也没有什么用。”

第十一章
成熟，从现在开始

◎敢于翻开傻事的卷宗

在我的私人档案柜里，有一卷宗夹，上面写着“我所做过的傻事”。我把自己做过的所有傻事都记了下来，存在这个夹子里。有时我会用口述方式让我的秘书记录下来。但这些问题有时候太富于个性化或者太愚蠢，使我不好意思口述，就只好由我自己动手写下来。

我现在还记得我于 15 年前放在这个夹子里的一些事情，如果我能够一直对我自己保持绝对诚实的话，那么我所做过的这种傻事恐怕会挤破我的档案柜了。我可以在此重复所罗王 1300 年前所说过的：“我曾经做过傻事，做过很多傻事。”

每当我拿出“我所做过的傻事”卷宗，重读我对自己的批评时，它们都能帮我解决我所面临的最困难的问题，即如何控制自我。

我以前常常把碰到的麻烦推到别人头上，可是随着年岁渐长，我发现我所有的不幸几乎都应该怪我自己。很多人在年纪大了之后都会发现这一点。“除了我自己，再也没有别人。”拿破仑在被放逐的时候说，“除了我之外，没有任何人应该为我的失败承担责任。我是我自己最大的敌人——也是我不幸命运的根源。”

就让我告诉你一个我熟悉的人的事情吧：每当他在自我评价和自我控制的时候，可以称得上一个艺术家。他叫 H. P. 霍华，当他 1944 年 7 月

31 日在纽约大使酒店突然去世的消息传遍全美国的时候，整个华尔街都异常震惊，因为他是美国财金领域的领袖——美国商业银行和信托投资公司的董事长，同时也是好几个大公司的董事。他小的时候没有受过多少正规教育，只在一个乡村小店里当店员，后来成为美国钢铁公司贷款部经理——然后，他的职位越来越高，权力也愈来愈大。

“多年来，我一直在一个记事本上记下当天所有的约会，”在我请他解释他的成功原因时，霍华先生对我说，“我的家人也从来不在礼拜天晚上给我安排什么活动，因为他们都知道我每个礼拜天晚上都要花一些时间自我反省，重新回顾和检讨我这一星期所做的工作。晚饭之后，我就一个人关在房里，打开我那个记事本，回想周一早上以来所有的会谈、讨论和会议。我会问自己‘我那一次犯了什么错误’‘哪些事情我做对了——怎样才能改进我的做法’‘我能从中学到些什么’？有时我发现这种每周一次的检讨让自己很不高兴，甚至会为自己所犯的过错而吃惊。当然，时间一年年地过去，这些错误也就渐渐减少了。这种自我分析持续了一年又一年，是我曾经做过的事情中最有意义的。”

也许霍华的这种做法是从老富兰克林那里学来的，只不过富兰克林不会等到星期天的晚上。他会在每天晚上把当天的事情重新回顾一遍。他发现他有 13 个很严重的错误，下面只是其中的 3 项——浪费时间、为小事烦恼、和别人争论冲突。睿智的富兰克林发现，除非他能减少这类错误，否则他就不可能获得大成就。因此，他每星期都会挑出一项缺点来改正，然后把每一天的情况做成记录。到下个星期，他会再挑出另一个坏毛病，准备好了之后，再接下去进行另一场“战斗”。富兰克林这种奋斗持续了两年多时间。难怪他会成为美国有史以来最受人敬爱，也最具影响力的人。

阿尔伯特·赫伯德说：“每个人在每天当中至少有 5 分钟是个大笨蛋。所谓智慧，就是如何不超过这 5 分钟的限制。”

如果有人骂你愚蠢不堪，你会生气吗？会愤愤不平吗？我们来看看林肯如何处理。林肯的军务部长爱德华·史丹顿就曾经这样骂过总统。史丹顿是因为林肯的干扰而生气。为了取悦一些自私自利的政客，林肯签署了一次调动兵团的命令。史丹顿不但拒绝执行林肯的命令，而且还指责林肯签署这项命令是愚不可及的。有人告诉林肯这件事，林肯平静地回答："史丹顿如果骂我愚蠢，我多半是真的笨，因为他几乎总是对的。我会亲自去跟他谈一谈。"

林肯真的去看史丹顿。史丹顿指出他这项命令是错误的，林肯就此收回成命。林肯很有接受批评的雅量，只要他相信对方是真诚的，有意帮忙的。

一般人常因他人的批评而愤怒，有智慧的人却想办法从中学习。诗人惠特曼曾说："你以为只能向喜欢你、仰慕你、赞同你的人学习吗？从反对你的人、批评你的人那儿，不是可以得到更多的教训吗？"

与其等待敌人来攻击我们或我们的工作，倒不如自己动手。我们可以是自己最严苛的批评家。在别人抓到我们的弱点之前，我们应该自己认清并处理这些弱点。达尔文就是这样做的。当达尔文完成其不朽的著作——《物种起源》时，他已意识到这一革命性的学说一定会震撼整个宗教界及学术界。因此，他主动开始自我评论，并耗时 15 年，不断查证资料，向自己的理论挑战，批评自己所下的结论。

我认识一个以前推销肥皂的人，他甚至常常请人来批评他。他刚开始为柯盖公司推销肥皂的时候，订单非常少，这使他很担心会失去这份工作。他知道他的肥皂和价格都没有什么问题，所以他想问题一定出在他自己这里。因此，每次他没有做成业务的时候，就在街上散步，希望弄清楚问题究竟出在哪里：是不是他说话太含糊？是不是他的态度不够热诚？有时他会回去找客户说："我这次回来，不是向你推销肥皂，我希望能得到你的建议和你的批评。可不可以麻烦你告诉我，我在几分钟以前向你推销肥皂的时候，有什么地方做得不对？你的经验比我丰富，也比我成功，请你给我批评，请你坦诚地、不加掩饰地告诉我。”

这种诚恳的态度使他赢得了很多朋友和许多宝贵的忠告。

你猜他后来如何了？现在他已经是 CPP 肥皂公司的董事长——这是全世界最大的肥皂公司，他的名字叫 E. H. 李特，去年，全美国只有 14 个人的收入超过他。

福特公司也希望找出他们在管理和业务方面存在什么缺点。于是公司最近对全体员工做了一次意见调查，请他们来批评公司。

只有非常了不起的人才能做到 H. P. 霍华、富兰克林、E. H. 李特所做的事情。现在，既然没有人看着你，你何不自己照照镜子，问问自己到底是哪一种人？

因为我们不可能达到完美的程度，就让我们按照 E. H. 李特的办法去做，请别人给我们坦诚的、有益的、建设性的批评。

◎走出失败的阴影

事业失败者失败的一个原因在于他们在潜意识里把自己当作是一个永远的失败者，不能走出这个阴影。他们根本就无法正视自己并且为改善付出努力。

一个叫南茜的女学生，原来最大的愿望是成为一名女演员。在她的房间里塞满了戏剧方面的书籍；墙上贴满好莱坞伟大传奇人物的海报；那些登载有明星秘闻的期刊杂志南茜更是多不胜数。然而她的愿望却没有实现。她说：“我痛恨办公室的工作，可是我没有别的选择。我知道我是个失败者，可是我已无力挽回什么，我感到到处都是失败的气味！”

我们来看看南茜的父母和朋友的态度，他们也只把她的梦想视为是不可理喻的、根本不可能实现的幻想。于是南茜现在的文书工作，成为她倾泻生活中各种不满的容器。她自己认为，也许她乐于做个失败者，并且在一事无成中找寻自怨自艾的满足。

这个女学生的遭遇中有意义的是：南茜自认在事业上“一败涂地”，而她自己却没有做到这几点：

1. 找出自己真正想要的是什么；

2. 认清自己真正的长处与短处；

3. 没有有计划地发展自己的优势；

4. 没有有计划地改正错误，改善短处；

5. 没有努力为理想寻找机会；

6. 没有全心全力追求成功；

7. 没有建立自己的信心；

8. 没有协调希望与现实。

南茜对理想的态度是消极的，她只是一个命运的接受者，而不是一个挑战者。

美国南方的一个州，一直用烧木柴的壁炉作为冬天取暖的主要工具。在那里住着一个樵夫，他给某一人家供应木柴已经两年多了。这位樵夫知道木柴的直径不能大于 18 厘米，否则就不适合那家人的壁炉。可是，一次这位樵夫给这家人送去的木柴直径却大部分都超过了 18 厘米。当主顾发现后，打电话要求调换或重新把那些不合标准的木柴拿回去加工，但樵夫却没有答应主顾的要求。

这个主顾只好亲自来做劈柴的工作。他卷起袖子，开始劳动。大概在这项工作进行了一半的时候，他发现了一根非常特别的木头。这根木头有一个很大的节疤，节疤明显地被凿开又塞住了。这是什么人干的呢？他掂量了一下这根木头，觉得它很轻，仿佛是空的。他就用斧头把它劈开了。一个发黑的白铁卷掉了出来。他蹲下去，拾起这个白铁卷，把它打开。他吃惊地发现里面包有一些 50 美元和 100 美元的钞票。他数了数恰好有 2250 美元。

很明显，这些钞票藏在这个树节里面已有许多年了。这个人唯一的想法是使这些钱回到它真正的主人那里。他拿起电话找那位樵夫，问他从哪里砍的这些木头。这位樵夫的消极心态让他采取一种排斥态度。他回答道："那是我自己的事，没有人会出卖自己的秘密。"然后他不问个究竟就把电话挂断了。那位主顾无法知道钱的来历，只好无可奈何地接受这份"礼物"了。

这个故事并不是为了讽刺，而是让人们认识到机会在每个人生活中都存在的，然而以消极的心态对待生活却会阻止佳运造福于他。只有具有积极心态的人才能抓住机会，甚至从厄运中获得利益。

从许多事例中我们可以得出这样一个结论："凡是把自己的事业列为成绩平平或不成功的人，都是早就把成功的理由，置于他们控制力之外的人。他们觉得自己是永远的失败者，而这种逆来顺受的心态是不成功的主要原因。"

不少家庭为了谦虚，当别人夸奖自己孩子聪明时，经常反驳："哪里，哪里，这孩子笨得很。"这些谦虚的父母不知道这种美德也许会使自己孩子的自我观向畸形方向发展，最终真的如父母"所愿"变得毫无斗志。

人们给自己下定义的方式可以称之为自我观，自我观对于从个人角度去解释"成"与"败"非常重要。而人给自己下定义当然是极富于主观性的。有的人认为自己富于智慧与能力，有的人则认为自己智力平平无所作为，而这种自我感觉即使与事实不符，却大多数与结果相符。曾经有一位大学教授做过这样的试验，他教的两个班中学生的智力水平基本上一样，但是他在甲班上课时，不断称赞甲班学生聪明。而在乙班时则不时讽刺、嘲笑乙班学生。结果受到鼓励、自信心大增的甲班在成绩上大大超过了自信心受到打击的乙班。事实上这也是一种自我感觉的影响作用。

◎学会自爱

史迈利·布兰敦在一本书中写道："适当程度的'自爱'对每一个正

常人来说，是很健康的表现。为了从事工作或达到某种目标，适度关心自己是绝对必要的。”

布兰敦医师讲得很对。要想活得健康、成熟，“喜欢你自己”是必要条件之一。但这是表示“充满私欲”的自我满足吗？不是的。这应该是意味着一种“自我接受”——清醒地、实际地接受自己的本来面目，并伴以自重和人性的尊严。

心理学家马斯洛在其著作《动机与个性》中也曾提到“自我接受”。他如此写道：“新近心理学上的主要概念是：自发性、解除束缚、自然、自我接受、敏感和满足。”

成熟的人不会在晚间躺在床上比较自己和别人不同的地方——不会担忧自己不像比尔·史密斯那样有信心，或是像吉姆·琼斯那么积极进取。他可能有时会批评自己的表现，或觉察到自己的过错，但他知道自己的目标和动机是对的，他仍愿意继续克服自己的弱点，而不是自悔自叹。

成熟的人会适度地忍耐自己，正如他适度地忍耐别人一样。他不会因自己的一些弱点而感到活得很痛苦。

喜欢自己，是否会像喜欢别人一样重要呢？我们可以这么说：憎恨每件事或每个人的人，只是显示出他们的沮丧和自我厌恶。

哥伦比亚大学教育学院的亚瑟·贾西教授，坚信教育应该帮助孩童及成人了解自己，并且培养出健康的自我接受态度。他在其著作《面对自我的教师》中指出：教师的生活和工作充满了辛劳、满足、希望和心痛，因此，“自我接受”对每名教师来说，是同等重要的。

今日，全美国医院里的病床，有半数以上被情绪或精神出了问题的人所占据。据报道，这些病人都不喜欢自己，都不能与自己和谐地相处下去。

我并不想在此处分析导致这种情况的各种因素。我只是认为，在这个充满竞争的社会，我们往往以物质上的成就来衡量人的价值。再加上名望的追求、枯燥乏味的工作，处处都使我们的灵魂容易生病。我还坚信，由于普遍缺乏一种有力、持续的宗教信念，更是人们精神迷乱的重要因素。

哈佛大学的教授怀特在《进步：性格自然成长的分析》中谈起了目前社会很流行的一种观念：人应该调整自己去适应环境。怀特反驳说："这种观念认为一个人的理想状态就是能成功地压抑自己与适应狭窄的生活方程式，而不问这样做的结果是使人失去个性、目标和方向，遮蔽了人创造与发展的潜能。"

我非常赞同怀特博士的观点。很少有人有勇气特立独行或明白我们的真实处境。我们在行动之前就被社会文化和经济观念限制住了。从吃饭、穿着、生活方式和观念，我们和邻居如此相似。一旦我们某个不一样的行为与这种环境相异时，我们就会变得精神紧张或神经过敏，甚至于厌恶自己。

我认识的一位女性嫁给了一位野心勃勃、很有进取心、独断专行的政治家，于是，夫妇两人的社交圈就是所谓的名流圈子，里面横竖着以社会地位和金钱数量来权衡人的标准。这位女性温柔贤淑，有谦虚的性格。在这种环境中她的优点都被别人认为的缺点所取代。她越来越自卑，直到讨厌自己。

在我看来，这个女人的问题的关键不在于她无法适应环境，而在于她无法适应和接受自己，无法心平气和、快快乐乐地接受自己。她没有彻底明白一个人只能按照自己的性格而不可能按照别人的性格来行事。

她要做的第一件事就是不能用别人的标准来权衡自己。她必须明确自己的价值观，然后自信地生活，并且善于和自己相处，消除厌恶自己的情绪。

夸大自己错误的程度和范围是讨厌自己的人经常做的事情之一，适当的自我批评是好事，有利于一个人的成长。但是演变为一种强迫性的观念时，就会使我们变得瘫痪，不能聚集力量做积极正面的事。

班上有一位女学员，她在班上说："我总是感到胆怯和自卑。别人好像都很沉着、自信。我一想到自己的缺点就感到泄气，于是就无法自如地说话了。"

每个人都有自己的缺点，但问题的关键不在于你的缺点，而在于你有多少优点。

决定一件艺术品和一个人的最终因素不是缺点。莎士比亚的作品中充满了历史和地理的基本常识的错误，狄更斯则尽力在小说中渲染伤感的气氛。但是谁计较呢？缺点并不妨碍他们成为一流的文学大师，因为优点才是最终的决定因素。我们在交朋友的时候也会感到对方缺点的存在，但是我们喜欢和他们交往是因为我们喜欢他们身上的优点。

对以前和当前错误的过分计较会导致一个人的罪恶感和自卑感快速滋长，不用很久，我们就不再尊重自己，习惯性地对自己痛打五十大板。所以，我们一定要让以前的事情沉到水底，然后游到水面上来重新呼吸新鲜的空气。

要学会喜欢和接受自己，首先必须挖掘自己对缺点的包容之心。包容不代表我们要降低对自己的要求，然后躺在床上睡大觉，而是明白人无完人。对别人求全责备是不公平的，要求自己完美则是一种极端的自我本位。

我认识的一个女人是个绝对的完美主义者。她要求自己做什么事情都没有疏漏。但在别人眼里，她是个失败的人。一个简单的报告她需要折腾几个小时，耽误了自己和别人的时间；一篇主题演讲她什么都要涉及和讲解，结果让听众百无聊赖。她绝不接待临时到访的客人，因为她没有任何准备。她绞尽脑汁追求完美，事实上，她的确做到了一种形式意义上的完美，但直接的代价是毁掉了生活中的理解、自然和乐趣。其实，完美并非完美本身，她是想超越别人，因为她不想自己在优点方面和别人处在同一水平线上。她想成为人群的焦点。所以，她做事并不是出于发挥自己已有的才能，她并不能享受工作和生活的欢乐，只是为了超过别人，让自己在高高的完美的架子上昂起头。

人没有完美的，强迫性的对完美的追求一旦不成功，这个人就会变得讨厌甚至憎恨自己。

人不能时时刻刻都处在特别认真的状态中，学着喜欢自己的前提之一就是能偶尔放慢行进的脚步欣赏自己。

马里兰州的精神病协会董事巴缔梅尔说："过去的人习惯在睡觉之前回想一下当天的活动，做一下反省。现在的人好像已经很少用了，实际上，这仍然是一个有用的办法。"

除非我们能与自己好好相处，否则很难期待别人会喜欢与我们在一起。哈里·佛斯迪克曾经观察那些不能独处的人，形容他们好像"被风吹袭的池水一样，无法反映出美丽的风景来"。

独处能使我们发现内在的休息港口，能有参详的对象，是我们与外界接触的基础。安妮·马萝·林柏在其著作《来自海洋的礼物》中曾说过："我们只有在与自己内心相沟通的时候，才能与他人沟通。对我来说，我的内心就像幽静的泉水，只有在独处时才能发现其美。"

独处能使我们更客观地透视自己的生命。《圣经》的诗篇里有一句忠言："要安静，便可知道我就是神。"这话至今仍是忠言。独处的确对我们的灵魂十分有益，就好像新鲜空气对我们的身体极有帮助一样。

如果你想让自己远离情绪化的泥潭，就请做到了解并喜欢你自己吧！

◎别为打翻的牛奶哭泣

就在我写这句话的时候，我望望窗外，看见我院子里一些恐龙的足迹——一些留在大石板和石头上的恐龙的足迹。这些恐龙的足迹，是我从耶鲁大学的皮博迪博物馆买来的。我还有一封由皮博迪博物馆馆长写来的信，说这些足迹是一亿八千万年前留下来的。就连白痴也不会想追溯到一亿八千万年前去改变这些足迹。而一个人的忧虑就正如这种想法一样愚蠢：因为就算是180秒钟以前所发生的事情，我们也不可能再回头去纠正它——可是我们有很多的人却正在做这样的事情。说得更确切一点，我们可以想办法来改变180秒钟以前发生的事情所产生的影响，但是我们不可能去改变当时所发生的事情。

唯一可以使过去的错误有价值的方法，就是平静地分析我们过去的错误，并从错误中得到教训——然后再把错误忘掉。

我知道这句话是有道理的，可我是不是一直有勇气、有脑筋去这样做呢？要回答这个问题，让我先告诉你几年前我有过的一次奇妙经历吧。我让三十几元钱从大拇指缝里溜过，没有得到一分钱的利润。事情的经过是这样的：

我开办了一个很大的成人教育补习班，在很多城市里都有分部，在组织费和广告费上，我也花了很多的钱。我当时因为忙于教课，所以既没有时间，也没有心情去管理财务问题，而且当时也太天真，不知道我应该有一个很好的业务经理来支配各项支出。

最后，过了差不多一年，我发现了一件清楚明白，而且很惊人的事实：我发现虽然我们的收入非常多，却没有得到一点利润。在发现了这点之后，我应该马上做两件事情：

第一，我应该有那个脑筋，去做黑人科学家乔治·华盛顿·卡佛尔在银行没收了他的5万元——也就是他毕生的积蓄——时所做的那件事。当别人问他是不是知道他已经破产了的时候，他回答说："是的，我听说过了。"然后继续教书。他把这笔损失从他的脑子里抹去，以后再也没有提起过。

第二，应该分析自己的错误，然后从中得到教训。

可是坦白地说，这两件事我一样也没有做。相反的，我却开始大大发愁起来。一连好几个月我都恍恍惚惚的，睡不好，体重减轻了很多，不但没有从这次大错误里得到教训，反而接着犯了一个只是规模小了一点的同样的错误。

对我来说，要承认以前这种愚蠢的行为，实在是一件很窘迫的事。可是我很早就发现："去教 20 个人怎么做，比自己一个人去做，要容易得多。"

我真希望我也能够到纽约的乔治·华盛顿高中去做保罗·布兰德威尔的学生。这位老师曾经教过住在纽约市布朗士区的艾伦·桑德斯。

桑德斯先生告诉我，他生理卫生课的老师保罗·布兰德威尔博士教给他最有价值的一课。

当时我只有十几岁，可是那时候我已经常为很多事情发愁。我常常为我自己犯过的错误自怨自艾；交完考试卷以后，我常常会半夜里睡不着；咬着我的指甲，怕我没办法考及格；我老是在想我做过的那些事情，希望当初没有这样做；我老是在想我说过的那些话，希望我当时把那些话说得更好。

有一天早上，我们全班到了科学实验室。老师保罗·布兰德威尔博士把一瓶牛奶放在桌子边上。我们都坐了下来，望着那瓶牛奶，不知道那跟他所教的生理卫生课有什么关系。然后，保罗·布兰德威尔博士突然站了起来，一掌把那瓶牛奶打碎在水槽里——一面大声叫道："不要为打翻的牛奶而哭泣。"

然后他叫我们所有的人都到水槽边去，好好地看看那瓶打碎的牛奶。"好好地看一看，"他告诉我们，"因为我要你们这一辈子都记住这一课，这瓶牛奶已经没有了——你们可以看到它都漏光了，无论你怎么着急，怎么抱怨，都没有办法再救回一滴。只要先用一点思想，先加以预防，那瓶牛奶就可以保住。可是现在已经太迟了——我们现在所能做到的，只是把它忘掉，丢开这件事情，只注意下一件事。"

这次小小的表演，在我忘了我所学到的几何和拉丁文以后很久都还让我记得。事实上，这件事在实际生活中所教给我的，比我在高中读了那么多年所学到的任何东西都好。它教我要可能的话，就不要打翻牛奶；万一牛奶打翻、整个漏光的时候，就要彻底把这件事情给忘掉。

有些读者大概会觉得，花这么大力气来讲那么一句老话："不要为打翻了的牛奶而哭泣"，未免有点无聊。我知道这句话很普通，也可以说很陈旧。可是像这样的老生常谈，却饱含了多年来所积聚的智慧，这是人类经验的结晶，是世世代代传下来的。如果你能读尽各个时代很多伟大学者所写的有关忧虑的书，你也不会看到比"船到桥头自然直"和"不要为打翻的牛奶而哭泣"更基本、更有用的老生常谈了。只要我们能应用这两句老话，不轻视它们，我们就根本用不到这本书了。然而，如果不加以应用，知识就不是力量。

本书的目的并不在于告诉你什么新的东西，而是要提醒你那些你已经知道的事，鼓励你把已经学到的东西加以应用。

我一直很佩服已故的佛雷德·福勒·夏德，他有一种能把老的事例用又新又吸引人的方法说出来的天分。他是一家报社的编辑。有一次大学毕业班讲演的时候，他问道："有多少人曾经锯过木头？请举手。"大部分的学生都曾经锯过。然后他又问道："有多少人曾经锯过木屑？"没有一个人举手。

"当然，你们不可能锯木屑，"夏德先生说道，"因为那些都是已经锯下来的。过去的事也是一样，当你开始为那些已经做完的和过去的事忧虑的时候，你不过是在锯一些木屑。"

棒球老将康尼·麦克81岁的时候，我问他有没有为输了的比赛忧虑过。

"噢，有的。我以前常这样，"康尼·麦克告诉我说，"可是多年以前我就不干这种傻事了。我发现这样做对我完全没有好处，磨完的粉子不能再磨，"他说，"水已经把它们冲到底下去了。"

当我读历史和传记并观察一般人如何度过艰苦的环境时，我一直觉得吃惊，并羡慕那些能够把他们的忧虑和不幸忘掉并继续过快乐生活的人。

我曾经到辛辛监狱去看过，那里最令我吃惊的是，囚犯们看起来都和外面的人一样快乐。我当即把我的看法告诉了刘易士·路易斯——当时辛辛监狱的狱长——他告诉我，这些罪犯刚到辛辛监狱的时候，都心怀怨恨且脾气很坏。可是经过几个月之后，大部分聪明一点的人都能忘掉他们的不幸，安定下来承受他们的监狱生活，尽量地过好。路易斯狱长告诉我，有一个辛辛监狱的犯人——一个在园子里工作的人——在监狱围墙里种菜种花的时候，还能唱歌。

歌词是这样唱的：

事实已经注定，事实已沿着一定的路线前进，

痛苦、悲伤并不能改变既定的情势，

也不能删减其中任何一段情节，

当然，眼泪也无补于事，它无法使你创造奇迹。

那么，让我们停止流无用的眼泪吧！

既然谁也无力使时光倒转，因此不如抬头往前看。

所以，为什么要浪费眼泪呢？当然，犯了过错和疏忽都是我们的不对，可是又怎么样呢？谁没有犯过错？就连拿破仑，在他所有重要的战役中也输过1/3。也许我们的平均纪录并不会坏过拿破仑，谁知道呢？

◎既成之事，只需欣然接受

当我还是一个小孩的时候，有一天，我和几个朋友一起在密苏里州西北部的一间荒废的老木屋的阁楼上玩。当我从阁楼爬下来的时候，先在窗栏上站了一会，然后往下跳。我左手的食指上戴着一个戒指。当我跳下去的时候，那个戒指钩住了一根钉子，把我整根手指拉脱了下来。

我尖声地叫着，吓坏了，还以为自己死定了，可是在我的手好了之

后，我就再也没有为这个烦恼过。再烦恼又有什么用呢？我接受了这个不可避免的事实。

现在，我几乎根本就不会去想，我的左手只有四根手指头。

几年之前，我碰到一个在纽约市中心一家办公大楼里开货梯的人。我注意到他的左手被齐腕砍断了。我问他少了那只手会不会觉得难过，他说："噢，不会，我根本就不会想到它。只有在要穿针的时候，才会想起这件事情来。"

令人惊讶的是，在不得不如此的情况下，我们差不多都能很快接受任何一种情形，如使自己适应，或者整个忘了它。

我常常想起在荷兰首都阿姆斯特丹的一家15世纪的老教堂，它的废墟上留有一行字：

事情既然如此，就不会另有他样。

在漫长的岁月中，你我一定会碰到一些令人不快的情况，它们既是这样，就不可能是他样。我们也可以有所选择。我们可以把它们当作一种不可避免的情况加以接受，并且适应它，或者我们可以用忧虑来毁了我们的生活，甚至最后可能会弄得精神崩溃。

下面是我最喜欢的心理学家、哲学家威廉·詹姆斯所提出的忠告：

要乐于接受必然发生的情况，接受所发生的事实，是克服随之而来的任何不幸的第一步。

住在俄勒冈州波特兰的伊丽莎白·康奈利，却经过很多困难才学到这一点。下面是一封她最近写给我的信：

"在美国庆祝陆军在北非获胜的那一天，我接到国防部送来的一封电报，我的侄儿——我最爱的一个人——在战场上失踪了。过了不久，又来了一封电报，说他已经死了。

"我悲伤得无以复加。在那件事发生以前，我一直觉得生命对我来说多么美好，我有一份自己喜欢的工作，努力带大了这个侄儿。在我看来，他代表了年轻人美好的一切。我觉得我以前的努力，现在都有很好的收获……然后却收到了这些电报，我的整个世界都粉碎了，觉得再也没有什么值得我活下去。我开始忽视自己的工作，忽视朋友，我抛开了一切，既冷淡又怨恨。为什么我最疼爱的侄儿会离我而去？为什么一个这么好的孩子——还没有真正开始他的生活——就死在战场上？我没有办法接受这个事实。我悲痛欲绝，决定放弃工作，离开我的家乡，把自己藏在眼泪和悔恨之中。

“就在我清理桌子、准备辞职的时候，突然看到一封我已经忘了的信——一封从我这个已经死了的侄儿那里寄来的信。是几年前我母亲去世的时候，他写来给我的一封信。‘当然我们都会想念她的，’那封信上说，‘尤其是你。不过我知道你会撑过去的，以你个人对人生的看法，就能让你撑得过去。我永远也不会忘记那些你教我的美丽的真理：不论活在哪里，不论我们分离得有多么远，我永远都会记得你教我要微笑，要像一个男子汉承受所发生的一切。’

“我把那封信读了一遍又一遍，觉得他似乎就在我的身边，正在向我说话。他好像在对我说：‘你为什么不照你教给我的办法去做呢？撑下去，不论发生什么事情，把你个人的悲伤藏在微笑底下，继续过下去。’

“于是，我重新回去开始工作。我不再对人冷淡无礼。我一再对我自己说：‘事情到了这个地步，我没有能力去改变它，不过我能够像他所希望的那样继续活下去。’我把所有的思想和精力都用在工作上，我写信给前方的士兵——给别人的儿子们。晚上，我参加成人教育班——要找出新的兴趣，结交新的朋友。我几乎不敢相信发生在我身上的种种变化。我不再为已经永远过去的那些事悲伤，我现在每天的生活都充满了快乐——就像我的侄儿要我做到的那样。”

伊丽莎白·康奈利学到了我们所有人迟早都要学到的东西——我们必须接受和适应那些不可避免的事情。这不是很容易学会的一课，就连那些在

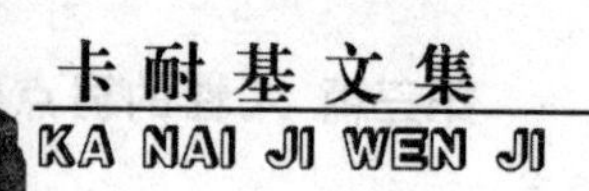

位的帝王也要常常提醒他们自己这样做。已故乔治五世在他白金汉宫的房里墙上挂着下面的这句话：“教我不要为月亮哭泣，也不要为过去的事后悔。”叔本华也曾说过：“能够顺从，就是你在踏上人生旅途中最重要的一件事。”

很显然，环境本身并不能使我们快乐或不快乐，只有我们对周围环境的反应才能决定我们的感觉。必要时我们都能忍受灾难和悲剧，甚至战胜它们。我们也许会以为我们办不到，但我们内在的力量却坚强得惊人，只要我们肯加以利用，就能帮助我们克服一切。

“当我们不再反抗那些不可避免的事实之后，”爱尔西·迈克密克在《读者文稿》的一篇文章里说，“我们就能节省下精力，创造出一个更丰富的生活。”没有人能有足够的情感和精力，既抗拒不可避免的事实，又创造一个新的生活。你只能在这两个中间选择一个。你可以在生活中那些无可避免的暴风雨之下弯下身子，或者你可以因抗拒它们而被摧折。

“对某些必然之事，要轻快承受。”这几句话是在耶稣基督出生前399年说的。但是在这个充满忧虑的世界，今天的人比以往更需要这几句话：“对必然的事，要轻快地去承受。”

第十二章
办事的尺度

◎没话可说，最好别说

大卫的父母离婚后，协议规定他和母亲一起生活。由于手头拮据，母子二人只好搬到另一个城市去。大卫于是也要到一所新的学校去上课，结交新的朋友。这种种变化叫他伤透了心。他开始对那些父母没有离婚的孩子感到反感，而且经常因为很小的缘故或无缘无故跟人打架。在这种痛苦的生活中，他养成了对人过分苛求的习惯。他几乎对谁都没有一句好话。

一天，有个对大卫的情况十分了解的同学走到他身边。“我父母也离婚啦，”他轻声地说，“我知道你心里难受。不过，你得抛弃你的怒气和痛苦。你跟别人过不去，这只能伤害你自己。要是你没法说点儿什么好话，那你最好什么也别说。”

由于痛苦，大卫最初的确很难接受这位同学的建议。但既然情况似乎变得越来越糟，他就对自己的谈吐变得比较谨慎了。他经常把马上就要冲口而出的话咽回去；若是在以前，他的这些伤害人、挖苦人的话简直是没遮没拦的。他开始意识到他从前对身边同学的关心是多么不够。随着理解的扩大，他开始明白，像他一样遭受家庭变故的不只他一个人，许多其他孩子也经历过令人难堪的家庭解体。大卫开始想办法去鼓励他们，帮助他们处理好自己的痛苦与茫然。到学期结束时，大卫的态度产生了180度的根本转变，并获得了那些当初由于他管不住自己的脾气而与他疏远了的同学的好感。

我们无论是谁，在家里、学校里或工作中，都可能经历过精神上受到压抑的情形。当事情进展不顺利时，我们就往往忍不住责怪别人，我们或许认为，找别人的错，能使我们对自己所处的状况觉得好受点儿。但也可能是这样想的：我不好过，你也别想好过。

在我们每个人都曾经历过的“沮丧”时刻里，如果我们不能说对人有益的好话，那我们最好还是什么也别说。破坏性的语言，往往会产生破坏性的结果。除了会给周围的人造成不必要的痛苦之外，从我们口中说出的那些消极性的话语往往只会使问题变得复杂起来。

在生活中遇到了难以应付的挑战，我们就可能认为，说些粗野和伤人的话是有道理的。上文提到的那个父母离了婚的孩子，受着许许多多他无法理解、无法解决的感情和情绪的折磨。但他终于还是发现，贬低和伤害他人并不是解决问题的办法。通过客气和富于理解的言辞，或干脆怀着同情听别人说话，他终于学会了帮助他人；反过来，他又受到了周围人们的帮助，而他终于在自己身上找回了生活的勇气。

当我们遇到灾难或烦心的事儿，倘若我们还记着应与面前的事物保持一定距离，直至能够看清与之相联系的背景为止；倘若我们学会了“管住自己的舌头”，那么，我们也许就能避免说出许多具有破坏性的话。在生活的各个方面，倘若人们背着沉重的思想包袱，这对他们自己和其他人，都会产生致命的影响，因为这些思想问题所强调的是否定的而不是积极的方面。因此，重要的是我们要懂得，创造性的思想产生于不断寻找答案的过程之中。

有句久经时间考验的名言：“你如果没有好话可说，那就什么也别说。”这实在是你在一天之中该说些什么话的座右铭。倘若你出于某种原因而感到沮丧，如有必要，可以找朋友或师长谈谈。每个人都有不顺心的时候。当你感到情绪有些不对头时，千万别发作，以免伤害别人，因为别人也同样需要听到些表示理解和支持的话。对自己要说出的话，要时刻保持警惕。要记住，不愉快的时刻迟早会过去，如果我们的舌头没有闯祸，就不会留下需要医治的创伤。

◎如要采蜜，不可弄翻蜂巢

人就是这样，做错事的时候只会怨天尤人，就是不去责怪自己。

善解人意和宽恕他人，需要有修养自制的功夫。

美国鼎鼎有名的黑社会头子，后来在芝加哥被处决的阿尔·卡庞说："我把一生当中最好的岁月用来为别人带来快乐，让大家有个好时光。可是我得到的却只是辱骂，这就是我变成亡命之徒的原因。"卡庞不曾自责过。事实上他自认为造福人民——只是社会误解他，不接受他而已。达奇·舒兹的情形也是一样，他是恶名昭彰的"纽约之鼠"，后来因江湖恩怨被歹徒杀死。他生前接受报社记者访问时，也自认为造福群众。

我曾和在纽约辛辛监狱担任过好几年的典狱长的路易·罗斯就关于罪犯不曾自责的问题通过几次信，他表示：牢里的犯人很少自认为是坏蛋。他们和你一样，都是人，都会为自己辩解。他们告诉你，为什么要打破保险箱，为什么要开枪杀人。大多数人都能为自己的动机提出理由，不管有理无理，总要为自己破坏社会的行为辩解一番。因此，他们的结论是：他们根本不应该被关进牢里。

假如阿尔·卡庞这帮歹徒以及许多关在监狱里的亡命男女，他们从不曾为自己的行为自责过，我们又如何强求日常所见的一般人？

心理学家史金诺经通过动物实验证明：因好行为受到奖赏的动物，其学习速度快，持续力也更久；因坏行为而受处罚的动物，则不论速度或持续力都比较差。研究显示，这个原则用在人身上也有同样的结果。批评不但不会改变事实，反而只会招致愤恨。

另一位心理学家汉斯·希尔也说："更多的证据显示，我们都害怕受人指责。”

因批评而引起的羞愤，常常使雇员、亲人和朋友的情绪大为低落，并且对应该矫正的事实状况，一点也没有好处。

西奥多·罗斯福和塔夫脱总统之间有段广为人知的争论——他们的不和睦导致共和党的分裂，而将伍德洛·威尔逊送进了白宫。让我们简单地回忆一下这段历史：1908 年，罗斯福搬出白宫，共和党的塔夫脱当选为总统，然后，罗斯福到非洲去猎狮子。当他回到美国后，看到塔夫脱的保守作风，很是震怒。罗斯福除了公然抨击塔夫脱，还准备再度出来竞选总统，并打算另组“进步党”，这几乎导致老共和党的瓦解。果然，紧接而来的那次选举，塔夫脱和共和党只赢得了两个区的选票——佛蒙特州和犹他州，这是共和党有史以来遭受的最大失败。

罗斯福谴责塔夫脱，但是塔夫脱承认自己有错吗？他曾含着眼泪说道：“我不知道所做的一切有什么不对。”

俄克拉荷马州的乔治·约翰逊是一家营建公司的安全检查员，检查工地上的工人有没有戴上安全帽是约翰逊的职责之一。据他报告，每当发现工人在工作时不戴安全帽，他便用职位上的权威要求工人改正，其结果是：受指正的工人常显得不悦，而且等他一离开，便又常常把帽子拿掉。

后来约翰逊决定改变方式。第二回他看见有工人不戴安全帽时，便问是否帽子戴起来不舒服，或是帽子尺寸不合适。并且用愉快的声调提醒工人戴安全帽的重要性，然后要求他们在工作时最好戴上。这样的效果果然比以前好得多，也没有工人显得不高兴了。

人就是这样，做错事的时候只会怨天尤人，就是不去责怪自己。明天你若是想责怪某人，请记住阿尔·卡庞等人的例子。让我们认清：批评就像家鸽，最后总会飞回家里。也让我们认清：我们想指责或纠正的对象，他们会为自己辩解，甚至反过来攻击我们，或是像塔夫脱所说，“我不知道所做的一切有什么不对。”

当林肯咽下最后一口气时，陆军部长史丹顿说道："这里躺着的是人类有史以来最完美的统治者。"

为什么这么说呢？因为林肯找到了与人相处的秘诀——不为任何事指责任何人。而且，这个秘诀是林肯在差点丢了性命后获得的。

年轻时的林肯特别喜欢批评他人。林肯喜欢批评人吗？不错。他住在印第安纳州湾谷的时候，年纪尚轻，不仅喜欢评论是非，还写信写诗讽刺别人。他常把写好的信丢在乡间路上，使当事人很容易发现。

1842 年秋天，林肯写文章讽刺一位自视甚高的政客詹姆士·席尔斯，并在《春田日报》上发表了一封匿名信嘲弄席尔斯，全镇哄然引为笑料。自负而敏感的席尔斯当然愤怒不已，终于查出写信的人，他跃马追踪林肯，下战书要求决斗，林肯本不喜欢决斗，但迫于情势和为了维持荣誉，只好接受挑战。他有选择武器的权利，由于手臂长，他选择了骑兵的腰刀，并且向一位西点军校毕业生学习剑术。到了约定日期，林肯和席尔斯在密西西比河岸碰面，准备一决生死。幸好在最后一刻有人阻止他们，才终止了决斗。

这是林肯终生最惊心动魄的一桩事，也让他懂得了如何与人相处的艺术。从此以后，他不再写信骂人，也不再任意嘲弄人了。也正是从那时起，他不再为任何事指责任何人。

1863 年 7 月 1 日到 3 日，"盖茨堡战役"展开，到了 7 月 4 日晚上，李将军开始向南方撤退。当时乌云密布，随即暴雨倾盆而至。李将军带着败兵逃到波多马克河边，只见前方是高涨的河水，后方是乘胜追击的政府军，李将军进退无据，真是陷入了绝境。林肯见了，知道是天降的大好良机，只要打败李将军的军队，战争很快就可以结束。于是，他满怀希望地下了一道命令给米地将军，要米地立刻出击李将军，不用通知"紧急军事会议"。林肯不但用电报下令，并且另派专差传讯，要米地马上行动。

米地将军有没有马上行动呢？正好相反。他完全违背林肯的命令，先行通知“紧急军事会议”。他迟疑不决，故意拖延时间，用尽了各种借口，拒绝攻打李将军。最后，水退了，李将军和军队越过波多马克河，顺利南逃。

林肯勃然大怒。“这是怎么一回事？”林肯对着儿子罗伯特咆哮，“老天，这究竟是怎么回事？他们就在触手可及的地方，只要我们伸出手，他们必定跑不掉的。难道我说的话不能让军队移动半步？像这种情况，什么人都可以打败李将军，就是我也可以让李将军俯首就擒。”

极端失望之余，林肯坐下来给米地写了一封信。记住，这时的林肯，言论措辞都比以前保守自制。所以，这封写于1863年的信，已相当表达了林肯内心的极端不满。

亲爱的将军：

我不相信你对李将军逃走一事会深感遗憾。他就在我们伸手可及之处，而且，只要他一就擒，加上我们最近获得的胜利，战争即可结束。现在，战争势必延续下去，上星期一你不能顺利擒得李将军，如今他逃到波多马克河之南，你又如何能保证成功呢？期盼你会成功是不智的，而我也并不期盼你现在会做得更好。良机一去不再，我实在深感遗憾。

你以为米地将军读了这封信之后，会有什么表示？

米地将军从没有见过这封信，因为林肯并没有把这封信寄出去，这是他死去后别人在一堆文件中发现的。

我们的猜测是，林肯在写完这封信之后，望着窗外，左思右想，把信搁到一边。惨痛的经验告诉他：尖锐的批评和攻击，所得到的效果都是零。

西奥多·罗斯福说，在他当总统的时候，凡是遭遇到难解的问题，就会望着挂在墙上的林肯像自问：“如果林肯处于我的现况，会如何解决这个问题？”

我年轻时，总喜欢让别人留下深刻的印象，所以写了一封可笑的信给理查·哈定·戴维斯。他当时刚出现在美国文坛，颇引人注意。那时，我正好帮一家杂志社撰文介绍作家，便写信给戴维斯，请他谈谈他的工作方式。在这之前，我收到某人寄来的信，信后附注："此信乃口授，并未过目。"这话留给我极深印象，显示此人忙碌又具重要性。于是，我在给戴维斯的信后也加了这么一个附注："此信乃口授，并未过目。"虽然我当时一点也不忙，只是想给戴维斯留下较深刻的印象。

他根本不劳心费力写信给我，只把我寄给他的信退回来，并在信后潦草地写了一行字："你恶劣的风格，只会更增添原本就恶劣的风格。"的确，我是弄巧成拙了，受这样的指责并没有错。但是，身为一个人，我觉得很恼羞成怒，甚至10年后我获悉戴维斯去世的消息时，第一个念头仍然是——"我实在羞于承认——我受到的伤害"。

假如你想引起一场令人至死难忘的怨恨，只要发表一点刻薄的批评即可。

让我们记住：我们所相处的对象，并不是绝对理性的动物，而是充满了情绪变化、成见、自负和虚荣的人类。

本杰明·富兰克林年轻的时候并不圆滑，但后来却变得富有外交手腕，善与人应对，因而成了美国驻法大使。他的成功秘诀是："我不说别人的坏话，只说大家的好处。"

只有不够聪明的人才批评、指责和抱怨别人——的确，很多愚蠢的人都这么做。

但是，善解人意和宽恕他人，需要修养和自制的功夫。

卡莱尔说过："伟人是从对待小人物的行为中，显示其伟大。"

鲍伯·胡佛是个有名的试飞驾驶员，时常表演空中特技。有一次，他从圣地亚哥表演完后，准备飞回洛杉矶。根据《飞行作业杂志》所描述，胡佛在300英尺高的地方时，刚好有两个引擎同时出故障。幸亏他反应灵敏，控制得当，飞机才得以降落。虽然无人伤亡，飞机却已面目全非。

胡佛在紧急降落之后，第一个工作是检查飞机用油。正如所料，那架第二次世界大战的螺旋桨飞机，装的是喷射机用油。

回到机场，胡佛要见那位负责保养的机械工。年轻的机械工早为自己犯下的错误痛苦不堪，一见到胡佛，眼泪便沿着面颊流下。他不但毁了一架昂贵的飞机，甚至差点造成3人死亡。

你可以想象出胡佛的愤怒。这位自负、严格的飞行员，显然要对不慎的维护工大发雷霆，痛责一番。但是，胡佛并没有责备那个机械工人，只是伸出手臂，围住工人的肩膀说道："为了证明你不会再犯错，我要你明天帮我的F－51飞机做修护工作。"

记住："如要采蜜，不可弄翻蜂巢。"让我们尽量去了解别人，而不要用责骂的方式吧！让我们尽量设身处地去想——他们为什么要这样做。这比起批评责怪还要有益、有趣得多，而且让人心生同情、忍耐和仁慈。

约翰博士也说过："上帝本身也不愿论断人，直到末日审判的来临。"

◎切忌直说"你错了"

歌剧男高音真·皮尔士的婚姻差不多有五十年之久了。一次他说："我太太和我在很久以前就订下了协议，不论我们对对方如何的愤怒不满，我们都一直遵守着这项协议。这项协议是：当一个人大吼的时候，另一个人就应该静听——因为当两个人都大吼的时候，就没有沟通可言了，有的只是噪音和震动。"

承认自己也许会做错，就能避免争论，而且，可以使对方跟你一样宽宏大度：承认他也可能有错。

如果你有55％的胜算把握，大可以到华尔街证券市场一天赚个一百万元；如果没这个把握，你凭什么说别人错了？

不论你用什么方式指责别人——你可以用一个眼神，一种说话的声调，一个手势，就像用话语那么明显地告诉别人他错了——而如果你告诉他他错了，你以为他会同意你吗？绝不会！因为你直接打击了他的智慧、判断力、荣耀和自尊心。这会使他想反击，但绝不会使他改变心意。即使你搬出所有柏拉图或康德的逻辑，也改变不了他的己见，因为你伤了他的感情。

永远不要这样开场："好，我证明给你看。"这句话大错特错，等于是说："我比你更聪明。我要告诉你一些事，使你改变看法。"

那是一种挑战，那样会挑起争端。在你尚未开始之前，对方已经准备迎战了。

即使在最温和的情况下，要改变别人的主意都不容易。那为什么要使它更不容易呢？

为什么要使你自己的困难更加一层呢？如果你要证明什么，不要让任何人看出来。技巧要到家，使对方察觉不出来。

"必须用若无其事的方式教导别人。提醒他不知道的好像是他忘记的。"三百多年前意大利天文学家伽利略说。

"你不可能教会一个人任何事情；你只能帮助他自己学会这件事情。"正如英国19世纪政治家查士德·斐尔爵士对他的儿子所说的："如果可能的话，要比别人聪明，却不要告诉人家你比他聪明。"苏格拉底在雅典一再告诫门徒："我只知道一件事，就是我一无所知。"我不能奢望比苏格拉底更高明，因此我不用告诉别人他们错了。我发现，这么做会有收获。

如果有人说了一句你认为错误的话——是的，即使你知道是错的——你若这么说不更好吗？"啊，是这样的！我倒另有一种想法，但也许不对。我常常会弄错，如果我弄错了，我很愿意被纠正过来。我们来看看问题的所在吧。"

用这种句子"我也许不对，我常常会弄错，我们来看看问题的所在"确实会得到神奇的效果。

无论什么场合，没有人会反对你说："我也许不对。我们来看看问题

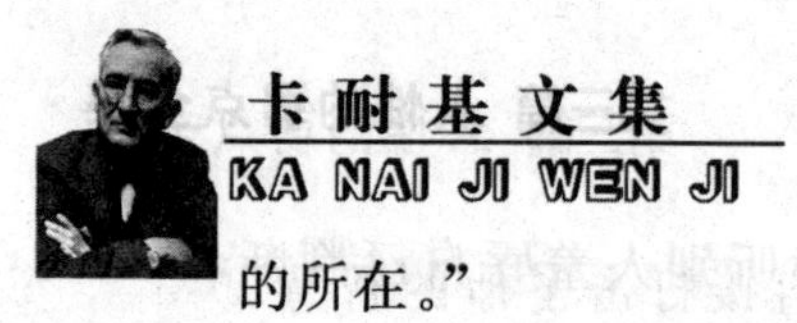

的所在。”

有个学员就曾用这种方式处理顾客纠纷，他是“道奇汽车”在蒙大拿州的代理商哈洛·雷恩克。雷恩克在报告时指出，由于汽车市场的竞争压力，在处理顾客投诉案件时，常常显得冷漠，不带感情。这很容易引起愤怒，甚至做不成生意或造成许多不快。

他告诉班上的其他学员：“后来我想清楚这样于事无补，便改变方法。我转而向顾客这么说，‘我们公司犯下了不少错误，我实在深以为憾。请把你碰到的情形告诉我。’

“这种方法显然消除了顾客的敌意。情绪一放松，顾客在处理事情的过程中就容易讲道理了。许多顾客对我的谅解态度表示感谢，其中有两个人甚至后来还带了朋友来买车。在竞争激烈的市场上，我们很需要这样的顾客。而我相信尊重顾客意见，对待顾客周到有理，都是赢得竞争的本钱。”

你永远不会因认错而导致麻烦。只有如此才能平息争论，促使对方也能同你一样公正宽大，甚至也承认他或许错了。

杰出的心理学家卡尔·罗吉斯在他的《如何做人》一书中写着：

“当我尝试去了解别人的时候，我发现这真是太有价值了。我这样说，你或许会觉得很奇怪。我们真的有必要这样做吗？我认为这是必要的。在我们听别人说话的时候，大部分的反应是评价或判断，而不是试着了解这些话。在别人述说某种感觉、态度或信念的时候，我们几乎立刻倾向于判定‘说得不错’，或‘真是好笑’‘这不正常嘛’‘这不合道理’‘这不正确’‘这不太好’。我们很少让自己确实地去了解这些话对其他人具有什么样的意义。

“有一次，我请一位室内设计师为我家布置一些窗帘。当账单送来时，我大吃一惊。过了几天，一位朋友来看我，看到了那些窗帘。她问起价钱，而后得意地说：‘什么？太过分了，我看他占了你的便宜。’

“真的吗？不错，她说的是实话。可是没有人肯听别人羞辱自己判断力的实话。因此，身为一个凡人，我开始为自己辩护。我说贵的东西终究有贵的价值，你不可能以便宜的价钱买到高品质又有艺术品位的东西等。

“第二天另一位朋友也来拜访，开始赞扬那些窗帘，表现得很热心，说她希望家里负担得起那些精美的窗帘。我的反应完全不一样了。‘说句老实话，’我说，‘我自己也负担不起。我付的价钱太高了，我后悔订了它们。’”

当我们错的时候，也许会对自己承认。而如果对方处理得很巧妙而且和善可亲，我们也会对别人承认，甚至以自己的坦白率直而自豪。但如果有人想把难以下咽的事实硬塞进我们的食道……

赫雷斯·葛雷利是美国内战期间最有名的评论记者。他极力反对林肯的某些政策，他相信，只要通过一连串的争论、嘲讽或辱骂，定可迫使林肯同意他的观点。月复一月，年复一年，葛雷利连续不断对林肯发动攻击。事实上，在林肯被刺的当天晚上，他还写了一封极其粗鲁的讽刺信件给林肯。

但是，林肯会因种种难堪而同意葛雷利的意见吗？绝不，嘲笑和谩骂永远不会有这种效果。

假如你想在处理人事和自我改进这方面得到一些好意见，不妨阅读本杰明·富兰克林的自传——这本书可说是有史以来最精彩的生活故事。本杰明·富兰克林告诉我们，他如何改掉喜欢争辩的坏习惯，而变成美国历史上最有能力、最亲切有礼，并最具外交手腕的政治人物之一。

当本杰明还是涉世未深的青年时，有个老贵格派教友用话刺激他：

“本，你真是无可救药。对意见与你相左的人，你总是粗鲁地加以侮辱，致使他们也不得不起来奋力反击。你的朋友认为，若是你不在身旁，他们会更快乐自在。你懂得太多，所以他们觉得已没有什么话可对你说。的确，没有人想尝试与你相处，因为任何努力可能只是白费力气。所以，从今以后，你不可能再多懂什么东西了。虽然，其实你现在也只是懂得一点皮毛而已。”

据我所知，本杰明·富兰克林有个长处，就是能接受言之有理的指责。他够大度，也够聪明，能够理解对方所言不差。他也意识到失败和某种社会悲剧正等着他，于是幡然觉悟，马上改掉自大、独断的习性。

“我立下规则，”富兰克林说道，“我不再直接反对而伤害别人，也不过于伸张自己的意见。我甚至不使用太没有弹性的字眼，如‘当然’‘没有疑问’等。相反的，我尽量用‘我认为’‘我理解’或‘我猜想某件事是如此如此’‘截至目前为止，它看起来是如此’等。假如有人提出某些主张，而我以为错了，我也不再粗鲁地与他们争辩。相反的，我先找出某些特定案例或状况，证明对方的意见也可能是对的，只是在目前的状况，这些意见‘似乎’或‘看起来’有一点不同等。经过这样的改变之后，我发觉获益颇多。和别人交谈的时候，气氛显得愉快多了。由于采取比较谦和的态度，别人比较能够接受我的意见，不会发生争论；就算有时犯了错，也比较不会招致受辱的情境；而在‘我对，别人错’的状况下，就更容易说服对方认错，转而同意我的看法。”

◎不与小人比输赢

“没有敌人的人生太寂寞。”这位先哲真是好大的口气，试想谁希望以敌人的存在来充实自己的人生经历？其实，如果仔细想想，你的敌人是谁呢？是不是从出生开始就有敌人存在或存在的仅仅只是你的假想敌人？敌人本来并不存在，只是由于某种原因才出现。或者是原来的朋友反目成现在的敌人，也许将来还会变成朋友。不打不相识，你们为什么不能彼此间成为朋友呢？把你的敌人看作你的朋友，如果你这样做了，说明你每天在一点点地提高自己，开阔自己。

但是，礼让并不是无原则的一味退让，并不是对所有的事都保持沉默。不要以为这样你才有深度、有内涵，是一个襟怀博大、有容人之量的人。事实恰恰相反，如果你这么做，别人只会把你看作懦弱无能、愚笨无知的代名词，绝对不会正视你的存在。在某些时候，你不得不去争取、去辩论，去实现自己存在的价值，去批评、反击自己认为是忍无可忍的事情，别人绝对不会说你肤浅狭隘，有些事情，如果你不去做，别人又怎么会知道？

一个人的口才十分厉害，人人对他退避三舍，唯恐被他当众取笑一番。碰上这种人，不管你反唇相讥或沉默不语，别人只会含笑欣赏这一幕闹剧。最难缠的人物，莫如那些生性浅薄而缺乏自知之明的人，他们以攻击人家的弱点为乐事，得理不饶人，叫你丢尽面子才肯罢休。如果在你的周围刚好出现这样一个人物，他说话的声音特别嘹亮，每句话像飞刀一样直插听者的心中，令人又惊又怒，你应该如何做出适当的反应，让对方晓得你并不好欺负，而又不失自己的风度？

喜欢图一时之快、嘲笑别人，以求达到伤害对方自尊心目的的人，都有一个通病——欺善怕恶。由于缺乏涵养，认为别人无言以对，把对方踩在脚下，自己便会升高一级，增加自我的价值，结果慢慢地便形成一种暴戾习气，对人对事一味挑剔，还自认为具有非凡的洞察力、见识过人。别人越是显出畏惧，他们越是得意扬扬，尖酸刻薄的话，一吐为快，毫不知道收敛。

面对这种自以为口才很好，却是令人讨厌的人时，你既不要随便示弱，也无须自我降格，跟他针锋相对。你应该这样做：

（1）在对方说得起劲，更难听的话也冲口而出的时候，你实在不必再忍受这样肤浅的人，你可以站起来礼貌地说：“对不起，请继续你的演说。我先走了。”如果对方还有一点自尊的话，他应该感到羞耻。

（2）当他正在心情兴奋地把你的弱点一一挑出来取笑时，你只需平静地定睛看着他，像一个旁观者，兴味盎然地欣赏眼前这个小丑的每一个表情，对方便会难以再唱独角戏。

(3) 当他实在太惹人讨厌，总是找你的麻烦，每句话都是针对着你时，你要尽量抑制怒气，装听不见，切勿中了对方的诡计，跟他唇枪舌剑。如果你根本不理会他，他便无法再独白下去，他的弱点会因此而暴露无遗，有目共睹，同时显出你的涵养，非比寻常。

有些人是天生的“疯子”，你对他的所作所为非常厌恶，但又无可奈何，你只能用“不可理喻”四字来形容他。如果他特别针对你，像一只疯狗似的到处吠你，穷追不舍，你的烦恼自然大大增加，他甚至可能做出损人不利己的行为，后果更是不堪设想。你既没有足够的精力与时间跟他周旋到底，以牙还牙，看看鹿死谁手，又不愿与这种人纠缠下去，以免降低人格。面对这种矛盾的情形，什么才是最明智的处理方法？

或者，你会说：“我不会跟这种人计较，不愿为他浪费我的宝贵光阴，我想他疯够了便会停下来，永远对这个人敬而远之才是。”你也可能会说：“我会找他出来当大家面说清楚。请其他朋友主持公道，看看谁是谁非，我不要自己蒙上不白之冤。”其实这种人之所以可恶可恨，完全是因为他们心术不正，满脑子是害人的歪念，以致面目也变得奸险狰狞，看见受害者摊上麻烦、心绪不宁，他们便乐不可支。对付这种卑鄙小人，你不能动真气、讲道理，或妄想以情义打动他们的心。

对方故意跟你过不去，除了自叹遇上恶人，你所能做的，便是对着镜子做一下深呼吸，长吁一口气，承认你交错这样一个朋友。尽管内心隐隐作痛，还是要努力控制情绪，表面上不动声色，从此对这个人不存半点希望，不让他再有机会影响自己的生活，任由他到处乱吠好了。既然他已失去了常性，你又何必跟一个疯子苦苦理论？

如果你对某些不可理喻的人已经束手无策，无奈之余只得说一声“我不生气”的时候，你有没有想过要掌握一些技巧来正确地提出自己的要求呢？你肯定有这个愿望，那么你又该如何表达自己的意愿呢？

在公共场合里，我们时常会遇到一些不受欢迎的人物。例如，在电影院里，年轻人忘情地大叫大笑，高谈阔论；在音乐会中，邻座的观众不停地讲话，令你十分苦恼，你想出声请他们安静下来，却碍于礼貌，不愿当众指责对方，只有强自忍受。这样，你会变得越来越内向怕事，不敢据理力争，凡事得过且过。

你不要欺负人，也不可随便让别人踩到你的头上，这才是正确的人生观。一味迁就自私自利的人，容忍对方对自己造成的间接伤害，没有人会因你的仁慈而心存感谢；相反，懦弱无能或许是人家对你的形容。其实，一个真正有涵养的人，面对上述情形的时候，他会有这些表现：当对方的行为实在太过分，令人忍无可忍之际，他不害怕挺身而出，告诉对方他带给他人的不良影响，由于其态度是诚恳而义正词严的，对方会感到惭愧。

如果你出言不逊，大声怒斥道："你这个自私的人，知不知道你说话的声音太大，惹人讨厌。"对方的反应必然是怒目而视，反唇相讥，不但不会合作，反而故意跟你作对，引起激烈的争执。你应该这样说："先生，请你说话小声一点好吗？"或者"请你保持安静，谢谢。"与其直斥其非，不如清楚地告诉对方你要他们怎样做，更能使他明白自己带给人家的不良影响，乐意与你合作。

培养说话技巧，在不伤害他人自尊心的情况下，达到你心目中的效果，何乐而不为？一个人在愤怒的时候，他的言行通常会出错，无论何时何地，你必须切记这一点。

◎无事也登三宝殿

所谓的路子，是指遇紧急情况或需要某种情报时，可以灵活动用的东西，如果在这种万一的情况下不能为自己的利益发挥作用，则缺乏拥有路子的意义。

尽管如此，只有遇上求助场合才会打电话的行为，未免太自私，鲜少打电话来的人一旦打电话来时，心里正想着不知有何贵干，不料闲聊30分钟后，对方忽然说：“你能否替我要几张演奏会的入场券？”这种情形时常可见。这绝对不是令人愉快的事情。有事相托才会打电话来的人，不免令人怀疑对方只是在利用自己。至少，这种情形无法发展成健全的人际关系。

自己与他人联络时，如果突然就向平常疏于招呼的对象提出恳求时，由于明白对方心里感觉“遭到利用”，因此自己也会变成愈来愈不好意思打电话给对方。

对方万一是自己想请求帮忙的对象，即使是平常无事相托时，也有必要认真地保持联络。倘若是平时保持着联系的对象，即使是困难的请求也容易开口提出，而对方也必定不会觉得自己遭利用，并能轻快应允协助。

反过来说，所谓路子，如能保持无事相求时也能轻松相互联络的关系，才是最理想的状态。为了联络，必须一一捏造出理由才能打电话的关系，在万一的情况下无法发挥作用。

即使是男女之间，夜里心血来潮拨电话给对方时，“有什么事？”再也没有比对方提出这种问题更令人伤心的了。由于不是工作上的电话，如果被问及这样的问题，大致可以确定是无希望可言。如果不能成为没事也能通电话的对象，绝对无法建立恋爱关系。

路子的情形亦相同，所谓真正可以亲密往来的对象，愈是无事相求时愈能尽情通电话。反之，遇上有事相托时，即使三言两语，彼此也能明白对方想说的话，“OK，你不用多说。”通话时间也相对缩短。遇上有事相求时，可以开门见山地提出请求。

为了让路子发挥作用，你应尽量储备许多这种对象。在万一状态下，可以当作网络加以活用，是完全取决于“无事也登三宝殿”的功夫。

◎掌握好告别的时间点

以前曾参加我课程训练班的学员詹姆斯感到自己学到的东西还不够

用，就又一次进了我的课程训练班，要求再进行学习。我对他表示欢迎之后，问他：

“你认为自己目前最大的问题是什么？”

詹姆斯老老实实地回答道：

“说实在的，我自己也不知道。从你那儿我确实学会了热忱、自信、勇气以及如何赞扬别人……这一切都使我获益匪浅。”

我也奇怪了，就继续问他：

“你一定赢得了许多朋友吧？”

“是的，确实如此，但朋友们往往不欢迎我第二次上他们家做客。”

“这是为什么呢？”

“我不知道。”詹姆斯接着往下说，没想到他从朋友的性格一直说到阿拉斯加的天气、风土人情……口若悬河地讲了近三个小时。

我早已满脸倦意，不过这下我可知道詹姆斯的朋友不欢迎他的原因了。詹姆斯太健谈了，毫无休止，根本不懂告别的艺术，于是我打断詹姆斯的话说：

“詹姆斯先生，我已经明白你的朋友不欢迎你的原因了。”

“噢，那太好了，你赶快教教我吧。”詹姆斯兴奋地叫道。

我不忍当场说出他的缺点，使他没面子，就婉转地说：“明天你来上培训课吧，看看其他学员怎么做，你就会明白的。”

詹姆斯急切地问道：

“你能今天就告诉我吗？我实在是太想知道了。”

我微笑着劝道：

“不要着急，明天知道对你有好处，反正也不在乎一天半天的了。”

詹姆斯见我把话说到这个份上，只好恋恋不舍地戴好帽子，遗憾地说：

“唉，要等到明天才能知道。”

第二天，詹姆斯来到班上。我给学员们布置任务，让他们训练说话的艺术，互相赞美对方。

詹姆斯见我一直没有说他的事，就有点坐不住了。但我微笑着示意他不要动。他只好耐着性子在那儿看其他学员们练习。

下课的时间到了，有些学员站起来向我告别，有些学员仍留在教室里：其中有一位女学员走过来问一个问题。

我仔细地倾听着，然后给那位学员做解释，我已经把她当成屋子里最重要的人了。

女学员离去后，又有几位学员过来把我围住向我请教问题。我一一做了简明扼要的回答，给他们留下很深的印象。

詹姆斯实在熬不住了，就走过来对我说：

“您可以告诉我我的问题了吧？”

我说：“你的谈话很有魅力，充满了艺术性，是个很容易赢得他人喜欢的人。”

詹姆斯听了这话，非常高兴。

我继续赞扬地说：

“你充分运用了热忱和勇气的原理，并且极其富有绅士风度，令所有人都对你着迷。”

詹姆斯被我说糊涂了，忙不迭地问道：

“那我的问题究竟出在哪儿？”

我慢悠悠地说：

“难道你刚才没有注意到那些学员是如何向我告别的吗？”

“没有。”

“这正是你的缺点所在，你从不观察别人是如何告别，你不懂告别的艺术。”

“难道问题在这里？”詹姆斯若有所思地说。

我这才向他谈到，聪明的人晓得如何用时机提出告别，他们的告别往往会给对方留下深刻的印象，同时又达到交际的目的。并详详细细地讲述了告别的艺术。詹姆斯虚心地听着，心里越来越认识到自己的问题所在。詹姆斯后来成为一名受人欢迎的社交家。

由此可见，掌握告别的技巧在你的交际中意义重大。

首先，和友人谈话，要注意把握时间。拜访一般朋友，时间不宜超过半个小时，如果有重要的事，那就应该约个时间做一次长谈。拜访老相识，如果对方有空，不妨多坐会儿，但也要切记不能把一件事反反复复地说了一遍又一遍，那样会让人觉得讨厌。

即使是关系较好的朋友，也要控制好交谈的时间，要为对方考虑，掌握好告别的时间，以免影响他人的生活、工作，日久必会令人厌烦，而不愿继续交往。

其次，可以在谈兴正浓的时候告别，这会给对方留下深刻的印象，这无疑是一种明智的交际手段。

◎投入社交，推销自己

你需时时鞭策自己，设法找机会展现自己的能力，多让人了解自己，进而建立互相尊敬、信赖的关系。这是交朋友的理想步骤。

关于个人交际，我想说的是，“不要以为漫无目的地出外寻找，就可以找到对自己有益的朋友。交际通常是发生在存有某种目的的时候。当你向自己的目标前进时，所走的路与旁人的交错，才会产生交际，也才会交到有实际助益的朋友，于是成功的机会才会显现。”

交际对于任何人来说都一样重要。伊丽莎白十分了解这个道理。她是特拉华州唯一的女性眼科医生，在该州是相当有名望的人物。

这位女医生是如何建立自己的声望的呢？一名知识上班族若想建立声望，除了积极参与社会活动外，别无他法。伊丽莎白就是如此获得既有活力又有爱心的评价的，而这种评价使她成为极受信赖的眼科医生。

她知道由于工作之故，无法借报纸、广播做自我推销，于是，她便选择了为公众服务的方式来提高自己的声望。果然，这种方法使她深得人心，也将她的事业推向成功。

伊丽莎白23岁时在特拉华州的乔治城的诊所开业。开业后，她的第一份工作就是整理出所有曾经交往过的朋友名单，同时参加该城的妇女团体。不久，她便当上了妇女会会长，并且连任两届。稍后，她又当上职业妇女组织州联合会会长。

她曾一度在主妇学校及业余剧团中十分活跃。她还经常参加宗教、妇女及其他各类聚会。她抽空把到国外旅游时的所见所闻制作成幻灯片展示给大家看，这个举动使她与大家的心更接近。

她的社会生活多彩而忙碌，但她仍然能抽出时间扩大自己的交际范围。她曾出任视力鉴定协会会长，另外，她还被州长两次任命为特拉华州的视力鉴定考试委员。目前，她是特拉华州残疾人协会干事，并且也是州长直属高速公路委员会中的三名女性之一。

那么，她对于参与社交活动的看法又如何呢？她说："能多参与社会性的工作，被人们信赖的机会就较高，随时有可能把自己推销出去。"

就是这样，伊丽莎白在极短的时间内得到了大众的尊敬与信赖，不但生活更为丰富，也为工作带来了便利。她的声望可以说，就是不断扩大交际范围的成果。

其次，在企业界，愈成功的人愈受重视。人们想加入"成功者俱乐部"很难，但一旦加入，以后便是坦荡的大道。因为若活跃于其间，便能轻易获得同类的成功意识，同时，对方的知识与经验，都能使你的脚步更稳健、更扎实。

这里，我建议所有有雄心、有抱负的年轻人，多与前辈、有成就者接触是非常重要的。他们丰富的生活经验是年轻人创业的最好范本。对于他们来说，看到对未来充满雄心、憧憬的年轻人就好像看到当年的自己，他们通常会特别有好感。所以，相信他们很乐意为年轻人提供自己的见解与经验。

◎五大法则扩大交际圈

善于交际的人，总是在不停地扩大自己的交际范围，认识一个新的朋友，等于进入他的社交圈，从而又认识一批人，不断地产生倍数效应。我经常鼓励我的学员这样做，并给了他们相应的一些建议：

1. 广泛参加各种团体活动

对于参加联谊会、集训、研讨会或志趣相同者的夏令营、冬令营等活动，都是许多人在一起的集体活动，即便你兴趣不浓也还是积极参加为好。

因为，此类活动所创造的交际机会是非常多的。比如，有些不喝酒的人，稍微喝了一点，就把心里话全都倒了出来，从此与这些人结成了好朋友。如果你总是说“乱哄哄的有什么意思”之类的拒绝之辞，那么以后就不会有人再邀请你了。

各类社团组织、学术团体聚集着各种人才，大家志趣、爱好相投，有共同语言，可以相互切磋技艺，研究学问。定期举办的各种活动可为其成员提供充分的交往机会，所以，不要放弃你感兴趣的任何团体。

2. 好好利用与人合作的机遇

与人合作的过程也是交友的过程，为扩大交际范围提供了良好的机遇，因为共同的事业是寻觅知心朋友的前提条件。

不可错过与人合作的项目，而且还要积极寻找共同完成的事业，才可广交朋友。

3. 培养自己的好奇心

爱好、兴趣广泛的人，易于同各种人交朋友。一个人如果会打桥牌、跳舞、游泳、滑冰、打球、下棋等，爱好一多，与大家“凑趣”的机会就多，结交朋友的机会也就多了。

即使自己并不擅长某一方面，但若表现出浓厚的兴趣，博得对方的欢心，肯定了他的特点，也能引发共鸣。

抱有好奇心，集体活动时，不管谁邀请都一起活动。自己感兴趣的要去，不感兴趣的也要去，不管男性和女性都要兴致勃勃地活动。只有这样才能让人感受你的魅力，并让人感受快乐的气氛。当大家聚到一起时，不要忘了这一点。

此外，要关心各种问题。常关心大家所关心的事，特别是关心你结交的人们所感兴趣的事情。

4. 不要让性格差异成为障碍

常言说，物以类聚，人以群分。志趣相投的人容易接近，反之，则容易疏远。但要记住，社交与选择朋友不完全是一回事。社交圈中，更多的不是朋友，或者只是普普通通的朋友。因此，在社交过程中，不要用选择朋友甚至是知心朋友的条件来作标准，凡是志趣不符、性格不合的人一概拒之门外。

在社交圈中认识的新朋友应是与你有较大差别的人才好。朋友之间在知识结构、兴趣爱好、生活经历、气质性格等方面存在差别，有助于双方广泛地了解形形色色的社会生活层面。新朋友的见解即使与你大相径庭、迥然不同，也是一大幸事，这可以补充、丰富你的思想。

5. 积极参加集体活动

有些人不喜欢参加集体活动，这些人老埋怨自己没有朋友，实际就是缺少热情。无论大家做什么，需要多少时间，这些人就知道做自己喜欢的事情，绝不与大家一起干。什么都是自己决定，自己能领会的才想做，像这样个性很强的人是很难交到朋友的。

第十三章
创造奇迹的一封信

看到这个标题之后，我知道你心里一定在想："创造奇迹的一封信，故弄玄虚地为自己做广告，这太可笑了。"你一定是这样想的，不信咱们可以打赌。

如果是在 15 年前，我看见这样一个标题，我也会产生和你同样的想法。你不相信我说的话？这很好，怀疑使人进步。我相信人类的进步是以怀疑开始，从而产生思考、提问，最终开始挑战。我在 20 岁的时候就喜欢怀疑，那时候我在密苏里州居住。所以我不会怪你有这样的想法。

我一直在想，我用"创造奇迹的一封信"做标题是否准确。我很坦诚地说，这是不确定的。

因为这封信的效果，甚至比"奇迹"这一词还要多一倍。这个结论不是我说的，而是美国最著名的推销大师、曾担任敏威尔公司的销售经理、现任彼得公司广告主管、全美广告联合会会长坦可先生说的。

坦可先生从前做销售的时候，会同时给多家客户邮寄信函，这些信函的回复率一般都在 8%以内；如果收到 15%的回信，那就已经非常好了；如果回复率能够达到 21%的话，可以说这就是一个奇迹。

而坦可先生有一封信，就是本章中这封"创造奇迹的一封信"，它的回复率竟然高达 42%，比"奇迹"还要高出一倍。别吃惊，不仅仅这一封，坦可先生有许多信件都获得了同样的效果。当人们问坦可先生是如何做到这些的时候，坦可先生如是说："我所发出的信函，之所以回复率倍增，是因为我参加了卡耐基先生的培训班。他让我知道我过去所做的事情是多么幼稚。我按照卡耐基先生的每一个原则写信，结果就是你们看到的。”

这里是这封信的原信，在这封信中的用词和语气，都使收信人有一种被尊重的感觉，让他们很有意向为写信者做点什么。

我在括号里详细分析了一下这封信。

亲爱的伯莱克先生：

我不知道您愿不愿意帮我解决一个小小的难题？

（让我们试想一下当时的情景：一个远在亚利桑那州的木材商，突然接到纽约敏威尔公司一位高级职员的来信；而这封信一开头就说，那位纽约的高级职员，要请对方帮助他解决一项困难。我们可以想象到亚利桑那州的那位木材商，会对自己这样说：“好吧！如果纽约那位先生，真遇到什么困难，那他是找对人了。我一向愿意帮助人家，我看看他到底遇到了什么难题。”）

去年，我曾使我们公司相信各家木材代理商销售增加的原因，是由于我们“敏威尔公司”举办了直接通讯的效果。

最近，我寄出各商家的询问函件有1600封，使我感到兴奋的是，已收到他们复函数百封，那表示他们赞成这项合作有显著的效果。

因此，我们又完成了一项直接通讯的新计划，相信你也会喜欢的。

可是，今天早晨我们公司总经理和我讨论到关于去年所实施计划的报告，并问我关于营业额方面的情形如何，究竟有多少买卖成交？所以，我必须请你帮助我，让我能获得这项资料。

（“请你帮助我获得这项资料”，这是一句很好的措辞，坦可说了实在话，而他也给远在亚利桑那州的一个代理商诚实而恳切的重视。可是需要注意的是：坦可并没有说出一句他公司如何重视的话。可是，他使对方立即知道，他是如何需要对方的赐予和帮助。

坦可又向对方承认极需要对方帮这个忙；不然无法向总经理做一圆满

的报告。亚利桑那州那商人，也具有普通的人性，当然喜欢听这些话。）

我请求你帮助的是：一、在来函附上的明信片上，请你告诉我，去年你所成交的生意，有哪些是由直接通讯获得成功的。二、请你告诉我，那些买卖的总额是多少。如果你肯赐下复函，我非常感激。我对你所提供的资料，极是珍惜，而且感谢你的好意。

推销部主任坦可谨启

这是很简单的一封信，是不是？但它却能产生奇迹……因为请对方帮忙，使对方有了自尊、自重的感觉。那种心理学是有效的，不论你是销售海绵屋顶材料，或者是坐福特汽车去欧洲旅行。

现在有这样一个例子：我和卡鲁，有一次去法国内地做汽车旅行的时候，突然迷了路。我们把那部“老爷车”停下，问当地的村民，我们如何可以驶去一个大镇。

这问路的效果，就像通了电流一样……这些人穿的是木鞋，以为所有美国人都是有钱的，而汽车在那一带，更少见到。驾着汽车游览法国的美国人，一定是百万富翁，也许就是汽车大王“福特”的堂兄堂弟。

可是他们知道的事，有些是我们不知道的。我们比他们有钱，但我们把帽子脱下，恭敬有礼地向他们问路，就给了他们一种自重感。他们立刻开始说话，其中有一个，似乎觉得这是一个难得的机会，叫旁边的人都安静下来，他想要一个人享受这种给我们指出迷途的快感。

你不妨自己试一试！当你下次到一个陌生的地方，把一个看来经济、社会阶层比你低的人拦住，问他说：“不知你肯不肯帮我解决一点困难，请你告诉我如何到某某路、某某巷，好吗?”

富兰克林就用这种方法，把一个对手变成一个终生的朋友。富兰克林年轻的时候，他把所有的积蓄，都投资在一家小型的印刷厂中。他设法让自己被选举为费城议会的书记，由于那个职务能使他做到公家的印刷生意。那位置对他来讲，是很有利的，他希望能够达到这个目的。可是，在他的前方，却有个很大的障碍，议会中有个最富有、最有能力的人，他极不喜欢富兰克林，不但不喜欢，他在演讲中还公开毁谤富兰克林。

这件事对富兰克林非常的危险。所以，富兰克林决心要使那个人喜欢他！

可是，他要如何进行呢？这是个难题……他为那人做些有好处的事？不，那会引起对方的怀疑，说不定更会轻视富兰克林！

富兰克林喜欢思考，并且有很强的能力，他决不会这样做，他做了一件正巧相反的事，他让他的对手帮他一个忙。

富兰克林向那人借十块钱？不，不是的……富兰克林所求于那人的，是触动他的虚荣、一桩使对方认为高兴的事。那是很巧妙的表示，富兰克林对他的智识和成就表示赞赏。

这是富兰克林自传中的一则故事。

“我听说他的图书室里，有一本极少见到的奇书。我就写了一封信给他，表示很希望能看到他所收藏的那一本书。

“我请他借我观阅数天，他很快地叫人把我所希求的书送来。一星期后，我如期还给他，同时还附上一封信，表示我很感激他的帮忙。

“几天后，我们见面时，他开口跟我讲话——这是从来没有过的事——并且很客气，就从那次以后，他表示愿意帮助我做任何一件事，继而我们成了很好的朋友，直到他去世的时候。”

富兰克林去世迄今已有一百多年了，可是他所应用的心理学，这种请人帮助的心理学，仍然是人们所重视的。

我讲习班里有个学员叫爱姆赛尔，他运用这种心理学，获得了很大的成效。爱姆赛尔推销铅管和热气用品已经很多年了。他费尽脑筋，想要跟勃洛克林的一个铅管技师做买卖。

这个铅管技师，生意做得很大，同时信用也非常好，可是爱姆赛尔一开始就受到了打击。这个铅管技师，是个粗线条的人，是个蛮横、粗暴的人物。他坐在办公桌椅上，嘴上叼着一支浑粗的雪茄，每次见到爱姆赛尔就这样说："我今天什么也不要，别浪费我的时间，你走吧！"

后来有一天，爱姆赛尔尝试了一个新方法，这个方法，使他获得了一个朋友和很多的订货合同。

爱姆赛尔的公司，打算在长岛的皇后村买一栋房子，开设分公司。那房子正好跟那铅管技师的房子为邻，因此他很熟悉房子的情形。所以，这一次他去见那技师时，就这样说："某先生，今天我不是来跟你谈买卖的，我是想请你帮一个小忙。如果你方便的话，那只需要一分钟的时间就够了。"

那铅管拔师嘴上叼着一支浑粗的雪茄，一副财大气粗的模样，说："嗯，好吧。你有什么话？快说吧！"

爱姆赛尔说："我的公司想在皇后村开一家分公司，你对这里的情形，相信比任何人都清楚，所以我来讨教你一点意见……你看这是不是一个很好的计划！"

这是过去从没有发生过的情况！这些年来这个铅管技师对推销员都是咆哮怒喝，使他获得一种高贵感。

可是现在，有个大公司的推销员来请教他、征求他的意见。

他拉过一张椅子，指了指说："你坐下。"这次，他花了一小时的时间，详细告诉爱姆赛尔关于皇后村铅业方面的情形。

他不但赞成在这里开设分公司，同时替爱姆赛尔计划出购置地产的程序和购买货物、开业的一切情形。他为一家有规模的铅业公司指示营业方针……从这方面他获得了高贵感。从公事谈到私事，他变得十分友善，同时还告诉爱姆赛尔关于他家庭中困扰的事和冲突。

爱姆赛尔说："那天晚上，我临走的时候，我口袋里不但装进大批订货合同，而且还建立了巩固的商业友谊的基础。我现在和这个过去对我狂吠、咆哮的人，一起打高尔夫球，过去那种态度已完全改变，这是由于我请他帮了一件使他感到重要的事。”

让我们瞧瞧坦可的另一封信，再看他如何巧妙运用这种“帮我一个忙”的心理学。

数年前，坦可先生由于得不到商人、包工头和建筑师回答他询问的信，使他感到非常苦恼。那时候，他发给建筑师、工程师的信，常常收不到1%的复函。他认为有2%的复函，已算不错了，如果是3%的话，那就更好了。10%如何呢？那该是一项奇迹了。

可是下面的信，差不多得到50%的效果……也就是说，已超过他认为是奇迹的五倍。那是些什么样的回信呢？两三页满含友善的建议与合作的回信。

这里是原信，你要注意他所用的心理学和有些地方措辞上的技巧……这封信，跟上次那封大致相同。

当你看这封信时，要注意字里行间，尽量分析收信人心理上的感受，找出它何以会有高出奇迹五倍的效果。

亲爱的社先生：

我不知道你肯不肯，帮助我解决一点困难？

一年前，我曾向我们公司建议：建筑师们最需要的，是一本商品目录——详列本公司所有的建筑材料，并且说明它的用途。

现在附函寄上一本，这是我们公司第一次提供的服务。

只是目前存书不多，本公司并不反对我再版的建议，但是需要有充分的资料证明，再版的书能完成一次满意的任务。

所以，这件事希望能获得你的帮助，我请你，还有全国其他四十九位建筑师做我的评判员。

为了不敢使你有太多的麻烦，我在信后附上几个简短的问题，如蒙赐答，感激不尽；并附上回邮，敬希不吝示下。只是这件事不敢对你有所勉强，可是在我来讲，是否将这本目录停止再版，那完全以你的经验、建议为原则。

无论如何，你可确信我很感激你的合作，谢谢你。

坦可谨启

在这里需要提出一点重要的警示，根据我的判断，很多人在读过这封信之后，会机械地运用其中的心理学。我们所需要的是尊重对方，而不是虚伪的献媚，伪善是不会成功的。

必须记住：我们每一个人，都希望得到别人的尊重，为此，甚至会不惜代价。可是，没有人会接受不真诚的、虚伪的奉承。

我需要重申一遍：

这本书中向你传授的所有原则，必须用心去做才能有效。我不希望人们用狡诈的骗局，去欺骗他人；这种不欺骗的世界，将是今后我们全新的生活方式。

第四篇

语言的突破

全集

本书是卡耐基最早的作品之一。它出版后，在人类出版史上创造了一个奇迹，10 年之内就发行了2 000 多万册，远远超过同期《圣经》的发行量，而且被译成了几十种文字，成为世界上最受推崇的“语言教科书”。

第一章
突破语言的八大规则

◎克服人性中的弱点

◎ 任何时候都不要让“冰霜”结在脸上，不如干脆把“冰霜”融化掉，方法是说些有趣的事。

◎ 不论在何种社交场合，幽默都会帮助你打开与人沟通的大门。

◎ 培养乐观的人生态度和坚强的意志，用勇敢顽强的精神激励自己。

◎ 通过学习提高对事物的认知能力，扩大认知视野，正确判定恐惧源。

我是从1912年开始教授当众说话的课程的，当时的任务是为纽约基督教青年会夜校讲授“公开演讲”课。那段经历对我来说是非常宝贵的，因为，它使我积累了丰富的关于演讲的知识，并促成了我的口才培训班的诞生。

在纽约为商业界和专业人员开班时，我逐渐了解到，学员们不仅需要在演讲方面受到训练，还迫切需要掌握日常商务和社交中与人交流的艺术。因为人们除了渴望健康以外，最需要的便是改善人际关系，学会为人处世艺术，而这一切又都是以说话为前提和手段的。于是我决定在这方面进行深入的研究，并因此最终总结出了一套比较全面实用的课程，这是很有意义的事情。“沉默是金”的谚语，应随时代的变迁而重新评估，因为如何发挥语言的魅力，决定了现代人能否由沟通走向成功。

正像如何提高当众说话的能力一样，日常生活中的任何沟通交流，都需要人们克服畏惧、建立自信，这是实现更有效说话的前提。只有这样，人们才能够最大限度地发挥自己的潜在能力，在各种场合下发表恰当的讲话，博得赞誉，赢得别人的喜欢，获得成功。

在培训班开课之前，我曾做过一个调查，即让人们说说来上课的原因以及希望从这种口才训练课中获得什么。调查的结果令人吃惊，大多数人的中心愿望与基本需要都是一样的，他们的回答是："当人们要我站起来讲话时，我觉得很不自在、很害怕，这使我不能清晰地思考，不能集中精力，不知道自己要说的是什么。所以，我想获得自信，能泰然自若地当众站起并能随心所欲地思考，能依逻辑次序归纳自己的思想，能在公共场所或社交人士的面前侃侃而谈，做到明晰且有说服力。"

我相信这是真实的。当你站立在听众面前时，的确不能像坐着的时候那样细致地思考，但是这种现象可以通过训练加以改善，重要的是你一定要按照下面的方法去做。

在潜意识里拒绝与人交流或者害怕当众说话，并不是某一个人独自具有的心理，大多数人都是这样，只不过程度不同而已。除了训练班的成员，对大学生我也进行过调查，80％～90％的学生都产生过不敢当众说话的恐惧感和与人交流的畏难情绪。

这好像是在说"恐惧交流"是人天生就具备的。的确如此，它是人与生俱来的一个弱点，并且和人的性格有很大的关系。心理学家认为，性格是一个人的行为表现较为稳定的基本特征。性格具有稳定性，也就是说，一个人的性格在一定的教育和环境的影响之下形成后，是难以改变的，所以才会有"江山易改，本性难移"的说法。

有关专家曾对亚利桑那州的一对大学生孪生姐妹进行过观察研究。这对双胞胎姐妹外貌相似，先天遗传素质完全相同，家庭生活和所受教育的情况也相同。虽然这姐妹俩一直在同一个小学、中学和大学接受教育，然而在遗传、教育和环境如此相同的情况下，姐妹俩的性格却很不相同：姐姐善于说话与交际，自信主动，果断勇敢，而妹妹却相反，缺乏独立自主意识，说话办事总是随同姐姐。有关专家找她们交谈时，总是姐姐先回答，妹妹只是表示赞同，不爱说话，或稍作点补充。总之，姐妹俩的性格完全不同。这是为什么呢？原来父母在她俩中认定一个是姐姐，另一个是妹妹，从小就责成姐姐照管妹妹，对妹妹负责，做妹妹的榜样，带头执行长辈委派的任务。这样一来，姐姐从小就形成了独立、自主、善交际、较果断的性格，而妹妹却养成了遵从姐姐的习惯。

这说明人的性格是长期受所接受的教育和环境的影响而形成的。但这并不适用于成年人，因为对于成年人来说，性格实际上是由心理状态决定的。也就是说，如果一个成年人能改变自己的心态，他就能改变自己的性格。

20世纪初，心理学家和哲学家断言：普通人只用了全部潜力的极小一部分，与我们应该成为的人相比，我们只苏醒了一半；我们的热情受到打击，我们的蓝图没有展开，我们只运用了我们头脑和身体资源中的极小一部分。这是什么原因造成的？其实就是人的恐惧心理。人的恐惧心理是很可怕的，所以，我常对我的学员说："你要假设听众都欠你的钱，正要求你多宽限几天；你是神气的债主，根本不用怕他们。"

其实，某种程度的恐惧感对人的交流是有益的，因为人类天生就具有一种应付环境中不寻常挑战的能力。当你注意到自己的脉搏和呼吸加快时，千万不要过于紧张，而要保持冷静。因为你的身体一向对外来的刺激保持着警觉，这种警觉表明它已准备采取行动，以应付环境的挑战。假使这种心理上的准备是在某种限度之下进行的，当事者会因此而想得更快、说得更流畅，并且一般来说，还会比在普通状况下说得更为精辟有力。

我告诉你们一个秘密：即使是职业演说者，也从来不会完全克服登台的恐惧，他们在开始演讲时也几乎总是会或多或少地有些怯意，并且这种怯意在开头的几句话里就会表现出来，只不过他们能很快地克服这种怯意，进入镇静的状态。开始的时候我也差不多是这样。

有几点我有必要重复一下。

1. 你害怕当众说话、拒绝与人交流并不是特例。

2. 某种程度的交流恐惧感反而有用，我们天生就有能力应付环境中不寻常的挑战。

3. 许多职业的演说家从来都没有完全祛除登台的恐惧感。

所以，你大可不必胆小地躲在自己给自己设定的框框里，你应该采取热诚主动的态度去与人交往。否则，恐惧将一发不可收拾，它不但会造成你心灵的滞塞、言辞的不畅、肌肉的过度痉挛而无法控制，还会严重降低你说话的效力。

积极加强有针对性的心理训练，以有效克服紧张和不安等不良情绪，提高心理适应和平衡性，增强信心和勇气，以无畏的精神克服恐惧心理。

◎借别人的经验鼓起自己的勇气

◎ 熟悉一些说话高手的成功历程，对比自己的优缺点。

◎ 你可以选择一个让你印象深刻，或者跟你一开始的情形差不多，但是后来却成功了的人的故事来鼓起你的勇气。你应该想到，每个人都是从胆怯开始的。当你感到恐惧时，想一想别人已经成功应对过这种恐惧了。

你也许会说："我也知道自己需要鼓起勇气，但是当我想要开口说话的时候，这好像并不容易做到。"你说的问题是大部分人在说话时都会碰到的问题。那么，让我们谈一谈关于如何鼓起勇气的话题。

顾立区公司董事长顾立区先生有一天来到我的办公室。他对我说道："我这一生每逢要说话时，没有一次不是非常恐惧的。但是身为董事长，我不能不主持会议。虽然与董事们都相识多年，但是一旦要站起来说话，我就一个字都讲不出来。这种情形已经有好多年了，我的毛病太严重了。

卡耐基先生，我很难相信你能帮我克服这一毛病。”

“既然如此，你为什么还来找我呢?”我问他。

“这是因为发生了一件这样的事情。”顾立区先生回答道，“我的一个会计师，原来是个害羞的家伙。他走进自己的办公室之前，必须要穿过我的办公室。以前他都是看着地板，一个字也不说，蹑手蹑脚地走过我的办公室。不过最近，这种情况发生了改变。现在他总是下颌抬起，眼里闪着光亮，而且还主动和我打招呼，这令我十分惊讶。我问他：‘是谁使你改变的?’他告诉我说：‘卡耐基先生。’因为这件事情让我难以置信，所以我还是来找你了。”

“如果你希望跟这位会计师一样有所改变，”我对他说，“你可以定期上课。”

“你要是真能使我开口说话而不再恐惧，”顾立区先生说，“那我可就要成为最快乐的人了。”

顾立区先生果然来参加我们的训练了。事实上，他进步神速。3个月之后的一天，我请他参加阿斯特饭店舞厅里的3 0000人聚会，并邀请他向客人们谈谈参加卡耐基口才训练班的感受。他很抱歉地说他不能来，因为他已经安排了一个重要的约会。但是，第二天，他又打电话给我说：“卡耐基先生，我把约会取消了。我一定要来参加这个聚会，因为这是我欠你的。我要告诉人们卡耐基口才训练班给我带来的好处，它真的使我变成了这个世界上最快乐的人。我希望以自己的故事来激励人们，让他们彻底消除损害他们生命的恐惧。”

在聚会上，顾立区先生对着3 0000人侃侃而谈，足足说了10多分钟，而我本来只要求他说2分钟。当听众们被他的精彩演说所打动的时候，有谁会想到他原来一说话就会极为恐惧呢?

如果你希望像顾立区先生那样，你也可以在短期内掌握这门艺术。事实上，正如顾立区先生在讲话中想要告诉人们的那样，你完全可以从他的经历中认识到：说话并不是一件很难的事情。也就是说，你可以借用他的经历来鼓起自己的勇气。在你因为恐惧而无法开口说话的时候，你都可以想到：既然顾立区先生可以做到，我也一定能够做到。

在我们与那些重要人物进行交谈、进行商业谈判时，甚至只是在平常与人的交谈中，如果感到很害羞，你都可以借用别人的经验来鼓起自己的勇气。在不同的时候，你可以想到相应的故事，以达到鼓起自己勇气的目的。

我曾经对那些说话高手进行过调查，结果发现几乎所有的人都存在过害羞的心理，即使是现在——正如我前面所说——当他们发表意见、进行谈判或说服别人的时候，也还是没有完全祛除紧张的心理。在交际场上游刃有余地活动的钢铁大王安德鲁·卡内基常常对人说："虽然我天性很害羞，但是我却努力让自己成为一个说话高手。"

我希望你有机会去我家，我将为你展示我收到的来自世界各地的感谢信。写信的人有的是企业界的领袖，有的是州长、国会议员、大学校长和娱乐圈的明星，更多的则是企业中的主管人员、工人、工会成员、大学生、家庭主妇、牧师等，他们都是一些默默无闻的普通人。他们的共同点是：都觉得自己需要表达自己的观点、与人沟通，以让别人了解和接纳自己，但是却缺乏足够的勇气、足够的自信心——也就是说，他们一开始都不善言辞。正是因为取得了一定的成绩并实现了自己的目标，所以他们才心怀感激，特意给我写信表示感谢。

因此，当你需要鼓起勇气在酒会上讲话或跟你的客户谈判的时候——实际上，在一切需要你展现口才的时候——你都可以借别人的经验来激励自己。在你感到胆怯的时候，问一问自己："既然他们都取得了成功，我为什么不能呢？"

干脆把自己想象成别人，把自己的恐惧想象成只是别人的一段经历，

而他最后成功了。

◎明确并记住自己的目标

◎ 将你的目标明确下来，把它写在显眼的地方——最好是把它“写”在心里，每天早上提醒自己。

◎ 时刻牢记实现目标将给你带来的益处。

◎ 回想以前当你说话时的害羞和局促，及因此带来的困窘和其他后果。

前文中提到的顾立区先生说，是卡耐基训练班使他说话不再感到恐惧，使他能够在 3 0000 人面前侃侃而谈，使他成为了“这个世界上最快乐的人”——让说话成为一种快乐，这正是卡耐基训练班的目的。而我认为，这个目的远较其他目的更为重要。顾立区先生之所以参加卡耐基训练班，之所以能够努力地做卡耐基训练班分派的功课，正是因为他已经预见到了说话的成功会给他带来乐趣。顾立区先生将自己投入未来的理想中，然后努力使自己梦想成真。如我们所看到的那样，最后他成功了。

有一个卡耐基训练班的毕业生说：“开始说话的时候，我宁愿挨鞭子也不愿开口；但是临结束时，我却宁愿挨枪子儿也不愿停下来了。”几乎每一个人都渴望获得进行成功交谈的能力，想要体验这种“不愿停下来”的美妙感觉。

钢铁大王卡内基死后，人们在他的遗物中发现了他 32 岁时所拟的计划。他当时准备退休后到牛津大学接受完全的教育，并“特别注意于公开演说的学习”。

那么，人们为什么要致力于提高自己的说话能力呢？也就是说，究竟说话的成功对人们有什么重要的意义呢？我们不妨想象一下：面对多得难以计数的听众，自信满满地走上讲台，听听开场后全场的鸦雀无声，感觉一下听众被你的深入浅出、幽默诙谐的演说所深深吸引时的那种全神贯注，体会一下听众对你报以经久不息的雷鸣般的掌声时的成就感，然后你带着微笑接受大家对你的赞赏……

当然，提高自己的说话能力的好处，并不只是可以在正式场合发表成功的演说。继续想象一下：依靠你的口才，通过与对方机智地谈判，你赢得了一笔数额巨大的业务；依靠幽默和富有气质的口才魅力，你赢得了心爱的女孩的欢心，并且与她共同迈进了婚姻的殿堂；依靠极具说服力的口才，你使一个国家停止了对另一个国家使用武力，使亿万人民避免了战争的灾难，你受到了人们的尊敬……还有什么比这更加吸引人的呢？

许多来上口才训练班的学员，大都是因为在社交中感到胆怯和拘束，其中有政界要员、明星，也有普通人。他们以前多半是这样一种情形：当站起来说话的时候，他们会感到手足无措；需要在数量很多的人——即使是熟识的人——面前说话时，他们会连一句完整的话都说不出来。在这样的情形下，他们感觉自己好像不再是自己了，因为他们完全控制不了自己。

可是在完成训练班的课程之后，他们的改变令他们自己都刮目相看。他们发现，让自己说话再也不那么为难了。他们都觉得自己以前的害羞和拘束其实很幼稚、很可笑。当然，他们在训练过程中培养出来的那种自然洒脱的气度，也让他们的朋友、家人或顾客另眼相看。他们开始在建立自己的信心的同时，游刃有余地处理和他人的关系，从而影响到他们的整个人生。

另外，这种训练也会不同程度地影响到人的性格，即使不一定很快地显现出来。大卫·奥门博士是大西洋城的一位外科医生兼美国医药学会的会长，我曾问他："就心理健康而言，接受当众演讲训练有什么好处？"他回答说："回答这个问题，最好是开一个处方；这个处方必须每个人自己给自己配药。如果他认为自己不行，那他就错了。"以下便是奥门博士给我们开的处方：

“努力培养一种能力，让别人能够走进你的脑海和心灵。试着面对单独的人，或在大众面前清晰地表达你的思想和理念。当你通过这种努力不断地获得进步时，你便会发现：你——你的真正自我——正在真正塑造一个崭新的形象，使你身边的人产生一种前所未有的惊讶。

“当你试着和别人说话时，你的自信心会随之增强，你的性格也会跟着变得越来越温和美好，而这就表示你的情绪已经渐入佳境；随之，你的情绪会使你的身体好起来。这个世界的男女老少都需要讲话。即使我并不清楚在工商业社会中，讲话会带来别的什么利益，我也依然相信它有无穷的好处。不过，我的确了解它对于健康的益处。只要你一有机会，就对几个人或许多人说话——而你将越说越好；我自己就是这样。同时，你还会感到神清气爽，觉得自己完美无缺，这都是你以前所感受不到的。

“这是一种舒畅而美妙的感觉，没有任何药物能给你这种感觉。”

想象你自己正在成功地做着你目前所害怕做的事情，想象你已经能够在各种工作和社交场合侃侃而谈，你的观点被大家所接受，并给你带来了许多好处。这对实现你的目标大有好处。因此，时刻铭记自己的目标是十分重要的。

哈佛大学最杰出的心理学教授威廉·詹姆斯的话正好能解释这一点，他说：“几乎不论哪种课程，只要你对它充满了热情，你就能够顺利完成；如果你对结果足够关心的话，你就能够实现它；如果你希望做好一件事，你就能够做好；如果你期望致富，你就能够致富；如果你想博学，你就会博学。只有那样，你才会真正地期盼这些事情，心无旁骛地一心期盼，而不会白费心思、胡思乱想许多不相干的杂事。”

“不要抱着投机的心态来学习，”沃特斯告诫我们说，“这种态度只会使我们一无所获。你应该首先给自己订立一个计划、确定一个目标，然后踏踏实实地为这个目标奋斗。当你把自己的精力和才能都用在这上面时，那么你离成功就不会很远了。而我所说的投机的学习态度，是指那种认为自己所学的东西在将来某个时候可能会带来好处而毫无方向的学习。”

集中你的全部精力、时刻不忘记自信和侃侃而谈的说话能力，对你而言是十分重要的。只要想想由此结交的朋友在社交方面对你的重要性，想想自己为大众、为社会服务的能力将大大增强，想想它对你的人生和事业将产生的深远的影响……总而言之，想想它将为你在将来实现自己的价值铺平道路，你就能实现你的目标。

◎树立成功的信念

◎ 记住说话高手的事迹，知道他们一开始也并不出色，甚至比你还差劲。

◎ 在你说话的时候，告诉自己必定能够成功。告诉自己：成功并不是那么困难。

◎ 永远不要抱怨你遭遇了多大的困难，因为你的困难已经被很多人克服过了。

我想再次引用威廉·詹姆斯的话来进入我的话题。我们已经知道，他说过：“如果你对结果足够关心的话，你就能够实现它。”在这里，你可以把它理解为一种必胜的信念。因为当你的目标对你的吸引力足够大时，你就会树立起一种必定要成功的信念。

在任何时候，告诉自己：我一定要，而且能够成功。这样，你就能够成功。

当恺撒率领他的军队从高卢渡海而来，登陆现在的英格兰的时候，他是怎样取得胜利的呢？他把军队带到了多佛海峡的白岩石悬崖上，让士兵们望着位于自己脚底200英尺的海面上燃烧的船只。士兵们知道，他们与大陆的最后联系已经断绝，退却的工具已经被焚毁，唯一可做的事情就是前进、征服、胜利。恺撒和他的军队就这样成功了。

恺撒成功的秘诀在于他使他的士兵们知道，他们必须取得成功，没有退路。当你想战胜面对听众所产生的恐惧，以及克服提高自己的说话能力必然要面对的困难时，为何不让自己拥有这种精神呢？把消极的思想全部扔到火里焚烧，并把身后通往犹豫退缩的大门紧紧关上，你就必将取得成功。

耶鲁大学的乔治·戴维森教授就是依靠这种强大的信念取得成功的。年轻时候的乔治有一个梦想，他希望能够改变世界、服务全人类。为了达到这个理想，他需要接受最好的教育，而美国是他最理想的去处。

当时的乔治身无分文，要到1万千米外的美国去，简直就是天方夜谭。不过，他还是出发了。他徒步从他的家乡尼亚萨兰的村庄出发，穿过东非荒原到达开罗，在那儿他可以乘船抵达美国。他一心想的是到达那个可以帮助他改变自己命运的国家，其他的一切他都可以置之度外。

他一开始就遇到了极大的困难。在崎岖的非洲大陆上，他用了5天才艰难地跋涉了25英里（约40千米）。他的食物已经吃完，水也已经喝完，而且，他身无分文。他还需要继续前进几千英里。

回头吗？还是拿自己的生命赌一把？乔治知道，回头就是放弃，就是回到贫穷和无知。而他不想这样。他相信自己能够克服这些困难，达到自己的目的地。于是，他对自己说："继续前进，除非我死了。"

他继续孤独地前行。他常常席地而睡，以野果和其他植物维持自己的生命。旅途使他变得瘦弱不堪。由于极度的疲惫和近乎绝望的灰心，几次他都想放弃。但是每当这时，他就自己给自己鼓气。终于，他战胜了自己的怯懦，充满信心地继续前进。

经过种种磨难和痛苦，1950年10月，乔治终于用两年的时间来到了美国，骄傲地跨进了斯卡济特峡谷学院的大门。

凭着对目标的专注和近乎神圣的成功的信念，乔治战胜了常人难以战胜的困难。还有什么比这件事情更加难以办到的呢？

在一次广播节目中，主持人要我用3句话来说明我学到的最重要的一课。我当时是这么说的："我所学到的最重要的一课，是我们的思想对我们非常重要。如果我能了解一个人的思想，我就能了解他这个人，因为正是思想造就了我们。而如果我们能够改变自己的思想，也就能改变自己的一生。"

为了达到目标，你需要建立足够强大的自信和目标必将实现的信念，你必须对自己说话能力训练的努力成果保持轻松而乐观的态度。从现在开始，你就要积极地设想自己的努力最终会使你成功。你应该想到，你努力的结果必然是，当需要在众人面前站起来说话时，你能够从容不迫地侃侃而谈、清晰明白地表达你的观点。你一定要把你的决心和信念烙在每个词句、每项行动上，并且竭力培养这种能力。

在卡耐基训练班里有一个叫乔·哈弗斯第的学员。有一天，他站起来信心十足地对大家说，他不满足于做一名房屋建造商，他希望自己成为"全国房屋建筑协会"的发言人；他最想做的事是在全国各地奔走，把他在房屋建筑业中遇到的问题和获得的成就告诉人们。

难能可贵的是，他不但对理想有一种狂热的追求，而且真的说到做到。他想讲的，不仅仅包括地方性的问题，还包括全国性的问题。对于这样的想法，他并没有三心二意，而是用心地准备自己的演讲，并且用心地进行练习。在上课期间，他从没有耽误一次课；即使再忙，他也仍然一丝不苟地按照训练班的要求去做。结果他的进步十分迅速，令大家都十分惊讶。两个月之后，他成了班上的佼佼者，被选为班长。

大约一年以后，乔·哈弗斯第的老师这样写道："我几乎已经忘记了来自俄亥俄州的乔·哈弗斯第了。一天早上，我正在吃早餐。当我不经意间打开《弗吉尼亚向导》的时候，书中醒目的位置上赫然有一幅乔的照片和一篇称赞他的报道。报道中说：前天晚上，他在一次地区建筑商的盛大聚会中发表了精彩无比的演讲。这时的乔已经不是'全国房屋建筑协会'的发言人了，简直就像是会长了。"

乔·哈弗斯第为什么能够成功呢？因为他有强烈的欲望，保持了高度的热忱，具备了克服困难的坚强毅力；更加重要的是，他相信自己一定能够成功。

一个成功者不一定具有不同于一般人的本领和才智，但他坚信自己一定能够成功，并且，他会把全部精力用于追逐成功的行动当中。这样，成功的概率就会大大提高。

因为，人——无论是谁——本身都有无穷的潜在能力，但能否开发出来，往往取决于每个人自己的态度。如果你相信自己能够成功，那么你就必定能够成功。

◎积极的心理暗示

◎ 不必过于胆怯和拘谨。

◎ 要相信，有时候行动能够改变你的感觉。

◎ 即使有一点紧张也不要紧，关键是要正确地进行处理。

一个人上楼梯，分别以6层和12层为目标，其疲劳状态出现的早晚是不一样的。我发现，如果把目标定在12层，疲劳状态会出现得晚一些。因为当你爬到6层的时候，你的潜意识便会暗示自己：还有一半呢，现在可不能累啊！于是你就会继续鼓气往上爬。

也就是说，目标高低带来的自我暗示直接决定了我们行为能力的大小。进而我们可以得出这样的结论：意识不但会影响到你的心理状态，而且会直接影响到你的生理状态。这就是心理暗示的重要性。

自我暗示真的管用吗？是的。现代实验心理学家都同意这样一种观点：由自我暗示而产生的动机，即使是假装的，也会成为人们快速学习的最有力的诱因之一。因此，请对自己进行积极的自我暗示。

威廉·詹姆斯曾说过这样的话："人们通常认为行动总是跟随在感觉之后，但实际上，这两者是并存的关系。行动为人们的意志所制约。借着制约行动，意志可以间接地制约感觉，而感觉并不受意志的直接控制。

“因此，当我们不再感到快乐时，唯一的改变办法就是：愉快地睡觉、吃饭、谈话，尽量从行动上表现出你很快乐。如果这样都不能改善你的心情的话，那么就再没有别的办法了。

“让自己勇敢起来，即使只是从行动上表现出来，因为人们总是习惯于自我催眠。行动可以间接影响你的感觉，然后调动你所有的意志来达到这个目的。这样，勇气也就会取代恐惧了。”

这就是一种心理暗示。如果你怀疑这种理论，你可以和曾看过这本书并且照着这个方法去做的人，或者上过我的训练班的学员去谈谈，你将会相信这一点的。

接下来我将举一个例子以证明这种心理暗示理论的正确性。这个人被视为勇气的象征。他也有过胆怯的时候，但他决心只依靠自己。于是，在不懈的努力之后，他终于成了受人敬仰的勇士。他就是反对托拉斯、以言论左右听众、手里挥舞着总统权杖的西奥多·罗斯福。

在他的自传里，他这样写道：“我曾是一个体弱多病而且笨拙的孩子。年轻的时候，我常常处于一种紧张的状态中，对自己也没有信心，因此不得不艰苦地训练自己。这种训练并不只是身体上的，也包括灵魂和精神上的。”

一个这样的孩子，是怎么变成勇士的呢？他在自传里解释了让他得以转变的原因：“我在马里埃的书中看到过一段话，印象极为深刻，并把它时时记在心里。这是一个小型英国军舰的舰长向主角解释如何才能顶天立地、无所畏惧地生活的一段话。他说，最初要行动的时候，每个人都会紧张、不安，重要的是，不应让这种恐惧感延续下去。你应该采取的方法是：控制自己，表面上装作若无其事的样子。这样持之以恒，假装的就会变为现实。他只不过是想练习坚强的意志，但这种练习让他变成了真正的勇者。

“这就是我训练自己的方法。一开始，从大灰熊到野马、猎枪，我什么都怕，可我尽量装出不怕的样子来；慢慢地，我不再恐惧。人们要是愿意，也可以像我一样。”

在第二次世界大战期间，有一个犹太人想要活着走出纳粹集中营。人们都说这是不可能的——丧心病狂的纳粹分子随时可能把他们成批地拉出去枪毙；另外，恶劣的生存环境让人们生病、相互传染以至相继死亡。总之，人们都已经失去了生存的信心。但是，这位犹太人暗暗地告诉自己说：“某月某日，联军一定会来拯救我们的。在此之前，我一定要好好地活下去。”结果，在他预定的那个日子来临之前，他的同伴一个个死去，但是他却坚强地活了下来；然而，当他预定的那个日子来到以后，他却像他的同伴一样，急速地衰弱并且死亡了。

从上述事例我们可以看出，心理暗示确实能够给我们带来勇气。积极的心理暗示可以使我们克服恐惧、战胜困难，对我们做任何事情都十分有利。那些敢于接受这项挑战的人将发现自己正脱胎换骨，享受更丰富、更美好的人生。

说话当然也是如此。卡耐基训练班的一个学员——他是一位店员——告诉我：“最初，我很害怕和顾客说话，每次都是心惊胆战的。后来我告诉自己，其实顾客是很好说话的。几次之后，我不再害怕了，觉得自己有信心了，和顾客说话也一点不紧张了。现在，我甚至开始理直气壮地说出自己的不同意见。上训练班后的第一个月，我的销售业绩提高了将近一半。”

另一位家庭主妇学员也告诉我：“原来我不敢邀请邻居到我家里来做客，我怕自己不能跟他们融洽地谈话。上了卡耐基训练班之后，我觉得自己不再那么害怕了。最近我开了一次家庭宴会，举办得非常成功，我往来于客人之间，尽情地与他们交谈。”

他们都成功地运用了心理暗示，从而克服了自己的恐惧。另外，我们在致力于提高自己的说话水平的时候，必然会遇到各种困难，这种心理暗示也同样可以帮助我们战胜这些困难。所以，当你开口说话或者需要拿出勇气来战胜困难的时候，不妨摆出一副信心满满的样子来。如果你已经准备妥当，就勇敢地把你想要说的话表达出来吧！

◎培养自信心

◎ 找出让你感到不自信的根源，想办法解决它们。

◎ 你的自信会引领你走向成功，所以，你需要自信满满地站起来说话，什么都不用想。

◎ 如果你能发现，自己仅仅只是怯场——那不一定是由于不自信造成的——这样问题就好办多了，因为你可以夸张地相信，几乎人人都害怕当众讲话。

几年前，我和我的朋友来到了阿尔卑斯山的维尔德·凯塞山面前，想要征服这座据说很危险的山。《贝德克旅行指南》上说，业余登山员应该有一个向导带路，因为攀登这座山峰很困难。我们俩都不是专业登山员，但是我们并没有请向导。后来，我们取得了成功。

在我们登山之前，一位朋友问我们是不是能够成功，我口气坚定地告诉他："一定能！"

"为什么这么肯定呢？"那位朋友继续问道。

我说："也有人像我们一样没有向导而取得了成功。而且，我做任何事情都不会想到失败的。"

在我的班上，有很多学员在学习完了之后坐在一起谈自己的心得。有相当多的人都认为他们所学到的最重要的东西是对自己的信心，也就是说，对自己成功多了一分信心。在某种程度上，没有什么比自信更加能够将一个人引向成功。

要自信，这是你做任何一件事情都必须要有的正确心态。不论是攀登珠穆朗玛峰，还是和别人说话，自信都是你成功的基本前提。

所以，在你开始说话之前，首先树立你的自信心。

针对不足进行训练

如果的确存在一些不足，你可以进行针对性的训练，克服这些困难和不足，从而树立自信。名列古希腊“十大演讲家”之首的德摩悉尼从小就有口吃的毛病，而且他在说话的时候总是一个肩膀高一个肩膀低，还不停地抖动。在那样一个崇尚口才的时代，这样的人理所当然地会受到歧视。他十分苦恼，并且有很深的自卑感。不过，他并没有被自卑打倒，而是以超常的毅力和吃苦精神进行刻苦的训练。每天清晨他都站在海边，口里含着石子进行练习；针对爱抖动的毛病，他对着镜子练习，并且在两个肩膀上挂两把剑，这样就不会抖动了。经过刻苦的训练，正如我们所知道的那样，他最终成为了一个十分出色的、受人尊敬的演讲家。

充分准备，树立信心

一个人说话成功的程度，跟说话之前所做的准备有很大关系。林肯说：“即使是再有实力的人，如果没有精心的准备，也无法说出有系统、高水平的话来。”所以，你需要在说话之前广泛地收集素材，并对你的主题进行深入细致的思考。当你确认自己准备充分之后，不妨设想自己正在以完全的控制力对他人说话。这是你很容易就能做到的。只有相信自己能够成功，并且坚定不移地相信自己，你才会成功。

进行积极的自我暗示

真正的困难不在上面所提到的两点。我们绝大多数人都不像德摩悉尼那么不幸，并没有口吃的毛病，也没有其他的先天不足。

从心理学上说，自卑或者羞怯感总是会不同程度地在我们身上存在着。美国的一个调查表明：在宴会上与陌生人接触时，大约有3/4的人会感到局促不安；同样，由于羞怯或者自卑感造成的演讲或其他说话失败的例子更是屡见不鲜。可以看出，一个人没有自信，并不是因为他自己真的天生不如人，而是他自以为如此。因此，只有完全克服这种感觉，你才能正常甚至超常发挥。

你所有的准备，都是为了说话的那几分钟。不管你准备得如何，在一般情况下，说话的时候都可能会有不自信的感觉袭来。产生它的原因，可能是你担心自己还没有完全准备好——实际上你已经准备得相当充分了，但是你认为自己可能疏漏了什么；也有可能是因为你担心听众比你的水平高，而你所讲的东西对他们来说过于简单；或者你担心可能会出现什么突发事件，比如在你的说话过程中有人打断你等等。这些想法最致命的危害就是给你消极的自我暗示。你必须想办法把它们从你的心里赶出去。

有位英国青年律师要和一群知名的律师在法庭上辩论。他做了充分的准备，但是仍然感到不放心，担心自己会把辩论搞砸。于是，他去请教法拉第先生。他问法拉第："我的对手比我知道的多得多，我必败无疑吗?"

法拉第先生简单明白地告诉他说："如果你想成功，告诉自己，他们一无所知!"

当你说话的时候，看着对方的眼睛，然后信心十足地说话，就好像他欠了你的钱，而他听你说话，只是为了请求你宽限还债的期限一样。这种心理暗示作用，对你树立自信也有很大的帮助。

◎拥有坚强的意志力

◎ 当你失败的次数够多，而你又没有被击倒，你就一定会成功。

◎ 一个人的成功，在很大程度上取决于他的信念程度。成功者只是多了一份坚持。

◎ 如果你用顽强的意志克服了一种不良习惯，那么你就能获取面对另一次挑战并且赢得胜利的信心。即使面对的新任务更加艰难，但既然以

前能成功，这一次也一定会成功。

◎ 在遇到困难时，想象自己克服它之后拥有的快乐。

这一节里，我专门来讲关于意志力的问题。坚强的意志力要求我们在努力的过程中专心致志，拥有不达目的不罢休的韧劲以及克服困难的顽强精神。

如果我们想要成功，那么我们在做任何事情的时候都需要有坚强的意志力。英国政治活动家、小说家爱德华·立顿是一个成功者。他一生中走访了很多地方，所见甚广，也积极参与政界活动和各种社会事务；另外，他还出版了60本著作，而这些课题都是需要深入研究的。人们很奇怪整日忙碌的他竟然还有时间来做学问，于是问他：

“你在百忙之中居然还完成了那么多著述，难道你有可以同时完成这么多工作的分身术吗？”

爱德华当然没有分身术，他拥有的是坚强的意志力。他通常每天只花3个小时甚至更少的时间来研究、阅读和写作，但是他却充分地利用了这3个小时。在这些时间里，他全神贯注地投入到他的学习和研究中，用心极为专一。正是这种坚强的意志力，使他只用了少量的时间就取得了巨大的成就。

在致力于提高自己口才的过程中，我们也需要像爱德华·立顿一样心无旁骛地进行训练。因为只有充分利用了自己有限的时间，专心致志地致力于提高自己的口才，才能最终取得成功。

在进行初始训练的时候，你不可避免地会遇到挫折、困难。这些困难会给你带来不同程度的创伤，会使你的信心动摇。在你遇到困难的时候，不用去想为什么会有这些问题，因为本来就有这些问题。要知道，世上没有任何东西可以代替毅力和决心。许多人有才能但却失败了，就是因为缺少毅力和决心。我们要相信，最困难的时候，就是离成功不远的时候。成功的秘诀其实很简单，那就是无论何时，我们都不能允许自己有一点点的

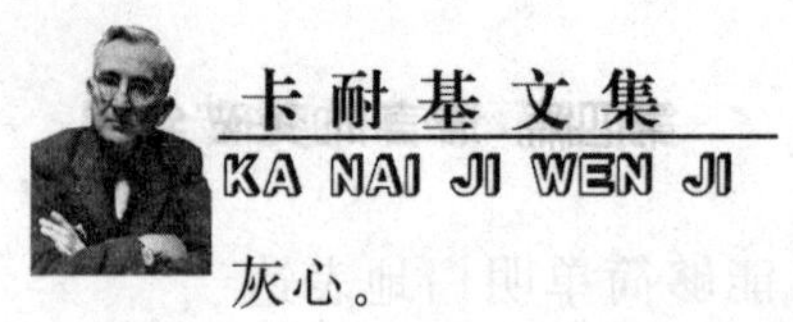

灰心。

我在前面举了乔·哈弗斯第成功的例子。乔·哈弗斯第成功的原因一方面在于他坚信自己能够成功，另一方面在于他有着坚强的意志力，在通往成功的道路上，他就是靠这个优秀的品质把困难赶跑的。

我将说一个故事来证明这一点，这个故事的主人公叫做克劳伦斯·B.蓝道尔，他现在已经登上了企业的最高层，成为了商界的传奇人物。

蓝道尔先生在大学里第一次站起来说话时，像很多人一样，因为不善言辞而失败了。当时，老师规定每个人有 5 分钟的说话时间，但是他却讲了不到一半就脸色发白，不得不十分困窘地走下讲台。

可是，他虽然有这样的经历，却并不甘心失败。他下定决心要成为一个说话高手，并且一直坚持不懈地努力，最后终于成为政府的经济顾问，受到了世人的仰慕。他写过许多富有启迪的书。在其中一本叫做《自由的信念》的书里，他提到了他当众演讲的情形：

“我的演讲安排得十分紧凑，因为我要参加各种聚会，其中包括厂商协会、商务部、扶轮社基金筹募会、校友会以及其他团体举办的聚会。我曾经在密歇根州得艾斯肯那巴发表爱国演讲，慷慨激昂地投身于第一次世界大战；我还和米基·龙尼下乡进行慈善演讲，与哈佛大学校长詹姆斯·布朗特·柯南、芝加哥大学校长罗伯·M.胡钦斯下乡进行教育宣传；我的法语很糟糕，但是我却用法语发表过一次餐后演讲。

“我认为我了解听众们想要听什么以及他们希望这些内容如何被讲出来。对于演讲的人来说，这里面的窍门就是：只要你愿意学，没有什么是学不会的。”

蓝道尔先生的故事告诉我们：成功的决心和信念，是决定你能不能成为一个说话高手的关键因素。如果我知道你的心思、知道你的意志的强度以及你是否有乐观的态度，那么我就可以准确地预测出你在改进当众说话技巧方面会有多快的进步。

任何人，只要他希望迎接语言的挑战，希望自己能够简单明白地表达自己的观点并让别人了解自己的才华，就一定要具备坚毅的决心。

在那些成功地获得了说话技巧的人当中，只有极少数人是真正的天才，大部分人都是跟你我一样的普通人。但是，由于他们肯坚持，他们也同样获得了成功。至于较特殊的人，则有时会气馁，没有坚持下来，结果反倒庸庸碌碌。只要有胆量、有目标，走到路的尽头时，往往也就爬到了顶端。

这是合乎人性与自然的。在商业领域以及其他行业中，相似的事情随时都在发生。著名的石油大王洛克菲勒曾说：耐心与相信收获终将到来是商业成功的第一要诀。它也是说话能够成功的重要条件之一。坚定地相信自己会成功，你就会去做走向成功所必须做的一切，因而也必定能成功。

你要注意的是，坚强的意志力并不是一朝一夕就可以具有的，也并非是生来就有或者是不可能改变的特性，它是一种能够培养和发展的技能。你在平时就应该培养自己坚强的意志力。

◎不放过每一个练习的机会

◎ 进步是一次一次慢慢得来的。每发表一次当众说话，你就朝成功的目标又迈进了一步。

◎ 当你错过一次说话的机会，你应该感到非常后悔。

◎ 开始学习说话时，你的过度紧张是可以原谅的。

我们都知道，一个人如果不下水，便永远也学不会游泳。说话能力也是如此。如果你不开口说话，即使学到了再多的关于口才或关于发音的知识，也不可能学会它。我前面举的所有说话高手的例子中，如果他们不经常说话并且不思考怎么更好地说话，他们也是不可能取得成功的。

第一次世界大战以后，我在 125 街青年基督协会所教授的课程已经改变，不再像当年一样。我每年都有新的观念加入课程，而有些旧思想则会被淘汰。但是有一点一直没有变化，那就是训练班的每个学员都被要求至少当众说一次话，更多的时候是至少两次。我认为，如果不经常练习的话，就算你读遍了所有关于口才的著作——包括我这本书，你也仍然学不会如何说话。所以，本书对你只是指引，你得有自己的实践才行。

每个人都会有理想的自我形象，希望别人以赞许的目光来看待自己。当他跟某个陌生人接触、与异性交往、与权威人士交谈或是当众说话的时候，他就会不由自主地意识到自我形象面临着某种威胁，担心自己一说话就错误百出、当众出丑，害怕别人说自己“笨蛋”、“没水平”或者“爱出风头”、“好表现”等。很多人由于对说话可能产生的结果的不确定性感到担心，因此不愿意开口。这种担心是完全没有必要的。你要知道，即使你没有说好，天也塌不下来，没有人会责怪你的。

萧伯纳向别人介绍自己提高口才的经验时说：“我借鉴了自己学溜冰的方法——我让自己一个劲地出丑，直到学会为止。”无论你是想成为一个像萧伯纳那样出色的演讲家，还是只想在人们面前从容不迫地讲话，你都应该抓住每一个可以练习的机会，尽量让自己“出丑”。

说话的机会到处都是。看看自己的周围，你会发现没有一个地方是不需要说话的。你可以有意识地参加一些组织，从事一些需要讲话的工作；你也可以在聚会上站起来说上几句，哪怕只是附和别人的几句话；开会的时候，不要让自己躲在角落里，而是要命令自己勇敢地站起来说话。只有这样，你才会知道自己有怎样的进步，才会学会说话的本领。

当你开口说话的时候，一开始你可能连自己都不知道自己想要表达什么观点，更谈不上什么文采和修饰了，但这不是什么大事。最重要的是你已经成功地开口说话了，如果你能坚持下去，接下来你要关心的问题才是这些。不论你有多么渊博的知识、多么睿智的大脑，你都不要期望一开始就能清晰明白地向别人表达出来。任何成功的说话高手都是从这一步走过来的。

“你说的这些道理我全都懂，”有一次，一位年轻的商务主管学员对我说，“可是我还是很犹豫，我似乎害怕学习的艰难和考验。”

“什么艰难、考验呢?”我说，“赶快丢掉这些思想吧！你为什么就不能用一种正确的征服性的精神来看待这个问题呢?”

“那是什么精神?”他问道。

“冒险精神。”我说。接着我又对他谈了一些通过说话获得成功，并且使自己的个性也发生了好的变化的例子。

“我一定要试试，我也要去从事这项冒险活动。”他最后说。

你正在读的这本书，是一本关于冒险行动的书。当你继续阅读本书并打算付诸实施的时候，你也是在进行跟他一样的冒险。你将会发现，在这项冒险活动中，你的自我引导能力和敏锐的观察力将会给你带来帮助；你还会发现，这项冒险将会从内到外地改变你。

第二章
打动人心的交际语言

◎让对方多说话

◎ 在你已经说了一些话的时候，停下来，休息一下，给别人说话的机会。这不仅是在让你自己的嘴巴休息，也在某种程度上使你的大脑得到了休息——不要让它们连续工作得太久。

◎ 即使是我们的朋友，他们也不愿我们多夸耀自己的过去，而宁愿谈论他们的成就。

◎ 也许你的听众装作很认真地在听你的谈话，但是也许他没有真的认真在听。因此，最好让他也说说话。

费利普阿穆曾经说："我宁愿成为一个说话高手而不愿成为一个大资本家。"我们不妨相信他所说的话——他的话并不代表他不想拥有更多的钱，而是他认为：成为一个说话高手将使他成为资本家变得更加容易，或者成为资本家比不上拥有高超的说话技巧让他更加快乐。

的确，成为说话高手几乎是每个人梦寐以求的事情。所有的获取快乐的手段，都比不上能够随心所欲地表达自己的想法。我相信，如果让林肯在成为一个不会说话的天才和拥有卓越口才的普通人之间进行选择的话，他会更加愿意选择后者。不过，幸运的是，他同时拥有这两者。

但是，毕竟像林肯这样的人不多，即使只是作为一个伟大的演说家的林肯——而不管他其他杰出的才能——也屈指可数，更多的是那些每天都为说话而苦恼的人。大多数人都不是说话高手——如果情况相反的话，我相信这个世界会变得更加迷人——他们有的由于无法与妻子沟通导致家庭破裂，有的在谈判桌上败下阵来，有的无法向朋友清楚地表达自己的感受，更多的则是兼而有之。

"如何让自己成为一个说话高手而不仅仅是会说话而已？"那些卡耐基口才训练班的学员在一开始经常问我这样一个问题。

"这并不难，"我说，"只要你们掌握了一些训练方法。"

很多人急于让对方（为了写作的方便，除非特别提及，否则本书中"对方"一词指的是包括两人谈话中的"对方"、演讲中的"听众"等在内的所有场合的说话对象，即泛指的对象）明白自己的意见，话说得太多了。要知道，有时候话说得太多跟不说话的效果差不多。

尽量让对方多说话吧！他们对自己的事情和问题一定比对你了解得要多。所以，在必要的时候，向他们提一些问题，让他们告诉你一些事情。这样做将会使你们的交流更加有效果。

如果你并不同意对方的观点，你可能想去反驳他。可是你千万不要这么做，因为这将是非常危险的。当一个人急于把自己的观点表达出来的时候，他绝对不会注意别人的观点。在这个时候，你要做的事情就是听听他有什么观点，鼓励对方充分地发表自己的意见。

首先，让我们来看看这种策略的运用在商业上的价值。

若干年前，美国最大的汽车制造公司之一正在和三家重要的厂商洽谈订购下一年度的汽车坐垫布。这三家厂商都已经做好了坐垫布的样品，并且已经得到汽车制造公司的检验。汽车制造公司告诉他们，他们可以以同等条件参加竞争，以便公司作出最后的决定。

其中一个厂商的业务代表R先生——他后来成为了卡耐基口才训练班的学员——在班上叙述他的经历时说：“不幸的是，我在抵达的时候，正患有严重的喉炎。当我参加高级职员会议时，我已经几乎说不出话来了。他们领我到一个房间，该公司的纺织工程师、采购经理、推销经理以及总经理跟我晤面。我站起来，想尽力说话，但是却只能发出沙哑的声音。最后，我只能在纸上写道：各位，对不起，我的嗓子哑了，不能说话。

“‘那么，就让我替你说吧！’该公司的总经理看到后说。他帮我展示了我的样品，并且对着大家称赞了它的优点。在他的提议下，大家围绕着样品的优点展开了热烈的讨论。由于那位总经理在替我说话，因此在这场讨论中，我只是微笑、点头以及做了几个简单的手势。

“这个特殊的会议讨论的结果是我赢得了这份订单，和该公司签订了50万码的坐垫布。这是我获得的最大的订单——它的总价值为160万美元。我很幸运。我知道，假如我的嗓子没有哑，那么，我可能得不到这个订单，因为我对整个情况的看法是错误的。这个经历让我发现，让别人说话是多么的有益。”

交易成功的关键在于，如果你希望别人买你的商品，最好的办法莫过于让他们自己说服自己。在很多情况下，你不能直接向顾客推销你的商品，而要让他们在心底里觉得你的商品确实很有优势，从而主动来买你的商品。

让对方说话，并不只是在商业领域起到了它的作用，也有助于别的方面。比如，它可以帮助你处理家庭中的一些矛盾。

芭芭拉·威尔逊是卡耐基训练班的学员，她和她的女儿罗瑞的关系近段时间迅速恶化。罗瑞以前是个十分乖巧和听话的孩子，但是当她十几岁的时候，却与母亲产生了许多矛盾，拒绝与母亲合作。威尔逊夫人曾试图用各种方法威吓、教训她，但是都无济于事。

“她根本不听我的话，我几乎放弃了所有的努力。有一天，她家务活还没做完，就去找她的朋友玩。当她回来的时候，我照旧骂了她。我已经没有耐心了，我伤心地对她说：‘罗瑞，你为什么会这样呢?’

“罗瑞似乎看出了我的痛苦。她问我：‘你真想知道吗?’我点头。于是她开始告诉我以前从未跟我说过的事情：我总是命令她做这做那，从来没有想过要听她的意见；当她想跟我谈心的时候，我却总是打断她。我认识到，罗瑞其实很需要我，但她希望我不是一个爱发命令、武断的母亲，而是一个亲密的朋友，这样她才能倾诉烦恼。而以前，我从未注意到这些。从那以后，我开始让她畅所欲言，而我总是认真地听。现在，我们的关系大大改善，我们成了好朋友。”

同样地，让别人说话，可能对你求职也有很大的用处。

最近，纽约《先锋导报》刊登了一则招聘广告，他们需要聘请一位有特殊能力和经验的人。查尔斯·克伯利斯看到广告后，把他的资料寄了出去。几天之后，他收到了约他面谈的回信。

“如果能在你们这家有着如此不凡经历的公司做事，我将会十分自豪。听说在28年前，当你开始创建这家公司的时候，除了一张桌子、一间办公室、一个速记员之外什么都没有，简直难以置信。这是真的吗?”在面谈的时候，克伯利斯对与他面谈的老板这样说。实际上，每个成功的人都喜欢回忆自己早年的创业经历，并且十分高兴别人能听他讲下去。这个老板也不例外。他跟克伯利斯谈了很久，谈了他如何依靠450美元现金开始创业，每天工作12到16个小时，在星期日及节假日照常工作，以及他最后终于战胜了所有的困难。最后，这位老板简单地问了克伯利斯的经历，然后对他的副经理说："我想他就是我们正在寻找的人。"

克伯利斯成功的原因可能没有这么简单，但是有一点十分重要：他聪明地提出了一个对方十分感兴趣的问题，并且鼓励对方多说话，因此给了老板很好的印象。

法国哲学家罗司法考说过："如果你想结仇，你就要比你的朋友表现得更加出色；但如果你想要得到朋友，那就要让你的朋友表现得更出色。"他的意思是，当你的朋友胜过你时，他们就会产生一种自重感；但是如果相反，他们就会产生一种自卑感，并且开始对你猜疑和忌妒。

亨丽塔女士是纽约市中区人事局里与别人关系最融洽的工作介绍顾问。但是一开始有好几个月，亨丽塔在同事中连一个朋友也没有。

"我的工作干得确实很不错，我一直很骄傲，"亨丽塔在我的班上说，"奇怪的是，同事们不但不愿意跟我分享我的成绩，而且似乎很不高兴。而我渴望和他们做朋友。在上了这种辅导课之后，我开始按照它去做了，我开始少谈自己，多听同事们说话。我发现，其实他们也有许多值得夸耀的事。对他们而言，把他们的事情告诉我，比听我的自吹更能让他们高兴。现在，每次我们在一起聊天的时候，我都会让他们告诉我他们的故事，共同分享他们的故事。只有当他们问及，我才略微地谈论一下我自己。"

有时候，弱化我们自己的成就会使人喜欢你。德国人有句俗语，大意是：最大的快乐，便是从我们所羡慕的强者那里发现弱点，从而让我们得到满足。是的，你要相信，也许你的一些朋友会从你的挫折或弱点中得到更大的满足。

有一次，一位律师在证人席上对埃文·考伯说："考伯先生，我听说你是美国最著名的作家，是这样吗？"考伯回答说?："我不过是徒有虚名罢了。”

考伯的回答方法是正确的。你或许不知道是什么使我们不至于成为白痴，那并不是什么了不起的东西，只是你甲状腺中值5美分镍币的碘而已，而如果没有那点东西，我们就会成为白痴。我们都没有什么了不起的。人终有一死，百年之后，我们中的绝大多数都会被人忘记。生命如此短暂，我们不应该对自己小小的成就念念不忘，这样会使人厌烦的。因此，如果你希望别人的看法跟你一致，使你们的谈话进入佳境，就要鼓励别人多说话——这是你必须要做的事情。

◎不要和别人争论

◎ 在你打算开口辩论之前，想想对方说的确实也很有道理。

◎ 在辩论时，也许你的意见和立场是对的，但是如果你想改变你对手的意志，辩论是最糟糕的方法。

◎ 真理有时候并非越辩越明。

◎ 不要直接指出他人的错误，因为这可能会给你带来一场无聊的争论。

第二次世界大战后不久，我在伦敦得到了一个极为重要的教训。那时，我是澳大利亚飞行家詹姆斯的经理人。在大战期间和结束后不久，詹姆斯成为了世界瞩目的人物。一天晚上，我参加了欢迎詹姆斯的宴会。那时，坐在我右边的一位来宾给我们讲了一段诙谐的故事，并在讲话中引用了一句话。

他指出这句话出自《圣经》，而我恰好知道这句话出自莎士比亚的作品。那时候，为了显得自己有多么突出，我毫无顾忌地纠正了他的错误。

然而那人却说：“什么？那句话出自莎士比亚？不可能，绝对不可能。”他坚持认为自己是对的。

当时，坐在我左边的是我的老朋友加蒙，他是一个研究莎士比亚的专家。我们让加蒙来决定我们谁是正确的。加蒙在桌子底下踢了我一脚，然后说：“卡耐基，你是错的，这句话的确出自《圣经》。”

宴会之后我们一起回家。我责怪加蒙说：“你明明知道那句话是出自莎士比亚之口，为什么还要说我不对呢？”

“是的，一点都不错。”加蒙说，“那是莎士比亚的《哈姆雷特》第五幕第二场中的台词。可是卡耐基，我们都是这个宴会上的客人，为什么我们一定要找出一个证据，去指责别人的错误呢？你这样做会让别人对你产生好感吗？你为什么不能给他留一点点面子呢？他并不想征求你的意见，也不想知道你有什么看法，你又何必去跟他争辩呢？记住这一点，卡耐基：永远不要跟他人发生正面冲突。这是一个真理。”

“永远不要和他人发生正面冲突。”说这句话的人现在已经不在这个世界上了，可是我会永远记住这句话。

这个教训给了我极大的震动。我原来是一个固执己见的人，从小就喜欢跟人辩论。读大学的时候，我对逻辑和辩论十分感兴趣，经常参加各种辩论比赛。后来，我在纽约教授辩论课，甚至还计划着手写一本关于辩论的书。现在，我一想起这些事，就会感到十分羞愧。

那天之后，我又聆听了数千次辩论，并且十分注意每次辩论会之后产生的影响。我得出一个结论，它也是一个真理：天下只有一种方法能得到辩论的最大胜利，那就是像避开毒蛇和地震一样，尽量去避免辩论。

我还发现，在辩论之后，十有八九，各人还是会坚持自己的观点，相信自己是绝对正确的。

辩论产生的结果只能是失败，永远无法获胜。即使表面上你取得了胜利，实际上却与失败没有什么区别。因为就算你在辩论会上胜了对方，把对方驳得体无完肤，甚至指责对方神经错乱，可是结果又会怎么样呢？你自然逞了一时之快，自然很高兴，但是对方却会感到自卑。你伤了他的自尊，他会对你心怀不满。

你应该知道，当人们被迫放弃自己的意见而同意他人的观点的时候，就算他看起来是被说服了，实际上他反而会更加固执地坚持自己的意见。

巴恩互助人寿保险公司为他们的职员定下了这么一条规定：不要争辩。他们认为，一个好的推销员是不会跟顾客争辩的，即使是与最平常的意见不合，也应该尽量避免。因为人的思想是不容易改变的。

老富兰克林的话正好可以说明这一点："如果你辩论、反驳，或许你会得到胜利，可是那胜利是短暂、空虚的，而你将永远也得不到对方对你的好感。"空虚的胜利和人们对你的好感，你希望得到哪一样呢？

在威尔逊总统任职期间担任财政部长的玛度，以他多年的从政经验告诉人们一个教训："我们绝不可能用争论使一个无知的人心服口服。"而如果要我说的话，我认为：你别想用辩论改变任何人的意见，而不只是无知的人。

下面我将再举一个例子。所得税顾问派逊先生，曾经为了一笔 9 0000 美元的账目问题和一位政府税收稽查员争论了一个小时。派逊的意见是：不应该征收人家的所得税，因为这是一笔永远无法收回的呆账。而那位稽查员却认为必须要缴税。

派逊在讲习班上讲了后来的情形：

"他冷漠、傲慢、固执，跟这种人讲理，就如同在讲废话。越跟他争辩，他越是固执己见。后来我决定不再继续跟他争论下去，于是就换了个话题，还赞赏了他几句。

“‘由于你处理过许多类似的问题，’我这样对他说，‘所以这个问题对你来说肯定是小菜一碟。而我虽然也研究过税务，但不过是纸上谈兵。你当然知道，这些是需要实践经验的。说实在话，我非常羡慕你有这样的一个职务，这段时间让我受益匪浅。’

“当然，我跟他讲的，也都是实在话。那位稽查员挺了挺腰，就开始谈他的工作，讲了许多他所处理的舞弊案件。他的语气渐渐平和下来，接着又说到自己的家庭和孩子。临走的时候，他对我说他打算回去再把这个问题考虑一下。

“三天后，他来见我，说那笔税按照税目条款办理，不再多征收。”

这位稽查员的身上，显露出了人性的一个常见的弱点，即希望得到别人的认同。当派逊跟他争辩的时候，他显得十分有权威，希望以此来建立自尊，而当派逊认同他的时候，他就随即变成了一个和善的、有同情心的人，从而自然而然地停止了争论。

释迦牟尼说过：“恨永远无法止恨，只有爱才可以止恨。”因此，误会不能用争论来解决，而必须运用一定的外交手腕和给予别人的认同来解决。

林肯曾经这样斥责一位与同事争吵的军官：“一个成大事的人，不应处处与人计较，也不应花大量的时间去和他人争论。无谓的争论不仅会有损你的教养，而且会让你失去自控力。尽可能对别人谦让一些。与其挡着一只狗，不如让它先走一步。因为如果被狗咬了一口，就算你把这只狗打死，也不能治好你的伤口。”我认为，林肯的话也应该成为你的行动准则。

卡耐基文集

（美）卡耐基　著
赵文博　编

第三卷

辽海出版社

◎永远不要指责他人的错误

◎ 尊重他人的意见，不要随便地给出你的判断。

◎ 在你指出他人的过错之前，想一想这样做是否有好处。

◎ 判断别人的对错，不一定要根据自己的原则，可以试着用他人的原则，可以设身处地地想一想。

◎ 争辩得胜只能使你得不偿失，逞一时之快不会给你带来更多的好处。

在我研究青年时代的林肯的时候，我惊奇地发现：胸襟博大的林肯一开始竟然是一个以指出别人的错误为乐的人。在他年轻的时候，他非常喜欢对别人进行评论，并且经常写信讽刺那些他认为很差劲的人。他常常把信直接丢在乡间路上，使别人散步的时候能够很容易看到。即使在他当上了伊里诺州春田镇的见习律师以后，他还是经常在报纸上抨击那些反对者。

1842 年的秋天，林肯经历了一件令他刻骨铭心的事情。当时他写了一封匿名信发表在《春田日报》上，嘲弄了一位自视甚高的政客詹姆斯·希尔斯。这封信使希尔斯受到了全镇人的讥笑。希尔斯愤怒不已，全力追查写信人，最后查到是林肯写的那封信。他要求和林肯决斗，以维护自己的名誉。本来林肯并不喜欢决斗，但是却无可奈何，只能答应。他选择了骑士的腰刀作为他的武器，并且请了一位西点军校毕业生来指导他的剑术。

在接下来的日子里，林肯一直处在一种十分愧疚和自责的状态下，因为这一切都是他指责对方的错误而导致的。他在这样的心态下等待着那惊心动魄的时刻的到来。幸好——非常意外地——在决斗开始的前一刻，有人出面阻止了这场决斗。

由于指责别人的错误而被迫与别人一决生死，这是多么愚蠢的一件事。林肯终于决定以后再不做这样的事情了。他不再写信骂人，也不再为任何事指责任何人。

内战期间，林肯好几次调换了波多马克军的将领，但是这些将领却屡次犯错。人们无情地指责林肯，说他用人不当。林肯并没有因此而对这些将领进行指责，而是保持了沉默。他说："如果你指责和评论别人，别人也会这样对你。"他还说："不要责怪他们，换作是我们，大概也会这样的。"

1863 年 7 月 3 日开始的葛底斯堡战役是内战期间最重要的一次战役。7 月 4 日，李将军率领他的军队开始向南方撤离。他带着败兵逃到了波多马克河边，他的前面是波涛汹涌的大河，身后是乘胜追击的政府军。对北方军队而言，这简直是天赐良机，完全可以一举歼灭李将军的部队，从而很快地结束内战。林肯命令米地将军果断出击，告诉他不用召开紧急军事会议。为了确保命令的下达，他不仅用了电报下令，另外还派了专门人员传达口信给米地将军。

结果呢？米地将军并没有遵照林肯的命令行事，而是召开了紧急军事会议。他借故拖延时间，甚至拒绝攻打李将军。最后，李将军和他的军队顺利地渡过了波多马克河，保存了实力。

当听到这个消息后，林肯勃然大怒——他从来没有这么愤怒过。失望之余，他写了一封信给米地将军。信的内容是这样的：

"亲爱的米地将军：

我不相信，你也会对李将军逃走一事感到不幸。那时候，他就在我们眼前，胜利也就在我们眼前。而现在，战争势必继续进行。既然在那时候你不能擒住李将军，如今，他已经到了波多马克河的南边，你怎么取得胜利？我已经不期待你会成功，而且也不期待你会做得多好。机不可失，时不再来，我对此深感遗憾。"

你可以猜测一下米地将军读到这封信的时候会有什么表情。但是，你可能会感到意外的是，他根本没有收到过这封信，因为这封信林肯并没有寄出去——人们是在一堆文件里发现它的。

林肯忘记把这封信寄出去了吗？这是不可想象的。众所周知，这是一封十分重要的信件。有人回忆了当时的情景：

“这仅仅是我的猜测……”林肯在写完这封信时，心里想道，“当然，也许是我性急了。坐在白宫，我当然能够看得更加清楚，也更加能够指挥若定。但是，如果我在葛底斯堡的话，我成天看见的是因为伤痛而嚎哭的士兵，或者成千上万的尸骨，也许那样，我就不会急着去攻打李将军了吧！我一定也会像米地将军一样畏缩的。现在，既然事情已经发生了，唯一能做的就是承认它。至于这封信，如果我把它寄出去的话，我想除了让自己感到愉快之外，将不会有任何其他的好处。相反，它会使米地将军跟我反目，迫使他离开军队，或者断送他的前途。这是大家都不愿意看到的。”

于是，林肯把那封已经装好的信搁在了一边。因为他相信，批评和指责所得的效果等于零。

林肯总统从以前总爱指出别人的错误到后来如此宽容的巨大转变，给我们树立了一个榜样。他以自己的切身经验告诉我们：永远不要指责他人的错误。

当年，西奥多·罗斯福入主白宫的时候说，如果他在执政期间能有75％的时候不犯错，那就达到了他的预期目的了。这位20世纪最杰出的人物尚且如此，那么作为普通人的你我呢？假如你确定自己能够做到55％的正确率，你就可以去华尔街，在那里你可以日进100万美元，丝毫没有问题。如果你没有这样的把握，那么你也不要去说别人哪里对哪里错了。

我现在已经不再像以前那样轻易地确定任何事了。20年以前，我几乎只相信乘法表；现在，我开始对爱因斯坦的书里所说的感到怀疑；而

20年后，我或许也不再相信这本书里所说的话了。苏格拉底的那句话说得实在很精彩："我只知道一件事，那就是我什么也不知道。"我不敢跟苏格拉底相比，因此我也尽量不告诉别人说他们错了。

事实上，大多数人都不会进行逻辑性的思考，他们都犯有主观的、偏见的错误。多数人都有成见、忌妒、猜疑、恐惧以及傲慢的心理，而这些缺点将给他们的判断带来影响。如果你习惯于指出别人的错误的话，请你认真阅读下面的这段文字。它摘自于著名心理学家卡尔·罗吉斯的《怎样做人》一书。

"当我尝试了解他人的时候，我发现这实在很有意义。对此，你可能会感到奇怪，你可能会想：我们真的有必要这样去做吗？我认为，这是绝对必要的。我们在听到他人说话的时候，第一反应往往是进行判断或进行评价，而不是尽力去理解这些话。当别人说出某种意见、态度或想法的时候，我们总是会说'不错'、'太可笑了'、'正常吗'、'这太离谱了'等等评论性的话。而我们却很少去了解这些话对说话别人有什么意义。"

另外，詹姆斯·哈维·鲁宾逊教授在《决策的过程》中写了下面一段话，对我们也很有启迪意义。

"……我们会在无意识中改变自己的观念。这种改变完全是潜移默化而不被我们自己注意的。但是，一旦有人来指正这种观念，我们一般会极力地维护它。很明显，这并不是因为观念本身的可贵，而是因为我们的自尊心受到了伤害……在为人处世时，'我的'这个词既简单又重要。妥善地处理好这个词，是我们的智慧之源。无论是'我的'饭、'我的'狗、'我的'屋子、'我的'父亲，还是'我的'国家、'我的'上帝，都拥有同样巨大的力量。我们不仅不喜欢别人说'我的'手表不准或'我的'汽车太旧，也不喜欢别人纠正我们对于火星上水道的模糊概念、对于E·Pictetus一词的读音，以及对于水杨素药效的认识，或对于亚述王沙冈一世生卒年月的错误……我们总是愿意相信我们所习惯的东西。当我们所相信的事物被怀疑时，我们就会产生反感，并努力寻找各种理由为之辩护。

结果怎样呢？我们所谓的理智、所谓的推理等等，就变成了维系我们所习惯的事物的借口了。

在这样的情况下，我们得出的判断可靠吗？当然不可靠。既然自己都不能确信自己就是对的，我们还有资格对别人指手画脚吗？

当然，如果一个人说了一句你认为肯定错误的话，而且指出来对你们的交流会有好处的话，你当然可以指出来。但是，你应该这么说："噢，原来是这样的。不过我还有另外一种想法，当然，我可能不对——我总是出错。如果我错了，请你务必毫不客气地指出来。让我们看看问题所在。"

用这类话，比如"我也许不对"、"我有另外的想法"等等，确实会收到神奇的效果。无论何时，无论何地，不会有人反对你说"我也许不对，让我们看看问题所在"。

柏拉图曾经告诉人们这样一个方法："当你在教导他人时，不要使他发现自己在被教导；指出人们所不知的事情时，要使他感到那只是提醒他一时忽略了的事情。你不可能教会他所有的东西，而只能告诉他怎么处理这种事情。"英国19世纪的著名政治家查斯特费尔德对他的儿子这样说："如果可能，你应该比别人聪明；但绝不能对别人说你更加聪明。"

永远不要这么说："我要给你证明这样……"这对事情无益，因为你等于在说："我比你聪明，我要告诉你这样去做才是对的。"你以为他会同意你吗？绝对不会，因为你直接打击了他的智慧、他的判断力以及他的自尊。这永远不会改变他的看法，他甚至有可能起来反对你。即使你用严谨如柏拉图或康德的逻辑来和他辩论，你也不能改变他的看法。因为，你已经伤害了他的感情。

如果你确定某人错了，就直截了当地告诉了他，那么结果会怎么样呢？让我们来看看具体的事例，因为事例可能更有说服力。

F先生是纽约的一位青年律师，最近参加了一个重要案件的辩论。这个案件由美国最高法院审理。在辩论中，一位法官问F先生："《海事法》的追诉期限是6年，是吗？"

F先生有些吃惊，他看了法官一会儿，然后直率地说："审判长，《海事法》里没有关于追诉期限的条文。"

人们顿时安静了下来，法庭中的温度似乎降到了零度。F先生是对的，法官是错的，F先生如实地告诉了法官。但是结果如何呢？尽管法律可以作为F先生的后盾，而且他的辩论也很精彩，可是他并没有说服法官。

F先生犯了一个大错，他当众指出了一位学识渊博、极有声望的人的错误，所以他失败了。他这样做有益于事情的解决吗？事实证明，一点也没有。

即使在温和的情况下，也不容易改变一个人的主意，更何况在其他情况下呢？当你想要证明什么时，你大可不必大声声张。你需要讲究一些策略，使对方在不知不觉中接受你的观点。

如果你想要在这方面找一个范例的话，我建议你读一读本杰明·富兰克林的自传。在这本书里，富兰克林讲述了他是如何改变争强好胜、尖酸刻薄的个性的。

富兰克林年轻的时候总是冒冒失失。有一天，教友会的一位老教友教训了他一顿："你可真的是无可救药。你总是喜欢嘲笑、攻击每一个跟你意见不同的人，而你自己的意见又太不切实际了，没人接受得了。你的朋友一致认为，如果没有你，他们会更加自在。你知道的东西太多了，没有什么人能够再教你什么，而且也没有人愿意去做这种事情，因为那是吃力不讨好的。可是呢，你现在所知又十分有限，却已经学不到什么东西了。"

富兰克林决定接受这尖刻的责备，实际上他那时候已经很成熟和明智了，但是他知道这是事实，而且对他的前途有害无益。富兰克林回忆说：

"我订下了一条规矩：不许武断、不允许伤害别人的感情，甚至不说'绝对'之类的肯定的话。我甚至不容许自己在自己的语言文字中使用过于肯定的字眼，比如'当然'、'无疑'等等，而代之以'我想'、'我猜测'、'我想象'或者'似乎'。当我肯定别人说了一些我明明知道是错误的话，我也不再冒冒失失地反驳他，不再立即指出他的错误来。回答时，我会说‘在某种情况下，你的意见确实不错；但是现在，我认为事情也许会……’等等。很快地，我就发现了我的改变所带来的效果。每次我参与谈话，气氛都变得融洽和愉快得多。我谦逊地表达自己的意见，不但让别人能够容易接受，而且还会减少一些冲突。而当我犯了错误的时候，我也不再难堪；当我正确的时候，更加容易使对方改变自己的看法而赞同我。

“一开始，采取这种方法的确跟我的本性相冲突，但是时间一长，也就越来越习惯了。在过去的50年里，我没有再说过一句过于武断的话。当我提议建立新法案或修改旧法律条文能得到民众的重视，当我成为议员后能具有相当大的影响力，都要归功于这一习惯。虽然我并不善辞令，没有什么口才，谈吐也比较迟缓，甚至有时还会说错话，但一般而言，我的意见还是会得到广泛的支持。”

在这一小节中，我并没有讲什么新的观念。你要知道，在将近2 0000年前，耶稣就已经说过：“尽快跟你的敌人握手言和吧！”而在耶稣诞生之前的2 0000多年前，古埃及国王阿克图告诫他的儿子说：“谦虚而有策略，你将无往不胜。”我们似乎也可以这么理解：不要同你的顾客或你的丈夫争论，不要指责他错了，不要刺激他，你需要讲究一些策略，这样你才会成功。这就是我要讲的。

◎勇敢地承认自己的错误

◎ 记住这句古话：“争斗永远无法使你得到满足，而让步将使你得到的比你期望的更多。”

◎ 有错就勇敢地承认，这正是所有伟大的人物所具有的高尚品格。

◎ 不要害怕别人会笑话你主动承认错误，事实上，如果你不承认的话，他们不但会给你指出来，而且更容易讥笑你的怯懦和虚伪。

乔治·华盛顿总统在很小的时候就显示出了许多优秀的品格。他家的种植园中种有许多果树。有一次，乔治的父亲华盛顿先生从大洋对岸买了一棵品种上佳的樱桃树。华盛顿先生非常喜爱这棵樱桃树，他把树种在果园边上，并告诉农场上的所有人要对它严加看护，不能让任何人碰它。

一天，华盛顿先生交给乔治一把锋利的小斧子，让他去清理杂树，然后自己就出去了。乔治十分高兴自己拥有一把锋利的小斧子，拿着它在种植园中乱砍杂树。可能是因为太高兴了，他一不小心就砍倒了那棵樱桃树。

那天傍晚，华盛顿先生忙完农事，把马牵回马棚，然后来果园看他的樱桃树。没想到，自己心爱的树居然被砍倒在地。他问了所有人，但谁都说不知道。就在这时，乔治恰巧从旁边经过。

“乔治，”父亲用生气的口吻高声喊道，“你知道是谁把我的樱桃树砍死了吗?”

乔治看到父亲如此愤怒，他意识到是自己的一时冲动闯了祸。他哼哼叽叽了一会儿，但很快恢复了神志。“我不能说谎，”他说，“爸爸，是我用斧子砍的。”

华盛顿先生这时候已经冷静了下来，他问乔治：

“告诉我，乔治，你为什么要砍死那棵树?”

“当时我正在玩，没想到……”乔治回答道。

华盛顿先生把手放在孩子肩上。“看着我，”他说道，“失去了一棵树，我当然很难过，但我同时也很高兴，因为你鼓足勇气向我说了实话。我宁愿要一个勇敢诚实的孩子，也不愿拥有一个种满枝叶繁茂的樱桃树的果园。一定要记住这一点，儿子。”

乔治·华盛顿从未忘记这一点。他一直像小时候那样勇敢、受人尊敬，直至生命结束。

我们中的大多数人都像乔治·华盛顿一样，从小就被教育要诚实，但很遗憾的是，我们中的大多数人已经做不到这一点了。当然，我们可以找出各种理由来为自己辩解，来使自己能够既撒谎又心安理得。在多数情况下，我们为了维护自己的尊严，或者出于自我保护而拒绝承认自己的错误，即使承认错误不会给我们带来任何惩罚——拒绝承认错误好像成为了一种下意识的行为，就算我们并不清楚是为什么。

这是一种可怕的行为。如果你确认自己犯了错误，唯一能做的就是承认它。这并不会给你带来多么严重的后果。愚蠢的人，总会想办法为自己的错误辩解或者掩饰，而聪明的人却恰恰相反，他们通常会毫不掩饰地承认自己的错误，因为这会给他带来更多的东西。

在纽约的一家汽车维修店里，曾经发生过一件勇敢地承认自己错误的事情。

布鲁士新进这家维修店不久，就因为热情的工作态度得到了老板和同事们的一致好评。

但是有一天，布鲁士由于一时大意，把一台价值 5 0000 美元的汽车发动机以 2 0500 美元的价格卖给了一位顾客。同事们给他出主意，让他立即追回那位顾客；如果追不回，还可以私下里垫上这 2 0500 美元。可是布鲁士觉得这些方法都不好，他决定向老板承认错误。那些同事阻止他，认为他这么做简直太蠢了，因为这会导致他失去这份工作。但是布鲁士却坚持自己的意见。

布鲁士拿着一个装了钱的信封来到了老板的办公室。“对不起，布朗先生，”布鲁士说道，“今天，由于个人的原因，我犯了一个很大的错误，使维修店损失了 2 0500 美元。我为我犯了这样的错误而感到羞耻，并打算辞去这份工作。在走之前，我打算把这笔损失补上。这是我的 2 0500 美元赔款，请您收下。”

老板听后，沉默了一会儿，然后对布鲁士说：“你真的打算这么做吗？”

“是的，布朗先生，”布鲁士回答道，“我把发动机的价格搞错了，确实是我犯下了这个错误，因此只有我自己来承担这个责任。我本来可以去找那位顾客，但是这样会损害维修店的声誉。而我，对这件事情负有全部的责任。因此，我只能这么做。”

布鲁士这种勇敢承认自己错误的行为打动了老板。他知道，任何人都会犯错误，关键是要有承认和改正自己的错误的勇气。所以，老板并没有批准布鲁士辞职，而是给了他更大的发展空间，也更加器重他，而布鲁士则因为勇敢地承认自己的错误而获得了比 2 0500 美元多得多的东西。

史狄芬是一家裁缝店的老板，由于他经营有道，裁缝店的生意很好。一天，一位叫哈里斯的贵妇人来到店里，要求赶做一套晚礼服。史狄芬做完礼服之后，却发现礼服的袖子比要求的长了半寸。不幸的是，他已经没有时间再进行修改了，因为哈里斯太太规定的时间已经到了。

当哈里斯太太来到店里取她的晚礼服的时候，她并没有发现有什么问题。她试穿上晚礼服，发现它为自己平添了许多气质，于是连连称赞史狄芬的高超手艺。不料，等她试完之后打算按照原定的价格付钱时，史狄芬却拒绝接受。于是，哈里斯太太问他为什么。

“太太，”史狄芬说，“我之所以不能收你的钱，是因为我犯了一个很大的错误——我把你的晚礼服的袖子做长了半寸。我很抱歉，我希望你能够原谅我。如果你能够给我一点时间的话，我将免费为你把它做成你需要的尺寸。”

哈里斯太太听完话后，一再强调她对这件礼服很满意，而且并不在乎袖子长那么半寸。但是，她却无法说服史狄芬接受这套礼服的钱，最后，她只得让步。

哈里斯太太回去对她的丈夫说：“史狄芬以后一定会出名的，他认真的工作、精湛的技术、诚恳的态度使我坚信这一点。”

事实果然如此，史狄芬后来成为了世界有名的服装设计师。

我可以举出上千个这样的例子来，但是我没有必要这么做。这个道理人人都懂，只是实行起来有一些困难罢了。我想要强调的是，如果你确实想要成功，就一定要勇敢地承认自己的错误。

◎使对方一开始就说“是”

◎ 站在对方的立场上看问题，以对方的原则来说服他自己。

◎ 从最基本的问题——一个能轻易地得到“是，是”回答的问题——问起，不要吝于做这样的简单的事情。

◎ 如果你问到了一个对方可能回答“不”的问题，不妨巧妙地换一个问题。

◎ 你需要抓住事情的关键，把你最基本的问题巧妙地引导到关键问题上去。

伟大的苏格拉底是历史上赫赫有名的思想家。他所做的事情没有几个人能够做到。他彻底改变了人类的思想进程，同时也是最影响这个世界的劝导者之一。

他的方法是告诉别人他们是错误的吗？当然不是。他的方法被称为“苏格拉底辩论法”，就是以对方肯定的答复作为这种方法的辩论基础。他提出的每一个问题，都会得到别人的赞同；然后，他连续不断地获得肯定的答复；最后，反对者会在不知不觉中承认苏格拉底的观点而放弃自己的观点。

这是不是很神奇呢？是的，但是如果你愿意的话，你也可以做到。方法很简单，那就是记住一开始的时候，要不断地让对方说“是，是”，千万不要让他说“不”。

在跟人交谈的时候，不要一开始就谈论一些你们可能有分歧的事，你应该先强调你们都同意的事，并且需要不断地强调。然后，强调你们双方都在追求同一目标，试着让对方知道，即使你们有分歧，那也只是方法上的分歧，而不是目标上的。

先让我们来看一个例子。

纽约格林尼治储蓄所的出纳员詹姆斯·艾伯森是卡耐基训练班的学

员，他曾经对这个策略深有感触。

“那天，”詹姆斯·艾伯森回忆说，“一个人走进来要开户，我让他先填写一些表格，其中有些问题他愿意回答，另外一些他根本不想回答。如果在以前，遇到这种情况，我会告诉这位顾客，如果他不向我们提供这些资料，我们就会拒绝为他开户。那样的‘警告’使我很愉快，因为这好像在说只有我说话才算数。但是，显而易见，这样的态度将使我们的顾客有不被重视的感觉。

“因为上了训练班的有关课程，我决定不跟他谈银行的规定，而是谈顾客的需要。所以，我同意了他的做法。我告诉他说，那些他拒绝填写的内容并不是绝对必要的。

“‘但是，’我引导他说，‘假如你去世，你不希望把存在我们银行的钱转移给你的亲属吗？

“‘当然。’他说。

“‘难道你认为，’我继续说，‘将你最亲近的亲属的一些资料告诉我们，使我们能够在你万一去世的时候准确无误地实现你的愿望，不是一个很好的办法吗？’

“‘是的。’他又说。

“就这样，最后他终于相信我们要这些资料的目的是为了他，他的态度就转变了。他不仅把他自己的全部资料告诉了我，还根据我的建议，开了一个信托账户，指定他的母亲为受益人，并爽快地填写了关于他母亲的详细资料。”

詹姆斯·艾伯森发现，一旦让那个顾客开始就说“是，是”，顾客便忘了他们之间的争执，并且愿意做詹姆斯所建议的事。

如果让人一开始说“不”，会有什么后果呢？我们来看看阿弗斯特教授在他的《影响人类的行为》一书中所说的一段话：

“一个‘不’的反应，是最难克服的障碍。人只要一说出‘不’，他的自尊心就会促使他固执己见。当然，也许以后他会觉得‘不’是不恰当的，然而一旦他考虑到宝贵的自尊，他就会坚持到底。所以，一开始就让人对你采取肯定的态度极为重要。”

他接着说，人的这种心理模式显而易见。当一个人说了“不”以后，如果他的内心也加以否定，他全身的各个组织都会协调起来，一起进入一种抗拒状态；反过来，如果他说了“是”，情况就会恰好相反——他的身体就会随之处于前进、接受和开放的状态，这将有利于改变他的看法或意志，使谈话朝积极的方向发展。

如果一开始的时候就使一位学生、顾客或你的孩子、妻子说“不”，那么，即使你有神仙般的智慧和耐心，也无法使那种否定的态度变为肯定。

其实，想得到对方的肯定其实并不难，只是人们忽略了如何去做。人们总是希望一开始对方就同意自己的看法，如果别人不同意的话，就急切地想驳倒对方，以获得对方的认同。他们或许认为这样做能够显示出自己的高明和突出。然而不幸的是，这种态度往往会适得其反。所以，最好的办法就是，一开始就让对方说“是，是”。

西屋公司的推销员雷蒙负责推销的区域内有一位富翁。雷蒙的前任和他花了13年的时间对这位富翁进行推销，但是直到最近，才使这位富翁答应购买了几部发动机。而当雷蒙再次去拜访他的时候，他却声称以后不会再订购西屋公司的发动机了，原因是他认为这些产品太热，不能把手放在上面。

雷蒙知道如果与他争辩的话，无疑会是徒劳。于是雷蒙打算找出让对方说“是”的方法来。

雷蒙对那位富翁说：“史密斯先生，我完全同意你的看法。如果我公司的发动机确实过热的话，你不应该再买。你花了钱，当然不希望买到热量超过标准的发动机，是不是？”

“是的。”史密斯说。

“你知道，”雷蒙接着说，“电工行会的规定是，一架标准的发动机的温度不能比室内温度高72华氏度，是这样吗?”

“是的。可是你的发动机却高出了这一温度。”史密斯说。

“你工厂的温度是多少?”雷蒙问他。

“75华氏度。”史密斯想了一会儿然后说。

“这就对了，”雷蒙笑着说，“75华氏度加上72华氏度等于147华氏度。如果你将手放在147华氏度的水里，你会不会被烫伤呢?”

史密斯不得不说：“会的。”

“那么，”雷蒙继续说，“我建议你最好不要把手放在147华氏度的发动机上面。”

“我想你是对的。”史密斯说。接着他们又谈了一会儿，最后，史密斯答应在下个月订购西屋公司35 0000美元的产品。

雷蒙总结说：“我最后才知道，争辩不是聪明的办法。我们要站在对方的立场上去看问题，要设法让对方说‘是，是’，这才是真正的迈向成功的方法。”

◎牢记他人的名字

◎ 首先，要明白记住别人的名字是一件十分重要的事情，这样你才会注意做这件事。

◎ 叫出别人的名字，比你费九牛二虎之力去做其他事情更加有效，它是一件事半功倍的事情。

◎ 要在你的谈话中直接称呼对方的名字，这样不但会使你对这个名字更加有印象，而且能够拉近你们的距离。

有钱人常常出钱资助那些穷困的作家、艺术家和音乐家。他们希望这些文艺家能够把作品献给他们，使他们的名字随着这些作品得以流传。在我们的图书馆和博物馆里，最有价值的艺术品往往由那些希望人们记住他们名字的有钱人捐赠。比如，纽约图书馆里有埃斯德家族与里洛克家族的藏书，大都会博物馆则保存着本杰明·埃特曼与 J. P. 摩根德的签名书信，而几乎每一个教堂里都镶嵌上了彩色玻璃，用来纪念那些捐赠者。

这说明人们总是非常重视自己的名字，并希望别人能够记住。如果想要给人好感，最简单、最明显而又最重要的方式，莫过于能够随口喊出对方的名字。因为这样，你就给了别人受重视的感觉——而据我所知，每个人都希望拥有这种感觉。这种方法可以说是屡试不爽。

在记住别人的名字方面，富兰克林·罗斯福总统是一个典范。众所周知，罗斯福总统是这个世界上最忙的人之一。但是他知道记住别人名字的重要性，所以舍得花时间去记住那些人。

一次，克莱斯勒公司特意为罗斯福总统制造了一辆汽车，总经理张伯伦和一位机械师将这辆汽车开到了白宫。在张伯伦的信里，他记述了当时的情形：

“我教罗斯福总统如何驾驶一辆配置了许多特殊部件的汽车，而罗斯福总统也教给了我许多为人处世的道理。

“总统非常高兴我被召入白宫，他立刻就叫出了我的名字，这使我非常高兴。令我印象尤为深刻的是，他确实很注意我为他所作的说明。这辆汽车进行了特殊设计，非常完美，可以完全用手进行操作。

“总统说：‘这辆汽车真是太完美了。只要按下这个按钮就可以开动它，而且可以毫不费力地进行驾驶。我不知道它是怎么工作的。我希望自己能有时间对它进行研究，看看它是如何工作的。’

“当总统的许多朋友和同事都围在四周称赞这辆汽车时，他又当着大家的面对我说：‘张伯伦先生，你设计这辆车花了大量的时间和精力，非常感谢你。这辆车简直太棒了！’

“然后，他又对车内的散热器、特制反光镜、时钟、特制的照明灯、椅垫的款式、驾驶座位、刻有他姓名缩写字母的特制衣箱等加以赞赏——他注意到了每个细节，对于我所付出的心血给予了极大的褒奖。他还特意让罗斯福夫人、秘书波金女士、劳工部长等人注意这些部件。他甚至嘱咐

他的黑人司机，对他说：‘乔治，你可要好好照顾这些衣箱。’

“上完驾驶课程之后，总统对我说：‘好了，张伯伦先生，我已经让联邦储备委员会的委员们等我 30 分钟了。我想我应该回去工作了。’

“我当时带了一位机械师。这位机械师是一个很害羞的人，在我们说话的时候，他总是站在后面。尽管他自始至终没有和总统说过一句话，而且总统也只听我介绍过一次他的名字，但出乎意料的是，当我们离开的时候，总统特意找到这位机械师，并与他握手，还叫出了他的名字，对他来到华盛顿表示感谢。我能感觉出来，他的感谢一点都不做作，而是真心诚意的。

“几天之后，我收到了一张罗斯福总统亲笔签名的照片，照片后面还附有简短的对我的帮助表示感谢的言辞。作为一位国家元首，罗斯福总统怎么会有时间来做这样的事情呢？这真的让我难以置信。”

罗斯福总统何以给张伯伦先生如此深刻而美好的印象呢？当然不是因为他是国家元首，而是因为他给了人一种被重视的感觉。为什么他能给人这种感觉？原因很简单：他非常尊重他们，并且记住了他们的名字。

作为一个政治家，记住选民的名字，往往是他的第一堂课，而如果忘记了他们的名字，你将会很失败。在每个人的事业和商业交往中，记住别人的名字也很重要。

得克萨斯州商业股份有限公司董事长班顿拉夫有这样的感触：公司越大，人们之间的关系就会越冷漠。他认为，记住别人的名字，是唯一能使公司氛围变得融洽的办法。

洛克帕罗是加利福尼亚州一家航空公司的服务员，她经常训练自己记住旅客的名字，并注意在服务时叫他们的名字。这使得旅客感到很亲切。有的旅客会当面表扬她，而有的则会写信到公司表扬她。有一封表扬信这样写道：“我很久没有坐你们公司的飞机了。但是从现在开始，我决定以后只坐你们公司的飞机。你们亲切的服务让我觉得你们公司似乎是属于我个人的，这一点十分重要。”

大多数人常常不记得别人的名字，原因多数是他们没有注意到这件事情的重要性。现在，你既然已经知道记住别人的名字有多么重要，为什么还不花点时间和精力去做这件事情呢？

拿破仑的侄子——拿破仑三世曾经说："虽然我很忙，但是我不会忘记所听过的每个人的姓名。"

这不是因为他的记忆力很强，而是因为他的方法非常好。其实，他的方法十分简单。如果他没有听清楚对方的名字，他就会请求对方再说一遍；如果这个名字不常见的话，他会请求对方把这个名字拼写出来。而在谈话的过程中，他会将对方的名字反复记忆，并把它跟其长相、外表和其他特征结合起来。会见完的时候，他通常会把那个名字写下来，然后盯着它看很久，直到确认自己已经牢牢地记住了它才肯罢休。这样一来，当然记得很牢了。

这样看来，记住别人的名字的确需要花一些工夫，但是这显然是值得的。爱默生说过："礼貌，是由小小的牺牲换来的。"如果你打算融入这个社会，成为交际场上成功的人，这点牺牲又算得了什么呢？

你可以做一些"姓名簿"之类的小本子，以便你记住每个和你接触过的人的名字。

如果你忘记了对方的名字，在下次见面之前，先通过一些途径打听到他的名字，并且把它记住。

第三章

影响命运的职场语言

◎讲话的方式很重要

◎ **在职场中的任何一个人都应该受到尊重——这是最基本的前提。**

◎ **不要直接批评或指责别人，即使你拥有权威。**

◎ **不要指使或命令别人怎么做，换一种方式达到这个目的。**

一个人如果想要实现某个目标，只有一条路可以走，那就是：让自己的才能在工作中充分发挥出来，并且设身处地地为别人着想。让人颇感振奋的是，虽然工作总是让人很头疼，但是它的确既能够使人们实现自己的理想，又能推动社会的进步，进而实现自我的价值。正是工作使自我和社会完美地结合在了一起。

也许正因为工作如此重要，所以大部分人——几乎所有人——都希望自己能够在职场中获得成功，希望自己能够有更高的工资、更高的职位以及更多的来自他人的尊重。是的，人人都希望成功。但是关键在于，究竟怎样才能取胜？

在我的卡耐基口才训练班中，有90％的学员来自职场。他们中有全国有名的公司的高层领导，也有小公司的底层职员；有从事案头工作的文员，也有从事推销工作的推销员；有工作多年、经验丰富的人，也有很多刚刚迈进职场的新人。为什么他们一致地想到来我的卡耐基口才训练班呢？

“我希望能够处理好和同事、领导之间的关系，”洛杉矶的一家化妆品公司的策划经理娜色说，“因为正是这种关系决定了我未来的前途。我希望自己能够取得成功。”

“那么，你认为口才能够帮助你做到这一点？”我问她。

“是的。”她非常肯定地说。

虽然娜色说得有些绝对——导致一个人成功的原因是非常复杂的——但是她的确说出了口才对于那些在职场中的人们的重要性。如果说一个人在职场中成功的20％的因素是他的其他个人才能的话，那么还有80％来自于他口才的贡献。

一般人往往忽视了这一点，尤其是那些职场新人。他们认为，只要能够在工作中发挥出色，就能够使自己在职场中取胜。只有经过一段时间以后，他们才会发现，仅凭自己的知识和技能，而忽视与别人的沟通和合作，是无法完成所有工作的。更加重要的是，在多数情况下，你展现自己的知识和技能的时候，如果对方不能理解你，那么你也不会成功，更不用说在职场中取胜了。

要想在职场中取胜，需要注意下面一些问题。

曾经有来自各行各业的很多学员向我抱怨，说他们拥有相当高的才能，却没有办法取得成功。我知道他们的问题之所在。实际上，大部分职场中的人都有一个误解，很大的误解。他们认为，在职场中要成功，要得到更高的薪水和职位，只有一个办法，那就是让自己的工作出色。

事实并非如此。“一切都是人跟人之间的问题。”有一天，史考伯先生很有感慨地对我说道。他的这句话十分有道理，在职场中也是如此。

那些职场中的人们有时候会非常惊讶地发现，讲话的方式有时候甚至比讲话的内容更加重要。如果想要领导同意自己的某个计划，不仅需要这个计划很出色，更加重要的是要让他相信这一点；让下属努力工作的方法不是命令他们这么做，而应该是鼓励和建议他们这么做；同事不会因为出色的工作而尊重你，除非你也尊重他们。

威尔逊是美国某连锁店的老板，每周他都会举行一次经理会议。某一年夏天，由于市场疲软，几家店的业绩连续几个星期都在下滑。威尔逊打算批评这些经理，但是，他并不打算直接对他们进行批评，因为这样对公司没有任何好处。所以，在会议一开始的时候，威尔逊极力赞扬了这些经理，肯定了他们为公司作出的很大的贡献——在市场这么疲软的状态下，都只是稍微减少了公司的利润。

本来打算为自己辩护的经理们对威尔逊的赞扬十分认同，他们感到自己受到了重视，心情自然就开始好起来，一个个都精神焕发。威尔逊的话音刚落，马上就有一位经理站起来发言。他对自己经营的店面的业绩下滑展开了自我批评，认为自己完全可以做得更好。他向威尔逊表示，他打算在下一阶段推行一些新的政策，力争使业绩能够回升。其他的连锁店经理也纷纷表明了自己的意见和决心。这种热烈的场面是以前从来没有过的。

威尔逊作为连锁店的老板，具有绝对的权威。但是他明白用强迫的方式不一定能够达到自己的目的，因此就用了另外一种说话的方式。事实证明，采用这种方式的确取得了成功。

如果说领导对下属说话应该注意说话的方式，那么下属对领导说话就更加应该注意。下面是一个十分有代表性的例子：

德国一家著名的电器公司在某一年推出了一个新产品。他们准备设计一个出色的商标，并重点把这个新产品推向日本市场。

这家公司的总经理设计了一个商标，并自鸣得意。在一次会议上，他提议大家对他设计的商标进行讨论。会上，这位总经理说：

“我想，这个商标绝对是非常合适的。它的主题图像是太阳，这使它看起来像日本的国徽。日本人一定会喜欢它的。”

看得出来，这是次没有多少实际意义的会议，因为大家似乎都只有一种选择，那就是同意总经理的意见。所以，绝大多数人都极力赞扬这个商标设计得非常出色。

但是，一个年轻人——广告部的经理，站了起来说：“这个商标并不非常合适。”

这时候所有人的惊奇的目光都集中在了他的脸上，总经理也露出了惊讶的表情。大家都等着他继续往下说。

“它设计得太完美了，”这位年轻的经理不慌不忙地继续说道，“毫无疑问，日本人一定会喜欢这样的商标。但是问题在于，我们的商品并不全部销往日本，也销往其他亚洲国家。他们都会喜欢吗?”

这样，他不但给总经理留了面子，而且也巧妙地暗示了这个商标的错误。总经理在会后说，这位经理的话简直是“再高明不过的语言”了。

一般人如果认为自己的意见比领导的好，就会直接向领导提出来。他们满以为领导会接受他们的意见，但是事实往往与他们想象的相反——领导拒绝了他们的意见。于是他们就开始抱怨这个领导过于独断、自私和蛮横。

实际上，每个人都有这些性格特征，只是有没有表现出来而已。当自己的意见被下属否定时，领导一定会产生一种不满意感，觉得很没有面子，从而失去客观的立场。这样一来，他拒绝下属的意见也是顺理成章的了。

这位年轻的经理成功地使领导接受了他的意见。为什么他能够成功?因为他采用了正确的表达方式。

而就同事之间而言，说话的方式也很重要。相对于领导和下属之间的关系而言，同事之间有的只是平等的合作。这样，如果你打算请求同事配合你的工作，你没有权力要求别人这么做，所以就应该特别注意说话的方式了。

总之，在职场中注意说话的方式，会使你游刃有余地活跃在这个大舞台上。

◎与下属沟通要讲艺术

◎ 态度一定要诚恳。不要以那种高高在上的态度和下属说话，否则

你必将收不到很好的沟通效果。当然，你的诚恳的态度不是一种妥协和退让，你仍然需要在必要的时候保持领导的权威。记住：过犹不及。

◎ 尊重你的下属，这是对方尊重你的前提。当然，对方可能会因为你的权威而被迫尊重你，但是这不是好的办法。

如果你是一个领导，那么你就不得不与你的下属——那些职位低于你的人——进行有效的沟通。可以说，沟通艺术是领导艺术中非常重要的一种。一个领导只有掌握了沟通艺术，才能成为一个好的领导。遗憾的是，很多领导与下属之间出现了沟通上的问题，这不仅对个人产生了很不利的影响，而且也阻碍了工作的顺利进行。

该如何有效地和下属进行沟通？我认为应该做到下面这几点：

清晰、明确地下达指令

很多领导喜欢长篇大论，这往往导致在说完某件事情后，下属们完全不明白他想要表达的意思究竟是什么。这是因为领导者在下属的心目中已经建立起了某种权威，他们说的每一个字、每一句话都会作为重要信息传达到下属的大脑里。正因为接受的信息过多，下属忽略了领导想要表达的重要信息。我并不想说这完全是领导者的责任，但是至少他应该承担大部分的责任。

清晰、明确地下达指令，这是对领导者的基本要求。用简洁、有力的话表达你的意思，让它们有效地传达到下属的脑海中去。尽量让你的指令没有歧义，也符合下属能够理解的水平。你考虑的不应该光是你想要表达什么，还应该包括听的人接受了什么。不要让自己的话漫无边际，只有等下属完全明白了你的意思，你才可以这么做——而且你的确不应该长篇大论，因为下属有他们自己的工作要做，他们不是来听你的高谈阔论的。

不要朝令夕改，要让你的指令都是你成熟的想法。许多领导者有许多新奇的想法，他们是高效率的“点子”生产机。他们经常会否定一个小时前的指令，而用新的指令去代替它。这让下属十分头疼，不知道该怎么去做，因为他们往往同时得到几个相互矛盾的指令。

对下属进行有效批评

当下属做错了一件事情，或者没有完成某件事情的时候，领导当然应该对其进行批评和训导。关键在于，你的出发点是想解决问题。

保持平静的态度。不要给下属一种正在被审判的感觉，你需要营造一种平和、认真的沟通气氛。只有在这样的气氛当中，你们才能有效地解决问题。

对事不对人。在你进行批评和训导的时候，应该让他觉得你并不是针对他本人，而是针对具体的事情进行批评的。你应该平静地指出问题之所在，并且以各种方式暗示对方，你的目的只是为了使工作做得更好，而不是图一时之快。

公正地指出下属所犯的错误和应该负的责任。任何一个错误都不会只由某一个人造成，并且，你的下属当然也不希望犯这样的错误。

不要给他一种罪不可恕的感觉，你应该指出他只是造成这个错误的一分子，并且应依照相关的规章制度客观地指出他应该承担的责任。

对其进行鼓励。不要忘记鼓励犯了错误的人，他们可能已经在某种程度上对自己失去了信心，急需别人给予肯定。当然，也不要忘记指导他们对错误进行改正。

随时和下属进行谈心

及时了解下属的想法和意见，是防患于未然的一个重要方法。谈心是一种最直接和最有效的沟通方式。要做到成功地与下属谈心，应该注意以下几点：

确定目标。确立你谈话的具体目标，明确谈话的主题，列出你可能和对方交换、传达的信息，然后安排好谈话的时间和地点——我认为不应该固定时间和地点。

了解下属。彻底了解你谈话的对象。要从下属的角度出发考虑谈话中可能会出现的问题，以及谈话会对他产生的影响。

引导谈话。将谈话引导到你的预定方向上去。当然，你可能也会得到很多意想不到的收获。

让下属服从命令

让下属服从自己的每一个指令，这是领导极希望看到的事情。“拿着大棒轻轻地走路”，这个外交政策在让下属服从你的时候正好适用。在你“轻轻走路”的时候，如果你能够找出别人需要什么，然后告诉对方你能够满足对方，那么你就成功地控制了你的下属。

在这一阶段你可以采取以下 3 种方式满足对方的需求：

称赞对方。称赞这一古老的方法依旧有效。告诉对方他干得十分出色，你实在很需要他，这样他就会听从你的命令。

让对方明白这一工作对他很有用。了解他的需求，告诉他这项命令正是能够满足他的需求的，这样他就会很自然地为你效命。

给他实际好处。告诉他如果他能够干得出色，就将得到很多实际的好处。这一方法很有用，但是你需要付出点儿东西，而上面两种方式不需要你付出什么。

如果你在第一阶段遭到了失败，不要灰心。不要忘记你是领导，把你的大棒在他面前挥一挥，这样他很可能就会听命于你。不过，你最好尽量少地使用这种方法。

巧妙地拒绝下属

当下属向你提出某个你不能满足的要求，或者提出某个你不同意的计划的时候，不要直接地拒绝，你应该学会拒绝的技巧。

对事不对人。让他明白这是公司的制度或者他的计划的确不行，对任何人你都会拒绝的。不过，你最好尽量少地以公司的制度来作为借口——如果他的确是那种可以通融的人才，不妨放他一马；如果正好相反，则告诉他你拒绝的理由。

换一种方案。为了使他容易接受，建议他换一种方案。比如，如果他想调整工作时间，但是现在公司却处在紧张的状态下，告诉他如果有同事愿意跟他调换的话，你可以同意他的要求。

拖延时间。这是一种不得已的办法，它可以帮助你暂渡难关。但是一段时间以后，对方还是会旧事重提的。不过，那时候也许你会有更加巧妙的借口。

◎指正别人错误的方法

◎ 在指正别人错误的时候，以不损害对方的自尊心为前提，否则对方会不自觉地对你产生抗拒。这样，你可能收不到任何效果。

◎ 指正错误的目的是让他接受并改正错误，从而对工作产生积极的态度。因此，所有的做法都应该以此为目标。

我在前面已经说过，不要指责别人的错误。因为这样做的话，别人不但不会承认错误，反而会对你产生反感。当别人做错了事情或者说错了话的时候，你应该怎么做？你应该采用委婉的方式指出来。

在职场中，你仍然需要——而且更加应该——这么做。如果说亲人、朋友犯了错误，你直截了当地指了出来，他可能因为了解你或跟你比较亲密而接受你的意见。

但是在职场中，情况就变得十分复杂。你和对方仅仅是工作上的关系，如果你直截了当地指出了对方的错误，可能会引起你们之间的误会。

我将把在职场中指正别人错误的方法的重点放在领导和下属之间的处理方法上，因为领导和下属之间的关系更加特殊。至于同事之间如何指正错误，则可以参考我前面讲过的内容。

不论你是否承认，领导在职场中都享有权威的地位，更加应该得到别人的尊重。基于这样一个前提，在你指出你的领导或者下属的错误的时候，可以采用下列一些方法：

暗示法

暗示法即用一种行为或语言向对方暗示其错误。我在前面也已经说过了暗示在一般人际关系中的运用。这是一种十分常见的方法。

美国一家百货公司的总经理约翰·艾德伦经常喜欢到自己的商场去巡视。一次，他看到一位顾客站在柜台前面看电视机，但是却没有一个服务员过来招呼她。那些服务员很忙吗？不是的，她们正在不远处有说有笑地闲聊，根本没有注意到这位顾客。艾德伦对这种情况十分不满，想要纠正这种不负责任的工作态度，但是他为了保全服务员的面子，所以运用了暗示的技巧。他自己走到那位顾客面前，为她介绍各种电视机的特点。最后，那位顾客买下了一台电视机。艾德伦让服务员把它包好交给顾客，然后一言不发地走了。

艾德伦自始至终都没有批评服务员。但是，这些服务员看到了这些情况，认识到了自己不负责的态度是错误的，所以以后也认真负责起来了。

先说出自己的错误

“我的错误是……”以这样的话开始，对方可能会对你所说的话表示出很大的兴趣。人们似乎更愿意看别人犯了什么错误，而对自己所犯的错误并不关心。

在指正别人的错误之前，先说出自己的错误，这样更加容易掌握谈话的主动权。在心理学上，这实际上是一种平衡心理在起作用。一般的人可能对自己一个人犯错误感到不可接受，如果你提醒他自己也有错误的话，会使他更加容易接受。

提醒法

用一种轻描淡写的方式提醒对方犯了错误。在一般的交流之中——由于不是很多——领导说的每一句话，下属都会仔细地聆听；而那些注重下属的领导也会如此。

在说话的过程中，尽量用一种轻描淡写的方式提醒对方犯了错误，这样就给了对方一个反思的空间。

“我听人说你最近心情不是很好，因此在工作上出了一些问题。”一位领导在下班后走出公司的时候，对他的下属说。这位下属说：“是的，不过我本不应该把我的情绪带到工作上来的。”如果这位领导非常正式地把下属叫到办公室，对他说同样的话，效果一定会大为不同。

那些聪明的人是不需要对方强调自己的错误的，他们都会从提醒中得到一些重要的信息，而那些并不怎么聪明的人，即使对他们进行了严厉的批评，效果也不会很好。当然，如果对方犯的错误的确很严重，已经或者将要给工作带来很大的麻烦，则应该用严肃和认真的语气提出来。

先赞扬后指正错误

先肯定后否定。虽然这种方法非常老套，但是却十分管用。这实际上也是一种平衡心理的方式。用赞扬拉近你和对方的心理距离，从而创造一个十分和谐和融洽的谈话氛围，这样对方就不容易因为你指正他的错误而对你产生抗拒了。

“你一直干得很出色……”以这样的方式开头，让对方知道自己的错误是一时不慎造成的，而并不是他一直以来都如此。另外，这种方式实际上是告诉了对方你对这件事情的态度：并没有因为这件事情而否定他。

如果是你的领导犯了错误，这种方法仍然管用。我们举过的那个经理否定总经理设计的商标的例子中，那位聪明的经理对总经理说：“这个设计太完美了。”谁不喜欢听这样的话呢？

那么接下来，领导自然会顺理成章地接受——只要你解释得合理。

指出正确的做法

这种方法十分高明。在整个谈话的过程中——你甚至可以在许多人参加的会议上这么去做——你并不需要提到对方犯了错误，而只需要直接告诉对方正确的做法是什么，从而让对方拿自己的去和正确的做法比较。这

样做，对指正他的错误的效果也许会更大。

“我十分欣赏杰克。他上班从不迟到，对工作也相当认真。”你这么说，对方肯定会知道自己在某些方面没有杰克出色，并且知道了应该怎么做。最好的方法莫过于让对方自己意识到自己犯的错误，并且想方设法地进行改正。

◎如何批评不会引起怨恨

◎ 克制自己的情绪。冲动不能解决问题，只会带来更加不利的影响。

◎ 保持客观的评判标准。不要把全部的责任都推到对方身上，客观地分析错误产生的原因、经过和影响。

◎ 用事实说话。不要加入自己的主观评论，事实是最有说服力的。不要因为一个错误否定一个人。

对一个领导者来说，如果没有掌握一定的技巧，即使你对工作十分认真负责，也仍然不是一个称职的领导。

好心做坏事是让很多领导都十分尴尬的事情，在批评下属的时候尤其可能如此。我们都不怀疑他们的出发点是好的：希望指出下属的错误，帮助下属改正错误，使其以一种更加积极的状态投入到工作当中……但是，他们也的确常常让批评发挥了截然不同的作用，那就是不利于工作。对个人而言，领导者则常常因为批评而为自己招来了怨恨。

如何批评而不引起下属的怨恨？经常有人问起这个问题。答案就是，要掌握批评的艺术。具体说来，大体应该注意以下几点：

不要轻易批评别人

不要让在下属面前拿出你的气势成为你的习惯。他们都知道你的身份，你没有必要去证明这一点。不要动不动就以训话和批评别人为乐，这样只会损害你的权威。

可能他犯的是一个小小的错误，甚至只是你认为他犯了错—实际上，他完全有可能并没有错，只是意见有所不同罢了。因此，在批评下属之前，最好审慎地判断他是否真的做错了。另外，如果你把注意力集中在小错上，那么势必分散你在大的错误、大的事情上的注意力。

即使下属犯了比较严重的错误，在对他进行批评的时候，也需要用一种更加有技巧的方式。你必须考虑你的批评可能导致的结果，不要让批评产生负面效应，不然的话就会得不偿失了。

控制自己的情绪

许多领导过于意气用事，使用责骂、侮辱、拍桌子的方式对犯错误的下属进行批评，这正是让批评产生不良后果的罪魁祸首。这样做只会使批评成为领导者自己情绪的宣泄途径，而不利于问题的解决，甚至会产生更坏的影响。

当你的下属做了一件十分愚蠢的事情的时候，不要过于激动，不要冲着他大喊大叫。过于激动只会使你失去理智，做出自己意想不到的事情来。你的本意是想冲他发一顿脾气，还是想用这种方式来给他压力，使他对自己所犯下的错误印象深刻？

你应该保持领导应有的涵养和风度，和对方冷静地谈一谈。既然错误已经发生了，必须有承认它的勇气。现在最重要的事情是进行挽救，并且使新的错误不再发生。如果你认为对方已经无可救药，你应该告诉他应该承担的责任，然后把他开除或者扣他的工资。

做到实事求是

批评要以理服人，而不是用权威或者用声音来压倒别人。客观地看待下属犯下的错误，是解决问题的第一步。不要夸大或缩小对方犯下的错误，这不利于事情的解决。

很少有人因为对方气势高过自己而被对方说服。他可能点头表示你说得很有道理，不跟你争辩，但是这并不代表你已经说服了他。

实事求是地看待下属所犯的错误及其所造成的后果。要让事实说话，而不要加入自己主观的评论。帮助他客观地分析问题产生的原因和解决的办法。要知道，你们的最终目的是使工作顺利有效地开展。

给对方说话的机会

每个人的立场、经验和价值观都不相同，所以会产生许多截然不同的看法。听听对方的解释，也许他会给你一种新的解释，而这种解释会更加合理，他还有可能给你带来不同的信息。因此，不要剥夺对方说话的权利。

对事不对人

不要因为一个错误就轻易地否定你的下属，这只是一个错误而已，而且很多错误并不只是人的能力较低所造成的。千万不要说“你总是……”这样的话，更加不要说他无能，这样会造成你在针对他的感觉，从而使他无法客观地面对自己所犯的错误。而且，他会产生一种抗拒的心理，想方设法为自己的错误找借口，而不是承认自己的错误。

很多公司的职员并不在乎自己的工作。如果他们认为自己的能力很强，而你针对的又是他们的话，他们可能会提出辞职。这样，损失的是公司的利益。

把批评和赞美结合起来

一些成功的企业家提倡一种“三明治”的批评方法，也就是在对别人提出批评的时候，先找出对方的长处进行赞美，然后力图使谈话在一种平和的氛围中进行，最后以赞美对方某一个优点结束。事实证明，这种批评方法十分有效。

最近亨利·哈特手下有一个工人的工作成绩大不如前，哈利并没有拿出自己的老板架子来，告诉他应该更加努力些，或者干脆把他辞掉。哈利当然可以这么做，但是这样会浪费一个人才。哈特究竟是怎么做的呢？

哈特把这位工人请到了办公室，但是并没有责骂他，而是非常真诚地对他说：

“比尔，你是一名很优秀的技工。实际上，在我们公司，像你这么优秀的职员已经不多了。你在这条生产线上已经工作了好几年了，你所修的车辆得到了很多顾客的称赞。当然，最近你可能因为工作太忙了，或者别的什么原因，因此做同一件事情，你需要的工作时间比以前长了一些。我知道，这只是暂时的，你一定会想办法解决这个问题的，是吗？”

比尔告诉哈特说，他最近家里发生了一点小事故，使他不能专心致志地工作，但是他保证会尽快处理好这些事情。果然，第二天，比尔的工作效率又和以前一样高了。

受到赞美后，我们会更容易接受批评。这是人们的通性。因此，在你对犯错误的下属进行批评之前，应该适当地对他的优点进行赞美。

另外，人们在犯错误后，容易变得不自信，比如怀疑自己的工作能力，从而降低工作的积极性。

从这个意义上说，犯错误的人更加需要别人的肯定。因此，只有赞美他们，才能帮助他们战胜错误给他们带来的不利影响。

◎没有人喜欢受指使

◎ 没有人喜欢受人指使，你的下属也是如此。因此，不要用命令的语气指使他去做某件事情。

◎ 指使他人的结果是，他不会很好地完成你的指令，因为他是被迫做这件事情的。

我在前面已经说过：没有人喜欢受人指使。在职场中当然也是如此。不用说同事之间，即使是在上司和下属之间，也没有下属喜欢听上司的命令。

有一个例子很好地证明了这一点。卡耐基口才训练班有一个女学员道娜，她是一家公司的经理助理。一天，公司来了一位客人，由新上任的经理接待。道娜像往常一样，正打算去给那位客人倒水，但是经理突然对她说："你去倒杯水。"道娜却随口接道："我想去一下洗手间。"

这或许也说明了其他的一些问题，但是关键在于，道娜像大多数人一样不喜欢受人指使。当然，一般的人在她遇到的那种情况下，或许不会下意识地找借口去推辞这种指使，但是即使接受了，他们也会很不乐意地去做这件事情。不错，经理确实有权力指使她去做某一件事情，但是却不能使她乐意去做。我们知道，只有当人们主动去做某一件事情的时候，才能把它做好。

遗憾的是，很多领导都很喜欢指使下属做这做那，他们似乎想要用这种方式去体现自己作为领导的权威。我曾经做过一个调查，发现有一半以上的领导者都这么做，而且没有意识到这么做有什么不对。

这可以称作"办公室的暴力事件"。毫不夸张地说，这种暴力事件天天都在发生——不在这里就在那里，不在你身上就在他身上。

暴力事件的后果如何？当然，下属们迫于压力会去做那些事情，但是却不会把它们做好。那些聪明的领导者都知道如何避免这种暴力事件的发生，从而调动下属的积极性，

为了完成本书的写作，我曾经很幸运地邀请到了美国著名的传记作家伊塔·泰贝尔女士共进午餐，希望她能给我一些帮助。当我对她说完本书的写作计划时，她的确给了我许多有用的指导。其中，她告诉了我她在写作杨·欧文传记的时候的一些事情。她曾经采访了和欧文先生同在一个办公室达3年之久的一位同事。这位同事说，在这些年里，他从没有听到欧文先生向别人直接下过命令。欧文先生非常注意措辞，他的所有语气听起来都像是在给别人提建议。比如，他从不说"你应该这么去做"、"你立即去做这件事情"，而是说"你认为如何"、"最好是现在去做"或者"你有别的什么办法吗"之类。

当他向助手口述完一封信之后，他通常会问："你觉得如何？"而当助手写完信之后，他会说："我觉得这样也许更好一些。"他总是给别人空间，让他们自己去做事，而不是告诉他们该怎么做。因为他认为，这样他们更能够吸取教训——如果他们失败了的话。

伊文·麦克唐纳经营着一家生产一种非常精密的机器零件的小工厂。一次，他们接到了一个订单，但是由于订单要求的数量巨大，他们在短期内无法生产出来，况且其他工作已经进行了规划。所以他的心里一点儿把握也没有。但是，他又不希望失去这个订单。一般的做法是，他可以告诉员工，因为有紧急的任务，所以必须拼命地加班。但是麦克唐纳不是这么做的。他召集了全厂的员工，向大家介绍了订单的情况，并且说明了完成这个任务的重要意义。说完这些话之后，麦克唐纳对大家说："各位有没有信心去完成这个订单？"

工人们一致地认为，应该接受这个订单。大家踊跃地发表意见、提出建议，有的工人甚至提出愿意昼夜加班来完成这个任务。结果是，他们接下了订单，并且按时完成了任务。

麦克唐纳的高明之处在于，他能够把这个命令变成一个问题，从而使工人们感觉受到了尊重，并且认识到这个订单的重要性，而让他们自己拿主意，则彻底地发挥了他们的积极性。

我们可以想象一下，如果麦克唐纳换了一种方式，即用命令去要求他的工人们这么做，会取得什么效果？也许那些工人会同意加班，但是却一定是不乐意这么去做的，这样势必影响他们工作的积极性。这样一来，他们的任务也一定是完不成的。

没有人喜欢受人指使——认识到这一点，对一个领导者来说极为重要。当你需要下属去做一件事的时候，你可以像欧文和麦克唐纳一样，运用一定的技巧。实际上，我在前面已经谈及这样的问题，现在我针对职场的特殊性，给你们一些建议：

用建议代替指使。以一种建议的方式提出来，就像欧文那样。比如"我认为这样做是最好的"，"我希望能够在下次开会之前拿到这份稿件"。

用请求代替指使。用一种请求的口吻代替命令。告诉他们你只有得到他们的帮助，才能完成此事。这会让他们认为自己很重要，从而非常高兴地执行你的命令。

用商量代替指使。把你的命令作为问题提出来。比如，你希望有人去购买一批商品，你可以说“我们需要有人去市场购买一批化妆品样品”，相信有人会主动请缨的。

用赞美代替指使。对你的下属进行赞美，给他一个美名，他会为了维护这个美名而努力的。

◎如何激励别人走向成功

◎ 针对别人的优点进行赞美，这是最直接、最有效的方法。

◎ 激起别人的竞争意识，这会调动起他的积极性和热情。

我曾经看到过许多濒临破产的企业，他们的员工都是懒洋洋的，没有一点儿工作热情。我并不想讨论企业的濒临破产是不是他们这么消极导致的，但是我敢说，如果能够激发他们的热情的话，这些企业中90%都可以起死回生。

我并没有高估这种威力，有很多人也是这么认为的。近来，越来越多的企业家热衷于领导艺术的研究了。他们开始致力于研究这样一种方法，即如何使员工发挥出自己的潜能，从而走向事业的成功。他们发现，只有激发员工的这种工作热情，企业才能走向成功。

我发现，激励别人走向成功的方法大致如下：

赞美

赞美是激起员工积极性的一个非常直接、有效的方法。安德鲁·卡内基非常善于运用这个方法去激励他的下属。他的下属之一、造船厂的总经理修韦伯曾经这么描述过他：“公司里的重要人物、那些能干的人，基本上都是因为他的称赞而成功的。在我见过的大人物（其中包括不少优秀的企业家）中，他是最擅长于使用称赞而使人获得进步的。这种方法的确很有效，正是它成就了很多人的事业。它也是卡内基先生获得成功的一个重要原因。”

修韦伯本人也是自己描述的人之一，他从卡耐基那里学到了赞美的方法。作为一个造船厂经理，他的职员的工作热情几乎都非常惊人。在卡莫狄的工厂中，一项工作纪录才刚刚产生，马上就被另一项纪录打破了。

比如，在建造塔卡特号轮船的时候，他们只用了27天就完成了任务，这又是一项新的纪录。修韦伯和所有员工举行了一次庆祝大会。他作了一番赞美他们的演讲，并且送给每一个职工一枚银质奖章和一份威尔逊总统贺信的复印件，他还送给船厂每一位质量管理员一块金表。

挑起竞争意识

挑起员工的竞争意识，这是激起他们积极性的又一个绝好的办法。

一天，查尔斯·史考伯在下班时，被一位分厂厂长拦住了。他对史考伯说：

"我不知道这是怎么回事。我用了各种办法去激励我们厂的员工，但是他们却总是不能完成生产任务。"

"我很奇怪，"史考伯说，"你是一个能干的领导者，竟然也不能使他们热情地工作?"

"确实，"那位厂长哭丧着脸说，"我已经用了能想到的所有办法。我苦口婆心地引导他们、激励他们，甚至威胁和责骂他们，可是他们却无动于衷。"

于是，史考伯跟那位厂长一起去了工厂，当时正是他们厂白班和夜班的交替时间。史考伯拦住一位正准备下班的员工，问他说："你们今天生产了多少台机器?"

"6台。"那位员工回答说。

史考伯点了点头，向厂长要了一支粉笔，然后在地板上写了一个大大的"6"字，什么也没说，就一声不响地离开了。

那些上夜班的工人看到地板上的字很奇怪，于是就问那些上白班的人是怎么回事。

"刚才，史考伯先生来过了，"上白班的人回答道，"他问我们生产了多少台机器，然后就在地板上写下了这个字。"

当第二天史考伯再次到来的时候，地板上的字已经被上夜班的人擦掉，改成了一个大大的“7”字。史考伯满意地笑了，然后又一声不响地离开了。那些上白班的人来的时候，看到这个“7”字，感到这好像是在说上夜班的人比他们强。他们当然不甘示弱，于是他们加紧工作。到下班的时候，他们得意地在地板上写了一个“10”字。而结果是，到了月底，他们超额完成了生产任务。

我们看到，史考伯先生在整个过程中，从没有对那些员工说过要努力工作，但是他究竟使用了什么样的魔法，使他们积极主动地工作呢？很简单，他激起了员工的一个十分重要的竞争意识，就是那种相互超越的欲望。事实证明，这种欲望的力量是强大的。

给别人一个美名

每个人都有一个理想化的自己，而这个理想化的自己拥有几乎所有的美德。莎士比亚曾经说过：“如果你希望拥有一种美德，不妨先假定你已经拥有了它。”看来，如果你给了对方一个美名，那么他会竭尽全力去做到这一点。

我的朋友钦特夫人最近雇用了一个女佣，并告诉她星期一上班。然后，钦特夫人打电话询问这位女佣以前的情况，她以前的雇主说她的表现不是那么让人满意。

但是要换人已经是不可能的了，因为钦特夫人已经雇了她。于是钦特夫人想了一个办法，即通过给她一个美名来使这个女佣得以改变。

星期一的时候，女佣准时到达。钦特夫人对她说：“我昨天打了电话给你以前的雇主。她告诉我，你是一个诚实、勤劳的女孩；你的菜做得很好，而且很会照顾孩子。她说你唯一的缺点就是做事有点随便，屋子收拾得不是很干净。不过，我并不相信她说的话。因为你穿得十分干净和整洁，怎么可能不爱干净呢？”

这段话改变了这个女佣。她和钦特夫人相处得很好。这个本来不爱干净的女佣，为了维护自己的美名，每天勤快地打扫，不惜多花费几个小时。

◎加强团队工作的 10 条建议

◎ 首先应该找到一个自我和团队的结合点，这种结合点可以帮助我们解除思想上的包袱。

◎ 自觉地成为团队的主人，对自己在团队中的表现负责，积极主动地配合和帮助其他成员的工作，对集体的事务保持热情。

◎ 对团队目标保持高度的热情，保持昂扬的工作精神。

现在，越来越多的人聚在一起，成为工作的团队。在这样的团队里，每一个人各有分工、各司其职，最大限度地保证了每个人的充分发展和整体目标的有效实现。

无疑，团队的力量是巨大的。两个人组合在一起所形成的团队的作用将远远超过两个人的作用的总和；多数亦然。

但是，形成一个好的团队必须有一个前提，那就是保证成员间的协调和沟通。可以说，没有很好的沟通的团队，不是一个好团队。我将就加强团队建设给你提供 10 条有关团队内经验交流的建议——不管你是这个团队的领导者还是只是一个成员，我相信这些建议对你都有用处。

明确团队目标

有一句激励人的话说：心有多高，成就就会有多高。这句话说明了目标对于一个人的成功的重要性。不仅对一个人是如此，对一个团队来说，目标也是至关重要的。

首先必须明确团队的目标，这是一个团队之所以存在的基本因素之一。目标可以为团队提供很强大的凝聚力，使团队所有成员都朝着这个目标努力，而这种向心力对团队发挥着重要作用。因此，应该首先为自己的团队设立一个目标，不论是长期的还是短期的。

在行动的过程中，不断提醒自己团队的目标，使目标能够深入到成员的心中。如果行动能够和目标达成一种合作，这种合作的力量将是巨大的。

团队中的新来者

对于一个刚刚加入新的团队的人来说，你要准备好进入一种身不由己的境地。你的个性可能将要暂时消失在团队之中，你的个人表现可能会因为团队的任务而改变；那里可能有你并不喜欢的人，也有你不愿意承担的角色；你的意见可能得不到认同，甚至你的利益也可能会被忽视。这些都是新来的你要学好的第一课。

另一方面，那些团队中的成员应该意识到，新来者需要一段时间的适应。他们的经验很明显地不足，他们对一切事情都感到很新奇，并且经常有问题冒出来，那么你应该对他们的到来表示欢迎，并且尽自己的可能为他们解答。

集合大家的意见

作为领导者，当然可以更加权威性地发表意见，但是最好逐一分析别人和自己的建议，淘汰那些明显不能实行的或者糟糕的建议，并尽量把所有的建议的优点都集合起来，使最后形成的决议臻于完善。

你们所应该采纳的建议当然应该是最有利于实现目标的，但是实际上这个笼统的判断标准经常发挥不了作用。因此，如果出现一种无法达成一致意见的局面的话，就应采取少数服从多数的方法进行决策。

维持秩序

当遇到意外情况的时候，团队可能会显得一片混乱。这种混乱会严重地阻碍团队工作的顺利进行，直接影响到目标的实现。因此，必须用纪律或者权威去维持团队的秩序，使成员的情绪稳定下来，进而使团队朝着正确的方向前进。

在开会的时候也是这样，乱哄哄的局面不利于形成一个好的决议。在这种时候，也要善于用一种恰当的方法维持秩序。否则，这样的会议开上一个月也讨论不出任何结果，尤其是提倡民主表决的团队会议。

保持高涨的士气

那些擅长于领导术的企业家都十分懂得使员工保持高涨的士气的重要性，它绝不亚于对员工的学历、知识和智力的要求。一个企业实际上是一个大的团队，而在这个大的团队里有更小的团队。保持高涨的士气在任何情况下都是十分重要的，即使对个人也是如此。因此，每个团队成员都应该保持高涨的士气。

对领导者来说，少批评、多鼓励，能够更加有效地提高团队士气。我们从没有看到过一个被严厉批评的团队非常亢奋，而被鼓励的团队则经常出现这种情形。这种情形即使是毫不相干的外人都会受到感染。

当然，还有更多的提高团队士气的方法，这些方法我在前面也略有提及。

使信息流通

在一个团队中，保持信息在成员之间流通是至关重要的。所有的问题都来自于信息，所有解决问题的办法同样来自于信息。只有成员有接触到所有信息的可能性，才能做出正确的决策。

确保每一位成员都在信息流通路径之中。谁都有可能较一般人更早地发现问题，或者更好地解决问题，前提是他掌握信息。

请求别人的帮助

团队工作的一个好处是，并不是每一件事情每一个成员都要参与。这是由团队的分工合作带来的好处。这意味着如果你的工作出了问题，那么会带来一系列的反应；这同时也说明，当你的工作出了问题的时候，不会带来致命性的后果，因为你只是团队工作中的一个环节。虽然你干的工作可能是独一无二的，但是如果你需要，还是有很多资源可以帮到你。

不要把要求别人的帮助想象成愚蠢的行为。事实上，团队中的任何一个成员都在帮助别人，同时也在得到别人的帮助。在一个团队中，任何成员得不到别人的帮助都是无法想象的。

给出恰当的反馈

当别的成员提供了某种信息的时候，你应该给出恰当的反馈。这不仅是一种礼貌性的行为，事实上你也应该这么做。因为他提供的信息，即使不跟你的工作直接有关，至少也关系到整个目标的实现。

仔细倾听对方说话，抓准他说话的真正意思。只有当你了解他的信息的真正含义的时候，你才能判断这个信息的价值究竟有多大。然后，根据你的思考，给予对方你的意见或建议，跟他一起就这个问题进行探讨。

用事实说话

有心理学家批评团队是没有理性的。理性意味着从事实出发来考虑问题。的确，对一个团队而言，领导者几句鼓动性的话，比进行理性的思考更加能够使它采取行动，即使领导的鼓动根本不符合事实。

也就是说，当团队成员在思考如何实现团队目标的时候，应该用事实说话、用自己的理性进行思考，而不是轻信他人。

举办集体活动

为了加强团队的向心力，使每一个团队成员都能够有一种集体感，团队需要举办一些集体活动。这当然并不与团队工作直接相关，但是作用也很大。

集体活动包括集体会议、协调活动以及纯粹的集体娱乐和休闲。每一个团队成员都应该积极地参与这样的活动。这不仅能说明你的确热爱你的团队，而且能让你这种情感通过参加活动而得到加强。

◎面试时的交谈技巧

◎ 端正你的态度。既不要过于轻率，也不要压力过大。想办法让自

己明白，面试成功和失败都不是什么大不了的事情。

◎ 恰到好处地推销自己。要保持诚信、不卑不亢的态度。要知道，推销自己只是手段，而不是目的。

毫无疑问，面试对职场新人来说是一件十分重要的事情，它是进入职场的第一次考验。在面试的时候，你的语言交流技巧非常重要，因为它能表现出你的成熟程度和综合素质的高低。或许有些面试者认为只要自己有真正的才能就行，其他都只是次要的问题。

但是你要明白的是，你的才能只有展现出来，那些雇主才会对你感兴趣。在你的才能展现出来之前，你在他的眼里跟别人是没有区别的。

事实上，面试的过程，就是推销自己的过程。你的任务就是说服对方购买你这件独一无二的商品。那么，具体该怎么做呢？

保持正确的仪表

认识到对方有决定是否录用你的权力的时候，你就要知道该采取什么样的仪表。你应该穿上你最正式的服装。当然，前提是不要过于隆重，因为你是要工作，而不是参加舞会。最好的办法是，穿上适合你将来的工作的衣服，它将使你给人一种非常胜任的感觉。

同样，针对你将来的工作来决定化不化妆。当然，即使要化，也不要过于浓艳。

尽量提前几分钟到达面试现场。当你到达之后，要注意你的仪表。你需要端正地坐在座位上，安静地等待面试人员的召唤。与面试人员礼貌地握手后端正地坐下，与面试人员保持恰当的距离——不要太近，也不要太远。

说话的时候要礼貌、热情和自信。说话的时候要注意看着对方，虽然对方有决定权，也不要因为害怕而不敢看他。你应该一直面带微笑，这会帮助你给人一种自信的感觉。

当对方说话的时候，要面带微笑地看着他，仔细倾听他所说的话。你应该用你的言行来对他表示回应，表示你正在关注他。不要打断他的话，这是很不礼貌的行为。

你要保持不卑不亢的态度。不要表现得低声下气，好像你在求对方一样。这是一种相互的选择，对方并不能决定你的命运。而且如果你表现得很卑下，这会让对方对你的能力产生怀疑。

不要过于激动。即使对方对你很感兴趣，也不要忘乎所以，因为失控容易使你错漏百出。即使他已经明显地对你表现出了肯定的意向，你也不要太高兴，因为事情还有转变的可能。

注意语言表达

注意你的说话。你说话的声音和语调代表着你的性格、态度、修养和内涵。对一个陌生人来说，声音的特点会更加明显地传达这些重要的信息。

务必使你的口齿清晰、语言流利，不要含糊不清、吞吞吐吐。如果你能把每一个字都十分清楚地表达出来，你就会给人一种自信和头脑清晰的感觉。在现在的职场中，你的综合素质将受到更多的重视，而不仅仅是你的知识和智力。

保持适当的音量、语调和语速。如果你平时的声音非常小，那么尽量提高你说话的音量。因为声音小会给人一种懦弱、不自信的感觉。但是也不要使你的声音音量过高，你只需要让对方听清楚，不是让隔壁的人都能听见，否则会给对方粗鲁的感觉。正确的语调能够给人一种亲切、沉稳的感觉，会在无形之中拉近你和面试人员之间的距离。

有些职场新人由于紧张或急于表达自己，往往在对方问他一句话后，会连续不断地把自己的想法表达出来。他们说话好像是在跟火车赛跑一样。

在清楚地表达自己的同时，使用含蓄和幽默的语言，可以营造轻松愉快的谈话气氛，拉近你和面试人员的个人距离，这将使你获得更大的成功。当然，这些语言技巧都不要使用得过多。

从容地表现自我

一开始，面试人员通常会要求面试者作一个自我介绍，这是自我表现的第一步。不要认为这是一件很容易的事情，因为虽然你最了解自己，但是要通过几句话——的确只有几句话——就让别人了解你却并不容易。

你首先需要知道你的目的是让对方了解你究竟是谁，而不是跟对方闲聊。因此，你可以简单地介绍你的姓名、性格、学历、工作经历等一些基本的信息。这些信息可能很重要，也可能并不重要，关键要看雇主更加看重哪一方面。不过，要记住的是，这只是自我介绍而已，你不需要把你想说的话全部说完，接下来你可以慢慢补充。

面试人员最关心的可能是你的能力，从而判断你是否胜任你希望获得的工作。许多面试者总是想表现得很优秀，在他们的言谈之中，好像在表达这样一个意思："我什么都能做。"也许这是真的——但是能做不代表一定能够做好。雇主希望找到的是能够真正做事的人，而不是一个夸夸其谈的人。

把自己的特点表达出来，这是最重要的一点。你需要实事求是，不要夸大也不要缩小你的优点和缺点。不要把面试人员当做傻子，否则他们也会像你这么做的。重要的是要让对方认为你的确适合你希望获得的工作。

妥善处理问题

有一些在面试中经常碰到的问题，也正是求职者经常犯错误的地方。

"你为什么选择这个工作？"面试人员通常会这么问你。有些人回答得莫名其妙，这让面试人员认为他们没有什么头脑。如果说："我想来试一试，毕竟多一个机会"或者"本来我不想来的……"一类的话，那么这些人几乎已经没有成功的可能了。

面试人员这么问通常的意图是，想了解你的职业目标和你对公司的熟悉程度。当认识到这一点后，你就可以进行有针对性的回答。你必须把自己的志趣和你将来的工作、公司联系起来。比如，"贵单位的管理理念正符合我的工作信念”，这样的回答是十分合理的。

第二个问题是：“你认为自己有什么不足？”应试人员问这个问题，是想了解你的诚信度和你是否与你应聘的职位相匹配。一般人只会顾及到两个方面中的一个方面，他要么直截了当地把自己的缺点都说出来，以求给面试人员一个诚实的印象，要么掩饰自己的缺点，向应试人员撒谎。

这两种做法都是不可取的。我们应该在两者之间寻找一个平衡点。比如，如果你应聘的是一个财务工作，你可以这么说：“我是个慢性子，这使得我常常对每件事情都考虑得很细致。”又比如，你笼统地说：“我的确有很多缺点，但是我想这些缺点并不会影响我的优点的发挥。”

面试人员通常还会这么问：“如果你的意见和上司的意见发生了冲突，你会怎么做?”这种假设是想试探你的沟通能力和自我认同感。你的回答应该是：“首先，对上司的意见进行思考，因为毕竟他比我更有经验，看问题也会更加全面和深刻一些；其次，如果我的确认为我的意见更加准确，那么我会把我的意见和上司进行沟通，相信他也会赞同我的意见，因为毕竟我们的目标是相同的。当然，在沟通的过程中应该注意运用一定的技巧。”

第四个问题是你关心的，那就是薪酬。求职者即使不认为这个问题是最重要的，至少也会认为它很重要。如何跟面试人员谈论薪酬问题十分关键，它对你面试成功与否有很大的影响。

大胆地说出你的期望薪酬，不要说“按照公司的规定办”之类的话，这表明你对现在的工作并没有很清楚的认识。当然，你的期望薪酬应该跟公司和你个人的要求都相符合，过高或过低对你都没有好处。给出一个可以浮动的范围，这样让对方有考虑的空间。一般而言，如果你的确很适合的话，雇主不会让你失望的。

◎和领导交流是一门学问

◎ 正确地对你自己进行定位。你必须保持对领导的相当程度的尊敬，

同时也应保持自己人格的独立。

◎ 在跟上司说话的时候，要尽量保持谦逊、尊敬的态度，而不要妄图扮演更高的角色。

如果你认为勤奋苦干就能让你在职场一帆风顺，那么你就想错了。职场是一个十分复杂的地方，并不是全部由才干和能力来决定你的前途和方向的。在这里，你的个人需求和公司的需求必须有一个恰当的结合点，你的个人爱好和工作性质可能会发生冲突……听起来让人比较沮丧的一个事实是，在某种程度上，你在职场的前途是由你的领导决定的，因此你必须得让他觉得满意，或许有些事情可能要询问同事的意见，但不管如何，你的升迁或加薪等事情毕竟最终是由他说了算的。

因此，如果你身处职场，就要学会恰到好处地跟领导交流。我给你的建议如下：

主动地与领导交流

你不一定要等到领导召唤的时候才走进他的办公室。如果你有一个工作上的意见或建议，你可以去敲他的门。我还没有见过哪位领导的办公室是不让下属进的，一般而言，他们是欢迎你的。

主动地与领导交流能够使你给领导一个非常好的印象，因为这代表你在用心工作——用心工作我并不反对，但是关键是要让领导知道这一点。另外，了解所有下属是领导需要掌握的一种信息和基本的工作任务，因此即使你不找他，他也会主动找你谈的。

不卑不亢的态度

领导对身处职场中的人来说的确非常重要。我在前面已经说过，他们对你的升迁和加薪等问题具有决定性的作用（即使不是你的直接领导，也或多或少具有一定的影响力）。

另外，他们的确在某些方面比你更加出色，在工作和事务上，他们也扮演着更加重要的角色。在这个意义上说，我们必须对他们保持相当的尊敬。

但是这绝不意味着你很卑微，因为在人格上，你们是平等的。传统的那种对领导一味地奉承和附和已经没有多大的意义，你并不会因此给领导留下深刻的印象。

现在的领导都相信，自己需要的是那种有见识并且诚实可靠的下属。随声附和除了能够满足他们的虚荣心之外，对他们没有任何意义。因此，你需要勇敢地表达自己的观点……

要游走于尊敬和独立之间，做到这一点的确很难。但是如果你想在职场中取胜，也只有做到这一点。另外，你可以把做到这一点当做是一次挑战。

合适的表达技巧

注意你和领导说话的方式。你应该做到语气适当、措辞委婉；你应该继续保持那种尊敬和独立之间的平衡，在表达的时候要特别注意这一点。另外，为了不浪费领导宝贵的时间和展现自己的语言表达技巧，你都应该言词简短——当然是要以把你的意思表达清楚为前提。

注意一些说话的禁忌。选用那些合适的词语，不要使用和你的地位不相称的词语。这些词语包括："您辛苦了"、"我很感动"、"随便都行"等等，它们会让你看起来更加像领导。

正确对待批评和指正

所谓的"正确对待批评和指正"是指，对领导所说的话，接受正确的部分，拒绝错误的部分。

领导有责任、有资格对我们进行必要的批评和指正，这样才能使我们不断地进步。他们比我们拥有更多的学识和经验，看问题也更加全面和深入，角度也更新。因此，我们不应该因为受到批评而羞愧，甚至怨恨；我们应该很高兴才对，因为我们又可以纠正自己的一个错误了。

当意识到领导的观点有错误的时候，一般的人都会对自己的观点产生怀疑——这种怀疑是十分必要的，关键是不能因为怀疑而轻易地否定自己的观点。还有一部分人经过怀疑后确认自己的观点是正确的，但是却不作任何反应，就好像领导的话是金科玉律一样。

领导怎么可能没有错误呢？他们只是比我们少一些错误罢了。一种观点是，我们好不容易发现了领导的错误，因此不应该错过表现自己的机会。但我更加喜欢换一种方式理解，即认为这是对工作的一种认真态度。做任何事情都要把它尽自己的所能做到最好，而不是采取马马虎虎的应付态度。

当然，向领导提出我们发现的问题也不是一件十分简单的事情。虽然我们一再强调领导应该宽容、大度和理性，但是现实生活却是另一番情景。他们往往在做事的时候并不那么理性，甚至比我们还偏激。

因此，我们应该采用一种既符合我们的身份又可以被他接受的方式去提出我们发现的错误，并且说出自己不能接受的理由。当然，在任何时候，我们都应该以理服人。

千万不要当面顶撞领导，这会给领导和你自己都带来伤害。那些莽撞的，自认为有才识、有能力的下属常常以顶撞领导为乐，因为这好像能说明他的确很有才能和与众不同。也许的确如此，但是他们这样表现出来并不是很高明。

提建议

如果你的领导对你说："有自己的想法是好的。"在一般情况下，这不是客套话。一般的领导都喜欢有想法的下属，他们似乎更喜欢那些新奇的玩意儿。千万不要忘记，正是这些东西能够给他们带来好处。

因此，向领导提工作意见，是博取领导好感的一个很有效的方法——当然，其实际内容也应很不错。不过，在此之前你必须先做一些事情。首先，你应该对自己的意见或建议有十分成熟的思考，而不是仓促之间形成的一个灵感的闪现。如果是一个建议，你最好不仅告诉他你的建议是什么，还要告诉他为什么要这样以及应该怎么做——有时候，一个点子的可执行性恰好是决定它的好坏的关键。其次，摸清你的领导的工作习惯，把握好交流的时机。当然，你不能在领导会见客人或者通电话的时候去见他。尽量不要在他专心思考某个问题的时候去打扰他。

不要表露“我比你聪明”之类的想法。这种想法本身就不是事实，也没有任何好处。它对你来说是致命的错误，因为这说明，你向领导提建议的本意只是为了表明自己更加优秀而已，而不是为了工作本身。

提要求

为了谋求更高的职位和薪水或者更好的工作环境，你可能需要向领导提一些要求。一般来说，领导对提出要求的下属的态度是：理解，但也十分为难。领导感到很为难的原因很复杂，其中有一些原因与下属无关，另外一些原因则与下属有关。为了使自己的要求更加容易被领导接受，你需要注意一些提要求的技巧：

不要提过高的或不切实际的要求。领导不但无法满足你那些要求，而且会因此对你产生反感。它很容易使你和领导的关系变得很糟糕。

注意你的措辞。不管你认为你的要求有多么合理，都要尽量用商量的语气跟领导说话。不要让领导觉得自己受到了威胁，或者被命令满足你的要求。他会不自觉地拒绝你的要求，即使没有太多的理由。

◎与同事交流的技巧

◎ 与同事和谐地相处，能够使你的工作更加顺利地开展，并且能使你愉快地工作。

◎ 对每个同事都要尊重。只有对别人尊重，别人才会对你尊重。

◎ 不要急于表现自己，不要话说得太多或过于自大，这样会使你和同事之间产生距离。

在职场中的人们有时候会感到很累——自己不喜欢的应酬太多，或者不得不跟那些自己不大喜欢的人一起工作。的确，你可能没有更好的选择。但是，职场也未必像你所想的那样只是让人悲观，关键是要看你如何看待。

关于如何与同事交流，我给你的建议如下：

端正你的态度

除了亲人之外，最经常见到的人恐怕就是同事了。一般而言，同事和你仅限于工作上的合作关系（当然，你们可能成为朋友，但大部分同事的确如此）。但是，如果你愿意，你可以从同事那里学到很多有用的东西，就好像你从朋友身上学到的一样。

不论你对你的同事多么喜欢或者讨厌，在跟他们交谈的时候，你都要首先尊重和体谅对方。每个人都有自己的优点和缺点，他们会给我们提供很多工作上的经验和知识。但是如果在你们之间划出一道鸿沟，你就失去了更多提高的机会。

少说话，多倾听

不要在办公室里唧唧喳喳地说个不停，这里不是表现你的演讲才华的地方。许多人急着想要别人了解自己，话说得太多了。你应该把你的主要精力放在观察和学习而不是表现自己上。只有向你的同事请教工作上的问题，才会使你自己得到提高；否则，你就将落后于他人。

仔细地倾听同事所说的话，不要因为对方说的话不重要或者没有水平就心不在焉，尽量发现对方说话中的积极因素。任何人都有可能成为你以后的合作伙伴、好朋友，甚至是顶头上司。

多赞美同事

不论是同事穿了一件漂亮的衬衫，还是工作干得出色，你都可以赞美他。不要吝于赞美你的同事，因为赞美是最直接、最有效的使他对你产生好感的方式之一。当然，你不能毫无原则地赞美他，否则会给人一种不真诚的印象。

适当地运用幽默

为了活跃工作气氛，办公室里可能需要一些欢声笑语。你的一两句幽默话可能会起到这样的功效，也可以展示你的才华和个性，但是你必须注意掌握开玩笑的分寸。

注意开玩笑的场合。在专心工作的时间内，最好不要突然来一句幽默。这样不但违反纪律，而且会影响工作。

开玩笑要适度。不要把玩笑开得过火，否则势必会给你和同事带来不利的影响。

分清对象。对不同的同事，应该有不同的对待。

不要把开黄腔当做幽默。成年男人经常喜欢说一些黄色笑话，在同性中尚可以原谅，但是如果有异性在场，那么黄腔儿一般是不应该开的。

巧妙地拒绝

同事之间难免有工作上或者生活上的事情需要相互帮忙，但是有些时候你不得不拒绝对方的请求，这是让人为难的地方。

拒绝同事必须以维持你们之间的关系为前提。当你的同事打算请你办一件事情的时候，你可以告诉他你还有一些重要的事情要做，等把这些事情做完了，你才能帮他做这件事情。摆出你拒绝的原因，对方一定会理解你的。关于具体的拒绝的办法，可以参看我前面相关章节的内容。

交流的忌讳

不要刺探别人的隐私。人人都以了解别人的隐私为乐，却不希望别人了解自己的隐私。因此，为了不至于引起别人的反感和警惕，千万不要打听别人的隐私。

不要在同事面前说上司的坏话，不要随便交心。你的有些似乎是开玩笑说出来的话被你的同事听到后，一部分人可能会把你当做他的垫脚石。你不能不防这一点。

不要命令别人。我在前面已经说过，不论是在经验、学识还是在地位方面，你都没有资格去命令你的同事。如果你想得到别人的帮助，只有使用别的方法。

不要过于张扬。不要在同事面前显得自己多么与众不同。实际上，每个人都会认为自己与众不同。因此，保持低调、谦虚的态度，只有这样才会使你得到同事的认同。

◎办公室中的禁忌话题

◎ 办公室是工作的场所，要牢记这一点。最好不要谈论跟工作无关的事情，你可以在别的地方谈论这些。

◎ 不要评论公司或者同事，任何评论都不会给你带来好处。

◎ 如果你想要树立你良好的形象，就用工作去证明。你跟你的同事、领导都只是一种工作上的关系，而不是生活上的关系。他们并不一定是你的朋友。

我们在前面已经讲过了说话要注意场合，在不同的场合应该说不同的话。它的另一个意思是，每一个场合都有不应该说的话。在办公室里，同样有不能谈论的话题。我将把它们都列在下面：

谈论薪水问题

千万不要问别人的薪水是多少，也不要讨论公司的薪酬水平如何，因为在办公室讨论这种问题对你没有任何好处。

人们往往会把薪水问题当做个人隐私，他们都喜欢知道别人的隐私，却不喜欢让别人知道自己的隐私。因此，如果你不打算自讨没趣，最好不要问别人薪水多少。另一方面，很多公司都运用不平衡的工资制度，使员工有不同的薪水，这是公司采用的激励机制。同工不同酬对公司而言，是一件十分机密的事情。公司不希望引起员工和自己的矛盾，因此反对那些在公司里讨论薪水问题的行为，老板和领导也十分讨厌这些在办公室谈论薪水的员工。

当别人问及你的薪水的时候，你必须拒绝他，不要因为不好意思拒绝而去回答。当他有这个想法的时候，提醒他这并不是一个很好的话题。如果他已经问出了这个问题，告诉他自己不想回答这个问题——你当然有权利这么做。

谈论家庭财产问题

很多人喜欢在办公室里和同事提起自己最近去了一趟欧洲，或买了一套房子，并且表现出很自豪的样子。他们的心情确实很好，但是这样却伤害了其他的同事，因为实际上他们就是在炫耀自己家里有钱。

不要谈论关于自己家里的财产问题，这种问题除了给自己带来满足或者使别人伤心之外，不会有更多的作用。很多人喜欢拿自己家庭的财产和别的同事比较，他们只是为了满足自己的好奇心和虚荣心。

谈论私人问题

你大概从没有看到过一个人在办公室里向同事哭诉自己失恋了，但是我却看到过。那位下属并没有得到我的同情，而是受到了我的批评。我给她的建议是，不管她是失恋或者热恋，都不要把她的情绪带到办公室来，并且不要在办公室里和同事分享自己的故事——这个地方并不适合做这些。

还有一些人喜欢把自己生活中的事情在办公室里和同事分享，比如，昨天猫生了几只小猫，小猫真是可爱极了。这的确是令说话者高兴的事情，但是对同事来说却很无聊。这些无聊的话题只会分散工作时的注意力，而不会有助于工作。

谈论你的理想

不要对你的同事发表演讲，说你以后打算怎么样。你现在只是一个职员，而不是老板。那些“我以后一定要自己当老板”之类的话，还是去跟你的朋友、家人说吧！

更加不要说以你现在的能力应该可以做一个什么职位的话，这样会使你在无形中树立很多敌人。因为据我所知，几乎所有人都认为自己被低估了。你应该在工作中表现出你有多么能干，而不是表现在说大话上。

说长道短

不要在一个同事面前说另一个同事或领导的坏话，甚至是公司的坏话。那些人事关系的变动、职务的升迁都有自己的原委，并不是你想象的那样。

搬弄是非对你没有什么好处，只是使你多了一种危险。你无法保证你的同事不说出去，即使他们看上去都十分可信。要知道，世上没有不透风的墙。即使你说的是一些非常中肯也没有什么恶意的话，人们传来传去，总会使你的话变了形。到时候，你会发现你已经无能为力了。

和别的公司比较

不要拿自己的公司和别的公司比较。“家家都有本难念的经”，难道自己的公司一定就比别的公司差？如果你的确这么认为的话，另谋高就应该是你正确的选择；如果你不打算这样做，而只是抱怨别的公司比你的公司好，这正说明一点：你现在正在这个不好的公司，那是因为你无能。

不要拿自己过去的公司说事。不要说“我过去的公司资本雄厚、工作环境好”。如果真是这样，你为什么不回原来的公司呢？老板不会喜欢你这样的话，同事也不会喜欢，因为他们好像听见你在说：“你们都是一群废物。”

第四章
赢得异性的两性语言

◎如何赢得异性的喜爱

◎ 尊重性别差异，这是异性交往的前提。在同异性的交往中，要时刻记住这一点。

◎ 找到合适的话题进行交谈。要尽量找对方感兴趣的话题，而不是你喜欢谈论的话题。

◎ 不要吝惜赞美对方，这是你赢得异性好感的最直接的方式。

◎ 保持一定的神秘感，不要像对同性那样把自己的想法和特点全部表露出来，这会更加便于你赢得对方的好感。

亲朋好友是我们的情感世界的重要组成部分，正是他们给了我们幸福。他们在我们困难的时候鼓励我们，快乐的时候和我们一起分享，悲伤的时候和我们一起分担。因此，每个人都希望自己的情感世界很和谐，因为这的确很让自己感到幸福。

不幸的是，即使这种愿望很强烈，现实也并不总能如愿。我们经常看到的是，朋友间产生误解，以致变成了敌人；无数的婚姻破裂，惨淡收场；家庭生活也不像自己希望的那样美满。人们都在问：为什么会这样？

问题出在你们自己身上。或许不是你一个人的责任，但是失败的、不和谐的情感世界的形成的确有你的“贡献”。而像其他人与人之间产生的问题一样，根本的原因可能在于，你们没有实现有效沟通。

在我们这个时代，人们眼中的有才华的人，往往首先是一个善于表达的人。如果你只是在同性面前善于表达，从而赢得了同性的喜爱，那还只是成功了一半，因此，你必须想办法赢得异性的喜爱。

但是，如果你是一位男士，你可能经常遇到这样的情形：当你在和男士谈话的时候，你可以轻易地做到口若悬河、滔滔不绝；当对面坐着一位漂亮、可爱的女士的时候，你可能就会呆若木鸡，连一句完整的话也说不上来。

异性交往有着无穷的乐趣。在异性面前，每个人都希望自己能够像平时一样伶牙俐齿、妙语连珠。但是也许正因为这种表现的欲望过于强烈，每个人在与异性交谈时都或多或少地存在紧张感。其实，只要掌握一些基本的原则，要做到成功地与异性交谈、赢得异性的喜爱，就可以变得十分轻松。

礼貌有节

任何社交场合都需要一定的礼仪，异性交往尤其如此。众所周知，男性和女性的性格是各不相同的，男性偏向于坦诚、直率，而女性则委婉、含蓄。在此基础上，礼貌主要表现在尊重各自的差异方面，而这也构成了异性交往的前提。

俄罗斯有一句谚语：男人靠眼睛来爱，女人靠耳朵来爱。这句话对我们的启示是，男人往往更加重视视觉效果，而女性则对动听的语言更加注意。在与男性的交谈中，任何一个不雅的举动都可能会被他收入眼底，而在与女性的交谈中，我们的任何一句令人不悦的词句都会被她装进耳朵。

另外，性别对于接受是有影响的。同样的一句话，对不同性别的人讲，可能意味着不同的意思。一般来说，男性能承受比较直率、干脆、粗放的话语，而女性则更加喜欢委婉、轻柔、细腻的话语。

因此，考虑到性别差异，你就不能把一些同男性说的话同样地诉说于女性，这样会冒犯对方的。

比如，对于陌生的或者不太熟悉的女性，不应该问及她的年龄，也不应该贸然地问她的家庭情况，因为这都会被认为很冒失、没有礼貌。而同样的问题如果问及男性，这样的不佳效果就不会产生。对男性说的话可以粗放、豪爽一些，甚至带一点骂辞也无关紧要——当然要在非正式场合。但是对女性却不能说同样的话。特别是开玩笑时更应该注意程度和对象。

话语投机

如果注意观察，我们可以发现这样一种情况：男性交谈的话题往往是较公开性的，比如社会、时事、政治等等；女性交谈的话题往往是较私人性的，比如服装、孩子、家庭等。注意到这个区别，对我们寻找合适的话题有很大的帮助。

有这样一对情人：男孩先是喋喋不休地谈论公司的事，然后又兴致勃勃地谈论起国家大事；而女孩却在旁边心不在焉，只是因为不忍心打断男孩的谈话，所以不得不一直装作对他所谈论的东西很感兴趣。这样，本来是关系十分亲密的情人，却因为话不投机而出现了冷冰冰的局面。

这就是由于异性的话题差异而导致的结果。男孩并不知道女性对什么东西感兴趣，所以找了这个话题来讲，并且认为既然女孩并没有表现出不耐烦，就代表她也对这个话题感兴趣。其实只要他稍加注意，就可以发现问题的所在。

男性和女性的谈话是有十分明显的差别的。一般而言，在男性面前，大多数女性并不会主动引导话题、滔滔不绝，她会更加愿意做一个倾听者和跟从者，表现在谈话中，她的话会显得比较含蓄。这时候，谈话的主动权一般都掌握在男性手中。而一场谈话的成功与否，主要是由男性控制的。

赞美对方

任何人都喜欢被称赞。由于人们都希望赢得异性的好感，所以异性的称赞对他们来说就更加重要了。可以说，赞美，是赢得异性好感的最好的方法。

如果一个男人采取了某种行动，进而得到了对方的赞同，他就得到了自己希望得到的最高的赞赏。比如，如果女性对他欣赏的电影评论说："这真是一部十分有趣的电影。"这等于在说："你真是一个有趣的人。"这种肯定的引申意义，确实是不可思议的。

相对而言，女人则更加喜欢得到直接的赞美。当一个女人被称赞"你今天真漂亮"的时候，这会让她——如果她开始心情不那么好的话——变得高兴起来。需要注意的是，如果说男人喜欢听到"今天晚上你很愉快"，那么女人则更加喜欢听到"你今天晚上真迷人"之类的话。

保持神秘

在心理学上，保持神秘感是一个人拥有持久魅力的不二法门。很多人抱怨他们结婚之后爱情就走向了灭亡，这在一定程度上就是因为丧失了神秘感。这种抱怨不能不说有一定的道理。

与此相反的观点是，人与人交往应该真诚、直率，说话应该直截了当。但是我们可以说，异性在交往的时候却并非如此。

我们的确需要向对方敞开心扉，但是这却是在一定程度上的"敞开"。可以这么形容这种程度，即能够让对方发现你有一定的吸引力，但是却并不完全坦白。

实际上，正是因为男女之间具有很多的不同，才让异性交往显得神秘，并且具有十分强大的吸引力的。而如果你一开始就展示了你的全部，那么也就在一定程度上丧失了这种吸引力。

社会交往中忽视性别差异

如果你同对方的交谈是一种以社会交往为目的的异性交谈，那么，你最好在一定程度上忽视对方的性别特征，这样才能做到自然、和谐，才能消除紧张心理，也只有这样，才能够在客观上帮助你赢得异性的好感。这一点很好理解：正因为这种差异的存在，你才会想到在交谈的过程中应该取悦对方，才会郑重其事。当然，忽视性别差异并不意味着你可以不拘小节，因为所有谈话都是需要注意礼仪的。

当一个人出现在许多异性中的时候，这时候你们的话题可以是那些适合大多数人的。

如果他们大多是男性，自然不能寻找那些家庭或者孩子等较私人的话题，以勾起少数女性的兴趣。作为一个女性，如果你处在这样的环境之中，最好倾听他们的谈话；如果可能的话，还要表现出极大的兴趣。这样，你才能够取得社交的成功。

◎婚姻生活切忌唠叨不休

◎ 让你的丈夫或者家人监督你，请他们发现你有这样的表现时，立即提醒你。

◎ 尽量只把话讲一遍——如果确实很重要的话，不要超过 3 遍——然后忘了它。因为如果对方不愿意听你的话，即使你讲了 100 遍，他也会无动于衷。

◎ 用更加聪明的办法达到你的目的。条条大路通罗马，不可能只有一种方法能使对方听从你。唠叨不应当是你的首选。

大文豪列夫·托尔斯泰是世界上最伟大的作家之一，他的《战争与和平》、《安娜·卡列尼娜》是世界文学史上不朽的名著，他因此而拥有了耀眼的名望、财富和社会地位。但是，这些对人们来说最宝贵的东西却丝毫没有使他的婚姻变得幸福；相反，可以说，他的婚姻是他这一辈子最大的悲剧。

托尔斯泰认为金钱是一种罪恶的东西，因此他想要放弃他的作品的出版权，不再对他的作品征收版税。但是他的妻子是个过惯了奢侈生活的人，她这一辈子最重要的工作之一，就是为这个问题对托尔斯泰不断地进行责骂和唠叨。在地上撒泼打滚是她经常使用的伎俩，她甚至要挟托尔斯泰：如果他再阻止她得到这些钱，她将会服毒自杀。

由于再也不能忍受家庭和婚姻对他的折磨，托尔斯泰在他 82 岁那年 10 月的一天——那天正下着大雪——离家出走了。他宁愿在寒冷的黑夜里漫无目的地行走、忍饥挨饿，也不愿再见到那个可怕的女人。11 天后，人们发现他死在一个火车站的候车厅里，那时候一个亲人都不在他身边。而他的遗言，却是不许他的妻子出现在他身边。

当托尔斯泰去世的时候，妻子终于意识到了她给这位伟大的人物所带来的痛苦，只是一切都已经太晚了。她临终的时候对她的儿女说："你们父亲的去世，是我的过错。"听到这样的话，他们的儿女能够说些什么呢？他们都知道这是事实——正是她的喋喋不休和没完没了的唠叨把托尔斯泰给害死了。

破坏爱情和婚姻的最狠毒的手段，就是唠叨不休。它像眼镜蛇吐出的可怕的毒液一样，总是具有巨大的破坏性，能够轻而易举地让一个美好的家庭走向破裂。当然，偶尔的吵嘴没有这么大的破坏性，它是不可避免要发生的事情。一般的人都知道怎么去弥合吵嘴所带来的微小的创伤，而不至于使它过大。唠叨不休的人却并不这样，他总是这么做，其结果就是造成的伤害无法弥合。

林肯最大的悲剧也不是他被暗杀——当然这也很不幸——而是他的婚姻。我们不知道当他被枪击之后，他是否感到了痛苦，但是我们的确知道，在此之前的 23 年里，每个黑夜和白天，他都不得不遭受婚姻的折磨。在他去世后，当他的儿子小泰德被告知自己的父亲已经进入了天堂时，小泰德动情地说："我的父亲在人间的日子一点都不快乐，值得庆幸的是，他现在已经得到了解脱。"

林肯当年的同事贺恩律师曾经说："林肯的不幸，是婚姻造成的。"的确如此，林肯夫人生性刻薄，对林肯尤其如此。她在婚姻生活的大部分时间里都在寻找和指责这位伟大人物的缺点。她总是以指出林肯的长相丑陋为乐，说他的大耳朵垂直地长在脑袋上、鼻子太短而嘴唇又太突出、四肢太大头却太小。不仅如此，她还指责林肯走路时总是佝偻着身子，肩膀一上一下地十分滑稽；她一边抱怨林肯走路没有弹性，一边还模仿他走路的样子。

比佛瑞兹是研究林肯的专家，他在自己的回忆录中写道："林肯夫人的嗓音十分尖，叫起来连街对面都能听到，她斥骂的声音，能够让邻居听得一清二楚。不仅如此，她发怒时并不仅仅限于语言，还包括行动等其他方式。"换作其他任何一个人，与这样的夫人生活在一起，其婚姻生活都是不会幸福的。

我们可以随便举一个例子。在林肯夫妇结婚后不久，他们租赁了欧伦夫人的房屋。一天早上，大家正坐在一起吃早餐。因为一句无关紧要的话，林肯激怒了他的夫人。她立即跳起来，当着许多人的面，把一杯热咖啡泼到了林肯的脸上。

林肯尴尬地坐在椅子上，一声不吭地忍受着。后来，欧伦夫人拿来了毛巾给他擦脸和衣服，而林肯夫人却依旧在唠叨。

当这种婚姻像恶魔一样折磨着那位伟大的总统的时候，他发现这样的唠叨和谩骂简直比政敌的毁谤更加让人难以忍受。当林肯作为律师经常到外地办理案件的时候，每到星期六，其他律师都回家和家人共度周末，林肯却从不回去。他像一个没有家庭的流浪汉一样，宁愿忍受乡下旅馆恶劣的条件，也不愿意回到地狱般的家里。

日本人针对婚姻生活不美满的原因进行了调查，结果发现丈夫对妻子不满的因素中，位居前三位的依次是：唠叨不休（27%）、性格不好（23%）、不懂得持家（14%）。也就是说，导致人们婚姻不美满的很大一部分原因是女士的唠叨不休。我认识一位女士，她不但性格温柔、善于持家，而且对丈夫也十分关心。但是就在不久前，她的丈夫却愤然离家出走了，其原因就是他忍受不了妻子事无巨细的唠叨。这一事例正好也说明了日本的调查的正确性。

这并不只是社会学家的发现，一些法律也把忍受唠叨当成了一个可以减轻犯罪人刑罚的条件。比如，瑞典法律就明文规定：如果受害人是一个爱唠叨的人，那么杀害受害人的被告可以被判为过失杀人罪。而乔治亚州的最高法院所判的案件表明，丈夫如果是为了躲避妻子的唠叨而把自己反锁在房子里，则是无罪的。他们认为，即便是住在阁楼的某个角落里，也比住在大厅里却要忍受女人唠叨要来得舒服。

有不少的事例都说明了唠叨不休对婚姻的破坏作用。《电信世界》中曾经有一篇文章报道了这样一件看起来很离奇的事情：一个已经 50 岁的维修员一连雇用了 3 名杀手，最后终于杀死了他的妻子，其原因竟然是他忍受不了妻子的唠叨。据这位丈夫说，他的妻子总是能够围绕一件不起眼的小事说上 3 天 3 夜，这都快要把他逼疯了—事实上，从他做出的这件事情来看，他已经疯了。

一名 32 岁的坦桑尼亚男子曾经用一瓶驱虫剂过早地结束了自己的生命。人们在他的尸体旁发现了一个药瓶和一封信，他在那封信里写道：我决定立即结束我的生命，因为我的妻子总是喋喋不休。

我无意把婚姻生活不美满的原因全部归结到女人们的唠叨上——实际上，在所有这样的事情当中，另一个人同样也可能犯很严重的错误——我想说明的只是，如果你确实意识到自己喜欢唠叨不休，并且这种唠叨正在破坏你的婚姻生活，那么，你应该毫不迟疑地结束它。

不要把举足轻重的大事和无关紧要的小事同等看待。因为一件浴衣就对丈夫大动干戈，这样是十分愚蠢的。不要让小事影响了你们的爱情。

用理智来控制你的情绪，不要随意爆发你的感情。每个人都受不了这样的处理方式。

◎男人别用沉默折磨女人

◎ 婚姻并不是坟墓，如果你愿意的话，你可以使婚姻变成天堂——

关键在于你怎么去做。

◎ 把男人在婚前追求妻子的激情拿出来，不要对婚后的生活感到厌倦。

◎ 感谢、赞美你的妻子——当然，这还不够——会让她觉得为你所做的一切都是值得的。

蒙哥马利是英国历史上著名的军事家。他在38岁的时候，仍旧是一个光棍。直到1926年，他的生活才因为遇到了卡菲尔夫人而发生了改变。

当时，没有人想到这个声名显赫的将军会爱上一个军人的遗孀。蒙哥马利当然不在乎这一点，他在乎的只是他对卡菲尔夫人的爱情。一年后，他们在齐奇克教区的一个教堂里举行了婚礼，正式开始了他们幸福的婚姻生活。

蒙哥马利并不像一般的军人那样脾气暴躁，在整个婚姻生活中，他几乎没有什么粗鲁和没有教养的言行；相反，他对自己的妻子从来都是礼貌有加，而且似乎有说不尽的甜言蜜语。当贝蒂·卡菲尔做了一件家务的时候，他总是会对妻子说一声“谢谢”；他总是赞美他的妻子很漂亮；在平常的日子里，他也总是对妻子说一些话来逗她开心。他千方百计地使他的妻子感到幸福和满意，自己也因此得到满足。

1937年的春天——这时候，他们的婚姻已经持续了10年——当贝蒂在海边散步的时候，她不幸被一只毒虫咬了，并因为毒性发作被送往当地的乡村医院。蒙哥马利赶到医院，守护着贝蒂。最后，贝蒂在蒙哥马利的怀里安然逝去。在她临死前的几分钟，蒙哥马利还在为她朗诵《圣经》和赞美诗，但是却已经不能再唤醒妻子。

应该说，贝蒂是幸福的——我指的不仅是蒙哥马利在她死后没有再娶，她是他这辈子唯一的恋人——我想说的是，这个世界上的大多数女人好像都不如她那么好运，她们的婚姻生活似乎并没有这么幸福、浪漫。如果她们自己没有主动去行动的话，她们回家后看到的将毫无例外是一个一直冷冰冰的家庭。在结婚之前，丈夫是一个能说会道、口若悬河的人，但是结婚之后他却好像变了一个人一样，对家里的一切——包括自己——似乎都失去了兴趣。丈夫像蒙哥马利那样对自己说着不尽的甜言蜜语，这对这些可怜的妇女来说简直就是痴心妄想。

不要认为我们的切身感受是不可靠的。社会学家也告诉我们这样一个事实：结婚以后的男人是沉默的动物。女人们常常对人抱怨说："他什么都不肯说。"他不愿意说出自己为什么一回来就要躺在床上，为什么总是忘记结婚纪念日，为什么不肯打妻子为他买的那条领带。他们这么做了，但是却认为自己不需要对此解释些什么。

问题在于，正如前面我们提到的谚语所形容的那样，女人确实是用耳朵来"观察"世界的。她当然不希望吵架和怒骂，但是也绝对不想听不到任何声音。大部分的女人相信，她们是需要被关心、需要经常听到些甜言蜜语的。她们经常抱怨自己的丈夫不像以前一样赞美自己、关心自己，这似乎表示她已经对他失去了吸引力。她不想自己面对的是一个沉默的丈夫，她不想男人用沉默来折磨自己。她们希望能够像新婚时那样听到丈夫对自己多说几句赞美的话，从而让自己高兴起来。

一个农妇表达了自己对这种沉默的愤怒，虽然有一些夸张，但是的确很能说明问题。她和大多数有工作的女人一样，每天除了自己的工作之外，还必须给家里人做饭。有一天，晚餐的时间到了，她却把一大堆草放在饭桌上。丈夫对这样的行为感到十分不解，问她是不是发疯了。这位农妇回答说："我还以为你不知道自己吃的是什么呢！我做了20年的饭，你一次也没有告诉我你吃的不是草而是饭。"

沙皇俄国时代的那些上层人物，都很明白这个道理。每当他们品尝了美味的食物之后，他们一定不会忘记对做出这些美味的厨师表示感谢和赞赏。遗憾的是，那些每餐都吃着妻子做的可口饭菜的男人们，却并不像这些上层人物那样有礼貌。他们似乎都认为自己应该得到这些东西，所以并没有在品尝食物的时候，告诉妻子他吃的不是草！

是他们懒得说，还是他们不愿说？无论是因为什么，事实是他们都保持了沉默。从这一点来说，女人的唠叨不休可能并不是因为她们天性如此，而是因为男人的沉默。她们是在用这种方式抱怨男人的沉默。

众所周知，苏格拉底，这个古希腊最善辩的哲学家在婚姻方面是个不折不扣的失败者。他在 40 岁秃顶之后，依靠自己的口才成功地博得了年轻漂亮的 19 岁的赞佩茜的芳心，使她嫁给了自己。但是，他们的婚姻生活并不幸福。他的那位娇妻在婚后变得十分蛮横无理，而苏格拉底也经常称她为“泼妇”。

也许一般的人会由此得出一个结论：婚姻是爱情的坟墓。但是这么想过于简单了。那些熟悉苏格拉底的人告诉我们，正是苏格拉底一手造成了自己不幸的婚姻。他在得到赞佩茜之后，开始用沉默对待这位妻子。他要求赞佩茜做一个听话的、传统的、保守的妻子，并且经常对没有达到这个要求的赞佩茜大加责骂。年轻的赞佩茜自然无法转变得如此之快，因此忍不住会用发脾气来发泄心中的愤怒。而当她在被苏格拉底说成是“恶妻”之后，她的脾气变得越来越暴躁，最后终于变成了一个真正的“泼妇”。

因此，有专家指出，如果在婚后苏格拉底对赞佩茜还像婚前那样热情的话，那么赞佩茜是不会变成那个向苏格拉底泼污水的“泼妇”的。

事实上，另一项研究表明，因为某种无法解释的原因，男人比女人更加喜欢争辩。但是奇怪的是，男人却很少在自己的妻子面前争辩。当他吃到自己并不喜欢的晚餐的时候，他可能会放下饭碗去看电视，却不跟妻子解释他为什么这么做；当他觉得妻子的妆化得过浓的时候，他也会不置一词。他们好像以为只有这样才会相安无事。

但是事实并非如此，我的一个成功的作家朋友就是这样的。他有一天找到我，向我说起他家中的烦恼。他像苏格拉底一样把他的妻子说成是一个难得一见的泼妇，并且说她似乎喜怒无常、太难伺候。

“她的工作并不十分辛苦，”我的这位朋友说，“但是一回到家她却经常唉声叹气。她最喜欢无理取闹，常常莫名其妙地就大吵大闹起来。我并没有跟她争吵，但是家中却永无宁日。”

的确，这位作家生性安静，而且喜欢沉默寡言，他更擅长的是写作，而不是说话。

我建议他说："你试着多陪她说说话，也许她所做的一切都只是想要你多说几句话而已。"

一个星期以后，这个朋友又来见我了，他高兴地对我说："的确如此。我现在经常赞美她，对她嘘寒问暖。她的脾气原来还是很好的。"

在很多情况下，男人所忽视的东西往往是女人重视的东西，如一句问候、一句关心，或者一句表达爱意的话——这本来是无关紧要的东西，但是却往往能够使女人高兴起来。既然如此，为什么还要用沉默来折磨女人呢?

◎永远不要用强迫的语言

◎ 尊重对方，这是你能够做到不使用强迫性语言的重要前提之一。要知道，在丈夫和妻子之间，没有人是处于领导地位的。

◎ 换一种方式表达你的意见，让对方听起来更加容易接受。

◎ 不要认为你们的冲突是绝对的，实际上，既然你们是夫妻，就没有绝对的冲突。关键是解决冲突的方法要恰当。

虽然我们在传统的基督教婚礼仪式上可以听到这样的话："从此以后，不论更好或更坏、贫穷或富有、疾病或健康，你们都会彼此相爱，一直到死亡的那一天。"但是这种誓言听上去并不可信。我们更加相信自己的眼睛和耳朵，它们让我们知道：即使在我写下这些文字的这一刻，也有无数的家庭正在争吵，有无数的男女正在伤心。如果我们把视野放得更加宽广的话，可以把我们的观察结果变成一句话：有人的地方就有矛盾和冲突——家庭自然也不会例外。

虽然这个结果可能听起来让人有些沮丧，但是却大可不必如此。能够和和气气、相亲相爱当然好，但是即便有一些冲突，也会使我们的婚姻生活变得更加有意思。冲突是由不同的意见、不同的观察角度甚至不同的解决办法所引起的，而拥有亲密关系的夫妻也自然会存在这方面的问题。

比如，你觉得你的妻子不化妆的话看上去可能会更加舒服，你想让她接受你的观点，但不幸的是，她坚持认为自己化妆后更加动人，甚至认为不化妆就会感觉不自信——结果两个人争论不休。当这样的家庭冲突产生的时候，我们会想办法去处理；同时，我们总是希望两个人都对这个处理结果满意——从这一点来看，关于化妆这个问题，上面一开始的解决办法是不恰当的。

我的意思是，你不能用强迫的语言去说服对方或者命令对方做任何事情——就像我前面所提到的那样，因为这样做的结果只会对你们不利。

有这样一个古老的故事：风因为想证明自己比太阳强大，于是对太阳说："我比你强大多了，这一点我可以轻易地证明给你看——我能很快地脱去那个人的衣服。"风让太阳躲起来，自己开始施展威力。但是，风刮得越大，那人把自己的衣服裹得越紧。

最后，风不得不放弃了它的努力。这时，太阳从乌云后面出来，晒得人身上暖洋洋的。那人开始出汗了，于是把外套脱了下来。

太阳对风说："友善的力量，永远都比强迫的力量更加强大。"

确实，强迫经常不能达到目的。有一句古话说：你无法用一把枪去套住一个男人。当然，这样说可能有些片面，因为你也无法用一把枪套住一个女人。它的意思是，你不能强迫你的妻子或丈夫去做什么事情。如果你不在乎什么影响，比如给你们的家庭带来裂痕，那么我无话可说。

不久前，我跟一位大企业的总裁单独进行了一次交谈。他是一位年轻的成功人士，因为工作十分出色，他的相片经常出现在美国各大报纸显要的版面上。一开始交谈的时候，他一直非常兴奋，但是当我们谈到他那位美丽的妻子的时候，他却开始愁眉苦脸、唉声叹气。

"唉！"这位总裁先生说道，"我的妻子总是不理解我。我给了她需要的一切东西，希望她能够变得更加有教养和有素质，但是她非但不感激我，还好像对我的行为十分不满。”

“你是怎么做的呢？”我问他。

“哦，”总裁回答道，“我想送她去纽约大学念书——我认为这是她急需做的事情。我打算送她去那里读一年书，然后跟我一起管理公司。”

据我了解，他本人受教育程度很高，精通企业管理的知识，更加重要的是，他对这项工作十分感兴趣。但是我并不知道他是否确定他的妻子也跟他一样对企业管理有很浓的兴趣。我向他问起了这个问题。

“毫无疑问，”这位先生非常肯定地说，“她既然跟我结了婚，并且和我一起生活了将近5年，她怎么会对这些不感兴趣呢？”

我虽然并不能肯定他的判断是错的，但是我知道，他的妻子之所以对他的决定不满意，一定会有兴趣方面的原因。和大多数人一样，这位先生也犯了一个十分容易犯的错误，那就是他仅仅依据对方是他的妻子这个事实，就判定他们有着相同的兴趣和爱好。

因此，他是在强迫他的妻子接受他的建议—这时候似乎变成了一种命令。如果用我以前提到过的道理来分析的话，即使他的妻子原来想听从他，但是当她发现自己是在被命令之后，她也会无意识地产生一种反抗的心理。

这样的道理不一定只有心理学家或婚姻专家才知道。那些过着幸福生活的人们，都懂得这样的道理，他们从不对自己的妻子或丈夫使用强迫性的语言。他们从不说“你应该怎么做”或者“你不应该这么想”，而是用更加巧妙的方式表达自己的观点。

强迫性的语言似乎无时无刻不在上演。大多数人都对他的顾客小心翼翼，生怕说错一个字，但是面对妻子的时候却大吼大叫，像一个暴君一样。他们总是习惯于指使自己亲密的爱人怎么去做事、怎么去说话。无怪乎迪克斯说：“说伤人的话最多的，就是我们的家人，这的确让人吃惊。”奥利弗·哈姆斯在他的《早餐的独裁者》一书中描述的就是这样一种情境。但是哈姆斯本人却并不这样，他从不让妻子看自己的脸色，即便心情不好，他也不迁怒于人。

桃乐斯·迪克斯曾经评论说，有半数以上的婚姻都是失败的。依她看来，婚姻失败的很大一部分原因都与强迫性的语言有关。她提出疑问说：

“让太太们感到疑惑不解的是，既然他们完全可以采用温和的手段取代强迫，为什么他们不能够更加温婉地对待太太们呢？

“男人明明知道，奉承可以使太太不顾一切地去做任何事情：他知道，只要称赞太太管家有方，她就会把自己的最后一分钱都贴补家用；他知道，只要赞美太太穿上去年买的过时的衣服非常漂亮，她就不会去想巴黎的高级时装；他知道，他的亲吻能够让太太宁愿自己的眼睛变瞎、喉咙变哑。这一切方法，太太已经毫无保留地告诉他了，可是他为什么却好像一点儿都不知道呢？”

身为男人，我可以肯定地告诉妻子们，这些方法同样适应于她们。因此，为了家庭的幸福，所有人都应该放弃使用强迫性的语言。

◎用鼓励代替指责和批评

◎ 批评和指责只会使你的妻子或丈夫生气，而不会使他（她）听从你的意见。

◎ 不要用傲慢的语气指挥他应该怎么做，最好的办法是让他自己愿意这么去做，而鼓励就是这样的一种好办法。

在美国，有一位著名的女士，被别人戏称为“打岔专家”。在一次宴会上，她的丈夫十分兴奋地跟朋友们谈起了某位将军的事迹。他正说得兴起，没想到这位女士进来插话说：“先生，不要再说了，如果你能有他一半的才能，我也就心满意足了。”她就是这样在大庭广众之下给她的丈夫泼冷水，批评她的丈夫的。这当然让人受不了。最后，她的丈夫不得不跟她离了婚。

另外，也有与此相反的例子。俄国女皇凯瑟琳统治着世界上最大的帝国，毫无疑问，她有着至高无上的权力。事实上，她是一个残忍的女人，曾经发动过许多次毫无意义的战争，杀害过许多仇敌。但是她的婚姻生活却很幸福，因为她在家里一直都是十分温和的，她从不疾言厉色地对她的家人进行批评和指责。即便她的家人犯了什么错误，她也会什么都不说，而是微笑着好像什么也没有发生一样。

当珍妮·维茜嫁给杰姆斯·克力尔的时候，许多人嘲笑这是一桩极不协调的婚姻，甚至有人说，这简直就是“鲜花插在牛粪上”。维茜是一个非常漂亮并且拥有大量财产的女孩，而她的丈夫却是一个不名一文的家伙，并且看不出有什么前途——所有人都知道他粗鲁、愚蠢而且没有教养。

维茜却不顾一切地爱上了克力尔，认为她的丈夫是当代少见的天才诗人。她几乎放弃了自己以前的全部生活，陪她的丈夫住到了乡下，一心一意地在生活上照顾丈夫。她成为了一个完全称职的家庭主妇，缝衣做饭、悉心照顾有胃病的丈夫、驱散他心中的抑郁。她坚信自己的丈夫能够成功，而且总是鼓励他去做自己想做的事情。

“我从不去指责和批评他什么，”维茜在她的一封信中说，“包括他的粗鲁和没教养。正好相反，我认为这都是他的个性，而我爱的是他的全部。为什么一定要把每个人都变成同样的模型呢？我总是在帮助他，这一点他一直很感激我。”

结果如何呢？克力尔最后成为了爱丁堡大学的校长，他的《法国大革命》、《克莱沃尔的一生》成为名著，而他们夫妻在顿查尔的住所成了有名的文化聚会的场所。

我的一位朋友的妻子——上帝保佑，我幸亏没有这样的一位妻子——总是嘲笑他的每一份工作。一开始，他找了一份推销的工作，由于是新手，他的业绩不是很好。每次当他到家的时候，他的妻子总是对他说：“我的天才推销家，今天是不是又成交了好多笔买卖？但是，我怎么没有看到你带回家的佣金呢？看你的脸，不会是又被经理臭骂了一顿吧？”

这种愚蠢的嘲笑持续了很多年。不过，我的这位朋友一直没有放弃当初的那份工作。如今，他已经是那家全国有名的公司的经理了。他和他原来的妻子离婚了，现在的妻子很年轻，经常鼓励他、给他支持。而他的前任妻子却好像很无辜，她对别人说："他怎么能这么对待我呢？他穷苦的时候是我陪伴他的，但是他现在却离开了我，找了一个更加漂亮和年轻的女人。"

有什么不可以理解的呢？

你为什么不能容忍你的丈夫有一些缺点，而经常对其进行指责和批评呢？当他犯了一个错误的时候——不管他是有意的还是无意的——你为什么都要批评他呢？你应该做的是慷慨地原谅他。当你告诉你的丈夫，说他在某件事情上的做法真是愚蠢透顶，在这方面一点儿天分也没有的时候，那么就已经扼杀了他改变的动力和希望。批评和指责解决不了问题，它们只会使事情变得更加糟糕。社会学家一再告诫我们：批评和指责只会使家庭不和谐，使婚姻破裂。

如果我们换一种方式，即对他进行鼓励，那么情况就变得好多了。作为家人，你应该相信他有能力做好这件事情，这样他才会调动全部的积极性，投入到这件事情中去。

我上文提到的桃乐斯，她的丈夫罗伯·杜培雷一直想做一个保险行业的推销员，但当他在1947年开始真正从事这一行业的时候，却一次也没有成功过。一天，他决定放弃这份工作了。

"我完全失败了，"他对他的妻子说，"也许我本来就不适合这份工作。我一开始的选择就是错误的。"

也许一般的人会用批评来使罗伯改变主意，但是桃乐斯知道这是一种愚蠢的做法。她坚定地告诉罗伯，这只是暂时的失败而已。她鼓励他说："不用担心，罗伯，我相信你一定会取得成功的。"接着，桃乐斯指出了罗伯的一些连他自己都不知道的才华，说正是这些才华能够确保他取得成功。

后来，罗伯找到了另外一份推销的工作，可是他仍旧一次一次地失败。如果不是桃乐斯的鼓励和支持，他早就放弃了再试一次的想法了。桃乐斯不断鼓励他说："再试一次，也许你就成功了。你要知道，你有这个能力。"

"我觉得我不能辜负她的信任，"罗伯在一封信里说道，"她成功地在我身上建立了她的自信，而我正是依靠这种自信建立起自己的信心的。这就是我前进的动力。"

我们相信罗伯终有一天会取得成功的，因为对于目标而言，只要自己想要达到，最终就会达到。像这种家人面对失败而灰心丧气的例子不胜枚举，这时候只有鼓励才对他有作用，而批评和指责，只会导致非常糟糕的结果。

法国著名的科幻小说家儒勒·凡尔纳在未成名的时候，像处于这个阶段的大多数人一样，投出的稿子无一例外地被退回了。他气得打算把所有的稿件都一把火烧光，所幸稿件被他的妻子夺了过去。妻子对他说："亲爱的，你写得棒极了！我相信你一定会成功的，再试一次吧！"他又试了一次，结果果然被采纳了，并且正是这部书稿的出版使他一举成名。

如果你想改变你的丈夫或者妻子的某个缺点，你也应该用鼓励的办法。我们很多可爱的女士都会花时间打扮自己，让人看起来非常喜欢，但是约翰的妻子却是一个例外。她似乎没有打扮的习惯，只是有时候心血来潮了才打扮一下自己。我并不是说不打扮就一定不好，但是对约翰的妻子而言却正是这样。她不打扮，只是因为她有一个很漂亮的姐姐。每当别人劝她打扮的时候，她经常回敬道："不用你管，我再怎么打扮也不如我姐姐。"

她根本就认为自己不适合打扮，所以她并非不爱打扮，而是自卑的心理在作怪。约翰深知这一点，但是他并不像其他人那样，直接指出她不爱打扮的毛病，而是当妻子不打扮的时候，他就一声不吭；当她偶尔打扮了一次，他就用真诚的赞美去打动她："你真漂亮！"慢慢地，妻子对自己的容貌产生了自信，也经常打扮起来了。

不要批评和指责你的丈夫或妻子，改用鼓励的方法，也许对方会更加乐意改变自己。

◎经常谈心可以滋养婚姻

◎ 保证足够地、及时地沟通，使你们清楚彼此心里的真实想法，这样会保证你们的婚姻幸福不衰。

◎ 当你感到对方误解自己的时候，不要愚蠢地窝在心里——把它讲出来，我敢保证，对方会理解你的。

加拿大安大略的杰克·杜蒙先生曾经给我寄了一封信，对我说了一些他对婚姻生活的感悟。他在信中说道：

“我好不容易娶了一位理想中的妻子，她聪明、美丽而且温柔，可以说是完美女人的化身。结婚之后，为了使我们的家庭更加幸福，我开始把几乎全部的精力放在了我的工作上，所以事实上把维持婚姻和家庭幸福的任务全部交给了我的妻子。

“一开始，我并没有觉得有什么不妥，只是开始感到我的家庭生活并不像想象中那么幸福。妻子常常跟我吵架，但是用不了几个小时，我们就会和好。对这样的事情，我并没有放在心上。但是一天，我的刚满 4 岁的儿子突然对我说：‘爸爸，你不喜欢妈妈吗？我觉得她很好啊！’他那么说好像我是一个大坏蛋似的。他的话让我突然体会到‘妈妈’这个词的分量，然后我也体会到她作为‘妻子’的分量。我当然是很爱我的妻子的。她一直默默无闻地为我们这个家做着很多事情，而我却没有任何表示。每天回家之后，我吃着她精心做的可口的晚餐，把一天的疲倦都驱散掉；第二天又穿着她洗烫的衣服，精神抖擞地去上班。我觉得这一切都是应该的，一切都很自然。

“可能在我妻子的心里，在某些时候，也会有和我儿子一样的想法：

‘难道杰克不再爱我了吗？难道我做错了什么吗？’她会产生这些想法，都是我的过错。我虽然是爱她的，但是我却不能原谅自己。在过去的5年里，她从没有体会到什么是幸福的家庭生活。

“于是我找了一个合适的机会，邀请我的妻子参加只有我们俩的约会，并且跟她谈了一次心。我非常郑重地告诉她，我很爱她，就像以前一样，但是我在之前却做了许多傻事，并请求她的原谅。我的妻子原谅了我，她也把自己的一些想法告诉了我。她的想法原来跟我料想的一样，她的确存在过我不再爱她的疑虑。她对我说，作为一个妻子，她却不能完全了解和信任她的丈夫，这使她十分愧疚。

“那次谈话之后，我们的婚姻生活发生了明显的变化，我的妻子显得比以前快乐多了。因此，以后我又经常找时间跟我的妻子谈心——每个星期至少一次。谈心确实使我们的婚姻保持了活力，我们现在跟刚结婚的时候是一样的。”

的确如此。结婚并不只是意味着相互交换戒指，而是要让对方知道，你是多么愿意跟他（她）生活在一起。许多先生和太太感到疑惑：为什么婚前那么热烈的两个人，在婚后却显得那么陌生，或者只是像一对朋友一样，完全不再有情爱的表示。当他们完成结婚的仪式之后，他们甚至不再有正式的交谈。

当他们对某件事情的意见发生分歧的时候，他们经常会把它藏在心里，躲在角落里生闷气，抱怨怎么遇到了这样一个不好相处的配偶——他们不大喜欢或者不好意思把自己的心里话说出来。

结果如何？很多婚姻的破裂，正是那些琐碎的小事导致的，而不是那些触礁般的大事件。而这正是因为没有沟通的缘故。想想看，如果你能够适时地把自己内心的想法跟对方说出来，难道还会有什么不可解决的问题吗？

因此，婚姻专家给我们的建议是：与你的配偶谈心—就像杜蒙那样。

“他不爱我”、“她一点儿都不理解我”，这样的话我们几乎天天都可以听到。问题在哪里呢？难道真的是对方变心了吗？难道对方真的那么不负责任——在结婚的时候，对一个以后一辈子都要生活在一起的人轻易地就进行了幸福的许诺吗？

事实当然不是这么简单。我并不打算否认存在这方面的原因，但是我仍然相信主要原因不在这里。既然两个人能够结婚，那么就应该不存在不可以解决的矛盾和冲突。问题的关键在于他们缺少沟通。

相对来说，大部分的男人更会存在这方面的问题，他们都像杜蒙先生一样。他们向人们解释说："我每天花10个小时上班，每天筋疲力尽，什么都不想说，什么都不想做。至于家庭的事情，就交给我的妻子来处理好了。"

有关的调查统计显示，结婚后的男人每天对妻子说的话一般不会超过2 0000个单词。相对于男人平均每天说15 0000个单词来说，这个数字低得让男人们难以置信，但是相信女人们应该不会感到惊讶。男人的话对顾客、上司、下属和朋友们都讲完了，回到家里好像就无话可讲了。

如果这种行为可以原谅的话，那么下面的这一种行为就不可以原谅了。当他明明知道自己可能被妻子误解为"不爱我了"或者"有外遇"的时候，他依旧缄口不语。他并没有想到要解释什么，好像也没有想到这种猜测可能导致的后果。

让我们来想象一下没有进行及时和足够沟通的婚姻破灭的轨迹：忙碌于工作的男人认为自己最大的责任是为家庭提供足够的物质保障，因此没有时间和精力给予妻子感情上、肉体上的慰藉，而此时的女人则需要得到这些。当她不能被满足时，常常会感到自己很寂寞、被忽视、被欺骗了，于是她开始抱怨，并且开始进行种种无理的猜测。这导致了夫妻关系的疏远。

男人仍旧没有注意到这一点。一开始，女人会耐心地去试图理解、吸引、引导他，但当女人打算主动跟他谈心的时候，男人却一点儿都不重视。于是，这种难以忍受的、如同寡居的生活使女人越来越容易怀疑和猜测。

女人想要挽救似乎要破裂的婚姻。于是她产生了一种焦虑的感觉，并且为此而苦恼。她开始找机会刺激他，使他尴尬、发怒，这更加加深了女人的焦虑。就在这时候，发生了一件小事，他们发生了争执，女人开始借题发挥，而男人本性难移，依然忽视这种矛盾。男人认为女人是在无理取闹，一点儿都不理解自己的辛苦；认为她生性尖刻、泼辣，也许他们本来就不适合在一起。女人认为男人既然这么不重视她，于是就提出了离婚。

毫无疑问，这样的发展轨迹符合大多数情况。多么可怕！而这一切的原因仅仅是没有进行及时、有效的沟通。

因此，如果你认为存在这种危险的话，请多与你的妻子或丈夫谈心——把你心里的想法告诉对方，这样就会好起来的。

◎男人可以适当地表现出脆弱

◎“男人当家作主”从来就不是天赋的——不要认为这是女权主义者的宣言。家庭中的每个人都是平等的。

◎ 如果你从来表现的都是大男子主义，除非你确认你的妻子喜欢——这种几率是很低的——否则，必须加以改变。

洛杉矶的家庭关系研究专家保罗·鲍贝洛曾经得出这样一个令人信服的结论：相对于知识丰富、有能力的女性来说，大多数年轻男人在选择自己的对象的时候，更加愿意选择一位对他有诱惑力、能满足他的虚荣心并且能够使他产生优越感的女子。

这个结论跟我们平常的印象几乎没有差异，它是男人们的共同特性。现在，已经没有男人对他的妻子说：“没有你我怎么活?”——我指的是真心话。在我们的文化背景中，男人们被要求“像一个男人”，这意味着他们必须有权威、说话算话，必须总是很坚强。事实上，这正合他们的意愿，他们无一例外地想要树立自己坚强的甚至是至高无上的形象。在家庭中，他们认为自己应该理所当然地取得领导权，家庭的大小命令都应该由他们发出，他们才是真正的一家之长。他们不想表露出自己的脆弱。

埃迪·康德曾经无数次在公开场合表示了他的妻子在他的生命中的重要性："我从我的妻子那里得到的东西胜于任何人：她帮助我在事业上不断进步；正是她的节俭，使我有足够的资金用于投资；她为我带来了家庭生活的全部幸福。假如说我有一些成就的话，那么全是她的功劳。"

我相信，埃迪的这些话都是发自内心的。现在，像埃迪这样的男人已经不多了。现在的男人只要取得了一点成功，就会毫不犹豫地把功劳全部揽到自己身上。即使他要感谢他的妻子和家人，那也多半只是出于礼貌。

我有一次参加招待会，那个男主人是个有名的人物。他对所有的来宾都表现出了极大的热情，并且都十分有礼貌。可以说，他的绅士风度和完美形象几乎无可挑剔——但是却只是"几乎"而已，原因是他对自己的妻子很明显不是那么重视。人们只要注意观察，就可以很明显地看到，无论是言行举止还是神情、目光，他都好像对待一个陌生人一样对待妻子——不，在当时而言，比不上对待一个陌生的客人。他的太太在人群中显得很尴尬，我猜想她很想回到自己的房间。

这种截然不同的态度一度使我感到非常奇怪，但是后来我却找到了原因：那是男人的自尊心在作怪。他一定认为，在这样的公共场合，没有必要关注自己已经非常熟悉的妻子；他一定认为，如果表现出他柔情的一面的话，会给客人们留下不好的印象。老实说，我们知道他急于把客人都招待好，但是他没有注意到这样会给他的婚姻生活带来——实际上已经带来了——不利的影响。而如果他把自己的注意力稍微分一点儿给他的妻子的话，那么客人一定不会大惊小怪，说不定还会增加他的魅力。后来，我听说他们的婚姻并不美满，甚至于在闹离婚。这是我们意料之中的事情。

柴斯德菲尔德说过："要养成一种好的风格，必须作出一些小小的牺牲。"——只是一些小小的牺牲而已。对男人而言，这意味着要多表示对妻子的关心，多献一点儿殷勤。这很难吗？当然不，但关键是男人们认为这样做会损害他们的那一点儿可怜的自尊。他们绝不会表现出自己很顺从的样子，而是打算随时拿出权力的棒子来。他们不想对穿着、烹饪、料理家务这些女人的事情有任何兴趣，即使他们实际上非常关心。洞悉人情的安德烈·毛罗斯劝告男人们可以适当地表现出对这些东西的关心。

似乎有一种约定俗成的观点：男人不应该寻求帮助，特别是在感情方面不应该依赖别人。他们被告知：作为男人，应该把自己的痛苦藏起来，不让人知道。

如果他们没有脆弱的一面，那么女人们也许无话可说，关键是人人都会有脆弱的时候。但是男人们即使在工作上遇到了许多困难，也从不在别人面前表现出来。他们的出发点似乎是好的：希望家庭不要受到影响。他们保持一贯的坚强的形象，不希望在妻子面前表现出自己脆弱的一面。这让我想起了法国著名小说家巴尔扎克这么评论男人的一句话："有许多丈夫，让我想起了拉小提琴的大猩猩。"

当然，还有一些不是"大猩猩"的男人，看起来，这些男人不是很想出人头地。卡耐基口才训练班的一位学员在给我的信里写道：

"男人总是感到自己的生活就是比赛，如果他接受了别人的帮助，那么就会给他的成绩抹黑，甚至使他的成绩无效。我有时候觉得自己就像一个80岁的老头，一个劲地在心里嘀咕：'千万不要生病，千万不要去看心理医生。'实际上，我知道如果没有别人的帮助，就好像想登上珠穆朗玛峰却没有带氧气瓶一样，是不可能的事情。非常幸运的是，我现在已经摆脱了这种观点的影响。"

我的一位朋友的父亲佩利和母亲罗斯在一起幸福美满地生活了60个年头，连一次争吵都没有过。让我们来看看他们是怎么做到的。

在家里，一般是罗斯占主导地位，她决定钱该怎么花、午餐吃什么、买什么房子以及其他几乎所有事情；佩利一般是高兴地赞同她的意见。当老两口到女儿家里去做客的时候，女儿问起佩利想要吃什么，佩利总是这么回答："问你妈我想吃什么。"罗斯经常骄傲地对她的儿女们说，他们的爸爸是被她宠坏的，而一旦她不继续宠他，他就会不知所措。佩利表示完全同意这个看法，并且毫不费力地把它坚持了下来。的确，当罗斯在佩利之前离开人世的时候，佩利失声痛哭了好一阵子，有很长一段时间生活无序甚至不能自理。

不要认为他们天性如此。事实上，熟悉他们的人都知道：佩利是一个拥有聪明的头脑、具有领导天分和高超的说话技巧的人，而罗斯则天性温柔，并不习惯发号施令。但很奇怪的是，在他们组成的家庭里却产生了与之相反的"权力分配"。

以上的事例至少说明了这样的一个事实：在家庭中，男人也可以表现得很脆弱。当然我的意思并不是说每个男人都应该向佩利学习，我的意思是，我们为什么不顺从我们自己的天性呢？更何况，男人适当地表现出自己脆弱的一面，会使我们的婚姻生活更加幸福。

一个卡耐基口才训练班的学员跟我谈论起他的婚姻。他说在他们结婚的10年里，他没有看到过他的妻子的一次笑脸——当然这是夸张的说法，他的意思是说，她好像一直都很不开心。

一年以前，他的妻子到医院做常规检查，回来后告诉他：她患上了不治之症。这个消息就像晴天霹雳一样，让他感到惊慌失措。他爱他的妻子，老实说，他宁愿失去自己的生命也不愿意失去她。当他想到妻子在他们结婚的这10年里一直很不开心，而现在她居然就要离开自己时，他感到自己对不起她。最后，他居然当着妻子的面哭了起来。

后来他们到另外一个医院检查，发现那个不幸的消息是医生的误诊。虽然他虚惊了一场，但是却得到了很多的东西。让他奇怪的是，他的妻子明显的比以前快乐多了。一天，他终于知道了他的妻子快乐起来的原因。

"亲爱的，"他的妻子跟他说道，"你以前从未让我感到过幸福。你在我面前从来就像我的父亲那样，对我都是用命令的语气说话。即使在我十分伤心的时候，你也从不安慰我。这好像是在告诉我，你一点儿都不在乎我。这种感觉折磨着我，但是我不知道怎么跟你说。直到这次，当你知道我患病了，表现得那样地伤心，我才知道你是爱我的。所以，我当然很快乐了。”

是的，大部分妻子都有这样的感觉，虽然她们没有表现出来——我在前面讲过，这样的情况很糟糕。因此，如果你们想要婚姻幸福，为什么不适当地表现出你们的脆弱来呢？

◎别动不动以离婚相威胁

◎ 不要把离婚当成是一种条件、筹码或者灵丹妙药。在这种时候，它更多的是婚姻的刽子手和毒药。

◎ 如果你真的希望对方改变，用离婚相威胁并不是一个很好的办法。正相反，这种方法很愚蠢。你完全可以用其他的更加有效的方法去改变对方。

◎ 也有这样一种可能：当你随意说出要离婚的时候，对方却当真了，这时候你后悔都来不及。

“我们离婚吧！”这句话没有人喜欢听，当然也没有人乐意把它说出来。可以说——如果不怕过于偏激的话，在所有的、形形色色的夫妻之间的矛盾和冲突之中，只有离婚这个要求显得比较过分，而且比较棘手。听到这个词的时候，人们就会像一个被告被法庭宣判了死刑一样感到害怕。我所说的恐怕大多数人都会同意。

但是请注意，我所指的是庄重的宣告，而不是那种开玩笑的话。因为所有有威力的话如果变成了一句玩笑，就跟“你好”这样的词语一样平常，也就失去了它原来的意义。遗憾的是，好像有不少人经常拿它来开玩笑，至少并不是以严肃的态度来对待它。

当然，一般的人还是不会经常用它来开玩笑的。但是据我观察，最近越来越多的丈夫或妻子对他们的配偶滥用了这句话。他们动不动就会以离婚威胁对方，以达到改变对方或者使对方听自己摆布的目的。他们天真地以为，所有事情都可以用这种有攻击力的谈话来解决。

“如果他爱我，他会愿意为我改变的。”许多在口头上说离婚的人经常这么想。他们期望这种有分量的条件能够换来对方的改变，而如果对方在这种情况下都不能改变，那么他们就会把这张支票兑现——采取行动，也就是离婚。他们把离婚当成了婚姻的“试金石”。不幸的是，这样的试金石往往并不灵验。

最近，卡耐基口才训练班的一个学员维萨收到了这样一封信，信是跟他结婚已10年的妻子写来的。

“我之所以给你写这封信，是因为我讲的话你已经听不进去了。事实上，我已经警告过你很多次，我打算跟你离婚，但是你好像以为这只是我在威胁你或者强迫你。现在，我必须说，除非你能够拿出点儿行动来，否则我将马上将它变成事实。”

维萨在我看这封信的时候十分紧张，但是当我看完之后，他仍旧问我：“卡耐基先生，你认为我妻子说的会是真的吗？”

我为这样的问题所困，感到难以回答他，因为答案只有他自己能够给出。当一封措辞这样激烈的信出现在他的面前，他居然还怀疑是不是真的。出现这种情况可以有两个解释：一个是维萨愚蠢之极——这一点，我可以非常有把握地予以否认；第二个就是确实如信中所言，他的妻子已经过多地用这个方法对他进行威胁了，从而让他仍旧以为这只是威胁而已。

果然，在接下来的谈话中，我了解到，维萨的妻子已经数次用严肃的语气对他说：“如果你还不改正，那么我将和你离婚。”——而且有好几次情况似乎比这次更加严重，那时候他以为妻子已经打定主意了。维萨对我说，他确实很想改正自己的缺点，但是他并不相信他的妻子会跟他离婚。

他每次都是带着将信将疑的态度去看待这样的警告的，但是这次的结果却出乎他的意料之外——他并没有像往常那样幸运。最后，他的妻子果真跟他离了婚。

维萨对此后悔不已。他像许多男人一样，抱怨妻子离开自己的时候毫无征兆，让他觉得太突然了。当妻子对他说要离婚之后，他以为这只是她的一种威胁而已，或者说，这只是她的一种策略。他每次都想，事情并没有糟糕到无法挽回的地步。

我并不想说这件事情的全部责任在于维萨的妻子，但是毫无疑问，她确实应该负很大一部分责任。"离婚"这个词过多地出现在她的口头上，于是就变成了仅仅是一种威胁。而我们应该知道，离婚应该是婚姻到了无法挽救的时候得出的结论性的东西，而绝不应该是一种条件。

许多人在说出"离婚"这个词的时候同时也会有"也许我们总会解决的"、"他最终会改变的"、"可能是我一时冲动"等等一类的想法，他们其实并不想真正地采取行动，或者说他们并没有完全死心。他们说这话的时候的确很气愤，并且真的有这样的想法，但是随着时间的慢慢推移，这种想法会渐渐淡化、消失。这可能可以解释为什么说"离婚"在事实上成为了一种条件。

那么，当你没有确定无疑的把握的时候，不要把这个词说出来。离婚应该成为你的底线，而不是可以宽容的条件，也不是筹码。只有当婚姻处于完全破裂的时候，你才能说："让我们离婚吧！"

如果他不想跟你离婚，他就会为你而改变——这只是你一厢情愿的想法。他会这么想：既然她因为我的这点小缺点要跟我离婚，那么她就是不爱我了。这样你就弄巧成拙了。

◎让气氛好起来

◎ 创造一个温馨、平和的家庭气氛，并且努力维持它。

◎ 当你要发表意见的时候，考虑当时谈话的气氛。

在公园里，两个小孩子正在一起玩耍。突然，其中一个小孩因为对方没有给他机会荡秋千大叫了起来："我讨厌你！我再也不会跟你玩了！"他一边说一边果然就跑开了。但是过了一会儿之后，他们就又凑在一起玩起堆沙丘的游戏来了，好像什么事情都没有发生过一样。

孩子们是怎么做到这一点的呢？之前他们看起来还好像是死敌，为什么转眼之间就变得这么亲密了呢？道理其实很简单：他们认为快乐比一切都重要。

在追求快乐和幸福的问题上，小孩子好像比我们更加擅长。我们成人似乎更加愿意用正确与否来作为参考，快乐和幸福已经退居其次了。我们似乎忘记了我们建立家庭就是为了得到幸福，而不是分出谁对谁错。几乎每天，你和你的妻子或丈夫都会为某一个重要或不甚重要的问题而争论，都会因为一时的冲动而说错话，从而把辛辛苦苦营造的和谐气氛破坏掉。我们遗憾地发现，再好的婚姻也会有摩擦，这似乎是不可避免的。

因此，当你在与妻子或丈夫讨论问题的时候，请随时注意你们的谈话气氛。我的一个朋友莎丽在跟我谈起这个话题的时候深有感触。像大多数妻子一样，她每天都要对布鲁克林说一些类似的话：

"你系的这条领带真是糟糕透了。我给你买的那条呢？""你今天又回来得很晚，是不是公司有什么事？"

布鲁克林对这些话的反应在不同的时候会截然不同。当他心情很好的时候，他会非常高兴地接受莎丽话里的一些正确的东西，而并不在意她表现出的不满。莎丽总是埋怨布鲁克林回家太晚，可是布鲁克林却总能想办法使他的妻子的烦恼一扫而空。这种气氛当然是最好的，随便她说什么，布鲁克林都不会生气。

但是当他心情不好的时候，情况将会变得十分糟糕。他会对莎丽吼道："我就是喜欢这条领带！"或者强压住内心的愤怒，一言不发地倒在床上。这时候，无论她说什么，他的态度都会十分蛮横，甚至避免谈任何事情。

心理学家告诉我们，当我们处在气愤的情绪中时，我们不会注意到自己有什么过错，而只会把和解的途径建立在对方的改变之上。我们不会再心平气和地倾听对方的谈话，主动解决问题的动力也会减少。这样，即使让两个人待在一个房间里都是很困难的，所有问题都得不到解决，甚至会越闹越大。

奥古斯丁和玛丽的婚姻可以给我们一定的启示。玛丽希望奥古斯丁每天能够多花点儿时间在家，可是她不知道该怎么和奥古斯丁说，因为他赚的钱比玛丽多了许多倍，并且她也知道，他很爱这个家庭，他的工作确实很忙，几乎抽不出什么时间。

虽然玛丽没有把这个要求提出来，但是她却希望奥古斯丁自己能够意识到这一点。而奥古斯丁根本就没有时间和精力来考虑这些事情。因此，他们的关系变得越来越糟糕。他们俩很难看到对方的一张笑脸，甚至不能坐下来好好谈谈，因为只要一坐下来，气氛就好像会立刻凝固起来。

他们之间的冷漠气氛一直持续了5年——以他们的离婚而告终。看起来不可思议，是吗？他们完全能够解决这个问题的，何至于搞得婚姻破裂？玛丽本来可以建议把家庭开支缩减，这样就可以免去奥古斯丁一些工作上的压力，从而使他有更多的时间待在家里。但是她却没有这么做。

原因当然并不那么简单，但是气氛是一个重要的因素。那样压抑的气氛使两个人都难以启齿，也是这样的气氛使得两个人都无法忍受，所以他们不得不使婚姻以失败而告终。

家庭气氛确实不容小视。因此，尽量不要做那些会让气氛变得糟糕的事情。当你发现气氛不那么融洽的时候，你不妨先平静下来，想一想对方应该有对的地方，或者换一种方法去说服她。千万不要让对方认为你好像跟她有不可调和的矛盾一样，这样会让她更加坚持自己的观点，而不是让步。

做些什么，使气氛好起来。我的一个朋友非常善于处理这样的问题。一次，他和妻子为究竟是买吉普车还是小型货车而发生了分歧：他认为，买吉普车的话，周末度假将会变得更加容易，但是妻子却认为小型货车更加实惠。正当他们好像要破坏一直以来的和谐气氛的时候，他伸出了他的舌头，模仿起了他们才5岁的儿子。妻子看到这种情景，不禁哑然失笑。紧张的气氛于是缓解了下来。接着，他心平气和地跟妻子解释为什么吉普车更加适合他们，而妻子最终也同意了他的意见。

还有一个很好的办法，那就是紧急叫停。当你发现事情已经朝着自己不可控制的方向发展的时候，应该及时地停止你们的争论。不要让你们不愉快的谈话继续下去，它会像恶魔般伤害你们之间的感情。

如果你们的确已经把气氛弄得很糟糕了，那么想办法进行挽救。你可以采用各种各样的方式，关键是你打算怎么去做。我和我的妻子之间经常会产生摩擦，但是我们绝不让这种不愉快的气氛超过两个小时。在这种情况下，我通常会对我的妻子说："请原谅，我刚才做的实在是太愚蠢了，我的压力可能太大了。让我们和好如初吧！"然后给她一个热情的吻。而她也会说："都是我不好，就让我们忘了它吧！"这样，我们的气氛就会再度好起来。

在所有家庭中，最常见的也是很愚蠢的一个做法是，大家都执行"冷战政策"。这时候，家庭的气氛是尴尬的。表面上，他们似乎想让时间来医治创伤，其实，这只是他们懒惰和不负责任的表现。你不可能依靠时间或其他类似的方式来维持、修复和增进感情，除了主动做点什么。

◎提升你的性沟通能力

◎ 性生活和谐是婚姻成功的基础，而只有与你的性伴侣进行恰当的沟通，才会赢得性生活的和谐。

◎ 性生活失败的大部分原因并不是生理方面的问题，因此，不要为自己寻找借口。

美国洛杉矶家庭关系研究中心的保罗·巴比诺博士通过对上千对夫妇的婚姻状况进行研究，发现普通的美国成年人的性生活质量不容乐观，而英国有关的测试资料显示，性冷淡的问题每天都在困扰数百万对英国夫妇。据称，全球有40%的女性的丈夫曾经性冷淡，这些女性忍受着心理和生理上的煎熬，这直接导致了他们婚姻生活的不和谐。

由此可见，性生活不和谐已经成为全球性的重大问题。对于那些希望从婚姻中找到幸福的夫妻来说，没有性生活是非常可怕而且危险的。因为，性生活的和谐是巩固和加强夫妻间感情的一个最有效的途径。著名的心理学家约翰·华森曾经说：“性生活应该是婚姻生活中最重要的事情，而且性生活不和谐被认为是导致婚姻失败的最直接和最重要的原因。”

很自然地，人们不禁要问：究竟是什么原因使人类失去了本来应该享有的欢乐？

性临床学家对此进行了深入而细致的研究。他们发现，99%的性生活不协调并不是由于生理因素造成的，而是因为绝大部分的夫妻达成了像下面这样的共识：不必与对方谈性，因为每个人都懂；对方知道怎么满足自己；为了使对方不至于难堪，同意对方的任何意见等等。

基于以上原因，尽管性生活的意义极其重大，但是夫妻聚在一起的时候，他们往往更加愿意谈应该怎样布置客厅、厨房里应该刷什么样的漆，对这个话题却缄口不谈。当他们想要进行性生活的时候，常常不会充分、直接地表达自己的思想、情感和需要。

晚上8点钟的时候，妻子一边打着呵欠走向床头，一边对丈夫说：“睡觉吧，亲爱的！”那位正在看球赛电视直播的丈夫回头看了她一眼，又看了一下时钟，然后不解地对妻子说：“这么早就睡觉？”妻子回答道：“是的，我感觉有点累了，你不累吗？”丈夫回答：“我看完球赛就睡，你先睡吧！”

上面的镜头是不是似曾相识？的确，虽然可能换了角色、换了时间和地点，甚至换了表达方式，但是却都是你经历过的：你的配偶在向你发出一种委婉的性邀请——而有时候，你却会觉得她的行为有点不可理解。

问题出在哪里？当你向你的妻子要求换一种体位的时候，你总是需要费很大的劲儿才能让她同意这么做，或者她干脆就拒绝了。于是你会埋怨你的妻子一点儿都不爱你。但是，你把你的想法明白无误地告诉她了吗？你告诉过她这是为了你们两人的幸福吗？还是你只是轻描淡写地表达了你的想法？

不错，正如性学专家告诉人们的那样，性生活的不协调基本上都是因为在沟通上出现了问题。为了解决这个问题，我建议你遵照以下一些方法：

积极的心态

树立正确的性观念，不要对它失去兴趣。要像讨论大多数日常事物一样讨论你们的性生活，以积极的心态追求更高层次的幸福。永远不要觉得性生活索然无味，那只是因为你们没有努力而已。

不要让工作把自己累得倒下，留足够的时间给自己享受性生活的乐趣；不要让一切日常的琐事影响你的情趣，将你十分的热情投入到性生活中去；不要敷衍了事，认真对待每一次性生活。如果出现了问题，千万不要顺其自然，应该积极地想办法解决；不要用“蜜月期已经过去了”作为借口而拒绝采取行动。

弄清楚对方的想法

你必须利用恰当的时机，彻底了解你的伴侣的想法、感受和需要。比如，当你的妻子拒绝与你做爱的时候，你需要弄清楚她为什么会拒绝你。“你折腾了一番之后，就呼呼大睡，留下我眼睁睁地躺在那里。”“既然你每次都草草了事，为什么还要那么频繁地做爱呢？”她会这样告诉你。你的伴侣之所以拒绝你，可能存在一些恐惧。你要了解这些恐惧，然后想办法消除它们。你可能觉得这样做有些麻烦，但是从长远看，这样做很明显是“磨刀不误砍柴工”，是值得的。

当你想要了解你的伴侣的想法的时候，对方会有一种被重视的感觉；

当你能够满足对方的要求的时候，对方才会心甘情愿甚至主动地考虑你的需要。只有了解对方的喜好，才有可能把自己的喜好跟对方的联系起来，才能达到一种完满的状态。

积极倾听对方的想法。不要让对方认为你只是在敷衍，通过一系列的动作或语言来表明你确实对对方所说的东西很重视。

袒露自己的想法

把你的想法和要求说出来，这并不是什么难为情的事情。只有把你真实的想法说出来，对方才能去满足你的要求。在诉说的时候，尽量使用“我……”的句式，这样听起来会让对方感到你能对自己的想法和要求负责任，会使你的伴侣觉得很有安全感。

通过十分清楚的话语表达自己的观点，并且尽量使它具体。不要说“我希望你对我更加温柔”，而要说“我喜欢你在我下班的时候，伸出双手拥抱我”。尽量真诚地表达自己的想法，尽量不要提那些不可能的要求。

感谢和鼓励对方

当对方给你带来快乐的时候，通过语言或行动对你的伴侣表示感谢。不要吝于表达自己的感激之情，这并不是什么肉麻的东西。感谢能够使你的伴侣感到自己有多么重要，并且能满足对方的荣誉感。告诉你的丈夫“你真强壮”或你的妻子“你真温柔”，对方会更加愿意跟你做爱。

当你的伴侣担心自己不能很好地配合你，或者不敢尝试新的动作的时候，你应该鼓励对方，告诉对方他（她）一定会成功的，你对他（她）充满了信心。

掌握正确的性知识

更多地了解生理知识，做一个更加称职的性伴侣。科学正确地利用生理知识对你会有很大的帮助，这些知识将成为你行动的指南。

第五章
改变人生的演讲语言

◎当众说话的方法和技巧

◎ 选择合适的说话题材——最好是跟自己有关的题材。这样才能深入、形象地谈论你所说的话题，并且融入到你的说话当中。

◎ 充满激情地当众说话。让你的听众看到你对所说的内容充满兴趣和信心，只有这样，他们才可能被你打动。

◎ 与听众共鸣。不要让听众以为你在自言自语，并且你说的东西跟他们没有任何关系，千万不要忘记听众的存在。

如果你能够让这个世界所有的人都听到“演讲”这两个字，你就可以感觉到这个世界开始发生微微的颤动——那是人们因紧张而颤抖所造成的。人们羡慕那些用演讲征服世界的人，比如林肯、萧伯纳等著名的演说家，但是人们却一致地认为，自己没有能力像他们那样，至少这辈子已经不可能。

实际上，无论处在何种情况下，绝没有哪个人是天生的演说家。在历史上的有些时期，演讲曾经作为一门精致的艺术，需要遵守严谨的修辞法和采取优雅的演说方式。这种难度使得人们如果想要成为一个出色的大众演说家的话，就需要付出异常艰苦的努力。但是现在，我们却把当众演说看成是一种扩大的交谈。在宴会上、教堂中或看电视、听收音机时，我们希望听到的是率直的言语、依照常理的构思，而不是夸夸其谈的、生硬的演说。

因此，当众演说已不再是一门需要付出像以前那样的努力才能掌握的艺术了。它像平常说话一样轻而易举，只需要遵循一些简单的规则就行。

美国现金注册公司理事会会长、联合国教科文组织主席艾林在《演讲与领导在事业上的关系》一文中写道："在历史上从事商业的人之中，有相当一部分是凭借当众说话的才能而获得成功的。很多年前，一位当时还只是我们公司堪萨斯州一小分行的主管的小青年，在发表了一场十分精彩的演说之后平步青云，今天已经成为我们公司的副总裁，负责所有业务的拓展。"我恰好知道，这位副总裁现在已经是国家现金注册公司的总裁了。

的确，能够从容不迫地当众发表成功的演说，或者能够在众多人面前侃侃而谈，将使你的前途不可估量。因此，那些想要取得成功的人都会努力让自己当众说话的能力得到提高。

那么，当众说话都有些什么方法和技巧呢？这是一个很难回答的问题。根据多年的经验，我认为，要想取得当众说话的成功，至少应该注意以下三个方面。

选择跟自己有关的题材

一次，卡耐基口才训练班的老师和学生们在芝加哥的康拉德希尔顿饭店座谈。座谈进行的时候，一位学员站了起来，用慷慨激昂的语调当众说道："我认为，自由、平等、博爱是人类最伟大的思想。一旦没有了自由，生命便失去了意义。我们可以试想一下，如果我们的行动处处受到限制，那将是一种多么糟糕的生活！"

大家对他突然发表这样的高论十分惊奇。他的老师在他话还没有说完的时候，就制止了他继续往下说。这位老师问他为什么要谈论这个话题，为什么会有这样的结论，能不能就这个话题谈一下他的切身感受。

于是，这位学生说了一个惊心动魄的故事。他曾经是法国的一名地下工作者，亲身经历了纳粹党的严酷统治。他和他的家人，曾经遭到纳粹党的迫害和凌辱。他们十分惊险地逃过了纳粹党秘密警察的追杀，在历尽千辛万苦后终于到了美国。最后他说：

“今天，我自由地从密歇根大街来到这家饭店，大摇大摆地从一个警察身边走过。当我到达酒店的时候，并没有被要求出示身份证明。等座谈结束的时候，我可以去任何我想去的地方。因此，请大家相信，自由是值得争取的。”他的话引起了一阵雷鸣般的掌声。

毫无疑问，这位学员能够把这样空洞、严肃的话题讲得如此吸引人，是因为他加入了自己的真实经历。的确，如果你想要取得当众说话的成功的话，最好的说话题材是你自己的亲身经历。假使你亲身经历过一件事，或者你经过思考之后，使它成为了你的一部分，可以肯定这个话题是适合你的。你可以回忆过去，从自己的经历中寻找有意义、给你留下了深刻印象的事情。它们可以是个人的成长历程、个人的奋斗故事、个人爱好、专门领域的知识、不同寻常的经历，或者是个人信仰和信念。我几年前进行过一项调查，发现上述与某些特定的个人背景有关的话题是听众最欣赏的题目，从而对听众也最有吸引力。

如果你在讲话中阐明了生命对你的启示，我想你会拥有很多的听众。当然，这个观点并不是那么容易就会被说话者们接受的；正好相反，他们往往会回避个人的经验，因为这些东西太琐碎和狭隘了。他们喜欢讲一些一般性的概念或哲理。实际上，这些东西更加不容易让人接受。人们喜欢新闻，可是你拿出社论来给他们看，他们怎么会喜欢呢？即使人们喜欢社论，也不应该由你来讲，他们会去请一个记者来讲。因此，如果可能的话，你还是谈谈生命对你的启示吧！只要讲得好，听众会很喜欢你的。

你千万不要以为这些话题太个人化了，或者太轻微了，听众不会喜欢听。事实上，正是这样的话题才能使听众感到快乐，让大家感动。

对话题充满激情

当然，并不是所有你有资格谈论的话题都一定能够吸引听众。比如，我是一个天天干家务的勤劳的男人，我当然有资格谈论拖地的事情。可是，我对拖地并没有热情，事实上我根本不愿提它，我能把这个话题讲好吗？但是，当一些家庭主妇来谈论这个话题的时候，她们似乎对之有无穷的兴趣，在说起这个话题时也十分投入，充满了激情。所以她们会说得十分精彩。

记得 1926 年的时候，我参加了日内瓦国际联盟第 7 次会议。一开始的几个演讲者使会议变得死气沉沉，他们几乎就是在读他们自己的演讲稿。接着，由加拿大乔治·佛斯坦爵士上台演讲，他并没有带任何手稿和纸条。他在整个演讲过程中充满了激情，经常使用各种手势，看起来非常诚挚。看得出来，他投入到自己所述说的内容当中去了。他诚心诚意地表达了自己的观点，并且希望听众也能相信他。他把这些信息表达得非常清晰和明确。

这就是非常有感染力的演说，因为演讲者本身就对演讲充满了激情。而那些对自己的演讲没有多大热情的人，看起来总是不那么可信。

弗胜·J. 辛主教是美国著名的演说家之一，他的演说极具震撼力。可是，一开始他并没有明白这个道理。

弗胜·J. 辛主教在他的《此生不疲》中记述了他的改变。当他在读书的时候，他有幸成为了学院辩论队的队员。但是有一天，他们的辩论教授把他叫到了自己的办公室，狠狠地批评了他一顿。

“你真是差劲!”那位教授毫不留情地说，“从没有一个人像你这样发表自己的意见。”

他指的是弗胜不久前发表的一次演说。弗胜正想解释，这时，教授要求他照着那段演说词重新讲一遍。弗胜照着做了，这花了他差不多一个小时的时间。教授问他：

“你现在知道为什么这么差劲了吗?”

弗胜一下子并没有领悟过来。于是，教授更加恼火，对弗胜说：“你再复述一遍!”弗胜不得已，又照着原稿复述了一个小时，最后，他都已经筋疲力尽了。教授问他:“现在知道了吧?”弗胜说:“是的。”

这两个半小时的谈话让弗胜印象深刻,他把自己悟出的道理铭记在心。这个道理就是:把自己融入演讲之中。

所以,在你打算进行当众说话之前,最好先确认自己对所讲的内容充满激情。如果你不能做到这一点,那么最好是换个能够让你有激情的题材。

与听众共鸣

我们知道,演讲由演讲者、演讲内容和听众3个要素构成。前面介绍的两个方法,讨论了演讲者和演讲内容之间的关系。但是,只有当演讲者把自己的演讲和听众联系起来的时候,演讲才算真正完成,这也就是说我们要注意与听众共鸣。

高明的演讲者总是热切地希望听众能同意他的观点,能和他产生同样的感觉,他不仅希望自己热情,也希望把这种热情传达给听众。这就是共鸣。他的演讲绝不会以自我为中心,而会以听众为中心。因为他知道,他的演讲成功与否,归根到底不是由他决定的,而是由听众的头脑和心灵决定的。

这个道理听起来似乎很简单,但是实行起来却很难。在推行节俭活动的时候,我曾经对美国银行学会纽约分会的部分职员进行演讲训练。其中有一位学员遇到了困难:他发现无论自己怎么努力,都无法调动听众的积极性,也无法与听众沟通。我对他说,纽约85%的过世的人,身后都没有留下分文给他们的家人;只有3.3%的人留下了1万美元或者更多。因此,他所讲的内容是帮助听众进行准备,以便他们能够老来衣食无忧,并且留给妻儿安全的保障。他所要做的事情是,让听众知道他所说的东西对他们确实很有帮助。

他对此进行了深入而细致的思考,终于认识到了与听众共鸣的重要性。于是,当他在演讲的时候,他尽量找到听众感兴趣的东西,并且与他们就这方面进行积极的沟通。这样，他最后终于取得了成功。

以上3个方法是非常基本的方法，它们确实能够帮助我们更好地当众说话。

◎如何克服怯场

◎ 找出自己的弱点和不足，有针对性地进行自我暗示。

◎ 如果可能的话，找出其他演讲者的缺点和不足，比较自己的优点，进而建立你的自信心。

◎ 把你的演讲词扔在一旁，告诉自己，用不着它。

在一次卡耐基口才训练班的毕业聚会上，有一个毕业生面对着许多人，坦诚地对我说：

“卡耐基先生，5年前，我来到了你举办演讲的饭店门口。当时我知道，只要一参加卡耐基口才训练班，就迟早要当众演讲。因此，我的手僵在门把上，却不敢推门进去。最后，我只好转身离开了。如果当时我知道你能让我轻易地克服恐惧——克服那种让我一面对听众就瘫倒的恐惧的话，我就不会白白浪费这5年宝贵的时间了。”

我看得出来，他说这番话的时候显得格外轻松和自信。这个人一定能凭借他学到的演讲能力和自信力，提高自己处理各种事务的能力。我非常高兴他能勇敢地面对“恐惧”这个让无数人头痛的大敌，并且最终战胜了它。

不用多说，“怯场”这个词本身就会让我们紧张。当你在演讲之前，发觉自己心跳加剧、颤抖、流汗、口干舌燥的时候，这表明你已经开始怯场——当然，还会有其他的症状。一位女士在一个房间里发现一位男士在走来走去，并且不断地自言自语。女士问他：“你在做什么？”男士回答：“我将要在一个宴会上发言，现在还差10分钟。”女士又问：“你总是这样紧张吗？”男士说：“我并不紧张。难道你觉得我很紧张吗？”女士说：“你在走来走去，并且自言自语。最关键的问题是，你现在在女洗手间里。”

上面这个故事可能有些夸张了，但是的确有人经常告诉我们：大多数人认为当着众人说话比死还可怕。但对我来说，我并不相信怯场是不治之症——至少我们能够缓解怯场带来的压力。1912年我开始授课后，还不知道我的课程能帮助人们减轻恐惧和自卑感。随着研究的深入，我发现演讲实际上是一种自然的表现，学会它可以帮助人们减轻不安之感，从而鼓起勇气、建立自信。因此，我决定终生致力于帮助人们在当众说话上消除这种可怕的威胁。

我在前面已经讲过树立成功的信念的重要性。你要记住，你必须成功，也必定能够成功。另外，我还提到积极的心理暗示、借助别人的经验等等，这些方法对克服怯场也有很大的帮助。这里，我不打算再详细地进行解释。以下是可以采用的克服怯场的另外几个方法。

借助自己成功的经验

鲁宾逊教授在他的《思想的起源》一书中说：“恐惧产生于无知和不确定。”确实，对大部分人来说，他们害怕当众说话主要是因为不习惯、因为当众说话的不确定性，所以产生了焦虑和恐惧。特别是对新手来说，要面对许多相对来说更加复杂而陌生的环境，这比学网球或开汽车明显要困难很多。因此，只有通过不断的练习，才能把这种不确定因素变为确定因素，从而使自己感到轻松自在。只要有了成功的经验，当众说话就不再是一种痛苦，而是一种快乐了。

以下这个故事正好能说明这一点。杰出的演讲家、著名的心理学家艾伯特·爱德华·威格恩在他读中学时，曾被老师要求作一次5分钟的演讲。在即将演讲的那段时间里，爱德华一想到自己要当着那么多同学的面演讲，心里就十分恐惧。他详细地描述道：

“演讲的日子就要来了，我却病倒了。每次一想到那件可怕的事情，我就头昏脑涨、脸颊发热。我只好跑到学校后面，把脸贴在冰凉的墙面上，好让脸色不再发红。

“在读大学的时候，我也还是这样。有一次，我好不容易背下了一篇演讲词的开头，但是当我面对听众的时候，脑袋里突然“嗡”地响了一下，然后就一片空白了。后来，我又勉强挤出一句开场白：‘亚当斯和杰佛逊已经过世……’之后就再也说不出话来了。我只好向听众鞠躬，最后心情沉重地回到我的座位上。

“这时，校长站起来说：‘唉，爱德华，我们听到这则令人悲伤的消息，实在是太震惊了；不过，我想我们会尽量节哀的。’接着就是满堂哄笑。当时我真的想以死来求得解脱。之后，我就病了好几天。

“当时，我在这世上最不敢期望的，就是做一个大众演讲家。”

世事难料。爱德华大学毕业一年后，丹佛市掀起了“自由造币”运动。爱德华认为“自由造币主义者”的主张是错误的，并且他们只作空洞的承诺。为此，他艰难地凑齐了到达印第安纳州的路费，并在到达该州后，就健全的币制发表了演说。他回忆说：

“刚开始的时候，我在大学演讲的那一幕又浮现在我的脑海里，挥之不去的恐惧使我窒息。我讲话还是结结巴巴，恨不得立即从讲台上逃下去。不过，最后我还是勉强完成了绪论部分。虽然这只是一次微小的成功，但却增加了不少使我继续往下说的勇气。当我结束演讲的时候，我以为我只用了 15 分钟的时间，其实我却竟然说了一个半小时。这让我极为惊讶。

“结果，在以后的几年时间里，我成了令全世界震惊的人。我竟然把当众演讲当成了自己的职业。”

爱德华认识到，要想克服当众说话时那种灭顶之灾般的恐惧感，最好的方法莫过于首先获得成功的经验，并以此不断地激励自己。

做好充分的准备

出于职业原因，我每年都要担任 5 0000 多次演讲的评审员。这个经历让我发现：只有在演讲之前做好充分的准备，才能真正克服恐惧、建立完全的自信。这就好比在打仗之前，只有精心准备作战的武器，才能立于不败之地。

丹尼尔·韦伯斯特说过：“如果我没做好准备就出现在听众面前，就像是没有穿衣服一样。”没有哪个比喻比这更贴切了。

几年前，在一次残疾人协会的午餐会上，一位政府要员被邀请作一次演讲。这位政府要员之前并没有做好准备。他站在台上，打算进行即兴演讲，但是却不知道该说些什么。他一边胡乱开了个头，一边从口袋里掏出一叠笔记纸，打算从上面找出一点合适的东西来。然而，由于笔记纸上的内容杂乱无章，他显得更加尴尬。

他手忙脚乱地在那些笔记纸中翻来翻去，时间也一分一秒地过去。他显得越来越绝望，所以不停地向大家道歉。最后，他不得不仓促地中断他断断续续的演讲，在困窘和尴尬中走下台来。

这位政府要员就是一个最没有面子的演讲者。他由于没有提前准备自己的演讲，结果正像卢梭所讽刺的某些人写的情书那样：“不知道怎么开始，更不知道怎么结束。”而你如果希望建立完全的自信心，就必须认真对待每次演讲，提前做好充分的演讲准备。

如果你做好了充分的准备，你必须确信自己演讲的题目有意义。演讲题目选好之后，再根据计划加以汇集、整理。你要让自己确信这个题目是有意义的。你必须具有坚定的态度、严格的要求，并以此激励自己、坚信自己。怎么才能让自己确信这一点？这就需要你详细、深入地研究题材，抓住其中更深层的意义。在你登台演说之前，最好先和朋友聊聊。如果他提出了一些合适的意见和建议，你有必要对自己的演讲进行修改。这样，你就可以让自己确信：演讲题目很有意义，将有助于听众。

要给自己鼓气

除非心存某种远大的理想，并且准备为之献身，否则，任何一个演讲者都会对自己的演讲题材产生怀疑。他会问自己适不适合这个题目、听众会不会感兴趣，因此他很可能在一夜之间突然更改题目。所以，你应该学会给自己鼓气，告诉自己：这次演讲是适合我的，因为它来自我的经验，并且我为之做了充分的准备；我比任何一个讲演者都适合作这样的演讲；我能够也应当全力以赴把它说得清清楚楚。

另外，我还打算告诉你们一个事实。社会科学家以他们的研究告诉我们，说话的人和听话的人对于紧张持有不同的看法。通常情况下，即使说话的人宣称自己已经非常紧张，但是听话的人可能完全觉察不出来。这就好像一个人脸上起了一个小疙瘩，而他自己把它想象成有西瓜那么大——这可能相当于他的脑袋的大小了。所以，不论他走到哪里，他都以为人们都在注意他脸上的小疙瘩。

但是事实却是，根本没有人注意到这一点。紧张也是一样的。它只是你心理上的一个小疙瘩，和听众比起来，可能只是你感觉比较糟糕而已。

避免想那些可能使你不安的事情。比如说，你千万不要去设想你可能会犯语法错误，或中间突然中断讲不下去等等情况，因为这些消极的想法很可能使你在开始演讲之前就没有了信心。极为重要的是，演讲之前，不要把注意力放在自己身上——集中精力听别的演讲者在讲什么，把你的注意力放在他们身上，这样你就不会过度地恐惧了。

身体调试

释放你的压力，或者使它转移。你可以用这些方法：

呼吸。慢慢地吸一口气，尽量长时间地坚持住，然后慢慢地呼出去。重复这样的动作，多做几次。呼吸练习是最古老的一种释放压力的办法。生理学家说，我们可以在呼吸的时候，释放出自己身体里的二氧化碳，减少血液的酸性，而且能够增加大脑的供氧量。

伸展身体。尽量舒展你的身体大约 10～15 分钟。转动你的头部、用尽量大的力摆动上肢、张开你的嘴巴……这些动作能够减轻你的肌肉疲劳，而且也不需要什么特定的场地。

按摩。按摩你的太阳穴和脖子。当你怯场的时候，这是两个你最容易感到疲劳的地方。

停止你的紧张的动作。比如，不要像上面我提到的那位先生那样不停地踱步和自言自语，不要大量地喝水；不管你事实上有多紧张，都要表现出你很平静的样子；让听众感觉你充满了自信。

我非常真诚地希望，我介绍的这些方法能够有效地帮助你克服怯场。

任何事情，只要你坚信你会成功，你就应该一直朝它前进，不要顾虑太多。最重要的是，你要拿出你的勇气全力冲过去，如果总是过分地犹豫，你就成不了大事。

◎如何发表即席讲话

◎ 消除自己的胆怯心理。不要对自己寄予过高的期望，听众也不会这样的。相信自己能够说好。

◎ 不断地练习。练习能够使你明白即席讲话并不困难，而且能让你熟悉类似的环境。

◎ 随时准备发表讲话。不要等到被别人叫起来说话的时候，才开始想你的话题。

◎ 万事开头难，想办法平稳地度过开始的时间，你会慢慢地忘记紧张的。

几年前，布鲁克林有一位医生——我们姑且称之为科第斯先生——被邀请参加一次棒球队的聚会。在没有任何心理准备的情况下，他听见主持人说："今晚，有一位医学界的朋友在场，他就是科第斯先生。让我们欢迎他上台给我们谈谈棒球队员的健康问题。"

科第斯医生是研究卫生保健的专家，行医已30多年。照理说他应该胸有成竹才对，但是由于一生中从未作过公开演讲，当看到人们鼓掌的时候，他心跳加快、惊惶失措。所有人都注视着他，他却摇了摇头，表示谢绝。没想到这个举动引来了更热烈的掌声，人们的呼声也越来越大。

科第斯医生十分清楚地知道，如果自己站起来演讲，结果只能是失败。于是他只好站起来，转过身背对着自己的朋友，默不作声地走了出去，陷入了极度难堪之中。

我不知道那些宁愿选择死也不愿发表演讲的人，在毫无准备的情况下听到“请随便讲几句”这样的话时会有什么感想。他们连那些有准备的演讲都不愿意作，在面对这种突如其来的即席讲话的时候，会不会都像科第斯先生一样？

不幸的是，在我们的这个社会里，即使是在一般的休闲场合，我们都会经常被人问及自己对某件事情的看法，随时都有被叫起来讲几句的“危险”。

“如果给我时间好好准备，”你可能会这么说，“再让我站起来讲话，并不是什么难事。但是如果临时被叫起来，我就多半会不知所措。”

不要丧气，这是大部分人都会有的问题。他们在这种时候，都像你或者科第斯先生一样，恨不得马上找个地洞钻进去。不过，你应该明白，我这么说并不是想告诉你即席讲话是人们的死穴——无论我们怎么努力，都不能成功地战胜这个弱点。

很多说话高手的确成功地做到了这一点。他们看起来好像永远都准备得非常充分，而不是仓促地站起来。是的，每个智力正常如你我的人，只要运用了正确的方法，通常就都能够十分得体地甚至是非常精彩地进行即席讲话。而接下来我将告诉你，怎么样才能做到这一点。

进行针对性的练习

许多年以前，道格拉斯·菲尔班克在《美国杂志》上发表了一篇关于益智游戏的文章。据说查理·卓别林、玛利亚·匹克福和他经常玩这个游戏。

“我们每个人分别写下一个话题，然后把写了字的纸条折起来放在一起。我们当中的一个人在其中随意抽取一个，然后必须站起来讲一分钟。而且，同一个题目从不使用两次……

“非常重要的是，当我们玩过这个游戏后，我们的思维全都变得敏捷了，对于各种各样的话题也有了更多的了解。但更加有用的是，我们学会了在短时间里根据任何题目迅速运用自己的知识和思想进行思考，学会了站立思考。”

我在卡耐基口才训练班上经常使用另外一种方法。我会叫一个班的学员全体行动，让他们按照顺序，承接前一位说话者的话往下说。

比如，一个学员开始精彩地说着一个故事，当他说到关键地方的时候，我突然让他停住，然后叫另外一个学员往下说。

一开始，他们觉得非常困难。我鼓励他们无论自己说得多么糟糕，都应该把它说出来。结果，虽然他们讲得不怎么样，却并没有放弃。事实证明，这样的练习的确很有效——最后他们都不同程度地提高了自己即席讲话的能力。最重要的是，他们觉得即席讲话也不是什么让人为难的事了。

因此，注意多进行针对性的练习——方法当然不止上面提到的这两种——对你会有很大的帮助。像这类的练习多了，当需要即席讲话的时候，你也就能够应付自如了。

随时做好准备

无论是什么场合，我们随时都有被要求说两句的“危险”。如果你同意我的观点，为什么不早早地做好站起来说话的准备呢？如果你正在参加一个会议，你为什么不想一想如果你站起来，应该发表什么样的意见以及怎么发表意见呢？

我班上的学员都具备一种本领，那就是随时都做好了说话的准备。因为他们知道，他们随时都有可能被我叫起来讲话。事实上，正是这种准备使得他们的即兴说话水平变得很高。因此，我给你的建议是，随时都做好准备。

你知道，当你要发表意见的时候，前提是你得对这个问题已经有过自己的思考，并得出了自己的意见。因此，不要对你所参加的会议或宴会漠不关心，而应对与它相关的一些问题进行思考。

马上进行举证

当别人希望你说几句，而你因为各种原因并没有做好准备的时候，你最好立刻对你想要表达的观点进行举证。这种方法可以使你马上进入状态，忘掉暂时的紧张。相对来说，如果一件事情来自于自己的经验，描述起来并不困难，并且一般来说，举证需要花费一点儿时间。

立即进行举证的另外一个好处我已经在前面说过，那就是可以吸引听众的注意力。听众会对这种事例感兴趣的，而且这样也符合他们的节奏。因此，立即举证能使你和听众的关系更加和谐，而这对你很有利。

迅速找到切入点

不管你找没找到合适的例子，你必须迅速找到切入点。也就是说，告诉听众你想要说的究竟是什么。切入点应该从此时此地开始，我的意思是，要针对你的场合和说话对象。讲一些与当时的场合或者听众有关的事情，这样会激起他们的兴趣。

一个很好的例子是，赞美其他演讲人，并且从他们的话题中找到自己想要谈论的东西。我知道，你会用我前面讲过的三种思维方式去做到这一点的。

不要让别人认为你的即席讲话什么都没讲，要明白你正在进行的是即席讲话。人们并不希望你一直讲下去，因为那只是浪费他们的时间。不要像丘吉尔评价他儿子兰道尔夫的性格那样："他空有一门大炮，却没有多少弹药。"

组织你的讲话

仅仅不着边际地信口开河，把根本不相干的东西扯到一起，这样做的结果只能是失败。但是这似乎是一个很难的问题。因为如果你的很多想法和例子只是乱糟糟的一团，你就很难把它们都表达出来。如果你把你说话的布局都想好了，那么剩下的就只是用你的材料和观点把它填充起来。

我介绍几种常见的布局方式：

纵向布局。按照时间的发展顺序进行排列，或者按照事情发展的因果顺序、逻辑顺序进行排列。

横向布局。谈论几个问题的时候，或者谈论一个问题而打算用几个原因进行说明的时候，可以进行横向布局。这些问题的关系是并列的。

总分布局。对你谈论的东西进行解构，在大的标题下分列若干小标题，这样能够使你清晰、透彻地说明你的意见。你也可以通过提问或提供解决问题的方案进行布局。

递进布局。把你的话题内部的各个层次采取由浅到深、从大到小的顺序排列，这是一种最常见的布局方式。

我相信，如果你能够遵照这些方法的话，即兴讲话也不是多么难的事情。你也许已经看出来了，我强调即兴讲话的准备工作。没错，如果你想要你的即席讲话出色的话，最重要的还是你的平日之功。

要言之有物。如果正好相反，不但听众不会喜欢你的讲话，而且你也会走向无话可说的境地。

进行适当的布局。良好的布局可以使你的讲话变得更加轻松。

◎克服讲话中的6个主要误区

◎ 明确你的演讲目的。根据你和听众的需要，选择一个你演讲的目的，并努力去达到这个目的。

◎ 不要背诵演讲词。选用提纲或者提示语的形式，这样才能使你的演讲显得生动、自然。

◎ 不要给听众过多的信息——除了说明你的问题之外，不要让听众

有头痛的感觉。

◎ 清楚地说明问题。必须清楚地说明问题，这样才能让听众有所收获。

公开讲话是十分重要而且复杂的。演讲者常常顾此失彼，经常会忽视某一个方面的问题。一般来说，演讲者常常会产生以下的问题。我在指出这些误区的同时，也会告诉你们应该怎么做。

第一个误区：演讲目的不明确

一个演讲者将要进行一个题为“汽车安全带”的演讲。我在他演讲之前问了他一个问题：“你为什么要进行这次演讲?”他回答说：“我想让人们了解汽车安全带。”他的这个目的让我很疑惑，因为就大多数人而言，仅仅了解这种知识并没有什么用处。所以，我当时就决定不再继续听他的演讲。

一些人似乎不大清楚自己演讲的目的以及听众需要什么，这给他们的演讲质量带来了很大的不利影响。

我曾经对演讲的目的作过总结，发现演讲的目的不外乎以下 4 种：

说明一种事情或事物。比如，美国宇航局的人员向人们解释彗星撞木星的影响时，他们并不打算要我们做些什么事情，而仅仅是为了告诉我们这一信息。

说服别人。大部分政治家发表的演讲都含有这种目的。他们希望听众在听完他们的演讲后，能够放弃自己的想法转而支持他们的意见。

增强别人的印象。当亨利·布雷过世的时候，林肯受邀就其一生致悼词。林肯演讲的主要目的就是增强听众的印象。

使人们愉快。如果你为了缓解工人们的压力而发表了一次演说，那么你发表这种演讲的目的就是使人们愉快。在这时候，这是你的唯一目的。

明确自己的演讲想要达到上面所述的哪一种目的，这一点对演讲者来说至关重要。要得出自己的目的，主要应该考虑两个因素，即自己打算展现什么以及听众需要什么。只有将这两者结合起来，才能使你进行一次成功的演讲。

第二个误区：背诵演讲词

不要背诵演讲词。这是许多演讲者极有可能犯的一个严重错误。他们这样做是为了保护自己，免得在听众面前演讲时大脑一片空白而陷入了背诵的陷阱中。我并不想危言耸听，但真实情况是，一旦上了这种心理麻醉的瘾，就会不可救药地持续采取这种浪费时间的准备方式。而也就是它，在很大程度上破坏了演讲的效果。

我已经说过，人一生当中说话一般都是自然流露，从未花过心思去细想言辞。这是因为，人们随时都在想着，等到思想明澈清晰的时候，言语便如同呼吸一样，自然而然地就顺畅起来了。

年轻时的丘吉尔也曾经写讲稿、背讲稿。有一天，当他在英国国会上背诵他的演讲词的时候，思路突然中断，脑海一片空白。他十分尴尬，也感到十分困窘。接着他把上一句重新背了一遍，但还是记不起接下来要说什么。他的脸色变得通红，不得不颓然坐下。从那以后，丘吉尔再也不背演讲词了。众所周知，他最后成为了一个伟大的演讲家。

当面对听众时，我们很可能会忘记逐字背诵的演讲词；即使没有忘记，讲起来也一定十分机械化。这是为什么呢？因为它不是发自我们内心，不是出于自然的流露。你想一想，当你在私下说话的时候，你是不是也会这样做呢？当然不是。你总是一心想着我们要说的事，然后就直接说出来了，而绝对不会留心词句。既然你一直都是这么做的，为什么在演讲的时候就要违反自己的本能呢？

许多演讲者都不背讲稿。他们中的成功者常常都是把讲稿扔掉，但却说得更生动、更有效果了。这样做也许会遗忘某几点，说起来也比较散漫，但是起码显得更加有人情味。

林肯说过："我不喜欢听平白的、枯燥无味的演讲。当我听人讲道理时，我喜欢他表现得好像在跟蜜蜂搏斗似的。”和林肯一样，绝大多数的听众都喜欢听一个演讲者在台上自在、随意、激情地演讲，而背诵演讲词的人绝做不到这一点。

第三个误区：信息过于庞杂

很多演讲者喜欢堆砌论据。他们不惜为自己的观点找上无数个事例，以为这样就能够取得很好的效果。虽然收集论据比进行各方面的分析容易得多，但是除非你指出来，否则听众多半不会知道这些论据有什么作用。他们的注意力集中到了这些论据上面，而不是你的观点上。

以上只是演讲者使自己的信息过于庞杂的一个表现。事实上，经常有听众抱怨他们抓不住演讲者的观点。作为演讲者，你的任务应该是对你的观点进行解释，而绝不仅仅是向他们提供许多信息——即使你演讲的目的是说明一种事物，你也应该尽量让你的信息显得有趣。

因此，如果你打算向听众举证的话，就要尽量使这些信息变得简单明了，并且一定要告诉听众它们和你的观点是什么关系。

第四个误区：未说清楚问题

我曾经听过一个演讲，演讲人声称在 1 个小时内要对 30 个问题进行说明。也就是说，他打算平均用 2 分钟去说明一个问题。而据我所知，有时即使用 1 个小时去说明一个问题，也未必能够说清楚。我不知道这样的演讲有什么意义，也许很多人去听他的演讲是出于一种好奇。

我曾经在自己的卡耐基口才训练班上要求学员们用 3 分钟进行一次演讲，结果却一点儿都不理想。只有小部分的人利用这点儿时间对一个问题进行了说明。他们所有的话都围绕着这个问题，因为他们知道这点儿时间仅仅允许他们说出 450 个简短的单词。但是大部分人都希望能够说明尽可能多的问题，想要给这 3 分钟填充进许多东西。结果，最后连他们自己都不知道自己在说什么。

上面所述的做法导致的结果是：没有能够说清楚一个问题。演讲者常常在如何卖弄技巧上用功，却忽视了演讲的作用。听众在他们的演讲中感到很迷惑，因为听众无法清晰地了解一个问题。

因此，最重要的是，务必就一个问题进行充分的说明。不要让听众在耐着性子听完你的演讲之后，却认为自己一无所获。

第五个误区：表现过于做作

我在前面已经讲过，大多数人在演讲的时候，经常忘了自己平常是怎么说话的。当他们意识到自己是在演讲的时候，他们的声音、动作、表情都发生了变化——其实发生变化并不要紧，关键是这种变化是不是一种不利的变化。

声音是你的第一名片，但是很多演讲者经常忽视这一点。他们以为只要把自己的观点表达给了听众就行，声音并不重要。事实上，我们还要考虑听众乐不乐意接受我们的信息——如果你用一种阴阳怪调、极不自然的声音来说话，这种声音本身就足以引起听众的反感。

一般人在平时说话的时候运用很多手势，表现得很有力度，但是当上台演讲的时候，他们要么身体僵硬，要么动作过于夸张。听众好像是在看滑稽表演一样，却忽视了演讲者所要表达的东西。

表情也是一样，把你生动的、自然的表情用到演讲上来。为什么不这样做呢？要知道，有时候传达信息的方式比要传达的内容更加重要。

第六个误区：忽视听众

如果你曾经做过教师，你一定会明白这样一个道理：如果你所说的内容跟学生们没有多少关系的话，他们不会有热情。因为这个原因，许多老师在教学的过程中非常注意这一点，他们尽量使自己所教授的内容与学生们的生活有关。

演讲也是一样的。不要让听众觉得你已经忘记了他们的存在，不要光顾着自己在讲台上表演。你永远不要奢望听众会对你的话题主动产生兴趣，除非你能够让他们知道你的讲话跟他们有关。

你应该通过一系列的方法来达到这个目的—这些方法只是为了打消听众的疑虑而已。准备跟听众有关的话题、采用他们熟悉的方式、让听众觉得你正在关心他们、告诉他们你的演讲将会给他们带来好处、让听众介入到你的演讲当中……这些方法，你都有必要用到。

◎演讲口才要素

◎ 演讲者是整个演讲的核心之所在，一个成功的演讲者必须具有高远的思想、博大的情操和丰富的知识，并且具备多种能力。

◎ 演讲主要由3个方面来评判：可信度、说服力和影响力。这3个方面是交织在一起的。

众所周知，演讲口才包括3个基本要素：演讲者、演讲和听众。这3个要素都非常重要，而且相互紧密地联系在一起。现在，我就这3个要素进行简单的说明。

演讲者

在整个演讲过程中，演讲者是主导，是演讲的核心所在。演讲的成功与否，归根到底是由演讲者决定的。这是不言自明的道理。那么，作为演讲者应该具备哪些素质和修养呢？

如果我们把视野放于某一个演讲家身上，可能会更加具体一些。我曾经花了3年时间来写作和修订《林肯的另一面》这本书，这些努力使我确认自己比一般人更加了解这位伟大的总统。那么，让我们来看看究竟是什么使他成为一个伟大的演讲家的。

被美国人民尊敬和怀念的林肯在捍卫国家的统一和反对奴隶制度方面作出了突出的贡献。我们相信，正是这种高贵的品德和情感，加上深厚的人道主义意识，才使他成为了美国历史上最伟大的总统；而这也正是林肯成功的最根本的原因。

林肯在给一位向他请教成功方法的年轻律师的回信中写道："成功的秘诀，就是对书本进行仔细阅读和研究。只有不断地学习、学习，才是最重要的。"林肯自己是怎么样做的呢？鲁宾逊评价林肯说："他之所以成功，靠的全部是自学。他用丰富的文化素材把他的思想武装了起来，然后成为了一个天才。"

的确如此——林肯的经验让我们看到，演讲者要有丰富的学识，这也是演讲成功的基本条件。放眼望去，从古至今的演讲家无一不是学识渊博的。他们之所以能够做到旁征博引，能够把自己的经历自如地组织到演讲中，就是因为他们博览群书、知识非常丰富。

另外，我通过研究发现，林肯具有一些超出常人的能力，包括敏锐的观察力、丰富的想象力和牢固的记忆力。当然，还有一种对演讲家来说必不可少的能力，那就是良好的表达力。我并不打算再举例，因为能够说明林肯具有以上 4 种能力的事例太多了。

以上是演讲家之所以取得成功的几种基本的素质和能力。当对一个演讲家进行评论的时候，我们考虑的就是这些能力。当然，这些能力只有都体现到演讲中去，才能获得演讲的成功。

演讲

演讲是演讲者操作的具体对象。从演讲者踏上讲台，直到演讲结束，这成为演讲的整个过程。每个演讲者都要尽自己最大的努力使演讲成功。那么，判断一次演讲是否成功，有哪些依据呢？

可信度。这是演讲是否成功的最基本的要素。如果听众说："你说谎了"或者"你在隐瞒什么"，那么很遗憾，这证明你的演讲已经彻底失败。正是可信度赋予你的演讲最重要的成功因素。在某些场合，即使你的演讲并不出色，而你可信度较高的话，你依然会取得成功。当然，如果事实正好相反，那么即使你发挥得再出色，也于事无补。一个很常见的判断是，听众绝不会相信一个烫着金发的时髦女郎是一个学识渊博的教授——虽然这样过于极端——因此，他们会认为你是一个头脑简单的笨蛋，而不会相信你所说的话。可信度跟演说者的品质、能力以及态度有关。

说服力。用语言去影响别人，这是一种让人十分自豪的能力。我们现在已经知道，要改变一个人的思想或行动并不需要改变他的面容。这表明改变他人变得比以前容易多了。当你发表演讲的时候，无论是出于何种目的，你都希望能够说服他人。当我们告诉别人某一件事情的时候，你必须运用恰当的方法、全面的观点对它进行说明。这样，听众才会相信你所说的是真的，否则他们会对你说的产生怀疑。说服力较高的演讲是，听众在听完演讲后说："的确像他说的那样。"说服力跟演说者的态度、价值观、参与意识以及可信度有关。

影响力。那些成功的演讲会产生巨大的影响。林肯的葛底斯堡演讲让人们铭记在心，现在听起来都有一种震撼人心的力量。演讲人希望自己的每一次演讲都能够改变听众的看法或行动，或者让听众了解到某种东西，这就是对听众的影响。人们说："布莱特的演讲影响巨大。"人们记住了他，并且因为他的演讲而有所改变——不管是思想还是行动，这种演讲就是有影响力的。

听众

听众是演讲者演讲的受众。任何一次演讲的成功与否，都是由听众来评判的。

听众一般是从以下几个方面对演讲进行评价的：

需求。你能够满足听众的需求吗？这是最关键的问题。每一个人都只对自己感兴趣，他们只关心自己的需要。"这场演讲，我听了之后有什么收获？"他们会这样问自己。当然，你不能满足他们的全部需求，但是你至少应该满足一个方面。比如，给他们带来知识、愉悦他们，或者使他们改变了自己，甚至只是对他们表示了尊重。对听众来说，演讲本身并不重要，重要的是他们有没有得到什么东西。

亲密度。我指的是演讲对他们而言是否陌生、是否过于高深等一些问题。如果听众在听完你的演讲后感到很茫然，对你所说的东西和概念有很多疑问，那么他们会毫不犹豫地认为你的演讲是失败的。跟听众的知识、经验和情感层次是否相当，也是他们判断你的演讲水平的一个重要标准。

体验。很多听众认为听演讲并不是想要得到什么东西，而只是一种体验。他们往往要求演讲者能够带来精彩的演讲，但是什么是“精彩”，他们自己也不清楚。他们就好像在看表演一样，对演出的内容并不那么重视，而是对表演的方式、表演人更加注意。

◎成功演讲的方法

◎ 必须从演讲者、演讲和听众这3个方面对你的演讲进行思考，不要忽视任何一个方面。

◎ 充分地进行准备，这是保证你演讲成功的首要因素。演讲之前，要确认自己已经准备妥当。

◎ 要注意你演讲的方式、说明问题的方法，以及你的个人风格。方式恰当与否不但影响你所表达的内容，而且可能决定演讲的成败。

我们已经讲过了演讲成功的重要性，所以并不打算在这里再次强调。我将直接告诉你如果想要演讲成功，需要注意哪些问题。下面就是你需要注意的问题：

充分准备演讲

选择你生活背景中有意义的、曾经教导过你的、有关人生内涵的经验，然后，把从这些经验中汲取来的思想、概念、感悟等汇集起来，进行符合你习惯的组织和安排，务必要做到胸有成竹。

记住这一点：所谓真正的准备，是对你将要演讲的题目的深思熟虑。你可以把你的思想写在纸片上——寥寥数语即可。当你演讲的时候，这些片断可能有助于你的安排和组织。听起来并不难吧？当然，只要多一点专注和思考，就能达到你的目的。

为了演讲的万无一失，你可以采取一种十分有效的方法，那就是在朋友面前预讲。历史学家艾兰·尼文斯对作家说："你可以找一个对你的题材感兴趣的朋友，详尽地把你的想法说出来。这种方式，可以帮助你发现可能遗漏的见解、无法预知的争论以及找到最适合讲述这个故事的形式。"你可以把你选的用来作演讲的观念，用于和朋友或同事平常的交谈中。当然，你不需要全部搬出，他们可能没有那么多时间来听你把它讲完，你甚至不必告诉他们这就是你要讲的题目。你只需在午餐时倾过身去，说类似这样的话："你知不知道，有一天我遇到这样一件事情，告诉你吧！"你的朋友或同事可能很有兴趣听下去。在你讲的时候，你可以观察他的反应。说不定他会有有趣的主意给你，可能那是很有价值的意见或建议，你不妨听一听。即使他知道了你是在预演，那也没关系。他很有可能本来就很喜欢听你的讲话。

考虑演讲时可能遇到的问题。这些问题不仅包括与你演讲有关的，比如可能没有想到一个合适的词语，也包括会场上可能出现的各种情况，比如可能话筒的声音太小等等，还有就是如果你忘记了接下来要讲什么或者你的演讲被陌生人打断你应该怎么办。只有考虑到这些问题并且想好解决的办法，才能称得上是充分的准备。

成功的演讲构架

我曾经花费了许多精力，想要寻找到一个合适的演讲构架。我希望学员们能够通过演讲材料的有效安排，一蹴而就地打动听众。我们在美国的许多地方举行过会谈，邀请了我们所有的老师对这个问题踊跃发表自己的看法。最后，我们终于得出了一个"魔术公式"。

这个公式的具体步骤是这样的：第一步，把自己的观点用实例告诉听众；第二步，详细而准确地表明你的论点；第三步，告诉听众，你的演讲会给他们带来什么好处。

我们这个时代是快节奏的。听众不希望演讲者发表冗长的、闲散的演讲，而是希望演讲者能够以直率的语言一针见血地指出自己的观点，因此这个“魔术公式”特别有效。当然，我并不是说这个公式就是万能公式，因为可能还存在其他的同样有效的演讲构架，这要针对不同的演讲人、听众、演讲内容而定。总的原则是，我们的演讲构架必须使我们能够直接而有效地说明我们的观点，并且能让听众理解、接受。

随时关注你的听众

在你打算进行演讲之前，务必对你的听众有相当的了解。你必须知道他们是些什么样的人、有什么爱好、关心什么问题，否则你可能面临对牛弹琴的危险。要选择听众感兴趣的主题、容易接受的方式，想到他们可能会提出的问题的解决方法。要通过各种方式得到这方面的信息，因为无论如何，这种信息都会对你有很大的帮助。

在演讲过程中，你要随时和听众保持联系。不要忘了与听众的沟通，你可以用你的微笑、停顿或其他动作来表示你对他们的关注，或者向他们提出一些问题。随时注意你的听众的反应：他们是紧锁眉头，是激昂亢奋，还是快要睡着了？你要针对这些观察，采取相应的对策。

演讲结束后，你还可以对听众的感受进行调查。他们会提出一些对你很有用的问题，这样对于完善你的演讲会有很大的帮助。

建立自己的风格

我曾经对100位著名的商业界成功人士进行过一项测试。结果发现，在促成一个人成功的因素当中，个性的因素远远比智力因素重要。

同样地，这个结论对演讲者来说也十分重要。成功的演讲者一致认为，除了充分的准备之外，个人风格是演讲成功最为重要的因素。

我们需要认识到这一点：演讲并不仅仅是讲话，还包括讲话的方式。作为听众，他并不是一台机器，他能够强烈地感觉到你的眼神、动作、空间运用、表情、个人魅力等东西，而且对这些东西的关注，甚至超过了你的讲话本身。而这些东西恰好构成了你的风格。没有人愿意听一个他不喜欢的人讲两个小时。

每个人都可以形成自己的风格，这种风格并不只是跟你的个性有关，还包括许多细微的东西。可以说，你的任何一个细节，如果能够给听众带来一种愉悦感的话，那么你就应该毫不犹豫地加以利用。

幽默、机智也是个人的风格，它能够反映你本身的修养和性格。总之，只要是能够博得听众的好感的个性，你都应该运用，并且将这种个性清晰、具体地展现出来。

◎让听众融入演讲之中

◎ 选择让听众感兴趣的主题，选择适合他们的方式去演讲。
◎ 适当地赞美听众，这样能够使听众喜欢你的演讲。
◎ 缩短和听众之间的距离，消除他们的陌生感和紧张感。
◎ 保持与听众的互动，借此吸引他们的注意力。

我想我已经说过很多遍演讲者应该随时和听众沟通的话了。的确，我希望你们记住这一点，因为它确实非常重要。下面我将详细地告诉你们，究竟该如何和听众保持联系，从而让他们融入到演讲之中。

针对听众的兴趣

我在前面提到过罗素·康维尔博士的那篇《发现自我》的著名演讲。康维尔博士就非常注意针对听众的兴趣发表他的演说。

许多人之所以不能取得演讲的成功，可能是因为没有找到合适的演讲方法，但在大多数情况下，最主要的原因是选错了主题。他们谈论的都是自己感兴趣的东西，而听众却对这些东西没有任何兴趣。

跟康维尔博士一样，曾任美国电影协会会长的艾黎克·钟斯顿先生也非常重视这一点。几乎在他的每一场讲演中，他都使用了这一技巧。比如，他在俄克拉荷马大学的毕业典礼的演讲中，一开始是这么说的：

“尊敬的各位俄克拉荷马的公民，你们想必都非常熟悉那些习惯于危言耸听的骗子。你们一定会记得，他们曾经拒绝将俄克拉荷马州列入书本，认为这是一种没有任何希望的冒险……”

这种技巧十分高明，当第一句话说出口之后，他与听众的距离立即拉近了。这让听众明白，他的演讲是专门为他们准备的。他所说的事情必然能够吸引听众的注意力，因为他迎合了听众的兴趣。

卡耐基口才训练班上有一名来自费城的名叫哈罗德·杜怀特的学员。在一次由老师和学员们参加的宴会上，他发表了一次成功的演讲。他依次谈论到在座的每一个人，回忆起当初在进卡耐基口才训练班的时候各位同学给他的印象，并且回忆起他们的某一次演讲的情形。他还模仿其中一些同学的动作，夸大他们的特点，结果逗得同学们都开怀大笑。像他这样的演讲是不会失败的，因为每个人对他的演讲都很感兴趣。

这种技巧其实并不难。在演讲之前，不妨先问一下自己能不能帮助听众解决问题，是不是能够达到他们的目的。你甚至可以直接告诉他们这一点。如果你是一个会计师，你可以对听众说：“我将告诉你们该怎么得到一笔可观的退税。”如果你是一个律师，你可以告诉听众：“我将告诉你们如何订立遗嘱。”

你要相信，在你的知识储备中必然有对听众有利的东西，而你也应该选择这样的东西作为你的话题。

赞赏听众

在你的演讲过程中，随时随地地给予听众热情的赞美能够帮助你抓住听众的情绪。不要担心，大多数人都会因为获得得体的赞美而开心的。因为由个体组成的听众，他们也和个人一样，喜欢听到赞美，而不喜欢听到批评。当然，需要注意的是，跟赞美个人一样，你的赞美需得体，而不能过于夸张和肉麻，否则就会收到相反的效果。

更加重要的是，你的赞美必须真诚。如果你对他们说“你们是我见过的最有智慧的听众”，“这里的所有听众都是美女或绅士”，这会显得你是故意这么称赞的，他们听不出一点赞美的诚意来，因此就会一点儿作用也起不到。

缩短和听众的距离

我们在这里所讲的距离主要是指“心理距离”，也就是陌生感。心理学家的研究表明，缩短这种心理距离有助于和他人的沟通。

在实际的演讲之中，最好的办法莫过于指出自己与听众的某种关系。林肯 1858 年在伊利诺伊州南部的一些地方的演说——我们在前面已经引用过了——就巧妙地运用了这个方法。他一开始就利用他的农村出身拉近了和当地农场主之间的距离，从而使他们消除了和自己的紧张的对立感，然后再慢慢地进行说服。

哈罗德·麦克阿兰受邀参加了印第安纳州德堡大学的毕业典礼。他在自己演讲开始的时候，对学生们说：“受到各位的邀请，我深感荣幸。我相信，我之所以受到邀请，主要不是因为我是英国的首相，而是因为我跟诸位有着很深的渊源关系。我的母亲是美国人，她就出生于印第安纳州，而我的父亲则非常骄傲地成为了德堡大学的第一届毕业生。我可以向各位保证，我以自己与德堡大学的这种亲密的关系为荣，并且非常高兴能够重温故乡的传统。”

哈罗德的这种自我介绍果然一下子就拉近了他和学生们之间的距离，赢得了他们的友谊。

使用听众的名字，也是缩短和听众之间的距离的一个方法。法兰克·

裴斯——通用动力的总裁——曾经在自己的一次演讲中使用过几个听众的名字，结果收到了意想不到的效果。当时，他参加的是纽约“美国生活宗教公司”的年度晚宴。

“对我而言，这是一个非常愉快的夜晚。我的牧师、尊敬的罗伯·艾坡亚先生正坐在我们中间。正是他的言行和指导，使我、我的家庭甚至整个社会都受到了激励和启示。路易·施特劳斯和鲍勃·史蒂文斯也是我尊敬的人。他们对宗教极其热诚，这一点从他们对社会事业的热心可以看出来。另外……”

可以想象，当听众听到自己的名字出现在演讲中的时候，他们无疑会有一种非常亲切的感觉。因此，这也是一种非常有用的方法。但是，当我们提到这些名字的时候，首先应该确认这些名字的正确性，并且必须保证是在用一种友好的方式提到它们。

另一种方法是，在演讲中使用“你”或“你们”这样的称呼。这种方法可以使听众的注意力集中。因为当你使用这些称呼的时候，实际上说明这些事情是针对他们的，所以能够缩短你和听众之间的距离。

在大多数情况下你都可以使用“你”或“你们”这样的称呼，但是有些时候却不可以使用。这种情形包括使用的结果是让听众觉得你在以一种居高临下的姿态教训他们，或者力求划清和他们之间的界限。这时候你可以使用“我们”。

与听众互动

很多演讲者觉得自己和听众之间隔着一堵墙，它阻碍了自己和听众的沟通。推翻这堵墙的最好的办法是，充分地与听众互动。

当你挑选听众协助你展示某个论点的时候，这些听众意识到自己正在参与表演，会特别注意你所说的东西，因此他们的印象会特别深刻。

虽然你挑选的只是一部分听众，但是其他听众会认为被你挑选的那些听众代表的就是他们自己，所以，对这一点你不用担心。

与听众互动的方式有很多。比如，你可以请听众回答问题，或者让听众重复你所说的话。总之，在你实际演讲的过程中，不要放过任何与听众合作的机会。

不要让听众以为你高高在上

让听众融入演讲的一个很大的障碍是，演讲者给听众一种高高在上的感觉。如果演讲者有一种高高在上的感觉——无论是智力、学识还是社会地位上的——即使他并未表现出来，听众也一看便知。因为当你在演讲的时候，你的一举一动、一言一行都暴露了你——包括你的心态。

正因为这样，如果你能够保持谦虚的心态，那么听众就会对你产生一种亲切感，这当然也会更加有利于你的演讲。

正如《现代宗教领袖传》的作者亨利和丹纳·李·戴乐斯在书中评论孔子时说的那样："他拥有许多知识，却从不炫耀；他永远只是包容别人，以自己的同情心设法启迪别人。如果我们也能做到这一点，那么就一定能够打开听众的心扉。"我们也应该这么做。

◎演讲过程中的应变技巧

◎ 必须沉着冷静、理智地去想解决问题的方案，这样才不至于错上加错。

◎ 当忘词的时候，争取时间让自己想起来，或者换别的方案。不要让听众长久地等下去。

◎ 不要为自己的错误而忐忑不安。最重要的是，告诉听众一个正确的答案，并且不要使它影响到你的演讲。

我曾经听过一个一开始可以说是非常成功的演讲。演讲人的开场十分吸引人，他声情并茂、幽默风趣。当演讲进行了大概 30 分钟的时候，演讲人突然站在原地一动不动，做出了一个思考的动作。我不得不说，他的思考的动作做得十分潇洒——但是它持续得太久了。接下来，听众都开始知道，他忘记了自己想要讲的内容——他手足无措，连连向听众道歉，并且头上也冒出汗来。虽然我们都希望他能够想出来，但是最后，他终于没有能够再继续往下说，而是满脸通红地走下了讲台。

明明是一次经过苦苦思索、精心准备的演说，本来极有可能取得成功，但是却遇到了这种意外的情况，这让我感到遗憾。是的，像这位先生所遇到的这样的场景经常会出现——由于演讲者没有妥善地进行处理，使它变成了一个演讲的“杀手”。我十分不希望你像他那样——或者说，不像你以前经历过的那样——而是希望你能够从容地进行处理。为此，我将告诉你一些应变技巧。

沉着冷静

美国著名的主持人哈利·范·泽西在年轻的时候，曾经犯过一个十分低级的错误。那时候，他正通过广播向全美国的听众介绍一位著名的人物：“女士们、先生们，接下来为我们演讲的是美利坚合众国总统——胡伯特·西佛，请大家欢迎。”我不知道当时的胡佛总统有什么反应。不过，这种错误并没有给这位主持人造成太大的影响。事实上，他依然被认为是我们最爱戴的主持人。

我想要说的是，即使犯了一个错误，也不会给你带来天大的灾难——天塌不下来，甚至不会有任何较大的影响。就算是最好的演说家，或者各行各业里的杰出人物，他们也都难免会犯错误。如果你犯了错误，最好不要惊慌失措。一句古话说得好：“不做错事的人，是不做事的人。”因此，即使你在演讲中像哈利·范·泽西那样犯了错误，也大可不必那么慌张。告诉自己：冷静下来！慌张并不能解决任何问题，只有先冷静下来，才能采取一定的补救措施。

演讲过程中遇到的意外情况，当然不只是自己忘记了接下来要讲什么，或者说错了一个词。当外来的事情干扰了你的演讲，你也需要冷静。

冷静地处理那些冒失鬼或者一些情况，这才是你必须要做的。

我接下来要讲的各种技巧，都是以演讲人的头脑冷静为前提的。

忘词时的应对技巧

在我们演讲的时候，忘词是一个经常遇到的问题。许多人为了避免自己出现这种情况，会把演讲词背得滚瓜烂熟。我相信，这是一个办法，但绝对不是好办法——或者说，是一个防止忘词的好办法，但绝不是演讲的好办法。

我在前面讲过，我们只有脱离演讲词进行演讲，才能进入自然的演讲状态。而且，即使背诵了演讲词，也不能防止你的大脑在演讲的时候会出现“短路”或者“真空”的情况。这时候，由于你只是机械地记住了演讲词，因此一旦忘记，补救是十分困难的。

忘词包括两种情况：一种是忘记一个词或一句话，另一种是忘记接下来要讲什么。这时候，不要像猴子一样急得抓自己的头皮。你必须集中精神，争取在几秒钟之内想起这个词语或接下来要讲什么。在你想的过程中，你需要用一定的动作或语言向听众证明一件事情：你并不是忘词了，而是在想一个更加合适的词语，或者是另有所图——给听众思考的时间、故意停顿以引起听众注意之类。你可以重复一下你前面说的内容。如果你实在想不出来，第一种情况下，考虑用另一个词或另一句话代替，第二种情况下，把你能够想起的另一段先讲出来，然后再慢慢地想你所忘记的内容或者干脆自由发挥——但一定要紧扣主题。总之，不要让听众等得太久，否则他们会失去耐心的。

口误的处理

如果你发现自己说错了某个词或者表达错了某个观点，而你想改正过来，这就需要相当的技巧了。关键是，不要因为口误而影响了演讲的连贯性、完美性与和谐气氛。

直接道歉。几乎所有人都会犯错误，所以听众会原谅你的。但是由于这种方法过于直接，因而可能会影响演讲的连贯性。

继续下一话题。忘记你的口误，装作什么都没有发生，但是在你快要结束的时候，问一问听众是否注意到你犯了一个错误。这就是说告诉听众，这是你在检验他们注意力是否集中。

现场改错。一位演讲家在发生一个口误之后，马上大声地说道："朋友们，难道你们认为是这样吗?"这种方法十分有效。

意外事件的出现

当你在演讲的时候，一位听众匆匆推门进来，手忙脚乱地寻找座位，或者当听众都在聚精会神地听你的演讲时，某人发出了奇怪的声音。这时候，听众的注意力都被这种意外事件吸引住了。意外事件指的是自己不曾预料到的、并非直接由自己导致的事件。它的处理更加需要应变能力。

我无法提供万能的答案，事实上，我在前面已经提到过一些基本的方法。应对突发事件最重要的一点是，把这种意外事件变成对自己演讲有利的事情。

一位演讲者演讲的时候，突然停电了，演讲大厅里一片漆黑。这时候演讲者的声音清晰地传到了听众的耳朵里："看样子，现在我们不得不在谈论的主题上发一些光。"这句话吸引了听众的注意力，使演讲得以继续进行。

还有我在前面提到的一个故事。有一次，一个国会议员正在发表演讲，听众们则在聚精会神地侧耳倾听。突然，其中一个听众的椅子断了，那人也跌倒在地。这种情况的出现是议员始料未及的，它非常容易分散听众的注意力，从而直接影响到演讲的效果。议员急中生智，提高音量对听众说："各位现在应该相信，我刚才所说的理由足以压倒一切了吧?"这句话十分精彩，立即赢得了听众热烈的掌声。

◎8 种需要避免的开场白

◎ 避免上面所述的开场白，你当然知道，它的反面就是我们应该采用的。

◎ 让你的主题句成为你的第一句话，这是一个十分强有力的开场方式。它是那些作风强硬、直接的演讲者所采取的方法。

◎ 制造悬念可以让你一开始就引起听众的好奇，深深地吸引住他们的注意力，这对你的演讲的成功是十分有益处的。

我曾经就演讲艺术请教过很多演讲家，希望他们能够给予一些帮助。前西北大学校长、尊敬的林·哈罗德·胡教授就是给过我帮助的一个人。那一次，我问他在自己漫长的演说生涯中，觉得演讲中什么是最重要的。他稍微思考了一下，然后回答我说："一段能够吸引听众注意力的开场白，我想是最重要的。"

当年，威尔逊总统在国会上发表演说，针对德国潜艇战发出最后通牒，只不过用了20个字，却成功地把人们的注意力吸引住了。这段话是："我有义务向诸位坦白，我国和德国的关系出现了一种全新的情况。"

好的开始是成功的一半。对于一场演讲来说，开场白的作用确实很大。如果把演讲比做飞行，把开场比做飞机的起飞，那么开场的失败就相当于起飞没有成功——虽然有些不同，但是却一样很危险。这真是不幸的事情。虽然每一个演讲者都不希望自己精心准备的演讲被平庸的甚至是非常失败的开场白所破坏，但是并不是所有人都能避免这一点——他们一次次地使自己的飞机在起飞时便坠落，或者经过危险才勉强起飞。

我们希望在开场的时候就能牢牢地抓住听众的注意力，建立和听众之间紧密的、和谐的关系，而不希望相反的情况发生。我们希望听众在听完我们的开场白后说："看来我应该认真地听下去。"如果你也希望这样，那么你需要避免以下 8 种错误的开场白——其中有一些一度被认为是很合适的。

消极否定

这是一种自杀式的开场，这种开场将会使你一无所获，失去的东西则更多。比如，你说："我希望大家听我的演讲不至于是浪费时间，但是我的确没有准备充分……"可能你想通过这种表白求得听众的谅解，因为你"的确没有准备充分"。但是事实上你不但在自我否定，而且也在否定下面的听众，因为听众会认为你想表达的意思是："你们一点都不重要。"

吉普林的一首诗的第一句话是："继续下去，将会是毫无意义的。"这正好可以说明这种开场的后果。

道歉

除非你一不小心碰倒了讲台或者按灭了演讲大厅的灯，否则你不需要道歉。听众不希望听到你的借口或道歉，即使他们没有表现出来。你没有必要浪费听众的时间，本来他们是怀着很大的热情来听你的演讲的，不要一开始就带给他们不幸的消息。

的确，你为自己可能存在的一些问题而感到不安，这是很自然的事情，但是你没有必要在一开始就讲出来。你说："很抱歉，我将只能简单地为大家讲几句，因为我的时间很紧。"这明明就是表明了你是个以自我为中心的家伙。难道听众没有资格站在这里听你演讲吗？或者你说："很抱歉大家看到的不是原来那个演讲者，而是我。"你认为这对听众有用吗？

提到专业词汇

不要在一开始的时候就用那些古怪、陌生的词语来吓唬听众，他们的兴趣会很快被你吓跑的。你没有必要这样开场，好像显得你学问丰富、高深莫测一样。这样的开场白还不如没有开场白。

开玩笑

有些喜剧演员说："去死很容易，但是要演好喜剧却很难。"的确，要制造幽默很困难，尤其是当需要这种幽默跟你的演讲有关的时候。有时候，将幽默作为开场白有点像是一个成功率极低的赌注——我提倡冒险，但是我坚决反对赌博。

但是有无数的演讲者都喜欢用幽默作为演讲的开场白，好像除了这个方法之外再没有其他的选择一样。那些成功把听众逗乐的人，表面上看起来好像很受听众欢迎，事实上却并非如此，因为听众就好像是在看一场滑稽剧一样，看完之后就忘记它的内容和表演者了。可以借用哈姆雷特的一句名言来评价这种开场白："不新鲜的、陈旧的、平凡的而且是毫无益处的。"

讲这个主题很艰难

不要对听众说："对这个主题我感到力不从心……"难道是你害怕你的演讲中有错误，会被权威笑话吗？既然你已经选择了这个主题，那么它就一定是你所熟悉的——除非你的演讲稿是别人替你准备的。

你的这些话会明显地影响你演讲的说服力。既然你选择了这个主题，就应该信心满满地告诉听众，就你所演讲的主题而言，你就是权威。而如果听众认为你发表的只是你个人的意见，又怎么会介意你犯错误呢？

对听众区别对待

有的演讲者一开始总要特别提及那些坐在台下的重要人物，比如政府官员、学术权威，或者德高望重的人。我并不反对提到他们，但是千万不要让别的听众以为自己被轻视了。千万不要区别对待听众，否则你失去的将是大部分人对演讲的兴趣。告诉他们，他们全部都是重要人物，你将会并且已经注意到他们了。

陈词滥调

不要以那种时髦、低俗的话作为你的开场白，那样只会使听众失望和厌烦，要尽量给听众新的感觉。做到这一点并不难，只是需要花点儿心思

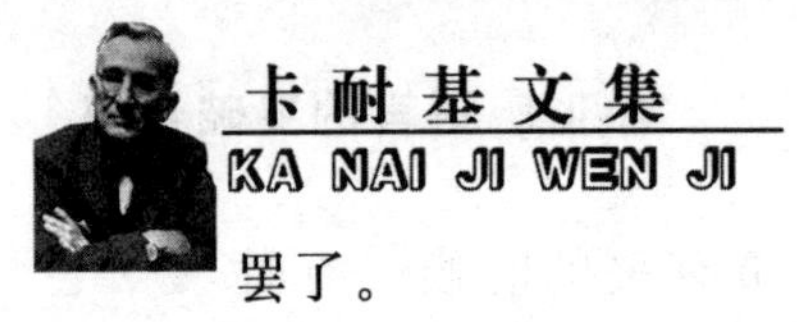

罢了。

告诉听众你是被迫的

当你是被迫做某件事情的时候，你一般做不好，或者本来可以做得更好却没有做好。这个道理很多人都懂，但是演讲者的确常常在一开始的时候就告诉听众他是被迫来发表这个演讲的。这容易让听众产生无谓的联想，比如好像你会谈点儿别的什么。更加重要的是，这句话表现出你很无奈、消极。在这种情况下，让听众对你所说的东西感兴趣是十分困难的。

◎8种应该避免的结论

◎ 避免犯上述8种常见的错误。其中可能有一些你曾经以为是正确的，但是实际上却是错误的。

◎ 在你的结论中，做好与开场的呼应。这样做能够显得你有始有终，并且使你的演讲十分紧凑。

◎ 在你的结论中加入幽默的成分，这会加深听众的印象。乔治·科哈恩说："在和别人说再见的时候，让他们脸上带着笑容。"如果你能够做到这一点，证明你已经相当成功了。

我曾经对工业家乔治·福·詹森做过一次访问。那天，当我到达他的办公室的时候，他对我说："你来的正是时候，我马上要进行一次演讲。你看，我现在已经准备好它的结尾了。"

"对一个演讲者来说，"我说，"能够预先在头脑中有清晰的思路，这的确是很好的。"

"噢，"他说，"我现在才开始准备它的结尾，我头脑里还没有完全清晰的思路，刚刚有了笼统的概念和结尾的方式。"

詹森先生并不是一个专业演讲家，他只是依照自己的经验进行了许多成功的演讲。他已经认识到了结尾对一个演讲来说非常重要，并且认识到需要合情合理地进行推理，最后得出结论。

在戏院里，人们评判演员水平高低的一个简单方法是，看他们的进场及出场。演讲也是如此。如果一个演讲的开头和结尾都很糟糕，可以断定这不会是一个出色的演讲；而如果演讲的开头和结尾都很出色，那么这绝不会是一个糟糕的演讲。结论可以说是演讲最重要的一部分。当演讲者结束演讲后，他所说的最后几句话可能还停留在听众的脑海中，这些话将会被听众长久地记住。

如果说开场白是飞行的起飞的话，那么结论就是飞行的降落。我这么说并非耸人听闻。演讲者常常在结尾中犯这样那样的错误，使自己的演讲像飞机一样在“降落”时“失事”。我希望你能够做到“平稳降落”。为了做到这一点，你需要避免下面 8 种错误的结尾方式：

不是结论的结论

有些演讲者常常在演讲结束时说：“对于这件事，我只能说这么多了。”他们常常释放烟雾弹，比如说：“谢谢诸位。”无疑，他们想遮掩自己不会做结论的事实。如果你打算结束自己的演讲，为什么不马上坐下来，却说“我讲完了”之类的话呢？

没有结论

有些演讲者常常结束不了自己的演讲。他们就像一次没有规划的旅行的导游一样，引领听众进入一个又一个的景观，而且对每个景观都进行了详细的描述，但是却不知道该怎么结束旅行。只有等天黑了的时候，他才意识到应该结束了。他的演讲没有任何结论性的语言，但是这丝毫不影响他匆匆地结束自己的演讲。

急刹车般的结论

有些演讲者结束得过于迅速——当听众还沉浸在他的演讲之中，并且准备听他继续说下去的时候，他就匆匆地结束了演讲。“这就结束了吗？”

听众会产生这样的疑问。这就像汽车还没有到达目的地就抛了锚一样令人不愉快。这种结论没有任何的过渡，在听众刚开始感到愉快的时候，就突然“踩了急刹车”，听众甚至不明白这个结论是怎么来的。想象一下，如果你正在跟对方谈论，对方却突然冲了出去，什么话也没有说，你会有什么感觉？

没有任何要求

那些成功的演讲者常常会在演讲的结尾提出自己的要求，希望听众能够满足他的要求。开场的时候，你告诉听众你能够给他们什么；结束的时候，告诉听众你想要得到什么。这是一种很自然的方式，听众一般都不会拒绝。

过长的结论

一些演讲者的总结比他对主要观点的论述还要多，我很惊讶他们是怎么做到这一点的。要知道，所谓的结论只是对前面所说的话的概括，而不是展开另一番论述。当你表示打算结束自己的演讲的时候，却突然来了这么一手，这好像是在欺骗听众。听众不得不强打起精神，来听你的第二次演讲，而且是关于同一个主题的。不要相信你的听众会给你这样的机会，也许在你做结论的时候，听众就会一个接着一个地离开他们的座位。

重复的结论

当听众不耐烦地说“又来了”的时候，你千万要小心。要确保你的结论并没有与前面说过的话雷同，更不要照抄自己前面说过的话。这种结论没有任何好处，只会使听众更加厌烦。

无法肯定的结论

许多演讲者为了引发听众的另一番思考，会在结论中提出一些问题。我并不反对提问题，关键是看提哪些方面的问题。如果你对听众说：“你们可以看我说得对不对”，这样的提问无异于自杀。另一种错误的结论方式是，你说：“我前面说的不一定全都正确”。这种对自己表达的主要观点不确定的话最好不要讲，因为这就好像听众费了很大的劲儿听完你的演讲，结果演讲却只是胡说八道一样。

虎头蛇尾

不要给听众头重脚轻的感觉。你的开场白给听众一种规模宏大的感觉，但是最后却草草收尾，这似乎表明通过自己的演讲，你对自己的观点产生了怀疑，或者你已经不耐烦继续说下去了。当然也许你的结尾本身并不简单，但是相对于开头来说却显得过于寒碜。也就是说，你必须做到前后一致、整体协调。

◎如何处理提问

◎ 做好充分的思想准备，预测你可能会遇到的问题。

◎ 有效地控制提问者和提问，不要丧失演讲的主导权。

◎ 保持诚恳、谦虚的态度，对提问者的问题严肃认真地进行处理。

爱因斯坦在美国的许多著名大学作过很多次演讲。他的司机有一天对他说：“教授，你的演讲我已经听过很多遍了。我想我都能够作这个演讲了。”爱因斯坦说：“那好，今天晚上就由你来替我演讲。”

于是，在演讲的时候，那位司机被介绍是爱因斯坦。意外的是，这位司机讲得没有任何差错，并且连动作和神态都很像爱因斯坦。但是在演讲过程中，一位学者向司机提了一个问题，这位司机没有办法回答出来，于是他急中生智地说：“你这个问题简直太简单了，我想，就由我的司机来回答你好了。”

这虽然是一个不大可信的故事，但是却说明了一个道理，那就是在演讲的过程中，回答提问往往是让演讲者最头疼的问题。的确，事实正如我所了解的大多数情况那样，即使是出色的演讲者，在被提问的时候都会感到紧张。

因此，如何处理提问是一件很重要的事情。一个比较夸张的说法是，如果你无法回答提问，你甚至可能被怀疑用别人的演讲稿发表了一次精彩的演讲——你会被怀疑是冒牌货。

当然，更加常见的情景是，演讲者常常在演讲的过程中败下阵来——因为他们没有很好地处理提问而影响了整个演讲。

不幸的是，我们没有办法逃避提问的考验，而且我们也不像那位司机一样有像爱因斯坦一样的“司机”来替我们回答问题。因此，我们只能勇敢地面对，而我将就这个问题给你一些建议。

不要对提问产生恐惧

千万不要对提问产生恐惧。我们在前面已经探讨过恐惧的根源，那就是对未来的不确定。如果你允许提问者提问，那么同时你也是在接受一种危险的考验，因为提问者会问出各种各样的问题来。这些问题有的你曾经考虑过，但是也必然有一些你没有考虑过。一句话：你害怕，是因为你已经丧失了主动权。

接受提问是为了解决听众的疑问，使演讲有更好的效果。它是演讲的一部分，或者是演讲本身的延伸——这一点也许并不吸引你。更加有诱惑力的是，当你冒风险的时候，同时也会有很多收获。说话是一种冒险，你应该还记得我说过的这句话。如果你能够精彩地回答听众的提问，那么它一定会为你的演讲增添不少的光彩。即使你的演讲本身不是特别出色，你也可以通过精彩的对提问的回答来加以弥补。

实际上，如果你对自己演讲的内容足够熟悉的话，那么就基本上不会存在什么问题。至于丧失的主动权，在一定程度上仍然能够由自己掌握。这一点我将在下面谈到。

做好充分的准备

众所周知，如果能够预先知道问题，是最好不过的了。因此，我们必须先预测提问者可能会产生哪些疑问。运用你的知识，充分地考虑演讲和听众，看看听众可能会提出什么问题，然后就这些问题进行深入的思考。你甚至可以找一位思辨能力较强的朋友来对你的演讲提出疑问。我们虽然不能做到万无一失，但是至少应该尽可能把准备工作做好。

做好最坏的打算。要想到听众可能会提到某一个你不曾考虑的或者刁钻的问题，也要考虑将如何对这些问题进行处理。考虑对这些问题是进行转移还是说："对不起，这个问题我还没有认真考虑过。回去我会认真考虑的。"当然，还是尽量使这种情况少出现为妙。

有效地控制提问

演讲一开始，你就应该使自己处在话语的主导地位。必须承认，在听众提问的时候，他们事实上已经掌握了话语的主动权——即使是暂时的。但是，这并不意味着对此你无能为力，你必须尽你最大的努力去约束提问者和控制他们的提问。

一般而言，经过充分准备和深入思考的演讲者，能够就合理的提问给出正确的答案。不幸的是，那些提问者可能会问不合理的问题。所以，你开始应该说："现在，我将回答你们的一切合理的问题。"必须强调"合理"这个关键词。你没有必要也不可能回答那些与你的主题没有关系的问题。如果你对那些刁钻古怪的问题——即使你知道答案——都进行了回答，这说明你已经丧失了主导权。

在你演讲一开始的时候就告诉听众，你准备将问答环节放在什么时候。不要给听众过多的提问时间或随时发问的机会，这对你会很不利。

不要给一个或者一小部分人过长的时间，这样其他想提问的听众就会失去机会，你应该尽可能地照顾到你的所有听众。

不要让提问者发表长篇的演讲，当听众准备长篇累牍地引用或者陈述自己的疑问的时候，要想办法打断他们，对他们说“那么，你的问题是……”

处理问题

我在前面已经就在一般情况下如何对问题做出回答详细地进行了说明，这些方法在演讲中回答问题时当然可以继续用到。

在这里，我只就演讲中回答提问的几个要点谈一谈。

仔细倾听提问者的提问，并且尽可能发掘他们的真实意图。有的提问者并不能够——不是他们不想——把自己的疑问明白无误地表达出来，这可能正是他们会产生疑问的原因之所在。你可以这么想：“他其实是想问……”

向提问者复述他的问题，以确定你并没有理解错。对于那些含糊不清的提问，要求提问者解释清楚；而对那些错误的问题，要礼貌地指出来。

利用时间构思你的答案。如果这个问题是你事先已经想到的，也不要急于回答，这样才能显出你确实在认真思考提问者的问题。对回答进行构思应该注意以下 3 个问题：

让答案尽可能简单。不要让自己发表第二次演讲，点到为止，不要再进行毫无节制的发挥。

不要回避问题。如果你想给人诚恳的感觉的话，不要表面上好像在回答，实际上却在回避问题。当然，那些质问者的问题除外，因为听众知道他们对你极不礼貌。

在答案中提及你说过的内容。你所谓的“合理”应该指的是与主题有关。在回答问题的时候，尽量提到你的演讲的内容，这样可以加深听众的印象。

注意态度

在你倾听对方提问或者回答问题的时候，必须注意你的举止。尽量保持真诚的态度，不要显得心不在焉。鼓励那些紧张的提问者，夸奖那些提出很好的问题的提问者。即使听众提出了一个很简单或很愚蠢的问题，也不要表露出来。在回答问题的过程中，尽量给人一种严肃认真、谦虚谨慎的印象。

面对质问者

许多演讲者的噩梦并不是像前面所述的那些情况，而是被质问者打断。这些质问者并不像那些提问者，提问者是为了自己能够得到更加清楚的答案，而质问者只是为了使演讲者难堪。这个时候你应该抓住机会更好地表现自己，正是这些质问者提供给了你这样的机会——你在反驳他们的同时，有可能使听众对你的演说印象更加深刻。关键在于，你必须用反驳维护自己的意见，而不是让它对你的演讲产生不利的影响。

第六章

有效沟通的艺术

◎从双方投机的话题谈起

◎ 双方投机的话题意味着不仅双方感兴趣，而且至少表面上意见一致。你不能选择只是自己感兴趣的话题，也不要选择让你们产生分歧的话题。

◎ 在你面对对你来说十分重要的对象时，你需要提前了解他对什么感兴趣、是什么意见；而如果你没有时间这么做，你可以用试探性的话引导他自己说出来。

这一章中我们来讨论关于沟通的话题。首先摆在我们面前的问题是：谁需要学会沟通？在这个高速发展、人和人联系越来越紧密的时代，对这个问题最好的回答是："有谁不需要学会沟通？"

的确，现代社会已经把每个人都融入到与他人的关系中去了，人人都需要与他人沟通。如果你想要别人了解你的想法或者你想要了解别人的想法，如果你想要别人愉快地跟你交谈，如果你想要说服别人，如果你想要赢得与别人合作的机会，你就要学会如何和他人沟通。

说话中的听和说是最直接和最有效的沟通方式，但是沟通方式并不仅仅包括听和说。当然，只有综合运用这些方式，才能实现有效的、高效的沟通。

我每年夏天都要去缅因州的河里钓鱼。我个人很喜欢吃奶油和草莓，但是我并不因此而把奶油和草莓当做钓鱼的诱饵，而是用鱼儿喜欢吃的虫子和蚱蜢。道理显而易见：鱼儿跟我并不一样，它们不喜欢奶油和草莓。

聪明的人往往也用这个方法来处理问题。有一天，爱默生和他的儿子想把一头小牛弄进牛棚。爱默生用力拉，儿子用力推，但是小牛就是不肯进去，因为它更加喜欢牛棚外面鲜美的草。一位爱尔兰农妇见到这种情形，就把自己富有母性的指头伸进小牛的嘴里，让它感觉到自己在吮吸母牛的乳头。于是，它一面吮吸，一面跟着农妇进了牛棚。

这位农妇不会像爱默生那样写散文，但是她却更加懂得小牛需要什么，因而能够轻易地解决这个难题。第一次世界大战期间，英国首相劳埃德·乔治也用了这种方法来处理人际关系。那时候，一些战时的要人，像威尔逊、奥兰多、克里孟梭等都已经在人们的心目中褪色了，唯有乔治还能够占据重要的领导地位。乔治说，如果一定要用一个原因来解释的话，那就是他每次在钓鱼之前，都是首先问鱼儿喜欢吃什么。

不错，每个人都有自己的需要。你认为这很幼稚、很荒唐吗？事实上，除了你自己，你不会对任何人、任何事感兴趣。因此，总是和对方谈论你想要的东西，或自己感兴趣的事情，这是极为不明智的。你感兴趣的是你自己的需要，但是如果你想赢得他人的欢心、改善与他人的关系，你就首先要问对方需要什么，看看对方对什么感兴趣。

当然，从对方感兴趣的话题入手，还有一个问题需要解决，那就是，如果你自己对这个问题不感兴趣或者不同意对方的意见怎么办？要知道那样会很容易引起争执。所以，我们在一开始谈话的时候，不但要注意选择的这个话题应是两个人都感兴趣的，而且是双方持有相同意见的。即使你对这个话题并不感兴趣，也至少应该表现出你很感兴趣的样子；假如你对这个问题有不同的看法，你也需要把它藏在心里，不要把它说出来。

从双方投机的话题谈起，这样做会有很好的效果。耶鲁大学已经过世的教授菲尔普在小时候就曾经有过这样的经历。8岁时候的一天，他到他的姑妈家串门。晚上，一位中年人也到姑妈家来做客。打完招呼之后，那位先生立即把注意力集中到了他身上。那时候，菲尔普对帆船十分感兴趣，而那位中年人恰好也跟菲尔普有相同的爱好，并且跟他一样，也认为西班牙的帆船是全世界最好的帆船。于是，两个人非常高兴地谈论了许多关于帆船的知识。客人走后，菲尔普依旧十分激动，他兴奋地对姑妈说："这个人真有趣，居然对帆船有这么大的兴趣。"

但是姑妈说的话却让他大吃一惊。姑妈告诉菲尔普，其实那位客人是个律师，而且他本来对帆船毫无兴趣。

"那么，"菲尔普不解地问道，"他为什么跟我谈了这么多关于帆船的话呢？"

"他是一位绅士，"姑妈说，"是一个很有修养的人。他知道谈论让对方感兴趣的事情并且跟对方取得一致的意见，能够使对方感到愉悦，也能够使自己受到欢迎。"

由此可见，即使你是装着对某一个话题很感兴趣，并且跟对方是一样的意见，这对你的社交也是有很大的帮助的，更不用说你真的如此了。

杜甫洛是一个面包公司的老板，他一直在想办法将自己公司的面包卖给一家大酒店，因为这家酒店不但需求量很大，而且在业内很有影响，可以为他们树立一个很好的口碑。4 年以来，公司的销售代表差不多每个星期都去拜访一次那家酒店的总经理，而且租用酒店的房间，但是这些措施都失败了。杜甫洛决定改变一下策略。

他搜集到了这家酒店总经理的许多资料，他惊奇地发现这位总经理原来是美国酒店业协会的会员，而且因为热衷于该协会的活动，成为了该协会的会长。而杜甫洛本来就对酒店业有着十分浓厚的兴趣，并且一度想要加入酒店业协会。

这一次，杜甫洛亲自拜访酒店总经理的时候，就以酒店业协会为话题开始了他们的谈话。果然，这位总经理对这个话题十分感兴趣，兴致盎然地跟杜甫洛谈了半个小时。这场谈话无疑使总经理非常高兴。在杜甫洛离开的时候，总经理邀请他加入酒店业协会，杜甫洛则愉快地接受了他的邀请。

在谈话中，杜甫洛并没有向他提起关于面包的事情。但是，几天之后，酒店的一位分部经理打来电话，要杜甫洛把面包的样品和价格表拿到酒店去。

“我不知道你们对总经理用了什么高招儿，”那位经理说，“不过，你们确实已经成功了。”

在一开始的时候，从双方投机的话题谈起，不仅能够打开话题，而且会使对方消除紧张和戒备心理。如果你能够和对方取得一致的意见，对方就会慢慢地接受你，进而接纳你的意见，增进和你的亲密关系。而如果你选取的只是你自己感兴趣的事情，或者是一个有可能存在较大分歧的话题，那么，你们的谈话就会变得十分糟糕。

◎善于倾听别人说话

◎ 不要认为倾听别人的谈话是一件很无聊的事情。事实上，正是因为倾听，我们才得以了解别人的想法，才能学到别人的经验和知识，使自己得以进步。这不是一件两全其美的事情吗？

◎ 如果你需要向对方提出不同的意见，最好是等对方说完之后用恰当的方法说出来。不要在他谈意正浓的时候打断他。

◎ 如果你想要别人讨厌你，最简单的方法就是永远不倾听别人说话，一见面就滔滔不绝地谈论自己；当对方说话的时候，立即打断他，改由自己来演说。

我们每个人都最关心自己，这是人的本性。我们都非常喜欢讲述自己的故事，也喜欢听到与自己有关的东西。在这种心理影响之下，我们总喜欢独自滔滔不绝，完全不顾对方的感受，或者当别人说话的时候心不在焉，根本不去关心对方讲的是什么。即使是看起来沉默寡言的人，他们也很喜欢谈论自己。这种做法是跟别人交谈时最大的忌讳。如果你想要成为一个受欢迎的人，那么就要学会倾听，要鼓励别人多谈自己；当别人要告诉你一些东西的时候，要认真地倾听。这样，他会认为你是一个明智、领悟力强，并且很有同情心的人。

一次，我参加了一个纽约出版商组织的宴会。在宴会上，我碰到了一位很著名的自然科学家。以前，我从未和这类科学家谈过话，但是跟他谈话之后，我觉得他所说的话颇有吸引力。他和我讲了大麻、布置室内花园和关于马铃薯的一些我以前从未听过的、令人难以置信的知识。当我提到我有个室内花园时，他马上告诉我应该怎样解决室内花园里经常遇到的一些问题。

这次宴会上，我因为一直在倾听这位自然科学家的话，因此忽略了其他的客人。难以置信的是，我们谈了几个小时。在宴会结束的时候，那位科学家语气坚定地对主人说："卡耐基先生真是一位出色的演说家，他是我见过的最有魅力的一位。"

事实上，那个晚上，我自始至终都没有说几句话，而是大部分时间在听他说话。所以他对主人说的那句话让我百思不得其解。最后我得出一个结论：倾听是适合任何人的、最好的恭维和尊重。

在古老的东方，充满智慧的中国人用下面这个故事告诉了我们倾听的价值：

一个小国给中国的皇帝供奉了3个一模一样的金人，皇帝非常高兴。但是使者也给皇帝和大臣们出了一道难题，那就是：判断出这3个金人哪个最有价值。这让皇帝和大臣们十分为难。他们想了很多办法，请来珠宝匠称重量、看做工，用尽了各种办法，但是却发现3个金人是一模一样的。

皇帝和大臣们束手无策，于是把这个难题公布到全国各地。皇帝答应，答出来的人将得到重赏。终于，有一位隐居的智者说，如果能让他见到3个金人的话，他就有办法解决这个难题。

皇帝将信将疑地把智者和使者请到宫殿。智者仔细地看了看3个金人，发现每个金人的耳朵里都有1个小孔。于是他拿出3根纤细的铜丝，从金人的耳朵里穿了进去。

结果，插入第1个金人耳朵的铜丝从另外一个耳朵出来了；插入第2个金人耳朵的铜丝从它的嘴巴出来了；只有插入第3个金人耳朵的铜丝掉进了肚子里。于是，智者告诉皇帝说："第3个金人最有价值。"那位使者连连点头称是。

这则故事告诉我们，最有价值的人，既不是听到什么就左耳朵进右耳朵出的人，也不是听到什么就从嘴巴里说出来的人，而是那个把话放在自己心里的人。心理学家也告诉我们，倾听的价值就是了解对方的心理，使人和人之间形成一种良好的互动关系。有人说："上帝给了我们一个嘴巴，却给了我们两个耳朵，那就是用来听别人说话的。"这种说法虽然过于夸张，但是的确很有道理。

多年前，从荷兰来到美国的巴克非常贫穷。在13岁的时候，巴克就不得不离开学校去当童工。他的工作十分繁重，工作时间很长，并且每周只能得到6.5美元。但是巴克从未放弃学习，而是用省吃俭用节省下来的钱买了一本《美国名人传全书》。他抓紧时间读完这本书后，写信给这本书上的名人，请他们说说童年生活中的一些事情。

14岁的巴克是一个善于倾听的人。他鼓励名人讲述自己的童年，并把它们记了下来。他请过爱默生讲述自己的童年；格雷将军给了巴克一张地图，并且邀请他一起吃饭，和他谈了一整夜；他还询问过当时正在参选总统的加菲大将，问他是否在运河上做过童工。他把这些资料整理起来，并且成为这些名人的座上宾客。同时，他吸取了这些名人成功的经验，最后终于也走向了成功。

面对那些激烈的批评者，我们最需要做的就是忍耐和沉默——这并不是一件容易做到的事情，但这也正是成功者和失败者的区别。

纽约电话公司最近遇到了一个麻烦，一位顾客毫无理智地大骂公司的接线员，并且拒绝缴纳电话费。他向媒体写信，恶毒地攻击电话公司，最后还向公众服务会投诉。电话公司不想惹这样的麻烦，于是派了一个说客拜访这位顾客。那位说客后来对我说：

"我第1次去的时候，那位老先生说了3个小时。以后每次去，我都只带耳朵不带嘴巴。我先后去了4次。第4次去的时候，我圆满地解决了这个问题。他向我们道了歉，答应撤销诉讼，并且缴纳了电话费。"

这说明了什么？那位顾客可能并非真的愿意跟电话公司作对，而是想要得到一种被尊重的感觉。当那位高明的说客满足了他这个要求后，他就立刻不再为难公司了。

享有“世界第一保险推销员”美誉的哈默里，是做保险生意获得成功的第一人。他成功的秘诀就是真诚地倾听客户的谈话。一般情况下，他同客户谈话的时候，往往主要是做一个善于倾听的人；而当客户沉默寡言的时候，他就会想办法提出各种各样的问题，鼓励对方说话。哈默里就是用这样的方法，使自己在一年之内做成了几千万美元的保险业务。

摄影记者伊斯阿克·麦克逊采访过世界各地的许多名人，他成功的方法也是善于倾听。他说：“人们之所以不能给别人留下很好的印象，就是因为不善于倾听。我们只关心自己要说些什么，而从来不会等对方把话讲完。许多名人都曾告诉我，他们喜欢的是那些善于倾听别人说话的人。倾听别人谈话的习惯，跟优秀的品格一样重要。”

你在认真倾听的时候，最好能让对方知道这一点。这不但能够鼓励对方继续说下去，而且也能够使自己更容易集中精力。你可以通过以下这些方法来做到这一点：

进行目光交流

在倾听别人说话的时候，你的眼睛最好能够注视他。无论你的地位和身份如何，你都必须这么做，因为只有那些傲慢、轻浮、缺乏勇气的人才不去正视别人。

用语言配合对方

你可以简单地说“是”、“太好了”、“真的吗”这样的表示你的态度的话，你也可以问一些问题，以鼓励对方继续往下说。这些都表明你对对方的谈话很用心。但是，千万不要把别人说话的机会抢过来，除非对方已经说完了。

不要随便纠正别人的错误，因为你不能保证对方说的一定是错的；即使他错了，你的纠正也可能会使他难堪，从而失去谈话的兴致。如果过激的话，你们还可能会争执起来。这样的话，谈话就更没有办法继续下去了。

用肢体语言示意

在和对方说话的过程中，不要让对方以为你已经睡着了。微微地点一下头，或者欠一下身子，好像你要更加仔细地听他说话一样。但是千万不要动作过大，这会使对方认为你在故意捣乱，或者至少分散了对方的注意力。

重复重点词句

比如，对方在说“尼加拉瓜大瀑布很美”的时候，你可以说“确实很美”之类的话。这样，不仅让对方知道你在听，而且也说明你知道他要表达的是什么意思。

对要点进行解释

很多说话者担心对方没有听懂他的意思。因此，你要对要点进行适当的解释，借此来说明说话者已经把话说得很清楚，你已经明白他说话的意思了。

关心自己确实是人的天性，但是同时我们也应该关心别人。哥伦比亚大学的彼得博士说：“只为自己着想的人，是不可救药的教育缺乏者。”

倾听是最好的恭维——记住这句话将使你受到人们的欢迎。

◎关注肢体语言

◎ 在你说话的时候，注意运用你的肢体语言——实际上，在一般情况下，你会很自觉地使用肢体语言的。有时候，肢体语言传达的信息比口头语言还多。

◎ 同一类型的肢体语言不可使用得过多，这会带来不利的影响。

在你说话的时候，你的形体应该有也一定会有活动和变化，构成不同的姿态和动作，从而表示不同的含义。

你的姿态和动作就是感情的语言，正如我们在前面说过的那样，这些肢体语言有着十分重要的作用。

当你面对听众的时候，挺直腰部反映出你情绪高昂、充满自信；凸出腹部，表示自己感到满足；在说话之前解开上衣，如果不是因为天气太热的话，那么就表示你镇定自若；耸肩，配合摇头和双手动作，则表示你很疑惑。就头部动作而言：抬头表示你在遐想，当然，也可以说明你很傲慢；点头表示欣喜、同意、致意等；摇头表示否定；侧头表示疑问……

早在两千年前就有一位古罗马的政治家说过："一切心理活动都随着手脚等动作的变化而改变。人的面部表情尤其丰富。手势恰如人体的一种语言，这种语言连最野蛮的人都能理解。"一个没有学过英语的中国人到了美国后，与一群聋哑儿童不期而遇，居然能用手语跟他们交流。这个中国人事后说："用手势跟他们交流，比专门去学英语方便、简单得多！"而罗斯福在演讲的时候，他的身体就好像变成了一架表现感情的机器。

表情

当你和一个陌生人见面的时候，对方伸出他的手来和你握手，在这一瞬间你感觉到的是他的整体形象。你可以看到他潇洒的气度、高雅的气质、得体的打扮等。之后，你会自觉或者不自觉地把你所有的注意力都放在他脸上，这并不是因为对方的脸特别吸引你，而是因为面部表情是一个人的感情的晴雨表，你可以从他的脸上读出他的各种心理活动。

如果你想和对方建立一种深入的关系，在你们的谈话中，你必须掌握他的脸上所表现出来的情绪。

下面举出一些常见的面部表情所表示的情绪：

眉毛上抛、嘴角向下、口张开、瞳孔放大，表示的是有兴趣、快乐、高兴、幸福等积极的表情；

视角斜下、眉毛放平或者抬起面颊，表示蔑视、嘲笑的表情；

皱眉、眯眼、张嘴、嘴角下拉，表示痛苦等表情；

眼睛睁大、眉毛倒竖、嘴巴拉开等，表示发怒、生气的表情；

眉毛高扬、眼睛和口张开、吐气等，表示惊愕和恐惧的表情。

我们在前面已经说过，微笑是最常用到的一种面部表情。我们通常在表示下列情绪的时候，用到微笑这种表情：

赞美或歌颂对方时；

鼓励对方时；

肯定或否定对方时；

其他与微笑不相冲突的时候（也就是说，应该常常使你的脸上带着笑容，除了那些不该笑的时候）。

首语

首语就是用头部的活动来向对方传递信息，最常见的就是点头、摇头、侧头、昂头以及低头。

点头主要表示同意、致意、承认、感谢、应允等意思；摇头则正好相反，它主要表示的是否定的意思；侧头可表示天真、思考等信息；昂头表示充满信心、胜利在握等意思；低头则表示顺从、委屈等意思，有时也可以理解为另有想法。

眼神

心理学研究表明，人们在接受信息的过程中，眼睛所吸收的信息量大约占总信息量的 80%。眼神能够把人们的心理状态、思想情绪、品德、学识和兴趣在一定程度上表现出来。人们内心的所有活动，都会自觉或者不自觉地通过眼神流露出来，这双小小的眼睛凝聚着一个人的气质、神韵。诺贝尔文学奖获得者、印度诗人泰戈尔说：“一旦学会了眼睛的语言，表情的变化就将是无穷无尽的。”

在你与他人的交谈中，眼神的运用是最丰富多彩的。一个很会说话的人，不但会熟练地运用眼神来表达自己的各种情绪，而且能够轻易地读懂各种目光的含义。正视表示尊重，斜视表示蔑视，仰视表示思索，俯视则表示羞涩；不住地打量表示挑衅，低眉偷觑表示困窘；愤怒的时候横眉怒目，顺从的时候则低眉顺眼。如果你眼睛虚盯前方，旁若无人，那么你好像在说："我是一个了不起的人"；如果你左顾右盼，则说明你心怀鬼胎。

一般来说，敬仰你的人，目光会仰视你；喜欢你的人，目光会流露出热烈的光彩；傲慢而不可一世的人，目光则是轻视的感觉；讨厌你的人，目光会无意识地乱转，甚至看起来很疲倦。

手势

说话的时候，合适的手势往往能够带来很好的效果。之前我们已经讲过了手势的重要性，现在我着重讲如何运用手势。

指示手势。你可能要为听众指出一些人、物或方向来，这个时候你需要用指示类的手势。比如，你指着某个人、物或方向，并且说"你"、"我"、"这边"。这类手势是实际应用的，跟表达情感没有多少关系。

模拟手势。如果你没有带某个东西，但是却想告诉听众这是个什么东西，这时候你需要用手势比划，把它的大致形状描绘出来。一个人讲述自己在身患重病的时候没有钱去治疗，但是却收到了很多的汇单、物品。一个当时只有四五岁的小女孩，送给他一个很大的苹果，使他十分感动。这个人在演讲的时候，用手势比划出那个苹果的形状和大小，这种手势语的运用也能起到很好的作用。

抒情手势。这是一种抽象感很强的手势，我们在前面也已经详细地讨论过。比如，我们兴奋时拍手、恼怒时挥舞拳头等。

习惯手势。任何人都有一种自己特有的手势，这种手势的含义不一定明确，它随着说话内容的变化而改变。

需要强调的是，手势贵在自然、协调、有力，切忌做作、脱节和泛滥。

动作

有一次，小丑浦洛莱斯说了一大通笑话，却没有使客人们露出笑容。

于是，浦洛莱斯一头栽倒在床上，并且放声大哭起来。客人们很奇怪，问他为什么。只见浦洛莱斯一边拼命地擤鼻涕，一边痛苦地说："人们都不会笑了。我完蛋了。因为到目前为止，人们请我吃饭、给我钱，就是因为我可以逗他们笑。以后，谁还会请我吃饭呢？我马上就要饿死了。浦洛莱斯就要死了，因为笑已经死了。"

这时候客人们大笑了起来。小丑使出了绝招，赢得了最后的胜利。本来，看他表演的人们以为已经结束了，但是后来却发现表演实际上还在进行。

这种比较夸张的形体动作不但在想要引人发笑时可以运用，在别的时候也可以用。它跟手势不同，需要整个身体都做出较大的动作。

◎按6个步骤表达意思

◎ 这6个步骤不是金科玉律，因为实际情况常常发生变化。在实际的说话中，不要困在这些窠臼之中。

◎ 6个步骤应该根据不同的说话内容而繁简有别。有的说话可能很难把你的意思表达清楚，所以你需要在前面两个步骤花较长时间和篇幅，而有些说话内容可能正好相反——论证它需要花更多的时间。

我们在表达意思的时候，要注意按照一定的步骤。这样做不仅能够使你有话可说和把话说清楚，而且能够使对方对你的话印象深刻。

大致而言，我们在表达意思的时候，需要按照以下6个步骤去进行：

告诉对方你要说的是什么

在结束适当的开场白之后，开门见山地把你要表达的意思说出来。我们所处的时代是一个快节奏的时代。因此，说话的人切不可沉溺于那种冗长、闲散的绪论之中。现在的人们都很忙碌，他们希望说话的人能够以非常直白的语言、一针见血地指出他想要表达的意思，而不是以他的主题来设置悬念。他们希望不必拐弯抹角地得到某种知识，并且已经习惯于那种消化过的新闻报道。他们希望听到的话像麦迪逊大街上的那些广告一样——借助了招牌、电视、杂志和报纸，通过一些简洁有力的词语，把发布的信息告诉人们。他们没有耐心等你结束全部讲话后，再去猜测你要讲的究竟是什么。因此，你只有在一开始的时候就告诉对方你要讲的是什么，这样才能强调你所要表达的意思。

有些说话人喜欢在一开始用那种陈词滥调来引起对方的注意，这类话听起来让人生厌。比如，你应该直接告诉对方，在寒冬时开车需要更加小心。

对你的意思进行解释

当你说出了你想要表达的意思的时候，你需要对其进行适当的解释和说明。你可以进行纯粹的理论上的说明，但更好的办法则是运用实例去说明。这一步骤是对前一步骤的深化、详述和说明，因为仅仅一句话是不能让对方明白你的意思的，而必须加以说明。

我通常习惯于一开始就把自己要讲的主题用实例的形式告诉对方，通过这个例子，我可以生动而具体地说明我想要向对方传达的意思。当然，如果你们打算学习的话，需要注意的是，所举的例子必须是能够说明这个问题的。如果不合适的话，是会误导对方的。

如果你想要告诉人们的是一个事件，你必须告诉他们人物、时间、地点等要素，而且还应该告诉他们这一事件发生的过程；而如果是一个意见的话，你也要向他们深入地说明你的观点。如果你想要表达“在寒冬时开车需要更加小心”这个意思的时候，你应该解释说：“我想要说的是，寒冬是我们开车时最需要注意的季节，如果稍不注意的话，我们的生命就会有危险。”当然，如果你的意思一目了然的话，也可以省去这一步骤。

为什么这么说

这个步骤对你来说十分重要，甚至可以说是最重要的，因为每个人都可以有他自己的观点，重要的是你如何去说明、论证这个观点。如果说

“是什么”是你的观点的话，那么“为什么”就是它的原因。

卡耐基训练班的某位学员就“在寒冬时开车需要更加小心”这个主题，在进行了许多说明后，又举了下面这个例子：

“1949 年冬天的某个早上，我带着我的妻子和两个孩子在印第安纳州沿着 41 号公路开车北上。那时候，车子在镜片一样的冰上缓慢地行驶，我小心翼翼地把着方向盘，因为一点小问题就会使整部车子失去控制。

“我们的车子在冰上开了好几个钟头之后，来到了一条较宽阔的马路上。这时候，路上的冰已经被太阳晒得融化了。因为要赶时间，我踩了变速器。其余的车子都跟我一样纷纷加速，似乎每个人都急着赶往芝加哥。孩子们则高兴地在车子的后座唱起歌来。

“忽然，马路的上坡处深入一片林地。车子爬上坡之后，下坡的地方由于被林地的树木挡住了阳光，那里的冰还没有融化。我意识到危险来临了，想减速，但是却已经来不及了。我前面的两部汽车急速地往下冲，我的车子也一样。汽车滑过路肩，停在了一处雪堤之上。幸运的是，车子并没有翻。但是紧跟着我们滑行而下的车子却正撞在了我的车子侧面，我的车门被撞坏了，并且车窗玻璃也纷纷落在我们身上。”

怎么样？这段描述是否能够说明他的观点？答案无疑是肯定的。他所举的例子真实又生动，这样的例子正好是我们在论证的时候所需要的。

这个意思怎么样

这个步骤是从对方的角度出发，更进一步地说明和解释你的意思。也许对方会对你所说的话表示反对，并且提出几条意见来反驳你。你最好在对方提出反对意见之前，主动想到他们可能会有的意见。

你必须对你的意思进行自我否定，然后去说明这一否定是错误的，并且考虑错在什么地方，这样才能使它更加可靠。对对方来说，它也才会更加可信。经不起质疑的意见是不可靠的，并且很有可能就是错误的。当然，这种思考必须在你准备说话之前就已经做好了。

对对方有什么用

许多推销人员说明了他的产品有很多好处，但是似乎并没有成功。这是因为，他说的固然有道理，但是可能跟顾客根本没有任何关系。对对方而言，最重要的不是有没有道理，而是这个道理跟他是否有关系。如果他得不到任何有益的东西的话，那么他一定不会对它感兴趣。因此，你有必要告诉对方，你说的这个道理跟他有什么关系。你最好是找一个最适当的理由来打动对方，并且让他既同意你的意见，又会在这个意见的指导下去行动。

重复一遍你要说的意思

有些人讽刺说："在你结束你的说话之前，提醒一下那些已经睡着的人们该醒醒了。"说话结尾的作用当然不止如此，但是如果真的有人睡着了，你强调一下你的意思，至少能起到一定的作用。因为在现实中，即使你说得非常精彩，也可能因为对方的才智、知识水平等问题，或者因为你的说话时间过长，你的主要观点已经被他们遗忘了。

实际说话可能更加复杂，这6个步骤可能需要变换顺序。

有效的说话，最重要的是把话说清楚，而并不一定要遵照方法——方法与内容相比是次要的。

◎恰当地提问

◎ 一般情况下，不要限定对方的回答。你应该提一个开放性的问题，使他有发挥的空间，这样会更有利于谈话的进行。

◎ 避免无用的问题。不要提那些看上去是问题，但是实际上并没有发问的问题。

◎ 在你提问题之前，要想一想对方可能会做哪一方面的回答，要自己掌握问题的方向。

我有一次参加了一个桥牌聚会。我和另外一个漂亮的小姐都不会打桥牌，因此我们就聊了起来。当听说我以前曾是汤玛斯的私人助理，并因为工作关系到过欧洲各地旅行的时候，那位小姐十分感兴趣，并且要我将一些旅行的事情告诉她。我就在她的聆听中说起了一些旅行的趣事。

在谈话中，我了解到她和她的丈夫刚从非洲旅行回来，我猜想她一定对这次经历的印象非常深刻。于是我问道："非洲一定很有意思吧？遗憾的是，我除了在阿尔及尔做过短暂的逗留外，还没到过非洲的其他地方。你能给我讲一讲你的非洲之旅吗？"

于是她兴高采烈地谈了起来。在之后的45分钟里，这位小姐再也没有问过我任何问题，而是自己一个劲儿地讲。我知道，她需要的是一个可以听她讲述精彩的非洲之旅的倾听者。

像这位小姐一样的人一点儿都不少。在社会交往中，我们需要向别人提问题。当你向对方提出一个问题之后，他会觉得你对他的事情很感兴趣，因此很乐意跟你分享他的经验。

实际上，提问对于促进交流、获取信息、了解对方都有着十分重要的作用。善于提问，你就能够掌握谈话的进程、控制会话的方向、开启对方的心扉。

提问的目的就是要达到一种和谐的氛围。我们从讲话者的角度去提问题，往往能获得良好的沟通效果。因此提问时，要把握好时机，摸清对方的心理脉络，使谈话变成一种互动，使问答能够顺利地进行。不要提对方难以回答或者不愿回答的问题，也不要限制对方的回答。

一位顾客想要买一种适合自己汽车的轮胎，售货员需要先了解一些基本的情况，让我们比较一下以下两种不同的提问方式：

方式一：

服务员：你的车在什么级别的公路上行驶？

顾客：在柏油路上。

方式二：

服务员：你的车一般是在什么级别的公路上行驶？

顾客：一般是在柏油路上，周末可能去一些道路条件不太好的地方。

服务员：也就是说，通常情况下道路条件较好。

顾客：是的，但是我每天都需要翻过一座小山。

服务员：这样的话，车的轮胎会磨损很快的，而且拐弯驾驶对你来说一定非常重要。

顾客：的确如此。

很明显，方式二的服务员得到的信息大大超过了方式一，因此根据方式二提供的信息，服务员为顾客提供的参考一定会更加适合顾客的需要。两句提问，仅仅差了一个词，其结果却出现了这样巨大的差别，可见我们在提问的时候一定要注意技巧和方法。

为了方便起见，我们将提问的方式分为以下几种类别：

正面提问。开门见山地问问题，直接提出你想要了解的问题。

反向提问。从相反的方向提问题。

旁敲侧击地问。从侧面入手，迂回到主题上来。

设问。假设一个前提，启发对方思索，使对方回答。

追问。循着对方的谈话发问。

根据提问的内容，可以将问题分为开放式的问题和封闭式的问题。如果你提的问题是一个封闭式的问题，比如“你喜欢动物吗?”你得到的信息将会非常少，因为这样的问题通常得到的是“是”、“否”或者另外一些简单的答案。封闭式的问题对于那些打算结束别人啰嗦的说话的人是非常有效的。另外，当你在帮别人迅速地作出决定，在你想要使别人说得更加简洁一些的时候，它也很有效果。但是如果你希望对方继续把话说下去，维持正常的、热烈的谈话，你最好不要提这种问题。

像上段那个问题，如果换成开放式的问题的话，就可以是“告诉我一些关于你的宠物的信息好吗?”这样，对方的回答肯定是十分丰富的，你得到的信息也比较多，你甚至可以在他的回答中找到可以进一步发问的信息。封闭式问题和开放式问题的一个明显的区别是，前者有诸如“何时”、“何地”、“谁”、“何事”、“为什么”、“是否”等词汇在里面。很明显，开放式问题比封闭式问题应用得更加广泛。

你可能曾经碰到过一些问题，让你不知道该怎么回答。有可能这并不是你的错，而是这样的问题根本就提错了。我们称这些问题为无用的问题——请注意，这些无用的问题都只是说，作为一个问题来说它是“无用”的或者对谈话继续进行是无效的。以下简单介绍几种无用的问题。

导向性问题

如果你问“你认为我们是不是应该……”，这种问题有明显的导向性。实际上，你要得到的答案已经设置在你的问话里了。类似这种问题，我们都称之为导向性问题。作为一个问题而言，它没有任何意义——当然，你可能本来就没把它当作问题。类似的问题还有：

“你不是真的……吧？”

“……是吧？”

“难道你不认为……吗？”

假设性问题

假设性问题实际上是假设一种没有出现过的、实际上没有可能出现的情况，以此来达到自己的目的。这种问题实际上已经包含问话者肯定的、间接的断言了。类似的问题有：

“如果你处在我的位置上，你会不会这么做？”

“如果你像他一样得了第一名，你会想要……吗？”

设定性问题

设定性问题就是先设定某人的状况，然后向他问问题。在多数情况下，这种问题是为了达到压制、强迫甚至打击的目的。这种问题只会引起人们的不适和警惕，因为他们很明显地会感到提问者另有深意。类似的问题有：

“你不是……吗？现在为什么却……？”

比如，某人问道：

“你不是认为我们应该抵制日货吗，因为日本人对我国人民不友好？”

“哦，是啊！”

“可是我发现你现在开的是日本车。”

多重问题

多重问题指的是将几个问题合成一个问题提问。这种问题往往导致人们不知道该先回答哪个问题，从而造成了尴尬。更加重要的是，当提问者附加了一些细节时，被问者往往找不到问题的重点。类似的问题有：

“你们是如何相处的？你们在一起有困难吗？你愿意告诉我这些吗？”

提问者提出了一连串的问题，这样无形中造成了紧张的气氛，让被问者不知道该先回答哪个问题，甚至不愿回答。

◎避免沟通中可能犯10种过失

◎ 控制你的情绪，让理性的思维控制你说话，而不要依靠情绪。

◎ 我们必须清醒地认识一点：我的这本书讲述的主要是理论，而最重要的却是你如何在行动中去实践它，否则，一切理论都只是空谈。所以，这10种可能犯的错误，你必须根据你的实际情况有所侧重地避免。而更多的过失，也等待你自己去慢慢发现。

在高效的沟通过程中，我们必须避免一些经常犯的错误。这些错误只会使你和他人的沟通出现不愉快，进而影响到你们沟通的效果。下面简单地介绍10种可能犯的过失，至于更多的过失，需要你自己去慢慢地发现。

轻易地评价别人

我们在碰到一件事情的时候，总是会给它下一个判断、作一个评价。在通常情况下，如果别人说出某一件事情的时候，我们总是急于说出自己的意见。我们总喜欢给别人一个“好”或者“不好”的评语，就好像我们的意见是绝对正确的一样。或许我们希望通过评论别人来满足自己的优越感和自尊，因为我们在评论别人的时候，首先就已经自认为取得了评价别人的资格。

任何人都会反感对方采取一种高高在上的姿态。谈话时双方的地位是平等的。他跟你谈的可能只是自己的一个问题，他告诉你并不是因为他需要一个评价——即使这个评价他自己已经得出来了——而是需要对这个问题的解决，或者仅仅是陈述它而已。

当我们不得不发表自己的意见对别人进行评价的时候，我们当然不应该隐瞒自己的意见。但是“你是一个好人”或者“你真可爱”这类评价不会使对方满意，因为这表示你对对方不那么重视。

因此，你必须对他的优缺点进行具体的评价。我们实际上应该“就事论事”，而不要针对某一个人。也就是说，在我们评价一件事情之前，不要带有任何成见，更不要因为一件事就对某人轻易地进行评价。

对别人进行说教

我们每个人并非都是老师，对方也并不都是学生，可是我们总喜欢对对方进行说教。我们总喜欢告诉别人应该这么做，而不应该那么做；这么做是明智的，那么做是错误的、是愚蠢的。我们总是自认为比对方知道的东西要多，看得更加清楚，因此完全有资格告诉别人应该怎么做。原本是一般的谈话，一下子变成了课堂上的教与被教，谈话双方的身份变成了老师和学生。

有时候，我们并不了解对方做一件事情的全部原因，以及做这件事情时的全部情况。当别人犯了错误的时候，我们总喜欢用过于简单的道理去说明他做得不那么正确。指出别人的错误，对我们来说是一件“诱人”的事情，为此，我们即使失去了对方的理解和谈话的和谐气氛也会觉得在所不惜。

你应该试着从别人的角度去看问题，这样，也许你就不会对他进行说教，而是更加倾向于理解、尊重和欣赏他了。即使你想要帮助别人，也不要用说教这种硬气的方式。

揣测别人的心理

在潜意识里，我们都希望成为一个心理学家。我们经常对别人说“你理解得不够”或者“你患了妄想症”。即使我们并没有受过专门的心理训练，我们也似乎有一种天生的“推己及人”（用自己的心理去推测别人）的本领，并且自认为这样做是对的。

要知道，那些心理学家也并不仅仅是从心理上就能推测出一个人的心理特征的，而必须结合相当多的事实，才能谨慎地得出结论。我们好像跳过了这一步。

所以，不要不顾事实而无端地推测别人的心理，你能够看到的仅仅是事实而已，你只有通过事实才能读懂他的心理。

直话直说

我们经常会对别人说：“我这个人是个直性子，说错了话大家别见怪。”好像这样我们就能毫无顾忌地犯错误一样；对方也会有意无意地鼓励我们说：“有话就直说。”

事实是，我们常常因为这样的事情而和别人产生隔膜，甚至发生激烈的冲突。当我们在进行谈话的时候，气氛看上去好像很融洽，但是某一天你可能会听到对方对这次谈话不满的评价，这个消息绝对会使你惊讶。

这说明，你的直性子实际上破坏了你们的关系，只是当时没有表现出来而已。

当你直接指出对方的错误，而并没有委婉地把你的意思说出来的时候，你可能并没有意识到你已经不自觉地伤害了对方。与此相同的是，你可能在不适当的场合说了不适当的话，因此给别人造成了伤害。因此，要尽量委婉地把你的意思表达出来。

命令对方做事或者接受你的意见

命令就是当你想要别人做某件事情的时候，你用非常肯定的语气告诉他，让他感到没有商量的余地。你让对方感觉到自己就像一台做事的机器一样。

另外，当你想要别人同意你的意见的时候，你可能会采取一种不容置疑的态度去赢得他的同意。在整个过程中，看起来好像你一直在与对方商量，实际上对方却没有表达自己意见的机会。

这两种形式会使你给人一种威慑的力量，使对方不至于反对你的意见。前一种情况，对方只是做了你让他做的事情，但是他不会调动自己的全部精力去做这件事情，并且只会考虑尽快地结束这件事情，而不考虑其他的因素；后一种情况则导致对方有不同的意见却没有发表出来，但是表面上好像你们已经取得了一致。

因此，你应该真正地去赢得他人的同意，应该让他自己说服自己，把你的愿望变成他自己的愿望。

独自诉说或倾听

有些人喜欢把别人当成一面墙壁，只让自己滔滔不绝，而让对方什么都不做；或者在整个谈话中，他们自己拒不发表任何意见，甚至一直沉默。看起来，他可能并不愿意这样做，而是当时的情形逼得他这样做。

这两种情形都是不可取的。我们都知道，所谓沟通，本来就预设了一个前提，那就是谈话是双方的事情。如果希望圆满地谈话，必须两方面都积极地参与进来，共同构建和谐的氛围。在谈话中，“独角戏”是唱不起来的。

不说逆耳的忠言

人们往往以为说出一个人的缺点或错误是让对方不高兴的事情，所以我们通常保持沉默。另外，好像我在前面也隐隐约约地提倡这么做。

在很多情况下，我确实反对直接地指责别人的错误，因为这将会导致谈话气氛的不和谐，甚至使对方产生敌对心理。但是，这并不意味着要隐瞒他人的错误。当我们发现他人有错误的时候，我们应该利用适当的时机指出来，而不是让它就这样过去。

我们和别人沟通的目的，是为了相互提高和人际关系的圆满。因此，如果你发现了别人的错误，并且用恰当的方法告诉了他，他一般情况下是会欣然接受的，因为说到底，这是为了他的进步。他接受了你的指正，当然会更加感激你，从而与你的关系会更加和谐。

不拘小节

我们在日常的交谈中，常常会犯一些小错误而不去注意。比如，一个人的打扮通常被认为是小节问题而不被顾及。我们考虑的可能是一些所谓的“大问题”，比如一个人要有才华、有知识，而不是究竟该怎么讲话。

这种想法的一个特点是，把那些属于“内容”性的东西的作用无限夸大，而把那些“技术”性的东西的作用无限缩小。殊不知，就是这些小节的东西在时刻地影响着你的说话形象，减低着对方与你交谈的兴趣，甚至引起了对方的反感，进而毁损了你讲话的效果。

说话模棱两可

如果我们不能准确地表达我们的意思，不能使我们一语中的，对方一定会认为我们另有所图。另外，可能你所表达的东西并不是你所想的东西。因此，我们必须注意使我们的意思很明确，并且能够充分地表达我们的意见。

含糊不清的原因就在你的思维，你可能并没有真正弄懂或理清你自己的思想。因此，如果你想要表达清楚，最合适的方法就是整理清楚你自己的想法，然后采用一定的技巧清晰、明确地表达出来。

转移话题

如果你在说话中有情绪化的倾向，或者你想隐藏你的观点，你可能会选择换个话题来谈论。你根本不会去回答对方提出来的问题，而是转换一个话题。当然，也可能是因为你没有注意对方的谈话，所以才不得不另寻一个话题。

毫无疑问，转换话题只有在特定的场合才是适合的。一般情况下，我们不要轻易地转换话题，这会严重地影响你与他人的沟通。比如，对方问："你觉得我们的关系怎么样？"你却回答："我想我们应该去看场足球赛。"你可以想象对方会有什么感受。

◎掌握应对抱怨的技巧

◎ 面对抱怨者，不管他是否无理，你都要先冷静下来。只有这样，才能解决问题。

◎ 要先了解对方抱怨的究竟是什么，在没有弄清楚之前，不要轻易发表你的意见。

◎ 告诉对方你会怎么解决这个问题，尽量让对方觉得你很诚恳。

沃顿在新泽西州近海的一个百货商店买了一套衣服。几天后，他发现这套衣服已经褪色，并且把他的衬衫染黑了。于是，他决定去百货商店问明原因。

百货商店的一个店员接待了他。当沃顿把事情的原委告诉这个店员的时候，这个店员不耐烦地对他说："我们已经卖出了上千套这样的衣服，为什么你是第一个来挑剔的人呢？"这个店员的声音很大，好像在对沃顿说："你在说谎！你以为我们是好欺负的吗？"

讲话被打断的沃顿顿时十分愤怒，他与这个店员争执了起来。这时候另一个店员插话说："所有黑色的衣服，一开始总是会褪一点色，而且这种价钱的衣服都是这样。"

第一个店员怀疑他的诚信，而第二个店员却暗示他买的是次等货，这对他而言是莫大的侮辱。沃顿顿时火冒三丈。他正要大发脾气，这时候，公司的负责人走了过来。

这个负责人诚恳地对沃顿说："先生，我首先为我的店员的粗鲁向你道歉。但是请告诉我，这究竟是怎么回事？"

沃顿大略地说了事情的经过，并且着重强调了这两个店员十分不友好的态度是使他非常生气的原因。在这一过程中，负责人一直微笑地看着他，一句话也不说，并且仔细地倾听他的谈话。可是那两个店员听了后，又要向负责人辩解什么。那位负责人站在了沃顿的一边，对她们说："这位先生的衬衫领子的确是被我们的衣服染黑的。这种不能令人满意的商品，我们怎么能卖出去呢?"然后他又对沃顿说："先生，我得承认，我起先并不知道这套衣服的质量是如此之差。你认为我们应该怎么做才能使你满意呢?"

本来沃顿打算退衣服的，但是听负责人这么说，就立即打消了退衣服的念头。他对负责人说："我只是想知道，这套衣服以后还会不会褪色?还有，有没有办法可以补救呢?"

负责人建议沃顿把衣服拿回去再穿一个星期试试，看看情形如何。如果他到时还不满意的话，那么百货公司可以给他换货。于是沃顿这么做了。果然，穿了一个星期之后，他的衣服再也没有褪色。他又恢复了对百货公司的信任。

我们发现，在处理沃顿的这件事情上，百货公司的员工主要采取了两种方法，而取得成功的是第二种方法。那位负责人是这么做的：他耐心地倾听了顾客的抱怨，并且从顾客的角度出发，采取了顾客可以接受的处理办法。

我们希望可以找到一个处理抱怨的普遍的方法，以便能够像那位负责人一样从容地应对抱怨。在现实生活中，我们总会遇到各种各样的抱怨：可能来自一个顾客，他投诉我们的商品有问题；可能来自一个朋友，他抱怨自己的事业遭遇了挫折；也有可能来自一个精力旺盛的人，他没什么别的目的，就是想发泄多余的精力。

我们该怎么处理抱怨?实际上，一个人表现出来的抱怨基本上都与要求被尊重有关。即使是火冒三丈的抱怨者，他们也并不在乎你处理抱怨的结果，而只是希望得到被尊重的感觉。基于此，可以按照如下的顺序来处理抱怨：

了解抱怨

卡恩乘坐了比原定班机早一班的飞机，当她到达机场的时候，她发现到处都找不到自己的行李。她猜测自己的行李在后一班的飞机上——后来证明事实果然如此。第二天，她打电话给机场中心，想提醒一下他们管理系统出了问题。

“你应该把你的抱怨写出来。”机场的工作人员回答道。

“我是想提醒你们可以改进你们的管理系统。”卡恩解释说。

“我们这里并不处理抱怨，你应该把它写出来。”工作人员继续彬彬有礼地说。

“我没有时间，而且我并不是在抱怨。行李我已经取回来了。我只是想让你们知道，如果班机调整的话，你们的行李系统应该作相应的调整。”卡恩说。

“哦，原来是这么回事。但是我还是帮不了你，你得打电话给机场的管理者。”工作人员回答道。

你同意像这位机场的工作人员一样处理抱怨吗？他看起来好像很礼貌地在处理问题，实际上自始至终都没有弄懂对方想要表达的是什么意思，更加重要的是，他似乎对对方说什么毫不在意。

因此，如果你想妥善地处理抱怨，一定要弄清楚对方在抱怨什么。不管对方态度如何，你都需要了解他所抱怨的究竟是什么东西。

了解抱怨的前提自然是倾听，也就是听他究竟是怎么说的。然后，在你听到的信息中，分辨出哪些是真实的，哪些是虚假的，以及哪些是感觉。

你需要做其他一些事情配合你的倾听。为了鼓励对方说下去，你最好在对方说的过程中，用真诚的目光注视对方，同时点头表示他说的东西有道理（或者你听到了）。如果对方是通过电话与你进行交流的，你需要说一些肯定性的词语如“我明白”之类，来表示你确实已经知道了。你可以问一些你不了解的问题，但是你不要问那些细枝末节的问题，而要问非常重要的问题，因为这类问题是解决纠纷的关键。

给予信息

在听完对方的陈述之后，要负责任地、积极地解决抱怨，或者委托别人解决。千万不要用“请把它写下来”、“我很忙”、“这不是我的工作”之类的借口把对方打发走。你应该给人一种十分诚恳的印象。

首先，你应该向抱怨者表示诚挚的感谢。如果他是一位顾客，你可以感谢他对你工作的支持；而如果他是你的朋友，则可以表示你对他的信任感到十分高兴。这种感谢十分有利于关系的拉近。

其次，告诉对方你打算怎么处理这件事。千万不要说“我一定会慎重处理的”这样的话，这样听起来像是在敷衍对方，而是要告诉对方你打算怎么处理。面对卡恩的抱怨，那位工作人员应该说：“非常感谢你抽时间帮助我们解决问题，我会把这个意见传达给行李中心经理的。”

而对那些必须立即解决的问题，必须马上行动起来，以表示你对抱怨者的意见很重视。

询问对方

一旦确定要处理，你最好询问一下对方再去做。你应当问一问对方，你的解决办法是否令他满意。如果不满意的话，你必须回到第一个步骤，或者听一听他的解决办法。

◎用请求不用命令

◎ 即使确认自己站在较“权威”的一边，为了维护他人的自尊，也必须用请求来代替命令。

◎ 请求实际上是命令的弱化，但是会收到截然不同的效果。

◎ 如果能把命令说成是你的想法或建议的话，在某种程度上，对方会不便于拒绝你。

我们已经知道，那些强迫、要求和命令性的语气容易使人产生抵触情绪，而这种情绪正是我们不愿意看到的，因为它将严重地破坏人与人之间的关系。只有在相互尊重的基础上请求而不是命令，才能使交流顺畅地进行。

卡耐基训练班有位叫汤姆森的学员，他亲身经历了这样一个故事：

汤姆森所在的汽车公司修好了6名顾客的汽车后，顾客集体拒绝付修理费。他们并非不承认这个账目，而是认为其中某些项目写错了。事实上，每一个修车的项目单上，都有他们的亲笔签名，因此，公司拒不承认这些账目有差错。

汽车公司信用部的职员去收款的时候碰到了麻烦。他们逐一拜访了每一位顾客，要求他们缴纳未付的账款，并且表示，公司是绝对不会把账目弄错的。这些“错误”，应该都由顾客自己负责。这些职员暗示说，在业务方面，只有公司才是专业的，所以，他们没有必要进行无谓的争辩。结果，职员与顾客吵了起来。

这些账很不幸地将要成为一笔烂账，于是公司打算诉诸法律。这件事情被总经理知道了，他查阅了这6位客户以前的付款记录，发现他们之前并没有拖欠的情况。总经理认为，这些顾客之所以不付款，一定是公司在某个环节上出现了问题。于是，他派出了汤姆森去收这笔欠款。

汤姆森也像信用部的职员一样，逐一拜访了那些客户。但是他绝口不提欠款的事情，而是对他们说，他是来对公司的服务情况进行调查的。他表示，他并不相信公司绝对不会出错，然后他尽量让顾客们发泄不满，而自己只是仔细地听。

最后，那些顾客的情绪好像缓和了许多，于是汤姆森说道：

“我也觉得公司对这件事情的处理不是很恰当，为此我代表公司向你表示真诚的歉意。听了你刚才的话，我为你的忍耐力和力求公平的态度而非常感动。正因为你的宽广胸襟，我才请求你为我做这一点儿事。我相信，你会比其他任何人都胜任这件事情。请你再查下我们公司开给你的账目，因为你比任何人都更加清楚。如果有哪个地方记错了的话，你说该怎么办就怎么办吧！”

结果，他们高兴地核对了账单。这些账单的数额在150美元到400美元之间浮动。其中一位顾客只是付了最低额，他拒绝付来历不明的款项，但是其他5位都尽可能高地付了款项，一点儿都没有让公司吃亏。最奇妙的地方是，两年之内，这6位顾客又买了公司的6辆汽车。

毫无疑问，那些信用员是用合同的权威来命令顾客付款的，而汤姆森却正好相反，他所用的方法是请求他们这么做。比较一下即可看出，他们取得的结果是截然不同的。

用请求而不是命令的语气，有很多不可思议的好处，一旦你发现了这些好处，你就会慢慢地养成请求的习惯。

比如，不要说“不要那么做！”应该说“我觉得这样做不是很好”；不要说“我不喜欢你去做！”应该说“你不介意我让约翰去做吧？”

一个很好的方法，就是在你说话的时候带上一个“我”字，用“我”字可以非常详细地叙述个人行为，并且也能够告诉对方这将会对他造成什么影响，或者为什么这是重要的。用“我”来表达要求对方不要做某事的观点，将会使你的话听起来很平静，而不是在责备或命令他人。

比如，你说：“我真的希望在中午之前拿到这份文件的复印件，你能帮我吗？”如果没有别的原因，对方会非常愉快地回答：“没问题！”

当你打算要对方给你打电话的时候，如果你说：“希望你给我回个电话！”这样说虽然礼貌，但是却带有命令的口气。你不妨说：“如果你给我回个电话的话，我会非常高兴的。”

当你在会上讲话的时候，一位同事打断了你的话，并且对你说：“布朗，我想请教你一个问题。”你为了表示不满，会说：“请不要打断我的演讲。”还是会说：“我把话讲完再跟你讨论，怎么样？”

如果我们要表达的意思是命令对方，你可能会担心用请求的语气与对对方说话会显得威力不足，对方根本就不会听我们的话。

杜鲁门总统曾经非常形象地形容过美国的外交政策：拿着大棒轻轻地走路。劝说他人的时候也可以用这种策略。一开始，我们可以“请求”对方，但是如果对方并不为我们的“请求”所打动，我们再转向“大棒”，即告诉他们不这样做的话会有什么后果。

比如，一开始说“我希望在中午之前拿到这份文件的复印件”，如果对方表示有事不能完成的话，你可以接着说一句“如果到时候拿不到的话，恐怕这次谈判会搞砸的”，对方就会明白这个任务很重要，而他完全会先不做其他的事情，转而做你所命令的这件事情。

◎10 种方法说“不”

◎ 你首先要有诚恳的态度，要让对方知道你真的考虑过这些问题，而拒绝对方是因为客观的不可改变的原因。

◎ 不要轻易地说“不”，这会让人觉得你不是一个热心和负责的人，不要因为可能遇到的一点困难就拒绝对方。

◎ 不要因为希望讨别人的喜欢、担心拒绝别人会产生不好的影响而轻易地答应别人。实际上，如果你答应了别人却办不到，还不如一开始就拒绝。

你每天都准备和不同的人交往，那些人可能会向你提出各种要求。这些要求有合理的，也有不合理的；有你愿意答应的，也有不愿意答应的。但是，拒绝别人往往被认为是一件不好的事情，因为这往往会导致对方很难堪，破坏你和别人的关系。因此，你应该学会拒绝的艺术。

我们发现，如果你在拒绝别人时，冷冰冰地对对方说“不”等词语，这样一般会伤害对方，增加对方的不快和不满，从而使他在心底抱怨你，进而影响到你和他人的人际关系。而如果你用诚恳的态度、一定的技巧来拒绝对方，这样对方会更容易接受，并且能够减少对你的不满，而你也往往能够得到别人的谅解，并把对方的不快和失望控制在很小的范围内。因此，我将介绍 10 种方法，告诉你怎么来说“不”。

先同情后拒绝

当对方向你提出一个要求的时候，你应该告诉他这个要求并不过分，但是因为各种原因，暂时没有办法实现。也就是说，在语言表达上，采取了一种“先肯定后否定”的程序，这是一个通用的、十分有效的拒绝方法。你这样做并不会给对方造成心理伤害，而他也会对你的拒绝表示理解。

一个能力出众而且工作勤奋的员工向你提出加薪的要求，而你却因为各种原因，并不打算给他加薪。如果你直接告诉他：“你的要求太过分了！”这样最坏的结果是导致他跳槽，并使他对你产生厌恶感。但是如果你告诉他，他确实对公司作出了不同于一般人的贡献，他的工作能力十分出色，加工资确实是应该的事情，这样能够产生完全不同于直接拒绝的效果。

比如，你这样对他说道：

“约翰，我知道你是个很棒的员工。上次那么重大的销售任务，你都完成了，简直太棒了！我个人认为，你确实应该加薪。但是，你应该知道，我们本季度整体的销售并没有达到预期的目标，因此，公司方面暂时不会调薪。从个人而言，如果单单为你一个人调薪的话，那么一定会引起其他人的不满，这势必会影响公司的整体发展。我想你不希望出现这样的情况吧？

“所以，我的意思是，我们暂时不会为你加薪，但是这只是暂时的情况。公司一定会认真考虑你的待遇问题的，因为你确实是我们公司不可多得的人才。我有信心，如果你继续为公司创造更好的业绩的话，我们一定会根据你的情况来调薪。到时候，你一定会得到满意的薪酬的。我并不是要求你比现在更加卖力——你已经非常卖力了，这一点相信所有人都看得到。我希望你能够继续保持这样的工作状态，在下个季度结束的时候，我们再一起来看看情况如何。”

告诉对方这么做的后果

不合理的要求可能就是因为它会给你或他人带来不利的影响，因此，在你拒绝他人的时候，你可以告诉他这么做的后果。他可能并没有看到这一因素，或者以为你没有看到。当你把利害关系跟他说清楚的时候，也就说明了你为什么不能答应他。

约翰急匆匆地走到你的面前，要你帮忙把一份文件打印一下。但是你当时正在准备一份更加重要的文件，那些董事们都在等着要这份文件。你会默不作声地把约翰的文件放在一旁，等到他30分钟后过来的时候，你再跟他解释你为何还没有完成他的文件吗？这样做不是不可以，但是需要花费你太多的时间和精力。

所以，为了免去许多麻烦，你应该直接告诉约翰："我现在正在打印董事们的一份文件，他们比你更急着要。如果你不希望我因此而被解雇的话，那么请让我把这份文件打完再说。"

一个销售人员在卖给你一本装帧精美的书之后，还想再卖给你一张光盘。他对你说："每个人都觉得这本书如果配上这张光盘的话，一定会让自己更加有收获。让我帮你搞定吧，只需要15美元而已。"但是你并不想买，你可以跟他说："我很感谢你这么替我着想，但是我爸爸说过：'一旦成交，不要再多要。'我们刚才已经成交了一笔交易啦！"你是在委婉地告诉对方，持续地强力促销可能会危及第一笔交易，那么他就会自觉地降低他的要求。

换一种处理方案

在你说"不"的同时，如果换一种方式清楚地说明这样做不切合实际的话，也可以达到同样的目的。当你的试用期的员工要求转正的时候，而你却认为他并不适合这一工作，如果你直接告诉他："公司拒绝为你转正。"这样做对吗？当然不对，这是十分愚蠢的做法。实际上，你应该坦诚地告诉他："约翰，我知道你在这段时间里已经尽了最大的努力，同时也取得了不错的成绩。是的，我们应该给你转正。但是，不知道你发现没有，你做事注意细节、待人态度诚恳，如果在销售部门继续做下去的话，这些优点恐怕都得不到充分的发挥。因此，我认为你非常适合在服务部工作。你有兴趣谈论这件事情吗？"

顾客要求你星期二将所有的货送到他的公司，但是你办不到。你难道会直接对他说“不”吗？实际上，你应该对他说：“我无法在星期二将货全部送到你的公司，但是我可以在星期二将大部分货送到你的公司，其余的星期四之前全部送到；或者我们在星期二的时候把所有的货都凑齐，到时候你可以直接到我们这里来提货。你觉得哪种办法更好？”

诱导对方自我否定

我们知道，如果能够让一个人自己说服自己的话，那么拒绝他就变得好办多了。因此，一个很好的拒绝的办法就是，让对方意识到不应该这么做，从而使他进行自我否定。

一个老客户打电话给市场部经理托马斯，请他在他的部门为自己的女儿安排一份工作。这很明显使托马斯十分为难：一方面，他不能直接拒绝客户，这样的话就会失去这位老客户；另一方面，他又不能答应客户，因为他不但没有权力录用一个人，而且客户的女儿根本无法胜任市场部的工作。托马斯给她安排了一场面试。之后，在打电话回复的时候，托乌斯对那位客户说：

“洛宾逊先生，很明显，你的女儿非常聪明，她的写作能力尤其出色，并且，她对艺术有浓厚的兴趣。是这样吗？”

洛宾逊先生回答道：“确实如此。她很小的时候就表现出了很强的艺术气质。”

“那么，”托马斯继续说，“你觉得她最适合什么工作呢？”

“可能，她根本就不适合在市场部门工作吧！”

就这样，洛宾逊先生主动地提出不再麻烦托马斯，决定让她进学校教美术课。

间接原因拒绝

间接原因拒绝，也就是回避对方认为应该被接受的原因而拒绝他。这是因为，如果顺着对方的思维方法推论下去的话，那么似乎真的没有反对他的理由。

一个坚持不懈的求职者打来电话说："我以十分诚恳的态度再次打电话来，希望你能给我一个机会，让我为你们公司效力。我知道你们公司已经没有多余的名额了，但是我希望你们知道，我将是最卖力的员工，并且，我真的非常希望能够得到这份工作。"

看起来，这样的员工是每个公司都想要的，但是实际的情况是，公司已经没有多余的名额了。你想用什么办法来拒绝他呢？作为公司人事部的负责人，洛克这样回答道：

"先生，我想我们已经一再地告诉过你，不要再把你的时间花在谋求本公司的职位上了。我想你需要明白一点，虽然你有那么多的优点，但是，我们公司想要的是服从公司领导的员工。实际上我已经对你说过多次，我们已经把你的联系方法记下了，如果有需要，我们一定会主动联系你的。这是我以前对你说过的，也是今天想对你说的，如果你尊重我的建议的话，希望你能照办。祝你早日找到工作。"

从对方的立场出发

在拒绝对方之前，要学会从对方的立场去考虑问题。在某些情况下，你完全可以说服对方，你之所以拒绝，是出于为对方考虑的。

如果你的老板交给你一个不可能完成的任务，你打算拒绝他，你可以对他说："如果有可能的话，我可以做到24小时连续工作，但是这样势必会影响工作的质量。实际上，你比我更加不希望我们的产品出问题吧？"

避实就虚

将那些要求或问题变成一堆泡沫，这需要有相当的技巧。避开那些实质性的问题，而故意用模棱两可的话回答对方，委婉地表达你的不合作的态度。这在许多外交场合都可以碰到。

一位国家元首圆满地访问了他国之后，在该国领导人的陪同下抵达了机场。这位国家元首诚挚地邀请对方回访本国，那位领导人说："在适当的时候，我们是会访问贵国的。”这就是著名的外交辞令。他并没有接受或拒绝对他国的访问，看起来好像回答了访问是必要的，但实际上并没有说出是否会访问或者什么时候访问，而对方要求回答的正是这些。在听完这句话之后，那位国家元首应该已经明白对方的意思了。

电视上那些政府官员在回答记者的提问时，用得最多的是“无可奉告”。我们在现实生活中也可以这样来回答这类自己不愿回答的问题。你可以用“天知道”、“到时候自然就知道了”这些模糊的方式来拒绝回答对方。

以笑代答

在某些场合，可能你不能用语言拒绝对方，这时候，你的肢体语言就可以发挥它的作用。当别人向你要求什么的时候，你需要先表明一个态度。用微笑来代替回答，这种古老的方法十分有效，因为它不会弄得双方都难堪。

约翰在演讲的时候，发现一个听众正朝他示意，之后约翰知道原来他是想要提问。约翰并不喜欢他的演讲被别人打断，并且不希望听众被提问分散了精力。于是他朝那位听众笑了笑，然后就把目光移到了别人身上。那位听众会意，于是在演讲结束的时候才问约翰那个问题。

可以想象，如果约翰对那位听众说了点什么，那么听众的注意力一定会被打断。

当别人问你：“你喜欢跟阿兰得辛在一起吗？”你一笑置之，别人就会明白你的意思。

把难题留给对方

当对方向你要求什么的时候，你如果感到很为难，不妨把这个问题留给他，也就是请他从你的立场来考虑问题。不要轻易地拒绝对方，而是要让他理解你的处境，这才是不会带来什么副作用的好方法。

你和你的妻子已经约好了今天晚上一起在餐厅共进晚餐，以庆祝你们的

10 周年结婚纪念日。但是今天，你们公司临时决定举行一个晚会，欢迎一个非常重要的客户。公司决定由你来主持这个欢迎仪式。你会怎么办？

如果你认为结婚纪念日比这个让你锻炼的机会更加重要的话，你必须鼓起勇气拒绝公司的任务，并且告诉领导，你很爱你的妻子，你不希望结婚纪念日里让她感到孤单。这样显然还不够有说服力，你可以这样对你的领导说：

“约翰，你跟我一样都深爱着自己的妻子。结婚纪念日里，我不希望对方受一点点委屈。如果是你的话，你会怎么做呢？”

你实际上把问题推给了对方，在多数情况下，领导会同意你的请求的。

对事不对人

当你拒绝别人的时候，为了不使别人感到难堪，必须让别人了解，你拒绝的是这件事而不是对方本人。我们必须将人和事分开。比如，你不能说“我不能为你做这件事”，而应该说“我不能做这件事”。

某公司的一个业务员造访了他的朋友—另一公司的部门经理，打算请他订购他们公司的纸张。这位部门经理解释说：“实在很抱歉，我们公司规定，任何人—包括总经理在内—都不能私自订购任何一家公司的纸张。这些采购工作必须由采购部完成。”这样，那位业务员就不好再提出要求了，因为这一规定针对的并不是他一个人。

◎批评也要讲艺术

◎ 你必须在尊重别人的基础上批评别人，这样别人才有可能接受你的批评。

◎ 批评并不是争论，也不是有话直说，而应该运用一些方法和技巧。

◎ 注意在批评之前先赞美一下对方，这样会形成一种自然和谐的谈话氛围，然后再把谈话引向批评。

1929 年，美国教育界发生了一件惊天动地的大事，一位刚满 30 岁的年轻人——名叫罗伯特·哈金斯——被聘为芝加哥大学的校长。人们纷纷对此进行批评，认为他太年轻，没有足够的经验来管理一个在全美国排名第四的大学。连本来很客观的报纸，也开始对哈金斯进行批评。

哲学家叔本华的一句话正好能说明这场攻击："小人常常为发现伟人的缺点而得意。"心理学家研究发现，人们常常通过批评他人来得到某种自我满足。

有太多的例子可以证明这一点。所以，当你打算批评别人的时候，你需要想一想你是不是也想得到一种自我满足的快感。这是一种很无聊的举动，而被批评的人不会有丝毫的感激，他只会对你感到厌恶。

而我接下来打算讲的是这样一种批评：你并不打算用它来满足你的自我优越感，而纯粹是为了对方着想，想要纠正对方错误的意见或想法，弥补他的不是。在此基础上，我们希望能够使我们的批评达到它应该有的效果。

事实证明，如果你真的为了对方着想，对方是不会一直非常固执地坚持自己的意见的——如果你运用了正确方法的话。但是同时，我们不能认为，只要我们的出发点是好的，那么一切都不是问题。这是一种过于简单的想法。

我们每个人都有自尊，而有的人甚至达到了自负的地步。当你指出别人的错误、对别人进行批评的时候，一般的人都会下意识地去维护自己的尊严，从而对你的批评采取抵触的态度。这就是人性的弱点之一。我们必须了解这个弱点，利用恰当的批评艺术，来达到我们批评的目的。

数年前，我的侄女约瑟芬从堪萨斯城来到纽约，当起了我的秘书。她当时才19岁，没有丝毫办事经验，理所当然地会经常犯错误。一次，当她又犯了一个常识性的错误的时候，我很想找她谈谈。于是我对她说：

"约瑟芬，你当然也意识到你刚才犯了一个错误。但是，你可能不知道，你比我当年可强多了，我那时真的是愚蠢至极，我曾犯过无数的错误。而且，你现在比我那时更加勇敢，也更加懂事。你不可能从一生下来就会懂得做某件事情的，那需要经验的积累。我并不是想批评你，约瑟芬。可是，你想想，如果少犯一些错的话，是不是会更好些呢？”

约瑟芬十分高兴地接受了我的批评，并且很快成长为一个能干、合格的秘书。在批评她之前，我首先指出她做得并不非常糟糕，比当年的我要好多了，并且委婉地指出她应该尽可能把事情做得更好。

德皇威廉二世是一个骄傲自大、目空一切的皇帝，他曾经说过一些令全世界震惊的话，并且引起了整个欧洲社会的不满。他说：

“我是唯一感觉英国很友善的德国人。我正在建立海军，以对付日本。只要有我一个人的力量，就能使英国不至于被法、俄两国所威胁。英国罗伯特爵士之所以能在南非战胜荷兰人，就是我筹划的。”

事实上，在一百来年的和平时期里，欧洲没有哪位国王能说出这样的话来，可想而知这些话在当时所引起的轰动。各国政府都表达了对威廉二世的不满，德国政治家则十分恐慌。威廉二世也开始感到紧张，并暗示布罗亲王替他受过。

布罗亲王看不惯他的做法，于是说道：“陛下，恐怕没有人相信我会建议陛下说那些话的。”

当他说出这些话之后，威廉二世咆哮道：“你认为我是一头驴，你不至于犯的错误，我却犯了？”

布罗亲王意识到自己犯了一个很大的错误，但是为时未晚，他必须想办法补救。于是，他对威廉二世说：

“陛下，我绝对不是那个意思。你在很多方面都超过了我。不论是在海军知识上，还是在自然科学知识上，我都知道得太少了，而你比我知道的多得多。身为一个亲王，我深感惭愧。”

德皇听到这样的话后，脸上的怒意马上就消失了，露出了笑容。这是因为布罗亲王贬低了自己，抬高了他。德皇握着布罗亲王的手说：“我知道自己在这件事情上做错了，我将承认这个错误。”

一开始，布罗亲王犯了一个很大的错误，他没有在批评之前先赞美德皇，从而引起了德皇的不满。但是，仅仅几句赞美，又使德皇开始高兴起来，轻易地使德皇接受了批评。我们在批评别人的时候，是不是也应该这么做呢？

下面我将举出林肯在1863年4月26日写的一封信，收信人是集国家、人民命运于一身的霍格将军：

“霍格将军：

我已经任命你为包托麦克军队的司令官，并且我相信这样做完全是正确的。但是，我希望你知道，我在一些事情上对你并不满意。你是一个英勇善战的军人，这一点我毫不怀疑，我一向对此十分欣慰。同时，我相信你不会把政治和你现在的职责混为一谈。你的自信是非常有价值的、可贵的精神。

在一定范围内，你的野心对你来说确实是有益无害的。可是，你曾经一度过于放纵你的野心，阻碍了波恩学特将军带领他的军队前进的脚步。这是你对国家、人民以及所有军人所犯的一个极大的错误。

据说，你认为军队和政府需要一位独裁的领袖。但是，我希望你不要忘记，我给你军队的指挥权，并不是想让你成为独裁者，而且以后我也无此打算。

只有那些在战争中取得胜利的将领，才能够成为独裁者。而目前，我的确希望你取得胜利。如果你取胜了，我将会冒着危险将独裁权授予你。

政府将会像协助其他将领一样，尽其所能地协助你。但是，我的确担心你的那种不信任人的思想会传给你的下属和战士，而它将会使你损失惨重。因此，我愿意尽力帮助你，平息你这种危险的思想。因为如果有这种思想存在，那么即使是拿破仑，也不能获得胜利。现在，千万不要轻易地向前推进，也不要急躁，你最需要的是谨慎，以最终赢得我们的胜利。”

林肯写这封信的时候正是内战最黑暗的时候，将领们因为联军屡遭失败，普遍地存在着悲观的情绪。林肯描述当时的情景时曾这样说：“我们现在已经走到了毁灭的边缘，上帝似乎都已经抛弃我们了。我看不到一丝胜利的曙光。”这时候，林肯给霍格写了这封信。

正是这封信改变了霍格这位固执的将领，从而改变了国家的命运。当时霍格因为判断出了差错，犯了严重的错误。但是林肯并没有在一开头就批评霍格，而是对他进行了赞美。即使是批评的时候，他也采用了十分委婉的语气。

辛辛监狱的监狱长罗斯用他自己的经验告诉我们这样一段话："如果你面对一个盗贼或骗子，只有一个办法可以制服他，那就是像对待一个体面的绅士一样去对待他。因为只有这样，他才会感到受宠若惊，进而激发起内心的骄傲，因为终于有人信任他了。"

因此，我们在批评别人的时候，不妨采用一些有技巧的方法，这样才能取得令我们满意的效果。

◎恰到好处地作出回答

◎ 回答要得体，这是最基本的要求。要针对不同的场合、不同的人作出最合适的回答。

◎ 不要任何回答都闪烁其词，这样会给听众带来不真实的感觉。应该有所区分：对那些应该回答的问题，必须直接、简洁地给出回答；而对于那些不想或不能回答的问题，应采用适当的技巧来回答。

◎ 回答问题能够显出一个人的机敏度，艺术地回答问题能够显出你说话艺术、反应能力的高超。

如果说提问是人们沟通中必不可少的一个组成部分的话，回答提问也一样重要。我们经常冷不防地被提问，并且要求作出令提问者满意的回答。有问必有答，一问一答构成了语言交流的重要部分。

我们发现，同样一个问题，人们的回答可能各不相同。这说明回答问题有各种可能性，但是我们似乎应该确认一点：在这众多的可能性中，只有一种是使提问者最满意的；另一方面，在某些场合，比如辩论中，回答者往往并没有给提问者想要的答案。也许他们因为某种原因，不能或者不想告诉听众答案；也许在回答者看来，从自己的立场出发回答问题才是正确的答案。因此，我们一般认为，问题没有正确的答案，而只有恰到好处的答案——这明显是对回答问题者而言的。

中国人的语言内涵十分丰富，同时也意味着解读语言的多种可能性。有一位中国老人满99岁了，一位政府官员去祝贺她，并对她说："我希望明年能够来给你庆贺100岁生日。"那位老人回答道："怎么不能呢？你的身体不是很好吗？"

其实，那位政府官员的意思是，希望老人能够活到100岁。但是那位老人却理解成了政府官员对他自己的身体的担心。虽然我们不在中国，但是我们在回答对方问题的时候，也通常犯那位老人一样的错误：答非所问。因此，我们在回答问题的时候，首先应该仔细地听清楚对方要表达的意思。

没有一种问话会要求你在听到问题后一秒钟之内马上给出答案，除非你自己想要表现出你反应很迅速。你完全有时间想一想对方问话的意思，了解他的意图，然后再确定回答的方式和范围，从容地组织答案。有些人似乎习惯于一边说话一边思考，但是这并不是大部分人能够做到的。一般的人在脱口而出之后，马上就会后悔说出了那样的话，因为那样的话本来不应该说，或者完全可以说得更好。

不要急于回答。你可以试着对提问者的意思进行解释，并且夸赞提问者几句。这会让你真正了解提问者的意思，并且得到他的好感，你还可以利用这些时间好好整理一下你的答案。

对问题作出判断，揭示其隐藏的意图。如果你怀疑对方另有意图的话，不管对你有利还是不利，在没有弄清楚之前，不要直接给出答案，而要问一下对方真正的意图是什么。你可以问他："告诉我你真正感兴趣的是什么？你想让我说的是什么？"

你可以建立一座桥梁，由此进入你的回答阶段。这可以算做解释对方问题的一部分。一位议员被问及："你反对加税吗？"那位议员回答道："这位先生想要知道我是否反对加税。实际上，你真正想问的是，我们是怎样使美国人民更加富裕的。让我告诉你我们对于复苏经济的计划……"这个议员十分巧妙地把对方的问题过渡到自己想要回答的问题上。

这样，你首先要对你的答案进行设计，也就是我们前面所说过的“思维”过程——相对于你把它陈述出来而言。当然，对待一般的问题，你必须用你的知识作出符合客观实际情况的回答。不然的话，就会犯狡辩的错误，从而给人不真诚的感觉。

上面我介绍了回答问题时应该注意的一些基本问题。接下来，我将就如何具体回答常见的问题给出一些意见：

关于是非型问题。提问者想要你回答简单的几个字，这当然是很容易的事情，但是这类问题往往设有陷阱，因为简单往往容易导致误解。除非在法庭上，你不需要具体回答是非型的问题，你应该直接回答“是”或“不是”。

关于选择型问题。有人问：“你们公司的目标是增加投入还是减少人员？”这样的问题不好回答，因为答案可能不在他给出的选择项内。不要被提问者提出的问题所干扰，按照事实说吧！对上面问题的回答可以是：“我们的目标是提供最优质的产品。”

关于不能回答的问题。当你被问及那些关于个人秘密等不便回答的问题的时候，你应该直接告诉他为什么不能说出来。你必须给出你的理由，否则将会被认为是不真诚的。

关于倾向性问题。比如，“你不再打你的老婆了吗？”而事实上你并没有打过她；或者“此次调价对你们公司造成了多大损失？”事实上你们公司一点儿损失都没有。

回答这类问题时可以直接跳过对方的假设，用事实说话。

关于问题太多。对方提出一系列的问题的时候，你没有必要一一回答。你应该说：“慢一点，我的朋友。”然后再一次回答一个问题。

让人为难的是那些你不想或者不能作出正面、直接回答的问题，这时候你还可以用以下这些方法来回答：

无效回答

当你不想回答对方的问题的时候，你可以选择这样的回答方式。也就是说，你可以用一些没有实际意义的话回答他。

比如，对方问你："今晚你要到哪里去？有什么秘密的事情吗？"你却不想告诉他，于是你可以说："没什么大不了的事。"这样，提问的人就不会再问下去了。

对方问你："贵国打算什么时候对该国采取军事行动？"你回答他说："我们已经提交给议会讨论了，我相信他们会本着对国家、对世界人民负责的态度来讨论此事的。至于什么时候，到时候诸位就知道了。"

反转问题

有些问题是比较刁钻的，它可能是一个含沙射影的问题，也可能是一个陷阱。这些问题可能会使你尴尬。在这种情况下，你可以换一个角度想一想。

比如，对方问你："我没有兴趣继续听下去了。这个问题你已经讲过很多遍了，你觉得还有继续说下去的必要吗？"你可以这样回答："你觉得你已经完全听懂了吗？"让对方来回答他自己提出的问题。

一个外交官被一群记者围住，被要求就前几天某位议员在国会进行的演讲发表一下意见。那位议员讲的是一个国际政治上的敏感话题。这个外交官回答道："你们要我说，我当然可以说。但是我的态度全世界的人民都已经知道了，因此，我没有必要把它说出来。"

间接回答

在有些场合里，对方可能会提出一些十分敏感的问题，或者想刺探你的真实意图，或者就是想刁难你，使你不便直接给出回答。这时候，你可以间接地作出回答。

英国首相丘吉尔在 20 世纪 30 年代访问美国时，一位强烈反对他的女议员对他说："如果我是你的妻子的话，我是一定会在你的咖啡里投毒的。"丘吉尔轻轻一笑，回答道："如果我是你的丈夫的话，我一定会把那杯咖啡喝下去的。"

还有一次，丘吉尔因为力主和前苏联联合对抗德国，一位记者诘难他说："你为什么老是替斯大林说好话呢？"丘吉尔回答道："如果希特勒侵入了地狱，我同样会在下院为阎王讲情的。"

当你在回答问题的时候，态度一定要恳切，要让提问者感到你正在努力、真诚地回答他的问题，而不是在敷衍了事。如果有人在寻求信息，则要表现得很专业，让对方觉得你的答案很可信。

不要把注意力局限在提问者身上。提问者提出了问题，但是这不是你跟他之间的私聊，你需要注意的是，有更多的人在你面前，等待你作出解答，提问者只是为你们提供了一个话题而已。当然，相对于其他听众而言，你还是应该相对多地注意这位提问者。

当你回答了某个问题之后，要保持你一贯的作风，千万不要因此而得意起来。否则，你的听众就会努力在你的回答上找漏洞。

对那些有敌意的提问者，你最好保持你的优雅的风度。不要因为对方提出了一个让人尴尬的问题，你就非常不客气地对待他。你应该冷静地处理这个问题，以便使局势朝对你有利的方向发展。

◎冷静地处理冲突

◎ 你们要时刻牢记你们的目标是解决问题，而不是争执。或许争执是必不可少的，但是它必定要达到这个目标。

◎ 理解对方的意图，并且尊重对方的选择。如果没有更好的办法的话，同意对方的意见。

◎ 不要让冲动的情绪来帮你解决问题，它只会将问题越弄越糟糕，最后连你自己都会失去目标。冷静下来，这样对你将更加有利。

我们常常会因为某一件事与对方争吵起来，有时候吵得面红耳赤，甚至最后闹得不欢而散。但是只要稍加注意你就可以看到，其实这些争论到最后也没有解决什么问题。事后，只要我们冷静地想一想，就会发现本来没有争吵的必要。因为这些问题本来也不是什么大问题，犯不着这样争吵。

冲突在我们的交谈中是难免会出现的，但是这仅仅是表面现象。实际上，冲突是两个人或者更多的人在看法、方法、目标、方式甚至价值方面的不同所引起的，并不仅仅表现在言语的争论上。我们知道，人与人都是不同的。哲学家说“这个世界上没有完全相同的两片树叶”，人类则更是如此。在大多数情况下，出现分歧是十分正常的，也是可以解决的。但是人们却往往把这些分歧变为争吵，试图向对方说明对方是错误的、自己是正确的，以至于看起来似乎不可调和，有什么深仇大恨一样。

冲突的形式并不限于争吵，它还有很多表现形式。比如，你把问题的所有责任都推到对方身上，并且开始攻击对方的能力、性格甚至人格，使自己得到了自我满足的快感。我们知道，这种批评是每个人都喜欢做的，况且它还跟你有关系。这是一种常见的批评和攻击方式。比如，你说话的时候话中带刺儿，让他人觉得受到了侮辱，或是受到了轻视。也许你认为这是一种幽默，但是事实上却伤害了对方。又比如，你试图在解决这个问题的方法上，说明你比对方更加高明，以此显示你的优越感。你的这种强烈的感情使对方反感，你们的目的从解决问题上开始转移，转而变为对各自的评价。

冲突自然也不仅仅包括语言上的争吵，它更多地表现为沟通上存在的问题。当我们没有了解并理解对方的观点、方法、价值、意图的时候，冲突自然就会产生。我们总是习惯以自我为中心，以为每个人都应该按照自己的那一套去做事情和看问题，同时，又对别人的那一套表示不满。这是冲突的本质之所在。

古希腊哲学家苏格拉底的妻子是一个十分蛮横的妇女。一次，她对着苏格拉底大发雷霆，后来居然把一盆脏水对着苏格拉底迎头泼去。但是苏格拉底并不生气，反而说：“我知道，雷鸣之后总会有一场暴风雨的。”别人劝他把这个悍妇休掉，苏格拉底说：“善于驯马的人都会选择悍马作为自己训练的对象。因为如果连悍马都驯好了的话，那么其他马自然也不在话下。如果我连她都能忍受的话，还有什么不能忍受的呢？”

我们平常的冲突自然没有这么激烈，而且我们一般人也没有苏格拉底这么好的涵养。为了圆满地解决问题，树立良好的社交形象，追求更高的境界，我们需要学会处理冲突。诚然，有些问题不能改变，或者说不能轻易地改变，比如个人的价值观等，但是只要我们愿意，我们的确能够运用适当的方法处理冲突，以达到我们的目的。

纽约市一个电话公司的策划部经理保罗十分赞同我的观点，他甚至乐观地认为，他的员工的冲突是因为对工作热情而产生的，他十分喜欢这些冲突。他不喜欢那种死气沉沉的工作氛围，而喜欢冲突所带来的新的思想、角度，以及解决问题的新的方法。他说，问题的关键在于如何“有建设性地”处理这些冲突。

一个和那位改良蒸汽机的伟大发明家同名的员工，以保罗和策划部其他职员的名义，给他的同事玛丽发了一封电子邮件，指责她的某一个策划方案存在许多致命的错误。“你应该改正它，”瓦特在信的末尾说，“或者干脆让更加适合的人来做。”

保罗看到这封电子邮件后，直接找到了瓦特，并指出他指责对方错误的方法是不当的，并且，他更加不应该擅用他人的名义。这不是解决冲突的正确办法，如果他需要跟玛丽讨论策划方案，应该用另外一种方式去解决这个问题——保罗并没有告诉他应该采用哪种方式。

一天后，瓦特找到保罗，说他已经跟玛丽当面协商了策划方案存在问题的解决办法，玛丽也已经原谅了他的鲁莽。

我们在解决冲突的时候，需要注意以下一些问题：

弄清楚对方的立场

你可以假设对方的用意是好的，从而更多地从对方的立场去考虑问题，这样你或许能够心平气和地和对方谈论。你希望别人理解你的决定，同样你也应该理解对方的决定。在没有弄清楚对方的真实用意之前，不要假设对方是意气用事，是为了维护自己的利益。这些假设往往会把我们引入误解的歧途。把你的眼光更多地放在对方的言语、行动上，不要依靠猜测来评判对方。

在别人说话的时候，冷静下来仔细倾听，这样你才能理解对方想要表达的是什么意思。然后，告诉对方，你完全理解他。不要打断别人的谈话，更不要气势汹汹地指责对方。

寻找共同点

我们可以轻易地了解到，我们与别人产生冲突，都是为了事情的解决。我们和他人的关系是伙伴而不是对手，更不是敌人。

所以，当我们和别人发生冲突的时候，应该积极地找出问题的解决方案，而不是使冲突升级。我们和对方的争吵或者其他的行动，都有可能使我们的注意力从问题本身转移到其他方面。在讨论中，不管我们冲突的核心问题是什么，在问题上产生了什么不同的观点、方式，关键是要注意问题本身，而不是其他方面。

实际上，冲突在大多数情况下都是在寻找“最佳答案”。事实是，因为人是各不相同的，因此给出的答案也各不相同。我们的争论实际上是在讨论哪一种答案最适合当前的我们。在这一点上，我们并没有什么根本的分歧。告诉对方这一点，并且让他相信事实确实如此。

忘掉一输一赢的思维模式，那只是竞技比赛的特点，并不适合冲突的解决，冲突完全可以实现双赢。

你还可以从其他方面来寻找你们的共同点。比如，经过思考后你会发现，其实你们都是主张用同一种方法来解决问题的，只是你们在某些方面出现了偏差，而这一点本来是可以忽略不计的。

解决问题而不是责备他人

你应该诚恳地表达你的观点。如果你确认自己的方案是最优的，就尽量说服对方，让他也这么认为。光提高嗓门是没有办法说服对方的，更不用说责备对方了，那样只会给你们带来不快和不信任。你的目标是解决问题，而不是为了比较你们谁更加高明。

当你配合他人解决问题的时候，你会发现自己正处在一个十分友好的氛围之中，这种氛围会更加有利于问题的解决。如果一次两次的意气用事是你没有办法克制的话，那么千万不要使它成为你的习惯。

◎借口要尽可能地合理

◎ 不要直接拒绝别人，要做到使别人心服口服，在被你拒绝后不对你产生怨恨心理。

◎ 用合理的借口去说服别人。这些借口有可能是真实存在的，也有可能是“善意的谎言”。

◎ 合理的借口意味着你的这个借口必须是合乎情理的。也就是说，它能够被对方所理解和接受。

有些人随便找了一些借口来搪塞对方，以求得一时的解脱。他们没有料到事情并没有结束，因为那些被拒绝的人完全可以寻找到另外一些理由来反驳他们，认为他们所举的理由是站不住脚的。这时候，他们反而陷入了不利的局面。

比如，如果你想拒绝为对方抄稿子，你对他说：“对不起，我今天没有时间。”对方可能会说：“没关系，那明天好了。”如果你被邀请跳舞，你解释说：“我不会跳。”对方可能会说：“没关系，我可以带你慢慢地跳。”

这些理由总是显得很无力，会被对方轻易地驳倒。所以，当我们要拒绝某个人的时候，需要找到一个合理的借口，让对方心服口服，不会再因为这件事情而麻烦你，并且使他在被你拒绝之后，对你没有丝毫的怨言。

公司的职员要求加薪大概是公司领导最头疼的一件事情了，但是这种事情好像经常发生。一位才进公司 3 个月的小姐兴冲冲地要求汤姆加薪。她的工作状态确实不错，而且汤姆也不想挫伤她的积极性，但是他却没有办法答应她。事实上，汤姆已经有过无数次类似的经历。他知道，拒绝对方最好的办法是，不要带任何批评、指责的态度，而应该美言她几句——

我们知道，这并不花我们什么东西。

于是汤姆对她说：

“罗拉，你在过去3个月里确实表现得很出色。在这么短的时间里，我们就看到了你突飞猛进，公司方面十分满意你的工作。但是，因为你刚来公司，有些规定你可能不是很清楚。一般而言，到职不满一年的职员，我们是不会考虑调整薪酬的。当然，如果你特别出色的话，我们会有另外的规定。针对你的情况，我建议你再工作一段时间，到4月份的时候，公司会开始全面地评估你的工作绩效。而到时候你已经来公司半年了，如果你的绩效更好，用不了一年的时间，我们就会调整你的薪酬的。”

汤姆拒绝罗拉的理由十分直接，那就是公司的规章制度。这样，汤姆以他诚恳的态度使罗拉相信，他拒绝她的加薪要求绝对不是因为她的工作能力有问题，或者别的什么原因。他还给了罗拉一个可以预期的未来目标，从而激励了她继续努力工作。我们不能不说汤姆做得确实非常出色。

就拒绝员工而言，公司的规章制度确实是一个十分合理的借口。但是换作是顾客，如果还拿公司的规章制度来作为推辞或拒绝的理由的话，就不那么合理了，因为这会让顾客觉得公司只看重规则，而不关心顾客。

某位顾客想要零星订购你们公司的产品，但是你们公司却不做这么小的业务。一般人会对他说：“对不起，我们公司只做大宗业务。”这样多少有点冷冰冰的感觉。你不妨说：“在这一行里，我们公司的报价是最便宜的。我们之所以能够做到这一点，是因为我们公司接的订单量都很大，一般都在12件以上。对我们而言，小于这个限额的订单都是不划算的。所以我只能就12件的最低限度给你一个报价。”

这样的回答听上去舒服多了。它并不让人觉得冷冰冰的，而是给人一种非常诚恳的感觉。这样的回答虽然表达了拒绝的意思，但是顾客对公司的印象却不会变差。

策划部的经理希望你能够调入他的部门工作，但是你却想继续待在销售部，你总不能直接说“我不想”或者找个蹩脚的理由来拒绝对方吧——除非你不想和他处好关系。而且如果真是这样的话，恐怕你做得不是很好，因为毕竟他是在给你机会。总之，你最好不要直接回绝他。当你确实认真思考了这个问题之后，你可以诚恳地对他说："洛克，我非常感谢你给我这样的机会到你的部门做事。我考虑了很久，这个机会对我来说确实很有诱惑力。但是，经过慎重的考虑，我还是觉得销售部更加适合我，而且这样也能够使我为公司做出更大的贡献。再一次感谢你的赏识，谢谢你。"

这个借口十分合理。无论对公司还是个人而言，你留在原部门都更加有利，使人没有反驳的余地。这样的理由通常能够发挥它的作用，即使是面对那些不讲道理的人。

塔夫脱总统曾经经历过这样一件事情，对我们可能会有启发：

一位华盛顿的贵妇人要求塔夫脱为她的儿子安排一个充任总统秘书而且专门管理、咨询两院议事的职位。她的丈夫有一定的权力，并且她委托了两院中的一些议员帮她说话。可是，这个职位只有具有专业知识的人才能担任。因此，塔夫脱拒绝了她，而且委任了另外一个更加适合的人来接任这个职位。她感到很失望，立即给他写了一封信。信中她言辞激烈，说塔夫脱不懂人情世故，并且说她曾经努力劝说过那些代表，让他们赞同塔夫脱提议的某一项法案，而塔夫脱却连这一件小事都不肯帮忙。

塔夫脱总统过了两天才给那位夫人回了信。他对她表示了完全的理解，说作为一个母亲，遇到这样的事情，当然会是十分失望的。但是他解释说，任用一个专门的技术人员不是他一个人能够做主的，还需要该部门领导的推荐才能任命。这封信使那位夫人平静了下来。

因为一些原因，塔夫脱委派的那个人没有及时到达岗位。几天后，塔夫脱总统收到一封署名为那位夫人丈夫的信，但是笔迹和前一封信一模一样。这封信说，她为了儿子的职位的事情愁闷成疾，并且犯了一种很严重的胃病，而能够使她痊愈的办法就是让她的儿子成为总统秘书。

塔夫脱总统当然知道这封信就是那位夫人写的。他给她丈夫写了一封信，表示很同情夫人的病，同时希望医生的诊断有误。他解释说，如果要撤掉那位已经委任的人，必须遵照非常复杂的程序，而这在目前是不可能的。

之后不久，那位总统委任的人到任。过了两天，总统在白宫开了一个音乐会，而第一对参加音乐会的人就是那位夫人和她的丈夫。

塔夫脱总统3次拒绝那位夫人，都有着十分合理的理由，因此，他们能够继续保持良好的关系。这得益于总统十分恰当的处理方法。因此，我们在拒绝别人的时候，一定要用合理的理由去解释拒绝的原因。

◎辩驳时不要太针锋相对

◎ 对事不对人。不要让你的情绪或者对对方的好恶控制你的思维，这会影响你的判断的客观性。

◎ 当对方提出一个意见之后，不要急于去反对它，冷静地想一想，它的问题到底出在什么地方。

◎ 辩驳的时候不要过于激动，这会让人看起来像是在吵架一样。

我通常建议我的学员不要与别人争论，因为在很多情况下，争论不能使一个人改变自己的观点和看法。但是在某些场合，比如谈判或辩论中，我们少不了要跟人争论，因为只有争论才能维护自己的利益和坚持自己的观点。

在谈判或者辩论中，我们并不只是表明和论证自己的观点和立场。有时候，我们需要通过对对方的观点进行反驳来反对对方，进而维护自己的观点。

我们仍旧需要明白以下几个前提：

冲突是必然存在的。在很多时候，争论双方的立场和观点是截然不同的。我们在前面已经讲过，冲突并不只是语言上的争论，而且是更加深层的原因造成的。

因此可以说，有人的地方就会有冲突，而如果要取得一致的意见，就必须展开争论——当然，是方法恰当的争论。

大家的需要都是正当的。不要认为只有自己需要的东西才是重要的，而别人的需求就微不足道。争论双方的地位是平等的，否则对方也没有必要和你进行争论了。

并不一定只能有一个人赢。不要认为我们只有一个人会得到自己需要的东西，别的人则会一无所获。这样的想法会使你感到焦灼不安，于是你可能运用各种不理智的办法去赢得争论。你们完全可以通过某种恰当的方法，达到“双赢”的目的。

我们在辩驳的时候，需要注意以下几点：

就事论事

不要针对对方本人展开你的辩驳，要让对方感到你在反驳的只是一个观点而已，而至于这个观点是谁提出来的，则无关紧要。把你的辩驳和你的个人感情分开来考虑，即使对方是你讨厌的一个人，也不要认为你辩驳他的观点就是在批评他本人。

把人和问题分开，要让对方感到你是一个讲道理而不是乱扣帽子的人。你必须想到，你们正在针对某一个问题的解决试图达成一致的意见，并不是要在人品、口才等其他方面一争高下。带着开放的态度参与争论，而不是为了争论而争论。

假设你同房东谈到你租的房子的装修问题。对方以为这间房子已经是以目前的价钱所能租到的最好的房子了，但是你认为这间房子需要重新刷一遍白漆，楼道里的灯管需要更换，后院里的栅栏需要修理。你会怎么样来反驳他的观点？难道你对他咆哮“你真是一个吝啬的房东”？或者扔给他租房法的具体条款，并且对他说“你现在必须把这房子按照我的要求进行装修，否则我将在月底搬出去”？

这样一来，即使是为了维持自己的面子，对方也多半会说“随你的便”。你本想就此来威胁他，结果却使自己陷入了尴尬的境地。因此，你不如不动声色地对他说：“我有些事情想要和你商量一下，我的要求是合理的，因此希望你能够认真考虑。当然，你也可以提出自己的意见。”

表明利益

首先认清对方的立场，以及这种立场背后所代表的利益。即使没有那种显而易见的实在的利益，人们的基本需求如被尊重、安全感、信任感等可能也是对方的利益所在，而且这些需求比金钱可能更加重要。

然后，说明你和对方确实存在着冲突，同时告诉对方，你们也存在着共同的利益。你们之间的共同利益正是你们进行争论的原因，而你们确实也期望达成一致的意见。

詹姆斯对一位房屋承包商说："明年 1 月份的时候，我母亲将要来和我们一起住。所以，我需要在现在的住宅边添一间房子。我们只打算花 7 0000 美元做这件事情。房子可以尽可能地简单，但是我希望它不要太小，材料也不要太差，而且要跟其他房子相配。你觉得怎么样？"

承包商回答说："我已经进行了成本的估算，当然，我们不会偷工减料。7 0000 美元对我们来说太少了，这样我们会亏本的。而且，现在正是装修的旺季，我们手头已经有了很多大的项目，这些项目足以使我们赚一大笔钱。所以，如果现在腾出手来接这份没有多少赚头儿的活儿是离谱的。我们的最低出价是 8 0000 美元。"

"那么淡季如何？"詹姆斯明白了对方的利益所在，于是问道，"你看，你现在可以打地基、搭架子、砌墙壁，这些活儿全部都按照全价计算。等到了秋天，你们会有更多的时间，到时候你们再回来继续这个活儿，完成它的装修，到时候你们可以打一些折扣。我现在可以付你一部分钱，然后把剩下的钱全部存进银行，让它生息。而等到付款的时候，我会把本息都付给你们，到时候总价肯定会超过 7 0000 美元的。这样的话，你们在淡季有活儿干，也不至于耽误我的计划。"

这样，对方很容易就答应了。事情很完满地得以解决，因为詹姆斯满足了他们的要求。

考虑对方的意见

你必须明白，你所提出的建议不一定就是最好的，可能存在几种完全不同的为大家所接受的方案。不要认为如果你想要得到一份最大的蛋糕，就只有一种分蛋糕的方法。实际上，存在许多种分蛋糕的方法，甚至可以想到如何使蛋糕变大。

因此，不要固执己见，而要考虑对方的意见。也许当你仔细地考虑对方的意见的时候，你会认为他所说的也很有道理。即使你认为他说的不对，也至少为你提供了另外一种解决这件事情的方式。

你也许可以从他的话里得到这样的信息：

“据我推测，你的意思是怕年轻人担任这一职位不得力，你认为经验对这个工作来说很重要。因此，你需要一个精明能干的、已经有非常多的经验的人来担任这个职位。”而很有可能，你在考虑解决这个问题的时候恰好忽视了这一点。

变选项为建议

即使你确认自己的方案和意见是最好的解决办法，也不要用棒子威胁人家去接受。因为正像你拒绝接受别人的意见一样，对方同样也不会那么容易就接受你的观点。不要告诉对方：“你应该这么做!”而应该说：“你可以这么做。”

不要立刻说出你的建议。先看看对方是怎么想的，并分析他所说的办法，找出其不合适的地方——如果你找不出来的话，多半这个方法就是最佳方案；然后列出自己的选项——包括通过他的方法加以改进的选项——给对方选择，让对方自己去评判哪个更加优越。如果他选择的不是最佳方案的话，对他所选择的方案进行解释，找出这个方案的缺点。

当你最终给出一个方案的时候，不要用肯定的语气要求他也同意，而应该将它作为一个建议，循循善诱地引导他接受这个方案。

比如，不说：“不管你怎么说，我打算付给你 15 万美元来购买这套房子。”而说：“如果我们能够就各项条款达成一致的意见的话，那么我打算出价 15 万美元。你看这个价钱是否合理?”不说：“我希望你能够在月底给我最终的统计数据。”而说：“如果我能够在月底之前拿到最终的统计数据，那么就不会出什么问题了。”

很明显，建议式的方案更加容易让人接受。

◎电话交流时的8大要领

◎ 用声音来表达你的意思，它是你唯一的工具。只有通过它，才能把你的形象、态度和其他信息都表达出来。因此，电话交流对你的口才要求更高。

◎ 直接、快速地表达，这一点在这个快节奏的社会会要求很高，在电话交流中更是如此。

◎ 在电话里拒绝一个人很容易——这往往是一个陷阱。因为这使你给别人这样一种印象：你总是当面一套，背后一套；你是个投机取巧的人，因为你当面从不这样拒绝人。

现代社会中，电话的使用越来越广泛了。人们常常利用电话进行问候、聊天、预约等交际活动或者进行推销等商业活动。人类有很多话是依赖于电话这个工具而进行的。所以，我特意在这一节中给你们讲述电话交流的一些技巧，而这些对你们是很有帮助的。

我们在电话交流中需要注意以下一些要领：

做好通话准备

在你拨通对方的号码之前，最好先想好你打算说什么、以什么方式开始。如果可能的话，最好了解对方的一些信息。社会学家发现，即使是朋友，在不同时候打电话的态度、兴趣也都是不一样的。要了解对方在用什么声音说话，代表的大致是怎样的一种情绪，然后再采取相应的对策。如果是电话营销的话，最好弄清楚对方的一些情况，比如他的职位、兴趣、爱好等。

尽量不要在电话通了之后才去想应该跟对方说些什么，这不但会使你因为紧张而找不到话题，而且也会使对方不耐烦。现代社会是快节奏的，人们都不希望别人浪费自己的时间。没有思考，一般都会使你说话时带有“嗯”、“啊”等无意义的语气助词，这会影响对方对你的感觉。如果你要说的内容比较多或比较重要，把它写下来也是一种好的办法。

使声音清晰

想必你们还记得我前面说过的关于人们传达信息的渠道的有关数据。我提到，根据社会学家的研究，有55%的信息是通过表情、身体姿势和手势等体态语传达的。我们在面对面的交谈中，可以通过表情、手势等来帮助自己，表达我们的情感、思想。但是我们在打电话的时候，却只能用声音来传达我们的信息。

因此，你需要特别注意你的声音。

我们在前面所说的交谈时需要注意的声音方面的问题，包括音量、声调、节奏等很多与声音有关的因素，这些因素在电话交谈时依旧需要注意。在电话交谈中，你需要特别注意的是声音清晰这一点。这是电话交谈最基本同时也是最重要的一点。

我们可以想象一下那些含糊不清的通话。如果你和对方说：“你说什么?”“请再重复一遍。”这无论如何都会带来对方的不快，从而引起交谈的困难。而在一般情况下，如果你和对方不是处于同一对话地位——比如你是推销员，对方是你推销的对象，对方即使没有听清楚你的话，也不会主动告诉你他并没有听清楚。他为了省去麻烦不会要求你重复一遍，而是以“好，我会考虑的”、“以后我再联系你”等类似的话来结束你们的谈话。你没有成功地把你的信息传达给对方，也就谈不上什么技巧了。

同时，不要让周围嘈杂的环境影响你们通话的质量。在嘈杂的环境中，我一般都会告诉对方，我待会儿会打过去的。

遵循礼仪

你需要在电话交谈的时候更加注重说话的礼仪。最好使“你好”、“谢谢”、“打扰了”、“对不起”等礼貌词语在必要的时候派上用场，这会使对方更加乐意跟你通话。在你的谈话中，尽量让对方感觉到你是一个谦谦君子或者很可爱的小姐，而千万不要给人粗鲁、莽撞的印象，尽量用温和、客气的口气跟对方说话。这些跟我们平常说话的礼仪是一样的。

一般而言，如果是你主动打的电话的话，应该由你先挂电话。因为是你有事情找对方，你挂电话说明你说完了。但是，如果存在身份不平等的问题的话，应该由那些身份较高、年纪较长、职位较高者先挂电话，这表示你对这些人的尊敬。

不要以为没有见面就可以肆无忌惮。当你通过电话拒绝对方的时候，你仍然需要使对方留有自己的自尊。如果你不保持礼貌的态度的话，很显然，对方也更加容易用你的方法来对待你。

说好开场白

接通电话之后，如果你一开始说“给我找你们公司那个约翰”，这样你可能会听到对方“啪”的挂电话的声音。因此，如果你不想受到这样“无礼”的对待的话，你应该说：“你好，请帮我找财务部的约翰。”这样的话，对方会非常乐意为你效劳。

如果接电话的正是你想找的人，不要想当然地认为对方会知道你是哪位。你应该首先作自我介绍，这还是一个礼貌问题。当对方弄明白你是谁之后，不要跟对方谈论今天的天气如何，你应该直入主题，把你的意思说清楚。很多人好像觉得这样直接了一点，但是大多数人就是喜欢直接，而并不喜欢对方拐弯抹角。

使你的话简短而准确

有些人喜欢在电话里聊天，他们的谈话没有主题，往往一聊就是几十分钟。当然，没有人有权利阻止你这样做，如果你愿意花费昂贵的电话费的话。关键是对方可能没有这么多时间陪你闲聊，他也没有义务这么做，虽然他没有说出来。

要使你的话尽可能地简短，能够用一分钟说完的事情，不要花费几十分钟。这跟我们平常说话是一样的。要考虑到对方拿电话久了可能会很累，而且，他很可能有别的重要的事情要去做。如果对方听得不耐烦了，他不会继续听下去的，而那时候你还没有讲到你说话的重点，你应该不会希望这样。

当然，话语简短的前提是你确实把自己的意思表达清楚了，并且确认对方已经知道了。如果不是的话，你必须要再“啰嗦”一下。

倾听对方说话

永远要记住说话不是一个人的事情。不要只顾自己滔滔不绝地说话，也要让对方说话。他也许有重要的信息要告诉你；他也许会告诉你他并没有完全弄懂你的意思，或者还有别的什么疑问。总之，留一点儿时间让对方说话。

当对方说话的时候，不要一边看报纸、电视，一边只是“嗯”、“哦”之类地回答对方，甚至跟他讲起了电视上突然出现的滑稽画面。你知道不被重视的感觉，所以也应该知道对方的感受。

你不知道对方说了些什么，不知道对方的情绪，受到损失的只是你自己。对方也许并不知道你在做这些事情，但是他会很容易感觉到你说话的兴致不高。

记录谈话要点

准备好笔和纸，随时记下你认为重要的东西。你应该养成这样的习惯。不要在对方给你一个号码的时候，要对方稍等，然后再花好几分钟的时间满屋子找笔和纸。

当你记下了对方给予的重要信息的时候，即使对方没有问及，你也应该重复一下你刚才所记的内容。当你清晰地复述出来的时候，对方会很高兴，因为你在认真地听他说话。

而如果对方问你弄清楚了没有，你却不得不请求对方重复的话，那会使对方怀疑你有点儿心不在焉，没有认真地听他说话。

也许你认为自己的记忆力不错，但是在通常情况下，等一通完电话，因为某一件事情的发生，你就会忘记刚才那件事情了。不要相信自己的记忆力会比纸和笔更加出色，你可能会因为这种自信而付出很大的代价。

通话被打扰

当你跟对方正谈到某一个重要的问题的时候，你的一个客户走了进来。你会怎么办？是停止通话，还是不理那位客人？

从来没有人会说面前的客人永远比电话里的客人更加重要，也没有人会说相反的话。这完全要看当时的情形。如果你面前是一位更加重要的客人——我的意思是，他可能一不高兴，就停止了和你公司200万的合同——你应该一面微笑示意你面前的客人，一面对你的电话里的客人客气地说："不好意思，我有一件急事需要处理。我待会儿给你打过去。"千万不要说"我有一位重要的客人"，这样会显得电话里的人分量不够——如果他们都是你的客人的话。

如果正好相反，你则可以在示意对方坐下之后，再时间稍为充裕地处理这次通话——当然，你也不能因此而怠慢眼前的客人。

第七章

说 服 力

◎避免与对方争论

◎ 争论只会带来不利的影响，而对你想要达到的目的毫无用处。相信这一点，不要再因你一时的冲动而浪费你的时间和精力。

◎ 当别人发怒的时候，平静地等待着。不要试图在发脾气上跟他竞赛。等他能够听进你的话时，再跟他好好说话。

◎ 避免和对方争论——做到这一点本身并不难，难就难在每个人都有争强好胜的心理，而你要克服这种心理。

卡耐基口才训练班的学员一开始都一致认为，如果能够掌握一套轻易地说服他人的方法，那一定是十分美妙的事情；但是他们同时也认为，说服他人是口才中最难掌握的一种方法。

能够让别人改变想法和要求转而接受自己的想法和要求，无疑是很吸引人的。在所有的沟通中，说服术是最基础也是最重要的一种技巧。实际上，你在任何场合都能用到这种技巧——多得我都不用举例说明了。

但是我不同意学员们后一部分的说法，即认为学习说服术十分困难。我认为，世上并无真正的难事，关键在于我们是否肯运用正确的方法努力去做。而我也将把自己的经验告诉大家。只要把以下这些原则掌握了，你们会发现，说服他人也不是什么很难的事情。

美国报业大王霍斯托在他还没有出名的时候，就已经雄心勃勃地想要在新闻界占有一席之地。他在自己创办的报纸上发起了一个倡议，其主题是：在全市的电车道上装备救护网，保护儿童。他在自己的报纸上大肆宣传，同时还请美国漫画大师乃西欧为这一活动作画，以吸引读者的注意力。一切进展得很顺利的时候，一个麻烦突然出现了：乃西欧作的画所反映的主题跟霍斯托想要表达的意思正好相反，因此根本不能作为宣传材料。

霍斯托想要乃西欧另外画一张合适的画，但他并没有找乃西欧直接说出来。因为这样一定会引起乃西欧的不满，搞不好还会跟他争吵起来。一天晚上，他邀请了乃西欧一起吃饭，在席间一直不停地称赞乃西欧的画，这当然让乃西欧十分受用。说了一会儿话之后，霍斯托把话题很自然地转移到了电车上，他对乃西欧说：

“我现在一看到电车就很不舒服，因为好像我看到的不是载人的电车，而是一辆辆运送人的骸骨的车。你知道，那些电车道上经常有儿童被轧伤或轧死。而那些开电车的司机，在看到那些穿过电车道的儿童时，似乎大都不怀好意。”

“这个题材很好，”乃西欧说，“我建议你把我以前送给你的那幅漫画撕掉，我会以这个题材重新创作一幅漫画送给你的。”

霍斯托知道争论的结果，因此他并没有直接跟乃西欧争论那幅漫画的对错，而是避免了争论，采取了一种暗示的方法，让对方意识到自己错了，并且主动提了出来。后来，乃西欧用了半个晚上创作的那一幅画，成功地使旧金山全市的电车道上都安装了救护网。

当你打算说服一个人的时候，最愚蠢的方法就是跟对方争论。我们已经知道，几乎没有人会因为争论失败而改变自己的想法。争论确实能够带给你一时的快感，但是却会使你得不偿失。

遗憾的是，有很多人经常犯这样的错误。年轻时候的本杰明·富兰克林就非常喜欢与人争论。当时他与镇上一个小伙子关系很好，两个人在一起的时候，常常争得面红耳赤。他们都非常喜欢辩论，很想驳倒对方，获得片刻的成就感。这种嗜好让他养成了一种习惯，那就是：在和人讨论的时候，他常常会不自觉地去寻求一种与对方不同的意见—不管是对还是错。富兰克林发现，除了一些律师、大学生和一些特别的人外，对一般人而言，这其实是一种非常不好的习惯。就像他，常常因为这种习惯而得罪人。

于是，富兰克林决定改变这种好争论的习惯。当他致力于提高自己的语言水平的时候，他看到了一本分析英语语法的书，其中有一篇关于逻辑的文章，是苏格拉底论证的实例，这让他受益匪浅。不久之后，富兰克林又找到了《回忆苏格拉底》一书，里面有大量的苏格拉底式的论辩的实例。富兰克林接受了这种方法，放弃了率性的反驳和绝对的争辩，从而让自己成为了一个谦逊的提问者和怀疑者。这使得富兰克林彻底改变了自己在人们心目中的形象。

格拉瑞是卡耐基口才训练班的学员，他是纽约一家木材公司的推销员。多年来，他都在跟那些冷酷无情的木材质检员打交道。他们常常因为一个小问题而发生争执，有时候甚至吵得不可开交。争论往往是以格拉瑞取得胜利而告终，但是这种胜利却使他和木材质检员的关系冷淡，使公司总是赔钱。在上了卡耐基口才训练班的课程之后，他决定改变策略了。

一天早上，质检员打电话给格拉瑞说他们公司的木材不合格，现在已经停止卸货，并且要他马上把木材运回。当卸完木材总量的 1/4 之后，质检员声称这批木材的合格率仅为 50%。因此，他们拒绝接受这批木材。

格拉瑞很快赶到了现场。对方的采购员和质检员看到他之后，马上摆出了一副准备吵架的神态。格拉瑞说："我一声不吭，和他们一起走到了那些已经卸下的木材面前，并仔细地看了看那些木材，然后听了他们的意见。根据我的经验判断，他们又一次犯了错误，因为这种木材是白松。实际上，质检员对这种木材并不熟悉，他最熟悉的是硬木，但是他却自认为对白松木也很内行。而比较而言，我比他更熟悉白松木。

"如果在以前的话，我会马上指出他的错误，并和他进行一场争辩，但是这次我并没有这么做。我对他的木材分类方法没有提出任何异议，而是告诉他们，他们可以把不合格的木材挑出来，我立刻把它们运回去。这一办法果然很有效，他们立即变得热情起来，我们之间的紧张感开始消除，大家的关系也显得很友好。之后，我建议他们重新对这些木材进行检查，并提醒他们白松木和硬木是不一样的。质检员终于承认他其实对白松木没有多少经验，然后虚心征求了我的意见。”

最后，他们接受了全部的木材，给了格拉瑞全价的支票。从那以后，格拉瑞和质检员的关系越来越好，后来还成了朋友。

这种做法的作用多么明显啊！从“敌人”到朋友的转变，只是因为其中一方避免了争论。因此，如果你想要说服一个人，就要避免同对方争论。

任何一个人只要被他人攻击，都会下意识地树立起自我保护的意识。当他受到言语的攻击时也是一样的。因此，争论是不会使对方相信你说的话的。当你想说服对方时，你需要冷静地把事实指给他看，与他从容地交谈。

而且，争论往往会使你失去许多时间和精力，并且也会大大刺激你的血液循环，使你没有办法安静下来去理清事实的真相，或者找到更加完美的解决办法。从这个角度考虑，你也完全没有必要花这么多精力去干那种既没有意义也没有任何好结果的事情。

为了避免跟对方争论，我们在与对方意见发生冲突的时候，需要注意以下这些问题：

欢迎不同意见

不同的意见往往带来看问题的不同角度，这会使你收获不小。一个人往往是从自己的立场出发，根据自身的经验和知识，以自己的价值观判断一件事情或一个人的，所以每个人都很难说自己的看法就是正确的。学会从别人的意见中去发现自己想要的东西，这样你就能够做到尽可能全面地看问题。也许这样，你就不会那么激烈地反对跟你持有不同意见的人了。

了解对方的看法

不要一句话不和，就开始跟对方争论起来。你至少应该听完对方的说话，这样才能明白他究竟想表达什么意思。不要想当然地认为自己能够根据一句或几句话给对方下结论，因为根据一般人的习惯，往往并不会在一开始就表明自己的观点。一开始就打断对方说话，急于下结论，这是没有忍耐力和没有修养的表现。

试着从对方的角度去考虑问题。站在对方的立场上，顺着对方的思路去思考。不要犯偏执的毛病，不要妄自尊大，也不要让别人觉得你纯粹是为了反对他而跟他争论。要让对方意识到，你是在发表意见，而不是在争论。

态度真诚地发表意见

当一个人跟你谈话的时候，他并不是想听你的教训的。你们并不是说教与被说教的关系，而是平等的对话者。和你一样，他也会认为自己的想法是对的，并且毫不犹豫地使自己相信这一点。

如果你确实认为对方是错误的、你是正确的，并且能够确保这种判断不会有什么偏差，那么就用真诚的态度跟他说话。用一点儿技巧避免争论，循循善诱地使他慢慢地相信这一点，让他自己说服自己。

◎间接地指出对方的错误

◎ 相互尊重，是人与人之间交往的基础。如果你妄图通过批评对方显出你的高明和优越，你是不会受到欢迎的。

◎ 委婉、暗示地说出对方的错误，让对方觉得这是他自己发现的错误，这会使对方更加容易接受。

◎ 不想让对方觉得你在以指出他的错误为乐，最好的办法莫过于用

平和的语气间接地指出来。

当你发现对方犯了一个很明显的错误时，为了使对方能够尽快地改正，于是你好心地对他说："看，约翰，你刚才说的有这样一个错误……"你满以为他会感激你，但是结果却让你很意外，甚至让你感到不可理喻——他坚决不承认自己犯了错误，更不用说感激你了。

你没有必要因此而责备对方。这种事情太常见了，几乎每个人都会有这样的毛病。当别人指出自己的错误，尤其是直截了当地指出的时候，一般人似乎都受不了。他会因此而产生一种让人觉得不可思议的强大的力量，正是这种力量迫使他拒绝接受你的批评或指正，即使他明明知道你是为他着想的。

心理学家指出，这种强大的力量中有很大一部分是自我认同感在起作用。当自己所相信的东西被怀疑或否定之后，每个人都会产生一种焦虑，感到自己的自尊被伤害了，甚至感到自己的安全已经没有了保障。结果是，他会本能地拒绝承认自己的错误，即使他可能认为你说的是对的。因此，当你想要说服一个人，让他明白自己的错误的时候，千万不要直接指出对方的错误。

一天，查尔斯·史考伯经过自己的钢铁厂的时候，撞见几个工人正围在一起抽烟。他们显然忘记了公司禁止吸烟的明文规定，或者像很多犯错误的人一样存在侥幸心理。史考伯先生应该把他们揪出来，然后狠狠地批评他们吗？或者把那块"禁止吸烟"的牌子指给他们看？这都只会让对方感到难堪，并且对史考伯产生怨恨。只见他不动声色地走上前去，发给他们每个人一支雪茄，并对他们说："我们到外面抽去。"这些工人当然不会跟着史考伯一起出去抽烟，而是对他说："啊，我们忘记公司禁止吸烟的规定了。请你原谅。"然后赶快回到他们的工作岗位上去了。当然，我们能够体会到他们心里的那种复杂的感觉：既为犯了错误而感到自责，又为没有受到惩罚或指责而感到庆幸，同时对史考伯先生也越发尊敬。他们以后一定不会犯同样的错误了。

我相信，直接指出对方的错误，实际上就是在批评对方。任何人都不喜欢被他人批评，即使他明白自己确实做错了。但是人们却往往做这样的蠢事。从上面两个例子的结果来看，间接地指出对方的错误，是十分正确的。采用温和的语气，间接地指出别人的错误，这样就不会引起对方的反感。

确实，我们只要在指出对方错误的同时，注意维护对方的自尊，就容易收到很好的效果。这是十分符合人的本性的——正因为我们没有办法改变人性的弱点，所以只有使自己所做的事情符合人性。

那些聪明的人总是会想方设法这么去做，因为他们知道这样做的效果比直接指出对方的错误要好得多。马吉·嘉可布太太请了几位技术非常好的工人加盖房子。头几天，他们总是把院子弄得乱七八糟，到处都有木屑。一次，等他们结束了一天的工作后，聪明的嘉可布太太不露声色地叫来她的孩子们，和他们一起把木屑处理干净，堆到院子的角落里。第二天，工人们来的时候，她非常高兴地对工人们说：

“你们昨天把院子打扫干净了，我非常高兴。老实说，这简直比我们以前的院子还要干净。”

听到这些话后，那些工人十分高兴，以后都把木屑堆在了院子的角落。试想一下，如果嘉可布太太摆出一副雇主的姿态，那些工人会怎么样呢？他们会毫不犹豫地换另外一份活儿的，因为像他们这么优秀的建筑工人毕竟很少。

一些大公司或者机构的上层人物一般人通常很难见到，其中的部分原因固然是他们很忙，但是那些下属的“过滤”也是一个重要的原因：他们不愿意他们的上司被打扰，因此帮上司挡掉了许多看起来不那么重要的客人。这对那些上层人物来说并不一定就是好事。卡尔·佛朗在当佛罗里达州奥兰多市的市长的时候，就曾经遇到过这样的麻烦。他奉行的是“门户开放”政策。当时他规定，市民如果有事的话就可以直接来见他。但是，那些造访的市民却常常被工作人员挡在门外。

后来，为了圆满地解决这个问题，聪明的市长想出了一个高招儿：他叫人把他办公室的门给拆了。这样，他相当于在明白无误地告诉工作人员不要再阻挡那些造访者了。另一方面，他用行动暗示了工作人员的错误，但并没有直接指出来，这就给他们保留了自尊。

所以，为了劝服别人同时又不伤害别人，你需要间接地指出他人的错误。

◎让对方以愉悦的心情与你交谈

◎ 让对方十分高兴地跟你谈话，这样会减少你谈话的阻力。

◎ 不想使对方树立敌对的意识，最好的办法是使他感到愉悦，让他能够轻松地与你交谈，就像和一个老朋友聊天一样。

◎ 不要让对方恼怒、气愤或者消沉，不要触犯对方。要让他感到你在跟他进行普通的交谈，而不是辩论。

威尔逊总统曾经说过这样的一段话：

“当你捏紧你的拳头准备跟我说话的时候，对不起，我也会和你一样地捏紧拳头。但是如果你友善地对我说：‘让我们一起坐下来谈一谈，看如何解决我们之间的分歧。’这样我也会非常友善地坐下来。这样我们才可以看到，我们之间存在的问题可以得到解决，因为我们的意见分歧不大，并且共同点很多。只要有友善的态度，我们就容易取得一致。”

的确如此。多年的生活经验告诉我，当我想要说服一个人的时候，能够采取的最好的办法是使对方能够以愉悦的心情跟我交谈；而如果我采取的是愤怒、粗暴的态度，对方就会感觉受到了威胁，那么我们多半会解决不了问题。

这个现象很好解释。当我采取的是愤怒和粗暴的态度的时候，那么对方会感到我和他是敌对的关系，我是他的敌人——我们知道，基本上人们都不会听信敌人的意见。对方会不自觉地在我们之间设一道鸿沟，使自己处于绝对的安全之中。我们可以想象，在这样的态度之下，想要说服一个人会有多难。

怀特汽车公司的工人为了增加工资而举行了规模巨大的罢工。公司的总经理卡特先生并没有像多数的老板一样，在这样的情况下采取强硬的态度。他争取使工人们有一个愉悦的心情，从而使他能够跟他们在平和、友善的环境中进行对话。他积极地做了一些事情来做到这一点。卡特非但没有恐吓和威胁工人们，还在报纸上刊登广告，称赞他的工人们是“放下工具的和平者”。他为工人们买了棒球棍和手套，让他们因为罢工无事可做时可以在空地上打棒球；他还租下了一个保龄球室，供工人们在闲暇的时候使用。

他在适当的时候和工人的代表进行了谈话，谈话气氛十分友好。看得出来，工人对公司已经由敌对态度变成了可以谈判解决问题的平和的态度。这次罢工在一周内就被解决了，卡特的做法给那些老板们提供了一个十分出色的范例。

史特劳伯觉得自己租的房子租金太高了，想要房东把租金降下来。于是，他写了一封信给房东，说他的房子的租期快到了，如果能够适当地降低房租的话，那么他还打算继续住下去。其他的房客却觉得这个方法根本行不通，因为房东是一个十分顽固和吝啬的人，他们都试过这个方法，结果都失败了。

房东看了史特劳伯的信后，就来找他了。史特劳伯站在门口欢迎他，并且一开始绝口不提降低房租的事情，而是一个劲儿地说他非常喜欢这所房子，他实在不愿意搬走。他还对房东说，他现在已经总结出对这所房子的管理办法了。

这使得房东非常高兴。很明显，从来没有一个房客像史特劳伯这么欢迎他，他甚至都有一点儿不知所措了。

房东对史特劳伯讲他的房客让他感到十分烦心，他对他们都没什么好感。他们总是抱怨这抱怨那，有一位房客甚至给他写了 14 封信来侮辱他。

还有一位房客威胁他说，如果楼上的人还想睡觉的话，办法只有一个，那就是降低房租。

“你真是一个惹人喜爱的房客，”房东对史特劳伯说，“能够遇到你这样的房客，真是让我太高兴了。”

接着，还没等史特劳伯开口，他就主动提出降低史特劳伯的房租，所降的房租比史特劳伯自己想象的还要多。临走的时候，他还提出打算对史特劳伯租的房子进行装修。

史特劳伯的方法十分简单，那就是尽量使对方感到愉悦，从而能够在友好的气氛中进行交谈。

当别人犯了错误的时候，不要气势汹汹地去批评他，这样多半会导致对方的反感和反抗。你应该采用一定的技巧，使对方以愉快的心情与你交谈，这样才会使对方能够被你说服。

我们相信，愉悦的心情会使一个人有勇气承认自己所犯的错误，从而接受对方的批评和建议。而这种心情在多半情况下都必须由对方提供一个很好的谈话环境来获得，因为心情确实与谈话环境有很大的关系。

美国通用汽车公司想要在一个分公司附近新建一处车间。当在附近收购地皮的时候，他们遇到了一个麻烦。这块地皮的大多数主人都肯将其转让，但是有一个叫伊兰特的老太太却拒绝转让。伊兰特老太太所拥有的那块土地，正位于整块地皮的正中央，因此公司必须将其收购。公司派了许多人去“攻关”，但是却都失败了。

建筑工期马上就要开始了，时间十分紧迫。公司经理弗莱克为了不至于因为这一块土地而影响整个计划，决定亲自去说服这位老太太。出发之前，他精心为自己“打扮”了一番。他带着一顶破草帽，穿着一件破旧不堪的衣服，出现在了老太太的面前。这位老太太简直把他当成了一个苦工——而这正是弗莱克所希望的，他想使这位老太太看起来更加尊贵一些。

“我是通用汽车公司的一个经理，”弗莱克说，“我叫弗莱克。我从来没有见过像你这么高贵的老太太，我不得不说，你的生活品质比我的高多了。我相信，像你这样的老太太生活在这样简陋而狭窄的屋子里，未必合你的身份。你应该搬到更加漂亮的地方去，这样才能使你更加体面和舒心。”

老太太才不会理会弗莱克的打扮是不是故意的，或者他的奉承话是不是真心的，但是她的确非常高兴。弗莱克继续和她谈论转卖土地的事情。这时候，老太太已经不像先前那样冷淡了，而且也不像弗莱克的员工所说的那样顽固。几天之后，老太太打电话给弗莱克，决定将她的土地卖给通用汽车公司。而她所提出的价钱，比弗莱克所预计的更是少了一半。

因此，尽量使对方以一种愉悦的心情跟你谈话，这样会使事情变得更加容易解决。弗莱克用了什么高超的手段吗？没有。他只不过是营造了一种平和的、令对方愉悦的谈话环境。原来看起来好像不可能成功的事情，却因此而变得如此简单！

◎努力让对方客观地认识事物

◎ 不要直接告诉他人应该怎么做、怎么想，而应该告诉他真实的事情是怎么回事。

◎ 不要对他人说："你这种想法非常无聊。"或者"你太片面了！"而应该告诉对方，他现在在受着某种客观条件或某种错误想法的束缚，应该排除这种偏见。

我之前说过，我现在已经不像以前那样确信许多东西了。这并不是悲观的论调，只是我现在能够更加客观地认识一些东西，不再像以前那样从狭隘的个人经验、个人知识、个人信仰和个人立场来看事物。但是很多时候，一些人还是在确信许多我以前确认、现在却怀疑的东西。想到这一点，我就会感到十分焦急。

你们也可以发现，当你们在交谈的时候，常常遇到一些看起来十分顽固的人。这些很顽固的人，换个角度来看的话，我们可以称之为有着坚强信念的人。这些人不会轻易地改变自己的看法，只要是他们认定的事实，如果没有更加确凿、更加有力的证据的话，他们从来不会产生怀疑。

我不想给这些人下评论。不论你有何种性格，“不及”和“过”可能是同样的效果，而对不同的事情而言，这种执著的信念往往会有不同的效果。比如，不应该坚持的东西，你却坚持了，这时候就是你的不对了；而有一些正确的东西，你越坚信它，对你来说就越好。

你确信自己的意见是对的，而别人的意见是错的。但你要让别人认识到这一点却并不是一件很容易的事情。你不能对他说：“事实明明就摆在那里。”这样的话没有多少说服力，因为他也看到了事实，只是每个人看到的事实都是不一样的。但你明明知道他的意见是一种偏见，他是从你认为不正确的角度来看问题的。在这时候，你应该尽量使对方客观地认识事物。这样，他才会真正认识到自己所犯的错误。

我们举一个有点违反常规的例子，来说明一个人会固执到什么地步。

有位号称“双枪”的杀人魔王科洛雷曾经和他的女友开车在一条乡村公路上兜风，他把汽车停在了马路中央。这时候，警察走过来请他出示驾照。他二话不说，掏出手枪就朝警察射击。当警察已经躺倒在地的时候，科洛雷跳下车，拔出警察的手枪，又对尸体射了一枪。这当然只是科洛雷的种种恶行中的一件，因为他生平杀人无数。

1931年5月7日，警察把科洛雷围在他女友的公寓里，并朝屋内扔了催泪弹，试图把科洛雷从房子里逼出来。但是即使在一个小时后，科洛雷还蹲在一个沙发后面朝警察开枪。当警察抓获负隅顽抗的科洛雷后，纽约市警察局局长马罗尼发表了公开讲话，他说：“这是一个名副其实的杀人魔王，任何一件小事都会成为他杀人的借口。”

但是科洛雷自己却并不这么认为。他在自己的公开信里这样写道：“没有人知道，我在凶恶的外表下藏着一颗疲惫和善良的心，我并不愿意杀害任何一个人。”

谁会相信他居然会这么说?！他居然觉得自己没有什么错！对这样的

人，你想对他说些什么呢？

这绝不是特例。因为工作需要，我曾经和纽约市辛辛监狱的监狱长通过几次信，他告诉我一些与我的想法截然相反的事情：“监狱里的犯人很少有人自责，他们认为自己和正常人一样。他们很擅长为自己辩解，他们会试图说明为什么必须撬开别人的保险柜，为什么会开枪朝路人射击。大多数人都能为自己找出理由，尽管他们的理由是荒谬的、违反逻辑的以及反社会的，但是他们却用这些理由来说明自己是不应该进监狱的。”

我们看到，这些罪大恶极的犯人从自己的角度去看事情，都认为自己所做的事情是对的（当然，他们犯罪的原因并不这么简单）。这些人明显地犯了常识性的错误（或罪恶），都不能客观地看待问题，我们又怎么能够强求一般人——他们只是在一些相对来说并不重要或并不那么清楚的问题上不能客观地看待——完全正确地看待问题呢？

我们帮助别人客观地认识事物，首先要知道他是怎么想的，以及是如何得出这一想法的。每个人都会有一定的坚持己见的习惯。他们看问题当然是从自己的经验、自己的立场去作判断，而且认为这是对的。当有人怀疑他的正确性的时候，他会毫不犹豫地为自己的观点进行辩护，除非你能够指出他的致命的缺陷。所以，你必须站在他的立场去考虑问题，并进一步地反驳他。

当年，西奥多·罗斯福退出白宫之后，面对他的继任者、共和党人塔夫脱总统的保守作风，他感到十分恼火。于是，他不仅在公开场合对塔夫脱进行严厉批评，而且组建了“雄麋党”，打算再次竞选总统。他们的争论使共和党几乎土崩瓦解，直接导致了共和党在竞选史上的最大的一次失败。但是塔夫脱并没有为此自责，他在事后满含热泪地说：“我想我并没有做错什么。”

我们且不去管这件事情谁对谁错。我们发现，批评就像火星儿一样，它足以引爆人们心中的虚荣和自尊，并使人们不去管这样做可能会置人于死地。如果当年罗斯福能够站在塔夫脱的立场去考虑问题——假定是罗斯福对了的话，这既能让罗斯福更加客观地考虑问题，当然也能够说服塔夫脱改变自己的政策。而如果是塔夫脱对了的话，他也可以这么做。而他们却似乎只懂得批评、抱怨和责备对方，这种做法实际上是非常愚蠢的。

我想以我自己的亲身经历来说明让别人客观地认识事物对于说服一个人的重要性。我通常在规劝或者说服他人去做某一件事情的时候，先停下来想一想“如何才能使他心甘情愿地去做”这个问题。这个方法使我受益匪浅。

我在一开始进行我的讲座的时候，租用了纽约市一家饭店的舞厅作为演讲地点。我的每期培训都需要租用20个晚上。

一开始我并不为这件事情担心，因为这点租金是我可以承受的数额。但是有一次，在新的一轮演讲开始的时候，饭店方面突然打电话告诉我说必须付比以前高3倍的租金。我并不想改变演讲的地点，因为一切准备工作都已经就绪。我打算说服饭店的经理，使他打消这样的念头。我很清楚，他们想的只是自己的利益，但是我相信自己能够说服这位经理。

“你们的通知的确让我很吃惊。”我见到那位经理后，微笑着对他说，“但是我这次来并不是想责怪你。我知道，如果我是你，我也会这么做的。因为不这样做的话，饭店的利益就要受损，而你将会被辞退。那么现在，为饭店的利益着想，我们来分析一下这项决定的利与弊。”

我从我的包里拿出一张早就准备好的纸，在纸的中间画了一道线，作为“利”和“弊”的分区。接着，我在“利”的那一边写下“可做他用”，然后跟他解释说：“的确，你们可以把舞厅租给人家，用来跳舞或者开会。毫无疑问，这样肯定会比租给我的价钱要高。而租给我的话，相当于你们损失了很大一笔钱。”

再接着，我在纸的另一边写下“减少收入”和“广告效应”，然后对他解释说：“首先，我因为付不起你们的租金，所以不得不另觅地方，这样一来，你们势必要空出这个舞厅一段时间。相对来说，这比现在算是减少了收入。其次，你们知道，我每次所举办的一系列讲座，都会吸引许多人——包括很多名人到你们饭店来居住，难道你不认为这是最好的广告吗？你们每次需要在报纸上花多少钱打广告呢？如果我猜得不错的话，50000 美元应该是必不可少的。而且，这些报纸上的广告的效果也未必有这么大。这对像你们这么大的酒店来说，价值是不是非常大呢？"

最后，我把这张纸交给尚在思考的经理，并且对他说："为了你们的利益，请认真地考虑一下，然后尽快通知我。"

结果已经可以预料：第二天，饭店方面就通知我，我的租金只需要增加 50%，并不是之前决定的 3 倍。

我并不是想要说明我的做法有多么高超——实际上，这件事情看起来好像被我轻易地解决了。我只是想说：我们在说服他人的时候，是完全可以用更加简单而有效的方法来做到这一点的——让他人客观地认识事物。你也可以试着这么去做。

◎满足对方的心理需求

◎ 了解对方，了解他有什么需求，然后，尽量满足他的需求。

◎ 不要以为满足对方的心理需求需要作出多大的牺牲，好像自己会丢掉什么东西一样。正如我们知道的那样，在我们给予他们这些东西之前，这些东西是没有丝毫价值的。

◎ 当然，我们不能无原则地去满足他人的心理需求。我的意思是说，我们不能对一个无法赞美他英俊的人说他英俊，如此等等。这样做会给我们带来麻烦。

拿破仑 26 岁的时候，已经是法国意大利方面军的总司令了。当时，全军正处于军需供应十分紧张的困境之中。但是拿破仑却在这样的时候作出了一个重要决定：攻打通往意大利的要塞，然后占领意大利。在部队出发之前，他向他的士兵们这样演说道："伟大的法兰西的士兵们，我知道你们现在的处境十分困难，我们的共和国亏欠你们太多了。但是，就目前而言，我们并不能为你们做更多的事情。而现在，我将要带领你们到敌人最富足的地方去。到那里之后，你们将丰衣足食，你们将拥有富饶的城镇和乡村，你们将拥有美好的前景。为了你们美好的生活，鼓起你们的勇气吧！”

拿破仑的演讲激励了那些原本身心俱疲的士兵。最后，他们在统帅的带领下，终于一鼓作气攻进了意大利。《拿破仑》一书的作者雷特伊评论道：“正是他的说话魅力，成就了他伟大的事业。”

我们知道，人们做一件事情——无论他有多么高尚——总是为了达到自己的某种目的。这可以说是常识性的知识了。奥福斯教授在《影响人类行为》一书中写道：“行动，总是由一定的基本欲望而引起的……不管是在商界、家庭、学校还是在政治界，那些能够引起别人渴求的人，才真正是不败的高手。”我们看到，拿破仑正是因为抓住了士兵们的心理需求，才能发表富有煽动性的演讲，从而在那么困窘的条件下建立战功。

那么，一个人究竟需要什么呢？美国学识最渊博的哲学家之一约翰·杜威认为，人性本质中最深远的驱动力就是“希望具有重要性”，但是这显然还不够全面。一般来说，大多数人都希望拥有以下这些东西：

1. 健康。

2. 食物。

3. 睡眠。

4. 金钱以及用金钱可以买来的东西。

5. 未来生活的保障。

6. 性满足。

7. 儿女的幸福。

8. 被人重视的感觉。

能够让人做一件事情的办法，就是满足他想要的那种需求。这个道理非常简单，甚至简单到人们容易忽视的地步。据统计，在我们这个号称发达的时代，有90%的人在90%的时间里忽视了它的作用。

用来证明的事例不难找到。下面这件事能够突出地反映出人们对这种常识的忽视。这是广播公司发给无线电代理商的一封信，而括号里的文字则是一位叫做布兰德的部门经理读信时的感受：

“亲爱的布兰德先生：

我们公司希望能够继续保持无线电行业内广告业务的绝对领导地位。”

（你们公司跟我有什么关系？我自己的事情都忙不完：作为抵押，银行正准备没收我的房子；昨天股票大跌，我损失惨重；我的花草被害虫吃得只剩下几根主茎；早上我误了火车，上班迟到了30分钟；我的头皮现在还在发痒，医生说我血压高、有皮炎、头屑多，好像我全身没有一处好的器官。天知道接下来还会发生什么倒霉的事情。一大清早就读到这样的信，简直倒霉透了。这个家伙还在向我絮叨他的破公司，滚他的吧！如果他知道这封信带给我的印象，他肯定会离开广告界，改行去卖消毒液了。这样我就不会读到这样让我烦心的信了。）

“本公司的客户是无线电台。我们每年的营业额是全行业首屈一指的。”

（高高在上，不可一世。那又怎么样呢？你的公司有多大关我什么事？即使你把全世界联合起来了，我也不会管的，我只管自己有多大。你们公司非常大、非常成功，可是，就我自己而言，你们公司简直太渺小了。）

“我们希望把有关无线电台的最新消息及时提供给我们的客户。”

（你们希望！你们希望！你这个不知深浅的家伙。你有什么希望关我什么事呢？我告诉你吧：像你一样，我只对自己感兴趣！但是你却只字不提“您的希望”。）

“你应该把本公司当做优先对象。”

（我“应该”？我应该怎么做用得着你来告诉我吗？你以为你是谁？你自吹自擂，让我把你作为“优先对象”，居然连一个“请”字都不说。）

“立即回信。告诉我你们最近都有哪些活动，这样对双方都有好处。”

（愚蠢的家伙！这样一封丝毫没有礼貌的复写的信件，就想让我在担心我的房子会被抵押的时候给你写信？真有意思。我们做了什么，用得着告诉你吗？你说说，这样做对我有什么好处？）

你会指责布兰德自私吗？即使是这样，其实我们每个人也都跟他一样。问题的关键在于，这家广播公司发出的这封信——我们知道，都是一样的内容——会收到多大的效果，这是我们可以预料到的。他们在写信的时候没有考虑读者的心理，从不去想别人想要的是什么，而只是大谈特谈自己想要什么。每个读者的心理跟这位布兰德应该都是差不多的。

作家欧文说过：“能够设身处地地为他人着想、了解他人的心理，这样的人不必在意自己的前途，因为他们是不会没有前途的。”这句话的确不错。社会交际学上也有一句名言与此对应：先满足别人的需求，然后才能满足自己的需求。

幼儿园的那些老师应该是我们学习的榜样。我曾经在幼儿园开学的时候去过一次幼儿园，成百上千的孩子随着父母前来，再加上孩子的哭声，整个场面显得十分混乱。当时我感到头皮发麻，但是那些老师却镇定自若。我曾经问过一个幼教是怎么处理这些问题的，她说：“这一点都不难啊！”

她的回答让我吃惊。如果换作是我，我会认为这简直是天底下最难做的事情了。于是我问她：“对于那些初来的孩子，他们总是有很多麻烦事，比如大小便、哭哭啼啼、害怕等等。你们是怎么应付的呢？”

“只要你知道了他们的心理，知道他们需要什么、对什么感兴趣，这些就都不是问题了。”那位老师回答道。

这位老师接着告诉我，孩子们经常需要家长陪同来上课，但是如果老师说：“约翰，你看玛丽都不需要妈妈陪同了，你让妈妈留在家里，给你做最好吃的午餐怎么样？”这样，小约翰多半就会主动要求不再让妈妈陪同来上课了。而应付那些爱哭的孩子，老师会说：“杰克，你看大家都没有哭，就你一个人在哭了。等一会儿，我会给那些不哭的孩子发一块好吃的蛋糕。”那个孩子会马上停止哭声。

同样的道理对大人当然也很适用。律师威廉·埃米尔就因此而得到过“意外之财”。那是他头一次陪着自己的妻子去长岛看她的姑妈，妻子有事离开了，剩下埃米尔一个人陪着姑妈聊天。因为他看到独处的姑妈实在没有多少快乐可言，于是就想办法使她高兴起来。

“你的这座房子非常古雅，”埃米尔说，“是不是建于1890年前后?”

“是的，”姑妈回答说，“正是那一年建造的。”

“拉苏尔以前就经常跟我描述你的房子，我开始还很怀疑，现在我却一点儿都不怀疑了。现在已经没有房子像这座房子这么漂亮了。它的设计结构简直太完美了！它让我想起了我的老家。”

“是啊，”姑妈说，“不过，现在的年轻人并不关心这些，他们只需要冰箱和汽车。”

埃米尔请求姑妈给他讲一讲这座房子的历史，因为人往往在谈论自己往事的时候最快乐。果然，姑妈同意了。她很高兴地告诉他：这座房子是她和丈夫亲自设计的，然后用了很多年的时间才建造完成，而它也见证了他们的爱情，凝聚了他们的理想和希望。

姑妈然后领着他参观了这座房子的很多古老的房间以及各种器具，埃米尔表示了自己由衷的赞叹和惊喜。最后，他们来到了车库，埃米尔看到了一辆全新的凯迪拉克轿车。

“这部车是我丈夫去世前不久买的，”姑妈说，“在他死后，我再也没有开过它。现在，我打算把它送给你。”

这让埃米尔感到十分意外，他并不想接受这么贵重的礼物，况且他也没做什么。他建议她把这部车留给她的直系亲属，他们一定会喜欢的。

“当然，”姑妈激动地说，“他们当然会喜欢。他们巴不得我马上死去，然后开走这辆轿车。可是，他们是不会得逞的。”

“这样……”埃米尔为难地说，“你也可以把这部车卖给旧车市场。”

“决不!”姑妈喊了起来，“我决不会卖掉它的。我无法想象一个陌生人坐在我丈夫的车上，开着车到处乱跑的情形。况且，我要钱做什么呢?你是一个懂得欣赏的人，我才会把它送给你。”

埃米尔无法再拒绝姑妈的好意，因为这会让她伤心。

我们可以想象，一个住在古老的房子里的老太太，她心里最需要的是什么?她的精美的房子、贵重的文物，这些东西代表着她的过去。如果有人对她赞美和欣赏，就表示了对她的过去的赞美和欣赏，而这正是一个人最想要得到的东西。也许在她看来，只送给埃米尔一辆汽车还不足以表达她的感激之情。这一切，只不过是因为埃米尔满足了她的心理需求——即使他并不想得到什么。

斯通就是通过这种方法创办了芝加哥《每日快讯》，并且赢得了许多读者的。他把该报的读者按照收入的多少分为 4 个层次，在每个层次中选择了 4 0000 个读者，针对他们进行了详细而深入的调查。他对他们所感兴趣的、所希望的以及对该报的态度、建议和批评等，都进行了详细而深入的分析和总结。通过这样的研究，他对这些读者需要什么、对什么感兴趣都有了一个十分全面而深入的了解，并将其用来指导办报。这正是这份报纸的成功秘诀。

《波士顿报》的创办者格鲁吉也是运用同样的方法让报纸的发行量与日俱增的。他在创办自己的报纸之前，只是一个默默无闻的记者。报纸创办之初，他每天都到人群中去闲逛——要么叼一支雪茄听大家讲各种事情，要么跟别人聊天。他通过这种方式知道了读者们感兴趣的事情，了解了他们的需要。这些东西对一份报纸甚至对整个商业运作而言，都是极为重要的。

◎戏剧化地说出自己的想法

◎ 有的时候，如果我们有一些不便直接说出的想法，也可以用行动或者语言戏剧性地表达出来。

◎ 我们相信，每个人都是出色的戏剧家，只是要看不同的方面而已。千万不要怀疑自己戏剧性地表达意见的能力。

◎ 戏剧性地表达自己的想法，要求有一定的夸张，但是却不能过于夸张，因为这样容易使你看起来像一个小丑。人们往往会在笑或者欣赏你的戏剧表演的同时忘记你所想要表达的意思。

几年前，有人恶意地攻击《费城晚报》，指责其刊登的广告太多、新闻太少，完全没有可读性，并且劝晚报的读者以后不要再继续买晚报了。

对这样的问题当然必须作出反应，不然的话，晚报的声誉将会受到极大的损害。可问题在于，应该如何反击才会取得很好的效果呢？一般的做法是写文章反驳这种观点或者登声明澄清此事，较激进一点的做法是诉诸法律。但是对人们而言，这些方法丝毫不能引起他们的注意。

《费城晚报》的做法是这样的：他们把以前每天刊登的各种新闻摘录下来分类整理，结集出版了一本书。这本名叫《一天》的书总共有 307 页，它的内容超过了一本售价 2 美元的书的内容，但是却只售 2 美分。这样一来，那些恶意的攻击自然不攻自破，因为，这本书的出版证明了《费城晚报》每天都有大量可读性强、价值高的新闻报道，而且也证明了营利不是它的唯一目的。这种富有戏剧性的做法，使得人们马上就恢复了对晚报的信赖，甚至比以前更加愿意购买晚报了。

好奇是人类的天性之一。如果你想要表现自己的意图，对他人进行说服，你可以戏剧性地表达自己的观点。这不但会使他更加乐于接受你的观点，而且也会使他的印象更加深刻。

戏剧性地表达自己的意思，在商业领域中应用极为广泛。这是因为，在商品经济时代，商业是最具竞争性的一个行业，人们需要借助最有效的方法来取得竞争的胜利。

在《商业中的表演》一书中，科德与考夫门介绍了许多富有商业戏剧性的表演方法，让人们感到，这些商家真是绞尽脑汁在销售他们的产品。我们在这本书里可以看到：伊莱克斯的销售员们在顾客的耳朵边擦燃火柴，用这种声音跟冰箱噪音相比较，从而证明他们的冰箱噪音是最低的；一顶本来只卖1.95美元的帽子，因为签上了明星的名字而受到人们的追捧；推销员在销售证券的时候，并不是只拿着一张证券向人们拼命地兜售，而是拿着两张不同的证券，并且告诉人们，两张证券在5年前都是10000美元，但是他所销售的那张却比5年前高出许多，而另外那张却是跌入谷底的。

米老鼠的名字曾经挽救了一家濒临倒闭的公司，这已经不是什么新闻了；一盏吸顶灯的意外脱落，使糖果交易会上的一家展销商的糖果销量增加了一倍；克莱斯勒让一头大象站在他的汽车上，以此来证明汽车的牢固性和坚实程度，结果，果然收到了很好的效果。

不论你是否承认，我们这个社会是一个戏剧化的社会。我们常常有这样的感觉：吸引我们的东西太多了，我们往往不知道该把自己的目光投向何处。所以，仅仅靠语言述说已经不能使别人同意我们的看法，甚至于连吸引他们的目光都变得十分困难。因此，我们必须寻求一种更加生动、更加富有戏剧性的行动或语言来吸引人们，进而达到说服他们的目的。

美国一家生产“美的思”牌透明丝袜的公司就是因为一则轰动性的广告，使他们的丝袜迅速走红，最后成为了世界名牌的。让我们来看看这则广告有什么高明之处。

电视上出现了一双穿着长筒女丝袜的美腿。然后，一个很动听的女性声音响起来：“让我们来证明，‘美的思’丝袜可以使任何形状的腿都变得非常美丽，它是美国一流的女性用品。”

镜头往上移——这是一个十分缓慢的过程。观众顺着镜头往上看，猜想拥有如此美腿的是怎样一位美丽的女子或者是哪位迷人的女明星。

但是结果却出人意料，拥有这双美腿的原来是一位著名的男性棒球运动员。那位棒球明星笑容可掬地对观众们说道：“我当然并不穿长筒丝袜，但是我想，‘美的思’丝袜既然可以使我这样一双变形的腿变得如此漂亮，相信也一定能够使女性的腿变得更加美丽吧！”

我们可以想象一下，如果这则广告换成是一个妇女穿着“美的思”丝袜的话，会不会收到这么好的效果呢？或者，只凭着一般的广告，会不会说服人们相信“美的思”丝袜的作用确实非常明显呢？

杰姆·伊莫斯是一家公司的收款机推销员。一天，当他在一家规模不大的杂货店推销时，他发现这个店里的收款机已经非常陈旧了。看得出来，老板是个吝啬的家伙，并不是那种可以轻易被说服的人。于是，伊莫斯灵机一动，把手里的硬币往地上一扔，然后对老板说：“你每次在收款时，都会像这样直接把钱丢在地上的。”这个戏剧性的动作和语言吸引了老板的注意力，他最后终于决定换掉店里的全部收款机。

戏剧化的表现——包括行为和语言——不仅适合于商业运作，如果你并不从事商业，你也可以把这种方法用于工作和生活的很多方面。

逢德先生的可爱却很调皮的儿子和女儿，经常把他们喜爱的玩具丢得到处都是，等到想要玩的时候，又总是找不着。逢德先生已经跟他们说过很多遍，要求他们改变这个习惯，可是他们就是不听。有一次，逢德先生制作了一辆“火车”——把儿子的三轮车当火车头，女儿的篷车接在后面当货车。当晚上儿子驾驶火车头在室内绕行的时候，女儿就把丢在地上的玩具当做货物，并全部装进货车。从此以后，他们也慢慢地养成了新的习惯。

以前，男人们在向心爱的女子求婚的时候，往往不仅说一些山盟海誓的话，而且配合自己的动作——正像我们在电视里看到的那样——单膝跪地，以表达自己的诚意。这种招式虽然古老，但是却非常有效。现在，男人们虽然不再单膝跪地了，但是在求婚之前一般都会做一些事情，以营造一个浓重而有情调的氛围，然后再向女子求婚。

玛丽小姐最近在工作中遇到了一些问题，她很想找老板谈谈。但是老板却一直没有时间，所以把约见她的时间一直往后推。玛丽认为这些问题应该尽早得以解决，于是就采取了一个戏剧性的办法。她给老板写了一封信，在信里详细地说明了这些问题的重要性，并且附上了一个写有自己名字的回信信封和一张回复单。她在回复单上这么写道：

玛丽小姐：

拟定于＿＿月＿＿日＿＿点抽出＿＿分钟与你面谈。

这一做法确实很有效果，第二天玛丽就收到了老板的回信。他们约好谈10分钟，结果却谈了1个小时，直到把问题彻底解决。

《美国周刊》的詹姆斯·伯顿花了很大的心血做好了关于润肤霜的调查报告，却遭到了他的客户——一家化妆品公司的全盘否定。对方的广告部经理声称这个调查报告不符合他们公司的要求，需要重新确定一个调查方法进行调查。他对伯顿大喊大叫，而伯顿也不甘示弱，竭尽全力为自己辩护。最后，伯顿看起来似乎占了上风，但是谈话却没有任何效果。

当伯顿第二次去见那位经理的时候，他戏剧性地把自己调查的事实展现了出来。他把自己带去的手提箱打开，让那里面的32瓶不同品种的知名品牌润肤霜展现在经理面前。而这些润肤霜的瓶子上都标有调查的结果，简明扼要地说明了它们的历史和现状。这是一种全新的报告形式，巧妙地避免了无谓的争论。经理一瓶一瓶地拿起那些润肤霜仔细地看，并不时地问一些问题。他看起来很感兴趣，本来约定的谈话时间是10分钟，但是这次谈话却持续了1个小时。因此，虽然这次的调查报告跟上次一模一样，但是由于这次采取了戏剧性的表达方式，因此效果截然不同。

我们可以看到，如果你在表达自己想法的时候，采取了戏剧性的表达方法，那么一定会取得非常好的效果。

◎让对方觉得那是他的主意

◎ 让别人以为那是他的主意——这可以算是逆向思维的一种：当你不能轻易地说服别人的时候，何不让他自己说服自己呢？

◎ 影响一个人的最好的办法就是在不经意间将一种意见移植到他的

脑海中，从而变成他自己的意见。

费城一家汽车经销商的经理约道夫最近发现他的业务员们非常散漫，于是他召开了全体业务员参加的会议，并鼓励他们在会上说出自己对公司的期望。这些业务员非常高兴地把自己的期望说了出来，约道夫则把它们都记在了黑板上。当他们说完的时候，约道夫说："公司会尽力满足你们的期望，但是你们知道公司对你们的期望是什么吗?"

这个问题在业务员中间引起了热烈的回响，他们都把自己所认为的公司对他们的期望说了出来，如忠诚、乐观、合作、进取等，还有些人甚至说，公司希望他们能够每天工作 14 个小时。当然，其中有些是约道夫并没有想到的，但是他们都愿意去做。那次会议之后，大家都一扫以前的低迷态度，一个个精神焕发，而公司的业务量也出现了很大程度的增长，这是约道夫始料不及的。

你只要稍微思考一下就可以发现，这次会议之所以能够成功，是因为他们觉得公司对他们的期望是他们自己想出来的主意，变成了他们自己的诺言—既然约道夫实现了自己的诺言，那么他们也必须实现自己的诺言。

心理学研究表明，没有人愿意被强迫或者被命令去做一件事情，除非他认为那是自己的想法，是自己觉得必须或者应该这么做的。相对于别人的意愿而言，人们通常更加关心自己的意愿和需要。

因此，如果你打算硬生生地把自己的意见塞进别人的耳朵的话，你不妨先考虑一下这样做的后果会是怎样的。

罗斯福总统对这一方法运用自如。还是在他当纽约州州长的时候，他就跟州内的那些政界要人相处得十分融洽—我们知道，这并不是一件容易的事情。他究竟使用了什么妙方呢？其实很简单，那就是当他想要别人同意某一件事情、某一项决定的时候，他会让对方觉得那是他自己的主意—谁会不同意自己的主意呢？

比如，罗斯福曾经成功地推行了一些这些政要本来不喜欢因此也不会让其通过的方案。他是怎么做到的呢？我们不得不佩服罗斯福的领导才能。当一个重要的职位空缺的时候，罗斯福会请那些政界要人推荐合适的人选。一开始，他们推荐的是一个不受欢迎、需要被照顾的人选，但是罗斯福告诉他们，这样的人选公众肯定不会喜欢；接着，他们推荐了一个没有多大本事但是也没有多大缺点的人，罗斯福同样告诉他们，这样的人公众也不会喜欢；然后，他们推荐了相对来说比前两次好的人选，但还是不理想—实际上，他根本不符合罗斯福的要求。

但是罗斯福并没有说出来，而是对那些政界要人表示感谢，因为推荐人选确实是很麻烦的事情。他请他们再次慎重考虑，以求达到一个完美的结果。他们也觉得，这样的人选确实不理想，于是就推荐了第四个人，这个人同时也是罗斯福理想的人选。罗斯福任命了这个人，并把功劳算在了那些政界要人的头上，这样就取得了皆大欢喜的结果。这时候，罗斯福趁机说："各位先生，刚才我做了让你们高兴的事情，而现在，我想该是你们让我高兴的时候了吧？"

接着，他就提出了自己的方案，而那些反对者也表示支持这个方案。

这个方法即使在罗斯福做了总统以后，也一直在使用。凡事他都尽可能多地征询其他人的意见，并对他们的建议表示理解和尊重。当罗斯福需要别人同意自己的意见的时候，也往往想办法让对方觉得那是他自己的主意，而罗斯福只是听从了他的建议而已。

卡耐基口才训练班有一位学员洛宾在长岛从事二手汽车经销。一天，一对苏格兰夫妇找到他，想要买一辆二手汽车。这当然是好事。但是那对夫妇却很挑剔，洛宾带着他们俩看了一辆又一辆旧车，但是没有一辆合他们的心意——洛宾甚至认为，他们是想用一辆二手车的钱买一辆新车。当他把这件事情告诉班上的学员时，学员中有人告诉他："不要向那些摇摆不定的人推销你的汽车，而要让他们觉得这是他们自己的主意。"

几天后，一位顾客想要卖掉他的汽车，换一辆新车。洛宾马上想到了那对苏格兰夫妇。他打电话给他们，并对他们说自己有一些问题需要请教他们。

他们很快就来了。洛宾对男人说："从上次的谈话中，我知道你对汽车很内行。所以，烦请你替我为这辆车估个价，这样我才不至于亏本。"男人很高兴洛宾向他请教问题。他开着这辆车出去，一直从牙买加开到了佛罗里斯特山。当他回来之后，他对洛宾说："如果你能够以低于300美元的价格收购此车的话，那么你一定不会吃亏。"

洛宾问他："那么，如果我以300美元买进，你会不会接受这个价位，从我这买走这辆车呢?"

"当然会，"男人回答道，"实际上，这非常合算。"

洛宾的成功之处在于，他让对方自己给出一个价位，让对方觉得那辆车300美元的价位是自己的主意，而他当然也乐意从洛宾手里买走那辆车。

布鲁克林市的一家医院打算购进一台X光检查仪，具体的购买事宜由艾沃尔医生负责。那些消息灵通的推销员们一下子就把艾沃尔医生包围住了。他们向医生介绍自己的产品的优越性能和低廉价格，希望能够打动这位医生。

艾沃尔医生感到十分为难，因为这些产品让他眼花缭乱，而推销员的花言巧语也不能尽信。一天，他收到了一封信，写信的也是某一家X光检查仪的制造商。

"最近我们生产了一种新式的X光检查仪。由于是新产品，毫无疑问，它在某些方面一定可以继续改进。但是，我们并不知道该如何改进。你是这方面的专家，我们非常希望你能在百忙之中来看看我们的仪器，给我们提出改良的方案，使它能够适合医院的临床应用。你的时间非常宝贵，但是我们还是希望你能够前来，届时我们将派专车去接你。"

这封信让艾沃尔医生受宠若惊。实际上，他对这种X光检查仪并不很熟悉，也没有人向他征询过有关这种仪器的意见。虽然他很忙，但是他还是取消了其他约会，去看了那套设备。结果呢？可能因为心理因素作怪，他越来越喜欢那套仪器，并且相信那套仪器简直无懈可击。最后，他主动

说服了医院方面购买了那套设备。

制造商巧妙地让艾沃尔医生自己去发现仪器的优点，并说服自己购买了那套设备。这种方法确实高人一等，也难怪他们能够成功地取得竞争的胜利了。

因此，如果你想要别人相信你的观点，你必须想办法让对方以为这是他自己的主意，而不是你的命令或者强迫，这样他才会欣然接受。

◎假如是自己错了就赶快承认

◎ 不要试图掩饰自己的错误，这样并不能带给你任何好处。相反，当你的错误被人们发现的时候，你将会失去许多人的信任。

◎ 承认自己的错误并不比掩饰自己的错误难。可能很少有人真正想到真诚的性格有多么大的说服力。

◎ 承认自己的错误可以帮助你说服他人，因为这会使他以你为榜样。

如果你是对的，你要温和地、巧妙地取得别人的同意；当你意识到自己是错误的时，你应该当即真诚地承认自己的错误。

我经常带着我的波士顿哈巴狗——我把它叫做里克斯——到离我家不远的森林公园散步。由于里克斯性格很温和，而且公园里一般很少有人，所以我通常不给它拴狗链和戴口罩。

一天，像往常一样，我正跟里克斯享受公园里清新的空气和怡人的景致，却碰到了一个警察。这老兄好像急于建立自己的权威，他对我大声说："先生，你为什么不给你的狗系上皮带或者戴上口罩呢？你不知道这是违法的吗？"

"我知道，先生，"我对他说，"可是我想它是不会对别人造成伤害的。"

"你想不会?！法律可不管你怎么想！这只狗也许会伤害松鼠，也许会吓到孩子。这次就算了，如果下次再看到你这样的话，你就得去跟法官解释了。”

我答应了他。但是当我试了几次之后就放弃了，因为我发现里克斯不大喜欢被拴起来或者戴上口罩。我决定碰碰运气，我想也许不是那么容易再碰到那位警察先生的。但是不幸的是，一天下午，当我和里克斯越过一个小山丘的时候，我们再次碰到了他。

“警官先生，”我决定先发制人，于是说，“你上次已经警告过我了。这次我不想给自己找借口，因为我确实违了法。请你处罚我吧！”

“是的，是的。”出乎意料的是，警察却用柔和的口气说，“不过，我知道在这周围没有人的时候，谁都忍不住会带这样一只可爱的小狗出来散步的。”

“不错，”我说，“可是，这毕竟是违法的。”

“这样一只可爱的小狗，怎么会伤人呢？”警察看着里克斯，好像在替我辩解。

“但它也许会伤害松鼠，或者吓到小孩。”我说。

“哦，不，”警察说，“你太认真了。让我告诉你该怎么办吧！你只要带着你可爱的小狗越过这个山丘，我就将看不到你们。我想我会很快忘记这件事的。”

可以理解，这位警察先生希望受到尊重，所以在第一次的时候，态度十分强硬，但是第二次当我主动承认错误的时候，他由于得到了尊重，就采取了宽容的态度。但假如我还在为自己辩护的话，结果会怎么样呢？你想象一下与一个警察辩论的情形吧！

我没有和他正面辩论，而是毫不犹豫地承认他是绝对正确的，我是绝对错误的。我站在他的立场说话，而他也反过来开始为我说话。这件事就这样在平和的气氛中处理了。这位警察显得是如此的宽厚仁慈，而就在一个星期以前，他还曾以法律的惩罚来威吓我呢！

所以，当我们知道自己犯了错误免不了要受到惩罚的时候，为什么不主动地承认自己的错误呢？自己责备自己，不是比受别人的斥责要好受一些吗？要是你知道别人可能正想把你的错误指出来，你为何不在他说出来之前以攻为守，自己把他要说的话说出来呢？因为这样的话，他很有可能会原谅你的—就像那位宽厚仁慈的警察先生一样。

在社会交往中，如果我们拒绝承认自己的错误，这样做的后果是什么？那就是不可避免地导致人与人之间失去信任。在这种情况下，如果你想说服别人做什么事情或者同意你的意见，别人会说——即使口头不说——“你连自己犯的错误都不承认，有什么资格来要求别人呢？”

费狄南·华伦是一位商业艺术家，他曾讲过这么一个故事：

“我们公司的美术编辑要求将他们交代的工作马上做好，在这种情况下出现细小的错误当然是在所难免的。而有位美术主管，总是喜欢鸡蛋里挑骨头。我每次离开他的办公室时，总会感到不舒服。这并不是因为他批评了我，而是因为他攻击我的方法有问题。最近，我交了一份十分急的画稿给他，之后他打电话叫我立刻赶到他的办公室，说是出了问题。

“当我赶到那里时，他开始责问我为什么会犯那样的错误。他看起来很得意，因为终于有了挑我毛病的机会。而我一改往日的态度，对他说：‘主任，如果你说的是真的，那么我真的错了。我十分惭愧我会有这样的过失，而对这些过失，我决不想推脱。我为你作画这么多年，应该知道怎么做更好些才对。’

“果然，不出我所料，他立刻开始为我辩护了，说这其实也不是很严重的错误。我坚持说：‘无论什么样的错误，我都必须为此付出代价，否则会让人觉得讨厌。’

“我并没有给他机会让他插嘴。我有生以来第一次批评自己，我发现自己喜欢这么做。

“我继续对他说：‘我今后会更小心些，你给了我许多机会，我应该尽力做到最好才是。我打算重画一次。’

“‘不！不！’他急切地表示反对，‘完全没有必要。’接着，他称赞了我的作品，并且对我说他只不过是想做个小小的改动而已，这点儿小错没什么大不了的。这毕竟是小节，不值得担心。

“我真诚地自我批评，使他怒气全消。最后，他还特地请我吃了午饭，给了我一张支票，并交给我另外一项工作任务。”

一般情况下，人们总是会为自己的错误辩护，这好像是一种发自本能的举动。但是如果你打算获得别人的谅解，给人以谦逊和高尚的印象，你就必须勇于承认自己的错误。辩护只会增加你的错误，而不会解决任何实际问题。

作家艾伯·赫巴的讽刺性文字常引起人们的反感，为此他经常收到一些愤怒的读者写给他的信，表示不能同意他的某一篇文章的观点。他们为了表示愤怒，经常在信的末尾把赫巴臭骂一顿。看了信后，赫巴通常会这么写道：

“仔细想想，我也觉得自己的意见不大妥当，我甚至连昨天写的东西都觉得不满意。非常高兴你能告诉我你的看法。我希望我能当面和你进行交流，那将是我莫大的荣幸。

赫巴谨上”

当你收到这样一封言辞恳切的信的时候，难道你还会大发脾气吗？当然不会。事实证明，在许多情况下，这样做要远远胜过你为自己辩护。

◎没有人乐意受人指使

◎ 用建议或者商量的语气跟他人说话，这样更加能够使对方做某件事情。

◎ 说服他人的时候，不要指使别人应该怎么做，而应该让他自己知道该怎么做。

◎ 不要针对某个人发表你的意见，如果你要说服他，需要针对的不是人，而是事。

俄克拉荷马州一家工程公司的安全检查员乔士得的工作是检查工地上

的工人是否带了安全帽。一开始，当他看到那些没有戴安全帽的工人时，他会立即批评这些工人，并且命令这些工人立刻戴上。但是这种方法收效甚微。工人当着他的面会戴上安全帽，但是当他走了以后，他们便会再把安全帽拿下来。

乔士得觉得自己的做法不合适，于是决定采用其他方式。当他看见没有戴安全帽的工人的时候，他就微笑着询问对方是不是觉得安全帽戴在头上不舒服、帽子的大小是不是不合适；然后他会对工人讲安全帽的重要性，建议他们为了自己的安全，最好把安全帽戴上。结果，这种做法收到了很好的效果。

工人们不喜欢听乔士得的指使，这是他原来那套做法失败的主要原因。而后来乔士得之所以成功地说服了那些工人，同样也是因为他没有指使工人们怎么做。

无独有偶。一年夏天，我和一位朋友驱车前往法国的乡下旅行，结果却迷了路。我们只得把车子停下来，向一群当地人问路。

我的朋友是一位大大咧咧的人，他冲上前去，对他们几乎吼着——我在几十米外都能清楚地听到——说："喂，到××镇怎么走?"

几分钟后，那位朋友快快地走了回来，向我愤愤不平地埋怨这里的农民没有礼貌、一点儿都不热情。我当然知道是怎么回事，于是微笑着走向那群农民，然后脱下帽子客气地向他们说道："我遇到了一个麻烦，需要你们帮一个忙。请问到××镇怎么走?"

结果我很快就得到了十分准确而详细的答案。他们显得很热情，回答得快速而有礼貌。等他们说完之后，我向他们表示了感谢，而他们也邀请我到他们的家里做客。我因为忙着赶路，因此答应下次有时间再去他们家。

我的那位朋友对我受到的欢迎表示很不理解。于是，我对他说："没有人喜欢受人指使。"

当然，你可能会说这仅仅是礼貌的问题。不错，礼貌确实有一定的影响，但是这绝不仅仅是礼貌的问题。而且，正是那种没有礼貌的语气使得你好像在对别人发号施令一样。的确，没有人乐意听从别人的指使，没有人喜欢让别人告诉他应该怎么做，应该怎么想，这似乎是人的天性。

你在酒店里可能也会遇到这种情况。比如，你对服务员说："去，给我打壶水！"这位服务员多半会答应你："好的。"但是却迟迟不会把水打来。你可以投诉她服务态度不好，但是这样对你自己并没有什么好处。你为什么不对她说："我现在需要一壶水，你能给我打壶水来吗？"她一定会非常乐意为你服务的。而这样做，难道使你损失了什么吗？

当我们在说服一个人的时候，我们也经常像是在指使别人："你应该这么做……"或者"你这么想才是对的……"我们经常使用的是命令或者强迫的语气，即使我们有时候并不具有那种权威。你应该让你的语气更加柔和和委婉一些。

当某些人犯了错误的时候，我们通常会以一种居高临下的姿态对他进行说教，指使他应该怎么做，而对方也很有可能会为了维护自己的尊严而不惜跟你争论。我们知道，在这种尖锐对峙的情况下，没有谁能够有办法说服对方。因此，最好的办法是维护对方的尊严，换一种方式指出他的错误，引导他应该怎么做。

沃德将军曾经担任过训练新兵的教官。一天，他驾着吉普车到新兵营去巡查，碰到一名士兵正领着女朋友在散步。那名士兵似乎没有看到他，而等他的车子经过的时候，那名士兵"碰巧"弯下腰来系鞋带。沃德知道是怎么一回事了，于是把那名不懂军规的士兵叫了过来。

"小伙子，"沃德说道，"难道你真的没有看到我吗？"

"看到了，将军。"那名士兵知道瞒不过去，只得承认。

"那么，你为什么不向我敬礼，而是装作在系鞋带没看到？"沃德问道。

士兵十分为难，没有办法回答。他看了看他的女朋友，苦着脸说："将军，如果你是我，带着你的女朋友在散步，你会怎么做？"

沃德被士兵逗乐了，笑着回答说："我会跟她说：'我想先给这个老家伙敬个礼，怎么样?'"

那名士兵听了之后，微笑着向沃德将军敬了一个礼。而沃德将军也不再说什么，回敬了一个礼，然后就开着车走了。

可以想象，如果沃德将军满脸怒气地对那位士兵说："你刚才所做的是错误的，你应该向我敬礼!"那么，士兵虽然会照办，但是却会从此怀恨在心，因为沃德使他在女朋友面前丢了面子。而沃德将军并没有这么做，他巧妙地指出了士兵的错误，告诉他应该怎么做，而且也顾及了士兵的面子。

我接着讲一个同样是有关军人的故事。美国一个新兵营里最近接收了一批新兵。这些新兵有着坚强的毅力，这同样意味着他们不容易改变自己的一些习惯——那些坏习惯。教官发现，对这些文化程度较低的新兵并不适合讲大道理，当然，也不适合用强迫或命令使他们改变自己的不良习惯——那样的话他们会很暴躁地跟你对着干。教官们对此很伤脑筋，所以想了很多办法来改变他们，以使他们成为合格的军人，但是都收效甚微。总之，这些士兵倔强地认为，用不着别人来指使自己怎么做。

最后，教官们告诉士兵们，他们应该给家里寄一些信，以免家人挂念。教官们印发了一些信件，作为他们写信的参考。这些参考信的内容大致是告诉家人他们已经在军队里养成了良好的生活习惯，以前的很多坏习惯都已经改正了，请家人不用担心。当他们把信写好寄出去之后，奇怪的事情发生了：这些很顽固的士兵慢慢地主动克服了以前的坏习惯，一个个都变得精神焕发、讲卫生、守纪律了，最后都成为了合格的军人。

你要记住，没有人乐意受人指使。在你打算说服别人的时候，不要用命令的语气告诉他应该怎么做，而应该换一种方式。

◎获取对方的信任

◎ 信任实际上是人们进行交往的基本前提。如果没有信任，即使人

们在互相谈话，也称不上是真正的沟通。

◎ 信任并不是一开始就有的，它需要人们努力去建立。

◎ 当你不知道对方为什么拒绝你的说服时，你应该考虑到对方可能对你有强烈的不信任感。

一次，我受一家公司的委托，请我的一位学者朋友给他们帮忙。一开始事情看起来似乎进展得很顺利，但是在就要开始工作的前几天，公司的有关负责人打电话给我，说不知道什么原因这位学者突然不愿意为他们公司工作了。公司方面对他进行了百般劝说，答应宽限上岗日期、减少工作时间、增加工资等，他却一直拒不接受。

我决定弄清楚究竟是什么原因使这位学者改变了态度，于是就和那位负责人一起去拜访了他。他见到我后依旧十分热情，并且跟我谈起了许多事情。我相信这些东西跟这件事情本身都没有什么联系。

后来，我直接问他为什么会拒绝为这个公司服务。他说了一些理由，但是其中我认为最重要的是：他担心公司方面是否能履行合同，以及与公司配合得不够默契等。

听到这里，我觉得继续对他进行说服已经没有什么作用了，因此便告辞了。在回家的路上，我对那位负责人说："我不知道为什么他会对你们公司产生这种感觉，但是你们必须要做的事情是，让他对你们信任起来。在此之前，任何工作都将无济于事。"

第二天，那位公司负责人打电话给我，说那位学者已经改变了态度。原来，他在离开学者的家后又回到了学者家的门口，并且拦了一辆出租车等待这位学者，之后送他上飞机。这种真诚的态度赢得了学者的信任。另外，负责人还利用空闲时间，向学者说明他们愿意提前履行合同中公司的义务。这使得学者答应回来后立即上班。

我们并不能责备这位学者出尔反尔或者太势利，因为这本来就是一个十分复杂的社会。各种各样的人、各种各样的事，真相、假相，真诚的、虚伪的，都在这个世界上非常积极地活动。人与人之间已经不再是单纯的相互合作的关系，而是加入了相互竞争、相互欺诈的成分。因此，不信任感在人们的心里始终占据着一席之地。

当林肯在1858年竞选美国上议院议员时，他需要到伊利诺伊州南部的一些地方演说，以赢取那里的选票。但是要达到这个目的却困难之极——那些地方的人们对他极不信任，甚至有敌对的心理。

这是因为，林肯是一个废奴主义者，而那些地方的农场主却拥有大量的黑奴，他们自然不会喜欢林肯当选。这种政见和利益的对立是十分尖锐的。他们甚至扬言，只要林肯一来，他们就会立即把他杀死——这些野蛮的当地人即使在公共场合也腰挂短枪、身带利刃。

面临如此巨大的危险，我们可以想象林肯在作决定时需要多么大的勇气。结果是，这些威胁并没有阻止林肯前进的步伐，他说："给我几分钟，我就能说服他们。"

在演说之前，林肯与当地的几位重要的首领一一握手，然后开始了他的演说：

"伊利诺伊的朋友们，肯塔基的朋友们，密苏里的朋友们！我来之前就听说过一个谣言，说你们中间有些人要跟我作对——如果有的话，那么这些人一定就坐在下面吧？但我不相信这是真的，因为你们没有理由这么做；因为我也像你们一样，是从艰苦的乡村中艰难地爬出来的，是一个爽快而直率的平民。那么，为什么我不能和你们一样发表自己的意见呢？朋友们！我了解你们比你们了解我要多得多！你们将来会知道，我是怎么样的一个人。我并不想跟你们作对，所以，你们也绝不会跟我作对的。现在，我站在这里，我们就已经成为了朋友。我相信你们会愿意交我这个朋友的，因为我是一个谦和的人。我诚恳地要求你们给我说几句话的时间。你们——勇敢而豪爽的人们，一定不会拒绝我这个朋友的这个小小的要求的。那么现在，就让我们开诚布公地讨论一下严重的问题吧！"

听完林肯的这段话之后，原本愤怒的人们开始为他喝彩。结果是，这里的大部分人后来成为了林肯的朋友——他们开始终生信任他。也正是这些人，后来帮助他成为了美国的总统。

由不信任到信任的差别如此之大，这正是林肯所意识到的。所以，他极力向这些人说明他和他们之间没有不可逾越的鸿沟，说明他和他们是朋友。所幸的是，林肯做到了这一点。

我们无法想象一个对我们心怀戒备的人会听从我们的建议，有时候，这让我们不知所措。究竟怎么样才能取得别人的信任，从而让他们听从我们的劝说呢?

当你为这个问题苦恼的时候，不妨翻一翻本书的前面一些章节。实际上，虽然我并没有直接指出来，但是有说话和沟通的方法已经能够帮助你取得别人的信任了。比如，我们认为，微笑是最简单、最有效的与人沟通的方法。这个方法也能够帮助你取得别人的信任，因为这会让你看起来更加真诚。

同样地，我们勇敢地承认自己所犯的错误，这也能够使自己得到别人的信任，因为这表明你很诚实。

◎巧妙地控制话题

◎ 使你所有的话都变成有效的话题，它或者为你将要讲的话做铺垫，或者代替你要讲的话，却能达到一样的目的。

◎ 控制讲话的主动权，不能让谈话失去方向，这样才能达到自己想要的效果。

◎ 说服他人，而不被他人说服，最重要的是掌握谈话的主动权。

胡佛总统的沉默寡言让许多记者都望而却步，想让话从他的嘴巴说出来，简直比登天还要难。但是，一个芝加哥记者却轻易地做到了这一点，而且使胡佛总统谈了两个多小时。

那时候，胡佛是共和党的总统候选人。年轻的记者里尼提偶然地跟他坐同一辆列车，并得到了采访他的机会。一开始，当里尼提询问一些问题的时候，胡佛总是简单地回答“是”或“不是”，然后就长久地陷入沉思。里尼提觉得很尴尬，虽然他早就知道胡佛的习惯了。他不得不一边问问题，一边想办法解决这种状况。当火车经过贫穷而荒凉的内华达州时，里尼提突然想到了一个很好的话题。他望着窗外，好像是自言自语地说：“在这个地方，人们应该还是用那种古老的方法来采矿的吧？”

这时候，胡佛马上说道：“早就不用那种方法了，现在全国都在采用最新的采矿方法。”

接着，胡佛的话匣子好像是被打开了一样，他滔滔不绝地谈了起来，从采矿到石油，从航空到邮政……当时，那些跟胡佛同坐一列火车的人都是有名望的人，但是胡佛对他们都不理不睬，却偏偏跟里尼提讲了两个多小时。

里尼提本来是一个默默无闻的记者，但是却因为跟胡佛总统聊了一个合适的话题，使自己成为了和胡佛总统话谈得最长的记者。看来，话题对谈话确实起着至关重要的作用。如果没有找到合适的话题，不难想象，谈话的结果一定不会很理想。

一位图书推销员敲开一户人家的门，对一个太太说：“太太，我们的图书质量非常好，装帧也非常精美，您看有没有需要呢？”

在大部分情况下，这位推销员得到的回答是：“不需要！”然后门会被关上。看得出来，这样的推销员不是出色的推销员。如果是一位出色的推销员，他会更加懂得推销时的说话艺术。让我们来推测一下一位优秀的推销员的推销情况：

推销员：太太，早上好！你家的孩子都上学去了吗？

某太太：是的。

推销员：你的孩子上几年级了？

某太太：大的五年级，小的二年级。

推销员：他们一定都很聪明吧？

某太太：是的，当然。

推销员：他们平时喜欢看书吗？

某太太：有时候看。

推销员：太棒了！我想我这里有些书他们可能会喜欢……

我们可以想象，这位推销员成功的几率应该是非常高的。为什么？因为他掌握了很好的推销艺术，并且在谈话过程中很好地控制了话题。

有效地控制话题，对说服一个人来说的确十分重要。苏格拉底以擅长言辞而著称于世，他创立的问答法至今有着经久不衰的魅力，成为谈话的一种经典方式。问答法的核心内容是，我们在与人谈话的时候，如果想要说服对方，当不可避免地要面临一些有分歧的话题的时候，我们需要就这个话题的共同点（相对于分歧）对话题进行控制，一步一步地使对方作出肯定的回答。这样，就可以使谈话朝着对我们有利的方向发展。

卡尔是一家汽车公司的推销员，下面是他与客户的一次谈话。

卡尔：你好，你有兴趣看一看我们公司推出的吨位为4吨的汽车吗？

客户：实际上我们已经有一辆2吨的汽车了，而且这更加适合我们。

卡尔：嗯，至少就目前而言，2吨的汽车确实比4吨的更加划算些，是吗？

客户：的确如此。

卡尔：我是否可以知道，你需要的汽车的平均载重量是多少呢？

客户：2吨。

卡尔：这是个平均数吗？

客户：是平均数。

卡尔：嗯，也就是说，你有可能用它来运超过2吨的货物，是吗？

客户：是的。

卡尔：如果装着超过两个吨位的货物在丘陵地区行驶，你的汽车承受的压力比正常的情况要大，是吗？

客户：的确如此，而且这很正常，因为我们经常在丘陵地区行驶。

卡尔：据我所知，冬天一般是汽车运营的旺季，是这样吗？

客户：是的。夏天一般生意很清淡，冬天却经常超载。

卡尔：不幸的是，丘陵地区的冬天一般都特别长。

客户：是的。

卡尔：那么，也就是说，你的汽车经常处于超负荷状态了？

客户：是这么回事。

卡尔：这自然会影响它的寿命，你说呢？

客户：是的。

卡尔：那么，你会不会觉得，如果你拥有两辆汽车，让4吨的汽车在旺季的时候运营，而让2吨的汽车在淡季运营，两辆汽车的使用寿命是不是都会延长呢？

客户：好像是那么回事。

就这样，卡尔随后得到了一个订单。一开始客户看起来好像并不需要购买汽车，因为他已经有一辆了，但是卡尔巧妙地运用了说服技巧，让谈话朝着对他有利的方向发展，最后终于取得了成功。这就是控制了话题的巨大作用。

◎促使对方主动与自己合作

◎ 真心地喜欢对方，发自内心地关心对方，这会使别人主动为你考虑。

◎ 当别人犯了错误的时候，在指出他的错误的同时，要注意维护对方的自尊，这会让别人主动改正自己的错误。

当我们需要说服别人跟我们合作的时候，我们为什么不用另外一种看起来更加轻松的方法？也就是说，为什么不让对方主动跟自己合作？事实上，只要你抓住了对方的心理，就不难做到这一点。

布鲁克林的一位小学教师露丝在开学的头一天发现全校最有名的“坏孩子”汤姆被分配到了自己的班上。汤姆的“名声”的广泛传播，在很大程度上是由于他上个学期的任课老师的不断讲述。他与男生打架、捉弄女生、冒犯老师，以这些行为为乐，并且行为的性质越来越恶劣。他唯一的优点是功课似乎还过得去。

露丝并不打算为这样的困难而烦恼。实际上，当每个学生走进教室的时候，她都会对他们进行赞美："罗拉，你的裙子真漂亮。""亚里克斯，你的头发梳得真好。""约翰，听说你的画画得很棒。"……当轮到汤姆的时候，露丝真诚地看着他的眼睛，并且对他说："汤姆，你的领导才能很棒。我需要你的帮助，我决定任命你为我们班的班长。我相信你能带领大家一起努力，把我们班变成全校最好的班级。"在接下来的几天里，她不断地对汤姆强调他的才能，并且夸奖他所做的一切。果然，汤姆非常注意自己的表现，试图证明自己是一个当之无愧的班长。最后，他真的变成一个好学生了。

这样的例子屡见不鲜。如果你想要别人变成你希望的那样，你不妨先设定他已经做到了这一点。这就是激励的作用。同样地，当你想要对方满足你的要求的时候，你最好先满足对方的要求。这也会使对方主动与你合作。

美国一位杰出的企业家维恩·朗经历了一件使他印象十分深刻的事情，正是这件事情使他得出了跟我一样的结论。一天晚上，他 4 岁的小孙子乔丹到他们夫妇家过了一晚。当第二天早上起来的时候，乔丹发现维恩先生在打开电视看新闻的同时却在读报纸。于是乔丹对维恩说道：

"爷爷，要不要先关掉电视？这样的话，你可以专心读报。"

维恩知道乔丹实际上是很想看卡通片，于是对他说："可以关掉，你也可以看自己想看的节目。"

果然，他马上找到了遥控器，转到了卡通片频道。

这个男孩虽然只有 4 岁，却会这么想："爷爷想要的是什么？我应该怎么做才会得到我想要的？"这样，当你满足了对方的要求的时候，对方一定会反过来为你做些什么的。

由此，我想更进一步说明，使别人主动跟自己合作的最基本的前提，就是发自内心地关心别人。当然，我并不是说，那些技巧或方法都是不必要的。这只是从不同的角度来考虑问题罢了。

霍华德·塞斯德是全美有名的魔术表演家。他的魔术表演倾倒了数千万的观众——我这样说，并非夸大。据统计，40 年来，至少有 6 0000 万人欣赏过他的魔术表演，而他也因此得到了不下 200 万美元的收入。

他并没有受过很好的教育。因为生计问题，很小的时候他就离开家乡，到各地流浪。他靠乞讨来的食物使自己不至于饿死，夜里有时候就睡在草地上，冬天则躲在别人的货车厢里御寒。

这样的人为什么会取得如此惊人的成就呢？这并不是因为他懂的魔术知识比别人多，也不是因为他有什么过人的天分。我曾经分析过他成功的原因，大致有以下两条：第一，他能够在舞台上展现自己的个性，能够使表演做到天衣无缝，而这是他努力的结果；第二，更加重要的是，他是发自内心地喜欢台下的观众——或者正是幼年的流浪生涯使他更加深爱着人们。他从不像一般的魔术表演家一样，在心里说：“你们就是一群笨蛋，我只要略施技巧，就可以把你们耍得团团转。”——他从不这么想。他所想的是：“我深爱我的观众，正是他们让我变得衣食无忧，让我能够继续体面地活下去。我要拿出我的全部技巧，尽力使他们感到愉快。我永远感激他们！我永远爱他们！”

正是这样一种强烈的感情使他真心诚意地关心人们，给人们带来快乐；而观众自然也替他着想，更加愿意看他的表演。

在银行工作的查尔斯·瓦特想要从一家公司的经理那里得到另一家公司的业务情况的资料，于是他拜访了那位经理。瓦特坐下之后，正打算说明来意，就被一位年轻的小姐打断了。她探头进来告诉经理说：“今天没有什么好邮票。”

经理向瓦特表示了歉意，并且对他解释说：“我那 12 岁的儿子非常喜欢集邮。”

瓦特并没有留意这件事，他匆匆地说明了来意，恳求经理提供一些信息。但是那位经理却含糊其辞，并没有成全他的美意。过了一会儿瓦特感到再谈也是浪费时间，于是就离开了。

这件事情让瓦特十分棘手，他不知道应该怎么做。他想了很久，终于想起了那位经理的儿子集邮的事，而他知道银行的国际部经常跟国外通信，有很多珍贵的邮票。

第二天，瓦特带着他搜集的邮票又去见了那位经理。当他把邮票拿出来并说明要把它们送给经理的时候，那位经理十分感动，脸上带着笑容，显出了只有在参加总统选举时才能见到的那份热情。他一张一张地看着瓦特送给他的邮票，一个劲儿地说这些邮票确实非常珍贵，他儿子一定会非常喜欢。

接下来的事情可以预料：那位经理把他掌握的所有资料都给了瓦特，还把一些信件、数字等原始资料也给了他，而那正是瓦特想要得到的几乎全部的资料。

因此，如果你打算说服别人，不妨采取一定的技巧，让对方主动跟你合作。

第八章

打造个人的说话风格

◎声音：一开口就与众不同

◎ 你要让自己“先声夺人”，使自己的声音具有强大的吸引力。

◎ 声音不是一成不变的，你必须使你的声音富有变化。

◎ 注意自己的发音，你需要扎实地练习。

当我们在演讲台上、宴会上、面试中、谈判桌上开始说话的时候，我们会因为掌握了高超的说话艺术而感到前所未有的放松、自信和满足。我们的每一个动作、神情，甚至每一个词句都展现了我们之所以是我们的那些东西——那些只属于我们自己的个性的东西。这时候的我们是独一无二的。

这是说话高手的必备特征。他们让自己说的每个词、每句话都带着他们自己的风格，形象鲜明地准确抵达对方的耳朵里，对方因此被深深地吸引。他们的声音与众不同、语调生动有趣、举止恰到好处……凡是与他们有关的东西都能够体现出他们的特色。

这就是说话高手的风格。对说话高手而言，只有这些风格才是真正有价值的。为了拥有自己的说话风格，你需要进行一系列重要的基础训练。

声音是你讲话内容的载体。你的声音反映出你的感觉、你的心情和现在的状态，是你说话中强有力的、必不可少的工具。当我们与听众交流思想的时候，要使用许多发音组织和身体的各个部分。我们会做出这样的动作：耸肩、挥动手臂、皱眉、提高音量、改变高低调门和音调，并且依据场合与题材变换语速，以发出不同的声音来。

需要注意的是，我所强调的是声音的效果而不是声音的产生，即物理品质。那些东西已经无法改变，而声音的效果则受到说话者的情绪、状态的影响，这就是我强调说话者必须要热情的原因之一。因此，你需要一开口就与众不同。

遗憾的是，随着年龄的增长，我们中的大多数人都会失去幼时的纯真和自然，在不知不觉中落入一定的、为我们所习惯的沟通模式中去。这使得我们的说话越来越没有生气，我们也越来越不会使用手势，并且不再抑扬顿挫地提高或放低声音。总之，我们正在逐渐失去我们真正交谈时的那种鲜活和自然。

我们也许已经养成了说话太快或太慢的习惯。同时，我们的用词一不小心就会非常散乱。我经常强调，你在说话的时候要自然，也许你会误以为可以胡乱地遣词造句，或以单调无聊的方式表达——只要你做到了自然。其实不然。我要求大家讲话自然，是要你把自己的意念完整地用词语表达出来。从另一个角度来说，说话高手绝不会认为自己无法再增加词汇，无法再运用想象和措辞，无法变化表达的形式和增强表达的效果。这些都是追求精益求精的人们所乐于去做的。

那么，如果你也想塑造自己的讲话风格，你最好注意一下自己的音量及音调的变化和说话速度。你可以把你说的话录下来，也可以请朋友给你指出来，当然，如果能让专家来给你指导的话则会更好。不过，这些都是没有说话对象的练习，跟实际说话完全不同。一旦站在人们面前，你就要将自己的全部精力投入到讲话之中，以引起对方的共鸣。

选择什么样的说话声音，完全取决于你的个性、场合以及你所要表达的感情。在一般情况下，你的发音要做到清脆而洪亮。说话清晰，才显得有自信心、目的性明确和善于表达，这会给对方泰然自若的感觉。在公众场合，如果别人的谈话正处在争论不休的阶段，你站起来说一句话，语句简短、声音洪亮，则会产生震撼人心的作用。

讲话时你的声音能够让大家都听到吗？我指的是你的声音足够大而且清晰。你所处的场合也许是三两个人的促膝而谈，在这种谈话中你可能比较容易做到这一点。事实上，这时你如果音量过大的话，反而会使人以为你在跟人争吵。但是，如果你面对的是成百上千个听众，比如站在广场上发表演讲时，你则应该尽量让更多的人听到。因为如果他们没有听到的话，他们就会忽略你所说的内容，而不是提醒你大声讲或者重新讲述。因此，你要根据情况的不同调整你的音量。

当你需要强调某一个重点的时候，你可以适当地提高音量。在某个重要的地方提高音量，可以引起大家的注意。当然，有的时候适当地降低音量也能使你达到这个目的。在任何情况下，音量的变化都可以使你突出重点。

这里有一个运用重音的例子。

一天，林肯正低着头擦靴子，有位外国外交官看见了，嘲讽林肯说："总统先生，你经常给自己擦靴子吗？"

"是的，"林肯答道，"你经常给谁擦靴子？"

林肯的这句话巧妙地转移了对方的重音，使自己脱离了被嘲讽的境地，并置对方于尴尬的处境。

另外，你需要使你的声音有变化。变音涉及到音高程度。如果你一直采用高音来说话，有谁愿意听这样尖锐的声音呢？而且，当你普遍地使用高音的时候，你的声音会显得过于单调。因此，你必须在音高上有所变化，这样能够使你的声音悦耳而且更有活力。与调节音量一样，当你要阐明某个观点时，变音也会使你更加积极地传达信息。你可以采取略高或略低的声音来表示你对某个观点的重视程度。

我们平时与人交谈时，声音会高低起伏不断变化，就像大海不断起伏一样。为什么会这样呢？没有人知道，也没有人关心这个问题。但是，这种方式显然能使人感到愉快，而且它也是一种很自然的方式。然而，当我们开始某种正式的讲话时，我们的声音却变得枯燥、平淡而单调，就像一片沙漠一样。当你发现自己出现以上的状况时，就要停下来反省了。

一般来说，你需要使你的声音避免出现以下这些情况：

发音含糊

如果你的牙齿紧紧靠合，或者更加糟糕些，你的双唇像腹语者一样紧闭不动，那么毫无疑问，你正在用鼻音说话。用鼻音说话导致的最大问题就是发音含糊不清。这样对方会以为你在抱怨，而你则会显得恹恹而无生气，非常消极。

听起来不确定

你必须使对方感觉到，你对你所讲的内容是非常自信的。当你的声音颤抖或者犹豫的时候，对方会以为你对所说的没有把握。如果连你自己都对你所说的没有把握的话，怎么要求让对方对它产生兴趣呢？

咕哝

不要使你的话听起来像是在自言自语。声音过低或者不清晰，听起来同样让人觉得你不确定。你可能本来就不打算让对方听到你的这些话，但是他们模糊地听到了，却不知道你讲的是什么，他们就会产生怀疑，猜测你正在说一些对他们不利的东西。

声音过高

如果你的声音像飞机降落时候的制动声，对方会感到你十分可厌，因此不去听你讲话。过高的声音会使你的讲话具有攻击性，他们会以为你正处在一种压倒、胁迫他们的立场，而这不是他们所愿意的。所以当你喊着要大家听你的话的时候，没有人会愿意听从你的意见。

尾音过低

你可能会造成这样的情况：当到了一句话的结尾或者关键的地方，你的声音慢慢地低下去，最后就没有了。这样会使句子听起来不完整。你要相信，对方不会愿意去猜测你后面到底讲了什么东西。

令人不适的语调

无论你的意图如何，它最终都是通过声音来表达的。因此，如果你的声音里含有傲慢、蔑视或者其他消极的情感因素的话，你就会伤害听你讲话的人，或给别人不受尊重的感觉。

当你处于一种消极状态的时候，如果你将它掺杂到你的声音中，人们会把它想象得比真实情况要糟糕得多，转而分散自己的注意力。比如，你稍微的挫折感可能被理解为歇斯底里，而你的失望可能被理解为绝望。因此，你必须在你的语调中显示出你诊治后的感情来，这样才能以积极的方式去吸引对方的注意力。

夹杂乡土口音

要想声音娓娓动听，最好不要夹杂地方口音。当然，如果你确实要用的话，你必须运用某种方法进行强调，而不要让人们以为你的发音不标准。

◎节奏：说话不能拖泥带水

◎ 节奏明快并不是要你一口气把你想说的都说完，那样肯定不好。我的意思是你需要尽可能简单明了地把你的意思表达清楚。

◎ 不要过多地重复你说话的内容。你可以适当地重复从而强调相关的内容，但是你必须保证自己是有意识这么做的，而且尽量让对方知道这一点，不然他们会怀疑你很拖沓。

◎ 如果你发现自己说了老半天，还是没有让对方明白你所说的话，你就有必要再次强调你的观点。

你肯定希望自己给人干练、明快的印象，那么，你必须掌握好说话的节奏。影响说话节奏的主要有两个因素：讲话的快慢和说话内容的简繁。

在语言交流中，讲话的快慢程度会影响你向对方传达信息。速度太快就如同音调过高一样，会给人以紧张和焦虑的感觉。如果你说话太快，以至于某些词语模糊不清，他人就会听不懂你所说的东西；节奏太慢又会表明你过于拖沓、过于迟钝。

华特·史狄文思在《记者眼中的林肯》一书中说道：

“他（指林肯）会以很快的速度说出几个字，但是遇到他希望强调的词句时，就会拖长声音，一字一句说得很重。然后，他会像闪电一样迅速地把整个句子都说完……他会尽量拖长所需要强调的字句，差不多与说其他五六句不重要的句子所使用的时间一样长。”

比如，“今天我们要向大家介绍的就是我们公司的这款商品”。当你在说这句话的时候，你可以先用平缓略低的声音说到“公司的”这三个字为止，然后稍作停顿，热情地大声说出“这款商品!”利用这种技巧你一定能够收到意想不到的效果。

也就是说，我并不反对你刻意延缓某些词句的速度，以突出这些或另外一些内容（这根据你的音调来决定）。但是，如果你整篇说话或者大部分篇幅都这样，我则建议你千万不要这么做。

社交语言要简洁、精练，并尽可能地承载更多和更有用的信息，这样才能使你的说话节奏明快，使听众觉得你果断、直接和对说话内容肯定。如果空话连篇、言之无物，你的说话节奏必然拖沓，并且似乎很犹豫，好像在回避什么东西似的。

有的说话者在表达自己观点的时候讲得太多，而且持续的时间太长。我在前面举过一个例子，即林肯的葛底斯堡讲话。当时林肯只讲了两分钟，全篇讲话才不过 226 个字，但是爱德华·伊韦瑞特却讲述了两个小时。结果是，林肯获得了成功。

为了使你的说话不拖泥带水，你的信息最好简短直接。你需要注意的是：

直接

你需要直接地向对方表达你的意思。你需要尽快抵达主题，让你的主要意思清晰明了。有的人总喜欢旁敲侧击，但是这容易分散对方的注意力。

简单明了

当你在说明你的重要观点的时候，词汇或句子越少越好。一句老话这么说："我问你几点钟，你不用告诉我表的工作原理。"

可是现实情况是，明明可以用少数词句就可以表达清楚的观点，人们总是喜欢用过多的词句，甚至堆砌故事、人物、数字来说明他的主题。你需要避免过多的修饰，它只会损害你的表达。

你应该知道下面这位父亲在说话时的错误：

一个十几岁的孩子第一次参加正式的舞会，他的父亲这样教导他说：

"你也许不应该在今晚的舞会之前、之中或之后喝酒。"

像"也许"这样缺乏说服力的限制词或关联词，听起来叫人不那么肯定你要表达的究竟是什么意思，对方可能不明白你所肯定的是什么。你不仅不能给对方以果断、直接和坚决的印象，还会使你的表达不够简洁。

集中一点

你可能会让你的主题有多个，这将使你和对方的精力都被分散。实际上，你要把一个主题讲得很透彻都十分困难，所以更不可能把每个主题都讲透。如果非得这样，那么每个主题你都只会浅尝辄止，因此跟对方讨论各种话题会影响你主要观点的表达。

另外，许多人总喜欢注重细节的描述。你可以描述细节，但是必须注意一个前提，即不能影响你的主题的表达。如果你过于重视这些细节，你的信息重点就会不清晰。千万不要让对方以为，在理解你的观点时需要付出多么艰难的努力。大多数人都不愿意这么去做。通过你的表达，使对方得到重要的信息，这才是最重要的。

◎语调：化乏味枯燥为生动有趣

◎ 语调使你和你的说话更有生命力。

◎ 语调表达的东西比你想象的要多得多。

◎ 注意自己说话的语调，注意多加训练。

语调就是说话人的语气和声调的变化结合，它表达了话语中包含的情感。在说话的时候，你需要让语调来表现出比你说话的具体内容更多的信息，或者说，语调实际上也是你说话内容的一部分。比如，当你的话听起来很真诚的时候，你实际上是在对对方说："我所想的就是我所说的，我所说的就是我所想的，我这样做实际上是对你的尊重。"这样一来，对方自然会更加相信你所说的话。

第一次世界大战后不久，我因为同事德玛斯的原因逗留在阿拉伯。一天，我闲逛进了海德公园，走到了大理石拱门附近——我知道经常有各式各样的人在那里谈论关于各种宗教信仰和政治的话题，并且想听听他们的谈话。当时我看到一位天主教徒正向人们解释教皇无谬论，之后又听了一位社会主义者对卡尔·马克思的意见。最后，我还听了一个男人关于多妻制的高论。

我注意到在这三位主讲人周围的听众人数的变化。一开始，那位鼓吹一夫多妻制的演讲者的听众最多，但是到后来，他的听众越来越少，而围绕在另外两个演讲者周围的人却越来越多。你知道这是为什么吗？难道是因为话题的原因吗？

我对这个问题进行了研究。我发现：那位多妻制的鼓吹者，自己好像对讨三四个老婆并没有多大的兴趣，他的语调听起来也一点都不高兴，人们因此觉得他讲得很枯燥无味；那两位拥有完全对立观点的天主教徒和社会主义者，却都沉浸在自己的演讲当中——他们情绪高昂，并且挥动着手臂，声音高亢而充满信念，散发着热情和生气，这种热情感染了人们。原来，正是演讲者不同的态度和语调引起了听众人数的变化。

你可能也听过不少类似那位鼓吹一夫多妻制的演讲者的讲话。他们的语调平淡、生硬，没有激情，他们对自己所讲的题目没有表现出多大的兴趣，好像在有气无力地念书稿一样。这样的说话方式能吸引你吗？当然不能。

实际上，语调传达的信息远比我们想象的要多得多。语调就像说话者的表情一样，向对方传达着某种言外之意的感染力。当你听到一个人的电话的时候，如果他的口气热烈，那么你即使没有见到他，也可以判断出他很高兴，但是如果他的口气很平淡，那么即使他告诉你一件值得高兴的事，你也会认为这没什么好高兴的。

一个说话高手不仅声音悦耳，他的语气和语调也很有感染力，总能拨动人的心弦，引起对方的共鸣。据说，一个意大利演员用悲怆的语调朗诵阿拉伯数字，听的人居然被感动得凄然泪下，而一位中国艺术家朗诵菜谱则像诗歌一样动听。又比如，一个“啊”字，运用不同的语调，可以分别表达“我明白了”、“没听清”、“惊讶”、“终于知道了”等诸多含义。正是语调使得你的说话变得声情并茂。

很多人并没有意识到自己的语调有问题，或者他们认为语调和嗓音一样，都是天生的。没有语调或语调不当的声音会让对方很麻木，失去对说话内容的注意力，从而没有心思去思考你说话的内容。而有语调的声音则会产生完全相反的效果。

很多时候我们费力地对说话的内容冥思苦想，孰不知我们的语调已经把一切都搞砸了。拿起听筒，听到一个“喂”字，无需再多说什么，从这一个字里，我们就已经知道男朋友是不是还对我们拥有火一般的激情，母亲是不是没有睡好觉，好友是不是已经顺利通过了考试……“嗓音是身体的音乐，语调是灵魂的音乐”，这句话说得很对。我们悲伤的时候，语调是苍白空洞的；经过一夜狂欢，我们的语调变得有气无力、底气不足；一个星期的海边度假，又可以让我们的语调重新恢复活力和弹性。

大致有以下这些语调，你可以根据不同的需要来变换：

慷慨激昂的语调

慷慨激昂的语调能够给人以气壮山河的气势，从而增强语言的震撼力。

抑扬顿挫的语调

抑扬顿挫指的是句子里语调升降、轻重缓急的变化，它包含说话节奏的一部分内容。同样一句话，语调升降和轻重缓急的变化会使表达的意思有所不同，在某个时候甚至完全相反。

平和舒缓的语调

当置身于一些不宜高声说话的场合的时候，你需要用平和舒缓的语调来说话。比如主持某人的葬礼，如果你运用得当的话，不仅能够表达你的敬意，还能感染其他人。

◎体态：无声语言是有声语言的辅助

◎ 笑用嘴，也要用眼。愉悦的面部表情会使你看上去诚实而友好。

◎ 你的体态会影响对方对你的判断，因此，尽量以一种积极的体态出现。

体态语指的是通过表情、身体姿势和手势传达信息的一种肢体语言。据说，在讲话者所要表达的所有信息中，通过非语言渠道——声音、语调、表情、身体姿势和手势等——传递的信息占了很大一部分。

因此，如果你不想对方对你产生“他懒吗”、“病了吗”、“累了吗”之类的猜测的话，那么，你最好不要显得那样。当然，如果你想发挥出色的话，这样还远远不够。

为林肯作传记的柯恩登这样写道：

“林肯更加喜欢用脑袋来做姿势，他会经常甩动头部。当他想要强调某个观点的时候，这种动作特别明显。有时，这种动作会戛然而止……随着演讲的进行，他的动作会越来越随意，最后趋于完美。他有完全属于自己的自然感和特点，这使得他变得很高贵。他瞧不起虚荣、炫耀和做作……有时为了表示喜悦，他会高举双手大约成 50 度，手掌向上，看起来好像要拥抱那种情绪。当他想表现厌恶时——比如对黑奴制度——他就会举高双臂、握紧拳头，在空中挥舞，表现出强烈的厌恶感。这是他最有效的手势，表现了他最坚定的决心，看起来他好像要把这些东西扯下来烧了一样。他总是站得很规矩，双脚并齐，绝不会一脚前一脚后，也绝不会扶在什么东西上面。在整个演讲中，他的姿态和神态只有稍微的变化。他也绝不乱喊乱叫，不会在台上走动。为了使双臂轻松，他有时也会用左手抓住衣领、拇指向上，而只用右手来做手势。”

圣·高等斯根据林肯演讲时的一种姿态为林肯雕了一座雕像，立在林肯公园内。你没有必要一定要模仿林肯的姿势，但是需要注意你的姿势却是一定的。

面部表情

你首先要注意你的面部表情。如果说眼睛是心灵的窗户的话，那么脸就是心灵的外观。你的所有情绪都写在你的脸上——如果你不是一个善于控制情绪的人的话。无论如何，你可以而且往往会通过表情传达更多的信息。表情有喜怒哀乐，但是对说话的人来说，一般情况下最重要的表情是微笑，它是拉近你和对方距离的最简单有效的方法。

当然，还有更多，这要看你的说话内容而定了。

身体姿势

在你讲话之前、听话的过程中——尤其是在演讲的时候——如果你必须面对对方坐下，你就必须注意坐姿。不要四处张望，那非常像是一只动物在找一处可以躺下来过夜的地方，而不是对与对方谈话更加有兴趣。

在你坐下来的时候，不要玩弄衣服或别的什么东西，这会分散对方的注意力，而且这样会使人觉得你不够稳重、没有自制力。所以，你必须保持静止状态，控制自己的身体。

当你准备讲话的时候——不论你是站着还是坐着——挺起你的胸膛，显出你很有自信的样子。不要等到面对听众时才这么做，你平时就需要这么做。

正像罗瑟·古里柯在《高效率的生活》一书中所说的那样：现在，10个人中都找不出一个能让自己保持最佳状态的人。他建议我们平时就要注意这方面的练习，在演讲的时候更要“把自己的脖子紧紧贴住衣领”。

手势

我将重点讲述手势语，主要讲当你站着讲话时的手势。这个时候，手势是最自由和最强有力的体态语，也正是这个原因，人们往往也最容易犯错误。

在你开始讲话的时候，最好忘记自己的手，你不用担心会失去它。它们会很自然地下垂在身体两侧，那是最好的一种姿态。当然，在需要的时候，你会记得用它们来做出恰当的手势的。

但是，你可能会把你的手放在背后，或者插入你的口袋里，或者放在桌子上，因为这样做能减少你的紧张感。这时，你更没有必要在乎它。许多人都是这么做的，即使伟大如罗斯福总统有时也会这么做，好像这种姿势具有非常大的诱惑力似的。

在我的教学生涯中，我曾经依照教科书里面所说的东西来教授我的学员，让他们学会如何采用姿势。我只是照搬老师灌输给我的那些理论，从而养成了一些坏习惯。我永远无法忘记第一次上演讲课的情形：

老师叫我把手臂轻轻地垂在身体的两边，手掌朝后，所有的手指蜷曲成一半，大拇指碰着大腿。然后，我举起手臂，画出一道弧线，以便让手腕优雅地转动。接着，我再张开食指，然后张开中指，最后是小指。当我全部完成这套看起来相当完美的动作后，手臂还要回到刚才的那道弧线，再放到身体两侧。

实际上，这套生硬的动作在我讲话的时候没有丝毫用处，而我却用它来教我的学员。有一次，我看到20个人同时在做这样的姿势，他们都像打字机一样机械地做着动作，显得十分可笑。其实，从来没有一套标准的手势是适合所有说话者的，除了一些经验之外。每个人都是从自己的内心出发并根据自己的思想和兴趣来培养的。唯一有价值的手势，就是你天生学会的那一种。

手势完全不同于衣服：衣服可以穿上换下，而手势却是发自内心的，就像大笑、腹痛、晕船一样。一个人的手势，是属于他个人的东西。

在讲话的时候，政治家布莱安经常会伸出一只手，把手掌摊开；格雷斯顿则经常拍桌子或者踏地板，发出很大的声响；罗斯伯利则会高举右臂，然后用力向下挥动。

这些演讲家都具有深邃的思想和坚定的信念，都使他们的姿势强而有力、出于自然。自然和有活力正是行动的最佳表现。我们既不能邯郸学步——身材高大、动作笨拙的林肯不能用短小精悍、动作敏捷的道格拉斯的手势，也不能刻意地让自己做出某种姿势。

多年前，我有幸听到了吉普希·史密斯的传道——他曾使几千人信奉了基督。他使用的手势很自然，一点都不做作。只要你练习运用这些原则，你就会发现，你也是用这种方式在做出你的手势。我无法举出任何法则好让你去遵守，因为这一切都取决于讲话者的气质、他的热情和个性、他准备的情况，以及讲话的主题、对象和场合的情况。

以下有一些建议，对你会有帮助：

不要过多地重复同一种手势，那将会让你给人枯燥的印象；

不要用肘部做短而急促的动作，由肩部发出的动作看起来要好很多；

手势不要结束得太快。

总之，你要使用那些发于自然的手势。只有那些你内心当中的冲动和欲望才是最值得信任的，这些东西给你的指导最重要。

◎形象：让别人更容易接受

◎ 不要只注意你的口才，也要适当地注意你的形象——只是适当地注意。

◎ 不要轻易地改变你的形象，这会让人觉得你很善变，从而觉得你不可信。

◎ 穿着打扮的第一原则：得体。

东方有句话叫做“人不可貌相”，说的是我们不能以貌取人。但是，我们不难发现，人们虽然知道这个道理，但在与人交往的时候，往往还是最先从一个人的外貌去作判断，揣测这个人是什么样的。尽管这种方法十分片面、很不科学，但是却形成了一种社会现象。因为我们在与人交往时，给我们直接的、真实的感觉的就是一个人的形象。至于他的内在，比如涵养和性格，都只能经过较长时间的观察才能得出。

具体说来，形象是说话者文化素养和情趣的反映，它微妙地作用于人的脑海，完成了语言难以完成的效果。如果你注意你的形象，争取在第一时间给人好的印象，那么这将有助于你得到别人的认同。比如说，你给人一种诚恳的感觉的话，别人可能对你产生一种信赖感，从而也相信你所说的话。

你可能非常相信你的老师所说的话，也更加容易被一个你仰慕已久的专家所打动。如果对方是一位总统的话，你可能毫不犹豫地认为他所说的话是对的，这在很大程度上是因为对方在你心目中的形象十分可信。假设你在街上邂逅一个陌生人向你推销商品，如果对方衣冠不整、口齿不清，你多半会认为他卖的是伪劣产品，而如果对方衣冠楚楚、谈吐不凡，你很有可能相信他介绍的产品的优点是真的，从而把它买下。

另外，社会学家发现，我们往往在7～20秒内就对别人进行了判断，这就是对方在我们心目中留下的印象。而这种在极短时间内形成的印象，日后也很难改变，甚至可以延续一辈子。这就是我们为什么本能地喜欢或讨厌一些人的原因。

几年前，我在纽约参加了一个宴会。宴会上，我碰到一位少女，她在不久之前得到了一份丰厚的遗产，这使得她有足够的钱对自己进行打扮——事实确实如此，她使自己成为了宴会上最华丽的人。她为什么这么做呢？无疑，她是想给参加宴会的人一个好印象。但是，虽然她的打扮十分高贵，自己却摆出一副深沉的面孔，好像有一股盛气凌人的傲气，叫人看了没办法生出愉快的感觉。她只知道打扮自己，却忘记了人最要紧的是面部表情。老实说，她给我的第一印象极为差劲，这自然也影响到我跟她的交谈了。

人们希望看到的是笑脸，而不是一张哭丧着的脸。所以即使她的打扮再华丽，她也不可能给人留下好的印象。到现在为止，我对她的印象一直没有改变——参加宴会的大部分人都会如此。

我们可能会有这样的感觉：如果一个人给你的第一印象很好的话——假如他看起来很自信、对人真诚——那么你可能对他产生相当的好感，转而更加相信他所说的话。事实上，这是所有人都有的感受。

面对说话者，我们的第一印象确实十分重要，这几乎可以影响到自己对对方的所有判断。比如，面对同一个演讲者，如果他给你的第一印象好的话，那么不论他讲得好不好，你都会认为他讲得好，而如果他给你的第一印象坏的话，他即使讲得再好，在你的心里仍然要大打折扣。这个印象对判断他以后的演讲仍然有一定的影响。

既然事实如此，你如果想给人好的印象，使他对你的话更加相信的话，就只有更加注意自己的形象，尤其是给人的第一印象。良好的第一印象是成功交往、创建融洽的人际关系的良好开端。

关于形象的建立，具体说起来非常复杂，因为它包含了许多内容。而我在前面所讲的很多内容仍然有效，比如，讲究艺术的说话，就能够使你看起来比较可信，因此也有利于在别人的心目中建立你的良好形象。现在我着重补充以下的内容：

衣着形象

衣着是信息的一部分，人们对衣着会有自己各种各样的判断。我们应该知道为什么在店铺里穿着好的人会比穿着简陋的人得到更好的服务。一个娱乐节目的主持人，如果他穿着一套笔挺的西装的话，可能会显得比较尴尬；而一个政府发言人，如果他穿着一套休闲服装的话，人们可能不大相信他所说的话，甚至可能以为他是冒牌的。至少你也应该做到让人看起来顺眼，而不是相反。

如果需要更高一点的要求，那就是：衣着应该支持你的观点，而不是转移它。对说话人而言，更重要的一点就是看起来可信——如果你穿着合适的话。比如我前面所说的那个少女，她的穿着看起来确实顺眼，但是如果仔细讲起来，与她的身份是不匹配的。

确实，在那样高级的宴会上，应该穿着正式，但是也不至于要求每个人都珠光宝气，而是应该跟个人的气质、个性和年龄相符合。如果那个少女穿得相对简单、青春一些的话，就会让人对她的印象好起来——前提是她不拉长她的脸。

一个人的穿着打扮，包括服饰的颜色、式样、档次和搭配，以及饰物的裁剪，都与他的性格爱好、文化修养、生活习惯有关系。心理学家发现：一个注重穿着打扮的人，他的责任心和可信度会比较高。

你在穿着方面应该注意以下的问题：

装束要适度。你要让对方注意的是你的讲话，而不是你吸引人的衣服。

要擦亮你的皮鞋。你在台上的时候应该更加注意这一点 。

穿着要舒适。不要让领带勒紧你的脖子，这会让你看起来很费劲。

不要把你的衣服口袋塞满。这会让你看起来像是刚从杂货店出来。

不要让你的铅笔等物品从衬衫口袋或西服口袋里面露出来。这会让你看起来很令人讨厌。

礼貌待人，主动热情

不要让自己看起来冷冰冰的，这会让人觉得你很高傲，从而打消跟你交往的念头。你要举止得体、彬彬有礼，而不要看起来很莽撞、没有一点涵养。主动热情则要求你在交往的过程中表现为喜欢、赞美和关注他人。如果你做到了这一点，对方会认为你说的话确实是从他们的角度进行考虑的，从而更加愿意相信你所说的话。

求同存异，缩小差距

平等是交往的首要原则。如果你看起来高人一等的样子，你会使人产生反感情绪；相反，如果你随时都附和别人的观点，那么人们也会认为你没有自己的主见。

相似是交往的另一个原则。你如果和他人在兴趣爱好、观点态度，甚至年龄、服饰等方面差距较小，就会较容易和他拉近距离，从而消除陌生感，尽快地从心理上靠近对方。

了解对方，记住特征

每个人最关心的都是自己。如果你对他的个人问题表示出一定的关心的话，你会给他一种被尊重的感觉。在了解了他人之后，如果你打算更进一步地交往的话，你需要把你们的话题转换到他感兴趣的事情上来。

比如，如果对方喜欢养花的话，你可以跟他谈谈养花的逸闻和趣事，或者表示你对玫瑰的历史有相当的兴趣。不过，千万不要请教太高深的问题，如果对方回答不出来的话，他容易迁怒于你。

◎修辞：让话语更有分量

◎ 使用比喻，使你的说话更加形象。

◎ 使用夸张和反复，强调你的重要观点。

◎ 使用对比，使你的说话更加具有说服力。

◎ 使用排比，使你的话更加有气势。

耶稣在解释“天国”时，采用了一种非常好的方法，那就是运用人们熟悉的东西来说明他们不熟悉的东西。比如，他说：

“天国就像酵母，人们把它放到玉米粉里面，它就会全部发酵完毕……

“天国就像寻找珍珠的商人……

“天国就像撒入大海中的网……”

在这里，“天国”可能不是人们所熟悉的，而酵母、商人、网则是为大家所熟悉的东西。耶稣采用了这样一种巧妙的方式，运用两者类似的地方进行比较，就更加容易让人明白。

你是不是有时候也会这么去做？当你想要对方快一点的时候，你可能会对他说：“希望你弄完的时候，我还不至于变成‘木乃伊’!”你和对方都知道，你至少在这么短的时间里变不成“木乃伊”，但是你却很明显地夸大了事实。实际上，在说话的时候，如果你想要强调某一点，适当地运用一些夸张将是一个非常好的办法。而如果你想说明某人的做法可能会产生严重后果的话，你也许会说：“你这样做，就好像是打开了潘多拉的盒子。”而他肯定也知道你说这话的意思。

如果想要在辩论中取胜，你必须采用各种各样类似上面所举的例子那样的方法来改善自己的话语，以使它更有分量，使人们更加相信你。而这种方法就是通常所说的修辞。如果你注意了的话你就会发现，律师之所以能言善辩，正是因为经常用到它。

上面所举的两个例子是两种十分常见的修辞方法，耶稣用的那种是比喻，而你在说自己变成“木乃伊”时所用的是夸张。修辞方法除了上面两种外，还有许多种。你不用因为需要掌握这么多修辞方法而烦恼，实际上，正是因为它多，才使你的说话变得更有说服力。我将就几种主要的、对你来说可能容易掌握的修辞方法进行简略的说明。

引用

实际上，这种修辞方法是我们最常用到的。我就经常在本书里大量地引用著名演讲家（比如林肯）和学员的故事来说明我的观点，事实证明，这样的确收到了很好的效果。

有时候，我们并不打算引用一个冗长的故事，而只选择了某人说过的某一句话，甚至某一个词。还有这样一种情况，我们有时候引用一句古话（比如中国的古话）或俗语来说明我们的观点，这样也非常有效。引用不仅简单有效，而且会使你的话更有说服力。

反复

反复也就是以相同的节奏重复同一个意思。这样做的好处是，你不仅能够把听众的注意力吸引住，从而让他们知道你的主要观点是什么，而且能够将你的主要思想与整个演讲融为一体。比如，一个演讲家在谈论某个部门的时候说：

“这个系统，它有着糟糕的公众服务，政府雇员的数量却远远超过了工厂。

“这个系统，它有着一个好管闲事的政府，每时每刻都准备插手你的商业事务和私人生活。

“这个系统，它吞噬了整个国家将近一半的财政预算。”

通过反复，他让听众相信，这个部门确实存在很多问题而急需改革了。

对比

对比是指同时列出两个相反或者相对的事物。我们先看查尔·狄更斯在《双城记》里是如何巧妙地运用对比这种修辞手法的：

“那是最美好的年代，也是最糟糕的年代；那是智慧的时代，也是愚蠢的时代；那是信仰的时期，也是怀疑的时期；那是光明的季节，也是黑暗的季节；那是希望的春天，也是绝望的冬天；在我们前面，堆积如山，也一无所有；我们全都奔向天堂，也全都走向地狱……”

听起来如何？是不是很打动人？你也很希望如此优美、能说服人的句子出现在你的话里吧！

对比确实能够使原本平淡无奇的话变得精彩，使你变得很雄辩。不用去管为什么会这样，这些问题可以留给语言学家或心理学家去解答，你只要知道它有用并尽量去用就行了。

比如，你在鼓励大家尽快完成任务的时候，可以说：“让我们停止空谈，开始行动。”

而当你在提醒大家不要浪费粮食的时候，你可以说：“你现在的确吃得很饱，但是这个世界上有很多正在挨饿的人。”如果你需要更多的例子，你可以自己去发现和总结。

反问

当你在表达一个观点的时候，你可能会说：“难道不是这样吗？”一方面，你认为事实明明就是这样的；另一方面，你可能并不需要听众回答这个问题。这时候，反问只是为了吸引听众对你的问题的注意，它常常被用在结论和过渡中。

但是有时候，它可以表达更多的意思。如果你想说服一个人，最好的方法就是举出例证反问之，这样比正面辩论要有更大的说服力。

有一次，伟大的拿破仑骄傲地对他的秘书说：“布里昂，你知道吗？你将永垂不朽了。”布里昂并没有明白他的意思，问拿破仑为什么这么说。

拿破仑说道：“你不是我的秘书吗？”

布里昂明白后，不甘示弱地对拿破仑说：“请问，亚历山大的秘书是谁？”

拿破仑没有答上来，他赞扬布里昂说：“问得好！”

你明白这段对话的奥妙吗？拿破仑的意思是，因为布里昂是他的秘书，所以会扬名。但是，布里昂却表示自己不愿意靠别人出名，所以反问了拿破仑这么一句话。他问拿破仑那句话的意思是，伟大人物的秘书不一定就会出名。但是，因为拿破仑是他的主帅，他不能直接反驳拿破仑的观点，所以用反问巧妙地表达了自己的看法。

排比

排比就是将3个或3个以上同样的句式放在一起，而不是表达同一种意思。你可能也曾经看到过这样的例子，只是没有注意而已。林肯在他著名的葛底斯堡演讲的最后说：

“……我们在此坚决地表示：要让他们的死有价值；要让这个国家在上帝的保佑下，得到自由的新生；要让民有、民治、民享的政府不会从这个地球上消失。”

林肯在此运用了两个排比。（中英文排比有所不同。英语原文为：…that we here highly resolve that these dead shall not have died in vain，that this nation，under God，shall have a new birth of freedom，and that government of the people，by the people and for the people shall not perish from the earth. 在英文中确实有两个排比句——编者注。）这使得原本平淡无奇的话变得生动和有气势起来，从而对听众产生了非常大的感染力。

排比的独特优点还在于它对任何话题都适用。无论你要讲的是什么，你总能用上这种修辞方法。

关于更多的修辞方法，你可以找相关的著作来看。

◎通俗：说话的最高境界

◎ 尽量少使用专业词汇，那只会让你的说话听起来很深奥、不那么好懂，甚至令人止步。

◎ 当你不得不使用专业词汇的时候，务必对它进行详细的解释。

◎ 不要把你的词汇当成大家都应该懂的词汇，这并不能使你更加高明。

◎ 不要使用你自创的语言表达方式，而是要用符合对方习惯的方式。

因为职业的关系，我听了无数次演讲。其中一些演讲因为演讲者的大意而失败了。他们失败的原因不在于他们的专业知识不牢靠，而是他们显然完全不知道一般听众对他们的特殊行业缺乏了解，而他们却只管大谈专业。这样的结果如何？虽然他们高谈阔论，大量使用工作中常用的词汇，却使得那些外行听众根本不了解他们所说的话。

并不只是在演讲中存在这种情况，实际上，几乎所有牵涉到从事不同行业的谈话者的谈话，都存在这样的问题。这种不经意的忽略使谈话失去了本来应该有的效果。所以，如果你想使你的说话更能够被大家理解，你就必须学会使你的语言通俗化，使你的语言成为人人能懂的语言，这样你就算是达到了说话的最高境界。

在做到说话通俗这一点上，你面临的最大问题可能是需要使用一些专业词汇，也就是我们前面所说过的“术语”。这些词汇只有与某项工作有关或者某个特定研究领域的人才能够真正理解。另外，有些行业可能会创造一些只有本行业人员才懂的缩略语，这些语言通常是仅由首字母组成的。对不熟悉它们的人来说，运用这些词汇的时候，他们可能并不知道你说的究竟是什么意思。而由于很多原因，一般人是不会站起来说明他没有听懂的。所以，他们很可能会微笑，然后带着困惑离开。由此可见，我们要确保我们的术语能被他们听懂。

我的一位学员，他作为一名医生曾经在班上这样开始他的讲话：

“横膈膜是这样一种东西，如果它被用来呼吸的话，将会明显地帮助肠子的蠕动，而这对你的健康有很大的好处。”

他想接着讲其他的东西，可是老师打断了他。老师让听懂了这句话的人举起手来，结果出乎这位医生的意料：没有一个人举起手来。也就是说，没有一个人听懂了他的话。

老师要求他对那句话进行解释，告诉他在让大家知道那东西究竟是什么样的以及究竟如何工作之前，先不要急着往下说。于是那位医生解释道：

“横膈膜实际上是一种非常薄的肌肉，它的位置在胸腔底部和腹腔顶部之间，它会随着胸腔和腹腔的呼吸而变化。当胸腔呼吸的时候，它会被压缩，就像一只倒置的洗刷盆；而当腹腔呼吸时，它就会被往下推，使它成一个平面，而此时肠胃会受到挤压。而它的这种向下的推力，会按摩和刺激腹腔的上部器官，比如胃、肝、胰等等。当人们呼气的时候，胃和肠又往上推压横膈膜，这样的话，就相当于做第二次按摩。这种按摩有助于人体排泄。许多人的身体不舒服，主要是因为肠胃不适，而一旦我们的肠胃因为横膈膜的按摩而得到适当的运动，那么大部分的不舒服都会消失。”

作了这番解释以后，虽然麻烦了一点，但是学员们都听懂了他的话。

我们很多人在讲话的时候，都会犯和这个学员一样的错误——他们讲着自己很了解的东西，并且以为听众也一定会了解。其实，这个问题并不难解决，而是常常被说话者所忽视。

比如，你在对一位家庭主妇讲解为什么冰箱需要除霜的时候，有可能会这么讲：

“冷冻的原理是这样的：蒸发器从冰箱内吸收热量，然后散发到冰箱外面。这时候，被吸出来的热量伴随着湿气，这些湿气会附着在蒸发器上，形成很厚的一层霜，导致蒸发器绝热，而且使马达频繁地工作来进行补偿。”

对那些家庭主妇来说，这段话可能相当于什么都没说。你其实完全可以这么说：

“蒸发器的作用，就好像吸风机一样，把冰箱里的热量都吸出去，使冰箱能够冰冻你的东西。各位在打开冰箱的时候，一定会发现你的冰箱放肉的那一层上结有一层霜，这些霜就是结在蒸发器上的。霜越结越厚，就好像越来越厚的石棉一样，使蒸发器和冰箱里面的空气隔开，从而没有办法正常吸热。这样，你的冰箱的冰冻效果就会越来越差。这时，马达只有不停地运转，才能保证冰箱里的冷度，但是这会减少你的冰箱的使用寿命。为了使马达运转得慢一点，以使你的冰箱不那么吃力，我们必须想办法把这些霜除去。而如果在冰箱里装一个自动除霜器，就可以做到这一点了。”

如果你面对的是很多人，如何使你的话被所有的人听懂？印第安州前参议员比佛里吉有一个关于这方面的建议：

“最好的办法，就是在你的对象中选取一个看上去最不聪明的人，然后尽量使他明白你所说的话。你只能用最通俗的话来讲述，尽可能清晰地表明你的观点，这样才能使他听明白。还有一个好的方法，就是把目标锁定在那些由父母陪同的小孩身上。

“然后，你需要不断地提醒自己——自然，你也可以把它向对方说出来——你要尽量讲得简单明白一些，让所有人都理解你的解释，并且记住它，而且还能将你讲的东西讲给别人听。”

有一次，我去听一位证券经济商的演讲，听的人都是一些家庭妇女，她们想了解一些关于银行和投资的知识。这位演讲者一开始就使用了简单通俗的语言和幽默轻松的方式，以使她们放松下来。他把她们所关心的问题都说得清清楚楚，更加重要的是，他把一些专业术语，比如“票据交易所”、“课税”和“偿付”等，都用简单通俗的话解释得非常清楚。结果，这场演讲获得了空前的成功。人们对他非常感激，并且都主动找他咨询投资方面的事情。

还有一个十分有趣的例子。曾经有一个传教士想要把《圣经》翻译成他传教的地方的语言。其中有这么一句：虽然你的罪恶一片鲜红，但是它终将白如雪花。一般情况下是逐字翻译这句话，但是现在他却遇到了问题。这些土著人根本没有扫除积雪的经验，甚至连“雪”这个字都不认识，他们根本不知道雪和煤炭有什么差别。但是当地有椰子树，人们都很熟悉。于是传教士就把“雪花”和“椰子肉”联系了起来。最后，那句话被翻译成：虽然你的罪恶一片鲜红，但是它终将白如椰肉。

在面对英语是其第二语言或者对英语可能没那么熟悉的人时，不要过多地使用俚语或比喻的方法。语言有千差万别，而语言的表达方法也会各不相同。最好的做法是，用最通俗的语言表达你的观点，而不是用许多母语或者想当然的表达方法。

◎尊重：也是一种征服

◎ 尊重对方，将使你说服力更强。

◎ 不要指责他人的过错，否则你将得不偿失。

◎ 如果对方迫于某种压力而屈服于你的话，他在内心深处是不会赞成你的。

林肯总统有次在批评他的女秘书时说："你这件衣服很漂亮，你真是一位迷人的小姐。只是我希望你打印文件的时候，能够注意一下标点符号，让你打出的文件像你一样可爱。"这位女秘书听了之后，对这次批评印象非常深刻，从此打印文件很少出错。

林肯总统可以说是当时世界上最有权势的人了，但是他说话还这么委婉——这当然是他修养高、气度好的表现。相反，如果他换一种盛气凌人的方式去对女秘书说："你怎么工作的？连标点符号都搞不清楚！"这么一来，只能让对方感到反感，反而达不到纠正对方错误的目的。这说明尊重一个人也能帮助你说服对方。

人都是有自尊的。渴望获得别人的尊重是每个人的本能，所以当你需要指出一个人的错误或者说服一个人时，你必须要以尊重对方为前提。事实上，当我们处在这样的位置时，我们很可能给对方一种高高在上的感觉。因此，对方可能担心自己被伤害，从而下意识地采取一种闭合的心理来抗拒你的意见。所以，尊重对方实在是很重要的。

不久前，卡耐基训练班的会计师学员格莱格告诉我们，最近他必须辞退一些老员工。他们公司的工作具有季节性，因此每到这个时候都要大量裁员。以前，他们公司一般都是直接对对方说："先生，这个季度已完，我们再没有什么别的事情给你干了。"然后，直接把他们辞退。而被辞退者大部分都是终身从事会计工作的，因此，他们对这样草率地辞退他们的公司不会有什么好感，而这会影响到以后招人。

现在，他并不想这么做了，他希望自己能对被辞退的员工多一点技巧和体谅。他特意考察了每个人在冬季的工作表现，然后与他们一一进行交谈。他现在可能这么说："先生，你的工作成绩确实极好。那次我们派你去华盛顿，尽管困难重重，但是你还是完成得很圆满！我们希望你能知道，我们以你为荣！你有真本事，不论你在哪个公司上班，你都前途远大。本公司相信你，并支持你。"结果，这些人走了以后，并不觉得自己是被遗弃了。当公司需要再用他们的时候，他们会带着很美好的感情重新到岗。

另外两位学员也以自己的亲身经历说了两件完全相反的事情。其中一位是佛瑞·克拉克，他讲述了发生在他公司里的一件事：

"在我们公司的一次会议中，一位副董事长非常尖锐地质问一位管理生产过程的质量监督员，他的语调充满了攻击性，很明显就是指责对方处置不当。这位监督员含糊不清的回答更使得副董事长发起火来，他不仅严厉地批评了这位监督员，还指责他在说谎，好像对方之前的所有工作都没有任何成绩似的——而这位监督员实际上是很负责的。从那以后，他开始不那么认真了。最后，他终于离开了我们公司，去了竞争对手那里工作。而据我所知，他在那里干得十分出色。"

而另外一位学员安娜·马佐尼也讲了一件非常相似的事情：

"我是一位食品包装行业的市场行销员。我曾经做过某项新产品的市场调查，那是我的第一份工作。当调查结束的时候，由于我在做计划时犯了一个极大的错误，导致整个调查都必须重新再做一遍。更加糟糕的是，我在参加会议之前，已经没有时间去跟老板讨论了。所以，轮到我作报告的时候，我心里非常不安。我用尽了全力克制自己，使自己不至于崩溃。当时我真的非常想哭，但是我告诉自己不能哭，因为这样的话，别人一定会认为我感情用事，不适合做行政事务。那次，我的报告十分简单，只是告诉他们，因为犯了一个错误，我会在下次开会之前重新研究。说完后，我满以为老板会训斥我一顿，但是结果却大出所料。老板不但没有训斥我，反而安慰我说，没有一个人的第一次计划是不出错的。他还鼓励我说，他相信我的第二次计划肯定会比第一次出色，对公司也更有意义。散会之后，我的心思很乱，但我已经下定决心，决不再让老板失望。”

两件事情都是源于犯了错误，可为什么会产生截然不同的结果呢？原因很简单，犯错的人一个没有得到尊重，而另一个却得到了充分的尊重。

即使我们是对的，别人绝对是错的，如果我们不留余地地指责对方，也会使他失去颜面，没了自尊。法国飞行员安东安娜·德·圣苏何邑说：“我们没有权利去做或者说任何事情来贬低一个人的自尊。重要的是他自己觉得如何，而不是我们认为他如何。伤害人的自尊是一种犯罪。”

包特门机车公司的一位经理萨姆尔·华特里说：“如果你尊重一个人，你就会发现他非常容易受你的指引行动，尤其是当你对他的能力尊重的时候。”

已故的德怀特·玛洛能够轻易地使两个拼命的好斗者和解，他是怎么做到的呢？原来，他会找出两个人各自正确的一面，并且对此加以称赞和强调。无论如何，他从不伤害别人的自尊。

1922年，土耳其人决定将希腊人永远驱逐出自己的领土。他们的领袖姆斯塔法·凯末尔对士兵们说：“你们的目的地，就是地中海。”这段拿破仑式的振奋人心的话鼓舞了这群士兵，于是一场近代史上最激烈的战争开始了。

如我们所知，土耳其人取得了战争的最后胜利，他们对对方已经投降的将军理科比斯和迪亚尼斯进行了辱骂。但是，凯末尔丝毫没有胜利者的骄傲，他拉着两位战败的将军的手说：“两位请坐，我知道你们已经极度疲倦了。”接着，在详细地讨论了投降事宜后，凯末尔像战士对战士说话那样，又安慰这两位十分沮丧的将军：“战争，就是一种竞技。即便是最优秀的人，有时也会失败。”

看来，凯末尔牢牢地记住了这句话：在谈话中始终尊重对方。这为他赢得了更多人的尊重。

◎真诚：言之有理，言之有物

◎ 真诚说话的两个基础：言之有理，这会让你听起来不像在狡辩，而是在讲合乎情理的事情；言之有物，这会让你听起来不像在夸夸其谈，而是在讲他非常关心的、实际的东西。

◎ 真诚说话对自己而言，是非常真实而不做作；对他人而言，则能让你的说话具有更重的分量。

◎ 在尊重别人和你自己的意见的基础上，才能做到真诚地说话。

1915 年，科罗拉多州爆发了美国工业史上最有名的一次工人大罢工。科罗拉多煤铁公司的工人为了改善待遇举行了罢工，但是因为有关部门处置不善，罢工最终演变成了流血的惨剧，工人和工厂方面开始尖锐对立。

那时候，管理矿务的人是美国石油大王洛克菲勒的儿子。他最初使用了高压手段，请出军队进行镇压，但是没有收到很好的效果，双方矛盾越来越大。后来，由于认识到这样做无济于事，小洛克菲勒改变了策略，开始采取温和的手段来解决矛盾。他把罢工的事情放到一边，到各个工人家里去慰问，使双方的矛盾慢慢地缓和了。后来，他召集罢工运动的代表们参加谈判会议，在会议上他说了一段十分打动人的话，正是这段话结束了长达两年之久的罢工运动。下面就是他说话的内容：

“对我来说，这一辈子里，今天是最值得纪念的日子。我十分荣幸能与各位代表相识。如果时间倒回两个星期，那么我在这里完全是面对一群陌生人，因为那时候，我对诸位的认识不多。后来，我有机会去了南煤区的各个帐篷，和代表们也有过一次私人的个别谈话。我看了诸位的家庭，会见了你们的家人。诸位对我十分客气，好像把我当成了朋友一样。所以，在这里，我不妨将诸位都当做朋友。现在，我们本着朋友之间的友谊，来共同讨论我们的公共利益，这将会使诸位都非常高兴。参加这次会议的是工厂和职工的代表，正是因为你们，我才有幸跟诸位成为朋友，有幸站在这里跟诸位一起为解决矛盾而努力。对于这些，我是终生不会忘记的。从今天开始，我们的前途将一片光明。对我个人而言，今天我虽然代表着工厂的董事会，可是，我和诸位却是站在一边的。因为我觉得，我和诸位是有着密切的联系和友谊的。我希望就我们共同关心的话题展开讨论。让我们从长计议，想出一个令大家都满意的解决办法，因为，这是对大家都有益的事情……”

小洛克菲勒的说话谈不上很有文采，但是却透出一种真诚的味道。他让代表们明白，他确实是在为他们的利益考虑的。所以，工人们才被他打动了。

要做到说话真诚，必须使自己的说话言之有理、言之有物。像上面小洛克菲勒的讲话，就是因为始终围绕着工人的利益，从工人的立场出发的，才让对方觉得一点都不空泛，而且确实很有道理，这样才显得很真诚。

杰伊·孟古是一个电梯公司的业务经理，他们公司需要为该市最好的一家酒店定期维修电梯。为了不给客人带来不便，酒店经理要求电梯最多只能停开两个小时。但是，维修电梯最少需要 8 个小时，而且，在酒店经理要求的那两个小时里，公司也未必能派工人去检修。

在一次维修中，孟古能够派出一位最好的工人，但维修时间也要超过两个小时，于是，他打电话给酒店经理。他说：“力克，我知道你们酒店的客人非常多，而且，你也不希望给客人带来不便。你希望能够尽量减少维修时间，我们应该尽量满足你的要求。不过，我们在检查你的电梯之后发现，如果不能将电梯彻底修好，那么电梯损害的程度会更加严重，到时候，维修的时间肯定会更长。我知道，你不希望到时给客人带来大得多的麻烦。”

酒店经理只好同意孟古的建议，因为他知道，电梯停开8个小时比停开几天要好多了。而孟古抓住了这一点，晓之以理，动之以情，让对方知道自己确实在为他考虑，表明了自己真诚的态度，于是终于把他说服了。

很多人以为只要自己所表达的意见很正确，其他方面都不重要。事实并非如此。替弱势群体募捐，是一件高尚的事情吧？如果你打算让人们慷慨解囊，你打算怎么去说服他们？你会这么样开头吗：

“女士们、先生们：我之所以来这里，是希望诸位能够每人捐助5美元。”

如果你真是这么说的话，那么很遗憾，你将得不到一分钱。你失败的最重要的原因是人们觉得你根本不够真诚，没有打动他们。让我们看看里兰·斯托先生是怎么为一家偏远儿童医院的小病人们募捐的：

“我希望这样的情景不要再出现在我的面前了：一个孩子跟死亡之间只有一颗花生米的距离。世界上还有比这更加悲惨的事情吗？我希望永远不要活在这样悲惨的记忆里。请你想象一下吧！某一天你在雅典那个被炸得千疮百孔的工人居住区里，听到了孩子们凄惨的声音，看到了他们哀怜的眼神。你会觉得更加悲惨。可是，在我的记忆中，所有的印象都只有半磅重的一罐花生。当我用力打开罐子时，一群衣衫褴褛的孩子睁大眼睛看着我，朝我伸出手来。还有那些母亲，抱着婴儿在推挤争抢……她们都把婴儿伸向我，而婴儿那柴秆一样的小手抽搐地伸张着。我尽力使每颗花生都起作用。

“在他们争先恐后的拥挤之下，我几乎被撞倒了。当我举目远眺的时候，我所见的上百只手——那些乞求的手、争抢的手、绝望的手，全都是瘦弱而可怜的手。他们在这里分一颗盐花生，在那里再分一颗，再在这里分一颗，再在那里分一颗……那么多手伸向我，向我乞求着，那么多眼睛闪烁着希望的光芒。我沮丧地站在那里，手里只剩下一个蓝色的空罐子……哦！我多么希望这种事情再也不要发生在我们身上。”

有什么比这样的说话更加富有感情呢？难道你认为人们在听了这么真诚的话语之后，能够不为所动吗？

因此，如果你打算打动对方，最好的做法是让你的讲话言之有理、言之有物。只有这样，才能使你显得很真诚。

◎素材：能让表达变得更容易

◎ 积累素材是你胸有成竹的重要前提，不要在需要的时候才做这样的工作，你要在平时就注意积累。

◎ 好的素材可以帮助你更加准确、生动、简单地表达你的观点。

我们在前面一再强调，你在说话的时候，一定要选择自己熟悉的题材，这样才能真正成功说话。之所以强调这一点，还有一个十分重要的原因，那就是素材的来源。

如果把你说话的主题、观点和说话的框架比做一个篮子的话，你的素材大致相当于篮子里的水果，你必须用这些东西对你的观点进行说明、论证或者辩护。它既可以是一个故事、一个科学原理，也可以是一句话。

你一旦选定了你说话的主题，就可以进行有针对性的素材积累，而那些你非常熟悉的题材，需要的自然是你熟悉的素材。

你手里有10支钢笔，比你只有1支钢笔是不是会好得多呢？有10支钢笔，你才有选择的空间，可以从容地选择一支适合自己的。素材也是这样。你积累了很多素材的话，当需要的时候，你可以信手拈来，而根本不用花过多的时间去思索。

中国有句古话叫做“书到用时方恨少”，说的就是这个道理。如果你平时不注意积累素材的话，那么到你开口说话的时候，一定会手忙脚乱、苦不堪言。

当你说“马丁·路德小时候十分调皮”的时候，你为什么不说“他小时候经常挨老师的打，有时候一上午要被打15下甚至更多下手心”呢？这样不是更加有说服力吗？

当然，前提是，你必须知道这些东西，也就是我们所说的素材。

“我总是要搜集比我所需要的多10倍的材料，有时甚至达到100倍。”畅销书《内涵》的作者约翰·甘德这么说。这是他准备说话的方法。

有一次，他正准备写一篇关于精神病院的文章。他走访各地的医院，分别和院长、护士及病人谈话。我的一个朋友曾经帮了他一些忙。后来，这个朋友告诉我，他们曾经在不同的楼房之间奔走，不停地上上下下，日复一日地走路，也不知道总共走了多少路。甘德在采访的过程中，光记录就用了许多笔记本；他的办公室里也堆满了政府和各州的报告，还有许多别的资料。

我的朋友对我说：“最后，他写出了4篇论文，非常简单但趣味横生，都是很好的讲话题材。这些文章的用纸不会超过80克，可是，那些采访资料和其他资料，即所有的依据，却超过了9 000克！”

很多人以为，那些说话高手或演说家之所以能够说得那么好，只是因为他们的说话技巧好。

当然，他们注意训练自己的口才，注意表达的技巧，但是，这并不是唯一重要的原因。当看报纸的时候，他们绝不会只把它当做消遣而已；看电影的时候，他们也是坐在那里聚精会神。这些都是他们积累素材的工作。

下面介绍几种有效的积累素材的方法。

从书本中汲取精华

语言天才林肯，一个木匠的儿子，难道天生就具有非凡的语言天赋吗？不是的。

他熟读了许多著名诗人如波恩斯、拜伦、勃朗宁的诗集，甚至能够整本整本地背下来。他的办公室和家里都放着拜伦的诗集，办公室的那本经常翻到《唐璜》那一篇。当上总统之后，他虽然已经没有很多精力去钻研文学了，但是他仍然会经常抽出时间——或者是在喝茶的时候，或者是在午休的时候——翻阅英国诗人胡德的诗集。有时候，他深夜起来也会读诗。林肯还经常抽空阅读早已背熟的莎士比亚的名著，评论一些演员对莎士比亚的看法，同时提出自己的看法。

鲁滨逊教授写道："这个自学成才的人，用真正的文化素材武装了他的思想，可以称之为天才。"而林肯曾写信给一位年轻律师说："成功的秘诀，就是拿起书本，然后仔细地阅读。学习，学习，学习！这才是最重要的。"

书本里面的知识，是自古以来人们取之不尽的丰富宝藏。你可以先从最著名的文学名著读起，因为这些名著是被许多人熟悉的；然后再慢慢地深入阅读，每深读一本书，你都将有意外的收获。

搜集跟你的题材有关的信息

如果你选择好了讲话的题材，你可以注意从跟别人谈话、看电视、读报纸等途径中获取有关的信息。

在跟别人谈话时，对方或多或少能够给我们带来一定的信息，而这些信息说不定跟你的主题有关。并且，你可以判断出对方是否对你的主题感兴趣。

现代人看报纸往往是为了消遣，而不是获得某种知识。他们似乎更加愿意看看明星的新闻，以及一些消遣性的内容。如果你已经养成了读报的习惯，不要浪费这样的机会，你应该更多地关注国家大事、文化事件等等。这些东西具有很强的时效性，一般会成为社交场合人们比较喜欢谈论的话题。电视也是一样，它可能比报纸更加容易引起人的兴趣。因此，一些比较有名的节目所传播的信息，对你将十分有用。

另外，你还可以在生活中的一些地方获取这样的信息，比如在地铁上听别人的谈话等。你必须时时注意你的主题，为你的主题准备素材。

搜集名言名句

名言名句是一些思想高度集中的话，一般都为大家所熟悉和接受，在使用的时候也容易被大家理解。如果你能够正确地运用，可以达到事半功倍的效果。

你可以随身携带一个笔记本，当看到或听到名言名句时，可以随时把它记下来，这样你才不至于忘记，并且没事的时候还可以拿出来翻一翻，以加深印象。

多加思考，灵活运用

当收集到一些素材的时候，你还需要把它变成你自己的东西。首先，你需要对它进行深入的思考，彻底了解它的含义、它所表达的意思，以及可以用的地方，甚至你还要注意它适用的场合，因为有些东西是适用于不同场合的。其次，你要注意它跟你的主题有什么关系，如何才能把它不露痕迹地放到你的说话中去。

◎心理：相信自己一定能说好

◎ 战胜恐惧——并不是消灭它——是说话成功的必要条件。如果你相信自己能够成功，那么你就能够成功。

◎ 没有人天生是说话的天才，他们的才能都是后天努力的结果。如果你愿意，你也可以把话说好。

“你为什么不站起来讲两句呢？”——当一个沉默寡言的人被问及这样一个问题的时候，他多半会苦笑一下，然后告诉你：“我说不好，我从没有说好过。我想，我大概没有说话的天赋吧！”

这种说法让我想起一件事情。美国南北战争期间，海军上将都庞在法拉格上将面前振振有辞地解释自己为什么没有能够率领战舰进入查尔斯港口。法拉格上将听完他列举的一大堆理由后，一字一句地对他说：“你似乎还有一点没有提到。”

都庞很疑惑地问道：“哪一点？”

法拉格回答说：“你并不相信自己能够做到。”

法拉格上将的话的确是一针见血，我正打算把这句话告诉那些沉默寡言的人。我想告诉他们，他们之所以说不好，并不是因为他们没有天赋，而是他们不相信自己能够说好。实际上，只要他们相信自己能够说好，他们就能办到。我在前面说过心理暗示的重要作用，那个理论能够解释我所说的这一点。

很多说话高手一开始并不相信自己能够在人们面前侃侃而谈，直到他们用行动证明了这一点。事实上，说话并不是一种天生的技能，出色的说话高手也并不是天生拥有如簧的巧舌。他们都是经过艰苦的训练才实现这一点的，否则，我这本书通篇都成了废话——如果说话是天生的技能的话，那么我这本书对你不会有任何用处。

担心自己表现不佳的并不是只有你一个人。这个毛病不仅困扰着那些沉默寡言者，而且折磨过那些经验丰富的说话高手。我在前面已经说过，林肯在无数的社交场合和无数的人成功地进行了对话，但是每次他在开口之前，都会对自己的表现十分担心。他曾经说：“我很喜欢讲话，但是这并不能阻止每当讲话的时候我所感到的那种神秘的、也许是来自天堂的恐惧。”

幸运的是，他的恐惧并没有使他失败。现在的问题是，你正被这样的问题所困扰，而且你的恐惧使你屡屡失败。

难道这说明了林肯比你更有说话天分吗？绝对不是。这是因为他正确地处理了这种恐惧，使自己战胜了恐惧，而不是被恐惧所控制。

多年前，费城一位成功的企业家根特先生在一次下课后邀请我共进晚餐。餐桌上，他对我说：“卡耐基先生，我曾经避免在各种聚会中说话，但是如今我当选为大学里董事会的主席，必须主持会议。你认为年过半百的我，是否还能学会那些令人羡慕的说话技巧呢？”我肯定地对他说：“先生，你一定会成功的。”

我想我的话对根特先生有一定的帮助。大约3年之后，我们俩又一次共进晚餐，我对根特提起了上次的谈话。他从口袋里拿出一个笔记本，给我看他此后数月里排定的演说日程表。然后，他高兴地说：“在每次开口之前，我都告诉自己，我一定能够成功。这使得我的说话技巧突飞猛进。说话时所获得的快乐，以及我对社会能够提供的额外服务，都是我一生中最值得高兴和满足的事情。”

接着，根特又非常高兴地说出他在说话方面的更大成就——他所在的教区邀请英国首相前来，并在一次宗教会议上发表讲话，而负责向大家介绍首相的不是别人，正是3年前怀疑自己能不能当众说话的他。

他的说话能力提高如此神速，是否很不平常呢？不，这一点儿也不稀奇，因为类似的例子还有很多。我认为，根特先生的成功跟他的心理素质及自我认识的改变密切相关。当他说“我能行”的时候，他就已经成功了一半。

我曾收到一份令我感到意外的来自古巴的电报，拍电报的是一个叫玛利欧·拉卓的人。他在电报中告诉我，他将来接受我的口才训练。之后他很快就来了，接受了我为期3周的训练。在这3周里，我把他的课程排得很满，让他每晚都在班上说三四次话。他非常努力地去做了。3周后，拉卓先生在“哈瓦那乡村俱乐部”庆祝俱乐部创建人50岁生日的盛大聚会中进行了演讲。他的演讲获得了空前的成功，他本人则被《时代》杂志誉为“银舌雄辩家”。

你们并不知道，在此之前拉卓先生是多么的担心。他在到达纽约后对我解释说，他是一个律师，但从不曾公开讲话。在培训的过程中，我不断地对他强调：你一定能够说好，并且必须让自己相信这一点。他也尽力地这么去做了。

在这次生日聚会上，他被邀请呈献一个银杯给创建人。这是一个十分盛大的聚会，拉卓先生十分担心讲砸了，因为如果这样的话，他和他的太太会很难堪，而且也会影响他的生意。但是经过训练之后，他却获得了意想不到的成功。了解他的人都认为这是一个奇迹。

相信自己能够说好，这对说话的人来说的确十分重要。因此，如果你想要成为一个说话高手的话，也必须首先做到这一点。

◎思维：由内而外的转化过程

◎ 当你有空的时候，选择以上几种方法中的一种，随时随地地展开练习。

◎ 你可以选择同一样东西，用以上的三种方法一一练习，看看会有什么不同的收获。比如，一根断了的仙女棒，你用定向思维方法想到了什么？用逆向思维方法想到了什么？而用发散思维方法又想到了什么？

◎ 思维方法其实随时随地都可以练习，因为只要开始了思考，就是运用了某种思维方法。

说话是你思维的表达方式，没有思维就没有说话。你要表达什么观点，这是思维；只有把它表达出来了，这才是说话。说话其实就是把你思维的结果表达出来，是内部语言向外部语言的转化。用更加专业的方式来解释的话，说话的过程其实是这样的：从思维到句子类型，到词汇，再到语音。

我之所以进行上面的说明，主要是为了强调思维的重要性。但是，需要说明的是，即使思维如此重要，对思维进行有针对性的训练仍然不是口才学需要解决和能够解决的问题。因为思维研究是一个十分基础和重要的专业领域。

我在这里主要是指出这一点，并且简单地介绍几种思维方法。你需要对这些思维方法进行有针对性的训练，这对你的口才表达的提高具有十分重要的作用。

定向思维方法

定向思维方法就是进行常规的思维。究其根本，它依靠的是我们在长期的生活中所积累的经验。比如，当你看到火时，绝不会用手去触摸，那是因为你知道痛。这就是经验——别人的或者自己的经验。可见，定向思维有很多好处。而定向思维的训练则可以培养我们对问题进行深入思考的能力，有助于我们深入分析问题。

你可以从一些比较简单的要求开始进行训练。比如，为了使你的表达更加有层次、有条理，你可能通常会在说话的时候用以下这些关联词："之所以……是因为"、"首先……其次……"等等；你还可能有"凡事有果必有因"、"什么是最好的"之类的思考。这些都是能够基本满足你的思维要求的，你可以就此开始，也可以按时间的、空间的顺序或者先总后分、先分后总等方式进行训练。

注意，也有些时候，定向思维会导致我们思维模式的固定化。很多时候我们甚至懒得去想同样的事情是否还有更好的解决方法，而只是按部就班，因为反正照样能解决问题。

逆向思维方法

逆向思维就是反向思维，它使肯定变否定、否定变肯定或者变正面为反面、变反面为正面。比如，我们都说"万物生长靠太阳"，如果你问：万物的毁灭是不是也和太阳有关呢？这就是一种逆向思维。逆向思维方法能够培养全面思考问题和独立发表自己看法的能力。

中国人有句"知足常乐"的俗话，他们都希望自己的生活能够快乐，所以提倡不要贪心。但是，如果用逆向思维方法进行思考的话，这句话的反面未必就不对。如果我们人类在进行科学研究的时候也"知足常乐"，岂不是停滞不前，无法取得一个又一个科学成就了吗？而人类的发展不也会止步不前，至少不也会变缓很多了吗？

同样的道理，奥运会上运动员们一次又一次地刷新记录也告诉人们：我们不能知足常乐，而是应该永无止境地追求，创造一个又一个奇迹，不断地进行尝试和挑战。

人们习惯于沿着事物发展的正方向去思考问题并寻求解决办法。其实，对于某些问题，尤其是一些特殊问题，从结论往回推、倒过来思考，从求解回到已知条件、反过去想，或许会使问题简单化，使问题的解决变得轻而易举，甚至因此而有所发现。这就是逆向思维的魅力所在。

某时装店的经理不小心将一条高档女裙烧了个洞。即使用织补法补救，也只是蒙混过关，欺骗顾客。这位经理突发奇想，干脆在小洞的周围又挖了许多小洞，并加以精心修饰，将其命名为“凤尾裙”。没想到，“凤尾裙”最终竟使该时装店出了名。这就是逆向思维带来的可观的经济效益。“无跟袜”的诞生与“凤尾裙”异曲同工。因为袜跟容易破，一破就毁了一双袜子，商家运用逆向思维，试制成功“无跟袜”，创造了非常好的商机。

发散思维方法

发散思维似乎没有多少特定的方法可循。它是这样一种思维方法——沿你得到的信息朝各种可能的方向扩散，并且引出更多的新的信息，从而达到创新的目的。发散思维是能够使你更好地即兴讲话的最佳思维方式。但是看起来，似乎它也是最难的一种方式。

我具体介绍 3 种训练方法：

连接法。就是当前一个人说出一种东西后，另一个人把它接下去。比如，几个人在一起的时候，可以共同编一个故事。

联想法。比如，当你看到雪花的时候，你可以就此展开联想，然后发表一下你的看法。你可以说说北极是什么样子，或者联想让你最难忘的一个圣诞节。

连点法。当我随意地给你几个词语：花、沙漠、电影……要求你把它们联系起来，并说出包含这些词的一段话，你是否能够轻易地做到？如果你平时就做过这种训练，这应该不是什么很难的事情吧？

◎反馈：洞察对方心理的能力

◎ 你必须在你讲话的时候注意对方的反应，然后准备随时调整你的说话。

◎ 如果出现某种对你说话不利的局面，你可以通过调整你的讲话主题、说话方式以及鼓励对方参与讲话来改变它。

◎ 使对方产生不同反应的原因可能不只跟你讲话有关，还可能有另外的因素——如果说他们确实已经很疲惫，那么即使你尽了最大的努力，也可能无济于事。当然，你能够把握的只有你自己。

我们已经一再地强调过听话人的重要性了。实际上，就算是一个说话高手，如果面对的是世界上最糟糕的听众，那么他也没有丝毫的办法。你是在作演讲，还是在作一般的交谈，对方对你的印象绝对会有所不同，甚至截然相反。所以，从这一点说，了解对方的心理也是十分重要的。

有一次，我应邀为一群大学生进行人生方面的指导。在讲了一个小时之后，我跟他们谈起毕业后如何找工作的问题。但是我发现他们的热情并不高，甚至有人还呵欠连天，而当时关于这个话题的很多重要的东西还没有讲完。我当即换了一个话题，于是他们又都被我吸引住了。

很多说话高手都能够像读一本书一样读懂对方，从而洞察对方的心理是喜欢，还是反感、厌烦。他们试图从不同的角度、用不同的方法去做到这一点。有些人在讲话的同时试着读懂对方的心理，从他们的反应去调整方法或策略。

这么说也许你会觉得有些空泛。也许你会问我，什么是洞察对方的心理？用什么样的方法可以做到这一点呢？当我们读懂对方以后——比如说他们呵欠连天，我们应该做些什么呢？

观察对方的反馈

了解对方的心理最简单的一个方法就是了解他们的兴奋度。如果他们聚精会神地听你讲话，并且时不时地向你提出一些问题，对你也报以会心的微笑，这时候你应该感到幸福。这说明他们十分关注你，因为他们都显得非常兴奋。对讲话的人而言，这些热情高涨的听众的好处是，他们永远不会使你的努力失去作用。假如你运用了幽默，运用了恰当的修辞方法，你会收到应该收到的效果——如果你真的运用了正确的方法的话；相反，如果对方看起来萎靡不振，在你说话的时候呵欠连天，或者看起来真的很疲惫，对你说的话没有丝毫反应的话，那么你的努力可能都会白费。注意，有时候这不是你的问题，而是对方的问题。

你还可以观察对方的肢体语言。你可以看对方是不是在对你点头，那表示赞成；或者有没有在向上看着你，这表示对你很尊敬。他们也可能身体向前倾，在微笑，或者在椅子上不停地动来动去。这些非语言的肢体动作能够告诉你大量关于你讲话效果的信息——对方究竟对你的讲话抱着什么态度？是专心，还是失去了兴趣？是不耐心，还是尽量在克制自己？如此等等。

最后，你必须学会观察对方的表情。在大多数情况下，表情能够表明他现在想的是什么。比如，皱着眉头说明他可能有什么不懂的地方，或者正在对你的观点进行深入的思考——至于究竟是哪一种，需要你根据当时的情况来确定；如果露出了高兴的表情，他可能已经非常理解你所说的，并且表示赞成。

在面对多人讲话的场合中，不要根据你对一个人的观察来确定所有听众的态度，以免对这个人反应的深刻感受使你对所有人都作同样的判断。道理很简单——一个当然不能代表全体。

但是说话者往往会犯这样的错误。你可能看到其中一个人从一开始到最后从来没有笑过，也可能看到另外一个人从头到尾都皱着眉头，但是那只能说明他自己如此而已。你必须对所有人从整体上作一个判断，从而调整你说话的策略和方法。因为你面对的不是一个人，而是所有人。

另外，你作判断的时候必须考虑多种可能性，因为一个人的表情会很复杂，而且，导致一个表情的原因也很复杂。比如，如果他对你不那么友好，或者看起来不可一世，有可能他是一个知识水平很高的人；但是也有另外一种可能，那就是他恰好知道你所讲的东西，并且进行过深入细致的思考。这个时候，如果你换一个话题，那么他很有可能就不再会有那样的表情了。

采取对策

对那些很兴奋或有其他对我们来说有利的反应的对象，办法我已经说过了很多。但是如果是那些我们不希望看到的反应——比如说对方快睡着了——我们则必须像在急救室里的医生一样，对他进行“抢救”，这样才不会失败。

当你满眼都是很令人沮丧的表情时，我建议你最好先对他们进行一次诊断，给对方分一下更加细致的“级别”。因为针对对方不同“级别”的反应，我们需要采用不同的“急救”方法。

第一级，对方对你的讲话还有兴趣，只是他们看起来对于接受它还有点儿困难。对方还在听你说话，只是他们并不能完全理解你所说的东西，这是一个十分常见的问题。因为虽然我们强调要让对方明白你所说的话，但是大多数情况下，他们并不是那么快就能接受的。所以，这是一个稍作努力就能解决的问题。你只需要更加有耐心，对他们继续解释或者换一种方式说话。你可以从你的讲话中跳出来，问对方是否还需要你另外再举一个例子来进行说明，或者告诉他们接下来你要讲的将是十分重要的。另外，你还可以采用一些提问的方式来回答他们不懂的问题，或者引导他们进行思考。

第二级，对方对你的讲话不耐烦。也就是说，对方的注意力已经开始从你的说话上转移，分散到别的地方去了。他们或者经常往窗户外面看，或者不停地看表——可以说，他们只对你不感兴趣。他们对你的讲话已经不再像一开始那么兴奋，也不再那么激动。这可能是因为你谈话的时间太长了，或者你的讲话不那么有吸引力了。这时候你可以请他们站起来，稍微舒展一下身体，或者讲一个笑话，以吸引他们的注意力，并且注意尽量使你说话的内容显得有趣，或者对他们很有用。你必须抓紧机会，像一开始一样抓住对方的兴奋点——如果你的行动不能达到这样的效果的话，你将再一次失败。

第三级，对方快要睡着了。在听你讲话的过程中，对方看起来好像小孩一样，其中一些已经睡着了，一些处于半昏睡状态，而另外一些可能一片茫然。这是对给多人讲话而言，而如果是两人谈话，对方只可能是其中一种状态。如果这种糟糕的情况真的出现了的话，很遗憾，这说明你的讲话已经失败，或者至少濒临失败。你需要尽快做一些可以使对方兴奋起来的事情，从而再次吸引他们的注意力。你可以试着这么做：用激昂的语调讲出某件有可能让大家都感到气愤的事情，并敲击桌子；让你的麦克风对着扬声器，以使它发出刺耳的鸣声；将你的某件东西扔到地板上……需要注意的是，不论采取何种办法，你都必须表现得不像是你故意这么做的，不然的话对方可能会对你的做法感到反感。例如，当你说到“这就是人们用头去撞击墙壁的声音，因为他们对政府感到十分失望”的时候，你再适时地敲一敲桌子，一定会收到很好的效果。

为了不至于出现上面那种令人沮丧的局面，你需要使你讲话的内容确实符合对方的兴趣和需要，而且应该运用适当的说话技巧，比如说讲故事之类。另外，你最好能够使对方参与到你的谈话中来。

比如，你可以随时向他提出一个问题，或者询问他是否听懂了；在某些场合，你甚至可以请对方跟你一起做游戏。

◎准备：尽量熟悉要说的内容

◎ 把你讲话的内容印入到你的脑海中，随时随地为它做准备。

◎ 你自己的经验和经历，就是你说话的最好素材，它能够为你吸引对方，并且使你的话更加有说服力。

◎ 深入地思考你的主题，意味着对它的有关内容进行挖掘和再创造，以使对方接受你的讲话。

我们在开口说话之前——不论是正式的演讲还是平时的谈话，其实大多数情况下都已经有所准备，或者对这个话题有过深入的思考。有时候，我们在讲话之前已经决定要开口，因此会利用讲话之前的一段时间进行思考。但有些情况下，你的那一点儿准备显然是不够的。

比如说，你被通知进行一次专业方面的演讲。这个话题无疑是你很熟悉的，而且你也曾经对它进行过很深入的思考，但你却未必能够把它说好。我们经常会遇到这样的情况：在没有任何准备的情况下，被要求就某个问题“讲两句”。这将会使你很尴尬。我们可以作这样的想象：你在几个小时前被通知要“讲两句”。那么，即使你很害怕，没有一点儿经验，你的表现也会比自己很熟悉讲话内容却没有任何准备要好很多，至少不至于这么尴尬和难堪。为什么呢？因为你会花很多时间进行准备，选择说话的具体内容，确定具体该怎么说，而这样的准备无疑是能够有所回报的。

我并不打算花大量的篇幅来说明准备对你说话的重要性，因为大家都知道这个道理。我想告诉你该怎么来准备。一般而言，准备说话——我将以演讲为例，其他说话也是一样——大致有以下几个步骤。

确定你熟悉的一个主题

我在前面已经说过，选择你熟悉的话题，这是至关重要的。你根本不用担心对方可能对你的说话内容不感兴趣，因为让他们感兴趣的东西往往就是这样一些关乎个人的东西，包括你的特殊经历、个人体会、信仰等等。当你谈论自己熟悉的话题的时候，你才会有一种充满激情的感觉。而我们都知道，只有充满激情，才能把一件事情做好——做任何事情都是如此。

把演讲内容确定在一定的主题内也是很重要的，尤其对于那些新手来说，他们在当众说话的时候，可能因为紧张或者不擅于把握说话内容，致使思路偏离自己的演讲主题。可能他们并不想这么做，但是他们的思路却偏偏这样。

一位经验丰富的演讲家告诫我们说："如果你一开始没有做好准备、没有确定说话主题的话，那么你就会经常'跑题'，你的演讲也会以失败而告终。"

那些出色的演讲家不会犯这样的错误。有一次，我拜访了著名演讲家文德尔先生。我们在他波士顿的住所里谈了很久。他声音纯净、话语流畅、知识丰富、说话技巧出色，这些都给我留下了深刻的印象。他让我相信，语言完全有可能成为最精湛的艺术，其高度甚至可以超越其他艺术。我承认，在此之前，我没有听到过比这次更加让我心动的谈话。回去之后我意犹未尽，对他的谈话作了回顾。我发现，文德尔先生的谈话主题十分明确，而且他所有的话基本上都跟他的这个主题有关系。

对你的主题进行深入思考

确定一个你熟悉的主题之后，你必须对它进行深入细致的思考。因为，虽然你有可能非常熟悉你的演讲主题，但是这跟你把它说出来是不一样的。而且，你千万不要忘记，你将要把它对你的听众讲出来，并且要尽量让对方听懂。所以，你必须想办法使它变得符合你的听众的趣味——通俗是最基本的要求。

另外，你可能不像熟悉你的专业那样熟悉你演讲的话题，那么你更加应该通过准备使自己变成这方面的专家——即使不是专家，也应该尽可能地熟悉你的演讲主题。你应该对它进行非常专业的思考，并且把它存放在你的脑海中，准备随时对它进行思考。你可以查阅相关的资料，或者请教这个专业的行家。总之，你在演讲开始之前，最好一直对你的主题进行思考。这至少能使你对它加深印象，从而使它成为你思想的一部分。

耐心细致地搜集材料

在我的卡耐基口才训练班中有两个学员，一个是哲学博士，另一个是曾经在海军服过役的粗野而爽快的小伙子。令人感到奇怪的是，哲学博士的演讲远远没有小伙子的谈话那么吸引人。我曾经就这个问题进行了思考，结果发现，原来哲学博士的演讲全部是一些堆砌的概念，而没有吸引人的故事。小伙子的演讲却截然相反，里面有很多生动的故事和他个人的特殊经历，他知道用这样的故事能够加强他的观点的说服力，也能使他的演说更加有吸引力。

他们之间的区别其实说明了演讲的一个很重要的原则，那就是具体原则。人们通常不会对空洞的概念或者观点感兴趣，除非你能够找出说明这个概念或观点的证据来。人们往往只会被具体的细节、数字打动。

爱德文·史罗森打算向人们说明，尼加拉瓜瀑布每天所产生的能量非常大，如果能够把这些能量利用起来的话，将使很多人得到温饱。人们会这么认为：这是事实吗？就算是吧，但还是有点不可信，因为人们没有一种真实的感受。于是爱德文这么描述道："众所周知，我们美国还有上百万的人处于饥寒交迫之中。但是，尼加拉瓜瀑布每天却浪费了相当于600万个面包的能量。想象一下，每小时60万个鸡蛋从悬崖上落下，会形成一个多么大的蛋卷漩涡。这会是多么壮观！……如果把卡内基图书馆放在大瀑布底下，不到两个小时，整个图书馆就会被各种好书填满。我们也可以想象，每天，一个大型百货公司从伊利湖的上游漂下，把各种商品倒在岩石上。这也会是一种极为壮观的景象吧！而且，这会使尼加拉瓜瀑布看起来比现在更加迷人。当然，我们会反对这样的做法，就像某些人反对利用瀑布一样。"你能不被这样的描述打动吗？

我力图证明演讲的这个重要原则——具体原则的重要性，希望你在演讲之前广泛搜集资料，以使你的说话更加形象、更加具有说服力。这似乎需要你花较大的力气，因为好像没有一个标准能够说明你的材料已经准备得很完美。所以，你需要尽可能多地收集材料，以使你的准备更加充分。

◎记忆：它是口才好的前提

◎ 不要在讲话要开始了才开始准备，你需要提前准备。

◎ 有些东西看起来似乎很难记，实际上不是这样，而是你没有找到合适的方法。

◎ 集中精力去记你要记的东西，不要让任何人打扰到你。

一位卡耐基训练班学员曾经经历过这样一件事情：他被邀请到一个教会发表讲话。为了使这次重要的讲话不至于失败，他进行了充分的准备。但是，当他站在教友面前，看到黑压压的人群的时候，他突然发现自己的脑海中一片空白。他不得不停下来，望着他的听众，努力回忆他所准备的东西。他当时感到特别尴尬，就好像没有穿衣服站起众人面前一样。他并不希望讲话就此中断，因为他觉得自己有可能把忘掉的东西记起来——如果给他几十秒钟的话。但是最后，他不得不宣告失败，因为在众人面前沉默那么久是一件十分可怕的事情。在这样的情况下，任凭他怎么努力也回忆不起来了，所以，他放弃了。

你是不是也经常遇到这样的问题？那些你明明记得的东西，一下子就不知道全跑哪儿去了。当你开口说话的时候，它们就是不愿意从你的嘴巴里蹦出来。那样的话，你是不是感到十分尴尬？

出现这种情况的原因很多，但是最根本的原因在于，你可能根本就没有把它记牢固，你的记忆方法可能不对。

为了使你的演说出色——至少不至于出现尴尬的场面，我们必须运用一定的方法把要讲的东西牢牢地记住。

我们可以称记忆的一般原则为“记忆的自然法则”，它包括印象、重复和联想。下面，我将分别对它们进行解释。有效地运用这些方法进行记忆，将使你讲话时更加从容。

记忆的第一条自然法则：印象

我们在记忆的时候，对于想要记住的东西，需要获得深刻、生动和持久的印象。而如果想要达到这个目的，我们必须集中注意力。

罗斯福总统具有惊人的记忆力。他能把自己要记住的东西像刻在钢板上一样刻入脑海，而不是让它们只是好像被记住了。他的这种能力是通过坚强的意志训练出来的。这使得他即使在最混乱的情形下，也能集中精力去做自己想做的事情。

1912 年，芝加哥的国会大厦里举行了一次会议。群众涌向街道，挥舞着旗帜高呼："我们需要西奥多！我们需要西奥多！"群众的呼喊声、乐队的演奏声、政治家的争论声、会议上的讨论声，使得整个场面非常混乱和嘈杂。但是罗斯福却安然坐在他的房间里，全然不顾外面的嘈杂，专心致志地看起了古希腊历史学家希罗多德的作品。

还有一次，罗斯福在巴西野营旅游。一到傍晚，他便在大树底下找一个干燥的地方，取出一条小凳子坐下，开始阅读随身携带的由吉本所写的《罗马帝国的兴亡》，而且立刻专心起来，忘掉了滂沱大雨、营区的嘈杂以及其他各种声响。即使在这样的环境之下，他都能专心读书，集中精力专心记忆，他当然能够拥有超人的记忆力了。

集中精力是你记忆的基础，但是除了这个基础之外，我们还有一些加强印象的方法。

林肯小时候在一所乡村学校念书。那所学校十分贫穷，连地板都是用碎木头拼凑起来的，窗户上也没有玻璃，贴的是旧纸张。全班只有一本教科书，老师拿着它大声朗读，学生也跟着老师朗读，这所学校因而被称为"闹市学校"。以后，林肯终生都在坚持一个习惯：凡是他想要记住的东西，他都大声朗读。这个习惯就是在"闹市学校"养成的。

林肯每天都要在春田市的法律事务所大声朗读报纸，在朗读的时候，他喜欢把他的长腿搁在一把椅子上。他的同事曾经对人抱怨："他吵得我都快要发疯了。我问他为什么要读报，他回答说：'我大声朗读，有两种感觉：第一，我好像看到了我阅读的东西；第二，我仿佛又听了一次我所朗读的东西，因此就可以牢牢地记住他们。'"

事实上，林肯的方法收到了非常好的效果。他的记忆力相当好。平时凡是不想记的东西他轻易不会记住，但是一旦记住了就永难忘记。

马克·吐温运用自己独特的视觉记忆方法进行记忆，这或许对你运用自己的记忆方法很有借鉴意义。他在开始其演说生涯的最初几年里，总是离不开笔记和摘要。后来，他弃之不用了。他是这么解释的：

“日期确实很难记忆，因为它们是由数字组成的，而数字的外表极为平常。它们无法被组成图形，因此不会引起人们视觉的注意。而图画却能够使日期很醒目，尤其是你自己设计的图画。这一点确实不错，它很重要，我指的是自己设计的图画。我曾经有过这样的体会。30 年前，我每天晚上都要背诵一篇演讲词，为了不至于把自己弄糊涂，我用一张纸条来提醒我自己。纸条上写的是一些句子的开头。这些纸条可以帮助我，使我不至于忘记其中的某一段。但是它们并没有形成图形。我在心里记住它们，但是却总是记不清这些句子的顺序。因此，我必须随时准备看一眼。”

但是有一次，马克·吐温居然把这些纸条弄丢了。那天晚上，他十分恐慌。于是，他发明了一种新的记忆方法，就是按照所有句子的先后顺序，选取开头的第一个字。在开始演讲的时候，他用墨水在自己的手指上写着这些字。但是他发现这样做起不到很好的效果，因为一时间无法确定哪些手指所代表的意思已经讲完，而哪些是接下来要讲的。当然，他也不能把已经讲完的那个手指的字擦掉，否则听众们肯定会注意到他在做什么。即便如此，在演说结束之后，还是有听众跑过来问他是否手指有毛病。

从那以后，马克·吐温开始有了画图的想法。他用笔画了六张图，用它们来提醒句子，这样做的效果极佳。每次画完之后，他把这些鲜明的图画丢开，还是随时可以把图画回忆起来。甚至在 25 年之后，他忘记了某次演说的内容，却还记得那些图画，并且可以根据图画把所讲的内容回忆起来。

因此，你也可以发明一些适合你自己的记忆方法。也许，它们会使你的记忆永不磨灭。

记忆的第二条自然法则：重复

开罗的艾阿发大学是世界上规模最大的大学之一，它是一所拥有 210000 名学生的回教学校。在入学考试中，每位申请入学的学生都必须背诵《古兰经》。这本书的长度和《新约圣经》差不多，如果要背完它的话，至少需要 3 天时间。我们可以想象，记住这本书是一件多么艰巨的任务。这些学生是怎么记住的呢？

原来，他们采用了一种不断重复的方法。如果你打算记住某样东西，你可以把它反复看上几遍、十几遍，甚至几十遍，并且不断地重复它，这样你就会把它记住。一个教授选择了没有任何意义的音节让学生去记忆，结果发现，不到 3 天的时间，这些学生通过将这些字重复了一遍又一遍，居然把它们都记了下来。

当然，重复也并不是盲目地重复，而应该是有智慧地重复，要配合某种固定的思想特点进行重复。比如，你第一遍可能是了解它的大概，第二遍可以了解其中的某个细节。

再比如，科学研究结果显示，如果一个人坐下来不断重复做某一件事，一直到把它深深地印在自己的脑海中，他所要花费的时间与精力，相当于在一定时间内隔区段进行重复行为而获得同样效果的两倍。

这告诉我们，重复应该是隔一段时间再重复，而不是在某一段时间里重复，以后就不去管它了。

这是为什么呢？科学家告诉我们，在重复行为的时间间隔内，我们的潜意识会一直忙于将它们形成更加可靠的联系，这很容易让我们的大脑疲惫。但在分段间隔进行重复的时候，我们的头脑不会因为连续做同样的事情而感到疲惫。理查·伯顿爵士——他翻译了《天方夜谭》——说他能够流利地说出 27 种语言，但他每次练习或研究某种语言绝对不会超过 15 分钟，“因为一超过 15 分钟，头脑就会失去对它的新鲜感”。

因此，你不能在将要讲话的时候才去准备，这样你即便使用同样长的时间，也只能取得分段间隔重复的记忆效果的一半。这或许可以解释你为什么会出现突然脑袋一片空白的情况。

心理学专家的一项研究表明，一个人在 8 个小时以内所遗忘的知识，要明显地多于 36 个小时以内所遗忘的。这表明我们在讲话开始之前，应该把所讲的东西回忆一下，以激活记忆。

林肯熟知这样的记忆方法。当年在葛底斯堡发表讲话的时候，当学识渊博的爱德华·爱佛立特的演讲进行到尾声时，林肯“显现出紧张的神情”——当别人在他之前演讲时，他一向如此。他匆匆地从口袋里拿出演讲词来，自己先默默地念一遍，以加强他的记忆。

记忆的第三条自然法则：联想

联想对记忆的作用好像不是那么明显，它更多地被用来形容一个人想象力丰富。实际上，联想也是记忆力不可缺少的组成部分，它相当于对记忆进行解释。

詹姆斯教授指出：“我们的头脑，基本上是一台联想的机器……因此，‘良好的记忆力的秘诀’就是和我们所想要记忆的东西进行某种方式的联结。”

那么，如何把事实彼此联结起来，从而组成一个系统呢？答案可能是这样的：找出它们的关系，再进行思考。比如，你可以思考类似以下这样的问题：

为什么会是这样？

是什么时候变成这样的？

在什么地方？

这会产生什么后果？

它跟什么最相似？

…………

当你要记住某个陌生人名字的时候，你可以把它和某一位朋友的名字联系起来。如果这个名字很罕见，那么你可以提出一些疑问，从而把它跟别的东西联系起来。如果你想要记住一个年份，比如1564年，你会想到莎士比亚就是在那一年出生的。

如果你想记住美国最初13个州的名字，而且还想按照它们加入联邦的先后顺序记忆，这好像是一件十分困难的事情。但是你如果把它们串联起来编成一段故事，你就可能会记得很牢靠。比如：

某个周六的下午，一位可爱的小姐打算外出旅行，就向宾州铁路公司购买了一张车票。她把一件在新泽西州买的毛衣放进行李箱，然后去拜访了乔治亚，他住在康涅狄格州。第二天，女主人和这位小姐一起去做弥撒（马萨诸塞州的简称），而教堂位于玛丽的土地（马里兰州）上。然后，她们沿着南下车道（South Caro Lina，南卡罗来纳州的谐音）回到家中。午餐是由来自纽约的黑人厨子维吉尼亚烹调的。之后，她们沿着北上车道（北卡罗来纳州的谐音），开车前往岛上游览。

这样的故事是不是有助于你的记忆？

第九章

财富是上帝送给高财商者的礼物

◎钱不是用来烦恼的

人类70%的烦恼都跟金钱有关，而人们在处理金钱时，却往往意外的盲目。

根据《妇女家庭月刊》所做的一项调查，我们70%的烦恼都跟金钱有关。盖洛普民意测验协会主席盖洛普·乔治说，从他所做的研究中显示，大部分人都相信，只要他们的收入增加10%，就不会再有任何财政的困难。在很多例子中确实如此却并不尽然。预算专家爱尔茜·史塔普里顿夫人曾担任纽约及全培尔两地华纳梅克百货公司的财政顾问多年。她曾以个人指导员身份，帮助那些被金钱烦恼拖累的人。她帮助过各种收入的人——从一年赚不到1000美元的行李员，至年薪10万美元的公司经理。她对我说："对大多数人来说，多赚一点钱并不能解决他们的财政烦恼。"事实上，我经常看到，收入增加之后，并没有什么帮助，只是徒然增加开支——增加头痛。"使多数人感觉烦恼的，"她说，"并不是他们没有足够的钱，而是不知道如何支配手中已有的钱！"……你对最后那句话表示不屑一听，是吗？在你再度表示轻蔑之前，请记住，史塔普里顿并没有说"所有的人"。她说："大多数人"。她并不是指你而言，她指的是你姊妹和表兄弟，他们的人数可多了。

有许多人可能会说："我希望举个例子来试试看：拿我的月薪，付我的账款，维持我应有的开支。只要他来试一试，我保险他会知道我困难，不再说大话。”说得不错，我也有过财政困难：我曾在密苏里的玉米田和谷仓做过每天10小时的劳力工作。我当时所做的那些苦工，并不是一小时一块美金的工资，也不是5毛钱，也不是1毛钱，我那时所拿的是每小时5分钱，每天工作10小时。

我知道一连20年住在一间没有浴室、没有自来水的房子里是什么滋味。我知道睡在一间零下15℃的卧室中，是什么滋味。我知道徒步数里远，以节省1毛钱以及鞋底穿洞、裤脚打补丁的滋味。我也尝过在餐厅里点最便宜的菜以及把裤子压在床垫下的滋味——因为我没钱将它们交给洗衣店。

然而，在那段时间里，我仍设法从收入中省下几个铜板，因为如果我不那么做，心里就不安。由于这段经验，我们就必须和一些公司一样：我们必须拟定一个花钱的计划，然后根据那项计划来花钱。可惜，我们大多数人都不这样做。例如我的好朋友黎翁西蒙金，他指出人们在处理金钱事务时，对数字表现得意外盲目。他告诉我，有位他所认识的会员，在公司工作时，对数字精明得很，但等到他处理个人财务时……就毫不犹豫地将它买下来——从不考虑房租、电费以及所有各项“杂”费，迟早都要由这个薪水袋里抽出来付掉。然而这个人却又知道，如果他所服务的那家公司以这种贪图目前享受的方式来经营，则公司势必破产。

我认为，当牵涉到金钱时，你就等于是在为自己经营事业。而你如何处理你的金钱，实际上也确实是你“自家”的事，别人无法帮忙。

那么，什么是管理我们钱的原则呢？我们如何展开预算和计划？

(1) 把事实记在纸上。亚诺·班尼特50年前到伦敦，立志做一名小说家，当时他很穷，生活压力大。所以他把每一便士的用途记录下来。他难道想知道他的钱怎么花掉了？不是的。他心里有数。他十分欣赏这个方法，不停地保持这一类记录，甚至在他成为世界闻名的作家、富翁、拥有一艘私人游艇之后，也还保持这个习惯。约翰·洛克菲勒也保有这种总账。他每天晚上祷告之前，总要把每便士的钱花到哪儿去了弄个一清二楚，然后才上床睡觉。

我们都一样，必须去弄个本来，开始记录，记录一辈子？不，不需要。预算专家建议我们，至少在最初一个月要把我们所花的每一分钱做准确的记录——如果可能的话，可做三个月的记录。这只是提供我们一个正确的记录，使我们知道钱花到哪儿去了，然后便可依此做一预算。

（2）拟出一个真正适合你的预算。预算的意义，并不是要把所有的乐趣从生活中抹杀。真正的意义在于给我们物质安全和免于忧虑。“依据预算来生活的人，”史塔里顿夫人说，“比较快乐。”假设有两个家庭比邻而居，住同样的房子，同样的郊区，家里孩子的人数一样，收入也一样——然而是，他们的预算需要却会截然不同。为什么？因为人性是各不相同的，她说，预算必须按照各人需要来拟定。

但怎么进行呢？你必须把所有的开支列出一张表来，然后要求指导。你可以写信到华盛顿的美国农业部，索取这一类的小册子。在某些大城市——主要的银行都有专家顾问，他们将乐于和你讨论你的财务问题，并帮你拟定一项预算。

有一本书名叫《家庭金钱管理》，由“家庭财务公司”发行。顺便提一下，这家公司出版了一整套的小册子，讨论到许多预算上的基本问题，例如房租、食物、衣服、健康、家庭装饰和其他各项问题。

（3）学习如何聪明地花钱。意思是说，学习如何使金钱得到最高价值。所有大公司都设有专门的采购人员，他们啥事也不做，只要设法替公司买到最合理的东西。身为你个人产业的男、女主人，你何不也这样做？

（4）不要因你的收入而增加头痛。史塔普里顿夫人说，她最怕的就是被请去为年薪五千美元的家庭拟定预算。“因为，”她说，“每年收入5000美元，似乎是大多数美国家庭的目标。他们可能经过多年的艰苦奋斗才达到这一标准——然后，当他们的收入达到每年五千美元时，他们认为已经‘成功’了，他们开始大肆扩张。在郊区买栋房子——‘只不过和租房子花一样多的钱而已’。买部车子，许多新家具以及许多新衣服——等你发觉时，他们已进入赤字阶段了。他们实际上不比以前更快乐——因为他们把增加的收入花得太凶了。”

我们都希望获得更高的生活享受，这是很自然的。但从长远方面来看，到底哪一种方式会带给我们更多的幸福——强迫自己在预算之内生活，或是让催账单塞满你的信箱以及债主猛敲你的大门？

(5) 投保医药、火灾以及紧急开销的保险。对于各种意外、不幸及可意料的紧急事件，都有小额的保险可供投保。但并不是建议你从澡盆里滑倒至染上德国麻疹的每件事皆投上保险，但我们郑重建议，你不妨为自己投保一些主要的意外险，否则，万一出事，不但花钱，也很令人烦恼。而这些保险的费用都很便宜。

(6) 教导子女养成对金钱负责的责任感。《你的生活》杂志上有一篇文章，作者史蒂拉·威斯顿·吐特叙述她如何教导她的小女儿养成对金钱的责任感。她从银行里取得一本特别的储金簿，交给她九岁大的女儿。每当小女得到每周的零用钱时，就将零用钱“存进”那本储金簿中，母亲则自任银行。然后在那个礼拜之中，每当她须使用一毛钱或一分钱时，就从账簿中“提出”，把余款结存详细记录下来。这位小女孩不仅从其中得到很多的乐趣，而且也养成了如何处理金钱的责任感。

(7) 家庭主妇可在家中赚一点外快。如果你在聪明地拟好开支预算之后，仍然发现无法弥补开支，那么你可以选择下述两事之一：你可以咒骂、发愁、担心、抱怨，或者你想赚一点额外的钱。怎么做呢？想赚钱，只需找人们最需要而目前供应不足的东西。

家住纽约杰克森山庄的娜莉·史皮尔夫人，在 1932 年，她自己一个人住在一间有三个房间的公寓里，她的丈夫已去世，两个儿子都已结婚。有一天，她到一家餐馆的苏打水柜台买冰淇淋，发现柜台也兼卖水果饼，但那些水果饼看起来实在令人不敢恭维。她问掌柜的愿不愿向她买一些真正的家制水果饼，结果他订了两块水果饼。“虽然我自己也是个好厨师，”史皮尔夫人对我讲述她的故事说，“但以前我们住在佐治亚州时，一直请有女佣，我亲手烘制饼干的次数大概只有十多次而已。在那位掌柜的向我预订两个水果饼之后，我向一位邻居请教了制苹果饼的方法。结果，那家餐厅的顾客对我最初的两块水果饼——一块苹果，一块柠檬——赞不绝口。餐厅第二天就预订了五块，接着，其他餐馆也陆续来向我订货。在两年之内，我已经成为每年必须烘制五千块饼的家庭主妇。我是单独一人在我自己的小厨房内完成全部工作的，我一年收入已高达 10000 美元，除了一些制饼的材料之外，我一毛钱也没多花。”

对史皮尔夫人家制烤饼的需求量愈来愈大，她不得不搬出厨房租下一间店铺，雇了两个女孩子帮忙。水果饼、蛋糕、卷饼，在世界大战期间，人们排队一个多小时等着买她的家制食品。

史皮尔夫人认为她一生中从未如此快乐过，虽然她一天在店里工作 12～14 小时，但她从不觉得厌倦，因为对她来说，那根本不算是工作。那是生活中的奇异经验。

娥拉·史令达夫人也有相同的看法。她住在一个 30000 人口的小镇——伊利诺伊州梅梧市。她就在厨房里以一毛钱价值的原料开创了事业。她的丈夫生病了，她必须赚点钱补贴家用。但怎么办呢？没有经验，没有技术，没有资金，只不过是一名家庭主妇。她从一颗蛋中取出蛋清加上一些糖，在厨房里做了一些饼干；然后她捧了一盘饼干站在学校附近，将饼干售给正放学回家的学童，一块饼干一分钱。“明天多带点钱来，”她说，“我每天都会带着饼干在这儿。”第一周，她不只赚了 4.15 元，同时也为生活带来情趣。她为自己及儿童们带来了快乐，现在没有时间去忧愁了。

这位来自伊州梅梧市的沉静的家庭主妇相当有野心，她决定向外扩展——找个代理人在嘈杂的芝加哥出售她的家制饼干。她羞怯而害怕地和一位在街头卖花生的意大利人接洽。第一天就为她赚了 2.15 元。四年后，她在芝加哥开了第一家商店。店面只八尺宽。她晚上做饼干，白天出售。这位以前相当羞怯的家庭主妇，从她厨房的炉子上开创饼干工厂，现在已拥有 19 家店铺——其中 18 家都设在芝加哥最热闹的鲁普区。

娜莉·史皮尔和娥拉·史令达不为金钱而烦恼，反而采取积极的做法。她们以最小的方式从厨房出发——没有租金，没有广告费，没有薪水。在这种情况下，一名妇人要被财务烦恼拖垮，几乎是不可能的。

看看你的四周，你将会发现许多尚未达到饱和的行业。例如，如果你自己是一名很优秀的厨师，你也许可开设烹饪班，就在你自己的厨房内教导一些年轻小姐，这也是赚钱之道。说不定上门求教的学生不绝于途。

◎如何看待金钱

虽然很少有人真正知道自己想从生活中获取什么，但大部分的人却坚定地宣称，有了很多钱就可以使他们得到想要的一切。他们不仅错失了生活的本质，也曲解了金钱的本来意义。钱常被误用、滥用，很少人能聪明地运用金钱，人们对金钱有许多自以为是的错误看法，其中有些甚至荒谬极了。

长久以来，人们一直受物质主义的主宰和操纵，不断地以追求财富、积累金钱作为奋斗的目标，认为拥有了巨大的财富就拥有了快乐。诚然，金钱对人们的生活的确有作用，但是并不像大多数人想的那么重要。

人们对金钱最为普遍的一种错误认识是，钱可以使他们快乐。实际上，金钱聚积过多，不仅不会带来快乐，反而成为仇恨、相争等烦恼的根源。

皮德鲁幸运地中了500万美元的彩券，当他发横财的时候其他人正在失业。在一般人的眼里，皮德鲁真是走了大运，有了这么多钱，他一定快乐得不得了。然而事实是，皮德鲁不仅没有得到快乐，反而陷入了不幸。自从皮德鲁中了彩券后，他就再也没见过自己的女儿，而且好多亲朋好友也都离他而去，原因是他没有把这一大笔天降横财分给他们。皮德鲁说：“我现在要什么东西就可以买什么东西，但除此以外，我比其他任何人还要痛苦……我买不到感情和人心。有了这一大笔钱，我反而成了妒忌和仇恨的对象，人们不愿和我接近，我也时刻在担心有人接近我只是为了钱，我累极了……有朋友就是有朋友，没有就是没有，爱是买不到的，爱一定要建立。”

现实生活中，许多人通过努力工作、继承遗产、运气或是不合法的手段得到了大笔钱，然而，或者是因为不满足，或者是因钱而导致朋友的纷争、感情的背离，或是因为钱已够多而失去了目标，总之，他们都没有得到快乐。许多有钱人拥有一切物质上的享受，却过着自暴自弃的生活。

不管人们处于何种地位，钱都是生存必需品，钱也是增进休闲方式、提高生活品质的一种途径。然而，不幸的是，人们都被贪婪蒙住了眼睛，把钱视为生活的目的，而不是改善生活的手段。把金钱本身当成了目的，人们就会陷入失望和不满，并且永远无法达到提升生活品质的目标。

对钱的另外一种误解是，人们把钱看作生活的保障和建立安全感的基础，就会制约我们去相信应该一心一意地积蓄物质财富，作为我们退休或遭到意外时的保障。如果你开始把钱看成完全的保障，你对钱就会有问题，就像不能买爱、朋友和家人，你也买不到真正的保障。

人所能拥有的真正的保障应该是内在的保障。这种内在的保障来源于天赋、创造力、才能、健康的体魄等内在因素，使你相信你能够运用自身的条件，去应付或克服作为一个独立的人所要面对的一切问题和情况。你如果一旦拥有了这种内在的实际的保障，你就不会有那么多的惶恐和害怕，也不会将时间和精力专注于给自己建立外在的财务上的保障。最好的财务保障就是内在的创造能力，这种保障任何人都夺不去，你永远都能想办法谋生。你的本质建立于你本身是什么人，拥有怎样的精神状态，而不是你所拥有的外在的物质。你即使失去了所拥有的，你也还是自己生活的中心，这使你能保持健康明朗的生活过程。

将个人的安全感建立在金钱上，不外乎修建空中楼阁。那些努力于为自己建立保障的人是最没有保障的人。情感上缺乏保障的人积累大量的金钱来抵御人格上所受的打击，填补空洞脆弱的内心，宣泄不愉快的感觉。追求保障的人本质上极为缺乏安全感，因此试图通过外部的事物，比如金钱、配偶、房屋、车子和名声，来求得心理上的安稳和平衡，他们一旦失去了自己所拥有的金钱财富，就失去了自己，因为他们的安全感、对自己的认同感，完全是以金钱为根本。

以物质和金钱追求为基础保障有很多褊狭之处，就算你是超级富翁，也可能遇车祸身亡，有钱人的健康状况和没钱的人一样会逐渐衰败，战争爆发影响穷人，也影响富人。以钱为保障的人还时刻担心金融崩溃时他们会失去所有的钱财。他们不仅没得到什么确实的保障，反而还增加了许多让他恐慌的事。

那么，钱和快乐到底有什么关系。我们承认钱是生存的一项重要因素，但这并不能告诉我们，要多少钱才能够快乐。为这个社会主流所认同的那些成功人士，总是时时刻刻在宣扬，百万富翁才是生活的胜利者，也就是说，我们其他人就是失败者。很多事实证明，大部分财力平平的人比我们在报纸上读到的百万富翁更有资格当胜利者。

钱是生活中的权宜办法，钱能够对提高我们的生活品质起到多少作用，要看我们能有多聪明地运用手上的钱，而不是看我们到底有多少钱。

在我们的社会中，很多人都认为钱代表权力、地位和安全，但其实钱在本质上没有一点能使我们快乐。要看清钱的本质，请做如下练习：现在把你身上或放在附近的钱拿出来，摸一摸，感觉它的温度。注意，它是冷冰冰的，晚上不能使你温暖。你和你的钱说话，它不会有任何反应，它的面目永远是那么僵硬，一成不变。不管你有多么爱它，它也不会给你一点回报。

麦克·菲力普曾是一位银行副总裁，他认为大多人把自己的身份牢牢地和钱结合在一起，在他的书《金钱七定律》中，他讨论了几种有趣的金钱观：

（1）如果你做了事情，钱自然会到你的手中。

（2）金钱是个梦——像传说中的花衣服吹笛手一样吸引人。

（3）金钱是梦魇。

(4) 你永远都不能把钱当做礼物送走。

(5) 有的世界里没有钱这个东西。

当然钱的确有很多用途，没有人会否认钱在社会上和商场上所扮演的重要角色，但是人人都可以推翻错误的观点——认为钱越多就会越快乐。每个人所要做的就是留心。

我通过对以下问题的观察，提出了几点重要的意见：如果钱使人快乐，那么……

1. 为什么年薪70000元以上的人当中，对自己薪水不满意的比率，比那些年薪70000元以下的人高？

2. 阿尔伯·伊斯基通过华尔街地线交易非法聚敛了1000万美元，为什么他累积到200万元或者是500万元的时候还不愿停止这种非法行为，却继续累积，直到被捕？

3. 为什么我所认识的一家人（他们的财产总值列居北美家庭的前一百名）告诉我，他们如果中了彩票赢了大奖会有多么快乐？

4. 为什么纽约的一群中了彩票的人要组成一个自助团体来处理中奖后的各种痛苦和忧郁的症状，他们在赢得大笔奖金之前从来没有经历过这种严重的痛苦和忧郁？

5. 为什么这么多高薪的棒球、足球、曲棍球球员有毒品和酗酒的问题？

6. 医生是最有钱的行业之一，为什么他们的离婚、自杀和酗酒比例高于其他行业？

7. 为什么穷人捐给慈善事业的钱比富人捐得多？

8. 为什么有这么多有钱人犯法？

9. 为什么这么多有钱人去看精神科医生和心理治疗师？

以上只是一些警讯，提醒我们钱并不能保证快乐。

当我们满足了基本的生活需要后，钱不会使我们快乐，也不会使我们不快乐。如果我们每年挣到25000美元就能够快乐，并且能够妥善地处理各种问题，当我们比现在更有钱时，还是会快乐，还是能妥善地处理问题。如果我们一年只挣25000美元就使自己不快乐、神经过敏、而且不能很好地处理问题，那么即使年薪100万元也是如此，还是神经过敏，不快，也不能好好地处理问题，差别只在于，我们是在豪华的住宅、丰富的物质享受里神经过敏，不快乐。

◎给财商充电

财商可以通过后天的专门训练和学习得以改变，改变你的财商可以连动地改变你的财务状况。

财商是一个人最需要的能力，也是最被人们忽略的能力。

许多终日为钱辛苦、为钱忙碌的上班族，都曾有过一些共同的体验，眼看着成功人士穿着名牌服装，住在豪华别墅，开着名贵轿车，羡慕不已。然而在羡慕之余，他们可能也曾经想过："是什么使得他们能够拥有财富，而我却没有？"

一次调查结果表明，有47％以上的受访者认为"炒作股票或房地产"是贫富差距拉大的主因；其次是"个人工作能力与努力"(34％)；第三是"家庭原因"(19％)。根据调查结果可以发现，大部分的受访者认为，造成贫富差距越来越大的主因并非个人努力的成果，而是运气、机会等不公平游戏的结果。

的确，造成贫富差距扩大的直接原因是"股票与房地产"、"个人工作能力与努力"、"家庭原因"，但是这些都是表面现象。人们习惯将贫穷的原因归咎于外在的因素，如制度、运气、机会等，或者用负面的说辞，为自己无所作为作解脱。他们认为有钱人大多是因为投资房地产或股票而致富，而造成财富增加主要是因为"拥有适当的投资"。

那么我们更深入一步提问，为什么他们拥有资金来投资房地产和股票，他们又是如何操作使他们能够不断赚钱的呢？到底那些富人拥有什么特殊技能，是那些天天省吃俭用、日日勤奋工作的上班族所欠缺的呢？他们何以能在一生中累积如此巨大的财富呢?

所有这些问题都不是用家世、创业、职业、学历、智商与努力程度等因素能解释得了的。

专家们经过观察、归纳与研究，终于发现了一个被众人所忽略但却极为重要的原因，那就是是否具有较高的财商。

每个人都有一个成功的梦想，一个创富的梦想。在市场经济社会里，金钱从某种意义上讲是成功的一种体现，财富也自然成为衡量成功的一把标尺。

不同的人有不同的追逐财富的方式，那么如何衡量一个人的理财能力呢?以往人们更多的是根据财富的多少来评价一个人的能力，但往往只能看到结果，而不能预先做出相对准确的评估。

财商则提供了一个新的维度，来衡量一个人的理财能力和创造财富的智慧。那么，什么是财商呢?

财商是指一个人在财务方面的智力，是理财的智慧。财商可以通过后天的专门训练和学习得以改变，改变你的财商，可以连动地改变你的财务状况。财商是一个人最需要的能力，也是最被人们忽略的能力。可以想象，一个漠视财商的人，一定是现实感很差的人。

财商包括两方面的能力：一是正确认识金钱及金钱规律的能力；二是正确使用金钱及金钱规律的能力。财商并不仅是人们现实的唯一能健康发展的智能，而且是人为观念和智能中的一种，当然也是非常重要的一种。财商常常被人们急需，也被忽略。财商不是孤立的，而是与人的其他智慧和能力密切相关的。事实上，财商与智商、情商一样，都是一种指导人们行为的无形力量。而财商也是可以通过学习来获得的。

财商不仅是一个理财的概念，更是一种全新的金钱思想。富人之所以成为富人、穷人之所以成为穷人的根本原因就在于这种不同的金钱观。穷人是遵循“工作为挣钱”的思路，而富人则是主张“钱要为我工作”。富人是因为学习和掌握了财务知识，了解金钱的运动规律并为己所用，大大提高了自己的财商；而穷人则是缺少财务知识，不懂得金钱的运动规律，没有开发自己的财商。尽管有的人很聪明能干，接受了良好的学校教育，具有很高的专业知识和工作能力，但由于缺少财商，还是成不了富人。

金钱是一种思想，有关金钱的教育和智慧是开启财富大门的金钥匙。财富是一个观念，但观念可以变成财富。

当我决定去做一项房地产投资时，我参加了一个 385 美金的课程，去学房地产，更新自己关于房地产投资的知识。我花 16 个月的时间去看所有能购买的房地产。我的朋友到海边去玩冲浪，或者是打高尔夫球，或者是喝酒，而我是去看房地产。6 个月之后，我终于获得一个交易。我第一个房地产是花 1.8 万元买的，我只付了 1/10 的预付款，那也是我跟人家借来的，所以事实上我一分钱都没放进去，这个事情好得不得了，所以我又借了两次 1.8 万元的美金，这样，以后我就有了三个这样的投资了。有一年，我就把这三个投资每个都卖了 4.8 万美金。用这些利润，我又买了许多其他的房地产。

这件事情对于我来说，并不是说挣了多少钱，而是说赚钱首先应当改变自己的观点，并通过实践和行动，学到更多的东西。

思维和观念对现实有支配作用，金钱是一种思想，如果你想要更多的钱，只需改变你的思想。善于利用金钱的力量，是聪明人的重要财富。

在数以万计的前来向我咨询的人中，非常多的人是花了一生的时间来寻找大生意，或者试图筹集一大笔钱来做大生意，但是这是愚不可及的一种想法。我见到过太多的不老练的投资者将自己大量的资本投入一项交易，然后很快损失掉其中的大部分，他们可能是好的职员却不是好的投资者。

在我看来，有关金钱的教育和智慧是非常重要的。早点动手，买一本好书，参加一些有用的研讨班，然后付诸实践，从小笔金额做起，逐渐做大。我将 5000 美元现金变成 100 万美元资产，并每月产生 5000 美元现金流量花了不到 6 年时间，但是我依然像孩子一样学习。我鼓励你学习，因为这并不困难，事实上，只要你走上正轨，一切都会十分容易。

我们每个人都有两样伟大的东西：思想和时间。当钞票流入你的手中，只有你才有权决定你自己的前途。愚蠢地用掉它，你就选择了贫困；把钱用在负债项目上，你就会进入中产阶层；投资于你的头脑，学习如何获取资产，财富将成为你的目标和你的未来。选择是你做出的，每一天面对每一元钱，你都在做出自己是成为一名富人、穷人还是中产阶级的抉择。

高薪不等于富裕，改变固有的思维方式才能让你真正获得财务自由。人类最大的资产其实就是自己的脑子。但你最大的负债也是你的脑子。事实上，不是你做什么，而是你想的是什么。一个房子可能是一个资产，也可能是负债。如果一个人住在价值500万美金的房子里，但是这房子仍旧是一项负债。每个月要花费两万美金来维护、支持这套房子。你可以看到，每个月钱都从他的兜里跑掉了。其实，资产可以是任何东西，只要它能给你带来现金收入。

人有好多种，一种是穷人的心态，一种是中产阶级的心态，一种是富人的心态。一个人应该尽早决定他到底是处于穷人的心态，还是处于中产阶级的心态，还是变成一种富人的心态。这是迈向成功的第一步。

◎节俭也是一种投资

节俭不仅适用于金钱问题，而且也适用于生活中的每一件事，从明智地使用一个人的时间、精力，到养成小心翼翼的生活习惯。节俭意味着科学地管理自己和自己的时间与金钱，意味着最明智地利用我们一生所拥有的资源。

罗斯贝利勋爵在论述节俭时认为，所有伟大的帝国必须遵循的原则就是节俭。

“就拿伟大的罗马帝国来说吧，它有许多方面在历史上都是最伟大的，曾经一度雄霸世界。它因节俭而建国，然而当它奢侈浪费时，就开始衰退并走向灭亡。又比如普鲁士，它开始时是位于北欧的一个小而窄的沙滩地带。正如有人所说的，从普鲁士的地形到它全副武装的居民，所有这一切都使普鲁士咄咄逼人。弗雷德里克大帝赋予普鲁士以节俭的品格。他甚至通过近乎吝啬的节俭手段敛聚了巨额的财富，建立了庞大的军队。节俭最终成为普鲁士建立伟大基业的有力武器，并且今天的日耳曼帝国也由此发轫。再比如法兰西，在我看来，法兰西实际上是最节俭的国家。我不知道法兰西人是不是总把钱存在银行，是不是也像其他某些国家一样去计算有多少存款。然而，在1870年这个灾难的年头以后，当法兰西顷刻间被外国军队击败，因几乎没有一个国家能够承受的赔款而遭受重创时，你知道什么事情发生了吗？法兰西的农民把他们多年的积蓄统统献给了国家，在短得令人难以置信的时间内付清了巨额赔款和战争费用。罗马和普鲁士以节俭建国，而法兰西以节俭救国。”

节俭不仅是财富的一块基石，也是许多优秀品质的根本。节俭可以提升个人的品性，厉行节俭对人的其他能力也有很好的助益。节俭在许多方面都是卓越不凡的一个标志。节俭的习惯表明人的自我控制能力，同时也证明一个人不是其欲望和弱点的不可救药的牺牲品，他能够支配自己的金钱，主宰自己的命运。

节俭是人生的导师。一个节俭的人勤于思考，也善于制订计划。他有自己的人生规划，也具有相当大的独立性。

如果你养成了节俭的美德，那么就意味着你证明了自己具有控制自己欲望的能力，意味着你已开始主宰你自己，意味着你正在培养一些最重要的个人品质，即自力更生、独立自主、谨慎小心、深谋远虑以及聪明机智和独创能力。换言之，就表明了你有生活的目标，你是一个非同一般的人。

一个作家在谈到节俭时说：“节俭不需要超常的勇气，也不需要超常的智力和任何超人的本领，它只需要常识和抵制自私享乐欲望的能力。实际上，节俭不过是日常工作活动中的常识。它不一定要有强烈的决心，而只要有一点点耐心和自我克制。养成节俭习惯的方法就是马上开始厉行节俭！自我克制者越节俭，节俭就变得越容易，他们为此所做的牺牲就越快得到回报。”

◎避免债务缠身

要保持自己良好的名誉，必须要遵守一条规律：那就是赚得多花得少。在这个随处布满陷阱的现代社会，好像没有什么比这件事更需要人们加以小心防范。

假如你认为只要借得一笔资本，就能够创业了，那你就完全想错了。实际上，即便你已经借到了资本，你也未必会创业成功。由于据我所知，那些毫无商业经验的人靠借来的钱做生意而最后能成功的实在不多见。

一个毫无成功把握的人去创业，没有不遇到经济困难的。但是，假如他确实有相当的能力和充分的成功把握，这样无形中就已经在别人面前树立了信用，那么即便他靠借来的本钱创业，也没有太大关系。

一个立志要创业的人，首先必须掌握所要从事的业务范围的详细情况；其次，还要有挑选录用合格雇员的眼力。假如这两点做不到，你对于所要经营的事业竟然毫无头绪，在挑选录用员工方面也不加区别，那么即便你做事很忠诚，待人很诚恳，当你向别人开口借钱以作为你的创业资本时，其他人也会毫不犹豫地一口回绝。

当你准备创业之时，最好不要心存太大的奢望，开始规模小些也不要紧，只要你确实是一个杰出的人、能干的人，经过一段时间的筹划经营后，自然能发展得非常喜人。假如你能做到这一点，即使资本是借来的，倒也无妨。

比彻教导他的儿子说：“你得像逃避恶魔一样避免借债。”你要快下决心，不论你怎样急需金钱，也不要让你的名字出现在人家的账簿上！

富兰克林那《穷查理年鉴》里有句话说得好：“借钱等于自投苦恼的罗网。”是啊，法庭上每天又有多少的民事纠纷案都能够为这句话作证。

当然，这句话并不适用全部的情形，也有一种例外。当一个人由于意外事件而陷入困境时，当遭遇很多从天而降的祸患时，往往任何人都难以靠自己的努力去避免，即便是满怀希望事业也难免遇到意外的困难和阻力，到了那时，不论你怎么小心谨慎，无论你思想上如何正确，无论你怎样不爱向人借钱，为了应一时之急，你都必须硬着头皮去向银行贷款。但就是到了那时，也要谨记一条："借得慢，还得快。"

这一原则也适用于生意上的放账和借款，事实上放账和借款都是在所难免的，但你在两个方面都得有一个限度。

一个步入生活的正轨、沿着事业的健康道路前进的人，首先要注意的是，要在自己的才能、意愿、目标之间建立适当的平衡。不要因为野心太大、眼光太高，便走上举债经营的道路。

一些年轻人由于大意的缘故，经常因为借贷不立契约或不立书面的凭据而发生许多有损名誉的纠纷，使他们的前途受到不利的影响，渐趋暗淡，并且还使他们在道德与精神上受到极大的伤害。

世界上每年有无数本来大有前途的年轻人由于借债而遭到了意外的失败。当他们刚跨入社会时，或许还没有染上借债这种恶习；他们原先或许非常看重名誉，也从不喜欢到处去借钱来胡乱花用，那时他们的前途是非常光明的。但后来由于一点小小的用途无意中开启了借债的大门后，他们便渐渐陷入了难以自拔的危险境地。

每年因债务纠纷而丧生的人，比因战争而死的人要多出数十倍以上。现代的20个天才人物中，居然有7个人因举债而丢掉了性命，包括一个小说家、一个学者、两个法学家、两位政界名人和一个演讲天才。

美国的一位闻名人物斯蒂芬孙做人是特别小心谨慎的，这为人所共知，人皆敬仰；可是他在描述自己理想中的生活时，还战战兢兢地希望自己不要陷入借债的漩涡中去。

斯蒂芬孙说："我们对他人必须示以爱和忠诚，平时应当量入为出。对于自己的家庭，应当保持快乐的气氛。对朋友，必须竭力避免仇恨，当然也决不可忍受无谓的屈辱。假如遇到蛮不讲理的人，最好还是早些避免开为好——这是通向理想生活的捷径。”

纽维尔·希里斯博士也说：“你要使自己过上一种安稳的生活，要保持自己良好的名誉，必须要遵守一条规律：那就是赚得多花得少。”在这个随处布满陷阱的现代社会，好像没有什么比这件事更需要人们加以小心防范。

有的人之所以喜欢向人借债，是由于他们看不到借债背后所隐藏着的危险。假如他们考虑到万一不能还清债务的严重后果：包括丧失人格、迫不得已的撒谎、可能的营私舞弊、为逃避债务而东躲西藏等等，他们真不知道要急成什么样子，甚至连觉也睡不香，饭也吃不下。假如他们弄清了一旦戴上了债务的手铐无法挣扎的情形，他们一定会喊起来：“宁可穷苦而死也不做债务的奴隶。”

负债是世界上最苦恼不过的事情。只要那些因债务缠身、时刻受着债主的要求与压迫、因债务而吃尽苦头的人，才了解负债是人生最大的威胁。债务会把一个人的体力、气魄、人格、精神、志趣、雄姿消磨得一干二净；因为债务对人的压迫，还会把一个人一生的希望全部毁灭。

◎做自己的老板

谁能想到，资产达310亿美元且闻名于世的惠普公司，当年是以538美元在一间车库起家的呢？

1938年，两位斯坦福大学的毕业生惠尔特和普克德，在寻找工作的过程中，看到打工的艰辛和许多人因找不到工作而走投无路的窘态，悟出了一个人生哲理：与其去找工作，不如自己开创一番事业，为别人创造工作的机会。

于是，他俩摆脱了受雇于人的思路，决定合伙开创自己的事业。两人凑了538美元，在加州租了一间车库，办起了公司，公司以两人姓的第一个字母合而为名。

刚开始时，迎接他们的是挫折：研制出的音响调节器推销不出去；试制出的显示器无人问津。但两人毫不气馁，仍然夜以继日地研究、改进，四处奔波去推销。终于他们研制的检验声音效果的振荡器有了几个买主。到了第二年总算没有白干，赚了 1563 美元。

他们深知创业固然比受雇于人的名声响、气魄大，但付出的辛劳、代价更大，也更多。他们一日又一日，一年又一年，挖空心思，苦心研制，试验推销。终于使惠普公司变成了美国电子元件和检测仪器的大供应商，这对黄金搭档也有了分工：惠尔特专心于新技术的研究发明，普克德担当起了企业管理的重任。

创业的可贵，在于永不停步，永远在进取。

“与其去找工作，不如自己创业”，正是这种先见之明，赋予了他们非凡的智慧、非凡的毅力、非凡的苦干精神，从而让他们形成了战胜一切困难，不惧任何风险的品格。然而，造就他们成功的另一条件是他们所具有的投资的 80/20 法则，如果没有这些，他们就不会有魄力去自己创业，更不会积累和创造财富。

事实上，企业精神散布在不同年龄的人们之间，有些很成功的企业家，在他们创业时还是青年人。

有一个成功的企业，是由两位好吃的高中学生开创的。他们考虑做硬面包，不过器材太贵；第二个选择，决定做冰淇淋。所以他们一同付 5 块钱参加了雪糕制作函授课程。

他们以新的知识，投下所有的积蓄，向亲戚借钱，以极低的租金在废弃的加油站开设了第一间店铺。几年内，他们的冰淇淋的销售额超过了 2700 万元。

加州有两个学生，他们卖了一部福特汽车和一部计算机，筹得约 1300 元作为创业的资本，他们卖出了 100 张电路板作为开始的希望。但是当他们拿了几张给开电脑售卖店的朋友时，那朋友说他对电路板毫无兴趣，只对电脑有兴趣。这是几年前个人电脑还未普及的时候，所以他们只造了一些。

销售在开始时发展缓慢，其中一个伙伴变得很沮丧，无论如何，他们并未放弃，他们的公司最终还是好转起来。这间苹果电脑公司如今一年销售超过10亿元，这一对学生老板就是史蒂夫·乔布斯和史蒂夫·渥兹尼克。

这些成功的故事有没有刺激你？销售10亿元？有什么机会可以做到那样？不要因为机会甚微而气馁，你可以借着意想不到的途径而获得成功，只要肯尽力一试。记住，你用不着建立10亿元的公司才算成功，千千万万的企业家所建立的企业比这小得多，然而也算是成功的。

◎如何迈出创业的第一步

财富，谁不渴望？但是在迈出创富的脚步之前，一定要三思：我们具备创富的能力吗？有创富的目标吗？创富的原始资本从哪里来？

有一位家资巨万的富商看到一个青年人手里有了10000元资本，就劝他自己去创业。

固然，在那位富商看来，以10000元资本做一点小本经营实属易事，但是青年人究竟应不应该听这样的劝告呢？

如今的时代，商业竞争异常激烈，各行各业的生意几乎都被少数几家大公司垄断着，商业有如大鱼吃小鱼一样，到处是兼并和收购，结果是富者愈富、穷者愈穷。所以，奉劝那些没有十足把握的青年，还是不要拿他那有限的资金去孤注一掷。

如果那个青年还不具备创业所需的卓越能力，如果艰苦卓绝的毅力和胆大心细的心思尚嫌不够——要知道，这些品质并不是每个青年都具备的——那么他要想自己开创事业，要想在激烈竞争中立住脚跟，要想获得成功，的确不是一件容易的事。

不少人在毫无把握的情况下开始独立经营商业，他们确实做到了埋头苦干、吃苦耐劳，但可能每月收入还不及那些被雇用的人。这还没有把做老板的许多提心吊胆、唯恐失败的心理压力考虑在内。

许多在大公司、大商行里工作的雇员其实生活得很舒适，其中有些人在乡下还添置了许多房产，平日出入也有豪华的私人汽艇、小车。许多创业者的生活实在还不如他们的优越。据统计，单是纽约市年薪在25000美元以上的雇员就有2000人之多。

要想在这种情形下去创办自己的事业，的确是非常的危险。如今，各大公司商场无不染上了垄断的习气。而资本力量有限的小企业、小商家，每年不知要倒闭多少。如果在大城市里，一两家小商店就更难有立足之地。各大百货公司几乎经营一切日常的必需品，人们要买东西时一般都去大百货公司，当然就会冷落了那些小商店。

比如大百货公司里设书报部和药品部，都极为便利。只要划出一个地方来设立图书部，无论房租或人工费用、装修方面，都比专门的书店便宜不少。而且大公司往往是代销性质，卖不出的书完全可以退回出版公司。反之，那些专营图书的书店就不同了，他们得专门去租一间像样的门面，从橱窗到书架的摆设装修都得花一大笔钱。而人员又不可太少，从营业员到主管、到财务、到经理都不可缺少。所售图书又都是自己经营的，所以即使销路不好的书也不得不在架上放几本。遇到进的图书实在没有销路(每家出版社都有许多种)，只好硬着头皮赔本，不像百货公司那样可以退货。不仅图书如此，药品部和其他各部也都一样。那么，顾客呢？顾客们当然要找方便的地方去，他们不会为了几件东西一路跑来跑去找专门的商店。

记得数年之前，纽约有一家专售英国的登特牌手套的小商店，生意非常兴隆。但是，后来另一家大公司利用雄厚的财力与英国公司签订了合同，实行包销。结果，那家小商店的货物来源从此完全断绝，不久只好关门了事。在我们的社会上，这种例子真不知道有多少。凡是明智的商人，这些事情都看得一清二楚。

所以，人们不能冒冒失失地劝青年人现在就去独立创业。像如今这种大鱼吃小鱼一样的危险情形，每天都是愈演愈烈。

如今开店所需广告费一项数目就相当可观。对大公司来说，每年投入的广告费就远远超过几家小商行的全部资产。那些百货公司花费了很高的代价请人来把橱窗装饰得富丽堂皇，以便吸引过路人。为了要赢得顾客们的欢心，这些大商家更备有最豪华的走廊、舒适的休息室。但那些只有小额资本的商人呢？也许他们的全部资产只够大百货公司的一个橱窗而已，这又如何谈得上“竞争”两个字呢？

所以，对于有志创业的人来说，一定要把你的机会、你的条件好好地考虑一下。如果你是有志经营零售商店，那么最好先把其他百货公司的业务和管理研究一下。你最好能与其中的一个营业员畅谈一番，但也许他会对你说，以前他也是开小商店的，但后来因为无法与百货公司竞争而退出。其实，这种最后不得不到大公司就业的创业失败者随处可见。

但是讲到了这里，我们要声明一下，我们无意打消创富者们的创业意愿；恰恰相反，我们非常赞成他们能独立经营一番大的事业，只要他们有足够的勇气和把握。希望他们创业时要特别谨慎小心。

当然只有小额资本的创富者也有许多有利的方面：资本额愈小，对机会也就愈注意。所以，他可以抓住很多重要而细小的机会，很快发展起来，使自己的资本迅速积累。以小额资本起家的创富者往往还容易养成谨慎小心、精打细算的习惯，所以不会干风险特别大的事情。这种小额资本的创富者集中自己的精力、勇气和决心向前进步。在未达到成功以前，他往往把自己的那点微小的资本看得比生命还宝贵。

一个想自己创富的青年人，如果手里只有一笔小本钱，或者几乎一点本钱都没有，那么创富就是一件非常困难事情。他必须集中自己所有的力量，他必须养成良好的判断力，他要打起全部的精神，充分地准备一下，把所有的精力全部集中在最有效的途径上。

通常，一个创富者往往对自己的每一元钱都看得特别重要，都希望用在刀刃上。比如，一个在前线作战的士兵对他仅有的一点子弹一定看得极其珍贵，他也必定想做到每发必中，每一发都能起到应有的效果。一个刚刚创富的人当然应该把一分钱掰成两半花。

而且，一个能自立自助的人，谁都愿意帮助他。看见他那样能吃苦耐劳，那样辛勤耕耘，谁都会对他肃然起敬，谁都愿意去支持他的生意，谁都会替他做口头的免费广告。

如果一个创富者有强烈的成功愿望，有令人佩服的才能，精通商业上的做法和技巧，对进货管理和货源组织也很有经验，并且善于精打细算，为人诚实守信，做事又刻苦努力，那么即使他常常遇到障碍和困境，即使他没有一点资本，但实际上他已经具备了成功的条件。

有成千上万的人到了中年或老年却仍然在普通职位上挣扎。但他们拥有与他们老板同样出色的能力。年轻时，由于一心想着暴富，他轻易落入了那些奸诈小人的圈套。一个具有欺骗性的冒险计划使他们永不得解脱。他们在沉重的压力下挣扎着，几乎被压垮了。如果他们没有这么多的负担，轻装前进，他们很可能会创造出奇迹。但是，愚蠢的投资吞噬了他们的金钱，他们负债累累。现在即使一个小小的目标也需要他做出巨大的努力。他们不能去自己想去的地方，而是去了自己迫不得已而去的地方。他们不是自己主动前进，而是被迫行动，他们失去了选择的权利，成了环境的奴隶。

所以，我们并非一定要有许多钱才能创富。但暴富的渴望却给那些雄心勃勃的人带来比战争和瘟疫更严重的伤害。芝加哥贸易委员会的一个成员说，美国人每年要向那些许诺他们迅速致富的骗子支付数百万美元。他们用花言巧语撒下诱饵，骗取人们的钱财。数以千计的人生活在贫困和痛苦中，后悔不已，羞愧难当。他们本可以堂堂正正地活在这个世界上，实现自己的抱负，却落入了那些老谋深算的骗子的圈套。骗子的花言巧语竟然使他们深信，只要付出一点，他们就会暴富。

不劳而获，甚至一夜暴富的想法现在越来越流行。我们常常看见一些妇女偷偷地溜进经纪人办公室，孤注一掷地投资。她们从银行取出自己的储蓄，典当了自己的珠宝，甚至典当结婚戒指也在所不惜，更有甚者还会去借钱。她们希望在丈夫或家人发觉前已经赚了一大把钱，给他们一个惊喜。但是，多数情况下她们往往血本无归。

成千上万的美国人甚至还没有开始真正的创富就落入了陷阱。其实，他们只要用真正才智的十分之一就能生活得美满。然而，他们却把大部分的精力和才智都浪费了。

不要拿你自己或者你的金钱去投机。不要做风险极大的投资，不管它看起来多么有前途。在没有做彻底的考察之前，不要轻率地拿自己的血汗钱去投资。不要被那些“千载良机”的鬼话所蒙骗。保持清醒的头脑，除非你彻底了解情况，否则不要做草率的投资。即使你失去了一个机会，仍然会有许多其他的机会在等着你。人们会告诉你，机会稍纵即逝，如果不迅速行动，你会失掉赚钱的绝好机会。你不要轻易相信这些话，在投资之前你要耐心一些，要做一些调查。除非你对一件事了如指掌，否则不要乱投资。这是一条铁的规则。在你开始一项新的事业以前一定要做调查。这个习惯会大大地增进你的利益，保护你的财富而不会对你的雄心壮志有任何损伤。

◎竞争与合作的哲学

与人交往的重要目的之一就是赢得对方的合作。在力求赢得对方合作的过程中，应学会怎样适应对方，怎样获得对方的信任以及怎样去说服对方。

一个人不可能独立地在社会中生活，人与人之间的合作与竞争是我们社会生存和发展的动力。为什么人生既要自立又要合群？这里有两个方面的原因。

首先，从客观方面说，人生是以群体的方式实现的，绝对孤立的个体不可能实现人生。因为，人自身生存所需要的物质资料和精神资料，不可能完全由个人的活动来取得和满足，个人的体力、智力有限，而且必须在群体的活动和交往中得到发展。不仅如此，个人在生活中所遇到的困难、危机，也不可能完全由自己的力量得到解决，必须得到他人或集体的协助、支持才能解决。所以，人必须相互依存、相互联系才能生存。

其次，从主观方面说，人之为人是能够意识到群体的关系和联系的，因此应当在理智和情感上，自觉地、主动地去适应和促成必要的、有益的群体关系。这就是合群，人只有能合群、善于合群，才能积极维护和促进群体的生存和发展，同时也才能使个体更好地自立。这就是个人只有在群体中才能得到发展的道理。

自立与合群，是人生得以全面发展的两个主要方面，特别是在现代社会商品经济的条件下，要使个性的全面发展和能力的全面发展成为可能，就必须把自立与合群结合起来，在竞争与协作中，全面发展自立与合群的能力。

人生的自立与合群，蕴含着积极的竞争与协作。竞争与协作，都是人生进取与事业成功的机制。

要使工作能圆满完成，就必须激起竞争，激起超越他人的欲望。

积极的竞争，良性的竞争，是人类生长、完善和社会发展的普遍现象。不过在专制的、强制的社会制度和环境中，这种竞争机制得不到正常的、良性的施展，常常酿成嫉妒、诡计，甚至厮杀；而在比较自由、民主的制度和环境中，竞争能够得到正常的、良性的发展，在社会生活中普遍发生作用。其实，竞争在最早普遍施展的英国，也是与竞赛作同义理解的，而且作这种理解的就是讲出“人对人是狼”的霍布斯。在他看来，竞争者为取得成功，“奋力自强以图与对方相匹敌或超过对方，就谓之竞赛”。但这种竞赛如果加进自私的目的和自私的手段，就会变为互相敌对和损人利己的争斗。由此，他提出保证个人生存权利的契约论和自然法，以约束个人的为所欲为。这就要求有为达到利己目的的履行契约的协作。

这就是每个成功者所喜爱的：竞争和自我表现的机会，证明自我价值、超越、获胜的机会。渴望超越别人，渴望有一种被尊重的感觉。

每个人的能力都有一定限度，善于与别人合作的人，才能够弥补自己能力的不足，达到自己原本达不到的目的。

自己力量是有限的，但是只要有心与人合作，取人之长，补己之短，就能互惠互利，让合作的双方都能从中受益。

每年的秋季，大雁由北向南以V字形状长途迁徙。雁在飞行时，V字形的形状基本不变，但头雁却是经常替换的。头雁对雁群的飞行起着很大的作用。因为头雁在前开路，它的身体和展开的羽翼在冲破阻力。其他的雁在它的左右两边的区域飞行，就等于乘坐一辆已经开动的列车，自己无须再费太大的力气克服阻力。这样，成群的雁以V字形飞行，就比一只雁单独飞行要省力，也就能飞得更远。

人只要相互合作，也会产生类似的效果。只要你以一种开放的心态做好准备，只要你能包容他人，你就有可能在与他人的协作中实现仅凭自己的力量无法实现的理想。

有一句名言："帮助别人往上爬的人，会爬得最高。"如果你帮助一个孩子爬上了果树，你因此也就得到了你想尝到的果实，而且你越是善于帮助别人，你尝到的果实就越多。

但是有些创富者却信奉另一种哲学。他们认为，财富总是有一定的限度，你有了，我就没有了。

这是一种享受财富的哲学而不是一种创造财富的哲学。财富创造以后固然是为了分享，但是我们的注意力并不在这里，我们更关注的是财富的创造。

同样大的一块儿蛋糕，分的人越多，自然每个人分到的就越少。如果这样斤斤计较，我们就会相信享受财富的哲学，我们就会去争抢食物。但是如果我们是在联手制作蛋糕，那么，只要蛋糕能不断地往大处做，我们就不会为眼下分到的蛋糕太小而备感不平了。因为我们知道，蛋糕还在不断做大，眼前少一块儿，随后随时可以再弥补过来。而且，只要联合起来，把蛋糕做大了，根本不用发愁能否分到蛋糕。

合作是件快乐的事情，有些事情人们只有互相合作才能做成。美国加利福尼亚大学的查尔斯·卡费尔德对美国1500名取得了杰出成就的人物进行了调查和研究，发现这些杰出成就者有一些共同的特点，其中之一就是与自己而不是与他人竞争。他们更注意的是如何提高自己的能力，而不是考虑怎样击败竞争者。事实上，对竞争者的能力（可能是优势）的担心，往往导致自己击败自己。多数成就优秀的创富者关心的是按照自己的标准尽力工作，如果他们的眼睛只盯着竞争者，那就不一定取得好成绩。

合作具有无限的潜力，因为它集结的是大家的智慧和力量；竞争的所得是有限的，因为它激发的是个人或少数人的力量。

合作就是个人或群体相互之间为达到某一确定目标，彼此通过协调作用而形成的联合行动。参加者须有共同的目标、相近的认识、协调的互动、一定的信用，才能使合作达到预期的效果。在合作中双方的目标是共同的，所取得的成果也是共享的。所谓竞争就是互相争胜，要有输与赢，一方以胜利者的面目出现，欢呼自己的胜利；一方则是失败者，在下面悄悄地舔着自己的伤口。一方的喜悦是建筑在另一方的痛苦之上。而合作则是以寻求双方都赢为目标的。

◎紧随财富的尾巴

《圣经》中有这样一个关于财富增长的故事：一个财主把财产分成三份，分别托付给三位仆人，要他们善加管理。第一位仆人用这些钱做了各种投资；第二位仆人则买回原料制成商品出售；第三位仆人为安全起见，把钱埋在树下。一年后财主召回三位仆人检视成果，前两位仆人管理的财富均增长一倍，第三位则原物奉还。他向主人解释说："唯恐运用失当而遭到损失，所以将钱存在安全的地方，今天将它原封不动奉还。"

现实中也有一例关于财富增长的经典故事：1896年诺贝尔奖创立之初有980万美元基金，而每年5位诺贝尔奖得主分获100万美元，就需要500万美元。起初时诺贝尔奖金管委会订立章程规定基金的投资政策是安全且有固定收益的，如存银行或购买公债。但到了1953年，基金只剩下330万美元。眼见基金的资产将消耗殆尽，诺贝尔基金会的理事们及时觉醒，意识到投资报酬率对财富积累的重要性，于是在1953年做出突破性的改变，更改基金管理章程，将原来只准存放银行与购买公债，改变为以投资股票、房地产为主的理财观。资产管理观念改变后，很快就扭转了基金的命运。到1993年，基金总资产增长到2.7亿美元。

从上述故事里，可以看出，财富的增长，很大程度上取决于理财的方法。理财得当，财富便可迅速增加，而如果不会理财，或者理财不当，则不仅不能增加财富，而且还有可能使自己过去积聚的财富损失。

理财专家研究大量致富者后，得出一个结论：1/3的有钱人是天生的；1/3靠创业积累财富；1/3靠理财致富。诞生富裕之家毕竟是少数，而创业成功的比率也只有7%。因此，理财也是创富的一个重要途径。

理财，简言之就是“打理钱财”，把握财富增长的轨迹。理财方法的正误与理财能力的高低，决定财富的多少。有的人拼命赚钱，有的人省吃俭用，但却并没有富起来，一个不可忽视的原因便是缺乏正确的理财方法与较高的理财能力，没有把握住财富增长的轨迹。

不少人将富人成功的原因，直接归因于他们生来富有、他们创业成功、他们比别人聪明、他们比别人努力或是他们比别人幸运。但是，家世、创业、聪明、努力与运气并不能解释所有创富的原因。我们都熟悉自己生活中的不少有钱人，他们并非出身在有钱人家，也不是什么大生意人，也不见得很聪明，并且也不是都受过高等教育，但他们却富了起来。靠什么呢？靠他们较强的理财能力，把握财富增长的轨迹。

有人认为，理财不过是精打细算而已，最多只是改善一下个人或者家庭的财务状况，与我们的创富目标相差甚远。其实这是非常错误的想法。理财本身就是一个很好的创富之道，而且利用理财创富，是人人可以做到的。你不必是有钱人、不必是高收入者、不必是高学历者、不需要具备专门的知识与高超技术、不需要靠运气，你所需要的只是正确的理财习惯。

因此，一个人有没有钱不重要，收入高低也不重要，影响一个人未来财富之多寡，在于有没有学会理财，有没有开始理财。这项工作看起来简单，但做起来并不轻松，不过无论如何，都值得你去做。

人的一生能累积多少钱，很大程度上还不是取决于你赚了多少钱，而在于你如何理财。投资理财在累积财富的过程中占有举足轻重的地位。如果一位上班族到年老时，发现自己的财富，大多是自己一生吃苦耐劳、省吃俭用所赚来和省来的，那么几乎可以肯定，他一定不会很有钱。因为不管你怎样吃苦耐劳，怎样省吃俭用，如果你不会理财的话，即使一年储蓄100万元，也必须在100年后才能累积到1亿元。任何人都知道，要每年储蓄100万元，大多数的人是不可能的。但是，若利用投资理财的话，一年只要储蓄1.4万元，40年后就可成为亿万富翁了。可见唯有知道“以钱赚钱”的人，才有可能真正成为富豪。

不妨现在就检视一下你自己，你是否养成了较好的理财习惯？是否制订了明确的投资计划？是否在沿着追逐财富的正确轨迹前进？这是决定我们能否创富的重要因素。大多数人将资产放在金融机构而不投资，而一开始投资理财，又只想快速创富。结果钱存在银行发不了财，而从事快速创富的投资，反而弄得血本无归。殊不知，创富要靠理财，理财要靠方法。不敢投资与盲目投资都是创富的大忌。

俗话说：“人不理财，财不理你。”如何有效地利用每一分钱？如何及时地把握每一个投资机会？理财的要诀就是开源和节流。所谓开源，便是争取资金收入；所谓节流，便是计划消费，预算开支。成功的理财可以增加收入，减少不必要的支出，改善个人或家庭的生活水平，从而使你走上富裕的道路。而利用理财创富又是人人办得到的，也是人人应该做的。财富就像一棵树，是从一粒小小的种子开始长起来的，你所存的第一个铜板就是种子。而在种子长成大树的过程中，还需要你精心地浇水、施肥、除虫等，这就是理财。只播种不培育，种子是难以长成大树的。因此，你越快播下种子，越认真地培育树苗，就会越快让树长大，你就越快能在树阴下乘凉，越快采摘到丰硕的果实。

◎投资要趁早

投资是理财的一种重要方法。美国人查理斯调查了美国170位百万富翁，发现他们的共同特点是很早就强迫自己将收入的1/4左右用于投资。

越早开始投资，便能越早达到创富目标，从而使自己与家人能越早享受创富的成果。而且越早开始投资，利上滚利，时间越长，时间充裕，所需投入之金额就越少，赚钱就越轻松愉快。美国佛罗里达州的一名13岁学生萨和特，他曾经替人照看婴孩赚取零用钱，留意到家务繁重的婴儿母亲经常要上街购买纸尿片，于是灵机一动，决定创办他的“打电话送尿片”公司，只收取15%的服务费，便会送上纸尿片、婴儿药物或小件的玩具等东西。他最初给附近的家庭服务，很快便受到左邻右舍的欢迎。于是他印了一些卡片四处分送，结果业务迅速发展，而他又只能在课余用单车送货，于是他用每小时6美元的薪金雇用了一些大学生帮助他。现在他已拥有多家规模庞大的公司。

投资与消费是财富增加和减少的重要方面。穷人的消费习惯是有多少花多少，中产阶层则是提前消费，而富人的消费习惯则是先投资再消费。

投资和消费是可以转换的。有时富人的消费反而是一种投资，而穷人的投资则变成了一种消费。

穷人对微小的消费也斤斤计较，这是对金钱恐惧的一种表现。而富人敢于大胆的、合理的消费，因为他们知道转化。

据《犹太人五千年智慧》记载，在古代的巴比伦城里，有一位名叫亚凯德的犹太富翁，因为金钱太多的缘故，所以名闻遐迩。而使他成为一位知名人士的另一原因，就是他慷慨好施，他对慈善捐款毫不吝啬，他对家人宽大为怀。可是，他每年的金钱收入却大大超过金钱支出。

一些童年时代的老朋友们常来看他，他们对他说：“亚凯德，你比我们幸运多了，我们勉强糊口的时候，你已成为巴比伦全城的第一富翁了，你能穿着最精致的服装，你能享用最珍贵的食物。我们若能叫我们的家人穿着可以见人的衣服，吃着可口的食品，我们就觉得心满意足了。

“然而，幼年时代的我们，大家都是平等的，我们都向同一位老师求学，我们玩相同的游戏，那时无论在读书方面或在游戏方面，你都和我们一样，毫无才华出众之处。少年时代过去以后，你和我们也是一样，大家都是同等的平民，然而现在，你成了亿万富翁，我们却终日不得不为了家人的温饱而操劳。

“据我们的观察，你做工并不比我们更辛苦，你做工的忠实程度也未超过我们。那么，为什么多变的命运之神，偏偏要叫你享尽一切好福气，偏偏不给我们应得的同样福气呢?”

亚凯德说道：“童年以后，你们之所以没有得到富裕生活的理由，是因为你们没有学到发财原则，所以你们也不会实行发财原则。你们忘记了，财富好像一棵大树，它是从一粒小小的种子发育而成的。金钱就是种子，你越勤奋栽培，它就长得越快。”

亚凯德同时也告诉了我们一个被人们遗忘的法则：投资致富。我们每个人都想创富，但是很多人并不懂得创富的方法，不懂得用最小的、最原始的钱去进行投资，把投资当成是一粒埋在财富土壤里的种子，让它去发芽成长为巨大的财富。

如果你苦于不能创富，就看看那些“亚凯德”们吧，他们往往能够埋藏创富的种子，并运用自己的财商勤奋地培养，所以，他们也理所当然地会成为大家仰慕的富翁了。

如果你很早就开始储蓄并投资时，当你存到一定程度之后，就会发现你的钱会自动帮你准备好所需的生活花费。这就像你生在一个好人家，有一个富有的亲戚每月会固定送上生活所需一样，你甚至不需要感谢他们，只是在他们生日时去应酬一下，这不正是许多人梦寐以求的境界吗？此时，你完全享有经济独立，做想做的事，去想去的地方，让你的钱留在家里，代你上班赚钱。当然，如果你没有及早储蓄，并且每个月固定拨出一笔钱做投资，那么这一切将永远只是一个梦想。

我们会有几种情况，一种是你一边储蓄一边投资，你会有所收益；另一种情况是你把所有的钱都花光为止；还有一种情况是你把所有的钱花光，并且欠银行一大笔债，在这种情况下，你必须付出一笔利息，也就是你不是让你的钱去赚钱，而是让他人来赚你的钱。

在对这三种情况进行选择时，一个人的财商就会影响一个人的理财方式，财商高的人，无可非议地会选择第一种情况。

◎让金钱流动起来

你可以种下一颗种子，不断施肥浇水，培育它长大。这个办法可以套用在金钱上。我们都知道，你每用一次钱，便是在助长现金流，它会加倍地再回来。借由偿付借款，你便是让金钱流向薪金及红利。每一次你只要感到经费不足时，就花掉一些。往往善于投资的高财商的人，更容易创富，为什么呢？因为他们懂得怎样运用自己的资金进行投资和赚钱。

金钱是包装起来的能源——让它流动吧！这种能源是独一无二的。你可以将它送到遥远的地方，去协助一个你信赖的计划；同时你可以待在家里做你最喜欢的事。可以说，金钱是一种可即刻伸缩的能源，你只要加进一点爱，并将它送到该送的地方，它就可能为你带来更多的财富。

也许你会说："我需要足够的财力，以期生活得很好。当我退休的时候，我需要一笔积蓄，以保证我今后的生活。"

"如果我是一个公司的雇员，仅靠薪金生活，我又该怎样办呢？"

以下是我们的回答：

你也能得到财富。你既能确保经济上的安全，又可得到财富，甚至是足以使你创富的财富。奥斯朋先生是靠工资生活的雇员，然而他得到了财富。几年前当他退休时，他说："现在我想要做的事，就是花时间使我的钱为我赚钱。"

奥斯朋先生遵循的创富原则太平凡了，以致它常常不为人所注意。

奥斯朋先生在阅读《巴比伦之首富》的时候发现：财富是可以获得的，如果你：

——从你赚的每一美元中节省下10美分来；

——每6个月把你的储蓄的利息或这种储蓄投资时所得的利润拿去投资；

——当你投资时，你要听取行家关于安全投资的忠告，这样你就不致冒险而损失你的本金。

让我们再重复一遍：以上三条正是奥斯朋的创富原则。想一想，从你赚得的每一美元中节省10美分，并进行安全投资，这样，你就能得到安全和财富。

你应当何时开始呢？那就从现在开始吧！

一位成功的企业家曾对资金做过生动的比喻："资金对于企业如同血液与人体，血液循环欠佳导致人体机理失调，资金运用不灵造成经营不善。如何保持充分的资金并灵活运用，是经营者必须注意的事。"这话既显示出这位企业家的高财商，又说明了资金运动加速创富的深刻道理。

有的私营公司老板，初涉商场比较顺利地赚到一笔钱，就想打退堂鼓，或把这一收益赶紧投资到家庭建设之中；或把钱存到银行吃利息；或一味地靠稳妥生意，避免竞争带来的风险，而不想把已赢得的利润进行再投资，更不想投资到带有很大风险性的房地产、股票生意之中。这样就把本来可以活起来的资金封死了，不能发挥更大的作用。

有这样一个故事：从前，有一个爱钱的人，他把自己所有的财产变卖以后，换成一大块金子，埋在墙根下。每天晚上，他都要把金子挖出来，爱抚一番。后来有个邻居发现了他的秘密，偷偷地把金子挖走了。当那人晚上再掘开地皮的时候，金子已经不见了，他伤心地哭了起来。有人见他如此悲伤，问清原因以后劝道："你有什么可伤心的呢？把金子埋起来，它也就成了无用的废物，你找一块石头放在那里，就把它当成金块，不也是一样吗？"

现在，大家若从经济学的角度看，这人所劝说的话，是颇有一番道理的。那个藏金块的人是一个爱钱的人，他把金块当做富有的标志，忘记了作为“钱”的黄金只有在进行商品交换时才产生价值，只有在周转中才产生价值。失去了周转，不仅不可能增值，而且还失去了存在的价值。那么和埋藏一块石头，确实没有什么区别。如果那个人能够把黄金作为资本，合理加以利用，一定会赚取更多的钱。即使一个公司老板手中有一定数额的资金，但他从思想上已不再愿意把钱用来再赚钱，不愿意把钱用来周转，那么对于他未来的事业来说，就像是人体有了充分的血液，但心脏已坏死，不再能够促进血液循环一样，他的事业也会静止不动而死亡。

资金只有在不断流通中才能发挥其增值的作用。创富者把钱拿到手中，或存起来，或投入流通领域，情况则大不相同。创富者完全可以把钱用以办工厂、开商店、买债券、买股票等，把“死钱”变成“活钱”，让它在流通中为你增利。其实，学过一点资本论的人都知道，流通增利的奥妙在于钱财能够创造剩余价值。一个简单的道理，用货币去购买商品，然后再把商品销售出去，这时所得到的货币已经有了剩余价值，也就是说，原来的货币已经增值了。假若创富者能够出色地管理着自己的工厂，办好自己的公司，看准炒股的时机，让它健康地运作，时间越长久，钱财的雪球便越滚越大，创富者手中的钱财也会变成一棵摇钱树。

◎借鸡生蛋，善用他人资源

怎样才能致富？很简单，善用别人的钱赚钱，是获得巨额财富的好方法。

富兰克林在1748年的《给年轻企业家的遗言》中说：“钱是多产的，自然生生不息。”

所谓“用别人的钱”是正当、诚实的，绝不违背道德良知。同时，要做优惠的回馈。

诚信是无可替代的，缺乏诚信的人，即使花言巧语，也会被人识破，使用别人的钱，首重诚信。诚信是所有事业成功的基础。

银行是你的朋友。

银行的主要业务是贷款，把钱借给诚信的人，赚取利息；借出愈多，获利愈大。

银行是专家，更重要的是，它是你的朋友，它想要帮助你，比任何人更急于见到你成功。

单丝不成线，独木不成林。一个人创业不可能全凭个人资本，还必须吸引别人的资本投入。争取到你的投资人，形成多点支撑，就能使自己的事业稳如泰山，如虎添翼。因此，争取别人对你的事业进行投资就显得非常重要。

公司的大小新旧对其筹集资金的难易程度有极大的影响，道理非常简单，大公司股票上市造成的轰动，其本身就是一种免费的宣传。老牌公司原来就有知名度，亦可使其在筹集资金方面的努力减少许多困难。反之，对尚未有知名度的新成立的中小公司而言，如何吸引投资者对企业产生兴趣和信心？如何使广大投资者在众多的投资机会中，独垂青于本公司？如何在竞争激烈的资金市场，出奇制胜，获取所需资金？说实话，这可不是一件简单的事。

据现代创富理念，获得发展资金的主要途径是吸引投资市场上的投资者，如何吸引投资者使其对你产生关注，进而使其对你的公司的发展前途和潜力产生信心，从而为投资本公司产生兴趣，下定决心真正采取投资行为呢？你面对的是广大投资群体，这些投资群体包括银行、其他大型投资公司等。

吉姆斯·林是一个高大黝黑的美国人，身高 6 英尺 2 英寸，200 多磅重，虽然已经是快 50 岁的人了，但看上去仍很硬朗、很健壮。1968 年，当美国的股市达到过热的高潮时，林正在 Ling－Temco－Voughi（简称 LTV）公司担任业务主管和主要大股东。LTV 公司是纽约证券交易所最抢手的公司。LTV 创建于 1961 年，在这短短的 7 年间，LTV 就迅速崛起，成为全美最大的15家公司之一。该公司的股票由每股20美元上涨到每股135美元。吉姆斯·林在他的有生之年，利用别人的钱，从身无分文到创造出惊人的业绩，成为华尔街前所未有的发展最快的大老板和传奇式的神话人物。

许多年以来，在吞并其他公司的过程中，吉姆斯·林的母公司只是很简单地把它们吸收进公司就算完事。它们仍照旧继续经营，只不过已经不是独立的公司。它的股票已经在证券市场上消失了踪迹，成为LTV公司的财务报表中"账面资产总额"的一部分数字罢了。而账面资产总额通常是一个很保守的数字。林相信：一定还会有增加的余地，因为在股市好景时，股票在证券市场上的价格必定要比账面价值高。

1965年，他首先把LTV公司的主要经营的事业，分为三个相互独立的公司，亦即LTV航空公司，LTV电业公司和LTV林·阿提克公司。每一个公司都单独发行自己的股票，母公司LTV企业公司，大致保留了各子公司的75%～80%的股票，其余的在证券市场上公开发行。

股票上市后，在股票投资者抢购的情况下，这三家新公司的股票市价急剧上升。拥有3/4以上股权的母公司LTV，现在则能够以市面的价值，而不是以陈旧、呆板的账面价值，来代表新公司。结果，母公司的可见财产迅猛上升，并且它本身的股价也随着上涨。

这是利用别人的钱赚钱的一个极其精彩又极其绝妙的事例。吉姆斯·林的确做到了"无中生有"。在这桩令人眼花缭乱的交易中，吉姆斯·林所有的花费，不过是发行股票过程中的一些手续费和书面作业费罢了。

第九章

成功演讲必备经验

◎取得听众的信任

要获得人家的信任，最要紧的还是你自己应该先具有自信心。银行大王摩根说：获得信任的唯一要素是个性。我对敏慧的演说家有过不少次的留意，如果说，这是他的特点，那么，比较起来，还不及迟钝的演说者所得的效果大。

某一届演说班有一次请一位名人来演说，他讲得十分流利，所以讲完后大家都称誉他。可是，他仅留下了一个敏慧的表面的印象，不曾深刻到听众的心坎里。同时，有一位保险公司的代表，他起来说话，虽然他的身材矮小，语言不大流利，有时还要讷讷地一个字一个字很吃力地说出来。但是，在他那仁慈的目光和中肯的声音之中，确有一种深切的诚意流露出来，所以听众对他的演讲十分注意，对他有一种说不出的热诚的好感。

卡莱尔在《英雄与英雄崇拜》中说："拿破仑、米拉波、克林惠尔以及别的英雄们，如果没有极高的热忱，那是决不会有如此成功的。所以人们最主要的就是诚恳。不论哪一位英雄，他最需要的特点，便是深切而又纯正的诚恳。不过，诚恳并不是自己说说的。自夸而自觉的诚恳，大都是虚伪而自欺欺人的。伟人的诚恳，他们并不放在口头，而是极自然地流露出来，他们也并不能感觉到的。"

有一位聪明的演说家死了。当他在幼年的时候，谁都对他有着很大的期望，预料他将来一定是有极大的成就的；谁知，他死了，并不曾留下一些可观的成绩。因为他把他的聪明误用了，他只是注意怎样可以使自己发财就怎样做。他得不到真诚的名誉，所以他的事业完全失败了。

韦伯斯特说，装出来的同情是不会发生效力的。

林肯对人家向来是同情的，他和参议员道格拉斯辩论的时候，他的神情和言语都不及对方的漂亮，人家称道格拉斯是“小伟人”，称林肯是“诚实的亚伯”。道格拉斯是有着卓越的精神和活力、优美的个性的人，但他对真诚有一些欠缺。他常把智谋放到原则上去，使法理来迁就政策，所以结果他并没有多大的成功。林肯在讲话的时候，好像总有一些不加修正的风味，使他的字句有一种诚恳的力量。大家都能够感觉到，他是有着和耶稣基督一样的热切而诚实的特性。如果照法律的学识来讲，有很多的人胜过了他，可是对于法庭证人的影响力量，就不大有人能够赶上他了。

除此以外，要获得人家对你的信任，还有你自己的经验。如果你提出来的意见，可以让人家来质问：“你的谈话，只是现批现卖而完全从书本上看来的”，那你是一定要失败的。但是，如果讲述你自己的经验，那是一种真诚的力量和可靠的特质，而且也是听众所最欢迎的，那他们就会对你很信任，你就获得了成功。

◎动之以情更具感染力

你的目标如果是说服，请记住动之以情比晓之以理成果更大。因为，演讲者以感情和有感染力的热情来表达自己的思想时，听众很少会产生相反的意念。此处说的“有感染力的”，因为热情就像那样。它会将一切相反的意念摒弃于一边。要激起情感，自己必须先热情如火。不管一个人能够编造出多精妙的词句，不管他能搜集多少例证，不管他的声音多美妙，手势多优雅，倘若不能真诚讲述，这些都只是耀眼的装饰罢了。要使听众印象深刻，先得自己有深刻印象。你的精神由于你的双眼而闪亮发光，由于你的声音而辐射四方，并由于你的态度而自我焕发，它便会与听众产生沟通。

每次演讲时，特别在自认为目的是要说服时，你的一举一动总是决定着听众的态度。你如果缺乏热情，他们也会冷淡。“当听众们昏昏睡去时，”亨利·华德·毕丘这么写道，“只有一件事可做，给招待员一根尖棒，让他去狠刺演讲者。”

一次，在哥伦比亚大学，我是三位被请上台去颁发“寇蒂斯奖章”的裁判之一。有六位毕业生，全都经过精心准备，全都急于好好表现自己。可是，只有一个例外——他们绞尽脑汁只为获得奖章，而少有或根本没有说服的欲望。

他们选择题目的唯一标准，是这些题目容易在演讲中发挥。他们对自己所做的议论，没有多少个人兴趣——他们一连串的演讲仅是一种艺术表演而已。

唯一一个例外是一位来自非洲的王子。他选的题目是“非洲对现代文明的贡献”。他所吐的每个字里都饱含着强烈的情感。他的演讲是出于信念和热情的活生生的东西，而不仅只是表演。他演讲时如同他是自己人民的代表，是他那片大陆的代表：充满智慧、品格高尚、满腔善意。他带给人们一种信息，就是他的人民的希望；他也同时带来一项请求，即渴望听众的了解。

虽然在当众讲话技巧方面他可能不比竞争者中的另外两三位表现更佳，裁判们还是把奖章颁给了他。裁判所见到的，是他的演讲燃着真诚之火，闪烁着真实的光芒。除他而外，其余的演讲都只是火光闪动不定的煤气暖炉罢了。

王子在这遥远的地方以自己的方式学到了一课：仅运用理智是不能在演讲中把自己的个性投射于别人身上的，必须展现出你对于自己所讲的内容有多么深挚的信念。

◎以和善开场

有一次，一位无神论者向威廉·巴利挑战，要他证明他无神论主张的错误。巴利不急不躁地拿出表来，打开了表盒，说："假若我告诉你，这些小杆、齿轮和弹簧是自己做成自己，再把自己拼凑在一起，并自己开始转动的，你是否要怀疑我的智慧呢？当然你一定会。但是抬头瞧瞧那些星星，它们颗颗都有自己完美而特定的轨道和运动——地球与行星们围绕着太阳，每日在太阳系中以百万余英里的速度向前飞奔。每颗恒星是另一个太阳，各领一个星群，在太空里如我们的太阳系般往前奔去，然而却没有碰撞、没有干扰、没有混乱，而且安静、有效率、有控制。这样的现象，会使你相信它们是自己发生的，还是有人将它造成这样的？"

如果一开始就反驳对手说："没有神？别傻了，你根本不知道自己在胡说些什么。"结果会怎样？这位无神论者可能会拍案而起，拼命地为自己的意见而战，像只被激怒的山猫。从而一定是引起一场唇枪舌剑——咬文嚼字的大战随后跟至，既无益，又充满火药味。为什么呢？就像奥斯锥博士说的："它们是他的意见，他珍贵而不可或缺的自尊受了威胁，他的骄傲已岌岌可危。"

骄傲既然是人性中一个基本而易爆的特性，聪明的做法，是否应该让一个人的骄傲为我们所用，而不是与它作对？如何来做呢？照巴利的样子，展示给我们的对手看，让他感觉到，我们所主张的与他已经相信的某些事情其实很相似。这样便会使他易于接受，而不至拒我们的主张于千里之外，这样便会避免相反或对立的意念在他脑海里产生，从而破坏了我们演讲的效果。

巴利细致地展示了他对人性的尊重。然而大多数人都缺乏这种细致的本领，能够与一个人手挽手地进入对方信仰的城堡中。他们误以为，要攻占城堡，就必须从正面对它猛攻，把它夷成平地。结果会怎么样呢？敌意一旦产生，就会像吊桥高挂，大门紧闭，身披盔甲的弓箭手拉开长弓——文字之争和头破血流之战就会上演。这样的逞强斗狠，最后总是以平局结束，没有哪一方能够说服对方一星半点。

这种方法，其实在很早的时候便为圣徒保罗所采用。他在马斯山上对雅典人所作的著名演讲里就使用了它——用得那样圆熟，即使经历了19个世纪，仍为我们赞叹不已！他受过完全的教育，在改信基督之后，凭借着自己强有力的、机敏的辩才，成为基督教的主要拥护者。一天，他来到了雅典——伯利克里之后的雅典，那是已经过了光荣巅峰，正走下坡的雅典。圣经上说到这个时期的它："所有的雅典人和寄居该地的异乡人，都将全部时间用在传述和打听新事物之上。"

没有电报，没有通信新闻稿，没有收音机，这段日子里的雅典人不得不在每日午后东拉西扯地抓点新鲜事来谈论。保罗适时而至，可有了新鲜事啦！他们挤在他的四周，觉得很好奇、很好玩、很尽兴。他们将他带到艾罗培哥斯，对他说："我们能不能知道你所说的新教义是什么？因为你为我们的耳朵带来了新奇的事物；因此，我们想知道这些东西究竟是什么意思。"换句话说，他们这是请他发表演讲。保罗毫不犹豫，一口答应。

事实上，他正是为此而来的。或许他是站在拍卖台上或一块石头上，像所有的优秀演讲家一样，一开始时有点儿紧张，也许双手还干搓了几下，并且开口前把喉咙先清一清。

然而，他却不能完全地赞同他们请求他演讲的措辞："新教义……新奇的事物"，这是毒药。他必须把这些概念连根铲除。它们是宣传相反而冲突的意见的肥沃土地。他不希望把自己的信仰当成新奇的、奇怪的事情来陈述。他要将它和他们已经相信的事情相联系、相比较，这样才能遏止异议。但是从哪儿着手呢？他想了一会儿，想出了一个绝妙的计划，然后便开始了他千古不朽的演讲：

"你们非常具有宗教热忱。"这样较好、较精确。他们信奉多神，非常虔诚，并以此为荣。保罗先称赞他们，让他们欢喜。雅典人立刻对他感到亲切起来。高明的演讲术里有条法则，就是以例证支持论述，保罗就是这么做的："因为，当我路过这里，亲眼见到了你们的虔诚。我看见一处神坛，上面写着'献给不知名的神'。"

你瞧，这就证明了他们非常虔诚，他们非常害怕忽略了任何一位神灵，因此竟为不知名的神建立神坛，有点像多项目的保险，对一切未察觉的疏忽与无意的遗漏全部提供保险。保罗提到这一特别的神坛，就是要指出自己不是在奉承；他说明了，自己的评论乃是观察之后出于真心的赞赏。

现在，就可以做这最恰当不过的开场了："你们对所崇拜的神一无所知，现在由我来将它告知你们。"

对"新教义……新奇的事物"保罗只字未提。他在那儿只是解释有关一位神灵的一些事实，这位神灵则是他们早已供奉而不自知的。你看，把他们原本不相信的事情和他们已经狂热接受的事情相比拟——这便是他绝妙的技巧。

他宣传自己救赎与复活的教义，引述了他们希腊人自己的一位诗人的一些诗句，这样他就讲完了。虽然听众里有人嘲笑他，但其他的人却说："我们要再听听你讲的事。"

◎成功的演讲计划

我曾去参加纽约扶轮社的聚餐。在席间，有一位政府要员演说。自然，他的尊贵地位，给了他一种威信，当时的人们都是乐意听他演说的。他答允和参加聚餐的人们谈谈他供职机关的工作情形，这是每一位纽约的商人都愿意知道的。

当然，他十分明了他的题目。而且他演说的时候，绝不能把他所知道的完全说出来；可是，他却不曾把他的演说计划一下。他对材料没有加以选择，而且也不安排先后的次序，他靠着一股勇气，不顾一切地开始演说，自己不知道将说到什么地方去，只是一味地向前乱闯。

他的心中是一团混乱的东西，所以他给我们知识的飨宴，也只是一盘杂碎。他像是先给人们一杯冰淇淋，然后再来一盘汤，接着来了鱼和水果。他又好像给了人们一种汤和冰淇淋以及熏鱼的杂拌儿，对此，卡耐基说："我不论在什么地方和什么时候都不曾见到这样差劲的演说家。"

他本来想在席间作一篇有声有色的演说，然而现在是绝望了。他从衣袋里取出一卷演说稿，虽然没有人问到他这演说稿的问题，但他先承认这是他的书记代写的。这卷演说稿，也是杂乱无章的东西，所以他茫无头绪地翻阅演说稿，看了这一页，想在这一个原野中去求得一条出路。他一面这样做，一面又想说话，但是做不到。所以只好向大家道歉，要了一杯水喝，想借这救他一下急；但是，他的手颤动着举杯喝了一口水，说了几句更是凌乱不堪的话，于是又重复着翻他的演说稿。时间一分钟一分钟地过去，他也显出更无救、更困难、更混乱、更窘迫的情态。他急得额上流下汗来，颤颤地拿出手帕来擦拭。做听众的人们，眼看着他这样的惨败，听众激起了同情心，所以听众的情绪也被困扰了。他的固执胜过了他的聪明，他并不因此而停止了他的演讲，他一面指手画脚，一面还是翻他的演说稿，向人家道歉和喝水。每一位听众，都可以看出这将成为整个的失败。最后，他总算停止挣扎而坐下来了，听众也松了一口气。这段故事的寓意，就是："一个人的思想没有次序的时候，那么，他有的思想愈多，头绪也愈乱了。"这是霍勃·斯宾塞的一句名言。

没有计划的造屋，这不是头脑清醒的人所干的，那怎么能在一些大概的纲要或是程序都没有而便开始演说了呢？一篇演说，就等于一段有目的的航程，非有航行图表不可。

我曾希望在世界各地的我的演说训练班门口，都能够把拿破仑的"打仗的艺术是一种科学，如不是深思熟虑，绝对不会成功的"这句名言，做成霓虹灯的大广告而警惕大家。

演说和射击一样。然而，演说的人，他们能够懂得这一点吗？即使懂得，是不是都能够照着去做？其实，人们是不会这样去做的。事实亦是如此。有许多的谈话，比一盘"爱尔兰杂乱的豌豆"，不会好到哪里。

一串意见，最好而最有效的排列方法是什么？在没有把这一串意见研究明白之前，是没有人能够晓得的。它永远是每位演说者都要问的一个新问题，我们虽然没有方法决定毫不错误的规则；但是，我们终可以用实在的例子，来表明什么是有条理的排列。

毕菲粹兹是美国参议院的议员，他写过一本公开演说的艺术，此书虽短，但是很实用。这位大政治竞选家说："演说的人，必须对自己的题目很有把握，就是把所有的事实，都搜集起来，然后再加以整理、研究而使它融化。不要采取单独一方面的材料，各方面的材料都要搜集、选择，并且这些材料都得是确切的事实，不是假设或是未曾证实的臆说，不要说你以为这是这样、那样。

"每项事情都要加以证实，这得经过十分辛苦的探究；但是，为什么要这样呢？你不是预备向大家有所报告、陈述和劝导吗？你不是想使你所说的话成为一种权威吗？

"把一切的事实搜集而加以整理之后，你必须自己去想解决的方法，那你的演说才会有创造性和个人特有的力量，才有了'你'在里面。然后，你可以把你的意见，尽量明白而合理地写出来。"换句话说，就是先提出各方面的事实，然后再去寻求出确切的结论来。

1. 康惠尔的演讲计划

几乎没有一个万无一失的法则，来解决演说资料最好的排列问题。所以要使大多数的演说能够有适合的图样表格和规律实在是没有的；但是，这里有几种演说的方法，在许多地方都是十分有用的。已故的著名传道家康惠尔博士，他是《遍地黄金》的作者，他说他的许多演说辞的构成，大都是根据了下面的几条纲要：

（1）先把事实讲出来。

（2）再把这些事实用来加以辩论。

（3）劝人们去实践。

学习演说的人，对于这个方案，大家感到很有用，而且还具有一种鼓励性。

（1）先指明一切事情的错误。

(2) 然后再说出可以去补救错误的方法。

(3) 请求别人去合力地做。

或者可以换一种说法。

(1) 这里有一种需要补救的事情。

(2) 我们对这件事应该这样、那样地去做。

(3) 因为种种的理由，你是应该去帮助。

2. 演讲前的准备

曾经有人向威尔逊总统请教演说的方法，他回答："我起初把要讲的节目都写在一张纸上，再把它们列成自然的顺序——就是把这些事做骨干而加以构架，然后再用速记写出来，我惯用速记写，因为我感到方便。写完之后，我再用打字机打出，同时再修饰词句和增删材料。"

罗斯福总统预备演说的方法又是自成一派的，他征集了一切的事实，然后再加以审查、评价、决定他自己的结论，并且感觉他自己的结论是确切而难于动摇的。然后他再把一册打字纸放在前面，一面讲一面很快地打字，因而可以显出一种自然的精神来。他把打字的稿子再读一遍，用铅笔做好记号，加以增删，再打成一篇清样。他曾说："我一切的成就，在事前都有过最确切的判断和计划的。"

他常常请批评家听他读演说稿，他希望别人告诉他应该怎样说，不是说什么。他不去和人家争辩，因为他的意志已经坚定而不许再修改了。他一再在打字机上把他的演说稿增删润色，然后送到报纸上去发表。当然，他不能把他的演说辞完全记住，所以他实际讲出来的常和演说稿不一样。但是，他的预备方法是十分可取的，因为他已对自己的材料十分熟悉，这比用别种的方法，更能使演说流畅。

奥利福·罗兹男爵是英国的大物理学家，他曾对我高声述说他的讲话。像是对着听众一个样子，结果就发现了这是一种最好的预备和练习的方法。许多受作者训练的人，他们用这种方法都获得了很大的利益。

把你所有材料都写出来，这样，可以减少你心上的犹豫，改善你词句上的修饰，使你去思想，使你的意思清楚，使你的记忆牢固。

◎成功演讲范例

有一位在我的演说班上听过课的学生，他曾在全国地产协会第13届年会席上发表过一篇演说，是在27个大城市代表的演说中名列第一的。这篇演说，讲述费城的情形，把许多的事实极生动而流利地讲述出来，全篇富有精髓，结构很好，是值得一读的。现在介绍如下：

“主席，诸位先生：

“美利坚合众国这一个大国家，在200年之前就降生于我们的费城了，所以我们这一座城市，有着这样的历史纪录，自然就有十分深厚的美国精神。不但成为全国的工业中心，而且还变为全世界最美丽的城市之一。

“费城的人口，约有200万。全市的面积，约相当于密尔沃奇、波士顿、伦敦、巴黎四城的面积之和。在全面积130万平方英里之中，我们建筑了美丽的公园、广场和林道，约有8000英亩。所以费城的居民，不愁没有正当的休息和娱乐的地方以及高尚的美国人士所应有的适当环境。

“诸位，费城不仅是一个广大、清洁、美丽的城市，而且还被公认为世界大工厂区之一。因为本城有40万工人，在9200所工厂中分别担任工作，工作10分钟，可以制造价值10万元的日用品。而且据某著名统计家的统计，不论在美国哪一个城市所出产的毛织品、皮革品、呢帽、金属器、工具、蓄电池、轮船以及其他的许多制造品，都不能像费城产量的那么多。铁路机车的制造，是每两个小时制造一辆；又全国一半以上的人所乘的公共汽车，大都是本城所制造的；在一分钟之内，费城可以制造出1000支雪茄；去年，费城115家的制袜工厂，替全国的男女老幼各制袜两双；费城的地毯和毡类的产量，比英格兰和爱尔兰两地的产量还要多。在事实上，费城工商业交易额很大，上年银行结算，达到370万美元的数目。

“诸位，我们除了对本城的工业有着奇异的发展而感到光荣外，而本城又是全国最大的医疗、美术和教育的中心，这也是感到十分光荣的。但是，我们感觉到最荣耀的，就是费城私人住宅的数目，比世界上不论哪一个城市都要多。费城有市民的小住宅 39.7 万所，如果这些住宅，每所占地 25 平方英尺，那么，把它做成一条长线，可以从费城起经过现在我们开会的萨斯城而到达丹峨市，长约 1881 英里。

“但是，我要特别提出而诸位应该加以特别注意的，就是这些住宅当中，有几万所是本城的劳工阶级所有的产业。住宅既大半为工人所有，当然绝不会再有房东和房客的争端；同时，社会主义和布尔什维克主义也不易来扰乱工人们。

“费城绝不是欧洲虚无党滋长的沃土，因为我们住的处所有我们的教育机构和巨大的工业，大都降生在费城而受着我们祖宗所遗传的真正的美国精神所产生的。费城是美国的生母，而且是美国人自由的源泉。第一面美国的国旗是在费城制造的；第一次美国的国会是在费城召开的；独立宣言也是在费城签立的；费城的自由钟，启示了所有的美国男女老幼，协力散播美国的精神，使自由的火焰，永远在熊熊地燃烧。”

下面让我们来分析一下，这一篇演说的结构和达到的效果。首先，这篇演说，有始有终，具有一种不是我们能想得到的价值。他从一个出发点，像大鹏一样的向前直飞，并不停留或浪费时间；他有丰富的事实，一段段的条理分得十分清楚，既不重复，也没有前后错乱，这尤其是演说中最切要的一个条件。把生动的事实讲完之后，再用动人情感的美国独立运动和争取自由等的话来激动听众的情绪，使大家的情绪到达了顶点，于是忽然结束，这样有活力有神髓的演说，自然要得到“芝加哥杯”的第一名奖了。

另一篇是莎士比亚的精彩演说。

莎士比亚的名剧《恺撒》，中间有一段是马克·安东尼在安葬恺撒大将时的演说，这是最圆润而妥善的一个典型，是莎翁借了剧中人物所讲的一篇最著名的演说。

在当时，恺撒是一位罗马的独裁者，所以难免政敌的妒忌，想把他推倒而夺他的大权。于是，在布鲁塔斯和贾苏斯的领导之下，有二十三人联合起来把他刺死了。马克·安东尼曾做恺撒的国务大臣，而且是一位名作家兼名演说家，他在国家的政权方面，可以完全代表政府，所以恺撒对之十分倚重。在恺撒被刺了，暴徒对安东尼怎样呢？也把他杀了？不，他们以为流血已够，再牺牲他也没有什么意思。倒不如把他拉到自己的阵线上来，借他伟大的势力和动人的口才来加强自己的能力。这主张似乎很有理，于是他们就照此主张去试办。他们找到了安东尼。为了要借他的帮助，所以还允许他对那位差不多统治全世界的人物的尸体说几句话。

古罗马市场的演讲台前，躺着恺撒的尸体，疯狂的群众，大家都对布鲁塔斯和贾苏斯以及杀人犯表示同情，对那踏上讲台的安东尼，反而怒气冲天。安东尼的目的，想把崇敬布鲁塔斯和贾苏斯的人们反过来变成极度的愤恨，并且要煽动平民暴动起来杀掉那些凶手。他举起了双手，全场喧哗声完全静止了，于是，他开始演讲。我们来看看，他的开端是怎样的巧妙呢？他对那些杀人犯赞誉着：

“因为布鲁塔斯是一位有荣誉的人，

他们都是的，都是有荣誉的人们——”

他不向群众争辩，他慢慢地细心地把恺撒的事迹提出来，他说恺撒怎样用俘虏赎身的钱来充实国库，穷人号哭时，恺撒也流泪；恺撒怎样拒戴王冕，恺撒怎样立遗嘱，把私产作为公有。他所提出的不是新证据，乃是群众偶尔忘掉的：“所有要说的都是你们已经知道的事。”

他用魔术式的口吻，引起了群众的怜悯，激起了群众的情绪，燃烧起群众的愤怒。安东尼的机智，完全表露出来了。随你怎样的搜集，我绝不会相信你能够找到半打和这篇同样完善的演说。可以说，凡是熟读莎翁作品的人，在不知不觉之中，使自己文章的修辞，得到了不少的美化。

在说服人或使人印象深刻的演讲中，我们的问题只是在于：一味想把自己的意念植入人们心里，却反而使相反和对立的意念不断地滋生。善于说服的人，说起话来威力无穷，深深影响着他人。这就是前面那些法则可以派上用场之处。

几乎在每次的生活当中，你都会在讨论某一题目时与和你意见相左的人谈论。你不是常常在家里、办公室里，在各式各样的社交场合想获得人心，使他们与你思想一致吗？你是如何开始的呢？你的方法是否仍有改进的余地呢？利用的是林肯和麦克米兰的智巧吗？如果是这样，你真是一位罕见的外交人才，是一位思维审慎严密的高人。好好记住伍德罗·威尔逊的话："如果你来对我说：'我们坐下来谈谈吧。'假使我们意见不合，让我们了解彼此为何不合，发生问题的究竟是哪些地方？我们即刻便会发觉彼此根本相距不远，发觉我们不合之处很少，而相合之处却很多；并发觉我们只要有耐心、有诚意，有寻求一致的欲望，我们就终会达成一致。"

第十章
赢在谈判桌

◎杠杆原理，移动对方

谈判的目的，就是使对方往管理者所期望的方向“移动”。应用物理学中的杠杆原理，便可以帮助管理者实现谈判的目的，只需要找到一个支点和一根木棍，就可以移动或撑起巨大而笨重的物体，这就是力学中的“杠杆作用”。要“移动”对方，就得看管理者是否能制造出可以“移动”对方的足够长度与强度的杠杆。杠杆如果够长也够强，所发挥的作用力则愈大；杠杆的作用力愈大，便意味着谈判力愈是强大有劲。假设现在有人委托你以高价出售一块土地，而另外你的谈判对手也正在搜集有关这块土地的资料，以做工厂扩迁用地。

据管理者所知，这名有意承购土地的谈判对手，正在两块工厂用地中做最后的决策；而其中之一，就是管理者受托以高价出售的这一块。在这个时候，管理者的杠杆还不够长也不够强。管理者只知道对方正在两块土地中做选择，他并不一定会购买管理者所代理的这块土地；即使有意购买，所提出的价钱，未必适合于自己的理想。所以，仅仅掌握这一信息，杠杆作用还是无从发挥的。那么，假定此时管理者又获得了一个更新的信息：对方似乎比较中意于你所代理出售的那块土地。因为这块土地附近的公共设施非常完善、劳动力来源充足、种种生活条件也相当不错，而邻近又有学校、休闲中心，十分适合于设立工厂。此时，在种种令对方满意的设厂条件之外，管理者又获知了一项最新的信息：此地就要建立一所可能是全国最进步、设备最完整的医疗中心。而对此消息，对方显然尚未获知。现在，正是良好的时机，可以把杠杆原理应用在谈判上了。但是要如何应用呢？对方之所以中意于管理者所代售的那块土地，是看上了它优越的外围环境。因此，在谈判时，管理者便应该将重点集中在土地周围的公共设施如何充实、文化环境如何优秀等。事实上，这些事实如果能成为对方所关注的焦点，那么，谈判结果便对自己有利了，自己就能以高价将土地脱手。

使对方的注意力集中于有利于自己的条件上，是杠杆作用的有效利用的方法之一。不过，你的目的在于以高价卖出土地。因此，此时此刻，你最好还是暂时按兵不动，不要直接提出有关医疗中心的兴建计划。所以，若是仅运用双方所共同了解的事实，便能达到目的的话，则就大可不必再亮出最后的“王牌”了。把“王牌”乱用于不必要的问题上，除了引起一阵无谓的混乱外，别无他用。然而，如果谈判已进入最后阶段，只要再稍加一把劲，双方便能达成协议的话，你就可以使用杠杆，也就是掀开王牌——医疗中心兴建计划了，你必须让对方了解，一旦医疗中心成立，对于工厂及员工的健康将带来莫大的益处。在谈判即将达成协议的前一刻，适时地提出有力的最新事实，杠杆的作用力则将发挥至最大。

◎“54街奇迹”：满足他人的要求

在谈判开始的时候，和缓地说明你的情况，搔搔你的头，承认你可能出错。记住：“犯错是人，宽恕是神。”要毫不犹豫地说：“在这个问题上我需要你的帮助，因为我不懂。”你应该给人以天鹅绒般柔软温和的印象，而不是像砂纸一样粗糙不平。

一旦有机会，大多数人愿意做一个亲切而易于打交道的人，并扮演提供给自己的角色。换句话说，人们愿意按你希望他们表现的方式来表现自己。因此，要用得体的方式与对方交谈，维护他们的尊严。即使对方有令人反感的、消极的和执拗乖张的名声，他们也会被一种明确传达的期望的态度所感染并消除敌意。

要从他们的观点或参照系来看问题。他们说话时，要聚精会神地听，这会阻止你去进行对立的争论。不要引起摩擦，因为你如何表述某件事，经常决定着你得到的反应。在回答他们的时候，要避免用绝对的词语。要学会用“我想，我听到你说的是……”作为你回答的开场白。

这种“润滑剂行为”将使你的话变得婉转温和，使你的行动神圣不可侵犯，使摩擦减至最低限度。遵从这些指导，你将使你们双方变成同盟者，共同寻找可以接受的解决问题的方法。

下面向你展示一下这种方法在我的一次简短遭遇中，是怎样发挥作用的：

我到曼哈顿出差。那天上午，在第一个约会之前还有一些时间，我和同事就从容地去吃早饭。点完菜之后，同事出去买报纸。过了 10 分钟，他空着手回来了。他摇着头，含糊不清地低声咒骂着。

“怎么啦?”我问。

他回答道：“这些该死的家伙！我走到马路对面的那个报亭，拿了一份报纸，递给那家伙一张 10 美元的票子。他不找钱，而是从我腋下抽走那份报纸。我正在纳闷，他开始教训我，说他的生意不是在高峰期给人换零钱。”

饭后，我们开始讨论这一插曲。同事认为这里的人傲慢无礼，他的敌人就是这种“爱发脾气的家伙”。他们绝不会给人兑换 10 美元的票子。我则接受挑战，在朋友的注视下穿过马路。他在餐馆门口看着。

当报亭主人转向我时，我怯生生地说：“先生……对不起……不知道你能不能帮我一个忙。我是外地人，需要一份《纽约时报》。我只有一张 10 元的票子，我该怎么办?”他毫不犹豫地递给我一份报纸，说：“嗨！拿去吧。找开钱再回来！”

同事摇着头目睹了这一幕，这就是我后来常说的“54街的奇迹”。

事情办得好坏，完全取决于方法。

当人们相互视为对手的时候，他们就相互疏远，甚至通过第三方来打交道。这是一种不幸的隔阂。从这种隔阂出发，他们互相提出要求和反要求，宣布结论，冲动地下最后通牒。由于每一方都想增加自己的相对优势，双方都将对谈判有意义的数据、事实和信息秘而不宣。人们的感情、态度和真实需要被隐藏起来，以免被对方利用。

显然，在这种气氛中，为满足双方的需求而谈判实质上是不可能的。然而，应该认识到，人类的独特之处，就在于人们各自的目标是可以并存的。在这种认识下，人们就可以坦诚相待，互相信任，可以交换看法、事实、个人感受和需要。通过这种无拘无束的交往，人们可以找到使双方都成为赢家的创造性解决方法。

例如，20世纪40年代中期，霍华德·休斯制作了一部影片《亡命徒》。该片由简·拉塞尔主演。拉塞尔是个漂亮的、肤色微黑的女人，她那高耸的乳峰给人们留下了深刻的印象。这部影片也许会被忘记，但是这个电影的大幅张贴广告令人难忘。那个画面是简·拉塞尔仰面朝天地躺在干草上。那时，休斯非常欣赏拉塞尔，所以和她签订了一个年薪100万美元的合同。

12个月以后，拉塞尔认真地表示：“我想依据合同要我的钱。”霍华德解释说他此时没有“流动资金”，但是有很多财产。女演员的态度是，她不要借口，她要她的钱。休斯继续向她说明他现金周转暂时有问题，并请求她等一等。拉塞尔一直指着法律合同，上面清楚地要求年底付款。

双方的需要似乎不可调和。他们互为对方，相互斗争，通过律师来处理问题。以前那么亲密的工作关系已经变成了一场斗争。一时间，谣言四起，人们传闻这件事将以诉诸公堂而告终，要知道，霍华德是那种愿意在随后的关于指控环球航空公司的官司中花1200万美元诉讼费的人。如果这种对抗诉诸法律，谁会赢？也许唯一的赢家是律师！

这场冲突如何解决？实际上，拉塞尔和休斯明智地说："你看，我和你情况不同，我们有不同的目标。让我们看看能不能在相互信任的氛围中分享信息、感受和需要。"他们恰好是这样做的。然后，作为合作者，他们找到了创造性的解决方案。这种方案解决了他们的问题，满足了双方的需要。他们将原来的合同转换成一份 20 年的协定，每年支付 5 万美元。这份合同包含同等额度的钱，只是它现在的实现形式有所不同。

这样一来，休斯解决了他的"现金周转"问题，保住了本金的利息。另一方面，拉塞尔通过将其必须纳税的收入分摊在一段时期，可能减少她的税款，从中受益。由于得到相当于为期 20 年的年金，她解决了日常财务问题。

演员的职业通常是很不保险的。但是，她不仅"挽回了面子"，而且赢了！记住，当你和类似于霍华德·休斯这样的怪人打交道时，尽管你是对的，你也可能会输。从个人需要来看，拉塞尔和霍华德都是大赢家。

◎建立信任，越快越好

记住，谈判与说服的本质手段是通过"说"和"听"的交替过程以实现目的，而这种说与听的交换方式即为"沟通"。所以，如果为达目的而以金钱收买对方，或采取权力强制及暴力威胁的手段，这根本上就与谈判、说服不符。

在沟通的过程中，首先应掌握当时的状况，同时确定对方听懂你的话语。因为即使发出声音，假如不能让人听懂，也无法达到沟通的目的；此外，即使你自认确实很认真地讲话，但对方却开始就没有聆听的意思，或根本就把你的话当耳边风，此类情况也不可能实现良好的沟通。所以，在开口说话之前，必须预先考虑对方所处的状态——尤其是周围情况。最常见的谬误是，当对方正在为工作忙得不可开交时，你却仓促地介入他的环境，说完必要的话之后随即转身离去，根本不顾及对方究竟听懂多少，这势必造成不必要的危机。当问题发生后，你怒气冲天地质问对方时，他的回答必然是："我没有听到你的话。"结果，演变成"说了"与"没有说"的无聊争执，甚至必须从头展开谈判与说服的难分难解局面。为避免发生此种情况，除了应考虑对方所处的状态外，在谈话中也应时时注意确认重要部分，并在必要时加以重复。

不能低估在竞争性的社会中培养信任感的难度。在一种长期的关系中，你给予对方的信任越多，他们就越会对得起你的信任。对他们的诚实和可靠表示信任，你将鼓励他们不辜负这些期望。

不这样做，后果会如何呢？从怀疑和不信任出发，你将自食其果。所以，避免出现最坏结果的唯一方法就是与对方建立最佳关系。

最佳关系就是信任关系，在这种关系中，每一方都坚信另一方诚实可靠，双方相互信赖，结成一种解决不可避免的争执的潜在同盟。这奠定了互相信任、良好合作的基础。

这种相互信任是合作性双赢谈判的主要动力。现在让我们看看，怎样和什么时候能建立这种关系。

首先是准备阶段。正如你回想起的一样，我们认为情况的发展——就是准备阶段——总是要经历一个很长的时期。这段时间总是先于正式事件，如精神病人被确诊患有精神病之前，其病情早已发展了一段时间。一场谈判也应该被看做一种终止于双方正式接触的持续不断的过程。所以，如果我们说："谈判将于10月15日上午8点开始"，我们只是指正式谈判。

谈判过程的最后一步通常采用各方人员面对面会谈的形式，但是也可以用书面通信甚至电话的方式。大多数人坚信最后阶段才是谈判。但是，每个正式结果出现之前总是有几周或者几个月的准备阶段。

明白正式结局只是一个漫长过程的终点，这在日常生活中非常重要。无论是做一个精美的自制蛋糕，还是参加一次期终考试，事情的成功取决于事先策划和及时行动。

为了进一步说明，这里作一个假设：

你的儿子和未来的儿媳希望举行正式的教堂婚礼，然后办一个大型宴会。作为新郎的父母，你同意为此做准备，并为之付账。尽管正式活动只有7个小时，然而要花费6个月的时间去准备。

谈判的最终结果是由主观努力而不是由运气决定的。人们说命运厚爱幸运者，但是幸运者之所以受惠，是因为他们有效地利用了过程中的准备时间。无论是烤制蛋糕、参加考试，还是准备婚礼，早期的努力决定了最后的结果。命运不是偶然形成的——它们是由准备过程中的作为或者更常见的不作为引起的。也就是说，比实际谈判重要的是：形成看法，树立信心，提高期望。如果谈判中发生争吵，那么争吵的种子可能在准备阶段已经播下并培养起来。正如本杰明·狄斯累利所说："我们创造了自己的运气，却认为它是命运所赐。"

所以，命运垂青于那些利用准备阶段播撒信任种子的人。这种信任会在正式事件发生时，使你得到回报。是否具有未雨绸缪的能力，将有不同的结果。

冲突形成之前的时间，是你对对方施加影响的最有效时间。一旦电视摄像机的红灯亮起，对方常常就开始警惕，而且对于显示自己弱点的事情吞吞吐吐，犹豫不决。

在从准备过程进入正式谈判之前，你的所作所为看上去是自然的。可是一旦结局明朗，你所做的任何事都常常被当做某种计谋、诱惑或策略，在竞争性环境中尤其如此。

简单地说，在正式谈判之前，某些行为会给人正常、友善和信任的感觉。然而，在敌对的气氛中，那些同样的行为将会起副作用，导致愤怒和不信任。所以，你必须有效地运用谈判的准备过程，不能一味等待实际冲突或事情发生。用准备时间来分析和判断发生潜在争论的原因。冲突可能是因为我们有不同的经历、信息或我们所处的角色不同。

在正式谈判之前采取行动，从上述几个方面来缩小观点差距，建立信任。始终牢记，你要创造那种相互信任和解决问题的氛围，这种氛围有利于进行最后谈判和采取措施解决问题。我们的世界就像一个患轻度妄想症的人，而信任就是万用良药。除非人们对你充满信任感，否则没有人会告诉你任何有价值的事情；除非人们信任你，否则没有人愿意与你达成协议。所以，你要利用准备阶段与对方建立相互信任的关系。

其次，是正式谈判阶段。一旦建立了信任关系，这种关系就会使双方认识到各自的弱点，防止发生冲突，并鼓励双方共享信息。发展这种关系，将使双方改变态度，影响预期目标，并将使问题变得容易解决。如果在准备阶段实现这种转化，各方就会在正式谈判中寻求满足各自需要的解决方法。

在正式谈判开始的时候，要继续寻求共同点，发展相互信任关系。一开始就采用切实而富有建设性的方法，这种方法将使各方直接达成一致。如果谈判形式是小组会议，你可以说："女士们、先生们，我们可以在我们讨论的问题上达成一致吗？让我们共同寻找一个公正的解决方法，达到我们大家都满意的结果，好吗？"你们认为怎么样？……显然，你并不要求反馈，但是你提出的问题或目标一定会得到赞同。为什么呢？因为你的说法相当于问饥饿的孤儿们要不要来一份有苹果派、薯条和汉堡包的午餐！

如果你能让每个人都看到最终结果，他们就会投入精力，发挥创造力，探讨各种可供选择的方案和新方法，以满足各方的需要。讨论的焦点最初总是应该放在使大家一致同意的对问题的概括性陈述上面。

反过来，如果你以"我的方法与你的方法大相径庭"这种态度为出发点，来谈论解决问题的途径或可供选择的方案，从这个点开始，接着就是要求和反要求，再下一步就是谈判各方两极分化成赢者和输者。你很快就会陷入纷争的泥潭，寸步难行。

所以，通过强调结果而不是手段，使那些参与者从纷争进入一致同意。这将消除敌意，减少焦虑，鼓励自由交换事实依据，交流感情和了解对方需要。在这种创造性的气氛中，新的、范围广泛的、可供选择的方案得以发展，每个人都能实现自己的愿望。

一般说来，哪里存在长久的关系，哪里就有充分的谈判前的准备时间可以利用——在准备阶段你可以培养信任感。

然而，在生活中经常有这样的情况，你不能或没有预料到的一场谈判突然出现在你的面前。由于缺乏事先预计和准备，突然遭遇挑战，不免手忙脚乱。在这种情况下，你能树立那种产生双赢结果所要求的信任和信心吗？如果你正确估计形势，回答是肯定的。即使没有准备过程，你也可以利用谈判本身寻找信息，建立一种有利于双方的关系。你也许注意到，许多人为爱情翻脸，却很少有人因为喜欢而闹崩。实际上，一旦确立了信任关系，人们就倾向于容忍。在缺乏信任的地方，你就要在流沙区奠定达成协议的基础。举例来说，你也许看到过政治上的竞争者在全国性政治会议的最后阶段，欣欣然地想达成协议。由于缺乏信任的基础，这些谈判框架会轰然倒塌。所以，如果你想获得一个双边协议，最初的步骤就是建立信任。越快越好！

◎技巧性开场

开场进行的一切活动，一方面能够为双方建立良好的关系铺路，另一方面又能够了解对方的态度、特点和意图。因此，在这个阶段，必须十分谨慎地对所获得的对方印象加以分析。不仅如此，还要立刻采取一些重大措施，用自己的方式对他们施加影响，并使这些影响贯穿于谈判的始末。管理者最好把准备工作做得既周密又灵活。当坐下来转入正式谈判前，应该充分利用开始阶段从对方的言行中所获得的信息。在这个阶段中，能够很快地掌握对方洽谈人员两个方面的信息，即代表他有丰富的谈判经验和技巧，可以顺利地发挥他的谈判作风。

对方谈判经验和技巧无须语言就可以反映出来。比方说：他的姿势、表情以及他“入题”的能力。如果他在寒暄时不能应付自如，或者突然单刀直入地谈起生意来，那么可以断定，他是谈判生手。谈判高手总是留心观察对方这些微妙之处。对方的谈判作风，同样的可以在开场阶段的发言中反映出来。一位经验丰富的谈判人员，为了谋求双方的合作，总是在开始时讨论一般性的题目，另一种具有不同洽谈作风的人员，虽然他的经验同样丰富，但其目的是为了对谈判产生影响，他显然会采取不同的措施。一进入谈判，他就极力探求双方的优势和劣势，探听哪些是自己必须坚持的原则以及在哪些问题上可以让步；他不仅要了解“自己”的情况，甚至对每一个己方人员的背景、价值观以及每一个人有把握的和担心的事以及是否可以加以利用等问题，都要搞得一清二楚。这些信息，对于那些玩弄花招的，以牺牲对方利益而谋取自己利益的人来说，是至关重要的。这些信息能成为他在以后的谈判中使用的武器。如果把谈判比做游戏，而且彼此商定，游戏以一方的胜利而告终，那么他的举动是无可非议的。当管理者一旦察觉到谈判中间将会发生冲突，就必须万分小心。虽然，管理者还无法判定谈判将会怎样展开，但是已经看见了“黄灯”。虽然，这并不等于表示“进攻”的“红灯”，但起码已显示出对方有些神经质或是经验不足，或是对谈判有些不耐烦了。也许对方十分好战，“黄灯”真正转成“红灯”，但对管理者来讲，这就极易做出相对的反应了，披上管理者的战袍，投入战斗。

如果在这个阶段，管理者对对方这些行动的意思还没弄清楚，而管理者在谈判开始时，所采取的是与对方“谋求一致”的方针，这时就应该引导对方与自己协调合作，并进一步给对方机会，使他们能够适应自己的方针。同时，自己也应该有更充裕的时间和机会，把对方的反应判断清楚。

这时，管理者施展技巧的目的是努力避开锋芒，使双方走向合作。管理者应不间断地讨论一些非业务性话题，并更加关注对方的利益。下面是这段开场对话：

“欢迎你，见到你非常高兴!”

“我也十分高兴能来这里。近来生意如何?”

“这笔买卖对你我都很重要。但首先我对你的平安抵达表示祝贺。旅途愉快吗?”

“这个问题也是我们这次要讨论的，在途中饮食怎么样?来点咖啡好吗?”

注意这并不是一个漫无边际的闲谈，虽然表面上它与将要谈判的问题不相干。但是，如果对方在这段谈话之后，仍坚持提出他的问题，管理者就可以认为“黄灯”有变为“红灯”的危险。如果能够接受这种轻松的聊天，虽然这并不能改变“黄灯”仍然亮着的事实，但它告诉管理者它有转为“绿灯”的可能。在这个阶段，管理者最容易犯的错误，是过早设定对方的意图。因为无论如何，自己已经掌握了一些信息，对于这些信息，管理者还要随着洽谈及实质性谈判的过程中，做出更深入的分析。

谈判的内容通常牵连甚广，不只是单纯的一项或两项。在有些大型的谈判中，最高纪录，议题便多达70项。当谈判内容包含多项主题时，可能有某些项目已谈出结果，某些项目却始终无法达成协议。这时候，你可以这么“鼓励”对方:“看，许多问题都已解决，现在就剩这些了。如果不一并解决的话，那不就太可惜了吗?”这就是一种用来打开谈判僵局的说法，它看来虽稀松平常，实则却能发挥莫大的效用，所以值得作为谈判的利器，广泛地使用。

牵涉多项讨论主题的谈判，更要特别留意议题的重要性及优先顺序。譬如，在一场包含六项议题的谈判中，有四项为重要议题，另两项则不甚重要。而假设四项重要议题中已有三项获得协议，只剩下一项重要议题和两项小问题，那么，为了能一举使这些议题也获得解决，你可以这么告诉对方:“四个难题已解决了三个，剩下的一个如果也能一并解决的话，其他的小问题就好办了。让我们再继续努力，好好讨论讨论唯一的难题吧!如果就这么放弃，大家都会觉得遗憾呀!”听你这么一说，对方多半会点头，同意继续谈判。

而当第四个重要议题也获得了解决时，你不妨再重复一遍上述的说法，使谈判得以圆满的结束。

打开谈判僵局的方法，除了上述“已经解决了这么多问题，让我们再继续努力吧”“只剩下一小部分，放弃了多可惜”等说话的技巧外，尚有其他多种做法。不过，无论所使用的是哪一种方法，最重要的，是要设法借着已获一致协议的事项作为跳板，以达到最后的目的。

◎不要孤立地观察一个人

没有任何个人是真正孤立地存在的，每一个与你打交道的人都受其周围人的影响。即使所谓的领导者，不管是国家领袖，还是一家之主，都有一个组织在其背后影响着他们的决定。事实上，领导常常只是对已经做出的决定加以认可。

假设你需要上司批准才能得到你想要的东西。在试图说服他的过程中，你得出结论，认为他出奇的固执。你自言自语地咕哝：“这家伙生性多疑，不近人情。跟他谈话就像对着一只坏损的电话话筒说话一样。他的遗传基因也许有什么毛病吧！”解决问题的办法或许不是轻易地服从上司的权威，也不是带他去做基因检查，或者与他继续大吵大嚷一通。答案也许在于找出对老板来说至关重要的人，并让这些人帮助你去影响老板。得到这些人的支持，就会产生奇迹——即使对最固执的上司亦如此。

每个人都属于一个组织，除了隐士和遁世者之外，对你如此，对你的上司也如此。如果我考察你的来龙去脉，就会看到你处在某个关系网中。组成关系网的这些人，无论是在单位还是在家里，你都愿与他们倾心交流。你有朋友、下属、同僚、合伙人和熟人，你对他们很在乎。从而你重视他们的看法，尊重他们的意见。他们都有各自的重要性，因为你以后可能需要他们。在这个网络构成的组织中。你也许是中心或核心，这个组织环绕着你，并影响着你的行为。

如果别人能支配你的组织，组织成员的行动也许会使你偏离你原来的方向。请想一想：你为什么会做某件事情？你为什么开某个特殊型号的车？是你独自一人做出这些决定，还是你的组织——不管其成员如何——影响了你的行为？如果你对自己开诚布公，你就会承认你的许多选择——至少部分地——已经由别人做出了决定。你也许经常受这个法则的引导。

爱默生曾经说过："掌权的家伙控制着人类。"其实并不尽然。"几年前，我住在伊利诺伊州北一个名叫自由谷的社区。我有6公顷连绵起伏的土地、高大的橡树和一栋房子，家里的10间屋子是订做的。我一直觉得我住在那里确实很幸福——直到有一天早晨，我妻子向我抱怨我们并不那么惬意。她说：'这里的人们所持的观念不适合我们。不仅没有公共交通，更重要的是，孩子们在当地学校受不到合适的教育。'我摸了一会儿下巴，然后喝完咖啡：'我们决定搬家。'

"由于我要离家很长时间，找房子的任务落在了我妻子的肩上。当她亲自认识到7年间房地产的变化多么大的时候，找房的任务变得沉重了。看到突飞猛涨的价格是一回事，亲自面对它们是另外一回事。

"尽管感到沮丧失望，我妻子仍然进行了两个月无益的搜寻。在她备受磨难的时候，我一直保持乐观——因为不是我本人在找房子。在周末，为了提高她的士气，我就这么说：'坚持下去，必有厚报！'以及'及时处理，事半功倍！'

"不知怎的，这些格言警句无助于我们的关系。作为对我这种应付性态度的反应，她决定让我接受敏感性训练。为了使我对现实的市场状况有所觉察，一到周末，她就拉着我去看那些'被抛弃'的房子。

"每个星期五我很晚才回家，瘫倒在床上，希望足足地睡上一觉。但这种想法不可能实现。天刚亮，我的妻子就把我叫醒，给我一杯咖啡，整个星期六带着我东跑西颠地看房子。星期天她又重复这一过程，直到我要启程去飞机场。我连着三周经历了这种可怕的安排。

"最后，由于两脚酸疼，胸藏怒火，我突然发作说：'瞧！你说过要自我实现，自主行动，自己负责。你可是一位解放了的妇女啊！你为什么不自己做主买房子呢？买的时候，告诉我一声就得了。然后捎个信，我就会高高兴兴地和你以及孩子们一块搬进去！’我停顿一下，反省了一会儿，继续说：‘我实际上根本就不知道自己为什么要跑来看房子，因为我甚至不怎么在家里住。’

“在接下去的两周里，我知道她继续满世界看房子。那只令她烦恼，不关我的事——因为我不在家。就这样，一直到那要命的一周。

“在途中，我每天晚上都给家里打电话。要知道我不是一个善于在电话中聊天的人。多年来，我在电话交谈中总是墨守成规，我的开场白总是同样的：‘嗨，一切都好吗？’而我最喜欢得到的回答总是：‘很好！’然后我就问：‘有新情况吗？’我最希望的回答总是：‘没有！’

“现在我们接近那个不祥的一周了。我的零零碎碎、难以记录的对话在星期一、星期二和星期三的晚上重复着——每次都重复标准问题和优选的回答。星期四晚上，我打通电话，再一次问：‘嗨，一切都好吗？’

我妻子回答：‘很好！’

“‘有新情况吗？’我继续问。(哪会有什么新情况呢？我昨天晚上刚刚和她谈过)

“她回答：‘我买了一幢房子。’

“‘什么？再说一遍。’

“‘哦，我买了一幢房子。’她小心翼翼地说。

“‘喂，’我插话说，‘我想你大概没有把话说清楚。你可能是想说你看到了一幢你喜欢的房子吧？’

“‘对呀，’她说，‘而且，我买下来了。’

“我的喉咙里好像堵了一块东西似的。‘不，不，你是说你看中了一幢房子，而且为这幢房子提出了订约条件吧。’

“‘是的，’她说，‘他们接受了它，而我们得到了它。’

“我努力抑制自己的强烈感情：‘你买了一幢房子？整个一幢房子？不

可能吧！'

"'哦，是的，'她干巴巴地说，'这实际上很容易……你会爱上它的。它是一幢英国式建筑，有15间房，55年前建的，可俯视密执安湖。'

"一阵剧痛穿过肩膀并延伸到我的左臂。我结结巴巴、反反复复地说：'你买—买—买了一幢房子。'

"'是的！'我的妻子加强语气说道。

"最后，由于认识到我处于紧张状况，她降低声音说：'我确实在合同上写明了购房一事最后要由你批准。'

"我左臂的疼痛莫名其妙地减退了。'你是说，如果我不同意，你可以撤回它，是吗？'

"'当然可以，'我的妻子向我保证，'在星期六上午10点钟以前，我们还有时间。如果你不喜欢这个方案，我们可以撤回。当然，这就意味着我必须将找房工作从头至尾再来一遍。'

"我星期五晚上很晚到家，第二天又早早起来穿戴整齐。妻子和我要去看她觉得已经买下的那幢房子。然而，只有我——法律意义上的一家之主，才能亲临现场做最后决定。

"行驶途中，我问妻子：'顺便问一句，有什么人知道你快要买这幢房子了吗？'

"'有啊。'她说。

"'谁会知道呢？这事刚发生！'

"'很多人。'她回答。

"'谁？'我追问。

"'哦'，首先，我们所有的邻居和朋友都知道。实际上，今晚他们正准备为我们举办一次盛大的告别晚会。'

"我的嘴部肌肉发紧。'你是说首先？还有谁知道呢？'

"'哦，我们的家人知道。实际上，我妈妈已经为起居室定做了窗帘。我打电话把尺寸告诉她了。'

“‘还有谁知道?’

“‘哦，还有孩子们知道。他们告诉了他们的朋友和老师；他们挑选了他们想要的卧室。沙伦和史蒂文在商场给各自的新房间订了家具。’”

出现了什么情况？这个组织正在游离它的领导，就是这么回事！这是组织行为学中的之字形转弯理论所涉及的问题。所有的组织成员肩并肩一起出发，每个人的步伐都紧密配合——每个人都在一起。突然，没有警告，这个队伍急转弯，然后改变了行进方向。

出现这种情况的时候，领导者会一筹莫展地待在原来的地方咕哝道：“出了什么事？他们都要到哪里去？人在哪里？”这种现象被叫做孤独——一点预兆也没有。

我这个法律上的、挂名的领导现在孤独地待在之字形转折点，而他的队伍已经做之字形转弯离开了。你认为在这种处境下，这个法律意义上的、挂名的——现在是孤独的——领导者可以做什么呢？你说得很对。他只好认可已经做出的决定，以保留那个法律意义上的挂名的领导头衔。

一定不要孤立地观察某个人。要从前后关系中看你希望说服的那个人，将他看作是一个其他人围着转的中心点。去获得那些人的支持，你就能左右形势，移动焦点。

◎解开对立僵局

在条件交换的策略里，我们掌握某项对方重视的问题，以在这方面的让步来使对方交换另一项对我们重视问题的让步。当然，其前提在于并非一切条件对全部当事人而言都同等重要，但事实上，极少如此。

即使在最高度组织化的谈判里，个人和个人的喜好依然扮演着重要角色。请回想在越战期间，美国表明不愿撤退的主要理由之一，是因为这种做法有失颜面。我重复一遍，这是一项表明的理由，而不仅仅是存于某人心中的想法。美国的领导人士自己承认他们不会停止该场战争是因为他们害怕显得愚蠢！

日常生活中也有数不清类似这样的例子，人们固执于某些其实对他们并不重要的主题。

让我们来看看下面的例子：

办公室大楼的房东宣布租金上涨。你虽然了解这次涨价是随着房地产的上升而涨，却依旧表示反对，原因是你对房东有一些别的不满，例如你不喜欢房东把你上次提出的抱怨交给秘书办，而不是亲自处理等等。

邻近一带的屋主协会主席为了一项附近的开发计划，而游说会员支持他们的计划。你对这件事情抱着可有可无的态度——事实上你甚至不知道反对或赞成的理由何在，但事实上却是因为你不喜欢主席的为人。

一个大量输出某产品的欧洲国家对于相同产品的输入对美国设下关税壁垒。美国的该产品制造业者通过公会团体要求予以撤销。其实如果真的撤销这些壁垒，恐怕该国就不会从美国进口任何该项产品，因为当地的产量供给既丰富又便宜，并且较适合其国民的喜好。然而，该国为了取悦国内厂商而维持这项不必要的贸易障碍，美国企业界人士虽然明知（或应该知道）此举无利可图，却依然主张撤销。

这种交换方式的关键在于掌握某些项目来换得对自己重要的项目的让步。譬如，假设上述最后一个例子的产品是酒。实际上，20世纪80年代期，酒类的确是美国和欧洲某些国家之间的争议对象。当欧洲酒类在美国市场占有率节节高升时，美国的国内酒业仅能维持极低的销售成长率。因此，美国制酒企业要求政府干预，阻止输入，除非欧洲国家降低对美国酒类的关税。

对欧洲国家而言，这件事情应该是非常轻而易举的，反正它们的国民也不会去购买这些酒类。况且，解除对美国酒类的武装，正好替它们赢得在与美国进行别的贸易关系交涉时的有利筹码。（“瞧！各位，我们已经给你们酒类的通行证，尽量卖给我们的人民吧！现在我们希望你们在别的方面如：磷酸肥料、汽车、新鲜水果……给予帮助。”）

可惜欧洲国家不够聪明，未能如此处理，反而把一项原可在弹指之间解决的问题长年拖延，直到目前仍在继续纠结中。

如果你认识到每个人都是独特的，其需要是可以调和的，那么，你就能实现自己的愿望。同时，绝不要忘记，你的行动和行为方式决定了你的大多数需要是否能得到满足。使双方满意应该是你的目标，而达到这一目标的方法则是合作性的双赢谈判。

第十一章
愉快沟通的细节

◎站在对方的立场看问题

记住，许多人做错事的时候，自己并不这么认为。所以，别去责怪这些人，只有傻子才会这么去做。要想办法去了解这些人。当然，这也只有聪明、有耐心而且具有超俗思想的人才会这么去做。

人会有独特的想法或做法，总有其特别的理由。把这个理由找出来，便可以了解他为什么要这么做。甚至，这理由还可以帮你了解此人的性格。

要真诚地站在此人的立场看事情。

告诉自己：假如我是他，我会怎么想？我会怎么做？这么一来，不但可以节省时间，也会减少许多不快。因为，“假如你对事情的原因感兴趣，通常对其所具有的影响也一样感兴趣。”更何况，这还可以大大增进你对人际关系的了解。

肯尼斯·谷迪在其著作《点石成金》一书中说道：“且预留几分钟，先度量一下自己对本身事务感兴趣的情形，还有对一般事务关注的程度——两者相比较之后，你或许会了解，举世众人也大概都是如此。”

我们再由林肯和罗斯福等人的处世方法当中，学习处理人际关系的基本原则。那就是：由别人的观点去看事情。

住在纽约的山姆·道格拉斯夫妇，4 年前刚迁入新居的时候，由于道格拉斯太太花了太多时间整理草地——拔草、施肥、每星期割两次草——但是，整片草地看起来也只不过和他们搬进去的时候差不多。于是，道格拉斯先生便常劝太太不用那么费力气，道格拉斯太太为此颇感沮丧。而每次道格拉斯先生这么说的时候，当晚家中的宁静气氛便被破坏了。

道格拉斯先生参加了训练班课程之后，深觉多年来的做法不对。他从没想过，或许他的太太本就喜欢园艺工作，她需要的是赞赏而不是指责。

一天傍晚，用过晚餐之后，道格拉斯太太又准备到庭院除草，并且问道格拉斯先生愿不愿意陪她一道去。道格拉斯先生本不太感兴趣，但一想到那是太太的嗜好，最好是不要拒绝，便急忙答应愿意帮忙。道格拉斯太太十分高兴，那天傍晚，他们除了用心除草之外，还谈得十分愉快。

自此以后，道格拉斯先生便常常帮太太整理庭院，也常常称赞太太把庭院整理得多么好。结果：他们的家庭生活大为改进。由于道格拉斯先生能站在太太的立场看事情——虽然只是除草这一类的小事——事情便能获得圆满解决。

吉拉德·奈伦保在其著作《与人交往》一书中评论道："在你同别人谈话的时候，假如能表现出十分重视对方的想法和感受，便可赢得对方的合作。所以，你应该先表明自己的目的或方向，然后倾听对方发言，再由对方的意见决定该如何应答。总之，要敞开心灵接受对方的观点，如此，对方也相对的会比较愿意接受你的看法。"

多年来，我常到离家不远的公园中散步、骑马，以此作为消遣，像古时高尔人的传教士一样。我很喜欢橡树，所以每当我看见一些小树及灌木被人为地烧掉时，就非常痛心，这些火不是由粗心的吸烟者所致，它们差不多都是由到园中野炊的孩子们摧残所致。有时这些火蔓延得很凶，以致必须叫来消防队员才能扑灭。

公园边上有一块布告牌，上面写道：凡引火者应受罚款及拘禁。但这布告牌竖在偏僻的地方，儿童很少看见它。有一位骑马的警察在照看这一公园，但他对自己的职务不大认真，火仍然是经常蔓延。有一次，我跑到一个警察那边，告诉他一场火正急速在园中蔓延着，要他通知消防队。他却冷漠地回答说，那不是他的事，因为不在他的管辖区中！我急了，所以从那以后，当我骑马的时候，我担负起保护公共地方的义务。最初，我没有试着从儿童的角度来看待这件事。当我看见树下起火时就非常不快，急于想做出正当的行为来阻止他们。我上前警告他们，用威严的声调命令他们将火扑灭。而且，如果他们拒绝，我就恫吓要将他们交给警察。我只在发泄我的情感，而没有考虑孩子们的观点。

结果呢？那些儿童遵从了——怀着一种反感的情绪遵从了。在我骑过山后，他们又重新生火，并恨不得烧尽公园。

多年以后，我增加了一些有关人际关系学的知识与手段，于是我不再发布命令了，甚至威吓他们，而是向他们说道："孩子们，这样很惬意，是吗？你们在做什么晚餐？……当我是一个孩童时，我也喜欢生火——我现在也很喜欢。但你们知道在这公园中生火是极危险的，我知道你们不是故意的，但别的孩子们不会是这样小心，他们过来见你们生了火，所以他们也会学着生火，回家的时候也不扑灭，以致在干叶中蔓延烧毁了树木。如果我们再不小心，这里就会没有树林。因为生火，你们可能被拘捕入狱。我不干涉你们的快乐，我喜欢看到你们感到很快乐。但请你们即刻将所有的树叶扫得离火远些，在你们离开以前，你们要小心用土盖起来，下次你们取乐时，请你们在山丘那边沙滩中生火，好吗？那里不会有危险。多谢了，孩子们，祝你们快乐。"

这种说法产生的效果有很大区别！它使孩子们产生了一种同你合作的欲望，没有怨恨，没有反感。他们没有被强制服从命令。他们保全了面子。他们觉得好，我也感觉很好，因为我处理这事情时，考虑了他们的观点。

在澳州的伊丽莎白·诺瓦克，她的汽车分期付款已迟了 6 个星期。她在报告中说道："某个礼拜五，我接到一通十分不客气的电话，就是处理我分期付款账号的人打来的。他告诉我，假如我不能在星期一早上付清

122 元的欠款，公司就要进一步采取行动。我实在没有办法在周末筹到那笔钱，所以，星期一早上电话铃响的时候，我的心里早有准备。我不准备向他抱怨或诉苦，相反的，我试着站在他的角度看事情。首先，我真诚地向他道歉，因为我时常不能如期付款，想必给他增添许多麻烦。听我这么一说，他的语气马上改变了。他表示，我还不是最麻烦的顾客。有好几位顾客才真使他头痛，他举了好几个例子，说明有些顾客如何无礼，又如何会撒谎、要赖等等。我一直没有开口，只静听他把所有不愉快的事情倾泻出来。最后，不等我提出意见，他就先表示我可以不用马上付清欠款，只要在月底以前先缴 20 元，然后等方便的时候再慢慢付清全额。”

所以，明天，在你开口要求别人熄火、购物或认捐任何款项之前，请先闭上眼睛，试着由别人的角度来思考事情。问问自己：“他们为什么要这么做?”不错，这可能要花点时间。但却可因此避免制造敌人，减少摩擦，并可达到最好的效果。

在哈佛商业学校的狄恩·唐璜说道：“我宁可在面谈之前，在办公室前踱上两个钟头，而不愿意毫无准备地走进办公室。我一定要清楚自己想要讲什么，更重要的，是根据我对他们的了解——他们大概会说些什么。”

这点十分重要，所以我要把这段话再重复一遍：

“我宁可在面谈之前，在办公室前踱上两个钟头，而不愿意毫无准备地走进办公室。我一定要清楚自己想要讲什么，更重要的，是根据我对他们的了解——他们大概会说些什么。”

假如，读完本书之后，你只得了一样东西——能够从旁人的角度去思考、去看事情，那么，虽然这只是你由本书所得到的唯一东西，却很可能是你一生事业的踏脚石。

◎保持把球传递下去

交谈就像传接球，永远不是单向的传递。如果其中有人没有接球，就会出现一阵难堪的沉默，直到有人再次把球捡起来，继续传递，一切才能恢复正常。

一些青年学生常常向我诉说：他们在约会的时候老是不能保证交谈生动有趣。其实，这本来是一个非常易于掌握的技巧问题：问一些需要回答的话，这样谈话就能持续不断。

但是，如果你只问："天气挺好的，是吧？"对方用一句话就可以回答了："是啊，天气真不错！"有一回，马克·吐温一天之中听了12遍完全相同的问题，"天气真好，是不是，马克·吐温先生？"最后，他只好回答说："是啊，我已经听别人把这一点夸到家了。"

"天气真好，是不是？"这也许是一个会产生僵局的提问，但是回答却不一定都会导致僵局。不管怎么说，大家还是关心天气的，否则电视台的新闻节目也不会花上好几分钟来播放预告，而且还要用图表来说明。如果感觉到很难让你的谈话对象开口畅谈，不妨用下列问句来引导：

"为什么……"

"你认为怎样才能……"

"按你的想法，应该是……"

"价钱怎么正好……"

"你如何解释？"

"你能不能举个例子？"

"如何"、"什么"、"为什么"是提问的三件法宝。

当然，如果回答还是个僵局，那就和提问是僵局一样，交谈仍然无法进一步展开。你必须尽一切努力把球保持在传递中，而不使它停在某一点。

有时，你的谈话对象一开始不同你呼应，那也许是他还有些拘束，也许是他太冷漠，或者太迟钝，或者根本没有接触到他感兴趣的话题。

在参加聚会之前，如果能够从主人、女主人那里打听到一些邻座客人的情况，一定会对谈话有所帮助。不过，即使如此，也未必能确保对方一定开口，打破矜持的气氛。也许在用餐时，你不得不和一位骆驼般高傲的律师同座，而你想方设法使他开口却没有办到。那也不要灰心，接着再试试。你提到非法越境进入美国的墨西哥人问题，他可能无动于衷。但你谈起潜水，也许他就很有兴趣，或许，你还可以提提鲸鱼的生活习性呢!

耐尔·柯华爵士曾经这么说过：“我对于世界的重要性是微乎其微的，但从另一方面讲，我对于我自己却是非常重要的，我必须和自己一起工作，一起娱乐，一起分担忧愁和快乐。”

这完全正确，人类总是以自我为中心的。

如果你对这个最基本的人类本性已不再感到震惊，你就会懂得如何调节自己适应谈话了。坦率地说，和对方谈他们感兴趣的话题，实际上对你自己也是有益的，尽管他们所爱好的和你所爱好的可能不尽相同。你可以先满足他们的自尊心，然后再满足你自己的。

这是一种自嘲吗？完全不是。

如果你能够谦恭诚恳地对待你的亲人和朋友，想象着他们对于你有多么重要，你就会发现他们在你生活中的意义的确不容忽视，同时，你还会发现你自己对于他们也变得越来越重要了。我们大家都期望能得到别人的赞扬，而且还会因此更加追求上进。总有一天，你会欣喜地认识到这样一个事实：任何一个看上去有缺陷、不聪明或反复无常的人身上都存在一些美好的东西。

心理分析专家认为，精神病患者一旦开始对别人及其他自我之外的事物产生兴趣，就说明他已进入健康阶段了。

如果说关注自我到了一定程度就是疯狂的表现，那么可以说没有一个人是绝对正常的。然而，我们愈是同他人交往——给予而不是索取，那我们就会愈接近正常了，除此之外，你还会有一个收益：你越关心别人，别人也就越关心你；你越尊重别人，你也能更多地受到别人的尊重。

◎让他“金口常开”

多数人使别人同意他们的观点时，总是费尽口舌，其实，这种人得不偿失，因为话说多了，既费精力，又可能稍有不慎，伤害到别人；另外，他们无法从他人身上吸取更多的东西，当然问题不在于别人吝啬，而是他不给别人机会。让对方尽情地说话！他对自己的事业和自己的问题了解得比你多，所以向他提出问题吧，让他把一切都告诉你。

如果你不同意他的话，你也许很想打断他。不要那样做，那样做很危险。当他有许多话急着要说的时候，他不会理你的。因此，你要耐心地听着，抱着一种开阔的心胸，诚恳地鼓励他充分地说出自己的看法。

这种方式在商界会有所收获吗？我们来看看某个人被迫去尝试的例子：

几年前，美国的一家汽车制造公司正在洽购一年所需要的布匹。三家厂商已做好了样品，并都经那家汽车公司的高级职员检验过，而且发出通知说，在一个特定的日子，三家厂商的代表都有机会对合同提出最终的申请。

其中一家厂商的代表抵达的时候正患着严重的咽炎。“轮到我去会见那些高级职员的时候，”这位先生在训练班上叙述事情的经过时说，“我嗓子已经哑了。几乎一点声音也发不出来。我站起来，努力要说话，但只能发出吱吱声。

“汽车公司的几位高级职员都围坐在一张桌边，这时，我只好在一张纸上写着：‘诸位，我的嗓子哑了，说不出话来。’

“‘我来替你说吧！’汽车公司的董事长说。于是，他展示我的样品，代替我称赞它们的优点。一场热烈的讨论展开了。讨论的是我那些样本的优点。而那位董事长，因为是代表我说话，在讨论的时候就站在我的一边。我听着他们的讨论，只是微笑、点头、做几个手势而已。

“这次特殊会议的结果，使我得到了合同，50万码的坐垫布匹，总值160万美元——我所得到的一笔最大的订单。

“事后我想，如果自己不是哑了嗓子，就不一定能这么顺利地得到这笔订单。这事使我很偶然地发现，有时候让对方来讲话，可能得到预料不到的收获。”

法国哲学家罗西法考说：“如果你要树敌，就表现得胜过你的朋友；但如果你要得到朋友，那就让你的朋友胜过你。”事实上，即使是朋友，也宁愿对我们谈论他们自己的成就而不愿听我们吹嘘自己的成就。

如果有几个朋友聚在一起谈话，当中只有一个人口若悬河地滔滔长谈，其他的人只是呆呆地听着，这就不成其为谈话。每一个都有着自己的发表欲的。小学生见到先生提出一个问题，大家争先恐后地举起手来，希望教师叫他回答。即使他对于这个问题还不曾彻底的了解，只是一知半解，他还是要举起手来。成人们听着人家在讲述某一事件，虽然他们并不像小学生争先恐后地举起手来，然而他的喉头老是痒痒的，他恨不得对方赶紧讲完了好让他来发表一下自己的观点。

如果阻遏他人的发表欲，就容易引起他人的反感，从而不会得到人家的同情。所以不但应该让人家有发表意见的机会，还得设法引起人家的话机，使人家感觉到你是一位使人欢喜的朋友，这对你是只有好处而没有害处的。如果你愿意和人家疏远，暗地里遭受着人家的白眼，你只需在和人家说话的时候，专门讲述你自己的话，不要听人家的所讲，而且，也不要给人家说话的机会。现实中这种人多得很，这样你将不会受人欢迎，大家以后见到你就会避开了。

著名的记者麦克逊说：“不善于倾听，这是不受人欢迎的原因之一。一般的人，他们只注意自己应该怎样说，绝不管人家。须知世界上多半是欢迎专门听人说话的人，很少欢迎爱说自己话的人。”这几句话是确确实实的。

假如一个商店的售货员，拼命地称赞他的货物怎样好，而不给顾客说一句话的机会，未必就能做成这位顾客的生意。因为顾客认为你天花乱坠的说话，不过是一种生意经，绝不会轻易相信而就购买的。反过来，如果给顾客说话的机会，使他对货物有了批评的机会，你成为和他对此货物互相讨论的人员，你的生意就容易做了。因为上门的顾客，他早有选择和求疵的心理，他尽管把货物批评不好，他选定了自然会掏出钱来购买的。你一味地只是夸耀自己的货物，或是对顾客的批评加以争辩，这无异于说顾客没有眼光，不识好货，不是对顾客一个极大的侮辱吗？他受了极大的侮辱，还会来买你的货物吗？所以，与其自己唠唠叨叨地多说废话，还不如爽爽快快，让人家去说话，反而会得到意想不到的效果。

你如果能够给人家有说话的机会，你就给人留下了一个好印象，以后，人家和你谈话绝不会见你讨厌而避开了。

查尔斯·古比里就在他的面试中运用了此法。在去面谈以前，他花了许多时间去华尔街，尽可能地打听有关那个公司老板的情况。在与公司老板面谈时，他说："如果能替一家你们这样的公司做事，我将感到十分骄傲。我知道你们在28年前刚成立的时候，除了一个小办公室、一位速记员以外，什么也没有，对不对？"

几乎每一个功成名就的人，都喜欢回忆自己多年奋斗的情形，当然，这位老板也不例外。他花了很长时间，谈论自己如何以450美元和一个新颖的念头开始创业。他讲述自己如何在别人泼冷水和冷嘲热讽之下奋斗着，连假日都不休息，一天工作16个小时。他克服了无数的不利条件，而目前华尔街生意做得最好的那几个人都向他索取资料和请教。他为自己的过去而自豪。他有权自豪，因此，在讲述过去时十分得意。最后，他只简短地询问了一下古比里的经历，就请一位副董事长进来，说："我想这是我们所要找的人。"

古比里先生花了很大工夫去了解他未来老板的成就，表示出对对方感兴趣，并鼓励对方多说话，从而给人留下了一个很好的印象。

想要赢得朋友，这也是一个很好的方法。

纽约的亨丽耶塔，便是例子。她是一家经纪公司的雇员。上班前几个月，她在公司里交不到一个朋友。原因何在？因为每天她总要向同事吹嘘自己取得多少生意，开了多少户头，还有种种其他的成就等等。

"我深以自己的工作绩效为傲，"亨丽耶塔说道，"但我的同事并没有兴趣分享我的成就，反而显得极不高兴。我也希望在公司里受到欢迎，与大家成为好朋友。来训练班上过几堂课之后，我发现了自己的问题所在，便改变了待人的方式，尽量少谈自己，而多听别人讲话。别人也有许多事情想吹嘘一番。这比只听我个人吹嘘有意思多了。现在，只要一有聊天的机会，我都要求他们把自己的欢乐拿出来分享，而我只在他们提出要求的时候，才谈一点自己的成就。这样一来，大家便开始与我接近，因而很快我就交了许多朋友。”

◎适当地表现出沉默

不指责对方的失败和错误，而是采取沉默的态度，等于是给对方提供了扪心自问、冷静反思的机会。

一位高中棒球队的教练曾经讲过这样一个故事：有一次，一个选手未经教练许可，擅自离队去看电影。后来，事情被发现后，他想这次一定会受到教练的严厉斥责，结果出乎他的意料，教练一句话也没说。从此以后那个选手再也没有逃脱过训练。当教练在选手们的聚会上见到了已经步入社会的他时，他深切地说：“那时，虽然教练没有批评我，但那比批评还难受。”

像这样不指责对方的失败和错误而是采取沉默的态度，是一种极具效果的说服术。这样就等于是给对方提供了扪心自问、冷静反思的机会。

一家著名的电机制造厂召开管理员会议，会议的主题是“关于人才培养的问题”。会议一开始，瑞恩斯董事就用他那特有的声音提出自己的意见：

“我们公司根本没有发挥人才培训的作用，整个培训体系形同虚设，虽然现在有新进职员的职前训练，但之后的在职进修却成效不显。职员们只能靠自己的摸索来熟悉自己的工作，很难与当今经济发展的速度衔接在一起，因而造成公司职员素质水平普遍低下、效益不高。所以我建议应该成立一个让职员进修的训练机构，不知大家看法如何?”

“你所说的问题的确存在，但说到要成立一个专门负责培训职员的机构，我们不是已经有职员训练组织了吗?据我了解，它也发挥了一定的作用，我认为这一点可以不用担心……”

“诚如总经理所说，我们公司已经有职员训练组织，但它是否发挥实际作用了呢?实际上，职员根本无法从中得到任何指导，只能跟着一些老职员学习那些已经过时的东西，这怎么能够将职员的业务水平迅速提升呢?而且我观察到许多职员往往越做越没有信心、越做越没干劲。所以还是坚持……”

“瑞恩斯，你一定要和我唱反调吗?好，我们暂时不谈这个话题，会议结束后，我们再做一番调查。”

就这样，一个月后公司主管们重新召开关于人才培训的会议。这次总经理首先发言：

“首先，我要向瑞恩斯道歉，其次我错怪了他。他的提案中所陈述的问题确实存在。这个月我对公司的职员培训进行了抽样调查，结果发现它竟然未能发挥应有的功效。因此，今天召集大家开会是想讨论一下应该如何改变目前人才培养的方法。请大家尽量发表意见吧!”

总经理的话一出口，大家就开始七嘴八舌地提出建议，但令人奇怪的是，这一次瑞恩斯董事却始终一语不发地坐在原位，安静地聆听着大家的意见，直到最后他都没说一句话。

会议结束以后，总经理把瑞恩斯董事叫进社长办公室晤谈，“今天你怎么啦?为什么一句话也不说?这个建议不是你上次开会时提出来的吗?”

“没错，是我先提出来的。不过上次开会我把该说的都说了，其实那无非是想引起总经理您对这问题的重视罢了，现在目的已经达到，我又何必再说一次呢?还不如多听听人家的建议。”

“是吗?不错，在此之前我反对过你的提议，你却连一句辩解也没有。

今天大家提出的各种建议都显得很空洞，没有实际的意义，反倒是你的沉默让我感到这个问题带来的压力。这样吧，这件事就交给你去办好了！今天起由你全权负责公司的人才培训工作。请好好努力吧！”

“是，谢谢您对我的信任，我一定会努力把这件事做好！”

◎从一致的话题上擦出火花

不论对方持有什么样的先入之见或偏见，也不论他的主观认识与你的观点有多大的差异，大多数情况下两者之间总会有一些相同之处。

跟别人交谈的时候，不要以讨论不同意见作为开始，要以强调而且不断强调双方所同意的事情作为开始。不断强调你们都是为相同的目标而努力，唯一的差异只在于方法而非目的。

在建立良好关系的过程中，实现双方兴趣上的一致是很重要的。只要双方喜欢同样的事情，彼此的感情就容易融洽，这是合乎逻辑的，推而广之，对其他许多事情，彼此也就愿意合作了，说服也不例外。

每一个人都有某个方面的兴趣。兴趣可分为两种：一种是对有关系的事物的兴趣；一种是对无关系的事物的兴趣。所谓有关系的事物，是指与你和别人共同发生兴趣的事物。利用这种兴趣，常常可以在彼此之间建立良好的关系。

一般人都有许多不同的兴趣，有的特别喜欢，有的会比较淡漠。如果可能的话，你应尽量找出他们最感兴趣的事，然后再从这方面去接近他。倘若没有机会，或者这种机会不容易得到，那么也该尽可能地去选择他最大的兴趣供你利用，主要的目的是要使他对你发生兴趣，从而接受你的说服。

欲与别人的特殊兴趣建立一种特殊关系，单单说一句很感兴趣的话是不够的，在对方的询问下，你不能掩饰你真正的兴趣，免得弄巧成拙。必须把你的真实的兴趣表现出来。

问题在于你怎么能使他人了解你对某件事情的确和他有同样的兴趣。因此，你必须对这题目具有相当的知识，足以证明你是有过相当研究的。越是值得接近的人，你就越应该努力对他所感兴趣的事情，做进一步的了解，使你能够应付他，使他乐意提供你所想知道的事情。

就像幼儿园的教师，有许多办法去哄小朋友，把一群哭哭闹闹的小孩训练得高高兴兴。这当然有她们成功的门道，其原因是由于她们能放弃自己的个性去迎合小朋友的兴趣和思想。

罗伯特的女儿几年前就已经结婚了，但是当年订婚时，却是利用了“仅有的一点共同之处”进行说服后，才成就了这桩美满的姻缘。罗伯特是以非常开明的态度来对待女儿的终身大事的，但是其妻子却一直坚持很严格的条件，她心目中的女婿在学历、家庭条件、年龄等各方面都是相当好的青年。

但是，姑娘却不在乎这些，这与女主人的愿望完全相反，女主人当然反对，作为姑娘的父亲罗伯特当时也面带难色。

不久，提亲者前来做夫妇俩的说服工作。但是夫妇二人表示感谢后，还是婉言拒绝了。他们说“这件事太麻烦您了，不过考虑到小女将来的幸福，我们还是不同意这桩亲事”。

于是，介绍人说：“在考虑姑娘的幸福这一点上我们是相同的”，并且利用这一共同点进行了劝说。他说：“如果你们站在姑娘的立场上，考虑她的幸福的话，就请你们重新考虑这桩亲事吧。”

夫妇俩经过认真考虑之后，认为很有道理。他们认为，如果一定坚持自己的标准，追求“理想中的女婿”，那么女儿恐怕要终身独守空闺了。因此，改变了态度，收回了自己的意见，终于答应了。后来罗伯特苦笑着说：“那位介绍人真是一语惊醒了梦中人。”

当然，这两个年轻人能终成眷属，还有很多因素，但是，如果不是介绍人那句“姑娘的幸福”这一“相同之处”，这桩亲事恐怕就不可能成功。

像这样，找到自己与持先入之见者的共同处并加以扩大、利用，是说服对方时很有效的办法之一。相反，表示出和对方的“不同之处”，在说服对方时也具有良好的效果。因为这两种方法都能使对方有机会客观认识自己的先入之见。

当我们意见、感受、观点遇到不同时，可以用诚恳的语气说：“在这里我们有不同，让我们一起来想出我们两人都满意的方法”，或“让我们一起想出最有利的解决策略”。

语词上，强调的是“我们”，而不是“你”“我”的对立。不但没有任何贬抑的用语，反而只有诚意的邀请，邀请对方一起来解决问题。

重点是要找出“我们两人都愿意”的可能性与可行性，把协调视为“寻找交集点”“扩展思维”的过程，而不是“制造敌人”的时候。

甚至，要认清双方的不同不是敌对，只是不同而已。因此，切勿心存“打倒”对方的偏激想法，只求赢得个人主观的世界。

不只如此，协调时应积极地视分歧为拓展人际影响范围的关键时刻，也就是培育个人恢弘气度，建立人际关系的时候。

在有分歧的时候，说服的过程便成为了协调的过程。对于一个成熟的说服者而言，分歧就是人际关系需要“重组”的信号，甚至是调整关系、培养关系的契机，也是说服的最好契机。

在分歧中，必须先明确对方真正诉求的主题。到底是单纯寻求问题解决的可能性；或只是抒发个人的不满、牢骚、愤怒；或是纯为鸡毛蒜皮的小事，无理取闹；又或是一味玩其个人游戏，借此以引起注意；或是对方的自我困惑与矛盾。

分歧，就是了解的时候；是探索对方需求的时候，而不是自我表达的时候；是帮助对方理清困扰及方向的时候。

要想成为一位成功的说服者就切勿落入对方情绪的漩涡里，跟着团团转。

“执拗的人自以为拥有看法，其实是看法拥有了他！”这句话很值得深思！

遇有观点差异或人事困扰时，便要强调人性化的互动，而不是权威的屈服或强悍的抗拒。因为，赢得一时的争论，却换得每日上班见面时的痛苦，又有何益！任何协商，并非为所欲为，一吐为快，必须依规则来进行。

人性化的互动，至少包括五个内容：

第一，表达诚意。千万不玩游戏或耍手段。有的人只要不合乎其意，就颠倒是非一味抹黑；或赌气冷战；或制造小圈圈，丧失应有的诚恳，使得办公室成为战场。

要拿出诚意来与人沟通，这绝不是流于一种口号——说说而已。两个都赢是强调先把个人解决问题的诚意，让对方了解，要确实使对方感受到你的诚意。

第二，保持礼貌。说服时，仍需保持应有的礼貌风范，或体制中应遵循的规则，而不是自以为是的兴师问罪，咄咄逼人，藐视或刻意挖苦他人。

“进退得宜”不只解除他人的防卫，而且给予对方有思考的空间，如此反而强化其说服力！

第三，维护尊严。有尊严，才能真正的沟通。没有尊严的维护，就谈不上沟通，而尊严必须包括双方的尊严。

每次在协调时，上司总是口无遮拦、冷嘲热讽，或以高傲的语气贬损他人，借以突显其观点，结果只能酝酿更大的纷争或愤恨。

在协调过程中，每个人的尊严都必须被维护，不得有人身攻击。不论是冷嘲热讽的字眼，轻蔑鄙视的挑衅式肢体语言，咆哮怒吼的争吵方式，都必须受到禁止。

第四，平等尊重。当别人尚未说完，上司不仅频频打断话题，抢先发言，更以其不屑的语气，用食指数落别人，这种“威权”的作风，令下属们深感不是滋味。

在说服过程中双方要轮流发言，并且不可有强势与弱势之分，或威迫、恫吓等不平等待遇。若有违反此规则，便可运用暂停法，终止协调的进行。

第五，营造气氛。有分歧，就是需要“放松”的时候。观点不同时绝不能带有肃杀之气，应该努力营造愉快的气氛，这不只是一种人格成熟的表现，也是一种高度领导能力的象征。

说服不是在于解决问题而已，在协调过程中，还需懂得运用幽默来营造气氛。

一个过分严肃的说服，只会造成下次分歧时更大的敌意表现。气氛的营造，非常重视以柔性化的自我，表达出诚挚、礼貌的态度。在语气及肢体上，充分地传送善意给对方，如此，使得双方减少不必要的防卫，能在轻松愉快的气氛下，创造出协调的高度艺术。

在说服艺术中，你和对方辩难，开头应讲一些你和对方都同意的事，然后再提出对方所乐于得到解答的一些合适的问题，那不是比较有益得多吗？你提出了问题之后，再去和对方共同地探讨着答案，就在这探讨之中，你把你观察得十分清楚的事实提示出来，那对方便会不自觉地被引导去接受了你的结论。他会对你十分的坚信，因为他觉得这些重要的见解是他自己所发现的。

和对方气势汹汹地辩论，这是一种近乎不正当的行为，这只能增加了人家的倔强，不易使你获取胜利。威尔逊总统说：“凡是交涉的问题，如果你紧握了两个拳头而来，我会把拳头握得比你更紧一些；如果你很和善地走来说：‘让我们坐下来商议一下吧，要是我们的意见不同，我们可以研究一下不同的原因是什么，主要的矛盾在那里？’这样，我们商谈下来，大家的意见是不会相差得很远的，只要我们彼此有耐心，肯诚意地去接近，就是相差一点，也不难完全解决。”“最佳的辩论好像是解说。”真的，我们与其涨红了脸去和人家辩论，为什么不用解说的态度、商讨的方法去解决呢？所以，我们即使和人家辩论了，请你还得要平心静气，去找出共同点来商讨，切不可紧握了拳头，这是要注意的。

任何冲突的意见，不论双方的意见是怎样的严重和远离，我们总可以找出一些共同之点来讨论的。甚至银行家的领袖摩根，他在国内银行学会开会之中去演讲或是辩论，他也可以寻出一些双方相同的信条以及听众共有的相同的希望来的。这句话你不相信吗？你不妨看看下面的例子：

“贫穷向来是社会上最最残酷的问题之一。我们的人民常常感觉到我们的责任是不论在什么地方，什么时候，只要可能的话，便要去解救穷人们的痛苦。我们是一个慷慨的国家，在历史上，我们并不能找出别的民族也和我们一样慷慨而不自私的捐钱去扶助那些不幸的人们的。现在，让我们保持和过去一样的精神上的慷慨和不自私来一同研究一下我们工业界的生活情况，并看看我们是否可以找出一些公平正当且为各方都接受的办法，去防止并减轻那些穷困的罪恶。”

上面这一大段话，有谁能够加以反对呢？就是银行家领袖的摩根，他也是点头同意的。我们在人家点头同意之后，然后再慢慢地把人家引向我们的主张，我们自己并不脸红势盛，然而我们获得了胜利了。这一个辩论的机智，我们是应该采取的。

其实，人与人之间，由于观点不同，信仰各异，性格有别等等原因，存在分歧，应该是完全正常的事情。遇到这种情况，必须透过一方或双方的让步，取得大的原则、方向上基本一致（即求同），在枝节问题上不纠缠（即存异），达到互谅互惠的目的。

究竟该如何做到求同存异呢？一是要设法找出双方的共同点。即使是很小的共同点，也可以使双方的距离越拉越近，共同点越多，双方的感情就会越来越亲密，也会很容易说服对方。即使双方固执己见，似乎毫无什么共同点可言，你还是可以强调同学、同事、同乡及都有解决问题的热忱等来寻求共同的途径。由于你一再强调共同点，对方自然而然就会慢慢地开启他的心扉。二是要设法使双方的心理“共同”。人与人之间或多或少存有“共同”的心理，当双方利害关系发生冲突时，这种“共同”心理就被掩盖了；当双方利害关系趋于一致时，这种“共同”心理就会明显地呈现出来。要使双方的心理“共同”显现出来，便要设法营造这样的氛围。例如，有两家厂商为了生意上的竞争，互相杀价，此时突然听到消费者在一旁幸灾乐祸地戏谑，于是这两家厂商顿时停止了杀价竞争，而共同谋求新的解决办法。三是要提出对方容易接受的大前提，而不要纠缠一些细节问题。因为商场交易，双方所关注的问题不尽相同，有的是从大前提着想，有的则是在细节上推敲。我们首先要提出大前提，这是双方能否达成一致的焦点，非常重要。例如：你可以说：“我们的这笔生意可不可能做?”对方如说“可能做”，“可能做”就是大前提。至于怎么做的一些细节问题，你可以说：“细节问题我们稍后再谈。”如果大前提双方都接纳了，此生意就成功一大半了。如果首先就在细节问题上纠缠，则很容易引起争论，更别提大前提了。

当然，有的人十分注意细节问题，一定要坚持先谈细节，这也是对方发出的一种“共同”信号，你则要灵活一点，将重点转移到细节上，然后再逐步回到大前提上来，问题就更容易解决了。

◎建议而非命令

用“建议”而不是“命令”，不但能维持对方的自尊，而且能使他乐于改正错误，并与你合作。

我最近有幸和美国最有名的传记作家塔贝尔小姐坐下来吃饭。我说我目前正在写作一本有关人性的书，接着我们就围绕“如何为人处世”展开讨论。她显然对这个题目也深有体会，她说她当初为了写欧文的传记，专门拜访了与欧文共事了三年的朋友。他们说，欧文在三年内从来没有说过要做什么、不要做什么的话，他都是以尊重的口吻问别人，比如“你可以考虑一下这件事吗?”或者是“你觉得这样做合适吗?”。他在让别人替他做速记后都要问，“你觉得怎么样?”如果哪里写得不是很好，他会说：

“假如我们把这一句改成这个样子，你觉得会不会好一点?”他总是让别人尝试着自己去动手。他不会命令别人该怎么样，他希望大家都自己动手，有错误了就从错误中学习。这样的方法反而能让别人积极地处理问题，因为这是一种尊重的体现，当人们的自尊心得到认可的时候，他希望与你合作，而不是反抗你。

反之，即使别人确实有错误，而你声色俱厉地指责别人，那产生抵触甚至愤怒的情绪是非常正常的事，他甚至能够生气很长时间。而如果这样的粗鲁行为和言语来自一个有一定权威的人，那后果也很不好。桑塔尔是威名市的一位职校老师，他班上的一个学生因为没有按照规章制度停车，给学校的一个入口带来麻烦。学校的一位老师为此怒气冲冲地来到班上狂吼：“是谁把车停在过道上?”车主举手应答。那位老师又转向他大吼：“你赶快把它开走，否则我就用铁链把它捆起来拖走。”

那位学生是犯错了，他把车放在那里，妨碍了交通。但是结果呢，不但那位车主没有理会他，其他人也把车停在那里，以增加他的不便。事情原本不用这样。假如他换一种方式来说话，假如他平和友善地和班里的人说：“请问堵住门口的那位车主是谁，你好，如果你能把它移开，别的车就方便通过了，麻烦您帮个忙，谢谢啦!”

那位同学听到这样的话肯定乐意把车开走，心里还会有歉疚，其他人下次也会小心。

一个疑问句就能有这样的作用，因为这包含了尊重的前提。在企业里少一些命令，多一些提问，往往会激发员工的积极性和创造力。麦克是约翰内斯堡一家小工厂的老板，一次他有机会获得一张大订单。但如果签了，货期不一定能跟上，除非工人们加班加点地工作。他没有发出强制性的命令，而是把大家召集到一起，先谈了这个大订单对整个公司的意义，然后用诚恳地语气问大家：“我们是不是能想出办法来完成这张订单，有没有好的办法来处理时间和工作量的分配问题，大家想想办法，如果实在不行我们就不接这个订单了。”

工人们听到这样的话马上要求接下订单，然后一起讨论办法。他们的态度只有一个，就是“我一定能办得到”。

最后在所有人共同的努力下，他们接下了单子，保证了货期的兑现。而这一切，是强制所不能带来的。

第十二章

掌控交谈的最佳倾听术

◎先做个静听的人

有一次，我在一个朋友的桥牌晚会上，与一位女士聊起天来。这位女士知道我刚从欧洲回来，于是就对我说："啊，卡耐基先生，你去欧洲演讲，一定到过许多有趣的地方，欧洲有很多风景优美的地方，你讲给我听听好吗？要知道，我小时候就一直梦想着欧洲旅行，可是到现在我都不能如愿。"

我一听这位女士的开场白，就知道她是一位健谈的人。我知道，让一位健谈的人长久地听别人的长篇大论，心中一定憋着一口气，而且很快就对你的讲话失去兴趣。刚进晚会时我就听朋友介绍过她，知道她刚从南美的阿根廷回来。阿根廷的大草原景色秀丽，到那个国家去旅游的人都要去看看的，她肯定会有自己的一番感受。

于是我对那位女士说："是的，欧洲有趣的地方可多了，风景优美的地方更不用说了。但是我很喜欢打猎，欧洲打猎的地方就只有一些山，很危险的。就是没有大草原，要是能在大草原上边骑马打猎，边欣赏秀丽的景色，那多惬意呀……"

"大草原，"那位女士马上打断我的话，兴奋地叫道，"我刚从南美阿根廷的大草原旅游回来，那真是一个有趣的地方，太好玩了！"

"真的吗，你一定过得很愉快吧。能不能给我进一讲大草原上的风景和动物呢？我和你一样，也梦想到大草原去的。"

“当然可以，阿根廷的大草原可……”那位女士看到有了这么好的一个倾听者，当然不会放过这个机会，滔滔不绝地讲起了她在大草原的旅行经历。然后在我的引导下，她又讲了布宜诺斯艾利斯的风光和她沿途旅行的国家的风光，甚至到了最后，变成了她对自己这一生去过的美好地方的追忆。

我在一旁一直耐心地听着，不时微笑着点点头鼓励她继续讲下去。那位女士一直讲了足足有一个多小时，直到晚会结束，她才余意未了地对我说：“卡耐基先生，下次见面我继续给你讲，还有很多很多呢！谢谢你让我度过了这样美好的一个夜晚。”

我在这一个小时中只说了几句话，然而，那位女士却向晚会的主人说：“卡耐基真会讲话，他是一个很有意思的人，我非常愿意和他在一起。”

我知道，其实像她这样的人，并不想从别人那里听到讲些什么，她所需要的仅仅是一双认真聆听的耳朵。她想做的事只有一样：倾诉。她心里真想将自己所知道的一切全都讲出来，如果别人愿意听的话。

还有一次，我在一位植物学家身上运用了同样的方法，我专注地坐在椅子边沿倾听着他谈论大麻、印度以及室内花园。他还告诉我有关马铃薯的一些惊人事实。

需要提一下，我们是在一个晚宴上，在场的还有十多个人。但是我违反了所有的礼仪，忽略了其他所有的人，只顾听那位植物学家谈话，听了好几个小时。

午夜来临了，我向每一个人道了别，走了。那位植物学家接着转向我们的主人，说了几句赞美我的话。说我是“最有意思”的人。他最后说，我是一个“最有意思的谈话家”。

说我口才好，让我很惊讶。我记得当时几乎什么都没说。即使想说，因为对植物学完全没有概念，又没有转变话题，所以找不到谈话的材料，而代替讲话的方法就只有听了，而且是很专心地倾听。于是我就转换成听众了，而对方也觉得很高兴。那种专注的倾听，就是我们所能给予别人的最高赞词了。

一次成功的商业会谈的秘诀是什么？注重实际的学者以利亚说："关于成功的商业交往，没有什么神秘——把注意力集中到讲话的人身上。没有别的东西会如此使人开心。"其中的道理很明显，是不是？你无须在哈佛读上4年书才发觉这一点。但你我也知道，有的商人租用豪华的店面，陈设橱窗动人，为广告花费千百元钱，然后却雇用一些不会静听他人讲话的店员，中止顾客谈话、反驳他们、激怒他们，甚至几乎要将客人驱出店门。

乌顿的经验可谓是极好的一例。他在我班中讲述过这么一个故事：

在近海的新泽西，他在一家百货商店买了一套衣服。这套衣服令人失望：上衣褪色，把他的衬衫领子都弄黑了。

后来，他将这套衣服带回该店，找到卖给他衣服的店员，告诉他事情的情形。他想诉说此事的经过，但被店员打断了。"我们已经卖出了数千套这种衣服，"这位售货员反驳说，"你还是第一个来挑剔的人。"

正在激烈辩论的时候，另外一个售货员加入了。"所有黑色衣服起初都褪一点颜色，"他说，"那是没有办法的，这种价钱的衣服就是如此，那是颜料的关系。"

"这时我简直气得起火，"乌顿先生讲述他的经过说，"第一个售货员怀疑我的诚实，第二个暗示我买了一件便宜货。我恼怒起来，正要骂他们，突然间经理踱了过来，他懂得他的职责。正是他使我的态度完全改变了。他将一个恼怒的人，变成了一位满意的顾客。他是如何做的？他采取了3个步骤：

第一，他静听我从头至尾讲我的经过，不说一个字。

第二，当我说完的时候，售货员们又开始要插话发表他们的意见，他站在我的观点与他们辩论。他不但指出我的领子是明显地被衣服所污染，并且坚持说，不能使人满意的东西，就不应由店里出售。

第三，他承认他不知道毛病的原因，并率直地对我说：'你要我如何处理这套衣服呢？你说什么，我都可照办。'"

“就在几分钟以前，我还预备要告诉他们留起那套可恶的衣服。但我现在回答说：‘我只要你的建议，我要知道这种情形是暂时的，是否有什么办法解决。’”

“他建议我这套衣服再试一个星期。‘如果到那时仍不满意，’他应许说，‘请您拿来换一套满意的。使你这样不方便，我们非常抱歉。’”

“我满意地走出了这家商店。一星期后这衣服没有毛病。我对于那家商店的信任也就完全恢复了。”

始终挑剔的人，甚至最激烈的批评者，常会在一个忍耐、同情的静听者面前软化降服，这位静听者即使在气愤的寻衅者像一条大毒蛇张开嘴巴吐出毒物一样的时候也要静听。

纽约电话公司数年前应付过一个曾咒骂接线生的最险恶的顾客。他咒骂，他发狂，他恐吓要拆毁电话，他拒绝支付他认为不合理的费用，他写信给报社，还向公众服务委员会屡屡提出申诉，并使电话公司引起数起诉讼。

最后，公司一位最有技巧的“调解员”被派去拜访这位暴戾的顾客。这位“调解员”耐心倾听，使这位好争论的老先生发泄他的大篇牢骚，他表示十分同情他的“遭遇”。

“他继续狂吠，我倾听了差不多3个小时，”这位“调解员”在我的班里叙述他的经验时说，“以后我再到他那里，再听他发牢骚，我拜访过他四次，在第四次拜访结束前，我成为他正在创办的一个组织的会员，他称之为‘电话用户权益保障委员会’。我现在仍是这一组织的会员，但据我所知，除了该先生以外，我是唯一的会员了。”

“在这几次拜访中，我倾听，并且同情他列举的任何一点。他从未与电话公司的人做过那样的谈话，他几乎变为友善了。我要见他的意图，第一次访问时，没有提到，第二、第三次也没有提到，但在第四次，我结束了这个案件！他付清了所有欠账，在他与电话公司交涉的过程中，他第一次撤消了他对公众服务委员会的投诉。”

无疑，此先生自认为为公理而战，保护公众的权利，使他们不受电话公司的无情剥削，但实际上他要的是自重感。他挑剔、抱怨，以得到这种自重感，但当他从公司代表身上得到自重感时，他的不切实际的怒气立即消失了。

多年前的一个早晨，一位愤怒的顾客，闯入德弟茂毛呢公司创办人德弟茂的办公室，这家公司后来成为世界最大的毛呢公司。

“这个人欠我们15元钱。”德弟茂先生对我解释说。

“这位顾客不承认，但我们知道是他错了，所以我们公司信用部坚持要他付账。在接到我们信用部职员的几封信以后，他衣冠楚楚来到芝加哥，匆匆忙忙地奔进我的办公室，告诉我说，他不但拒绝支付那笔欠账，并且永远不再购买德弟茂公司1分钱的货物。”

“我耐心地倾听所有他要说的话。几次我忍不住要打断他，但我知道那不是上策，所以我让他尽情发泄。最后当他沉住气的时候，我平静地说：‘我要谢谢你到芝加哥来告诉我这件事。你已经帮了我一个大忙，因为如果我们信用部得罪了你，他们也可能惹怒其他顾客，那就更糟了。你可以相信我，我要听到这些比你要告诉我这些还来得急切。’”

“他怎么也没有想到我会说这种话。我想他肯定有一点失望，因为他到芝加哥是为了和我吵架。但我在这里感谢他，不与他争论。我明确地告诉他，我们要在欠账中取消那笔15元钱的账款并把这件事忘掉。因为他是一个很细心的人，只需打理一份账目，而我们的业务员却要管理几千份，所以他比我们不容易弄错。”

“我告诉他我十分了解他的感觉，如果我处在他的境地，无疑，我也同他的感觉完全一样，因为他不想再买我们的货物了，所以我推荐了几家别的毛呢公司。”

“再后来，每当他来芝加哥时，我们常常共进午餐，那天我请他吃午餐，他勉强地同意了，但当我们回到办公室的时候，他订了比过去都要多的货物。他以平和的态度回去了，为了对待我们同我们待他的那么好，他检查了他的账单，找出一张他以前放错了地方的账单，于是，他寄给我们一张15元的支票和他的道歉。”

后来他妻子生了一个男孩，他为他的儿子取名“德弟茂”，他成为这家公司的一位永久的朋友和顾客，直到他去世的时候。

多年前，有一个贫苦的从荷兰移居来美的儿童，在学校下课后，为一家面包店擦窗，每星期赚半美元。他家非常贫寒，他平常每天到街上用篮子捡拾煤车送煤时落在沟渠里的碎煤块。那个孩子叫宝克，一生仅受过6年的学校教育，但最后竟使自己成为美国新闻界一个最成功的杂志编辑。他是怎么成功的？说来话长，但他如何开始，我们可以简单地叙述。因为他采用的正是本章所提出的原则作为他的开端。

他13岁离开学校，在西联做童工，每星期工资6.25美元。但他从未放弃寻求教育的意念。他不坐车、不吃午饭把钱省下积攒起来，直到足够买一部《美国名人传全书》。他读了名人的传记，写信给他们，请他们寄来有关他们童年时代的补充材料。他是一个善于静听的人，他鼓励名人讲述自己的故事。他写信给那时正在竞选总统的加菲大将，问他是否真的在一条运河上做过拉船童工，加菲给他写了回信。他写信给格莱德将军，询问某一战役，格莱德给了这位14岁的孩子一张地图并邀请他吃晚饭，和他谈了一整夜。

他写信给爱默生并希望爱默生讲述关于他自己的情况。这位为西联送信的小孩不久便和全美最著名的人通过信：爱默生、勃罗克、夏姆士、浪番洛、林肯夫人、爱尔各德、秀门将军及戴维斯。

他不只与这些名人通信，并且在他们假期的时候去拜访过他们中间的好多位，成为他们家里受欢迎的一个客人。这种经验，使他产生了一种无比的自信心。这些名人激发了他的理想与志向，改变了他的人生。而所有这一切，只是因实行了我们所讨论的这一原则而已。

马可先生大概算得上世上最优秀的名人访问者，他说许多人不能让他人对自己产生好印象，因为他们不注意静听。“他们只关心自己下面要说什么，他们不懂得用耳朵。一些大人物曾告诉我，他们更喜欢善于静听者而非善于谈话者，但能静听的能力，好像比任何其他好性格都少见。”不只大人物要求他人善于静听，平常人也如此。《读者文摘》中曾写道：“许多人之所以请医生，他们所要的只不过是一个静听者。”

在美国内战最紧张的时候，林肯写信给在伊利诺伊的一位老朋友，请他到华盛顿来商讨一些问题。这位老朋友到白宫拜访，林肯跟他谈了数小时关于释放黑奴的宣言是否适当的问题。谈论数小时以后，林肯与他的老朋友握手道声晚安，送他回伊利诺伊，竟然没有征求他的意见。整个谈话中所有的话都是林肯说的，那好像是为了舒畅他的心境，“谈话之后他似乎稍感安适。”这位老朋友说。林肯没有要求得到建议，他只要一位友善的、同情的静听者，使他可以发泄苦闷。那是我们在困难中都需要的，那常是愤怒的顾客所需要的，一些不满意的雇员、感情受到伤害的朋友也都是这样。

如果你想让周围的人躲避你，背后笑你，甚至轻视你，这里有一个最好的办法就是决不静听别人说话，不断地谈论你自己。如果在别人谈话时，你有自己不同的意见，别等他说完，他没有你伶俐。为什么浪费你的时间去听他无谓的闲谈？即刻插嘴，在一句话当中打断他。

那些讨厌的人就是为自私心及自重感所麻醉的人。那些只谈论自己的人，只为自己设想。而只为自己设想的人，哥伦比亚大学校长巴德勒博士说“是无可救药的缺乏教育者”。“他确实没有教育，”巴德勒博士说，“无论他如何受人教导。”

所以如果你希望成为一个善于谈话的人，那就先做一个注意静听的人。要使人对你感兴趣，那就先对人感兴趣。问别人喜欢回答的问题，鼓励他谈论自己及他所取得的成就。不要忘记在与你谈话的人，对他自己、他的需要、他的问题，比对你及你的问题要感兴趣100倍。他的牙痛、肚子痛是件天大的事，胜过任何其他的世界大事。

◎解析听的秘密

“听”有很多特征：

（1）听是一种复杂而独特的感官功能。听是一种选择性的过程，即我们从周围的刺激中，选择适合自己的需要和目的的东西。听的发展分为三个层次，我们之所以会注意去听某些刺激，是因为它们的“突然”、“强烈”和“对比”；也有些刺激是我们训练自己或强迫自己去听；而有些刺激，我们则会很自动地去听。

曾经有一个故事说：一位灯塔看守员，看守一座灯塔。该灯塔除了打信号之外，还有一枝枪会定时自动发射，以警告那些正要靠近这个多岩石海岸的船只。有一个傍晚，那枝枪失灵了，灯塔看守员突然醒来，并问道：“怎么回事？”

（2）听是一种连续不断的移动过程。那种心不在焉的收听技巧，时常发生在我们身上。成年人往往无法将自己的注意力在数秒内一直集中在某一刺激上，我们的知觉是在瞬间之中不断审查外来的刺激，以寻找那些对我们重要的情报。所以，事实上我们对一项刺激所付出的注意力，都是很短暂的。有时候讲话的人会对听众说：“请注意我这里！”但要提高听众的注意力，并不是强迫即可。不管一个信息对我们有多重要，除非我们努力排除其他的思想进入心智，否则难以专心收听。

（3）人的动机和感受对听的效果，会产生影响。在所有的沟通情况中，我们的动机和情绪等，都会对沟通效果产生影响。但是，此项因素对“听”的影响尤为显著。当我们能事先决定想从对方的信息中得到何种情报时，对所听到的信息内容，就会觉得更有价值。如果我们具有真正的需要而以诚挚的态度去听别人说话，一定可以促使听的能力显著进步。比如，“失火了！我知道出路，跟我来！”是一种生死关头我们最需要去听的信息，我们将不会错过其中的任何一个字。

当我们发现自己不能把注意力集中在某件事上时，这就是我们内在的感觉或动机的一种反应——我们对目前的刺激并不满意。另一个不能专心听的理由，可能是我们只希望听到某种情报，而不打算听其他的事情。我们必须把握自己的需要所在，而在听的时候，即使其内容是反调的或令人厌烦的，也应该留意去听，以获取有用的情报。

让“听”和回馈相结合是很有益的。如果我们想要沟通，就应该常常注意我们的听众是否真的在听我们讲话。运用回馈来进行改正，是增进听的能力的好方法。例如，你若认为对方在你说话时会很生气，那么不管他说话的口气如何，你都很可能听到他以生气的口吻说话。因此在你有所反应之前，你必须对对方回馈，了解他的话中含意为何，并且确定他是否真的在生气，而不仅仅是你的感觉而已。

◎听的多个层次

在企业内部，倾听是管理者与员工沟通的基础。但是在现实中，很多人并没有真正掌握"听"的艺术。

著名的咨询大师——史蒂芬·柯维博士认为倾听主要有五种层次，并且这五种层次是连续的。

第一个层次是完全不用心倾听，我们可以用忽视某人来形容，你心不在焉，只沉迷在自己的世界；

第二个层次是你假装在倾听，你可能会用身体语言假装在听，甚至重复别人的语句当做回应；

第三个层次是选择性地倾听，你确实是在聆听，"哦，我记起来了，让我告诉你……我也有同感……对呀，你刚才说的我完全明白，我也曾有过类似的经验……这个我不太清楚。"你确实能够了解对方，但你过分沉迷于你所喜欢的话题，只留心倾听自己有兴趣的部分；

第四个层次是留意地倾听，你能全心全意地凝神倾听，要专心聆听确实要花费不少精力，可惜你始终从自己的角度出发；

第五个层次是运用同理心倾听，就是说撇下你自己的观点，进入他人的角度和心灵。假如我们吸走这房间的空气，这对我们会有什么影响？在有空气时，空气会刺激我们呼吸吗？当没有空气时，是什么推动我们？缺氧才是刺激我们呼吸的原因。有空气便如同感到被理解，这是人类心灵最深层的饥渴，给予他人心灵的氧气，便会使人对你难以抗拒。具体而言，想要有效运用同理心倾听，做好同理心回应可遵循以下五个步骤：

(1) 重复句子。

(2) 重整内容：即把别人的字句意思用新的字句说出来，但必须忠于原意。

(3) 反映感受，受伤、痛苦、挫败、快乐、宽慰，你只是用心和眼睛来倾听，重视运用肢体语言，你需设身处地，站在对方的立场。

(4) 重整内容和反映感受。

(5) 保持静默：对方可以感受到你和他在一起，当你有信心使他感到被了解，而你也知道你了解他，你才采取这种做法。

其他应遵循的原则还有：

(1) 对对方提供的各种信息保持充分的兴趣与敏感性，不要妄自评断，不要以自我为中心，你自己是妨碍有效倾听的最大障碍。不知不觉被自己的兴趣和想法所缠住，而漏失了别人想透露的东西。

(2) 不要预设立场。如果你一开始就认定对方很无趣或已有答案，你就会不断从对话中设法验证你的观点，结果你所听到的都会是无趣的。抱定高度期望值会让对方努力表现出他（她）良好的一面。好的倾听者不必完全同意对方的看法，但是至少要认真接纳对方的话语。点头并不时说："原来如此"、"我本来不知道"，说不定他（她）说的是正确的，你或许也可以从中获益。

(3) 注重肢体语言。有资料显示，在良好的沟通中，话语只占 7%，音调占 38%，而非言语的讯号占 55%。眼睛注视对方，不时点头称是，身体前倾，微笑或痛苦的脸部表情等都是用肢体语言来表达你的意思。

◎如何巧妙插话

在倾听过程中如何插话，才有助于我们达到最佳的倾听效果呢？一般来说，我们应根据不同对象，采取不同的方法。当对方在同你谈某事，因担心你可能对此不感兴趣，显露出犹豫、为难的神情时，你可以伺机说一两句安慰的话："你能谈谈那件事吗？我不十分了解。""请你继续说。""我对此也是十分有兴趣的。"此时你说的话是为了表明一个意图：我很愿意听你的叙说，不论你说得怎样，说的是什么。这样能消除对方的犹豫，坚定他倾诉的信心。当对方由于心烦、愤怒等原因，在叙述中不能控制自己的感情时，你可用一两句话来疏导："你一定感到很气愤。""你似乎有些心烦。""你心里很难受吗？"说这些话后，对方可能会发泄一番。因为，这些话的目的就是把对方心中郁结的一股异常情感"诱导"出来，当对方发泄一番后，会感到轻松、解脱，从而能够从容地完成对问题的叙述。值得注意的是，说这些话时不要陷入盲目安慰的误区。你不应对他人的话做出判断、评价，说一些诸如"你是对的""你不应该这样"一类的话。你的责任不过是顺应对方的情绪，为他架设一条"输导管"，而不应该"火上浇油"，强化他的抑郁情绪。当对方在叙述时急切地想让你理解他的谈话内容时，你可以用两句话来综述对方话中的含义："你是说……"、"你的意见是……"、"你想说的是这个意思吧……"这样的综述既能及时地验证你对对方谈话内容的理解程度，加深对其的印象，又能让对方感到你的诚意，并能帮助你随时纠正理解中的偏差。以上三种倾听中的谈话方法都有一个共同的特点，即不对对方的谈话内容发表判断、评论，不对对方的情感做出是与否的表示，始终处于一种中性的态度上。有时在非语言传递信息中，你可以流露出你的立场，但在语言中切不可流露，这是一条重要界限。如果你试图超越这个界限，就有陷入倾听误区的危险，从而使一场谈话失去了方向和意义。

卡耐基文集

（美）卡耐基 著
赵文博 编

第四卷

辽海出版社

第十三章
三分钟说服的秘密

◎间接说服法

有一次，我受一家公司委托，请求某位学者帮忙。起初工作进展得好像很顺利，但是不久之后，公司的负责人给我打来了一个令人不解的电话，说不知道为什么，学者的态度突然变了，弄不好会拒绝工作。我对他进行了各种协调，仍无济于事。即使承诺可以改善工作报酬、放宽日期也未能打动他的心。

我想见他一面，听听情况，于是，当天晚上，我陪公司负责人拜访了那位学者。听完学者所说的话之后我感到非常意外，他提到担心公司方面是否能履行有关合同，和公司配合得不够默契，等等。

在这种情况下说服也是不起作用的，因此在回家的途中，我向与他同路的公司负责人建议说："我不知道究竟是什么原因造成了这样的结果，也许是一些不重要的小事引起了他对公司的不信任，现在说服他是没有用的。为了打破僵局，你应该尽快向对方表示出公司的诚意和热情。"

第二天早上天刚亮，公司负责人就兴高采烈地打来电话说"先生，他又愿意接受工作了"。原来，那天夜里我们分手以后，他又回到学者家附近，在那里拦了一辆出租车，等待着次日要搭第一趟火车去旅行的学者，并把他送到了火车站。他又说："我一直祈祷着学者能乘坐我准备好的出租车，因为他坐不坐这辆车是事情能否成功的关键。"听他这么一说，那

位学者的不信任感也该冰消瓦解了。

相信很多读者也可能被对方这样拒绝过。当不知道对方为什么会拒绝接受你的说服或建议时，如果你发现对方持有前面讲到的各种态度，也应该首先考虑到对方对你可能有强烈的不信任。我之所以会感到那位学者拒绝工作的原因可能来自对公司的不信任感，也可能是因为在他的言行中发现了具有不信任感的人所具有的特征。

如果对人不信任，通常就会产生强烈的疑心。因此，一般人不认为是什么大问题的事情他却会觉得非常严重。例如，反复叮咛对方要守约、保守秘密、互相尊重人格等这些做人最基本的原则，或是将互相信任的人之间用来开玩笑的事情，视为了不得的大问题。而且由于担心自己不知何时被不信任的对方所“出卖”，因此，总是表现出拒绝对方接近的态度。

例如，说话带刺，或是你说一句，他却反驳两三句。不过，这些表现尚属初期的症状，一个怀有根深蒂固的不信任感的人，或认为反驳对方也无济于事的人，往往会采取没有反应、装作没听见或不搭理的拒绝方式。尽管与说服者对面而坐，往往表示出与所谓敞开胸襟的态度完全相反的别扭态度。有时虽然自己不开口，却想窥探说服者心中的细微变化，因此，眼神中会充满冷漠的寒光或将视线移向别处。

前面那位学者就表示出了对工作合同的不安，对公司方面一些细微言行的批评，并且话中带刺，在很多方面都表现出了持有不信任感的人所具有的特征。

如果发现对方持有不信任感，对他使用了不适应他心理的说服方法，反而会加厚对方的心理屏障。因此，首先要搞清楚对方产生不信任感的原因，然后再根据它将会怎样发展下去这种心理结构，进行进一步的说服。

信息不足是人们产生不信任感的起因。在洛克希德事件中，日本国民对政府、商社、航空公司的不信任感之所以那么强烈，大概就是由于有关人士都用几乎要成为行话的“记不清了”、“我不知道”等语言来搪塞，使国民无法了解真实情况所致。国民们深切感到，政府官员们在政治、经济的舞台背后干了些什么他们一无所知，他们被置于了局外人的地位。因此，他们强烈地呐喊："事实真相究竟是什么？""我们不知道你们背着我们干了些什么。"众多有识之士也异口同声地说"一旦产生了不信任，就不那么容易消除。至少要在公正严明的法庭上公布事情的真相，做出国民们能够接受的判决。只有这样，才能阻止国民们对政治产生的不信任感的蔓延"。也许是出于对这种不信任政治的反省，有些地方采取了某市的做法，在市政府设立一个"咨询科"，建立起与市民的沟通渠道，回答市民们的疑问或感到不满意的问题，同时及时让市民们知道有关市政的情况。据说市长还亲自开放市长室，有什么活动时市长主动深入到群众中去，积极与群众交流情况。结果这里产生了其他地方根本看不到的相互信赖的干群关系，这个市的市长被推荐去参加知事竞选，在大家的支持下他果然当选了。

的确，只要让对方充分了解情况，就不容易产生莫名其妙的不信任。如果让对方充分了解情况后，他仍怀有不信任感，那么就表示你这里有使他产生不信任感的原因。如果不是无端的不信任，他的不信任感是有缘由的，那么，也只有纠正你自己的不是了。

一般情况下，不信任感容易产生在我们未给予对方充分的信息，让对方怀疑你对他隐瞒了什么时，因为双方掌握的信息量有出入，对方会担心自己处于不利的状态。如果不消除对方这种心理状态，就想让他做什么事情，他会担心你在利用他的无知，因此就会对你产生不信任感。

在这种情况下，有两点必须引起我们的注意。首先是不要认为对方可能已经知道了某件事情，就不再告诉他。这时"因为他没问，所以我没说"这种说法是行不通的。缺乏信息的对方往往会因为以下两种原因而不去主动询问。第一，不知道自己的不明之处，也就是说，不知道自己在哪方面缺乏信息。第二，因为不知道，所以担心对方知道自己不知道。

所以，为了防止因信息量的差距而产生不信任感，或是已经产生了不信任感想加以消除，你应该把你认为“他应该知道”的事情详细告诉对方，以缩小这种信息量的差距。

其次必须注意的是，在给予对方信息时，如果都是你这一方的信息，反而会招致对方对你的不信任。因此，你应该告诉对方自己可以确认那些信息是否可靠的办法。例如，你可以对他说，“你去问某某，就更清楚了。”另外，运用在说服的同时讲明消极信息的做法也是消除不信任感的好方法。

处于信息不足状态中的对方会极力想获得自己所需要的信息，所以对于有关信息特别敏感，有时甚至想通过不可靠的“百事通”来获得信息。结果由于相信了不可靠的信息，对说服者本人及其所说的内容产生误解。因此，信息不足可以引起对方的不信任，而混杂在这种信息不足状态中的“错误信息”则会加深对方的不信任感。

由此可见，不仅仅是产生不信任感的信息数量上的差别，信息质量上的差别更会使事情变得严重起来。

为了避免这类事情的发生，当然应该将自己所知道的信息毫无保留地全部告诉对方。而对于已经对你产生了不信任感的对方，如果你认为这种不信任感可能是由于信息不足而产生的，则应该认真地将以前未曾提及的信息告诉给他。

在这种情况下，干脆先放弃说服，而应努力地去做向对方提供正确、充分的证据的工作。也就是说，如果对方认为你是“狡辩”也毫无办法，要告诉对方有关事实，客观地将与误解有关的情况向对方和盘托出，并希望他尊重事实。如果对方是位明理之人，一定会从你提供的情况中，发现消除误会的材料，与你恢复原来的信任关系。

另外，我们还应了解一下通过第三者的说服，即被称之为“间接的说服”，间接的说服之所以会产生效果，是由于说服者的不同，接受的方法也就有所不同之故。因此第三者是谁并没有多大关系，重要的是在于间接说服时所采取的方法怎样。

总之，在说服人的方法上，没有比信赖更有用的。因此，说服者在平日就该努力培养对方对自己的信任。被所有的人信赖是困难的，就是在领导位置上的人也不可能被所有的部下所信任。

信赖依其对象，可分为好几种。在商品的宣传上借用权威人士的名字，也属间接说服的一种。这与为使自己的发言更有权威性而说是“××说的”方法是一样的。头衔也很具权威性，因此借用头衔也可说是间接说服法。

对接触密切的人不容易感受出他的权威而对他产生信赖，因此若只凭上司的头衔，未必会让人信赖，需要有相称的实力，方能受人信赖。拥有头衔和实力但未被部下所信赖的原因，则是在于部下不信赖他的人格，相反，也有人因这个人不负众望、诚实可信等美好的人格而信赖他。这种信赖感才是最强大的。所以说服受阻时，可以找个对方尊敬而信任无疑的第三者出面进行“间接的说服”。

大部分人都会很容易对能够满足自己要求和欲望的人抱持好感，对他所说的话也较会言听计从。我们可以看看以下的这个例子：

某公司职员平时工作积极认真，而且人际关系良好，尤其难得的是，他总能在公司需要的时候提出好的建议，为公司创造了很大的效益，而且这些建议都是别人很难想到的。于是上司对他的话言听计从，非常信任，而且厚爱有加。但他并没有因此而趾高气扬，还是像往常一样，认认真真地做好每一件事，因而更是让上司称赞不已。

有一天，这个职员想就一件事与上司谈一谈。

“科长，不知您今天下班后是否有空？我有事想与您商谈，可以吗？”

“当然可以，我们下班后就到公司附近的那间咖啡馆去吧！”

从科长的角度看来，职员一定是在工作上又有什么建议了，因此感到很高兴，下班后欣然赴约。

“你有什么事要说吗？之前你所提的兴建厂房、扩充业务的计划为公司带来了很大的效益。如果你又有任何新计划，我一定会呈报总经理，请他采纳你的建议。”

“承蒙您的关照，实在太感谢你了，不过这次我想说的不是这些。”

“不是这些？那是什么？说吧！”

“前几天我从人事部的同事口中得知今年到美国留学的相关手续与制度，我想到美国去留学。我没有别的意思，一直以来我对现在从事的工作有很大的兴趣。因此，我想到美国再进一步深造。所以这次我听了有关留学的事宜之后，心中的愿望就更强烈了。科长，这件事千万拜托你了！”

“什么！留学……这件事有点难办呢！你要知道，失去了你，对公司可是一大损失哟！你真的很想去留学？不再考虑一下吗？”

“很抱歉，我真的很想去！不管是从年龄还是人事安排上考虑，这次都是一个极好的机会，请您务必帮我完成这个心愿！”

“这该如何是好？你的决心这么强烈！但你这一走公司的损失真是难以估计呀！”

“拜托您了！”

“嗯，我明白了！你之前为我争了不少光，而为了你以后的前途，我也认为你应该出去留学比较好。毕竟这也是为了公司的将来。好吧！我帮你向上级主管说一说！”

“那就太谢谢您了！”

这位职员的说服当然获得了很大的成功。一般来说，越是自己倚重的部属，自己越不会轻易放他走。因为每个上司都需要自己的幕僚留在身边为自己出谋划策。但为什么这位上司要放走自己的爱将呢？原因还得要溯及以往。过去这位部属对上司是有求必应，为上司挣足了面子，于是使得他的话对上司的说服力也在无形之中提升了许多，因而才能让上司轻易地说“是”。

因此，我们平时在日常生活中，不要老是向有求于自己的人说“不”。在可能的情况下，为了以后有求于别人，应尽可能地说“是”，这样等有朝一日换你想说服他时就会轻松许多。对方会因信赖而接受你的劝说，这也就是这位上司之所以答应部属出国留学的原因了。

如果你现在已有想要说服的对象，那你应从最基本的阶段着手，尽量去满足他的欲望，在他陷入困境时，伸手拉他一把。久而久之，他一定会对你产生信任感，对你的说服、劝说也会较能接受。

◎瞬间说服法

一个参赛的棒球运动员，虽有良好的技艺、强健的体魄，但是他没有把握住击球的“决定性的瞬间”，或早或迟，棒就落空了。同样，一个人说话的内容不论如何精彩，但如果时机掌握不好，也无法达到说话的目的。因为听者的内心，往往随着时间的变化而变化。所以要对方愿意听你的话，或者接受你的观点，就应当选择适当的时机。

所以，时机对说服者来说非常宝贵。但何时才是这“决定性的瞬间”，怎样才能判明并抓住它并没有一定的规则，主要是看当时的具体情况，凭经验和感觉而定。但这里有一个“切入”话题时机的问题。

交际场合往往会出现这种情况：有的人口若悬河，滔滔不绝，十分健谈；而有的人即使坐了半天，也无从插话，找不到话题。讲话要及时“切入”话题，首先必须找到双方共同关心的基本点。

杰克新买了一台洗衣机，因质量问题连续几次拉到维修站修理，都没有修好。后来，他找到商场经理诉说苦衷。

经理立即把正在看侦探小说的年轻修理工汤姆叫来，询问有关情况，并提出批评，责令其速同客户回去重修。

一路上，汤姆铁青着脸不说一句话。杰克灵机一动，问道：“你看的《福尔摩斯》是第几集?”对方答道：“第一集，快看完了，可惜借不到第二集。”杰克说：“包在我身上。我家还有不少侦探小说，等一会儿你尽管借去看。”

紧接着，双方围绕着侦探小说你一言我一语，谈得津津有味，开始时的紧张气氛消除了。后来，不但洗衣机修好了，两个人还成了好朋友。

切入话题除了要注意双方所关心的共同点，还要考虑在什么时候最好。

研究证明：在讨论会上，最好是在两三个人谈完之后及时切入话题，这样效果最佳。这时的气氛已经活跃起来，不失时机地提出你的想法，往往容易引起别人的关注。而要是先发言，虽可以在听众心中造成先入为主的印象，但因过早，气氛还较沉闷，人们尚未适应而不愿随之开口；若是后讲，虽可进行归纳整理，井井有条，或针对别人的漏洞，发表更为完善的意见，但因太晚，人们都已感到疲倦，想尽快结束而不愿再拖延时间，也就不想再谈了。

让我们来看一个例子。电冰箱老化了，制冷效果很差。丈夫几次提出再买一个新的，都因妻子不同意而没有实行。

中午，妻子对丈夫说："今天真热，你把冰箱里的冰棒给我拿一支来。"

丈夫打开冰箱说："冰棒都化了。"

"这个破冰箱！"妻子骂道。

"还是再买一个新的吧。"

"那就买一个吧。"妻子欣然同意了。

到了商店，看中了一个冰箱，一问价格，要2000多元。

"太贵了，还是不买吧。"妻子说。

"端午节快到了，天气这么热，咱们买的肉和鱼往哪儿放？"丈夫说。

售货员这时插了一句："这个冰箱虽然贵些，但耗电省，容积大，从长远看还是合算的。"

"那好，就买这个吧。"妻子终于同意了。

这位丈夫捕捉了说话的时机，终于达到了目的。同时，售货员也因为插话及时，而得以成功地把电冰箱售出。

在说服人的时候，要特别注意把时机选在对方心情比较平和的时候。因为一些人由于劳累、不顺心或正把注意力集中在其他事情上，是没有心情来听你说话的。

你一定听过夫妇之间这样的抱怨：

妻子说："他回到家来，独自喝茶，坐下来埋头看报。要是我问他个什么，他就含糊地答一句。要是我想和他聊聊，他的心就早离得远远的，也许还挂着办公室的事。我整天陪着孩子，真渴望能有点精神调剂，可是他却不理睬我。"

而丈夫也一肚子怨气："我还没有来得及关上门，她就忙不迭地向我唠叨起来：什么菜的价钱又贵了，孩子把杯子摔了，隔壁的老太太又说了她几句了。烦死了……"

人们白天忙了一整天，下班可以说是带着一天的劳累回到家中的。如果这时家中的人不体贴这种困苦，一开口就是诉苦、告状，再有耐性的人也难免会顶撞。因此，为尊重对方，考虑什么时候谈话才令对方有较大兴趣，这是必需的。

相反，先把这些"苦"搁在一边，温和地说："公共汽车太挤了吧，辛苦了，先休息一下吧。"等安静下来，才把家里的事情说出来，这样，才会得到对方的同情和支持。

你不妨牢记住母亲在你儿时讲的一句话："有什么事，等你父亲吃饭以后，再去请求他……"这真是金玉良言。那是因为饭后的心情稳定。

尽管场合、时机都与人的心境有关，但是，把人的心境单独提出来，作为一个独立因素仍然是必要的。开口说话之前，应先看看对方的脸色，看了脸色，才决定说什么话。这种所谓"脸色"，不过是心境在脸部的一种表现而已。在人心境不好时，"无所不愁"，心境好时，"无所不乐"；当你与人说话时，必须把这作为一个前提来考虑。

可以说不信任感是由微小的事件的累积而形成的一种多层次的情感。因此，前面所叙述的那些消除不信任感的方法，就是为了将这种重叠了多层的不信任感的原因一层一层剥除。

其实，无论多么严重的不信任感，其原因大多数都是极其微小的。但是，不论它多么微小，如果有了不信任的萌芽，又任其发展，那么在以后和各种场合中，往往只听得进那些加强不信任感的信息，并让它逐渐成长发展起来。每个人都是一个多面的个体，即使对同一个人，感觉也不完全一样，有时有好感，有时又有厌恶之意。一旦对某人产生了不信任感，好感便完全抹煞掉，只留下坏印象。

如果把那种使最初出现的不信任感的“核”不断增大的因素称为消极“养分”的话，那么，人们的“诚意”就是消除这种“养分”、阻止不信任感继续扩大的积极“养分”。前面讲过的各种方法就是这种诚意的不同表示方法。可是，从不信任感的发展过程来看，表示这种诚意的时机是否合适，效果有很大差别。

不信任感的发展阶段不同，其解决的方法也各有差异。这种差异并不是不信任感念头产生之后的时间差，确切地说应该是已经发展为根深蒂固的不信任感与尚未达到这种程序的不信任感的差别。

对于刚开始萌芽、处于发展中的不信任感，应该尽早消除，这才是最有效的办法。这就如同刚生长出来的杂草一样，刚出土时芽很嫩，容易受到外界的影响。所以，对于处在萌芽状态中的不信任感，只要你满怀诚意，一般都能迅速地将其消除。我们前面所提到的学者例子就是其中的典型。公司方面的负责人一发现对方产生了莫名其妙的不信任感，便通宵不睡觉，第二天一大早就与对方接触，表示出自己的诚意。在公司这种既迅速又充满热忱的态度面前，学者对公司方面的不信任感也一定消失得无影无踪了。

与此相反，当怀有强烈的、根深蒂固的不信任感的人对说服者采取充耳不闻、视而不见的蔑视态度时，如果采取说服，不会有什么效果，仅仅靠迅速和诚意是无法消除的。从运用时机的技巧来说，情况虽然已经很严重，但是，这时正需要深入人心的具有诚意的方法。

在这种情况下，有必要利用“冷却期间效果”这一技巧。所谓“冷却期间”并不是在对方对你产生强烈的不信任之后，在一段时间内完全放弃与对方的接触。当然作为你来说会有一种急于解决问题的焦躁感，而对方也许会有“不想见到你”的心理，同时他又会觉得，如果完全拒绝和你见面，你会认为他是个不明理的人，会进一步加深不信任感。

我们想说的是，当不信任感已是根深蒂固时，不要期待着在短时间内有什么说服效果。如果是你的不是，情况应另当别论。但是在对方的情绪非常激动时，你最好还是采取谦恭的态度。这样，过一段时间，等对方情绪稍微冷静下来后，再进一步接触。例如，在交通事故的调解中就常看到这种最典型的例子。

一个懂得人心理的调解人员，即使事故的责任主要在于受伤者，也不能马上对因家人受重伤而处于悲愤之中的家属进行调解。不论是挨骂还是受到冷落，都要以谦恭的态度给以安慰，满怀诚意地前去看望，以等待对方有关的人情绪稳定下来。即使对方的情绪稳定下来之后，他的不信任感本身也并未消除。因此，这时充满诚意的交涉态度才会收到较好的效果。要掌握好表示这种诚意的时机也是不可忽视的一个重要问题。

当我们在因尚未获得对方认同时说“很好”而一筹莫展的时候，再试一次的结果却还是无法顺利被接受的情形常有。但是只要再过些时间，有适当的时机，还是可以顺利成功的。

总之，即使是说服同一个人，也有所谓的容易被接受、被说服的时机。

如果能够知道对方目前的精神状态，将有助于说服的进行。但是对方的内心并不是那么容易就能够看穿，尽管表面上是一副冷静的模样，内心却有可能非常汹涌澎湃。所以说，无法敏锐地察觉出适合说服的时机，是无法说服成功的。

那么，怎样做才能观察出适合说服的时机呢？只有从说服对象的特性、工作的性质等方面考虑，才能找到恰当的时机。

所谓容易说服的情况，会根据对方的性格，对事物的看法、立场等不同而有所改变。时机不恰当的话，即使能谈妥的事也会搞砸。

那些业绩不错的推销员，必须完全了解这一点才能行动。首先，很有必要做一张访问时刻表。根据职业的不同，调查出拜访对象较忙碌的时间和较空闲的时间，据此做一张访问时刻表，根据表上的适合时间做访问。

零售的小商人，一大早为了开店的准备而忙碌，根本没有说话的时间，中午之前的时间就较适合做拜访。比如，餐厅是××时候、医院又是××时候等，收集这些资料，做一份最有效率的访问计划表来实行。

总而言之，当你完全掌握了对方工作的流程，切实把握最适宜说服的时机而行动时，说服成功的几率当然提高。

有很多人感叹“好几次的查访都未能见到面”，相信这些人都是因为没有掌握到适当的时机，才会有如此的结果。

在脑中随时反映出什么时候是说服这个对象的最佳时刻，希望你自己也能试着做一份有效率的时刻表。这样一来，就能够很轻易地找出对方易于被说服的时机，这也是说服的一大重要因素。

◎挑战说服法

对有些事情，当我们靠批评惩罚或者表扬的手段解决不了的时候，我们可以考虑这样一种策略——给他人提出一种挑战，然后让他们自我面对。这也许比我们手拿鞭子紧随其后的效果要好得多。因为他们更清楚自己眼下的处境，更明白自己应该怎么去做。

史考伯说：“要使工作能圆满完成，就必须激起竞争，提出挑战，激起超越他人的欲望。”

史考伯是这么说的，也是这么做的。

有一次，查尔斯·史考伯到下面一家工厂去，工厂经理来反映他的员工一直无法完成他们分内的工作。

他说：“我向那些人说尽好话，我又发誓又诅咒，我也曾威胁要开除他们，但一点用也没有，还是无法达到预定的生产效率。”

当时日班已经结束，夜班正要开始。史考伯要了一根粉笔，然后，他问最靠近他的一名工人：“你们这班今天制造了几部暖气机？”

“六部。”

史考伯不说一句话，在地板上用粉笔写下一个大大的阿拉伯数字6，然后走开。

夜班工人进来时，他们看到了那个“6”字，就问这是什么意思。

“大老板今天到这儿来了，”那位日班工人说，“他问我们制造了几部暖气机，我们说六部。他就把它写在地板上。”

第二天早上，史考伯又来到工厂。夜班工人已把“6”擦掉，写上一个大大的“7”。

日班工人早上来上班时，看到了那个很大的“7”字。原来夜班工人认为他们比日班工人强，是吗？好吧，他们要向夜班工人还以颜色。他们热烈地加紧工作，那晚他们下班时，留下一个颇具威胁性的“10”字。情况显然逐渐好转。

不久，这家产量一直落后的工厂，终于比其他工厂生产得更多。

如果没有人向他提出挑战，西奥多·罗斯福可能就不会成为美国总统。当时，这位义勇骑兵队的一员刚从古巴回来，就被推举出来竞选纽约州州长。结果，反对党发现他不是该州的合法居民，罗斯福吓坏了，想退出。但这时，托马斯·科力尔·普列特提出挑战。他突然转身面对罗斯福，大声喊道：“圣璜山的这位英雄，难道只是一名懦夫？”

罗斯福在这一激将之下继续奋斗下去，其余的事情就已成历史了。一个挑战不只改变了他的一生，而且也影响了一个国家的命运。

挑战的巨大力量，史密斯也知道。

当史密斯担任纽约州州长时，就遇到过这样一个问题。猩猩是一个最负恶名的监狱，没有狱长，许多黑幕及丑恶的谣言在狱中汹涌传出。史密斯需要一位强有力的铁一般强硬的人去治理猩猩，他召来了劳斯。

“去照顾猩猩如何？”当劳斯在他面前的时候，他愉快地说，“他们那里需要一个有经验的人。”

劳斯窘了，他知道猩猩的危险，那是一个不讨好的差使。受政治变化的影响，狱长一再更换，有一位任职只有3个星期，他在考虑他的终生事业。那值得他冒险吗？

史密斯看出了他的犹豫，往后一倚，微笑着说：“青年人，我不怪你害怕，那不是一个太平的地方，那里确实需要一个大人物去治理。”

史密斯提出了这样一个挑战。劳斯喜欢尝试需要一个大人物的工作的意念。所以他去了，并成为在那儿任职最久的、最著名的狱长。他所著的《在猩猩的两年里》售出了几十万册。他曾应邀在电台讲话，他在猩猩生活的故事被拍成了数十部电影。他给罪犯“人道化”的做法造成了许多监狱改革的奇事。

那是任何成功者都喜爱的一种竞技，一种表现自己的机会；那是证明自身价值、争强斗胜的机会。光用薪水是留不住好员工的，还要靠工作本身的竞争。每个成功的人都喜爱竞争和自我表现的机会，以证明他自己的价值。

◎幽默说服法

并非所有人都具有很强的攻击性，而有的人只不过是想要获得别人的注意。有时候只是为了让别人发笑，得到赞美，另外，他们会采用嘲弄的策略来引人注意。

有时候这种称之为“奚落的幽默”反而能增加彼此的友谊。让我们先来看下面一个实例。

达伦和杰伊同是工程师，而且又都在一家高科技公司任职。达伦的年纪比杰伊长五岁，而在公司的工龄也比杰伊多三年，众人都认为达伦升迁机会可能性大。但是杰伊为人随和，工作努力，做事主动，并且有丰富的创造力。后来，他的努力终于获得上级的赏识而且得到回报了：他被提升为地区业务经理。

上任之后的一个星期，有一回杰伊在停了车走向新办公室的时候，看到整班的人马都围着达伦站在走道上，他们似乎对达伦所说的每句话很在意，而且笑得很开心。但是当杰伊走近这群人的时候，他们的笑声却“戛然而止”，不过杰伊却可以清楚地听到达伦对他恶毒的狙击，达伦注意到他的听众不再笑了，于是把头转过来，结果看到杰伊狼狈的表情，“噢，原来是来了个大人物!"

"我怎么会遭到这样的待遇?"杰伊自问,而又想着对这位"狙击手"的攻击该怎样回应?

狙击行为背后的动机各有不同。有些人对事情发展感到愤怒,会对阻碍计划的人怀恨在心而采取狙击行为。有些人会利用狙击来打击任何可能阻碍他们计划的人。有些人狙击的目的只不过是想引起喜爱的人的注意。

想要做完事情的人,如果遇到事情没有照计划进行,或是遇到可能受到他人阻挠的情形,可能会通过狙击的手段来消除异己。为了避免遭人报复,狙击手常常会采取暗中行动。暗暗地使用一些无礼的批评、讽刺的幽默、尖酸刻薄的口气和运用眼神的流转。狙击手也会说一些"张冠李戴"、风马牛不相及的话,使人摸不着头脑而出尽洋相,也就是说,他会把令人困惑当成是一种武器。

如果有让狙击手愤怒的行为出现,"别发怒,但是要摆平!"

以达伦和杰伊的例子来说,达伦生气的原因就是因为自己没有获得升迁,而且把这件事怪到杰伊身上。

如果你不喜欢被嘲弄,而且容易受到狙击的伤害,那么其实你非常容易成为狙击手的目标。一旦这种个性被传出去,就会有人利用你的个性去狙击你了。如果你是那种无法忍受狙击的人,对方会利用你的弱点而变得毫无禁忌。如果你还没有学会以幽默的方式来对难缠人物说些令人不快的事,那么结果一定会失败。因此你最好勇敢地面时狙击,要停止狙击,最好先学会与他们和平共处。因为如果你没有反应,狙击便变得毫无意义。对付狙击手要先培养出好奇的态度,采取旁观者的姿态来看这样的行为。如果狙击手攻击你,不要把它当成是针对自己而发的,希望你有足够的好奇心,把注意力放在狙击手身上,而不是自己的身上。因为狙击行为的出现可能是缺乏安全感,你大可把头痛人物的行为看成是缺乏安全感的小学生行为。也许你还记得对讽刺最好的反应是:"我知道你是这样,而我呢?",其次是"我们两个半斤八两,那么骂我和骂你是一样的。"这样会很有帮助,虽然令人难以置信,不过确实有惊人的力量，说出来也具有同样的力量。

玛丽有个同事叫罗恩，总喜欢在会议的时候狙击她。有一天，在受到狙击之后，她以天真的口气说："我知道你是这样的人，而我呢？"会议上除了罗恩，每个人都对他们的对话内容大笑不已。玛丽以幽默的方式让气氛轻松起来，不但化解了自己的不快，也从这句简单的话中让人看出了狙击手的幼稚。罗恩显然觉得自讨没趣，以后就再也没有对她发动狙击了。

◎激将反攻法

巧言激将，就是在某些特定的环境和条件下，当有些人的自尊心受到自我压抑，或者由于遭受挫折、犯了错误以及其他种种原因而产生了自卑感，我们用其他方法不能使他振作起来，接受我们的意见和主张时，我们就故意贬低他、刺激他，从而把他的自尊心、自信心激发起来。

俗话说："请将不如激将。"在交谈中正确运用巧言激将法，一定能出奇制胜，收到积极的效果。

巧言激将，一定要根据不同的交谈对象，采用不同的激将方法，才能收到满意的效果。犹如治病，对症下药，才有疗效。

"激将法"的用法很多，这里略举几种：

1. **直激法**

就是面对面直出直入地贬低对方，刺激之，羞辱之，激怒之，以达到使他"跳起来"的目的。

2. **暗激法**

就是有意识地褒扬第三者，暗中贬低对方，激发他压倒、超过第三者的决心。

暗激法的巧妙，就在于它是通过"言外之意"、"旁敲侧击"的说法，委婉地传递刺激信息。人们都希望别人尊重自己，而有人在自己面前有意夸耀第三者，显然会对他起到一种暗示性刺激。

3. **导激法**

激言有时不是简单的否定、贬低，而是“激中有导”，用明确的或诱导性语言，把对方的热情激起来。

例如，某校一个调皮学生，学习成绩很差。一次，他打了一位同学，还自夸是拳击能手。老师叫住他说：“打架，算什么英雄？有本事你跟他比学习。你期末考试如果赶上人家，那才是真正的英雄呢！”一句话激得这个调皮学生发奋学习，后来，他果然有了明显进步。

要成功运用激将法，必须注意以下几个问题：

首先要看对象。被激的一方必须是那种能激起来的人物，还要有强烈的自尊心，方能收到效果。另外，激将法是在双方较为熟悉的情况下进行的，对陌生人不宜采用。

其次，要看时机。如出言过早，时机不成熟，“反话”容易使人泄气；出言过迟，又成了“马后炮”。因此，要注意恰到好处。

此外，还要注意分寸。运用激将法，不痛不痒的语言当然不行；但言词过于尖刻，也会使人反感。

◎讥讽回敬法

讥讽，在交际性语言中是一种有较强刺激作用和感情色彩的表达方式。

讽刺性语言具有含蓄、幽默、风趣、辛辣的特点，是一种“攻式”语言。它通过比喻、夸张、反语等修辞手法，来表达说者的轻蔑、贬斥、否定的思想感情，能收到揭露丑恶、戏弄无知、回击挑衅等的交际效果。

在交际场合，人身攻击之类的不愉快事件是难免的。如果你不想吃哑巴亏，讽刺将成为你防身的盾牌。

战国时，齐国使臣晏子出使楚国，楚王设宴招待他。酒兴正浓时，只见两个差役捆着一个人走到楚王面前，楚王故意问：“这人是干什么的？”差役答：“是齐国人，犯了偷窃罪。”很显然，这是楚王有意羞辱晏子。晏子并没有辩驳，郑重地说："我听说过这样一件事，橘树生长在淮河以南，就是橘树；生长在淮河以北，就成了枳树。橘树和枳树叶子相似，果子味道却完全不同，这是水土不同的缘故。现在，老百姓生长在齐国不做贼，一到楚国就偷窃，莫非楚国的水土使老百姓惯于做贼吧！"

反唇相讥必须藏中有露、露中有藏，尽藏则不知所云，尽露则赤膊上阵了。

萧伯纳的《卖花女》准备上演了，他派人给丘吉尔送去两张票，并附一张短笺："亲爱的温斯顿爵士，奉上戏票两张，希望阁下能带一位朋友前来观看拙作《卖花女》的首场演出，假如阁下这样的人也会有朋友的话。"

丘吉尔回复道：

"亲爱的萧伯纳先生，蒙赐戏票两张，谢谢。我和我的朋友因为有约在先，不便分身前去观看《卖花女》的首场演出，假如你的戏也会有第二场的话。"

一个嘲讽政治家只有对手，没有朋友；一个反讥戏剧家的戏剧可能短命，不会长寿。讥中含趣，乐中有戏。

对于生活中的蓄意挑衅，也可以运用讥讽维护自己的尊严。

有这样一个故事：英国作家萧伯纳一次坐在沙发上沉思，他身边的一位美国金融家说："萧伯纳先生，如果您让我知道您正在思考什么的话，我愿意给您一美元。"

"我的思考一美元也不值。"萧伯纳看了他一眼。金融家感到很得意。萧伯纳话锋一转说："我所思考的正是你。"金融家本想戏弄萧伯纳，没想到自讨没趣。

当然，讽刺要掌握分寸。讽刺之言是不宜随意使用的，需要区别对象、场合。

讥讽之言就其动机来说，有善意与恶意之分。对敌人的讽刺要针锋相对，不留情面；而对一般人的讽刺，则应是善意的。通过讽刺之言，意在引起对方警觉，绝不是出对方的洋相，拿对方取乐。

更不要以为自己会讽刺，就到处挑战，稍不如意，就对别人挖苦讥笑、恶语中伤。这样不但伤害了别人的感情，而且也使自己孤立，或成为众矢之的。

要记住，讽刺像一把双刃剑，它可以使你受益，也可以使你受损。用得恰当，它是利器，用之不当，便会成“惹事牌”。

第十四章

获得他人认同的秘诀

◎搭桥牵线，结识挚友

世界上没有人能够完全离群而独居，人总是要过群体生活的。在人类社会中，每一个人都像葡萄藤上的一根枝杈，其生命完全依赖在主藤上。枝杈什么时候脱离它的主枝，什么时候就要萎缩枯干。一簇葡萄之所以能味美色香，完全是因为依在葡萄的主枝上，单单靠分枝是无能为力的。假如要把分枝从主枝上剪断下来，那么分枝上的葡萄就要枯萎。

我们社会中有许多依靠朋友力量而成功的人，假如能把他们成功过程一一研究起来，是一件很有意义的事情。一位作家说过这样的话："现代社会人们完全靠一个规模庞大的信用组织在维持着，而这个信用组织的基础却是建立在对人格的互相尊重之上，任谁也无法单枪匹马在社会的竞技场上赢得胜利，获得成功。"为什么我们喜欢结交朋友呢？有些心理学家认为：朋友间能互相取长补短，因为朋友之间互相照顾，即使像帮对方从头发里拨出一只虫子这种小举动，也是互相关心与体贴的表现。确实，复杂、微妙却美好的人群关系是很难以简单数语就可以解释清楚，但千万不要忽略了其中一个因素：满足。为什么别人能吸引你呢？因为他们供给你快乐的源头。如果想在二人所形成的人群关系中发觉每样事物都尽合心意是不太可能的，但一个成功的相处关系必定存在着某种程度的互相满意。朋友扩大了你的生活圈与见闻，并且协助你探索这世界，引领你接近更多的想法及大自然的源头。就像一位朋友邀请你到他私人的俱乐部打网球，或是将全套的露营用具慷慨借给你，或是告诉你一些好玩的游戏或介绍你读些好书，或是带你到能以低价买到好酒及漂亮衣服的地方——也许他有些你能利用的技能或知识，也许他能教你一些做生意的窍门或是帮助你替孩子选择一所优秀的学校。

朋友之间本来就是以这种方式来互相教导与学习的，但归根结底友情的要素仍是感情的分享。有些有趣的朋友使我们无论在何时何地都开心不已，有些朋友则比较接近“同伴”型，我们和他们共同分享一些特别的活动——打球、工作或是参加研究会，与其他人共同分享感情诚然是一件有趣的事。但也有一些感情是必须通过合作才能具有的。如同一位总统候选人必须搭配另一位副总统候选人，彼此联手才可能赢得大选。恋爱也必须由二人共同分享才能称为恋爱。除了分享彼此能力之外，朋友还能鼓励你上进，支持你自我发展的决心，所有的益处都一点一滴地回馈于你的身上，并且制造更多的快乐。

关于友谊，爱默生说过一句最经典的话：“一个真挚的朋友胜于无数个狐朋狗友。”确实，除了自己的力量之外，再也没有别的力量能像真挚的朋友一样，帮助你去实现成功。一个思想与我接近、理解我的志趣、了解我的优势和弱点、能鼓励我全力以赴地干每一件正当的事、能消除我做任何坏事的不良意念的好友，不知道会增加我多少的能量、多少的勇气，他们常常能使我禁不住下更大的绝心——不达成功绝不罢休。

那些不管在何种环境下都能与任何人交上朋友、能建立起真挚友谊的人，朋友对他生存竞争的帮助、对他事业发展的巨大价值往往是不可估量的。

好的朋友在精神上可以慰藉我们，让我们的身心可以得到更大的快乐，勉励我们道德上的提高。如果除去这些不谈，就单单从经营事业的角度考虑，好的朋友对一个人帮助的价值也是巨大的。

有一次英国伦敦的一家报社悬赏征文对“朋友”一词的诠释，其中一个参赛者送去的解释是："当所有人都离我而去时，仍然在我身边的那个人。"这个解释虽然不够典雅和严格，可谁还能说出一个更好的呢？

当一个商人经济上遇到困难，或遇到出人意料的重大变故，或遇到别的不幸，正当万分焦急、手足无措时，突然有位朋友过来帮助他、支持他，从而力挽狂澜，让那位商人有了喘息之机，得以重新振作，这样的朋友是多么感人、多么宝贵啊！

有些刚跨入社会的人，因为结交了很多朋友，而在工作和事业上得到了极大的帮助。但可惜的是，当今的人际关系好像完全陷于交易和金钱方式，结果使得真正的友谊越来越难以找到。

结交朋友是一件非常重要的事情，而绝不是随便玩玩就可以了，可大多数人并没有认识到这一点。

有很多人，老的朋友常常任意失去，新朋友却又不去交结，那朋友就越来越少了。

我看见过不少冷酷无情的人。一次，有一个人带着满腔热忱和喜悦去看望他一个多年不见的老同学，不想那同学正忙着做他的生意，只不过冷冷淡淡地和他敷衍了十分钟。原来，那人有一条坚定不移的原则："生意第一，友谊第二。"这种人也许可以发一点小财，可是以牺牲友谊为代价，未免太不值得了。

一个见识过人、能力很强也很聪明、比他现在的朋友发展得更快的人，假如交不到什么新朋友，那么不管他目前有多大的收入，他不能说有真正的进步，因为"一个人是否成功很大的程度上取决于他择友是否成功"。

那么，我们怎样才能赢得让自己受益终生的友谊呢？

首先，应尽可能结交优于自己的人，并朝这一目标而努力。结交卓越的人士，便能见贤思齐；反之，若结交程度远逊于自己的朋友，自己难免同流合污。一如前面所述，人类往往是近朱者赤、近墨者黑。

当然，我这里所谓的"卓越的人士"，并非是指家世显赫、地位超绝的人，而是指有内涵、让世人所称道的人物。

“卓越的人士”大体上可区分为以下两大类型：一为立身于社会主导地位的人们，其次则是指那些有着特殊才华的人们，例如长袖善舞，对社会有着杰出的贡献，才能特出，或是学识渊博的学者，才华横溢的艺术家等等。此种杰出绝非凭一个人的喜好所界定，而需经由社会上的认同方可获得。当然，其间或许有些例外。总之希望你能结识这些人才。

至于怎样与这些人结交，没有成形的办法，也许是厚着脸皮毛遂自荐，或是经由知名人士的大力引荐，当然也可以加入群英聚会的团体里去寻觅朋友。居于其间，仔细去观察拥有不同人格、不同道德观的人们，不仅是件赏心悦目的乐事，更对你有所助益。

身份地位高的人们所聚集的团体，并不见得便是人们所称道、喜爱的。因为，即使身份高高在上的人群里，也有脑袋不灵光、不懂得人情世故、一无可取的人。集结学识渊博者的团体，就不免有这种现象。这些人虽然已经获得人们衷心的尊敬，但却称不上是交往的绝佳对象。这些人往往不知道快乐是什么，不清楚世间为何物，只是一味地埋头于学问的钻研中。若是你参加此种团体，就必须不时地警惕自己，经常性地探出头来看看圈外的世界。如此一来，你的判断能力也能日渐提高。然而，一旦你紧密地参与其间，成为不知世事的学者，那在你重新踏入鲜活的社会时，就很难步履轻快了！

其次，切莫仓促地一头栽进，使自己深陷其间，此为重要的交友之道。

几乎所有的年轻人，均渴望能和才华横溢的人物成为知交。总认为假使自己也小有才气，那更是如鱼得水。即使达不到此目的，也能满足自己与其共荣的心理。然而，即使是和这些才气纵横、魅力十足的人物交往，也不可不顾一切地全身心投入。不丧失判断力，才是最适当的交往方法。

并非每个人均能心悦诚服地接受才智这种东西。相反，它往往会令人产生恐惧的心理。一般说来，在众目睽睽之下，人们每每对锋锐的才智感到惧怕。这就似妇人女子一见着枪炮便会害怕的道理一样。恐惧对方会突然扣动扳机，子弹便“咻”的一声朝自己飞了过来。但是，认识这些人，继而亲近、了解这些人，确实是件有意义、令人欢欣的事。只是，不论对方多么有魅力，如果自己就此终止和其他人的交往，单和这群人往来，那将会得不偿失。

最后，别亲近赞扬缺点的人们。

但是，我之所以要求你避免与程度低的人交往，乃是由于我觉得这些全是必须具备的观念。因为，我看过太多具有判断力而且社会地位牢固的大人们，在结识了这种人后，信用扫地，沉沦堕落，最后身败名裂。

最叫人头痛的问题，莫过于虚荣心的作祟。由于虚荣心的蒙蔽，人类往往铤而走险、作奸犯科。因此，无论从何种角度来看，结交程度不如自己的朋友，便是虚荣心作祟的一种表现。人们总希望自己能独占鳌头于群体之中。急盼能获得同僚的称许、受人尊敬、领导群众。

为了求取这种名不副实的赞扬，他们甚至不惜与不如自己的人们结交。如此将导致何种结果呢？是的，不久你就将变得与他们层次相当，从此再也不愿结交出色的朋友了。我愿不厌其烦地提醒你，人们往往会遭伙伴同化，不管这样做是使自己的层次提高了，或是降低了，其结果必然一样。你应该依交往的对象，仔细加以判断。

◎时时尊重，满足对方

人类行为有一项重要的法则，如果你承认并遵循它，就能给自己带来快乐；如果你否认并背弃它，就会使自己因此陷入无止境的挫折中。这条法则就是：“尊重他人，满足对方的自我成就感。”诚如杜威教授所说：人们都希望自己能受到别人的重视。我也曾一再强调，就是这股力量促使人类创造了自己的文明。

如果，你希望满足自己被人喜欢的愿望，那么就让我们自己首先来信守这条箴言：你希望别人怎么待你，你先怎么对待别人。

有一次，我在纽约的一个邮局里排队等候寄一封挂号信。那位负责收寄邮件的办事员显然对这份单调而机械的工作感到不耐烦，他们日复一日地称重、撕邮票、找零钱、写收据，这种单调、机械的工作有时的确会让人情绪失调。我对自己说：我可以让那位办事员喜欢我。而要让他喜欢，我显然必须说些关于他的好话。称赞眼前的这位职员似乎并不让我感到困难，我马上就找出了可以称赞的话题。

在他称我的信的重量时，我真诚地对他说："我真希望能有你这样的好头发。"他抬起头，吃惊地但马上脸上溢出了微笑："哦，它早已不像以前那么好啦！"他谦虚地回答。我告诉他，虽然它可能已没有原来的好，但仍然非常漂亮。他十分高兴，和我谈了一会儿，最后说道："许多人都说我的头发好看。"

我敢保证这位先生出去吃午饭的时候，一定满面春风，晚上回家的时候，一定会将此事告诉他的妻子，他会照着镜子对自己说："这头发多么好看！"

我在一次演讲的时候提起这件事，有人问我："你想从那人身上得到什么？"我想从那人身上得到什么？我想从那人身上得到什么！假使我们真是这么自私，这么功利，向来都吝啬于给别人带去一点快乐，一旦不能从他人身上得到好处，就不对他人表示一点赞赏或表达一点真诚的感谢。如此我们的灵魂比野生的酸苹果好像大不了多少，我们的心灵会变得日益枯竭。

是的，我确实想从那个营业员身上得到一点东西。但那东西是无价的，而且我已经在真诚赞美的同时得到了。我得到了助人的快乐，这种感觉在多年之后，会永远闪烁在我记忆的天空。

与人相处有个极为重要的法则，这一法则就是：时时让别人感到重要。我们遵从这一法则，至少不会为我们惹来什么麻烦，还可以同时得到许多的快乐和永恒的友谊。如果我们无视这项法则，就难免在人际交往中出现障碍。哈佛著名心理学家威廉·詹姆斯说："人类本质中最殷切的需求是：渴望得到他人的重视。"我也曾一再指出，就是这种渴望使得人类和其他动物有了实质的区别。也正是因为有了这种渴望，才产生了丰富的人类文化。

所以，让我们诚实地遵循这一永恒的定律：你希望别人怎么对待自己，那你就应该怎么对待别人。如果你要问，我们应该什么时候去做？在什么地方去做？很简单，不论什么时候，不论什么地方。

比方说吧，如果你在餐馆里点了一份炸薯条，而女服务员却给你端上一盘马铃薯的时候，让我们说："对不起，麻烦你了，但我还是比较喜欢我点的炸薯条。"女服务员可能会回答："别客气，一点也不麻烦。"而且她还会愉快地把马铃薯换走。因为我们已经对她表示了敬意，让她感到自己的重要。

让我们来看一位康涅狄格州律师的故事，因为他亲属的关系，他不愿意让人知道他的名字，我们称他为 K 先生。

在参加我的培训课程以后不久，他同他的妻子驾车到长岛拜访她的几位亲属，她留下他同她的一位老姑母谈话，而独自跑开去拜访她的几位比她年轻的亲属。因为他要做一个演讲，讲述他如何实际运用欣赏的原则，他想，他就从这位老太太开始，所以他向房子的四周观看，看看有什么他可以真诚赞赏的。

"这间房子建造在 1890 年前后，是不是？"他问道。

"是的，"她回答道，"正是那年造的。"

"它让我想起我出生的那间房子，"他说，"非常美丽，建筑质量非常好，很宽敞。你知道，现在，人们不再建造这样的房子了。"

"你说得对，"老太太附和说，"如今的年轻人不在乎美丽的房子了，他们要的，不过是一所小公寓和一台电冰箱，然后外出，在汽车中闲游。"

"这是一所充满理想的房子，"她用颤抖的、温柔的声音回忆说，"这间房子是用爱情建造起来的，我的丈夫和我，在建造房子以前，梦想了许多年。我们没有请建筑设计师，都是我们自己亲手设计的。”

然后她引导他参观这间房子，他对她在旅行时搜集的、终身爱护的宝藏，表示真诚的赞赏：派斯莱披巾、一套古式英国茶具、凡其胡瓷器、法式床椅、意大利油画和曾一度悬于法国封建时代宫堡内的一件丝帷。

“在引导我参观房子后，”K 先生说，“她带我到汽车间。那里摆放着一辆别克汽车，几乎是全新的。”

“在他去世前不久，我丈夫买了这部车，”她轻轻地说，“在他死后，我从未坐过……你会欣赏好的东西，我要把这部车送给你。”

“啊，姑母”，他说，“你让我不知如何是好了。我当然感激你的盛意，但我不能接受，我又不是你的直系亲属。我有一辆新车，你的许多亲属都喜欢那辆别克汽车。”

“亲属！”她大喊着说，“是的，我有亲属正等着我死，以便他们可以得到那辆汽车，但他们永远得不到！”

“如果你不愿意把它送给他们，你可以把它卖给一个二手车商，这很容易。”他告诉她。

“卖出去？”她嚷了起来，“你以为我愿意卖这部汽车吗？你以为我能忍受生人坐在那辆汽车里，在我丈夫为我买的汽车中在街上来往吗？我做梦也不会想卖。我要送给你，你会欣赏美好的东西。”

他竭力避免接受这辆汽车，但他不能不接受，为了不伤她的感情。

这位老太太同她的派斯莱披巾、法国古董及她的回忆独自留在一间大房子中，正在渴求着一点他人的赏识。她曾一度年轻、貌美且被人追求；她曾建造一所漂亮房子，充满爱情的温暖，而且从欧洲各国搜集了珍品使之美观；如今在老年的孤独和冷漠中，她渴望一点点人情的温暖，一点点真诚的欣赏——却没有人给她。当她找到时，就如同在沙漠中找到了甘泉，如果用比一辆别克汽车更少的礼物，她的感激无法完全表达出来。

我们再来看一个例子。

麦克马亨公司总监，一位园艺师，讲述了这样一件事：

“在我听了‘如何交友及影响他人’的演讲以后不久，我为一位著名法官的别墅布置园艺。这位主人出来给我提了几个要求，如在什么地方他要栽植什么等。

“我说，‘法官，你的业余爱好很好，我正在欣赏你别墅的美丽景色。我听说你在麦迪生公园每年举行的大规模宠物狗展览会上得到许多奖状。’

“这点小小欣赏的表示，效果极其惊人。

“‘是的。’法官回答说，‘对于狗，我的确很感兴趣，你要不要看看我的狗呢?’

“他费了差不多一个小时工夫，给我看他的狗和它们得的奖品。他甚至拿出它们的系谱，讲解漂亮和聪敏的血统原因。

“最后他转向我问道：‘你有没有小男孩?’”

“‘是的，我有。’我回答说。

“‘好，他喜欢小狗吗?’法官问道。

“‘嗨，是的，他非常喜欢。’

“‘很好，我要送他一只，’法官宣布说。

“他开始告诉我如何喂养小狗，然后他停下来。‘我这样口头告诉你，你会忘记的，我要写下来。’接着这位法官走进室内，将系谱和喂养方法，用打字机打好，给了我一只价值100元的小狗和他1小时又15分钟的宝贵时间。这其中大部分要归功于我对他的爱好和成就表示真诚的赞美。”

你我应从何处开始实行这种欣赏的奇妙试验?为什么不从家庭里开始?我不知道还有别的地方更需要的，或更被忽略的。你的夫人一定有些优点，至少你曾认为她有，不然你不会娶她。但从上次你对她的优点表示欣赏到现在已有多久了呢?

几年前，我曾在纽勃伦斯维克的蜜莱河上游钓鱼，我被暴风雨封锁在加拿大森林里的帐篷里，无法外出，我能找到的唯一读物就是一张乡间报纸。我把报纸上所有内容都读过了，连广告和狄克斯的婚姻指导在内，狄克斯的文章写得很好，所以我剪下保存起来。她对人们屡屡在婚前教导新娘有点不耐烦了，她宣称，应该有人把新郎拉过一边而给他以下建议：

不会甜言蜜语，不要结婚。在结婚前称赞女人是一件势在必行的事情，但在结婚后称赞她，更是必需的事情——为了你自己的安全。

婚姻不是愚昧的诚实场合，而是灵巧的外交场所。

如果你要每天生活安适，永远不要指责你夫人的治家水平，或将她与你的母亲做“招怨”的比较。但是，反过来，永远称赞她的治家能力。公开地恭贺你自己娶了唯一兼有维纳斯美貌和美国“第一夫人”治家水平的女子。就连肉片烧焦，变成了皮革，面包变成了渣烬，也不要抱怨。只要说饭菜没有达到她平日完美标准，她一定尽力达到你对她的理想要求。

不要无缘无故地突然开始赞美，否则她会疑心。

但今晚或明晚，给她买些鲜花或糖果。不要只说：是的，我应当那样。实际去做！再给她一个微笑和温暖的情话。

如果有更多的夫妻这样做，我想我们不致有那么多人离婚——据说每六对夫妻即有一对要离婚。

◎提升自我，赢得荣耀

渴望得到别人的赞美、追求、重视，是人与生俱来的一种特性。它促使人不停的奋斗，在别人的赞赏中得到自重感。但是，我们大部分人所想的都是有关荣耀的报偿，而不是如何努力去赢得这份荣耀。

别人为何要喜欢你呢？这世界并没有法律规定非要喜欢你或我，或任何一个人。无论是工作或社交的过程中，除非我们具有他们所要的东西，否则，他们没有必要特别注意到你我。

孔子曾经说过：“最重要的，不是别人有没有爱我们，而是我们值不值得被人爱。”要想赢得别人的友谊或感情，必须先不要去担心别人是否喜欢我们，而是要用心去改善自己，增进能让别人喜欢你的优良特点。

玛丽安·安德森曾经很感人地描述她早期的生活——她那时事业失

败，整个人意志消沉，差点儿要告别舞台。后来，她才慢慢恢复勇气和信心，准备继续为自己的事业奋斗下去。有一天，她兴高采烈地向母亲说道："我要再唱下去！我要每个人都喜欢我！我要创造完美！"

母亲对她说："那是个迷人的目标，要知道，人在成就伟大的事业之前，必须先学会谦卑。"玛丽安听了，深有感触，于是下决心在音乐造诣上追求十全十美，而不是"想要"完美。"谦卑先于伟大。"这是母亲给她的忠告。

好莱坞有个小女孩在试镜的时候，十分紧张，几乎没有勇气出场。导演告诉她："不要把心思放在试镜的结果上，纯粹为了跳舞的乐趣而跳，为上帝而跳吧。"

结果，那女孩放松下来不再紧张，并且试镜之后效果奇佳，最终，获得录用。

赢得别人注意的最好方法，就是不要去担心结果如何，不要太在意别人是不是喜欢我们。只要我们开始采取行动，努力去实践那些将会激发爱和友情的事。我们不妨细心体会一下威廉·奥斯勒爵士所说的话："不用为朦朦胧胧的未来担忧，只要实实在在地为现在而努力即可。"

作家荷马·柯罗伊是我的一个好朋友，他很有人缘。和他接触过的每一个人——不论是清洁工还是百万富翁，不管男人、女人还是小孩——在与他在一起待 15 分钟之后都会感受到一种温情。因为他们都感到荷马·柯罗伊能让人迅速知道他是喜欢他们的。

小孩子都喜欢跟他亲近，朋友家的佣人愿意极力为他施展厨艺。如果主人说："荷马·柯罗伊要来！"就没有人会感觉不快。而回到家里，荷马·柯罗伊也深受他太太、女儿和孙子的爱戴。

他如此受欢迎的秘诀说起来很简单——那就是真诚地爱别人。这个人是什么身份、做什么工作与他的哲学无关，他们属于人类这个事实本身已经足够。每次与一个陌生人相遇，他都能立即就结交上，不是靠标榜自己，而是靠询问那个人的一切——那些听起来很琐碎的问题。他并非琐碎的人，而是因为他确实对每一位新结识的人都感兴趣，真心想了解他们。

我曾见过一些倔强的玩世不恭者在经过这种接触之后像见到阳光的花儿一样盛开。这就如同约瑟夫·格洛大使所说："外交的秘诀可以概括为一句话：'我想要喜欢你。'"

荷马·柯罗伊从来没有为交朋友的事情烦恼过，他把每一个人都当做朋友，别人是否喜欢他这样，他并不在意，他只会集中心思喜欢别人，而不浪费精力去思考会产生什么样的结果。

一个有经验的推销员懂得对自己能否成功推销产品的担心会给心理造成障碍，这样会影响他适当地介绍他的产品。通用制造公司的董事长哈瑞·布利斯在大学期间靠推销缝纫机为生，他总结说：要想在推销员这个岗位上取得成功，就要忽略自己渴望销售出去的数量，而应该集中心思向客户介绍自己能提供什么样的服务。

如果一个人将精力用在为他人服务上，就会变得充满难以抗拒的力量。你怎么会拒绝一个企图帮你解决问题的人呢？

"我对推销员们说，"布利斯先生说，"如果他们一天到晚想的都是'我今天要尽力多帮助一些人'而不是'我今天要尽力多卖出一些产品'的话，就会发现接近买主不是那么困难了，然后销售业绩会出奇的好。能够帮助同胞获取快乐、轻松生活的人，是最高级的推销员。"

打高尔夫球时，会有人叮嘱我们不要让眼睛离开球；向成年人传授说话技巧时，我们告诫学生要集中心思在他想要传达的信息上。紧张、害怕都是担心结果的表现，这是不可取的。

几年前，我准备发表一次演讲，据说当时的听众相当难缠，我难免流露出紧张的情绪。我忧心忡忡地问一位朋友，"假如他们不喜欢我，该怎么办？"

"是啊，"朋友回答道，"他们为何要喜欢你呢？你能为他们干什么？你认为自己要讲的内容很重要吗？"

我承认在我看来我讲演的内容很重要。

"不错，"她接着说，"我倒觉得听众喜不喜欢你并不重要，重要的是你有没有把想讲的内容讲出来。至于他们喜欢或讨厌你，又有什么关系呢？你已经胜利完成你的任务。"

朋友的这番话改变了我对演讲的整个看法。我谦卑地体会到自己只不过想传达某些信息，而不是要刻意显露自己的学问或风采。同样，我们的目的是要带给听众一些鼓舞性的思想，以期对他们的生活有所帮助。

得到友谊的最佳方法，是必须注重施予，而不是获得——但应该是亲自赢取得来，而不是靠一时的吸引或哄骗。赢取朋友的能力跟勾肩搭背、与人攀谈、动作滑稽或讲些逗趣的笑话等等的能力没有关系。这是一种心态，是一种愿意把自己的爱、兴趣、注意力及服务精神献给他人的生存理念。

为了得到友谊和情爱，我们必须先认清本末先后，要想赢得爱，先要值得被爱；要想赢得朋友，先要表示友善；要想赢得别人对我们感兴趣，就得先要对他们发生兴趣。

爱是推动人类进步的动力，也是我们与他人交往的基石，更是衡量一个人是否成熟的依据。我们必须感受到他人的感受，要有"人饥己饥，人溺己溺"的敏感。这就是"同理心"，是我们与他人"同在"的一种感觉。假如我们想与他人维持成熟的人际关系，同理心可说是基础。

要让别人喜欢你，先得使自己值得让人喜欢。

◎温和问题，换来肯定

奥弗斯基教授在他的《影响人类的行为》一书中说："一个否定的反应，是最不容易突破的障碍。当一个人说'不'时，他所有的人格尊严，都要求他坚持到底。事后他也许觉得自己的'不'说错了；然而，他必须考虑到宝贵的自尊！既然说出了口，他就得坚持下去。因此，一开始就使对方采取肯定的态度而非否定的态度，是最为重要的！"

善于交际的人，都在一开始就力求得到对方的一些“是的”反应，这样就把对方心理导入肯定的方向。就好像一粒撞击的小球运动，从一个方向打击，它就偏向一方；要使它从反方向回来的话，则要花更大的力。

从生理反应上说，当一个人说“不”，而本意也确实否定的时候，他的整个组织——内分泌、神经、肌肉——全部凝聚成一种抗拒的状态，通常可以看出身体产生了一种收缩或准备收缩的状态。反过来，当一个人说“是”时，身体组织就呈现出前进、接受和开放状态。因此，开始时我们越多地造成“是，是”的环境，就越容易使对方接受我们的想法。

这是一种非常简单的技巧——但是它却被许多人忽略了！在某些人看来，似乎人们只有在一开始就采取反对的态度，才能显示出他们的自尊感。因此，激进派的人一跟保守派的人碰到一块，就必然要愤怒起来！事实上，这又有什么好处呢？如果他只是希望得到一种快感，也许还可以原谅。但假如他要达成什么协议的话，那他就太愚蠢了。

正是这种使用“趋同”的方法，使得纽约市格林尼治储蓄银行的职员詹姆斯·艾伯森，挽回了一名青年主顾。

艾伯森先生说：“那个人进来要开一个户头，我照例给他一些表格让他填。有些问题他心甘情愿地回答了，但有些他根本拒绝回答。”

“在我研究为人处世技巧之前，我一定会对那个人说：如果拒绝对银行透露那些材料的话，我们就不让他开户。我很惭愧过去我就采取那种方式。当然，像那种断然的方法会使我觉得很痛快。我表现出谁才是老板，也表现出银行的规矩不容破坏。但那种态度，当然不能让一个进来的开户头的人，有一种受欢迎、受重视的感觉。”

“我决定那天早上采用一下学到的技巧。我决定不谈论银行所要的，而谈论对方所要的。最重要的，我决意在一开始就使他说‘是，是’。因此，我不反对他。我对他说，他拒绝透露的那些资料，并不是绝对必要的。”

“‘但是，’我接着说，‘假如你把钱存在银行一直等到你去世，难道你不希望银行把这笔钱转移到你那依法有权继承的亲友那里吗？’”

“‘哦，当然。’”他回答道。

“我继续说：‘你难道不认为，把你最亲近亲属的名字告诉我们是一种很好的方法吗？万一你去世了，我们就能准确而不耽搁地实现你的愿望。’”

“他又说：‘是的。’”

“当他发现我们需要的那些资料不是为了我们，而是为了他的时候，那位年轻人的态度软化下来——改变了！”

“在离开银行之前，那位年轻人不但告诉我所有关于他自己的资料，而且在我的建议下，开了一个信托户头，指定他的母亲为受益人，同时还很乐意地回答所有关于他母亲的资料。”西屋公司的推销员约瑟夫·阿立森也有类似的经验：“在我的区域内有一个人，我们卖给了他几个发动机。如果这些发动机不出毛病的话，我深信他会填下一张几百个发动机的订单。这是我的期望。”阿立森向大家介绍道。

“我对我们公司的产品很有信心。3个星期之后，我再去见他的时候，我兴致勃勃。但是，我的兴致并没有维持多久，因为那位总工程师对我说：‘阿立森，我不能向你买其余的发动机了。’”

“‘为什么？’我惊讶地问，‘为什么？’”

“‘因为你的发动机太热了，我的手不能放上去。’”

“我知道跟他争辩不会有什么好处。因此，我说：‘嗯，听我说，史密斯先生，我百分之百地同意你。如果那些发动机太热了，你就不应该买。你的发动机热度不应该超过全国电器制造商公会所立下的标准，是吗？’”

“他同意地说：‘是的。’我已经得到我的第一个‘是’。‘电器制造公会的规定是：设计的发动机可以比室内温度高出华氏72度。对不对呢？’‘是的，’他同意，‘的确是的，但你的发动机热多了。’”

“我还是没有跟他争辩。我只是问：‘厂房有多热呢？’”

“‘呵，大约华氏75度。’他说。”

“我回答道：‘那么，如果厂房是75度，加上72度，总共就等于华氏147度。如果你把手放在华氏147度的热水塞门下面，是不是很烫手呢?”

“他又必须说‘是的’。”

“‘那么，不把手放在发动机上面，不是一个好办法吗?’我提议说。”

“‘嗯，我想你说得不错，’他承认说。我们继续聊了一会儿。接着他叫他的秘书过来，为下月开了一张价值35万美元的订单。”

“我花了很多钱，失去了好多生意，才知道跟人家争辩是划不来的，懂得了从别人的观点来看事情使他说‘是的，是的’才更有收获和更有意思。”

被誉为世界上最卓越的口才家之一的苏格拉底，做了一件历史上只有少数人才能做到的事：他彻底地改变了人类的整个思潮。而现在，在他去世23个世纪后，这个方法依然如此行之有效。

他的整套方法，现在称之为“苏格拉底妙法”，以得到“是，是”为根据。他所问的问题，都是对方所必须同意的。他不断地得到一个同意又一个同意，直到他拥有许多的“是，是”。他不断地发问，到最后，几乎在没有意识之下，使他的对手发现自己所得到的结论，恰恰是他在几分钟之前所坚决反对的。

以后当我们要自作聪明地对别人说他错了时候，可不要忘了苏格拉底妙法，应提出一个温和的问题——一个会得到对方的“是，是”反应的问题。

◎诱饵钓人，促发渴望

每年夏天，我都会去梅恩钓鱼。我喜欢吃杨梅和奶油，然而基于某些特殊原因，我发现水里的鱼爱吃水虫。

所以在钓鱼的时候，我就不做其他想法，而专心一致地想着鱼儿们所需要的。

我也可以用杨梅或奶油做钓饵，和一条小虫或一只蚱蜢同时放入水里，然后征询鱼儿的意见——“嘿，你要吃哪一种呢？”

为什么我们不用同样的方法来“钓”一个人呢？

有人问到路易特·乔琪，何以那些战时的领袖们，退休后都不问政事，唯独他还身居要职呢？

他告诉人们说，“如果说我手掌大权有要诀的话，那得归功于我的心里明白，当我钓鱼的时候，必须放对鱼饵。”

我们怎么会扯到这上面来，那是无知的，不近情理的？世上唯一能够影响别人的方法，就是谈论人们所要的，同时告诉他，该如何才能获得。

明天你希望别人为你做些什么，你就得把这件事记住，我们可以这样比喻：如果你不让你的孩子吸烟，你无须训斥他，只要告诉孩子，吸烟不能参加棒球队，或者不能在百码竞赛中夺标。不管你要应付小孩，或是一头小牛、一只猿猴，这都是值得你注意的一件事。

有一次，爱默生和他儿子想使一头小牛进入牛棚，他们就犯了一般人常有的错误，只想到自己所需要的，却没有顾虑到那头小牛的立场……爱默生推，他儿子拉。而那头小牛也跟他们一样，只坚持自己的想法，于是就挺起它的腿，强硬地拒绝离开那块草地。

这时，旁边的爱尔兰女佣人看到了这种情形，她虽然不会写作文章，可是对于这些，她颇知道牛马牲畜的感受和习性，她马上想到这头小牛所要的是什么。

女佣人把她的拇指放进小牛的嘴里，让小牛吸吮着她的拇指，然后再温和地引它进入牛棚。

从我们来到这个世界上的第一天开始，我们的每一个举动，每一个出发点，都是为了自己，都是因为我们需要而做。

哈雷·欧佛斯托教授，在他一部颇具影响力的书中谈到，“行动是由人类的基本欲望产生的……对于想要说服别人的人，最好的建议是无论是在商业上、家庭里、学校中、政治上，在别人心念中，激起某种迫切的需要，如果能把这点做成功，那么整个世界都属于他的，再也不会碰钉子，走上穷途末路了。”

明天当你要向某人劝说，让他去做某件事时，未开口前你不妨先自问，“我怎样使他要做这件事？”

这样可以阻止我们，不要在匆忙之下去面对别人，最后导致多说无益，徒劳而无功。

在纽约银行工作的芭芭拉·安德森，为了儿子身体的缘故，想要迁居到亚利桑那州的凤凰城去。于是，她写信给凤凰城的12家银行。她的信是这么写的：

敬启者：

我在银行界的10多年经验，也许会使你们快速增长中的银行对我感到兴趣。

本人曾在纽约的“金融业者信托公司”担任过许多不同的业务处理工作，现在则是一家分行的经理。我对许多银行工作，诸如：与存款客户的关系、借贷问题或行政管理等，皆能胜任愉快。

今年5月，我将迁居至凤凰城，故极愿意能为你们的银行贡献一己之长。我将在4月3日的那个礼拜到凤凰城去，如能有机会做进一步深谈，看是能否对你们银行的目标有所助益，则不胜感谢。

芭芭拉·安德森谨上

你认为安德森太太会得到任何回音吗？11家银行表示愿意面谈。所以，她还可以从中选择待遇较好的一家呢！为什么会这样呢？安德森太太并没有陈述自己需要什么，只是说明她可以对银行有什么帮助。她把焦点集中在银行的需要，而非自己。

但是仍然有许多销售人员，终其一生不知从顾客的角度去看事情。曾有过这样一个故事：几年前，我住在纽约一处名叫“森林山庄”的小社区内。一天，我匆匆忙忙跑到车站，碰巧遇见一位房地产经纪人。他经营附近一带的房地产生意已有多年，对“森林山庄”也很熟悉。我问他知不知道我那栋灰泥墙的房子是钢筋还是空心砖，他回答说不知道，然后给了张名片要我打电话给他。第二天，我接到这位房地产经纪人的来信。他在信中回答我的问题了吗？这问题只要一分钟便可以在电话里解决，可是他却没有。他仍然在信中要我打电话给他，并且说明他愿意帮我处理房屋保险事项。

他并不想帮我的忙，他心里想的是帮他自己的忙。

亚拉巴马州伯明翰市的霍华德·卢卡斯告诉我，有两位同在一家公司工作的推销员，如何处理同样一件事务：

“好几年前，我和几个朋友共同经营了一家小公司。就在我们公司附近，有家大保险公司的服务处。这家保险公司的经纪人都分配好辖区，负责我们这一区的有两个人，姑且称他们做卡尔和约翰吧！

“有天早上，卡尔路经我的公司，提到他们一项专为公司主管人员新设立的人寿保险。他想我或许会感兴趣，所以先告诉我一声，等他收集更多资料后再过来详细说明。

“同一天，在休息时间用完咖啡后，约翰看见我们走在人行道上，便叫道：‘嗨，卢卡斯，有件大消息要告诉你们。’他跑过来，很兴奋地谈到公司新创了一项专为主管人员设立的人寿保险（正是卡尔提到的那种），他给了一些重要资料，并且说：‘这项保险是最新的，我要请总公司明天派人来详细说明。请你们先在申请单上签名我送上去，好让他们赶紧办理。’他的热心引起我们的兴趣，虽然都对这个新办法的详细情形还不甚明了，却都不觉上了钩，而且因为木已成舟，更相信约翰必定对这项保险有最基本的了解。约翰不仅把保险卖给我们，卖的项目还多了两倍。

“这生意本是卡尔的，但他表现得还不足以引起我们的关注，以致被约翰捷足先登了。”

这是个充满掠夺、自私自利的世界，所以，少数表现得不自私、愿意帮助别人的人，便能得到极大益处，因为很少人会在这方面跟他竞争。欧文·杨是个著名律师，也是美国有名的商业领袖。他说过："能设身处地为他人着想，了解别人心里想些什么的人，永远不用担心未来。"

许多推销人员，每天踏破铁鞋，疲累沮丧，所获却并不多。为什么呢？因为他们心里想的都是自己的需要。他们不知道你我并不想买什么东西，如果想的话，也一定会自己出门。顾客总喜欢主动采买——而非被动购买。

"注意别人的观点，引起别人的渴望"，这并不能解释为"操纵别人，使他去做对你有益，而对他却有害"的事。而应该是说："双方都能因为此事而获利。"在安德森太太发给凤凰城 12 家银行的信里，在约翰向卢卡斯推销人寿保险的交易行为当中，双方都因处理事务的方式得当而彼此获利。

我曾为一些大学毕业生开讲《有效谈话》的课程。这些毕业生刚进入"开利公司"工作，其中一名学生想利用休息时间打打篮球，于是他便这样去说服其他人："我要你们出来打篮球。我喜欢打篮球。但是，前几回我到体育馆的时候，人数总是不够。我们当中的两三人，一直把球传来传去——我还被球打得鼻青脸肿。希望你们明天晚上都过来打，我喜欢打篮球。"

这名学生谈到别人的需要吗？我想，假如别人都不愿去体育馆的话，你也不一定不会去的。你不会在意那名学生想要什么，你也不想被打得鼻青脸肿。

这名学生有没有办法让你们觉得，假如你们到体育馆去，可以得到许多东西。像更有活力、会更有胃口、脑筋更清醒、得到许多乐趣等等。

我们再重复一遍欧佛斯托教授充满智慧的忠言："要首先引起别人的渴望，凡能这么做的人，世人必与他在一起。这种人永不寂寞。"

训练班有名学生，一直为自己的小儿子操心不已。他的小男孩体重过轻，而且不肯好好吃东西。这对父母用的是大家最常用的方法——责备和唠叨。"妈妈要你吃这个和那个。""爸爸要你以后长得高大强壮。"这个小男孩听得进多少这类的要求？这就好像把一撮沙子丢到海滨沙地一样。

只要你对动物还有一点认识，你就不会要求一名 3 岁小孩，对他 30 多岁父亲的看法会有什么反应，更不要说完全依照父亲所期待的去做，那是荒谬无理的。这名学员后来也发现错误，便告诉自己：“我的儿子想要什么？我如何能把自己的需要和他的需要联结起来?”只要这位父亲一开始想，问题就变得容易多了。

小男孩有一部三轮车，他最喜欢在自家门口附近骑着到处跑。但是街的另一头住了一个喜欢欺负弱小的大男孩，常常把小男孩从车上拉下来，然后把车子骑走。自然，小男孩会哭叫着跑回家去，然后妈妈便会跑出来，先把大男孩从三轮车上赶开，再让小男孩骑着车子回家。这事几乎每天发生。所以小男孩想要什么，这并不需要侦探福尔摩斯来回答。

小男孩的自尊、愤怒和渴望具有重要性——所有他性格中最强烈的情绪——都促使他要采取报复行动，最好能一拳把那大男孩的鼻子打扁。这时，这位父亲就趁机向小男孩解释，假如他能把妈妈所给的食物吃下去，终有一天能足够强壮得把大男孩狠揍一顿。此法果然奏效，小男孩从此不再有饮食方面的问题。他肯吃菠菜、泡菜、腌鲭鱼——凡是可以让他快快长大的食物都吃。因为他实在太渴望早日把那个大男孩狠揍一顿，好一解长久以来所受的怨气。

解决了这个问题之后，这对父母又得处理另一个问题：原来小男孩一直有尿床的坏习惯。小男孩与祖母同睡，每天早上，祖母醒过来发现被单是湿的，便会说：“强尼，看，你昨晚又尿床了!”小男孩就会回答：“不是我，是你自己尿床。”

责备、处罚、取笑或一再警告，所有能用的方法都用遍了，就是无法让他改掉这个坏习惯。那么，如何才能让孩子自己想要不尿床?

小男孩调皮地回答，他想要一套像爸爸一样的睡衣，而不是现在所穿的睡袍，那看起来像祖母穿的。老祖母早已受够小男孩尿床的坏习惯，所以很乐意买一套那样的睡衣送给他。他还想要一张自己的床。祖母也不反对。

小男孩的母亲也带他到家具店去。她先对店里的女店员眨眼示意，然后说道：“这位小男士想要买些东西。”

“年轻人，我可以帮什么忙吗？你想要什么东西？”

这话使小男孩深觉自己的重要。他尽量站得使自己看起来高些，然后回答：“我要给自己买张床。”

女店员便带小男孩看了好几张床。等男孩的母亲示意哪一张比较合适，女店员便说服小男孩把它买下来。

第二天，床送来了。当天晚上，父亲回家的时候，小男孩就赶紧拉着爸爸到楼上看他的床。

父亲看了那张新床，然后真诚而慷慨地发出赞美之言，“你不会把这张床尿湿吧，会吗？”

“哦，不会的，不会的，我不会再把床尿湿了。”小男孩果然遵守诺言，因为这里面有他的尊严，而且，这是他自己买的床。他现在穿着和父亲一样的睡衣，完全像个小大人了，所以他也要举止行为像个小大人一样。

另一个电话工程师，他无法叫3岁大的女儿吃早餐，无论怎么责备、哄骗或要求，都无济于事。这个小女孩喜欢模仿母亲，喜欢觉得自己已长大成人。所以，有天早上，这对父母就把小女孩放在椅子上，让她自己准备早餐。果然小女孩弄得十分起劲，一看见父亲进到厨房便叫道：“爸爸，看，今天早上我自己调麦片！”她吃了两份麦片，完全不用哄骗，因为这不但使她兴趣盎然，更使她觉得“深具重要性”。她完全在调制麦片的过程当中，找到了自我表现的途径。

自我表现是人类天性中最主要的需求。我们也可以把这项心理需求用在商业交易上。当我们想出一个好主意的时候，别让其他人以为那是我们的专利。不妨让他们自己去调制那些观念，他们会认为那是自己的主意，也会因特别喜爱而多摄取了好些的分量。

我们应记住：要首先引起别人的渴望。凡能这么做的人，世人必与他在一起。这种人永不寂寞。

◎汲取力量，提升交际

一个人从别人那里所吸收的能量愈大、质量愈好、种类愈多，则其个人的力量愈大。假使他在社交上、精神上、道德上同他的同辈有多方面的接触，那么他一定是个有力量的人。反之，假使他在人我之间断绝关系，那么他一定会成为弱者。

人类需要各种精神食粮，而这各种精神食粮，只有在同各种各样的人们相处相交中得来。这就像枝头上葡萄累累、色汁液的甜蜜，其色香的醇美，都是从葡萄藤的主藤上来的一样。树枝本身不能生存，把树枝从树干上砍掉，树枝定会萎黄枯死。个人的力量也是从“人类树干”中得来的。

在同一个人格坚强伟大的人相面对、相接触的时候，常常能觉得自己的力量会突然增加几倍，自己的智慧会突然提高几倍，自己的各部分机能会突然锐利了几分，仿佛自己以前所梦想不到的隐藏在生命中的力量，都被他解放了出来，以至使自己可以说出、做出在一人独处时、在没有同他接触时，所决不能说出、不能做出的事情。

演说家的演讲可以唤起听众的同情，因而发出伟大的力量。但是假使他在“没有人”或者和个别人的情况下讲话，则他绝不能生出这种大力量来；正像化学家绝不能使分贮在各只瓶中的药品发生化学作用一样。新的力量、新的影响、新的创造，只有在“接触”和“联系”中才能得来。

常能同他人相处相交的人，仿佛永远在他的“发现航程”中能发现自己生命中的新的“力量岛屿”，而若是他不常同别人接触，这种“力量岛屿”是会永远埋没无闻的。

只要他愿意探取，凡他结交的每一个人，都能告诉他若干的秘密，若干闻所未闻却足以辅助他的前程、加强他的生命的东西。没有人能孤独地发现他自己，别人总是他的发现者！

我们大部分的成就总是蒙受他人之赐。他人常在无形之中把希望、鼓励、辅助投入我们的生命中，在精神上振奋我们，使我们的各种能力趋于锐利。

我们生命的生长，都依靠我们的心灵从四处吸收营养，而这种营养，我们的感觉是不能觉察、测量的。从表面上看，我们是从耳目中吸收进“力量”的，但在事实上，这种力量的吸收绝不是取道于官能的视觉、听觉神经的。

一幅名画中最伟大的东西，不在于画布上的色彩、影子或格式上，而是在这一切背后的画家的人格中——那黏着在他的生命中，那为他所传袭、所经历的一切的总和所构成的一种伟大力量！

大学教育的大部分价值，都是从师生同学间感情的交流、人格的陶冶中所得来的。他们的心相摩擦，刺激起各人的志向，提高各人的理想，启示新的希望、新的光明，并将各人的各种机能琢磨成器。书本上的知识是有价的，然而从心灵的沟通中所得来的知识是无价的。

假使你不能同别人的生活发生密切的关系，不能培养起你的丰富的同情心，不能在别人的事上发生兴趣，不能辅助别人，不能分担别人的痛苦、共享别人的快乐，则不管你学问怎样好、成就怎样大，你的生命仍是冷酷的、无友的、孤独的、不受欢迎的。

试着常同比你优越的人交往。这并不是说，你应当和比你更有钱的人交往，而是说你应当同人格、品行、学问、道德都胜过你的人交往，因为这样你就能尽量吸收到种种对你的生命有益的东西，就可以提高你自己的理想，可以鼓励你趋向于高尚的事情，可以使你对事业激起更大的努力来。

脑海与脑海之间，心灵与心灵之间，有着一种伟大的“感应”力量。这种“感应”力量，虽无法测量，然而它的刺激力、它的破坏及建设力是十分巨大的。假使你常同比你低下的人混在一起，则他们一定会把你拖陷

下去，一定会降低你的志愿和理想。

错过与一个胜过我们自己的人相交往的机会，实在是一个很大的不幸，因为我们常能从这个人身上得到许多益处。只有从“交往”中，生命中粗糙的部分才可以擦去，我们才可以琢磨成器。同一个能够启发我们生命中的最美善的部分的人相交的机会，其价值远胜过于发财获利的机会，它能使我们的力量增加百倍。

第五篇

影响力的本质

第一章

外修内饰，精装形象工程

◎人都需要包装

商品需要包装，人也需要包装。远古人的包装是御寒与遮羞，后来人的包装是美观与等级，当代人的包装是集古今之大成，功用多多。就现代人来说，如何包装自己，日益重要，也意味深长。

包装绝非仅仅穿衣打扮，但首先是穿衣打扮。服装是人类的包装，对人的职业、个性和心态，既有掩饰的作用，又有展示的功能。

人类原本是为了遮盖自己的裸体，掩饰自我才穿衣服。但从心理上说，服装更能展示自我。因为每个人穿着自己选择的衣服，表现的是从裸体上无法看透的深层心理。因此，衣服也成为与人类无法切割的身体的一部分。可见，衣服是一个人的表征，当一个人将自我由内展露于外时，心理学称之为“自我延长”。

一个人的外貌对于人本身有影响，穿着得体的人给人的印象就良好，它等于在告诉大家：“这是一个重要的人物，聪明、成功、可靠。大家可以尊敬、仰慕、信赖他。他自重，我们也尊重他。”

只有在对方认同你和接受你的时候，你才能顺利进入对方的世界，并游刃有余地与对方周旋和交好，从而把自己的事情办成和办好，而这一切的获得在很大程度上与你的外在打扮有关。

大凡给对方留下了好印象的人都好与对方交往，好与对方合作，好与对方办事儿。而一个人的仪表是给对方留下好印象的基本要素之一。

试想，一个衣冠不整、邋邋遢遢的人和一个装束典雅、整洁利落的人在其他条件差不多的情况下，同去办一样分量的事儿，恐怕前者很可能受到冷落，而后者更容易得到善待。特别是到一个陌生的地方办事儿，怎样给别人留下一个美好的第一印象更重要。世上早有“人靠衣装马靠鞍”之说，一个人若有一套好衣服配着，仿佛把自己的身价都提高了一个档次，而且在心理上和气氛上增强了自己办事儿的信心。聪明的人切莫怪世人“以貌取人”，人皆有眼，人皆有貌，衣貌出众者，谁不另眼相看呢？着装艺术不仅给人以好感，同时还直接反映出一个人的修养、气质与情操，它往往能在尚未认识你或你的才华之前，向别人透露出你是何种人物，因此在这方面稍下一点工夫，就会事半功倍。

衣冠不整、蓬头垢面让人联想到失败者的形象。而完美无缺的修饰和宜人的体味，能使你在任何团体中的形象大大提高。有些人从来没有真正养成过一个良好的自我保养的习惯，这可能是由于不修边幅的学生时代留下的后遗症，或者父母的率先垂范不好，或者他们对自己的重视不够造成的。这些人往往“三天打鱼两天晒网”，只要基本上还算干净，没有人瞧不起，能走得出去便了事了。如果你注重自己的形象，良好的修饰习惯很快就能形成。如果你天生一个胡子脸，那也没有办法，但至少你要给人一种你能打点好自己的印象。牙齿、皮肤、头发、指甲的状况和你的仪态都一一表明你的自尊程度。

别人对你的第一印象，往往是从服饰和仪表上得来的，因为穿着服饰往往可以表现一个人的身份和个性。毕竟，要对方了解你的内在美，需要长久的过程，只有仪表能一目了然。

办事儿的顺利和成功与否，第一印象至关重要，不讲究仪表就是自己给自己打了折扣，自己给自己设置了成功的障碍，不讲究仪表就是人为地给要办的事情增加了难度。

◎仪表是你的门面

我们的身体是最重要的自我表现方式。身体的外表被认为是内在的反映。如果一个人的外表丑陋、可憎，我们完全有理由认为他的思想也是这样的。通常，这种结论也是成立的。高尚的理想、活泼健康的生活和工作本身与个人卫生的不整洁都是势不两立的。一个忽视洗澡的年轻人也会忽视他的心灵，他会很快全面堕落。一个不注意仪表的年轻女人很快就无法取悦于人，她会一步步堕落成一个不思上进的邋遢女人。

难怪《塔木德》把清洁置于仅次于神性的位置上。而我会把清洁的位置摆放得更高些，因为我相信绝对的清洁就是神性。灵与肉的清洁或纯洁能把人升华到最高境界。一个不洁净的人只是头野兽而已。

要保持良好的仪表，最重要的一点就是要经常洗澡。每天洗一个澡能保证皮肤的清洁与健康，否则身体是不可能健康的。

对头发、手和牙齿的护理也相当重要，一定要细致周到，不能马虎草率。

修剪指甲的用具很便宜，人人都买得到，如果你买不起一整套用具，你可以只买一把指甲刀，把指甲修剪得光滑干净。

护理牙齿是件简单的事，然而，人们在牙齿卫生上犯的错误可能要比在其他方面犯的错误更多。我认识一些年轻人，他们衣着考究，对自己的仪表非常得意，但他们却忽视了自己的牙齿。他们没有意识到，人的仪表中没有比脏牙、蛀牙，或是缺了一两颗门牙更糟糕的缺陷了。呼吸当中的恶臭更令人无法忍受，如果知道有这种后果，就没有人会忽视他的牙齿了。没有哪个老板会要一个缺了一两颗门牙的职员或速记员；许多应聘者就因为牙齿不好而被拒绝。

对于那些在社会上谋生的人来说，关于衣着的最佳建议可以概括为一句话："让你的衣着得体，但不需要昂贵。"衣着朴素具有最大的魅力，现在市面上有大量物美价廉的衣物可供选择，大部分人能买到好衣服穿。但是如果条件所限，不能买到更好的衣物，也不必为一套寒酸的衣服害羞。穿一件花钱买的旧外套比穿一件不花钱的新外套更能赢得别人的尊敬。

不可避免的寒酸不会让人产生反感，但是邋遢却使人一见之下顿生厌恶。只要你量入为出地打扮自己，不管多穷，你都可以穿得很得体。应该有意识地尽量拿出最好的仪表，注意干净整洁，竭力保持自尊和真诚，这样才能帮助你渡过重重难关，带给你尊严、力量和魅力，使你赢得别人的尊敬和钦佩。

赫伯特·乌里兰很快就从长岛铁路一个普通路段工人提升为纽约市铁路局的董事。在一次关于如何获取成功的演说中，他说："衣服不能造就一个人，但好衣服能使人找到一份好工作。如果你有25美元，又需要一份工作的话，最好花20元买一套衣服，花4元买双鞋，剩下的钱买一个刮胡刀、一个发剪、一个干净的领圈，然后去找工作。千万不要带着钱，穿着一身破旧西装去应聘。"

多数大公司都规定不雇用衣衫褴褛、邋里邋遢，或是应聘时衣冠不整的人。芝加哥最大一家零售商店的招聘主管说："招聘的原则必须严格遵守，对于一个应聘者来说，经受住考验的最重要条件就是他的仪表。"

一个应聘者具备多少优点和能力没有关系，但他必须重视自己的仪表。璞玉浑金的价值不知要比抛光的玻璃高出多少倍，但是有时候就是明珠暗投。有些应聘者凭借良好的仪表获得了一份工作，虽然很多被拒之门外的人要比他们深刻得多。他们的能力可能还不及那些被拒之门外的人的一半，但是既然有了工作，他们就会设法保住这个饭碗。

这条通行全美的招聘原则在英国同样适用，《伦敦布商》杂志就可以作证，它这样说道："越是注意个人清洁卫生和衣着整洁的人，就越能仔细地完成工作。个人生活邋遢的工人工作也会马马虎虎。而关注仪表的人也同样在意工作的效果。

柜台后面是什么样，车间里很可能也就是什么样。时髦的女售货员一定很讲究穿着，她会厌恶肮脏的衣领、磨破的袖口和皱巴巴的领带，难道不是这样吗？事实上，关注个人习惯和整体仪表，就会对邋遢散漫的习惯产生警觉。

（1）三点一线：一个衣冠楚楚的男人，他的衬衫领口、皮带襻和裤子前开口外侧应该在一条线上。

（2）说到皮带襻，如果你系领带的话，领带尖可千万不要触到皮带襻上哟！

（3）除非你是在解领带，否则无论何时何地松开领带结都是很不礼貌的。

（4）一身漂亮的西服和领带会使一个男人看上去非常时髦，而一套好西装却不系领带，会使他看着更时髦。

（5）如果你穿西装，但不系领带，就可以穿那种便鞋，如果你系了领带，就绝对不可以了。

（6）新买的衬衫，如果你能在脖子和领子之间插进两个手指，就说明这件衬衫洗过之后仍然会很适合。

（7）透过男人的衬衫能隐隐约约看到穿在里面的T恤，就有如女人穿着能透出里面内裤的裤子一样尴尬。

（8）如果不是专业的手洗，一件300多元的衬衫很快就会只值25元。

（9）精神的发型、一双好鞋，胜过一套昂贵的西装。

（10）一双90元的鞋的寿命应该是180元一双的鞋的一半，而1000元一双的鞋将伴你一生。

（11）如果你穿的是三粒扣西装，可以只系第一颗纽扣，也可以系上面两颗纽扣，就是不能只系最下面一颗，而将上面两颗扣子敞开着。

（12）穿双排扣西装所有的扣子一个也不能不扣，特别是领口的扣子。

（13）如果你去某个场合拿不准穿什么服装，那么隆重点儿远比随便点儿强得多，人们会认为你随后还要去一个更重要的场合呢！

（14）一件便宜的羊绒衫实际上远远没有一件好一点儿的羊毛衫更柔软、舒服。

（15）除非你是橄榄球运动员，否则就不要把任何与名字有关的字母或号码穿在身上。

（16）45岁以下的你请不要过早地叼上烟斗，也不要戴那种浅圆的小帽。

（17）比穿没盖过踝骨的袜子更糟糕的是穿没盖过踝骨的格子袜子。

（18）配正装一定不要穿白色的袜子。

(19) 无论如何，你不必有太多卡其布休闲装、白色的纯棉T恤或厚棉布网球鞋，毕竟一周只有一个星期六。

(20) 穿衣服的第一常规就是打破一切常规——包括我们上面所说的一切。

我强调衣着的重要性，但并不是要你像英国花花公子博·布鲁梅尔那样，一年仅做衣服就花四千美元，扎一个领结也要花上几个小时。过分注重穿着甚至比完全忽视还要糟糕。那些像博·布鲁梅尔那样的人太讲究穿着了，他们一门心思地扑在对衣着的研究上，而忽略了内心修养和神圣的责任。在我看来，穿衣应该量入为出，与身份相称，这既是一种责任，也是最实际的节俭。

许多年轻人误以为“穿着得体”就一定是指要穿贵重的衣服。这种观点与完全忽视穿着同样是错误的。他们把本该花在头脑和心灵修养上的时间用在了梳妆打扮上。他们老是在盘算该怎样用微薄的收入来买昂贵的帽子、领带或是大衣。如果他们买不起渴望得到的东西，就会买便宜的赝品来代替，结果他们的穿着会显得很可笑。这类年轻人戴廉价戒指、打猩红色领带、穿大格纹衣服。他们肯定是职位低下者。卡莱尔这样形容这类花花公子——“一个花里胡哨的人——他的职业和生活就是穿衣——他的精神、灵魂和钱包都无畏地献给了这一目的。”他们就为了穿衣而活着，他们没有时间学习文化，没有时间努力工作。

莎士比亚说：“衣装是人的门面。”这一说法得到了全世界的认同。许多人经常因为他们不得体的穿着而备受指责。初看起来，仅凭衣着去判断一个人似乎肤浅轻率了些；但经验一再证明：衣着的确是衡量穿衣人的品位和自尊感的一个标准。渴望成功的有志者应该像选择伴侣一样谨慎地选择衣装。古谚云：“我根据你的伴侣就能判断你是什么样的人。”某个哲学家也说过一句精妙的话：“让我看看一个妇女一生所穿的所有衣服，我就能写出一部关于她的传记。”

西德尼·史密斯说：“教育一个女孩说漂亮无关紧要，衣装一无是处，这真是荒谬透顶！漂亮非常重要。她一生中所有的希望和幸福或许就依赖于一件新裙子或是一顶合适的女帽。如果她稍有点常识，她就会明白这点。应该教她知道衣装的价值所在。”人的确不是由衣装造就的，但衣装给我们的生活带来的影响远远出乎我们的意料。普林提斯·穆尔福德说，衣装能影响人类的精神面貌。这并非言过其实，只要想想衣装对你自己的影响程度有多大就够了。

假设让一个女人穿着一件破旧肮脏的晨衣，那么它就会影响到她，使她对自己的头发是肮脏还是扭结都漠不关心。她的脸和手干净与否，穿的鞋子多么破烂，都无关紧要，因为在她看来，“穿着这件旧晨衣没有什么不好”。她的步态、风度、情感倾向，都将潜移默化地受到这件旧晨衣的影响。如果她能改变一下——换上一件漂亮的棉裙，那么她的模样和举止将会多么的不同啊！她的头发一定会梳理得宜，会与她的穿着相得益彰。她的脸庞、手和指甲一定会干干净净。破旧肮脏的鞋也会换成了合脚的便鞋。她的思想也会焕然一新。她会更加尊敬衣冠整洁的人士，会远离穿着邋遢的人。“你想改变你的意识吗？那么就改变你的穿着吧，你马上就会感觉到效果。”

◎少有人不以貌取人

在日常生活中，我们常常听到这样的劝告：不要以貌取人。但是经验告诉我们，人是很难不以貌取人的。从人的审美眼光出发，爱美之心人皆有之，人们对美的认识，很多时候是从第一印象中产生的，而人的仪表恰好承载了这一“特殊”的任务。

良好的仪表犹如一支美丽的乐曲，它不仅能够给自身提供自信，也能给别人带来审美的愉悦，既符合自己的心意，又能左右他人的感觉，使你办起事来信心十足，一路绿灯。

美国的心理学者雷诺·毕克曼做了以下有趣的实验。

在纽约机场和中央火车站的电话亭里，在任何人都可以看到的地方，放了10分钱，等到一有人进入电话亭，约两分钟后敲门说：“对不起我在这里放了10分钱，不知道你有没有看到？”结果退还硬币的比率，询问者服装整齐时占77%，而询问者衣服较寒酸时则占38%。

进入电话亭里的人在被服装整齐的人询问时，可能会察觉服装整齐的人可能跟自己说了很重要的话；而面对衣着寒酸的人，因为在不想接触的念头下，不想去理会对方的问题，所以根本没有听清楚他说的话，就开口回答“不”，企图赶走对方。

“佛靠金装，人靠衣装。”衣着对一个人出外办事影响非常大，大多数人对另一个人的认识，可以说是从其衣着开始的。衣着本身就是一种无声的语言，不但能给对方留下一定的美感，而且它还能反映出你个人的气质、性格、内心世界。

人们对穿衣服的讲究很多，合乎场合的打扮可以使你在工作上无往不利。正式的工作环境中，自然应选择庄重、文雅的服饰。即使平常喜欢穿着随意、不修边幅的人，在庄重的社交场合也不应随随便便，那样会使人产生不尊重别人的感觉。相反，在一些轻松、愉快的社交场合，或个人的业余文娱活动中，则可选择活泼、鲜艳、式样随意一些的服饰，使人感到富有生活情趣，不拘一格。

得体的服饰可以增加人们的自信心。也许大家都有同样的感觉，要到一流饭店赶赴宴会时，总会将自己体面地打扮起来，若是到一般商店、市场购物，则是一套轻便的休闲服。其实，并不是每到一家一流饭店，都规定必须西装革履，而是这些饭店的气氛和其他人的穿戴，会使你不得不注意自己的服装仪容。

盛装赴宴，不仅仅是为了表现自己的礼仪，而且也是为了不辜负于酒店的豪华气派。所以，装扮仪容的行为，也可以说是一种预防被那种气氛吞没的心理武装。这时身上的衣装，已不仅是件普通的衣服而已，而是一件保护心灵的外衣。质地好的服装，可以强化自我意识，达到与一流饭店平等的关系。初次见面的对象，就像一流的饭店，只要你能将与对方建立平等关系的“东西”，加诸己身的话，便会更加大方自信了。

自然，人们对于着盛装的人和不讲究仪表的人两者间的感觉是不会相同的。美国有许多家大公司对所属雇员的装扮都有“规格”，所谓规格自然不是指要穿得怎么好看或指定衣料，而是“观感”的水准。不只在美国如此，在世界各地都一样。在中国，保险公司的业务员在向人们推销保险的时候是不会穿得不三不四的。无疑，人们对于穿得整齐的人，总是较有依赖感的。

◎应时应景，应事应己

着装并不是盲目的、千篇一律的，而应该根据需要不断地变化。

1. 应时着装

着装首先必须应时。所谓应时，不是指追求时髦，走在时装发展潮流的前沿，而是要求着装必须与穿着的具体时间相吻合，并体现出一定的时代特征，不可不分四季、不分早晚或脱离时代地胡乱着装。

应时原则通常包括如下三层含义：

其一，与时代变化同步。着装不应与时代脱节。不同的时代有着不同的着装习俗与特征，随着时代的发展，服装也在不断地更新换代，发展变化。当今的时代有自己的时代特征，反映在着装上便会有特定的时代要求。自然应顺应时代发展的要求，在着装上体现出时代的特征。

尽管从服装本身的发展规律来看，不时会出现复古或超前的现象，但其主旋律却一直是与时代前进的步伐在大体上保持一致的。

着装固然要遵循“相对保守、朴素大方”的原则，从而给人以稳重可靠、沉着踏实的印象，但这并不意味着要使自己的着装落伍于时代，从而走向另一个极端，否则便会有因循守旧、冥顽不化之嫌。

其二，与四季变化同步。服装的基本功能之一在于消暑御寒。因此在着装的选择上，任何人都必须随着四季的变换和气候的变化做出适当的改变，使着装冬暖夏凉，春秋适宜。

随着时代的发展和社会的进步，人们的着装观念已经发生了很大变化。许多人在着装的选择上已不再受季节时令和天气冷热的限制，大冬天穿着短裤短裙招摇过市的现象比比皆是。一般而言，人们应当尊重他人的着装选择，把着装看成是个人的私事而宽容对待。

其三，与早、中、晚变化同步。在每天的上班时间与非上班时间以及在非上班时间的不同时间段，都应有不同的服装选择。

每天早晨散步或进行运动时，可以穿便于活动的运动服；中午在家或在宿舍用餐时，可脱去正装，穿上休闲服，好好放松一下；而在晚上欣赏电视节目或准备休息时，则可换上睡衣睡裙，以求舒适、惬意。

然而在上班时间，不论上午下午，都必须穿着与“此时此刻”和谐的服装，从而体现出敬业精神。切不可如在家时那般随意自在，为追求舒适自然而一副休闲装束，否则就会有损于形象，因小失大。

2. **应景着装**

着装必须应景。所谓应景，是要求在着装时必须考虑到自己即将出场或主要活动的地点，使服装尽量与自己所面临的环境保持和谐一致。切不可我行我素、自以为是，使自己的着装与所处环境格格不入。

任何人都不是孤立的存在，都与所处的环境有着紧密的联系。只要到达特定地点，进入特定环境，人就成了特定环境的组成部分。此时，他的言行举止都必须主动、自觉地与环境保持一致。如果不顾忌环境的要求而我行我素，不仅会破坏环境美，而且也有损于自身形象，遭到环境的不容与排斥。正是基于这一点，着装必须遵守应景原则。

在工作时必须身着工作装。穿着制服、西装、中山装或西服套裙执行公务，会显得正规而庄重，能令人肃然起敬。但如果穿着牛仔服、运动鞋或是网球裙去上班，甚至外出执行公务，就会给人以不务正业的感觉，是绝不合适的。女性对这一点尤其应当予以重视，切不可将新潮、浪漫甚至奇异的户外装束“引进”公作场合。

在非工作场合无需身着工作装。特定的环境往往要求特定的着装，而特定的着装往往只适用于特定的环境。国家公务员身着正装去工作自然无可非议，但如果是以正装装束出现在公园、商场或运动场，则不仅有“小题大做”之嫌，而且还会因为正装的束缚与不适而使自己行动不便、“作茧自缚”。在非公作场合，国家公务员完全可以与别人一样，自由自在地选择合适服装，而不必以正装示人。

被《时代》杂志誉为全美第一位服装工程师的约翰·T. 莫莱认为，在服饰仪表方面，成功人士的保守、不逾越身份，并尽可能符合公司的要求，是通向成功的重要保证。他曾经向机构的高层行政人员的衣着提出忠告，最适当的西装颜色是蓝色和灰色，咖啡色则不大好。

穿像样的衣服是让别人认真对待你的一种方法。穿着可以与众不同，但一定要和你所从事的工作和所在的单位相协调。不同的公司与公司之间，正确的职业服装标准是不一样的，要根据该公司经营的种类、产品或服务的性质、公司位置、公司历史与传统等来确定。以往，我们对正确的职业服装的概念来自于以男性占主导的中上层职业——银行家、律师、医生和军官，有时也包括商人。而现在，一种源于工业革命后维多利亚时期的男性服装，经过女性化修改，已作为职业服装被广为接受，到处可见。这种传统的职业服装代表着一种正式而保守的形象，男女皆宜，但有些公司却不鼓励这种被人接受了的传统城市化着装，认为对其产品或服务太过正式，而希望其职员穿着更随意一点。什么样的服装被人接受，唯一的方法便是直接问这样一个问题；“这儿有什么着装规定吗?”或者自己观察一下，当回侦探。还有一个屡试不爽的方法，站在电梯或出口处，比较一下进进出出的人们的衣着形象，这比任何参考书都管用。如果，一个公司的形象与其职员的穿着并无太大联系，那可能不存在明显的着装规定。这样的话，问题就简单了，你只需判断一下是否达到了这样一个要求：如果你是高级职员，那就穿得体面些。职位越高，穿着始终与众不同就越显重要；如果你是一般职员，那么不要穿那些不适于工作的业余服装。你的上司不会认为没有付给你足够的工资，他们只会认为你没有购置合适的服装，由此得出你没有足够认真地对待自己的工作的结论。如果你为自己工作，那么不要胡乱穿衣，穿质量过得去的衣服，让自己具有成功者的形象。

留意你的服饰和仪表吧，这并不是叫你穿上最流行的、最时髦的衣服，也不是让你保留最摩登的发型，只是请求你穿得使人有整齐、清洁之感，面颊和发型都很娴雅、自然、得体就行，至于衣服新旧等问题都是次要的。

3. **应事着装**

着装必须应事。所谓应事，即要求根据自己所要办理的公事的不同而选择不同的着装，使自己的着装与所办的公事相配合、相呼应。

所办理的公事不同，就意味着所处场合的不同。因而应事原则有时也叫按场合区别着装的原则。不同的场合，着装应有所不同；特定的场合，往往有特定的着装要求。不遵循这套规矩，摆出“以不变应万变”的姿态，或者着装不分场合，不与所处场合协调一致，难免会招致麻烦。

通常，在处理公事时，所遇到的场合可以分为以下四种：

普通场合，基本上是指在办公室工作或是外出处理一般类型的公务之时。在这种场合，着装应当符合本公司、本部门的规定，在总体上做到正规、文明、干净、整洁。

庄重场合，主要指参加庆典、会议、盛宴、谈判、外事等庄严、隆重的活动。在此类场合的着装应力求庄重、高雅、严肃。

喜庆场合，通常指举办联欢会、舞会或游园会，参加婚礼、生日、节日或纪念日的庆祝活动，等等。这类场合大都充满热烈、喜悦、欢乐的气氛，因此着装应定位于时尚、潇洒、鲜艳、明快之上。但切勿做得过头，不可显得过于引人注目而脱离群众。

悲伤场合，一般包括出席葬礼、向遗体告别、祭扫陵墓以及慰问逝者家属等场合。在这些场合，参加者往往心情沉重、悲伤，因此着装务必要素雅、肃穆、严整。如果身着色彩艳丽或是标新立异的服装去参加上述活动，显然是很不得体的，表明对逝者及其家属的不敬。

4. 应己着装

着装必须应己。所谓应己，即要求在选择着装时要因人而异，使所穿服装与自己的身体条件相适应。

尽管着装有许多普遍性的规范和要求，但着装毕竟是具体到个人的事情。只有遵守应己原则，根据自己的身体条件选择服装，才能扬长避短，充分展示个人的最佳形象。具体而言，应己原则应围绕性别、年龄、肤色、形体这四大身体条件展开。

男着男装，女着女装，这是人人都应具有的基本常识。然而受近几年来国际时装潮流的影响，服装的中性化趋势日益明显；许多服装不分男女，已成为男女消费者的共同选择。更有一部分人崇尚男服女穿、女服男穿，俨然成为一种时尚。然而对于力求着装保守、规范的工作人员来说，是绝对不能追随这一趋势与潮流的。

不同的年龄对着装有不同的要求。在选择着装时，务必要考虑到自己的年龄因素，使自己的着装与年龄相符。所着着装若与着装者年龄有很大差距，往往会贻笑大方。

总体上讲，在着装的选择上，老年人应当素洁，中年人应当稳重，青年人应当活泼。这是必须遵守的标准尺度。

◎恰到好处地配饰

人们因为体态、肤色、气质的不同，或是职业工作环境的不同，对于服装和饰物的选择也各有不同，在注意服装协调的基础上，还要注意饰物的协调搭配，一身好的时装，再加上漂亮得体的饰物，如同锦上添花。

装饰物无外乎领带、领针、钱夹、戒指、手套、鞋帽、提包、皮带、头饰等，饰物的选择要从色彩、质地、形状和大小等因素来考虑，要把它们和服装的色彩、款式、造型、面料等相匹配，同时还要考虑个人的喜好和文化的素养。

现代的服饰除了实用性以外，已经越来越多地体现出了它的艺术性，只有在突出内外协调的整体美的时候，才更能体现出穿衣人的艺术品位。

一条品位高雅、与西装相得益彰的领带，可以增添服装的整体效果，与西装颜色、品牌相配的钱夹，可以体现出主人的身份和地位。

无论是男士还是女士，戒指都是一种美好的装饰，佩带戒指，可以推断出主人已婚或未婚的身份，避免造成不必要的尴尬。但是，把黄金饰品当做财富来炫耀的做法是不足取的，有的人把四枚戒指同时戴在手上，以此来表现他的富有，这样做非但不能提高他的档次，反而让人感到一种暴发户的庸俗气。

一个人的服饰成功与否，鞋子是非常重要的环节，鲁迅先生曾经说过：“脚长的女人定要穿黑鞋子，脚短就一定要穿白鞋子。”可见鞋子对于人的重要。

一个成功的人，他的鞋子应该是清洁的。这样的人注意细节，只有注意细节的人才能有缜密的思维，能够把每一件事情处理得恰到好处。

如果一个人的鞋子上满是污垢和灰尘，会给人留下一个不拘小节、狂放不羁的印象，这样的人可能在某种时候会表现出超人的艺术才能，但他们不会处理好身边的一些小事。如果把一些非常重要的事情交给这样的人来处理，那么，结果是令人担忧的。

皮带处于人体的中轴线上，它的位置非常重要，如果选择一条西方传统的名牌皮带，与色彩和谐的西裤、衬衫相搭配，会取得不俗的效果。无论是男士还是女士，在选购皮带的时候一定不要过于吝啬，因为这项投资对于你的形象来说，是非常重要的。皮带的式样以不过于显眼、招摇，质地以与西装颜色相配为原则。

与男性相比，女性的手袋无论是在款式还是颜色上，都更富有变化。手袋除了实用价值之外还有装饰作用，女性喜欢根据不同的季节和不同款式的服装来选择最为相宜的手袋，组合出不断变化的全新形象。

双肩包也是年轻女性喜爱的包袋的一种，其多种用途和简洁明快的设计，非常适宜表现年轻女性的生命活力。有时，一个简简单单的小背包会给人一种新的感觉，一个充满民族风情的蜡染布挎包也会给人留下一种别具一格的印象。

在穿着搭配上，女性的袜子起着画龙点睛的作用，穿着颜色鲜艳而花哨的袜子是时髦的表现。可是，在选择颜色时，应该注意选择与西装或长裤较易搭配的棕色、深蓝色、黑色或白色为宜，质料以棉、棉麻、毛等吸汗透气为佳。女性夏季的裤袜以穿肉色为最佳效果，其余颜色最好不要穿去上班。另外，可在办公桌抽屉里多放一双备用的裤袜，以防万一脚上穿着的那双破了时，可以换穿。

一顶遮阳的草帽，可以起到富有乡野情趣的装饰效果。冬天，一顶色彩艳丽的女士呢帽能冲淡冬季所固有的凝重气氛，为这样一个沉闷的季节增添几分活力。

恰到好处的装饰物是对服装的一种补充。画龙点睛的饰物会给你增添几分潇洒、几分自信、几分从容。

◎修饰即人，浓淡相宜

在现实生活中，每一个人，尤其是女性，都会面临化妆的问题。所谓化妆，即通过对美容用品的使用，来修饰自己的仪容，美化自我形象的行为。简单而言，化妆就是有意识、有步骤地为自己美容。

中国有句话说：“欲把西湖比西子，淡妆浓抹总相宜。”只有掌握了修饰美的“修饰即人”的指导思想及“浓淡相宜”的美学原则，才能使美的修饰映照出一个人蓬勃向上的精神风貌，才能帮助我们提高办事能力。

化妆是为了对自己的容貌进行修饰，以期扬长避短，使自己光彩照人、精神焕发，从而在人际交往中更为自尊、自信、自爱。

1. 避短与藏拙

世界上没有人在仪表方面是十全十美的。任何人都会有或多或少、或大或小的仪表缺陷。但每个人都可以通过化妆的技巧，来突出自己的优势所在，修饰自己的一般之处，弥补自己的明显缺陷，从而达到美化形象的目的。

在正确认识自己身体条件的基础上，进行化妆技巧与方法的合理选择与搭配，重点是弥补缺陷，即避短藏拙。

认识自我。每个人都有互不相同的身体条件，如年龄、身材、肤色、容貌等。即使同一身体部位，不同的人也会有标准与不标准的区别。对此，人们都必须有正确、客观的认识和评价，要明确自己的优势与不足。只有在此基础上，才能正确、有效地化妆，做到扬长避短。

人贵有自知之明。要对自己的身体条件，尤其是不足之处心知肚明，不可偏听偏信，只记得别人对自己的赞扬和恭维，而对自身缺陷忽略不计。既不可对自己的不足孤芳自赏，也不必自惭形秽，觉得自己已无药可救，对自己全盘否定，并失去自信。每个人都应认识自我，关键就在于实事求是。

合理化妆。在对自己的身体条件有了整体的把握与认识后，就应根据自身各部位的具体特点进行针对性化妆。

同样的部位，在不同人身上，往往需要选择不同的化妆技巧与方法才能达到美化的效果。如果不考虑个人身体条件的不同，采用千篇一律的化妆方法，或者盲目仿效时下流行的化妆技巧，往往会贻笑大方。

2. 整体的协调

“浓淡相宜”是说修饰不能片面追求某一局部的奇特变化，而应注意统一协调，否则会失去比例平衡，以致俗不可耐，弄美为丑。一个人如果想受人尊敬，首先必须注意的是衣着的整齐清洁，让人觉得自己为人端庄、生活严谨。况且化妆的本意是为了掩饰缺点以表现优点，所以，如果为了掩饰缺点而化妆过浓时，优点反而被破坏无遗。因此，欲将良好的风度、气质呈现在众人面前，应持淡雅宜人的化妆，不可把脸当做调色盘，不可把身体当做时装架，妆饰是在表现本身的修养，同时也表现人格，因此必须使看的人感到清爽和产生好感才行。

虽然身体各部分的化妆是一个按部就班、逐次进行的过程，但是化妆的目的在于表现个人的整体美，而不是追求局部的靓丽。因此，身体各部分的化妆需要协调统一、整体考虑。要体现出健康的形体、优美的仪表以及充满活力的精神面貌，就必须在化妆时遵循协调性与整体性的原则。

化妆与部位。一个人化妆的效果是其各部位化妆后的整体显现。各个局部的化妆即使再成功，如果相互之间难以协调在一起，那么化妆也是失败的。这与着装时色彩、款式的搭配是一个道理。

例如，单纯的眼部化妆，只有同腮红、口红配合起来，才能有美的效果。如果要突出口部的魅力或口红的色彩，则应节制对眼部的化妆。浓重的眼影显然不利于口部优势的发挥。

又如，在面部化妆时，腮红与眼影应当选择同一色系的颜色，而唇膏的色彩则应与彩色指甲油的颜色属于同一色系。只有这样，才能使各部位的化妆协调一致。

化妆与服饰。在化妆时，应充分考虑所化之妆的颜色、浓淡是否与所着服饰相匹配。不同色调系列的服装往往需要不同色调的化妆品，不同款式搭配的服饰往往需要不同的化妆手法。只有当服饰与化妆适当地组合在一起时，才会显现出整体的协调美。

例如，身着一袭牛仔装时，通常给人以粗犷豪放、线条分明的感觉。这时就宜选用厚实一点的妆相；而如果身着一套素雅的连衣裙，打算给人以轻松之感时，就应当选择清淡的妆相。

化妆与环境。着装有“应景”的原则，其实化妆也需要“应景”。不同的环境，或者不同的场合往往有不同的自然条件、社交气氛，这就需要所化之妆与其相协调、相适应。

只有当化妆与环境相统一，人与环境才能相容，才能处于一体，个人的良好形象也才能最充分地体现出来。

3. 常规的遵守

在化妆时必须遵守成规，即遵守通行的程式、规则和方法。在化妆时遵守成规，有助于体现良好教养和高雅品位，也有助于达到美化自身的目的。

修饰避人。应当处处维护自身形象，这是无可厚非的。但这并不意味着可以随时随地为自己化妆补妆。修饰避人，是应当严格遵守的重要成规之一。

在公众场合应当表现得庄重、踏实、干练，要专心致志于本职工作。如果在工作时当众化妆补妆，不仅不庄重，而且会使人觉得自己对工作用心不专，只把自己当成了“花瓶”。

事实上，在许多国家，如果单身女子在饭店、街头、舞厅等公共场合当众化妆、补妆，往往会被视为“不良女子”，受到公众鄙视。

化妆实际上属于个人隐私，原则上只能在家中进行。而如果事出有因，在其他场合需要临时化妆补妆时，则应选择隐蔽之处，例如去洗手间“解决问题”。总之，要坚持“修饰避人”的成规。

适可而止。以香水为例，人们除了要选择适合自己的香型外，还应掌握具体、正确的使用方法。一般而言，使用香水应以少为宜。涂抹香水的适当部位仅限于手腕、下颌、耳垂、踝部等易于使之“正常发挥”的几处。如果将其“遍地开花”般在浑身上下乱喷乱洒，不仅是暴殄天物，而且劳而无功。通常认为，香水味在一米以内被对方闻到，不算过量。但如果在三米开外，他人仍然能闻到自己的香水味，则肯定是过量使用香水了。不同的化妆品有不同的使用技巧和方法，必须对此加以熟练掌握，从而使化妆成为有效的修饰手段。

第二章

如何赞美赢得对方好感

◎赞美的艺术

如果每人吐露内心深处的愿望，那个愿望就是：受到别人的赞美。要促使员工努力地为你效劳，赞美是你不可缺少的重要手段。赞美或许不是唯一的方法，但却是极为有效的方法。在赞美下属的过程中，必须遵循以下六大法则：

1. 在别人面前赞美下属

当上司直接赞美下属时，对方极可能以为那是应酬话、恭维话，这样效果并不能令下属有荣誉感，而只觉得这是上司对下属的一种安慰罢了。

赞美若请第三者代为转达，效果便截然不同了。此时，当事者必认为那是认真的赞美，毫无虚伪，于是真诚接受，感激不已。

可想而知，在深受感动之下，这位下属会更加努力地工作。

事实上，在我们的周围，可把这种方法派上用场之处不胜枚举。

2. 赞美要及时

赞美是对一个人的工作、能力、才干及其他积极因素的肯定。通过赞美，人们了解了自己的行为活动的结果。可以说，赞美是一种对自我行为的反馈，这种反馈必须及时，才能更好地发挥作用。

一个人在完成工作任务后总希望尽快了解自己的工作结果、质量、数量、社会反映等。好的结果，会带来满意愉快的情绪体验，给人以鼓励和信心，使人保持这种行为，继续努力；坏的结果，能使人看到不足，以促进下一次行动时的改进，以求得好的结果。

同时，人们需要通过尽快地了解反馈信息，对自己的行为进行调整。巩固、发扬好的，克服、避免不好的。如果反馈不及时，事过境迁，人的热情和情绪已经冷漠，这时的赞美就没有太大的作用了。

早期的美国福克斯公司，急需对一项重要的技术进行改造。一天深夜，一位科学家拿了一台确能解决问题的原型机闯进总裁的办公室，总裁看到这个主意非常妙，也非常高兴，琢磨着该怎样给他奖励。他弯下腰把办公桌的大多数抽屉都翻遍了，总算找到了一样东西，于是躬身对那位科学家说："这个给你！"他手上拿的竟是一只香蕉，而这是他当时能拿得出的唯一奖酬了。

自此以后，公司设计出小小的"金香蕉"形的别针，作为该公司对科学成就的最高奖赏。

不仅是重大的科技成果要及时奖励，对下属的点滴微小成绩，领导也应重视，及时加以鼓励。

为了及时表示酬谢，美国惠普公司的市场经理，竟把几磅袋装水果送给一位推销员，以奖励他的成绩。另外一家公司的"一分钟经理"提倡"一分钟表扬术"："下属做对了，上司马上会表扬，而且很精确地指出做对了什么，这使人们感到经理为你取得成绩而高兴，与你站在一条战线上分享成功的喜悦，然后鼓励你继续努力，只需花一分钟时间。"下属们对"一分钟经理"的做法颇为推崇。这位经理说，帮助别人产生好的情绪是做好工作的关键，正是在这种动机的指导下，他实行了"一分钟表扬术"。这样做有三重意思：第一就是表扬要及时；第二是表扬具体，准确无误，不是含含糊糊；第三是与部下同享成功的喜悦。

3. 赞美要真诚

管理者赞美下属要真诚。管理者在尚不了解下属的情况下，只能讲些"年轻有为，前途无量"、"干得不错"之类的公式化语言，很难打动人心。

人们希望得到赞赏，但赞赏应该能真正表明他们的价值。也就是说，人们希望你的赞赏是你思考的结果，是真正把他们看成是值得赞美的人，并花费了精力去思考才得出的结论。真诚的赞美要有一定的前提，失去前提，真诚便无以寄托。

言之有物的赞美能真正指出对方的心血、精力之所在。对一位下属如果只说他很能干，就不如说他某件具体事办得很漂亮更“实”些。一位工作有成就的人，听到的恭维话自然就多，你泛泛地称赞他的工作、能力，就如同把水倒进海中，毫无影响。如果你对他的工作确有了解，或者你作为外行能了解他的工作性质、意义，并以此称赞他，那么这种称赞的效果就会好得多。

赞美别人要符合实际，既能达到沟通的目的，又不违背客观事实。如果确实不了解对方，暂时无法达到思想的沟通，还不如从具体事物入手，达到感情的沟通。如对下属，可以从所得的印象入手，谈谈留下的好印象；对新交来的尚未细读报告，可以夸奖一下行文工整或字体优美之类。它是客观存在的，包含了对方的劳动，你的称赞自然就比较接近实际了。

4. 赞扬必须公平、公正

管理者赞扬下属，实际上是把奖赏给予下属，就像分蛋糕，也需要公平、公正。

有的管理者不能摆脱自私和偏见的束缚，对自己喜欢的下属极力表扬，对不喜欢的下属即使有了成绩也看不到，甚至把集体参与的事情归于自己或某个下属，常常引起下属们的不满，从而激化了内部矛盾。

要做到公正地赞扬下属，管理者必须妥善处理好下面几种情况：

(1) 称赞有缺点的下属要公正。有时下属缺点明显，比如工作能力差、与同事不和、冲撞领导等，这些缺点一般都被领导所厌恶。其实，有缺点的人更需要称赞。称赞是一种力量，它可以促使下属弥补不足、改正错误，领导的冷淡和漠视则会使这些人失去了动力和力量，无助于问题的解决。在一般人心目中常常这样认为，受到领导称赞的人应该是没有很多缺点的人，受到赞扬应该把自己的缺点改掉，才能与领导的称赞相符，同事看了也提不出意见。

(2) 称赞比自己强的下属要公正。在管理的员工之中，人际关系比较复杂，成绩突出而把姿态摆在管理者之上的员工不计其数；一些下属在某些方面也超过管理者，从而使管理者处于一种不利的局面。有些小肚鸡肠的管理者容不下这些比自己强的人，对这些强人或超过自己长处的人不敢表扬，这也有失公正。

(3) 对自己喜欢的下属，称赞时要把握好分寸。管理者与下属交朋友很常见，每个管理者都有几个比较得意的下属，不仅工作合作愉快，而且志趣相投。称赞这样的下属要不偏不倚，把握好分寸，不能表扬过多，也不要不敢表扬。表扬过多，如一有成绩就表扬，心情一高兴就夸奖几句，喜爱之情溢于言表，很容易引起其他下属的不满，这样与其说是向着自己喜爱的下属，倒不如说是害了他。有的管理者怕别人看出与某个下属关系密切，因而不敢表扬，这也是错误的做法。

(4) 不要把集体的功劳归于一人，也不要据为己有。单位的工作成绩往往是下属和管理者集体智慧的结晶，是齐心协力的结果。评功论赏时要表扬集体，不能归于一人，否则有失公道。

有的管理者贪功心切，为向上司请赏，汇报工作时往往把成绩据为己有。这种做法很不明智，其他管理者可能把这样的信息反馈回来；如果这个管理者与上司不和，那么其上司也可能会调查取证，迟早会露馅。

(5) 赞美切忌空洞化。一人的女儿正在学习吉他，他们的居处隔音效果不甚理想，所以此人经常被迫聆听生涩的吉他声。有一天，女儿又开始弹了起来，他漫不经心地说了声：“不错。”女儿立刻生气地说：“哪里是不错？不要轻易下断语！”说完收起吉他离去。据说，从此以后，很长一段时间不曾听到吉他声了。

此人赞美女儿的方式显然不恰当。当然，如果他是出于真心的赞美，在女儿生气时，就应该说：“我认为你弹得很好才赞美你，你对自己应该有信心才对啊？”相信效果必然不同。

这种情形与赞美下属并无二致。赞美之词若是不着边际，极可能让对方误解，误认为是挖苦自己，如果能具体指出好在哪里，对方便不会产生反感了。

另一方面，提出毛病虽是好意，但如果经常予以不痛不痒的赞美，对方习以为常之后，便不再心存感激了。一旦当事者本人认为不值得赞美而予以赞美时，他不会心存感激；当你真心诚意要赞美时，反而得不到预期的效果。

有一位资深教师曾表示："不要轻易赞美人！"他的意思是说，如果学生没有特别的成果，经常赞美他，极易让学生对老师的赞美感到不屑一顾。一个人如果达成了既定目标时，则务必予以真诚的赞美。

5. 赞美要得体

聪明的职员在被当众称赞时，通常说声表示感激的"谢谢"就及时离开了，这主要是不习惯周围人妒忌的目光。

因此，在众人面前称赞他人，必须注意：

（1）是否会令被称赞的人产生不必要的困扰，比如周围人的妒忌等。

（2）称赞是否恰到好处？比如你要考虑称赞得是否实事求是。管理者称赞职员时，应该注意不要在众人面前大加宣扬，不要当众给他造成不安。你可以在他不在场的时候，当着个别同事的面对他加以称赞。实际上，这种"暗中称赞"也是不可取的。

竞争意识是人人都有的，人总是自觉不自觉地和他人进行比较，所谓的优越和自卑也就因为这样的比较而产生。因此，虽然不在大庭广众之下称赞某个人，而是在个别职员面前称赞他的同事，由于此种竞争和比较意识，后果也是非常严重的。

管理者要赞美下属时，特别是被称赞者不在场时，必须考虑其他人的颜面和心理感受。如何才能照顾周到呢？这确为一件不容易的事。最好的办法就是与其给自己造成不必要的损失，倒不如不进行这样的称赞。你只要做到心里有数，对于当场者给以适当的慰勉，未尝不是件令人高兴的事。

作为管理者，应该避免对不在场的人进行称赞，尤其不能将在场者同不在场者进行比较，褒扬不在场者，直接或间接地指出在场者的不足。这对于各个方面都没有好处。

◎最有效的赞美方法

我根据自己多年的社交成功经验总结了如下几点赞美技巧：

1. 赞美要不失时机

对朋友、同事身上的特点，你要尽可能地随时随地去发现。如果你真心喜欢，就要抓住时机、积极反馈。他的一个表情、一个动作、所说的每一句话、所做的每一件事，你都要看在眼里、记在心里。赞美的时机多种多样，当时、事后、大庭广众之下或俩人独处之时都可进行，但一般以当时赞美为好，当众赞美为好。

2. 力争是第一次发现

你所发现的对方的特色、潜能、优势最好是别人谁也没有发现，甚至是他自己也没有发现的内容。你的赞扬会令他恍然大悟，瞬间增强自信，从而对你产生好感。

3. 与对方的内心好恶相吻合

他自己认为是缺点，内心极为厌恶，但却被你夸奖，这会令他无法接受。如你赞美某个朋友像某个电影明星，而他恰好讨厌这个明星的相貌或性格，那你的赞美就适得其反。

4. 寻找对方最希望被赞美的内容

各人有各人优势的地方，有自知优越的地方，他们固然盼望得到别人公正的评价，但在那些还没有自信的地方，尤其不喜欢受到人家的恭维。

例如女孩子都喜欢听到别人夸赞她们美丽，但对于具有倾国倾城姿色的女孩，就要避免再去赞扬了，而应称赞她的智力，如果她的智力又恰好不如别人，那么你的称赞一定会使她雀跃无比。

5. 赞美的一个要点是不落俗套

赞美常有意想不到的效果。例如，对辩论的对手以轻松语气说：

“你的领带很漂亮，你是个品位不低的人。”

这时，他也许会立刻忘了会场上的激烈辩论，而表现出高兴的神情。

不过，法国的一位才华横溢的外交官卡里埃提醒人们特别注意，当权者因为被簇拥在赞美声中，听了太多的奉承与献媚话，所以，“他受赞美词的打动，较一般人难”。

同样，美人一直被人称赞说“你真漂亮”，听得太多她就一点感觉也没有了，再跟她讲类似的话，她打心底会认为：“这个家伙也是个庸俗之辈，无聊透顶。”

不用世俗的、人人都一目了然的称赞，而是确确实实地称赞其真正有价值之处，无疑是最好不过的。

6. 背后赞扬

在背后赞扬人，是一种至高的技巧，因为人与人之间难得的就是背后能说好话，而不是坏话。如果朋友知道你在他受人非议时挺身而出，主持公道，一定会非常感激你。

7. 通过批评的方式夸奖对方

人人都想被人夸奖，被人赞扬。但夸奖别人并不是一件容易的事，说过了让人感到你虚伪，说得太平淡又引不起对方的注意，可见夸奖人也需有一定的技巧。我们不妨采用寓褒于贬的方式，如说：“你这人太正直了，这样会得罪人的。”这既表示了对对方的关心，又夸奖了对方的品性，因为每个人都喜欢别人说自己正直；或“你工作这么辛苦，一定要注意身体，不要把身体搞坏了。”这样夸奖人人都乐意接受，他不但感到你夸奖他，同时感到你关心他。

8. **若要恭维，那就大大方方地恭维**

适度的恭维是人际关系的润滑油。即使明知道是恭维，但听起来总是惬意的，而且在不知不觉间对恭维他的人怀有亲切感。总之，无法使对方高兴的人，不妨视为不善于说话的人。

如要恭维，不要太拘谨，大大方方地说就是了。如“你很能干”，大胆地说出来也就不会惹人厌恶了。因为对方会想：“既然说得这么大方，也许是真的。”

◎给人一个超乎事实的美名

假如一个好工人变成了粗鲁无礼的工人，你会怎么做？你可以解雇他，但这并不能解决任何问题，也可以责骂那个工人但这只能引起怨怒。亨利·韩克是印第安纳州洛威一家卡车经销公司的服务经理，他公司有一个工人，工作每况愈下。但亨利·韩克没有对他吼叫或威胁他，而是把他叫到办公室里来，跟他坦诚地谈一谈。

他说：“比尔，你是个很棒的技工。你在这条线上工作也有好几年了，你修的车子也都很令顾客满意。其实，有很多人都赞美你的技术好。可是最近你完成一件工作所需的时间却加长了，而且你的质量也比不上你以前的水准。你以前真是个杰出的技工，我想你一定知道，我对这种情况不太满意。也许我们可以一起想个办法来改正这个问题。”

比尔回答说，他并不知道他没有尽好他的职责，并且向他的上司保证，他所接的工作并未超出他的专长之外，他以后一定会改进它。

他做了没有？可以肯定他做了。因为他曾经是一个优秀的技工，韩克先生给他的那个美誉促使他去努力，他怎么会做些不及过去的事？

包汀火车厂的董事长撒慕尔·华克莱说：“假如你尊重一个人，这个人是容易诱导的，尤其是当你显示你尊重他是因为他有某种能力时。”

你若要在某方面去改变一个人，就把他看成他已经有了这种杰出的特质。莎翁曾说：“假如你没有一种德行，就假装你有吧！”更好的是，公开地假设或宣称他已有了你希望他有的那种德行。给他们一个好的名声来作为努力的方向，他们就会痛改前非，努力向上，而不愿看到你的希望破灭。

比尔·派克是佛罗里达州得透纳海滩一家食品公司的业务员，他对公司新出的系列产品感到非常兴奋，但不幸的是，一家大食品市场的经理取消了产品陈列的机会，这令比尔很不高兴。他对这件事想了一整天，决定下午回家前再去试试。

他说：“杰克，我今天早上走时，还没有让你真正了解我们最新系列的产品，假如你能给我些时间，我很想为你介绍我漏掉的几点。我非常敬重你有听人谈话的雅量，而且非常宽大，当事实需要你改变时，你会改变你的决定。”

杰克能拒绝再听他谈话吗？在这个必须维持的美誉之下，他是没办法这样做的。

有一天早晨，苏格兰都柏林的一位牙医马丁·贵兹与夫，当他的病人指出她用的漱口杯、托盘不干净时，他真的震惊极了。不错，她用的是纸杯，而不是托盘，但生锈的设备，显然表示他的职业水准是不够的。

当这位病人走了之后，贵兹与夫医生关了私人诊所，写了一封信给布利基特——一位女佣，她一个礼拜来打扫两次。他是这样写的：

亲爱的布利基特：

最近很少看到你。我想我该抽点时间，为你做的清洁工作致意。顺便一提的是，一周两小时，时间并不算少。假如你愿意，请随时来工作半个小时，做些你认为应该经常做的事，像清理漱口杯、托盘等等。当然，我也会为这额外的服务付钱的。

第二天他走进办公室时，他的桌子和椅子，擦得几乎跟镜子一样亮，他几乎从上面滑了下去。当他进了诊疗室后，看到从未见过的干净，光亮的铬制杯托放在储存器里。他给了他的女佣一个美誉促使她去努力，而且就只为这一个小小的赞美，她使出了最卖力的一面，而且没有用到额外的时间。

纽约布鲁克林的一位四年级老师鲁丝·霍普斯金太太，在学期的第一天，看过班上的学生名册时，她对新学期的兴奋和快乐却染上忧虑的色彩：今年，在她班上有一个全校最顽皮的“坏孩子”——汤姆。他三年级的老师，不断地向同事或是校长抱怨，只要有任何人愿意听。他不只是做恶作剧，还跟男生打架、逗女生、对老师无礼、在班上扰乱秩序，而且好像是愈来愈糟。他唯一能稍事补偿的特质是：他很快就能学会学校的功课，而且非常熟练。霍普斯金太太决定立刻面对汤姆的问题。当她见到她的新学生时，她讲了些话：“罗丝，你穿的衣服很漂亮。爱丽西亚，我听说你画画很不错。”当她念到汤姆时，她直视着汤姆，对他说：“汤姆，我知道你是个天生的领导人才，今年我要靠你帮我把这班变成四年级最好的一班。”在头几天她一直强调这点，夸奖汤姆所做的一切，并评论他的行为正代表着他是一位很好的学生。有了值得奋斗的美名，即使只是一个九岁大的男孩也不会令她失望，而他真的做到了这些。

假如你真想在困难的领导方法上超越自我来改变其他人的态度和举止时，请给他人一个美名，让他去为此努力奋斗。

◎借他人之“口”高效赞美

真诚的赞美很容易打动对方的心，但是，有时候直接的赞美却有可能引起对方警觉，存有戒心，觉得你是因为有所企图才这样阿谀奉承，溜须拍马。所以，“借”他人之口进行赞美确是一种很好的方法。例如说：“别人都说你……故我今天特来请教”，其效果就比自己说出来要好得多。

而且，人们对背后的言语是敏感的，因为再自信的人也在乎别人的评价和看法，都希望自身的价值能得到客观的认可，尤其是女性，背后的话对她们的影响力更大。女性之所以如此，大概是想知道自己并不知道的自我真实的一面吧！周围的声音是最客观的了，所以，很容易让她们信以为真。

当你对她一味地强调“我认为，我认为”时，即使她真的美如天仙，你的赞美也很难使她得到满足，因为她会怀疑这是一种客套，仅仅是“甜言蜜语”而已。

如果你对一位初相识的小姐说恭维话，相信她是不会认为自己真有那么好，这个时候，你千万别太主观地对她说：“你真漂亮哟！”而应该说：“听我朋友说过你很美丽可爱，今日一见，果真名不虚传。”或者：“早就听人说我们（或你们）单位今年招了一位非常美丽的小姐，原来就是你啊！而且比想象的美丽。”

你这样客观一点地对她说，她不仅容易接受，并且会因此对你的印象特别深刻。

如果你赞美的是位服务员，你不妨这样说：“听说这个店里有一位全街公认的最漂亮的女服务员……我一见到你，心想一定是你。”这样的措辞，显然相当客观，而且将公众的心声传给了她。她便会在心中想到：那些称赞的话是在说我吗？如果是说我的话，该有多好啊！她的那种兴奋与不安的心情可想而知的，过一会儿，你可以再添上一句：“真的是你，没错。”她自己认同了，那种不安的心情也会自然而然地消失。

如果你仅仅是强调个人的看法，她是不会相信的。要使对方认为你说的是真实的，那么必须在客观之中包含着主观，如此才不会被怀疑是否真诚。

对于女人来说，与其把你对她的赞美之词说上一百次，还不如加上一句“大家都这么说”更有用，因为她们天生就渴望被认同。

◎赞美可以是有形的奖励

不可否认，表扬和赞美是有效的管理激励方法。但就人的本性而言，更多的员工喜欢对他们的表扬和赞美是有形的、实实在在的，奖励就是这种有形和实在的赞美和表扬。

那么，奖励应该怎样操作才能更有效呢？

第一，明奖与暗奖相结合。

下属工作勤恳卖力，使你的企业蒸蒸日上或下属为你的事业做出了突出贡献，那么作为领导，你千万不要吝惜自己的腰包，要不失时机地给他们以金钱奖励，让他们感觉到，自己的努力没有白费，多付出一滴汗水就会多一分收获。

奖励可分明奖及暗奖。

明奖的好处在于可树立榜样，激发大多数人的上进心。但它也有缺点，由于大家评奖，面子上过不去，于是最后轮流得奖，奖金也成了“大锅饭”了。同时，由于当众发奖容易产生嫉妒，为了平息嫉妒，得奖者就要按惯例请客。有时不但没有多得，反而倒贴，最后使奖金失去了吸引力。

老板认为谁工作积极，就在工资袋里加钱或另给“红包”，附一张纸说明奖励的理由，这就是暗奖。

暗奖对其他人不会产生刺激，但可以对受奖人产生刺激。没有受奖的人也不会嫉妒，因为谁也不知道谁得了奖励，得了多少。

其实有时候领导在每个人的工资袋里都加了同样的钱，可是每个人都认为只有自己受了特殊的奖励，结果下个月大家都很努力，争取下个月的奖金。

鉴于明奖和暗奖各有优劣，所以不宜偏执一方，应两者兼用，各取所长。

比较好的方法是大奖用明奖，小奖用暗奖。例如年终奖金、发明建议奖等用明奖方式，因为这不易轮流得奖，而且发明建议有据可查，无法吃“大锅饭”。月奖、季奖等宜用暗奖，可以真真实实地发挥刺激作用。

第二，提升是最有价值的奖励方法。

提升，是对员工卓越表现最具体、最有价值的肯定方式和奖励方式，提升得当，可以产生积极的导向作用，培养向优秀员工看齐和积极向上的企业精神，激励全体员工的士气。因此，领导在决定提升员工时，要做最周详的考虑，以确保人选的合适。提升还应讲求原则，不能凭个人的喜好而滥用领导大权。

◎让赞美随时随地

有个客人在一家餐厅吃饭，他觉得菜做得很好，吃得津津有味，赞不绝口。

抬起头来，正好看见厨师经过，就顺口对厨师说："你这菜做得真好吃！"本来愁眉苦脸的厨师，听了这些话，顿时变得容光焕发、神采飞扬。

他说："哦！先生，听你这么说，我真的太高兴了！已经很久没有人称赞我的菜做得好，谢谢您！"从此，那厨师就比以前更卖力。赞美和鼓励是引发一个人体内潜能的最佳方法。肯·布兰查德是《一分钟管理》的作者，他推荐大家使用"一分钟赞美"，"抓住人们恰好做对了事的一刹那"。你经常这么做，他们会觉得自己称职，工作有效率，以后他们很可能不断重复这些来博得赞美。

有个故事是这么说的：

社区内新开设的店都装上自动门，可是附近有一家超级市场却没有装设。在每天早晨和下午太太们纷纷去买东西的时候，有个小男孩常站在超级市场玻璃门外，看到手里大包小包拿了好多东西的太太，就替她们拉开大门，让她们从容地走出来。

有一次，有位太太问那小男孩："你看门看了这么多日子，一定得到了许多小费，你拿来做什么用？"

那小孩有点诧异地回答："什么？她们都没有给我钱，可是她们都对我说：'你好棒！''谢谢你！'"

你也能在自己的能力之内，轻易地增加这个世界里的快乐。怎么做呢？就是对寂寞失意的人说几句真诚赞赏的话。或许，你明天就忘了今天所说的好话，但是听者却可能一生都珍惜着。

让我们不再去想自己的成就和自己的需求。让我们试着去想别人的优点。然后忘却恭维，发出诚实、真心的赞赏。称许要真诚，赞美要慷慨，这样人们就会珍惜你的话，把它们视为珍宝，并且一辈子都重复它们——即使你已经遗忘以后，人们还重复着它们。

爱、称赞、感谢都应该说出来，让对方知道，如果你以为只放心里就行了，那就大错了。

有对夫妻，先生每天早晨有边吃早餐边看报的习惯。有一天，当他叉起食物往口中放的时候，觉得不像往常，赶紧吐出来，拿开手中正看着的报纸仔细一瞧：竟然是一段菜梗！他立刻叫妻子过来问。

妻子说："哦！原来你也知道火腿蛋与菜梗不同啊！我为你做了20年的火腿蛋，从不曾听你吭过一声，我还以为你食不知味，吃菜梗也一样呢。"

没有表达出来的赞美，是没有人知道的。

珍惜别人是一回事，赞美他们又是另一回事。我们都需要别人的承认与鼓励，没有一件事比得上别人所给的赞美更重要。赞美能满足他们的自尊，也能赢得他们对你的尊重。

今天你以朋友相待的送报生，说不定哪天就成了一名医师，当你生病，由他来诊治时，你就会发现：肯定别人，也就扶持了自己，结果每一个人都是赢家。

你是否察觉到，我们通常只在别人身后称赞他们？为什么要在身后？为什么不当面告诉他们？人过世后，他的每一个亲朋好友似乎才能觉得他有某些优点。人们在生前，大多听到的是责难多于赞美，为什么一定要在人逝去听不见时，才醒悟到他们是应该称赞的呢？

赞美就像浇在玫瑰上的水；赞美的话并不费力，却能成就大事。我们要下定决心对你的亲人、朋友甚至每一个人加以赞美，并把它变成一种习惯。

说句好话轻而易举，只要几秒钟，便能满足人们内心的强烈需求，注意看看我们所遇见的每个人，寻觅他们值得赞美的地方，然后加以赞美吧！

◎给对方不打折扣的赞赏

美国商界年薪最先超过100万美元的人之中有一位是查尔斯·史考伯，他在1921年由安德鲁·卡内基选拔为新组成的美国钢铁公司的第一任总裁，而当时他只有38岁。

为什么钢铁大王安德鲁·卡内基要付给史考伯一年100万美元的薪资，即一天3000多美元呢？

因为史考伯是一名天才吗？不是。因为他对钢铁的制造知道得比其他人多吗？也不是。史考伯的手下有许多人，他们对钢铁的制造，知道得比他还多。

史考伯说，他得到这么多的薪金，主要是因为他与人相处的本领。他是如何与人相处的，以下就是他以自己的话语说出的秘诀：

“我认为，我那能够使员工鼓舞起来的能力，”史考伯说，“是我所拥有的最大资产。而使一个人发挥最大能力的方法，是赞赏和鼓励。”“再也没有比上司的批评更能抹杀一个人的雄心。我从来不批评任何人。我赞成鼓励别人工作。因此我急于称赞，而讨厌挑错。如果我喜欢什么的话，就是我诚于嘉许，宽于称道。”

这就是史考伯的做法。但一般人怎么做呢？与史考伯正好相反，如果他不喜欢做什么事，他就一心挑错；如果他喜欢的话，他就什么也不说。正如一句老话所说的：“第一次我做错了，我马上就听到指责的声音；第二次我做对了，但是我从来没有听到有人夸奖。”

“我在世界各地见到了许多大人物，”史考伯说，“还没有发现任何人——不论他多么伟大，地位多么崇高——不是在被赞许的情况下，比在被批评的情况下工作更卖力、成绩更佳。”

他坦白地说，这就是安德鲁·卡内基之所以有这种惊人成就的特殊理由之一。卡内基不论是在公开或私下里，都称赞他的雇员，甚至在他的墓碑上都要称赞他的雇员。他为自己写了一句碑文："这里躺着的是一个知道怎样跟他那些比他更聪明的属下相处的人。"

康涅狄格州新贾尔非尔德市的芭蜜娜·邓安，在公司里她的职责之一是监督一名清洁工的工作。他做得很不好，其他的员工时常嘲笑他，并且常常故意把纸屑或别的东西丢在走廊上，以显示他工作的差劲。这种情形很不好，而且增加了工作量。

芭蜜娜试过各种办法，但是都收效甚微。不过她发现，他偶尔也会把一个地方弄得很整洁。于是她就趁他有这种表现的时候当众赞扬他。于是，他的工作就有改进，不久之后，他已经可以把整个工作都做得很好了。现在对他的工作，其他人也大为赞扬。真诚的赞扬可以收到效果，而批评和耻笑却会把事情弄糟。

伤别人的心不但不能使他改变，而且是不必要的。有这么一句老话："我将走过这里，但是只有一次；因此，任何我可以做的好事以及我能够对任何人显示的任何宽厚，现在就让我做或表现出来吧。让我不要迟疑，更不可以忽视，因为我不会再走过这里。"

爱默生说："我碰到的每一个人，在某些方面，都比我优越。在某些方面，我要跟他学。"

如果爱默生的情形是如此，那对我们来说，岂不更是如此吗？我们不要总去想我们的成就以及我们所要的；我们要试着找出别人的优点，给别人诚实而真挚的赞赏。

第三章

如何把握交谈的尺度

◎亲切地叫出对方的名字

人们对自己的名字如此重视，不惜以任何代价使自己的名字永垂不朽。盛气凌人脾气暴躁的美国马戏团创始人 P. T. 巴南，因为自己的儿子没有继承巴南这个姓氏而感到失望，他承诺，如果他的孙子愿意继承“巴南”姓氏的话，他将赠给孙子 25000 美金。几个世纪以来，贵族和企业家都资助着艺术家、音乐家和作家，以求他们的作品能够献给自己。图书馆和博物馆最有价值的收藏品，都来自于那些一心一意担心他们的名字会从历史上消失的人。纽约公共图书馆拥有亚斯都氏和李诸克斯氏的藏书。大都会博物馆保存了班杰明·亚特曼、J.P. 摩根的名字。几乎每一座教堂，都装上了彩色玻璃窗，以纪念捐赠者的名字。

而现实生活中多数人不记得别人的名字，而真正的原因是，他们为自己造出借口：太忙了。

他们不可能比富兰克林·罗斯福更忙，罗斯福为了记住一个只见过一面的机械工的名字而不惜花费一些时间。克莱斯勒汽车公司为罗斯福总统订做了一辆特别的汽车，由张伯伦和一个机械工把这辆车送到总统官邸。张伯伦对当时的情况做了如下叙述：

“我拜访官邸时，总统的心情非常好。他直接唤我的名字，而且跟我聊天，所以我的心情也变得相当愉快。许多人都来围观这辆新车。大总统在这些围观者面前，对我说：‘张伯伦先生，制造这辆珍贵的车时，每天一定是很辛苦的，实在令人敬佩！'然后他对散热器、后视镜、车内装潢、驾驶座位以及行李箱中附有标记的手提箱等等，一一检视过后，频频表示敬佩。当驾驶练习完毕之后，总统就对我说：'张伯伦先生，我已经让联邦储备银行的人等了30多分钟，我想该去办公了！'

"那时候我带着一名机械工一块去。到达官邸时我就把他介绍给总统。总统只听过一次他的名字。但是当我们辞行的时候，总统寻找到这名机械工，亲切地呼唤他的名字，握着手表示谢意。

"回到纽约几天后，我收到总统亲笔签名的照片和感谢函。到底总统是如何挤出这些时间干这些事的，我实在不知道。"

确实有的人的名字是相当难记的，发音不方便的尤其如此。这些难记的名字大部分人很快就忘了，于是要以绰号来弥补。大部分的人称尼古德姆斯·巴巴托洛斯为"尼克"，而尼克却喜欢人家以正式的名字称他。席德·雷温记住了尼克那复杂的名字。雷温说：

"见面那天，我于出门前反复练习这个名字：'午安，尼克德姆斯·巴巴托洛斯先生！'当我用全名跟他打招呼时，他一时愣住了，半晌才泪流满面地说：'雷温先生，我到这个国家已有15年了，在这之前，还没有一个人能用这样的名字称呼我！'"

让人喜欢的最简单、最容易理解的方法，就是记住对方的名字，让对方有种被重视的感觉。

在著名推销员吉姆为一家石膏公司做推销员四处游说的好些年中，吉姆能记住5万人的名字，他发明了一种记忆姓名的方法。

最初，方法极为简单。无论什么时候遇见一个陌生人，他就要问清那人的姓名、家中人口、职业特征。当他下次再遇见到那人时，尽管那是在一年以后，他也能拍拍他的肩膀，问候他的妻子儿女，问他后院的花草。难怪他得到了别人的追随！

他一天写数百封信，发给西部及西北部各州的人。然后他跳上火车，在19天中，用轻便马车、火车、汽车、快艇游经20个州，行程12000里。每进入一个城镇，就同人们倾心交谈，然后再驰往下段旅程。

回到东部以后，他立刻给他所拜访过的城镇中的某个人写信，请他们将他所谈过话的客人名单寄给他。到了最后，那些名单的名字多得数不清，但单中每个人都得到吉姆一封私函。这些信都用“亲爱的比尔”或“亲爱的杰”开头，而它们总是签着“吉姆”的大名。

吉姆发觉，普通人对自己的名字最感兴趣。记住他人的姓名并能十分容易地呼出，便是对他人的一种巧妙而很有效的恭维。但如果忘了或记错了他人的姓名，你就会置你自己于极为不利的地位。

记住别人的名字，在政治上一样重要。

拿破仑三世不论政务多么繁忙，总要记住所有遇见过的人的名字。

他所用的方法非常简单。当他没有听清楚对方的名字时，他就说：“对不起，请再说一次！”要是听到奇怪的名字，他就请对方书写下来。和对方谈话的时候，他就一再反复使用对方的名字，然后很努力地把对方的容貌、表情、姿态等等一起记入脑海中。

要是对方是位重要的人物，他就特别下苦心。回到宫里，他就马上写下对方的名字，然后集中精神凝视着这便条，待完全记牢后再把这便条撕碎丢掉。可谓眼耳并用。

这是相当费时的方法，但借用爱默生的话：“良好的习惯是需要一些牺牲完成的。”

我们可以看到名字所能包含的奇迹，名字能使人出众，它能使他在许多人中显得独立。我们的要求和我们要传递的信息，只要由名字这里着手，就会显得特别的重要。不管是女侍或是总经理，在我们与别人交往时，名字都会显示它神奇的作用。

◎声动他人

一个人讲话时的声音是否优美动人，跟他受欢迎的程度及社交上的成功密切相关。事实上，没有任何一样东西可以像甜美而有韵律的声音一样，如此真实地反映出一个人良好的教养和高雅的品性。

"如果把我跟一大群人关在一间黑暗的屋子里，"托马斯·希金森说，"我可以根据人们的声音分辨出其中的温文尔雅者。"

据说在古埃及的早期历史中，只有那些写在书面上的辩护词才允许在法庭出示，之所以如此，目的就是要防止坐在长椅上的法官因为听到滔滔不绝、蛊惑人心的声音而受到影响或蒙蔽，从而失去其应有的公正。在宣告判决时，主持审判的大法官作为真理女神的化身，只是以相当寡言少语的方式来判决。

当想到人类的声音所能产生的巨大而神奇的力量时，再回过头来看看，现实生活中我们的孩子们并没有受到任何良好的有关声音的训练，这难道不是一种耻辱甚至是一种犯罪吗？当我们看到一个个童稚活泼的、朝气蓬勃的孩子一边接受着最优秀的教育，一边却发着毫无变化、平板呆滞、喑哑嘈杂的声音时，我们难道不感到痛心和遗憾吗？毫无疑问，那些扭曲的、只是从喉际榨出来的干涩声音将极大地影响他们未来的事业和职业前途。想一想看，如果是一个女孩子，这是一种多大的障碍啊！她们原本应该是有着如露水般未沾一点尘泥、如春风般飘扬无羁、如清泉般畅流激奔的声音的！

然而我们在美国，随处可以发现那些从大学或学院毕业的男女青年们，他们在这样一些重要的教育机构里学习着呆板的死气沉沉的语言，学习着数学、自然科学、艺术和文学，而唯独没有学习如何发出优美动听的声音，他们的声音往往是那样的刺耳嘈杂。

相反，当人类的声音经过适当的训练，并得到适当的调控之后，又是多么的富于感染力，多么的动听迷人！当我们听到一个声音清晰地从喉咙中发出，每一个字都是如此的清澈、简洁、富于韵律，就像从一把圣洁的乐器上弹奏出来的最动听的音符一样，难道我们不感到那是一种真正的愉悦与享受吗？

我认识一位女士，她的声音非常清脆圆润、谐和雅丽，所以，不管她到任何地方，只要她一开口说话，所有的人便都洗耳恭听，因为他们无法抗拒这如此富于魅力的声音。那种真纯、爽朗、充满生命活力的声音就像从干裂的地面喷出的一股清泉，就像从静寂的山谷涌上的一注急流，在每个人的心头涓涓而流，恰似生命中最美的音乐。事实上，这位女士的相貌相当普通，甚至可以说是有些丑陋，然而她的声音却是那样的圣洁甜美；它所带来的魅力是不可阻挡的，并且也从某个层面象征着她高雅的素养和迷人的个性。

我在社交场合中不止一次地听到那种尖声尖气或是粗声大气的女人声音，有时我甚至感到自己的神经受到了很大的压迫，情绪也会变得无端的烦躁，因而我不得不一次又一次地从她们的身边逃离。

纯洁、和谐的、生气勃勃的声音象征着内在的修养和雅致，每一个音节、每一个字符、每一个句子都得到了如此清晰圆润的表达，它们是那样的抑扬顿挫、那样的高低有致，就像一串抖动在春风中的银铃，有着多么神奇美妙的节奏啊！而且，对绝大多数人来说，只要你愿意，你就可以拥有上帝馈赠给人类的这一神奇礼物。

◎做卓越的交谈家

有这样一个聪明的女士，她尽管说得很少，但却享有盛名，被公认为一个优秀的交谈者。她在交谈时的态度非常热诚且善解人意，因此，在她面前即便是最羞怯最胆小的人，也会在她的鼓励下谈论自己身上最美的闪光点，并感到自己能轻松自如地和她谈话。她解除和驱逐了别人的担忧和疑虑，使得他们能够畅所欲言，向她诉说无法向其他人诉说的东西。人们认为她是一个有趣的、成功的谈话者，因为她能够挖掘别人身上最优秀的内涵。

如果你想使自己成为一个令人愉悦的人，你就必须想方设法地了解与你对话者的生活，并且用他们最感兴趣的内容来打动他们。不管你对一个话题是多么的了解，如果它不能令你的谈话对象产生兴趣，那么你的努力大半都是徒劳的。

高明的谈话者总是机智得体——他在逗趣的同时不会冒犯和得罪他

人。如果你想令他人感到诙谐有趣，你就不能戳到他们的痛处，或者是对他们的家庭琐事喋喋不休。一些人有那种特殊的品质，他们能够准确地挖掘我们身上最美的闪光点。

林肯就是这样一位非凡的艺术大师，他使得自己在任何人面前都能做到诙谐风趣。他用生动有趣的故事和玩笑使得人们彻底放松紧张的心情，所以，很多人在林肯面前都感到非常轻松自如，以至于愿意毫无保留地向林肯倾诉心底的秘密。陌生人总是乐于和他谈话，因为他是如此的热诚和风趣，和他谈话时简直感到如沐春风，并且受益良多。

像林肯所具备的这种幽默感当然是增强谈话感染力的重要因素，但是，并不是每个人都能如此幽默风趣；如果你缺少幽默的天赋，而又企图牵强地制造幽默时，结果往往是适得其反，令你自己显得滑稽可笑。

然而，一个高明的谈话者必须不能过于严肃或不苟言笑。他不过多地列举一些枯燥的事实，不管这些事实是多么重要。因为枯燥的事实和单调乏味的统计数据只能令人感到沉闷和厌烦。生动活泼是高明的谈话所不可缺少的。沉重的谈话惹人厌烦；而过于轻浮的谈话同样令人反感。

因此，要想成为一个优秀的谈话者，你必须是自然而不造作，活泼而不轻浮，富于同情心而不惺惺作态，你必须从你的心底流露出一种善良的意愿。你必须真正感觉到那种乐于帮助他人的热忱，并且全身心地投入到那些令他人感兴趣的事物之中去。你必须吸引人们的注意力，并且通过打动他们的内心来牢牢地抓住他们的注意力，而这只有借助于一种令人感到温暖的同情和共鸣、一种真正友善的同情和共鸣——才能做到。如果你是冷漠的、缺乏同情心的、拒人于千里之外的，你根本不能抓住他们的注意力。

你必须胸怀开阔，宽容他人。一个胸襟狭小、吝啬小气的人永远都不能成为高明的谈话者。如果某人总是对你的个人爱好、你的判断力、你的鉴赏力横加干涉，那么你永远都不会对他感兴趣。如果你紧紧地封锁了任何一条可以靠近你的心灵的途径，所有沟通和交流的渠道都对别人关闭了，那么，你的魅力和热忱就由此被切断了，你们之间的谈话只能是漫不经心的、马马虎虎的和机械单调的，不会带有任何活力或感情。

你必须使你的听众靠近你，必须开放你的心灵，并以一种最自然的状态去拥抱对方。你必须先做出响应，然后他人才会毫无保留地向你展示自己，使得你自由地进入他的内心最深处。如果一个人在任何地方都是成功者，那么其奥秘只能在于他的个性，在于他拥有一种能够以强有力的、生动有趣的语言有效地表达自己思想的能力。他没有必要通过罗列财富清单的形式向人展示自己有多成功，事实上，只要他一开口说话，财富就会源源而来，他的表达能力就是他最大的财富。

◎散发微笑的磁力

微笑作为一种表情，它不仅是形象的外在表现，而且也往往反映着人的内在精神状态。一个奋发进取、乐观向上的人，一个对本职工作充满热情的人，总是微笑着走向生活、走向社会的。

在交际中，微笑的魅力是无穷的。它就像巨大的磁铁吸片一样，吸引着你周围的人们。

关于微笑艺术，我们应该了解的是：

首先，应具备正确的心理态度，要对这个世界和世人关切。要想取得巨大的成功，就必须如此。但是即使是例行公事般的微笑仍是有益的，因为那会在别人心中产生快乐，并且会等价地回报你。在别人心中创造快乐的感觉，会使你自己心中也感到快乐。久而久之，你就学会真心的微笑了。

而且，在微笑时，任何的不愉快或不自然的感觉都在你心中趋向静止和平衡。向别人微笑时，你是在以一种巧妙而高尚的方式向别人袒露你喜欢他的心迹，他会理解你的意思而去加倍喜欢你；微笑的习惯，带给你的是完美的个人形象和愉快的生活环境。

最近我在纽约参加了一个宴会，其中一位宾客是一个刚获得遗产的妇女。她急于给每一个人留下良好的印象，于是在黑貂皮大衣、钻石和珍珠上面浪费了好多金钱。但是她对自己的表情却没下什么工夫，表情冷漠尖酸、自私。她没有发现，事实上每一个男子注意一个女子面部的表情要比她身上所穿戴的衣饰更主要。

你喜欢接触性情乖戾、忧郁、不快乐的人，还是喜欢接触快乐而热力四射的人？这些神情和态度在人群中是有感染性的。因此，你应该用灿烂的笑来影响你周围的人。

微笑的力量是巨大的，孩子们天真的微笑使我们想起了天使；父母的微笑让我们感到温情；祖父的微笑让我们感到慈爱。拿最常见的事情来说，小狗见到主人时，那副欣喜若狂的样子就让人觉得小狗是最忠实的伙伴了。

加利福尼亚大学心理学教授詹姆斯·麦克尔教授表达了他对微笑的看法：微笑永远有魅力。当你在微笑时，你的精神状态最为轻松，全身的肌肉处于松弛状态，而且，你的心理状态也就相对稳定，当你那充满笑意的眼光与别人的目光相遇时，你的笑意会通过这道“无形的眼桥”传递给他，他会被你的快乐情绪所感染。自然而然地，你们之间的气氛会变得和谐。你们相处得融洽，交流起来也容易多了。反过来如果你老是皱着眉头，挂着一副苦瓜脸，那没有人会欢迎你的：想获得交往的乐趣，首先就必须使对方和自己快乐才行。

我曾提议许多实业家每天展现他们的笑脸，这样持续一个礼拜，再把结果拿到训练班上发表。有一个学员是纽约股票场外经纪人瓦利安·史达哈德，他说：

“我结婚已18年，以前在家中，从没有对妻子展露笑容，可说是世上最难伺候的丈夫了。为了完成关于笑的试验，我就试着笑一个礼拜看看。就在隔天的早上，我边整理头发，边对镜中板着脸孔的自己说：‘比尔，今天收起这种不愉快的表情吧，让我看看笑容，赶快去笑吧！’早餐的时候，我就一面对太太说早安，一面对她微微一笑。

“我太太非常吃惊。事实上，不但如此，她简直是深受震撼。从此我每天都那样做。到目前为止，已经持续了两个月。

“态度改变以来的这两个月，前所未有的那种幸福感，使我们的家庭生活十分愉快。

“现在，每天走入电梯我会对服务生微笑道早安，对守卫先生也以微笑招呼，在地铁窗口找零钱也是这么做的。即使在交易所，对那些没看过我笑脸的人，也都报以微笑。

“不久我发现，大家也都还我一笑，而对于那些有所不满、烦忧的人，我也以愉快的态度与其相处。在带着微笑倾听他们的牢骚后，问题的解决也变得容易多了。而且笑容也能使人增加很多财富。

“我也不再责备人，相反的懂得去褒扬别人；绝口不提自己所要的，而时时站在别人的立场体贴人。正因为如此，生活上也整个发生了变化。现在的我和以前的我完全不同，是一个收入增加、交友顺利的人了。我想，作为一个人，没有比这更幸福的了。”

爱伦巴特·哈巴德的话同样能给人以启发：

“出门时抬头挺胸，然后做个深呼吸，呼吸一下新鲜空气。笑脸迎人，诚心和人握手，即使被误会也别担心，且不要浪费时间去设想你的敌人，认真决定想做的事情，然后向目标勇往直前。并且把心放在那些伟大光明的工作上。心理的活动是微妙的。而正确的精神状态就是经常保持勇气、率直和明朗。正确的精神状态也具有优越的创造力。一切的事物都是由愿望所产生，而祈求者的愿望会得到回应。正确的思想就是创造，所有事情都来自欲望。昂起你的头，露出你的笑容吧！”

查尔斯·哈里布曾说过，他的微笑可以值100万美元。一点微笑怎么会有这么高的价值呢？因为他掌握了微笑的秘诀，把它恰当地运用于商场交际中，就凭这，他使他的公司周旋于一些实力很强的大公司之间，赚取了大量的钱，而且还获得了好名声。

如果你不善于微笑，那么，强迫自己露出微笑。如果你是单独一个人，强迫自己吹口哨，或哼一支小曲，表现出你似乎很愉快，这就容易使你愉快。按照已故的哈佛大学威廉·詹姆斯教授的说法——

“行动似乎是跟随在感觉后面，但实际上行动和感觉是几乎平行的。

而控制行动就能控制感觉。”

“因此，如果我们不愉快的话，要使自己愉快起来的积极方式是：愉快地行动起来，而且言行都好像是已经愉快起来……”

目前是全美最成功的推销保险人士之一的弗兰克·贝特格说，他好多年前就发觉，一个面带微笑的人将永远受欢迎。因此，在进入别人的办公室之前，他总会先停留片刻仔细想想必须感激这人的事，然后带着一个真诚的微笑走进去。

他相信，这种简单的微笑技巧跟你推销保险的巨大成功有很大关系。

说到微笑在商业中的价值，弗莱奇在他的奥本海默和卡林公司的一则圣诞节广告中，为我们提供了一点实用的哲学。

下面是这则广告的全文：

微笑在圣诞节的价值

它不花什么，但创造了很多成果。

它使接受它的人满足，而又不会使给予它的人贫乏。

它在一刹那间发生，却会给人永远的记忆。

没有人富得不需要它，也没有人穷得不拥有它。

它为家庭创造了快乐，在商业界建立了好感，并使朋友间感到了亲切问候。

它使疲劳者得到休息，使沮丧者看到光明，给悲伤的人带来希望。

但它却无处可买，无处可求，无处可偷，因为在你给予别人之前，它没有实用价值。

假如在圣诞节最后一分钟的匆忙购物中，我们的店员累得无法给予你一个微笑时，我们能请你留下一个微笑吗？

因为，不能给予别人微笑的人，最需要别人的微笑了。

◎投其所好，避其所恶

人们更喜好被取悦，而不是被激怒；喜欢听到褒奖，而不是被对方恶言相向；更乐意被喜爱，而不是被憎恨。因此，仔细地加以观察，就能投其所好，避其所恶。

举个浅显的例子来说，告诉对方你特意为他准备了他所喜爱的酒，或者是说，知道你不喜欢那个人，所以今天没叫他来。如此若无其事的呵护，必能打动对方的心，他一定深为你能注意其生活细节，而感激不尽。反之，若是明知是让对方讨厌的事物，却又在不经意间，触犯了禁忌，结果，对方必然会认为你当他是傻瓜，故意藐视他，以至于永远耿耿于怀。尽管是件小事，但却有可能从此中断你与他的关系。因此，如果连细枝末节都能特别地加以留意，必能让对方愈发对你感激不尽。

在你的记忆中是否有过因他人对你细致的照料而欣喜异常的体验？要记住，这种行为，能使人类特有的虚荣心获得相当程度的满足感。由于有人如此取悦于你，从此，你有可能会倒向此人，无论此人对自己做了些什么，都认为对方乃是出于好意。人类便是如此。

为此，我给你以下几点提示：

1．称赞对方希望被称赞的事物

如果特别喜欢某人，或者特别想成为某人的知交，可以探查此人的优、缺点，称赞此人希望被称赞的地方。人类都有真正优秀部分以及希望被他人认定为优秀的部分。一个人的优秀的部分被赞赏，着实能让人高兴，但是，若称赞他希望被称赞的部分，必然更能令他高兴。这才是真正的搔到痒处。

任何人都有渴望他人褒奖的欲望。要想发现此一部分，观察乃是最好的方法。仔细注意、观察此人喜爱的话题。通常，自己想要被称赞、希望被认定为优秀的部分，往往会出现在最常见的话题里。这里便是要害。只要突破其防线，就能一举制胜。

2．偶尔的佯装，实属必要

请别误会，我并非教你使用卑鄙谄媚的手段来操纵他人。你当然不必连人们的缺点、坏事都加以称赞，而且也不应该称赞。我认为，这些是我们应该憎厌、能断言不好的事。不过，请想想，如果我们不能对人类的缺点及肤浅幼稚的虚荣心佯装不知的话，又如何能在这个世界上立足呢？

谁都希望别人认为自己比实际来得聪明、美丽，这种想法，并不会伤害任何人。如果你告诉这些人这种想法太幼稚、太不正确了，对方必然与你疏离，视你为仇敌。若是我，宁愿采取取悦对方的手段，尽量恭维对方，使其成为朋友。若是对方有优点，你就该迅速地赠与赞词。然而，有时也不得不面对自己并不十分赞同、但却为社会所认同的事，此时只好睁一眼、闭一眼了。

3. 背地里称赞，最令人高兴

为了使对方高兴，你可以在褒奖办法上略施技巧，那就是在背地里夸赞对方。当然，若你只是在暗地里称赞对方而他却一无所知，那就一点意义也没有了，你要想办法将你的夸赞通过巧妙的方式确实地传达到对方的耳里。这里，慎选传达讯息的人选最重要。你所挑选的人最好是通过因为传递此一讯息也能获益的人。如果你选有此企图的人做信使，他不仅会确实地传达你的讯息，还有可能添油加醋，更增效果。对他人的称赞，以此种方法最具功效。

◎瞄准他最感兴趣的领域

每一个与西奥多·罗斯福交谈过的人，都对他渊博的知识感到惊讶。哥马利尔·布雷佛这样写道："无论是一名牛仔或骑兵、纽约政客或外交官，罗斯福都知道该对他说什么话。"他是怎么办到的呢？原来，每当有人来访的前一天晚上，罗斯福就开夜车，翻读这位客人特别感兴趣的题目。因为罗斯福知道，打动人心的最佳方式是：跟他谈论他最感兴趣的事物。

耶鲁大学的前任文学教授威廉·菲利浦在他那篇论人性的文章中

写道：

“当我八岁的时候，有一次到姨妈家去度周末，正好一个中年人来访，跟我姨妈寒暄一阵之后，他把注意力放在了我身上。那段时间我正好对帆船非常热衷，而这位来访者就以一种使我非常感兴趣的方式讨论帆船。他走了之后，我对他大为称赞。多么棒的人！他对帆船多么了解！可我姨妈对我说，他是一名纽约的律师，对帆船一点也不感兴趣。”

那他为什么一直都在谈帆船呢？

“因为他觉得你对帆船感兴趣，就谈一些会使你感兴趣、使你高兴的事。他知道怎样使自己受人欢迎。”

当我正在写这一章的时候，我收到一封爱德华·加利夫的信，他对童子军活动很热心。

加利夫写道：“有一天我发现我需要别人助一臂之力。欧洲将举办一次童子军大会，我要请求美国某大公司的董事长为我资助一名童子军的旅费。

“幸运地，在我正要去见这个人之前，我听说他曾开过一张一百万元的支票，支票兑现从银行寄回来之后，他就把那张支票装进框里保存起来。

“于是，当我走进他的办公室，我所做的第一件事，就是请求看看那张支票，一张一百万元的支票！我对他说，我从来没见过任何人开过这么大数额的支票！我又说，我要告诉那些童子军，我真的见到了一张一百万元的支票。他很高兴地带我参观那张支票，我赞不绝口，我请他告诉我那张支票在什么情况下开的。”

加利夫先生并没有以童子军或欧洲的童子军大会，作为开场白。他所谈的是对方感兴趣的事情。结果呢？加列夫继续讲述道：

“于是我所会见的那个人说：‘呵！对啦，你找我有何贵干？’我说明来意后，令我非常惊奇的是，他不但立即答应了我的要求，而且还更慷慨。我本来只要请他资助一名童子军到欧洲去，但他却资助了五名童子军和我的费用，给我一张一千美元的支票，叫我们在欧洲待上七个星期。他还为我写了几封介绍信，给他各地分公司的董事，让他们招待我们。他本人亲自到巴黎来看我们，并带我们参观了一番。此后，他还雇用了一些家境贫寒的童子军。他对我们的活动，目前还很热心。”

加利夫先生总结道：

“如果我事前不知道他的兴趣所在从而先使他高兴起来的话，他可能就没有如此热心了。”

在商业上我们同样可以使用这一技巧。拿纽约一家高级面包公司——杜维诺父子公司的杜维诺先生来说吧。

杜维诺先生一直试着要把面包卖给纽约的某家饭店。然而，尽管他每天都要打电话给该饭店的经理，也去参加该经理的社交聚会，甚至还在该饭店订了个房间，住在那儿，以便成交这笔生意。但他还是一无所获。

在研究过为人处世之后，杜维诺先生决心改变策略。他首先找出那个人最感兴趣的是什么，接着采取了以下措施：

“我发现他是一个叫做‘美国旅馆招待者’的旅馆人士组织的一员。他不只是该组织的一员，还被选为主席以及‘国际招待者’的主席。不论会议在什么地方举行，他一定会出席，即使路途遥远。

“因此，这次我见到他的时候，我开始谈论他的那个组织。我得到的反应真令人吃惊。他跟我谈了半个小时，都是有关他的组织的，语调充满热忱。可以轻易地看出来，那个组织是他的兴趣所在，他的生命火焰。

“虽然当时我一点也没提到面包的事，但是几天之后，他饭店的大厨师打电话给我，要我把面包样品和价目表送过去。

“‘我不知道你对那个老先生做了什么手脚，’那位大厨师见到我的时候说，‘但你真的把他说动了！’

“想想看吧！——如果我不是最后用心去找出他的兴趣所在，了解到他喜欢谈的是什么，那我可能至今还没成功。”

所以，打动人心的最佳方式是跟他谈论他最感兴趣的事物。因为，每个人都是他兴趣领域的专家，听他讲，你不仅会获得新知，还能赢得友谊。

◎对别人充满兴趣

纽约电话公司对电话中的谈话做了详细的研究，想找出哪一个字眼在电话中最常被提到。你大概也猜到了，这个字就是第一人称的“我”。在500次电话谈话中，这个字被使用了3950次。“我”、“我”、“我”……

当你拿起一张有你在内的集体合照，你最先看到的是谁呢？显然是你自己。

我想说的是：除非你先对他们感兴趣，别人才会对你感兴趣。如果我们只是通过在别人面前表现自己来使别人对我们感兴趣的话，我们将永远不会得到许多真诚的朋友。

一个人若能真心实意地对别人感兴趣，两个月内就能比一个要别人对他感兴趣的人在两年之内所交的朋友还要多。

但许多人却错误地想方设法用使别人对他们感兴趣的办法来赢得朋友。这种方式是没用的，别人不会对你感兴趣。他们只对自己感兴趣。

阿德勒曾说过：

“对别人不感兴趣的人不仅一生中困难最多，对别人的伤害也最大。人类所有的失败，都出自这种人。”

我曾在纽约大学选修过一门关于短篇小说写作的课程。有一次，柯里尔杂志的主编来给我们上课。他说，每天他只要读上几段送到他桌子上的十来篇小说，就能感觉出作者是否喜欢别人。如果作者不喜欢别人，别人就不会喜欢他的小说。

这位激动的主编在讲授小说创作的过程中，曾两次停下来为他不得不说这些大道理而致歉。同时他还说：“我现在所说的，和老师告诫你们的是同样的道理。但是请记住，如果你想成为一名成功的小说家，就必须对别人感兴趣。”

如果写作真是如此的话，那么可以确定，待人处世更应该这样。

詹斯顿被公认为魔术师中的魔术师。在40年里，他在世界各地不断以极高明的技巧令人惊奇万分。共有6000万人次观看过他的表演，而他也几乎赚了2000万美元。当詹斯顿最后一次在百老汇演出的时候，我花了一个晚上待在他的化妆室里——请他讲一讲成功的秘诀。

他的成功是因为学校教育吗？不，他几乎没进过校门。他的学校教育几乎与此无关，因为他很小就离家出走，成了一名流浪者，并以搭货车、睡谷堆、乞讨为生，仅仅靠坐在车上看看铁道沿线的各种标志才识了字。

他的魔术是否特别高明？也不是。詹斯顿认为，关于魔术手法的书已经有好几百种，而且至少有几十人跟他懂得一样多，但他具备其他人所没有的两个特点。首先，他能在舞台上把他的个性表现出来。他是个表演大师，熟谙人类天性。他的每一个动作、手势、语气，甚至眉毛的变化，事先都经过很仔细的预演，配合得几乎分秒不差。还有很重要的一点是，詹斯顿还真诚地对别人感兴趣。他告诉我，许多魔术师会一边看着观众，一边在心里说："坐在那儿的人是一群傻瓜、笨蛋，我把他们骗得团团转是没问题的。"但詹斯顿的方式完全不同，每次走上台，他就会对自己说："我很感激这些观众，因为他们来看我的表演，使我增加了收入，过着很好的生活。我要把最出色的技巧，表演给他们看。"

他宣称，他没有一次在走在台上时不对自己重复说："我爱我的观众，我爱我的观众。"真诚地关心他人正是这位有史以来最著名的魔术师成功的秘诀之一。

有史以来最卓越的演唱家之一舒曼·海里杰夫人也坦率地说出她成功的秘诀之一就是对别人无限地感兴趣。

"不瞒你说，我记得所有朋友的生日。许多年来，我一直都在打听朋友们的生日。虽然我对星相学一点也不相信，但是我会先问对方是否相信一个人的生辰同这个人的个性和性格有关系，然后再让朋友把他的生辰日月告之，事后再转记在专门的生日本上。每一年的年初，我都把这些生日在月历上标明。这些记录能够及时引起我的注意。当某人生日到来的时候，就会收到我的信或电报。

“我用这种关心他人的方法赢得了朋友们的友谊。”

这种哲学在商业界同样有效。

下面是另一个例子：

克纳弗在近十年的时间里一直试图把煤推销给一家连锁公司，但该公司不予理会，仍然从另一个镇上买煤，他们即使经过克纳弗的办公室也不愿进去。克纳弗先生有天在我的讲习班上发表了一些议论，把连锁公司骂得体无完肤，说它是美国的一个毒瘤。

学员们在班上分组辩论，题目是“连锁公司分布各处对国家害多于益”。

在我的建议下，克纳弗站在否定的一边，必须替连锁公司辩护。于是他不得不跑到那家他痛恨的连锁公司去见一位高级职员说：“我不是来推销煤的，只是来请你帮我一个忙。”接着，他就把辩论的事情讲给那个职员听，告诉那职员只有他才能提供辩论所需要的资料。最后克纳弗说道：“我非常想赢得这场辩论。您的任何帮忙，我都非常感激。”

后来发生的事情出乎克纳弗意外，克纳弗这样讲述了故事的结果：

“我请他给我一分钟的时间，就是因为这个条件，他才答应见我的。当说明来意之后，他请我坐下来，跟我谈了 1 小时零 47 分钟。他还请另一位曾经写过一本关于连锁商店书的高级职员进来，并写信给全国连锁组织工会，为我要了一份有关这方面辩论的文件。他觉得连锁商店对人类的贡献是一种真正的服务。他很以自己能为数百个地区的人民所做的一切感到骄傲。他说话的时候，眼里闪烁着光芒。我必须承认，这次谈话使我在他身上看到了一些我以前做梦都不会梦到的事，从而改变了我的整个想法。

“告别的时候，他送我到门口，按着我的肩膀，祝我辩论得胜，并邀请我以后再去看他，把辩论结果告诉他。他对我所说的最后几句话是：‘请在春末的时候再来找我，我想下一份订单，买你的煤。’”

这真是一个奇迹，买煤的话一句没提，他居然主动要买克纳弗的煤。因为对他的公司和他谈的问题感兴趣，克纳弗在两小时中所得到的进展竟然比十年中所得到的进展大得多。

实际上，这并不是什么新的真理，因为好久以前，在耶稣诞生一百年前，一位著名的罗马诗人贺拉斯曾经说过：

“我们对别人感兴趣，是在别人对我们感兴趣的时候。”

◎制造戏剧化的氛围

《费城晚报》曾被一项危险的谣言恶意中伤。广告客户受到警告，说这家报纸刊登的广告太多，新闻太少，因此不再能吸引读者的兴趣。《费城晚报》必须立即采取行动，制止这项谣言。

但他们怎么进行呢？

《费城晚报》采取了下述行动。

他们把该报一个平常日子里所有版面上的各式新闻及文章全部剪下来，加以分类，印成一本书。这本书的书名就叫《一天》，共有 307 页，和一本售价两美金的书页数一样多，然而售价不是两元，而是两分。

那本书的发行，戏剧化地澄清了一个事实：《费城晚报》刊登了大量深具可读性的有趣新闻及文章。这个方法比仅仅发表一些数字及谈话更生动、更有趣、更能表现事实，并能留给人深刻的印象。

在当今这个戏剧化的时代，仅仅平铺直叙是不够的。你必须使用吸引人的方法。电影这么做，电视这么做，如果你想引起人们的注意，你也必须如此做。使事实更生动、有趣而戏剧化地表现出来，才能有效地吸引人们的注意。

橱窗展示专家就很了解戏剧化的力量。例如，生产一种新的灭鼠药的厂商，在为经销商参观而设计的橱窗展示之中，放置了两只活的老鼠，结果展示活老鼠的那一个星期的销售量突然上升，比平时多出 5 倍。

电视广告中更充满了运用戏剧化的技巧以促销产品的例子。晚上你坐在电视机前面，分析一下广告专家在他们的每一个广告之中的表现手法，你会看到一种解酸剂如何能够在试管中把酸的颜色改变；一种牌子的肥皂或肥皂粉如何把油污的衣服洗干净；你会看到一辆汽车左转右转奔驰着，表现得比广告词中所说的还要好；快乐的面孔显示出对各种产品的满意。

所有这些都是为了把产品能提供的好处戏剧化地表现出来，而且确实能够促使观众去买这些东西。

戏剧化的方法也可适用于日常生活。方特想叫他 5 岁的儿子和 3 岁的女儿玩耍后把玩具收拾起来，为此他发明了一列“火车”。儿子为司机，骑着他的三轮车，女儿的篷车接在三轮车后面。晚上，当她的哥哥骑着车子绕室而行的时候，她就把所有的“煤”装上货车（她的篷车），然后，她也跳了进去。这样一来，屋内的玩具也很快就收拾好了，不需要教训、申斥或恐吓。

印第安纳州的希尔太太，在工作方面遇到了一些问题，认为必须要和老板谈谈。星期一早晨她要求和老板面谈，但是他告诉她很忙，要她和他的秘书接头，看看能不能安排在星期四或星期五见面。秘书说他的行程表已经排满了，但是会想办法把她和老板见面的时间插进去。

在那整个星期里，她一直都没有得到秘书的通知。每当希尔太太去问，秘书都提出老板没有时间见她的理由。到星期五早上她还是没有得到确实的消息。希尔太太决心，要在周末之前见到老板和他讨论她的问题，因此希尔太太就自问她怎样才可能使老板接见她。

她最后的办法是这样：她写给老板一封正式的信函。信中，她表示完全了解老板一星期都很忙，但是她要和他面谈也极为重要。她随信附了一张字条和一个写上了自己名字的信封，请他或由他叫秘书把这张字条填好，然后送给她。这张表的内容是这样的：

希尔太太：“我将在×月×日×点×分和你见面讨论问题。”

希尔太太在上午 11 点钟把这封信放在他的公文盒子里面，等到下午两点钟去看她的信箱的时候，就收到了自己写上名字的信封。老板亲自回了希尔太太的信，表示当天下午就可以见她，并且给她 10 分钟的谈话时间。希尔太太和他见了面，谈了一个多小时，解决了她的问题。

如果希尔太太不把她要见老板的这件事戏剧化起来，希尔太太可能到现在还在等着。

第四章

无形中改变他人

◎褒扬是最好的开始

在柯立芝总统执政期间，他的一位朋友接受邀请，到白宫去度个周末。他偶然走进总统的私人办公室，听见柯立芝对他的一位秘书说："你今天早上穿的这件衣服很漂亮，你真是一位迷人的年轻小姐。"

这可能是沉默寡言的柯立芝一生当中对一位秘书的最佳赞赏了。这来得太不寻常，太出乎意料之外了，因此那位女孩子满脸通红，不知所措。接着，柯立芝又说，"现在，不要太高兴了。我这么说，只是为了让你觉得舒服一点。从现在起，我希望你对标点符号能稍加小心一些。"

他的方法可能有点太过明显，但其心理策略则很高明。通常，在我们听到别人对我们的某些长处赞扬之后，再去听听一些比较令人不痛快的事，总是好受得多。

而麦金尼远在1896年竞选总统时，就曾采用了这种方法。当时，共和党一位重要人士写了一篇竞选演说，以为写得比任何人都高明。于是，这位仁兄把他那篇不朽演说大声念给麦金尼听。那篇演说有一些很不错的观点，但就是不行。很可能会惹起一阵批评狂潮。麦金尼不愿使这人伤心。他不想抹杀这人的无比热忱，然而他却又必须说"不"。请注意，他把这件事处理得多巧妙。

"我的朋友，这是一篇很精彩而有力的演说，"麦金尼说，"没有人能写得比你更好。在许多场合中，这些话说得完全正确，但在目前这特殊场合中，是否相当合适呢？从你的观点来看，这篇演说十分有力而切题，但我必须从党的观点来考虑它所带来的影响。现在你回家去，根据我的提示写一篇演说稿，并且送我一份副本。”

他真的照办了。麦金尼替他改稿，并帮他重写了第二篇演说稿。他后来终于成为竞选活动中最有力的一名演说者。

这种哲学在日常的生意来往上，也能奏效。我们以费城华克公司的高先生为例。

高先生在某次上课之前的演讲会上，讲述了下面这一则故事。

华克公司承包了一项建筑工程，预定于一个特定日期之前，在费城建立一幢庞大的办公大厦。一切都照原定计划进行得很顺利，大厦接近完成阶段，突然，负责供应大厦内部装饰用的铜器的承包商宣称，他无法如期交货。什么！整幢大厦耽搁了！巨额罚金！重大损失！全因为一个人。

长途电话、争执、不愉快的会谈，全都没效果。于是高先生奉命前往纽约，到狮穴去擒他的铜狮子。

“你知道吗？在布鲁克林区，有你这个姓氏的，只有你一个人。”高先生走进那家公司董事长的办公室之后，立刻就这么说。

董事长很吃惊：“不，我并不知道。”

“哦，”高先生说，“今天早上，我下了火车之后，就查阅电话簿找你的地址，在布鲁克林的电话簿上，有你这个姓的，只有你一人。”

“我一直不知道，”董事长说。他很有兴趣地查阅电话簿。“嗯，这是一个很不平常的姓，”他骄傲地说，“我这个家族从荷兰移居纽约，几乎有两百年了。”一连好几分钟，他继续说到他的家族及祖先。

当他说完之后，高先生就恭维他拥有一家很大的工厂，高先生说他以前也拜访过许多同一性质的工厂，但跟他这家工厂比起来就差得太多了。“我从未见过这么干净整洁的铜器工厂。”高先生如此说。

“我花了一生的心血建立这个事业，”董事长说，“我对它感到十分骄傲。你愿不愿意到工厂各处去参观一下？”

在这段参观活动中，高先生恭维他的组织制度健全，并告诉他为什么他的工厂看起来比其他的竞争者高级以及好处在什么地方。

高先生对一些不寻常的机器表示赞赏，这位董事长就宣称是他发明的。他花了不少时间，向高先生说明那些机器如何操作以及他们的工作效率多么良好。他坚持请高先生吃中饭。到这时为止，你一定注意到，一句话也没有提到高先生此次访问的真正目的。

吃完中饭后，董事长说，“现在，我们谈谈正事吧，自然，我知道你这次来的目的。我没有想到我们的相会竟是如此愉快。你可以带着我的保证回到费城去，我保证你们所有的材料都将如期运到，即使其他的生意都会因此延误也不在乎。”

高先生甚至未开口，就得到了他想要的所有的东西。那些器材及时运到，大厦就在契约期限届满的那一天完工了。

如果高先生使用大多数人在这种情况下所使用的那种大吵大闹的方法，这种美满的结果会发生吗？

用赞扬的方式开始，就好像牙医用麻醉剂一样，病人仍然要受钻牙之苦，但麻醉却能消除苦痛。

◎要批评别人先批评自己

几年以前，我的侄女约瑟芬·卡耐基，离开她在堪萨斯市的老家，到纽约来担任我的秘书。她那时 19 岁，高中毕业已经三年，做事经验几乎等于零。而今天，她已是西半球最完美的秘书之一。

但是，在刚刚开始的时候，她——嗯，尚可改进。有一天，我正想开始批评她，但转念又想“等一等，戴尔·卡耐基，等一等。你的年纪比约瑟芬大了一倍。你的生活经验几乎有她的一万倍多。你怎么可能希望她有你的观点、你的判断力、你的冲劲——虽然这些都是很平凡的？还有，等一等，戴尔，你 19 岁时又在干什么呢，可还记得你那些愚蠢的错误和举动？可还记得？……”

经过诚实而公正地把这些事情仔细想过一遍之后，他获得结论，约瑟芬 19 岁的行为比他当年好多了——而且，我发现自己并没有经常称赞约瑟芬。

从那次以后，当我想指出约瑟芬的错误时，总是说："约瑟芬，你犯了一个错误。但上帝知道，我所犯的许多错误比你的更糟糕。你当然不能天生就万事精通。那是只有从经验中才能获得的；而且你比我在你这年纪时强多了，我自己曾做过那么多的愚蠢傻事，所以我根本不想批评你或任何人。但难道你不认为，如果你这样做的话，不是比较聪明一点吗?"

加拿大明尼托拔布兰敦的一位工程师狄里史东，他的秘书有点问题：口述的信打好了，送给他签名，每页总会有两三个词拼错。狄里史东先生怎么处理这个问题呢?

当下封信送来时，上面仍有些错误，狄里史东先生就跟他的秘书一起坐下，对她说：

"不知怎么了，这个词看起来总是不对劲，这个词我也常常不会写。所以我才写了这本拼词本。（我打开了小笔记本，翻到那一页）对啦，这就是了。现在我对拼词比较留心，因为别人会以拼错词来评断我们够不够职业水准。"

但从那次谈话后，她拼错词的次数确实少多了。

一个人即使尚未改正他的错误，但只要他承认自己的错误，就能帮助另一个人改变他的行为。这句话是马里兰州提蒙尼姆的克劳伦斯·周哈辛最近才说的。因为他看到了他 15 岁的儿子正在试着抽烟。

"当然，我不希望大卫抽烟，可是他妈妈和我都抽烟，我们一直都给他做了个不好的榜样。我解释给大卫听，我跟他一样大时就开始抽烟，而尼古丁战胜了我，使我现在几乎不可能抽了。我也提醒他，我现在咳嗽得多么厉害。

"我并没有劝他戒烟，或恐吓警告他抽烟的害处。我只是告诉他，我如何迷上抽烟和它对我的影响。

"他想了一会儿，然后决定在高中毕业以前不抽烟。直到现在都未曾想再抽烟。

"那次谈话的结果，我也决定戒烟，由于家人的支持，我成功了。"

圆滑的布洛亲王，在1909年，就已经明白这样做事的迫切需要。

当时的布洛亲王是德国皇家参议，当时的皇帝是威廉二世——威廉，傲慢的；威廉，狂妄自大的；威廉，最后的德国皇帝。

他缔造了海军、陆军，他自夸说他能随心所欲地改变一切。

于是，一件令人震惊的事情发生了。威廉皇帝讲了一些话，一些令人难以置信的话，一些震惊了欧洲的话。接着又发生了爆炸性传闻，令世界震惊和愤怒——事情坏得不可收拾。这位德国皇帝在英国做客的时候大放厥词，他竟允许在《每日电报》上发表出来。他宣称他是唯一对英国人友善的德国人；他正在建造海军对付日本的危害；是他的讨伐计划，使英国的劳勃兹爵士战胜了荷兰人等。

100年内，在和平时期，从欧洲国王口中，从没有说出像他这样惊人的话。整个欧洲如野马蜂一样骚动起来。英国被激怒了，德国政治家惊骇起来。在这些震惊之中，德皇感到惶恐，他向皇家参议布洛提议，请他负责。

是的，他要布洛宣布一切都是他的责任，是他建议他的君主说这些不负责任的话。

"但是，陛下，"布洛反对说，"在我看来，不论在德国或英国，绝对不会有任何人能相信我会建议陛下说这些话的。"

这句话一出布洛的口，他即感觉到他犯了一个严重的错误，果然德皇发作起来。

"你以为我是一头笨驴，"他咆哮道，"能犯你永远不会犯的错误！"

布洛知道在他责备以前他应当首先称赞他，但现在为时太晚，他马上采取了补救措施。他在批评以后称赞，结果极为神妙。

他的赞赏是这样的：

"我绝对没有那样的意思，"他恭敬地回答说，"陛下在许多方面超过我；当然不只在海、陆军知识上，而且在尤为重要的自然科学上。当陛下解释风雨表，或无线电报，或透视光线时，我常常惊叹着静听。我对所有自然科学一无所知，对此我感到羞愧。我不懂化学或物理，完全不能解释最简单的自然现象。”布洛接着说：“我有一点历史知识，还有一些政治常识，特别是在外交上有些知识，但这些知识只能作为你的补充。”

德皇显出笑容来——布洛称赞了他，布洛抬高了他，贬低了他自己。

从那以后，德皇可以原谅布洛的任何事情了。“我不是一直告诉你，”他热情地叫道，“我们不是以互补著名吗？我们应团结一致，而且，我们愿意这样！”

他与布洛握手，不是一次，而是多次。

那天下午，他越发来了兴致，他握起双拳，喊道，“如果任何人对我说布洛不好，我将对着他的鼻子，饱以老拳！”

布洛及时挽救了他自己——尽管他是灵敏的外交家，他仍然做错了一件事：

如果几句贬低自己、称赞对方的话能使一位傲慢、被侮辱了的德皇变成一个坚定的朋友，是不是太容易了些？

试想谦逊与称赞在我们日常生活中，能对你我有什么效用。在人际关系上用得适当，真能发生奇迹。

◎没有人喜欢被迫购买

你对于自己发现的思想，是不是比别人用银盘子盛着交到你手上的那些思想，更有信心呢？如果是这样的话，那么，如果你要把自己的意见硬塞入别人的喉咙里，岂不是很差劲的做法吗？提出建议，然后让别人自己去想出结论，那样不是更聪明吗？

没有人喜欢觉得他是被强迫购买或遵照命令行事。我们宁愿觉得是出于自愿购买东西，或是按照我们自己的想法来做事。我们很高兴有人来探询我们的愿望、我们的需要以及我们的想法。

当西奥多·罗斯福当纽约州州长的时候，他完成了一项很不寻常的功绩。他一方面和政治领袖们保持很良好的关系，另一方面又强迫进行一些他们十分不高兴的改革。以下是他的做法。

当某一个重要职位空缺时，他就邀请所有的政治领袖推荐接任人选。“起初，”罗斯福说，“他们也许会提议一个很差劲的党棍，就是那种需要‘照顾’的人。我就告诉他们，任命这样一个人不是好政策，大家也不会赞成。

“然后他们又把另一个党棍的名字提供给我，这一次是个老公务员，他只求一切平安，少有建树。我告诉他们，这个人无法达到大众的期望，接着我又请求他们，看看他们是否能找到一个显然很适合这职位的人选。

“他们第三次建议的人选，差不多可以，但还不太行。

“接着，我谢谢他们，请求他们再试一次，而他们第四次所推举的人就可以接受了；于是他们就提名一个我自己也会挑选的最佳人选。我对他们的协助表示感激，接着就任命那个人——我还把这项任命的功劳归之于他们……我告诉他们，我这样做是为了能使他们感到高兴，现在该轮到他们来使我高兴了。

“而他们真的使我高兴。他们以支持像‘文职法案’和‘特别税法案’这类全面性的改革方案，来使我高兴。”

记住，罗斯福尽可能地向其他人请教，并尊重他们的忠告。当罗斯福任命一个重要人选时，他让那些政治领袖们觉得，他们选出了适当的人选，完全是他自己的主意。

让别人觉得办法是他想出来的，不只可以运用于商场和政坛上，也同样可以运用于家庭生活之中。俄克拉何马州叶萨市的保罗·戴维斯，告诉公司同事他是如何地运用这个原则：

“我的家庭和我享受了一次最有意思的观光旅行。我以前早就梦想着要去看看诸如盖茨堡的内战战场、费城的独立厅等等的历史古迹以及美国的首都。法吉谷、詹姆斯台以及威廉士堡保留下来的殖民时代的村庄，也都罗列在我想造访的名单上。

“在三月里，我夫人南茜提到她有一个夏天度假计划，包括游览西部各州以及看看新墨西哥州、亚利桑那州、加州以及内华达州的观光胜地。她想去这些地方游玩已经有好几年了。但是很明显的，我们不能既照我的想法又照她的计划去旅行。

“我们的女儿安妮刚刚在初中读完了美国历史，对于那些历史事件很感兴趣。我问她喜不喜欢在我们下次度假的时候，去看看她在课本上读到的那些地方，她说她非常喜欢。

“两天以后，我们一起围坐在餐桌旁，南茜宣布说，如果我们大家都同意，在夏天度假的时候将去东部各州。她还说，这趟旅行不但对安妮很有意义，对大家来说，也是一件令人兴奋的事。”

一位X光机器制造商，利用同样的心理战术，把他的设备卖给了布鲁克林一家最大的医院。那家医院正在扩建，准备成立全美国最好的X光科。L大夫负责X光科，整天受到推销员的包围，他们一味地歌颂、赞美他们自己的机器设备。

然而，有一位制造商却更具技巧。他比其他人更懂得对付人性的弱点。他写了一封信，内容大至如下：

“我们的工厂最近完成了一套新型的X光设备。这批机器的第一部分刚刚运到我们的办公室来。我们知道它们并非十全十美，我们想改进它们。因此，如果你能抽空来看看它们并提出你的宝贵意见，使它们能改进得对你们这一行业有更多的帮助，那我们将深为感激。我知道你十分忙碌，我会在你指定的任何时候，派我的车子去接你。”

“接到那封信时，我感觉很惊讶，”L大夫在班上叙述这件事说，“我既觉得惊讶，又觉得受到很大的恭维。以前从没有任何一位X光制造商向我请教。这使我觉得自己很重要。那个星期，我每天晚上都很忙，但是我还是推掉了一个晚餐约会，以便去看看那套设备。结果，我看得愈仔细，愈发觉自己十分喜欢它。

“没有人试图把它推销给我。我觉得，为医院买下那套设备，完全是我自己的主意，于是就把它订购下来。”

长岛一位汽车商人，也是利用这样的技巧，把一辆二手货车，成功地卖给了一位苏格兰人。

这位商人带着那位苏格兰佬看过一辆又一辆的车子，但总是不对劲。这不适合，那不好用，价格又太高，他总是说价格太高。在这种情况下，这位商人——他也是我班上的学生——就向班上的同学求助。

我们劝告他，停止向那位“苏格兰佬”推销，而让他自动购买。我们说，不必告诉“苏格兰佬”怎么做，为什么不让他告诉你怎么做？让他觉得出主意的人是他。

这个建议听起来相当不错。因此，几天之后，当有位顾客希望把他的旧车子换一辆新的时，这位商人就开始尝试这个新的方法。他知道，这辆旧车子对“苏格兰佬”可能很有吸引力。于是，他打电话给“苏格兰佬”，请他能否过来一下，特别帮个忙，提供一点建议。

“苏格兰佬”来了之后，汽车商说：“你是个很精明的买主，你懂得车子的价值。能不能请你看看这部车子，试试它的性能，然后告诉我这辆车子，应该出价多少才合算？”

“苏格兰佬”的脸上泛起“一个大笑容”。终于有人来向他请教了，他的能力已受到赏识。他把车子开上皇后大道，一直从牙买加区开到佛洛里斯特山，然后开回来。“如果你能以300元买下这部车子，”他建议说，“那你就买对了。”

“如果我能以这个价钱把它买下，你是否愿意买它？”这位商人问道。300元？果然。这是他的主意，他的估价。这笔生意立刻成交了。

爱默生在他的散文《自己靠自己》一文中说：“在天才的每一项创作和发明之中，我们都看到了我们过去摒弃的想法；这些想法再呈现在我们面前的时候，就显得相当的伟大。”

爱德华·豪斯上校，在威尔逊总统执政的期间，在国内及国际事务上有极大的影响力。威尔逊对豪斯上校的秘密咨询及意见依赖的程度，远超过对自己内阁的依赖。

豪斯上校利用什么方法来影响总统呢？很幸运地，我们知道这个答案。因为豪斯自己曾向亚瑟·D. 何登·史密斯透露，而史密斯又在《星期五晚邮》的一篇文章中引述豪斯的这段话。

"'认识总统之后,'豪斯说,'我发现,要改变他一项看法的最佳办法,就是把这件新观念很自然地建立在他的脑海中,使他发生兴趣——使他自己经常想到它。第一次这种方法奏效,纯粹是一项意外。有一次我到白宫拜访他,催促他执行一项政策,而他显然对这项政策不表赞成。但几天以后,在餐桌上,我惊讶地听见他把我的建议当做他自己的意见说出来。'"

豪斯是否打断他说:"这不是你的主意,这是我的?"哦,没有,豪斯不会那么做。他太老练了。他不愿追求荣誉,他只要成果。所以他让威尔逊继续认为那是他自己的想法。豪斯甚至更进一步,他使威尔逊获得这些建议的公开荣誉。

且让我们记住,我们明天所要接触的人,就像威尔逊那样具有人性的弱点,因此,且让我们使用豪斯的技巧吧。

◎委婉的建议方式

我们在批评别人时,常常会犯这样一个错误,就是当发现对方有明显的错误时,会不客气地批评对方说:"那是错的,任何人都会认为那是错的!"这样一来,对方的自尊心会受到伤害,而突然陷入沉默,或挑剔你的言词来拒绝你。

因此,为了不触犯对方的自尊心,即使发现了对方的错误,也不要立刻指出,而应采取间接的方式。

据说美国政治家富兰克林年轻时非常喜爱辩论,尤其是对于别人的错误更是不能容忍,总是穷追到底。因此,他的看法常常不能被人接受。当他发现了自己的缺点之后,便改以疑问的形式表达自己的意见,后来他的成就是众所周知的。

由此可知,不要用"我认为绝对是这样的"这类口气威压对方。用"不知道是不是这样"这种委婉的态度与对方交谈效果会更好。

批评是我们常用的一种手段，但我们有些人批评起来简直让他人无地自容，下不了台阶。其实，这种批评方式不但无法达到让他人改正错误的目的，而且有碍于你的人际关系。既然如此，为何还要使用这种“残酷”的手段呢？

在生活和工作中，我们不可能没有批评，但要学会巧妙的批评，让他人既意识到自己的错误，并尽快改正，同时也理解你善意批评的意图，使他内心里对你心存感激。

一天下午，查理·夏布经过他的一家钢铁厂，撞见几个雇员正在抽烟，而他们的头顶上正挂着“请勿吸烟”的牌子。那么夏布先生是如何处理此事的呢？他并没有指着牌子说：“你们难道不识字吗？”而只是走过去，递给每人一支烟，然后道：“老兄，如果你们到外边抽，我会很感谢你们。”员工当然知道自己破坏了规定，但是夏布先生不但没说什么，反而给了每个人一样小礼物，你能不敬重这样的老板吗？谁能不敬重这样的老板呢？

不直接说出对方的错误，而是通过间接的方式让对方自己去发现并改正自己的错误；在禁止对方不要做某件事时，不使用直接禁止的语言，而是劝说对方做与之完全相反的事情。如果直接禁止对方只会招致反感，而采取不禁止，只是劝说对方做与之相反的事情的方法，却能收到良好的效果。

对那些对直接的批评会非常愤怒的人，间接地让他们去面对自己的错误，会有非常神奇的效果。罗得岛温沙克的玛姬·杰各在我的课堂中提到，她如何使得一群懒惰的建筑工人，在帮她加盖房子之后清理干净。

最初几天，当杰各太太下班回家之后，发现满院子都是锯木屑子，她不想去跟工人们抗议，因为他们工程做得很好。所以等工人走了之后，她跟孩子们把这些碎木块捡起来，并整整齐齐地堆放在屋角。次日早晨，她把领班叫到旁边说：“我很高兴昨天晚上草地上这么干净，又没有冒犯到邻居。”从那天起，工人每天都把木屑捡起来堆好在一边，领班也每天都来，看看草地的状况。

在后备军人和正规军训练人员之间，最大不同的地方就是理发，后备军人认为他们是老百姓，因此非常痛恨把他们的头发剪短。

美国陆军第542分校的士官长哈雷·凯塞，当他带了一群后备军官时，他要求自己要解决这个问题。跟以前正规军的士官长一样，他可以向他的部队吼几声或威胁他们，但他不想直接说他要说的话。

他开始说了："各位先生们，你们都是领导者。当你以身教来领导时，那再有效也没有了。你必须为遵循你的人做个榜样。你们该了解军队对理发的规定。我今天也要去理发，而它却比某些人的头发要短得多了。你们可以对着镜子看看，你要做个榜样的话，是不是需要理发了，我们会帮你安排时间到营区理发部理发。"

成果是可以预料的。有几个人志愿到镜子前看了看，然后下午到理发部去按规定理发。次晨，凯塞士官长讲评时说，他已经可以看到，在队伍中有些人已具备了领导者的气质。

在1887年3月8日，美国最伟大的牧师及演说家亨利·华德·毕奇尔逝世。就在那个礼拜天，莱曼·阿伯特应邀向那些因毕奇尔的去世而哀伤不语的牧师们演说。他急于做最佳表现，因此把他的讲演词写了又改，改了又写，并像大作家福楼拜那样谨慎地加以润饰。然后他读给他妻子听，写得很不好——就像大部分写好的演说一样。如果她的判断力不够，她也许就会说："莱曼，写的真是糟糕，行不通。你会使所有的听众都睡着了。念起来就像一部百科全书似的。你已经传道这么多年了，应该有更好的认识才是。看在老天爷的份上，你为什么不像普通人那般说话？你为什么不表现得自然一点？如果你念出像这样的一篇东西，只会自取其辱。"

她称赞了这篇讲稿，但同时很巧妙地暗示出，如果用这篇讲稿来演说，将不会有好效果。莱曼·阿伯特知道她的意思，于是把他细心准备的原稿撕烂，后来讲道时甚至不用笔记。

◎鼓励更容易让人改正错误

一旦发现他人出现错误，我们很多人往往首先想到的就是如何批评，使之改正。事实上，与批评相比，鼓励似乎更容易使人改正错误，并且更易让对方去做你所期望的事情。所以，当他人出现错误时，你首先应该考虑一下，是否非得批评不可，应该怎样批评？如果可能的话，尽量采取鼓励的方式，这样一方面可以达到让对方知错改错的目的，同时也不影响你们之间的相互关系。

你要是跟你的孩子、伴侣、雇员说他或她做某件事显得很笨，很没有天分，那你就做错了，这等于毁了他所有追求进步的心。但如你用相反的方法，宽宏地鼓励他，使事情看起来很容易做到，让他知道，你对他做这件事的能力有信心，他的才能还没有发挥，这样他就会练习到黎明，以求自我超越。

罗维尔·汤麦斯就是个处理人际关系的高手，他会给人勇气与信心，使人充满自信。举例来说：

一次，我与汤麦斯夫妇一起度周末，罗维尔·汤麦斯请我参加他们的桥牌友谊赛，桥牌对我来说是个全然陌生的游戏，我一点都不了解它的规则。

罗维尔说："戴尔，为什么不试试呢？除了需要一些记忆与判断的能力外，它没有什么技巧可言。你曾经对人类记忆的组织有过深入的研究，所以打桥牌一定难不倒你。"

当我还没有意识到什么时，已经被拉到桥牌桌边，我发现这是有生以来第一次参加桥牌比赛，完全是因为罗维尔给了我信心，使我觉得打桥牌不是件难事。

我有一个光棍朋友，年约 40 余岁，最近刚订婚。他的未婚妻一直怂恿他去学跳舞。这位朋友说道："天知道我的确应该去学跳舞。20 年前，我第一次跳舞。当时的技术和现在一直都没什么两样。我的第一位老师讲的或许不假，她说，我的舞步全错了，必须从头学起。此话颇伤我的心，以致学舞的兴致完全消失无踪，我的学舞生涯也至此宣告结束。

"现在这位老师不知是不是哄我，但她讲的话我听了真喜欢。第一位老师由于强调的是我不对的地方，以致让我失去学习的兴趣；第二位老师则是正好相反，她一直称赞我的长处，对我的短处则尽量不提。她曾对我说：‘你具有天生的节拍感，可说是天生的舞蹈家呢！’虽然，直到现在，我仍然感觉到自己并没有什么跳舞细胞，技术也一直没什么进步。但在内心深处，我还是希望这位新老师所说的话‘或许’没错，所以便继续付钱让她讲这些话。

“我知道，假如她没有告诉我我天生有韵律感，我今天还跳不到这么好。她鼓励我，给我希望，让我想要更进步。”

我的训练班的一个学员讲述了他的儿子是如何在他的鼓励下改变的事实：

“1970 年，我的儿子大卫 15 岁大，到辛辛那提来跟我住。他的命运坎坷。1958 年，在一次车祸中脑部受伤需要开刀，这次手术在他前额留下了一道难看的疤。直到 15 岁，他都是在达拉斯的特别班里，因为他的学习速度很慢。也许是因为疤的关系，学校当局判定他的脑部受伤，无法正常运作。他比同年的小孩慢了两年，所以他现在才七年级，但他还不会乘法表，他都用手指算算数，也不太会念书。

“但是，他喜欢研究收音机和电视。他想做个电视机技师。我鼓励他这件事，并告诉他需要数学好才能参加训练。我决心要在这件事上帮他做到熟练。我们买了四组彩色卡片：加法、减法、乘法、除法。我们一边看卡片，大卫一边把正确的答案放在空白栏内，假如他漏掉了，我就给他正确的答案，再把它放上去，直到全部放完为止。我费了很大劲才让他把每一个卡片都弄对，尤其是先前错过一次的。每天晚上我们都放一次卡片，放完为止。每天晚上，都用一只不走的手表计时，我向他保证，假如他能在八分钟内做对全部的卡片而且没有错误，那就不用每天晚上做了。这对大卫来说似乎不太可能。第一次，他用了 52 分，第二次，48 分，然后是 45、40、41，然后是少于 40 分钟了。每次的进步，我们都加以庆祝，到月底时，他已经能在八分钟之内正确地放完所有的卡片了。每当他有点进步时，他会要求再做一遍。他终于神奇地发现，学习是容易和有趣的。

“这时，他的代数成绩飞跃地进步了。他自己也觉得惊奇，因他拿回家的成绩单，数学是B，这在以前从没发生过。其他的变化也快得令人难以置信。他的阅读能力也快速地进步，他开始会用他的天赋画图。在学期末，他的科学老师指定他筹办一个展览，他选择了去发展一种高难度的模型来证明杠杆的影响。那不但需要画画和制造模型的技巧，而且要应用数学。这个展览，他拿了学校科学展的第一名，因此还参加了市展的比赛，也拿到了辛辛那提市的第三名。

“他曾是一个留级两年的孩子，被学校认定脑部受损，被他的同学叫‘摩臀原始人’，又说他的大脑在脑部的缺口漏了出去；突然，他发觉他能够学习而且去完成一些工作，结果呢？从八年级的最后一学期起一直到高中，他都排在荣誉榜上；在高中时，他被选拔至全国荣誉协会。一旦他发现学习是容易的，他整个生命都变了。”

第五章
如何应对不同类型的人

◎与冷若冰霜型：切中话题，点燃热情

生活中常常有这样一些人，他们往往是我行我素，对人冷若冰霜。尽管你客客气气地跟他寒暄、打招呼，他却总是爱理不理，不会做出你所期待的反应。和这类人打交道，的确让人感到不自在、不舒服。但出于工作、办事的需要，我们往往又不得不与他们来往，那么，在这种情况下，为了维护自己的自尊心，要不要也采取一种相应的冷淡态度呢？

从形式上看，似乎他怎样对我，我当然可以以同样的方式去对待他。但是，这种想法是不恰当的。这种人的冷淡态度并不是由于他们对你有意见而故意表现的。实际上这是他们本身的性格，尽管你主观上认为他们的做法使你的自尊心受到伤害，但这绝非他们本意。因此，你完全不要去计较它，更不要以自己的主观感受来判断对方的心态，以至于做出一种冷淡的回应。这样，常常会把事情弄糟。

其实，尽管性格冷淡的人一般来说兴趣和爱好比较少，也不太爱和别人沟通，但是，他们还是有自己追求和关心的事。不过别人不大了解而已。所以，在与这类人打交道时，不仅不能冷淡，反而应该多花些工夫，仔细观察，注意他的一举一动，从他的言行中，寻找出他真正关心的事来。一旦你触到他所感兴趣的话题，对方很可能马上会一扫往常那种死板冷淡的表情，而表现出相当大的热情。

另外，与这种人打交道，更多的是要有耐心，要循序渐进，要设身处

地为他们着想，维护其利益，逐渐使他们去接受一些新的事物，从而改变和调整他们的心态。这样，遇到事时，找到他们帮忙就不会轻易碰钉子。

◎与唯我独尊型：制造机会，遏其摆谱

在日常交往中，有些人往往自视清高，目中无人，表现出一副“唯我独尊”的样子。与这种举止无礼、态度傲慢的人打交道，实在是一件令人难受的事情。可是，如果我们不得不与这种人接触，又该怎么办呢？

有人说，对这种人就必须以牙还牙。他傲慢无礼，我便故意怠慢他。这种做法在适当的时候也许是必要的，但它通常更多的只是一种从感情出发的表现。似乎对方的傲慢清高对我们是一种侮辱，于是，我们也要用这种方式去回击他。而当我们理性地思考一下自己的目的和处境时，则应该寻求某种更适当的交往方式。因为，如果他傲慢，你怠慢，便很可能使交往无法进行下去，这显然对于双方都是不利的。所以，我们应该从如何使自己获得成功出发来选择自己的行为方式。

对此，最合适的方式有三种：

第一，尽可能地减少与其交往的时间。在能够充分表达自己的意见和态度，或某些要求的情况下，尽量减少他能够表现自己傲慢无礼的机会。这样，对方往往也会由于缺少这样的机会而不得不认真思考你所提出的问题。

第二，语言简洁明了。尽可能用最少的话清楚地表达你的要求与问题。这样，让对方感到你是一个很干脆的人，是一个很少有讨价还价余地的人，因而约束自己的言行。

第三，你还可以邀请这种人参加一些无法摆谱的活动。例如，请他去跳舞，拉家常，上卡拉 OK 唱歌，等等。而一旦对方在你面前表现出其生活的本色之后，在以后的交往中，他往往不会再对你傲慢无礼。这样你就可以从容地与他相处了。

◎与狂妄自大型：晓以利害，挫其傲气

在社会交往中，争胜逞强的人也不少。这种人狂妄自大，自我炫耀、自我表现的欲望非常强烈，总是力求证明自己比别人高明，比别人正确。当遇到竞争对手时，总是想方设法地排挤人，不择手段地打击人，力求在各方面占上风。人们对这种人，虽然内心深处瞧不起，但是为了顾全大局，为了不伤和气，往往时时处处迁就他，让着他。这样的做法合适吗？

中国人崇尚“和为贵”。为了顾全大局，求大同，存小异，在某些方面作一些必要的退让，应该说是一种比较聪明的交往方式。“和”的确是必要的，但如何去获得“和”，却有不同的方式。“让”是一条途径，“争”也不失为另一种必要的手段。殊不知，有些争胜逞强的人并不能理解别人的谦让，反而以为真是自己了不起，由此变本加厉地瞧不起别人、不尊重别人。对这样的人，不能一味地迁就，而应该在适当的时候，以适当的方式挫一下他的傲气，使他知道天外有天，山外有山，人外有人。

还应该看到，争胜逞强的人当中，有属于性格使然者，也有属于社会经验不足的不谙世故者。后者常常是年轻人，对于他们，更多的应该是正面的引导和点拨，开拓其眼界，增长其见识，这类人一旦成熟，一旦对社会有了初步认识，便会改变过去那种争胜逞强的态度。

迁就只适合那些比较有理智的人，而对于不明智的人，不妨适当晓以利害，挫其傲气。

◎与尖酸刻薄型：多让三分，谨慎为好

这种类型的人，在团体内是最不受欢迎的。这种人和别人争执时往往挖人隐私不留余地，冷嘲热讽无所不至，直至对方自尊心受损、颜面丢尽才罢休。

这种人平常也爱以取笑同事、挖苦老板为乐事。假如你被老板批评了，他不但不同情你反而会幸灾乐祸地说：这是老天有眼，罪有应得。假

如你和同事吵架了，他也会说：狗咬狗一嘴毛，两个都不是好东西。你去批评下级，他知道后，会说：有人恶霸，有人贱骨头。这是怎么啦？

这种类型的人，往往伶牙俐齿，得理不饶人。他们的性格悲剧在于损人却不利己，所以，在一个集体中，他们是最不受欢迎的人。对这种人，最好的相处方法是敬而远之，不与他们发生任何利害往来，在言行上多让他们三分，保持一种平常心态。既不讨好他们，也不得罪他们，不给他们创造可供刻薄和攻讦的机会。当他们刻薄和攻讦别人时，也不要介入其中，千万不要以为自己高明，不要以为自己能把什么问题摆平，因为这种尖酸刻薄的人，大都有一些心理缺陷，不通情理、不通世故者居多，如果搅入其间则很难抽身。当然，尖酸刻薄者也不尽然不通情理，他们很多时候认死理，讲真情。拿出铁证，他们也汗颜；施以真情，他们也感动。所以，有时掌握足够的证据，也可与他们理论一番。如若多次施以真情，也可与他们小做交往。但不拘是哪种情况，都要谨慎一些才好。

◎与挑拨离间型：三缄其口，不谈是非

在一个集体中，人们最忌讳其间存在一个挑拨离间的人。所谓“一条鱼搅得满锅腥”通常指的就是这种人。

挑拨离间的人大多都是油嘴滑舌的人，表面上很会说话，很会套近乎，很通情达理，与一般人接触、交往也很讲感情，在短时间内有比较好的人缘。所以，人们有时才愿意把心里话告诉他，甚至把对第三者的褒贬评价和是非好歹也倾囊吐出，孰知此人“狗肚子盛不了四两香油”，不几天，此话便被张扬出去，甚至连有关第三者利害关系的话也不胫而走，弄得你与其他人的关系越来越紧张。你因一言之失，不仅得罪了一两个人，也会使更多的人对你顾忌重重，你将很难摆脱这种不利的境况，有时甚至除非调转工作改变环境而别无选择。想一想因自己的失言付出如此大的代价，这是何苦呢？

所以，与挑拨离间的人相处一定要三缄其口，涉及他人是非的话不

说，关系到自己利害的话不说，让挑拨离间者无处下手才好。当然，与这种人在一起，对方像个“长舌妇”，一会儿透露一点张三的消息，一会儿又透露点李四的隐私，很容易引你上钩攀谈，那么，应该谈什么和怎么谈呢？

一是只谈对方，不关第三者。最好是多施以赞美之言，称赞对方信息灵通，善于交际，有头脑，有思想——但都是笼统的，不要谈到任何细节。

二是只谈工作，不谈关系。工作上多谈积极的，少谈或不谈消极的，或你与此人有工作上的合作关系，这也是很好的话题，谈一谈工作上的进展和工作方法，不牵连任何人际关系。

三是只谈自己，不谈别人。当话题引入到日常生活方面，就谈一些有关自己的生活琐事和业余兴趣爱好。

四是只谈大事，不谈小事。这里所谓的大事可以是国家大事，也可以是世界大事，与本单位的人际关系和人事关系不沾边，不挂钩，让对方从中找不到任何可以挑拨的关系和离间的对象。

掌握了以上四点，也就掌握了与挑拨离间者相处的分寸。

◎与愤世嫉俗型：保持距离，越远越好

愤世嫉俗的人对生活中的许多事都看不惯，特别是对新生事物，更是吹毛求疵，评头品足，他们眼里揉不进半粒沙子，心胸狭窄，见识浅薄，却又常常自以为是，这就造成了其内心世界的不协调和不相容。所以，他们的牢骚和抱怨缘自他们的心理不平衡。在社会上，他们大多是不得志的一族。

大凡愤世嫉俗者都是私心比较重的人，他们评价社会的标准就是以自我利益为中心，以对自己是否有利为准则；一旦这些利益与自己无缘，他们就会说三道四，恶语丛生。这样的人在社会上永远成不了气候，永远难成大事。别人对他们的态度常常是同情中带着鄙夷，哼哈中

带着否定，合作中带着躲闪。与这种人相处，最好回避得越远越好。如果与此种人身处一室，不得不在一起相处，就应该保持适当的距离，不要与此种人过从甚密，更不要与他一唱一和，同发感慨。不然，你会被他的心理疾病所感染，日后也留下愤世嫉俗的顽症。所以与这类人保持更远一点的距离是最好的相处方式。

◎与气量狭小型：大度忍让，但不迁就

与心胸狭窄的人相处的方法：

首先，要有大度的气量。与心胸狭窄的人相处，肯定会发生一些不愉快的事，如果缺乏气量、斤斤计较，不是得不偿失，便是两败俱伤。相反，如果气量大度，胸怀宽阔，就会使那些不愉快的事化为乌有。同时，对心胸狭窄的朋友也是个教育。

一个人怎样才能有气量呢？高尔基说过：“一个人追求的目标越高，他的才力就发展得越快。”才力当然也包含着气量。朋友之间交往也应如此。假使对方心胸狭窄，做出对不住自己的事，就应该从有利于工作和团结的大局出发，能谅解的就谅解，能忍让的就忍让，不应为个人一时之得失而斤斤计较或耿耿于怀。

其次，要有忍让的精神。朋友因心胸狭窄，做出了对不住自己的事来，不忍让又怎么办呢？除非闹翻，分道扬镳，那样做，未必是上策，但忍让绝不是软弱，而是心胸宽阔、风格高尚的表现。

当然，我们提倡忍让，并不意味着放弃原则。一个人为什么会心胸狭窄？一个重要的原因，就是思想上的结解不开。他们习惯孤立地、静止地看问题，因而目光短浅，不能认识事物的多维性。心胸狭窄的人极容易错误地估计形势，错误地对待人和事。因此，对心胸狭窄的人发扬忍让精神，绝不意味着迁就他的错误和缺点。

对朋友的心胸狭窄应该忍让，但对他的错误思想和行为不能迁就。这才是忍让的全部含义，也是忍让的分寸所在。

◎与不拘小节型：行为示范，婉转提示

一般来说，不拘小节的人性格较外向，不知不觉中得罪了人却浑然不知，依然我行我素。如果你想避免正面冲突，那么该如何对待不拘小节的人呢？

1. 行为示范法

有些行为事先无法提醒，用语言表达又可能伤了对方的自尊心。因此，不妨采用行为示范法，以行动告诉对方你自己的喜恶来提醒他，就不会太尴尬。

2. 事先提醒

有的人自由惯了，特别是从小养成了坏习惯，在别人家和在自己家一样肆无忌惮。对这样的人，可事先提醒他要尊重他人的生活模式，要懂得进退礼节。

3. 委婉劝说

若有些不拘小节的人是德高望重的前辈或者是你的上司时，如果你直接提醒又怕以下犯上，不提醒的话，他的作为又实在让人看不过去，这时不妨委婉劝说。

由于对方的身份特殊，在劝说时一定要注意措辞，不可用指责的语气。这样非但达不到预期的目的，还可能让对方误以为你是“故意找碴”。另外，委婉劝说要讲究时机，要就事论事。

4. 直言相劝法

不拘小节的人，不若注重细节的人那样心思敏锐，他们通常较有接纳谏言的胸襟。例如，有些不拘小节的人常常自嘲“大肚能容天下难容之事”。因此，有时说他几句是无碍的。在适当的时候，可以直言相告，让

他清楚自己的一些行为使你不能容忍，希望他改掉这个坏习惯。

直言相告，并不适用于所有的人，要依对象为之，否则让对方怀恨在心，可就得不偿失了。同时，也要看场合，有第三者在场的情况下，就要顾及到对方的面子。

5. **巧妙拒绝法**

有些人的坏习惯已经根深蒂固了，不论你如何暗示、提醒、直言相告都无济于事，他依然我行我素。这样，你只有设法回避、故意冷淡或者巧妙拒绝。

躲避常来串门的人可依据对方来的时间而进行。如对方通常在晚上八点左右来你们家串门，那你就在这个时间前外出，让他扑个空，他就会知道你有意回避他。假如你真的躲不掉，你可以不必招待他，对他的话反应冷淡，并不断看表、哈欠连天。如果他还不走的话，就只好找个堂而皇之的理由送客。如家里有病人要照顾、有约会要赴、自己身体不舒服，等等，以后有机会再聊。这种方法实属无奈，但只要运用巧妙，理由适当，对方也能接受。

不拘小节的人往往认为别人也和他是一样的性格，但你不能“纵容”他，否则他会变本加厉。

不拘小节的人除了不受欢迎的一面，也自有其可爱之处。你若不想伤害彼此的感情，不妨试试上述的方法。

◎与挑剔唠叨型：心领好意，愉悦接受

有些人为一点儿小事就唠唠叨叨说个没完。什么接电话的方法不好、打字的速度太慢、说话太随便、打招呼的声音太小……没完没了地发牢骚，让人无法接受。

无论是谁，都不想因为自己唠唠叨叨的警告而使对方讨厌憎恨自己。有很多人虽然有很多地方想要郑重地提醒你一下，但是又怕招来不满和怨

恨，所以就睁一只眼闭一只眼保持沉默。能像前面说的那样，啰啰唆唆地提醒自己注意的人，正是为自己的成长着想的人，正是自己的成长中不可缺少的人。所以，自己一定要理解他们的好意，珍惜他们的用心。正是因为有人给予自己忠告，自己才得以发现自己工作和生活上的缺点和不足。

对于过于挑剔、过于唠唠叨叨的人，有时你也许会忍不住反驳道："就知道批评别人，自己的事还没处理好呢！真烦人！""你自己也有出错的时候，还是别这么严厉地说我。"这种心情可以理解，因为每个人都想得到别人的赞扬，而不想受到别人的批评。可是，即使是对同事，这样反驳也会引发不愉快的事情，与同事之间的关系容易由此闹僵。如果是上司和前辈的话，这样反驳更是万万不可以的。

对于上司和前辈唠唠叨叨的批评，不要认为很讨厌，而应该认为他们正是自己成长所需要的人。另外，正是因为他们指出自己在工作上出现的缺点、错误，自己才得以改正和提高。

◎与情绪无常型：保持平静，"顺从"应对

在上司和前辈中，有些人情绪变化无常、忽喜忽忧的。昨天对自己还是冷冰冰的，今天却出奇的和蔼亲切："×××，有什么不明白的问题尽管问我。"第二天，当你满怀希望地去请教他时，他却不高兴地回答道："这又不是什么太难的工作，你自己考虑。"作为部下或晚辈，这种类型的上司和前辈真是让你哭笑不得。

中国有一句话说得好，"君子不立于危墙之下"。所以对这种情绪变化无常、忽喜忽忧类型的人，避免与他接触是最好的方法。可是，如果是自己的上司或前辈的话，避免与其接触是不可能的。所以只有掌握与他们融洽相处的方法，才能使自己不致落到尴尬的境地。

和这种"喜怒无常"的人交往，最重要的是不能让自己的步调紊乱，也就是自己要保持平静的心情。上司和前辈也是人，也会有因身体不舒服或工作不顺利而心情烦躁的时候。在上司或前辈喜怒无常时，虽然自己心

里不顺畅，但勃然大怒、火冒三丈是万万不可的。面对上司或前辈的喜怒无常，自己要用“顺从”的态度去应对。

比如，在上个例子中，对于自己的提问，前辈说：“这样的事，你自己考虑。”这时，如果能这样回答则是最好的：“嗯，听前辈的，我自己再好好想想。”这时，尴尬的局面就会有所缓解了。相反，如果自己在心里嘀咕：什么？不是你自己说的，有问题来问你吗？而在脸上也表现出不满，那就不好了。有过几次这样的经历之后，彼此之间的关系就会恶化、变僵。这对以后在公司里的工作和发展都是无益的。

喜怒无常的人，也并不是无论什么时候都让人讨厌的。在他心情好的时候，你有什么困难或问题，他也会给予关照。所以，如果自己肚量大一些，胸襟宽广一些，像这样想“这个人虽然喜怒无常，但在他心情好的时候也经常给予自己关照”的话，相互之间的关系就会变得和谐融洽。如果只看到别人的缺点，人际关系就不可能和谐。

◎与不守时型：适时提醒，耐心引导

时间观念比较淡薄的人不会受到别人的信任。

建立良好人际关系的一个重要前提条件是要守时如金。个人也好，公司也好，如果不能严格遵守时间，就得不到他人或其他公司的信任。交货时间总是推迟的公司或在约定的付款日不能按时付款的公司，会渐渐失去贸易伙伴而导致破产。个人也是一样，在约定的时间总是不能按时赶到的人、对金钱挥霍无度的人，都不会得到周围人的信任，当然也不会建立起良好的人际关系。

一般来说，公司里总会有那么一两个人时间观念淡薄。要是上司或前辈，可暂且不谈，如果是部下或晚辈，就会感到很不放心了。

在公司中，有的人不重视工作方法而只重视工作的结果；有的人不管结果怎样，要的是勤勤恳恳、认认真真的充实感；也有的人既重视工作方法，又重视工作成绩，综合地看问题。这就是人与人之间观点和想法的不同。

与时间观念比较淡薄的人共事时，如果将这个缺点看成是其个人工作方式的不同、嗜好的不同，就可以消除一些对他的不安感。可是，在时间观念比较淡薄的晚辈严重妨碍了工作的顺利完成或对周围产生不良影响的时候，就不能只是将这个缺点看成是工作方式不同、嗜好不同了。

对时间观念比较淡薄的晚辈，至少要在涉及工作时提醒他在期限内完成工作。比如，在交代工作任务时明确告之时间期限，可以这样说："这个文件明天下午三点要送到客户那里，所以你要在两点之前交给我。""这个工作不太急，但在这周内一定要完成。"另外，在接近期限时间时，要这样询问："还有××时间，完成得怎么样了？""今天五点之前能完成吗？"

对时间观念比较淡薄的晚辈提醒一句两句，有的人会马上改正，而有的人怎么也改不了。但不管怎样，都应该耐心地指导，帮助其改掉散漫的坏习惯。

◎与好冲动型：以诚相待，正面交往

所谓性情暴躁的人，通常指的是那种好冲动，做事欠考虑，思想比较简单，喜欢感情用事，行动如疾风暴雨似的人。和这种人打交道，应该谨慎，否则稍有得罪，他便捶胸顿足，怒不可遏，甚至拳脚相见，实在是不划算。也正是这样，许多人都不愿意和这种性情暴躁的人来往。其实，这是一种对人认识不足的偏见。

当然，性情暴躁是一个缺点，它容易伤害人，并且常常表现为蛮横无理。但是，这种人也有优点，而这正是我们与之交往的重要基础。

首先，这种人常常比较直率。肚子里有什么，就会表现出来，不会搞阴谋诡计，也不会背后算计人。他对某人有意见，会直截了当地提出来。所以，与其和那些城府较深的人相处，还不如与这种人打交道。

其次，这种人一般比较重义气，重感情。只要你平时对他好，尊敬他，视他为朋友，他会加倍报答你，并维护你的利益。所以，和这种人交往，不一定非要那么客套，或讲什么大道理。你只要以诚相待，他必定以心相对。

最后，这种人还有一个特点，即喜欢听奉承话、好话。所以，在与其交往中，宜多采用正面的方式，而谨慎运用反面的或批评的方式。这样，往往可以取得更好的效果。

第六章
与上司相处的艺术

◎与上司相处的原则

在探讨与上司相处的基本原则之前，首先要说的一点是：上司和你一样，也渴望与人交流。

在这里所说的交流，不光是指工作方面的，也包括个人生活方面的交流。在工作方面，进行报告、磋商等方面的交流就不用说了。除此之外，上司也想了解一下有关你个人方面的问题。比如，对一些事情的看法、工作以外的生活情况等。因此，自己要尽量把握住机会，让上司了解一些你个人方面的情况。这对你与上司建立良好的人际关系来说是很重要的。

在公司里，一定有人怀有这样的想法，如“在工作的场合，为什么一定要说一些个人方面的问题呢？”“在公司里，只要把工作出色地完成了不就可以了吗？”从某方面来说，怀有这样的想法是正确的。可是，若只是认真地工作，只是交流工作方面的情况，不进行个人方面的交流，反而会使你与上司之间的人际关系变得不和谐、不融洽。

在认真完成工作、很好地进行工作方面的交流的基础上进行个人方面的交流，是有必要的，它如同润滑油，是建立良好人际关系的关键。

可以肯定地说，向上司传达工作以外的情况是非常重要的。爱谈论一些私人话题的上司，在工作上也易于和他进行交流（报告、磋商）。相反，不爱谈论私人话题的上司，与他之间的工作交流也不容易进行。

“今天真暖和！”“总裁，你今天系的领带好漂亮！”“部长，昨天您真了不起!”这些私人话题可以说和工作没有任何关系。可是，正因为先说了这些私人话题，工作上的交流才得以顺利地进行。

要想和上司顺利地进行交流，应该要充分利用好午休时间或举行宴会的时机。比如，利用出席宴会等的时机，试着和上司谈一些工作以外的话题，说不定会发现以前自己认为难以接近的上司有令人意想不到的一面，从而改变过去对上司的看法。

“为什么非得在休息日的时间举行集体旅行呢?”“休息日的时间是属于自己的时间，我才不去参加宴会呢!”若这样想、这样做的话，就会失去和上司交流的极好机会。如果想和上司建立良好的人际关系，就应该积极参加公司举行的各种活动。

可是，有人在酒席上和上司谈得很投机，第二天就自以为和上司关系很不错，而做出失礼的言行，这样就不好了。即使自己和上司非常知心，也不要忘了上司和部下的严格界限。

比如，在上司请客的时候，因为自己是部下，不要认为上司请客是理所当然的，而要在当时或第二天上班时真诚地向上司致谢。认为上司已经喝醉了，向他致谢他也不会记得，而没有向上司致谢是非常错误的，这样你和上司之间很可能会产生裂痕。不仅在当时要向上司致谢，而且在第二天上班时也应该立刻向上司表示感谢。比如，“主任，谢谢您昨天的盛情款待。”“部长，昨天真是谢谢您了。”也许上司表面上表现得毫不在意，其实他心里感到非常高兴。所以，真诚的致谢是必不可少的。

◎把控“好”和“不”的回应

说“好”和“不”是一个人在工作时必须做出的重要回应。这不仅是一种表明自我的重要方式，更可让上司了解我们在工作中的态度以及能力，从而得到上司的赏识。

当我们向他人提出要求的同时，其实也给对方一个应允我们要求的机会。可惜的是，许多人都觉得向他人提出要求是一件相当困难的事。然而我们可以借由学习，自信坚定地向他人要求我们想要得到的。为什么向别人开口这么困难？

让我们来审视一下自己的现况。举例来说，我想向他（她）要求这个（那个），但是我就是办不到。为什么我办不到？原因可能有：

（1）他们可能会说“不”，这样我或许就得不到自己想要的了。

（2）他们可能会说“好”。然而这真是我想要的吗？

（3）如果他们拒绝了我的要求，我会觉得碰钉子。

（4）他们可能会因为我如此的要求而看不起我。

（5）如果我开了口，他们会认为是因为我自己应付不来。

（6）如果我开了口，就可能让自己受到伤害。

此处有个练习，可以使你发现自己在向别人提出要求时的内心感受。

（1）当你不愿向他人提出要求时，你所抱持的理由是否与前述几点类似？

（2）除此之外，还有哪些理由令你不愿开口？

（3）针对这些理由，你不妨问一问自己这样一些问题：

你告诉自己的这些理由是否千真万确？

对你而言，它们的重要性有多大？

现在我们来看一看，如果你提出了要求，可能会有什么结果产生：

（1）“他们可能会说‘好’。然而这真是我想要的吗？”

你应该扪心自问：“我向别人要求的东西，真的是我想要的吗？”这个问题相当重要，如果将之和“我会得到吗？”“我配得到吗？”等不同问题混为一谈，对问题一点帮助也没有。最好第一步就先决定自己心里真正想要得到什么。或许你无法绝对地确定，但至少你在向他人要求什么。千万不要假装自己是来者不拒。难道兼顾自信与企求竟如此可怕？倘若你是一个惧怕成功的人，这个问题的答案极可能是“没错，的确如此”。在我们这个以成功为导向的文化中，惧怕成功的情况可能远比你我知道的还要普遍。你必须自己为成功下个定义。举例来说，如果对你而言，成功意味着采取一些“忠于自己”的行动，那么你不妨问一问自己，你是否真的愿意向别人开口。

(2)“他们可能会说‘不’，这样我或许就得不到自己想要的了。”

没错，这种情况的确可能发生。每个人都有说“不”的权利。你或许会因得不到自己想要的东西，而深感失望。除此之外，你还会有什么感受？每当人们被问到这个问题时，最常听到的回答是：“我觉得自己失败了。”不过这种声明过于模棱两可了。就得到自己想要的这方面而言，至少在目前来说，你的确是失败了，然而也仅止于此罢了。你在向他人提出要求以及让自己获得成功的机会这方面，则有相当自信的表现。就这方面而言，你是成功的，而非失败的。害怕失败是人们不愿开口向他人提出要求的最普遍借口。这一切应视你对“失败”定义而定。

(3)“他们可能会因为我如此的要求而看不起我。”

没错，他们的确可能会这样。然而重要的是，相信自我的评价，而不要过于在意他人的看法。事实上他们说的可能是他们自己，而不是你。倘若某人，例如你的老板，有权使你达成所愿，那么显然他（她）的意见就相当重要了，因为他们的意见攸关你的目的成功与否。然而，你依然能够做出真实的自我评价，看看究竟是向对方提出要求较重要，还是获得他人的认可较重要。

(4)“如果我开了口，他们会认为是我自己应付不来。”

没错，也许那时事情的确多得让你应接不暇。那并不可怕，重要的是认知我们何时需要帮助。通常人们都会很乐意听到别人向他开口求助。

(5)“如果他们拒绝了我的要求，我会觉得碰了钉子。”

你必须将个人被拒与要求被拒两者区分清楚。大多数人因为幼年的负面经验，所以动不动就觉得自己碰了钉子。每个人都有权利提出要求，但却无法期望他人必会答应。

(6)“如果我开了口，就可能让自己受到伤害。”

唯有你特别依赖对方的情况下，才可能会因提出要求而让自己受到伤害。在某些情形下，我们的确会非常依赖对方。如果你在沙漠中迷了路，又渴得要死，那么不用说，你必定会非常依赖你那位拥有满满一壶水的朋友。我们一生中并不会遭逢此等极端的生理依赖；至于情感依赖则可以借由学习而加以改变。

说“好”和说“不”是一个自信者必须能够做出的重要回应。这不仅是一种表明自我的重要方式，更可让他人了解我们希望得到何种待遇以及我们行事的分寸。

◎把功劳礼让上司

作为属下，必须随时随地支援你的上司，时时刻刻都让上司感觉到你，甚至是感激你。其实任何上司同样也有支持属下的想法，哪一个上司不愿让他的属下到处宣扬他的好处。而这最简单的一个办法就是获得上司的支持。这对任何一个上司来讲，都是举手之劳。

因此，在日常生活和工作中，你必须做到以下几点：

(1) 让上司知道你能以你的长处弥补他的不足——一个虽谈不上不可或缺但却有价值的属下，正帮你向目标迈进。

(2) 清楚地告诉你的上司，你能帮助他解决或避免他害怕或不安的事。

(3) 试着从上司的角度来看他的问题。

换位思考之后，你会多发现一些问题，多想到一些问题，有很多问题并不是你换位思考以前所了解的。

(4) 设想上司的需要以及他最迫切与期望的是什么（甚至不必他开口明讲）。

(5) 把上司交托给你的事完全办好。别把事情做到一半，而将尾巴留给他去收拾。

(6) 表现出自己是个合作伙伴，而不是个专听令于上司的人。偶尔客气地反对他一下，以示你不是一个唯唯诺诺的人。

(7) 随传随到，事事干脆利落地应允。

工作上的事，随传你必须随到，接受工作必须干脆利落，这是你的职责。即使是因为私人的事传你，你也应该随传随到，因为这是考验你们私下感情的时候。

(8) 经常不动声色地使上司对你的良好工作表现有深刻的印象。

越是不动声色，非刻意表现的印象，便越具有长期性。你的上司一旦觉察到你的工作成绩，他的印象会更深。

(9) 一定要记得别太傲慢而吝于赞美你的上司。有一个值得你赞美的人，是你的运气——也许借着赞美，能顺便要求点好处。

(10) 你与上司之间的良好关系是借着善用双方的长处和互相协调以弥补对方的弱点而达到的。因此，在策略上，找出一项你上司表现差劲而你却擅长的工作，然后自告奋勇地伸出援手。这与功高益主是两个概念，因为你必须要甘于埋没自己。

你的上司是个差劲的写作者，假如你是个优秀的写作者，应自愿为他捉刀；你的上司恨公开演说吗？主动站出来，替他在公共场合说话。你能找出补足你上司的方式越多，他就越看重你。事实上，聪明的上司所要找的正是那些能以其长处弥补自己弱点的属下。

懂得把自己的"功"让给上司的下属，是支援上司的最有效途径。好的东西，每个人都喜欢，越是好东西，越舍不得给人，这是人之常情。假使有某种工作顺利达成，你要把功劳让给上司。

也许你会说："我自己立下的汗马功劳，何必让给别人？"大部分人都不愿把功劳让给别人，但这才是真正重要的事情。如果你真的有能力去完成一件事，说明你还很有立功的潜力，克制你自己不肯让功的情绪，而将功劳让给你的上司于你无害而有利，你只要在寻找机会再次立功即可。

你建立功劳的事，使你对自己的才能有了自信；在此时，又能将功劳礼让给上司独享，使你的人格变得更伟大。这是很大的收获，连你自己都会觉得自己的气量很大。总有一天，上司会设法还给你这笔人情债，同时也会给你再次建功的机会。但有一点你必须切记，那就是把功劳礼让给上司的事，绝不可以当成夸耀自己的资本而对外宣传。因为这样无疑是在贬低你的上司，如果你没有自信能遵守此戒律，那你最好还是不要礼让。你让功的事，要由你的上司来宣布，而绝不是你。

在组织中，一项工作完全无误地完成，并不仅仅靠一个人的力量，尤其是上司的帮助，或适当的指示，更为重要。为了这种重要性，你应把你不想让的功劳让给上司，倘若因此而使上司成为你的朋友，则将来你所立的功劳会更大，届时你可能得到上司的祝福与更多奖励。

◎与上司建立融洽关系

在与上司相处的过程中随口说“不会做”、“不行”会使上司厌恶。

有的人无论对什么事都做否定回答，即使是对上司也是一样。这样的部下确实让上司感到头疼。假如上司让你做一件你从来没做过的工作，你会怎样回答？回答：“不行，我从没做过，没有信心，还是找别人做吧！”或“我太忙了，请原谅”。这样上司会感到很失望。总是这样回答的话，上司以后无论什么工作都不会放心地交给你去做。相反，如果能这样回答：“我以前没有做过，但请让我试一试。”或“我早就想做一次这样的工作锻炼锻炼自己，太谢谢了！”这样积极的回答，上司会认为你很有前途，以后有什么工作也愿意让你去做，你也就得到了锻炼自己的好机会。

通过上面的对比可以知道，持肯定态度的部下会得到上司的信任和器重，和上司的关系也一定很融洽。相反，持否定态度的部下不会得到上司的信任，人际关系也不可能和谐。

要想和上司建立起和谐融洽的关系，就要养成一个良好的习惯，那就是无论对什么事都要持积极、肯定的态度。当然，上司说的事也有不对的时候，有时你也会说出否定上司意见的想法。可是，绝不能误认为批评能迎合上司的期待。

在上司问到：“对这件事，你是怎样想的？”如果用评判家似的语言说：“我觉得不行”或“成功的可能性很小”。上司肯定会感到不高兴。要是自己认为不好，应该想一想能够提高成功可能性的具体措施。上司想听到的不是批判性的批评，而是改善性的批评。认为批判性的批评能取悦上司的部下，一定是一位低水准的部下，永远也不会得到上司的信任和赏识。

对指示、命令的接受态度决定人际关系的好坏。因此，对待上司的指令要遵循一定的技巧。

1. 正确实行指示和命令，会得到信任

如前所述，和上司之间的关系如何取决于工作上的情况。工作不出色，不能认真地完成任务却想和上司建立起良好的关系是不可能的事。可以说，正确地接受上司的指示、命令也是建立良好人际关系的基本条件之一。

指示、命令是工作的第一步，能否正确地接受和正确地执行它们是赢得上司信赖的一把金钥匙。

2. 精神饱满地回答

在被上司叫到时，爽快而精神饱满地回答“是”是非常重要的。这一点说起来容易，做起来难。很少有人能真正做到这一点。即使自己正忙着工作，上司叫你时也要迅速起身回答：“是!”像这样爽快的回答非常重要。而这样一来上司会觉得你工作很积极，非常爽快利落，工作起来也会很不错，从而对你产生信任感。如果上司对你没有这种最基本的信任感，而是觉得把工作交给你很不放心，那就糟了。对你没有信任，也就不会提拔和器重你。

总之，不管怎样，在接受指示、命令时都要爽快地回答。不要让上司感到不满，这是很关键的一点。

3. 要把指示、命令听到最后

上司在交代工作时已经事先想好了交代顺序。如果在上司交代过程中突然打断上司，提出疑问，上司很容易忘了说到哪儿了，这样上司会很生气。所以，在接受指示、命令时要先把上司的话听完，然后再提出有疑问

的地方或提出自己的看法。这样做非常有必要。

另外，上司是从部下的表情、动作来判断自己的话部下是否清楚、明白了。所以，在上司交代工作时，自己已经清楚、明白时要点头示意，这一点也非常重要。当你不点头时，上司也就会知道你这个地方不太懂，而补充说明一下。

◎拒绝上司的方法

我们在工作中经常会遇到自己正忙着一份工作，上司又吩咐另外一份工作的情况。这时对上司的指示、命令并不一定都要接受，因为有时会遇到自己正在忙着的那份工作好像很难在规定期限内完成的情况，或草率接受了反而会给上司带来麻烦的情况。

所以，在这种时候，一定要首先明确地说出不能接受的理由。不能只是简单地说："不行啊！"而应该先说声："实在对不起……"然后再具体说明不能接受这个指示、命令的理由，这一点非常重要。因为上司认为这份工作你能做好，才把工作交给你。只是说"不行"的话上司会很生气。所以要说："我正在忙这项工作……"或"这项工作也很急……"这样把自己正在做的工作的内容具体说明一下，然后等候上司的指示。因为自己没有判断的标准。

上司在听完部下的话之后会做出指示说："你现在做的工作以后再做也可以，先把这个材料处理一下"，或"你现在做的工作比这个重要，先把你手里的工作做完再做这个也行"。这时要听从上司的决定。

另外，对上司的指示、命令有自己的看法或有更好的办法的时候，坦率地阐述自己的意见很重要。但是一定要注意谈话的技巧。要委婉地提出自己的意见，如"您的想法我能理解，但我认为这样不是更好吗？"当然，能说出具体的建议和根据是最好的。对上司的指示能够说出自己独到的见解，这在某种程度上是工作能力的证明。如果是有的放矢的意见，上司应该不会不高兴，也应该能接受你的建议。

◎自尊心，伤不得

很多人认为和上司建立和谐融洽的人际关系是件非常不容易的事。上司和部下的价值观念存在极大的差异。如果对工作的价值观不同，那么对人生的价值观也肯定不同。当然，每个人都有自己的价值观。能充分认识到人与人之间具有不同的价值观，对建立良好的人际关系来说非常重要。

每个人的价值观不是与生俱来的，而是在一定的生长环境、教育环境、工作环境中逐渐形成的。年龄相差20岁的两个人，价值观必然不同。有很多上司感叹："现在的年轻人，真不知道他们想的是什么……"这是由上司和年轻人的价值观不同造成的。

比如，有的上司有这样一种自负心理，认为"这个公司是由我们老一辈一手创造和发展起来的。"这种自负心理的积累形成了自己的价值观，自尊心也就这样形成了。可是，年轻的职员们不具有这样的观点和心理，两代人之间就产生了差距，价值观也就因此而不同。

如果随便否定上司的观念，对上司说："主任，你的观点太落后了，早已跟不上当今的时代。"这样会惹怒上司的。如果你被别人批评了引以为荣的地方，也一定会觉得自尊心受到了伤害，也一定会对那个人产生反感吧！的确，有些上司的观念跟不上时代的步伐。但上司有自己的自尊心，所以绝不能做出有损上司自尊心的言行举止。自己要善于从上司平时的言行中把握上司的观念和心理，避免发生有伤上司自尊心的行为。

不只限于公司内部，和所有人的相处都一样，否定他人的人格和业绩的言行都将对人际关系产生恶劣影响。你能站在上司的立场上去理解上司吗？希望我们每个人在成为上司时，不要为自己年轻时因为不能考虑上司的立场而随便批评上司的言行而后悔。

◎与上司时常进行工作交流

"工作交流"（报告、磋商）这个词已经走进我们的生活很久了，也早就有人那样做了。可是，不进行工作交流的人还大有人在。

“即使不一一报告，上司也一定会知道吧！”“关于这件事上司虽然没有做出新的指示，但这样处理应该没什么问题。”经常有人这样随意判断而不向上司报告或不找上司商量。特别是在进入公司两三年，对工作已经很熟悉的年轻职员，有很多人不能很好地进行工作交流。他们会想，“自己的工作还是按自己的判断做比较好……”而不老老实实地向上司报告或找上司商量。

不进行工作交流的部下，对上司来说，确实是让其头痛的。上司是一边看部下工作的进展情况，一边进行工作的总体安排的。部下不向上司报告工作的进展情况，上司就不可能正确地做出工作的总体安排。上司既希望部下积极认真地工作，又希望部下积极认真地进行工作汇报。

详细认真地进行工作交流，不仅是为了减少失误或错误，而使工作正确、顺利地进行，也是建立良好人际关系的必要条件。能很好地向上司汇报工作情况，或者在工作上遇到问题时能找上司商量具体的解决办法，就会减少很多失误和避免不必要的麻烦。如果你很少出错的话，上司就会很信任你，放心地交给你工作。这种信任感是和上司建立良好人际关系最基本的条件。

相反，如果工作交流不足，部下在工作中必然会经常发生错误或失败，或者上司和部下间会产生分歧。这样上司就不会放心地交给你工作，被警告或斥责的事会时常发生。

在公司中，工作上没有任何成绩而人际关系非常和谐融洽是不可能有的事。上司喜欢的部下是工作出色的部下。无论人缘多么好，如果在工作上不能出成绩的话，就不会得到上司的赏识和信任。因此，认真进行工作交流是和上司建立和谐人际关系的最佳捷径。关于工作交流在后面将做详细的论述。

◎重视非语言要素

语言是人际关系的桥梁，但也不能忽视非语言要素的重要作用：

看一看受到上司和前辈喜欢的部下，在他们中有很多人善于用非语言的要素表现自己。所谓的非语言要素就是表情明朗、态度爽快。

1. 整天阴沉着脸的部下不受欢迎

有些员工整天阴沉着脸、不和上司打招呼，工作起来磨磨蹭蹭。这样的部下会让上司感到很失望、很生气。即使工作很出色，作为上司也不想聘用这样的部下。不管有什么让自己心情不好的事情，也不应该忘记使用明快的语言热情寒暄，被别人叫到时给予清楚的回答。这样的态度，是人际关系的重要要素。

2. 礼节是人际关系的基础

在日常生活中，讲究外表和注重礼节是非常重要的。优秀的人、工作出色的人，一定很讲究外表礼节；能掌握住自己的立场并能理解对方立场而办事的人，也自然会有这样的修养。

可以说，认识自己和理解对方（上司、前辈）是交际的基本要求。不能过分地打扮自己，但也不能过分追求朴素，穿着适合工作岗位的清洁的服装是建立良好人际关系的第一步。

有些部下不修边幅，和上司相处从不注意礼节，并且不能遵守时间，不是迟到就是早退，对工作总是一推再推或敷衍了事，却总是提醒别人注意这注意那的。总是说："对不起，我现在太忙了，做不了。""对不起，我给忘了。""对不起。我认为那样做就可以了嘛!"这样的部下是不能和上司建立良好的人际关系的。人际关系的基本要求是注重礼节。所以在工作中和上司交往时，一定要注意这一点，并认认真真地做。

第七章

与下属同事相处的锦囊

◎用人不疑，疑人不用

不要因少数人的流言蜚语而左右摇摆，也不要因下属的小节而止信生疑，更不宜捕风捉影、无端地怀疑他人。

相信受任者能完成任务，相信成员对本部的忠心，给受挫者成功的机会。

发现下属真的产生了反叛之心，而并非忠诚之士，那就要毅然采取果断行动，将其扫除而后快。

“用人不疑”是用人的一个重要原则。

当然这个“不疑”是建立在自己择用人才之前的判定、考核基础上。不用则罢，既用之则信任之。领导只有充分信任部属，大胆放手让其工作，才能使下属产生强烈的责任感和自信心，从而激发下属的积极性、主动性和创造性。

所以说，对于一个管理者来讲，一旦决定某人担任某一方面的负责人后，信任其在这一工作中的能力就成为一种有力的激励手段，其作用是非常大的。

试想一下，在一个公司里，如果下属得不到最起码的信任，其精神状态、工作干劲会怎样？又比如，公司职员情绪欠佳、精神沉郁、怨愤丛生，上下级关系怎么能融洽？这种彼此生疑生怨的状况，如果得不到很好的解决，常常是造成企业或一个公司瘫痪的主要根源。

信任下属，实际上也是对下属的爱护和支持。特别是对于担当生产、销售、试验、拓展、探索者角色的下属而言，容易受人非议或蒙受一些流言蜚语的攻击。那些敢于直面领导错误，提建议、意见的；那些工作勤勉努力、犯了错误并努力改正的，领导的信任是其最后的精神支柱，柱倒屋倾，在此种状态下，领导者切不可轻易动摇对他们的信任。

作为管理者，不仅要对你的下属充分信任，而且还对他们坦诚相待。如果出现变故及不利因素，有话要说在当面，不要在背后议论下属的短处；对下属的误解应及时消除，以免积累成真、积重难返。有了错误要指出来，是帮助式的而不是指责式的，相信你的下属不是傻子，好意歹意心中自明。总之，与下属经常保持思想交流非常重要。

说到信任问题，其实它是两个彼此相处的人应该具有的一个基本的和必要的要素。两个陌生的人在一起，彼此防范，没有什么信任。而一旦人们通过某种渠道互相认识熟悉后，彼此渴望的就是一种信任。

互相看不惯的人很难有信任可言。嫌隙的存在是关系恶化的起端。离自己越近越亲的人，你应该给他越多的信任。对朋友，应该推心置腹。在一个企业里，副经理、部门经理之于总经理，一般职员之于部门主管，可称为手足或臂膀，理应得到更多的信任。如果你不给他们或给他们的信任不够多，都会影响到他们的工作。这就好比在家庭生活中，夫妻关系应该说是再好不过了，但如果你不给对方最多的、最大限度的信任，家庭生活也不会和睦。

日本松下电器公司的前总经理松下幸之助用人的原则之一就是用则不疑。松下电器在创业初期就以物美价廉的产品而名扬四方，这是他在博采众家之长的基础上加以创新而成的。一般来说，在商品竞争激烈的情况下，发明者对技术都是守口如瓶、视为珍宝，最多只透露给亲友或者家人。但是，他却十分坦率地将秘密技术教给有培养前途的部属。曾有人告诫他："把这么重要的秘密技术都捅出去，当心砸了自己的锅。"但他却满不在乎地回答："用人的关键在于信赖，这种事无关紧要。如果对同僚处处设防、半信半疑，反而会损害事业的发展。"

当然，松下公司也发生过本公司员工“倒戈”的事件，但是松下幸之助坚持认为：要得心应手地用人，促使事业的发展，就必须信任到底，委以全权，使其尽量施展才能。这是他根据自己的亲身体验而建立的人生观和经营哲学。

用而不疑，是一条重要的用人原则。当然，这条原则是与疑则不用的用人原则联系在一起的。这包括在思想上、道德品质上有疑点的人和在能力上不能胜任的人。总之一句话：凡是经过考察、认真研究，觉得不可信任之人，则一定不要用。如果失之斟酌、盲目任用，就会自食恶果。对于人才一旦委以重任，就要推心置腹、充分信任、大胆放权、绝不干预。领导者只有对人才信任，才能放手让人才独立自主地行使职权；人才只有拥有了独立自主的地位，方可充分发挥其各种才能；只有信任，才能使得人才忠心不渝地献身事业。

现在人们常说的一句话：企业竞争的制高点是人才，而用人不疑是发挥人才作用的重要原则。用而不疑起码要达到三个不疑：

1. 相信受任者能完成任务

对于任何任务，管理者在选人时要三思而后行，但一旦确定人选，就不要轻易地更换。千万不可一方面让其担当某项重任或参与某项工作，另一方面又怀疑其完成任务的能力。

管理者把某项工作任务交给有关人员后，一定要相信他们能够完成任务。当然，对他们提出明确的目标要求，实行一定的监督检查，进行适当的指导帮助，都是应该的。而这一切都是为了帮助他们更好地完成任务，绝不是干扰、妨碍他们的工作，束缚他们的手脚。即使受任者的能力略低一些，也不可疑首疑尾。首先，这种略超能力的使用，使人才处于“超载”的工作状况中，产生不适应感和奋力向上的紧迫感，才能为完成上司交给的任务最大限度地发挥自己的才能和潜力。这有利于人才的培养和事业的发展。其次，让人才早担重任，在实际工作中摔打、锻炼和成长，就能使其在实践中不断提高工作能力。

2. 相信成员对本部利益的忠心

既然大家走到一起来了，就应精诚团结，同心同德，为完成共同的目标而奋斗。尤其是管理者对待下属，更要以诚相待，切忌满腹狐疑、互相猜忌。

3. 给受挫者成功的机会

世间任何人的经历都不会一帆风顺，没有常胜将军。人在孩提时学走路摔跤、游泳员学游泳时呛水，都是常事。在完成任务的过程中，由于种种意想不到的原因，受任者任务完成得不好，或出现了失误，管理者一定不要大惊小怪。失误了只要正确对待，帮助他认真总结经验教训，下属必然产生有负上司重托的自责感和将功补过的决心，势必为今后的工作开展打下良好的基础。

受挫者受挫的原因是多方面的，主观的、客观的，有时还有管理者决策指挥的原因。如果管理者对受挫者只是一味地指责、埋怨、批评、训斥，不给丝毫的温暖和善意的帮助，就会冷了下属的心，甚至会激化演变为敌对情绪和叛逆心理。

◎及时为每一步前进鼓掌

应该指出的是，任何人在开始自己的事业的时候，常常会感到艰难和孤独。在这个时候，如果得到的即便是只言片语的表扬，那也是令人兴奋不已的，从而使他更加坚定信心，努力地把事情做好。

管理者常常犯有“大成功大表扬、小成功不表扬”的错误。其实这种见解是片面的，实质上是在空洞理论的基础上得出了一个形而上学的结论，没有考虑人的内心欲求，特别是在最初工作时的孤独与艰难的情况下。

当一个下属初次走上一个工作岗位时，他会对新环境感到陌生，如果在做出一点小成绩时就得到领导的表扬，那么他的信心一下子就树立起来了。在这方面有个叫卡雷的人做得不错。

担任企业资源开发公司总经理的麦克斯·卡雷，在1981年创立以亚特兰大为中心的销售和市场服务公司就曾遭遇过步履维艰的困窘。当时，他只有一个临时雇员。按他的话说："大的成功离我们太遥远。我们几乎感受不到任何激励。"他做出了一个决定：每次获得一个小成功都要自己庆贺一番。

卡雷出去买了一个警报器，还配了扩音器，这样就能发出救护车的声音。如果他在电话中宣传自己的产品时能绕过培训部主管，直接与那家公司的总经理通话，就要鸣笛庆贺一次；如果接到一大笔订单，警笛也会鸣响。如今，他的公司已拥有100多万美元的资产和11名雇员。每个星期，警笛声都会在公司内回荡10次。每当知道有好消息时，大家都要出来听他们的同事对刚刚取得的成功吹嘘一番，这也为大家提供了互相交流的机会。卡雷说："我们的雇员经验还不够丰富，无法取得巨大的成功，所以这种庆贺也是一种很大的鼓励。"正是这些不时的表扬鼓励，使卡雷的公司取得了惊人的进展。

作为管理者，请记住：要表扬每一个进步，不管这进步有多么微小。

◎不浇灭热忱的批评法

当工作出现失误的时候，你必须批评你的智囊团成员或其他为你工作的人。如果在过程中你能谨慎小心的话，便不会因批评而浇熄他人的热忱，你必须引导你的"黑羊"自己承认自己的错误。

以下是安德鲁·卡内基自己关于这种过程的范例：

"我的私人秘书是一位跟随我好多年的年轻人，他做事有效率、可信赖，而且有令人感到快乐的个性。他曾经和一群朋友交往过，但这群朋友有酗酒的坏习惯。我发现他开始在星期一上班迟到，后来又变得容易发怒。我知道我该对他的行为做一些善意的分析了。因此我邀请他来我家共进晚餐。

“在晚餐期间，我们谈了许多令人开心的事情，但就是没有提到我想和他说的话。晚餐后我们来到书房并抽着雪茄，我开始问他一些问题。

“首先我问他，他是否认为应该考虑给一位经常酗酒的人升迁的机会，他回答说他认为不该给这种人升迁的机会。

“接着我问他，如果他的员工中有人因为酗酒而无法工作时，他会如何处理，他回答说他可能开除这个人。”

此时领导若能“打一巴掌揉三揉”，适时地利用一两句温暖的话语来鼓励他，或在事后私下对其他部属表示：我看他是有前途才舍得骂他。如此，当受斥责的部属听了这话后，必会深深体会“爱之深，责之切”的道理，更加发奋努力。如果记得在痛斥部属之后当天晚上立刻打电话给该部属，给予一番鼓励与安慰，那么遭斥责的部属会心存感激地认为，管理者虽然毫不留情地训了我一顿，但他实在是用心良苦。如此一来，部属会将责骂的内容更加牢记在心，大大提高其工作的自觉性。作为一个聪明的领导者，你应该在下属出现失误时仍然相信他。用不着在这个时候献上多少殷勤，只要你真心实意地帮他改正错误，在他改错后仍然像以前那样信任他就行了。

管理者在下属处于逆境时，要想赢得下属的信任，就必须信任你的下属。作为下属，他出现失误，本身也会自责，同时也在怀疑会不会失去你的信任。下属当然明白你对他失去信任将会意味着什么。这个时候，你应该信任他。你可以与他一起分析失误的原因，这样表明你以后还会信任他。可能的话，你可以承揽一份责任，与他共同承担责任，减轻他的压力，赢得他的信任。

◎追求与下属的情感互动

任何部门的大小领导，要想做好本职工作，有许多事情要做，不论做什么，都离不开部属。部属表现如何，直接关系到领导的得失。一个会当领导的人，必须讲究与部属的情感关系。不论你对部属的真情实感是什么，只要部属对你反感无情，就不是好事。纵有权威、命令，能施利害、褒贬，也不是根本和长远之计。

因此，有经验的管理者，往往在大小事情上都注意和追求与部属情感互动的效果。

1. 通过某些细节让部属感到亲切温暖

担任着领导责任的上司，应努力激发部属的干劲，不要利用权力下达指示、命令。具体做法是：

（1）平时记得关照下属。

（2）营造愉快气氛。比如，上司可轻轻地拍下属的肩膀，主动接近下属，如此可迅速拉近你与下属的距离。

（3）适时给予方法及暗示。

（4）听取对方的意见，利用共通点、一致点拉近距离。

（5）在每个工作阶段让下属品尝成就感。

2. 以期待的表情下达命令

分配给部属的工作，不见得都要选容易的，给予现实条件下稍难完成的工作，该部属反而能更快成长。怎样下达较难完成的命令呢？应先表现出期待的心情，让他知道你吩咐的这件事对他来说有些压力，同时表示帮得上忙时一定帮忙，刺激他向困难工作挑战。在每个重要的地方切实地帮他定位，完成时要慰劳他、赞美他。就算无法百分之百地完成，只要完成了一部分，也应说些慰劳的话。有需要改进的地方，可在事后指示。

3. 穿戴要给人以归属感

在某些特定的时候，你穿上最具权力象征的西服和领带，会对你有好处。但是，如果你的目的是为了与下属建立密切关系，你的穿着和修饰，就要与你所要影响的下属相类似。设想一位大老板穿戴着名牌西装、高级衬衫和进口皮鞋，走到工厂车间去和工人们谈话，他提出问题，能得到敷衍或极简单的回答，就算幸运。但是，如果他脱去西装，卷起袖子，就会发现工人们更易与他交谈。

4. 公务关系之外不妨有些个人情谊色彩

建立这种关系的技巧有：

（1）乐意与部属以个人关系相处，并找出共同的基础。记住：个人的忧虑、喜爱、不悦、娱乐、家庭、幽默等是举世皆通的，你总可以从中找到与他人共同的联系点。

（2）适当袒露自己。这不是要你公开内心深处的秘密。只需讲一个幽默的轶闻趣事，承认自己在早期事业中所犯的错误，回顾一个使人烦恼而尴尬的局面，讲述目前工作中一些使人难忘的事情，或简略提一下你的妻子、子女、父母，足以显示你的真实，而使你与下属的交流得以展开。

（3）聆听，使对方有机会谈他们自己。

（4）尊重对方的隐私，保守他们的秘密。对方告诉你的，你要守口如瓶，决不能以掌握对方秘密来谋求自己的利益。

◎管理的“雷区”

领导并不意味着权威，在与下属交往的过程中也应该有所顾忌。

1. 不该瞧不起部下

瞧不起部下的上司通常以下列的言行表现出来：

（1）部下发言时，露出一副不屑一顾的表情。

（2）以嘲笑的脸色对他。

（3）说：“你到底对公司的现状了解多少？”

如果上司以此类轻视的言行对待部下，部下就会以抗命、不服从等态度回报。对上司来说，这就等于减少了部门的战斗力，无异自设了障碍。

2. **不该失信于部下**

做上司的人常有一种毛病，那就是，把自己跟部下约定的事，看成无关紧要，即使失信也不太在乎。但对于自己的上司、长辈或是交易对象的约定，他们可就不敢那么掉以轻心。显然，他们在这方面对部下采取“冷落”、“轻视”的态度。

想想，如果你是部下，遭到这种失信，心情将如何？在上司失信后，你还会对上司寄予莫大的信赖吗？

如此部下非但不再信赖上司，甚至会厌恶、怨恨上司。

3. **不该让部下受辱**

有些上司，常常在言谈举止上做出使部下在众人面前“塌台”的事。自己呢，却浑然不以为意。

这些不该有的行为，有些是有心的，有些则是无意的。

对这种行为，他们的借口是：“对部下严格，按理说对部下有好处。偶尔让部下在众人面前塌台，才能让他们如梦初醒”，“一味地宠部下，那还得了，部下是宠不得的”。

对部下严格是一回事，让部下受辱又是一回事，这是风马牛不相及的。

对严格的上司，部下或许还会感激。但是，对于使自己丢脸的上司，不会有任何一个部下会感激。

4. **不该拒绝部下的申辩**

当部下遭到挫折，向上司倾诉苦处，要求协助，不能一概视之为“强辩”。

这时，应听听他失败的理由，或是工作不顺的内情，才能找出他困难的症结，才能进一步对他施以辅导或是教育。

就算部下是“强辩”，或是在推卸责任，只要用心倾听，与他诚恳沟通，也能乘机纠正他的错误，使他不至于一误再误。

人才就是这样耐心培养出来的。

对部下的申辩不屑一顾的上司，绝对得不到部下的信赖与欢迎，想靠他们完成部门的工作，无异于缘木求鱼。

◎尽量避免与同事结下芥蒂

日常工作中同事之间容易发生争执，有时搞得不欢而散甚至使双方结下芥蒂。人是有记忆的，发生了冲突或争吵之后，无论怎样妥善地处理，总会在心理、感情上蒙上一层阴影，为日后的相处带来障碍。最好的办法还是尽量避免它。

中国人常用这么一句话来排解争吵者之间的过激情绪：有话好说。这是很有道理的。据心理学家分析，争吵者往往犯三个错误：第一，没有明确清楚地说明自己的想法，含糊，不坦白；第二，措辞激烈、专断，没有商量余地；第三，不愿以尊重的态度聆听对方的意见。另一项调查表明，在承认自己容易与人争吵的人中，绝大多数不承认自己个性太强，也就是不善于克制自己。

相互之间有了不同的看法，最好以商量的口气提出自己的意见和建议，语言得体是十分重要的。应该尽量避免用“你从来也不……”、“你总是弄不好”、“你根本不懂”这类绝对否定别人的消极措辞。每个人都有自尊心，伤害了他人的自尊心，必然会引起对方的反感。即使是对错误的意见或事情提出看法，也切忌嘲笑。幽默的语言能使人在笑声中思考，而嘲笑使人感到含有恶意，这是很伤人的，真诚、坦白地说明自己的想法和要求，让人觉得你是希望得到合作而不是在挑别人的毛病。同时，要学会聆听，耐心、留神听对方的意见，从中发现合理的成分并及时给予赞扬或同意。这不仅能使对方产生积极的心态，也给自己带来思考的机会。如果双方个性修养、思想水平及文化修养都比较高的话，做到这些并非难事。

如果遇到一位不合作的人，首先要冷静，不要让自己也成为一个不能合作的人。宽容忍让可能令你一时觉得委屈，但这不仅表现你的修养，也能使对方在你的冷静态度下平静下来。当时不能取得一致的意见，不妨把事情搁一搁，认真考虑之后，或许大家能找到解决问题的好办法。善于理解、体谅别人在特殊情况下的心理、情绪是一种较高的修养。有的人生性敏感，遇到不顺心的事就发泄怒气，这就可能是造成态度、情绪反常或过激的原因。对此予以充分谅解，会得到相应的回报。

心胸开阔是非常重要的。任何人都会出现失误和过错，别人无意间造成的过错应充分谅解，不必计较无关大局的小事情。

◎享受友谊之乐

不知有多少人因为生性怪僻或者没有吸引他人的能力的缘故，以致无缘享受友谊之乐，以致丧失了许多单纯的生命之欢愉，以致成为孤独、寡欢的人，他们曾经发出了强烈的呼声。但是他们不知道，要实现这种愿望——结交朋友——其道非难；不过实现之道，唯在于自己的努力，而不能借助于他人。

不管你工作的环境怎样的不顺利，遭遇怎样的坏，但你仍然是可以在你的举止之间，显示出你的亲爱、和蔼、愉快的精神，使同事于不知不觉之间来亲近你。

人格优秀、品格高尚的人，不仅受同事欢迎，而且处处能得到同事的扶助。你可以将你自己化做一块磁石，来吸引你所愿意吸引的任何人物到你的身旁——只要你能在日常工作中，处处表现出乐于助人、愿意帮忙的态度。一个只肯为自己打算盘的人，到处受人摒弃。

假使你打算多交些朋友，你须宽宏大量。人们都喜欢胸怀宽广的人。“大度”的人，是人们所乐于亲近的。

应该常去说说同事的好话，常去注意别人的好处，不要留心别人的坏处。

对于同事的行为，常常吹毛求疵；对于同事行为上的失检，常常冷嘲热讽——你该留意，这样的人大致是危险的人物，是不怎么可靠的。

轻视与嫉妒同事的人的心胸是狭隘、不健全的。这种人从来不会看到或承认别人的好处。假使有一个同事众望所归，而他的好处已无人可以否认时，心胸狭隘的人仍会用“不过”、“假使”等措辞去表示他对于那个受人景仰的人的行为的怀疑，希望能降低那人的声誉。心胸宽广的人，能看出同事的好处优点。反之，心胸狭隘的人，目光所及都是过失、缺陷甚至罪恶。

其实，吸引同事的最好方法，就是显示你自己对他们是很关心、很感兴趣的。但你不能做作，你必须真正关心别人、对别人感兴趣，否则，别人会认为你很虚伪。

有许多人一生都不能吸引人，交不到朋友，就因为他们只顾自己的事，只关心自己的事，他们“独善其身”。所以久而久之，便失掉了与外界的联络和交往。

有一个人连他自己也不知道，为什么同事都不欢迎他。假使他去参加一个聚会，每个同事见了他，都会退避三舍。所以在别人纵声谈笑、其乐融融的时候，他只是一个人寂寞独处，仿佛有一种“离心力”似的。同事之间的宴会他很少被邀请，他在企业仿佛是一块冰，没有热气，没有吸引力！

此人之所以不受人欢迎，在他自己看来，完全是一个哑谜。他本领很高，工作很能干。工作完毕后，他也很想同大家亲近，但他从来不能如愿以偿。他很懊丧地发现，比他能力低下十倍的人，却能到处受人欢迎，而他自己反而不受欢迎。

他没有领悟到，他之所以不受人欢迎，关键就在他的自私心理。他总是为自己打算盘。他绝不肯浪费时间、抛掉自己的事情去为他人着想。每次同人谈话时，他总要把话头拉到他自己的事上去。

一个人若老是冷淡、“顾自己”、只打自己的算盘，他一辈子都很难交到朋友，也没有人愿意请教他。而一旦他对别人的事，能显示出关心和兴趣，他便立刻会具有一种“吸引力”。一个只长耳朵的人，比一个只长嘴巴的人，能获得更多朋友的欢迎。

人生中最大的事，不是赚钱，而是要把我们内在的最高的力量、最完善的天性，充分地发挥出来。这样，我们就能成为有吸引力与受人欢迎的人。

◎获得同事信任的方法

欲赢得同事合作，获得对方的信任是必要条件。获取信任你可采用如下方法：

（1）为得到对方的共鸣，必须对对方的话有所回应。

（2）夸奖的言辞要能满足对方的自我意识。当对方对自己的赞美有良好反应时，不要就此结束，而必须一再地赞美。

（3）对具有绝对信心的人加以贬抑，反而能更加亲密。

（4）故意忽视在事前听到的有关对方的传闻，而从另一方面赞赏他。

（5）与有自卑心理和戒备心理的人第一次会谈是很困难的，要拆除对方心理上所筑的防卫墙，应表现得平易近人。

（6）听对方的笑语而发笑，比自己说笑话更容易使关系融洽。

（7）初次见面时，先谈有关对方的事，再转向自己，才是打开对方心扉的最有效方法。

（8）在交谈时，以对方的姓名代替其头衔更有亲切感。

（9）使对方看出自己的某一缺点，能松懈其戒心。

（10）想托人办事或是道歉时，最好能拜访对方的家庭。

（11）事先了解对方的出生地及毕业学校，便不怕没话题。

（12）虽然说话内容非常普遍，但如加上句“不要告诉别人哦”有助于彼此建立共同立场。

（13）与一位木讷的人谈话，最好能由与事实或经验有关的话题开始，如“你曾去过国外吗?”使对方在毫无困难的回答之后，再回答难以回答的问题。

(14) 评价对方的敌人，可以制造说话机会。

(15) 与长辈谈话时，尽量以他年轻时代的事作为话题。

(16) 提到对方可能不知道的事时，若能先说“你可能知道”，较容易引起对方的兴趣。

(17) 重复对方的话，能让对方觉得自己正在专心地聆听。

(18) 扼要叙述前面说过的话，可解除空当时间的尴尬场面。

(19) 对方如果不注意听你说话，倒不如故意沉默片刻以吸引对方的注意力。

(20) 如果初次见面的对象是多数人，须注意陪坐的人。如果到某人家庭拜访，不要忽略了他的家人。

(21) 要想让对方不断说话，便须装糊涂，以知为不知，让对方有一种满足感。

(22) 谈论对方值得骄傲的事情。仔细想想，似乎每个人都有引以自豪的事情，包括曲折动人的经历、漂亮的针线活、做得一手好菜，等等。在社交中，如果从称赞和诚挚感谢着手谈论对方引以自豪的事情，不仅不会失去什么，反而会从对方那儿得到许多东西。因为每个人都需要激励，需要在别人的肯定和重视中，增强自信，为自己树立更高的目标。而从称赞着手，夸奖对方引以自豪的事情，对方会在滔滔不绝的谈论中拉近与你的距离。因此，我们可以巧妙应用这一技巧，与同事融洽的相处。

第六篇

快乐人生

第一章

不要为工作烦恼

◎没有人离得开工作

在古希腊，有一个人看到蜜蜂从一朵花飞到另一朵花，四处采集花粉，辛苦异常，顿生怜悯之心。他把各种花堆积在家中，把蜜蜂的翅膀剪掉，放在花上。结果，蜜蜂酿不出一点蜂蜜。飞上很远的距离，从远处收集花粉，然后酿出甘甜的蜜，这是自然的法则。

生活是什么？菲利浦斯·布鲁克斯这样回答："当一个人知道他要做什么，他就可以大声地说：'这就是生活！'"这并不是说，一个人必须工作到筋疲力尽，在工作中尝尽了酸甜苦辣，才叹息道："这只是为了生活。"

即使是最卑微的职业，人们也能从自己的工作中体验到快乐与满足。在每个人的心灵里，都会不时受到悲伤、悔恨、迷惑、自卑、绝望等不良情绪的侵扰，如果此时能集中精力于工作上，这些让自己无法正常生活的负面影响就会被抛在一边。它们就像弹簧一样，当你用力挤压时，它们自然会弱下去。此时，人也真正成了坚强、自尊的人。在劳动中，幸福的荣光会从心底迸发，像火一样温暖着自己和周围的人。

"生活中有一条颠扑不破的真理，"英国哲学家约翰·密尔说，"不管是最伟大的道德家，还是最普通的老百姓，都要遵循这一准则，无论世事如何变化，也要坚持这一信念。它就是，在充分考虑到自己的能力和外部条件的前提下，进行各种尝试，找到最适合自己做的工作，然后集中精力、全力以赴地做下去。”

“重要的是参与，而不是赢得赛后的奖励。”

古希腊取得奥林匹克比赛胜利的运动员，会得到一个象征着荣耀的花环。其价值不在于花环本身，而是一种象征，让人的精神得到极大的满足。工作对于我们的价值也是如此。不管工作多么体面，或从中得到多少报酬，与从工作中得到的快乐相比，简直是微不足道的。积极参与到比赛中能够与戴上胜利的桂冠一样伟大。

爱默生说：“只要你勤奋工作，就必有回报。”

人们认为日常生活中应尽的职责是枯燥乏味的，诗人朗费罗则说，“但是它们非常重要，就像时钟的发条一样，可以让钟摆匀速地摆动，让指针指示正确的时间。当发条失去动力时，钟摆就会停止，指针也不再前进，时钟静静地躺在那里，也不会有任何价值的。”

英国政治家布鲁厄姆勋爵说过，当他在晚上反思一天的工作时，如果一事无成，就觉得非常难受，是在虚度时光。他认为，认真履行职责、努力工作是一个人的护身法宝，不但可以保持健康的心灵，而且可以强身健体。

许多医师常常散播这样的观念——认为过度工作会伤害人的身体，而休息则有益人体的健康。但是，也有不少医师持不同的看法。英国伯明翰大学医学院的阿诺德教授，便认为过多的休息其实对人体有害。他指出：“至今尚没有什么证据，可以证明工作会影响人体组织……辛劳的工作，只要不具有危险性，不影响睡眠或营养等……都不会伤害人体健康。相反的，却是对人大有帮助。”

是的，辛苦的工作是不会致命的，但是忧虑和高血压却会。跟传统看法相反，那些猝然倒地而亡、罹患各种溃疡症、行色匆匆、肩负重任的工商业主管，并不是因过度工作所致。他们每天的工作对精力的消耗并算不了什么。但是伴随着工作一起到来的紧张的气氛和压力、痛苦的失眠、畏惧竞争的失败、无休止的焦虑，却形成恶性循环，疯狂地吞噬着他的生命力。这样，他只好借助酒精、安眠药、苯丙胺和去高尔夫球场或手球场上疯狂地运动来逃避，但是身体和神经系统最后只能以死亡或精神崩溃来结束这种折磨。

现在，美国所有医院的病床有一半以上都被精神方面的病人所占据——远高于小儿麻痹症、癌症、心脏病和其他所有疾病病人相加的总和——这个可怕的事实表明，一定是哪儿出了问题，而出问题的原因绝不在于工作的辛苦与否。

美国是世界上生活水平最高的国家。科学上的进步使我们摆脱了我们的祖辈们视为生活中必要的一部分的辛苦工作，即使技术含量很低的职业，其工作环境也有了改善，工薪阶层的工作时间缩短，机器取代了过去由人力或畜力完成的工作。我们的休闲时间比以前更多了。所以，我们不能说是工作的辛苦导致我们身处痛苦的境地。

日常工作对一个人影响最大。可以使他肌肉发达，身体强壮，血液循环加快，思维敏捷，判断准确；也可以在工作中唤醒他那沉睡已久的创造力，激发他的雄心，把更多的聪明才智发挥到工作中去。正是工作，使他觉得自己是一个人，必须从事工作，承担责任，这才能显示出人的尊严与伟大。

你可以让儿子继承万贯家财，但是你真正给了他什么呢？你不能把自己的意志、阅历、力量传给他；你不能把取得成就时的兴奋、成长的快乐和获取知识的骄傲感传给他；也不可能把经过苦心训练才得来的严谨作风、思维方法、诚实守信、决断能力、优雅风度等传给他。那些隐含在财富之中的技巧、洞察力和深思熟虑，他是感受不到的。那些优良品质对于你十分重要，但是对于你的继承人来说，没有一点用处。为了挣得巨额财富，保住自己高高在上的地位，你培养出了坚强的毅力和苦干的精神，这都是从实际生活中逐步锻炼和塑造出来的。对于你来说，财富就是阅历、快乐、成长、纪律和意志。而对于你的继承人来说，财富则意味着诱惑，可能会让他更焦虑、更卑微。财富可以帮助你取得更大的成功，但对于他来说，则是个大包袱；财富可以使你得到更大的力量，更积极进取，但却会使他松懈怠惰，好逸恶劳，萎靡不振，变得更加软弱、无知。总之，你把最宝贵的也是他最需要的上进心，从他那儿拿走了。而正是这种力量激励着人类取得了巨大的成绩，将来也还是如此。

迪恩·法拉说："工作是人类与生俱来的权利，至今仍保存完好，它是最有效的心灵滋补剂，是医治精神疾病的良药。这从自然界就可以得到体现。一潭死水会逐渐变臭，奔流的小溪会更加清澈。如果没有狂风暴雨，没有飓风海啸，地球上全部是陆地，空气静止不动，这样的世界就毫无生趣。在气候宜人、四季温暖如春的地方，人们十分惬意地享受着生活，自然容易无精打采，甚至对生活产生厌倦。但是，如果他每天要为自己的生计奔波，与大自然作殊死的搏斗，他就会精神抖擞，经受各种锻炼，发展出最强的力量。"

"每天早晨起床后，"金斯利说，"不管你喜不喜欢，你都得有事做，强迫自己工作并尽最大努力做好，可以培养自控能力、勤奋、意志力等各种美德。在懒惰的人那里，是没有这些优点可言的。"

千百年来，除了勤奋工作，还有什么能够给我们带来繁忙充实？它为贫穷的人开创了新的生活，它使千百万人免于夭折，特别是拯救了那些精神上有问题、甚至企图自杀的人。

古希腊著名的医生加龙说："劳动是天然的保健医生。"

美国小说家马修斯说："勤奋工作是我们心灵的修复剂，可以让生理和心理得到补偿。可惜的是，人们常常只对受人关注的行业和要职感兴趣，而不再愿意经受艰辛劳作的磨炼。但是，它却是对付愤懑、忧郁症、情绪低落、懒散的最好武器。有谁见过一个精力旺盛、生活充实的人，会苦恼不堪、可怜巴巴呢？英勇无敌、对胜利充满渴望的士兵是不会在乎一个小伤的。出色的演说家不会因为身有小恙就口齿木讷、词不达意的。这是为什么呢？当你的精神专注于一点，心中只有自己的事业时，其他不良情绪就不会侵入进来。而空虚的人，其心灵是空荡荡的，四门大开，不满、忧伤、厌倦等各种负面情绪，就会乘虚而入，侵占整个心灵，挥之不去。"

俾斯麦把勤奋工作看成是一个人拥有真正生活的保护神。在他去世前几年，当被问及用一句简单的话概括生活的准则时，他说："这条准则可以用一个词表达：工作。工作是生活的第一要义；不工作，生命就会变得空虚，就会变得毫无意义，也不会有乐趣。没有人游手好闲却能感受到真正的快乐。对于刚刚跨入生活门槛的年轻人来说，我的建议只是三个词：工作，工作，工作！"

"劳动永远是光荣与神圣的，"卡莱尔说，"劳动是一切完美的源泉。没有艰辛的劳动，没有谁能有所成就，或者能成为一个伟人。懒散、无聊、无事可做，就像传染病一样，会迅速蔓延，使人类的灵魂失去依托。"

有的人声称现代工业文明的突飞猛进已扼杀了工作本身的创造性，无非就是机械化的动作，不断地重复一个动作而不必了解整个过程的工作有什么好得意的呢？他们说，当一个人痛苦不堪地在生产装配线上忙碌时，他足以自傲的成就感又从何而来？

以我自己的亲身经验，我可有几句话要说。好几年前，我在一家大公司担任打字员，主要的工作便是打字——一大堆的财务报告，日复一日，月复一月，好像永远也做不完。这项工作首先重视的是正确性，其次是速度。由于这做起来并不容易，而且单调无聊，因此我并不喜欢这份工作。

但是，老实说，当我把这份工作做得近乎完美的时候，还是颇能引以为荣。因为这项工作虽然呆板，仍然需要精练的技术，因此在达到所要求的标准之后，实在有一种满足感。虽然在整个公司的运作过程里，我所担任的工作显然十分渺小，但它对我个性的成长十分有益，使我在处理每件小事的时候，都能力求正确、完美。

契斯特顿有句十分动人的隽语："要想不再当秘书的最好办法，便是尽量把现任的秘书职务做好。"

不幸的是，我们大部分人虽然都拥有健康的眼睛，却对周遭的环境视而不见。我们不但没有达尔女士所具有的成熟想象力，也不能由日常工作中捕捉到对我们最有意义的价值。

住在得州的丽达·强森女士，以她亲身的经历向我们说明：如何因勤奋工作而解除了精神上的危机。

1941 年，强森先生和太太带着两个小孩，搬到新墨西哥一处约有 360 英亩大的农庄里。强森太太说："没想到，那个农庄其实是个大蛇坑，住了许多可怕的响尾蛇，我们实在吓坏了。

"那时，我们的农舍还没有水电和瓦斯，但这些不便倒不令我担心，我日夜所忧虑的，是那些可怕的响尾蛇。万一有一天家人被蛇咬了，该怎么办呢？我夜里经常梦见孩子遭到不幸，白天也一直担心在田里工作的丈夫。只要有片刻不见家人的踪影，我就紧张不已。

"这种持续的恐惧，使我的精神近乎崩溃。若不是我开始勤奋工作，相信早就支撑不住了。我把玉米粒刮下来播种，直到双手起茧为止；我为小孩缝制衣服，把多出来的食物装罐收藏好——我不停地工作，直到疲累地倒在床上为止。如此我便没有精力担忧其他的事了。

"一年之后，我们搬离那个农庄，全家大小都安然无恙，没有人被蛇咬过。虽然自此以后我不再那么辛劳工作，但我一直为那段时间的境遇感谢上帝。那一年，辛劳的工作确实拯救了我的理智。"

正如强森太太的亲身经历一样，我们若能自困境中体会出辛勤工作所能产生的力量，往后若再遭遇危机，便有坚利的武器可以自我防卫了。工作通常可以支持我们渡过难关、危机、个人不幸或失去所爱的人等。

爱德蒙·伯克说过："永远不要陷入绝望。但是如果你产生绝望情绪时，就去工作。"爱德蒙·伯克的话可不是空谈——他是有过亲身经历的。他曾经痛失爱子，他经过悉心研究之后，开始痛苦地深信文明快要堕落了。工作对他而言，就像对其他很多人一样，成为这个疯狂的世界上唯一清醒的标志。因此他不断地工作，即使在他绝望之时。

是的，工作是生活的第一要义。不管我们出于什么原因离开工作，都会受苦。

◎思考的力量

人们在生活中所读到的所有成功者的故事，都可证明正确思考的好处

——包括对个人和对社会的好处。

沙克的正确思考，使他发明了小儿麻痹疫苗；马歇尔的正确计划使他得以振兴经过希特勒蹂躏之后的欧洲经济。

人作为高级动物，最大的特点就是会动脑筋。这一点，美国著名企业家艾柯卡有切身体会。他坦陈自己之所以有那么大的发展，与两个人有很大关系。其中一个人，是他刚刚参加工作时遇到的分公司经理。他对艾柯卡说：

“你要记住，马更有力气，狗更忠诚。你作为人类的唯一长处就是你有动脑的智慧，这是你唯一能超越它们的地方。”

另一个对他影响最大的人，是他的父亲。他父亲曾在镇上开了一家电影院，生意一直不错，因为他总在不断推出优惠的措施来吸引观众，包括每天提供几张免费票给老教师、退伍军人。

但有一天，该给优惠票的人都给完了，而票还剩几张，该怎么办呢？

他父亲在门口愁眉苦脸地想，正好看到几个孩子在门口玩耍，于是突然想出一个主意：让几个脸上最脏的孩子免费看电影。

这完全是一种出乎意料的做法：因为以往的优惠，都是优惠给那些值得尊敬的人，现在，优惠的做法，却给了几个脏孩子，这算什么呢？但是，他的做法是一种幽默，更是一种人性化的经营。果然，之后人们愿意更多地光顾他的电影院。

不管是创业还是取得工作上的成功，道理都是同样的：不怕做不到，就怕想不到！

罗斯·派格特原来在美国最大的计算机公司 IBM 担任推销员，他发现很多计算机的功能，许多用户并没有充分利用。他认为，如果 IBM 公司能够增设数据处理业务，帮助这些用户发掘计算机潜力，定能获得成功。

于是罗斯·派格特精心撰写了一份有关数据处理服务市场的报告，呈递给 IBM 管理层。不料建议却被公司决策层否定了。于是，他下决心成立公司自己创业。

然而他遇到一个很大的问题：买不起昂贵的计算机，所以服务也无从谈起。但是他并没有退缩，最后想出了一个绝招：

他在一家保险公司，以“批发价”买下了安装在该公司的IBM计算机的使用时间，然后花了5个月的时间，找到一家无线电公司，又以“零售价”将使用时间卖给这家公司，并提供给其计算机服务。

没想到市场一下子打开了，业务蜂拥而至。后来，他所创办的电子数据公司（EDS）成为拥有数十亿资产的大公司了。

很多人认为只有条件充足了才可以创业，但罗斯·派格特的成功，却告诉我们一个道理：缺乏条件同样可以创业！

只要你下决心并肯动脑筋，就可以让条件为信念让路！

罗斯·派格特的例子告诉我们，没有正确的思考，是不会成就这些伟大的事情的。如果你不学习正确的思考，是绝对成就不了杰出的事情的。

正确的思考是以下列两种推理作为基础：

（1）归纳法。这是从部分导向全部，从特定事例导向一般事例以及从个人导向宇宙的推理过程。它是以经验和实证作为基础，并从基础中得出结论。

（2）演绎法。以一般性的逻辑假设为基础，得出特定结论的推理过程。

这两种推理方法之间有很大的不同，但二者可以一起运用。例如每当你用石头打窗户的时候，只要石头不变，则窗户一定会被打破，反复几次用石头打窗户之后，你可归纳出一个结论，亦即玻璃是易碎的，而石头不会碎。

因此，从这个结论出发，你可进行演绎推理，将了解其他不易碎的东西也会打破玻璃，而石头也会打破其他易碎的东西。

但我们很可能一不小心就做出错误的推理，进而导出错误的结论，你必须严格地要求推理的正确性，也就是严格地要求自己进行正确思考。必须审查你的推理结果，并找出其中的错误。除了审查你自己的思考过程之外，你还可以运用这两种推理方式，审查别人的思考结果是否正确。

为了成为一位正确的思考者，你必须把事实和感觉、假设、未经证实的假说和谣言分开。将事实分成两个范畴：重要的和不重要的事实。

除了正确的思考者之外，一般人都会有许多意见，但这些意见多半都是没有价值的。在没有价值的意见之中，有许多都可能是危险的、而且具有破坏性的。希特勒就是一个最好的例子。

你只能接受那些以事实或正确的假说为基础所提出的意见。同样的，你不可提供没有事实或正确假说作为根据的意见。正确思考者在没有确信之前，是不会提供任何意见的，虽然他们从别人那儿听取事实、资料和建议，但是他们保留接受与否的权利。报纸、闲聊和谣言，都不是得知事实的可靠媒介，因为它们所传达的消息经常会出现变化，而且也没有经过严格的查证。

“期待”通常是形成大众所接受之“事实”。想要了解真正的事实，通常是必须付出代价的，也就是努力追查事件的真实性的代价。

美国曾经弥漫着一个谣言：在百事可乐的罐子里，曾发现皮下注射器的注射针。当时有20几个州都有这样的报道。基于此一“事实”，百事可乐的股价一下子严重下跌，投资人以赔本的价钱抛售百事可乐股票，但即使如此，该公司的管理阶层仍然保证这种情况几乎不可能发生。

但是正确的思考者并不相信此一“事实”，并且买进该公司的股票，最后联邦药物管理局和联邦调查局宣布这些报道完全是恶作剧。

在这个事件中谁才是真正的获利者？是那些因为恐慌而赔本卖出股票的人，还是那些经过正确思考后低价买进股票的人？

◎工作中的简单信条

有些主管整天踱来踱去，骂这骂那；书桌上的公文及资料文件堆积如山，似乎有忙不完的工作，我将他们称为“无事忙”。

若是你有事请教，他会很不耐烦地转头说：“我很忙。”在你问题尚未说出前，就给你来个下马威。的确，他是很忙，但这种忙碌是否具有实质意义呢？相反的，有的人对每件事都处理得井然有序，不管公司内外，大大小小的事，他都能迅速地亲自处理，并且让人一目了然，甚至有时还悠闲地表现一些幽默和情趣，这到底是怎么回事呢？我曾对公司内那些“无事忙”的主管做过心理分析，很不幸地，我发现他们忙碌的理由都是可笑的，有的甚至只是为了要将自己的能力表现给他人看，却完完全全地与效率和合理脱了节。

在我们做一件工作前，应当考虑如何用最简省的方法去获得最佳的成效，拟定一个周密的计划，再着手去做。若只是因一时的兴起而从事工作，不但事倍功半，而且也不易成功。如果只是要将自己的忙碌告诉他人，我们可以断定他所忙的都只是一些无聊的事，因为一个工作有计划的人，是不会那么忙碌的。我认识一位公司的高级主管，他总是笑脸迎人，优哉自若，非常有效率。你们一见面，他会直截了当地告诉你：“今天我只有30分钟能和你谈。”或是：“今天我的时间较充裕，我们可以慢慢谈。”有一次我为了一件重要事情去拜访他，他立刻就将事务科长叫到办公室；第二天，这件事情就解决了。因为他冷静，所以能很快地下决断，成天无事忙的人，是绝对没有这种“当机立断”的能力的。

无论是高层主管还是员工，若能在一天规定的八小时工作时间内将预定工作做完，才是一个有效率的人。我常看到有些人，要在下班铃响后，才开始紧张忙碌的工作。如果有这样的员工，必定也有这样的主管，因为他的无能，双方才能臭味相投。若是一个主管认为员工如此工作是没有效率的，相信员工也不会有如此恶劣的表现。

条理性是我们简化工作的一个重要方法。在许多工作没有计划和条理的商行里，有不少拿着高薪的员工做着极简单的工作，比如拆信、把信札分类、寄发传单等等事情。其实，此类工作，即便是待遇微薄的职工也一样能够胜任。像这样一些没有精细规划的商行是永远不会有发展的。

只有很少商人和店主，对于商行管理过程中时间的节约与职员的能力，有着相当的研究；但大部分商人和店主并不善于指挥，总不能使工作有条理和系统化，这样就无法增加员工的办事效率。其实，不去注意工作上的条理和效率，是经营上最大的失策。

工作没有次序、缺乏条理的商人，总易因办事方法的失当，而蒙受极大的损失。他们不知怎样去有效地措置业务；对于雇员的工作，他们不知道好好地安排；做起事来，有的地方不及，但有的地方却过之；仓库里有许多过时、不合需要的存货，也不及时把货物整理一下，结果什么东西都纷乱不堪。这样的商行，必要失败。

一个在商界颇有名气的经纪人把“做事没有条理”列为许多公司失败的一大重要原因。

没有条理、做事没有次序的人，无论做哪一种事业绝没有功效可言。而有条理、有次序的人即使才能平庸，他的事业也往往有相当的成就。

工作没有条理，同时又想做成大规模营业的人，总会感到手下的人手不够。他们认为，只要人雇佣得多，事情就可以办好了。其实，他们所缺少的，不是更多的人，而是使工作更有条理、更有效率。由于他们办事不得当、工作没有计划、缺乏条理，因而浪费了大量职员的精力和体力，但还无所成就。

一个性急的人，不管你在什么时候遇见他，他都很匆忙。如果要同他谈话，他只能拿出数秒钟的时间，时间长一点，他便要拿出表来看了再看，暗示着他的时间很紧。他公司的业务做得虽然很大，但是花费更大。究其原因，主要是他在工作上毫无秩序、七颠八倒。他做起事来，也常为杂乱的东西所阻碍。结果，他的事务是一团糟，他的办公桌简直就是一个垃圾堆。他经常很忙碌，从来没有时间来整理自己的东西，即便有时间，他也不知道怎样去整理、安放。

这个人自己工作没有条理，更不知如何恰到好处地进行人员管理，他只知一味督促职工。但他只是催促职工做得快些，却谈不上有条理。因此，公司职员们的工作也都混乱不堪、毫无次序。职员们做起事来，也很随意，有人在旁催促便好像很认真地做，没有人在旁催促便敷衍了事。

其实，做事有方法、有秩序的人时间也一定很充足，他的事业也必能依照预定的计划去进行。

今日之世界是思想家、策划家的世界。唯有那些办事有次序、有条理的人，才会成功。而那种头脑昏乱，做事没有次序、没有条理的人，这世上绝没有他成功的机会。

◎比“能力薪”更重要的是“脑力薪”

不要以为你毕业于最高学府就应该支领头脑薪，也不要以为你办事快就能支领效率薪；事实上，我们都是以做事的方法和实际效果来决定自己的薪酬。

我常常在想：仗恃着年资久或是毕业于最高学府，脑筋却不怎么样的人，凭什么比只有高中毕业的优秀者领到更多的薪水？靠关系走后门却没有能力的人，凭什么比辛勤努力的人领到更高的薪水？

美国的一本袖珍读物上，有这么一段故事：

在东海岸的某一港街，有一家著名的毛皮公司。这家公司的工作人员中有三兄弟。有一天，他们的父亲要求见总经理，原因是他不明白为何三兄弟的薪水不同？大儿子杰斯的周薪是350美元，小儿子杰菲的周薪是250美元，三儿子杰亮的周薪是200美元。

总经理默默地听三兄弟的父亲说完，然后说：“我现在叫他们三人做相同的事，你只要看他们的表现，就可知道答案的原因了。”总经理先把杰亮叫来，吩咐说：

“现在请你去调查停泊在港边的C船上的毛皮的数量、价格和品质，你都要详细地记录下来，并尽快给我答复。”

杰亮将工作内容抄下来后，就离开了。五分钟后，便回来了，向总经理汇报情况。

杰亮因为总经理命令他要尽快，所以他就利用电话询问：一通电话就完成了他的任务。

总经理再把杰菲叫来，并吩咐他做同一件事情。

杰菲在一小时后，回到经理办公室，气喘吁吁地说他是坐公车往返的，并且将C船上的货物数量、品质等详细报告出来。

总经理再把杰斯找来，先把杰菲报告的内容告诉他，然后吩咐他再去详细调查。杰斯说可能要花点时间，然后走了。

三小时后，杰斯回到公司。

杰斯首先重复报告了杰菲的报告内容，说他已按照总经理的要求将任务完成，为了方便总经理和货主订契约，他已请货主明天早上十点到公司来一趟。回程中，他又到其他两三家毛皮商公司询问了货的品质、价格，并请可以做成买卖的公司负责人明天早上十一点到公司来。

在暗地里看了三兄弟的工作表现后，父亲很高兴地说：他们三人的行动能力给了我最满意的答案。

由这个小故事，我们可以知道能力薪和脑力薪是有所不同的，只是人们常将它们混为一谈。

◎做正确的事而非正确地做事

创设遍及全美的服务公司的亨瑞·杜哈提说，不论他出多少钱的薪水，都不可能找到一个具有两种能力的人。这两种能力是：第一，能思想；第二，能按事情的重要程度来做事。因此，在工作中，如果我们不能选择正确的事情去做，那么唯一正确的事情就是停止手头上的事情，直到发现正确的事情为止。由此可见，做事的方向性是至关重要的。然而，在现实生活中，无论是企业的商业行为，还是个人的工作方法，人们关注的重点往往都在于前者：效率和正确做事。

实际上，第一重要的却是效能而非效率，是做正确的事而非正确做事。“正确地做事”强调的是效率，其结果是让我们更快地朝目标迈进；“做正确的事”强调的则是效能，其结果是确保我们的工作是在坚定地朝着自己的目标迈进。换句话说，效率重视的是做一件工作的最好方法，效能则重视时间的最佳利用——这包括做或是不做某一项工作。

“正确地做事”是以“做正确的事”为前提的，如果没有这样的前提，

"正确地做事"将变得毫无意义。首先要做正确的事，然后才存在正确地做事。正确做事，更要做正确的事，这不仅仅是一个重要的工作方法，更是一种很重要的工作理念。任何时候，对于任何人或者组织而言，"做正确的事"都要远比"正确地做事"重要。

正确地做事与做正确的事是两种截然不同的工作方式。正确地做事就是一味地例行公事，而不顾及目标能否实现，是一种被动的、机械的工作方式。工作只对上司负责，对流程负责，领导叫干啥就干啥，一味服从，铁板一块，是制度的奴隶，是一种被动的工作状态。在这种状态下工作的人往往是不思进取，患得患失，不求有功，但求无过，做一天和尚撞一天钟，混着过日子。

而做正确的事不仅注重程序，更注重目标，是一种主动的、能动的工作方式。工作对目标负责，做事有主见，善于创造性地开展工作。这种人积极主动，在工作中能紧紧围绕公司的目标，为实现公司的目标而发挥人的能动性，在制度允许的范围内，进行变通，努力促成目标的实现。

这两种工作方式的根本区别在于：只对过程负责，还是既对过程负责又对结果负责；是等待工作，还是主动地工作，同样的时间，这两种不同的工作方式产生的区别是巨大的。

举个工作中的例子，比如说某客户服务人员接到服务单，客户要装一台打印机，但服务单上没有注明是否要配插线，这时，客户服务人员有三种做法：

第一种做法：照开派工单；

第二种做法：打电话提醒一下商务秘书，是否要配插线，然后等对方回话；

第三种做法：直接打电话给客户，询问是否要配插线，若需要，就配齐给客户送过去。

第一种做法，可能导致客户的打印机无法使用，引起客户的不满；

第二种做法，可能会延误工作速度，影响服务质量；

第三种做法，既能避免工作失误，又不会影响工作效率。

你觉得，哪种做法最好呢？相信大多数人会选择第三种做法。第三种做法就是在做正确的事，第一、二种做法就是在正确地做事，这二者的区别就在结果的不同，其原因是没有把公司的目标与自己的工作结合在一起。

若要集中精力于当急的要务，就得排除次要事务的牵绊，此时需要有说“不”的勇气。

我的妻子曾被选为社区计划委员会的主席，可是既放不下许多更重要的事，又不好意思拒绝，只好勉为其难地接受。后来她打电话给一位好友，问她是否愿意在委员会工作，对方却婉拒了，我的妻子大失所望地说：“我那时也能拒绝就好了。”

这不是说社区活动或社会服务不重要，而是人各有志，各有优先要务。必要时，应该不卑不亢地拒绝别人，在急迫与重要之间，知道取舍。

我在一所规模很大的大学任教时，曾聘用一位极有才华又独立自主的撰稿员。有一天，有件急事想拜托他。

他说：“你要我做什么都可以，不过请先了解目前的状况。”

他指着墙壁上的工作计划表，显示超过20个计划正在进行，这都是我俩早已谈妥的。

然后他说：“这件急事至少占去几天时间，你希望我放下或取消哪个计划来空出时间？”

他的工作效率一流，这也是为什么一有急事我会找上他。但我无法要求他放下手边的工作，因为比较起来，正在进行的计划更为重要，我只有另请高明了。

我的训练课程十分强调分辨轻重缓急以及按部就班行事。我常问受训人员：你的缺点在于——

（1）无法辨别事情重要与否？

（2）无力或不愿有条不紊地行事？

（3）缺乏坚持以上原则的自制力？

答案多半是缺乏自制力，我却不以为然。我认为，那是“确立目标”

的功夫还不到家使然。而且不能由衷接受“事有轻重缓急”的观念，自然就容易半途而废。

这种人十分普遍。他们能够掌握重点，也有足够的自制力，却不是以原则为生活重心，又缺乏个人使命宣言。由于欠缺适当的指引，他们不知究竟所为何来。

以配偶或金钱、朋友、享乐等为重心，容易受第一与第三类事务羁绊。至于自我中心者难免被情绪冲动所误导，陷溺于能博人好感的第三类活动以及可逃避现实的第四类事务。这些诱惑往往不是独立意志所能克服，只有发乎至诚的信念与目标，才能够产生坚定说“不”的勇气。

◎时间里的“二八法则”

在现实生活中，有一个很著名的叫“80/20法则”的原理，对于我们的工作和生活有很大的影响，也是上述主管大幅度提高工作效率的最好解释。“80/20法则”对工作的一个重要启示便是：避免将时间花在琐碎的多数问题上，因为就算你花了80％的时间，你也只能取得20％的成效。你应该将时间花于重要的少数问题上，因为解决这些重要的少数问题，你只需花20％的时间，即可取得80％的成效。

在工作生活中，我们都见过许多这样的人，他们虽然怀有大干一番事业、做出辉煌成绩的想法，可是总不见行动，只是把这些想法挂在嘴边，每天都踏步不前。因此，为了避免成为一个空谈主义者，为了更有效地提高我们的工作效率，我们必须立即行动起来。

我们每个人每天面对的事情，按照轻重缓急的程度，可以分为以下四个层次，即重要且紧迫的事；重要但不紧迫的事；紧迫但不重要的事；不紧迫也不重要的事。

1. 重要而且紧迫的事情

这类事情是你最重要的事情，而且是当务之急，有的是实现你的事业和目标的关键环节，有的则和你的生活息息相关，它们比其他任何一件事情都值得优先去做。只有它们都得到合理高效的解决，你才有可能顺利地进行别的工作。

2. 重要但不紧迫的事情

这种事情要求我们具有更多的主动性、积极性和自觉性。从一个人对这种事情处理的好坏，可以看出这个人对事业目标和进程的判断能力。因为我们生活中大多数真正重要的事情都不一定是紧急的。比如读几本有用的书、休闲娱乐、培养感情、节制饮食、锻炼身体。这些事情重要吗？当然，它们会影响我们的健康、事业还有家庭关系。但是它们急迫吗？不。所以很多时候这些事情我们都可以拖延下去，并且似乎可以一直拖延下去，直到我们后悔当初为什么没有重视，没有早点来着手重视解决它们。

3. 紧迫但不重要的事情

紧迫但不重要的事情在我们的生活中十分常见。例如，本来你已经洗漱停当准备休息，好养足精神明天去图书馆看书时，忽然电话响起，你的朋友邀请你现在去泡吧聊天。你就是没有足够的勇气回绝他们，你不想让你的朋友们失望。然后，你去了，次日清晨回家后，你头昏脑涨，一个白天都昏昏沉沉的。你被别人的事情牵着走了，而你认为重要的事情却没有做，这或许会造成你很长时间都比较被动。

4. 既不紧迫又不重要的事情

很多这样的事情会在我们的生活中出现，它们或许有一点价值，但如果我们毫无节制地沉溺于此，我们就是在浪费大量宝贵的时间。比如，我们吃完饭就坐下看电视，却常常不知道想看什么和后面要播什么。只是被动地接受电视发出的信息。往往在看完电视后觉得不如去读几本书，甚至不如去跑跑健身车，那么刚才我们所做的就是浪费时间。其实你要注意的话，很多时候我们花在电视上的时间都是被浪费掉了。

我们可以按照上述的分类，将重要而且紧迫的事情定为A类，将重要但不紧迫的事情定为B类，紧迫但不重要的事情定为C类，既不紧迫又不重要的事情定为D类，在实际工作中，我们应该先干重要的事，即A类事情，这一类事情做得越多，我们的工作效率就越高。

在工作中，我们需要时刻提醒自己："此刻，什么是我利用时间的最佳方式?"在每月事先安排的工作计划中，应使自己除了能为"重点"的项目留出额外的时间外，还能使工作有所变化并保持平衡。

另外，计划赶不上变化，如果目标不随着工作进程而及时修改的话，很容易成为工作效率提高的障碍，因此，我们应该坚持每月修订一次自己的人生目标。每天重温自己制定的目标，并用每天的行动去接近这个目标。你可以在办公室里放上自己的人生目标的陈述，借此提醒自己。即使是在干一件最小的事，心中也不忘那个长期的目标。在每天早晨就进行计划，安排好一天工作的轻重缓急。每天都有一张当天要做哪些事的清单，并将它们按重要性程度排列，然后尽可能一有时间就去干最重要的工作。为自己、也为别人都定下工作的最后期限。养成好习惯，按着"任务清单"的顺序干，绝不跳过困难的工作。永远放弃"等候时间"。如果不得不等什么，就把它当做"时间的礼物"，用它来休憩，或去做一些本来不会去做的事情。检查自己的旧习惯，看看是否有需要杜绝或加以改进的地方。

法国哲学家布莱斯·巴斯卡说："把什么放在第一位，是人们最难懂得的。"

一个人在工作中常常难以避免被各种琐事、杂事所纠缠。有不少人由于没有掌握高效能的工作方法，而被这些事弄得筋疲力尽，心烦意乱，总是不能静下心来去做最该做的事，或者是被那些看似急迫的事所蒙蔽，根本就不知道哪些是最应该做的事，结果白白浪费了大好时光，致使工作效率不高，效能不显著。为此，每个人都应该有一个自己处理事情的优先表，列出自己一周之内急需解决的一些问题，并且根据优先表排出相应的工作进程，使自己的工作能够稳步高效地进行。

◎多付出一点点的精神

成功的人永远比别人做得更彻底，当一般人放弃的时候，他们寻找下一位顾客，当顾客拒绝他的时候，他追问："你是不是要买？"当顾客不买的时候，他继续追问："为什么不买？"

多付出一点点是一种经过几个简单步骤之后，便可付诸实施的原则。它实际上是一种你必须好好培养的心境；你应使它变为成就每一件事的必要因素。

如果你愿意提供超过所得的服务时，迟早会得到回报。你所播下的每一颗种子都必将会发芽并带来丰收。

对一个人来说，他一生中所得到的最好的奖赏，就是当他以正确心态提供高品质服务，为自己带来的奖赏。

在柯金斯担任福特汽车公司总经理时，有一天晚上，公司里因有十分紧急的事，要发通告信给所有的营业处，所以需要全体员工协助。不料，当柯金斯安排一个做书记员的下属去帮忙套信封时，那个年轻的职员傲慢地说："这不是我的工作，我不干！我到公司里来不是做套信封工作的。"

听了这话，柯金斯一下就愤怒了，但他仍平静地说："既然这件事不是你的分内的事，那就请你另谋高就吧！"

任何一位青年，要想纵横职场，取得成功，除了尽心尽力做好本职工作以外，还要多做一些分外的工作。这样，可以让你时刻保持斗志，在工作中不断地锻炼自己，充实自己。当然，分外的工作，也会让你拥有更多的表演舞台，让你把自己的才华适时地表现出来，引起别人的注意，得到老板的重视和认同。

当一般人放弃的时候，他们找寻下一位顾客；

当顾客拒绝他的时候，他追问："你是不是要买？"

当顾客不买的时候，他继续追问："你为什么不买？"

美国一位年轻的铁路邮递员，和其他邮递员一样，用陈旧的方法分发着信件。大部分的信件都是凭这些邮递员不太准确的记忆拣选后发送的。因此，许多信件往往会因为记忆出现差错而无谓地耽误几天甚至几个星期。于是，这位年轻的邮递员开始寻找另外的新办法。他发明了一种把寄往某一地点去的信件统一汇集起来的制度。就是这一件看起来很简单的事，成了他一生中意义最为深远的事情。他的图表和计划吸引了上司们的广泛注意。很快，他获得了升迁的机会。五年以后，他成了铁路邮政总局的副局长，不久又被升为局长，从此踏上了美国电话电报公司总经理的路途。他的名字叫西奥多·韦尔。

做出一些人们意料之外的成绩来，尤其留神一些额外的责任，关注一些本职工作之外的事——这就是韦尔获得成功的原因。

卡洛·道尼斯先生最初替汽车制造商杜兰特工作时，只是担任很低微的职务。但他现在已是杜兰特先生的左右手，而且是杜兰特手下一家汽车经销公司的总裁。他之所以能够在很短的时间升到这么高的职位，也正是因为他提供了远远超出他所获得的报酬更多以及更好的服务。

当他刚去杜兰特先生公司上班时，他很快注意到，当所有的人每天下班回家后，杜兰特先生仍然留在办公室内待到很晚。因此，他每天在下班后也继续留在办公室看资料。没有人请他留下来，但他认为，应该留下来，以便为杜兰特先生随时提供协助。

从那以后，杜兰特在需要人帮忙时，总是发现道尼斯就在他身旁。于是他养成随时随地招呼道尼斯的习惯；因为道尼斯自动地留在办公室，使他随时可以找到他。道尼斯这样做，获得了报酬吗？当然，他获得了一个最好的机会，获得了某个人的信赖，而这个人就是公司的老板，有提升他的绝对权力。

巴恩斯是一位决心坚定，但却没有什么资源的人。他决定要和当代一位最伟大的智者爱迪生合作。但是当他来到爱迪生的办公室时，他不修边幅的仪表，惹得职员们一阵嘲笑，尤其当他表明将成为爱迪生的合伙人时，大家笑得更厉害了。爱迪生从来就没有什么合伙人，但巴恩斯的坚持为他赢得了面试的机会，并在爱迪生那儿得到一份打杂的工作。

爱迪生对他的坚毅精神有着深刻印象，但这还不足以使爱迪生接受他作为合伙人。巴恩斯在爱迪生那儿做了数年的设备清洁和修理工，直到有一天他听到爱迪生的销售人员，在嘲笑一件最新的发明品——口授留声机。

他们认为这个东西一定卖不出去，为什么不用秘书而要用机器？

这时巴恩斯却站出来说道："我可以把它卖出去！"从此他便得到了这份销售的工作。

巴恩斯以他杂工的薪水，花了一个月时间跑遍了整个纽约城。一个月之后他卖了7部机器。当他抱着满腹的全美销售计划回到爱迪生的办公室时，爱迪生便接受他成为口授留声机合伙人，这也是爱迪生唯一的合伙人。

爱迪生有数千位员工为他工作，到底巴恩斯对爱迪生有什么重要性呢？原因就在于巴恩斯愿意展露他对爱迪生发明品的信心，并将此信心付诸实施。同时巴恩斯达成任务的过程中，也没有要求过多的经费和高薪。

巴恩斯所提供的服务已超过他作为杂工的薪水程度，他是爱迪生所有员工中唯一有这种表现的人，也是唯一从这种表现中获得利益的人。

对海伦一生影响深远的一次职务提升是由一件小事情引起的。一个星期六的下午，与海伦同在一层楼办公的一位律师走进来问她，哪儿能找到一位速记员来帮忙——手头有些工作必须当天完成。

海伦告诉他，公司所有的速记员都去观看球赛了，如果晚来五分钟，自己也会走。但海伦同时表示自己愿意留下来帮助他，因为"球赛随时都可以看，但是工作必须当天完成"。

做完工作后，律师问海伦应该付她多少钱。海伦开玩笑地回答："哦，既然是你的工作，大约1000美元吧。如果是别人的工作，我是不会收取任何费用的。"律师笑了笑，向海伦表示谢意。

海伦的回答不过是一个玩笑，并没有想真正得到1000美元。但出乎意料，那位律师竟然真的这样做了。

6个月后，在海伦已将此事忘到九霄云外时，律师找到了海伦，交给她1000美元，并且邀请海伦到自己公司工作，薪水比她原来的薪水高出1000多美元。海伦放弃了自己喜欢的球赛，多做了一点分外的事情，最初的动机不过是出于乐于助人的愿望，而不是金钱上的考虑。海伦并没有责任放弃自己的休息日去帮助他人，但那是她的一种特权，一种有益的特权，它不仅为自己增加了1000美元的现金收入，而且为自己带来一项比以前更重要、收入更高的职务。

韦尔、杜兰特、巴恩斯以及其他许多成功的人都知道这样一个道理：超过别人所期望你做的，你会如愿以偿。这种额外的工作可以使人对本行业拥有一种宽广的眼界，与此同时获得宽广的机会。

每个年轻人都应该尽力去做一些他职责范围以外的事，不要像机器一样只做分配给自己的工作！著名的企业家彭尼说："除非你愿意在工作中超过一般人的平均水平，否则你便不具备在高层工作的能力。"

为了帮助你时时不忘多付出一点点，我设计了一个非常简单的公式：

$Q_1+Q_2+MA=C$

Q_1 表示服务品质（Quality）

Q_2 表示服务量（Quantity）

MA表示提供服务的心态（Mental Attitude）

C表示你的报酬（Compensation）

这里所谓的"报酬"，是指所有进入你生命的东西：金钱、欢乐、人际关系的和谐、精神上的启发、信心、开放的心胸、耐性，或其他任何你认为值得追求的东西。

务必要记住报酬的负面意义，金钱很好，但它绝非是使你成功，或使你享受成功果实的唯一要素。切勿忘记金钱以外的其他个性特质，因为无论你提供多少服务，其他人都会认清你所使用的偏颇方法，经过比较之后会出现对你不利的结果，而那些真正具有多付出点点精神的人将会出头。

◎甜头比苦头更有效

坦白说，工作或是读书本身一点意思也没有。然而，无论工作或是读书，都不能因为没意思就不做。因此，工作的第一个原则就是，横竖要做，不乐白不乐。也就是说，将工作化作游戏，从而享受其中乐趣，是提高工作效率的第一捷径。

所以在此首先要说的是“甜头”，也就是“成功报酬”的效用。一般常说“鞭策”及“甜头”可以激发干劲。诚然，鞭策一时之间也许可以逼出人的干劲，但效果毕竟只是暂时的，从长远看，绝对没什么好处。相反的会失去对工作的兴趣。也就是说，工作不该只是由于非做不可的义务感或强迫的观念。如果能以一种轻松的心情工作，效率定会提高，人生也会充满乐趣。

提倡“行为科学管理论”的美国学者麦格雷认为：“一个人是否会致力达到目标，全由达成后的报酬决定。”

这个方法仍然很管用。譬如，可以拿出国观光作为报酬。“只要解决这个问题，就到欧洲旅行!”或是“解决了这问题就到关岛休假”。此外，有时也得视情况，把报酬寄托在一时看不出成效的事情上。

应该以什么作为成功的报酬呢？这是个见仁见智的问题。不过要紧的是，所设定的目标必须尽量具体而可行。常有许多人虽然设定了成功报酬，却在达到目标之前，就先享用报酬。这多半因为目标过大，不可能立即实现所致。不容易达成的目标，就像是场不会赢的赌。即使准备了一大堆成功报酬，还是会越玩越没趣。

为了防止这种缺憾，报酬及目标应该尽量细分。而在一点一点尝到甜头中达到目标。如果是细分过的目标，因为容易实现，可以很快得到报酬。而根据这种满足感，激起向下一项目标努力的欲望，最后终于能达成最终的大目标。与其以日后种种好处作为报酬，倒不如以只要读完一页，就能打电话给女友的方式作为成功报酬，更能激发工作、读书的欲望及干劲。

东方的一位智者说过，不论你抓在手里的是什么，别忘了最终的结果，那你就不会失去什么了。一个目标达到之后，马上立下另一个目标，这是成功的人生模式。

迪克最渴望达到的目标是上大学。他在孤儿院长大——那是一种老式的孤儿院，孤儿们从早上五点工作到日落，伙食既差，又不够。

迪克是一个聪明的小孩——太聪明了，因此 14 岁就从中学毕业。接着，他投入社会谋生。

他所能找到的工作，是在一家裁缝店里操作一架缝纫机。14 年来，他一直在那种环境下工作；接着，那家裁缝店加入了工会。工资提高了，工作时间缩短了。

迪克幸运地娶了一个女孩，她愿意帮助他实现上大学的梦想。但事情可不容易。在他们结婚之后没多久，也就是 1931 年，店里开始裁员，于是他们这对年轻的夫妇决定自己去闯天下。他们把存款聚集在一起，开了一家“迪克－玛丽莎房地产公司”。迪克的太太玛丽莎甚至把订婚戒指卖掉了，以便增加他们那笔小小的资本。

在两年之内，生意兴隆，于是玛丽莎坚持让迪克去上大学。他在 36 岁的时候，得到了学位——这是人生道路上所抵达的第一个里程碑。

迪克又回到房地产事业——成为他太太的生意伙伴。他们又有了一个新目标——海边的一幢房子。终于，他们也实现了那个梦想。

他们这对夫妇就这样坐下来轻松轻松吗？呵，没有。他们有一个小女孩要教育。如果他们能把他们商业大楼的分期付款缴清，把大楼变成公寓出租，收入的租金就能付他们孩子的大学费用了。因为一心一意要达到这个目标，他们终于做到了。

后来，迪克夫妇过着一种忙碌、幸福、成功的生活，因为他们面前总是有一个目标，使他们的努力有一个方向。他们已发现萧伯纳这句话的真理：“我厌弃成功。成功就是在世上完成一个人所做的事，正如雄蜘蛛一旦授精完毕，被雌蜘蛛刺死。我喜欢不断地进步，目标永远在前面，而不是在后面。”

许多人一辈子迷迷糊糊，因为他们没有真正的目标。他们只过一天算一天。那些从人生中收获最多的人，都是警觉性高、积极等待着机会、机会一到马上就看出来的人。他们都有一个确定的目标。

在长期的计划上，最好是把每五年划分为一个阶段。安·海渥德引用她一位顾客所说的话：“我希望我丈夫永远不会感到自我满足而停滞下来。我们结婚五年了，每一年都有一个目标——首先，是他的学位，接着是进修课程，然后是一年的自由投稿工作，现在是他自己的事业。一等到他告诉我他的钱够了，教育够了，经验够了，我就知道蜜月已经结束了。”

◎不把烦恼带回家

对于一个男人来说，如果他在事业上没有成功，则会被人看不起。所以事业成功对男人确实很重要，因为事业是男人价值的体现，也是男人强大的心理压力。

正因如此，男人才全身心地投入到工作中去，不这样他就无法取得成功。

历史积淀下来的严酷的社会准则，使得男人在社会中面临巨大的精神压力：他的房子、他的汽车、他的社会地位、他奋斗取得的各种荣耀，尤其是他内心世界的完整，都需要用工作与事业来维持。

现代社会中，“工作是男人的世界”这种观念更加盛行。一方面社会的大变革给男人们提供了创造、冒险、征服的更加广阔的空间；另一方面，挑战、竞争、机遇也更大地使男人的野心膨胀。自然而然，这个时代比别的时代孕育了更多的男性“工作狂”。

虽然对社会来说“工作狂”不见得是什么坏事，但对于家庭来说，“工作狂”却是极其危险的，它会造成夫妻感情冷漠。

男人一旦结婚成家，就觉得他的最大责任即为家庭提供足够的物质保证。他在工作中不惜代价往上爬，一方面可以提高家庭生活水平，另一方面也可以证明他是一个成功的男人。

当他完成了他认为必须履行的工作义务后，已是满身疲惫回到家中，没有更多时间和精力给予妻子在感情上、肉体上充分的满足。而此时的女人，正处于精神、肉体需要男人的爱抚的时刻，这种愿望满足不了时，女人会感到寂寞、孤独、不被人重视的痛苦。她开始唠叨或者抱怨，这使他们之间的关系开始疏远。

忙碌于工作的丈夫却依然无暇注意到妻子情感的变化，不被注意的女人刚开始时也会去奉迎、影响、吸引、劝导他，可时间一长，如同寡居的生活刺激了女人天性中刻薄的一面。

她开始因他的疏忽而找茬儿刺激他，使他尴尬，使他难堪。出于缓和紧张局势，稳定后方家庭（因为家庭动乱会使男人工作分心，让他没面子）的考虑，男人也会做出一些努力，如抽些时间陪妻子、与她聊天、带她出去吃饭，但他工作狂的本性难移，他仍然把很多的精力放在工作上，这样使妻子的失望、愤怒愈来愈重，并为此喋喋不休。

这种情况下，脆弱的女人会把自己的头靠在任何一个走近她的男人肩上，只要这个男人不至于让她太讨厌。与自己的工作狂丈夫相比，这个男人富有同情心、怜悯之心、理解之心，与他在一起能够使她快活、开心。于是不知不觉这个女人便会陷入婚外恋的漩涡中不能自拔。

生活中大多数女人的移情别恋属于这种情况。与其说这是女人们的错误，不如说是这些男性工作狂逼得女人去犯这样的错误。

最近有一个寡妇讲述了她曾经和丈夫一起度过的一段悲惨生活。她的丈夫似乎只有一种想法，这种想法占据了他整个的生活——那就是赚钱。他对于生活本身的舒适丝毫不感兴趣，而生活本身绝对不能干扰他为赚更多钱而制定的工作计划。这个寡妇说，后来他们的家完全不是一个家了，而且从来都不是。一旦他回到家里，他就在为了更多的生意进行思考和安排计划，为了赚更多钱制订更多的方案。这样，赚钱已经成为了他唯一的癖好。长此以往，他总是显得那么疲惫不堪，当他晚上回到家时，他甚至累得抬不起头来。但即使这样，他仍然不休息，而是很快地投入到工作中去，思考并计划着更多的生意。于是，他总是使自己处在一种连续的疲劳状态之中。

应该留在办公室里的生意和业务，总是时时刻刻伴随着他。“一夜又一夜，”他的寡妻后来说，“我记得他在午夜以后还坐在那里，凝视着他的本子并且仍然在思考、在做计划。我听见了他那痛苦的咳嗽声，于是我常常走下楼去恳求他为了健康而休息一下，该上床睡觉了。但他从来都是很固执。”

“他坦率地对我说过许多次，我的乞求毫无用处，如果在他的计算过程中少了一分钱，他也不会放弃，直到查出那分钱为止。有几次，我在地板上丢下了一便士，并且把它捡起来交给他说：‘这就是差额。我刚把它从地板上捡起来，也许是你丢的。’但是，他很敏锐地看穿了我的诡计。他无法停下来，直到在自己的书中发现了那一便士，哪怕为此干上一个通宵!”

尽管这个人有上百万的财产，但是他没有家庭生活，也享受不到家庭的欢乐。后来，他的妻子和孩子们完全疏远了他。他从来没有像别人那样拥有空余时间去享受快乐。他总是处于不停地思考、计划和努力工作之中，直到死亡把他带走。

当你锁上了办公室的大门时，也请你把生意和工作上的烦恼都锁在里面。别把它们带回家。别把你的担忧或焦虑的想法带到你的娱乐和游玩上，否则你从中将得不到任何好处。当你把钥匙插到家门上时，请想象一下打开门时你会看到这样一句用很大的字母写成的箴言：“在这里不允许有生意上的担心或焦虑，也不允许有生意上的思考或讨论。”

回到家后享受你今晚的家庭生活。不要在晚上浪费你宝贵的精力，不要让你过于疲惫，不要老在晚上反思一天的工作或为过去悲哀，更不要想自己能否把这个做得更好或者把那个做得更好。当你这样做的时候，你只是在浪费你更多的宝贵精力和时间而已，那有什么用呢？如果你早已出色地完成了工作，为什么还要在它上面浪费更多的时间和宝贵的精力呢？好好干手上的事情吧！通过更好地完成现在的事情，通过把你的精力有效地

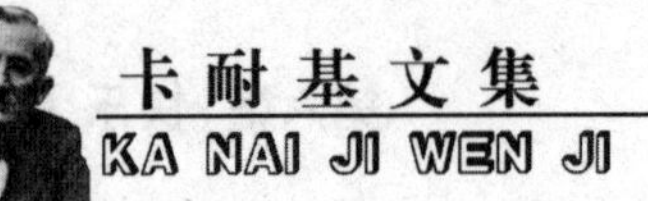

投入到正确的方向上，从而去弥补你过去的不足。

当你回到家，肉体和精神上都疲惫不堪时，就对自己说："这里是我的力量的家园；这里是我为了明天的工作得到力量和补给的地方，是我恢复精力和体力的地方；这里是我得到新的生命和新的勇气的地方，是我成为一个新人的地方。我无法忍受我的精力被耗尽。这里是我的理想重新被照亮、我的雄心重新被确立的地方，这里是更新自我、恢复自信，为明天的工作而获得积极心态的地方。"

第二章

逆风飞扬，舞出生命精彩

◎有悲伤的地方，才会有圣地

要成功并不容易。想要获得成功的人得像风筝，与强风对抗，方能升向高峰。立基于成功的信念，以便坚定向前，无惧于沿途所遭逢的困难。

确定你的信念能支持你在迈向成功的旅程中，忍受一切艰难险阻。当你确知自己在做什么，当你有个明确的目标和实施计划，那么，你或许得与周遭的狂风搏斗，却不至于有被吹垮的顾虑。风势愈强，你会飞得愈高。

超越自然的奇迹，总是在对厄运的征服中出现的。塞涅卡曾说："伟人就是像神那样无畏的普通人。"这是一句诗一样美的妙语。古代诗人在他们的神话中曾描写过：当赫克里斯去解救普罗米修斯的时候，他是坐在一个瓦盆里漂洋过海的。这个故事其实正是对于人生的象征：因为每一个人也正是驾着血肉之躯的轻舟，横渡波涛翻滚的生活之海的。幸运中需要的美德是节制，而厄运所需要的美德是坚忍，后者比前者更为难能。《圣经》的《旧约》启示人以幸福，而《新约》则启示人通过苦难去争取幸福。一切幸运都并非没有烦恼，而一切厄运也绝非没有希望。最美的刺绣，是以明丽的花朵映衬于暗淡的背景，而绝不是以暗淡的花朵映衬于明丽的背景。从这图像中去汲取启示吧。人的美德犹如名贵的香料，在烈火焚烧中散发出最浓郁的芳香。正如恶劣的品质可以在幸运中暴露一样，最美好的品质也正是在厄运中被显示的。

“你如果是贫穷的，你是幸福的，因为神是属于你们的。”“为自己的错而悲伤的人有福了，因为他们必定会得到安慰。”这是《圣经》里的话。前句的意思，当然不用细说，只有贫穷的人，才了解神是照顾他们的。只有经过悲伤的人，才会成长。

19世纪，英国诗人奥斯卡·怀路曾在监狱服刑期间写过这样的话：

“有悲伤的地方，才有圣地，相信社会中的每一个人早晚都会了解到这一点！还未了解这一点之前，可以说那是他还不了解人生！”

也就是说，突破眼前的悲伤或痛苦之后，才能到达豁然的境界。

著有《睡着成功》这本书的美国牧师马非先生，也曾说过：“一切的灾祸中，一定匿藏着幸运的胚芽。”下面就是他写的一段文字：

“坐在幸福的椅垫上，人会睡着；在被奴役、被鞭打而受苦的时候，人才会得到学习一些事物和道理的机会。”

换句话说，先得到幸福的，后面就紧跟着不幸。年轻的朋友们，先看一看这个人的经历吧，他一定会给你许多的启发。

1832年，他失业了；同一年里，他决心要做政治家，当上一名州议员，但不幸的是他的竞选又失败了。

于是，他又自己开办了一家店铺，可上帝总爱和他开玩笑。一年不到，店铺又倒闭了。他不得不在长达17年的时间里，为偿还债务而到处奔波，吃尽了苦头。

他又一次决定参加竞选州议员，这一次他成功了！但不幸并没有离他远去，第二年，在离他结婚仅有几个月的时候，他的未婚妻却不幸因病去世了，他也悲伤得卧床不起。次年，他因此而得了神经衰弱症。

两年之后，他又参加州议会的选举，可他又失败了。五年后，他又参加美国国会议员的选举，仍然是失败。

第二年，也就是1846年，他最终当上了国会议员，可在争取连任时，他却又一次落选了。

世上的失败事情几乎全让他撞上了：店铺倒闭，情人去世，竞选败北。他会怎么样呢？会不会放弃奋争呢？

现实中的他却没有服输。1854 年，他竞选参议员，失败；1858 年，再一次竞选参议员，仍然是失败！

他尝试了 11 次，可只成功了两次，但他一直没有放弃自己的追求，一直在做自己生活的主宰。1860 年，他终于获得了成功，当选为美国总统。这个人就是——林肯，美国历史上最伟大的总统之一。

要是生命中每一项我们所求的事物，都只要花极少的努力就可以得到如预期的结果，我们将什么也学不到，而生命也将索然无味。做什么事都成功，人又将变得多么傲慢自大！失败才能使人谦虚。当自己面对失败，要理性地劝慰自己这是绝佳的学习机会诚然不易，但这的确是难得的经验。

在克里米亚的一次战争中，有一枚炮弹击中一个城堡后，毁灭了一座美丽的花园。可在那个炮弹落下的深穴里，竟不住地流出泉水来，后来这里竟然成了一个永久不息的著名喷泉。同样，不幸与苦难，也会将我们的心灵炸破，而在那炸开的缝隙里，也会时刻流出奋斗前进的泉水来。

对于一个人来说，假使你年轻时便知道怎样对付打击，那么以后再碰到打击的时候，便能处置得更为适当些。

苦难失败往往会激发人的潜力，唤醒沉睡着的雄狮，引人走上成功的道路。有勇气的人，会把逆境变为顺境，如同河蚌能将恼它的沙泥化成珍珠一样。

一个真正勇敢的人，愈为环境所迫，反而愈加奋勇，不战栗不逡巡，昂首挺胸，意志坚定；他敢于对付任何困难，轻视任何厄运，嘲笑任何障碍，因为贫穷困苦不足以伤他毫发，反而增强了他的意志、品格、力量与决心，这使他成为一个卓越的人。对于这样的人，命运绝无法阻挡他们的前程。

所以，年轻的朋友们，一定要记住奥斯卡给我们留下的诗句："有悲伤的地方，才有圣地。"

◎只不过比别人多支持了五分钟

纵观人类历史上的伟人和杰出人物，他们中的相当一部分人曾经有过艰辛的童年生活，甚至还备受命运的虐待，但强者总是善于找到生命的支点。他们及时调整了自己的心态，坚忍地承受着生活的艰辛，在一贫如洗的岁月里安然走过，并用恒久的努力打破了重重的围困，在脱离了贫穷困苦的同时也脱离了平凡，造就了卓越与伟大。

有的苦难是如此的严重，一旦向它屈服，就等于输掉整场球赛。李奇威将军担任指挥官时，发现兵力推进太过，而受到敌军的强大攻击。但他坚持守住阵地而使美军免于被逼入海中，而且很快地进行反攻。挫折发生时，你也许没有时间来考虑或修正错误以避免更进一步的失误。但千万别裹足不前，此刻最重要的是确定自己的目标，并采取能保存你所有的资源及希望的行动。要是你就此认输，你将失去自信且难以再恢复。所以你必须坚守原则，最后你将知道，你保住了自身所拥有的最重要的东西。

要是生命中每一项我们所求的事物，都只要花极少的努力就可以得到如预期的结果，我们将什么也学不到，而生命也将索然无味。做什么事都成功，人又将变得多么傲慢自大！失败才能使人谦虚。当自己面对失败，要理性地劝慰自己这是绝佳的学习机会诚然不易，但这的确是难得的经验。老天的旨意并非永远浅显易懂，但总是不断重复而至可以预见。所以当你觉得受到非常严酷的考验时，你就可以确定自己将有伟大的成就。

要是你曾仔细地反省自己，并研究那些你所钦慕的成功者的一生，你就会发现所有最好的机会，都发生在处于逆境的时候。因为只有在面对失败的可能时，才会想要做一根本的改变，从险中求胜。当你经历一些暂时的挫折，你也知道这只是暂时的，你就可以抓住逆境带来的机会。

有一天，两个强盗偶然路过一座吊死犯人的绞架，其中一个便叫起来："如果没有这该死的吊死人的绞架，我们的职业是多么好呀！"另一个强盗接着说："呸！你这笨蛋，好在有这架子，如果没有的话，人人都要做强盗了，哪轮得到你我？"

其实，世界上的各种职业、技艺与事业，莫不如此，都是因为困难吓退了一些庸碌的竞争者。斯潘琴说："许多人的生命之所以伟大，都来自他们所承受的苦难。"最好的才干往往是从烈火中冶炼的，都是从坚石上磨炼出来的。

世界上有许多人因为没有经历苦难的磨炼，激发不出他们体内潜伏着的力量来，因此他们的才能竟然得不到淋漓尽致的发挥。而只有努力奋进才能帮助人们达到成功的境地，只有尽力奋斗的人才会获得自己心中期望的东西。

苦难与障碍并不是我们的仇人，而是我们的恩人。因为我们人人都有一种逆反的心理，这种逆反的心理在人体里发展了反对的力量。正是苦难与障碍的出现，使得我们体内克服障碍、抵制苦难的力量，得以发展。这就好像森林里的橡树，经过千百次暴风雨的摧残，非但不会折断，反而愈见挺拔。正像暴风雨吹打橡树一般，人们所承受的种种痛苦、折磨和悲伤，也在启发人们的才能，都在锻炼他们。

芝加哥北密契根大道的一个地区现称为"富丽里"。1939 年，那里的办公楼群可说是日暮途穷了。一座座大楼只有空荡荡的地板。一座楼出租了一半就算是幸运的，这正是商业不景气的一年。消极的心态像乌云一般笼罩在芝加哥不动产的上空。那时，你常可以听到这样一些论调："登广告毫无意义，根本就没有钱。"或"我们没有必要工作了。"然而就在这时，一位抱着积极心态的经理进入了这个景象阴翳的地区。他有一个想法，他立即行动起来了！

这个人受雇于西北互助人寿保险公司，前来管理该公司在北密契根大道上的一座大楼。公司是以取消抵押品中赎取权而获得这座大楼的。他开始担任这项工作时，这座大楼只出租了 10%。但不到一年，他就使它全部租出去了，而且还有长长的待租人名单送到他的面前。这其中有什么秘密呢？新经理把无人租用办公室作为一个挑战，而不是作为一个不幸。我们访问他时，他介绍了他所做的事情：

我清楚地知道我要干什么，我要使这些房间100%地租出去，在当时的情况下，要做到这一点是很难的。因此我必须把工作做到万无一失，必须做到下列5点：

(1) 要选择称心的房客。

(2) 要激发吸引力，给房客提供芝加哥市最漂亮的办公室。

(3) 租金却不高于他们现在所付的房租。

(4) 如果房客按为期一年的租约付给我们同样的月租，我就对他现在的租约负责。

(5) 除此以外，我要免费为房客装饰房间。我要雇用富有创造性的建筑师和内装工，改造我们大楼的办公室，以适合每个新房客的个人爱好。

通过推理，我们可以得到下列结果：

(1) 如果一个办公室在以后几年中不能出租，我们就不能从那个办公室得到收入。我们到年底可能得不到什么收益，但这种情况总不会比我们没有采取任何行动时的情况更糟。而我们的境况应该好，因为我们满足房客的需要，他们在未来的年份中会准时如数地交付房租。

(2) 出租办公室仅以一年为基数，这是已经形成了的习惯。在大多数情况下，房间仅仅只空几个月就可接纳新的房客。因此，得到租金的希望就不至于太落空。

(3) 在一所设备良好的大楼里，如果一个房客一定要在他租约满期的那一年的末期退租，也比较易于再租。免费装饰办公室也不会得不偿失，因为这会增加全楼的股票价值，结果极好。每一个新近装饰过的办公室似乎都比以前更为富丽堂皇。房客都很热心，许多房客花费了额外的费用。有一个房客在改建工作中就花费了22000美元。

这座大楼开始时只租出10%，到年底便100%地租出了。没有一个房客在他的租约满期后想走的。他们很高兴住上了超摩登的新办公室。第一年的租约满期后，我们也没有提高租金；这样，我们就赢得了房客的信任和友情。

现在让我们回顾一下这个故事的始末。有一个人面临着一个严重的问题。他手上有一座巨大的办公大楼，可是这座大楼十分之九的办公室都是空闲未租。然而，在一年内这座大楼便100%地出租了。现在，就在它的隔壁左右，仍有几十座大楼是空荡荡的。

这两种情况之间的差别当然就是每座大楼的经理对这个问题所持的不同的心理态度。一种人说："我有一个问题，那是很可怕的。"另一种人说："我有一个问题，那是很好的！"

如果一个人能够抓住他的问题尚未显露出真相的好机会，洞察它并寻求解决，那么他就是懂得积极心态之要义的人。如果一个人能形成一种行之有效的想法，并紧接着付诸实行，他就能把失败转变为成功。

简单地说，已经得到第一名的人，不会有比看到第一名更荣耀的事了，对他而言，顶多只能继续保持第一名而已，而且平常都有可能会降到第二名或第三名的不幸事件。相反的，得到最后一名的人，对他来说，最坏的结果也只是最后一名而已，但有进步为倒数第二、第三名的可能。困境对我们来说反而是一种刺激，而且可以激励我们的成长与进步。

在这里，所指的贫穷或富裕，当然不单独指经济上的因素，也可以说是失败和成功、堕落和成长，也就是一般人常说的"顺境与逆境"。日本著名的作家谷口雅春先生，在他的著作《你是无限能力者》一书中，曾说过："坠落才是机会"，其意义也是相同的。这些话，都是我们应该好好体会的。的确，如果一粒麦子不落地死亡，怎能再结出许多麦子呢？经历了越激烈的痛苦，在精神上、人格上，也会越早成熟、越早进步。

因此，一旦当我们面临困境时，不要畏惧退缩，心中只要牢牢记住一件事：不要被逆境所吞噬。纵使你所面临前所未有的激烈痛苦，也不要因此而被淹没。要知道如果太过于沉溺于自怜自哀之中，将会因为这一次的堕落而失去一切，永不得翻身。我们应该庆幸逆境来临，正是我们考验自己的最佳良机，坚强地渡过危险之后，一条坦荡的康庄大道将展现在你的面前。"能够成功的人，只不过比别人多支持了五分钟。"你我均应牢记这句话。

◎握住“刀柄”，反败为胜

困难可以将你击垮，也可以使你重新振作。这取决于你如何去看待和处理困难。美国名作家罗威尔曾说：“人世中不幸的事如同一把刀，它可以为我们所用，也可以把我们割伤。那要看你握住的是刀刃还是刀柄。”

遇到困难时，如果握着“刀刃”，就会割到手；但是如果握住“刀柄”，就可以用来切东西。要准确握住刀柄，可能不容易，但还是可以做得到的，这其中有很多方法和技巧，许多人曾试过。

在我们讨论处理困难之前，我必须告诉你，人生中能够遇到这些困难，是值得你高兴的事情。若没有了这些，人生就不成其为人生。虽然困境有其令人难以接受的一面，但它是人生成长及把握方向不可缺少的磨炼。

事实上，难题正是人生的标记之一，难题愈多，愈能显示它是人生的一部分。

通常人们被困难击败的主要原因之一就是人们自认为可以被打败。而克服困难一个最大的诀窍，如同我们所说的，也就是要学会相信人们可以击败困难，在得到上帝的帮助之后，便可以征服所有困难。为了做到这一点，你的心理及精神就要不断地成长。成长是你可以做得到的事。你可以在心灵方面茁壮成长，战胜任何难题。换句话说，你必须比所遇到的困难更高更壮才行。

积极心态伟大的功效之一是，它教导人们停止与自己对抗。事实上，很多人必须练习如何打败自己。因为他们坚信自己无法处理自己的困境，他们已经被自己的心灵击败了。

如果你可以因为成长而克服困难，则困难就是激励你成长的要素。俄罗斯有一句谚语说：“铁锤能打破玻璃，更能铸造精钢。”如果你像钢一样，有足够坚强作为打造的品质，去克服人生中的困难，那么这些困难正好可以磨炼你的意志和力量。

很多杰出的领导人都遵循这条人生哲学，艾森豪威尔总统曾向我讲述他早年把自己的母亲看作是认识的人中最明智的人，她的明智来源于她的宗教信仰。她在家庭里制造出这种神奇的力量，而她就是这种力量的中心。

艾森豪威尔回忆说，有一天一家人晚上玩牌，他很埋怨自己手气不好。母亲突然停下，告诉他玩牌的时候要接受自己抓来的牌，并说明生活也是这样，上帝为每个人发牌，而你只能尽自己最大努力玩好自己的牌。

总统说他从来没有忘记过这条教诲，并且一直遵循它。

伟大的心理学家阿德勒究其一生都在研究人类及其潜能，他曾经宣称他发现人类最不可思议的一种特性——“人具有一种反败为胜的力量”。

我下面要讲述的这位女士的经历，正好印证了那一句话，这位女士是瑟尔玛·汤普森。

“战时，我丈夫驻防加州沙漠的陆军基地。为了能经常与他相聚，我搬到那附近去住，那实在是个可怕的地方，我简直没见过比那更糟糕的地方。我丈夫出外参加演习时，我就只好一个人待在那间小房子里。热得要命——仙人掌树阴下的温度高达华氏125度，没有一个可以谈话的人。风沙很大，所有我吃的、呼吸的都充满了沙、沙、沙！

“我觉得自己倒霉到了极点，觉得自己好可怜，于是我写信给我父母，告诉他们我放弃了，准备回家，我一分钟也不能再忍受了，我情愿去坐牢也不想待在这个鬼地方。我父亲的回信只有三行，这三句话常常萦绕在我心中，并改变了我的一生：

‘有两个人从铁窗朝外望去，

‘一人看到的是满地的泥泞，

‘另一个人却看到满天的繁星。’

“我把这几句话反复念了好几遍，我觉得自己很丢脸。决定找出自己目前处境的有利之处，我要找寻那一片星空。

“我开始与当地居民交朋友，他们的反应令我心动。当我对他们的编织与陶艺表现出很大的兴趣时，他们会把拒绝卖给游客的心爱之物送给我。我研究各式各样的仙人掌及当地植物。我试着多认识土拨鼠，我观看沙漠的黄昏，找寻300万年前的贝壳化石，原来这片沙漠在300万年前曾是海底。

“是什么带来了这些惊人的改变呢？沙漠并没有发生改变，改变的只是我自己。因为我的态度改变了，正是这种改变使我有了一段精彩的人生经历。我所发现的新天地令我觉得既刺激又兴奋。我着手写一本书——一本小说——我逃出了自筑的牢狱，找到了美丽的星辰。”

瑟尔玛·汤普森所发现的正是耶稣诞生前五百年希腊人发现的真理：“最美好的事往往也是最困难的。”

我在纽约市教授成人教育课程时，发现很多人都有一个很大的遗憾，是没有机会接受大学教育。他们似乎认为未进大学是一种缺陷。而我认识的许多成功的人士都没上过大学，因此我知道这一点并没有这么重要。我常告诉这些学员一个失学者的故事：

他的童年非常贫困，父亲去世后，靠父亲的朋友帮忙才得以安葬。它的母亲必须在一家制伞工厂一天工作10小时，再带些零工回来做，做到晚上11点钟。

他就是在这种环境下长大的，有一次他参加教会的戏剧表演，觉得表演非常有趣，于是就开始训练自己公众演说的能力。后来也因此，他进入政界。30岁时，他已当选为纽约州议员。不过对接受这样的重大责任，他其实还没有准备妥当。事实上，他亲口告诉我，他还搞不清楚州议员应该做些什么。他开始研读冗长复杂的法案，这些法案对他来说，就跟天书一样。他被选为森林委员会的一员，可是因为他从来不了解森林，所以他非常担心。他又被选入银行委员会，可是他连银行账户也没有，因此他十分茫然。他告诉我，如果不是耻于向母亲承认自己的挫折感，他可能早就辞职不干了。绝望中，他决定一天研读16小时，把自己无知的酸柠檬，做成知识的甜柠檬汁。因为这种努力，他由一位地方政治人物提升为全国性的政治人物，他的表现如此杰出，连《纽约时报》都尊称他是“纽约市最可敬爱的市民”。

这位传奇人物就是阿尔·史密斯。

在阿尔开始自我教育后的十年，他成为纽约州政府的活字典。他曾连任四届纽约州长——当时还没有人拥有这样的纪录。1928 年，他当选为民主党总统候选人。包括哥伦比亚大学及哈佛大学在内的六所著名大学，都曾颁授荣誉学位给这位年少失学的人。

阿尔亲口告诉我，如果不是他一天勤读 16 小时，把他的缺失弥补过来，他绝对不可能有今天的。

◎在其他三根弦上把曲子演奏完

尼采对超人的定义是：“不仅是在必要情况之下忍受一切，而且还要喜爱这种情况。”

愈研究那些有成就者的事业，人们就愈加深刻地感觉到，他们之中有非常多的人之所以成功，是因为开始的时候有一些会阻碍他们的缺陷，促使他们加倍地努力而得到更多的报偿。正如威廉·詹姆斯所说的：“我们的缺陷对我们有意外的帮助。”

不错，很可能密尔顿就是因为瞎了眼，才能写出更好的诗篇来，而贝多芬是因为聋了，才能做出更好的曲子。

海伦·凯勒之所以能有光辉的成就，也就是因为她的瞎和聋。

如果柴可夫斯基不是那么的痛苦——而且他那个悲剧性的婚姻几乎使他濒临自杀的边缘——如果他自己的生活不是那么悲惨，他也许永远不能写出他那首不朽的《悲怆交响曲》。

“如果我不是有这样的残疾，”那个在地球上创造生命科学的基本概念的人写道，“我也许不会做到我所完成的这么多工作。”达尔文坦白承认他的残疾对他有意想不到的帮助。

达尔文在英国出生的那一天，另外一个孩子生在肯塔基州森林里的一个小木屋里，他的缺陷也对他有帮助。他的名字就是林肯——亚伯拉罕·

林肯。如果他出生在一个贵族家庭，在哈佛大学法学院得到学位，而又有幸福美满的婚姻生活的话，他也许绝不可能在他心底深处找出那些在盖茨堡所发表的不朽演说。他不会有在他第二次政治演说中所说的那句如诗般的名言——这是美国的统治者所说的最美也最高贵的话："不要对任何人怀有恶意，而要对每一个人怀有爱……"

有一位大学毕业生曾经给一位报社编辑写了一封信。在信中，他写道：

"我是一名大学毕业生，参加工作已5年。5年来我工作顺利，深得领导赏识，按理该没有什么忧虑。但是，自古男大当婚，女大当嫁，我已到了恋爱结婚的年龄，就是这件事，弄得我好忧虑，好伤心。我的身高只有1.64米，这是爹妈给的，并非我的过错。可人家帮我介绍过3个女朋友，最后都以"拜拜"告吹。她们说，学历、文凭和工作单位没说的，只是个子太矮了，没有风度，没气派。有位姑娘还很惋惜地说：'可惜，只要再高6公分，有1.70米就好了。'这6公分之差，使我非常痛苦。现在我有点心灰意冷，恨爹妈为什么不让我长高些。因此工作也无精打采，我不愿这样消沉下去，可我该怎么办呢？"

其实，有些人之所以烦恼、忧虑，正是由于自卑。

其实身材短小何必自惭形秽？一位国际舞台上的名矮子对此自有一番高论。他名叫罗慕洛，长期担任菲律宾的外交部长，他身高也只有1.63米。面对高大的对方，他一点不自卑，他却以此自豪。他写了一篇在世界上出名的文章，叫《愿生生世世为矮人》。现在附在下面，读了以后，你就会知道矮子确有矮子的好处。

有一次，在巴黎举行的联合国会议上，我和苏联代表团团长维辛斯基激辩。我讥刺他提出的建议是"开玩笑"。突然之间，维辛斯基把他所有轻蔑别人的天赋都向我发挥出来。他说："你不过是个小国家的人罢了。"

在他看来，这就是辩论了。我的国家和他的相比，不过是地图上一点而已。而且我自己穿了鞋子，身高只有1.63米。

即使在我家中，我也是矮子。我的四个儿子全比我高七八厘米。我的太太穿高跟鞋的时候，要比我高寸把。我们婚后，有一次她接受访问，曾谦虚地说："我情愿躲在我丈夫的影子里，沾他的光。"一个熟悉的朋友就打趣地说："这样的话，就没有多少地方好躲了。"

我身材矮小，和鼎鼎大名的人物在一起时，常常特别惹人注意。第二次世界大战期间，我是麦克阿瑟将军的副官，他比我高20厘米。那次登陆雷伊泰岛，我们一同上岸，新闻报道说："麦克阿瑟将军在深及腰部的水中走上了岸，罗慕洛将军和他在一起。"一位专栏作家立即拍电报调查真相。他认为如果水深到麦克阿瑟将军的腰部，我就要淹死了。

我一生当中，常常想到高矮的问题。但我愿生生世世都做矮子。

这句话可能会使你诧异，许多矮子都因为身材而自惭形秽。我得承认，年轻的时候也穿过高底鞋，但用这个法子把身材加高实在不舒服，并不是身体上的，而是精神上的不舒服。

这种鞋子使我感到，我在自欺欺人，于是我再也不穿了。

其实这种鞋子剥夺了我天赋的一大便宜。因为：矮小的人起初总被人轻视，后来，他有了表现，别人就觉得出乎意料，不由得佩服起来，在他们心目中，他的成就格外出色。

有一年我在哥伦比亚大学参加辩论小组，初次明白了这个道理。我因为矮小，所以样子不像大学生，就像小学生。一开始，听众就为我鼓掌助威，在他们看来，我已经居于下风，而大多数人都喜欢看居下风的人得胜。

我一生的境遇都是如此。平平常常的事经我一做，往往就似乎成了惊天动地之举，因为大家对我毫不寄以希望。

1945年，联合国创立会议在旧金山举行，我以无足轻重的菲律宾代表团团长身份，应邀发表演说。讲台差不多和我一样高，等到大家静下来，我庄严地说出这一句话："我们就把这个会场当做最后的战场吧。"全场登时寂然，接着爆发出一阵热烈的掌声。我放弃了预先准备好的演讲稿，畅所欲言，思如泉涌。后来，我在报上看到当时我说了这样一段话："维护尊严，言辞和思想比枪炮更有力量……唯一牢不可破的防线是互助互谅的防线！”

这些话如果是大个子说的，听众可能客客气气地鼓一下掌。但菲律宾那时离独立还有一年，我又是矮子，由我说出来，就有意想不到的效果。从那天起，小小的菲律宾在联合国大会中就被各国当做资格十足的国家了。

矮子还占一种便宜：通常都特别会交朋友。人家总想维护我们，容易对我们推心置腹。大多数的矮子早年就都懂得：友谊和筋骨健硕、力量强大一样重要。

早在1935年，大多数的美国人还不知道我这个人，那时我应邀到圣母大学接受荣誉学位，并且发表演说，那天罗斯福总统也是演讲人。事后他笑吟吟地怪我“抢了美国总统的风头”。

我相信，身材矮小的人往往比高大的人富有“人情味”而平易近人。他们从小就知道自视绝不可太高，身材魁梧的人态度冷峻，别人会说他有“威仪”。但是矮小的人摆出这种架子来，大家就要说他“自大”了。

矮子如果稍有自知之明，很早就会明白脾气是不好随便乱发的。大个子发脾气，可能气势汹汹，矮子就只像在乱吵乱闹了。

一个人有没有用，和个子大小无关。身材矮小可能真有好处。历史上许多伟大的人物都是矮子。贝多芬和纳尔逊都只有1.63米高，但是他们和只有1.52米高的英国诗人济慈及哲学大师康德相比，已经算高大的了。

当然还有一位最著名的矮子是拿破仑。好些心理学家说，历史上之所以有拿破仑时代，完全是拿破仑的身材作祟。人们说，他因为矮小，所以要世人承认他真正是非常伟大的人物，失之东隅，收之桑榆。

本文一开始，我就提到苏联代表维辛斯基因为我胆敢批评他的国家而出言相讥的事，我不喜欢别人以为我任凭他侮辱矮子，而不加反驳。他一说完，我就跳起身来，告诉联合国大会的代表说，维辛斯基对我的形容是正确的，但是我又说：“此时此地，把真理之石向狂妄的巨人眉心掷去——使他们行为有些检点，是矮子的责任！”（《圣经》里的典故）维辛斯基凶狠地瞪着眼，但是没有再说什么。”

“我愿生生世世做矮人!”这就是罗慕洛流传于世的名言。他不仅正视生活中的自我，极力消除传统文化的偏见，而且因自己与别人的身体的不同而感到快乐和自足。

哈瑞·艾默生·福斯狄克在他那本《洞视一切》的书中说：“斯堪的那维亚半岛人有一句俗话，我们都可以拿来鼓励自己，北风造就维京人。我们为什么会觉得，有一个很安全而且很舒服的生活，没有任何困难，舒适与清闲，这些就能够使人变成好人或者很快乐呢？正相反，那些可怜自己的人会继续地可怜他们自己，即使舒舒服服躺在一个大垫子上的时候也不例外。可是在历史上，一个人的性格和他的幸福，却来自各种不同的环境，好的、坏的，只要他们肩负起他们个人的责任。所以我们再说一遍：北风造就维京人。”

假设我们颓丧到极点，觉得根本不可能把我们的柠檬做成柠檬水。那么，下面是我们为什么应该试一试的两点理由——这两点理由告诉我们，为什么我们只赚而不会赔。

理由第一条，我们可能成功。

理由第二条，即使我们没有成功，只是怀着要化负为正的企图，也就会使我们向前看而不会向后看。所以，用肯定的思想来替代否定的思想，能激发你的创造力，能刺激我们根本没有时间也没有兴趣去忧虑那些已经过去和已经完成的事情。

有一次，世界最有名的小提琴家欧利·布尔举行一次音乐会，他小提琴的A弦突然断了，可是欧利·布尔就用另外的那三根弦演奏完了那支曲子，“这就是生活，”哈瑞·艾默生·福斯狄克说，“如果你的A弦断了，就在其他三根弦上把曲子演奏完。”

这不仅是生活，这比生活更可贵——这是一次生命上的胜利。

◎苦难是金，你并非一无所有

美国钢铁大王安德鲁·卡内基在一次讲话中这么说过，对于那些生来一无所有的年轻人，我想向他们表示祝贺。因为他们出生在一个令人荣耀的境地，这种环境注定了他们必须孜孜以求、不懈努力才能够改变自己的处境，才能出人头地。对于一个年轻人而言，他要挎的最重的篮子莫过于一个盛满了各种证券的篮子。他通常会让这个篮子压得摇摇晃晃、站立不稳。在我们的这个城市里有无数的青年，他们依靠自己的力量努力拼搏，站在了最优秀的人群的前列，成为对社会有用的公民。他们无愧于授予他们的所有荣誉。而大部分富豪的子孙们却难以抵制住先辈们留给他们的一大笔财富的诱惑，沦落为对社会没有任何价值的寄生虫。如果我能够选择的话，我宁愿给一个年轻人留下一些磨难让他去承受、去磨砺，而不是留给他万能的金钱，让金钱成为他的负担和重压。值得你们害怕的竞争对手不是来自这个富有的阶层，不是你的那些富有的合作伙伴的后代子孙们，你要时刻警惕的竞争对手是那些来自贫穷家庭的青年们，那些比你还要贫穷的青年人，他们的父母甚至没有能力负担他们在这个学院里上一门课的费用，而你们却拥有这个能够让你们在自己的同类中有了立于前排的决定性优势。你们要重视这些看来不可能在你这一个职位上向你挑战或是超越你的年轻人。不要轻视那些从普通的学校里走出来，一头扎进工作中的年轻人，也不要轻视那些在办公室里干诸如端茶扫地一类最低等的活的年轻人，他很可能就是一匹黑马，你最好还是密切注意他，终有一天他会向你挑战的。

1913 年 1 月 5 日，凯蒙斯·威尔逊诞生于美国南方孟菲斯市西北的奥西奥拉小城镇。他的父亲查尔斯·凯蒙斯·威尔逊曾在海军服役，当一名司炉工和办事员，后来离开了海军，在国民人寿和意外事故保险公司工作，推销保险。由于工作出色，于 1912 年接受公司的委派，前往奥西奥拉，在那里开设一个办事处。他的母亲多尔·威尔逊出生在孟菲斯市一个十分贫困的家庭，她 10 多岁时就去当卖杂货的营业员。他们的小男孩出生了，这时对于这位年纪轻轻又有雄心壮志的保险代理人及其新娘来说，前途看来一片灿烂光明。他们给儿子取名为小查尔斯·凯蒙斯·威尔逊。

可是，仅仅 9 个月后，悲剧突然袭来。29 岁的老凯蒙斯患了重病，是得了肌肉萎缩性侧索硬化症的不治之症，支配肌肉运动的神经细胞出现病变衰退，非常痛苦。1913 年 10 月 4 日，他还来不及看到自己的儿子过 3 周岁生日便去世，并留下多尔——年方 18 岁就成了寡妇和单身母亲。

老凯蒙斯有预见，生前买了一份保价为 2000 美元的保险单，死后赔款付给多尔。这笔钱在 1913 年时是一笔可观的金额。可是，一名没有道德的丧葬用品销售商在同多尔打交道时，利用了年轻寡妇的悲痛心情，劝说她给亡夫大办丧事，从而把根据保险单得到的全部款项耗用殆尽。老凯蒙斯的墓葬颇有气魄，但丧事过后，多尔几乎分文不剩。

正是在那个年代、那个地方，一个年方 18 岁的寡妇几乎身无分文，却下定主意：任何艰难困苦都阻挡不住自己抚养儿子，并把他培养成将来在世界上有所建树、留下印记的人。

多尔带了她的婴儿回到了孟菲斯市，迁往沃特金斯北街 336 号自己的母亲处居住。在取得政府补助之前的那段日子里，多尔别无选择，只有走出家门去工作，以养活自己和年幼的儿子。威尔逊后来回忆说："我的母亲找到了一份工作，给一位牙医当助手，每周工资 11 美元。后来，她当上了一名簿记员。可是，她一个月的收入从来没有超过 125 美元。此情此景，你能想象得出吗？回首当年，那是何等艰难的岁月，真是度日如年啊！"

在这种困窘的生活环境下，凯蒙斯·威尔逊在年幼时就开始干活挣钱了。经过艰辛的创业历程，威尔逊经营过爆米花和弹球机，经营过电影院，幼年艰苦的生活使他成为孟菲斯市最坚定不移、蒸蒸日上的青年企业家之一，而立之年未过，便已创下庞大的事业。

纵观那些世界知名企业家的成功历程，我们会发现他们无一例外都是从一无所有的困境中白手起家，依靠自己坚忍的品质和不懈的努力，创下了引以为傲的世界，由命运的弃儿变成众人称羡的天之骄子。因此，如果你觉得命运对自己太不公平，请记住下面一句话：

苦难是金，不要认为自己一无所有。

◎在逆境中依旧含笑

一个身处逆境却依旧能含着笑的人，要比一个陷入困境就立即崩溃的人，获益更多。处逆境而乐观的人，才具有获得成功的潜质，并且要比一般人要强；而有好多人往往一处逆境，便立刻会感到沮丧，因此达不到他们的目的。

我们生活于一个竞争激烈的世界，人们以成功者及失败者来衡量成就，并且强调每一个胜利都会产生对等的失败。要是一个人赢了，理论上必定有人输了。但事实上，你自己与自己的竞争才是真正重要的。

在通往成功的道路上，能不能经得住失败的考验，决定了能否达到成功的目标。有的人因为失败而徘徊不前，悲观失望，他们往往会由于害怕失败而遭受到更多的失败，最终落于人后；有的人却是微笑地面对失败，从哪里跌倒再从哪里爬起来，用信心和勇气来战胜失败，他们往往都是踏上了成功巅峰的出类拔萃的人。

在我们的社会上，绝没有郁郁不乐者、忧愁不堪者或陷于绝望者的地位。如果一个人在他人面前总是表现出郁郁不乐，就没有人愿意同他在一起，人们都要避而远之。

人类的天性就喜欢与和谐快乐的人相处。一个人不应该做情绪的奴隶，一切行动皆受制于自己的情绪，人应该反过来控制自己的情绪。无论你周围的境况怎样的不利，你也应当努力去支配你的环境，把自己从黑暗中拯救出来。当一个人有勇气从黑暗中抬起头来，面向光明大道走去后，后面便不会有阴影了。

许多人在疲惫或沮丧的时候，会面对自己日常的工作而感到困惑：“究竟我做的这一切有什么用处？”

在这里，我把自己一生所获得的最切实的感受告诉大家：

“要树立自己的信心，对于每一次的挫折与失败，都要微笑地面对，不要害怕，不要后退，因为毕竟你才是自己的主宰。”

心态会带给你成功。当你在和失败战斗时，就是你最需要积极心态的时候。当你处于逆境时，你必须花数倍的心力，去建立和维持自己的积极心态。同时也应动用你对自己的信心以及你的明确目标，将积极心态化为具体行动。

在经过对无数成功者成功秘诀的深入探讨之后，我们更有理由相信这一点："成功者之所以成功，正是在于他们不惧怕失败，能在失败之后重新鼓起奋斗的勇气。"

只有在现实生活中拥有百折不挠的勇气的人，才能深刻地领会"失败是成功之母"这句话的真正含义。

1510年，帕里斯出生在法国南部，他一直从事玻璃制造业，直到有一天看到一只精美绝伦的意大利彩陶茶杯。这一下，改变了他一生的命运。

"我也要造出这样美丽的彩陶。"这是他当时唯一的信念。

他建起烤炉，买来陶罐，打成碎片，开始摸索着进行烧制。

几年下来，碎陶片堆得像小山一样，可他心目中的彩陶却仍不见踪影，他甚至无米下锅了。他只得回去重操旧业，挣钱来生活。

他赚了一笔钱后，又烧了三年，碎陶片又在砖炉旁堆成了山，可仍然没有结果。

以后连续几年，他挣钱买燃料和其他材料，不断地试验，都没有成功。

长期的失败使人们对他产生了看法。都说他愚蠢，是个大傻瓜，连家里人也开始埋怨他。他也只是默默地承受。

试验又开始了，他十多天都没有脱衣服。日夜守在炉旁。

燃料不够了。他拆了院子里的木栅栏，怎么也不能让火停下来呀！

又不够了！他搬出了家具，劈开，扔进炉子里。

还是不够，他又开始拆屋子里的地板。劈劈啪啪的爆裂声和妻子儿女们的哭声，让人听了鼻子都是酸酸的。

马上就可以出炉了，多年的心血就要有回报了，可就在这时，只听炉内“嘭”的一声，不知是什么爆裂了。所有的产品都沾染上了黑点，全成了次品。

眼看到手的成功，又失败了！

帕里斯也感受到了巨大的打击，他独自一人到田野里漫无目的地走着。不知走了多长时间，优美的大自然终于使他恢复了心里的平静，他平静地又开始了下一次试验。

经过16年无数次的艰辛历程，他终于成功了，而这一刻，他却一片平静。

他的作品成了稀世珍宝，价值连城，艺术家们争相收藏。他烧制的彩陶瓦，至今仍在法国的罗浮宫上闪耀着光芒。

帕里斯的成功之路是艰辛而漫长的。他的成功来得何等不易。在一次又一次的失败中一次又一次的重新站起，这正是帕里斯成功的所在。

影响人类成功最坏的敌人，便是思想的不健康，便是以沮丧的心情来怀疑自己的生命。其实，一切事情，全靠我们的勇气，和我们对自己有信仰，全靠我们对自己有一个乐观的态度。唯有如此，方能成功。然而一般人处于逆境的时候，或是碰到沮丧的事情之时，或是处于充满凶险的境地时，他们往往会让恐惧、怀疑、失望的思想来捣乱，便丧失了自己的意志，以致使自己多年以来的计划毁于一旦。有很多人如同从井底向上爬的青蛙，辛辛苦苦向上爬，但是一旦失足，就前功尽弃。

突破困境，首先在于要肃清胸中快乐和成功的仇敌，其次在于要集中思想，坚定意志。只有运用正确的思想，并抱着坚定的精神，才能战胜一切逆境。

一个在思想心智上训练有素的人，能够做到在几分钟内从忧愁的思想中解脱出来。但是大多数人却不能排除忧愁去接受快乐；不能消除悲观去接受乐观。他们把心灵的大门紧紧地封闭起来，虽然费力在那里挣扎，却没什么成效。

人在忧郁沮丧的时候，要尽量改换自己的环境。但是，对于使自己痛苦的问题，不要过多去思考，不要让它再占据你的心灵，而要尽力想着最快乐的事情。对待他人，也要表现出最仁慈、最亲热的态度，说出最和善、最快乐的话，要努力以快乐的情绪去感染你周围的人。这样做以后，思想上黑暗的影子，必将离你而去，而那快乐的阳光将映照你的一生。

如果你能在失败之后，重新鼓起奋争的勇气，你就会离成功越来越近。而做到这一点，则取决于你积极的心态。面对失败时，要记住让自己的灵魂“在太阳升起时再度充满精神”。

◎不算损失，要算收获

约翰在威斯康星州经营一座农场，当他因为中风而瘫痪时，就是靠着这座农场维持生活的。

由于他的亲戚们都确信他已经是没有希望了，所以他们就把他搬到床上，并让他一直躺在那里。虽然约翰的身体不能动，但是他还是不时地动脑筋。忽然间，有一个念头闪过他的脑海，而这个念头注定了要补偿他的不幸的缺憾。

他把他的亲戚全都召集过来，并要他们在他的农场里种植谷物。这些谷物将用作一群猪的饲料，而这群猪将会被屠宰，并且用来制作香肠。

数年间，约翰的香肠就被陈列在全国各商店出售，结果约翰和他的亲戚们都成了拥有巨额财富的富翁。

出现这样美好结果的原因，就在于约翰的不幸迫使他运用从来没有真正运用过的一项资源：思想。他定下了一个明确目标，并且制定了达到此目标的计划，他和他的亲戚们组成智囊团，并且以应有的信心，共同实现了这个计划。别忘了，这个计划是因为约翰中风之后才出现的。

当你遇到挫折时，切勿浪费时间去算你遭受了多少损失；相反的，你应该算算看你从挫折当中，可以得到多少收获和资产。你将会发现你所得到的，会比你所失去的要多得多。

你也许认为约翰在发现思想力量之前，就必然会被病魔打倒，有些人更会说他所得到的补偿只是财富，而这和他所失去的行动能力并不等值。

但约翰从他的思想力量和他亲戚的支持力量中，也得到了精神层面的补偿。虽然他的成功并不能使他恢复对身体的控制能力，但却使他得以掌控自己的命运，而这就是个人成就的最高象征。他可以躺在床上度过余生，每天只为自己和他的亲人难过，但是他没有这样做，反而带给他的亲人们想都没有想过的安全。

长期的疾病通常会使我们不再看，也不再听。我们应该学习去了解发自内心深处的轻声细语，并分析出导致我们遭到挫折甚至失败的原因。

爱默生对此事的看法是：

“发烧、肢体残障、冷酷无情的失望、失去财富、失去朋友，都像是一种无法弥补的损失。但是平静的岁月，却展现出潜藏在所有事实之下的治疗力量。朋友、配偶、兄弟、爱人的死亡，所带来的似乎是痛苦，但这些痛苦将扮演着导引者的角色，因为它会操纵着你生活方式的重大改变，终结幼稚和不成熟，打破一成不变的工作、家族或生活形态，并允许建立对人格成长有所助益的新事物。

“它允许或强迫形成新的认识，并接受对未来几年非常重要的新影响因素；在墙崩塌之前，原本应该在阳光下种种花朵——种植那些缺乏伸展空间而头上又有太多阳光的花朵——的男男女女，却种植了一片孟加拉榕树林，它的树阴和果实，使四周的邻人们因而受惠。”

时间对于保存这颗隐藏在挫折当中的等值利益种子，是非常冷酷无情的，找寻隐藏在新挫折中的那颗种子的最佳时机，就是现在。你也可以再检查一下过去的挫折，并找寻其中的种子。有的时候，我们会因为挫折感太过强烈，而无法马上着手去找这颗种子。但是，现在你已有了更高的智慧和更多的经验，足以使你轻易地从任何挫折中，学习它能教给你的东西。

遇到挫折时，不要去算你遭受的损失，而要算你能得到多少收获。

◎品味困境中的芳香

世间事，如果一切顺顺利利、悉如我意，按照我们当初的计划与预期发展的话，人生该有多好，世间事，如果一切平平稳稳、“一加一等于二”，能够要怎么栽就必定有怎么收的话，人生该有多么的惬意。然而，偏偏事与愿违，世间事就是多了这么一分冥冥中无可抗拒的神奇，使我们永远无法预知未来，世间事就是多了这么一分冥冥中无可避免的外界主导力量，使我们永远无法全然地掌握，而必须面对千变万化的“不可预知”。

这股冥冥的力量，有人叫它“天意”，有人叫它“命运”，无论怎么称呼，它就是无所不在、如影随形地随时随地出现在我们的左右。如果，它幸运地引领我们进入了成功、快乐，我们却总是一厢情愿地认定成功、快乐都是因为“自我”的卓越与努力，而全然忽视了“它”的存在；然而，如果一旦它不幸地将我们带入了悲伤、失意，我们却总是一意孤行地认定失意、悲伤都是因为“它”的作祟，而完全忽视了“自我”的虚心检讨与坦然面对。

“天意”与“命运”也许经常不是称心如意地完全符合我们的希望，但是，它背后所代表的真意与仁慈，只有我们在虔敬恭谨的谦卑下才能真正品味出它的芳香。

达伦从小就没有了父亲，她在母亲含辛茹苦、百般呵护之下，总算不愧慈恩地在工作事业上崭露头角而成为人人夸赞的人。她事母至孝，这些年来一切顺遂如意，唯一美中不足的竟是至爱的母亲因为年老力衰而得到了时下仍旧让人束手无策的“帕金森老人痴呆症”。

无法自己照顾生活还是小事，有的时候，仿佛恶魔附身似的，一向温驯善良的母亲也会变得焦躁不安、念念有词，惶然不知地做出许多令人惊吓的举动。有一回，居然还因为达伦公事忙碌才两天没来探望她，就歇斯底里地呼天抢地、寻死寻活，一个劲儿地将头撞向墙壁以致浑身鲜血淋漓。

达伦从不抱怨，她以最大的关怀和无限的爱心安慰她、照料她，不曾片刻丧失对她的耐心和关心。她知道，如果这是“天意”，不过是让她约略以现在些许的折磨稍事感受母亲多年不为外人所知的辛劳，如果这是

"命运"，不过她为人子者当尽的唯一可行之道。

达伦一心虔诚地祈祷，只要母亲能够恢复当年的风采，再大的代价也愿付出；达伦诚挚地恳求，只要能够永远陪伴在她的身边，即使是他人认为疯癫无理的老人，也将永远是她心目中最为美丽的母亲。

仿佛宿命般地，母亲最后仍旧是在一天饭后的散步中了无意识地由六楼跌下，痛苦地结束了她坎坷的生命。达伦痛不欲生，在一场和神父的谈话中，她毫不保留地大声宣泄了她最为愤慨的抱怨——

"她是那么的仁慈，她是那么的善良，如果这是'天意'，那么'天意'根本就是不公。"神父却以极其平淡沉稳的口吻对她说："孩子，'天意'不是能从外表了解它所蕴含的真正真意。若不是亲眼看到母亲经历过这么多生活的苦痛，我们怎能了解春晖慈爱于万一，若不是亲眼看到母亲经历过这么多的病痛的折磨，我们又怎么能再度感受永远需要母爱常相照拂的心底真情……

"我是多么虔诚地祈求天主的眷顾，忠心地信守仁慈、孝敬和它所有的诫命，但求我的母亲能再享受些快乐的生活，但是偏偏它却狠心地连这么一点卑微的心愿都不能满足我们。如果这是'命运'，那么'命运'根本就是不义。"神父却以极其平淡沉稳的口吻对她说："孩子，'命运'绝不能从外表了解它所要传达的信息。它完全看到了你的义行，不过只是仁慈地完全结束了母亲病痛的折磨，欢欣地希望给你一个崭新快乐的新生活……"

当你陷入不幸时，不要一意孤行的失意、悲伤，应品味它背后的芳香。

第三章

在工作中尽享愉悦

◎看到舞台，而不是薪水

也许是亲眼目睹或者耳闻父辈或他人被老板无情解雇的事实，现在的年轻人往往将社会看得比上一代更冷酷、更严峻，因而也就更加现实。在他们看来，我为公司干活，公司付我一份报酬，等价交换，仅此而已。他们看不到薪水以外的价值，在校园中曾经编织的美丽梦想也逐渐破灭了。没有了信心，没有了热情，工作时总是采取一种应付的态度，宁愿少说一句话，少写一页报告，少走一段路，少干一个小时的活……他们只想对得起自己目前的薪水，从未想过是否对得起自己将来的薪水，甚至是将来的前途。

某公司有一位员工，在公司已经工作了10年，薪水却不见涨。有一天，他终于忍不住内心的不平，当面向雇主诉苦。雇主说："你虽然在公司待了10年，但你的工作经验却不到1年，能力也只是新手的水平。"

这名可怜的员工在他最宝贵的10年青春中，除了得到10年的新员工工资外，其他一无所获。

也许，这个雇主对这名员工的判断有失准确和公正，但我相信，在当今这个日益开放的年代，这名员工能够忍受10年的低薪和持续的内心郁闷而没有跳槽到其他公司，足以说明他的能力的确没有得到更多公司的认可，或者换句话说，他的现任雇主对他的评价基本上是客观的。

这就是只为薪水而工作的结果！

大多数人因为不满足于自己目前的薪水，而将比薪水更重要的东西也丢弃了，到头来连本应得到的薪水都没有得到。这就是只为薪水而工作的可悲之处。

如果要让我对于刚跨入社会的青年所遇到的切身问题发表意见，那么我希望每个青年都切切牢记："在你们开始工作的时候，不必太顾虑薪水的多少。而一定要注意工作本身所给予你们的报酬，比如发展你们的技能，增加你们的经验，使你们的人格为人所尊敬等等。"

雇主所交付给年轻人的工作可以发展我们的才能，所以，工作本身就是我们人格品性的有效训练工具，而企业就是我们生活中的学校。有益的工作能够使人丰富思想，增进智慧。

如果一个人只是为着薪水而工作，而没有更高尚的目的，那么这实在不是一种好的选择。在这个过程中，受害最深的倒不是别人，而是他自己。他就是在日常的工作中，欺骗了自己，而这种因欺骗蒙受的损失，即便他日后奋起直追，振作努力，也不能赶上。

雇主只支付给你微薄的薪水，你固然可以敷衍塞责来加以报复。可是你应当明白，雇主支付给你工作的报酬固然是金钱，但你在工作中给予自己的报酬，乃是珍贵的经验、优良的训练、才能的表现和品格的建立，这些东西的价值与金钱相比，要高出千万倍。

许多年轻人认为他们目前所得的薪水太微薄了，所以竟然连比薪水更重要的东西也宁愿放弃了，他们故意躲避工作，在工作过程中敷衍了事，以报复他们的雇主。

这样，他们就埋没了自己的才能，消灭了自己的创造力和发明才能，也就使自己可能成为领袖的一切特性都无法获得发展。为了表示对微薄薪水的不满，固然可以敷衍了事地工作，但长期地这样做，无异于使自己的生命枯萎，使自己的希望断送，终其一生，只能做一个庸庸碌碌、心胸狭隘的懦夫。

每个人对于自己的职位都应该这样想：我投身于企业界是为了自己，我也是为了自己而工作；固然，薪水要尽力地多挣些，但那只是个小问题，最重要的是由此获得踏进社会的机会，也获得了在社会阶梯上不断晋升的机会。通过工作中的耳濡目染获得大量的知识和经验，使自己的能力得以提升，这将是工作给予你的最有价值的报酬。

能力比金钱重要万倍，因为它不会遗失也不会被偷。许多成功人士的一生跌宕起伏，有攀上顶峰的兴奋，也有坠落谷底的失意，但最终能重返事业的巅峰，俯瞰人生。原因何在？是因为有一种东西永远伴随着他们，那就是能力。他们所拥有的能力，无论是创造能力、决策能力还是敏锐的洞察力，绝非一开始就拥有，也不是一蹴而就，而是在长期工作中积累和学习得到的。

你的雇主可以控制你的工资，可是他却无法遮住你的眼睛，捂上你的耳朵，阻止你去思考、去学习。换句话说，他无法阻止你为将来所做的努力，也无法剥夺你因此而得到的回报。

许多员工总是在为自己的懒惰和无知寻找理由。有的说雇主对他们的能力和成果视而不见，有的会说雇主太吝啬，付出再多也得不到相应的回报……

一个人如果总是为自己到底能拿多少工资而大伤脑筋的话，他又怎么能看到工资背后的成长机会呢？他又怎么能理会到从工作中获得的技能和经验，对自己的未来将会产生多么大的影响呢？这样的人只会逐渐将自己困在装着薪水的信封里，永远也不会懂得自己真正需要什么。

总之，不论你的雇主有多吝啬、多苛刻，你都不能以此为由放弃努力。因为，我们不仅是为了目前的薪水而工作，我们还要为将来的薪水而工作，为自己的未来而工作。一句话，薪水是什么？薪水仅仅是我们工作回报的一部分。

世界上大多数人都在为薪水而工作，如果你能为自己的成长而工作，你就超越了芸芸众生，也就迈出了成功的第一步。

从前在宾夕法尼亚的一个山村里，住着一位卑微的马夫，后来这位马夫竟然成了美国最著名企业家之一，他靠着惊人的魄力和独到的思想撑起了事业的大厦，他一生的成就为世人所景仰。他就是查尔斯·齐瓦勃先生。

年轻的朋友们很关心齐瓦勃先生的成功，那么为什么他会获得成功呢？齐瓦勃先生的成功秘诀是：每谋得一个职位，他从不把薪水的多少视为重要的因素，他最关心的是新的位置和过去的职位相比较，是否前途和希望更为远大。

他最初在一个工厂里做工，当时他就自言自语地说："终有一天我要做到本厂的经理。我一定要努力做出成绩来给老板看，使老板主动来提拔我。我不会计较薪水的高低，我只要记住：要拼命工作，要使自己工作所产生的价值，远超过我所得的薪水。"他下定决心后，便以十分乐观的态度，心情愉快地努力工作。在当时，恐怕谁也不会想到齐瓦勃先生会有今日巨大的成就。

齐瓦勃的童年时代家境异常艰苦，家中一贫如洗，所以，他只受过很短时间的学校教育。齐瓦勃从15岁开始，就在宾夕法尼亚的一个山村里做马夫。两年之后，他又获得了另外一个工作机会，周薪为2.5美元。但他仍然无时无刻不在留心其他的工作机会，果然他又遇到一个新的机会，他应某位工程师之邀，去某钢铁公司的一个建筑工厂工作，工资由原来的周薪2.5美元变为日薪1美元。做了一段时间后，他就又升任技师，接着一步一步升到了总工程师的职位上。到了齐瓦勃25岁时，他晋升到房屋建筑公司的经理了。5年之后，齐瓦勃开始出任某钢铁公司的总经理。到39岁时，齐瓦勃接过了全美钢铁公司的权柄，出任总经理。如今，他是贝兹里罕钢铁公司的总经理。

齐瓦勃只要获得一个位置，就决心要做所有同事中最优秀的人。他绝不会像某些人那样脱离现实胡思乱想。有些人经常会不守公司的纪律，常常抱怨公司的待遇，甚至于宁愿在街头流浪，静待所谓的良机，也不愿刻苦努力。齐瓦勃深知，只要一个人有决心，肯努力，不畏难，必定可以成为成功者。在今天的年轻人看来，齐瓦勃先生一生的奋斗与成功故事，简直是一个情节曲折的传奇，但更是一个对人教益最大的典范。从他一生的成功史中，我们可以看到努力劳动所具有的非凡价值。

干任何事情，他都能做到非常乐观而愉快，同时在业务上求得尽善尽美、精益求精。所以，在他与同事们一起工作时，那些有难度、要求高的事情，都得请他来处理。齐瓦勃先生做事的态度是一步一个脚印，他从不妄想一步登天、一鸣惊人，所以，他地位的上升也是势所必至、天意使然。

◎让激情永久保鲜

让我们先来看看美国前教育部部长、著名教育家威廉·贝内特的一段叙述：

"一个明朗的下午，我走在第五大街上，忽然想起要买双短袜。于是，我走进了一家袜店，一个年纪不到17岁的少年店员向我迎来。

"'您要什么，先生？'

"'我想买双短袜。'

"'您是否知道您来到的是世上最好的袜店？'他的眼睛闪着光芒，话语里含着激情，并迅速地从一个个货架上取出一只只盒子，把里面的袜子逐一展现在我的面前，让我赏鉴。

"'等等，小伙子，我只买一双！'

"'这我知道，'他说，'不过，我想让您看看这些袜子有多美，多漂亮，真是好看极了！'他脸上洋溢着庄严和神圣的喜悦，像是在向我启示他所信奉的宗教。

"我对他的兴趣远远超过了对袜子的兴趣。我诧异地望着他。'我的朋友，'我说，'如果你能一直保持这种热情，如果这热情不只是因为你感到新奇，或因为得到了一个新的工作。如果你能天天如此，把这种激情保持下去，我敢保证不到10年，你会成为全美国的短袜大王。'"

只是，很多时候我们会遇到这样的情形：在商店，顾客需要静候店员的招呼。当某位店员终于屈尊注意到你，他那种模样会使你感到是在打扰他。他不是沉浸在沉思中，恼恨别人打断他的思考，就是在同一个女店员嬉笑聊天，叫你感到不该打断如此亲昵的谈话，反而需要你向他道歉似的。无论对你，或是对他领了工资专门来出售的货物，他都毫无兴趣。

然而就是这个冷漠无情的店员，可能当初也是怀着希望和热情开始他的职业的。刚刚进入公司的员工，自觉工作经验缺乏，为了弥补不足，常常早来晚走，斗志昂扬，就算是忙得没时间吃午饭，也依然开心，因为工作有挑战性，感受当然是全新的。

这种在工作时激情四射的状态，几乎每个人在初入职场时都经历过。可是，这份激情来自对工作的新鲜感以及对工作中不可预见问题的征服感，一旦新鲜感消失，工作驾轻就熟，激情也往往随之湮灭。一切开始平平淡淡，昔日充满创意的想法消失了，每天的工作只是应付完了即可。既厌倦又无奈，不知道自己的方向在哪里，也不清楚究竟怎样才能找回曾经让自己心跳的激情。他们在老板眼中也由前途无量的员工变成了比较称职的员工。

有时，压力也是人们失去工作激情的原因之一。职场人士承担着巨大的有形或者无形的压力，同事之间的竞争、工作方面的要求以及一些日常生活的琐事，无时无刻不在禁锢着我们的心灵。于是在种种压力的禁锢之下，无精打采、垂头丧气和漠不关心扼杀了我们对事业的激情。从热爱工作到应付工作再到逃避工作，我们的职业生涯遭到了毁灭性的打击。

但是，如果你在周一早上和周五早上一样精神振奋；如果你和同事、朋友之间相处融洽；如果你对个人收入比较满意；如果你敬佩上司和理解公司的企业文化；如果你对公司的产品和服务引以为豪；如果你觉得工作比较稳定；只要对以上任何一个问题，你的回答中有一个“是”字，我就要告诉你：“你‘可以’恢复工作激情。”

美国著名激励大师博西·崔恩针对如何恢复工作激情，提过五点建议：

（1）对自己所做的事感兴趣。“告诉自己对自己所从事的事喜欢的是什么，尽快越过你不喜欢的部分，转到你喜欢的部分。然后做得很兴奋，告诉旁人这件事，让他们了解为什么你会如此感兴趣。只要你做出对工作感兴趣的样子，你就会真的开始对它感兴趣。这样做的另两项好处是可以减少疲劳、压力与忧虑。”

千万不能失去热忱。我们每个人都应当有一些引以为荣的东西，对那些真正高贵的事物要保持一种景仰之情，对那些可以使我们的生活变得充实美丽的东西，永远不要失去热忱。

（2）把工作当做一项事业。如果你只把工作当做一件差事，或者只把目光停留在工作本身，那么即使是从事你最喜欢的工作，你仍然无法持久地保持对工作的激情。但如果你把工作当做一项事业来看待，情况就会完全不同了。

（3）树立新的目标。任何工作在本质上都是同样的，都存在着周而复始的重复。如果是因为这永无休止的重复，而对眼前的工作失去信心的话，那么我要告诉你的是，如果你的态度不转变，不主动给自己树立新目标，即使那是一份让你称心的工作，即使那是一个令所有人艳羡的工作环境，它一样会因为一成不变而变得枯燥乏味，你也不会从中获得快乐。

保持长久激情的秘诀，就是给自己不断树立新的目标，挖掘新鲜感。把曾经的梦想拣起来，找机会实现它，审视自己的工作，看看有哪些事情一直拖着没有处理，然后把它做完……在你解决了一个又一个问题之后，自然就产生了一些小小的成就感，这种新鲜的感觉就是让激情每天都陪伴自己的最佳良药。

（4）学会释放压力。工作不是野餐会，一个人无论多么喜欢自己的工作，工作多多少少都会给他带来压力。面对压力，有些人一味忍受，有些人只顾宣泄，忍受会导致死气沉沉，宣泄则会带来无尽的唠叨。应该学会管理压力并科学地释放压力，减轻对工作的恐惧感，心情轻松才容易重燃激情。

（5）切勿自满。在工作中，最需要注意的是自满情绪。自满的人不会想方设法前进，对工作就会丧失激情。如果你满足于已经取得的工作成绩，忽略了开创未来的重要性，那么现在这个阶段的工作自然会丧失其吸引力。当你把过去的成绩当做激励自己更上一层楼的动力，试图超越以往的表现，激情就会重新燃烧起来。

◎从工作和休闲中俘获快乐

许多著名的科学家、小说家、电影明星及其他有名的人物都曾描述工作时所得到的极大快乐与满足，只因为这项工作是他们真心想做的。这可能是促成他们成功的原因之一。

有一些终生不得志的人则把大部分时间用于玩乐之上。致使二者的成就差异如此之大，可见调整和分配工作与休闲时间的重要性。

马士洛曾经定义“自我实现”的人就是喜欢并去做必须做的事。也就是想办法将工作变成游戏般轻松与自由，但是对一般人而言这是一件非常不容易做到的事。

许多人都有一些限制他时间、行动与想法的工作，这工作也就是不快乐的根源。

对许多人来说，快乐绝大部分出现于不在工作的时候，例如晚间、周末及假期当中。

你该如何祛除因工作而产生的不快乐呢？你又如何找到更多的快乐时光呢？

有一个很好的方式就是培养自己足够的知识、勇气及内力去做适合你的工作。当最著名的压力研究专家亚莉耶博士在一次接受“美利坚新闻及环宇报道”的访问时被问到：“人们如何应付压力呢？”他回答：“诀窍不在于如何避免压力，而在于‘做你自己的事’，这就是我一直所强调的：做你喜欢做的事，但也别忘了做那些你该做的事。”

另外他还提到：“药物治疗也能发挥效用，例如现在已有一些能有效治疗高血压的药。但是我想对大多数人而言，最重要的莫过于学习如何生活，在各种不同的场合中如何表现适当举止以及如何做最明智的决定。‘我到底是想要接管父亲的事业还是成为音乐家？’如果你真的向往音乐家，那就朝这方面去做。”

许多人选择职业时只怀着赚钱、争取高职位或升迁的目的，结果往往无法从事真正有兴趣的工作。例如有位社会工作人员，过去经常到各地区与民众会谈，教他们学习面对及解决问题的技巧，如今却因为其他原因而停止这项工作。现在虽然跃升为一著名社会辅导站的主管，但同时他放弃了他喜爱的兴趣——终日待在办公室里。又如一位艺术大师被聘为世界上最著名、最有权威的博物馆之一的馆长之后，他必须将绝大部分时间用于繁琐的行政工作上，而不得不放弃钻研艺术的雅趣。

如果你问一些人在不考虑金钱因素及其他顾虑的情况下，他们真正想从事的工作是什么？往往你都会得到非常意想不到的答案。有一家广告公司的企划部主任曾说到他愿成为一家自然博物馆的制标本的技术人员，有一家出版社的董事长说他想成为餐厅的领班。另有，一位公共关系部门的主管回忆起她一生中从事的最愉快的工作就是接待员，因为她每天必须与许多不同的人接触，这使她获得很多乐趣。而且这种工作也不会耗用她太多的私人时间及精力，毕竟拥有自己的时间是很重要的。此外，一位银行的副总裁将业余的大部分时间花费于研究制造各种锁上。他还打趣地说，如果他不介意失去银行那份高高在上的职位，从事锁匠应该也可以维持温饱。

娱乐是一件非常重要的事。如何寻找到适合自己的娱乐，则是一件非常快乐的事。但是，切莫去随便模仿别人。你最好能够先自问，什么是真正能使自己感到快乐的事情。在我们周围经常会发现，许多人什么事都要掺和掺和，还整天忙忙碌碌，这样的人是享受不到任何快乐的。只有在工作时专心投入，而且能够从工作中获得快乐的人，才能在游乐时感到喜悦。

如果以此作为衡量的标准的话，在我心目中，古代雅典的将军阿尔基比亚地斯应该可以算是最合格的了。尽管他在言行举止上都可以称得上是一个放荡的人，但是在思想上和工作上，他却极其投人，并取得了令世人羡慕的成就。

恺撒大帝也是一位能够将心思均等地分配在工作和游戏上的人。在罗马人的心目中，恺撒原本是一位行为不轨的人，但是他事实上是一位非常优秀的学者，他具有一流的辩才，而且拥有统驭他人的实力。

只懂得如何游乐的人生不仅毫不令人感动，而且一点儿也无趣。一个每天认真工作的人，他在娱乐时才会由衷地感到快乐。整天好吃懒做的人、喝酒喝得醉醺醺的人、沉迷于酒色之中的人，一定无法从工作中获得真正的快乐，这样的人每天只是在过着行尸走肉的日子。

精神生活层次低的人，大多只追求低级的享乐，他们也只能热衷于那些毫无品位的娱乐；与这类人相对的是，那些精神生活层次高的人，则善于结交一些品性和道德良好的朋友，他们所追求的娱乐也是适当的，它们既没有危险性，又不失品位。具有良知的人都十分明了，娱乐是不可以被当做目的的，它只不过是一种让人放松心情、给人安慰的方法而已。

为了使你步入高尚人的行列，你不妨实践一下我称之为“早上比夜晚聪明”的体验。

在工作和游戏的时间安排上，最好能够有一个明确的划分。读书、工作或者是要同有知识的人及名流之士促膝交谈，这些事情最好排在早上比较恰当。一旦吃过晚饭之后，就应该尽量让自己放松心情，除非是发生了什么紧急的情况，否则不要占用它，最好利用这段时间让自己轻松地做自己所喜欢的事情，例如，和几个志同道合的朋友打打牌，或者和几个有节制的朋友玩玩愉快的游戏，即使有失误，也不会因此而吵架。也可以去看演出，或去看一场比赛，或者找几位好朋友一起吃饭、聊聊天，尽你所能地度过一个能够令你满足的夜晚。

如果你的工作让你做起来没意思或不快乐，当然按照常理，最好是换个工作。但事实上，并不是每个人都能随心所欲地换工作，有些人甚至于换工作后变得更不快乐。就像有一位想换工作却一直碰壁的人——因为年龄已 50 岁，别家公司不雇用他——或是一位离了婚的妇女无法搬离本地另找新工作，因为她必须住得离母亲家近些，以便每天下班后到母亲家看孩子——或是一位在居住地拥有本区唯一一家建筑公司的人必须留在当地，因为那儿是他发迹的地方，同时他也不愿离开朋友和亲戚搬到陌生的地方。

就算你非常不喜欢目前从事的工作，但也不要轻言放弃。有些技巧可以使工作愉快些，你不妨想想由于从事此项工作所赚得的钱使你能享受购物的乐趣，你可以开始培养新的癖好，这个癖好使你除了工作外另有新的目标，你应该尝试在工作之中建立起具体的目标，目标是使工作愉快的万灵丹。

有许多拿高薪的权威之士，有时会感觉沮丧，就是因为他们没有目标，甚至有些人还不知道是为何而沮丧。

哈佛大学科技、工作及心理计划部的主任马柯毕谈及某些公司里的高级主管时，称他们为“游戏型人物”。他解释所谓“游戏型人物”就是以在工作或娱乐冒险活动上击败对手为最大享受，但是这类人没有长程目标。他这样描述此“游戏型的人物”：漫无方向地跑完了人生旅程，到头仍是茫然。他叹息道：“我倒宁愿做些真正能使我高兴的事。”

所谓最有意义的目标就是能带给我们最大快乐的目标。如果工作的目的只是赚钱或击败对手，则成功所带来的快感将不会持续很长时间。就如同马柯毕提到的“游戏型人物”，他说：“一位又老又疲倦的游戏型人物，在输去几场比赛，失去信心之后，他们所剩下的只是一张痛苦扭曲的脸孔而已。一旦他失去了青春、精力，甚至荣耀，他变得绝望、茫然，不禁自问活着的意义为何?”马柯毕主张“游戏型人物”如要避免被老化与颓废打败就必须除了一心一意获取胜利之外，还该想想生命中是否有其他值得追求的目标?

最理想的状况当然是能从工作及休闲二者中获取快乐。也唯有二者兼得，我们才能达到快乐的最高潮。

人们经常梦想将工作放在一边，好好地放纵一下，但一旦他们这样做了，反而得到失望的结果。

例如，有许多人退休时都因为不习惯而非常的不快乐，所以不管他们找工作困难重重，他们仍急于找到一份工作以打发寂寞。有些佛罗里达酒店每年出售超过200万元的酒给退休后因无聊而以酒解愁的老人。

有一个人退休之后搬到佛罗里达，但他觉得在那儿很无聊、不快乐。最后他搬回纽约，每天中午吃饭时间他就回到过去工作的工厂找老同事聊天。他也经常在上下班时间到工厂看看老朋友。

有一位狂热的业余水手辞掉了工作，成为职业的水手，但他却失望了：他所梦想的日子是夏日的周末，但他很快地发觉每天航海并无乐趣可言，不像以前只能利用周末上船那般有意思。当他只能在周末航海时，航海的新奇感从未停止，一旦它成了连续性的动作就不再那么刺激、有趣了。所以每个人都必须学习从工作进入娱乐，再从娱乐返回工作，因为工作和娱乐两种不同感受的对照，能使你清新并协调享受二者。

◎你的工作不是苦役

如果你对工作是被动而非主动的，像奴隶在主人的皮鞭督促之下一样；如果你对工作感觉到厌恶；如果你对工作毫无热诚和爱好之心，无法使工作成为一种享受，只觉得是一种苦役，那你在这个世界上绝不会取得重大的成就。

有这样一个故事，一天，主人把货物装在两辆马车上，让两匹马各拉一辆车。

在路上，一匹马渐渐落在了后面，并且走走停停。主人便把后面这辆车上的货物全放到前面的车上去。当后面那匹马看到自己车上的东西都搬完了，便开始轻松地前进，并且对前面那匹马说："你辛苦吧，流汗吧，你越是努力干，主人越要折磨你。"

到达目的地后，有人对主人说："你既然只用一匹马拉车，那么你养两匹马干吗？不如好好地喂一匹，把另一匹宰掉，总还能拿到一张皮吧。"于是主人便真的这样做了。

如果你对工作依然存在着抱怨、消极和斤斤计较，把工作看成是苦役，那么，你对工作的热情、忠诚和创造力就无法被最大限度地激发出来，也很难说你的工作是卓有成效的。你只不过是在"过日子"或者"混日子”罢了！

倘若如此，你每日所习惯的工作不仅不是合格的工作，而且简直跟“工作”有点背道而驰了！一些人认为只要准时上班，不迟到，不早退就是完成工作了，就可以心安理得地去领所谓的报酬了。可是，他们没有想到，他们固然是踩着时间的尾巴上、下班，可是，他们的工作态度很可能是死气沉沉的、被动的。

那些每天早出晚归的人不一定是认真工作的人，对他们来说，每天的工作可能是一种负担、一种逃避、一种苦役。他们是在工作中远离了“工作”，不愿意为此多付出一点，更没有将工作看成是获得成功的机会。

因此，在任何时候，你都不能对工作产生厌恶感，或者把工作看成是苦役。

即使你在选择工作时出现了偏差，所做的不是自己感兴趣的工作，也应当努力设法从这乏味的工作中找出兴趣。要知道凡是应当做而又必须做的工作，总不可能是完全无意义的。问题全在你对待工作的认知，对工作表现出积极的态度，可以使任何工作都变得有意义，变得轻松愉快。

如果你以为自己的工作是乏味的，是一种苦役，就会产生抵触的心理，这终究会导致你的失败。其实，只要你在心中将自己的工作看成是一种享受、看成是一个获得成功的机会，那么，工作上的厌恶和痛苦的感觉就会消失。不懂得这个秘诀，就无法获取成功与幸福。

一个人尽管如何冥顽不灵，尽管忘记他的崇高使命，但只要是踏踏实实，埋头苦干，这个人便不致无可救药，只有把工作当成苦役才会永无希望。努力工作，而绝不贪婪吝啬，这便是成功的唯一真理。

这个世界的最好的福音则是，认识你的工作——它并不是苦役，然后便动手去做。

我认识许多老板，他们多年来一直在费尽心机地去寻找能够胜任工作的人，他们所从事的业务并不需要出众的技巧，而是需要谨慎、朝气蓬勃与尽职尽责。他们雇请的一个又一个员工，却因为粗心、懒惰、能力不足、没有做好分内之事而频繁遭到解雇。与此同时，社会上众多失业者却在抱怨现行的法律、社会福利和命运对自己的不公。

许多人无法培养一丝不苟的工作作风，原因在于贪图享受、好逸恶劳，把工作看成是苦役，背弃了将本职工作做得完美无缺的原则。

我们在心中应当立下这样的信念和决心：从事工作，你必须不顾一切，尽你最大的努力。如果你对工作不忠实，不尽力，甚至把它当成是一个苦役，那将贬损自己，糟蹋自己，更不会从工作中得到应有的乐趣。

◎退掉摇椅，忙碌起来

马克·H. 赫林德和史坦利·A. 弗兰克医生在《健康世界》上介绍过一位住在堪萨斯市的81岁的女人，说她将一张摇椅退还给她女儿，并附言："我太忙了，没有时间坐摇椅。"

这个母亲懂得了要成熟不要变老的方法。她知道工作才是对生活和健康最有用的东西。

如果你认为幸福就是获得无止境的悠闲，如果你希望退休后可以一直躺在摇椅上，那么你只是进入了愚人的天堂。要知道懒惰是人类最大的敌人，它只会制造悲哀、早衰和死亡。

适量的工作，只要不是过度紧张的工作，就不会对人造成伤害，但过分的安逸却会。

可见工作是对延迟年老造成影响的一个因素。德国脑科研究机构的欧·弗格特博士，在不久前的一次国际老年问题研讨会上提出：脑细胞的剧烈运动可延迟老化的进程。过度工作，不仅不会伤害神经细胞，反而可以延迟其向年老转化。弗格特博士公布了他对正常人脑神经细胞所做的显微研究结果，重点观察其随年龄而产生变化的情况。分别在90岁和100岁时去世的两个女人的非常活跃的脑中，发现她们的脑神经细胞老化的情况都相应地延迟。

"并且，"弗格特博士说，"我们通过对研究对象的观察，找不到因过度工作而加速神经细胞老化的证据。"

“退休的人早死”——听起来真实得令人感到悲哀。从活跃、忙碌、有益的活动状态中转入到整天虚掷光阴或漫无目的地排遣时日的薄暮世界中，破坏了我们的生命力，降低了承受力，以致造成早死。在退休后仍然保持快乐的人是那些把退休当做只是换个工作的人。

下面是汤玛士·克林先生的研究。他是芝加哥“每日新闻”的专栏编辑，也是《黄金年华》一书的作者。克林先生认为强制退休的规定“十分残忍”，以下是他的观点：

“7年来，我访谈了无数年届或刚逾65岁的工作者。根据我的观察，强制退休的规定十分残忍，假如同样的情形发生在狗或马的身上，相信它们必定无法忍受。至少，马在告老退休之后，还能随时奔跑到草原之上，嚼食青草；而狗也是被喂养到老死为止。

“但是，人的情形并不只是生计问题……这同时也伤害了这些人对自己能力的信心，更伤害了他们精神上的尊严。

“对人来说，因年老而变得无用是极为可怖的现实，连天使都无能为力。人被剥夺了工作权、收入、甚至自尊，只因他已年届65——这不是极残酷吗?”

那么，为什么人们不起来反对这样的无理规定呢？根据第地安纳州的调查，有90%的工作者，表示不愿在65岁的时候被强迫退休。在某些大工厂里面，此百分比更高达95%。

从来没有任何心理学或生理学上的理论，说明人在这个年龄会失去工作能力。衰弱或无能，可发生在任何年纪；而对不同的人来说，发生的时间也可能各不相同……假如我们不常常使用双手，双手便不会那么灵巧；假如我们不常常使用大脑，大脑也会很快衰退。当然，每个人都必须在某个时期停止工作，却绝不是非在65岁时。

我们若把工作当成是谋生工具，必须等到退休或死亡才能告一段落，则无疑剥夺了生为人类所能拥有的最大满足感。工作本身是件极好的事，除了有益健康，更能影响一个人的气质。因此工作在我们的生命之中，是个极高贵的成分。

所有的工作都具服务性质。无论是烹饪、刷地板、装配零件或是练习一个舞步，它的主要目的是要使生活更美好、更舒适、更快乐。因此，工作本身极富创意性。假如我们想从工作中获得快乐或好处，都得重视这个富有创意性的目的。

英国著名的电影制作人蓝克先生说过："许多人常常忘记'为什么'会有某个行业的理由。一个制造坐椅的工厂，不仅只是生产坐椅和获取利润，其主要任务是要制造出人人喜欢坐的椅子来。假如从事此行业的人，忘了自己工作的任务或目的，终有一天会发现——别人不但把他制造的椅子拿出去扔掉，连他想要的利润，也都不翼而飞了。"

是的，工作是生命之律。假如我们被剥夺了工作权，无论理由如何，我们都会感到十分痛苦。许多治疗机构都采用工作治疗法如：精神病院、监狱、疗养院及其他被隔离起来的地方。一般人认为："人一旦退休，便开始步向死亡。"话虽残酷，却是事实。人一旦由各种活动中退休，由忙碌的有意义生活变成无目标的"纯消遣"生活，便会使原有的旺盛精力熄灭，因而降低了身体的抵抗力，迅速步入死亡。假如你想在退休后仍能快乐生活，最好是用别的工作来取代原有的忙碌生活。

规定人必须在年届 65 岁的时候退休，这种过时的观念是四轮马车时代的残遗，是任何进步国家都应引以为耻的做法。规定 65 岁必须退休，这是在 1870 年首先由"铁路工作人员退休系统"所采用；接着，是 1937 年由"社会安全系统"来使用。由于 1900 年之后，人类的寿命已逐渐增加了 20 岁，所以，65 岁的退休年龄，现已显得不太合理。无论是男是女，许多 65 岁的人都还精力十分旺盛，根本还不预备进安乐椅或准备走向殡仪馆。

政府为什么从来不向这些极力主张废除这种退休制度的人——一群 65 岁的工作者——征询意见呢？很明显的一个事实是，几乎所有正在工作着的人都不愿到 65 岁时就被强迫退休！

鉴于工商业界对于雇用老年人所持的态度，令人感到欣慰的是他们有很多人都到外面为自己找份工作。茱丽艾达·K. 亚瑟是一位社会福利方面的权威人士，根据她的调查显示："1950 年的普查报告有一个最值得注意的就业事实，那就是有几十万超过 75 岁的老人仍在继续工作，他们之中很多都属于没有雇主的自由职业者。"

1954 年，首都人寿保险公司公布了一项报告：65～69 岁之间的男人有 3/5 就业；70～74岁之间的男人也有 2/5 就业；75 岁以上的男人仍有 1/5 在工作。他们大多从事的是自由职业。

这些数字再一次有力地证明了这样一个事实——工作的能力和意愿并不在 65 岁生日时突然丧失。

只要有能力，大多数的人仍然想继续工作，而不愿因为某个养老金计划制订者说他们应该退休就退休。越来越多的工作者对不公平的强迫退休制度的抗议，已经收到一些良好的效果，一些公司延长了退休年龄年限或使它较具弹性。可惜的是，这样的公司还是很少。还要多久，人的工作权利才能不再因为年龄的增高，不再不顾他的需要、能力和意愿而被无情地剥夺掉？

在不久前于纽约州举行的一次老年问题研究会中，当场宣读了一份由杰出的老政治家伯纳德·M. 巴鲁克拍给大会的电报。在电文中，巴鲁克先生强烈呼吁废除强迫退休的制度，他说这种制度"对那些虽然年龄很大，但仍然愿意而且有能力继续工作的人来说不是恩惠，是否应该退休不应从年龄而应从能力的角度来考虑"。巴鲁克先生说："年纪越大的人越是已经获得了无法取代的丰富经验资产的人。"

已经 83 岁还在担任密执安州老年问题研究委员会委员的亨利·S. 柯特斯博士是美国在这方面的权威人士之一，他的话直指对老年人就业的不公平歧视：

"强迫退休是存在于工商业界的一项严重的失误，因为它使许多最佳的人才闲置浪费，而且也使受雇者晚年时期想要做好工作的热情受挫。无论对有能力而且愿意继续工作的人还是对纳税的大众都是一个严重的错误。工作的权利是一项基本的人权，65 岁退休制度的存在是一项基本的人类错误。"

说得精彩，柯特斯博士！愿策划者和官僚们能来听听反对"强迫退休法案”的睿智而强烈的呼声。“65岁退休的制度规定，”柯特斯博士又说，“是独断的、专横的，不管从生理学还是从心理学上来讲，都没有什么理论能证明一个人的工作能力会在65岁时突然失去。任何年龄都可能变得软弱，这因人而异。如果我们停止动手工作，双手很快就会失去它的灵敏；如果我们停止用脑思考，大脑就会很快衰老。每一个工作者都应该自己选择放弃工作的时间，在他自认不能胜任他的工作的时候。”

工作是年轻人所无法想象的成熟的快乐之一。不管是体力工作还是脑力工作，都是自然赋予我们的可以不断成长而不变老的最神奇的一种力量。

想要避免随一个人变老而来的危险的人，最好能像本章开始那个81岁的女人那样：退掉摇椅，忙碌起来！

第四章
当好梦想的架构师

◎缺失梦想，人生如同梦游

设定明确的目标，是所有伟大成功的出发点。那些98%的人之所以失败，就是因为他们都没有明确的目标，并且也从来没有踏出他们的第一步。目标绝对重要，它不但调动我们的积极性，而且维持我们的人生。

不能抱持正确目标而奋斗的人，就有如玩耍得意而消沉的儿童一样，他们不知道自己所要的是什么，总是茫然地撅着嘴。

行动的本身左右着人生。确定明确的人生目标，不论是对人生，或是对任何的行动，都是至关重要的。

在生活中，有不少人缺乏明确的目标。他们就像地球仪上的蚂蚁，看起来很努力，总是不断地在爬，然而却永远找不到终点，找不到目的地。同样，在生活中没有目标，活动没有焦点，也会使你白费力气，得不到任何成就与满足。

没有目标的活动无异于梦游，没有目标的生活只不过是一种幻象。许多人把一些没有计划的活动错当成人生的方向，他们即使花费了九牛二虎之力，由于没有明确的目标，最后还是哪里都到不了。要攀到人生山峰的更高点，当然必须要有实际行动，但是首要的是找到自己的方向和目的地。如果没有明确的目标，更高处只是空中楼阁，望不见更不可及。如果我们想要使生活有突破，到达很新且很有价值的目的地，首先一定要确定这些目的地是什么。只有设定了目的地，人生之旅才会有方向、有进步、有终点、有满足。

设定明确的目标，是所有成就的出发点。那些98%的人之所以失败，就在于他们都没有设定明确的目标，并且也从来没有踏出他们的第一步。

当你研究那些已获得永久成功的人物时，你会发现，他们每一个人都各有一套明确的目标，都已订出达到目标的计划，并且花费最大的心思和付出最大的努力来实现他们的目标。

社会无疑具有强大的同化作用，使得我们许多人都背离了人生的真谛，丧失了真情和本性。但唯有我们自己真正想要的才能使我们得到满足。放弃了自身的愿望和需要，我们就变得麻木不仁，对任何事都无动于衷。

每个人都做过梦。真实的梦，睡眠中的梦，小时候在作文本上写出的梦，与朋友闲聊时做的白日梦。然而，做梦的年龄过了之后，面对现实，为什么会有惆怅或失落？当然，最理想的是“美梦成真”，虽然不一定每个人都能如此，但也并非做不到。

人一旦有梦想有目标，自然就会为了实现它而发挥更大的心力，人生的光辉由此粲然可见。为什么呢？在为实现理想而奋斗的过程中，人生的乐趣昭然若揭，而生活就会更加的精力充沛，此时人类原已潜在的脑力也会得到发挥。经常有意识地创造出这样的情势，使人生更成功、更丰富且充满乐趣的原则，就是所谓的目标催化作用。

1952年的《生活》杂志曾登载了约翰·戈德的故事。

戈德15岁时，偶然地听到年迈的祖母非常感慨地说：“如果我年轻时能多尝试一些事情就好了。”

戈德受到很大震动，决心自己绝不能到老了还有像老祖母一样无法挽回的遗憾。于是，他立刻坐下来，详细地列出了自己这一生要做的事情，并称之为“约翰·戈德的梦想清单”。

他总共写下了127项详细明确的目标。里面包括10条想要探险的河、17座要征服的高山。他甚至要走遍世界上每一个国家，还想要学开飞机、学骑马。

他甚至要读完《圣经》，读完柏拉图、亚里士多德、狄更斯、莎士比亚等十多位大学问家的经典著作。

他的梦想中还要乘坐潜艇、弹钢琴、读完大英百科全书。当然，还有重要的一项，他还要结婚生子。

戈德每天都要看几次这份“梦想清单”，他把整份单子牢牢记在心里，并且倒背如流。

戈德的这些目标，即使从半个多世纪的今天来看，仍然是壮丽且不可企及的。但他究竟完成得怎么样呢？

在戈德去世的时候，他已环游世界四次，实现了 127 个目标中的 103 项。他以一生设想并且完成的目标，述说他人生的精彩和成就，并且照亮了这个世界。

每当我们读起戈德的故事，便会不由自主地想到一句话：人生因梦想而伟大。

我曾有一只名叫“花生”的混血小狗，它活泼、聪明、可爱，是我们家庭的开心果。一次，儿子提出要我和他一起为“花生”盖一间狗屋。于是，我们便立刻动手，很快就把狗屋盖好了。但是，由于手艺太差，狗屋盖得很糟糕。

狗屋盖好不久，有一位朋友来访，朋友忍不住问我：“树林里那个怪物是什么？难道是狗屋吗？”

我说：“没错，那正是一间狗屋。”

朋友随即指出了狗屋的一些毛病，又说：“你为什么不事先计划一下呢？如今盖狗屋都要照着蓝图来做的。”

不知你能从这个狗屋的故事中学到些什么？

没有目标的活动无异于梦游，没有目标的生活只不过是一种幻象。许多人把一些没有计划的活动错当成人生的方向，他们即使花费了九牛二虎之力，由于没有明确的目标，最后还是哪里都到不了。就像盖狗屋一样，只能被人视为怪物。

要攀到人生山峰的更高点，当然必须要有实际行动，但是首要的是找到自己的方向和目的地。如果没有明确的目标，更高处只是空中楼阁，望不见更不可即。如果我们想要使生活有突破，到达很新且很有价值的目的地，首先一定要确定这些目的地是什么。只有设定了目的地，人生之旅才会有方向、有进步、有终点、有满足。

◎目标的精彩预示生命的精彩

每一个奋斗成功的人，无疑都会有一个选择方向、确定目标的问题。正如空气、阳光之于生命那样，人生须臾不能离开目标的引导。

有了目标，人们才会下定决心攻占事业高地。有了目标，深藏在内心的力量才会找到“用武之地”。若没有目标，绝不会采取真正的实际行动，自然与成功无缘。只要你选准了目标，选对了适合自己的道路，并不顾一切地走下去，终能走向成功。确立了目标并坚定地“咬住”目标的人，才是最有力量的人。目标，是一切行动的前提。事业有成，是目标的赠与。确立了有价值的目标，才能较好地布局好自己的时间和精力，较准确地寻觅突破口，找到聚光的“焦点”，专心致志地向既定方向猛打猛冲。那些目标如一的人，能抛除一切杂念，会聚积起自己的所有力量，成为工作狂，全力以赴向目标的高地挺进。

一个人只要不丧失远大的使命感，或者说还保持着较为清醒的头脑，就决然不能把人生之船长期停泊在某个温暖的港湾，应该重新扬起风帆，驶向生活的惊涛骇浪中，领略其间的无限风光。人，不仅要战胜失败，而且还要超越胜利。只有目标始终如一，才能焕发出极大的生存活力；只有超越了生命本身，人生才可以不朽。

有目标的人，就有一股巨大的、无形的力量，将自身与事业有机地“化合”为一体。

心中拥有目标，给人生存的勇气，在困苦艰难之际赋予我们坚忍不拔的毅力。有了具体目标的人少有挫折感。因为比起伟大的目标来说，人生途中的波折就微不足道了。

目标，能唤醒人，能调动人，能塑造人，目标的伟力是难以估量的。有明确目标的人，生活必然充实有劲，决不会因无所事事而无聊。目标能使人不沉湎于现状，激励人不断进取，能引导人不断开发自身的潜能，去摘取成功之冠。

有了目标，内心的力量才会找到归宿。茫无目标的漂荡终会迷路，这样，你心中的一座无价的金矿，因无开采的动力，只能等同于平凡的尘土。

可以说，目标对于成功，犹如空气对于生命一样，目标是成功的生命线。对于成功来说，一个人过去或现在的情况并不重要，而未来想要获得什么成就，有什么样的追求才是最重要的。

洛克菲勒——美国著名的石油大王，在他的自传中，曾提出了一个有趣的设想：

若是将目前全世界所有的现金以及所有产业全都混合在一起，平均地分给全球的每一个人，让每个人所拥有的财富都一样多，经过半个小时之后，这些财富均等的人们，他们的经济状况就会开始有显著的改变。有的人在这时候已经丧失了分到的那一份；有的人会因为豪赌输光；有的人会因为盲目的投资而一文不名；有的人则会受到欺骗而迅速破产。于是财富分配又重新开始了，有些人的钱会变少，有些人的钱又开始多了起来，这种情形会随着时间的拖长而变得差别更大，经过3个月之后，所谓贫富悬殊的情况将会变得十分惊人。

洛克菲勒十分自信地说：“我敢打赌，再经过两年时间，全球财富的分配情况就将和以前没什么区别。有钱的人仍然是那些人，而以前贫困的人依然贫困。”

洛克菲勒把这种现象的原因归结于人们的目标不同。他说：“说这是命运也好，是机会使然或自然法则也好；总之，有些人的目标与行动，一定会使自己比其他人所受到的尊敬更多，他所拥有的财富也将会更多。”

通常，奋斗者要想成功，最重要的因素是目标选择并做出抉择。

同为有目标的人，有人成功了，有人未成功，有人大成功，有人小成功。这与目标的“大小”有很大的关系。

大目标使人的生活是干事业，小目标使人的生活仅是过日子。古希腊哲学大师亚里士多德很尖刻地区分了两种人，即“吃饭是为了活着”和“活着就是为了吃饭”。

人生的精彩来自于目标的精彩。一个人的人生之所以精彩，就在于他有精彩的目标。

所谓精彩的目标，就是要做大事，考虑更多的人，更多的事，在更大的范围内解决更多的问题，在更大的空间时间里产生更大的影响。

你的目标越精彩，你所要解决的问题就越大。你就得要有大本事，要有很多知识、技能，有时甚至要超越个人的得失，做出某些重大牺牲。在这一过程中，你逐渐获得了超乎常人的知识和能力，你已经变得那样的胸怀宽广、大公无私，你也会取得超越常人的成就，你的人生也就变得更加绚丽多彩。

“Q世界”农产品公司的董事长霍华德·马古勒斯是美国加利福尼亚州的新一代农民。他的成就就是他订立了自己精彩的人生目标并且努力完成目标的结果。多年来，农产品市场的繁荣与萧条几乎无法做任何的预估和控制，时而热火朝天，时而寒若冰霜。至少，所有的人都认为这本来就是靠天吃饭的行业。

马古勒斯却从来不这样想，他给自己定下了一个精彩的目标：发展出一个新颖独特的品种，用来影响消费者的购买行为。他当然有自己充足的目标：这个行业其实和其他行业没什么区别，当市场处于低谷时，除非你有自己独特的产品，否则你就完了。农业市场也是这个道理，如果你也像大家一样生产萝卜白菜，只有市场上供小于求的时候，你才可能获利。我们的目标就是要想法调整市场，靠自己的独特性打开市场，创造更多的机会。

马古勒斯想到了改良甜椒。没错，就是改良甜椒。如果能发展出比其他的甜椒风味更为独特的品种，马古勒斯深信，不论零售市场如何，商店一定非常喜欢这种风味独特的品种。

于是，马古勒斯发展出一种“皇家红椒”。这种长形叶式的甜椒，一上市就取得了巨大的成功，人们吃过以后，就会继续购买它。

马古勒斯用目标为自己的人生抹上了精彩的一笔。

人一旦有梦想有目标，自然就会为了实现它而发挥更大的心力，人生的光辉由此粲然可见。为什么呢？在为实现理想而奋斗的过程中，人生的乐趣清清楚楚，而生活就会更加的精力充沛。

当你已经养成制订精彩的个人成功计划的习惯后，你事实上就已经与过去的你判若两人了。或许，你已经制订了一个一个的成功计划，并将它们一个一个地付诸实践。这时，你不妨回过头来反省一下自己所走过的道路，你会十分惊讶地发现，即便你离所确定的远大目标还有一段距离，但是无论怎样你再也不是过去那个平平淡淡的人了，你已经取得了过去连想都不敢想的成就了。必须明白，这便是制订精彩计划并付诸行动的威力。

目标远大会给人带来创造性的火花，使人有可能取得成就。正如约翰·查普曼所说：“世人历来最敬仰的是目标远大的人，其他人无法与他们相比……贝多芬的交响乐、达·芬奇的《蒙娜丽莎的微笑》、莎士比亚的戏剧以及人们赞同的任何人类精神产品……你热爱他们，是因为，这些东西不是做出来的，而是由他们创造性地发现的。”

对于那些奥运金牌的获得者来说，他们的成功并不仅仅靠他们的运动技术，而且还靠其远大目标的推动。商界领袖也一样，政界精英亦然。伟大的目标就是推动人们前进的梦想。

一位医生对活到百岁以上的老人所拥有的共同特点做过大量研究。他叫大家思考一下什么是这些百岁老人共同的特点。大多数人以为医生会列举饮食、运动、节制烟酒以及其他会影响健康的东西。然而，令听众惊讶的是，医生告诉他们，这些寿星在饮食和运动方面没有什么共同特点。他们的共同特点是对待未来的态度——他们都有人生目标。

制定人生目标未必能使你活到100岁，但必定能增加你成功的机会。人生倘若没有目的，你也许会一事无成。正如贸易巨子J.C.宾尼所说：“给我一个心中有目标的普通职员，我能使他成为创造历史的人；给我一个心中没有目标的人，我只能给你一个平凡的职员。”

目标具有神奇的推动力，但是，当人们觉得自己的目标并不重要时，他们为达到目标所付出的努力就没有什么价值。如果他们觉得自己的目标很重要，情况就会相反。为什么人们必须把目标建立在自己的理想上面呢？这就是原因之一。如果你的各个目标组合成了你所珍视的理想，那么你会觉得为之付出的努力是有价值的。

同样，目标对于一个组织团体来说是必不可少的，对于组织团体里的每一个人都是很重要的，有些企业运作欠佳，最常见的问题是员工缺乏热情。这些人终日兢兢业业，除了完成手头的日常工作外，并无明确目标。没有热情的人是不会有大作为的。

相反，一些机构里的员工心中有目标的话，大家就有士气，热情高涨。目标使人们心中的想法更具体化，更易实现。同事们能明确要瞄准什么，干起活来心中有数。

奋斗者一旦有了目标，总是能主动出击，而不是亡羊补牢。他们提前谋划，而不是等别人的指示。他们不允许其他人操纵他们的工作进程。不事前谋划的人是不会有进展的。《圣经》中的诺亚并没有等到下雨才开始造他的方舟。

目标使人们产生事前谋划的动力，目标迫使人们把要完成的任务分解成可行的步骤。正如富兰克林在自传中说的：“我总认为一个能力很一般的人，如果有个好计划，是会有大作为，为人类做大贡献的。”

目标给予人们把握现在的力量。人在现实中通过努力实现自己的目标。正如希拉尔·贝洛克说：“当你为将来做梦或者为过去而后悔时，你唯一拥有的现在却从你手中溜走了。”

虽然目标是朝着将来的，是有待将来实现的，但目标使我们能把握住现在。为什么呢？因为大的任务是由一连串小任务或小的步骤组成的。要实现任何理想，就要制定并且达到一连串的目标。每个重大目标的实现都是几个小目标小步骤实现的结果。所以，如果你集中精力于当前手上的工作，心中明白你现在的种种努力都是为实现将来的目标铺路，那你就能成功。

还是道格拉斯·列顿说得好："你决定人生追求什么之后，你就做出了人生最重大的选择。要能如愿，首先要弄清你的愿望是什么。"有了理想，你就看清了自己最想取得的成就是什么。有了目标，你就会有一股顺境也好逆境也罢都勇往直前的冲劲，你的目标使你能取得超越你自己能力的东西。你必须要有精彩的目标。当你有了精彩的目标时，你才会有伟大的成就。你的人生才够精彩。

◎把目标变成"沙盘演练"

一位著名的外交官曾说过："日常事情一件一件地向我们涌来。如果我们没有一个可以将之加以检查的计划，那么我们就会遇到许多困难。"

他所陈述的这种道理在外交、政治以及我们每个人的工作和生活中统统适用。应该按照自己的标准，去检查每天发生在我们身边的事情，谁若不懂得这一点，谁就将陷入不稳定的漩涡之中。他自己的个人意愿将难以实现，所定目标也将停滞不前。

所以，影响我们生活的有两件事情。其一就是日常之事，这是我们社会不断强加给我们的对立；其二就是拥有一份计划，我们按照这份计划来评判日常之事对我们自己是否有利，我们是否有能力处理好这些事情。

谁没有用以检查其行为标准的计划，那他的行为就会为眼前的影响所支配；他认为今天所寻求到的自信说不定明天就又会失去。

谁拥有一份长期计划，谁就会凭借它创造有利的前提，正确看待眼前的一切诱惑。

在此，还应进一步说明一下，拥有一份检视我们行为的计划到底有哪些好处：

(1) 拥有一份计划并贯彻它，意味着可以事先知道应该怎样度过这繁忙的一天。

(2) 拥有一份长期计划，就如同建立了一个安全网，当我们在日常生活中遇到困难时，它会及时地给予我们保障，就如空中飞人表演遇险而由安全网接住一样。

（3）也意味着，可以及时界定我们的能力和可能性的范围，以期更接近我们所期望的目标。这样，我们就不会受外界影响和诱惑。

（4）谁没计划，谁就会陷入危险之中。

在过去的几年里我遇到过一些人，他们给我留下的印象是：他们生活得比别人好，这时我总会向他们讨教几招。其中一个人给我举了一个印象颇深的例子。这个例子说明，计划如何帮助人们去克服生活中大大小小的问题。

“我有一个朋友，他是在乡下一个贫苦的家庭中长大的，他父亲早逝。之后他上了大学，毕业后当了一名法官，再之后又当了外交官和部长。

“当我在他的办公室拜访他时，我问他：‘您曾经说过，您是个心满意足的人。您是怎样做到这一点的呢？’

“他思考了一会儿，然后以他那独特的、从容不迫的方式回答道：

“‘严格地说，我几乎可以称得上是个心满意足、十分幸福的人。这当然有多方面的原因。但其中有两点是肯定的：人必须自信。同时也必须能够独立做事，而且不要过分依赖于外部事物。’”

对某些人来说，读了这几句话后，会感觉它们只是空洞的说教或者只是抽象的愿望、幻想。但对以它为原则而生活的我的朋友来说，这是他获得几乎可以称得上是心满意足、十分幸福的生活的关键因素。从这个伟大的生活计划中，他推导出解决日常问题的许许多多小计划。

举一个他向我讲述过的例子，是关于他怎样控制体重的。当别人都在大量地吞服药片或偶尔接受减肥疗法并向别人推荐时，他却用自己的方式来解决问题：

“每周日洗完澡后，我就称体重。如果称的是 80 公斤，那么在接下来的一周内，我接着吃与上周同量的东西；如果称得的体重大于 80 公斤，那么一周内我只吃一半的东西。在这段时间内，我的体重又可以减到适合于我的体型的最理想的 80 公斤。”

您或许会问："这样一件无关紧要的小事和他幸福的计划有什么内在的联系?"

非常之简单：举一反三。他说："人必须自信并且不要过多地依赖于外部事物。"

(1) 他不问："谁帮我解决我的体重问题呢?哪些药片能帮我，哪些疗法能有效呢?"而是更多地去寻求一种不依赖于任何人的解决之道。

(2) 他控制自己每天吃多少东西，不受偶然因素或所提供的食物的影响，而是严格按照计划行事。他这样做使他充满自信。

这是考察内在联系的一个方面。

在前面，我列举了大量事例，阐述了如何制订一个最适合自己的计划，同时也阐述了坚定不移地贯彻计划的优点。但您要认识到，计划并不是一副灵丹妙药，光靠它还不能解决问题，它只是为解决问题而创造尽可能最好的前提条件。

有了计划，就意味着有了保障。由此而得出的最重要的结论是：

我不再相信，当自己碰到问题时，总能想出解决问题的办法或者总会有贵人相助；或者认为"还没这么糟糕!"或者"到目前为止，一切都挺好!"而是为解决问题做好充分准备。不靠碰运气，不只顾眼前，不依赖别人，而是自己为此担负起责任。

拥有一份计划就意味着：

(1) 今天就考虑好明天和后天会出现什么样的情况及应对策略。就像一个优秀的战略家，在真正采取行动之前，先练习沙盘作业，直至他认为已能圆满完成任务为止。或者像一名消防队员，平时坚持不懈地练习，以使自己在紧急情况下能应付自如。

(2) 一旦真的发生紧急情况，他早已做好了充分准备。他很清楚自己应做什么，并投入全部精力尽量做好，而不是惊慌失措，急于为自己的失败找替罪羊或为自己寻找托辞。

这就是有计划的优点之一。另一个优点是，知道自己想做什么。在这种情况下，我可能这样做，而另一种情况下也许会采取完全相反的做法。

不管怎样，我每次只做有利于更接近我所设定的目标的事情。

在这儿，我就不一一列举其他优点了，为的是您能自己勾画自己的生活，而不是让别人牵着鼻子走。

所有该说的，我想，我都已经说过了。

现在就看您的了。读到这儿，如果您只说一句："是的，是的，这样活着，就不错了！"这是远远不够的。之后，您会很快就翻过这一页，而不是尝试着去实际做点什么。您也许会说："听起来都很美，但是……"还会成百上千次地说"如果"和"但是"，您应该知道，说这些都没用，坐着说，不如起来行动。

如果您已确定了一个目标，制订了一份最适合您的计划并下定决心：从今天开始，没有任何事情可以阻止我去执行我的计划，那么您就已经向成功又迈进了一大步了。

如果您制订了这项计划，您就将它写在一张纸上，放在书桌上。这样您就可以每天早上和晚上都能看到它了。早上您会说："我要这样去做。"晚上，您会问："我是这样做的吗？"

当然，您可在下周利用一周的时间，每天晚上都回顾一下自己的生活。之后，确定新的目标，并制订出实现目标的方案。

或者您现在就开始，寻找每次失败的原因。从自己的认识出发，制订出具体方案，以使自己在以后的日子里不会重蹈覆辙。

◎生命比盖房更需要蓝图

生命比盖房更需要蓝图，然而很多人从来没有计划过生命，每天只是醉生梦死地度过。

成功人士和平庸之辈的差别，就在于前者为生命计划，决定一生的方向。我们可以为生命做出计划，如拟订十年、五年、三年计划；或拟订最接近此刻的长期一年的计划；最后是短期计划，如一月、一周、一天。

（1）订出一生大纲：你这一辈子要做什么？当然，有很多事只能订出个大概，但你可以好好选择自己所喜欢做的事。

你退休后要做什么？你的第二阶段要怎么过？也许你要终日徜徉于山水之间。如果现在你还不到30岁，以后也不想退休，那就不必为这些烦恼。

（2）20年大计：有了大概的人生方向，就可以拟订细节。第一步是20年。订下这20年内你要成为什么样子，有哪些目标完成。然后想想从现在起，十年后你要成为什么样的人。

（3）十年目标：20年大计一定要20年才能完成吗？不一定。你越富裕，就越快达到目标。

（4）五年计划：只需要一台计算机和几秒钟时间，你就知道五年内要赚多少钱。

（5）三年计划：三年是重要的一环，一生大计通常只是简单的方向，而三年计划是最重要的决定点。

（6）下年计划：这是你每周至少要检视一次的预算表和工作计划。每年都要有计划，尽量简单扼要，以数字为主。像赚得的金额、认识的人数等。12个月的计划不是论文，而是行动大纲。

（7）下月计划：认真地执行下个月的计划。以每月15号开始算起，是最适合的日子。

（8）下周计划：对大多数人而言，这是时间计划的关键所在。

（9）明日计划：这是最具体的生命计划。

别被20年大计吓倒了。好好写下来，修改是难免的。订计划是件愉快的事，而非一项任务，如果你的计划是一串上升的数字，你很快会对它发生兴趣。

如果短期计划超过了90天，你会对它丧失兴趣，把它分散成单项，然后逐一在90天内完成。

只有你知道自己需要什么，这样你才能更肯定地实现目标。

◎职业地图五步走

乔治·萧伯纳说过："征服世界的将是这样一些人：开始的时候，他们试图找到梦想中的乐园。当他们无法找到的时候，他们亲手创造了它，就像在出外旅游之前你会很自然地带上地图一样。"个人职业生涯规划就是带领我们穿越迷雾，走向成功的地图，我们只有依靠它的指导才能够顺利地到达成功的彼岸。一个职业目标与生活目标相一致的人是幸福的，职业生涯设计实质上是追求最佳职业生涯的过程。

职业生涯即事业生涯，是指一个人一生连续担负的工作职业和工作职务的发展道路。成功的职业生涯规划要求你根据自身的兴趣、特点，将自己定位在一个最能发挥自己长处的位置，可以最大限度地实现自我价值。个人职业规划在了解自我的基础上确定适合自己的职业方向、目标并制订相应的计划，以避免就业的盲目性，降低从业失败的可能性，为个人走向职业成功提供最有效率的路径。著名管理专家诺斯威尔对职业生涯规划内涵的界定是这样的：个人结合自身情况以及眼前的制约因素，为自己实现职业目标而确定行动方向、行动时间和行动方案。

职业规划的好处主要有三点：

第一，它可以减少许多焦虑与情绪波动（高涨与低落）。

第二，它可以使生活与工作的效率更高，更易获得成就。

第三，他可以使自己集中优势资源，避免一切干扰，使自己更容易获得成功；那么，我们该如何才能做好自己的职业规划呢，概括下来共有五个步骤：

1. 了解你自己

成功的人生需要正确规划，事实上，你今天站在哪里并不重要，但是你下一步迈向哪里却很重要。一个有效的职业生涯设计，必须是在充分且正确地认识自身的条件与相关环境的基础上进行。对自我及环境的了解越透彻，越能做好职业生涯设计。因为职业生涯设计的目的不只是协助你达到和实现个人目标，更重要的也是帮助你真正了解自己。

你需要审视自己、认识自己、了解自己，并做自我评估。自我评估包括自己的兴趣、特长、性格、学识、技能、智商、情商、思维方式、思维方法、道德水准以及社会中的自我等内容。详细估量内外环境的优势与限制，设计出自己的合理且可行的职业生涯发展方向，通过对自己以往的经历及经验的分析，找出自己的专业特长与兴趣点，这是职业设计的第一步。

了解自己，我们可以采用对自己的五个追问来实现这一点，此种方法依托的是归零思考的模式：即从问自己是谁开始。然后一路问下去，共有五个问题：

我是谁?

我想做什么?

我会做什么?

环境支持或允许我做什么?

我的职业与生活规划是什么?

回答了这五个问题，找到它们的共同点，你就可以对自己有一个清楚的了解了。如果你有兴趣，现在就可以试试。先取出五张白纸、一支铅笔、一块橡皮。在每张纸的最上边分别写上以上五个问题。然后，静下心来，排除干扰，按照顺序，独立地仔细思考每一个问题。

对于第一个问题“我是谁?”回答的要点是：面对自己，真实地写出每一个想到的答案；写完了再想想有没遗漏，认为确实没有了，按重要性进行排序。

对于第二个问题“我想干什么?”可将思绪回溯到孩童时代，从人生初次萌生第一个想干什么的念头开始，然后随年龄的增长，回忆自己真心向往过想干的事，并一一地记录下来，写完后再想想有无遗漏，确实没有了，就进行认真的排序。

对于第三个问题“我能干什么?”则把确实证明的能力和自认为还可

以开发出来的潜能都一一列出来，认为没有遗漏了，就进行认真的排序。

第四个问题“环境支持或允许我干什么?”的回答则要稍作分析：环境，有本单位、本市、本省、本国和其他国家，自小向大，只要认为自己有可能借助的环境，都应在考虑范畴之内；在这些环境中，认真想想自己可能获得什么支持和允许，搞明白后一一写下来，再按重要性排列一下。

如果能够成功回答第五个问题“我的职业规划是什么?”您就有了最后答案了。

做法是：把前四张纸和第五张纸一字排开，然后认真比较第一至第四张纸上的答案，将内容相同或相近的答案用一条横线连起来，您会得到几条连线，而不与其他连线相交的又处于最上面的线，就是您最应该去做的事情，您的职业生涯就应该以此为方向。并在此方向上以三年为单位，提出近期、中期与远期的目标；再在近期的目标中提出今年的目标；将今年的目标分解为每季度目标、每月目标、每周目标、每天目标。这样，您每天睡前就可以对照自己的目标进行反省，总结当日成就与失误、经验与教训，修正明天的目标与方法，第二天醒过来后稍加温习就可以投入行动了！这样日积月累，没有不能实现的规划。

值得注意的是，很多人往往认为选择最热门的职业就意味着对自己最有前途，对此，有关专家提醒：选择职业重要的是能正确地分析自己，找到自己最适合做的专业，然后努力成为本行业的佼佼者。

2. 清楚目标，明确梦想

如果你不知道你要到哪儿去，那通常你哪儿也去不了。

确立目标是制订职业生涯规划的关键，有效的生涯设计需要切实可行的目标，以便排除不必要的犹豫和干扰，全心致力于目标的实现。制订自己的职业目标并没有想象的那么难，只要考虑一下你希望在多少年之内达到什么目标，然后一步一步往回算就可以了。目标的设定要以自己的最佳才能、最优性格、最大兴趣、最有利的环境等信息为依据。通常目标分短期目标、中期目标、长期目标和人生目标，但是有一点，就是说你要保证这个目标至少在你本人看来是伟大的。没有切实可行的目标作驱动力，人们是很容易对现状妥协的。

3. 制订行动方案

你的职业正在帮助你实现人生的最终目标吗？你是否有一种途径可以让你现有的职业与你的人生基本目标相一致？

正如一场战役、一场足球比赛都需要确定作战方案一样，有效的生涯设计也需要有确实能够执行的生涯策略方案，这些具体的且可行性较强的行动方案会帮助你一步一步走向成功，实现目标。

通常职业生涯方向的选择需要考虑以下三个问题：

我想往哪方面发展？

我能往哪方面发展？

我可以往哪方面发展？

如果你现在是一个销售人员，但你的5年、10年或20年个人职业规划是希望成为一个营销主管。那么，你应该问自己下列几个问题：

我需要哪些特别的培训和学习才能使我够资格做一名营销主管？

为使自己发展路上顺畅坦荡，需要排除的内部和外部障碍有哪些？

我目前的上司在这方面能给我帮助吗？我周围的人在这方面能给我帮助吗？

目前的公司对我最终成为营销主管的可能性有多大？是否比在其他公司机会更大？

作为某一级主管这个职位的经验水平和年龄层次是怎样的？我是否符合这个范围？

4. 停止梦想，开始行动

立即行动。这是所有生涯设计中最艰难的一个步骤，因为行动就意味着你要停止梦想而切实地开始行动。如果动机不转换成行动，动机终归是动机，目标也只能停留在梦想阶段。正如一场战役、一场足球比赛都需要确定作战方案一样，有效的生涯设计也需要有确实能够执行的生涯策略方案，这些具体的且可行性较强的行动方案会帮助你一步一步走向成功，实现目标。

职业规划成功的案例都是在有明确的职业目标后，在求职过程中不断与那个目标看齐。当然，并不是每一个人都具有远见，定下自己的目标，并有计划地不断朝这个方向努力的，但这一点对职业发展起着至关重要的作用。

5. 修正你的计划

计划不如变化快。影响你职业生涯规划的因素诸多，有的变化因素是可以预测的，而有的变化因素难以预测。要使职业生涯规划行之有效，就须不断地对职业生涯规划进行评估、修正生涯目标、生涯策略、方案是否恰当，以能适应环境的改变，同时可以作为下轮生涯设计的参考依据。

成功的职业生涯设计需要时时审视内外环境的变化，并且调整自己的前进步伐。目标的存在只是为你的前进指示一个方向。而你是它的创造者，你可以在不同时间不同环境下更改它，让它更符合你的理想。

在今天，我们的工作方式不断推陈出新，除了学习新的技能知识外，还得时时审视自己的生涯资本并意识到其不足的地方，不断修正自己的目标，才能立于不败之地。

◎1 英里行动主义

人生宛若一艘轮船，如果在大海中失去了方向舵而在海上打转，那么它很快就会把燃料用完，仍然到达不了岸边。事实上，它所消耗掉的燃料，已足以使它来往于海岸及大海好几次。

一个人的行为总是与他意志中的最主要思想相互配合，这已是大家公认的一项心理学原则。

特意植在脑海中并维持不变的任何明确的主要目标，在下定决心要将它予以实现之际，这个目标将渗透到整个潜意识，并自动地影响到我们身体的外在行动使我们一步步地接受它。

在心理学上有一种方法，你可以利用它把你的明确的主要目标深刻印在潜意识中，这个方法就是所谓的“自我暗示”，也就是你一再向自己提出暗示。这等于是某种程序的自我催眠，但不要因为如此就对它产生恐惧。拿破仑就是借助于这个方法，使自己从出身低微的科西嘉穷人，最后成为法国的独裁君主；林肯也是借助于这同样的方法，跨越了一道宽广的鸿沟，使他走出肯塔基山区的一栋小木屋，最后成为美国总统。

只要你能确定，你所努力追求的目标，将能为你带来永久的幸福，你就用不着害怕这种“自我暗示”的方法。但一定要先弄清楚，你的明确目标是建设性的，它的获得不会给任何人带来痛苦及悲哀，它将给你带来安详及成功，然后，你就可以按照你了解的程度运用这项方法，以求迅速达成这项目标。

潜意识也许可以比做是一块磁铁，当它被赋予功用，在彻底与任何明确目标发生关系之后，它就会吸引住达成这项目标所必备的条件。

请大家先做一个实验吧：

组织两组人，分别沿着两条10公里的路向同一个村子前进。

两组的差别在于：第一组不知道村庄的名字，也不知道路程的远近。只告诉他们跟着向导走就行。而第二组的人不仅知道村子的名字、路程，而且公路上每一公里就有一块里程碑，请你来猜想一下他们完成任务的情况吧！

你大概想不到，第一组的人刚走了两三公里就有人叫苦，走了一半时有人几乎愤怒了，他们抱怨为什么要走这么远，何时才能走到。走了一半时有人甚至坐在路边不愿走了，越往后走他们的情绪越低。

而第二组的人呢，他们边走边看里程碑，每缩短一公里大家便有一小阵的快乐。行程中他们用歌声和笑声来消除疲劳，情绪一直很高涨，所以很快就到达了目的地。

这个实验对你会有一定的启迪吧！只有具体、明确并有时限的目标才具有指导行动和激励自己的价值。只有充分地了解自己在特定的时限内完成特定的任务，你才会集中精力，开动脑筋，调动自己和他人的潜力，从而为实现自己的目标而奋斗。如果没有明确具体目标的时限，任何人都难免精神涣散、松松垮垮，要完成自己所制订的目标也就只是一句空话。

25岁的时候，雷因因失业而挨饿。他白天就在马路上乱走，目的只有一个，躲避房东讨债。一天他在42号街碰到著名歌唱家夏里宾先生。雷因在失业前，曾经采访过他。但是，他没想到的是，夏里宾竟然一眼就认出了他。

“很忙吗?”他问雷因。

雷因含糊地回答了他，他想他看出了他的遭遇。

“我住的旅馆在第103号街，跟我一同走过去好不好?”

“走过去?但是，夏里宾先生，60个路口，可不近呢。”

“胡说，”他笑着说，“只有5个街口。是的，我说的是第6号街的一家射击游艺场。”

这里有些所答非所问，但雷因还是顺从地跟他走了。

“现在，”到达射击场时，夏里宾先生说，“只有11个街口了。”

不多一会儿，他们到了卡纳奇剧院。

“现在，只有5个街口就到动物园了。”

又走了12个街口，他们在夏里宾先生的旅馆停了下来。奇怪得很，雷因并不觉得怎么疲惫。

夏里宾给他解释为什么要步行的理由：

“今天的走路，你可以常常记在心里。这是生活中的一个教训。你与你的目标无论有多遥远的距离，都不要担心。把你的精神集中在5个街口的距离。别让那遥远的未来令你烦闷。”

不要迷失自己的目标，每次只把精力集中在面前的小目标上，这样，遥不可及的目标便近在眼前了。

著名的作家、战地记者希达·赖德先生曾用这种方法救了自己的生命，听听他讲的亲身经历吧：

“第二次世界大战期间，我跟几个人不得不从一架破损的运输机上跳伞逃生，结果迫降在缅印交界处的树林里。当时我们唯一能做的就是拖着沉重的步伐往印度走，全程长达 140 英里，必须在 8 月的酷热中和季风所带来的暴雨侵袭下，翻山越岭，长途跋涉。

“才走了 1 个小时，我一只长筒靴的鞋钉就扎了脚。傍晚时双脚都起泡出血，像硬币那般大小。我能一瘸一拐地走完 140 英里吗？别人的情况也差不多，甚至更糟糕。他们能不能走呢？我们以为完蛋了，但是又不能不走。为了节省体力，我们每次只走一英里，休息十分钟后，便继续下一英里的路程。我们就这样走着，有一天，我们竟然惊奇地发现我们已走出了这一段魔鬼旅程……”

大海是由一滴一滴水汇集而成的；

房屋是由一砖一瓦砌成的；

大力神杯是靠赢得一场又一场的比赛才获得的。

……

每个重大的成就都是一系列的小成就累积而成的。

按部就班做下去是唯一的实现目标的聪明做法。有些时候，某些人从表面看来似乎是一夜成名，但是如果你仔细看看他们的历史，就知道他们的成功并不是偶然的。

据说现代马拉松比赛，每隔 5 公里就有一个标识牌。也就是说，一开始以 5 公里外的标识牌为目标，按照自己的速度跑，到了之后，再以下一个 5 公里外的标识牌为目标……像这样子的，将 42.195 公里的长距离区分为许多个小段，而不是一口气跑完全程。

一位奥运会长跑冠军在自传中这样说道：

“每次比赛之前，我都要乘车把比赛的线路仔细地看一遍，并把沿途比较醒目的标志画下来，比如第一个标志是银行；第二个标志是一棵大树；第三个标志是一座红房子……这样一直画到赛程的终点。比赛开始后，我就以百米的速度奋力地向第一个目标冲去，等到达第一个目标后，我又以同样的速度向第二个目标冲去。40多公里的赛程，就被我分解成这么几个小目标轻松地跑完了。”

这个方法也可以用到工作或是读书方面。人既然活在世上，就应该有活下去、值得努力的目标。然而，如果目标过于远大，令人觉得不太可能实现，无论是谁都不会有努力的欲望。即使好不容易勉强自己去做，我想终究还是会半途而废，因为一直无法感受到成功的滋味。

目标如果设定在可见的距离，就会使人怀抱希望，持续努力。名著《夜与雾》的作者法兰克，曾以精神分析医生的眼光，冷静观察囚禁在纳粹犹太人集中营同胞的心理。其中，有件很有意思的事。

有个犹太人一心想要从集中营活着出来。但是，这种希望怎么想都不太可能实现。于是，他把目标设定在“几月几日联军将会来拯救我们，在此之前，我一定要忍耐”，而延续生存的希望。结果，在他预定的联军将会到来的日子之间，无论环境多么恶劣，令人惊讶的，他都能坚强地活下去。然而，一过他预定联军会来的日期，他就急速地衰弱而死亡了。

也许我们所遭遇的没有这么极端，但同样的道理在我们日常生活中都能发现。无论工作或是读书，只要我们觉得目标可能实现，自然就会充满干劲和希望。相反的，如果不知道工作什么时候才能完成，就提不起继续努力的念头。

想要实现自己的目标，先把目标定为每天可以完成的目标。像马拉松的标识牌一样，区分目标，订立计划。亦即，将目标分为大目标、中目标、小目标。或是称做终生目标、中期目标、近期目标。

譬如，一生的大目标是成为政治家，为人民服务。然而，这目标虽然远大，却不是一朝一夕可以实现，必须先铺路做准备。因此，要设定中期目标。譬如，通过高考，或是就读名牌大学等等。为了达成中期目标，每天所应做的努力，就是近期目标。

《圣经·旧约》中记载：阿西德无论走到哪里，都播下苹果种子。我建议生活中的每一个人都能够向他看齐，不过，要记住，你们播的是成功的种子！无论走到哪里，都要为成功播种，然后再证实有足够的时间茁壮成长，你便有了成功的果实，成功的收获了。

当然，越快成功越好，但是不要操之过急。操之过急的人，往往会有麻烦。避免麻烦比摆脱麻烦容易得多。所以，你要想顺利地、轻松地实现“未来远景”，就必须一步一个脚印，制订每一个事业发展阶段的“短期目标”。这样，你就可以踏着这些台阶，拾级而上，奔向成功的目标了。

◎咬紧一处，有所不为

英国政治活动家、小说家爱德华·立顿说：“有许多人看到我整日里如此忙碌，事无巨细无不顾及，竟然还能有时间来从事学问研究，他们都免不了奇怪地问我：‘你怎么会有那么多时间来完成了这样多的著述呢?你究竟有什么分身之术，可以做完这么多工作呢?’或许我的回答会令你大吃一惊，答案就是——‘我之所以能做到这一点，是因为我从来不同时做好几件事情。’一个能从容自若地安排好工作的人肯定不会让自己过于劳累；换句话说，如果他在今天疲于奔命的话，那么随之而来的必定是疲劳和困乏，这样的话，他明天就不得不减慢工作节奏，所以结果就是得不偿失。我认为，我真正专心致志的学习是从离开大学校园跨入社会之后开始的。到现在为止，我觉得在生活阅历和各种知识的积累方面，跟同时代的绝大多数人相比，自己毫不逊色。我游历了大量地方，所见甚广；在政界和各种各样的社会事务中，我也收获颇丰；除此之外，我在各地出版了大约六十本著作，其中涉及的许多课题是需要深入研究的。你认为通常一天中我会有多少时间用来研究、阅读和写作呢?我可以告诉你，不到三个小时；在国会开会期间，可能连三个小时都没有。然而，在这三个小时之内，我却是全神贯注地投入我的工作的，心无旁骛，用心极专。”

生活中之所以有许多人最终无法实现少年时代的梦想，原因就是他们同时涉足了太多的领域，由此难免会分散精力，这就阻碍了他们的进步，使得他们最终一事无成。他们没有采取一种更明智的做法，集中心志于某一个领域，咬定青山不放松，最终成为该领域所向无敌的行家里手；相反，他们选择了在很多领域成为三脚猫似的人物，他们四处出击，什么东西都有所涉猎，却又都是浮光掠影，浅尝辄止，最终只懂一点皮毛。

一个人要“有所为”必须同时要“有所不为”，严格约束自己“有所不为”的人，方能大有所为。一个人只有做到以超脱的态度对待世事的纷繁和扰动，才有可能倾其全力攻关于重点领域，在这一领域做出突破。

无论做什么事，我们都要“咬紧”一处，坚持不懈地进攻，才会有所突破、做出成就。每一位渴求成功的人，尤其是处于创业阶段的奋进者，务必要时时防范自己，不要滥铺摊子，滥用精力，不要以为到处出击才有收获，而应当像锥子那样，钻其一点，各个击破，让自己在某一方面展示出自己的特长，这样才能赢得更大的成功。那些自认为是多才多艺、精力超群的人，结果反而是看起来样样通，实际上什么都不懂，这样，别人以令人耀眼的特长立足于世，而你却难以与其匹敌，因此痛失获得成功的各种机会。

有一次，一个青年苦恼地对昆虫学家法布尔说：“我不知疲劳地把自己的全部精力都花在我爱好的事业上，结果却收效甚微。”法布尔赞许说：“看来你是一位献身科学的有志青年。”这位青年说：“是啊！我爱科学，可我也爱文学，对音乐和美术我也感兴趣。我把时间全都用上了。”法布尔从口袋里掏出一块放大镜说：“请把你的精力集中到一个焦点上试试，就像这块凸透镜一样。”

马休斯博士说过，那些同时有着很多目标、精力分散的人会很快地耗尽他们的精力，随着精力的耗尽，随之而来的就是原先雄心壮志的消磨。

欧文·伯克斯顿曾说过如果一个人在生活中只追求一个目标——一个唯一的目标，那么在有生之年，他极有可能会实现自己的愿望；但是，如果他事事喜好，见异思迁，那就好像到处播撒种子，到头来只会一无所获，抱憾终生。

第五章

不让机遇从指缝间溜走

◎做好准备，不与“心愿石”失之交臂

有人坐等机会，希望好运气从天而降。成功者积极准备，一旦机会降临，便能牢牢地把握。

有位年轻人，想发财想得发疯。一天，他听说附近深山里有位白发老人，若有缘与他相见，则有求必应，肯定不会空手而归。

于是，那年轻人便连夜收拾行李，赶上山去。

他在那儿苦等了5天，终于见到了那个传说中的老人，他求老者赐给他好运。

老人便告诉他说：“每天清晨，太阳未东升时，你到海边的沙滩上寻找一粒‘心愿石’。其他石头是冷的，而那颗‘心愿石’却与众不同，握在手里，你会感到很温暖而且会发光。一旦你寻找到那颗‘心愿石’，你所祈愿的东西就可以实现了!”

每天清晨，那个年轻人便在海滩上捡石头，发觉不温暖又不发光的，他便丢下海去。日复一日，月复一月，那个年轻人在沙滩上寻找了大半年，却始终也没找到温暖发光的“心愿石”。

有一天，他如往常一样，在沙滩开始捡石头。一发觉不是“心愿石”，他便丢下海去。一粒、两粒、三粒……

突然，年轻人大哭起来，因为他突然意识到：刚才他习惯性地扔出去的那块石头是“温暖”的……

当机遇到来时，如果你麻木不仁就会和它失之交臂。

人们只要抓住机遇，利用机遇，努力奋斗，就可以获得真正幸福的人生。

机遇的产生和利用都需要有其主、客观条件。从主观上讲，机遇只属于那些有准备的人。这里的准备主要有以下内容：一是知识的积累。没有广博而精深的知识，想发现和利用机遇是不可能的。二是思维方法的准备，只具备知识，而没有必要的思维方法，只能让机遇白白地从身边溜走。当然，成功而有效的思维方法的掌握不是一朝一夕的事情，它需要人们下苦工夫，在长期的生活实践中培养训练。因此，我们既要勤于思考，又要有独立思考的能力。但我们也得明白，不论是知识积累方面的准备，还是思维方法方面的准备，都是一个过程。

主观条件非常重要，它要求人们应努力学习和工作。从客观条件讲，机遇的产生和利用需要有良好的社会环境，如自由的科研氛围、平等的择业工作机会及良好的家庭环境、教育程度等。机遇的产生是主、客观条件相互作用的结果，它既有必然性，也有偶然性。只有捕捉住机遇，才能使其由可能性向现实性转化，从而使人们走向成功的峰巅。

怎样去准备呢？那就要留心周围的小事，独具慧眼。在日常生活中，常常会发生各种各样的事，有些事使人大吃一惊，有些事却毫无惊人之处。一般而言，使人大吃一惊的事会使人倍加关注，而平淡无奇的事往往不被人所注意，但它却可能包含有重要的意义。一个有敏锐洞察力的人，他会独具慧眼。19 世纪的英国物理学家瑞利正是从日常生活中洞察到，端茶水上来时，茶杯会在碟子里滑动和倾斜，有时茶杯里的茶水也会洒一些，但当茶水稍洒出一点弄湿了茶碟时会突然变得不易在碟上滑动了。瑞利对此做了进一步探究，做了许多相类似的实验，结果得到一种求算摩擦的方法——倾斜法，给人们的科学事业做出了极大的贡献。当然，我们说培养敏锐的洞察力，留心周围小事的重要意义，并不是让人们把目光完全局限于“小事”上，而是要人们“小中见大”、“见微知著”。只有这样，才能有更多发现机遇的机会。

在具备敏锐洞察力的前提下，还必须具备一定的判断力。判断力不仅对于正常情况下的科学发现活动和其他实践活动是重要的，对于异常情况下的科学发现活动及社会急剧变化时的实践活动更为重要。人们应该根据自己的判断力，选择和从事有利于社会又适合自己，能给自己带来物质和精神生活幸福的工作。

◎机遇在于主动把握

要抓住机遇，获得幸福，还必须在善于利用他人的成果，进行创造性的劳动时，也要吸取自己以往的经验和教训，发挥自己的想象力和创造力，注意与他人合作。在实现人类整体幸福的过程中实现个人的幸福。

时代和社会向人们提出了挑战，也给人们提供了各种机遇。人们不能盲目地迎接挑战，也不能希冀机遇全都降临于自身。

机遇固然重要，但不能坐等机遇，不然机遇会白白地从身边溜走。

在现代社会中，随着社会分工的精细和社会交往关系的程序化，个体一般都处在不同的单位如政府机关、研究院、学校、商店、工厂、公司之中。应当承认，尽管当今社会为人们提供了通向机遇的广阔道路，但毕竟不同岗位、职业间机遇发生率的差异依然存在，如一些职业出国机会多，一些岗位晋升快，有的职业致富门路宽，而有的职业、岗位则缺乏上述的机遇。正是由于不同的职业、岗位的机遇发生率不同，因而人们非常重视对职业的选择。近年来自谋职业和“跳槽”成风，充分表现出人们对机遇的渴望之情。

当然，人各有志，有的至今仍然恪尽职守于看似平淡的工作岗位，有的则仍专注于学术研究，来丰富自己的精神生活。由于机遇并不是平均分配在各地各行各业中的，因而面对挑战，如果人们接近有较多机遇的职业，接近能提供机遇的人与环境，会更有利于谋求和捕捉机遇。这就是说，人们需要选择“向阳”与“近水”的工作和生活环境，因为它能使人们的工作迅速取得成就。

人生恰如草木之生长，其成功、成长和幸福的获得，需要一个良好的外部环境。谋求机遇和幸福，更需要接近那些能带来较多机遇的职业岗位与人事环境。只有环境条件好，机遇发生率高，人们才能取得更多的成功，才能真正得到人生幸福。例如，一般来说，新的开发区和新的单位由于人员相对缺乏，发展速度较快，受旧关系网络的束缚较小，各种岗位的缺额更多，因此，在这里人们发挥才能的机会、表现才干与创造性的机遇较多，人们得到重用、升迁、晋级的机遇相对来说也较多。当然，因为新，许多工作必须从零开始，需要新的观念和知识，所以人们遇到的困难也多，受到的挑战也大。可以说，在这样的单位中，挑战与机遇并存，只有勇敢地迎接挑战，捕捉住机遇，才能够施展出自己的才华。如何抓住机遇，并没有固定的模式和准则可循，但过人的洞察力和预见能力无疑是非常重要的。平时留心周围的小事，可练就敏锐的洞察力。牛顿不放过苹果落地、伽利略不忽视吊灯摆动、瓦特研究烧开水后的壶盖跳动……这些似乎司空见惯的现象，他们因此而有所发明或发现。

《致富时代》杂志上，曾刊登过这样一个故事：有一个自称“只要能赚钱的生意，都做”的年轻人哈特，在一次偶然的机会听人说，市民缺乏便宜的塑料袋盛垃圾。他想：“这个塑料袋的生意，说不定我就能做。”于是他立即进行了市场调查，通过认真预测，认为有利可图。他开始着手行动，很快把物美价廉的塑料袋推向市场。结果，靠那条别人看来一文不值的“垃圾袋”的信息，两星期内，哈特赚了4万美元。

富尔顿十岁时，和几个小朋友一起去划船钓鱼。富尔顿坐在船舷上，他的两只脚不在意地在水里来回踢着。不知什么时候，船缆松了扣，小船漂走了。富尔顿没有忽视这种生活中的小事，他发现自己的两只脚起了船桨的作用。富尔顿长大以后，经过刻苦的学习和研究，终于制造出世界上第一艘真正的轮船。

麦可·西姆公司原是一家仅有30多人生产雨衣的小公司，因产品滞销，公司陷入困境。一天，董事长麦可·西姆先生从人口普查材料中发现，美国每年出生婴儿500万，这引起他的深思：尿布这个不显眼的小产品，大企业不屑一顾，但却是婴儿的必需品，就算每个婴儿每年最低限度只用两条，一年就是1000多万条，何况还有广阔的国际市场。于是他立即转产婴儿尿布，结果产品畅销国内外。

现代社会是信息时代，企业的竞争就是技术和信息的竞争，日常生活中可利用的信息当然不局限于气象和新闻，只要我们思路开阔，头脑灵活，善于捕捉有价值的信息，能帮助你发展事业的信息无处不在。

查克·豪丝是惠普公司一位聪明能干、积极努力的工程师，几年前正在研制一种新型显示监视器时，上级通知他放弃这个努力。他通过广泛调查，预见到这种显示器必然有巨大的潜力。因此，他没有理会上级的指示，继续进行这种新产品的研制，而不管上级多次要求他停止这项工作的压力。他说服他所在部门的研究与开发经理，把这种监视器投入了生产和市场。结果，惠普公司销售了17000台这种监视器，赢利3500万美元，豪丝也因"超乎工程师的正常职责范围，表现出异乎寻常的藐视上级指示"而受到重奖。

实际上，促使豪丝出人头地的主要因素是他超乎常人的预见力。如果他不能正确预见到产品畅销，则没有足够的勇气违背上级指示；如果预见和判断错误，则会受到上级的严厉指责，可能因此被炒鱿鱼。

要把握机遇，获得灵感，还必须善于利用他人的成功经验。这不仅包括别人通过辛勤的努力所换来的结果，也包括别人努力的过程。

梅隆家族是美国的超级巨富，第一次世界大战以后，它垄断了新兴的制铝工业；第二次世界大战以后，它又以石油为主要产业在美国工矿企业中雄居首位。据美国《幸福》等杂志的统计，1970年梅隆财团控制下的企业总资产约为329亿美元，在美国八大财团中占第六位。

梅隆财团第一代创始人托马斯·梅隆则是这份家业的开拓者。梅隆家族祖祖辈辈生活在爱尔兰乡间，只有很少的土地，比较贫困。托马斯·梅隆14岁的一天，他在种荞麦，突然，托马斯在犁过的田中发现了一本散落的《本杰明·富兰克林自传》。从这本书里，托马斯看到了像他一样的普通人，也可以富有教养、通达事理、出人头地。他后来写道："我看到了富兰克林，他比我还穷，但凭着勤奋、节俭，他终于变成了才识出众、睿智果断、富有而又闻名的人物。”从此，一种不安躁动在他心里，那就是富兰克林吸引他去思考放弃土地。这个偶然事件对托马斯的影响贯穿其毕生，43年以后，当他最终建造起象征他事业顶峰的银行大厦时，他没有忘记在人形山头的中央，矗立起一座富兰克林塑像。

◎别把“没有机遇”挂在嘴边

凡是做出事业的人，往往不是那些幸运之神的宠儿，反倒是那些“没有机遇”的苦孩子。

不要常说自己没有机遇，其实，“没有机遇”永远是那些失败者的推托之词。试着走入失败者的队伍加以查询，他们的大多数人将告诉你，他们之所以失败，是因为不能得到别人所具有的机遇，没有人帮助他们，没有人提拔他们。他们将对你说，好的位置已经人满了，高等的职位已被挤足了，一切好的机遇都已被他人捷足先登，所以他们毫无机遇了。

但有骨气的人却不会推托。他们只是迈步向前，他们不等待别人的援助，他们依靠的是自助。世界上需要而缺少的，正是那些能够制造机遇并牢牢把握机遇的人！等待机遇而至成为一种习惯，这真是一件危险的事。工作的热情与精力，就在这种等待中消失。对于那些不肯工作而只会胡思乱想的人，机遇是不可望的，只有那些勤恳工作的人，不肯轻易放过机遇的人，才能看得见机遇。

你或者想，机遇或机遇的到来一定是非同小可之事。但实际上，到达你的高处的台阶（机会），就在日常行事之间，不管你实际所行的是哪一类事。

在你现在所处的地位中，或者已经是人满了，但在较高的地位上，却总是有着空隙。上百万人闹着失业，但在每个高等职业学校或职业介绍所的门口，却总挂上“招聘”的广告。世界上每时每处都在寻找受过较好职业训练的人。高额的薪水、优厚的待遇，在等候着有能力并能够成功的青年来获取。

有许多人已经触着了很好很大的机遇，而他们却还在梦想着发财的、高升的更大更好的渺茫机遇。当前的机遇他们不认识，是因为他们的心中另有不确实的幻影。

有的人对于机遇一事，眼界太高，欲望太奢。往往为着一心要摘取远处的玫瑰，反而将近在脚下的菊花踏坏。千里之行，始于足下，不可忘却了大事业，但要从小处着手。

现在生活在都市而每天怨天尤人的青年，与那生长在边区丛林中的人们易地相处，使他们住在一所旷野中简陋的木棚房子中；远离学校、铁道；没有报纸、书籍、金钱，没有日常生活上的享受，甚至没有日常生活上的必需品，他们将作何感想？使他们必须日行九里，才能进一个设在木棚房子中的简陋的学校中去读书，他们将作何感想？使他们必须在荒野中跋涉五十里，才能借到一本书籍，然后在白天辛勤工作后，借着木柴的火焰之光而阅读，他们将作何感想？让他们如同林肯一样，受学校教育只满一年，即不得不投身工作，他们将作何感想？

每个人只要有抓得住当前机遇的毅力，有为目标而奋斗的精神，都有获得成功的可能。但你该牢记，你的出路就在你自己身上，在你以为出路是在别处或别人身上时，你是要失败的。你的机遇就包含在你的人格中。

你成功的可能性就在你自己的生命中，正像未来的参天大树的种子隐伏在野草灌木丛中一样。你的成功就是自我的演进、展开与实现。

没有机遇，永远在等待机遇。这是怯弱者和懒怠者的托辞。

◎机遇并非上帝的恩赐

亚历山大在打了一个胜仗之后，有人问他假使有机遇，他想不想把第二个城邑攻下？“什么？”他怒吼起来，“机遇？我制造机遇！”

世界上最需要的，正是那些能够制造机遇的人。

时机虽是超乎人类能力的大自然的力量，但人在机遇面前，不都是被动的、消极的。许多能成大事的人不愁不烦，总是静待机遇的到来，但更多的时候，是积极地、主动地争取机会，“创造”机遇。

其实，在主动进取的人面前，机遇完全是可以“创造”的。培根指出：“智者所创造的机遇，要比他所能找到的多。只是消极等待机遇，这是一种侥幸的心理。正如樱树那样，虽在静静地等待着春天的到来，而它却无时无刻不在养精蓄锐。”

当一个人计划周详，考虑缜密，在多种有利因素的配合下，时机常常会来到你的身边。一个强者，总能创造出契机，常常与机会结缘，并能借助机遇的双翼，搏击于事业的长空。

人不仅要把握机遇，更需千方百计，伸长触角，张大触须创造机遇。走向成功的人，绝不是一个逍遥自在、没有任何压力的观光客，而是一个积极投入、“执迷不悟”的参与者。善于制造机遇，并张开双臂迎来机会的人，最有希望与成功为伍。积极创造机遇，也正是现代人必须具备的人生态度。

机遇是一种重要的社会资源。它的到来，条件往往十分苛刻，且相当稀缺难得，它并非那样轻易得到。要获得它，需要极大的“投入”，才会有“产出”，需要高昂的代价和成本，准备相当充足的实力、雄厚的才能功底。机遇相当“重情谊”，你对它倾心，它也会对你钟情，给你报答。但机遇绝不轻易光顾你的门庭，不愿意花费“投入”的人，也绝得不到它的偏爱与回报。喜剧演员游本昌深有感悟地说：“机遇对每个人都是相等的，当机遇到来时，早有准备的人便会脱颖而出；而那些没有任何准备的人，只能看着机会白白地流失。”

机遇绝非上苍的恩赐，它是创造主体主动争来的，主动创造出来的。机遇是珍贵而稀缺的，又是极易消逝的。你对它怠慢、冷落、漫不经心，它也不会向你伸出热情的手臂。主动出击的人，易俘获机遇。守株待兔的人，常与机遇无缘，这是普遍的法则。你若比一般人更显出主动、热情的话，机遇就会向你靠拢。

机遇最喜欢爱拼善攻、有挑战性格的人，它最乐意为这样的人“效劳”。所以，在机遇面前，无疑需要敢于拼搏、锲而不舍的精神，将自身的能量最大限度地发挥出来。只有勇于战胜那些看似难以克服的困难，才使机遇发挥出极大的效能。有些人为艰难所折服，就会使已到手的机遇未能得到充分利用，而使自己功亏一篑，也使曾做出的努力付诸东流。

在经营自己的人生时，我们不仅要做一个积极的“生产商”，而且要做一个称职的“推销员”。“伯乐”识才是对个人成长有利的机遇，我们要向社会、向同行、向“伯乐”们主动显示自己的才能。世上“千里马”常有而“伯乐”不常有，是因为“伯乐”在明处，而“千里马”潜藏于暗处，而且“伯乐”也受到精力、智慧、时间、地位和信息获得、活动范围等多方面的限制，尽管他们卓有眼力，也难以识尽天下之才。因此，“千里马”就要踏上社会的舞台，到广阔的空间一显身手，拿出自己的成果来，以初步的成果做敲门砖，敲开“伯乐”的家门。古今中外，以推出成果创造机遇，走进成功殿堂的人真是不胜枚举。

机遇的抓获，是一个逐步进行优势积累的过程。从不少成功者的经历看，他们都是创造机遇并充分利用机遇的智者。一开始，他们是一面勤奋地、精心地积累，一面在寻觅机遇。当他们有一定程度的知识、能力功底时，机遇就会不期而至。当他们利用实力和机遇取得成绩后，又会遇到质和量更高、更利于自身发展的新机遇。

创造机遇需要一种韧劲、磨劲。当你确定了明确的奋斗方向，有坚定的信念，并时时刻刻准备“接纳”机遇时，就有可能得到机遇女神的青睐。

◎发现它，捕捉它

人生机遇作为人生过程中的偶然因素，它要受必然性的支配。这个必然性不是天意，也不是命中注定，而是人的主体作用与客观条件的有机结合，那么如何才能捕捉人生机遇呢？

1. 锤炼自我，发现机遇

人生机遇形成的客观条件主要有社会背景、家庭环境、学业和职业社会环境三个因素。客观条件虽然不容忽视，但人的主体作用对于人生机遇的捕捉更起着关键的作用。当人生机遇降临时，之所以有的人能慧眼识珠，有的人却视而不见；有的人能及时抓住，有的人却无能为力，其根源就在于人的主观条件存在着差异。

捕捉人生机遇的主观条件主要包括两方面，即学识和方法。

学识即知识和见识。学识具有累积性的特点，它既是形成人生机遇的主观条件，又带有准备的性质。所谓有准备的头脑是指一种思想准备，它包括两方面：一是知识积累的准备。这里所说的知识，不光指书本知识，而且还包括从社会实践中获得的实际工作能力。知识积累方面的准备是发现、识别、捕捉乃至利用人生机遇的基础。二是生活见识方面的积累。这里所说的见识，实际上就是审时度势，驾驭环境，对自己人生目标做出最佳选择的能力。人生主体在根据需要不断进行自我设计、自我选择、自我调整的过程中，注意生活见识的积累有利于发现、识别和截获机遇。

捕捉人生机遇的方法主要有：

一是思维方式的辩证性。这种思维方式既是发散的，又是收敛的；既善于吸收各种有益的思想观念，又保持自身思想观念的独立性，是开放性和独立性相统一的思维模式。思维方式辩证性的机遇效应是，当人生道路上突发某些意外事件时，能充分运用联想、移植等方法辐射出去，设想可能发生的种种结果，以便用于实现人生目标。

二是目标方式的可塑性。这是指目标方式可以根据事物的变化而进行调整。因为事物总是处于不断的变化中，人们只有增强应变能力，随着社会的发展变化对自己的学习、工作和生活目标进行相应的调整，才能创造人生的价值。如果人们面对多变的世界，只有一种目标，就会丧失人生良机。

三是交往方式的开放性。这是指扩大交往的范围，增大交往的频率。因为机遇在封闭的状态下不易碰见，只有在开放的人际交往中才有可能发现和捕捉较多的人生机遇。

四是心理素质的协调性。这种协调性表现为强烈的好奇心、求知欲、敏锐的观察力和准确的判断力。只有具备协调性素质，才有可能及时、准确地抓住人生机遇，努力发展自己。

五是意志品质的坚定性。机遇不仅垂青有准备的头脑，而且期待人们对它的执著追求。对人生有执著追求的人之所以能幸获机遇，在于他们在人生实践中有热情、毅力和坚定的意志。

2. 珍惜时间，捕捉机遇

谈到成功的经验，美国百货业巨子约翰·甘布士说："不要放弃任何一个哪怕只有万分之一的可能的机会。"西班牙作家塞万提斯则认为："取道'等一等'之路，常走入'永不'之室。"在追求事业的旅程中，有时稍一疏忽，就地观望，裹足不前，就有可能与机遇失之交臂。

机遇，来去匆匆，瞬息而过。不失时机地、准确地把握机遇，对步入成才之路的青年至关重要。把握住机遇的关键是要思维敏捷、及时捕捉，莫让它轻易溜走，以致一失"机"成千古恨。

英国诗人布莱克的一首诗中，写出了时机"即时"的特性：

如果在时机成熟前强趁时机，
你无疑将洒下悔恨的泪滴；
但如你一旦把成熟的时机错过，
无尽的痛苦将使你终生哭泣。

正因为机遇是稍纵即逝的火花，一旦失去，再要拥有它就不容易了。因此，对于一个人而言，决策的时机就显得至关重要了。

然而，当机遇确实从你鼻子底下溜走时，光埋怨自责，乃至消极沉沦是不行的。重要的是，要认识到机会是不断会有的，错过了一次机会，追悔惋惜无济于事，倒不如让心平静下来，积聚力量去等待、捕捉新的机会。昨天的机会虽永远逝去，但新的机会、新的希望仍会不断呈现在你的面前。要知道，春天失去了还有夏天，太阳落下了还有月亮。只要始终不放弃努力，机遇终会向你招手。

3. 增强胆识，驾驭机遇

许多人之所以没有获得成功，其实并非是个人的能力和才干稍逊一筹，而是由于缺乏把握机遇、驾驭机遇的敏锐和胆识。

成功者除了基础积累以外，相当重要的是在于当机遇如蒙面人般地与他擦身而过时，能一眼识别，并紧紧抓住，利用机遇，拓展自己。

成功的人生，必须把握住时机和火候。即对何时冲锋，何时退却；何时说话，何时沉默；何时拥有，何时放弃；何时抗争，何时妥协，都有很好的把握。要乐于舍弃那些浮华、耀眼、同自己的目标相违背，却极具表面诱惑力的东西。成才道上，胆量和识见，缺一不可。

眼力不同的人，对同一事物的判断会迥然相异。有这样一个例子：在美国和英国，各有一家皮鞋公司，各派了一名推销员到太平洋的某个岛屿去开辟市场。他们上岛后，都于次日给自己的公司发回了电报。其中一份电文是："这座岛上没有人穿鞋子，我明天搭乘第一班飞机回去。"而另一名推销员却在电报中说："好极了，这个岛上没有一个人穿鞋子，我将驻在此地大力推销。"特有的悟性，使他看到了希望，并帮助他开拓了新市场。

在机遇面前，你应该做一个强者，而不应该做机遇的奴仆。

古希腊哲学家苏格拉底曾断言："最有希望的成功者，并不是才华最出众的人，而是那些最善于利用每一时机发掘开拓的人。"

在我们的一生中，机遇可以说是随时存在的。由于机遇转瞬即逝，没抓住它，就永远失去了。若抓住了一次，就可能造成人生的转机。机遇能不能变成你的现实利益，则要看你是不是具有发现它的头脑、捕捉它的目光、抓住它的胆魄和利用它的实力。从寻找到发现、抓获、利用它，是个厚积薄发的过程。只有长期追求，苦心积累，才能真正有所发现、有所收获。因此，将力量的基点放在积累能量、蓄势待发上，则不失为明智之举。

第六章

追求无止境

◎跌倒后最重要的是爬起来

跌倒不算失败，跌倒了站不起来，才是失败。

世界上有无数人，已经丧失了他们所拥有的一切东西，然而还不能把他们叫做失败者，因为他们仍然有着不可屈服的意志，有些坚忍不拔的精神。

要检验一个人的品格，最好是看他失败以后如何行动。失败以后，能否激发他的更多的策略与新的智慧？能否激发他潜在的力量？是增强了他的决断力，还是使他心灰意冷呢？

爱默生说："伟大高贵人物最明显的标志，就是他坚强的意志，不管环境变化到何种境地，他的初衷与希望，仍然不会有丝毫的更改，而终至克服障碍，以达到所企望的目的。"

"跌倒了再爬起来，从失败中求胜利。"这是历代伟人的成功秘诀。

有人问一个孩子，他是怎么学会溜冰的？那孩子回答道："哦，跌倒了爬起来，爬起来再跌倒，就学会了。"之所以个人成功，之所以军队胜利，实际上就是这样的一种精神。跌倒不算失败，跌倒了站不起来，才是失败。

可能过去的一切，对一些人来说是一部非常痛苦、非常失望的伤心史。所以，有的人在回忆从前时，会觉得自己处处失败、碌碌无为，他们竟然在非常希望成功的事情上失败了，或是他们所至亲至爱的亲属朋友，竟然离他而去，或是他们已经失掉了职位，或是营业失败，或是因为各种原因而不能使自己的家庭得以维系。在这些人看来，自己的前景似乎是十分的渺茫。然而即便有上述的种种不幸，只要你永不甘屈服，那么胜利就在前方，就在向你招手。

失败是对一个人人格的考验，在一个人除了自己的生命以外，一切都已失去的情况下，潜在的力量到底还有多少？没有勇气继续奋争的人，自认失败的人，那么他所有的能力，就会全部消失。而只有毫无畏惧、勇往直前、永不放弃人生责任的人，才会在自己的生命里有伟大的进展。

有人也许要说，早已失败多次了，所以再试也是徒劳无功，这种想法真是太自暴自弃了！

对意志永不屈服的人，根本就没有所谓失败。无论成功是多么遥远，失败的次数是多少，最后的胜利仍然在他的希望里。狄更斯在他小说里讲到一个守财奴斯克鲁奇，最初是个爱财如命、一毛不拔、残酷无情的家伙，他甚至把全部的精神都钻在钱眼里。可是到了晚年，他竟然变成一个慷慨的慈善家、一个宽宏大量的人、一个真诚爱人的人。狄更斯的这部小说并非完全虚构，世界上也真有这样的事实。人的根性都可以由卑鄙变为善良，人的事业又何尝不能由失败变为成功呢？现实生活中这样的例子并不少，许多人失败了再起来，沮丧而又不认输，抱着不屈不挠的无畏精神，向前奋进，最终竟然获得了成功。

世界上有无数人，已经丧失了他们所拥有的一切东西，然而还不能把他们叫做失败者，因为他们仍然有着不可屈服的意志，有着坚忍不拔的精神。

世间真正伟大的人，对于世间所说的种种成败，并不介意，所谓“不以物喜，不以己悲”。这类人无论面对多么大的失望，绝不失去镇静，这样的人终能获得最后的胜利。在狂风暴雨的袭击中，那些心灵脆弱的人们唯有束手待毙，但这些人的自信精神、镇定气概、却仍然存在，而这种精神使得他们能够克服外在的一切境遇，去获得成功。

温特·菲力说：“失败，是走上更高地位的开始。”许多人所获得最后的胜利，只是来自于他们的屡败屡战。对于没有遇见过失败的人，有时反而让他不知道什么是大胜利。一般来说，失败会给勇敢者以果断和决心。

跌倒不要紧，最重要的是能爬起来。

◎行动，而不是犹豫

许多人害怕负起做决断的责任——决定不下要采取什么样的行动。因为他们担心，事情若是做不成功，他们便要成为承担者的对象。因此，他们尽可能避免负责，如有必要，他们会陷入忧愁、疑惧或不知所措。这种焦虑和紧张，往往使身体和精神趋于崩溃。1942年，有位住在加拿大尼加拉瓜瀑布地区的年轻小伙子，名叫柯思迪罗。他退伍之后，立刻在"安大略水力发电代办处"找到一份修理机械的工作。18个月以来，他一直表现良好，而且工作得很愉快。一天，上司告诉他一个好消息——他被升为领工，负责管理厂内重机油的设备。

"从那时起，我便开始忧愁了，"柯思迪罗描述道，"我曾是个快乐的机械工，但调升为领工之后，日子便不再快乐了。我所担负的责任带给我许多压力，不论是清醒时或在睡梦里，不论在厂内或家里，焦虑常是我最亲密的伴侣。

"然后，事情发生了——我一直埋怨的紧急变故终于发生了。我当时正走向一个碎石坑，那里应有四部牵引机在工作。但坑里那时是一片宁静，我急忙跑过去看，原来四部牵引机都发生故障。

"我从没碰到这样的大事故，因此脑子空空不知如何是好。我跑去找监督，告诉他这个天大的不幸的消息，然后静等着他向我大发雷霆。

"但屋顶并没有掉下来，相反的，这位监督转过身来，若无其事地向我微微一笑，然后说了几个字眼——假如我有幸活到一千岁的话，也永远不会忘记这些字眼。他对我说：

"'把它修好啊！'

"就从那一刻开始，我所有的忧愁、恐惧和焦虑，完全一扫而空，整个世界又恢复了正常。我急忙拿了工具出去，马上开始修理那四部牵引机。这几个神妙的字眼可说是我一生的转折点，并且改变了我的工作态度。感谢那位监督，我不但再度对工作燃起了热忱，也下定决心——遇事不要惊慌，不要忧烦，只要赶紧‘把它修理好’，就可以啦！”

住在印第安纳州的泰德·斯坦坎普先生，便是位幸运人士。他的父亲不仅了解积极行动的价值，并且知道如何把这个观念和习惯传授给儿子。事情的经过是这样的：

泰德·斯坦坎普12岁时曾被邻居一个孩子欺负，所以，他决心不再出门，这样比较保险。过了几天，作为他帮忙割草的奖励，泰德的父亲给了他一些钱要他去看电影和买冰淇淋。泰德把钱放进口袋，但没有去看电影——虽然他是那么渴望去看电影——怕会遇见那个邻居的孩子。

“我父亲以为我是生病了，”泰德·斯坦坎普说，“我含糊地回答他的问话。第二天傍晚我到巷子里去玩弹子。这时候我发现了我的敌人——他此时像《圣经》里被大卫王杀死的菲利斯丁巨人那样可怕——向我冲来。我吓得调过头拼命跑回我家的车库，谁知我爸爸正站在我面前。他问我究竟是怎么了，我谎称我们在捉迷藏。这时候一个声音传进来：‘出来，胆小鬼。’

“我爸爸手中多了一根两英尺长的厚厚的汽车皮带，语气平静地对我说，如果我不敢面对那个大块头，就必须等着挨皮带。我稍一犹豫，皮带就打在我的屁股上，那种疼痛比打架时挨过的拳头厉害多了。

“我像炮弹被发射般奔出车库，出其不意地冲向那个家伙。第一拳打得他没有心理准备，接二连三地又是几下，他只有狼狈逃窜。

“后来的几天成为我童年最快乐的记忆，勇气带给我的报偿是一种享受，我重获自尊，而且我得出一个有用的结论——不要逃避现实，要勇敢地面对它。一条汽车皮带和一个睿智的父亲叫我明白了一个真理。”

做出决定进而采取行动的能力是做好自我保护的要素之一。虽然多数人在大半生的时间里都循着常规生活，但没有人能预知紧急情况的发生，所以时刻准备行动，权衡利弊。选择最有利的办法付诸实施的习性的养成，可能会成为未来某天掌握我们自己以及以我们为支柱的人的生死关键。

紧急的情况往往逼使我们要当机立断，立刻采取行动，不能多有犹豫、考虑的时间，否则情况将难以补救。

当需要付诸行动的时候，不能犹豫。

◎剪掉意念里的枝枝蔓蔓

对大部分人来说，如果一入社会就善于利用自己的精力，不让它消耗在一些毫无意义的事情上，那么就有成功的希望。但是，很多人却偏偏喜欢东学一点、西学一下，尽管忙碌了一生却往往没有什么专长，到头来什么事情也没做成，更谈不上有什么强项。

在这方面，蚂蚁是人们最好的榜样。它们驮着一大颗食物，齐心协力地推着、拖着它前进，一路上不知道要遇到多少困难，要翻多少跟头，千辛万苦才把一颗食物弄到家门口。蚂蚁给我们最好的教益是：只要不断努力、持之以恒，就必定能得到好的结果。

明智的人最懂得把全部的精力集中在一件事上，唯有如此方能实现目标；明智的人也善于依靠不屈不挠的意志、百折不回的决心以及持之以恒的忍耐力，努力在人们的生存竞争中去获得胜利。

那些富有经验的园丁往往习惯把树木上许多能开花结果的枝条剪去，一般人往往觉得很可惜。但是，园丁们知道，为了使树木能更快地茁壮成长，为了让以后的果实结得更饱满，就必须忍痛将这些旁枝剪去。否则，若要保留这些枝条，那么将来的总收成肯定要减少无数倍。

那些有经验的花匠也习惯把许多快要绽开的花蕾剪去，这是为什么呢？这些花蕾不是同样可以开出美丽的花朵吗？花匠们知道，剪去其中的大部分花蕾后，可以使所有的养分都集中在其余的少数花蕾上。等到这少数花蕾绽开时，一定可以成为那种罕见、珍贵、硕大无比的奇葩。

做人就像培植花木一样，与其把所有的精力消耗在许多毫无意义的事情上，还不如看准一项适合自己的重要事业，集中所有精力，埋头苦干，全力以赴，肯定可以取得杰出的成绩。

如果你想成为一个众人叹服的领袖，成为一个才识过人、无人可及的人物，就一定要排除大脑中许多杂乱无绪的念头。如果你想在一个重要的方面取得伟大的成就，那么就要大胆地举起剪刀，把所有微不足道的、平凡无奇的、毫无把握的愿望完全“剪去”，在一件重要的事情面前，即便是那些已有眉目的事情，也必须忍痛“剪掉”。

世界上无数的人之所以失败，并不是因为他们才能不够，而是因为他们不能集中精力、不能全力以赴地去做适当的工作，他们使自己的精力在许多并无助益的事情上徒耗了，而他们自己竟然还从未觉悟到这一点。如果把心中的那些杂念一一剪掉，使生命力中的所有养料都集中到一个方面，那么他们将来一定会惊讶——自己的事业上竟然能够结出那么美丽丰硕的果实。

拥有一种专门的技能要比有十种心思来得有价值。有专门技能的人随时随地都在这方面下苦功求进步，时时刻刻都在设法弥补自己的缺陷和弱点，总是想到把事情做得尽善尽美。而有十种心思的人就和他不一样，他可能会忙不过来，要顾及这一点又要顾及那一个，由于精心和心思分散，事事只能做到“尚可”为止，结果当然是一事无成。

现代社会的竞争日趋激烈，所以，你必须专心一致，对自己认定的某一件事某一个目标全力以赴，这样才能做到得心应手，有出色的业绩。

◎人越伟大，行事越谦卑

在现代西方文化中，人们普遍低估了谦卑的价值。流行的观点认为，谦卑只适用于与宗教有关的方面；至于在“现实”世界，它就不能对你有所助益了。许多人将骄傲与无所畏惧视为美德，而将谦卑视作软弱。这也许是由于他们并不懂得谦卑的真正含义。他们将谦卑与自视过低或自卑等量齐观了，事实上，真正的谦卑并非如此。

其实，真正的谦卑恰好与此相反。真正伟大的人物都是十分谦卑的。历史上曾出现过的那些最受人尊敬的伟人们承认，他们的伟大并非来自他们自己，而是一种更强大的力量在他们身上起作用的结果。真正的谦卑即是认识到，个人不过是这个更大的力量作用的工具罢了。耶稣曾说："我对你们所说的话，不是凭着自己说的，乃是住在我里面的父做他自己的事。"许多宗教导师也都承认这一点，真正的天才人物大都怀有很深的谦卑。伊斯兰教什叶派第一位伊玛目、第四位哈里发曾说："为他人做的善事，你要掩藏；他人为你做的善事，则要显扬。"犹太教最伟大的学者本·西拉也说："人越伟大，行事越谦卑。"

世界上一位最伟大的自然科学探索者伊萨克·牛顿爵士暮年曾慨叹道："我就像个在沙滩上戏耍的小孩子，面前则是一片未知的真理的海洋。"另一位自然科学的巨人爱因斯坦，也以其孩子般的朴素而著称于世。沃尔特·拉塞尔博士，一位在许多领域都获得成就的科学家说道："一个人只有学会了忘掉自我，他才可能发现自我。个人的自我必然消融，而由宇宙的自我所取代。"他的话简直就是耶稣上面所说的话的回声。

什么是宇宙的自我，它与个人的自我又有哪些不同呢？首先，个人的自我即我们大多数人所认同的"自己"，即我们相信，我们就是这个"自我"，它包括我们赋予自我评价的各种显现方式。个人的自我与我们的外貌、我们的成就及我们的私有财产相一致，就是我们自身的这个自我倾向于与他人竞争；如果未能达到他所希望的目标，就会感到恼怒或受到了伤害。这个本性的自我要求受人尊重，喜欢显得正确，并喜欢控制他人，这个本性的自我还促使人们仅仅依靠自己的努力去解决问题，而不是转而求助于他人的智慧。这个自我听起来有些熟悉吗？

有些人可能会说："你说的恰好就是人类的天性。"也许，我们上面所说的正是人类天性中我们最熟悉的部分。然而，我们的天性中还有另一部分，一个"更高的自我"，它像神圣的火花存在于我们每个人的身上。不幸的是，在大多数时间里，这个更高的自我被我们上面描述的那个自我掩盖住了。我们往往看不到这个宇宙的自我或称"更高的"自我，因为，我们的两眼往往被个人的自我这个身份所蒙蔽。这就好比我们仰视天空，天空中一直布满着群星，但在白天，它们被太阳的强光遮掩，我们用肉眼是见不到的；直到太阳落山之后，我们才会看到星斗满天。

为了在生活中显示出我们的伟大，我们应该学会谦卑。随着我们日渐变得谦卑起来，我们便开始明了谦卑的真正内涵。谦卑地承认，我们对真理的认识还所知不多，这不会使我们变成不可知论者。如果一位医生能够坦率承认，他并不通晓所有的疾病、症状与治疗方法，那么，我们当然也应谦卑地承认，我们每一个人都必须更多地学习真理。

◎成功不等于赢

在追求增大我们能力的过程当中，并不需要踩着别人的头顶往上爬，也不需要赚个几百万，或是做到公司的总裁。成功的意义并不总在一个“赢”字。

有一个智能不足的年轻女孩，曾将成功的真谛表达得淋漓尽致。下面是关于这个女孩的故事。

在一个大城市的精神病患者举行的运动会选拔赛中，与赛者如同正常人一样，竞争得非常激烈。在中距离赛跑项目中，有两个女孩竞争得格外厉害。最后决赛时，这两个女孩更是备足了力量较劲。

最后有四名选手进入决赛，要决定谁获得该城的冠军。比赛开始，女孩子们在跑道上前进。这两名实力最强的选手很快便将另外两人抛在后面。

在剩下最后一百米的时候，两名赛跑者几乎是比肩齐步，都极力要跑赢对方。就在这个时候，稍微落后的那个女孩脚步不稳，绊倒了。按照一般的情况来说，这等于宣布了谁是赢家。但这一回可不是这样。

领先的跑者停下来，折回去扶起她的敌手，为她拂去膝盖和衣服上的泥土，此时，另外两个女孩子已冲过终点线。

赢得比赛是当天竞赛的目标，但谁才是这次比赛中真正的赢家，应该是毋庸置疑的。那个小女孩已将她最重要的能力发挥到极致——爱的能力；而爱的能力使她比一般人赢得更多。

即使我性好竞争，仍然忍不住要想，有朝一日我也能得到同那女孩一样的成功。但我得先了解，爱的喜悦远胜过胜利的滋味。若你能两者兼顾，依我之见，你是个超人。

人生中有许多时刻，你表面上输了，但其实是真正的赢家。比方说，某个周日下午，你正和邻人在起居间共享午茶。糟糕！她的茶杯翻倒了，茶水溅在你价值不菲的地毯上。

你会说："别担心！这地毯不容易弄脏的，只要一会儿便可以把它处理掉。请千万别放在心上。"

同一天下午，你的小孩不小心把一杯牛奶打翻在同一张地毯中。

你大吼大叫："你这笨手笨脚的白痴！这块永远洗不掉了啦！你是要把这房子里每一样东西毁掉才甘心是吗？你能不能做点好事？"

这就是你的待"客"之道？孩子们其实是在我们家中短暂停留的客人——他们很快便会搬出去自立门户。他们是不是应该多少得到一些我们对待邻居的尊重和友谊？

这样的成功并没有立即可见的利益，正如同或许你已费尽心力却并不能得到什么金钱的回报。你所赢得的是，知道你最珍视的"客人"在你的家中得到爱、温柔和尊严——他们极可能会以同样的方式对待他们的下一代。

另一个"家庭剧场"的脚本："你没有一次准时过！每一次都要我等你！你不会是要穿'那'个玩意儿去参加晚上的派对吧？你到底有没有品位啊？"

我们结婚时在对方身上看到的优点都到哪儿去了？似乎只要经过几年的婚姻生活，配偶中便会有一方或双方只能在对方身上看到缺点。对方的美德似乎已如尘土般消逝。

赞美对方良好的行为而心怀宽恕——虽然真正地宽恕另外一个成年人绝非易事；即使你做到了，也不会有胜利感。但因此培养的美满良缘，却绝对是项胜利。

通常，我们将大部分的精力投注于世俗的目标上，却不了解人生真正应该追求的目标是默默地给予别人帮助、学习得到内心的平静，以感恩和谦逊去迎接命运所注定的好事，并以勇气接受并不那么美好的事。

◎太阳下山时，每个灵魂都会再度诞生

我一再强调你对于失败所抱持的心态，你是否能够掌握它，具有决定性的影响，你可以把它看成一种“失”，但你也可以把它看成是一次“得”的机会。

在莎士比亚的戏剧中，凶手布鲁特斯的一段台词正好表现出以消极心态面对失败的情形：

在人类的世界里有一股海潮，

当涨潮时便引领我们获得幸福；

不幸的是，他们的一生都在

阴影和痛苦中航行。

我们现在就正漂浮在这股海潮上；

当它对我们有利时，就应该充分把握机会，

否则的话，必将在危险的航行中失败。

这是一位被判处死刑的人所说的话，他根本不了解引领人获得幸福的机会，或海潮绝不只有一个而已。

积极心态和上面的情形完全不同，马伦在他的一篇名为“机会”的诗中就写道：

当我一度敲门而发现你不在家时，

他们都说我没希望了，但是他们错了；

因为我每天都站在你家门口，

叫你起床并且争取我希望得到的。

我哭不是因为失去了宝贵的机会；

我流泪不是因为精华岁月已成云烟；

每天晚上我都烧毁当天的记录；

当太阳升起时又再度充满了精神。

像个小孩似的嘲笑已顺利完成的光彩，

对消失的欢乐不闻不问；

我的思考力不再让逝去的岁月重回眼前；

但却尽情地迎向未来。

如果你发现在每一次失败中都有等值利益的种子时，你就会接受马伦对失败的观点。记住，“当太阳下山时，每个灵魂都会再度诞生。”而再度诞生就是你把失败抛诸脑后的机会。

失败显露出坏习惯，予以击败，以好习惯重新出发。

失败驱除了傲慢自大，并以谦恭取而代之，而谦恭可使你得到更和谐的人际关系。

失败使你重新检讨你在身心方面的资产和能力。

失败借着使你接受更大挑战的机会增加你的意志力。

练健身的人都知道，光只是将杠铃举起来是没有用的；练习者必须在举起杠铃之后，以比举起时慢两倍的速度，将杠铃放回举起前的位置，这种训练称为“阻抗训练”，它所需要的力量和控制力，比举起杠铃时还要多。

失败就是你的阻抗训练，当你再度回到原点时，不妨主动将自己拉回原点，并将注意力集中到拉回原点的过程上。利用此一方法，可使自己再次出发后能有长足的进步。

恐惧、自我设限以及接受失败，最后只会像莎士比亚所说的使你“困在沙洲和痛苦之中”，但是你可借着应用信心、积极心态和明确目标来克服这些消极心态。

如果你把失败看成是——激发你以新的信心和坚毅精神重新出发的契机，那成功只不过是时间上的问题罢了，而能否做到这一点的关键，就是你的积极心态。

记住，积极心态会带给你成功。当你在和失败战斗时，就是你最需要积极心态的时候。当你处于逆境时，你必须花数倍的心力，去建立和维持自己的积极心态。同时也应运用你对自己的信心以及你的明确目标，将积极心态化为具体行动。这是从逆境和失败中所学得的最基本课程。

积极心态能使你战胜失败。

◎成熟之果在过程中孕育

冬天来临的时候，雪花飘舞，北风劲吹，青年诅咒道："这鬼天气，冷死了！"青年因此心情糟糕。

夏天来临的时候，烈日炎炎，热浪阵阵，青年诅咒道："这热死人的天，为什么不是冬天呢？"青年因此心情糟糕。

一位老人见了，问青年："你为何一年四季总是愁眉不展？"

"因为我没有遇到一件快乐的事。"青年苦恼地说。

"其实，痛苦与快乐从来不曾分别过。你怎么可能一年四季只见痛苦，不见快乐呢？冬天有美丽的雪花，夏天有清纯的荷花，这些，你怎么都看不见呢？"老人说。

青年思索着老人的话。

老人道："年轻的朋友啊，不要以为痛苦只是痛苦，快乐只是快乐，其实它们如同一对孪生兄弟。如果你在品尝痛苦的滋味时，也能体味快乐的一面，那人生是多么有趣啊！"

青年人满面诚恳地问："人生怎么才能达到这种境界呢？"

"使自己变得成熟！"老人以不容置疑的口气说。

每个人都要接受生活的考验和筛选，成功者和失败者在成熟的过程中，往往会出现两种同化现象：一种向成功的同化，一种向失败的同化。前者以自己某方面的成绩受到赞赏为发端和契机，促使走向成熟的主观努力越来越大，速度愈来愈快；后者由于不能正确地对待失败和挫折，逐步形成了无视现实和心安理得的习惯，最后放弃走向成熟的努力，表现出粗劣的品格和各种怪癖。

正确的人生总是在不停地追求成熟。但如果你以为经过努力，在某一天中就会得到那个梦寐以求的“成熟之果”，此后就可高枕无忧，慢慢地品尝和享用它，那实在是一种误会，成熟者的那些特征只存在于成熟者的不断追求中。

20世纪，世界画坛上出了个“创新魔”——大画家毕加索。他具有画家的天才，到16岁那年，就因举办了个人画展而一举成名。直到他91岁离世前的那天清晨，在他漫长的人生旅途中，他劳作不已，共创作了4500多件艺术珍品。这些珍品记录了他经历写实主义时期、蓝色时期、玫瑰色时期……以及各种画风杂交时期的创作风格。他的画风不停地变，不仅观众应接不暇而骂他是“邪恶的天才”，就连评论家也惊斥他是“艺术的变色龙”，但是，最后举世公认，他是一位“20世纪艺术的领路人”，是“一个点石成金的稀有之才”。尤其重要的是发现了他的成功之秘——他的作品全像是各种没有完全盛开的鲜花，或像是各种将熟未熟的鲜果。

由此，你平日发誓要追求的“成熟”，并不是一个放在距离你数米、数十米的目标点，而是一个过程，一个从无序——有序——新的无序的不断循环的过程。

毕加索每每创立一种新画风时，都要经历这个过程，创造出“没有完全盛开的鲜花”和“将熟未熟的鲜果”时，他在追求成熟，而当他趋向成熟时，果子却又马上腐烂了。于是，又必须在这一刻之前，及时、果断、痛苦地超越这个“成熟”。对于他来说，就是另辟蹊径，扔掉已获得巨大声誉的画风，去追求充满失败风险的新人“不成熟”画风。

做人也一样，成熟只寓于追求的过程中。正如一位名家所言：“完善也和无极一样，不是为我们而存在的。”成熟只存在于不断与幼稚的抗争中，因为环境是不断变化的，人的心理也犹如大洋中的一条小舟飘荡不定。当然，人应该热衷于成熟与完善的追求，只有这样，才能接近美的境界。真正的成熟并不是以凝固的特征来表示，而是以过程来叙述。

你的脖子挂的是一条不断趋向成熟和不断追求新的成熟的创造链。这就是成熟的要义所在。

第七章

财富在你心中

◎孕育可敬的野心

事实证明，在同情、智慧以及正直的前提下，野心是一股积极向上的力量，它足以拨动勤勉的齿轮，为人们带来生机。反之，如果人们的动机纯粹是贪婪、野心，就会成为毁灭自己的力量，就会对所有的人造成无法弥补的伤害。野心，就是一种赤裸裸的欲望。

亨利·范戴克说："扬名天下并不算是最伟大的志向，愿意将整个人类提升到另一个层次，才是更可敬的野心。"

小时候，我听他的母亲和杂货店老板谈论某人说："他真是个有野心的年轻人"或"他的野心的确不小"，从他们的口气可以听出，他们非常欣赏那个人的某些特点。他们所说的"野心"，是同情、智慧及正直所促成的。当然也时常听到他们说某人："他是个好人，就是没什么野心。"

有能力却未能发挥的人是人生的一大悲剧。总之，只要有野心，再加上正直的品德、正确的方向，必然会凝聚成一股强劲的积极力量。

母亲曾告诫我："树枝往哪个方向弯，树就往哪个方向长。"露丝·赛门是远近驰名的马萨诸塞州史密斯学院的新任校长，她的成功就是一个最典型的例子。从她身上也可以证明"美国人的梦想"绝对有可能实现，而且至今仍然深植在美国人心中。

小时候，赛门女士就告诉同学，将来有朝一日她会当大学校长。作为得州一个小农场主的第 12 个孩子，她的口气真是不小。但是她可能无论如何也没有想到，她会成为美国顶尖大学的校长。她是第一位领导一流大学的非裔美国人，能够荣任大学校长的女性本来就不多，非裔美国人更是屈指可数。

大多数成功人士都有善于引导的父母，赛门女士也受到母亲极大的影响。她非常重视个性及道德，并且强调应该“爱人如己”。赛门女士说：“我不是为了得到高分、称赞或奖赏才努力读书，而是因为母亲告诉我们：‘用功读书是做学生的本分。’”

罗斯·甘贝尔博士说，人的个性在5岁的时候就已经形成80%。从赛门女士的例子可以得到最好的证明。

史密斯学院的教师评审委员会说，他们聘请赛门女士当校长，并非因为她是非裔美国人。正如评审委员之一的彼得·洛斯所说的：“我们希望找出最胜任的人选。赛门女士坚强的意志、优异的学术表现及坚忍不拔的个性，才是她获得这份工作的主要原因。”

如果每个家长都能像赛门的母亲一样，从小就注重培养孩子的品德，或许家中将来也会出现一位大学校长。

◎世界因观念而改变

你若说服你自己，告诉你自己可以办到某件事，假使这事是可能的，你便办得到，不论它有多艰难。相反的，你若认为连最简单的事也无能为力，你就不可能办得到，而鼹鼠丘对你而言，也变成不可攀的高山。

——艾密莉·顾埃

约瑟夫·墨菲认为，想得到财富，必先将财富的观念送入潜意识，不论何时何地，心中先相信你会有很多财富。他总结自己致富的经验，其中重要的一点就是当自己身心轻松时，每天不断地念叨几遍下面的话：“我非常喜欢钱，我爱钱，我高兴地用这些钱。同时，希望能增加几倍再回到我的钱包里，钱实在是好东西，它会向我钱包里源源不断地流进，我一定将它用在适当的地方，我为了我自己的利益和财富而感谢你。”他认为，如果你坚信上面这段话，并且不断地反复念诵，同时你要诚实努力地投入工作，潜意识自会为你效劳而积累财富，将来你会惊奇地发现自己怎么会有这么多的钱。

富人与平常人的最大区别，并不是赚钱本领的高低，而是他们对于金钱的不同态度。犹太人之所以能够成为最富有的民族，重视金钱是一个极其重要的原因。在犹太教经典《达尔牧德》里有许多有关金钱的教诲，如人的身体各部分皆依靠心而生存，心则依靠钱为生；伤害人的东西有三种：烦恼、争吵、空的钱包。其中最会伤人的是空钱包。他们认为，《圣经》会投放光明，金钱则会投放温暖。

因此，当其他民族还在极力憎恶金钱的时候，犹太人已经完成了对金钱的文学化的划时代超越：金钱成为独立的并凌驾于其他价值尺度之上的尺度。于是，在犹太民族中，人与人的交往越来越多地发生在市场氛围中，市场经济中的钱取代了自然经济条件下的神。他们认为，那些甘心过贫穷日子而不奋斗进取的人，他们既不是伟人，也不值得尊敬。正是犹太人对金钱的价值观，激发了他们对金钱执著的信念，这对他们资本的积累和增值起到了极其关键的作用。

《圣经》上说："爱钱是万恶之源"，这与"钱是万恶之源"虽然只有一字之差，意思却完全不同。钱可以危害社会，也可以造福人类，关键就在于掌握金钱的人。善良的人用钱造福于人类，而丑恶的人用金钱来制造罪恶，如果把这一切都归罪于金钱显然是不公平的。从理性的观点来看，金钱是用来进行交换的中介，金钱使我们自身创造的价值得以用简单的方式进行转换从而得以利用。人类社会发展的历史已经证明：金钱对任何社会、任何人都是重要的；个人在创造财富的同时，也在对他人和社会做着贡献。

关于金钱的重要性，相信我们每一个人都有非常具体而真切的体会。它能给我们带来舒适的生活，能满足我们的物质欲望，能使我们自信，能让我们得到更多的自由，能使我们更充分地表现自己……正如美国作家泰勒·G. 希克斯在其所著《职业外创收术》中指出的，金钱可以使人们在许多方面生活得更美好，如物质财富、娱乐、教育、旅游、医疗、退休后的经济保障、更充分地享受生活、更自由地表述自我、更多的从事公益事业的机会等。无论你是一个如何清心寡欲的人，一个如何崇尚节俭的人，都不得不承认，虽然金钱不是万能的，但没有金钱是万万不能的。

对于我们急于赚钱的想法，我们没有必要掩饰，更没有必要否认，因为赚钱并没有什么罪恶可言，只要你是合法的。真正成功创富的人，无一不认为赚钱是一件好事。钢铁大王卡内基说："我非常喜欢赚钱，我从心里觉得贫穷是不对的事情。"松下幸之助也曾经说过："贫穷是一种罪恶，贫穷是人类缺乏能力的表现。"费尔巴哈认为："如果你因为饥饿、贫困而身体内没有营养物，那么你的头脑中、你的感觉中以及你的心中便没有供道德用的食物了。"

我们必须明白的一个深刻教训便是，我们的身体是建立在我们的观念基础上的。我们的身体协调与否，健康与否，完全依我们习以为常的观念和我们前人的观念而定。有一些人懂得这一教训后，在短短的一年间，因为他们坚持正确的思考，其风貌为之大变，以至很少有人能认出他们来。他们以前的那副疑虑重重、愁容满面、焦虑不安的面孔上，如今却写满了希望、快乐和喜悦。

圣保罗的箴言说得很在理，他说："更新你们的思想，你们就能获得新生。"这就是说，我们应该改变、净化、更新和提高我们的思想观念。

有衰亡就有生长，只要我们继续发展，只要我们不停地更新思想观念，不停地追求新知和进步，那么退化、衰变、老化和腐败的过程就绝不可能在我们身上出现。

◎掌控命运之神

从自身以外的因素来解释自己不幸的原因，这种态度最终不仅不会取得任何成果，而且还会导致个人的尊严、自尊心、自由的丧失。相反，如果你能完全地承担个人的责任，那么，你就能通过你所做的选择，自由地创造你的命运。

已故的威廉·波里索，也就是《十二个以人力胜天的人》一书的作者，曾经这样说过："生命中最重要的一件事是不要把你的收入拿来算做资本。任何一个傻子都会这样做。真正重要的事是从人的损失里去获利。这就需要有才智才行，而这一点也正是一个聪明人和一个傻子之间的区别。"

波里索说这段话的时候，刚在一次火车失事中摔断了一条腿。另外一个名字叫班·符特生的人，住在佐治亚州大西洋城一家旅馆。符特生看上去非常开心，他的两条腿都断了，坐在一张放在电梯角落的轮椅上。当电梯停在他要去的那一层楼时，他很开心地问别人是否可以往旁边让一下，让他转动他的椅子。"真对不起，"他说，"这样麻烦您。"——他说这话的时候脸上露出一种非常温和的微笑。

有人看到他这么开心就去拜访他，他说："事情发生在1929年，"他微笑地讲了起来，"我砍了一大堆胡桃木的枝干，准备做我的菜园里豆子的撑架。我把那些胡桃木装在我的福特车上，开车回家。突然间，一根树枝滑到车上，卡在引擎里，恰好是在车子急转弯的时候。车子冲出路外，撞在树上。我的脊椎受了伤，两条腿都麻痹了。

"出事的那年我才24岁，从那以后就再也没有走过一步路。"

才24岁，就被判终身坐轮椅的生活。那么他是如何勇敢地接受这个事实的？他说："我以前并不能这样。"他说他当时充满了愤恨和难过，抱怨他的命运。可是时间仍一年年过去，他终于发现愤恨使他什么也做不成，只会使他对别人态度恶劣。"我终于了解，"他说，"大家都对我很好，很有礼貌，所以我至少应该做到的是，对别人也很有礼貌。"

拜访者问他，经过了这么多年以后，他是否还觉得他所碰到的那一次意外是一次很可怕的不幸？他很快地说："不会了，我现在几乎很庆幸有过那一次事情。"他告诉人们，当他克服了当时的震惊和悔恨之后，就开始生活在一个完全不同的世界里。他开始看书，对好的文学作品产生了兴趣。他说，在14年里，他至少读了1400多本书，这些书为他带来很新的境界，使他的生活比他以前所想到的更为丰富。他开始聆听很多好音乐，以前让他觉得烦闷的伟大交响曲，现在都能使他非常感动。可是最大的改变是，他现在有时间去思想。“有生以来第一次，”他说，“我能让自己仔细地看看这个世界，有了真正的价值观念。我开始了解，以往我所追求的事情，大部分实际上一点价值也没有。”

看书的结果，使他对政治有了兴趣。他研究公共问题，坐着他的轮椅去发表演说，由此认识了很多人，很多人也由此认识了他。今天，班·符特生——仍然坐着他的轮椅——是佐治亚州政府的秘书长。

一些无知的人都相信，一个人一生的事，是在呱呱坠地的时候已经由上天决定好了的，所以是“落地喊三声，好歹命生成”，而跟个人的努力是完全无关的。如果上天决定了他的好命运，即使他们不去做事，像一条懒虫似的生活，他的命运也会好起来的，做事是多余的；如果他的命运不好，即使他焚膏继晷，夜以继日地苦干，也是不会获得什么好处的，上天早就决定了他一生艰苦，辛勤劳作又有什么用处呢？

所以，在这些人眼里富翁是天生的，一生下地来他便是个富翁；领袖人物是天生的，他们降生时一定带点儿什么征兆；中等人是天生的，他们只落得一生温饱；强盗歹徒是天生的，他们是魔鬼的工具；一生受苦的人是天生的，他们是世人的奴隶。

这就是典型的宿命论。

有人说，美国银行大王摩根的手掌上有条成功线，所以他才能够成为一个“银行界的巨子”。但摩根先生却不相信这样的鬼话。

他说：“我在这10多年间，细细观察过自己的亲戚、朋友和职员的手掌，有这根成功线的，不下2000多人，但他们的境遇大部分都不太好。假如说，有成功线的人都可以获得成功的话，为什么这2000多人又是个例外呢？根据我的观察，在这2000多个有成功线而不能获得成功的人中，有500多个人是懒汉，他们懒惰得什么事也不肯动手。其中至少有300多人是傻子，连ABC也读不出正确的读音来！至少有600多人想奋发图强，做一点大事，但因为他们的人事关系处理得不好，或者因为他们本身根本没有学过什么专业的技能，或者因为他们刚在这项事业开了头之后受了一点点挫折，中途就放弃了，这样，他们的事业便失败了，而一生也只能在失败中度过！总之，手掌上有成功线的人未必会获得成功，其根源主要是在于他们本身的生理缺陷、技能缺陷和心理缺陷，并不是什么冥冥的主宰使得他们成功或失败的！"

著名传记作家莫洛亚写道："我研究过很多在事业上获得成功的人的传记资料，发现了一个现象，就是不管他们的出身如何，他们都有着一个共同点，永远不相信命运，永远不向命运低头。在对命运的控制上，他们的力量比命运控制他们的力量更强大，使得命运之神瘫痪无力地向他们低头！"

◎贫穷趋向于以贫为忧的人

贫穷往往趋向于以贫为忧的人。透过同样的法则，金钱则被那些刻意准备迎接它的人所吸引。贫穷意识会自动攫取没有金钱意识的心灵。贫穷的发展无须有意识地应用有利于它的习惯；而金钱意识则必须刻意创造才能产生，且必须使其处于发号施令的地位，除非一个人生来便具有金钱意识。

贫穷通常是一种思想疾病。如果你正在受此煎熬，如果你是贫困的牺牲者，那么你应改变思想态度，而不要老想着痛苦、萧条和贫困，要面对富有和充裕，面对自由和快乐，你就会惊奇地发现：你的生活状况改变得多么迅速。

成功是一种完美而科学的心理过程的结果。最后真正获得财富的人一开始就相信他会富有。他相信自己挣钱的能力。他的头脑里并没有怀疑和恐慌的思想，他从不谈论贫穷，也不思考贫穷。他不会穿得像乞丐，也不像乞丐一样走路。他面对他想要得到的东西，并决心要得到它，在他的头脑里没有消极、贫穷、匮乏思想的影子。

许多人因为恐惧贫穷而终生陷于贫穷，他们详细描绘未来短缺的可能性和贫困的各种条件，担心没有足够的食物赖以为生。

你想，你一味恐惧贫穷，始终担心末日的来临，害怕会有苦难的日子，所有这些，不仅使你自己不高兴，实际上也限制了你提升自己经济地位的可能。所有这些念头只是为你自己增加了本已不堪重负的负担，却没有任何的积极结果。

天下又有哪种道理能说明，从贫困思想、稀缺和匮乏的想法中能产生出繁荣，能使人出人头地？你的现实状况与你的态度和理想是一致的。这些东西构造了一个人的生活模式，如果这种模式是懒散、扎根于贫困的，那么你的生活也会与此相一致。

注定要成功的人相信他自己一定会发家致富。他一开始就相信自己将是一个成功的男人，一个胜利者，而不是一个失败者。他不会总是想："许多大企业或垄断组织吞没了众多的机会。不久，大众将为少数人工作。我不相信除了以平庸的方式过简单的生活以外，还能做什么。我无法拥有一个幸福美满的家，能像其他人的家那样美好，也不会有别人那么多东西。我注定是一个穷人，一个微不足道的人。"有这样想法的人是绝不会成功的。

每一个人都应该面对希望和灿烂的阳光，勇敢地站起来。成功和快乐是每个人不可剥夺的权利。

所有的成功首先都源于心灵，所有的构架首先都是思想的构架。建筑物所有的细节首先完成在建筑师的头脑里，施工者仅仅是围绕建筑师的设计放置石头、砖块和其他材料。而实际上，我们每个人都是建筑师，我们所做的每一件事都预先在大脑里有某种程度的设计。

有些人想挣钱，但是他们使自己的思维处在封闭状态。因此，他们不可能处于一种富有的环境中。

指望发家致富的人不停地在大脑里创造金钱，在思想中构想着他在经济上的蓝图。一定要在思想上有一幅财富的蓝图；而围绕这幅蓝图进行建造是相对容易的事。创造和构想这幅思想的蓝图，比实施它更为重要。这不是无聊的梦想，这是一种脑力构建，一种心理谋划。丰富的想象力往往是一种最实用的技能，而真正的梦想家往往就是实干家与成功者。

当我们为富裕提供了一种新的理念，对财富有了一种全新的解释，难道我们的思想中还会充斥着贫困、稀缺、匮乏吗？让我们相信，上帝是我们伟大的物品供应者。如果我们跟他保持和谐，建立密切的关系，财富的巨流就会流向我们，从而使我们再也不会领略到匮乏的滋味。

通常，穷人并不是终其一生都少有财产或没有财产，但他的观点、他的情感、他的鉴赏力、他的自我观念、他对命运的认识、他进取的能力等方面必定存在贫穷的思想因素。而且他往往还具有不可饶恕的消极思想，那就是自我贬低。

使我们陷于贫穷的正是思想上的贫穷。

很少有人能够认识到形成成功思想的可能性，事实上，任何东西都是首先创造于头脑，随后才是物质实在。如果我们的思考能力更强些，我们就会是更好的物质劳动者。

摩根或洛克菲勒在头脑中创造了获得财富的条件。这些伟大的成功者相对很少用手做事；他们用思想来创造，他们是实践的梦想者；他们的心灵已经抵达无限的能量海洋，并不断地去创造和实现思想。

要出人头地，就得有出人头地的态度，我们必须想到富有，必须在思想中感觉到富有，必须在言行举止中流露出自信。从我们对待事物的心态和付出努力的程度上，可以估计我们以后成就的大小。

在克服外界贫困以前，我们必须先克服内在的、存在于自己思想中的贫困。

◎富裕思想铺筑财富的征途

有一位年轻的人寿保险推销员跑去找咨询专家，他曾经在第一年中屡创纪录，但是以后却严重衰退。

他的问题到底出在什么地方呢？乍看之下，这个年轻人非常沮丧，而且对未来感到很烦恼。他的支出账单在继续增加之中，但是佣金收入却寥寥无几。

他发现自己陷入困境。他愈需要佣金，愈赚不到；愈想要促成生意，愈无法成交。

他说:“这到底是为什么呢？我甚至乞求别人买保险呢！可见我是多么想争取生意了!”

专家很快就认清了问题关键所在。他要这位年轻人尽量往繁荣兴旺的方向思考，停止往贫穷的方向思考，要使自己深信“即使在财务面临破产的境地，但是我在其他方面仍是非常富裕”。还有“我的能力很强”、“我的野心很大”、“我的机会很多”，等等。

一年以后，他又跑去找专家。“我要让你看一些东西，”他打开公文包，取出一件东西，并且对他说：“请看看挂在我办公室中的文字是什么。”

他用镜框镶的一些文字是：

我很富裕！

我的能力很强！

我的野心很大！

我的机会很多，而且我的家庭充满情爱。

我们应当记住这里面的教训，那就是：想到富裕能使人因而富裕；想到贫穷就会使人因而贫穷。

我们可以说，迈向富裕的道路就是用富裕的思想铺筑起来的。

许多人也想过赚钱，也想过创富，但只是一般地想想，偶尔地想想。这不行，没有强烈的创富欲望，没有将创富的欲望塞满你的大脑，就没有巨大的创富动力。

这并不是要向人们灌输拜金主义，而是传达一种创富的理念，那就是要培养强烈的创富欲望。这是创富的基础，是创富的前提。在《新约》里有一句话：“假使你有一颗像芥菜籽那么小的信仰，你想叫一座山移开，山就会移开。”所谓“一颗像芥菜籽那么小的信仰”，反映的是完全的相信和不变的信仰。一位西方学者指出：你要用这种信仰、不疑惑的态度来求希望，才能得到潜意识无限力量的帮助，而达到奇迹般的效果。

也许有人会不以为然，想赚钱就能赚钱，想创富就能富？固然，两者没有等号关系，但时刻想着赚钱，你就会发现许多赚钱的门路；时刻想着创富，你就会找到许多创富的途径。在竞争性极强的现代社会里，许多创富机会的把握，往往取决于自己的感觉。时刻想着赚钱的人，便能捕捉到稍纵即逝的创富灵感，从而比别人捷足先登。一般来说，时刻想着赚钱想着创富的人，他们的眼光更为敏锐，他们的决策更为果断，他们的行动更为迅速。这不仅是被反复证明了的事实，而且也是有科学根据的。

第八章

开发80%的宝藏

◎挖掘大脑未开发的能量

你若是能多留意自己所拥有的这个超常机器——大脑，你应当能不断地开创出自己所希望的未来。

大脑可说是上天赐给人最神奇的礼物了，它几乎能帮助我们达成一切心愿，而它所具备的能力范围可以说没人知道。历史上的各个伟人不管有多大的成就，事实上也只是运用了脑力的极小部分。

我们的大脑一直都在等待我们下令，期望协助我们去做出伟大的事来，而它所需要的营养并不多，只要血液能供应一点点氧及葡萄糖就够了。人脑的构造极其精密，所具备的能力也极其惊人，即使是当前最先进的电脑也比不过它。它每秒钟可以处理300亿个指令，而其联络的网路长达6000英里。一个人的脑神经系统约含有280亿个神经元，它的作用是处理电流脉冲，若我们的脑子少了这些神经元，感觉器官所接收的一切资料就无法送达中枢神经，而中枢神经也无法把指令传递给各个器官做应有的反应。这些神经元都很小，自成一个电脑系统，可以同时处理100万个指令。

每个神经元都可独立作业，而与其他神经元构成一个庞大而完整的网路。人脑与电脑的最大不同之处是，它不像电脑一次只能处理一件事，而是可以同时处理好几件事。尤其惊人的是，一个神经元可在1/50000秒内，把讯息传给其他成千上万的神经元，这个速度还不到你眨眼的1/10。

一个神经元传递讯息的距离可比电脑高上百万倍，并且大脑还可在一秒之内很清楚地辨识，无怪乎大脑可同时处理好几个问题。

当你知道自己拥有如此高性能的超常机器后，难道不应该高兴吗？为什么我们不能改掉酗酒、嗜烟、吸毒及贪食的恶习呢？为什么我们不能除掉沮丧、忧虑而每天过着快活的日子呢？我们绝对有能力可以做到这些，因为我们随时都可使用这个地球上最超级的“电脑”，遗憾的是从来没人指示我们看这部大脑的使用手册，因而绝大多数的人不知道我们脑子的性能。殊不知我们的行为都储存在这个神经系统里而形成诸多神经链，若不解决神经链的问题，要想有所改变可以说是很难的。

每个人都具有特殊才能。既然如此，每个人应该在各方面都能尽量灵活运用自己的这项特殊才能。事实上，偏偏有很多人以为自己所具有的这项才能，只是一些难登大雅之堂的“小玩意儿”，根本不曾想过利用这项“小玩意儿”来提高身价，去创造财富。正因为我们怠于思考自己所拥有的才能，所以也懒得活用上天赐予的最佳礼物。

对你而言，现阶段最重要的不是在你既有的能力上再加入一些新奇的力量，而是如何将你现在所拥有的能力100％地活用发挥。

这个道理就好比我们将砂糖加入咖啡中，如果不搅拌均匀的话，即使加了再多的糖喝起来依然是苦涩的。所以，只要不停地活用大脑，就必能将你现在所具有的能力、价值完全发挥无遗。

或许你的第一要务并不是立刻学得新的本领，而是应先将自己现有的才能发挥到极限。要使咖啡香甜，绝对不是一个劲儿猛加砂糖，而是将已放入杯中的砂糖搅拌均匀，让甜味完全散发出来。

爱迪生在校学习时，老师以为他是一个愚笨的孩子，经常责怪他，而爱迪生的母亲却发现了自己儿子爱探究的天赋，用心培养他，后来他终于成了发明大王。

现代人才学发现，人至少有146种类型的才能，而现在的考试制度只能发现41种，人的大部分才能并未能很好地被我们发掘和利用起来。人的潜能如同在地下的石油，只有发现它，把它开采出来，它才能发光发热。

◎拨动你的音符

人生最大的骄傲，不是外来的掌声、名利或权势；掌声会停，名利、权势也不过是暂时的锦上添花且总会成为过眼云烟的。倒不如试着学习认识自己的潜能，对自己的言行负责，并在设定方向之后，不畏艰辛，静心、努力、不懈地追寻，一旦真的找着了最能感动自己灵魂的“那一个音符”，必得人生至乐。

俄国戏剧家斯坦尼斯拉夫斯基在排练一场话剧的时候，女主角突然因故不能演出。他实在找不到人，只好叫他的大姐来担任这个角色。他的大姐以前只是干些服装准备之类的事，现在突然演主角，由于自卑、羞怯，排练时演得很差，这引起了斯坦尼斯拉夫斯基的不满和鄙视。

一次，他突然停止排练，说：“如果女主角演得还是这样差劲，就不要再往下排了！”这时，全场寂然，受屈辱的大姐久久没说话。突然，她抬起头来，一扫过去的自卑、羞怯、拘谨，演得非常自信、真实。

斯坦尼斯拉夫斯基用《一个偶然发现的天才》为题记叙了这件事，他说：“从那以后，我们有了一个新的大艺术家……”

试想，如果不是原来的女主角因故不能演出，如果斯坦尼斯拉夫斯基不叫他大姐试一试，如果不是他大发雷霆，使他的大姐受到刺激这些偶然因素，一位戏剧表演家就一定会被埋没了。

科学的门类不同，需要的素质与才能也不同。比如，做一个杰出的临床医生，必须具有很好的记忆力；研究理论物理学，抽象思维能力不可少；一个数学家没有必要一定具备实际操作、设计和做实验的能力，虽然这种能力对于一个化学研究者来说是必不可少的；而天文学是一门观察科学，需要很好的观察能力、浓厚的兴趣和长久的毅力。

人的兴趣、才能、素质也是不同的。如果你不了解这一点，没能把自己的所长利用起来，你所从事的行业需要的素质和才能正是你所缺乏的，那么，你将会自我埋没。反之，如果你有自知之明，善于自我设计，从事你最擅长的工作，你就会获得成功。

这方面的例子实在是太多了：

达尔文在数学、医学等方面毫无建树，但对动植物学的研究却卓有成效。

阿西莫夫是一个科普作家，同时也对自然科学颇有研究。一天上午，他坐在打字机前打字的时候，突然意识到："我不能成为一个第一流的科学家，却能够成为一个第一流的科普作家。"于是，他几乎把全部精力放在科普创作上，终于成了当代最著名的科普作家。

伦琴原来学的是工程科学，但他在老师孔特的影响下，做了一些物理实验，逐渐体会到，这才是最适合自己干的行业，后来果然成了一个有成就的物理学家。

一些遗传学家经过研究认为：人的正常的、中等的智力由一对基因所决定。另外还有五对次要的修饰基因，它们决定着人的特殊天赋，起着降低或提高智力水平的作用。一般来说，人的这五对次要基因总有一两对是"好"的。也就是说，一般人总有可能在某些特定的方面具有良好的天赋与素质。

汤姆逊由于有一双"笨拙的手"，在处理实验工具方面感到很烦恼，因此他的早年研究工作偏重于理论物理，较少涉及实验物理，并且他找了一位在做实验及处理实验故障方面有惊人能力的年轻助手，这样他就避免了自己的缺陷，发挥了自己的特长。

珍妮·古道尔清楚地知道，她并没有过人的才智，但在研究野生动物方面，她有超人的毅力、浓厚的兴趣，而这正是干这一行所需要的。所以她没有去攻数学、物理学，而是到非洲的原始雨林里考察黑猩猩，终于成了一个有成就的科学家。

所以，每一个人都应该努力根据自己的特长来设计自己的目标，量力而行。根据环境、条件，自己的才能、素质、兴趣等，确定进攻方向。不要埋怨环境与条件，应努力寻找有利条件；不能坐等机会，要自己创造条件。从事科学研究的人不仅要善于观察世界，善于观察事物，也要了解自己，挖掘自己的潜能，拨动自己特有的音符。

◎认识自我的三种渠道

要认识自我的潜能，要创造成功美好的人生，必须对自我有一个清醒的认识，只有在认识自我的基础上，才能去发掘与完善“自我”，从而为成功奠定稳固的基础。

“自我观”是决定人们各自行为方式的重要因素。每一个人，无论是聪明或愚蠢，贤良或奸诈，他的表现，都是与其当时的“自我观”相符的。没有人会去做一件在当时他认为与自己的身份、年龄、性别、能力以及他本身任何一方面不相宜的事情。就像穿衣服，他会选择和他的年龄、职业相称的服装，讲话时会选择和自己身份相称的词句，外出吃饭也会选择与自己的社会地位、经济能力相称的场所。每个人都会依照他的自我认识，来决定哪些事他可以做，哪些不可以做，或是该怎样去做好一件事情。同时，别人也能够根据他所表现的行为，对他有所了解和认识。

如果一个人对于自我的认识，都和真正的自我颇为接近，也就是说，他有着比较正确的“自我观”，那么他所表现的行为，自然会很恰当。一般情况下，人们在自我认识的过程中，总是或多或少的存在着一定的误差。一个人之所以不易于建立正确的自我观，往往是因为许多方面不能直接衡量，而间接得来的资料又不十分可靠。但即使如此，我们也应当尽力去认识自我。在此基础上，才可以了解自己的优势与劣势，长处与短处，从而取长补短，发挥自己的最大潜能，并进一步完善自我。

古希腊伟大的哲学家苏格拉底有句名言：认识你自己。这句古老的神谕将人的眼光由自然宇宙拉回人类自身，可谓具有划时代的意义。在今天，这句名言的现实意义是重新审视自己，发现自己的能力和不足，给自己准确定位。

正如著名的爱尔兰戏剧家王尔德所说："那些自称了解自己的人，都是肤浅的人。"这的确是无可争辩的事实，因为对每个人来说，要想完全认识自己，并不是一件容易的事情。在很多时候，我们甚至还会对自我产生不同层次的认识误差。人的一些复杂的品质，是目前还没有办法可以直接准确度量的。于是人们就得经常利用间接的方式来获得一些对自己的认识。

通常我们可以运用以下方式来较为正确地认识自我，尽量减少自我认识的误差。

1. 实际成果检验法

我们可以凭借自身实际工作成果来评定自己。由于这种方法有比较客观的事实作为依据，所以通常由此而建立的自我印象也是比较准确的。但这里所说的工作成果是广义的，并不仅限于日常的工作或学业的成绩。

由于每个人所具有才能的性质各不相同，如果只是看他们在少数项目上的成就，往往不能全面地衡量一个人的能力与作用。很多时候，一部分人的某些才能或许因得不到施展的机会而被埋没。

2. 比较检验法

想要认识自己，与别人相比较，是一种简便、有效的方法。

运用这个方法，我们除了要不时和四周的人相比较之外，还要经常与某些理想的标准相比较。从父母、教师以及各种传播渠道处，我们获得了大量的知识与价值观念，并由此形成了若干的理想与模范标准。我们知道了很多名人或成功者的事迹，并被教导要以他们为榜样。也就是说，把他们作为比较的对象，以自己能否达到跟他们同样的标准作为成功或失败的衡量尺度。这种现象在我们的日常生活当中屡见不鲜。

然而，比较检验法虽然是简便常用的方法，也还称不上是十分理想的方法。只要我们仔细地观察一下，就不难发现它的缺点。首先应该指出的，就是人们很难在真正公平的情况下，互相比较。通常人们评价同在一个班级的学生，会认为他们都是由同一位教师教导，用同样的题目考试，计分标准也没有差别，应该可以算是公平的了。但是如果我们再认真地分析一下，就会发现每一个班级里的学生与其他学生之间，无论在身体条件、智力水平，还是在家庭环境、个人经历等各个方面都有差别，有的甚至差别很大，因而学习的成绩，必将有所差异。那么这时互相比较的结果，就不能说是完全合理的。

3. **人际反馈法**

每个人总是在跟别人交往、共处，因而别人对你的态度，相当于一面镜子，可以用以观测到自身的一些情况。比如某人若是被父母所钟爱，被师长所重视，被朋友所尊重和喜爱，大家都乐于和他交往，愿意和他一道工作或游戏，那就表明他一定具备某些令人喜爱的品质。如果他经常被大家推举承担某项工作，或是经常成为周围人们求教的对象，则表明他具备某些领导才能，或是在某些方面超越了其他的人。反之，如果一个人不被周围的人所重视和喜爱，甚至大家对他有厌恶感，不喜欢与他一起工作或活动，这虽不足以说明此人满身缺点，但通常情况下，他应当会感到不安，而不得不自我反省一下了。

我们因为看不见自己的面貌，就得照镜子。同样，当我们无法准确地衡量自己的人格品质和行为时，就得利用别人对我们的态度和反应，来获得一些正确的自我认识。一般来说，当对方与自己的关系愈密切时，他的态度也愈有影响力。

以上几种认识自我的方法虽然都有一定的局限性，但如果综合起来，对于较为全面地进行自我认识，还是很有帮助的。尽管要完全彻底地认识真正的自我是一件较为困难的事情，但我们仍然应当尽力去了解真实的自己。

◎点击无处不在的曼妙灵感

你获得强项可能源于某一次灵感的点击，突然找到了自己的长处。因此，当你得到一条一闪而现的奇思妙想时，请你立即把它记下来。这也许就是你正在寻找的“更多的东西”。我们相信同“无限智慧”的交际是通过下意识心理进行的。你应当养成一个习惯：当一种奇思妙想从你的潜意识心理闪现到你的有意识心理时，你就该把它立刻记录下来。

爱因斯坦一生致力于研究宇宙的自然法则。他使用的工具非常简单：纸和铅笔，随时写下问题、答案和灵感。

亚力斯·奥斯卡所著的《你的创造力》及《运用想象力》，帮助许多人培养了具有创意的思考能力，促成了很多积极的、建设性的行动。

奥斯卡使用的工具，也同样是笔记簿和铅笔，灵感出现时，立刻记下来。他说：“每个人都有相同的创造力，大多数人却不会运用。”奥斯卡在《运用想象力》中提到的脑力激荡，被普遍运用在大学课堂、工厂、企业办公室、教堂、俱乐部及家庭之中。脑力激荡的方法非常简单，只要有两三个人，互相批评或反驳，等到会后再逐一评估每个建议实际的可行性，这样就能找到问题的最好解决办法。

艾默·盖兹博士是美国伟大的教育家、哲学家、心理学家、科学家及发明家，他一生中所发明的产品逾数百种。

一次，拿破仑·希尔拿着我的介绍信，造访盖兹的实验室。他依约抵达时，盖兹博士的秘书却说：“对不起，此刻我不能打扰博士。”

“我要等多久才见得到他？”拿破仑·希尔问。

“不知道，可能要三个钟头。”

“你可否告诉我不能打扰他的原因？”秘书小姐略为迟疑之后说：“他

在等待灵感。”拿破仑·希尔笑着问：“等待灵感？是什么意思？”

秘书也报以微笑说：“让盖兹博士自己解释更好。我真的不知道要等多久，但是欢迎你在这里等他；如果你要改天再来，我会尽量帮你安排确定的时间。”

拿破仑·希尔决定等，这真是明智的抉择。拿破仑·希尔描述当时的情形：

“盖兹博士终于走出房间，他的秘书为我引见。看过卡耐基的介绍信，他愉快地说：‘有没有兴趣看我等待灵感的地方？’”

“他带我到一个有隔音设备的小房间，里面只有一张桌子和一把椅子。桌子上放着一堆纸、几支铅笔、一个电灯的开关。”

“盖兹博士解释说，遇到问题无法解决时，他会走进房间，把门关上，坐下来，把灯熄掉，开始沉思。他应用全神贯注的成功法则，把问题交给潜意识处理；有时毫无灵感，有时灵感却如泉涌而来。等待的时间可能长达两个钟头。灵感出现时，他会把灯打开，逐一写下来。”

盖兹博士创新及改良的专利产品超过两百种，其中包括许多人研究过却功亏一篑的东西。他会先仔细研究产品的功能和用途，找出缺点；再把产品和资料、图纸带进房间，专注地思考处理的方法，补上不足的部分。

拿破仑·希尔问盖兹博士，他所等待的灵感从哪里来，他说，所有的灵感都来自教育、观察及自身的经验所得的知识，储存在潜意识中；别人所得的知识，以心电感应的方式互相累积；大脑的潜意识串联宇宙中无尽的知识。

我们才刚刚开始了解心灵思考作用的神秘过程，但许多成功人士却早已知道如何利用创意来占有优势。不少的“新概念”只不过是将两种为人所熟知的方式或想法加以结合罢了。但是，许多惊人的财富便是由此类的结合，冠以吸引人的名称，再配合成功的市场策略而产生的。

那个将一整块冰淇淋浸入巧克力浆中，并称其为“爱斯基摩派”的人，因为这费时 5 秒钟的想象而创造了可观的财富。

Piggly Wiggly 超市连锁的创立者克莱伦斯·桑德斯，曾经只是街角杂货店的低等雇员。他在一家自助餐馆用餐时突发奇想，认为这样的方式也可运用于杂货店。专家们认为不可行而嘲笑他，但是他自认为这是极佳的方式。桑德斯坚定地实行下去，为此，他为自己赚取了数以百万的财产，而这种自助式的经营概念也使他成为“现代超市之父”。

通常只有一个好主意并不能使人获得成功。在执行的过程中还需要更多的创意来达成。所以当你有了一个绝妙的构想，即使你当时无法证明它是个好主意，只是直觉上有这种感觉，坚持下去，人们将会逐渐了解你这个想法的价值。

有一次，鲍洛奇为推销大蒜而来到明纳玻利斯。他听说这里的许多日本侨民都在自家花园里生产一种传统的东方蔬菜——豆芽儿。他来到这些人中间，看他们如何发制豆芽，一切都是那么令人不可思议：将豆子放进钻了孔的木桶中，按时加水，不久，便会长出白嫩的豆芽！

鲍洛奇敏锐地意识到，这种蔬菜会给他带来滚滚的财富。他为自己的伟大发现而兴奋不已。

回来后，他把自己的想法向他以前的老板全盘托出：“现在正值战争时期，食品供应相当紧张，新鲜蔬菜尤其缺乏。而豆芽菜的生产不受地点和气候的限制，成本低，但营养价值高，是最理想的替代品。况且，美国人都喜欢猎奇，这种具有东方神秘色彩的食品，一定会引起人们的兴趣。我觉得，豆芽菜是一项大有可为的事业，说不定，它会给我们带来几百万的收入呢！如果我们这个生意做开了，还可以在其他方面加以变化，形成一个东方食品系列也未尝不可。”

鲍洛奇的这个设想感染了他的老板。他们共同筹资，办起了一家充满东方色彩的公司。这就是后来享誉全美的重庆公司的前身。而豆芽菜，正如鲍洛奇所料，给他们带来了可观的利润，也为他们日后的事业奠定了基础。

每一个巨额财富的故事几乎都始于创始人与推销人的共同合作和完美

的演出。他们创造构想，实际推动构想，他们想象力的丰富简直令人难以置信。

起初，是你产生构想，赋予构想行动力并指引它们，然后，这些构想会茁壮成长，并借助其本身的力量，去扫除所有障碍。

◎开发生命的源泉

你有没有听过关于一只鹰的寓言？

一天，一个喜欢冒险的男孩爬到父亲养鸡场附近的一座山上去，发现了一个鹰巢。他从巢里拿了一个鹰蛋，带回养鸡场，把鹰蛋和鸡蛋混在一起，让一只母鸡来孵，孵出来的小鸡群里有了一只小鹰。小鹰和小鸡一起长大，因而不知道自己除了是小鸡外还会是什么。起初它很满足，过着和鸡一样的生活。但是，当它逐渐长大的时候，它内心就有一种奇特不安的感觉。它不时地想："我一定不只是一只鸡！"只是它一直没有采取什么行动。直到有一天，一只了不起的老鹰翱翔在养鸡场的上空，小鹰感觉到自己的双翼有一股奇特的新力量，感觉胸膛里心正猛烈地跳着。它抬头看着老鹰的时候，一种想法出现在心中："养鸡场不是我待的地方。我要飞上青天，栖息在山岩之中。"

它从来没有飞过，但是它的内心有着力量和天性。它展开了双翅，飞升到一座矮山的顶上。极为兴奋之下，它再飞到更高的山顶上，最后冲上了青天，到了高山的顶峰，它发现了自己的伟大。

当然会有人说："那不过是个寓言而已。我既非鸡，也非鹰；我只是一个人，而且是平凡的人。因此，我从来没有期望过自己能做出什么了不起的事来。"或许这正是问题的所在——你从来没有期望过自己能够做出什么了不起的事来。这是实情，而且这是严重的事实，那就是我们只把自己钉在我们自我期望的范围以内。

但是人体内确实具有比表现出来的更多的才气、更多的能力、更有效的机能。我们不妨再举个例子。

一位农夫在谷仓前面注视着一辆轻型卡车快速地开过他的土地。他14岁的儿子正开着这辆车。由于年纪还小，他还不够资格考驾驶执照，但是他对汽车很着迷——而且似乎已经能够操纵一辆车子，因此农夫就准许他在农场里开这辆客货两用车，但是不准上外面的公路。

突然之间，农夫看见车子翻到水沟里去了，他大为惊慌，急忙跑到出事地点。他看到沟里有水，而他的儿子给压在车子下面，躺在那里，只有头的一部分露出水面。

这位农夫并不很高大，他只有170公分高，70公斤重。但是他毫不犹豫地跳进水沟，把双手伸到车下，把车子抬高，足以让另一位跑来援助的工人把那失去知觉的孩子从下面抱出来。

这个时候，农夫却开始觉得奇怪了，刚才他去抬车子的时候根本没有停下来想一想自己是不是抬得动，由于好奇，他就再试了一次，结果根本就动不了那辆车子。医生说这是奇迹，他解释说身体机能对紧急状况产生反应时，肾上腺就分泌出大量激素，传到整个身体，产生出额外的能量。这就是他可以提出来的唯一解释。

这类事例告诉我们，一个人通常都存有极大的潜在体力，并不光是肉体反应，它还涉及心智和精神的力量。农夫在危急情况下产生出一股超正常的力量，当他看到自己的儿子可能要淹死的时候，他的心智反应是要去救儿子，一心只想把压在儿子身上的卡车抬起来，而再也没有其他的想法。可以说是精神上的肾上腺引发出潜在的力量；而如果情况需要更大的体力，心智状态就可以产生出更大的力量。

据斯迈尔斯的研究报告说，几乎所有的人都只发挥了其能力的15%。

这份报告还指出，不能发挥其余85%能力的原因在于恐惧、不安、自卑、意志薄弱及罪恶感。将所有的原因综合起来，可以说是“与外界的不调和”，因为不能包容外界，则等于是替自己的潜能踩了刹车。

与外界的调和能使自己的能力发挥到淋漓尽致的地步。因为所谓创造的行为，是向着外界去发挥，所以一旦能和外界调和，自然产生优异的结果。以体育比赛为例，还在考虑胜败、估计双方实力的选手，心中已经存在了感情对立的疙瘩，所以不能发挥潜力。一定要超越那些估计，和外界合为一体，才能激发潜在能力。一个非常有趣的现象是：凡是在下棋时，对对手抱有对立情绪，赢了就觉得快乐的人，他们的进步都很有限。相反的，能和对手配合，不在乎胜败，只求下出正确的棋招并在其中寻找乐趣的人，下棋则能充分地激发他们的潜能，他们也就进步神速。他们不把象棋的胜负当做一种斗争，而把它当成“问答”。如果有两个人他们天生资质相等，但他们所采取的弈棋态度有所不同，最后他们两人的棋力也必有天壤之别。

生活中，有的人常常感到现实中的“我”离理想中的“我”太遥远了。

人人都是一座金矿，每一个人都有自身的潜能。为什么有的人在自己平凡的工作中，却干出了不平凡的业绩，而有的人终生都一事无成？问题不在于一个人的“天赋”有多高，而在于人们常常看不清自己，难以认识自己所拥有的一切，不能深入地认识自身的潜能。

不管环境有怎样的限定，也没有人们所无法解决的问题。因为在每个人的体内，都潜伏着巨大的力量。这些力量，只要你能够发现并加以利用，便可以帮你成就你所向往的一切。

人体内的亿万细胞中，有着巨大的潜在力量。这种潜力要是能够被唤醒，就能创造出奇迹，然而大部分人都没有认识到这一点。病人在呼吸困难、生命垂危时，听了医师或亲友的一席热烈恳切的鼓励之后，竟然会起死回生。这种情况在医生看来是常有的事。可见，疾病之所以置人于死地，首先是因为病人已经失掉了对生命的信心。

世界上有无数庸庸碌碌的人，在这些人的体内同样有着巨大的潜能，只要能够激发他们体内的一小部分潜能，就可以成就他们伟大的、神奇的事业。

比如，当有人遇到某种意外事件或灾祸时，一般人都会奋不顾身地去救他。实际上，每个人都具有潜在的英雄品格，而意外事件和灾祸不过是催化剂，使人有了显露这种品格的机会。我们常常看到一个人在灾祸临头时能做出惊人的事情。

一个体力平常的人被催眠以后，有人把他的头和脚搁在两只椅子的边上，而身体悬空着，这时让六七个人站在他身上，而他竟能支持得住。在他的身上搁一块木板，让一匹马站上去，他竟然也能支持得住。这都是由于人心灵深处内在力量被激发后所创造的奇迹。因为一个人在正常状态下绝不能支撑1000多磅的重量，但是，在催眠状态下，他竟然毫无困难地做到了。

那么，他能做出这样的事情，力量来自哪里呢？当然不是来自于催眠家，催眠家的作用仅在于把被催眠者的力量从身体里激发出来。这力量不是来自外部，而是来自于内部，是潜伏在他自己的身体里面的。

更确切地说，我们现在对潜意识所认识的一切，是在最近的10年中才了解到的。而且，这些知识大多不能在学校学到。但它能够改变你的生活、学习方法、思维方式、解决问题方法和创造方式。英国作家、心理学家、教育家托尼·布赞简明地指出："你的大脑就像一个沉睡的巨人。"潜意识就是大脑中"沉睡的巨人"。

人体内存在着巨大的内在力量，所以人人都能做成不朽的事业。而一切真实、友爱、公道与正义，也都存在于这内在的力量中。

这是一种永不堕落、永不败坏、永不腐蚀的巨大力量。这种力量一旦被唤醒，即便在最卑微的生命中，也能像酵素一样，对身心起发酵净化作用，增强人的力量。

你所拥有的这种奇妙的机器是什么呢？那就是你的身体、你的大脑和你的神经系统。你的身体正是通过大脑和神经系统而受到控制，你的心理也是通过它们而发挥功能的。

你的心理也有两个部件，有意识心理和潜意识心理。它们同时产生，并同时产生作用。科学家们已经研究了许多关于有意识心理的知识。然而，尽管原始人很早就有意地应用神秘的潜意识力量，甚至今天澳洲的土著人以及其他原始民族应用这种神秘的潜意识力量已达到了很高的程度，但我们开始探索潜意识未知的广阔领域还不到一百年。

世界著名的潜能大师安东尼·罗宾提到，所有人的改变都是在于他的潜意识。潜能大师博恩·崔西也提到潜意识的力量比意识大 3 万倍以上。假设我们要激发潜能，就要激发我们的潜意识。

在有些时候，人会有机会发现自己的潜能。比如，在某种突如其来的事件或压力下，发现了自己从未发现过的能力；有时读了一本富有感染力的书，或者由于朋友们的真挚鼓励，也能发现自己的潜能。但无论用何种方法，通过何种途径，一旦激起内在力量后，你的行为一定会大异于从前，你就会变成一个有所作为的人。

但是，还有许多人并不知道深入自己的意识内层，去开发那些供给身体力量的源泉。因此，他们的生命往往是枯燥而毫无生气的。然而如果我们能深入到自己内在力量的深处，那么就可以寻得生命的源泉。一旦饮用这生命的活水，就不再会感到口渴。这种源泉是取之不尽，用之不竭的，并且为你带来巨大的力量。

第七篇

卡耐基写给女人一生幸福的忠告

第一章

呵护爱情的箴言

◎婚姻为什么会出现裂痕

当你的婚姻出现裂痕时，你是意气用事、大吵一顿，还是心平气和地问问自己“为什么婚姻会出问题?”

狄克斯是关于婚姻问题的美国第一权威，他宣称50%以上的婚姻是失败的，他知道这么多罗曼史的梦，会在离婚的石上撞碎的一个原因，就是因为批评——令人心碎的批评，是无用的。所以如果你要保持你的家庭生活快乐，记住不要批评。除了批评，事实上我们还有更多的事情要做。

美国杂志在1933年6月份刊出艾麦特·克鲁西一篇叫做《婚姻为什么出问题》的文章。下面那些问题，就是从这篇文章中转载过来的。当你答复这些问题的时候，你或许会发现这些问题很值得一答。如果每个问题你的答复是“是”的话，一题就可得十分。

问丈夫的问题：

1. 你是否还在“追求”你的太太，如偶尔送她一束花，记住她的生日和结婚纪念日，或出乎她意料的殷勤，非她所预期的体贴?

2. 你是否注意永远不在他人面前批评她?

3. 除了家庭开支以外，你是否还给她一些钱，让她随意使用?

4. 你是否花精神去了解各种女性方面的情绪问题，并帮助她度过疲倦、紧张和不安的时期?

5. 你是否至少空出你一半的娱乐时间，跟你太太共度?

6. 除了可以显示她的长处，你是否机智地避免你太太的烹调手艺和理家本领跟你母亲或某某人的太太相比较？

7. 对于她的知识生活、她的俱乐部和社团、她所看的书，和她对地方行政的看法，你是否也有一定的兴趣？

8. 你是否能够让她和其他男人跳舞，和接受他们的友谊照顾，而不会说些吃醋的话？

9. 你是否经常注意找机会夸奖她，和你对她的赞赏？

10. 关于她为你做的小事情，如缝纽扣、补袜子、把衣服送去洗，你是否会谢谢她？

问太太的问题：

1. 你会让丈夫在处理他自己的工作方面有完全的自由吗？比如尽量不去议论和他交往的人，他选的秘书，给他一定的自由时间等。

2. 你是否使家庭更有情趣？

3. 你是否在做饭时，经常注意调节搭配？

4. 你是否对你丈夫的事业有一定的了解，能和他作良性的探讨？

5. 你是否能勇敢地、愉快地面对家庭财政出现的危机，而且不会抓住他的错误不放，或用不满的态度把他和成功的人作比较？

6. 你是否尽力地和他的母亲或其他亲戚很好地相处？

7. 你在买衣服时，是否考虑他对颜色和样式喜不喜欢？

8. 你是否会为了家庭和睦，而不那么固执己见？

9. 你是否培养对丈夫的爱好的兴趣，能和他一起玩得很高兴？

10. 你是否注意社会上新的信息，以便能和丈夫有趣地交流？

◎在婚姻中寻找幸福的影子

“爱与被爱都是世界上最美好、最幸福的感觉。”19 世纪俄国最伟大的作家托尔斯泰曾这样说过。

霍尔姆斯说：“美是伟大的，但是衣物、房子和家具之美仅仅是用于衬托家庭之爱的装饰，即使把世界上所有华丽的东西堆积起来都比不上一个美好的家庭。因此，我将对自己的家庭更多地付出我的真爱，哪怕一点点，也胜过很多的家具和世界上所有的设计师能够提供的最华丽的物品。”

杰勒米·泰勒则说：“步入婚姻的殿堂比单身生活使人更有安全感，尽管两人生活不一定更舒适，但它确实更令人感到安全。婚姻可能使你更快乐，也可能使你更感悲伤；婚姻可能使生活有更多的欢乐，也可能使生活有更多的痛苦；婚姻会使你背负更重的担子，但是同样会以爱和宽厚的力量来支撑你。无论如何，婚姻仍然令人感到非常愉快。同样，婚姻也是人类之母，使人类延续，使国家强大。”

一位思想家曾说过，女人是来自于天堂的珍贵礼物，带着连无所不能的上帝都无法给予的伟大的爱；她会净化、抚慰和照亮我们的家庭、社会和国家；很少有人能意识到女人的这些价值，除非那个人的母亲与他共同生活了相当长的时间，才会使他明白；或是因为发生了一些重大的人生变故，当他连续失意、遭到所有人的抛弃时，他的妻子却坚定地站在他的身边，使他重新树立了对生活的全新信念，才会使他明白。

稳固的婚姻，使男女之间建立了一种在两性之间无法用其他方式建立的情感和兴趣的联系。

拉法耶特将军在美国时认识了两个年轻人。“你结婚了吗？”拉法耶特将军问其中一个。“是的，长官。”这位年轻人回答说。“你是个幸福的男人。”拉法耶特将军说。随后，他用同样的问题问了另一个年轻人，得到的回答是：“我还是一个单身汉。”“多么不幸的家伙啊！”将军说。这就是对婚姻问题的最好评论。

对于一个由于对婚后生活心存顾虑而逃避婚姻的男人来说，他事实上是由于对微不足道的烦恼的恐惧，而与一生的幸福擦肩而过。这种人和那些为了免除鸡眼带来的疼痛而将整个脚或手切除并且还沾沾自喜的人不相上下。

有一些男人从来没有结婚，而且按通常的标准来衡量，他们的生活是成功的。但是，那些了解他们或者详细阅读过他们资料的人会感到，这样的人生尽管成功却算不上完整。

“‘家’这个词包含着许多内容，”一位诗人说，“它可以唤醒我们心中最美好的情感，不仅仅是给予你‘家’的亲人们才会使你感到亲切，而且从小居住地周围的小山、岩石、小溪也会使人迷恋。弹起悠扬的竖琴，唱起‘家，甜蜜的家’，这是多么自然而然的感觉。”饱含感情的路德在谈及他的妻子时说；“只要和她在一起，即便再怎么清贫，我也甘之如饴；如果失去她的话，万贯家财对我也毫无意义。”

家庭是社会的细胞，是幸福的温床、神圣的乐园。很多人把家庭当成自己成功的动力，事实确实如此，如果一个人有一个幸福美满的家庭，那么他在自己的工作上也容易取得很大的成就。反之，如果整天困扰于家庭纠纷之中，就很难把工作做得出色。人人都需要并追求一个幸福的家庭，以爱情为基础的婚姻是家庭幸福的基础，美满的家庭能使人享受天伦之乐。

家庭的建立以婚姻为前提。婚姻是男女两性之间的一种特殊社会关系，家庭既体现着以两性关系为特征的社会关系，又体现着以血缘关系为特征的社会关系。婚姻是家庭赖以存在的前提，家庭是婚姻的必然结果。

无论社会怎样发展，家庭作为人类情感的避风港这个职能在当今社会越来越受到重视。高质量的家庭——以爱为基础的、幸福美满的家庭——是当今社会人们的共同奋斗目标。

家庭是幸福的温床，但它又不是静止的，而是变动的，它是随着社会的发展而变化的。当今，世界上科学技术的巨大进步和生产力的发展、社会的深刻变革给家庭这座亘古以来便给人以慰藉的快乐宫殿带来了巨大的冲击：离婚率上升、少年犯罪增多、代沟裂痕扩大、未婚同居、遗产、家庭暴力现象等越来越严重。这些使人们不由得想到这样的问题：什么样的家庭才算美满幸福的家庭？如何才能得到一个美满幸福的家庭？探讨这些问题，必须与社会的变化对家庭的影响相联系。

第一，家庭幸福需要相互了解。

要幸福，就要了解别人。要认识到别人不会和你完全相同。他不可能和你一样思考，他所喜欢的东西不一定就是你所喜欢的东西。当你认识到这一点时，你更易于发展积极的心态，更易于做一些事情，使得别人能做出称心的反应。

磁铁相反的两极互相吸引，而具备相反性格特点的人们也是这样。一个有进取心、乐观、有雄心、有信心，并且具有巨大的内驱力、能力和毅力的人，与一个易满足、胆怯、害羞、机智和谦逊，还可能包括缺少自信心的人在一起时，经常会互相吸引，互相补充、加强和完善。他们联合以后，便可融合他们的性格，这样，每个人的缺点也就互相抵消了。

假如你同一个性格恰好与你相同的人结了婚，你会感觉幸福和受到鼓舞吗？你如果做出真实的回答，那也许是“不”。

同样，父母和子女之间也应当通过互相了解，增进沟通。家庭中许多不幸正是因为孩子们不了解、不尊重他们的父母所造成的。但这是谁的过失呢？是孩子的？还是父母的？或者是双方的？

不久以前，在一次培训课结束之后，我曾和一位大企业的总裁单独做了一次交谈。这位大企业家因为工作卓越，大名曾出现在美国各大报纸显要的版面上，但是，在我见到他的那一天，他却满脸忧愁，无精打采，事业上的风光并不能掩盖他生活中的失败。“没有人喜欢我！甚至我的孩子们也恨我！这是为何呢？”他问道。

实际上，他是一个心地善良的人。他给了孩子们金钱所可以买到的所有东西，为他们创造了安逸的生活。但是，他阻止孩子们取得某些必需品，这些东西曾经迫使他在童年时代取得力量，从而发展为一个成功的人。他力图使孩子们远离生活中那些对他来说丑陋的东西。他灭绝了孩子们奋斗的必要性，让他们不再像他过去那样必须进行奋斗。当他的儿女还是孩子的时候，他从未要求或盼望他们尊重他，而他也从未得到过尊重。然而他确定，孩子们了解他，并不需要努力去探索。

事情本来会与此迥然不同，假如他真的教育孩子们要尊重人，并且至少部分地依靠艰苦奋斗，依靠自己的力量安排自己的生活。他给了孩子们幸福，却没有教育他们使别人幸福，因而使自己更幸福。假如在他们成长的时候，他就信任他们，并且告诉他们，为了他们的利益，自己曾历尽坎坷，或许他们早就更加了解他了。

可是，这位企业家，或者和他处在同样境况中的任何人，没有必要依然处在不愉快中。他能把他法宝的积极的心态那一面翻过来，尽力使自己为他亲爱的人所熟悉和了解。

假如他能表明他热爱孩子的方式是同他们分享他自己的优点，而不是只给他们提供那些物质的东西；假如他能同他们自由地分享他的优点，正像分享他的金钱一样，他就会体验到孩子们由于爱和了解所回报的丰富报酬。

第二，用语言浇开幸福之花。

无论你是谁——你都能够是一个绝妙的人！但是某些个别的人可能不是这样想。假如你觉得他们对于你所说的话、所做的事反应不当，并含有不应有的对立，你对这事就要采取一些措施。他们，正与你一样，也是通情达理的。

别人对你做出的令人不快乐的反应，可能是因为你所说的话以及你说这些话的方式或态度不当。话音经常能反映说话人的语气、态度和心中潜在的思想。你要认识到过失在于你，这可能是困难的，当你认识到过失确实在于你时，你要采取主动，改正错误，这或许是同样困难的——可是你能做到这一点。

假如别人说的话或者说话的方式使你的感情受到伤害，那就很可能是因为你自己说了什么错话或者说话的方式不对而冒犯了别人。断定了你的感情受到伤害的真正原因，你才能避免使得别人做出同样的反应。

假如你发觉某人对你说话的声调和态度不大喜欢，你就应该避免使用这样的声调和态度，以免冒犯别人。

假如某人用一种发怒的声音向你叫喊而使你感觉十分不快，你就要想到假如你用那种声音对别人叫喊，也会使别人感到不快——即便他是你5岁的儿子，或者很亲密的亲戚。

假如一个人误解了你的好意，你就该表明你的真心，以消除误会。假如你喜欢受到称赞，假如你喜欢人家记住你，如果你得悉某人在怀念你，你就觉得愉快。你应该确信：假如你称赞别人，或者写一封短信，让他们了解你在想念他们，他们一定会很高兴的。

第三，利用书信增进幸福。

彼此分离的人，假如常有书信往来，反而会觉得更亲密。有许多分居两地的人之所以举行了婚礼，就是因为在分别之后，他们的爱情通过书信反而变得更深厚的缘故。

通过书信交流，双方能够增强理解。每个人都能在信件中表达自己真正的内心思想。表达爱情的信件不必、也不应当因结婚而中止。马克·吐温天天都给他的妻子写情书，甚至当他们都在家的时候，也是如此，他们在一起过着确实幸福的生活。

你要写信，就一定得思考，把你的思想提炼在纸上。你能够借助回忆过去、分析现在和展望将来发挥你的想象力。你越是常写信，你就越对写信感兴趣。你写信时最好采用提问的方式，这样，易使收信人给你回信。当他回信的时候，他就成了作者，你就能够体验到收信人的欢乐。

你的收信人是依据你的思路进行思考的。假如你的信是经过周详考虑写下的，它就能使收信人的理智和情绪沿着你指引的路径前进。收信人读你的信时，信中令人鼓舞的思想被记录在他的下意识心理中，将不可磨灭地深印在他的记忆里。

第四，乐在知足。

有一位作家写过一篇文章，它的标题是《满足》。我觉得它可能会给你带来一定的启发，下面是我对其中一些精辟见解的摘录：

全世界最富有的人住在“幸福谷”。

他富有历久不衰的人生理想，富有他所不能失去的东西，这些东西可以给他提供满足、健康、宁静的心情和内心的谐和。

以下是他的财产清单，它们本身明确了他是怎样获得这些财产的：

我获得幸福的办法就是帮助别人获得幸福。

我获得健康的办法就是生活有节制，我只吃维持我的身体健康所必需的食物。

我不怨恨任何人，不嫉妒任何人，而是热爱和尊敬全人类。

我从事我所喜爱的劳动，我还把游戏与劳动相结合，所以我很少感到疲劳。我每天祈祷，不是为了更多的财富，而是为了更多的智慧，用以认识、利用、享受我所已经拥有的诸多财富。

我不应用辱骂的语言。我不要求所有人的恩赐，只要求我有权把我的幸事分享给那些需要帮助的人。

我和我良心的关系良好，所以它总是指导我正确处理一切事情。我所拥有的物质财富多于我的需要。由于我清除了贪婪之心。

我只需要在我有生之年能用于建设的那部分财富。

我的财富取自分享了我的幸事而受益的那些人。

我所拥有的“幸福谷”的资产当然是不能课税的。

它主要以无形财富的形式存在于我的心里，这种财富无法估计价值，也不能被占用，除去那些能接受我的生活方式的人。我用了一生的时间，尽力观察自然的规律，形成了遵循自然规律的习惯，因而创造了这种财产。

“幸福谷”中的人的成功信条是没有版权的。这些信条也可以给你带来智慧、宁静和满足。

宾斯托克在他的著作《信任的力量》中谈到幸福的问题时说：人类是一起诞生的，整个人类原是一个整体。正是人类所形成的世界把人类分开了。多么愚蠢的世界！多么虚伪的世界！多么恐惧的世界！假如人类有了信任的力量，就可让人类重新聚集到一起——信任他自己，信任他的同胞，信任他的命运，信任他的上帝。那时，仅有那时，人类才能真正成为一个整体。那时，仅有那时，人类才能找到幸福和宁静。

◎在小地方表现体贴

自古以来，花就被认为是爱的语言。它们不必花费你多少钱，在花季的时候尤其便宜，而且常常街角上就有人在贩卖。但是从一般丈夫买一束水仙花回家的情形之少来看，你或许会认为它们像兰花那样贵，像长在阿尔卑斯山高入云霄的峭壁上的薄云草那样难以买到。

为什么要等到太太生病住院，才为她买一束花？为什么不在明天晚上就为她买一束玫瑰花？你是喜欢试验的人，那就试试看会有什么结果。

乔治·柯汉在百老汇那么忙，但他每天都要打两次电话给他母亲，一直到她去世为止。你是不是会认为每次他都能够告诉她一些惊人的消息？没有。这些小事的意义是：向你所爱的人表示你在想念着她，你想使她高兴，而你心里非常重视她是否幸福快乐。

女人非常重视自己的生日和结婚周年纪念——为什么这样，这将是永远没有人明白的女性神秘之一。一般的男人虽然不记得许多日子，但仍然能够凑合着过一生，但有些日子他还是必须记住的：1492 年（哥伦布发现新大陆），1776 年（美国独立），他太太的生日以及他自己结婚的年月日。不然的话，他甚至还可以不管前面那两个日子——但绝对不可以忘记后面这两个！

太多的男人低估在这些日常而又小的地方表示体贴的重要性。正如盖诺·麦道斯在《评论画报》中一篇文章所说的："美国家庭真需要弄一些新噱头。例如，床上吃早饭，就是大多数女人喜欢放纵一下的事情。在床上吃早饭，对于女人，就像私人俱乐部对于男人一样，有很大的功效。"

这就是长久婚姻的真相——一连串细琐的小事情。忽视这些小事的夫妇，就会不和。艾德娜·圣·文生·米蕾，在她一篇小的押韵诗中说得好：

“并不是失去的爱破坏我美好的时光，

但爱的失去，尽都是在小小的地方。”

这是值得记下来的一节好诗。在雷诺有好几个法院，一星期有六天为人办理结婚和离婚，而每有十对来结婚，就有一对来离婚。这些婚姻的破灭，你想究竟有多少是由于真正的悲剧呢？我敢向你保证，真是少之又少了。假如你能够从早到晚坐在那里，听听那些不快乐的丈夫和妻子所说的话，你就知道“爱的失去，尽都是在小小的地方”。

拿出一把小刀来，把下面一段话割下来，然后贴在帽子里面或贴在镜子上面，好让你每天早上刮胡子的时候都可以看到。

“凡事一逝不可追，因此，凡是有益于任何人，而我又可以做的事情，或是我可以向任何人表示亲切的事情，我现在就去做。不可因循，不可疏忽，因为凡事一逝不可追。”

大多数的男人，忽略在日常的小地方上表示体贴。他们不知道：爱的失去，尽都是在细微之处。

◎培育成熟之爱

爱是世界上谈论最多，却也是最不易弄清楚的一个课题。它激发了艺术家的灵感，是婚姻和家庭的基础——失去或缺乏爱，会使人格破碎或阻碍人格的正常发展。

我们大多数人往往对爱具有狭窄、单向的概念，而且完全从家庭或性关系的角度来理解它，同时将它和占有、自负、姑息、依赖等混淆在一起。

直到最近，爱才被认为是一个严肃的科学课题。许多心理学家、医生和科学家给予爱更多的思考和研究，将它视为人类的基本需要以及还未加以探索的人类事务中一大影响和力量的源泉。基于这些发现，我们可能要将对于爱的一些传统观念加以修正和扩充。

爱和成熟有什么关系呢？罗洛·梅伊博士回答了这个问题。在他最近出版的《人的自我追寻》一书中写道："能够付出和接受成熟的爱，是一个符合我们为完全人格所定的标准的人。"

梅伊博士同时断定大多数人都不知道如何付出和接受爱，一般人对爱的观念既矫情又幼稚。例如，一个将一生完全奉献给自己的丈夫和子女，以致与世界其他一切完全隔绝的妈妈，她的占有欲就胜过于她的爱。真正的爱不是局限，而是扩展。一个崇拜女人到无法找到任何可以与之相比的境地的男人，不该被看作是"有爱心的"男性的模范——他是感情发展受到局限，仍然停留在婴儿时期依赖心态的一个案例。依恋和爱是两回事儿。

也许先弄清楚什么不是爱，再来肯定那种使得人格增强、成熟的爱比较容易些。

首先，爱与我们经常在电影中看到的那种男女相会、玫瑰与香槟式的罗曼史，或小说家偏爱的那种性剥削的激情少有相关之处。爱不限于年轻美貌的人。

泌尿科专家和美国婚姻顾问协会主席亚伯拉罕·史东博士告诉我们，当我们说"我爱"时，其真正的意思大多是"我要"、"我想要拥有"、"我从……得到满足"、"我利用"甚至"我感到罪恶"。这是科学家所谓的"假爱"。

许多父母用"爱"作为放纵子女的借口。实际上，他们是在以溺爱来推卸自己的责任，并不是在帮助子女成长。纽约杜布斯波克的儿童村，是一个致力于重新训练需要指导的问题儿童的机构。理事史泰龙说："每一天我们都在解除将爱与姑息混淆的父母所造成的伤害。"

成熟之爱的观念是耶稣所说"爱邻如爱己"时心中所抱持的那种观念；是柏拉图在"对话录"中所分析的那种爱——从个人的关系开始，扩展到全人类和宇宙。爱的要素都是相同的，不管是夫妻之间的爱、父母与子女之间的爱或个人与全人类之间的爱。

人类之间的真爱不会阻碍人的成长，它肯定人的其他方面的人格，促进其成长发展。

我认识好多父母常常对女儿的婚姻愤愤不已，只因为女儿企图嫁到某个遥远的地方。记得有一个母亲曾悲叹说："为什么简就不能找一个本地男孩结婚？我们也好经常见到她了。我们为她奋斗了一辈子，而她却这么报答我们，去嫁给一个把她带到千里之外的地方去的人!"

如果你说她这样做并不是爱自己的女儿时，她一定会很吃惊。她是将占有和满足自我跟爱弄混淆了。

爱的真谛不是紧紧守住自己所爱的人，而是放手任他（她）走。成熟的人不会占有任何人的感情，他让所爱的人自由，就如同让自己自由一样。这就像其他的创造性力量一样，爱存在于自由之中。

作家普瑞西拉·罗伯逊在《竖琴家》杂志上为爱下过这样的定义："爱，就是给你爱的人他所需要的东西，为了他而不是为了你自己。想想别人把你所需要的东西送给你时的感受。爱包含给予孩子他们所需要的独立，而不是那种所谓的'家长主义'的剥削和专制。爱包含各种性关系，但不是对自负或青春的狂乱追求的那种性格的利用。我的定义还包括你给予那些曾经让你明白自己是哪种人、你会成为哪种人的少数几个人——老师和朋友。它也包含善良——对全人类的关怀，它不是给一个需要面包的人投以石头，也不是在他需要理解时给他面包。"

"我们认识好多总是自作聪明的'善心'人，他们把我们不想要的硬塞给我们，而愚蠢地留住我们需要的东西。我认为这些人不应归入有爱心的人的行列，而且我想心理学家们也会得出他们无用的爱心不经意地制造了敌意的结论。"

没有什么比"爱是盲目的"这句老话更能误导一个人了。只有擦亮爱的眼睛，我们才能看清身边的人们。我们体内有一个随意或冷漠的自我，一个我们怕招致伤害或误解而宁愿隐藏起来的敏感、封闭的自我。我们采用各种姿态或伪装保护它——沉默、害羞、进取、坚强等等，内心却又一直希望有人会帮助我们发掘内在的真正自我。爱可以透视人心，具有特殊的洞察力，它能为“她爱他什么”这个永恒的问题提供答案。

关怀我们所爱的人的成长和发展，肯定和鼓励他们个性化的存在，尊重他们的本来姿态，创造自由和温情的气氛，这些都是想要学会爱所应持的态度。爱为他人提供了可以在爱中成长的土壤、环境和营养。

嫉妒是一种经常与爱混为一谈的感情。事实上，它是我们对自己激发情爱的能力缺乏自信的结果以及一种占有、俘虏他人的欲望。用付出来取代这种占有的欲望就可以克服嫉妒。在此举一个克服嫉妒学会爱人的女人的例子。她说：我曾陷入嫉妒中无法自拔。我活在怕失去丈夫的恐惧之中。并不是他给了我嫉妒的任何理由，如果是这样，我反而会少受一点痛苦，因为这样一来，就可以避免那些恐惧和因神经质而自我想象出来的羞辱感。我偏执得像卡通电影里那可笑的妻子一样搜丈夫的口袋，查看汽车烟灰缸里的东西。我常常哭着入睡，白天却生出一些新的疑心。

有一天，我照镜子。我看见一个不可爱的人——我自己。头发散乱、没有化妆、面容憔悴——而我穿的衣服看起来就像套在扫帚柄上的一个大袋子一样！“海伦，”我对自己说，“你怕失去丈夫。如果你真的失去了他，你能怪他吗？你想怎么办？”我决心实行一个计划。我开始减少擦地板和家具的时间而多留心自己的仪表。我每天下午都休息，增加了一些非常需要的体重。而且找到一份卖化妆品的工作，学习使用它。当我开始显得比较好看，感觉上也比较舒服时，我发现自己的态度慢慢地改变了。丈夫也感觉到我的变化，他的反应扫除了我心中的疑云。我利用原来浪费在嫉妒上的精力，使自己成为我丈夫理想中的妻子。

这个女人一旦了解到爱不是命令而是肯定时，她便获得了爱的能力。

当我们发现占有、嫉妒和支配这些异质的因子进入我们心中时，对他人真实的爱便逐渐消失。如果让野草肆意蔓生而不加以清除的话，世界上最美的花园都会荒芜。

家庭关系的悲剧之一，是因为我们经常不知不觉地以爱的名义给他人造成伤害。过分严厉的父母告诉自己说之所以那样做是“为了小孩好”；溺爱纵容的父母说他们是为了子女的“幸福”着想。俄亥俄州哥伦布的S.P.艾伦太太讲述了有关这方面难题的一个动人故事。几年前，艾伦太太在和她丈夫离婚之后，发现自己面临着照顾自己和两个小孩的重任，她被母兼父职的责任压得喘不过气来。她感到为了培养好他们必须要严厉的管教。

“我订下法规，”艾伦太太说，“不接受任何借口。我不和小孩商量或者费心地去听他们的意见——而且还严格告诉他们什么时候必须做什么事。他们没有独立思考的机会，只有一套必须遵守的规则。”

“我们家起了微妙的变化。刚开始，小孩们一见到我就躲开。他们躲避我任何示爱的企图。最后我了解到他们怕我，怕他们的妈妈!”

“我反省了一下自己，得出结论，我的所作所为的出发点根本不是为孩子着想，不过是我把因离婚产生出来的压抑情绪发泄在他们身上。我在让孩子无形中承担我个人过错造成的苦难。难怪他们做出明显的反应，虽然他们还不了解。”

“我开始破除这种压在他们身上的无形的压力。我向上帝求援，试着从新的角度发现孩子，首先把他们作为人，而不是作为负担或责任看待。我放下一些家务，抽时间多跟孩子在一起，陪他们玩游戏或到一些有趣的地方去。我学会了指导他们而不是只会下命令。”

“当我的心情放松下来时，欢笑和歌声又重新回到了我们中间。爱、温情与快乐在我和孩子们的身上互相反映，我们的关系得到恢复进而增强。有了这样的气氛，所有问题都变得简单而容易解决了。”

艾伦太太学到的是爱，而且学会了用爱去治疗家庭生活的创伤。

爱的能力，不仅决定着我们与家人的亲密程度，而且也决定了我们与他人的关系。我们对朋友、工作、住地以及世界的态度，大多由我们对家庭所付出和接受的那种爱来决定。

心理学家米尔顿·格林布拉特说：“如果一个孩子能接受爱的教育，

那么他懂得了自爱和爱他的家人，直至以利他主义者的胸怀真诚地爱所有的人。”

亚希莱·孟德斯博士在他的《人类发展的方向》一书中指出，几乎所有的宗教都认为，生活和爱其实是同一个概念。他总结道：“现在看来很明显，人类能够依赖指引他们未来发展方向的主要原则只能是爱。”

只把爱留给家人和亲近朋友的观念是错误的。我们越是爱别人，就越容易获得爱的能力。爱充满在整个人格之中，爱是散布光辉在一切活动上的重大能源。有爱心的人总是对工作、同胞和生命充满热情。他们健康而长寿。

拥有成熟的爱的观念对我们每一个人来说都是非常重要的事。在美国，每一年都有 40 万对夫妻离婚，而且还有成千上万的婚姻岌岌可危。就世界来讲，世上一直存在着国家分裂、种族对抗、国与国的对立和战争的现象。人类如果想继续存在下去，就必须学会和谐相处。

◎给私语加点甜蜜

人们常说，情人的话是最不值钱的，又是最值钱的。不论是一见钟情的少男少女，还是同舟共济几十年的老夫老妻，绵绵情话总是说了又说，讲了又讲。每每听到爱人说“我爱你”，总是能激起万般柔情，千种蜜意。恋爱总离不开交谈，这似乎是经验之谈，对初次相见的男女来说尤其如此。

我认为已婚夫妇也需要交谈，虽然说情感的交流是多渠道的，但语言交流是到什么时候也淘汰不了的。

艾莉结婚刚进入第三个年头，就和丈夫分居了。她对律师说：“他一定是有问题。每天回家很少和我说话，吃完饭就一下躺到沙发上看电视，再也不想起来，一直到深夜。看完最后一个电视节目，就爬上床，也不问我是否劳累，是否有兴趣，就要求做爱，一句多情的话也没有，仿佛情话都在结婚以前说完了，实在让人难以忍受。”

艾莉需要的并非什么奢侈品，只是丈夫那柔情蜜意的私语。

亲密的私语是恋爱中的男女所不可缺少的。尤其是在进餐或是放松时的亲密交谈，可以称得上是爱情的一种“情感增效剂”。

美国加州医学院精神与心理临床研究专家巴巴克说：“对许多妇女来说，恋爱与感受到爱远比性交更重要。尤其对那些忙于家务、整天带孩子的妇女来说，更是如此。那种巧妙的、带刺激性的私语往往使她们获得真正的快慰。”

42岁的卡克与达娜已结婚8年，他记得曾一度羞怯于向妻子倾吐自己满腔的爱。“有一天晚上，我深吸了一口气后，滔滔不绝地向她倾诉了对她的柔情，对她的爱恋。我告诉她：‘对我而言，你是世界上最不平常的女子。’我这番热情洋溢的话使她万分激动，连我自己也感动不已。现在，我一有机会便向她表露衷肠，而我每次都觉得感情比以前更为炽烈。”

可是，应该说什么呢？怎样说才能使说的人不至于做作，听的人不觉得肉麻呢？当你感到一股穿堂风吹过或觉得闷热时，你说些什么呢？你会脱口而出：“真凉快！”或“真热！”无须多想，也用不着长篇大论，爱的语言就是这样。如果你正和爱人待在一间屋里，你觉得能和她在一起真高兴，那你就对她说：“和你在一起我真高兴”

大家所熟悉的大文豪马克·吐温常常把写有“我爱你”、“我非常喜欢你”的小纸条压在花瓶下，给妻子一分意外的惊喜。这种习惯伴随他们的一生。可见，甜言蜜语绝非多此一举，而是恋人及夫妻们增进感情的一个良好途径。

◎真诚地欣赏对方

“多数男子寻求自己的伴侣时，他们不是像在寻找高级职员，而是寻求一个对自己具有诱惑并情愿奉承他们的虚荣心，使他们感到优越的人。”如果一位女办公室主任应邀吃一次午餐，但她总是将大学时代的那些哲学思潮作为谈话的内容，甚至坚持自付餐费，那最后的结果只能是，自此以后独自吃午餐了。

“反过来说，即使一个未进过大学的打字员，应邀吃午餐的时候，她能温情地注视着她的男伴，仰慕地说：‘再给我讲些有关你的事。’最后的结果可能是，他会告诉别人：‘她不是十分美丽，但我从未遇见过比她更会说话的人。’”

每个男人都需要女性的欣赏和支持。“每一个男人事实上都是两个人，”查士德·斐尔爵士写道，“一个是他真正的自己，另一个是理想中的自己。”

如果一个人本来是羞怯的，他就想要勇敢些。如果他并没有广受欢迎，他就想要被大众所喜爱。如果他缺乏信心，他就渴望成为毫不惧怕的人。

妻子的职责，就是帮助她的先生成为他理想中的那个人。

做妻子的人，永远不可以对她的丈夫说“你失败了”，玛格丽特·芭宁在写给四海杂志的一篇文章里如此劝告我们。“如果他真的失败了，他的老板将会毫不迟疑地告诉他。但是在家里，在早餐的时候，在床上，人们应该勉励他，人人都可以成功的，向丈夫说‘你无论如何也不会成功’的妻子，只会使这句话更快实现而已。”

这是千真万确的。一个女人说出的经过明智选择的话，可以改变一个男人对自己的整个看法，使他变得更好，使他对生命有个全新的看法。拿汤姆·强森的例子来说——他是个年轻的二次大战退伍军人。

汤姆·强森在战争中受了伤，他的一条腿有点残废，而且疤痕累累。幸运的是，他仍然能够享受他喜欢的运动——游泳。

有个星期天，在他出庭以后不久，他和他的太太在汉景顿海滩度假。做过简单的冲浪运动以后，强森先生在沙滩上享受日光浴。不久他发现大家都在注视他。从前他没有在意过自己满是伤痕的腿，但是现在他知道这条腿太惹眼了。

下个星期天，强森太太提议再到海滩去度假。但是汤姆拒绝了——说他不想去海滩而宁愿留在家里。他的太太的想法却不一样。“我知道你为什么不想去海边，汤姆，”她说，“你开始对你腿上的疤痕产生错觉了。”

“我承认了我太太的话，”强森先生说，“然后她向我说了一些我将永远不会忘记的话，这些话使我的心里充满了喜悦。她说：‘汤姆，你腿上的那些疤痕是你的勇气的徽章，你光荣地赢得了这些疤痕。不要想办法把它们隐藏起来，你要记得你是怎样得到它们的，而且是骄傲地带着它们。现在走吧——我们一起去游泳。’”

汤姆·强森去了，他的太太已经除掉了他心中的阴影，甚至将会有更好的开始。

再看看艾礼·卡柏森的例子。他是个杰出的桥牌手。有一次，卡柏森先生在访问中告诉我，说他1922年刚到美国的时候，不管做的什么事都完全失败，甚至是个最差劲的桥牌手。但是，当他娶了一位名叫约瑟芬·狄伦的桥牌老师以后，他的运道改变了。她说服他，使他相信自己是个很有潜力的桥牌天才。他太太的鼓励，终于使他选择桥牌作为职业。

是的，真诚的赞美和激赏，是值得尝试而能使男人发挥出最大能力的有效方法。我们完全尽力了吗？没有人知道。有一天我们将会失去两个丈夫里头的一个，而只剩下一个保留着——那个他想要变成的人。

同样，像强森太太一样，男性对于女性追求美观及装束得体的努力应表示欣赏。所有的男人都忘了，如果他们经过觉察的话，将知道女性是如何注重自己的衣着。例如，如果一男子同一女子在街上遇见另一男子同一女子时，这女子很少看那男子，她却会不时地留意看另一女子穿的衣服怎么样。

我的祖母在98岁时去世。她去世前不久，我给她看一张她自己在30多年前所摄的相片。她的老花眼已看不清相片，但她问的唯一问题是：“那时我穿着什么衣服？”试想一想！一位处于她生命最后岁月的老太太，虽然年事已高，卧床不起，记忆力衰弱得几乎不能辨认她自己的女儿了，还注意自己30多年前穿的什么衣服！

对很多男人来讲，他们也许想不起自己5年前穿的什么衣服，什么衬衫，他们也丝毫没有意思去顾及它们，但女人则不同。法国上等社会的男子都要接受训练，对女人的衣帽表示赞赏，而且一晚不止一次。5000万的法国人不会都错的!

有一次，我在剪报的时候发现过这样一个故事，我知道不是真的，但它证明了一个真理。

有一位农家妇女，经过一天的辛苦以后，在她的男人面前放下一大堆草。当他恼怒地问她是否发狂了，她回答说："啊，我怎么知道你注意了?我为你们男人做了20年的饭，在那么长的时间里，我从未听见一句话，使我知道你们吃的不是草!"

莫斯科与圣彼得堡的那些养尊处优的贵族曾有很好的礼貌。上层人有一种风俗，当他们享受过丰美的菜肴时，坚持将厨师召入食堂，接受他们的恭贺。

为什么不同样体恤一下你的妻子?下次她烧鸡烧得很嫩，你就这样告诉她，使她知道你欣赏她的手艺——你不是在吃草。或像格恩常说的："好好地捧一捧这位小妇人。"因为她们都喜欢被人这样。

当你正要做出这样的表示时，不要怕她知道她对你的快乐是如何的重要。狄斯累利这位英国伟大的政治家，正如我们所知，他就不羞于使世界都知道他对他的"小妇人沾光多少"。我有一次浏览杂志时，看见这么一段话，那是从埃第康德的访问中得来的："我沾光于我夫人的多于世上其他任何人。我在儿童时，她是我最好的朋友，她帮助我勇往直前。在我们结婚以后，她节省每一镑钱，然后进行再投资，她为我储存了一个家当。我们有五个可爱的孩子。她一直为我建造一个美丽的家庭，如果我有成就应归功于她。"

在好莱坞，婚姻似乎是一件冒险的事，甚至伦敦的劳慈保险公司也不愿打赌，在少数快乐婚姻中，巴克斯德是一个。巴克斯德夫人以前叫勃莱逊，她放弃灿烂的舞台事业而结婚了，但她事业上的牺牲并没有使之失去他们的快乐。“她失掉了来自舞台成功的鼓掌称赞，”巴克斯德说，“但我已尽力使她完全感觉到了我的鼓掌称赞。如果一个女子完全要在她丈夫那里求得快乐，她必须在他的欣赏与真诚中得到。如果那欣赏与真诚是实际的，那他的快乐也就得到了答案。”

现在你应该明了，如果你要保持家庭生活快乐，一个重要的原则便是给予对方真诚的欣赏。

◎拥抱着面对一切

许多女人都认为，丈夫应该肩负所有的责任，不管时机是好是坏。她们忘了，有时候为了拖出陷在泥塘里的车子，当妻子的也需要付出额外的帮助。

约瑟夫·艾森保在一家洗衣店当了25年的送货员，突然间被解雇了。

一个没有受过特殊训练的人，想要找个职位是很困难的，对中年人来说尤其不容易。当艾森保夫妇正在为找不到工作发愁的时候，正好有一家面包店要出售。价钱还算合理，但是却必须把他们所有的积蓄都投资进去。

这只是开始而已。艾森堡太太知道，在生意还没有做稳以前，他们是没有能力雇人帮忙的。于是她便积极地努力拓展这个新行业。那时候，除了做家事以外，她还必须在面包店里长时间工作，以便招待客人。除了打扫、洗刷、做饭，她每天还要在面包店里站上8～10个小时——这些劳苦已经足以使任何一个人感到泄气了。

“但是，”珍妮·艾森保说，“我高高兴兴地做着这些事，因为我知道，这是我丈夫重新闯天下的一个机会。”

“现在，面包店已经开业五年了，生意相当好。我们的经营很成功，而且一直扩展到足够应付一切需要。我们能够以自己的努力建立了这个事业，实在很值得骄傲。”

有许多家庭在碰到了像艾森堡先生失业的这种难题以后，由于妻子不愿意帮助丈夫挽救这个情况，整个家庭经济就会开始走下坡路。

许多女人都认为，丈夫应该肩负所有的责任，不管时机是好是坏。她们忘了，有时候为了拖出陷在泥塘里的车子，当妻子的也需要付出额外的帮助。这儿还有另一位女士的故事，她也是在必要的时候付出自己所有的能力。威廉·R. 柯门太太，她不仅帮助她丈夫做生意，同时还有自己的职业，使他们的家庭有了很好的经济基础。

柯门太太是一名护士。当她在1936年嫁给比尔·柯门的时候，比尔白天工作，晚上到夜间部上课，以便取得高中的毕业证书。为了使比尔不至于放弃夜间部的学业，柯门太太婚后仍然继续做护士。她很希望她丈夫保持不缺课的纪录，所以在她生下小女儿的那个晚上，她仍然坚持她丈夫送她到医院以后赶去上课。在六年中，比尔从没有错过夜间部的一堂课。终于在他的母亲、妻子和女儿骄傲的注视中，得到了他的毕业证书。

当比尔得到了示范推销不锈钢厨具的工作以后，他的妻子海伦就充当他的助手。他们一起举办示范餐会，由海伦做菜，而由比尔推销。

后来比尔的父亲去世了，比尔和他的兄弟得到一家印刷厂，比尔和海伦·柯门便从比尔的兄弟那儿买下了这家印刷厂。这时候他们必须向银行借一笔钱。于是海伦·柯门又去当护士，帮助偿还这笔债款。而每个晚上和周末，她都在印刷厂里当他的助手。

"我很高兴，"她写道，"如果我们能够继续健康地工作，五年以内，我们将可以付清房款和生意上的债款。然后我将辞掉工作，为比尔和孩子们做好家务。"柯门太太，是一个能够在危难时候和丈夫一起工作以及为丈夫工作的好妻子，就像艾森堡太太那样。由于这种助手只是临时的，她们的效率都特别高。

家庭生活里的某些危机，例如欠债、疾病，或是丈夫的失业，常常需要妻子更多的工作。这种帮忙是广义的夫妇搭档的一种行动——因为妻子是在为家庭的幸福工作，而不是想以拥有自己的事业来达到自我满足。这是一种所谓的"紧急措施"。

我认识一位女士，她在这种情况下做得很好，甚至为整个家庭创造出新的生活意义。她就是强纳生·威特·史坦太太。她和她的丈夫与五个小孩住在新泽西州。

史坦先生是个推销员。好几年前，一场重病使他无法全力工作。为了养活这个大家庭——三个小孩和一对双胞胎，他妻子就碰上这个难题了。

史坦太太很快地复习了一下她拿得出的本事。她对于办公室的工作没有经验，也没有才能。她做得最好和最喜爱做的事情，就是特制餐点：小孩子的生日点心、结婚蛋糕、宴会甜饼。从前她常常替朋友们做一些特别的餐点，但那只是因为她喜欢做而已。玛格丽特·史坦把她心里的想法告诉了一些人，于是她的朋友开宴会的时候，都特地请她去做。她做的精致而不寻常的餐点，都是那么可口，很快得到了赞赏。更多的订单便源源而来，使她必须训练助手来帮助她。由于所有的餐点都是在她自己的厨房做的，她的丈夫和孩子们就都来帮助她。后来，生意愈做愈大，玛格丽特就成为一个专办酒席餐点的人，并且做了宴席顾问。

现在，她的生意已经发展到必须雇请一位长期帮手的程度了。她把自己最著名的开胃菜包装后，送到冷冻食品市场去卖，并且为周围 50 里内的宴会准备餐点。

玛格丽特·史坦的紧急措施是如此的成功，史坦先生现在已经全天上班做个营业经理了，他和他的妻子有最完美的合作。“我讨厌价钱、成本和开账单，”史坦太太说，“我忙于创造新的方法，来准备供应我的特制餐点。让我的丈夫来照料所有生意上的细节可真是一项最伟大的事。”

我们大家都无法预料将来会发生什么意料之外的困难，使得我们的经济来源突然中断，迫使我们必须亲自去赚取部分或全部的家庭开支。为什么你现在不马上寻找出可以应用的才能，来看看如果发生意外的时候，你是否有足够的准备，去面对这个紧急变化？

第二章

真正的幸福源自细节

◎与丈夫一起朝前奔

尼克·亚历山大最渴望达到的目标是上大学。他在孤儿院长大——那是一种老式的孤儿院，孤儿们从早上五点工作到日落，伙食既差又不够。

尼克是一个聪明的小孩——太聪明了，因此十四岁就从中学毕业。接着，他步入社会开始谋生。

他所能找到的工作，是在一家裁缝店里操作一架缝纫机。14 年来，他一直在那种环境下工作。接着，那家裁缝店加入了工会。工资提高了，工作时间缩短了。

尼克·亚历山大幸运地娶了一个女孩，她愿意帮助他实现上大学的梦想。但事情可不容易。在他们结婚之后没多久，也就是 1931 年，店里开始裁员，于是他们这对年轻的夫妇决定自己去闯天下。他们把存款聚集在一起，开了一家“亚历山大房地产公司”。尼克的太太特丽莎甚至把订婚戒指也卖掉了，以便增加他们那笔小小的资本。

在两年之内，生意兴隆，于是特丽莎坚持尼克去上大学。他在 36 岁的时候，得到了学位——这是人生道路上所抵达的第一个里程碑。

尼克又回到房地产事业——成为他太太的生意伙伴。他们又有了一个新目标——海边的一幢房子。终于，他们也实现了那个梦想。

他们这对夫妇就这样坐下来轻松轻松吗？呵，没有。他们有一个小孩要受教育。如果他们能把他们商业大楼的分期付款缴清，把大楼变成公寓出租，收入的租金就能付他们孩子的大学费用了。因为一心一意要达到这个目标，他们终于做到了。

亚历山大太太说他们目前正在为他们的退休保险金努力。现在尼克单独主持事业，特丽莎则照顾自己的家。

亚历山大夫妇过着一种忙碌、幸福、成功的生活，因为他们面前总是有一个目标，使他们的努力有一个方向。他们已发现萧伯纳这句话的真理："我厌弃成功。成功就是在世上完成一个人所做的事，正如雄蜘蛛一旦授精完毕，就被雌蜘蛛刺死。我喜欢不断地进步，目标永远在前面，而不是在后面。"

许多人一辈子迷迷糊糊，因为他们没有真正的目标。他们只活在一度空间，过一天算一天。那些从人生中收获最多的人，都是警觉性高，积极等待着机会，机会一到马上就看出来的人。他们都有一个确定的目标。

在长期的计划上，最好是把每五年划分为一个阶段。你可以这么计划，"在五年之内，吉姆就可以拿到他的大学文凭，准备好升迁；在十年内，他就可以升为小主管了。"

安·海渥德引用一位顾客所说的话："我希望我丈夫永远不会感到自我满足而停滞下来。我们结婚五年了，每一年都有一个目标。首先，是他的学位，接着是进修课程，然后是一年的自由撰稿工作，现在是他自己的事业。一等到他告诉我他的钱够了，教育够了，经验够了，我就知道蜜月已经结束了。"

一个目标达到之后，马上立下另一个目标，这是成功的人生模式。因此，我们要跟自己的丈夫合作，不断地追求新的目标。

◎时刻见证爱情的成长

"小孩子觉得没有人爱他，这是少年犯罪的主要原因之一。"纽约市少年家庭董事会秘书、社会工作专家艾西尔·H. 怀特先生在社会工作讨论会上说了这样的话。

我丈夫和我发觉这种说法是正确的，我们曾经在俄克拉何马州艾尔·雷诺的联邦少年感化院，对少年犯们讲授有关人际关系的课程。

渴望爱心，似乎是所有这些不幸的孩子们的普遍问题。有个少年说，他的母亲从不给他回信，后来他写信告诉他母亲，说他正在上一些课，这些课程使他觉得已经把自己的外貌改变得比以前好多了。不久他母亲写信给他，说她认为没有东西能够对他有好处——监狱是他最适合去的地方。

另一个男孩，19岁男孩汤米，他的生命里有10年以上的时间是在孤儿院和感化院度过。他说："我们最需要的，就是有人来爱我们。但是从来就没有人爱我或要我。在我16岁以前，我没有得到过一件圣诞礼物。"

毫无疑问，这些忍受着情感缺乏的孩子们，常常会开始犯罪，以补偿这种基本的缺陷——就像一个饿昏了的人，当他找不到食物的时候，他也会吃下对身体有害的杂物的。

爱是一种最适当的食粮，我们的精神靠着它生存和成长，如果没有爱情，我们的道德心就会弯曲变质。

"一个普通人所能说的最正确的话就是，"心理学家高登·W. 沃尔波特说，"他从来不会觉得，他的爱或是别人给他的爱已经使他满足了。"

真的，爱在人类社会里的潜力，就如同原子能那样大。爱情能够产生，而且的确每天都产生了奇迹。你给你丈夫的爱，是他成功的基本因素——因为，如果你真心爱他，你就会心甘情愿地尽你所能去做每一件事，使他快乐或成功。

你给了你丈夫哪一种爱情，也会影响到子女的幸福。保罗·柏派诺博士是美国家庭关系协会会长，他在全国教师家长联谊会上讲演说："教师家长联谊会，如果愿意在年会里完全不谈小孩子的事情，而讨论如何使丈夫和妻子更加相爱，也许对小孩子的幸福会有更大的贡献呢。"

那么，我们怎样做才能提升爱情的深度呢？以下有一些特殊的建议：

1. 每天都要表现出爱心

最可悲的事情，就是在事情过了以后才发觉自己曾经享受过人生最珍贵的东西。

许多女人碰到危机的时候，都能够高明地应付自如，可是，很可悲地，她却很少知道带给丈夫最渴望的每天的爱情面包。假使丈夫失业了、患上结核病或是被关进监狱时这位小女士都能够像直布罗陀海峡的岩石那么坚强，不断地帮助丈夫。但是，当生活正常平稳地进行的时候，妻子就忘了告诉我的丈夫：你在自己的心目中是何等重要。

大部分的女人相信，她们是应该被爱护的、听人讲些甜言蜜语的。因而通常会抱怨自己的丈夫忽略她们、不知道赞扬她们的女人，往往也吝于对丈夫赞赏示爱。她们时常挑剔和批评错误。她们的丈夫把自己的存在看作理所当然，从来就不赞美她们，或注意她们身上所穿的衣服，或是给她们任何在外表看得出来的爱的表示。但是，这些女人对待她们丈夫的态度也是同样冷淡，然后，她们才感觉奇怪，为什么自己的丈夫会追求那些懂得称赞他们英俊、雄伟、健壮的迷人的女人。爱情的饥渴并不是女性专有的一种疾病。男人也会患这种病的。

曾经有人把夫妻间对爱情的冷淡叫做“精神食粮不足”。这是一个很恰当的比喻。因为，男人不是只靠面包就活得下去；有时候，他也需要一块爱的蛋糕——还要在上面加一点糖霜。

2. 培养一种好心情——把事情看开一点

有责任心的妻子，常常会患有一种完美主义者的毛病。孩子们的行为总是要管教好；晚餐要做得美味可口；家里要一尘不染。完美主义者常常过分注重细节，而忽略了重要的大事。事情发生的时候，要以好的心情去接受，不要把小事搅得天翻地覆，这样就可增强夫妇间的爱情。

3. 要有宽大的胸怀

没有其他的事情，能够像互相深爱的人结婚那么迷人。爱情就是给予，要给得丰富与慷慨。有些妻子愿意在许多事情上面做出牺牲，但是却常常在许多小地方缺乏精神上的慷慨——例如，嫉妒丈夫从前的女朋友。

如果你的丈夫无意间提及他今天碰见了一个过去的女友，而如果你问他，那个女孩子是不是还扎着辫子说着不成熟的话，那你就太吝啬太不够慷慨了。你应该赞美她的好处，如果你能够想出一些；如果你想不出来，也应该编造一些。

4. **对于每一件小事，都要表示谢意**

男人在结婚以后，带妻子到戏院过了一个愉快的晚上，送给妻子一束紫罗兰，甚至只是每天早晨倒个垃圾，他也很希望听到妻子的道谢的。如果他所做的每件事情，妻子都视为理所当然而不加致谢，无疑地，这个丈夫就会停止取悦他的妻子了。

我们之中有些人，不知道丈夫每天为我们做了多少小服务，这只是因为我们习惯于让丈夫为我们做这些工作。一位妻子曾经认为她丈夫没有帮过她什么忙。她以为要他去弄杯水来喝，也是个大工程，他不会换小孩子的尿布，或是弄紧一个漏水的水龙头。然而，有个夏天他到欧洲去了，她才很惊讶地发现，他每天都为我做了许许多多的琐事——她却没有向他说过一声谢谢——现在她必须自己去做那些事了。

5. **要互相谅解和体贴**

当丈夫想要换上拖鞋休息一会的时候，我们却穿好衣服想要出门，这是不行的。具有深挚爱心的妻子，应该先了解她丈夫每天在外面工作后的需要，然后才跟着盘算自己的需要。

上面说的这些，是不是就像许多妻子所做的、没有报酬的努力？妻子在一生中慷慨地奉献给丈夫的爱情，难道丈夫会不知道感谢吗？

打赌丈夫会感谢的！我就看过一个十全十美的妻子，得到了丈夫的敬爱。安格斯先生所说的话，也是为其他许许多多幸福的丈夫们说的："很可能因为我娶了这个女孩子，所以我才比大部分的男人更加幸福。我所能给她的最大赞赏就是对她说，如果我能够回到32年前，而且了解我现在了解的事情，我仍然愿意再和她结婚——只要她愿意再嫁我！我所获得的任何成功，都直接来自于这位可爱的妻子的陪伴。”

如果没有爱情，成功又有什么意思呢？缺乏爱情，财富和权势也就等于废物和灰烬了。如果你的丈夫从你深挚的爱情里得到了安心和幸福，那么，他带给你更高的生活水准的机会也就大大地增加了。

◎为婚姻献“礼”

美国杰出的演说家、曾做过总统候选人的詹姆斯·布莱恩，把他的女儿嫁给了瓦特·杜鲁芝。小两口的婚姻在以后的日子里都非常的幸福。他们难道有什么要诀吗？

杜鲁芝夫人说：“我们夫妻婚后可以说是相敬如宾，我希望年轻的夫妻们，也要做到以礼相待，不管怎么说，蛮不讲理总是一件让对方头疼的事情。”

蛮不讲理会让爱情生病的。人们明白这点，但常常忽视它。很多时候，人们对待陌生人，比对待家人更有礼貌。

人们不会随便把陌生人的说话打断，人们不会不经允许偷看别人的信件，而对于家人，人们却常常这样做。

桃乐丝·狄克斯的话还可以用在这里：“这让人吃惊，但却是事实，说伤害我们的话最多的人，就是我们的家人。”

亨利·克劳也说过礼貌对于婚姻和家庭的重要性：“礼貌是婚姻的润滑剂。”

奥利佛·哈姆斯在他的《早饭的独裁者》这本书里写的情景，可能存在于所有家庭，可其实他自己的家里却不是这样。事实上他太为别人着想了，他从不让他的家人看他的脸色，即使他心情不好的时候，他也自己一个人忍着。

哈姆斯是这样做的，可一般人呢？一般人要是在工作上遇到麻烦，往往就会回家冲家人发火。

在荷兰，你要把鞋子留在玄关外面，然后才能走进屋里。根据哈利爵士的意见，我们应当跟荷兰人学一学，在进到屋子之前，把一天工作上的麻烦，脱下留在外面。

威廉·詹姆斯曾写了一篇文章，叫做《人类的某种盲目》。这篇文章值得你专程地跑到图书馆去阅读。“本论文所要讨论的现代人的盲目，”他写着，“就是不了解动物和人的感情。这种盲目使我们都遭受了痛苦。”

对顾客，或生意上的伙伴尖声讲话，许多人都会很后悔；但对太太大吼，却不以为然。然而，在个人的幸福快乐方面，婚姻比事业更加重要、更加切身。一般人假如有快乐的婚姻，就远比独身的天才生活得更快乐。俄国伟大的小说家屠格涅夫受到整个文明世界的赞誉，可是他说：“假如在某个地方有某个女人对我过了吃晚饭的时间还没有回家，会觉得十分关心，我宁愿放弃我所有的天才和所有的著作。”

幸福快乐婚姻的机会，究竟有多少呢？如我曾经提到过的桃乐丝·狄克斯认为，半数以上的婚姻都是失败的；但保罗·波皮诺博士的看法相反。他说：“男人在婚姻上取得成功的机会，比他在任何行业上获得成功的机会都大。进入商界的男人，40%会失败；而步入结婚礼堂的男人和女人，40%会成功。”

对于这件事情，桃乐丝·狄克斯的结论是如此的：

“跟婚姻相比，”她说，“在我们一生中，命只是一支插曲，死更是一件小事。”

“即使，有一位满足的太太、一个和睦而愉悦的家庭，对一个男人来说，比赚100万元还显得重要；但是100个男人之中，还找不到一个慎重地想过，或真诚地试过使他的婚姻成功。他把一生中最重要的事情交给了命运，成功或失败就看幸运之神是否照顾他。当钞票都在丈夫的口袋里，能够用柔和的方式而不需要强力的手段时，为什么他们不和婉地对待太太？这点真令太太们不了解。

“每个男人都知道，用奉承的方式可使他的太太情愿做任何事情，而且什么也不顾地去做。他知道，假如他只夸奖她几句，说她家庭管理得如何得好，说她如何地帮助了他而不必花他一个钱，她会把她的每一分钱都赔上了。每一个男人都知道，假如告诉他太太，说她穿上去年的某件衣服她将会是多么的美丽可爱，她就会宁愿不买从巴黎进口的最新款式。每一个男人都知道，他能够把太太的眼睛亲得闭起来，一直亲到她像蝙蝠般瞎了；他只热情地吻一下她的嘴唇，她就会像虾子一样地变哑。

“每一个太太都明白她丈夫了解这些事情，由于她早已把如何对待她的方式完全告诉了他。但他宁愿不顺从她的意思，反而花钱吃不好的东西，把钱浪费在为她买新衣服、新型豪华轿车上，而不去花精神来奉承她一点，不情愿以她所要的方式来对待她。她真不知道该喜欢他呢，还是讨厌他。”

于是，假如你要维持家庭生活的幸福快乐，请注意要殷勤有礼。

◎聪明女人让丈夫更受欢迎

P. T. 巴南自称是“欺骗大王”——他以愚弄大众而出名。有一次他大肆宣传他有一匹头尾倒生的怪马，每人收费两角五分，吸引了一大群观众前去观看。这头怪物其实只不过是一只普通的马，它的尾巴绑在马槽这头，倒退着走进马厩里。

又有一次，巴南很成功地怂恿一群头脑简单的家伙去看“一只樱桃色的猫”。这只猫是黑色的，但是，巴南却解释说，有些樱桃也是黑色的。

已故的弗朗兹·齐格菲，曾经是一位出色的艺人。他不用怪物吸引观众，但他自称可以使女孩子变得漂亮，能够使任何一位身材美好、仪态高雅的女士在使用了他的设备后，变成迷人的美女。在演出的晚上，他总是送一捧花朵给剧场里的每一位表演女郎。他如此使女士们觉得漂亮——她们受到如同美女一般的对待，自然就会焕发出光彩。

如果表演人员能够用普通的猫和马吸引大家，或是把一个女孩变成维纳斯，也许，聪明的太太就可以用他们的方法，使她的丈夫受到大家的普遍喜爱。

妻子很少有机会在工作业务上帮助丈夫进展，但是她只要尽力，就能使丈夫在社交上受到重视。

社交接触常常会产生出有价值的商业伙伴，因为大部分人都最喜欢和朋友合作共事，而不喜欢和陌生人在一起。不管他是卖贝壳、鞋带或保险、开飞机或是经营小生意、为名人写专栏或是主持一家大公司，一个人只要受到别人的喜爱，就会得到更多受益。

我们怎样做才能帮助丈夫结交朋友，并且受到大家普遍喜爱呢？以下有 3 个方法：

1. 我们可以使丈夫受人喜爱

几年前的一个晚上，我丈夫和我到后台去探访牛仔歌星吉尼·奥特利，那时候他正在艾逊广场花园主唱。在演出休息时，我们正要和吉尼以及他美国的太太伊娜一起去吃晚餐，可是，有一群年轻小伙子在出口处把我们挡回来了，他们要吉尼的签名。晚餐的时间很短，但是吉尼很乐意地向年轻人打招呼，在他们的节目单上签名。

我向奥特利太太看了一眼，以为她可能会因为这个耽搁感到懊恼。她看到了我眼神里的抱怨，就笑着说："吉尼从不对任何人说'不'——尤其是年轻小伙子们。"

伊娜·奥特利脱口而出的话，比起一大堆新歌迷杂志和图书所介绍的语句更能表达出她丈夫的天性，这句话总结出她丈夫和善、热心和亲切的优点。

吉尼·奥特利当然是受欢迎的。如果一个男人并不受人欢迎，他妻子的态度能够对他有所帮助吗？我想这是可以的。我认识一个女人，她的丈夫在社交上并不受欢迎，只是因为他的妻子有好的风度，大家才接纳他。这个男人傲慢自大，喜好争辩，缺乏耐心。但是，当他的太太把他不愉快的童年生活说给我听以后，我对他的厌恶感，就转变成同情心了。他是个孤儿，从这个亲戚家被转送到那个亲戚家，没有人要，也没有人爱，一直受到轻视和压制。

知道这个原因以后，我就能理解他的行为了。虽然他的妻子无法使他受人喜爱，但是她至少有替他的缺点创造出同情心的耐性。

一个人如想成功，就更需要一个善意的妻子，使他看起来很有人性和受欢迎。“你看他妻子注视他的眼神，就知道他的本性绝不会是这种坏蛋了。”这句话曾经把许多摇摇欲坠的公司主管从社交危机中解救出来。

2. **使丈夫展现出他的才华**

有些女人以为，炫耀丈夫的方法，就是要炫耀自己——例如，如果可能的话，她们就想穿貂皮大衣来炫耀。聪明的女人知道使用其他更好的方法。

使丈夫引起别人的兴趣和注意力，最简单的方法就是在自己家里举行宴会，安排让丈夫表现他所拥有的任何特殊才华，如果这些才华能够使别人得到乐趣的话。每天待办的业务工作，使人很难有机会展现出压倒大众的才能——但是宴会却是最完美的机会。

加州格连载尔城有位亲切、聪敏的卡蒙隆·西普。他是个著名的舞台和银幕人物的传记作家，卡蒙隆天生喜好和朋友交往。通常，他的妻子卡莎琳总在他们的院子里宴请朋友。在这儿，卡蒙隆可以用木炭烤架烤他最出名的牛排，并且在不做作的非正式场合之下，说一些机智的笑话。

纽约的约瑟夫·福来斯，是一位成功的小儿科医师，同时也是一位天才的业余魔术师。来到福来斯家里的宾客，常常会受招待观赏一场即兴的魔术表演。约瑟夫是表演明星，而他的妻子玛丽琳就充当助手——有时候他们的两个小儿子也帮忙和助阵。

这些有吸引力的男人，很幸运地拥有这种妻子，愿意隐藏自己，让社交场合里的注意力完全集中在她们丈夫身上。她们把自己压抑下来，使丈夫出人头地。她们情愿扮演次要角色，结果造成了家庭的和谐，这比起他们两人同时要表现出各自的优点，得到了更深更远的美满。

3. **改变话题，使丈夫表现出最大的优点**

在业务上受人器重的人，到了社交场合就哑口无言了，这种事情是常会发生的。他没有谈天的经验，也不知道应该从何说起。一个机灵的妻子就是这种男人最好的朋友了，她能够很自然地引领自己的丈夫参加谈话，使丈夫毫无困难地接着说下去。“那使我想起了上个星期吉姆和一个顾客在一起谈的事。他告诉你什么呢，吉姆?”这是一招好棋，可以使吉姆很自然地说下去。

即使是世界上最害羞的人，如果谈起了他最感兴趣的事情，也不会再畏缩了。

有位年轻女士曾透露过，她如何改变她的丈夫从一名男性“墙花”变成一个喜爱参加宴会的人。“华尔特一向是个热心、受人喜爱的人，”她说道，“但是，只有他亲近的朋友才知道，他很少主动去认识新朋友。他的自我意识，使他看起来冷漠而毫不开心。我希望人们会喜欢和重视他。”

“提醒他注意到这种情况，只会使他更加难过而已。所以我想出了一个计划，要在他不知情的时候帮助他。不管我们到哪里去，我就想办法找个喜爱摄影的人。摄影是华尔特的嗜好，我把这个人介绍给华尔特，让他们成为按快门的好友。

“谈论互相醉心的嗜好，很容易地就能使华尔特忘记了他自己，他能够表现出他真正的个性。逐渐地，当他想谈其他话题时，也会感到容易多了。

“我时常把他将要碰到的新朋友做个重点提示，使他有些谈话线索。‘史密斯夫妇刚刚从波特兰搬到这儿，他做的是木材生意。’

“由于我做了这些小努力，华尔特的整个社交外貌都改变了。现在他很喜欢参加宴会，认识新朋友。家人们认为这是一项奇迹。当人们告诉我‘你知道，你丈夫实在了不起’的时候，我觉得骄傲和快乐。”

◎不当性爱的文盲

美国社会卫生署总干事戴维斯博士，请1000名已婚妇女，坦白地回答一系列切身问题。结果令人惊讶——这是对一般美国成年人性生活不快乐的一种令人惊讶的真实评价。

看过她收到的这 1000 对已婚妇女的回答以后，戴维斯博士毫不犹豫地发表她的观点：国内离婚的一个主要的原因，是生理上的不和谐。

海密尔顿博士的调查也证实了这个结论。

海密尔顿博士花费 4 年时间，研究 100 个男子和 100 个女子的婚姻。他分别询问这些男女近 400 个有关他们性生活的问题，并深入地探讨他们的问题，非常的详细，以致整个调查耗时四载。这项工作被认为在社会学上极为重要，所以这个调查由许多著名慈善家资助。你要知道这项实验的结果，可读一读海密尔顿博士与马克哥文所著的《婚姻的症结是什么》一书。

那么，婚姻失败的症结是什么呢？

海密尔顿博士说："只有很偏见、很不谨慎的精神病专家，才会说多数婚姻冲突，不是由于性的不和谐造成的。无论如何，由其他困难产生的冲突，许多时候可以化作无有，如果夫妻性关系本身是满意的话。"

洛杉矶家庭关系研究所的主任鲍本诺博士考察过数千例婚姻，他是美国关于家庭生活的一位最著名的专家。按鲍本诺博士的说法，婚姻的失败常因四种原因所致：

(1) 性生活的不和谐；

(2) 关于休闲的意见不同；

(3) 经济困难；

(4) 心理的、身体的或情绪的反常现象。

注意，性生活居第一；并且很奇怪的是经济困难只居第三。所有婚姻的专家，都同意性的配合是绝对的必需。例如，数年前，辛辛那提家庭关系法庭的郝门法官——一位曾听过数千个家庭悲剧的人——宣称："离婚者中的 9/10 是因为性生活的毛病。"

"性，"著名的心理学家沃森说，"众所公认的是生活中最重要的问题。无疑的，那是造成男女欢乐破裂原因的东西。"我听过许多行医的医生在我的班中演讲，说的大概是一样的话。那么，在 20 世纪，有众多的书和教育，但因对这种重要的天然本能的无知，却导致婚姻破裂，生活毁灭，岂不可怜？

白德费尔牧师做了监理会牧师 18 年以后，放弃了他的传教事业，去担当纽约市家庭辅导服务处主任，他大概为青年们举行婚礼比谁都多，他说："根据我早年做牧师的经验，我发觉到，即使有恋爱及善意，很多到结婚台来的男女都是婚姻的文盲。"

婚姻的文盲！

他接着说："当我们将婚姻调适的艰难大部分交付给机会时，我们的离婚率只有 16%，这是一件惊人的事。而处在这个惊人数目中的夫妇实际上并没有真正地结了婚，仅仅是没有离婚而已：他们差不多在过着地狱般的生活。"

"欢乐的婚姻，"白德费尔特牧师说，"很少是机会的产物。"多年来，白德费尔特牧师坚持，凡由他证婚的男女，一定同他坦白讨论他们未来的计划。就是由这些讨论所得的结果，他得出结论：很多急于结合的人，是"婚姻的文盲"。

"性，"白德费尔特牧师说，"不过是在结婚生活中的多种满意的一种，但除非性关系适当，没有别的事会适当的。"但怎样使之适当呢？

"碍于情面的不言语，"我仍在引证白德费尔特牧师的话，"必须代之以客观言论的能力，并有结婚生活的超然态度。获得此种能力，没有比去从一本认识合理、情趣良好的书籍得到这方面的知识更好的方法了。"

几年前，哥伦比亚大学与美国社会卫生协会联合邀请著名教育家来讨论大学生的性欲和婚姻的问题。在那次会议中，鲍本诺博士说："离婚现在减少了，其中一个原因是人们现在多读了有关性生活和婚姻的优秀书籍。"

所以我诚实地感觉到我无权完成"如何使你家庭生活更快乐"一章，如果不介绍几本坦诚的而且科学的书籍的话。

所有这类书籍中有三种我以为最适宜于一般夫妇读的：赫顿的《结婚的性爱技巧》；爱克纳的《结婚的性生活》；拉德的《结婚的性因素》。

第三章
幸福的忠告

◎将爱贯穿始终

西奥多·帕克先生结婚时，夫妇两人进行了结婚旅行。在新婚期间，帕克先生列出了一些有用的建议来解决婚姻中可能出现的问题和矛盾：

第一，除非有特殊的理由，绝不要违背妻子的意愿；

第二，按照妻子的意愿，相互履行义务；

第三，从来不要责备妻子；

第四，从来不要轻视妻子；

第五，从来不因为妻子的要求而抱怨；

第六，鼓励妻子柔顺的品质；

第七，分担妻子的压力和负担；

第八，宽恕妻子的缺点；

第九，永远珍爱妻子，保护妻子；

第十，记住，永远为妻子祈福，这样上帝就会为我们赐福。

帕克为自己列出的这些建议就像犹太教的十诫一样，都可以理解为一个字——爱。爱在犹太人的教义里无处不在，而爱也贯穿于整个婚姻过程中。

萨克雷对他的儿子说："在所有的事情中，最为重要的就是找一个快乐的妻子，我亲爱的孩子。"

要想有一个幸福快乐的家，夫妻两个必须志趣相投，有共同的追求。如果丈夫是一个粗俗不堪的男人，而妻子是一个很有教养的女人，他们在一起就不会有多少欢乐可言。

“一个在男友追求她时就不断挑剔缺点的女孩，婚后会变本加厉地责怪他；而一个婚前就努力讨人欢喜的女孩，婚后会更加努力地做到这一点。”

约翰逊博士说：“在男女恋爱期间，双方竭力掩盖自己的弱点，常常会成为他们相互了解的障碍，他们通过刻意的顺从和有意的伪装，来掩饰他们本来的样子和真实的欲望。从他们开始恋爱起，他们就常常在对方面前戴着面具，但后来一旦有些东西被揭穿，每个人便都会觉得有理由怀疑对方是否发生了变化，如果发生一次严重的争吵或者冲突，就容易导致两人劳燕分飞，各奔东西。”

对未来的新郎和新娘，我想说：“要互相坦诚，保持平和的心态，在热恋的时候就应该把缺点和不足暴露给对方。如果在婚前隐瞒的话，婚后一旦发现对方的性格或条件存在某些缺陷，就会对婚姻生活产生很大的负面影响。坦诚一些总比隐瞒要好得多，因为缺点和不足与优点一样，终归会在婚姻生活中显现出来。自然一些，一开始就表现出你的本色!”

从某种程度上讲，年轻人应该从实用的角度看待婚姻。一个好的妻子是一大笔财富。她以一种优雅的方式使你拥有比以前多得多的东西。为了使你更加精力充沛、迅捷高效地工作，她会表现出你所需要的品格。譬如，她会在你发达的智力中注入一些情感因素，而这些情感因素是使智力更好地发挥作用所不可或缺的。为了获得真理，需要心和脑的协同联合。我们不能断言，男人是天生冷酷的无情无义之人；我们同样也不认为，可以把女人想象成没有任何头脑的感情用事者。心灵和大脑、情感与理智在各自发挥作用的方面同样地宝贵。

一个女人，只要不被想成为一个强人的那种雄心壮志所感染，她就能够成为由夫妻双方组成的婚姻股份公司中的一员，并通过其特有的在情感方面的投资为公司的资本积累做出贡献。一些女人可能会讨厌这种说法，但是我要警告年轻的男士们，不要把美好的婚姻方案寄托在那些可能讨厌婚姻本身的女人身上。如果你想要的是一个妻子，而不仅仅是一个家庭主妇的话，你必须睁大你的眼睛，仔细寻找那种温柔体贴、甜美可人的女性特质。正如冬日里壁炉的熊熊火焰可以为你驱走身上的寒气一样，这种女性特质也会在你精神上施加无穷无尽的有益影响——就像一股温暖宜人的清风抚慰着你的灵魂，驱逐你思想中的僵硬、情感中的冷酷，并使得你的生活井然有序、融洽和谐。

◎男人不是用唠叨来套牢的

林肯一生的大悲剧，也是他的婚姻，而不是他的被刺杀。请注意，是他的婚姻。布斯开了枪以后，林肯就不省人事，永远不知道他被杀了；但是几乎 23 年来的每一天，他所得到的是什么呢？根据他律师事务所合伙人荷恩所描述的，是“婚姻不幸的后果”。“婚姻不幸”说的还是婉转呢！几乎有 1/4 世纪，林肯夫人唠叨着他，骚扰着他，使他不得安静。

她老是抱怨这，抱怨那，老是批评她的丈夫；他的一切，从来就没有对的。他老伛偻着肩膀，走路的样子也很怪。他提起脚步，直上直下的，像一个印第安人。她抱怨他走路没有弹性，姿态不够优雅；她模仿他走路的样子以取笑他，并唠叨着他，要他走路时脚尖先着地，就像她从勒星顿孟德尔夫人寄宿学校所学来的那样。

他的两只大耳朵，成直角地长在他的头上的样子，她不喜欢。她甚至还告诉他，说他鼻子不直，嘴唇太突出，看起来像痨病鬼，手和脚太大，而头又太小。

亚伯拉罕·林肯和玛利·陶德，在各方面都是相反的：教育、背景、脾气、爱好以及想法，都是相反的。他们经常使对方不快。

举一个例子来说，林肯夫妇刚结婚之后，跟杰可比·欧莉夫人住在一起——欧莉夫人是一位医生的遗孀，环境使她不得不分租房子和提供膳食。

一天早晨，林肯夫妇正在吃早饭，林肯做了某件事情，引起了他太太的暴躁脾气。究竟是什么事，现在已经没有人记得了。但是林肯夫人在盛怒之下，把一杯热咖啡泼在她丈夫的脸上。当时还有许多其他房客在场。

当欧莉夫人进来，用湿毛巾替他擦脸和衣服的时候，林肯羞愧地静静坐在那里，不发一言。

林肯夫人的嫉妒，是如此的愚蠢、凶暴和令人不能相信，只要读到她在大众场合所弄出来的可悲而又失风度的场面——而且在70年以后——都叫人惊讶不已。她最后终于发疯了。对她最客气的说法，也许是说，她之所以脾气暴躁，或许是受了她初期精神病的影响。

这样的唠叨、咒骂、发脾气，是否就改变了林肯呢？在某方面说，的确使林肯有所改变。确实改变了他对她的态度。确实使他深悔他不幸的婚姻以及使他尽量避免和她在一起。

当时春田镇的律师一共有11位之多，要赚取生活费并不容易；因此，当法官大卫·戴维斯到各个地方开庭的时候，他们就骑着马跟着他，从一个郡到另一个郡。这样，他们才能在第八司法区所属各郡郡政府所在的各镇，弄到一些业务。

每个星期六，其他的律师都想办法回到春田镇，和家人共度周末。可是林肯并不回春田镇——他害怕回家。春天3个月，然后秋天再3个月。他都随着巡回法庭留在外面，而不走近春田镇。

他每年都是这样。乡下旅馆的情况常常很恶劣；但尽管恶劣，他也宁愿留在旅馆，而不要回到自己家里去听他太太的唠叨和受她暴躁脾气的气。

75年前，法国皇帝拿破仑三世，伟大的拿破仑·波拿巴的侄子和于金尼·德伯女伯爵——世界上最美丽的女人，产生了爱情——并与她结了婚。他的顾问们反对说，她不过是一位不重要的西班牙伯爵的女儿。但拿破仑回答说："那又如何？"她的优雅、她的年轻、她的美貌、她的魅力，使他充满幸福。他甚至向全国的民众宣称："我已经爱了一位我喜欢的女人。"他宣布，"她是我知心的女人。"

爱情的圣火从未发出比这更光亮的光芒。

但很可惜，圣火不久就熄灭了，炽热很快变冷了——直至成为灰烬。拿破仑可以使于金尼成为皇后，但倾美丽法国的全部所有，或皇帝的全部爱情力量，或皇帝的最高权力，都不能使她停止喋喋不休。

由于嫉妒和猜疑，她蔑视他的命令，她甚至不允许他拥有一点点私人秘密。当他处理国家大事的时候，她闯入他的办公室，阻挠他召开最重要的会议。她拒绝让他独处，永远害怕他与别的女性交往。

她常常到她姐姐处抱怨她的丈夫。

抱怨、哭泣、喋喋不休，有时还有恫吓。她强行进入他的书房，向他发作、谩骂。拿破仑，虽然是富丽堂皇宫殿的主人、法国的皇帝，却不能找到哪怕一个小橱子，他可以在里面定一定心。

于金尼用这些方法得到的是什么？

这里是答案。

我现在从莱茵哈德的精心著作《拿破仑与于金尼：一个帝国的悲喜剧》摘录下来："后来，拿破仑常常在夜里，从一个侧门偷偷溜出去，他戴一顶软帽，将眼睛遮住，只由一名亲信随从，到等待他的美女那里去，或像古时骑士似的遨游于这座大城市里，经过的街市，都是皇帝在神仙故事以外见不到的，因为只有在那里，他才可以呼吸些新鲜空气。"

这就是喋喋不休给于金尼带来的恶果。

是的，她坐在法国的皇位上；是的，她是世界上最美丽的妇人。但在喋喋不休的毒气中，皇位与美貌都不能保证爱情的生存。于金尼可以像古时的乔波那样高声呼喊："我最怕的事来到了我身上。"来到她身上吗？她是自找的、可怜的妇人，因为她的嫉妒和喋喋不休而得到的。

在所有烈火中，地狱魔鬼发明的毁灭爱情的一切方式中，喋喋不休是最致命的，因为使用者得到的永远都是失败。

维吉尼亚大学教授沙姆·W. 史蒂文博士在一次讲演中，呼吁丈夫们应该享有四种新自由：免于被唠叨、挑剔的自由，免于被呼喊使唤的自由，免于消化不良的自由以及可以在一天的繁忙工作后换上旧衣服轻轻松松的自由。

为什么女人要对她们的丈夫唠叨不停？理由真不少。有时候，唠叨是一种身体不舒服的征兆。时常找医生做健康检查，可以使我们身体健康，这就好像时常检查我们的汽车能够使它们维持良好的驾驶状况那样。

长期的疲乏，常常会转变成一种唠叨的倾向。治疗的方法是，把这个人的生活安排得更有效率些；找出造成疲乏的原因，并且消除它。

心理学家说："受到压抑的打击，常会造成唠叨。"婚姻问题，性的挫折，爱的失落，内心对生命的不满——这些都是典型的打击，它们常常以唠叨、埋怨或诉苦的方式发泄出来。分析一个人的心理，找出这些打击，并且引导它们发泄出来，做一些有关这方面的事情，这就是消除它的最好方法。以唠叨的方式来发泄，只不过是火上浇油而已。

有时候，甚至法律也把唠叨当成减轻刑罚的依据。

在佐治亚州最高法院的一个案例里，如果丈夫为了躲避妻子的唠叨而把自己锁在客房里，那是无罪的。法庭的说法是，"所罗门王说过，'住到阁楼上的角落里，总比在大厅里受着女人的闲气要好过多了。'"

如果你现在相信唠叨对男人的工作和成功是如此大的阻碍，那是不是也想知道，有没有什么补救的方法？

是的，如果爱唠叨的人能够了解它所带来的痛苦，并且真心想要改过的话。

除非你知道自己有这种毛病，否则你是无法治好它的。唠叨是一种破坏性的心理疾病。如果你不知道自己有没有这种毛病，快去问一下你的丈夫。如果他竟然告诉你，你是一个爱唠叨的人，请不要马上愤怒地否认——这只是证明他的看法没错而已。相反，你要立刻采取办法改正这个情

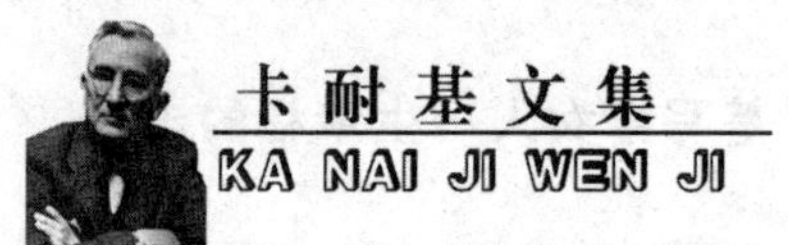

况。以下是六个可能对你有益的建议：

1. 取得你丈夫和家人的合作

每当你快要发怒、下严格的命令，或是就某一细节问题喋喋不休的时候，请他们罚你五块钱。

2. 训练你自己把话只讲一遍——然后就忘掉它

如果你必须很不耐烦地提醒你的丈夫六七次，说他曾经答应过要去洗碗，想必他大概不会去洗了，为什么你还要浪费唇舌？唠叨只不过使他更想拒绝，下定决心绝不屈服而已。

3. 想办法使用温和的方式达成目的

“用甜的东西抓苍蝇，要比用酸的东西有效多了”，我们的老祖母常常这么说。其实，这句话到今天还是很正确的。“如果你愿意去割草，亲爱的，我将烘好你所喜爱的水果饼让你晚饭时吃。”或者是，“亲爱的，真高兴看到你把我们的草地修得这么整齐——艾莲·史密斯说过，她真希望她的丈夫能够像你这样勤快呢。”这些方法以及其他类似的方法，将使你的希望更容易达成。

4. 培养出一种幽默感

幽默感将会使你常常保持良好的心情。只有傻子才会在悲伤的时候傻笑。经常因芝麻小事不高兴的人，早晚会精神崩溃的。有些太太在催丈夫到浴室去拿浴巾的时候，竟然也大动肝火，严重的程度令人吃惊。从没有一个有理智的女人会浪费到对一件便宜衣裳付出法国名牌专卖店的价钱；然而我们之中有些人却常常浪费精神，紧绷着一张脸，为了一些不值一提的小事，把爱情转变成怨恨。

5. 冷静地讨论重大的不愉快事件

发生不愉快事件的时候，想办法在纸条上写下来。在发生的时候不要说什么话。然后，当你和你的丈夫都很冷静的时候，再把这些事情拿出来讨论。如果是微小和不重要的事情，你一定会不好意思再提起。人们必须有理智地、不意气用事地讨论引发怒气的主要原因，看看能不能利用相互的信任和合作来消除它们。

6. **你可以对自己不唠叨就能达到目的**

就像一首歌唱的那样，你不能用一把枪套牢一个男人——当然也不能用唠叨的话来套住他。那样做，只会破坏他的精神，毁灭你自己的幸福。

学习和掌握人际关系的艺术。学习激励别人去做你想要的事，而不要驱使别人。根据查尔斯·史考伯的说法，这就是操纵男人的秘诀。当然，他的话是不会错的——因为这种能力，才会有人付给他 100 万美元的年薪。

◎男人向左，女人向右

19 世纪 70 年代，我的祖父查理士·劳勃特森在堪萨斯州的农庄长大。他想要移居到印第安·奈里特利去，看看自己能够在这个边界殖民区里做出什么事业。于是他和他的妻子哈丽特就将他们的行装整理好，放进一辆敞篷马车里，带着孩子们往未知的前途出发。他们在锡马龙的河岸定居。这个地方，就是现在的俄克拉何马州东北。我的祖父建造了一座木屋，用篱笆围起一片自己的土地。不久，他借了一些钱在这个小乡村开了一家小店，那就是现在奥克拉荷马州的杜尔沙市。

我的祖母哈丽特日子过得很艰苦，她要照顾九个小孩，身体不太好，而且生活很不方便。那里没有医生，只有一家一间教室的教会学校供小孩子念书。艰苦的生活、债务、寒冷的冬天和炎热的夏天，这就是他们全部的写照了——但是以边疆的生活标准来说，查理士·劳勃特森成功了。哈丽特活着看到她的丈夫变成一个成功的、受人敬重的居民，她的儿女们也都幸福地结婚了，而印第安·奈里特利也变成联邦政府的一州。

联邦政府这些州的发展，不仅由于有像查理士·劳勃特森这种男人的眼光——他们开拓了新的天地并且扩展疆界——而且也因为有了这些勇敢的妻子，就像哈丽特，她们勇敢地去尝试新机会。这些女人信仰上帝，信仰她们的丈夫，而且信仰她们自己。她们勇敢地面对着危险、困苦、疾病和死亡。当她们朝西部前进的时候，有没有怀念过她们离开的舒适的家？有没有后悔过离开了朋友、双亲、财富以及现在所面对的物质缺乏、害怕和劳苦的生活？如果她们没有后悔过，她们就是没有人性了。

但是就是这样，拓荒的人们跟随着自己的丈夫来到这些荒凉地区，写下了美国历史上光辉的一页。他们留给自己的儿女一笔巨大的遗产，包括一片土地、城市以及一种不屈不挠的勇气和无法动摇的信心的光荣传统。

盼望丈夫成功的妻子，必须发扬我们的拓荒前辈的刻苦精神。妻子必须心甘情愿地让自己的丈夫去做他最喜爱的任何事情，纵然他的做法是很冒险的。不管遭到了什么挫折，他必须有深信丈夫的勇气，而且毫不畏惧地支持他。能够不顾一切地努力实现进取心和创造心的人，更不会为了其他的原因而退缩了。

例如，我认识的一个男人，在他所不喜欢的职位上工作了一辈子，只因为他的太太宁愿牺牲任何代价，来保住安定的生活。

开始的时候他是个记账员，后来他赚够了钱，可以开自己的汽车修理厂了，这时候他结了婚。而他的太太认为在他们还没有买下房子以前，他最好不要辞去工作。等到他们有了房子以后，他们正要生下第一个孩子，这位男士的妻子使他觉得，开创自己的事业将是一件多么辛苦的傻事——于是日子就这样过去了。他的薪水已经足够家庭开销，还有保险金可以供应孩子的教育费用。有必要开创自己的事业吗？太可笑了！如果失败了怎么办？他可能会失去在公司里的年资、公司的退休金、疾病津贴以及一份中等而固定的薪水。于是这位男士就失去了创业的机会，因为他的妻子不愿意给他尝试的机会。

现在，他是个对生活感到厌倦的、庸庸碌碌的中年人，他把空闲的时间用来修补自己的汽车。他有张失意的脸孔，患有胃溃疡，此外再也没有什么东西可回想了。生命就这样过去了。他生命绝大部分的时间都用来压抑他对于工作的不满，他对自己的工作没有真正的兴趣，没有热心，没有完成的野心——这都是因为他的太太不愿意给他尝试的机会。

如果他放弃了不喜欢的工作，努力尝试去做自己选择的工作而失败了，事情又会怎样？至少他将会因为已经做过自己想要尝试的工作而感到满足，而且如果他尝够了失败的滋味，他就真的会成功了。

然而，使人感到兴奋的是，这种类型的妻子似乎只是少数而已。在雪佛酿酒公司最近的一项调查里，有6000名各种年龄的家庭主妇接受了访问。其中有一个问题问到，如果她丈夫想要从一个他不太喜欢的安定工作，转到另外一个较不安定而且薪水较低，但是却能够使丈夫感到高兴的工作上去，太太们是不是会赞成。接受访问的太太们只有25%说，她们不愿意让自己的丈夫改行。

我曾经替一位叫做查尔斯·雷诺兹的人做过事，他是俄克拉何马州杜尔沙市一家大石油公司的财务助理。他是个活泼、能干又讨人喜欢的年轻人，看来一定可以一帆风顺地往上爬。他有太太、3个小孩以及光辉的远景。

空闲的时候，查尔斯·雷诺兹喜爱绘画。他的许多风景油画，都悬挂在公司办公室的墙上。有时候他也把画卖给公司外面的人。

虽然雷诺兹先生喜欢自己的工作，但是他更渴望有更多的时间来绘画。他一向很喜爱新墨西哥州的陶欧斯城，那儿是艺术家的乐园，他想要放弃自己的工作，永久移居到那边去。当他和他的太太露丝谈到去开一家绘画用品店时，他太太鼓励他说："我们也可以卖画框，我照顾店面，你就可以画画了。我相信我们一定可以成功的。"

由于太太热心的鼓励，查尔斯·雷诺兹就下定决心辞掉工作，专心绘画了。他们全家人都有了开创新事业的精神，年轻的小查尔斯放学以后也会帮忙店务。他画得非常好。终于成为西南部最成功的画家之一。他的作品曾经在整个美国展览过；他也曾经在许多画廊举办过个人画展。现在，他是欧斯城画家协会的会长；在新墨西哥州陶欧斯城闻名的济特·卡森街上，他还建造了自己的画廊和画室。这都是因为他和他的妻子有勇气去尝试一个机会。

这种冒险的成功并不值得惊讶——胜算的可能性是很高的。如同范狄格里夫特将军经常在战前对他的军队所说的："上帝偏爱那些勇敢和坚强的人。"

最适合于某个人的工作，或能够使他感到快乐的工作，并不一定就会使他富有或是过上好日子。然而除非一个人的工作能够带给他内心的满足，否则就不算是真正的成功了。当妻子的需要有精神上的耐力，才能够让她的丈夫自由自在地做他所喜爱的工作，而放弃他所不满意的、不高兴的、薪水较好的职位。

许多伟大的成就，可能都是因为不自私的妻子愿意尝试一个机会——而且愿意放弃物质享受，因此她们的丈夫才能够从事适合于他们个性的工作。

救世军不只是它伟大的创始者威廉·布斯的活纪念碑，而且也是威廉最具爱心的妻子凯瑟琳·布斯的活纪念碑，因为她曾奉献那么多的精力来推广这个运动。

威廉·布斯把传道当成自己的天职，他在伦敦的贫民窟对穷人、残废人和流浪汉讲道。他、他的妻子和孩子们都忍受着寒冷、饥饿和嘲笑。他努力帮助穷人，以至于损害了自己的健康。他的妻子也从小就很瘦弱。凯瑟琳·布斯患有脊柱弯曲症，必须使用脊柱支柱。她还受着肺痨的威胁，晚年又受到了癌症的折磨。她临死前说，"我从来就不知道有哪一天不是生活于痛苦之中的。"

然而这位孱弱、瘦小而多病的妇人，不只要做饭、洗衣和照顾他们的8个子女，还要帮助她的丈夫，为那些比他们更加穷困的人奉献出他们慈爱的努力。她也传教讲道。到了晚上，在白天的劳累之后，她还要到贫民窟去帮助那些饥饿、生病或是遭遇困难的人。她为那些怀有私生子而未出嫁的姑娘准备饭菜，找寻安身的处所。她和那些小偷、流浪汉与妓女说话。

你一定会想（难道你不这样想吗?），凯瑟琳·布斯只要有适当的机会，一定会想离开这个悲惨的地方的。这种机会也曾出现过，有一次牧师会议被布斯的真诚感动，就在一个比较富裕的地区，留给他一个舒服的讲道工作——这样他就可以放下他在贫民窟的工作了。

他们忽略了威廉的妻子。凯瑟琳·布斯马上站起来叫道："不要!不要!"

多亏她不怕艰难和有坚定的信心，现在才有救世军在各处工作。我真希望凯瑟琳能够活得更久一些，亲眼看到她为丈夫所做的贡献所得到的结果。我真希望她现在已经知道，在威廉·布斯的葬礼之中，当他的灵柩经过的时候，伦敦街头拥挤着65000多人向他表示敬意。伦敦市长也在他葬礼的行列中送行。欧洲的宫廷和美国总统也都送来花圈。在他的灵柩后面，有5000名年轻的救世军跟随着，并唱着赞美诗歌颂他们伟大的领袖。我宁愿相信凯瑟琳已经都知道了——这位瘦弱的女人完全不顾自己的安全，加入她丈夫献身的伟大工作。

帮助丈夫获得成功，这本身就是一个需要专业精神的工作，除非你相信帮助丈夫是一件非常重要而必须付出你所有注意力的事，否则你就没有办法帮助你丈夫了。

以下是个迷人女孩子的真实故事，她本来认为自己的职业比较重要——直到后来有件事情改变了她的想法。美丽、碧眼金发的彩泰·威尔斯，是著名的探险家卡维士·威尔斯的太太，当她认识未来的丈夫的时候，自己已经拥有非常着迷的职业。

彩泰是个成功的广播讲演的经纪人，在业务上与许多名人的接触使她得到了乐趣。卡维士·威尔斯也是因业务关系和她认识的，卡维士爱上她并且和她结婚——依照彩泰的条件，她可以继续从事使她着迷的工作，而且可以自由独立。

婚礼在三月举行。六月，卡维士·威尔斯要动身前往苏俄和土耳其，去爬阿拉拉特山。彩泰本来希望留在家里工作，但是等到时间接近的时候，她竟然没有办法使自己独自留下来。“只这一次和你去就好。”她说。于是他们就出发去探险了，那是一个艰难和挫折的梦魇——虽然这次历险使卡维士写出了那本畅销的书——《卡普特》。

当彩泰回到自己的工作岗位以后，发觉这些工作和这次的探险经验比起来，真是太没有味道，她曾经和卡维士共享过出生入死的经历啊。于是在一年半以后，她又和卡维士一同前往墨西哥，去爬帕帕卡提白特尔山。这又是一次严苛的体能考验。彩泰大部分的时间都在寒冷、饥饿、疲惫和极度的惊吓之中度过。但是她同时也感到非常兴奋。

那座山峰上冰凉的冷风，吹走了彩泰坚持要独立的最后一丝念头。她了解到，身为卡维士·威尔斯的妻子，是比在自己的工作上所可能得到的任何程度的成功，都要更有价值的。当他们从墨西哥回来以后，彩泰就关闭了自己的办公室。她现在有时间跟着她的丈夫到地球最远的一端了——而这也正是她所做到的事。马来半岛的丛林、非洲、日本、冰岛、喀什米尔山谷——游历各地的威尔斯夫妇，他们的生活就像是一部游记。

彩泰·威尔斯说：“那时候我认为，拥有自己的事业是很重要的，我很奇怪自己那时候怎么会那么孩子气。和我与卡维士共享的这些丰富经历比起来，我自己的生活是多么的无味和狭小啊。我把我的兴趣和他的合并起来，和他共享胜利和成功，而当失望和麻烦来临的时候，我们就一起面对它们。”

“我想，我所曾经接受的最大的嘉勉，就是卡维士在他那本《卡普特》书上所写给我的题献辞：‘献给我最好的朋友——我的妻子，彩泰。’从没有人给我的赞赏像我的丈夫给我的爱之献语这样，使我感到这么大的成功和满足。”

彩泰·威尔斯是在很戏剧化的情况之下改变心意的，但是，许多女人发觉，增进她们所爱的丈夫的幸福与最大的利益，就是使得任何一个妇女感到最有价值的职业生涯了，彩泰就是一个典型的例子。

我并没有忽略许多由于环境的驱使，而离开家里到外头工作的妻子们和母亲们。我要以最深的尊敬，向她们致意。我相信妇女们应该有能力，以她们自己的努力来赚钱维持自己，可能会在什么时候变成负担家计的人，要负责家庭的食物、房租以及衣物。生病、死亡、失业和灾祸可能捣毁原先最好的计划。

但是，因为我们正在讨论妻子帮助丈夫成功的各种方法，我们不可以忘记，帮助丈夫就是一个很大的工作，这件工作本身大得需要妻子全心全力去做。一个妻子如果尽责任地把她的努力放在自己的职业上面，她就不会有额外的能力为她的丈夫效力了。当然，每一件事情都有例外，仅是观察和经验使我相信，如果夫妇双方的目标和兴趣是一致的，丈夫与婚姻成功的机会就更大了。

是的，成功的真正意义，是找出你所热爱的工作并努力去做——在奋斗的途中必须不顾自身的安全与幸福，有时候只有这样做，才是获得我们真正想要的东西的唯一方法。

“上帝啊，请赐给我一个年轻人，他必须有足够的胆识去做别人心目中的傻事。”罗勃特·路易斯·史蒂文生说。

莎士比亚则是这样说：“疑虑是我们心中的叛逆者，由于害怕去追求，将会使我们失去我们通常能够赢得的东西。”

上帝的确是偏爱勇敢和坚强的心灵。如果我们希望我们的丈夫，在他们觉得最有成就的工作之中成功，我们就该鼓励他们去尝试每一个机会——而且要有足够的勇气来共同克服危机。

◎掌控好家庭的“财政”

预算是一张有效蓝图、一个经过筹划的办法，用以帮助你从你的收入中获得更大的好处。对于金钱，一种易赚易花、毫不看重的乐观派哲学，曾经在书本上和戏院里带给我们很多非常有趣的笑料。在《你无法把钱带在身边》里，我们都会取笑那位老绅士，他绝不相信个人所得税，而且拒绝缴付其他相关款项。当大卫·科波菲尔德要教他的年轻妻子朵拉按照收入计划预支开销的时候，朵拉就噘起小嘴唇撒娇——她也是个非常可爱动人的角色。我们也喜爱不朽的《与爸爸一起过日子》里所描写的母亲节，由于在妈妈每个月把家庭预算弄得一团糟而引起的争战里，爸爸在母亲节那天表现了最良好的风度。狄更斯笔下浪费成性的麦考柏先生，也是文学上最使人感到有趣的角色之一。

的确，在小说里，迷人和不负责任经常会同时出现在一个特别的人身上。但是，在实际生活中，没有其他事情会比财务问题的失误更让人灰心或是讨厌了。入不敷出的人无法使人开心——他是个不负责任的冒险家。脑筋糊涂、奢侈浪费的妻子，也不会美丽动人，她是缠绕在丈夫脖子上的一个重重的担子。

如今，我们的钱所能兑换的东西，比十年前甚至是五年前都要少得多了。女士们面对着一个不合常理的挑战，必须充分利用手里的那些钱。价格上涨，生活水平提高了，我们的小孩所需要的教育费用越来越复杂、越来越高。

大家都以为，只要我们的收入增多一些，我们所有的忧虑就会烟消云散，这是一个普遍存在的错误观点。据这方面的专家们说，事实并非如此。艾尔西·史泰普来顿曾经担任华纳莫克和吉姆贝尔百货公司职员的财务顾问。他确信，对大部人来说，增加一些收入只是造成更多的花费。我同意他的看法，这种做法根本就没有好好处理一个人的收入。他的话里有一种动人与毫不在乎的意思，使我们想起小说里那些迷人的处理金钱极其随便的人——等到我们静下心里想想他话里的含义，才发觉事实真是不容乐观。

乱花钱就等于让每个人——包括肉贩、面包商和烛台制造商——都来瓜分你的收入——除了你自己以外的所有商人。而有计划的花费，就能够保证你和你的家人从收入里得到公平合理的分享。

杰里·吉果斯在他所著的《钱爱》一书中提出的一种观点就是，你可以把借来的钱当作自己的收入。如果你一时还无法接受这种观点，是因为你觉得用自己的钱才能心安理得，才能真正轻松自在，那么你必须达到经济独立，即通过合理的财务预算，使自己不至于出现入不敷出的局面。事实上，要达到真正的经济独立以享受自在的生活，其实并不像人们通常想象的那么难，这并不是以庞大的财力为基础。

要想过悠闲轻松的快乐生活，并不一定要住大厦、开名车、穿金戴银。重要的是，你拥有什么生活态度。如果有了健康正确的心态，你即使靠着借来的钱，也能舒舒服服、痛痛快快地享受人生。

我认为，一个人要实现入不敷出，可以不用增加财产或收入，你所要做的只是改变自己的想法，重新想想什么是入不敷出，什么不是入不敷出。为了明确你对入不敷出的认识，你可以看看下面的几项选择中哪一个是达到入不敷出的重要因素。

(1) 中了百万元的奖券？

(2) 有一大笔公司退休金再加上政府的养老金？

(3) 继承有钱亲戚的巨额遗产？

(4) 和有钱人结婚？

(5) 找财务顾问来协助做正确的投资？

我曾做过一项调查，我发现，将要退休的人最关心的事，以重要性依次排列是：财务保障、身体健康和可以共同分享退休生活的配偶或朋友。然而，有趣的是，这些人退休之后不久通常就改变了想法。健康成为他们最关注的头等大事，而经济状况则下降到了第三位。很明显，虽然他们所预期的收入还是不变，但他们对经济的看法却已经改变了。

调查结果显示，人们退休之后实际生活所需比他们原先想象的少得多，钱对高品质的生活没有那么大的影响和作用，同时，这个结果也证明了上述的几项因素没有一个是真正入不敷出的必要条件。

多明奎兹，1940年生于美国科罗拉多州一个富豪之家，从小过着优裕的生活。然而随着年龄的渐渐增长，他不愿再依赖家里。18岁的时候，多明奎兹靠着一份极其微薄的薪水实现了经济独立。在其他人尤其在他家里人的眼中，这样的收入比贫民还不如。但多明奎兹觉得，只要自己愿意，不管收入多少，都可以达到经济独立。不要以为百万富翁才具有经济独立的能力，一个月500美元或者低于500美元就可以达到经济独立。如何能够？他说："真正的经济独立无非是量入而出，如果你每个月只挣500元，但能够把开支控制到499元，你就是经济独立了。"多明奎兹多年来每个月就靠500美元生活，并拒绝家里人的援助。到1969年他29岁的时候，就经济独立地退休了。退休之前，他是华尔街的股票经纪人，看到许多人虽然社会地位颇高，收入丰厚，但却活得艰辛劳苦，一点也不快乐，这使他感到这种生活一点也没有意思。多明奎兹决定脱离这种工作环境，于是他设计了个人的财务计划，过一种简化的生活方式。他的生活舒适轻松，而且从来没有什么负担和压力，但一年却只需要6000美元，这是他把积蓄投资在国库债券的利息。由于多明奎兹的生活中没有过多的物质需求，他把从1980年以来主持公开研讨会"扭转你和钱的关系并达到真正经济独立"的额外收入以及在《新生活杂志》上发表指导人们正确运用金钱的文章时获取的稿费，全数捐给了慈善机构。

生活中，我们其实不需要那么多物质和财富，对于金钱，只要使我们能吃饱肚子、有水喝、有衣服取暖再加一个可以遮风避雨的地方足矣。现代人大都过着奢侈的生活却不自觉。两套以上的替换衣服可以算是奢侈，拥有一幢房子也是奢侈，一台电视机是奢侈品，一辆车也是奢侈品。很多人会大声疾呼这些都是必需品，但它们并不是必需品，如果它们是，在还没有这些东西出现的古代，人们是不是无法生活了，至少也是无法快乐。显而易见，事实并不是这样。

当然，这并不是要每个人的思想都必须有180度的大转弯，只维持最起码的需求，更不是要人们都去当清教徒、苦行僧。我自己在过去几年来也时常收入低微，生活里还是保持着某些奢侈享受，而且不愿放弃。重点是在于，一般人至少可以减少一些花费。许多奢侈品其实没有任何意义，只能带给人们虚伪的自我膨胀。招摇阔绰地展示奢华和富有是一种浅薄的手段，想要借着炫人的财富——大过所需的房子、移动电话、豪华轿车以及最先进的音响——在别人面前，尤其是比较没有钱的人面前，证明自己高人一等。这种行为显示出缺乏自尊的内在本质。

人们那种追求金钱、炫耀金钱的虚荣心态实在该改一改了，疯狂地攫取金钱，买一些只能说是垃圾的东西，目的就是展现给别人看，以此来显示自己的价值，而实际上却失去了生命中更为宝贵的东西：本质、自尊以及真实的生活。

住在阿巴达锁镇阿巴达街的莫瑞德夫妇，有两个小女儿，他们是一个真正经济独立但并不富裕的家庭。他们靠着一份差不多只有一半的收入，就过着很好的生活。莫瑞德夫妇都是只受过专业训练的学校老师，如果他们想，一年加起来可以挣十多万美元，可是只有丈夫布兰特在工作，而且是一份半职的工作，他们一家四口，一年只用不到3万美元就过得很舒服，因为他们学会了聪明地花钱，所以能够达到经济独立。莫瑞德一家过去十年来都过着简单的生活，他们说这种生活一点都不难过，他们觉得自己很好，因为他们对环保尽了一份力量。事实上，他们的哲学已经变成了“少就是多”。他们的收入虽然比一般人低，但却买到了一个珍贵的东西，很多收入比他们高上十倍的人却还买不起这个东西。这个珍贵的东西就是大量的休闲时间，他们可以用来做自己想做的事情。

一项统计表明，只要稍微谨慎一点用钱，大多数人都能减少可观的花费，人们如果能充分运用创造力和机智，不花什么钱，都可以过上逍遥快活的生活。

可喜的是，现在已有一部分人逐渐认识到了他们内在的真正价值，开始寻求平稳的生活步调和较少的物质享受。

要实现经济上的独立，不再为捉襟见肘的经济困境而犯愁，我们就应该做好财政上的预算，量入而出。

预算并不是一件束缚行动的紧身衣，也不是毫无目的地把花掉的每一分钱都做个记录。预算是一张蓝图、一个经过计划的方法，用以帮助你从你的收入中得到更大的好处。正确的预算方式，将会告诉你如何达成目标——你自己的家——你家小孩子们的大学教育费用——你老年的保险金——你梦想中的假期。

预算开销将会告诉你，可以删减那些比较不重要的项目，去填补你想要做的大花费。

如果你从没有做过预算，就应该马上开始学习如何处理家庭财务。帮助丈夫成功的一个最重要方法，就是要知道如何使他的收入发挥最大的效用。如果他会赚钱但是不会节省，你就可以帮助他管紧钱包。如果他本来就节省，你可以在用钱方面表现出相同的看法，为他增加信心。

如何才能使你自己成为家庭财务的专家？这里有个好消息：你家附近的银行可能有一种预算或咨询服务，他们将会告诉你如何做好预算计划，以适应你特殊的需要和收入。

《妇女时代》杂志对于家庭的经济知识，是一个很好的来源。它将会告诉你如何缝补旧衣服，如何烹调有营养而价格低廉的餐点，甚至还告诉你如何制造自己的家具。

不可以依赖你无意中发现的、任何一种已经印好的预算计划表。为了要显得更有价值，一个预算计划必须是专门为你订做的，不适合于其他任何人。没有其他的家庭会和你们家庭完全相同，你的经济问题就像你的脸孔和身材那样，是完全不同的，是独具特色的。

以下有些想法，可以帮助你完成你自己的家庭预算计划：

1. 记录每一件开销，使你对于支出情形有个清楚的了解

除非我们知道错在哪里，否则我们就无法改进任何情况。如果我们不知道在何处删减，为什么要删减以及删减什么，节约就是毫无意义的事。所以，我们应该在一段示范期间，记录下所有的家庭开销——例如，记录3个月看看。

亚尔诺德·白尼特和约翰·D. 洛克菲勒都是无可救药的记账专家。我也是这样。虽然我都以开支票的方式付款，我仍然喜欢按月把我的花费记录成一张整齐的单子。每年一次，我把这些每月花费加起来。结果呢？我能够很精确地告诉你，于某某年我们在食物方面花了多少钱——或燃料费、水电费、娱乐费，等等。我还可以使用这些记录，查出我家的生活费增加的情况。一旦你知道你的钱花到哪里去以后，就不必再做这种记录了。但是，我很喜欢手边有这种资料。例如，如果我怀疑我花太多钱买衣服了，我只要瞥一眼我的记录就知道真相了。

我认识的一对夫妻，当他们开始记录花费情形以后，很惊讶地发现他们每个月花掉大约70美元去买酒！然而，他们并不是酒鬼——只不过是一对热情的夫妇，很欢迎自己的朋友在兴致好的时候就“到家里来喝一杯”——这种事情时常会发生。他们做了一个明智的决定，认为他们不能再开免费酒吧了，于是，那70美元就用于更好的项目开支。

2. 根据家庭的特殊需要，设计出自己的预算

首先，把你这一年里固定的开销列出来——房租、食物预算、利息、水电费、保险金。然后计划你其他的必要开销——衣服、医药费、教育费、交通费、交际费，等等。

每个人都知道，这是件不容易的事情。拟定计划需要决心、家庭合作，有时候还需要严谨的自制力。我们不能买下每一件东西——但是我们可以决定什么东西对我们最重要，而牺牲掉最不重要的东西。你愿意拥有一个舒适的家而放弃买昂贵的衣服吗？你宁愿自己做衣服，将节省下来的钱买一台电视机吗？显然，这些决定必须由你和你的家人自己来做——印制好的预算表都列上了固定的百分比，对于你个人的需要是没有帮助的。

3. 至少要把每年收入的10％储蓄起来

规定你自己——也就是说，你的家庭——一个固定开销：至少要把1/10的收入储蓄起来，或拿去投资。也许你还可以想办法建立一笔额外资金，拿来做特殊用途，譬如买房子或汽车。

财务专家说过，如果你能节省你丈夫收入的1/10，虽然物价高昂，不到几年你也就可以获得经济上的舒适。

我认识一个女人，她嫁给一个顽固、保守的新英格兰人。她的丈夫宁愿在中央车站广场脱光了衣服，也不愿放弃节省1/10薪水的计划。这位太太告诉我，在经济不景气的那几年，她们可真吃足了苦头，她先生的薪水被删减得太多了。她买日用品的时候，必须想尽办法节省每一毛钱——她丈夫每天要步行20多条街，以省下公共汽车费。但是，节省1/10薪水的老习惯，仍然照样进行。

“有时候，”这位女士承认，“当我们非常需要钱用的时候，我十分后悔还要把钱搁在一边。但是，我现在很高兴我们维持了储蓄计划。节约的结果，使我们到中年的时候拥有了自己的家和一些享受。”

4. 准备一笔意外或紧急用途的资金

大部分的预算专家都劝告每一个年轻家庭，至少要存下1～2个月的收入，用于紧急事件。

但是，这些专家警告说，想要存太多钱的人，会发觉很难办到，结果根本就存不了钱。与其要断断续续地隔几周才一次存5元，倒不如每周固定地存下2.5元，效果会更好。

5. 使预算计划成为全家人的事

预算顾问相信，预算计划必须得到全家人的合作。经常举行家庭预算讨论会，往往可以减除情绪上的不和——因为我们大家对于金钱的态度，都会受到自己的经验、气质与教育程度的影响。

6. 要考虑人寿保险的问题

玛莉昂·史蒂芬斯·艾巴利，是人寿保险协会妇女部的主任。对全国的女士来说，她所说的话就是人寿保险专家的看法，具有独特的权威性。当我访问艾巴利女士的时候，她建议当妻子的人应该自问以下这些问题：

你可知道，经过人寿保险，你的家庭能够得到什么基本需要？你可知道，一次付款和分期付款有何不同——而且各有各的好处？你可知道，关于付款的方法有许多不同的选择？你可知道，现代人寿保险具有双重目的？如果一个男人过早去世了，人寿保险就可以保护这个人的家庭；如果他活着要享受余年，人寿保险就可以供给他独立的基金。

这些问题以及其他许多相似的问题，对于你的家庭非常重要。只让你的丈夫知道所有的答案，这还不够，你也应该知道这些答案。有一天也许你会变成寡妇——有关人寿保险的知识，可以解除你的困难和忧虑。

贾得生和玛丽·南狄斯，在他们合写的《建立成功的婚姻》一书中告诉我们，家庭收入的花费，往往是婚姻生活里必须调节、适应的主要地方。

金钱并非万能，这句话可真不错。但是，如果知道如何聪明地处理我们的金钱，就可以带给我们的丈夫和家庭更多心境的安宁、幸福与利益。

所以，我们不可幻想着自己的丈夫能够像我们本来能嫁、但是后来没嫁的那个男人那样，带回来一大袋薪水，这只会浪费我们的时间，损毁我们的青春。我们的工作就是使自己变成财务能手，好好处置他赚回来的钱——如果我们想要激励他赚更多的话。怎么做呢？只要依照以下的规则去做：

(1) 记录每一件开销，使你了解花费的情形。

(2) 以一年做单位，设计出一个预算计划。

（3）储蓄家庭收入的1/10。

（4）准备一笔意外事件资金。

（5）使预算计划成为全家人的事。

（6）要考虑人寿保险的问题。

◎给花钱来个刹车

一个人要是想获得财富，首先要善于克制自己的花钱欲望，自我克制的力量必不可少。在我们开创的事业中，资本往往有赖于自己往日的储蓄和积累。

英国著名文学家罗斯金说："一般来讲，人们觉得节俭这两个字的真正含义应该是省钱的方法。其实不对，节俭应该解释为学会用钱的方法。也就是说，我们应该学会怎样去采购必要的生活用品；怎样把钱花在刀刃上；怎样合理安排自己的衣、食、住、行的花费和娱乐等方面的花费。总的来说，我们应该把钱用在最应该用的地方，而且一定要产生良好的效果，这才是真正的节俭。"

托马斯·利普顿爵士曾经说："有许多人向我请教成功的秘诀，我告诉他们，对一个人来说，最重要的就是养成节俭的习惯。成功者大都有储蓄和积累的好习惯。任何好朋友对他的帮助和雪中送炭，都比不上一张薄薄的小存折。只有储蓄才是一个人成功的基础，才具有使人站稳脚跟的力量。储蓄能够使一个青年人挺立在事业和生活的风雨中，能使他鼓起巨大的勇气，振作精神去战胜困难，拿出力量成就人生。"

有很多年轻人由于挥霍无度的恶习，竟然把自己的前途都抵押出去了。他们全身的服饰都要装成贵族绅士的模样，而且要紧跟服装的时尚。他们整天考虑的事情就是怎样去花钱，随后，他们就有了这样的念头：怎样用非法手段去尽快地弄些钱来。结果，他们不但债台高筑，而且常常会丢掉好的职位。因此，他们原本更有意义的生活——似锦的前程、快乐的享受和高尚的理想，一切都像明日黄花一样，悄悄逝去。那些不愿意量入为出的年轻人经常还要掩掩饰饰，自欺欺人。他们不了解，这样的习惯会使他们成功的基础毁灭殆尽，而且将来也决计无法挽回。你不考虑眼前的问题，认为将来可以从头做起吗？你认为今年将田地荒废不顾，明年仍然可以重新耕种吗？你认为过了今天还有明天吗？时间老人是毫不留情的，你一旦造成了错误，他绝不会再给你一个从头开始的机会。未来的收获都得看你年轻时播的种子怎样；假如你播的是杂草，将来也休想收获丰硕的果实。

当然，节俭不等同于吝啬。但是，即便是一个生性吝啬的人，他的前途也仍然大有希望；但假如是一个挥金如土、毫不珍惜金钱的人，他们的一生可能将因此而断送。不少人尽管以前也曾经刻苦努力地做过很多事情，但至今依然是一穷二白，主要原因就在于他们没有储蓄的好习惯。

如果每个年轻人都有储蓄和积累的习惯，世界上就不知要少多少个伤天害理、坑蒙拐骗的人。晚年的约翰·阿斯特先生说，如今他赚十万元比以前赚一千元还容易，但是，如果没有当初的一千元，他也许早已饿死在贫民窟里了。

很多人只因为用钱一点也不算计，没有计划性，所以就在不知不觉中花完了身上所有的钱。如果一个青年养成了花钱入账的好习惯，能把每次的花费都清楚地记在账本上，能够仔细核对计算、细心筹划，这对于他未来的事业发展和家庭生活，一定有不可估量的帮助。这样不但能使他学会记账，还可以使他熟悉金钱往来的各种手续和流动的规律，从而获得宝贵的个人生活经验。

这种账本最好能够随身携带，以便你能随时随地的把自己的每一笔花费记在本子上。这样坚持下去，对改正挥霍无度的坏习惯一定有很大的帮助。账本能够明确无误地告诉你，过去的钱都花在哪些地方，什么地方是完全可以节省的，什么地方是非要用不可的。

一般来讲，农村的孩子要比城市里的孩子要懂得节俭得多。最重要的原因是城里充斥着各种各样专门引诱小孩去消费的商品，质量低劣的玩具和缺乏卫生保证的糖果食品都在吸引他们去购买。但乡下的孩子就不同了，他们更看重金钱，也没有受到这么多东西的诱惑，他们往往不会像城里的小孩那样花起钱来毫不考虑。他们会非常珍惜自己口袋里不多的几个钱，不时地从口袋里拿出来数弄着，决不舍得花钱去买那些流行的玩意，以博得自己一时的欢喜。等到他们积累到一百块时，就非常兴奋，甚至欢呼叫喊着。这些乡下小孩的父母们时常细心地教导他们，使他们明白储蓄和积累的好处，还鼓励他们把钱存放到银行里存起来，不要放在身上。而城里的孩子们往往不大把钱当做一回事，他们一有了钱就要把它们立刻花掉，否则很不舒服。

就像很多城里的孩子宁愿把钱放在口袋里，方便使用，也不愿存在银行里一样，有很多青年人也习惯把所有的钱都带在身上，这样往往就使他们养成了随随便便花钱、胡乱挥霍、毫无节制的坏习惯。虽然把钱存到银行里以后，用起来就没有在身上的口袋里那样方便，但是后者太不清醒了，因为习惯把钱放在身上的人基本上都会失去节制，动不动就翻口袋买东西。

所以，节俭最重要且有效果的办法就是把所有的钱全部放到银行里，而且最好存到一家离你住的地方远一点的银行。这样一来，等你心急火燎要用钱时就必须到那家很远的银行去取，这时你就会考虑要花的钱是否值得？能否省下来？

富兰克林说：“致富的唯一方法就是支出低于收入。”他还说：“如果你不想因有人讨债而心虚气短，想避免饥饿和寒冷的痛楚，那样你最好和‘忠’、‘信’、‘勤’、‘苦’四个字交朋友。并且，不要让你辛苦赚得的任何一分钱从你的指缝间轻易地溜走。”

以前有一个小伙子到印刷厂里去学习基本的技术。其实，他的家庭经济状况挺不错的，他爸爸却要求他每晚必须在家里睡，不许乱跑，但是他每月要付给家里一笔住宿费。一开始，那个年轻人觉得父亲这样太苛刻了，因为他每月的收入，基本就能够支付这笔住宿费，他没有任何其他的零花钱了。但是，几年以后当这个年轻人想创办一个印刷厂的时候，他的爸爸把他儿子叫到面前，对他说："好孩子，现在你可以把你这几年付给家里的住宿费拿回去了。我之所以这样做，是为了能够让你把这笔钱保存起来，并非真的向你索要住宿费。好啊，现在你可以拿这笔钱去发展你的事业了。"那个年轻人至此才明白爸爸的良苦用心，对爸爸的智慧感激不已。如今，那青年人已经当上了美国的著名印刷厂的总裁，而他当年的小伙伴却因毫无节制地花钱，如今仍然挣扎在贫困线上。

以上所述是一个富有教育意义的真实故事。它给你的启示是：唯有养成储蓄和积累的习惯，将来才有希望享受到成功与财富。

有位作家的一段话说得非常好，他说，在我们的社会中，"浪费"两个字不知使人们失去了多少快乐和幸福。浪费的原因不外乎三种：第一，对于任何物品都想讲究时髦，比如服饰、日用品、饮食都要最好的、最流行的。总之，生活的一切方面都愈阔气愈好。第二，不善于自我克制，无论有用没用，想到什么就去买什么。第三，有了各种各样的嗜好，又缺乏戒除这些嗜好的意志。总结起来就是一个问题，他们从来没有考虑过要修养自己的性格，克制自己的欲望。造成如今社会上事事追求浮华虚荣的最大原因就是人们习惯于随心所欲、任性为之的做法。

很多年轻人往往把他们本来应该用于发展他们副业的必备资本，用到雪茄烟、香槟酒、舞厅、戏院等等无聊的地方。假如他们能把这些不必要的花费节省下来，时间一久一定大为可观，能够为将来发展事业奠定一个资金上的基础。

不少青年一踏入社会就花钱如流水一般，胡乱挥霍，这些人似乎从不明白金钱对于他们将来事业上的价值。他们胡乱花钱的目的仿佛是想让别人说他一声"阔气"，或是让别人感到他们很有钱。

当他与女友约会时，即便是在隆冬季节，他也非得买些价格很贵的鲜花，或各种糖果、小玩意儿不可。他却从来不曾想到，要这样费心机、花费钱财追来的老婆，将来绝不会帮他积蓄钱财，而一定是花钱如流水、挥金如土。

如此的年轻人一旦用钱把场面撑起来后，一切烦恼苦闷的事情就会接踵而至。为了顾全面子，他们就再也不能过节俭日子了。他们也不会认识到自己已经沦落到怎样的地步了。有些人入不敷出以后，就开始动歪脑筋，挪用公款来弥补自己的财政缺口。久而久之，耗费越大亏空也就越多，渐渐地就陷入了罪恶的深渊，难以自拔。到了这时，他才想到自己不该胡乱花费，不该为此干那违背天理良心的事情，不该挪用公款，可是为时已晚！为了满足这种喜欢花架子、空排场的恶习，不知有多少人到头来要挨饿，甚至有许多人因此丢了性命，更有无数人因此而丧失了职位！

正如一句谚语中所讲到的，金钱能买到一条不错的狗，但是买不到它摇尾巴。挥霍无度的恶习恰恰显示出一个人没有抱负，没有希望，甚至就是向失败自投罗网。

◎不要轻易说出令人心碎的批评

狄克斯，婚姻问题的美国第一权威，宣称婚姻的50%以上是失败的。她知道，使这么多罗曼蒂克梦，在离婚的礁石上撞碎的一个基本原因就是因为批评——无用的、令人心碎的批评。

狄斯累利在公众生活中最激烈的对手是格来斯东，这两个人几乎在每个问题上，都要发生冲突，但他们有一件相同的事：即他们私生活的无上快乐。

格来斯东夫妇共同生活了59年，差不多60年时间拥有持久的相互忠诚。

我喜欢想到格来斯东——英国最尊贵的首相，握着他妻子的手，踏着炉前的地毯起舞，唱这支歌：

一个褴褛的丈夫与一个粗鲁的妻子，

在生活的一起一伏中，我们跳动并摩擦着。

格来斯东在公众场所是一个令人可怕的敌手，在家中却从未批评过人。当他早晨下楼吃早餐时，发现家中别的人都还在睡觉，他有一种温柔的方法，表示他的责备。他提高嗓门使屋中充满了神秘的声音，他是在提醒别人：英国最忙的人，独自在楼下等候他的早餐。他有外交手段，体恤他人，竭力避免家庭中的批评。

凯瑟琳也常常这样做。凯瑟林曾统治世界上一个最大的帝国，她对数百万的国民操有生杀之权。在政治上，她是一个残忍的暴君，她把她的几十个仇人判处死刑，并用射击队杀戮。但如果厨师将肉烤焦，她什么也不说，微笑着吃下去，这种忍耐，值得一般美国丈夫效法。

◎不要试图改造对方

“我一生或许会犯许多的错误，”英国著名政治家狄斯累利说，“但我永远不打算为爱情结婚。”

事实上，他在35岁以前真的没有结婚。

后来，他向一位有钱的寡妇求婚，一位比他大15岁的寡妇，尽管也才50岁，但头发却已苍白。是爱情吗？嗨，不是，她知道他不爱她，她知道他为她的金钱娶她！所以她只要求一件事：她请他等一年，给她一段时间研究他的品格。

到限期的那天，她们结了婚。

听起来很平凡、很商业化，是不是？也够矛盾的，狄斯累利的婚姻，是被玷污的爱情中，最生动的成功例子。

狄斯累利所选择的有钱寡妇既不年轻，也没有美貌，也不聪明——比平常人差远了。她的说话充满了令人发笑的错误。例如，她“永不知道希腊人和罗马人哪一个在先”。她对服装的品位是古怪的；她对屋舍装饰的品位是奇异的，但她是一个天才，一个真正的天才。她的天才表现在婚姻中最重要的事情上：处置男人的艺术。

她没有用她的智力与狄斯累利对抗。

当他整个下午与机智的公爵夫人们勾心斗角地谈得筋疲力尽以后回家时，恩玛莉的轻松闲谈使他松弛，家庭使他日增愉快，成为他获得心神安宁温存的地方。

那些与他的年长夫人在家度过的时间，是他一生最快乐的时间。她是他的伴侣、他的亲信、他的顾问。每天晚上他从众议院匆匆回来，告诉她白天的新闻。而最重要的无论他从事什么，恩玛莉简直不相信他会失败。

30 年来，恩玛莉为狄斯累利而生活，她尊重自己的财产，因为那能使他的生活更加安逸。反过来说她是他的女英雄，在她死后他才成为伯爵；但在他还是一个平民时，他就劝说维多利亚女王擢升恩玛莉为贵族。所以，在 1868 年，她被封为毕根菲尔特女爵。

无论她在公众场所显示出如何没有意识，或没有思想，他永不批评她，他从未说出一句责备的话；而且，如果有人敢讥笑她，他即刻起来猛烈忠诚地护卫她。恩玛莉不是完美的，但 30 年来，她从未厌倦谈论她的丈夫，称赞他。结果呢？“我们已经结婚 30 年了，”狄斯累利说，“她从来没有使我厌倦过。”

“谢谢他的恩爱，”恩玛莉习以为常地告诉他与她的朋友们，“我的一生简直是一幕很长的快乐。”在他俩之间有一句笑话。“你知道的，”狄斯累利会说，“无论怎样，我不过为了你的钱才同你结婚。”恩玛莉笑着回答说：“是的，但如果你再重新选择一次，你就要为爱情而与我结婚了，是不是？”而他承认那是对的。

正如詹姆士所说的：“与人交往，第一件应学的事情就是不要干涉他们自己快乐的特殊方法，如果那些方法与我们不相冲突的话。”

◎为丈夫营造一个舒适的港湾

一个太好的家庭主妇，常叫人受不了，因为她认为一尘不染的地板比什么都重要。

你的丈夫忙碌了一天以后，回到家里看到的是一种怎样的气氛呢？哪一种家庭才能使他在每个早晨提高工作兴趣、恢复精神去努力呢？这些问题的答案和你丈夫事业的成功或是失败比你所想象的关系更密切。

“家庭对你的丈夫和小孩具有什么意义，这就要看你的表现了。”克里福特·R. 亚当斯博士在《妇女家庭》杂志的专栏“如何创造婚姻幸福”里写道：“丈夫和小孩当然也有责任，但是决定性的影响就要看你创造出来的环境，你所培养出来的气氛以及最重要的，你所呈现出来的榜样。”

为了使丈夫能够以最高的效率工作，丈夫的家庭必须供给他一些基本要素。

1. **轻松**

不管一个男人多么喜爱他的工作，他的工作总会带给他某种程度的紧张。在他回家以后，如果这些紧张能够消除，他就能够为他心理的、身体的和情感的动能加油打气，好在第二天开始娴静热忱的生活。

每个女人都想做个好的家庭主妇，但是有时候男人在家里得不到休息和放松，因为他的太太是个太好太好的家庭主妇。我小的时候，我的邻居就有这么一个女人。她的孩子不可以把朋友带回家——小孩子们可能会弄脏她一尘不染的地板；她的丈夫不可以在家里抽烟——可能会使窗帘沾上烟味。如果她的丈夫看完一本书或报纸，就必须准确地放回原处。精神病症状？也许是。但是这种情况比我们所了解的要更加普遍得多。

乔治·凯利所写的《克莱格的妻子》是在几年前获得普立策奖的戏剧。它之所以会普遍受到欢迎，主要是由于事实上有许多女人都很像哈丽莱特·克莱格。哈丽莱特生活的主要重心，就是保持家里绝对的干净，她甚至连放错了坐垫也无法忍受，朋友们来访并不受欢迎，因为他们会把东西搞乱。而她认为她那正常、不拘小节的丈夫是个破坏专家，因为她的丈夫会扰乱了她所创造出来的冷酷的完美。

当我们的丈夫把星期天的报纸、烟屁股、眼镜盒和其他各种东西随便乱丢在我们辛勤收拾干净的客厅里的时候，我们当妻子的常常都有一种冲动，想要拿一把利器去对付他。但是，在大骂他是个毫不体贴的莽汉以前，我们应该记得，家是他能够放松的、变成他本来任性的、可爱的自己的唯一的地方。

2. **舒适**

由于装饰和布置家庭通常是妻子的工作，她必须记住，舒适是男人最大的需要。细长的桌椅，过于精致的毛织物以及一堆堆的小装饰品，在女人的眼里也许是迷人的，但是这些东西令一个疲倦的男人讨厌，他需要一个地方去搁脚，放烟灰缸、报纸与烟斗。

你想知道男人所喜欢的布置方式吗？不妨研究一下单身汉整理房间的情形。

我们的家庭医师路易斯·C. 派克医师，最近又重新装饰了他的办公室。他的办公室是他的家的一部分。那天我在那儿，一些在候诊室的男病人都颇感兴趣地羡慕着他那覆盖着皮革的、实木的桌子、宽敞的沙发、巨大的铜灯以及笔直地下垂着、没有一点皱折的窗帘。

另一位擅长布置自己房子的单身汉——华特尔·林克，是新泽西州标准石油公司的地质学家。林克先生的工作使他必须跑遍全世界最偏远的角落，而他在纽约城拥有一间超现代的公寓。他利用旅行带回来的纪念品装饰这个房子——爪哇的手工染布、刚果的木雕和东方的象牙雕塑品。林克先生的公寓由于明亮、宽敞和舒适以及富有个性的趣味而显得特别迷人。

难怪这些有结婚资格的家伙仍然做单身汉了——很少有女人能够使他们像自己服侍自己那样舒适。

当我们布置的时候，常常会忽略男人对于舒适的要求。一位女士曾经从巴黎买了一些可爱的、古式的小瓷器烟灰缸回来。知道丈夫怎么做吗？他到廉价商店去，买回好几个大型玻璃烟灰缸，而且分别把它们放在楼上楼下使用。当客人来访的时候，他们也都用他那廉价商店的产品。这些烟灰缸尽到了他们本来的功用，而且看起来相当好——可是那精致的法国小东西就没有人要用了。

如果你的丈夫对于你辛苦布置好的家似乎会带来破坏，这很可能是因为你布置的方式有点错误了。他把报纸满地乱丢吗？可能是茶几太小，或上头堆满了装饰品，他根本就找不到地方放报纸。

他的烟灰“到处乱弹”，使你无法忍受吗？为他买个最大型的烟灰缸——而且要多买几个。他常常把脚搁在你心爱的、精致的脚凳上吗？把这个脚凳拿到客厅去，另外替你丈夫买个坚固的，塑胶做的脚垫。

他有个特定的地方放他的照相机、烟斗、收藏物、书本和报纸吗？——或是他只能把这些东西放在阁楼的小角落，和其他废弃物在一起？

让一个男人在家里感到舒适，是使他留在家里的最好方法。

3. 有秩序和清洁

大部分男人宁愿住在一间收拾整齐的帐篷里，也不愿住在凌乱不堪的漂亮房子里。开饭很少准时，早餐的盘子到了吃晚饭的时间还放在水槽里不洗，浴室里堆满废弃物，卧室不加整理，这些现象以及其他混乱的情形，会使男人跑到球场、酒吧以及妓院去。对男人来说，除了自己的凌乱以外，似乎没有办法忍受任何人的不整洁。

一位女士的丈夫告诉她，他曾经打消了向一个漂亮的女孩子求婚的念头，只因为有一天他到她的公寓去找她，发觉她房间里杂乱的情形，就像刚刚被洗劫过。

我上面所说的是长期的不整理。任何一个有修养的丈夫，对于偶然发生的过失，都是能够体谅的。他会在清扫日愉快地吃着剩菜，当我们碰到一些不寻常的问题必须应付的时候，他也会帮忙或是为我们解决——只是这种情况不是时常发生就好。

4. 一种愉快、安详的气氛

家里的气氛，是女人的主要责任。你的丈夫在工作中的表现，将会受到你所创造的家庭环境的影响。

1951年，《福布斯》杂志曾做了一项有关公司生活的调查研究。他们引述一位总经理的话说："我们控制一个人在工作上的环境，但是等他一回到家里，这些控制就失效了。"

作为女人，我们不希望我们的丈夫完全被他们的工作占据，或是身体和精神完全被工作控制。但是，我们又希望他们在这些工作上有最好的表现。我们如果能创造一种快乐而安详的气氛，等着他回到家来，我们就能够使他在这两方面都受益。

保罗·柏派诺博士是洛杉矶家庭关系协会会长。他相信，家庭应该是男人的避难所，使男人从业务的麻烦里得到安宁。"在现代商业或工业世界里的生活，"他说，"并不像野餐那样轻松愉快。他必须整天和对手竞争，在各种情况下都是，当下班铃响的时候，他就渴望着安详、和谐、舒适、爱情……"

"在公司里头，大家都只看到——或是想办法要找出他错误的一面。这位天使不会把她自己的困扰加到她先生身上，也不会替他制造一些新的困扰。她恢复了他的能力，保护着他的精神，在情感上使他愉快，使他在隔天早晨充满精神和热心地出门。"

"在家里创造出那种气氛的妻子，"柏派诺博士做结论说，"她能够在丈夫的生活里尽到妻子的责任，可以说是最了解自己职责的人了！"

5. **要觉得家庭是丈夫的，也是妻子的**

丈夫觉得在家里像个国王，而不是在娇艳的女性王国里当个笨拙的破坏专家，这种努力是很值得的。

当你的家需要添件新家具或是重新装饰的时候，你应该询问他的意见，共同决定，不要只是把付款单交给他而已。为了买下你丈夫想要的摇椅，你必须放弃你心爱的古典式沙发。也许你会埋怨，但是，通常你会发觉，他对家的喜爱和你是同样深的——而且，如果他对于发生的事情拥有更多的决定权，家对他的意义将会更加重大。

如果他想亲自下厨做菜，不妨在星期天晚上让他在厨房里自由发挥——虽然他会留下堆积如山的锅子和碟子，让你为他清洗。

男人对于家庭的关心，和你是同样大的。他需要一种感觉，觉得家庭没有他就不是完整的了。

还是举一个女孩子的例子，她擅长花费很少的钱来装饰屋子，所以她的房子充满精致、迷人、近于完美的味道：柔软温和的色调，易碎的摆饰器，精巧设计的风格。可是，这个女孩子却嫁给了一个高大的、浓眉粗发的、烟斗不离口的标准男性。她的丈夫在这个女性化的仙境里，就完全格格不入。他爱他的妻子，但是他在自己的家里觉得非常不自在，所以他招待他的朋友和同事去钓鱼，或是到他可以表现自我的森林小屋里去玩。这个女孩子抱怨这种生活情况，但是她仍然坚持要把家布置得只适合于她自己的口味。

我们不可陷进庞杂单调的家务里，忘了家事的真正目的：为我们心里最爱的丈夫创造出一个充满爱情的、安全的和舒适的小岛。

◎你我来自不同的星球

葛丝莉告诉我说："以前我总认为当我老公没有回应我时，他是个白痴；现在我知道他只是陷入自己的思考中——虽然他可能真的坐在椅子上看着杂志，至少那绝对比我质疑他为何不将垃圾拿出去倒来得有趣多了。几年前，倘若我央求他帮忙倒垃圾，便会被骂'滚开'，最后只好亲自出马处理，接着我会大声朗读一年中他一共有多少天没倒垃圾。如今我可以察觉到男女间不同的关注点，对他而言，或许垃圾尚未达到要倒的标准吧！

"或许我只能忍受一周一次让海鸟在我头上排泄，这是我的标准。不过，书上并没有这方面的指引。

"我也知道男人对质问回应的反应十分直接，因为他们的属性是'目标取向’以及‘直截了当’，女人则恰好相反。女人们喜欢探索、细查，以迂回转折的方法来达到同样的目标。”

我的一个朋友向我讲述了她和她丈夫的一些事情。“上周查理问我正在办理离婚的友人艾伦近来可好？我以‘不错’作为回应的开头，接着问查理是否曾后悔结婚？然后又问他是否觉得倘若我们没有结婚反而比较好？以及假使不要那么早结婚是否会对孩子产生不同的影响？最后，我问他如果我们彼此都没有结婚，是否会比较苗条？他无法置信地看着我，说：‘你到底在讲些什么？’显然他无法理解，我告诉他早知道他会如此回应，因为毕竟他根本不在意我的感受，我继续批评他可能从未关心过我。

“又有一次他目光呆滞地说：‘这究竟怎么了？’我加强语气问：‘如果你不关心我，那么你关心什么？’‘嗯，’他回答说，‘我会留意家里杜鹃花要用什么肥料才好以及和车厂约定更换机油的时间，还有公司内部库存货的清单。’‘我就知道你从未关心过我。’随后我哭了。鲍伯出乎意料地走到外面，我摆出要人领情的姿态问：‘你要去哪里？’‘到五金店去，’他说，‘去买肥料。’‘你竟敢这样？老是不承认自己的过错？’‘随你怎么说，亲爱的，’他回道，‘我几分钟后就回来。’

“我当下就打电话给好友蜜拉，她完全了解我的感受，支持我并向我保证这只是单纯的男性行为罢了。对我而言，其他男人的特征就比较明显，例如，我的继父只要外出旅行，就会安坐在车子里，从未要求停下来吃东西、喝水或上厕所，一切的目标就只是抵达目的地，我不认为如果玛丹娜一丝不挂地站在路旁会影响他，他所在意的只有到达目的地。”

巴纳姆先生说：“婚姻中的许多冲突来自于女人不理解这样一个问题：为什么她丈夫的许多想法和情绪中有时会忽略了她的存在？但如果妻子们能够意识到这一点，宽容这一点，接受事实，就会避免发生许多不快。”

对于男人来说，尤其是对于一个好男人来说，爱是他生命中十分重要而美好的东西，也是不可或缺的东西，但绝不是他生命的全部。对于一个女人来说，如果爱——对她丈夫的爱——戒了她所有的一切的话，也是一种不幸，她将失去自我——和这份爱再也不能有短暂的分离，爱时刻影响着她的想法和情感，左右着她的行动。

而男人则不是这样，他会一连几个小时一直专注于某件事情，而不受到他心爱的妻子的任何影响，就好像她根本不存在。当然，这并不是背叛；这是一种无意识的行为。然而，困惑于男人此种个性特征的女人就会感到很苦恼，认为这不可思议。妻子常常责备丈夫没有一个好的品性，丈夫有时候会静静地听着，有时候则可能是不屑于或疲于和妻子发生争吵，而妻子经常这样做就会使丈夫生厌。丈夫可能会时不时地保持沉默，或专注于自己的事务，但这并不意味着他对自己的妻子漠不关心，或者对她非常厌烦；他可能会感到一点点不快，但不会认为结婚对他来说是一个错误；他可能会吹毛求疵地感到烦躁不安，但不会迁怒于他的妻子。

我无意于免除男人应该关心他的女人的责任，也不想为男人经常忽略家庭生活的礼仪进行辩护，但出于为妻子的利益考虑，我只想使她们相信，这些事情常常只是一种表象，其实他们之间根本没有出现内在的分歧，因此，作为一个妻子如果为此感到忧伤是不明智的。

“没有一对婚姻能够得到幸福，”安德瑞·摩里斯在《婚姻的艺术》这本书里面说，“除非夫妇之间能够相互尊重对方的差异。更深一层说，如果希望两个人有相同的思想、相同的意见和相同的愿望，这是很可笑的想法。这种事情是不可能的，也是不受欢迎的。”

所以对妻子来说，让丈夫有个私人的天地去做他的工作，譬如集邮，或是其他任何喜爱的事情是明智的做法。在你看起来，他的嗜好也许傻里傻气，但是你千万不可嫉妒它，或是因为你不能领会这些事情的迷人处你就厌恶它。你应该迁就他。

写威尔·罗杰斯传记的荷马·克洛伊，当他在写威尔的电影剧本的时候，经常住在加州圣塔蒙尼卡罗杰斯的农场里。克洛伊先生告诉我，有一次当他住在农场的时候，威尔·罗杰斯突然想要一把大刀——一种外形丑陋、杀伤力很强的南美大刀。

罗杰斯太太不了解她的丈夫为什么要这件东西，她的第一个反应是劝他不要去买。如果他有了这么一把大刀，到底他想要拿来做什么呢？可能只是拿来看一两眼就把它搁到一边忘了吧。

想了一会儿以后，罗杰斯太太决定迁就威尔。她甚至还走了一段很远的路来到城里，亲自为他买回这把大刀。这使得威尔高兴得就像是要过圣诞节的小孩子那样。

在威尔心爱的牧场里，有一带长满了多刺的矮树丛。他经常带着这把大刀，在这个矮树丛砍伐几个小时，清理出可供马匹和行人通过的小路。在那儿大砍特砍是完全而彻底的自我消遣。过了一段时间以后他回家了，全身流着大汗，而他的困难解决了，他的牧场也更漂亮了。

他时常说，那把大刀是他所曾经接到的最好的礼物之一。罗杰斯太太想起她那时的反应，总是感到非常高兴。

你能不能想出另一种活动，比威尔·罗杰斯拿着那把大刀在牧场工作，更加健康和更能发泄紧张？那就是一种嗜好所带给男人的好处了：让他能够神清气爽，冷静而热心地回到自己的工作上。

承认并接纳两人之间的差异性，不仅能使男人得到好处，通常妻子也可以因而获得助益。

妻子如果能够接纳丈夫与自己的差异，就不必担心他去追求别的女人了。只有那些在生活里感到厌倦的丈夫，才会掉进女狐狸精的陷阱里。

我认为时机已成熟，我们知道无法借由两性间的各说各话，来支配彼此的行为、改变彼此的个性，我们真的需要好好阅读、研究、教育自己，了解男女间的差异。然而我们必须同意，如果凡事皆要依照书上的指示去做，我们一天 24 小时将忙个不停，累死在这样的关系里。

作为一对伴侣，我们能够贡献的、最值得向往的是共同欢笑的能力。当我们与自己的丈夫年岁渐增后，我们学到了凡事放松，无忧无虑地、轻松愉快地笑自己、笑彼此；或者因为我们已经疲惫，也了解我们是真心地喜爱彼此，最后终于将性别差异抛到一旁。

◎成为丈夫的忠实粉丝

回想19世纪末，密西根底特律的电灯公司以月薪11元雇用了一名年轻的技工。他每天工作十小时，回家以后，还常常花费半个晚上在屋后一间旧棚子里工作，想要设计出一种新的引擎。

他的父亲是个农夫，确信他的儿子正在浪费自己的时间。邻居们都说，这位年轻技工是个大笨牛。每个人都在取笑他，没有人认为他笨拙的修补能够造出什么东西来。

除了他的太太，没有人相信他了。当白天的工作做完以后，他的太太就在小棚子里帮助他研究。冬天，天色很早就暗了，他太太提着煤油灯，使他能够工作。他太太的牙齿在寒冷中颤抖着；手冻成了紫色。但是她相信他先生的引擎有一天会设计成功，所以她先生称呼她“信徒”。

在旧砖棚里艰苦工作三年以后，这个异想天开的稀奇玩意终于成功了。1893年，在这个年轻人30岁生日的前几天，他的邻居们都被一连串奇怪的声音吓了一大跳。他们跑到窗口，看到那个大怪人——亨利·福特——和他的太太，正乘坐着一辆没有马的马车，在路上摇晃着前进。那辆车子真的可以跑到转角那么远而又跑回来呢！

一个新工业在那天晚上诞生了——一个将会对这个国家有很深影响的工业。如果亨利·福特是这个新工业之父，当然福特夫人这位“信徒”，就有权利被叫做新工业之母了。

50年以后，福特先生，这位相信灵魂轮回再生的人，被问到他下一次出生时希望变成什么。“我不在乎，”福特先生说，“只要能够和我太太在一起。”他终生都称他的太太为“信徒”，而且希望永远和她在一起。

每一个男人都需要一个信徒，一个在环境顽抗的时候，护卫着他的女人。当什么事情都不对劲的时候、当处境危急的时候、当他失败的时候，男人需要一个建立起他的抵抗力和信心的太太，让他知道没有任何事情能够动摇她对他的信任。如果连他的妻子都不信任他，还有谁会信任他呢？

信任是一种主动的特质。它不会承认失败，它会继续恢复失去的信心。

西孟·洛克曼尼诺夫，这位伟大的俄籍音乐家，在25岁的时候就是一个成功的作曲者；由于过分自负，他写了一首很不成功的交响曲。结果，他觉得十分泄气，度过了许多失望的日子。最后他的朋友带他去看尼可拉斯·达尔医师，一位心理专家。达尔医师一次又一次地反复告诉他这个想法："你的身上潜藏着伟大的东西，等待着你向全世界宣示。"

这个想法渐渐在洛克曼尼诺夫心里生根，终于唤起他对自己的信心。在第二年还没有过完以前，他已经完成了那首伟大的C小调第二协奏曲，并且把这首曲子献给达尔医师。当这首曲子首次公演的时候，听众们都热烈得发狂。于是洛克曼尼诺夫再次回到成功之路了。

是的，鼓励对于男人，就像燃料对于引擎那么重要。鼓励使得男人的引擎继续发动，使人们心理和精神的电池充电，将失败转为成功。

运气有时候会挫败我们每个人的锐气，严重的打击似乎还会使我们挺不起腰来。但是如果有我们所喜欢的人告诉我们："别放在心上。像这样的事情是打不倒你的。我知道你一定会赢！"那么事情就不一样了。

这就是有信心的妻子们对于她们的丈夫的一种信任。她们以一种特殊的视觉，看到了别人看不出来的特质。她们用眼睛去看，也用内心的爱去看。

但是如果信心没有用言语表达出来，也就毫无作用了，妻子必须运用技巧表达对丈夫的信心，以鼓励、赞美与爱的语言和行动去表达。

罗勃·杜培雷的经验也是个好例子。

罗勃·杜培雷一直想要做个推销员。1947年他的机会来了，他开始招揽保险。但是不管他多么努力，事情都没有好转。他有点忧虑——对没有卖出的保险感到担忧。他紧张而痛苦，最后，他觉得必须辞职以免精神崩溃。我面前有一封杜培雷先生的信，他告诉我这个故事。

“我觉得我完全失败了，”罗勃·杜培雷写道，“但是桃乐丝——我的太太，坚持这只是个暂时的挫折。‘下一次你将会成功，’她不断告诉我，‘不要担心，罗勃。我知道你有办法成为一个成功的推销员。’”

罗勃在一家工厂里找到工作，桃乐丝也是。但是她不让罗勃忽略衣着和谈吐。“在接下去一年半之中，”罗勃说，“桃乐丝不断地赞美我的美好气质，并且指出我具有适于推销工作的天赋才华——一些甚至我自己都不知道我有的才华。如果不是她持续不停的鼓励，我可能已经放弃再试一次看看的想法了。桃乐丝不愿意我放弃。‘你具有这种能力，’她告诉我，一次又一次，‘只要你努力就能够办到！’

“我怎能违背她这么深切的信任？她成功地在我身上建立了她对我的信心。我离开工厂而回到推销工作上，这一次我信任自己了——因为我身旁有了个信徒。

“我仍然有一段长路要走。但是，谢谢桃乐丝，至少我已经上路了。她已经使我深信，只要我真想达到我就能够达成。”

如果我要雇用推销员，我会认为一个有个像桃乐丝·杜培雷这种太太的男人，是最值得试试的。这种信徒不会让她们的丈夫承认失败。她们在一次失败以后，会适当地鼓舞她们的丈夫，清除掉他们的晦气，然后把他们送回激烈的竞争中。

◎有一对敏感而善解人意的耳朵

1950年12月，一个叫做比尔·琼斯的人，在芝加哥从五楼楼顶上跳下来。他跳楼的原因是忧虑和害怕。他那曾经很兴盛的事业遭到危机了，因为他扩展太快——债权人正在催逼他——他的许多支票在银行里都无法兑现。最糟的是，他觉得他不能和他的太太一起承担这些灾祸。他的太太一直都以他的成功为荣，他没有勇气告诉她这些事，因为他害怕这些事会使她从幸福掉进羞耻和绝望的深渊中。

比尔·琼斯的困境使他走上了他自己仓库的屋顶。他迟疑了一下——

然后跳进了空中。他跌下五层楼，穿过底楼窗上的遮阳篷而掉落在人行道上。从地心引力和常识来判断，他是死定了；但是，使人不敢相信的是，他受到的最大伤害只是摔破了大拇指的指甲。最可笑的是，他所穿破的遮阳篷是他唯一一件完全付清款项的东西。

比尔·琼斯意识清楚地醒过来，发觉自己还活着时感到很兴奋。和这个奇迹比起来，他从前的麻烦没有一件看来是重要的了。五分钟以前，他还觉得他的生命是一种毫无用处的污秽——现在他因为活着而感到激动。他赶忙回家把整个事情说给他太太听。他太太似乎慌乱了一会儿——但只是因为他从前没有把他的麻烦告诉他太太而已。她开始坐下来想办法为他解决困难。好几个月来，比尔·琼斯第一次放松心情做一些正确与有用的思考。

现在，比尔·琼斯在稳定的步骤下有了成功的事业，不再有他没法付的欠债了，更重要的是，他已经学会如何和他的太太一起分享困难，就像一起分享胜利那样。然而，比尔·琼斯也极可能只是因为不知道自己的太太也能和他一起渡过难关而丧失了自己的生命。

比尔·琼斯的故事告诉我们，如果丈夫不信任自己的太太，不能完全算是太太的错误。有些男人，譬如以前的比尔·琼斯，对于用事业上的忧虑来麻烦自己的太太有个错误的看法。他们想带给太太所有美好的东西，想成为把成功的事业和上等的毛皮大衣带回家的大男人。当事情不顺利的时候，他们想办法瞒住自己的太太，以免她们的小脑袋里装满害怕与不安。他们耻于承认自己是会被征服的。他们从没有想到，不管好坏也应该让他们的太太一同来解决这些难题。

可是，更常看到的，是一些男人们很想把他们的困扰说给太太听，但是太太们却不想或是不知道如何去听。

1961 年秋天，福星杂志刊出了一篇对公司员工的妻子所做的调查报告。他们引述一位心理学家的话说："一个男人的妻子所能做的一件最重要的事情，就是让她的先生把他在办公室里无法发泄的苦恼都说给她听。"

能够尽到这个职责的妻子，被描述为“安定剂”、“共鸣板”、“哭墙”和“加油站”。

这个调查研究也指出，男人要的是主动、灵巧地听讲，他们通常不想听劝告。

任何一个自己曾经在外面工作过的女人都可以了解到，如果家里有个人可以谈谈这一天所发生的事情，不管是好的或坏的，都是很值得安慰的。在办公室里，常常没有机会对发生的事情发表意见。如果我们的事情特别顺利，我们也不能在那儿开怀高歌；而如果我们碰到了困难，我们的同事也不想听这些麻烦事——他们已经有太多自己的困扰了。结果，当我们回到家，我们觉得自己必须大声地发泄一番。

最常发生的事情是这样的：比尔回家，有点上气不接下气地说道：“老天，梅白儿，这真是个伟大的日子！我被叫进董事会里，去告诉他们有关我所做的那份区域报告。他们要我把建议说出来，而且……”

“真的吗？”梅白儿说着，一点也不用心的样子。“那真好，亲爱的。吃点酱肉吧。我有没有告诉过你那个早上来修理火炉的人？他说有些地方需要换新的了。你吃过饭后去看一下好不好？”

“当然好，亲爱的。噢，像我刚才说的，老索洛克蒙顿要我向董事会说明我的建议。起初我有一点紧张，但是我终于发觉我引起他们的注意了。甚至连毕林斯都很感动，他说……”

梅白儿说：“我常认为他们并不够了解他、重视你。比尔，你必须和老幺谈一谈他的成绩单。这学期他的成绩太糟了，他的老师说如果他肯用功的话，一定可以念得更好。我已经没有办法劝他了。”

到了这个时候，比尔发觉他在这场争夺发言权的战争之中已经失败了，于是他只好把他的得意和酱牛肉一起吞到肚子里，然后做完有关火炉和老幺成绩单的任务。

难道梅白儿自私得只希望她的问题有人听就好了吗？不是的，她和比尔同样都有找个听众的基本需要，但是她把时间搞错了。其实她只要全心全意地听完比尔在董事会里所出的风头，比尔就会在自己的情绪发泄完了以后，很乐意地听她大谈家事了。

善于听讲的女人，不仅能够给自己的丈夫最大的安慰和宽心，也同时拥有了无法估计的社会资产。一个文静的女人对别人的谈话着了迷，她所发出的问题显示她已经把谈话中的每个字都消化掉了，这种女孩子最容易在社会上成功，不只是在她先生的男友群里成功，而且也在她自己的女友群里成功。

闻名而机智的杜狄·摩尼，把一个懂礼貌的男人描述成“当他自己最清楚了解的事情被一个完全不懂的门外汉说得天花乱坠时，他仍旧很有兴趣地听着”。大部分的女人也都适合于这个描述。

怎样才能成为一个真正的“好听众”？至少要有下列三个条件——有三件事是好听众必须做到的。

1. 使用眼睛、脸孔、整个身体——而不是耳朵

专心的意思是每一种功能的集中。如果我们真正热心地听别人说话，我们就会在他说话时看着他，我们会稍微向前倾着身子，我们脸部的表情会有反应。

玛乔丽·威尔森是魅力的权威，她说：“如果听众没有什么反应，很少人能够把话讲得好。所以当一句话打动你的心，你就应该动一下身体。当一个主意适时地感动你的时候，就像你心里的一根弦被震动了，你就该稍微改变一下坐姿。”

如果我们想要成为好听众，就必须做得好像我们很感兴趣——我们必须训练我们的身体机敏地表达。

注意那只在老鼠洞外等待着老鼠的猫，如果你想要知道如何才能有表情地听讲的话。

2. 擅长诱导性问话

什么是诱导性的问题？诱导性问题是，在发问中灵巧地暗示着发问人

内心已有的一个特殊答案。直截了当的问题有时候显得粗鲁无礼，但是诱导性的问题可以刺激谈话，并且继续推动话题。

“你如何处理劳工和主管的问题?”是个直截了当的问法。“史密斯先生，你难道不觉得，让劳工和主管在某些范围里获得相互的妥协是很有可能的吗?”则是诱导性的问法。

诱导性的问话，是任何一个想要成为好听众的人所必备的技巧。如果要聆听丈夫的谈话，而且不直接提出他不想要的劝告，则诱导性的问话就是一个不会失败的技巧。我们只要像这样发问，“你认为，亲爱的，做更大的广告可能会增加你的销路，或者将是一种冒险吗?”提出问题并不是真的在给他劝告，但是这种问法常常会得到相同的结果。

当我们碰到陌生人时，正确的发问方法是克服羞怯，或打破要命的沉闷的最妙工具。当人们开始谈到自己的想法，而不谈天气、谈棒球，和谈某某人的疾病时，人们就会说得忘我了。一个想法可以引导出另一个想法。

3. 永远、永远不可泄露秘密

有些男人从来不和他们的妻子讨论事业问题的一个原因是：这些男人无法相信他们的太太不会把这些事情泄露给她的朋友或美发师知道。他们讲给自己太太听的每一件事情，都从她们的耳朵进去而又从她们的嘴巴出来。“约翰希望在维吉先生退休以后，马上得到公司里的经理职位。”这是在桥牌桌上随便说出口的话，但是第二天就有人打电话给约翰对手的太太了。于是约翰就在完全不知道原因和真情之下，被暗中排掉了。

我访问过的一个总经理告诉我，他在家里谈论公司里的问题，竟也会流传得使他的职员丧失信心。“我很厌恶在超级市场或鸡尾酒会里大谈公司的业务。那些女人真是太多嘴了!”他轻蔑地说道。

甚至还有一些女人会利用丈夫的信任，在以后的争论中拿出来打垮他。“你自己亲口告诉过我，你只因为一纸契约，而买下那些过量而不必要的剩余物品。而现在你说我浪费太多钱去买衣服。难道只有我奢侈？哈！”

像这样的场面发生几次，这位女士就不会再受到她先生向她大谈业务的骚扰了。她先生将会发现一个事实，自己只不过是给一些打倒自己的话柄而已。

成为一个好的听众的最佳条件是：妻子不必以为了解先生工作的细节，才能使他得到满足。如果她的先生是个绘图员，他就不会希望他太太了解如何画蓝图。

当他工作的时候，她对于发生在他身上的事情要有同情心，有兴趣，而且提高注意力。

真的，一对敏感而受过训练的耳朵，将会使女人更加可爱，使她有了一张比特洛伊城的海伦还要美丽的脸孔，而且也为她的丈夫带来更多好处。

再重申一下，以下就是可以帮助你成为好听众的三个条件：

（1）用脸部表情和身体姿势来表达注意力。

（2）学习问些智慧的问题。

（3）永远不要泄露秘密。